UNTERSUCHUNGEN

ÜBER

THIERISCHE

ELEKTRICITÄT

VON

EMIL DU BOIS-REYMOND.

ZWEITEN BANDES ERSTE ABTHEILUNG.

MIT VIER KUPFERTAFELN.

BERLIN.
VERLAG VON G. REIMER.

1849.

UNTERSUCHUNGEN

ÜBER

THIERISCHE

ELEKTRICITÄT

VON

EMIL DU BOIS-REYMOND.

ZWEITER BAND.

MIT SECHS KUPFERTAFELN.

BERLIN.
VERLAG VON G. REIMER.

1849.

»So bricht elektrisches Feuer tief aus dem Schoofs der Gewässer »aus ... Was unsichtbar die lebendige Waffe dieser Wasserbewohner »ist; was, durch die Berührung feuchter und ungleichartiger Theile »erweckt, in allen Organen der Thiere und Pflanzen umtreibt, was »die weite Himmelsdecke donnernd entflammt, was Eisen an Eisen »bindet, und den stillen wiederkehrenden Gang der leitenden Nadel »lenkt; alles, wie die Farbe des getheilten Lichtstrals, fliefst aus einer »Quelle; alles schmilzt in eine ewige, allverbreitete Kraft zusammen.«

ALEXANDER von HUMBOLDT.

(Ansichten der Natur u. s. w. 2. Ausg. Stuttgart und Tübingen 1826. Bd. I. Ueber die Steppen und Wüsten. S. 38. 39. 40.*)

HERRN

ALEXANDER · VON · HUMBOLDT

IN

TIEFSTER · VEREHRUNG

GEWIDMET

VOM

VERFASSER

Dritter Abschnitt.

Untersuchung.

(Fortsetzung.)

Dritter Abschnitt.

Untersuchung.

Viertes Kapitel.

Von dem Einflusse der Zusammenziehung auf den Muskelstrom.

---

§. I.

Geschichtlicher Ueberblick über die Bestrebungen, elektromotorische Wirkungen von den Muskeln im Augenblicke der Zusammenziehung zu erhalten.

Die Untersuchung, welchen Einfluſs die verschiedenen physiologischen, physikalischen und chemischen Bedingungen, denen die Muskeln ausgesetzt werden können, auf den Strom derselben äuſsern, beginnt mit der Erforschung, wie sich der zusammengezogene Muskel in Betreff seines Stromes verhalte, indem so oft bisher die Rede von Muskeln gewesen ist, darunter stets das zwar noch der Zusammenziehung fähige, augenblicklich aber nicht in derselben begriffene Gewebe verstanden worden ist.

Elektromotorische Wirkungen von den Nerven und Muskeln im Augenblicke der Zusammenziehung zu erhalten, ist bereits das Ziel der Bestrebungen einer groſsen Anzahl von Forschern gewesen. Mit der Erscheinung des Froschstromes, vollends des Muskelstromes, unbekannt, gingen sie dabei von der Voraussetzung aus, das unbekannte Nervenagens, welches die Zuckungen hervorbringt, sei einerlei mit der Elektricität, oder wenigstens ihr nahe verwandt; den mechanischen Vorgang der Zusammenziehung stellten sie sich mehr oder weniger klar auf elektrischem Wege vermittelt vor, und ihre Versuche hatten zum Zweck, die demgemäſs im Muskel geforderten Anordnungen elektromotorischer Kräfte, wie auch Strömungen in den Nerven selbst, in der Wirklichkeit nachzuweisen.

Nicht immer jedoch ward so angemessen verfahren; manche begnügten sich mit der bloſsen Aufstellung aus der Luft gegriffener Hypothesen; andere gaben sich dem undankbaren Zufallsspiele planlosen Experimentirens preis. Beim Verfolgen dieser Reihe von Bemühungen erkennt man leicht, wie eine jede wichtigere Entdeckung, welche neue, durch Elektricität bewirkte Bewegungserscheinungen in den Gesichtskreis der elektrischen Wissenschaft heraufführte, oder neue und empfindlichere Prüfungsmittel für bewegte Elektricität gewährte, in ihrem Gefolge auch stets eine neue, auf sie gestützte Gruppe jener Theorieen und Bestrebungen mit sich brachte. Das Endergebniſs aller dieser Arbeiten ist bekannt: trotz dem, daſs die geschicktesten Beobachter sich damit befaſsten, und trotz einer längst vollkommen ausreichenden Vervielfältigung und Verfeinerung der stromprüfenden Mittel, hatte es sein Bewenden stets bei einzelnen, unter mehr oder weniger verdächtigenden Umständen angestellten, immer nur einem Beobachter und auch diesem oft nicht mehr als einmal geglückten Wahrnehmungen, die sich vor dem Blicke unbefangener Zuschauer schnell zu Wirkungen der angewandten Vorrichtungen, statt der Nerven und Muskeln selbst, auflösten.

In dem Augenblicke, wo die Theorie der Muskelzusammenziehung, durch die Entdeckung einer dieselbe wirklich begleitenden elektrischen Wirkung, einem bedeutenden Wendepunkte entgegenzugehen kaum umhin kann, wird vielleicht ein kurzer Rückblick auf jene früheren Bestrebungen nicht unangemessen erscheinen. Es können von denselben an dieser Stelle jedoch zunächst nur diejenigen Berücksichtigung finden, welche, abgesehen von der Annahme der elektrischen Natur des Nervenprincips, zugleich einigermaſsen nach einem mechanischen Verständnisse der Muskelzusammenziehung selbst aus dem Zusammenwirken elektrischer Kräfte getrachtet haben.

1. Elektrische Theorieen der Muskelzusammenziehung bis zu Matteucci.

Der vorgalvanische Zeitraum, dem keine anderen elektrischen Bewegungserscheinungen zu Gebote standen, als die der Anziehung und Abstoſsung ungleichnamig und gleichnamig elektrisirter Körper, suchte sich mit diesen zu behelfen.

Folgendes berichtet uns Haller: »Alio modo electricam materiam »adhibuit Ill. de Sauvages. Duo fila carnis, aut cannabis, aut serici, »altero fine connexa, et ad filum ferreum electrisatum adligata, a »se invicem discedunt, quando vis electrica excitatur, et discedunt eo »magis, quo major est vis electrica; discedunt etiam, si utrinque ligata »fuerint; ita vides, dum similia in toto musculo undique fiunt, ventrem »tumidum nasci.« Im darauf folgenden Paragraphen, überschrieben: »Haec omnia minus firma videntur« zeigt sich Haller der Sauvages'-schen Vorstellung wenig geneigt. »Ab electrica scintilla nervum emo- »veri certum est, quae sit stimulorum potentissimus. Naturam, quam »electri, nostrorum spirituum esse, non est probabile.« Haller's eigene Ansicht von der Zusammenziehung ist, seine besondere Lehre von der Muskelreizbarkeit (irritabilitas) vorausgesetzt, kurz in folgendem Satze ausgesprochen: »Cum autem corporeum aliquid requiratur, quod augeat »molem musculi, eumque duriorem reddat, et breviorem, omnium veri »simillimum videtur, fluidum illud nerveum ignotum quidem, sed celer- »rimum, et subtilissimum, stimuli modo se habere, qui fibrae carneae »elementa undique pro sua subtilitate penetrabili ad contractionem sol- »licitat.« [1]

Eine ähnliche Ansicht, wie des Hais und Sauvages, scheint Priestley eigen gewesen zu sein. Er hat aber, bei seinen Vermuthungen, auf eine Schwierigkeit Rücksicht genommen, an welche diese Physiologen nicht gedacht hatten, indem er sagt: »As to the manner in »which the electric matter makes a muscle contract, I do not pretend »to have any conjecture worth mentioning. I only imagine that »whatever can make the muscular fibres recede from one another »farther than the parts of which they consist, must have this effect.« [2]

In neuerer Zeit ist Sauvages's Hypothese von Meissner in Wien in seinem auch in anderer Beziehung verflossenen Jahrhunderten angehörigen »*System der Heilkunde aus den allgemeinen Naturgesetzen »gefolgert.*« (Wien 1832. S. 74. §. 79*) abermals vorgebracht und

[1] Elementa Physiologiae. Lausannae 1766. 4°. t. IV. p. 553. 554. 556.* — Zu der ersten Stelle wird angeführt: »Diss. sur la cause du mouv. des muscl. »p. 104. Conf. priorem Cl. des Hais de hemiplegia disp.« — In Sauvages's Anmerkungen zu Stephan Hales »Statik des Geblüts« (Halle 1748. 4°. S. 90*) und in seinen »Physiologiae mechanicae Elementa« (Amstelodami 1755. 12°. p. 130,* »Conjecturae »de mechanismo contractionis muscularis«), findet sich jene Vermuthung bei weitem nicht so deutlich ausgesprochen. Das Datum der von Haller angeführten Dissertation ist mir unbekannt.

[2] Experiments and Observations on different kinds of air. London 1775. vol. I. p. 279.*

von Joh. Müller in dem *Handbuche der Physiologie u. s. w.* Bd. I. 3. Auflage. S. 74. Bd. II. S. 56* von der Hand gewiesen worden.

Galvani's Theorie des Muskels als einer Kleist'schen Flasche (S. oben Bd. I. S. 49) gehört genau genommen nicht hieher. Denn man erinnert sich, dafs er sich dabei in gar keine Vermuthung über einen etwaigen elektrischen Mechanismus im Muskel eingelassen hatte, sondern, ein strenger Anhänger der Haller'schen Reizbarkeitslehre, die Elektricität blos von Nerv auf Muskel auswendig überströmen liefs, wo dann der Muskel auf den Reiz derselben wie auf einen anderen beliebigen Reiz antworten sollte.

Erasmus Darwin gab eine Art an, diese Lücke auszufüllen, indem er die Zusammenziehung mit folgendem elektrischen Versuche vergleicht: »Man hänge zwanzig sehr kleine Leidensche Flaschen gehörig bekleidet »in einer Reihe an feinen seidenen Fäden in einer kleinen Entfernung »von einander auf. Die innere Ladung der einen Flasche sei positiv »und die andere negativ, wechselsweise. Wenn nun eine Communi»cation gemacht wird von der innern Oberfläche der ersten nach der »äufsern Oberfläche der letzten in der Reihe, so werden sie sich alle »einander nähern und so die Linie, in der sie hängen, verkürzen, wie »eine Muskelfiber.« [1] — Allein gleichzeitig erhob Darwin bereits, was seiner Ueberlegung gewifs Ehre macht, gegen die elektrische oder magnetische Theorie der Muskelzusammenziehung den nämlichen Einwand, der neuerdings, freilich besser begründet, in Schwann's Händen so gewichtig auf alle hier gehegten Hoffnungen gefallen ist: »Die Anziehungen von »Elektricität oder Magnetismus passen philosophisch nicht auf die Er»läuterung der Zusammenziehung der thierischen Fibern, da die Kraft »dieser Anziehungen in gewissem Verhältnifs verkehrt ist wie die Ent»fernung; hingegen in Muskelbewegungen erscheint keine Verschieden»heit in Schnelligkeit und Stärke während dem Anfange oder Ende der »Zusammenziehung, aufser der, welche man wahrscheinlicher den sich »verändernden mechanischen Vortheilen bei der Annäherung des einen »Knochens an den andern zuschreiben kann.« Mit Recht wendet indefs der Uebersetzer hiergegen ein (S. 109 Anm.*): »Wer vermag da die »unendliche Verwickelung vieler gleichzeitigen Erscheinungen und Ur»sachen so zu trennen, dafs die einfachen Gesetze jeder einzelnen Er»scheinung daraus bestimmt werden könnten; sondern wir müfsten die »Zusammenziehung einer einzelnen Fiber, oder gar zweier einfachen »Partikeln beobachten können; wer wird aber nur einmal an die Mög»lichkeit einer solchen Beobachtung denken?«

[1] Zoonomie oder Gesetze des organischen Lebens von Erasmus Darwin. Deutsch von J. D. Brandis. Hannover 1795. Bd. I. S. 105.*

Eine neue Analogie der Muskelzusammenziehung bot sich 1812 P. Erman in den von ihm entdeckten elektrochemischen Bewegungen der Flüssigkeiten dar. [1] Die augenblickliche Zusammenziehung, welche die durch eine Adhäsionsplatte emporgehobene Wassersäule beim Schliefsen des Stromes durch dieselbe, und die Ausdehnung und gleichsam Cohäsionsverminderung, die sie beim Oeffnen erfährt, verglich er mit der Schliefsungs- und Oeffnungszuckung der Muskeln, welche einem galvanischen Strome ausgesetzt werden. Er erinnerte dabei an den schon mehrmals beobachteten verschiedenen Charakter der Oeffnungs- und Schliefsungszuckung, den er hier wiederzuerkennen glaubte, und wufste dieses Aperçu sogar mit dem Bilde der anhaltenden Zusammenziehung in scheinbaren Einklang zu bringen, indem er gleichzeitig die Aufmerksamkeit von Neuem auf das Grimaldi'sche Muskelgeräusch lenkte, auf welches, ohne sein Wissen, auch Wollaston eben erst hingewiesen hatte, und wovon noch an einer anderen Stelle dieses Werkes ausführlich die Rede sein wird. [2] Die Folge wird dann auch lehren, dafs Erman, durch den Vergleich der Muskelbewegung mit den in Rede stehenden Erscheinungen an Flüssigkeiten, von allen denen, die sich mit Betrachtungsweisen der Art befafst haben, leicht der glücklichste Wurf gelungen sein könnte.

Lebhafte Erwartungen knüpften sich seitdem an die Auffindung der grofsen Ampère'schen Thatsachen. Prévost und Dumas boten 1823 ihren vereinten Scharfsinn auf, um die von ihnen in den Muskeln wahrgenommenen, einander parallel und senkrecht auf die Axe der Bündel verlaufenden Nervenschlingen als einander anziehende Leiter gleichgerichteter von Hirn und Rückenmark ausgehender und wieder dahin zurückkehrender Ströme darzustellen. [3]

Eduard Weber hielt es für unthunlich, Multiplicatorenden an den menschlichen Körper anzulegen, ohne durch die dabei entstehenden hydro- und thermoëlektrischen Wirkungen in die Irre geführt zu werden. Er schlug daher den Weg ein, durch die möglicherweise im Körper kreisenden Ströme weiches Eisen in die Ferne zu magnetisiren, wodurch eine in der Nähe desselben befindliche Magnetnadel abgelenkt werden würde. »Nec frustra operam nostram huic consilio impendi;« sagt er, »vidi enim hoc modo, quum musculi hominis prope tra»bem contraherentur, magnetem moveri.« [4] Er behielt sich vor, zu

[1] Gilbert's Annalen der Physik. 1812. Bd. XL. S. 1.*

[2] S. unten, Kap. IX.

[3] Magendie, Journal de Physiologie expérimentale. t. III. p. 301.*

[4] Quaestiones physiologicae de phaenomenis galvano-magneticis in corpore humano observatis. Lipsiae (1836). 4°. p. 25.* — Vergl. oben Bd. I. S. 488.

untersuchen, ob diese Wirkung nicht von einer anderweitigen Aenderung des magnetischen Zustandes des Eisens abzuleiten gewesen sei, hat indefs nichts Neues darüber veröffentlicht.

Am 5. December 1837 theilte Prévost, der ehemalige Mitarbeiter Dumas's, der Société de Physique et d'Histoire naturelle zu Genf eine neue Vorstellung mit, die er sich auf Grund fernerer Beobachtungen und Versuche von dem Vorgange bei der Muskelzusammenziehung gebildet hatte.[1] Mit Hülfe eines Amici'schen Mikroskopes glaubte er, bei 400maliger Vergröfserung und auffallendem Lichte wahrzunehmen, dafs die Querstreifen der Primitivmuskelbündel nichts anderes seien, als Endschlingen der Nerven. Auch in ruhendem Zustande seien die Bündel stets leicht zickzackförmig gebogen. Von hier aus war es, mit Hinblick auf die Ampère'schen Grundsätze, unschwer, die Annäherung der aliquoten Theile der Primitivbündel in dem Augenblicke zu begreifen, wo ein elektrischer Strom das ganze System von Schlingen in einerlei Richtung durchliefe: das Verfahren, diesen Strom sichtbar zu machen, entlehnte Prévost den Versuchen Vavasseur's, Béclard's und Beraudi's an Nerven.[2] Er stiefs eine sehr feine unmagnetische Nadel in den Schenkel eines Frosches in der Richtung der Fasern ein; die Spitze ragte hervor und war mit Eisenfeile umgeben, die durch Feilen von sehr weichem Eisen mittelst einer sehr feinen Feile erhalten worden war. Prévost berichtet nun, dafs in dem Augenblicke, wo er durch Verletzung des Rückenmarkes eine heftige Zusammenziehung hervorrief, die Eisenfeile sich in kleinen Nadeln um die Spitze der Nadel anordnete, als ob sie magnetisch geworden wäre, wie er unter der Lupe beobachtete.

Der Mühe, die Nichtigkeit dieser Reihe von Behauptungen darzuthun, unterzog sich Peltier.[3] Er zeigte erstens, durch Beobachtungen am Frosche sowohl als an Infusorien mittelst eines Oberhäuser'schen Mikroskopes, dafs die Anordnung der Nervenendigungen, welche Prévost hier vorausgesetzt hatte, ganz aus der Luft gegriffen sei. Die Querstreifung rühre, seiner Meinung nach, vielmehr von den in entsprechenden Querebenen des Muskelcylinders liegenden Anschwellungen der Primitivfaser her. Zweitens wiederholte er Prévost's Versuch zwanzigmal, an verschiedenen Fröschen, mit sehr dünnen und kurzen weichen Eisennadeln (»toutes petites et fines«) und sehr feiner Eisenfeile, ohne eine Spur von Erfolg wahrnehmen zu können. Da diese Art, auf Magnetis-

[1] Bibliothèque universelle. Nouvelle Série. Novembre 1837. t. XII. p. 202 und Mars 1838. t. XIV. p. 200 (Abbildung).*

[2] S. unten, Kap. VI. §. II.

[3] Annales des Sciences naturelles. 1838. t. IX. Zoologie. p. 89.*

mus zu prüfen, eine sehr rohe und unvollkommene ist, führte er denselben Versuch noch in folgender Weise aus: er bereitete eine astatische Doppelnadel, welche 40″ schlug; die weichen Eisennadeln, in einer auf die Inclinationsnadel senkrechten Ebene befestigt, lenkten dieselbe in 20^{mm} Entfernung um 30—40° ab. Wenn PELTIER den Nadeln die geringste Neigung gegen die bezeichnete Ebene gab, wurde das vorher beruhigte Spiel nach Umständen entweder angezogen oder abgestofsen. Als er aber den Schenkel eines Frosches in der Richtung der Fasern darauf aufspiefste, und die heftigsten Zuckungen der betreffenden Muskeln hervorrief, blieb die Doppelnadel völlig unbewegt.

Dies Mifsgeschick entmuthigte PRÉVOST nicht, der endlich doch das Rechte treffen zu müssen glaubte. Er hatte sich, wie es scheint, inzwischen auf eigene Hand die Ueberzeugung verschafft, dafs die Querstreifen in der That nichts seien, als der Ausdruck der in einer und derselben Querebene gelegenen Anschwellungen der Primitivfaser. Er ging aber noch weiter und sah, dafs die äufsersten Endigungen der Nerven, von demselben Durchmesser wie die Kugeln der Primitivfasern, sich senkrecht in den Muskelcylinder einsenken und wahrscheinlich jede in eine solche Kugel auslaufen. »Si l'on suppose«, fährt er fort, »que »les courants électriques parcourent les divisions nerveuses isolément, »et viennent se terminer isolément aussi chacune sur chacun des glo»bules des fibrilles du cylindre musculaire, on aura toutes les données »nécessaires pour expliquer le rapprochement de ces globules, et par »conséquent la contraction du muscle lui-même....; le plissement en »zigzag des fibres musculaires résulterait des points d'appui de leurs »gaînes et non d'attractions proprement dites entre les diverses parties »de la ligne brisée, qu'ils forment en s'infléchissant.«[1] Ich habe geglaubt, diese Theorie, welche übrigens noch unwiderlegt ist, mit den eigenen Worten ihres Urhebers mittheilen zu müssen, um mich nicht selbst dem Vorwurf der Dunkelheit auszusetzen. Möglicherweise stellt sich PRÉVOST vor, dafs je zwei in der Längsrichtung einander benachbarte, aber von einander isolirte Muskelmolekeln sich, wie die Condensatorplatten in den Inductionsversuchen von RIESS und von MASSON und BREGUET (S. oben Bd. I. S. 423), als Endpunkte eines ein elektromotorisches Moment in sich beherbergenden Leiters laden und mit entgegengesetzten Elektricitäten anziehen.

In PRÉVOST's Fufsstapfen schritt neuerdings WHARTON JONES.[2]

[1] Archives de l'Électricité. 1842. t. II. p. 633.*

[2] Comptes rendus etc. 15 Janvier 1843. t. XVII. p. 1046;* — Annales de Chimie et de Physique. Janvier 1844. 3. Série. t. X. p. 111.*

Seiner Ansicht nach, die sich an BOWMAN's Beobachtungen (S. oben Bd. I. S. 544. Anm.) knüpft, bestehen die Muskelcylinder aus säulen- oder geldrollenartig aneinandergereihten Scheiben, welche durch eine biegsame und elastische Substanz verbunden sind, die ihnen gestattet, sich einander zu nähern oder zu entfernen. Diese Scheiben würden, nach JONES, unter dem Einflusse der Nerven zu Elektromagneten, und ihre gegenseitige Anziehung bewirke die Verkürzung des Muskels. Er schlägt daher vor, sie »Appareils névro-magnétiques« zu nennen. Zwar seien diese Elektromagnete nicht allseitig von den Nerven umgeben, wie die eisernen es mit Kupferdraht zu sein pflegten; dies beweise jedoch nur, daſs die Natur schon mit der einfacheren Anordnung auszukommen vermocht habe.

Mittlerweile hatte SCHWANN sich der Lösung dieser Aufgabe auf eine andere, der Wissenschaft würdigere Art zu nähern gesucht. Er hatte vor allen Dingen durch das Maſs das Gesetz festzustellen sich bestrebt, welches, im Verlaufe der Verkürzung, die etwaige Schwankung der Muskelkraft befolgt; und er hatte gefunden, daſs dieses Gesetz, allem Anscheine nach, dasselbe sei als das sich bei der Zusammenziehung eines ausgedehnt gewesenen, dann freigegebenen elastischen Körpers kundgebende. Hieraus schloſs SCHWANN, wie einst DARWIN vor ihm (S. oben S. 6), daſs keine von den bekannten anziehenden Kräften zur Erklärung der Muskelkraft verwendet werden könne, »welche »so wirken, daſs die anziehende Kraft wächst, je mehr sich die sich »anziehenden Theilchen nähern, und zwar umgekehrt nach dem Qua- »drate der Entfernung. Denn, ist die Anziehungskraft der Theilchen »des Muskels so groſs, daſs sie sich schon nähern können, wenn sie »weit von einander entfernt sind, so wird die Anziehungskraft noch »vermehrt, wenn sich die Theilchen etwas genähert haben, d. h. wenn »der Muskel sich schon etwas verkürzt hat. Der Muskel müſste daher »bei seiner normalen Länge die geringste Kraft äuſsern, diese müſste »wachsen mit seiner Verkürzung und im stärksten Grade der Con- »traction am gröſsten sein. Die Versuche von SCHWANN beweisen aber, »daſs es sich gerade umgekehrt verhält, indem die Kraft des Muskels »bei seiner normalen Länge am gröſsten, bei dem stärksten Grade der »Contraction = *0* ist.«[1] So schien zunächst jede Aussicht vernichtet, auf elektrischem Wege die Erscheinungen der Muskelbewegung abzuleiten; nur MEISSNER's (SAUVAGES's) oben angeführte Hypothese war allenfalls geeignet, jenem Gesetze Genüge zu leisten. Allein auch diese, was, bei ihrer sonstigen Unhaltbarkeit, sich kaum der Mühe verlohnte,

[1] JOH. MÜLLER's Handbuch der Physiologie u. s. w. Bd. II. 1840. S. 59.

beseitigte Schwann noch besonders durch die Rechnung, welche zeigt, daſs die Muskelkraft alsdann immerhin mit der Zusammenziehung abnehmen, dies aber nach einem anderen Gesetze thun würde, als es in Wirklichkeit der Fall ist.

Auf welche Weise die Folgerungen, welche Schwann aus seinen trefflichen Versuchen gezogen hat, zu umgehen, und sein Gesetz nichtsdestoweniger mit der Annahme anziehender Kräfte, welche sich im umgekehrten Verhältnisse einer Potenz der Entfernung ändern, in Einklang zu bringen sein würde, wird an einer späteren Stelle dieses Werkes gezeigt werden.[1] Der erste, der Schwann's Bemerkungen bei seinen Betrachtungen über die Muskelzusammenziehung berücksichtigte, war Wharton Jones in seiner eben angeführten »*Note sur les muscles considérés comme des appareils névro-magnétiques.*« Wir werden seine Ausflüchte in der Folge, zugleich mit unseren eigenen Bemerkungen über die Schwann'sche Theorie, in Augenschein nehmen.

Hieher gehören sodann Valentin's gleichfalls ganz vergebliche Bestrebungen, elektrische Wirkungen von den Muskeln im Augenblicke der Zusammenziehung zu erhalten, die ich dem Leser an Ort und Stelle nachzuschlagen überlasse, sofern ihm das oben Bd. I. S. 152 ff. Mitgetheilte nicht genügen sollte;[2] endlich die Behauptungen eines Dr. William Müller, daſs sich Spannungselektricität durch Muskelanstrengungen des menschlichen Körpers entwickele. James Pring wies nach, daſs dies lediglich die Folge der Reibung der Kleidungsstücke sei, und daſs man daher ebensogut die Elektricität einer Elektrisirmaschine dem sie in Bewegung setzenden menschlichen Körper zuschreiben könne, als jene von Müller wahrgenommene.[3]

2. Matteucci's Bestrebungen, elektrische Erscheinungen bei der Muskelzusammenziehung wahrzunehmen.

Daſs Untersuchungen fruchtlos blieben, die so geführt waren, daſs sie eigens auf Entdeckung elektromotorischer Thätigkeit zusammengezogener Muskeln gerichtet, nicht einmal die, wie wir jetzt wissen, an enthäuteten ruhenden Muskeln stets vorhandene Wirksamkeit dieser

[1] S. unten, Kap. IX.

[2] Rud. Wagner's Handwörterbuch der Physiologie u. s. w. Bd. I. 1842. S. 299 ff.

[3] The London medical Gazette. New Series. vol. I. For the Session 1842—43. Friday, January 6, 1843. p. 512. »Observations on Dr. William Müller's Experiments on the Evolution of Electricity from the human Body.« Gez. Bath, Dec. 24, 1842. Enthält Müller's Angaben, die mir nicht zugänglich gewesen sind, im Auszuge.

Art ans Licht zogen, kann uns nicht befremdend erscheinen. Sicht man aber, wie, trotz wiederholter Enttäuschungen, das Interesse für diese Angelegenheit sich ungelähmt erhielt, mit welcher Wärme auch die unbedeutendsten unter jenen Versuchen aufgenommen wurden, so mufs man staunen, dafs der längst bekannte Froschstrom hier so ganz unbeachtet blieb. Zum grofsen Theile mochte dies wohl Nobili's Schuld sein, der sich so entschieden gegen jede tiefere Bedeutung desselben ausgesprochen hatte (S. oben Bd. I. S. 107). Allein selbst Matteucci, dem, bei aller durch ihn angestifteten Verwirrung zwischen Frosch- und Muskelstrom, ihr Sitz und Ursprung in den Muskeln doch bereits klar geworden war, ja, dem ein glückliches Schicksal zuerst gewissermafsen einen Grundversuch dieses Gebietes in die Hände gespielt hatte; selbst Matteucci schlug, wie wir sogleich sehen werden, an diesem Punkte angelangt, statt des natürlichen, durch den stetig vorhandenen Muskelstrom dargebotenen Einganges die seltsamsten Nebenwege ein. Zuvörderst mufs hier folgender Beobachtungen Erwähnung geschehen, obgleich, wie die Folge lehren wird, Matteucci selbst weit davon entfernt gewesen ist, irgend einen Zusammenhang zwischen denselben und dem Gegenstande unserer Erörterung vorauszusetzen.

Bereits im Jahre 1838 schrieb dieser Forscher: »Une autre cause »qui modifie grandement le courant propre de la grenouille, c'est son »état tétanique. Il arrive très-souvent avec des individus vivaces, qu'en »les préparant rapidement, on les voit étendre leurs jambes et les roi»dir de telle sorte qu'il devient impossible de les plier; [1] on peut aussi, »avec une solution de strichnine ou de l'extrait de noix vomique, »déterminer en peu de secondes (?) la convulsion tétanique. L'in»fluence du tétanos est telle que le courant propre manque »toujours lorsque la grenouille en est attaquée. Nous »n'avons plus de contractions, ni de signes au galvano»mètre. Si l'animal a été tué par le poison, on ne réussit plus à en »obtenir; mais si, au contraire, le tétanos a été produit par l'irritation »qu'on a donnée à la grenouille en la préparant, une fois que les »convulsions sont passées, les signes du courant propre apparaissent encore.« [2]

In einer späteren Abhandlung, [3] die sich, mit wenigen, nur einzelne Worte betreffenden Abänderungen, auch dem *Traité etc.* einver-

[1] S. über diese Art des Tetanus den folgenden Paragraphen, No. 1.

[2] Bibliothèque universelle etc. Mars 1838. Nouvelle Série. t. XV. p. 164. * — Annales de Chimie et de Physique. Juin 1838. t. LXVIII. p. 102. * — Essai etc. (1840.) p. 81. 82. *

[3] Archives de l'Électricité. t. II. (No. 5, 3 Novembre 1842) p. 442. 444. *

leibt findet, wiederholt MATTEUCCI dieselbe Mittheilung, wenngleich in bedingterer Form. Ich gebe dieselbe nach dem *Traité etc.* p. 109. 110.*

»J'ai préparé des grenouilles prises de convulsions excitées par »l'extrait de noix vomique introduit dans l'estomac. Avec ces gre»nouilles on a les signes du courant au galvanomètre, mais plus »faibles qu'à l'ordinaire; les contractions propres sont »également plus rares et plus difficiles à obtenir. J'ai tou»jours observé que les contractions propres manquent ou sont beau»coup plus rares si l'on opère sur la grenouille prise dans cet état »tétanique où elle se trouve quelquefois aussitôt après avoir été pré»parée. GALVANI avait déjà observé ce phénomène.«[1]

Diese entsprechende Verminderung der galvanometrischen und der physiologischen Wirkung des Stromes tetanischer Frösche ist einer von den Beweisen, die MATTEUCCI für die Einerleiheit der Ursache beider Wirkungen erwähntermafsen beizubringen bemüht ist (S. oben Bd. I. S. 478). Wer sollte nun nicht meinen, wenigstens nach der ersten Stelle zu urtheilen, MATTEUCCI's Ansicht sei, der Froschstrom nehme bei der Zusammenziehung ab? In der That ist BECQUEREL,[2] ist ein ungenannter Berichterstatter über den »*Essai etc.*«,[3] bin ich selbst[4] in diese Schlinge gegangen. Dies ist jedoch so wenig der Fall, dafs vielmehr im »*Essai*« bereits sowohl als im »*Traité*«, also gleichzeitig mit den beiden eben angeführten Stellen, ausgedehnte Versuchsreihen beschrieben sind, welche zum Zweck haben, theils, nach PRÉVOST's, PELTIER's u. A. Vorgang, elektromotorische Wirkungen von den in den Muskeln verbreiteten Nerven im Augenblicke der Zusammenziehung zu erhalten; theils, nachzuweisen, der Froschstrom nehme während der Zusammenziehung an Gröfse zu.

[1] S. über GALVANI's Beobachtungen in dieser Hinsicht den folgenden Paragraphen, No. 1.

[2] Traité expérimental de l'Électricité et du Magnétisme. t. VI. 1840. p. 228. n°. 1640.*

[3] Dieser sagt: »Si la grenouille prend l'état tétanique, soit naturellement, »soit artificiellement au moyen de passages successifs rapides du »courant électrique, aussi longtemps que le tétanos subsiste, le courant propre »de la grenouille ne paraît pas.« Ibidem, Nouvelle Série. Décembre 1840. t. XXX. p. 374.* Es ist aber zu bemerken, dafs MATTEUCCI die Idee, den elektrischen Strom zum Tetanisiren behufs der Untersuchung des elektrischen Zustandes der Muskeln während der Zusammenziehung anzuwenden, zum ersten Male in seinem »Traité«, also vier Jahre nach der anonymen Beurtheilung und ein Jahr nach dem Erscheinen des »vorläufigen Abrisses«, wo ich dies Mittel mit Erfolg anwandte, ausspricht, sie aber sogleich fallen läfst, weil er keine Art ausfindig machen kann, sich des Stromes zu bedienen, ohne dafs er in den Multiplicatorkreis einbräche. S. unten, No. 3.

[4] S. unten, No. 4.

Folgendes sind die Versuche der ersten Art, welche sich im »*Essai*« mitgetheilt finden. Zuerst stiefs Matteucci einen weichen Eisendraht in die Muskeln eines Kaninchens in der Richtung ihrer Fasern ein und suchte mittelst der Ablenkung einer astatischen Doppelnadel Elektromagnetisirung desselben bei der Muskelbewegung zu beobachten. Dann führte er in die Muskeln eine Inductionsrolle ein, welche mit ähnlichen Drähten angefüllt war, und deren Enden mit einem empfindlichen Multiplicator in Verbindung standen; oder er legte in dieselbe eine unmagnetische Stahlnadel und strebte nun bei Reizung der Muskeln beziehlich einen Inductionsstrom oder Magnetisirung der Nadel wahrzunehmen. Endlich brachte er das ganze eine Bein eines Frosches in eine Inductionsrolle, und die Enden derselben mit denen des Multiplicators oder der bereits erwähnten kleineren Rolle in Verbindung, in welcher letzteren sich wahrscheinlich ein weicher Eisenkern befand;[1] gleichfalls, um entweder Induction oder Elektromagnetisirung im Augenblicke der Zuckung erfolgen zu sehen.

Im *Traité etc.* p. 253* fügt Matteucci hinzu, er habe Stahl- und weiche Eisennadeln in den verschiedensten Richtungen in die Muskeln lebender Thiere eingestochen und dieselben während der Zusammenziehung mittelst einer astatischen Doppelnadel oder des Lebaillif'schen Sideroskops vergeblich auf Magnetismus untersucht.

Die andere Versuchsreihe, welche Vermehrung des Froschstromes im Augenblicke der Zusammenziehung nachzuweisen bezweckt, stellte Matteucci auf Veranlassung der Becquerel'schen Deutung des bereits erwähnten, von ihm zuerst beschriebenen, aber gänzlich mifsverstandenen einen Grundversuches dieses Gebietes an. Ich meine seine Entdeckung der secundären Zuckung, wie ich diese Erscheinung der Kürze halber nennen will. Matteucci überreichte dieselbe, in einem versiegelten Päckchen, der Pariser Akademie der Wissenschaften bereits am 28. Februar 1842. Nachdem er sie sodann noch einen Sommer hindurch vielfältig geprüft und nach allen Richtungen hinreichend verfolgt zu haben glaubte, machte er sie im Herbste desselben Jahres endlich an den oben Bd. I. S. 126. (1) bereits angegebenen Stellen bekannt.

Folgendes war der Inhalt von Matteucci's versiegelter Mittheilung: »Préparez rapidement la cuisse d'une grenouille, en y laissant le nerf »attaché; placez ce nerf sur les cuisses d'une autre grenouille préparée »à la manière ordinaire. Si alors vous obligez cette seconde grenouille »à contracter ses muscles, soit au moyen d'une excitation électrique, »soit par tout autre moyen, au moment où la contraction musculaire

[1] Traité etc. p. 254.*

»aura lieu, on verra se contracter également les muscles de la jambe »de la première grenouille.« Hiezu fügte der Entdecker jetzt noch folgende Bemerkungen. An der Stelle des ursprünglich zuckenden Froschschenkels könne auch der von der Sehnenbinde entblöfste Schenkel eines lebenden Kaninchens angewandt werden. Werde zwischen Nerv und Schenkel feines Fliefspapier gebracht, so finde gleichwohl die Wirkung statt, nicht aber, wenn dasselbe mit einem dünnen Blättchen eines Nichtleiters, und auch nicht, wenn es mit einem Stücke Blattgold vertauscht werde.

Diese Thatsachen sind bestätigt worden durch Dumas, v. Humboldt, Kupfer, Valenciennes,[1] Flourens,[2] Peltier,[3] Becquerel,[4] Alex. Donné[5] in Paris und Prévost[6] in Genf.

Becquerel schlofs daraus, dafs im Augenblicke der Zusammenziehung eine elektrische Entladung (»décharge électrique«) in dem Muskel vor sich gehen müsse, und dafs ein Theil derselben seinen Weg durch den Nerven des zweiten Frosches nehme, was auch der Fall sein könne, wenn derselbe durch feuchtes Fliefspapier von dem unmittelbar gereizten Muskel getrennt sei, während das Goldblättchen die Mittheilung der Wirkung auf die nämliche Weise verhindere, wie z. B. der metallene Teller, auf dem man einen Zitterrochen trägt, die Hand vor den Schlägen des Thieres schützt;[7] dafs endlich die nichtleitende Zwischenschicht, z. B. ein Streifen Glanzpapier (? »papier glacé, varnished paper[8]«) eben als solche wirke.

Dieser Ansicht scheint sich die Commission der Akademie angeschlossen zu haben, die Matteucci im December desselben Jahres den Preis für Experimentalphysiologie ertheilte (S. oben Bd. I. S. 123). Peltier dagegen a. a. O. behauptete, dafs die neue Erscheinung nicht

[1] Comptes rendus etc. 24 Octobre 1842. t. XV. p. 797.*

[2] L'Institut etc. t. X. No. 461. p. 373.*

[3] Ibid., No. 466. p. 426.*

[4] Annales de Chimie et de Physique. 3. Série. Novembre 1842. t. VI. p. 342.* — Archives de l'Électricité etc. t. II. p. 632.* — Traité etc. p. 136.*

[5] Journal des Débats politiques et littéraires. 4 Janvier 1843. Feuilleton.*

[6] Archives de l'Électricité etc. t. II. p. 633.*

[7] S. v. Humboldt und Gay-Lussac in Gilbert's Annalen der Physik. 1806. Bd. XXII. S. 7.* — Dies ist eine Folge der fast unendlich überlegenen Leitungsfähigkeit der Metalle gegenüber den Leitern zweiter Klasse, im Vereine mit dem Ohm'schen Gesetze der Stromvertheilung in Nebenzweigen nach dem umgekehrten Verhältnisse der Widerstände. Es versteht sich, dafs dabei das Thier durch eine andere isolirte Person, oder durch die dasselbe haltende mittelst eines Nichtleiters gereizt werden mufs, vorausgesetzt dafs es nicht freiwillig schlägt. Vergl. übrigens unten, Kap. X. §. III.

[8] Vergl. Philosophical Transactions etc. For the year 1845. p. II. p. 312.*

auf elektrischem Wege erklärt werden könne. Die elektrischen Phänomene zerfielen in zwei Klassen, in statisch- und in dynamisch-elektrische. Zu den ersteren, zu denen Peltier merkwürdiger Weise die der elektromotorischen Fische zählt, könne die secundäre Zuckung nicht gehören, weil die Dazwischenkunft eines Goldblättchens sie alsdann nicht würde hindern können; zu den letzteren aus folgenden Gründen nicht: »Il faudrait qu'il y eût un courant d'ensemble qui vint produire »un courant dérivé à travers le nerf; mais un courant d'ensemble ne »peut exister sans des conducteurs spéciaux, qui viennent par leur »réunion former un courant général. Jusqu'alors aucun physicien, ni »aucun physiologiste, n'a pu découvrir ni ces conducteurs, ni ces cou»rants généraux. Tout cet ordre de phénomènes est moléculaire et ne »peut produire les courants dérivés que nous connaissons.«

Matteucci seinerseits, dem Becquerel's Erklärung, mit Hinblick auf die von Becquerel und Breschet entdeckte Wärmeentwickelung im zusammengezogenen Muskel, eine besondere Wahrscheinlichkeit für sich zu haben schien,[1] zeigte bald darauf in einem *Comptes rendus etc.* 23 Janvier 1843. t. XVI. p. 197* abgedruckten Briefe an v. Humboldt an, dafs es ihm geglückt sei, eine Vermehrung der Stärke des Froschstromes am Multiplicator im Augenblicke der Zusammenziehung selbst wahrzunehmen. »Les signes du cou»rant propre de la grenouille, démontrés par le galvanomètre, augmen»tent au même instrument dans l'acte de la contraction.« Der Versuch ward an einer Froschsäule angestellt, und die Zusammenziehungen derselben durch Betupfen der Berührungsstellen zwischen den Nerven des einen und den Muskeln des nächstfolgenden Galvani'schen Präparates mit einem in Kalihydratlösung getauchten Pinsel hervorgerufen.

Im *Traité etc.* selber kommt Matteucci weitläuftig auf diesen Gegenstand zurück. S. daselbst p. 130.* »Comme ce phénomène....« sagt er, »a lieu sur des animaux qui n'ont pas le courant propre de la »grenouille, (! — Vergl. oben Bd. I. S. 541) on pourrait supposer que »c'est le courant musculaire qui, dans l'acte de la contraction, augmente »d'intensité et ne peut plus par conséquent circuler entièrement dans »les molécules mêmes du muscle où il est développé.« Er durfte also eigentlich, seiner Meinung nach, nur mit dem »courant musculaire«, nicht mit dem »courant propre« arbeiten, wodurch er auf, in seiner Vorstellung, sehr beträchtliche Schwierigkeiten geführt wurde. Es sinkt nämlich die Kraft der »piles musculaires« äufserst schnell; auf solche von Kaninchen- und Taubenmuskeln mufste er so wie so verzichten,

[1] Traité etc. p. 135.*

weil sie sich nicht zur Zusammenziehung bringen lassen, und vergebens suchte er diese Uebelstände dadurch zu beseitigen, dafs er sich einer Säule aus lebenden, auf ein Brett genagelten Tauben bediente! Er sah sich genöthigt, zu dem »courant propre« von Säulen aus 8—10 nach Galvani's Vorschrift bereiteten Fröschen seine Zuflucht zu nehmen: »J'ai cru qu'en parvenant à prouver que ce courant est d'une manière »quelconque augmenté par la contraction, on aurait fait un pas dans »l'explication du phénomène que nous étudions.«

Eine andere Schwierigkeit erwuchs Matteucci aus der Wahl eines Mittels, um die Froschsäule zur Zusammenziehung zu bewegen, ohne unmittelbar, sei's die Summe der Spannungen in dem Kreise, sei's den Widerstand desselben zu verändern. Auf die Anwendung des elektrischen Stromes verzichtete er, weil es ihm unmöglich schien, denselben in den Versuch einzuführen, ohne dafs ein Theil desselben seinen Weg durch den Multiplicatordraht nehme (S. oben S. 13. Anm. 3). Er versuchte daher die Froschsäule dadurch zum Zucken zu bringen, dafs er ungefähr zu gleicher Zeit das Rückenmark sämmtlicher darin befindlichen Präparate auf mechanischem Wege reizte. In den Fällen, wo bei Anstellung dieses Versuches durch die heftigen Zuckungen der Frösche nicht die Kette auseinandergerissen und geöffnet wurde, sah er die Ablenkung in der That um 2—4° zunehmen.

Wenn er sich, in der bereits oben mitgetheilten Weise, des Verfahrens der Reizung auf chemischem Wege bediente, so vermied er, die beiden äufsersten Glieder der Froschsäule mit der Kalihydratlösung zu benetzen, damit dieselbe nicht zu den Platinenden des Multiplicators gelangen könne. Den solchergestalt erregten Zuckungen, welche schwächer sind, aber länger anhalten, als die durch Reizung des Rückenmarkes hervorgebrachten, entsprach eine Zunahme der Nadelablenkung um 5—10°. Dem Einwand, dafs diese Wirkung von der Verminderung des Widerstandes an den mit der Lösung benetzten Stellen herrühren könne, setzt Matteucci verschiedene Gründe entgegen. Wird erstens das Betupfen zum zweiten oder dritten Male wiederholt, wobei keine Zuckungen mehr zu Stande kommen, so bleibt jener augenblickliche Zuwachs aus. Wird ferner statt der Kalihydratlösung verdünnte Schwefelsäure, Salmiak- oder schwefelsaure Natronlösung mittelst eines Pinsels oder eines Stückchens Badeschwamm auf die Nerven einer Säule aus Galvani'schen Präparaten aufgetragen, was keine Zuckungen, wohl aber eine Verminderung des Widerstandes an den benetzten Stellen zur Folge hat, so findet die entgegengesetzte Wirkung statt; die Nadel geht für den Augenblick auf Null zurück. Eine besondere Versuchsreihe Matteucci's hat sodann den Zweck zu zeigen, dafs der bei der wechselseitigen Berührung von Kalihydratlösung, Nerv und Muskel sich entwickelnde chemische Vorgang nicht als die Quelle des beobachteten Stromzuwachses angesehen werden könne. Er ordnete auf einer isolirenden Unterlage zwei Frösche säulenartig an, indem er zwischen denselben eine Lücke von 20—30^{mm} Breite offen liefs. Wenn er diese abwechselnd mit einem in Wasser, in Kalihydratlösung und in angesäuertes Wasser getauchten Dochte überbrückte, so erhielt er beziehlich auf die beiden ersten Fälle 5—6°, auf den letzten 6—8° Ausschlag im Sinne des Froschstromes. Endlich hat MATTEUCCI siebenmal eine Säule aus sechs Fröschen bei + 8° bis + 10° C. vier Tage lang liegen lassen, und sie nach dieser Zeit, wo keine Zuckungen mehr erfolgten, nachdem sie etwas in Wasser aufgeweicht worden war, mit Kalihydratlösung betupft. In einem einzigen Falle vermehrte sich die noch vorhandene Spur des Froschstromes um 3°.

Obschon MATTEUCCI geneigt ist, diese Versuche, so weit sie bis hieher vorliegen, als eine Bestätigung der BECQUEREL'schen Deutung der secundären Zuckung anzusehen, so wagt er doch nicht, die Frage für ganz entschieden zu halten: »Il faut avouer que l'apparition de deux »phénomènes, c'est-à-dire la production des contractions et la plus »grande déviation de l'aiguille, se correspondent exactement.... Est-il »maintenant bien exact de conclure que le courant propre augmente »par la contraction du muscle? Peut-on expliquer différemment le ré»sultat de nos expériences?.... Je n'ose pas affirmer que la question »soit complètement résolue, et je me suis arrété, ne sachant par quelle »voie avancer pour la résoudre.«

Von Neuem hat indefs MATTEUCCI diese Frage aufgenommen in einer langen Abhandlung über die secundäre Zuckung, welche in den *Philosophical Transactions etc. For the Year 1845. Part II. p. 303—317°* unter dem Titel: »*On Induced Contractions*« (Received Juli 23, — Read November 20, 1845) erschienen ist. Er hatte mittlerweile den Untersuchungen über thierische Elektricität auch in England Bahn gebrochen, und hier war die in Rede stehende Erscheinung auf diese Weise getauft worden. Ich mufs dieselbe aber für verwerflich erklären, und zwar gerade aus dem Grunde, um defswillen sie von MATTEUCCI gebilligt wird: »I shall henceforth adopt this denomination, since it has »the advantage of expressing the phenomenon with brevity, and, to »a certain degree, its nature.« Der Name der inducirten Zuckung entspricht, wie man sehen wird, einer ziemlich gewagten theoretischen Vorstellung, die sich MATTEUCCI über diese Erscheinung gebildet hat, und die im Laufe unserer eigenen Untersuchungen sich sehr bald als nichtig erweisen dürfte; während mit der Bezeichnung als secundäre oder Zuckung zweiter Ordnung kein anderer Begriff als der den Thatbestand wiedergebende der Ableitung, der Abhängigkeit, der Unterordnung verknüpft scheint.

Matteucci wiederholt zunächst die eben angeführten Versuche des *Traité etc.* mit halbdurchschnittenen Froschoberschenkeln; weil nämlich, seiner Meinung nach, der Muskelstrom stärker ist als der Froschstrom, und es ihm hier darauf ankam, eine möglichst große Ablenkung zu haben; aus demselben Grunde setzte er jetzt seine Säulen aus 16—20 Gliedern zusammen. Da er eine Zunahme des Stromes beobachten wollte, so ist durchaus nicht zu begreifen, weshalb er einen Werth auf die Gröſse der Ablenkung legte: er hätte, scheint es, im Gegentheil suchen müssen, die Nadel möglichst nahe dem Nullpunkte zu behalten. Wie dem auch sei, er schreitet zuerst zu einer weitläuftigen Untersuchung, über den Einfluſs, den das Eintauchen der halben Froschoberschenkel in verdünnte Schwefelsäure, hinreichend gesättigte Kalihydratlösung, und gesättigte Kochsalzlösung auf den Strom solcher Säulen äuſsert, indem er nämlich abermals beabsichtigte, die Zuckungen durch Benetzen mit Aetzmitteln hervorzurufen. Das Eintauchen dauerte nur wenige Secunden. Hernach wurden die Oberschenkel abgespült, so daſs die mit Säure und Alkali behandelten die bezügliche Reaction auf Lakmuspapier nicht mehr zeigten. Der Erfolg war der nämliche als der bei Behandlung der Muskeln mit 50° C. warmem Wasser beobachtet wird, nämlich eine Verminderung des Stromes, die selbst durch Anfrischen des Querschnittes nicht gehoben wurde. Matteucci versicherte sich ausdrücklich, daſs diese Veränderung nicht von einer Zunahme des eigenthümlichen Widerstandes der Muskeln herrührte; eben so wenig von dem dabei vorkommenden öfteren Waschen mit kaltem Wasser. Meiner eigenen, viel früheren Erfahrungen über diesen Gegenstand wird dabei nicht gedacht.[1] Hier nun also bleibt ein Widerspruch zurück. Bei dieser Art des Versuches wirkt die Kalihydratlösung stromschwächend gleich Salz und Säure, hingegen in den Versuchen des *Traité etc.*, an Galvani'schen Präparaten, brachte dieselbe nicht selten ein merkliches Anschwellen des Stromes in dem Augenblicke der dadurch bewirkten Zuckungen hervor. Diesen Widerspruch völlig zu schlichten, bescheidet sich Matteucci, spricht sich aber jetzt mit der gröſsten Bestimmtheit dahin aus, daſs jene Zunahme nicht auf Rechnung der Zusammenziehung zu bringen sei. Dies beweist er durch folgenden Versuch. Er richtet 12, 16 oder 20 Frösche nach Galvani's Vorschrift zu, ohne jedoch das Becken

[1] Vorläufiger Abriſs u. s. w. A. a. O. S. 14. §. 35. c. e.* — Vergl. unten, Kap. V. §. III.

unterhalb der Nerven fortzuschneiden; alsdann entfernt er den einen Unterschenkel, schneidet den Oberschenkel des anderen Beines quer durch, und ordnet sie zur Säule zusammen, indem er den Querschnitt des Oberschenkels eines Gliedes gegen die Aufsenfläche des unversehrten Oberschenkels des anderen Gliedes lehnt. Ist die Nadel auf 10° bis 15° zur Ruhe gekommen, so benetzt er die Nerven sämmtlicher Präparate, welche, wie man sieht, einigermafsen aus dem Kreise sich befinden, mit gesättigter Kalihydratlösung, mit Ausnahme der beiden letzten Glieder, wo er zu fürchten hätte, dafs die Lauge sich bis in die Endflüssigkeiten der Säule und der darin ruhenden Multiplicatorenden ergiefsen möchte. Sogleich nach dem Auftragen des Aetzmittels beginnen Zuckungen, und halten einige Secunden lang an, ohne jemals stark genug zu werden, um die Kette zu sprengen. Die Nadel bleibt dabei in Ruhe; in einigen Fällen macht sie eine rückgängige, in anderen eine fortschreitende Bewegung von 2—3°, welcher keine Bedeutung zugesprochen werden kann. »Let us then conclude«, schliefst Matteucci, »that direct experiment answers negatively to the question »we proposed to solve, whether there were evolution of electricity in »muscular contraction.« Er vermuthet, dafs die leise Zunahme in dem Fall der mit Kalihydratlösung gereizten Galvani'schen Präparate von nichts als von der durch die Zuckung augenblicklich inniger gemachten Berührung zwischen den einzelnen Kettengliedern herrühre.

Er geht sodann (p. 309) zu einigen die secundäre Zuckung unmittelbar betreffenden Versuchen über. Die Isolation des secundär zuckenden Schenkels von dem ursprünglich zuckenden pflegt er dadurch zu bewerkstelligen, dafs er einen Teller mit Venetianischem Terpenthin anfüllt, und die beiden Frösche darauf lagert; das Terpenthin müsse dickflüssig genug sein, um kein Einsinken der thierischen Theile zu verstatten. — Die secundäre Zuckung erscheine, welches auch die Richtung des stromprüfenden Nerven zu den Muskelfasern des ursprünglich zuckenden Schenkels sei; ob er denselben parallel, querüber, oder zickzackförmig in mannigfaltigen Biegungen gelagert werde. — Auch der Gastroknemius sei geeignet, die secundäre Zuckung zu ertheilen. — Sie finde statt, selbst wenn man den stromprüfenden Frosch mit Wasser völlig rein von Blut und anderen Unreinigkeiten wasche. — Matteucci schnitt mit einem Rasirmesser, oder lieber mit der Scheere, eine Scheibe Muskelfleisch von dem Oberschenkel ab; die Zuckung blieb nicht aus, als der stromprüfende Nerv nur die Schnittfläche berührte. — Sie zeigt sich auch, wenn man den stromprüfenden Nerven, auf dem ursprünglich zuckenden Muskelfleisch, in einen geschlossenen Ring umbiegt, oder wenn man ihn, statt ihn von der Wirbelsäule loszutrennen, vielmehr mit dem Rumpfe in Verbindung läfst, so dafs dieser nur noch durch den Nerven mit dem Unterschenkel zusammenhängt. Der Nerv lag dabei quer über das ursprünglich zuckende GALVANI'sche Präparat, so dafs der Unterschenkel auf der einen, der Rumpf auf der anderen Seite lag. Bei derselben Anordnung leitete MATTEUCCI den Strom einer Säule durch den Nerven oder betröpfelte diesen mit Kalihydratlösung; die secundäre Zuckung stellte sich nichtsdestoweniger ein. — Sie fehlt hingegen, wenn der Nerv des ursprünglich zuckenden Schenkels zwar gereizt wird, jedoch die Leitung des Nervenprincips auf die Muskeln auf irgend eine Weise unterbrochen wird; wenn z. B. der Nerv an zwei oder drei Stellen zerschnitten, oder wenn der primär zucken sollende Muskel zerhackt ist;[1] ebenso, wenn statt des zum Oberschenkel, auf dem der stromprüfende Nerv aufliegt, gehörigen Stammes des Ischiadicus, die Verzweigung desselben am Unterschenkel gereizt wird; an Hunden und Kaninchen, wenn die Nieren-, Magen- und Eingeweidenerven gereizt wurden. — Vergebens suchte MATTEUCCI secundäre Zuckung vom Nerven aus zu erhalten, indem er den stromprüfenden Nerven der unteren Hälfte des Nerven eines stromprüfenden Schenkels entlang legte, dessen obere Hälfte auf elektrischem Wege gereizt wurde. — MATTEUCCI legte einem Frosch das Gehirn und den Plexus Ischiadicus blofs, breitete über jenes den stromprüfenden Nerven und benetzte den Plexus mit Kalihydratlösung, oder liefs ihn bald in aufsteigender, bald in absteigender Richtung durch den Strom treffen; es entstanden Zuckungen in den Beinen und dem Rumpfe, hingegen der stromprüfende Schenkel blieb in Ruhe. — MATTEUCCI breitete auf den Gastroknemius des stromprüfenden Schenkels den Nerven eines zweiten, auf den Gastroknemius dieses den Nerven eines dritten stromprüfenden Schenkels; beim Reizen des primär zuckenden Schenkels sah er alle drei stromprüfende Schenkel zucken; die ganze Anordnung war auf Terpenthin isolirt. Dies ist, wie man sieht, die Zuckung dritter und vierter Ordnung; die erstere fehlte niemals, die der fünften Ordnung glückte MATTEUCCI nie.

Endlich kam MATTEUCCI auf die Untersuchung der Wirkung verschiedener zwischen den stromprüfenden Nerven und den ursprünglich zuckenden Schenkel gebrachter Flüssigkeiten zurück. Keine von den vielen untersuchten Flüssigkeiten unterbrach die Fortpflanzung der secundären Zuckung, als: destillirtes oder leicht angesäuertes Wasser, verdünnte Salzlösung, Serum, Blut, Olivenöl, verdünnter Alkohol, alkoholische

[1] »If, without cutting the nerve, all the tendinous extremities of the muscles »of the thigh are severed, and transverse cuts are also made in those muscles, »taking care not to divide the nerves, on stimulating them, the inducing and also »the induced contractions are wanting.« (p. 310.)

Harzlösung (Firniſs), Terpenthinöl. MATTEUCCI lieſs einige Tropfen dieser Flüssigkeiten auf den Muskel fallen und bettete den Nerven darin; aber er stellte den Versuch auch so an, daſs ein mit denselben getränkter Filzstreifen (»a thin sheet of felt«[1]) zwischen Nerv und Muskel eingeschaltet wurde. Zur Reizung diente eine mit bloſsem Wasser angemachte FARADAY'sche Säule von 15 Gliedern. Von jenen Flüssigkeiten nun zeigten sich das Oliven- und Terpenthinöl, der Firniſs u. s. w. als völlige Nichtleiter für den Muskelstrom und den »courant propre«. Halte man den stromprüfenden Schenkel in der Hand, und berühre mit den Nerven desselben einen feuchten Papierstreifen, die Muskeln eines Frosches oder eines anderen Thieres, welche mit dem Erdboden in leitender Verbindung stehen, so erhalte man Zuckung, weil sich die Froschkette durch den Beobachter schlieſse. Dies sei nicht mehr der Fall, wenn der Nerv zuvor in Oliven- oder Terpenthinöl, oder in Firniſs getaucht worden sei. »It is therefore indubitable«, sagt MATTEUCCI, »that if an induced contraction is propagated through a stratum »of the bad conductors mentioned, this induced contraction cannot pos»sibly be owing to a current generated in the contracting muscle, and »passing thence into the nerve of the galvanoscopic frog.« (p. 313) Um sich dieses wichtigen Ergebnisses noch mehr zu versichern, wünschte MATTEUCCI einen noch schlechteren Leiter als die bereits genannten in Anwendung zu bringen. In dieser Absicht beschmiert er die Muskeln mit einer Mischung von Venetianischem Terpenthin und Terpenthinöl; er beeilt sich, darauf zu bestehen, daſs dieselbe so schlecht leitend gewesen sei, daſs, wenn er das eine Ende der fünfzehngliederigen Säule in die harzige Schicht steckte und das andere mit dem stromprüfenden Nerven in Berührung brachte, keine Zuckung entstand. Nichtsdestoweniger pflanze sich durch diese Schicht, falls sie nicht zu dick oder die Mischung zu leichtflüssig sei, die secundäre Zuckung fort. Durchaus kein fester Körper hingegen lasse sie hindurch: das dünnste Glimmer- oder Gypsblättchen, geleimtes Papier, Pflanzenblätter halten sie auf. Durch Froschhaut gelinge es, sie zu erhalten.

Und nun schreitet MATTEUCCI, gestützt auf diese zahlreichen Erfahrungen, zur Erörterung seines Phänomens. Zunächst liege es am Tage, daſs es nicht die Folge einer Verbreitung des erregenden Stromes bis zum stromprüfenden Nerven sei; eben so wenig einer mechanischen Erschütterung desselben. Lege man den stromprüfenden Nerven auf schwingendes Metall, Glas, gespannte Häute, Darmsaiten, so entstehe

[1] So steht in den Transactions; in den unten erwähnten Französischen Uebersetzungen heiſst es an der Stelle »un papier à filtrer.«

nie eine Zuckung. — Man bemerke in seltenen Fällen Zuckungen in dem Augenblicke, wo man den stromprüfenden Nerven über den ursprünglich zuckenden Schenkel lagere. Alsdann sei »the inside of the »muscle.... discovered in some points;« oder der stromprüfende Nerv nicht ganz frei von allen Resten Muskelfleisch, welche beim Zurückbeugen gegen ihn selbst Zuckung hervorzubringen vermögen; oder »it »has also appeared to me that sometimes these contractions occur »when the tendinous extremities and the surface of the muscle and of »the thigh touch two points of the galvanoscopic frog.... These »circumstances reduce themselves to the phenomenon of a muscular »current or of a proper current, which ought to traverse the nerve »of the galvanoscopic frog.«[1] Man könne nun voraussetzen »that.... »the above stated circumstances.... may be rendered more active, or »that they may be excited by the muscular contraction.« Aber diese Voraussetzung sei nicht stichhaltig, weil die secundäre Zuckung auch von einer ganz gleichförmigen Schnittfläche des Muskels, durch Haut und durch Schichten isolirender Stoffe hindurch, erhalten werde. — Endlich könne man, nach dem Vorbilde der Wärme- und Lichtentwickelung[2] bei der Zusammenziehung, an eine Elektricitätsentwickelung im Augenblicke der Zusammenziehung denken wollen; abgesehen indeſs von der Fortpflanzung der Zuckung durch nichtleitende Flüssigkeiten habe er gezeigt, daſs eine solche Entwickelung sich auf keine Weise darthun lasse. Man könnte annehmen, daſs die Elektricität in dem Fall der Terpenthinschicht durch Vertheilung wirke; dann aber müſste dasselbe mit dem Glimmer stattfinden, wie denn ein Froschschenkel zucke, über dessen Nerven man ein dünnes Glimmerblatt lege, und am [Henley'schen] allgemeinen Auslader den Schlag einer Kleist'schen Flasche über den Glimmer fortgehen lasse. Matteucci hat auch vergeblich versucht, Zuckungen zu erhalten, indem er den Nerven eines Frosches in groſser Länge dem gefirniſsten Leitungsdrahte einer zehngliedrigen Bunsen'schen Säule entlanglegte, die abwechselnd geöffnet und geschlossen wurde.[3]

[1] Dieser Versuch gehört Volta, seine Deutung mir. S. oben Bd. I. S. 525.

[2] Armand de Quatrefages in den Comptes rendus etc. 2 Janvier 1843. t. XVI. p. 31.*

[3] Ich habe diesen Versuch schon vor Jahren mit gleich nichtigem Erfolge angestellt, und mich deshalb desselben nicht berühmt. Meine Anordnung war, wenn ich nicht irre, zweckmäſsiger als die Matteucci's. Ich legte nämlich den Nerven auf meine ganz mit Drähten angefüllte Inductionsrolle (S. oben Bd. I. S. 446), welche eine fünffache Schicht sehr dünnen Drahtes darbietet, so daſs beim Oeffnen und Schlieſsen der in die primäre Kreisbahn eingeschalteten zweigliedrigen Grove'schen Säule ein äuſserst kräftiger Inductionsstrom vielemale in nächster Nähe des Nerven, bald in dieser, bald in jener Richtung vorbeifuhr. Aber Alles blieb vergeblich,

MATTEUCCI's Ansicht von der secundären Zuckung kann ich nicht umhin mit seinen eigenen Worten zu geben. Nachdem er die hauptsächlichsten Eigenthümlichkeiten der Erscheinung der Muskelbewegung an und für sich zusammengestellt hat, sagt er: »The phenomenon of »induced contraction would seem to be a first fact of induction of »that force which circulates in the nerves and which arouses »muscular contraction. Admitting that we cannot give a satisfactory »explanation of the phenomenon of induced contraction by recurring to »electricity or any other known causes, as I think I have abundantly »proved, it appears to me that we cannot, confining ourselves to a first »fact, as is that of induced contraction, interpret it differently from what »we have done. The induced contraction is only a new phenomenon of »nervous force, a phenomenon of which we have given the principal »laws in this memoir. It seems to me therefore more just to call that »henceforth muscular induction, what I have hitherto called in»duced contraction.«

MATTEUCCI schliefst mit einigen Anwendungen des von ihm entdeckten vermeintlichen neuen Princips auf einige Erscheinungen der Nerven- und Muskelphysik. Da jenes Princip indessen in Wirklichkeit nirgends anders besteht, als in seiner Einbildung, und da, selbst unter der Voraussetzung seiner Richtigkeit, die Anwendungen desselben noch mancherlei Bedenken ausgesetzt sein dürften, so scheint es überflüssig, davon nähere Kenntnifs zu nehmen. MATTEUCCI ist nicht sehr glücklich in seinen theoretischen Bestrebungen. Sie haben ihn dazu geführt, ohne Noth langwierige Untersuchungen darüber anzustellen, ob der Strom, der die Zuckung ohne Metalle erzeugt, einerlei sei mit dem, der die Nadel im NOBILI'schen Grundversuche ablenkt; sie haben ihm die auf der Hand liegende Einerleiheit des Frosch- und Muskelstromes Jahrelang vorenthalten können; so werden wir ihn später gleichfalls Jahrelang die Möglichkeit läugnen sehen, die Wirkungen der Zitterfische nach den hergebrachten Gesetzen elektrischer Ströme zu erklären; so mifskennt er jetzt sogar den elektrischen Ursprung der secundären Zuckung, und stöfst das seit einem Jahrhundert in der Muskel- und Nervenphysik ersehnte Heil

welche Stellungen ich auch dem Nerven gegenüber dem stromführenden Leiter anwies. So habe ich auch ganz vergeblich die durch die vorderen und hinteren Wurzeln gebildete Nervenöse, in der man sich, gewissen Voraussetzungen gemäfs, eine Art von Kreislauf des Nervenprincips vorstellen könnte, während des Oeffnens und Schliefsens der Kette dem einen Pole eines mächtigen Elektromagnetes ausgesetzt. Hier erschöpfte übrigens die langwierige Zurichtung bereits zu sehr die Leistungsfähigkeit der thierischen Gebilde, als dafs noch mit Fug ein bejahender Erfolg zu erwarten gewesen wäre.

von sich! Weil er sich selbst keine fruchtbaren Fragen zu stellen weifs, irrt er rathlos im Kreise nichtssagender Abänderungen erster roher Erfahrungen, wie man sie dem Zufall verdankt, umher; weil er versäumt, die Erscheinungen auf ihre einfachste Gestalt zurückzubringen, ersinkt er unter der Last der Verwickelung, die in allen seinen Versuchen herrscht; die Natur versagt ihm ihre Aufschlüsse, und so kommen jene verkehrten theoretischen Ausgeburten zu Tage, die zwar einen Augenblick lang Aufsehen erregen mögen, aber bei der leisesten Berührung, wie Seifenblasen, zu Schaum versprützen. [1]

3. Erste Darlegung der negativen Schwankung des Muskelstromes bei der Zusammenziehung in meinem »*vorläufigen Abrisse u. s. w.*«

Ich habe in meinem »*vorläufigen Abrisse*« (vom November 1842) a. a. O. S. 12. §. 31. 1. Folgendes bekannt gemacht: »Matteucci hatte »in seinem *Essai sur les phénomènes électriques des animaux; Pa»ris 1840. p. 81. 82* angezeigt, dafs im Tetanus der Froschstrom ver»schwinde. Ich habe mich durch eine grofse Anzahl der sorgfältigsten »Versuche, zu denen ich auf die unter (18) beschriebene Art präpa»rirte Gastrocnemien [2] vom Frosch benutzte, welche ich nach Nobili's »Angabe (*Ann. de chim. et de phys. XLIV, p. 89*) vom Nerven aus »tetanisirte, und mich dabei der Methode der Compensation bediente, »aufs bestimmteste überzeugt, dafs in der That während heftiger und »andauernder Zusammenziehungen der Strom zwar bei weitem nicht »verschwindet, allein doch merklich an Intensität abnimmt. Dasselbe

[1] Die Abhandlung, von der so eben ein Auszug gegeben wurde, ist seitdem übersetzt erschienen in den Annales de Chimie et de Physique. Septembre et Octobre 1846. 3. Série. t. XVIII. p. 120,* wie auch fast vollständig in den Leçons sur les Phénomènes physiques des Corps vivants etc. 1847. p. 268.* — Matteucci hat übrigens bereits wieder eine neue Arbeit über die secundäre Zuckung angekündigt, und eine kurze Inhaltsanzeige davon mitgetheilt in den Comptes rendus etc. 17 Août 1846. t. XXIII. p. 358.* Er hebt folgende zwei Punkte als die wesentlichen hervor. Erstens, was bereits in der Abhandlung der Transactions gesagt ist, dafs nur der primär zuckende Muskel, nicht aber Theile des Nervensystemes, z. B. die Centralorgane in Folge aufsteigender, sensibler Reizung die secundäre Zuckung zeigen, und ebensowenig irgend ein anderes Organ. Zweitens, dafs die secundäre Zuckung auch durch die Oeffnungszuckung nach langer Schliefsung der Kette erhalten werde, wo dann diese in eine Art von Tetanus ausartet, wie dies Ritter vor fünfzig Jahren, und nicht, wie Matteucci zu glauben scheint, er selber neuerdings entdeckt hat (S. oben Bd. I. S. 365). Was dies mit der secundären Zuckung als solcher zu schaffen habe, hat mir nicht deutlich werden wollen.

[2] Nämlich wie oben Bd. I. S. 525 gelehrt wurde.

»fand ich mittelst der unsicheren, von Matteucci angewandten Metho-»den, den Gesammtfrosch durch Strychninintoxication, und das Gal-»vani'sche Präparat durch schnelle Präparation in Tetanus zu versetzen, »bestätigt. Auch habe ich mich zu überzeugen nicht versäumt, daſs »diese Abnahme des normalen Stromes nicht daher rühre, wie man »wohl hätte vermuthen können, daſs während der Muskelzusammen-»ziehung ein in umgekehrter Richtung wie der normale Strom des Ge-»sammtfrosches, des Galvani'schen Präparats und des Gastrocnemius, »nämlich von der Cerebrospinalaxe nach der Peripherie verlaufender »Strom den normalen Strom zum Theil compensire.«

Ich hatte diese Thatsachen, mit mehreren Erweiterungen und darauf bezüglichen Einzelheiten, deren Mittheilung ich aber für den *»vorläufigen Abriſs«* nicht geeignet fand, sogleich bei meinen ersten darauf gerichteten Bestrebungen im Sommer 1842 entdeckt. Seitdem habe ich dieselben nicht nur, durch Vervielfältigung und Vermannigfachung der Versuche zu verschiedenen Zwecken, unzähligemale für mich bestätigt gefunden, sondern ich habe sie auch einer groſsen Anzahl von Männern gezeigt, deren Zeugniſs in der Wissenschaft nachgerade vollgültig sein dürfte: von denen ich nur die Berliner Akademiker, die Herren Joh. Müller, Dove, Magnus, Poggendorff, Riess, Mitscherlich, Ehrenberg, die Gebrüder Rose, hervorheben will. Auch hoffe ich, daſs bei denjenigen, die dem vorliegenden Kapitel ihre Aufmerksamkeit schenken wollen, nicht leicht ein Zweifel an der Wirklichkeit meiner Aussagen zurückbleiben wird. Es handelt sich hier nicht um spurweise Wahrnehmungen, die dann und wann unter zweideutigen Umständen, durch eben so viel ungünstige Fälle aufgewogen, sorgenvoll erspäht werden müssen; nein, sondern um Nadelbewegungen von 40—70°, um einen Versuch, so schlagend, einfach, sicher und beständig in seinem Erfolge, daſs ich ihn, wenn meine Vorrichtungen im Stande und Frösche bei der Hand sind, an jedem Orte, zu jeder Stunde, beliebig viele Male hintereinander, ohne daſs auch nur ein einziges versagte, zu wiederholen mich anheischig mache.

Diese Verwahrungen beziehen sich auf die seltsamen Verdächtigungen, die Matteucci in dem bereits oben Bd. I. S. 546 erwähnten Schreiben an Dumas vom September 1845 gegen meine Thatsachen zu erheben sich veranlaſst gefühlt hat.

Wie man sieht, hatte ich mir eine Pflicht daraus gemacht, seine Behauptung hinsichtlich des Fehlens des Froschstromes bei tetanischen Fröschen, als ihm den Erstbesitz der Entdeckung der elektrischen Zustände des zusammengezogenen Muskels sichernd, meiner eigenen Mittheilung voraufzuschicken. Der Leser ist aber bereits in Stand gesetzt, zu ermessen, wie sehr ich meinen eigenen Rechten dadurch zu nahe getreten war. Nie hat Matteucci entfernterweise auch nur die Vorstellung gehabt, dafs der Muskelstrom während der Zusammenziehung abnehme; wenn hierüber, nach dem Vorigen, noch der mindeste Zweifel obwalten könnte, so werden die nachfolgenden Worte dieses Physikers ihn zu heben geeignet sein.

Der eigentliche Angriffspunkt, den ich Matteucci dargeboten habe, ist dieser: es ist nämlich klar, und wird später bis zum Uebermafse bewiesen werden, dafs die secundäre Zuckung nichts weiter ist, als die physiologische Wirkung der von mir entdeckten Stromabnahme bei der Zusammenziehung. Den Versuch zu machen, war mir, offen gestanden, nicht eingefallen; allein jene Deutung lag mir auf der Hand, sowie ich nur die erste unvollkommene Nachricht davon durch die Tageblätter erhielt, und ich fand dieselbe auch alsbald durch die unten gehörigen Ortes beschriebenen Versuche bestätigt. Ich theilte sie darauf Herrn Geheimenrath Müller mit, und dieser schrieb in der damals erscheinenden vierten Auflage des ersten Bandes seines *Handbuches der Physiologie,* S. 557. 558: »Dieser Strom wird durch die Contraction des »Muskels selbst unterbrochen. [Matteucci hat sein Aufhören beim »Tetanus,] du Bois-Reymond seine Schwächung oder Unterbrechung »bei jeder Zuckung des Muskels beobachtet. Da die Contraction nicht »die leitende Verbindung aufhebt, so mufs die Unterbrechung von einem »Aufhören der elektrischen Polarität selbst während der Contraction »abhängen. Bis so weit berechtigen die Elektricitätsphänomene an den »Muskeln und Nerven noch nicht zu einer Identificirung des Nervenprincips und der Elektricität. Mehr scheint hiefür der Versuch Matteucci's zu sprechen, dafs, wenn auf den Muskel *A.* der Nerve eines »zweiten Muskelpräparates *B.* gelegt wird, und der Nerve des Muskels *A.* mechanisch oder galvanisch gereizt wird, zugleich der Muskel *B.* zuckt. Indessen läfst sich dieser Erfolg nach du Bois-Reymond »auf andere Art erklären. Da nämlich der Muskelstrom des Muskels *A.* »durch seine Contraction unterbrochen wird, so mufs diese Unterbrechung »eine Gleichgewichtsstörung in dem zweiten berührenden Nerven und »daher Contraction des Muskels *B.* hervorrufen. Wir müssen daher anerkennen, dafs die Identität des Nervenprincips »und der Elektricität nichts weniger als erwiesen ist. »Aber wir dürfen auch nicht weiter gehen. Ein tieferer noch unbekannter Zusammenhang dieser Erscheinungen in analoger Art, wie »zwischen Elektricität und Magnetismus, kann immer stattfinden. Nur verbietet der methodische Gang der Wissenschaft, eine noch nicht begründete Vermuthung als Basis für wissenschaftliche Systeme zu benutzen.«

Dagegen sagt nun Matteucci: »Je ne puis concevoir comment »M. Müller a pu conclure de mes travaux, qu'on est amené à »établir l'identité du principe nerveux avec l'électricité.« Matteucci beruhige sich; wie man sieht, ist dies meinem verehrten Lehrer auch nicht entfernterweise in den Sinn gekommen. »J'ai, en »mille circonstances et dans tous mes Mémoires, insisté pour bien éta»blir les analogies et les différences qui existent entre ces deux prin»cipes; on n'a qu'à lire pour cela les chapitres VII et VIII de mon »*Traité des phénomènes électro-physiologiques des animaux*. Je ne »dirai plus qu'un mot au sujet de la contraction induite à propos de »l'explication que M. du Bois-Reymond en a donnée. Ce physiologiste »pense que le courant musculaire est interrompu par la contraction, et »que cette interruption doit déterminer une rupture d'équilibre »dans le nerf de la seconde préparation, et par conséquent, amener la »contraction du second muscle. Ce sont les mêmes expressions avec »lesquelles M. Müller rapporte l'hypothèse de M. du Bois-Reymond, »faite pour expliquer la contraction induite. Il m'a été impossible de »me faire une idée de la valeur physique de ces expressions. Il pa»raît que M. du Bois-Reymond admet que le courant mus»culaire ou propre s'affaiblit ou s'interrompt pendant la »contraction musculaire; mais il n'y a aucun fait qui »vienne à l'appui de cette idée. Galvani avait bien vu que les »signes des contractions propres s'affaiblissent ou disparaissent dans la »grenouille prise de tétanos: moi-même j'ai bien confirmé ce fait, mais »il faut remarquer que cet affaiblissement se montre, parce qu'on prend »pour indication du courant propre la contraction de la grenouille »même, en repliant sa jambe sur les nerfs lombaires. Mais on ne »trouve pas cela en mesurant le courant propre ou le musculaire avec »le galvanomètre. La différence est donc due à l'état d'excitabilité du »nerf dans l'animal tétanisé. Ce n'est que dans un cas, que j'ai noté »dans mes premiers travaux et que j'ai vérifié après, que l'on pourrait »trouver la preuve du principe admis par M. du Bois-Reymond. J'ai »trouvé que les grenouilles prises dans l'état de surexcitation dévelop»pée par l'emploi de la noix vomique, préparées à la manière ordinaire »et disposées en pile, donnent un courant propre plus faible que »celui que l'on obtient en agissant sur des grenouilles qui n'ont »pas subi l'action de la noix vomique. Mais, si l'on réfléchit »que les contractions ne persistent pas dans les grenouilles pré»parées et disposées en pile, on ne pourra pas voir, dans ce fait »unique, la démonstration du principe invoqué par M. du Bois»Reymond. Du reste, il est difficile de concevoir comment les

»actions chimiques doivent s'affaiblir dans un muscle par le fait de sa »contraction.«

Matteucci hat mir durch diese Bemerkungen, ohne sein Wissen, einen wahren Freundschaftsdienst geleistet. Er hat sich dadurch eines jeden Anspruches auf die in Rede stehende Entdeckung, den er auf seine ersten im »*Essai*« enthaltenen Behauptungen hätte gründen können, gänzlich und unwiderruflich begeben. Nicht leicht wird er fortan, er möge sich wenden, wie er wolle, wenn ihm über den hier vorliegenden, beiläufig unendlich einfachen und mit den Händen zu greifenden Thatbestand, die Schuppen von den Augen gefallen sein werden, mir den Erstbesitz der Stromabnahme im Tetanus auf Grund jener Behauptungen streitig machen können. Das seltsame Mifsverständnifs, diese Thatsache sei blos eine Hypothese von mir, kann ich, nach Anführung meiner eigenen, wenn ich nicht irre, für jeden in diesem Gebiete Bewanderten hinlänglich klaren Worte, dem Urtheile des Lesers überlassen. Dafs Matteucci nicht begreift, wie die augenblickliche Unterbrechung eines Stromes in einem Nerven Zuckung hervorbringen könne, ist mir, von einem Elektrophysiologen von Fach, wie er, selbst unbegreiflich. Man erfährt übrigens einmal unumwunden, welcher Werth auf die im entschiedensten Tone vorgebrachten thatsächlichen Aussagen Matteucci's zu legen ist. Wenn Matteucci sagt: »L'influence du »tétanos est telle que le courant propre manque toujours lorsque la »grenouille en est attaquée. Nous n'avons plus de contractions, ni de »signes au galvanomètre.« (S. oben S. 12), so kann kein Mensch dies anders verstehen, als wie der Ungenannte in der *Bibliothèque universelle,* Becquerel und ich selbst es verstanden haben, d. h. als ob der Froschstrom während andauernder Zusammenziehungen verschwände (S. oben S. 13. 25. 26): jetzt aber werden wir zur rechten Zeit aufgeklärt, dafs es, in Matteucci's Sprache, nichts Anderes bedeute, als dafs der Galvani'sche Versuch ohne Metalle an tetanischen Fröschen etwas schlechter gelinge als sonst und dafs der Strom von Thieren, die an Strychnin zu Grunde gehen, nicht mehr dieselbe Stärke besitzt, wie an gesunden! Heifst das nicht einigermafsen mit dem Vertrauen seiner Mitarbeiter und der gelehrten Nachkommenschaft ein gefährliches Spiel treiben?

Was übrigens die Thatsachen betrifft, die jenen Beobachtungen zu Grunde liegen, so ist, in Bezug auf die Zuckung ohne Metalle, nicht herauszubringen, ob Matteucci den Zustand des tetanischen Krampfes selber, oder die Pausen zwischen den einzelnen Stöfsen, oder endlich das Stadium der nachfolgenden Erschlaffung gewählt hat, um seine Versuche anzustellen. Das erstere würde kaum einen Sinn haben, da es nicht zu verwundern ist, dafs die zuckungerregende Wirkung des Stromes geringer ausfällt, wenn die Muskeln schon im Starrkrampf gespannt sind; und eben so wenig auffallend erscheint der schlechtere Erfolg unter den beiden letzteren Voraussetzungen, da die Zuckung ohne Metalle den Gipfel der Erregbarkeit erfordert, hingegen der Tetanus den der Erschöpfung hinterläfst. Aus der Stelle: »La différence est donc due »à l'état d'excitabilité du nerf dans l'animal tétanisé« geht mit Bestimmtheit hervor, dafs nicht etwa ein zweiter Froschschenkel zur Prüfung des Stromes des tetanischen verwandt wurde; auch ist in diesem Falle, da sich die secundäre Zuckung kundgiebt, das Ergebnifs des Versuches ein ganz verschiedenes. Von Galvani's entsprechenden Aussagen, auf die Matteucci sich beruft, wird unten sogleich die Rede sein.

Anlangend die Verminderung der galvanometrischen Wirkung mit Strychnin vergifteter Frösche, welche nach Beendigung des Tetanus wahrgenommen wurde (»les contractions ne persistent pas dans les »grenouilles préparées et disposées en pile« — S. oben S. 28), so erklärt sie sich eben so einfach und auf dieselbe Weise, wenn man erwägt, dafs die Stärke des Stromes mit der Leistungsfähigkeit der Muskeln sinkt, und dafs, nach Brücke, dergleichen Thiere etwa achtmal früher todtenstarr werden, als nicht im Tetanus verstorbene.[1]

---

§. II.

Von der Art und Weise, den Strom des zusammengezogenen Muskels am Multiplicator zu untersuchen.

Ich schreite zur Mittheilung meiner eigenen Untersuchungen über diesen Gegenstand. Sie wurden theils am Multiplicator, theils am stromprüfenden Schenkel angestellt.

Oben Bd. I. S. 409 sind bereits die Schwierigkeiten erörtert worden, welche am Multiplicator für die Wahrnehmung äufserst schneller Stromveränderungen entstehen. Es stellte sich heraus, dafs diese Schwierigkeiten auf doppeltem Wege zu umgehen seien. Entweder, indem man die stromprüfende Vorrichtung fähig macht, den elektrodynamischen Bewegungen leichter zu folgen; oder, indem man die Stromesschwankungen, wenn man es in seiner Macht hat, sich unaufhörlich in möglichst

[1] Müller's Archiv u. s. w. 1842. S. 185.* — Vergl. unten, Kap. V. §. I. II.

kurzen Zeiträumen wiederholen läſst, wo denn der Stand der Nadel endlich eine dem Sinne derselben entsprechende Veränderung erfährt. Die Gröſse dieser Veränderung im Allgemeinen als Function der mannigfachen Umstände, welche dabei in Betracht kommen, zu ermessen, ist mit groſsen, noch nicht überwundenen Schwierigkeiten verknüpft, was wir beklagen müssen, da mehrere der dabei gewonnenen Bestimmungen für uns von Werth sein würden. [1]

Die auſserordentliche Geschwindigkeit, deren die Muskelzusammenziehung fähig ist, ist bekannt, obschon leider noch immer keine messenden Versuche zur Bestimmung derselben angestellt sind. Es wird davon später, bei Gelegenheit der Darstellung der wesentlichen von der Zusammenziehung bekannten Thatsachen mehr die Rede sein. Hier begnügen wir uns, dieses Umstandes einfach als eines völlig ausgemachten Punktes zu gedenken, und in der That sieht man, obschon, wie bereits erwähnt wurde, der Zustand der Zusammenziehung den entschiedensten Einfluſs auf den Muskelstrom äuſsert, sehr häufig aufliegende Muskeln oder Gliedmaſsen, sei's durch den Reiz der Salzlösung, sei's durch andere unbekannte Ursachen, in flüchtige, mehr oder weniger heftige Zu-

[1] Einen einzelnen Fall der Art hat Pouillet einer genaueren Zergliederung unterworfen. In den Kreis einer Kette von beständiger Kraft waren eine Sinusbussole und ein Unterbrechungsrad eingeschaltet, dessen leitende Zähne gleiche Bogenlänge mit den isolirenden hatten, und welches mit hinreichender Geschwindigkeit gedreht werden konnte, um die Nadel eine neue feste Gleichgewichtslage annehmen zu lassen. Dies geschah bei 140 bis 150 Unterbrechungen in der Secunde. Es zeigte sich, daſs der Sinus der neuen Ablenkung die Hälfte des Sinus der ersteren betrug. In der That, bezeichnet man mit m die Bogenlänge eines metallischen, mit h die eines isolirenden, hölzernen Zahnes, mit D die ursprüngliche, mit x die neue Ablenkung, mit F die magnetische Erdkraft, und nimmt man als Zeiteinheit die Zeit an, welche die Feder braucht, um den Weg $m + h$ zurückzulegen, und welche so gering ist, daſs zwei innerhalb derselben die Nadel in entgegengesetzter Richtung treffende Einwirkungen von ungleicher Dauer, deren Gröſsen sich aber umgekehrt wie ihre Dauer verhalten, die Nadel unbewegt lassen; so hat man die Gleichung

$$F \sin x = \frac{m}{m+h} \cdot F \sin D$$

oder

$$\sin x = \frac{m}{m+h} \cdot \sin D,$$

d. h., wenn

$$m = h,$$

$$\sin x = \frac{1}{2} \sin D.$$

S. Comptes rendus etc. 22 Mai 1837. t. IV. p. 788.* — Auch in Becquerel's Traité expérimental de l'Électricité et du Magnétisme t. V. p. I. 1837. p. 275.* — Einen ähnlichen, aber unvollkommenen Versuch von Neef s. in Poggendorff's Annalen u. s. w. 1835. Bd. XXXVI. S. 357.*

sammenziehungen gerathen, ohne eine Spur von Einwirkung auf die Multiplicatornadel wahrzunehmen. Nach dem Obigen wissen wir jedoch, was wir von diesem trügerischen Erfolge zu halten haben; ehe wir danach über die elektromotorische Unwirksamkeit der Muskelzusammenziehung absprechen, werden wir versuchen, Mittel ausfindig zu machen, wodurch die Einwirkung, die wir hier zu gewärtigen zu haben glauben, hinreichend verlängert werde, um einen Einfluss auf unsere trägen Stromprüfer äussern zu können. Die Nichtbeachtung dieser Massregel würde beiläufig hingereicht haben, alle früheren Bestrebungen, elektromotorische Wirkungen bei der Muskelzusammenziehung zu erhalten, zu vereiteln, selbst wenn dieselben nicht noch an anderen zahlreichen Gebrechen zu Grunde gegangen wären. Anstatt, wie diese früheren Beobachter alle, es auf Erzeugung eines einzigen heftigen Stosses abzusehen, werden wir vielmehr unser Augenmerk darauf zu richten haben, die Dauer dieser Zuckung zugleich möglichst zu verlängern.

In dem Folgenden ist unter Tetanus, der Kürze halber, stets der Zustand selbst einer solchen anhaltenden, heftigen Zusammenziehung eines Muskels verstanden, gleichviel ob getrennt vom Körper oder noch an demselben befindlich, und gleichviel auf welche Weise dieselbe herbeigeführt wurde; unter Tetanisiren aber jedes Verfahren, wodurch ein Muskel augenblicklich in diesen Zustand versetzt werden kann.

1. Von den verschiedenen Arten zu tetanisiren, insbesondere dem Tetanisiren auf elektrischem Wege.

(1) Tetanisiren durch mechanische Gewaltthätigkeiten.

Behufs des Tetanisirens stehen uns verschiedene Mittel zu Gebot.

Erstens die Anwendung gewisser äusserer Gewaltthätigkeiten. Irgend reizbare Frösche gerathen durch Gehirnerschütterung, durch einen Schlag mit dem Schädel auf die Tischkante hervorgebracht, stets in heftigen Tetanus, wobei das Maul weit aufgesperrt wird. Durch langsam vorschreitende Zerstörung des Rückenmarkes von oben her, wie auch durch Längsspaltung desselben in der Mittelebene, erhält man meist eine ziemlich lang andauernde tetanische Zuckung. Dasselbe erreicht man, wie wir schon wissen (S. oben Bd. I. S. 230. 326), indem man das querdurchschnittene Lendenmark der Anätzung durch gesättigte Kochsalzlösung aussetzt. Auch nach Abtrennung des Nerven vom Rückenmarke kann man noch auf ähnliche Weise, jedoch freilich mit minder ausgesprochenem Erfolg, den Muskel tetanisiren, indem man den ersteren von oben nach unten zu verbrennt, zerquetscht oder chemischen Einwirkungen preisgiebt.

Sodann berichtet Nobili: »Parmi les grenouilles préparées à la »manière de Galvani, on en rencontre quelques-unes dont les membres »se raidissent au point de ne se plier qu'avec peine, et si on les tient »ployés par force, ils reprennent subitement leur raideur primitive. »C'est une sorte de tétanos ou de convulsion tétanique.[1] »D'autres individus, au contraire, laissent tous leurs membres tomber »dans un état de relâchement et de souplesse absolue. Dans l'un et »l'autre cas, les grenouilles s'agitent sous l'action des électromoteurs; »mais dans le premier, où les membres sont déja contractés et tendus, »les mouvements sont plutôt des contorsions que des contractions: »dans le second cas, au contraire, celui d'un affaissement général, on »observe des contractions proprement dites. Quelquefois la grenouille »étend ses membres et les raidit comme si elle allait éprouver une »convulsion tétanique.«[2]

Matteucci betrachtet diesen Tetanus nach der Zurichtung als eine sehr gewöhnliche Erscheinung: »Tous les physiciens qui ont fait des »expériences sur les grenouilles ont dû nécessairement observer, que si »une grenouille bien vivace est préparée rapidement, elle se trouve »prise par une espèce de convulsion tétanique. En effet ses membres »sont tendus et roides, et il est impossible de lès fléchir.«[3] Nobili's erwähnt er dabei nicht. Später folgt die Reihe allmälig einander aufhebender Behauptungen, die wir bereits oben S. 12. 13. 28. 29 in Augenschein genommen haben; nämlich zuerst, dafs, bei dieser Art des Starrkrampfes sowohl als bei der durch Strychnin bewirkten, die Multiplicatorablenkung durch den Froschstrom und die Zuckung ohne Metalle vermifst würden; sodann dafs dies doch eigentlich nur für die Zuckung wahr sei, und endlich gar, dafs diese auch nicht ganz fehle, sondern im Grunde nur etwas schwächer erscheine.

In Betreff dieser Beobachtung hat sich Matteucci zu Gunsten Galvani's der Vorhand begeben, ohne indefs genauer den Ort zu bezeichnen, wo Derselbe sie mitgetheilt haben soll. Ich mufs gestehen, dafs ich nach langem Suchen keine andere Stelle gefunden habe, die ihm dabei gegenwärtig gewesen sein könnte, als folgende aus der *Memoria prima allo* Spallanzani,[4] wo es von Volta heifst: »Di più, con-

[1] »Plus les individus sont vigoureux, plus ils sont sujets au tétanos. Il est »très-rare qu'un individu affaibli ou qui a souffert raidisse ses membres après la »préparation ordinaire.« (Anmerkung Nobili's.)

[2] Annales de Chimie et de Physique. Mai 1830. t. XLIV. p. 89.* — Memorie ed Osservazioni ec. t. I. p. 153.*

[3] Bibliothèque universelle etc. Décembre 1838. Nouvelle Série. t. XVIII. p. 362.*

[4] Opere ed. et ined. ec. p. 311.*

»ſonde accortamente le contrazioni nate dall' applicazione di quest' arco »nervoso, con quei tremori e sussulti che svegliansi spontaneamente »negli animali preparati, e che sono prodotti dallo strazio che di loro »si fa nell' atto di prepararli; e per far valere vie più l'azione dello »stimolo dice, di non aver mai osservato tai moti, se non quando i »nervi ed i muscoli godevano di un piego vigore di vitalità, e tale »che ogni stimolo meccanico, ogni orto e compressione bastavano ad »eccitarli. Ora incominciando da quest' ultimo punto di obbiezione: »come può egli stabilire questo, quando anzi, perchè riesca l'esperi»mento con chiarezza e sicurezza, fa di mestieri aspettare che »siano estinti totalmente i predetti moti spontanei? ec.« Sollte Matteucci indeſs diese Stelle gemeint haben, so scheint es mir, daſs er sie miſsverstanden hat. Galvani sagt nicht, daſs die Zuckung ohne Metalle an dergleichen Präparaten schwächer ausfalle, sondern nur, daſs sie inmitten der freiwilligen Zuckungen nicht mit Sicherheit unterschieden werden könne.

Wie dem auch sei, die erste Wahrnehmung des Tetanus nach schneller Zurichtung würde jedenfalls nicht ihm, sondern Volta zukommen, dessen Stelle darüber im zweiten Briefe an Vassalli heiſst: »Cosi è: l'esperimento non mi è riuscito che pochissime volte, e sol »quando duravano ancora o erano appena cessati nella rana tagliata i »tremiti e i palpiti delle fibre per lo strazio sofferto.« [1]

Mir selber ist es nur selten begegnet, diese Form des Tetanus zu beobachten. Dies kann sowohl von der geringeren Leistungsfähigkeit der Frösche in unseren Breiten, als von dem Umstande herrühren, daſs ich verhältniſsmäſsig doch nicht häufig in den Fall gekommen bin, Frösche gerade nach Galvani's Vorschrift, d. h. mit einem anhängenden Stücke Wirbelsäule an den Ischiadnerven, zuzurichten. Zwar habe ich in meinem »*Abrisse*« gesagt, daſs auch auf diesem Wege tetanisirte Thiere mir die negative Schwankung des Muskelstromes gezeigt hätten (S. oben S. 25); ich bin aber jetzt geneigt zu glauben, daſs ich damals durch die mir noch nicht hinlänglich vertraute Wirkung der Kochsalzlösung auf den Querschnitt des Lendenmarkes in die Irre geführt worden bin.

(II) Tetanisiren durch Vergiftung.

Zweitens kann man sich des Strychnins [2] bedienen. Die bequemste Form seiner Anwendung scheint die gesättigte Lösung des salpeter-

[1] Collezione dell' Opere ec. t. II. p. I. p. 227. 228. Nota. *

[2] Matteucci gelingt es merkwürdiger Weise auch, mit Blausäure und Opium Frösche im Tetanus sterben zu machen. S. Essai etc. p. 28; * — Traité etc. p. 239. 240. 270. * Vergl. oben Bd. I. S. 383.

sauren Salzes zu sein; je nach der Gröfse des Frosches läfst man 1—3 Tropfen ins Maul fallen, welches man mit einem Scalpellstiel offen hält. Gemeiniglich nach 10—15′ erfolgt Tetanus. Es ist zu erinnern, dafs er, bis zu einer gewissen Grenze, um so kräftiger und nachhaltiger eintritt, je geringer die Gabe war, die ihn hervorrief, entschieden aber, je weniger der Frosch, in dem sogenannten Stadium der erhöhten Reizbarkeit, durch Reflexzuckungen in Anspruch genommen worden ist. Man mufs daher, um die möglichst starke Wirkung zu erlangen, von dem Augenblicke an, wo man die ersten Vergiftungszeichen wahrnimmt, jede Erschütterung und jedes Geräusch in der Nähe des Thieres vermeiden. Das bewegende Nervensystem geht dann allmälig dem Zustande labilen Gleichgewichtes entgegen, in dem ein verschwindender Anstofs hinreicht, um den Umsturz in die tief zerrüttete Lage herbeizuführen, deren Wirkungen wir als Tetanus vor Augen sehen. Uebung lehrt den Punkt beurtheilen, wo man sicher ist, durch eine Berührung des Frosches nicht mehr eine einzelne Reflexbewegung, sondern den ausgeprägtesten und andauerndsten Tetanus hervorzubringen. Die Augen sind alsdann halb geschlossen, die Pupille etwas verengt, die Stellung Angst und Niedergeschlagenheit ausdrückend, die Flanken eingefallen, die Athembewegungen beschleunigt, oberflächlich und höchst unregelmäfsig.

Nach C. G. Mitscherlich's interessanter Entdeckung ist, wenigstens bei warmblütigen Thieren, Tetanus auch die Folge grofser Gaben von Ammoniaksalzen und sogar des Chlornatriums.[1]

(m) Tetanisiren auf elektrischem Wege.

Alle diese Mittel leiden an Uebelständen, welche ihre Anwendbarkeit für unseren Zweck bedeutend beeinträchtigen. Den Tetanus durch Gehirnerschütterung erhält man nur an sonst unverletzten Fröschen, deren Strom wir bisher noch gar nicht einmal untersucht haben. Das Tetanisiren durch schnelle Zurichtung, durch die Anätzung des Rückenmarkes mittelst Kochsalzlösung, und durch die Strychninvergiftung sind zu sehr der Beherrschung des Beobachters entzogen, um mit Vortheil zu feinen und mannigfaltigen Versuchsreihen ausgebeutet werden zu können. Zudem erfordern diese Verfahrungsarten sämmtlich die Gegenwart der Centraltheile des Nervensystemes, wodurch die Anordnung der Versuche erschwert und verwickelt wird. Die angeführten Methoden am blofsen Nerven sind zwar von diesem Fehler befreit, allein ihre Wirksamkeit ist auch verhältnifsmäfsig sehr gering.

[1] Medicinische Zeitung. Herausgegeben von dem Verein für Heilkunde in Preufsen. 1841. No. 43 bis 46.* — C. G. Mitscherlich, Lehrbuch der Arzneimittellehre. Bd. II. Berlin 1843. S. 231.*

Von allen diesen Nachtheilen finden wir an dem dritten hier einzuschlagenden Wege, dem oben Bd. I. S. 262. 270 schon im Allgemeinen und andeutungsweise erwähnten Tetanisiren durch den elektrischen Strom nichts mehr wieder.

Erwägt man, dafs uns Tetanus nichts Anderes bedeutet, als fortdauernde heftige Zusammenziehung; dafs, wie wir gefunden haben, nur Schwankung der Stromdichtigkeit im Nerven Zuckung zu Wege bringt: so liegt das Mittel am Tage, diese Zuckung in Tetanus umzuwandeln. Hiezu ist nichts weiter nothwendig, als die Stromdichtigkeit in dem Nerven fortwährend schwanken zu machen, d. h. also, entweder den Strom fortwährend zu unterbrechen, oder doch merklich unter seine beständige Gröfse sinken zu lassen, oder, was im Wesentlichen auf Eins herauskommt, den Nerven mit einer dicht aufeinanderfolgenden Reihe von Schlägen, sei's nur in einer, sei's abwechselnd in beiden Richtungen zu treffen.

Die Wirksamkeit eines solchen Verfahrens ist bereits seit sehr langer Zeit bekannt. Schon Volta schreibt an Aldini unterm 24. November 1792: »....Col continuo contatto de' due metalli giungono al »sommo le convulsioni spasmodiche e presentano uno de' più forti »tetani, se rimanendo un solo metallo constantemente applicato al »nervo, l'altro si stacca a brevi istanti, e ritorna a toccare, e ciò più »volte di seguito con qualche celerità;« [1] und sechs Jahre darauf, im April 1798, fragt er, als Bürger N. N. von Como gerade wieder an Aldini schreibend, in einer Anmerkung zu seinem zweiten Briefe: »Warum aber .... wachsen und verdoppeln sich nicht, bei unter»haltener Schliefsung des .... Kreises und der Unterhaltung des elek»trischen Stromes durch ihn, warum nehmen nicht auch die Muskel»bewegungen, die Contractionen im Frosch, u. s. w., zu, oder halten »wenigstens an? Warum erfolgen diese blofs im Augenblick, dafs man »den Kreis schliefst, und hören dann sogleich auf? Warum mufs man »den Kreis unterbrechen, und ihn wieder ganz von neuem schliefsen, »damit sie wiedererscheinen? Warum dauern die Krämpfe und Convul»sionen nur fort, warum erhält man erst dann einen anhal»tenden Tetanus, wenn man jene Abwechselungen von »Schliefsung und Trennung des Kreises sehr schnell auf»einander folgen läfst?« [2]

Wie schon bemerkt, beruht hierauf der von Galvani, Pfaff u. A.

[1] Collezione dell' Opere ec. t. II. p. I. p. 180.*

[2] Ritter's Beiträge u. s. w. Bd. II. St. 3. 4. 1805. S. 48. Anm.* — Vergl. oben Bd. I. S. 89.

in den ersten Zeiten des Galvanismus wahrgenommene Erfolg beim Reiben und Schleifen der metallischen Kettenglieder an einander, wie auch beim Erschüttern der Berührungsstellen derselben mit den feuchten Leitern, wegen der dadurch verminderten Polarisation. S. oben Bd. I. S. 268.

Seitdem scheint Nobili diese Methode des Tetanisirens selbständig wieder aufgefunden zu haben. Nachdem er auf die obenangeführte Weise den durch schnelle Zurichtung entstehenden Tetanus beschrieben, fährt er, ohne Volta's Erwähnung zu thun, fort: »Ces convulsions »durent toujours long-temps; les contractions au contraire, cessent ordi»nairement en un instant. Je dis ordinairement, car il y a moyen de »les rendre permanentes, au point de reproduire tous les effets du »tétanos naturel. Il suffit pour cela d'interrompre et de rétablir le »circuit assez rapidement pour que la contraction qui naît d'un contact »donné ne s'évanouisse pas avant la production de celle qui est due »au contact suivant. Alors la grenouille n'a pas le temps de se dé»tendre d'une contraction à l'autre, et ses membres restent allongés et »raidis, comme dans le cas du tétanos naturel.« [1]

Nobili hat sich hier, sei's mit Bewufstsein, sei's unabsichtlich, sehr glücklich einer Ausdrucksweise bedient, welche, wie die Natur selbst in diesem Falle, zwei noch unentschiedene Möglichkeiten offen läfst. Man kann sich nämlich den Vorgang im Muskel in der That auf doppelte Weise vorstellen. Entweder die Zusammenziehung selbst ist von einer gewissen Dauer über die elektrische Reizung hinaus, und der Anschein des Tetanus beruht darauf, dafs der nächste Stofs den Muskel noch von dem früheren her zusammengezogen findet, oder sie hört mit der Schwankung des Stromes zugleich auf, der Muskel dehnt sich, vermöge der ihm im Ruhezustande zukommenden Elasticität, gemächlich wieder aus, um seine frühere Gestalt anzunehmen, und nun, mufs man sich denken, trifft ihn die erneuerte Wirkung noch bevor die Muskeltheilchen einen merklichen Weg in dem angedeuteten Sinne beschrieben haben. Wir haben zunächst kein Mittel, diese Frage zu entscheiden; die letztere Möglichkeit ist zwar sichtlich die einfachere, man wird aber irre an ihr, wenn man, wie dies namentlich bei sehr reizbaren Thieren der Fall ist, schon bei sehr wenig beschleunigter Wiederholung der Stöfse die Zusammenziehung scheinbar durchaus beständig werden sieht. Nichtsdestoweniger wird ein späterer Versuch sich für sie aussprechen.

[1] Annales de Chimie et de Physique. Mai 1830. t. XLIV. p. 90.* — Schweigger's Journal der Chemie und Physik. Bd. LX. S. 299.* — Memorie ed Osservazioni ed. ed ined. ec. vol. I. p. 153.*

Sodann wird die Folge lehren, daſs höchst wahrscheinlich die nämliche Zweideutigkeit für alle Arten beständiger Zusammenziehungen, selbst für die willkürliche, stattfindet, und für alle auf die nämliche eben berührte Weise zu entscheiden sein dürfte.

Nach Nobili mag zuerst wieder Sterneberg im Jahre 1834 das Tetanisiren auf elektrischem Wege, ohne Kenntniſs jener früheren Versuche zu besitzen, ins Werk gesetzt haben.[1] »Convulsiones plerum»que sola spasmi forma sunt,« sagt er, »quam crus irritatum osten»dit. Attamen etiam spasmum tonicum vidi, qui exoritur, si continue »ac celerrime flumen electricum intercipias iterumque restituas, dum pes »nervi suspensi cruris subiculo nititur. Ranam .... paratam superiore »ejus parte sinistra tenebam, crura genubus flexis laminae cuprinae »Columnae Voltaicae, quam tabulis sex duplicibus pedem circiter qua»drantem continentibus struxeram, insedebant, tum digitis dextrae luden»tibus Zincum inferius situm tractabam. Crura inflexa sensim sensimque »surgebant, tunc surrecta tanta vi extendebantur, ut partis superioris »pondus maximam ad partem ferre potuissent. Sic per quinque minu»tas horae partes erecta stabant, neque dum defatigatus experimentum »exposuerim.«

Etwas später fallen die subjectiven Wahrnehmungen an den mittlerweile in Umlauf gebrachten magnetoëlektrischen Rotationsapparaten und den Unterbrechungsrädern aller Art. Hier tritt bekanntlich, bei einer gewissen Drehungsgeschwindigkeit, ein Augenblick ein, wo es beim besten Willen der Qual ein Ende zu machen, unmöglich wird, die Handhaben, welche sie zuführen, fahren zu lassen. Alsdann ist nämlich die Zusammenziehung der Vorderarmmuskeln tetanisch geworden; zwischen je zwei Stöſsen liegt eben für die Einwirkung des Willens kein hinreichender Zeitraum mehr. Ausdrücklich beschrieben hat diese Erscheinung Masson;[2] es giebt aber wohl wenig Physiker, die sie nicht aus eigener Erfahrung kennen.

Matteucci bestätigte den objectiven Erfolg des Tetanisirens auf elektrischem Wege zuerst im Jahre 1838, ohne Nobili zu nennen.[3] Hier ist zum ersten Male von dem Ausdruck »tetanisé« Gebrauch gemacht, um damit den Zustand eines im Tetanus befindlichen Thieres zu

[1] Experimenta quaedam circa vim electricam nervorum atque sanguinis facta. Bonnae. 4°. p. 7.*

[2] S. oben Bd. I. S. 421. — Vergl. Valentin, Artikel »Galvanismus« in Rud. Wagner's Handwörterbuch der Physiologie u. s. w. Bd. I. S. 552.* — Matteucci in seinem Traité etc. p. 235.*

[3] Bibliothèque universelle etc. Décembre 1838. Nouvelle Série. t. XVIII. p. 362.*

bezeichnen. Im *Essai etc.* p. 28* wird die obige Versäumnifs, in Bezug auf NOBILI's Erstbesitz, nachgeholt. Im *Traité etc.* p. 233* bemerkt er, worüber man sich eben nicht zu wundern hat, dafs das Tetanisiren auf elektrischem Wege den Nerven sehr viel mehr angreife, als der beständige Durchgang desselben Stromes. Zwei möglichst gleich zugerichtete Frösche wurden, der eine dem beständigen, der andere dem beständig unterbrochenen und wiederhergestellten Strome einer 45gliederigen Säule 10 — 15′ lang ausgesetzt. Nach dieser Zeit bedurfte es für den tetanisirten Frosch einer gröfseren Anzahl von Plattenpaaren, um von den Ischiadnerven aus Zuckung zu erregen, als für den beständig durchströmt gewesenen. Wurden beide Frösche nach dem Versuche abermals einem beständigen Strome ausgesetzt, so wirkte derselbe nachtheiliger auf den noch vorhandenen Rest der Leistungsfähigkeit in dem tetanisirten, als auf den in dem anderen ein.[1]

Bis dahin war das Tetanisiren auf elektrischem Wege stets nur selber Gegenstand der Neugier und darauf gerichteter Versuche gewesen. Im Jahre 1842 führte ich dagegen, wie schon bemerkt (S. oben S. 25), dasselbe zuerst mit Glück umgekehrt in die Erforschung der Muskelzusammenziehung ein, als Mittel, um die Flüchtigkeit ihrer Erscheinungen zu fesseln, und von einer längeren Dauer derselben Aufschlüsse zu erhalten, welche eine vereinzelte Zuckung mir unmöglich gewähren konnte.

Diese Anwendung beschränkte sich zunächst auf das elektromotorische Verhalten des Muskels während seiner Thätigkeit. EDUARD WEBER[2] aber ist seitdem auf diesem, übrigens selbständig von ihm betretenen Wege, in der morphologischen und mechanischen Untersuchung des zusammengezogenen Muskels mit dem trefflichen Erfolge fortgeschritten, den wir an einer späteren Stelle dieses Werkes kennen lernen werden,[3] und schon hat sein Beispiel angefangen, verschiedene Nachahmungen rege zu machen.[4]

Aufser der hier besprochenen giebt es übrigens, wie man sich erinnert, noch eine andere Art, andauernde Zusammenziehung durch den Strom zu erhalten. Ich meine die von RITTER entdeckte Erscheinung, dafs Muskeln, deren Nerv eine Zeit lang einem aufsteigenden Strome

[1] S. endlich noch VALENTIN a. a. O. S. 549. 555.*

[2] RUD. WAGNER's Handwörterbuch der Physiologie u. s. w. Bd. III. Abth. II. Artikel »Muskelbewegung« (September 1846). S. 10.* — MÜLLER's Archiv u. s. w. 1846. S. 484.*

[3] S. unten, Kap. IX.

[4] VOLKMANN in MÜLLER's Archiv u. s. w. 1845. S. 408.* — BUDGE ebendas. 1846. S. 295.*

ausgesetzt gewesen, beim Oeffnen der Kette nicht einen einzigen kurzen Stoſs zeigen, sondern förmlich in Tetanus gerathen (S. oben Bd. I. S. 365). Indessen möchte diese Methode des elektrischen Tetanisirens nur unter ganz besonderen Umständen der ersterwähnten vorzuziehen sein, der sie an allgemeiner Anwendbarkeit, Wirksamkeit, Verläſslichkeit und Leichtigkeit ihrer Beherrschung, wie in mehreren anderen Bezügen offenbar um vieles nachsteht. Es wird, unter Tetanisiren auf elektrischem Wege, in dem Folgenden daher stets nicht dieses, sondern das andere früher schon von mir gebrauchte Verfahren zu verstehen sein.

2. Rechtfertigung der Methode des Tetanisirens auf elektrischem Wege bei thierisch-elektrischen Versuchen.

Bevor wir uns zu der Frage wenden, auf welche Weise das Tetanisiren auf elektrischem Wege am besten ausführbar sei, haben wir zu untersuchen, inwiefern sich dasselbe überhaupt für unseren Zweck benutzen lasse, da es auf den ersten Blick scheinen könnte, als vertrüge sich die Gegenwart eines fremden erregenden Stromes nicht mit unserer Absicht, die zarten elektromotorischen Wirkungen zu ermitteln, zu denen die Zusammenziehung Anlaſs geben mag. Matteucci suchte zwar nicht Tetanus im Multiplicatorkreise zu bewirken, als er bemüht war, diese Wirkungen zu erforschen; indeſs schon zum Behufe der Erregung einzelner Zuckungen schien ihm kein anderes Mittel dem elektrischen Strome an Zweckmäſsigkeit gleichzukommen. Nichtsdestoweniger verzichtete er auf dessen Anwendung, weil ihm kein Verfahren einleuchten wollte, bei dem der Zweck der Zusammenziehung im Kreise befindlicher Muskeln erreicht wurde, ohne zugleich das Hereinbrechen des fremden Stromes in denselben zu gestatten, wodurch die Versuche natürlich, auch bei möglichst groſser Schwäche desselben, durchaus unzuverlässig geworden sein würden.

Indessen ist nicht einzusehen, wie hier für ihn eine Schwierigkeit liegen konnte; folgendes ist die einfache Lösung dieser Aufgabe. Um einen Muskel auf elektrischem Wege zur Zusammenziehung zu veranlassen, ist es bekanntlich nicht nothwendig, daſs der Muskel selbst im Kreise befindlich sei; es genügt, daſs der Strom auf den Nerven allein einwirke. Es ist ferner deutlich, daſs man zwei sonst von einander isolirte Kreise durch einen feuchten Leiter von geringem Querschnitte und dabei einer gewissen Länge, wie einen Nerven, sehr gut mit einander verbinden könne, ohne daſs ein noch so kleiner Theil eines Stromes, der in dem einen Kreise gegenwärtig wäre, in den anderen überzugehen vermöchte. Wir erreichen also unser Ziel vollständig, wenn wir, während der Muskel sich im Multiplicatorkreise befindet, mit dem Hirnende des zugehörigen Nerven einen zweiten, von dem ersteren wohl isolirten Kreis schliefsen, in welchem wir einen, dem Zwecke des Tetanisirens angemessenen Strömungsvorgang nach Willkür erregen können.

Obschon über die Ausführbarkeit dieses Verfahrens im Allgemeinen kein Zweifel obwalten kann, so schien es doch zweckmäfsig, der Anwendung desselben eine Untersuchung der Richtigkeit der ihm zu Grunde liegenden Bedingung vorauszuschicken, der Voraussetzung nämlich, dafs bei dieser Anordnung in der That kein Stromübergang aus dem einen in den anderen Kreis stattfinde. Ich habe dieselbe sogleich an derjenigen Vorrichtung angestellt, an welcher nachher die Versuche mit dem Nerven selbst ausgeführt werden sollten. Diese Vorrichtung findet sich bereits oben Bd. I. S. 450 ausführlich beschrieben und Fig. 20, 21. Taf. II. desselben Bandes abgebildet.

Wies ich dem unteren Paar Platinenden an derselben die in Fig. 79 Taf. I. sichtbare Stellung gegen die Bäusche an, über welche ein mit Kochsalzlösung getränkter vieldoppelter Fliefspapierstreifen von 7—8^{mm} Breite gelegt worden war, und stellte eine Verbindung zwischen den Bäuschen und den Platinenden mittelst eines ähnlichen Streifens her, der gleichzeitig beide Enden mit einander verband, so erfolgte, wenn ich eine Säule aus sechs Grove'schen Ketten von der oben Bd. I. S. 446. 2 beschriebenen kleinen Art durch die Enden schlofs, das allerheftigste Anschlagen an die Hemmung in einem durch die Richtung des Stromes zwischen den Enden bestimmten Sinne, welche sich gleich blieb, wenn ich die Lage des Verbindungsstreifens zwischen Bäuschen und Enden veränderte, nämlich das Bauschende desselben bald auf den einen Bausch, bald auf den anderen, bald auf den die beiden Bäusche brückenartig verbindenden Streifen auflegte. Der Ursprung dieses Stromes ist klar; ich habe in der Figur durch die punktirten Linien und Pfeile zu versinnlichen gesucht, wie man sich seine Entstehung und Ableitung aus dem Hauptstrome zu denken hat.

Nicht so leicht zu deuten sind die bei weitem schwächeren abgeleiteten Ströme, welche ich, bei sonst ganz gleichen Verhältnissen, erhielt, wenn ich den Platinenden die ihnen für gewöhnlich zukommende Stellung Fig. 80 ertheilte. Die Richtung derselben war in Bezug auf die des Hauptstromes zwischen den Platinenden, wie sie daselbst abgebildet ist; sie blieb sich gleich, wenn man das Bauschende des Verbindungsstreifens zwischen Enden und Bäuschen bald auf den einen, bald auf den anderen Bausch, bald auf die Mitte des brückenartigen Streifens zwischen die Bäusche auflegte, und wechselte mit der Richtung des Stromes zwischen den Platinenden. Die Stärke dieser Ströme war, wie natürlich, bei gleicher Kraft der Säule abhängig von den Masfsen des Streifens; bei 15^{mm} Abstand des vorderen Platinendes von dem äufseren Rande des die Bäusche verbindenden Streifens und gleicher Breite des Streifens zwischen Bäuschen und Platinenden wie vorhin, betrug der Ausschlag nur etwa 15°, bei 10^{mm} 25—30°, bei 5^{mm} 45—50°. Wurde ein Stromwender in den Kreis der Säule eingeschaltet, und dessen Wippe in Uebereinstimmung mit den Schwingungen der Nadel umgelegt, so erreichte dieselbe bei 5^{mm} Abstand sehr bald, aber bereits bei 10^{mm} sehr selten die Hemmung.

Unter diesen Umständen findet demnach allerdings Uebergang des Stromes aus dem einen Kreise in den anderen statt. Diese Erscheinung ist dadurch ausgezeichnet, dafs die Richtung des abgeleiteten Stromarmes im Multiplicatorkreise bei gleicher Richtung des Hauptstromes unabhängig ist von der Stelle des Kreises, wo die Verbindung stattfindet, ein Umstand, wodurch ein solcher Stromarm leicht von allen solchen Wirkungen unterschieden werden kann, die mit dem Umlegen des sie vermittelnden Theiles der Vorrichtung auf den Bäuschen ihre Richtung wechseln, und der uns dadurch in der Folge noch wichtige Dienste leisten wird.

Dabei mufs eines Punktes Erwähnung geschehen, der, weil er ganz aufserhalb aller Berechnung liegt, bei Wiederholung dieser Versuche leicht zu störenden Mifsverständnissen Anlafs geben könnte. Man kommt nämlich, beim Einrichten derselben, leicht auf den Einfall, sich, statt der beiden Streifen, deren einer die Bäusche untereinander, der andere die Bäusche oder vielmehr den ersten Streifen mit den Enden verbindet, eines einzigen, in der Fig. 81—84 abgebildeten Art rechtwinklig geknifften zu bedienen. Dabei ist nun die Mafsregel zu beobachten, dafs man die beiden in der schrägen Kante *a* (Fig. 81. A.) rechtwinklig aneinanderstofsenden Hälften des Streifens hier mittelst der Feuchtigkeit, womit er getränkt ist, fest an einander haften mache. Geschieht dies nicht, ist die Falte in *a* nicht scharf, sondern liegt der Streifen nur locker umgebogen mit der einen Hälfte auf den Bäuschen, mit der anderen auf den Enden auf, wie in Fig. 82. 84, und hat die Falte die Fig. 82 abgebildete Stellung, so ist der Erfolg der Ableitung der Richtung nach gerade der umgekehrte von dem obigen und von dem, der er sein würde, wenn beide Hälften in der Falte dicht aneinanderschlössen, unabhängig übrigens von dem Bausche, auf dem der Winkel *a* des Streifens aufliegt. Woher diese Umkehr komme, habe ich mir nicht deutlich machen können. Bei der Lage der losen Falte Fig. 84 zeigt sich dieselbe nicht, sondern der Erfolg ist der nämliche wie bei aneinander schliefsenden

Hälften des Streifens, oder bei der Anwendung zweier Streifen in der erstbeschriebenen Art. Da bei der Lage der Falte Fig. 81. 82 umgekehrte Stromesrichtungen eintreten, je nachdem die Hälften aneinanderschliefsen oder nicht, so war zu erwarten, dafs es auch einen solchen Grad von Lockerheit der Falte, oder von Aneinanderschliefsen der beiden Hälften geben würde, wo gar kein Strom in den Multiplicatorkreis übergehen könne. In der That ist es mir geglückt, diesen Indifferenzpunkt mehreremal zu treffen. Bei der Lage Fig. 83. 84 der Falte ist zwar, wie bemerkt, die Richtung des Stromes stets dieselbe und zwar die gesetzmäfsige, allein seine Stärke ist bei anschliefsender Falte so unverhältnifsmäfsig gröfser als bei lockerer, dafs es sehr wahrscheinlich ist, dafs auch hier bei einem Grade von Lockerheit der Falte, der in den Versuchen gemeiniglich nicht erreicht wird, ein ähnlicher Indifferenzpunkt, wie bei der Lage Fig. 81. 82, und jenseits desselben Umkehr der Strömungsrichtung eintreten könne. Wirklich habe ich einmal eine Spur einer solchen wahrgenommen.

Der Irrthum nun, dem hier vorgebeugt werden mufs, ist folgender. Es ist gesagt worden, dafs die Richtung des von dem Strome der Säule abgeleiteten Stromarmes im Multiplicatorkreise stets eine und dieselbe sei, wo man auch das Verbindungsglied beider Kreise an dem Multiplicatorkreise anbringe, und dafs uns dieser Umstand im Nothfall dienen könne, den in den Multiplicatorkreis hereinbrechenden fremden Strom von dem Strome aufgelegter thierischer Theile zu unterscheiden, dessen Richtung sich bei dem Umlegen dieser Theile nämlich stets gleichfalls umkehren mufs. Gebraucht man aber, zur Anstellung dieser Vorversuche, statt der beiden Streifen Fig. 79. 80, den einen rechtwinklig geknifften Fig. 81—84, und will nun denselben auf den Bäuschen umlegen, um sich der Beständigkeit der Strömungsrichtung, trotz dieser Veränderung, zu versichern, so kann es leicht geschehen, dafs man entweder, bei lockerer Falte, die Lage derselben Fig. 82 in die Fig. 84 verwandelt, also z. B. von der Anordnung Fig. 82. A zu der Fig. 84. B übergeht, oder dafs man die Falte in der Lage Fig. 81. 82 zuerst locker, dann anschliefsend, oder umgekehrt anwendet, also z. B. Fig. 81. A mit Fig. 82. B vertauscht. In beiden Fällen wird man eine Umkehr der Strömungsrichtung bemerken, statt der verkündeten Stetheit derselben. Um einerlei Strömungsrichtung zu erhalten, mufs man also die Falte auf beiden Bäuschen entweder fest anschliefsend, oder locker anwenden; bei der lockeren Falte aber sich hüten, die Lage Fig. 82 in die Fig. 84 zu verwandeln. Alsdann wird für die Lagen Fig. 82. A. B die Richtung des abgeleiteten Stromarmes auf beiden Bäuschen dieselbe, wenngleich, mit Bezug auf Fig. 80 genommen, die unrichtige, für die Lagen

Fig. 84. A. B gleichfalls dieselbe, und zwar, nach demselben Maſsstabe beurtheilt, die gesetzmäſsige bleiben.

Da bei den folgenden Versuchen der tetanisirende Strömungsvorgang aus abwechselnd gerichteten Strömen bestehen sollte, so muſste noch ermittelt werden, ob Ströme der Art, von der Stärke der obigen, beim Uebergange in den Multiplicatorkreis auf die beschriebene Weise, POGGENDORFF's doppelsinnige Ablenkung [1] würden hervorbringen können, die einzige Wirkung bekanntlich, die dergleichen Ströme auf die Nadel zu äuſsern vermögen. Es wurde daher der POGGENDORFF'sche Inversor (S. oben Bd. I. S. 447) in den Kreis der Säule eingeschaltet, und die Nadel bei 0°, 20° und 70° östlicher und westlicher durch ein hinzugelegtes Magnetstäbchen bewirkter Ablenkung der Wirkung der abgeleiteten Ströme von abwechselnder Richtung ausgesetzt. Bei 0° ursprünglicher Ablenkung der Nadel und langsamem Drehen des Rades, so daſs Zahn um Zahn in Uebereinstimmung mit den Schwingungen der Nadel unter der Feder durchging, war die Reihe der Ausschläge auf beiden Seiten + 30°; — 60°; + 65°; — 63°; + 72°; — 62°; + 90°° u. s. f. Die Stärke der abgeleiteten Ströme entsprach also der nach der obigen Angabe bei etwa 10mm Abstand zwischen dem vorderen Platinende und den Bäuschen stattfindenden. Bei schnellem Drehen des Rades war der Erfolg der, daſs bei 0° und auch noch bei 20° sowohl östlicher als westlicher Ablenkung sich eine Wirkung von 2—3° Ausschlag stets in einer und derselben Richtung zeigte. Bei 70° ursprünglicher Ablenkung war diese Wirkung nicht mehr zu bemerken.

Daraus sowohl, als aus dem Umstande, daſs dieselbe stets einerlei Richtung hatte, daſs sie also in dem einen Quadranten einen positiven, in dem anderen einen negativen Ausschlag hervorbrachte, ergiebt sich mit Gewiſsheit, daſs sie keine doppelsinnige Ablenkung war. In diesem Falle hätte sie bei beliebiger Stellung der Nadel, und in beiden Quadranten im positiven Sinne stattfinden müssen. Die Deutung dieser Wahrnehmung ist vielmehr diese, daſs der abgeleitete Strom bei der Fig. 76 abgebildeten Stellung der Platinenden für die verschiedenen Richtungen des Hauptstromes zwischen den Enden nicht von einerlei Gröſse ist. Daſs dies wirklich der Grund jenes Umstandes gewesen sei, erhellt mit Bestimmtheit daraus, daſs sich schon bei allen früheren Versuchen eine solche Ungleichheit der Wirkungen auf beiden Seiten in geringem Maſse kundgegeben hatte, wie denn auch die so eben angeführte Reihe der Ausschläge bei langsamem Drehen des Rades unverkennbare Spuren davon zeigt. Bei der in Fig. 80 dargestellten Strö-

[1] S. Annalen u. s. w. 1838. Bd. XLV. S. 353.

mungsrichtung zwischen den Platinenden fiel nämlich der abgeleitete Strom stärker aus, als bei der entgegengesetzten. Worauf dieser Unterschied beruht habe, ist nicht leicht zu sagen; nach den oben Bd. I. S. 592 angedeuteten Grundsätzen jedoch schwerlich auf etwas Anderem, als auf einer irgendwie beschaffenen Einmischung der Polarisation der Platinenden, von deren störender Kraft wir ja bereits ebendaselbst ein so augenfälliges Beispiel erlebt haben.

Doppelsinnige Ablenkung findet also, nach dem Allen, bei so schwachen Strömen, wie die hier von der sechsgliedrigen Grove'schen Säule abgeleiteten, noch nicht in merkbarem Grade statt. Nachdem somit die Erscheinungsweise der abgeleiteten Ströme erkannt war, die man unter diesen Umständen erhält, blieb noch übrig, die Grenzwerthe der Länge und des Querschnittes des feuchten, die Bäusche und Bleche verbindenden Leiters und der abnehmenden Stromstärke zu bestimmen, bei denen noch Spuren des Stromes aus dem Erregerkreise in den Multiplicatorkreis übergehen. Mit Hülfe eines mit Speichel oder Eiweifs getränkten Zwirnsfadens, eines schmalen Streifens Froschhaut, läfst sich ein Nerv, in Bezug auf seine Leitungsverhältnisse, ziemlich getreu nachbilden. Um die Ableitung in den Multiplicatorkreis dabei wo möglich noch mehr zu begünstigen, als es im Nerven der Fall sein mag, kann man den Zwirnsfaden auch blos mit destillirtem Wasser tränken. Welche dieser Anordnungen man auch wählen möge, es findet, bei so geringem Querschnitte des verbindenden Streifens, selbst bei nur wenigen Millimetern Abstand des nächsten Platinendes von den Bäuschen, von dem die Ströme, die wir zum Tetanisiren anwenden werden, an Stärke bei weitem übertreffenden Strome der sechsgliedrigen Grove'schen Säule keine Spur von Uebergang mehr in den Multiplicatorkreis statt. Die vorgeschlagene Methode des Tetanisirens ist also durchaus zuverlässig. Eine Menge anderer Umstände werden sich stets in der Folge zusammenfinden, um die dadurch erhaltenen Ergebnisse vollends über jeden Verdacht von dieser Seite her zu erheben. Ich werde nicht ermangeln, an Ort und Stelle dieselben stets noch besonders hervorzuheben und der Aufmerksamkeit zu empfehlen.

3. Von der besten Art des Tetanisirens auf elektrischem Wege bei thierisch-elektrischen Versuchen.

Nachdem wir uns solchergestalt in dem Rechte bestätigt haben, uns des Tetanisirens auf elektrischem Wege zu unseren Versuchen zu bedienen, wenden wir uns zur näheren Bestimmung der Art, wie der erregende Strom, so soll der tetanisirende Strömungsvorgang fortan bezeichnet werden, nach unseren jetzigen Begriffen am zweckmäſsigsten, einfachsten und bequemsten hervorzubringen sei. Hier ist es, wo uns unsere im zweiten Kapitel des zweiten Abschnittes erworbenen Kenntnisse zu statten kommen. Aus der Gesammtheit der daselbst dargelegten Erfahrungen ergeben sich für die Natur des erregenden Strömungsvorganges folgende drei Hauptregeln, welche sämmtlich aus dem Grundsatze flieſsen, daſs der Nerv durch den Strom eine verderbliche Einwirkung erfährt, welche möglichst geschwächt werden muſs, um möglichst lange möglichst kräftigen Tetanus zu erhalten.

Die einzelnen Wellen oder Stöſse des Stromes müssen daher erstlich abwechselnd gerichtet sein, weil nämlich durch jede Einwirkung eines Stromes auf den Nerven die Empfänglichkeit desselben für diesen Strom abgestumpft, für den entgegengesetzt gerichteten hingegen erhöht wird. Durch fortgesetzte Anwendung des Stromes in einer Richtung wird man also weit weniger lange mit Erfolg tetanisirend einwirken können, als beim Gebrauch abwechselnd gerichteter Ströme.

Zweitens muſs der Strom so schwach sein, wie es nur irgend angeht, ohne den Zweck des Tetanisirens zu beeinträchtigen; denn wir wissen, daſs die verderblichen Wirkungen der geschlossenen Kette auf den Nerven um so bedeutender ausfallen, je gröſser unter andern die Stromdichtigkeit im Nerven ist. Um aber, bei einem möglichst schwachen Strome, möglichst starke Wirkungen zu erlangen, müssen wir die Steilheit der Dichtigkeitscurve in dem Nerven zu Anfang und zu Ende jeder Unterbrechung möglichst zu erhöhen suchen.

Die dritte Regel, welche sich an die vorige anschlieſst, ist diese, daſs die Gesammtzeit der Einwirkung des Stromes auf den Nerven, gerade wie seine Stärke, und aus demselben Grunde, eine so geringe sein muſs, als es nur eben die Umstände gestatten. Wir werden also die einzelnen Stöſse sich einander in so groſsen Abständen folgen lassen, als es nur eben angeht, ohne den Tetanus einzubüſsen, und wir sehen uns abermals darauf hingewiesen, die Steilheit der Dichtigkeitscurve möglichst groſs zu wählen, um nämlich die Zeit eines jeden Stoſses auf diese Weise möglichst abzukürzen.

Abwechselnd gerichtete Ströme kann man im Wesentlichen auf zweierlei Weise hervorbringen; erstens durch Einschalten eines Poggendorff'schen Inversors in den Kreis einer beliebigen Kette und zweitens, der Natur der Sache nach, mit jeder Inductionsvorrichtung, welche nicht ausdrücklich mit Hülfe eines Stromwenders zur Hervorbringung gleichgerichteter Ströme eingerichtet ist.

Die Anwendung der Kette mit dem Inversor entspricht hier, wie man dem Obigen nach leicht bemerkt, unseren Zwecken nicht. Der einzige Vortheil, den sie gewährt, ist der, dafs sie von vorn herein ein deutlicheres Bild und ungefähres Mafs der Ströme zuläfst, denen der Nerv ausgesetzt wird; dagegen ist es mit Hülfe derselben nicht leicht genug, die Stärke des Stromes in jedem Augenblicke nach Gefallen zu beherrschen. Ferner hat sie den Uebelstand, dafs sie den Strom länger als es nöthig ist, im Nerven bestehen läfst, vorzüglich wenn das Verhältnifs der Breite der Federn zu der entwickelten Bogenlänge eines Zahnes so gestellt ist, wie an meinem Unterbrechungsrade (S. oben Bd. I. S. 448). Endlich mufs man, beim Gebrauche derselben, zu Anfang und zu Ende des Drehens, darauf achten, dafs die Federn stets auf Holz stehen, was eine lästige Verpflichtung in Versuchen abgiebt, bei deren einfachster Form bereits zwei verschiedene Punkte der Anordnung, der Multiplicator nämlich und die thierischen Theile selber, zum Theil gerade in denselben Augenblicken, genau überwacht sein wollen.

Von allen diesen Mängeln sind Inductionsströme begreiflich völlig frei. Die Nebenwirkung, welche die unipolaren Inductionszuckungen hervorbringt, haben wir, nach den oben Bd. I. S. 436 gepflogenen Erörterungen, hier nicht zu fürchten. Was die Wahl zwischen den verschiedenen Vorrichtungen der Art betrifft, so hat Eduard Weber neuerdings, in der oben S. 39 erwähnten Abhandlung, den Gebrauch der Saxton'schen Maschine (des »magnetogalvanischen Rotationsapparates«) zum Tetanisiren dringend und ausschliefslich empfohlen. Sie bietet unläugbar den grofsen Vortheil dar, zu jeder Zeit, ohne weitere Vorbereitung, schlagfertig zur Hand zu sein. Wenn ich aber, im Beginne meiner Versuche, derselben den Vorzug nicht geschenkt habe, so ist dies aus zweierlei Gründen geschehen. Erstens, weil die Stromstärke daran abermals allzusehr der leichten Beherrschung entzogen ist; fürs zweite, weil die Handhabung eines kräftigen Magnetes in der Nähe einer empfindlichen Multiplicatornadel, wenn sie auch völlig unschädlich gemacht werden kann, doch stets allerlei Bedenken und Umstände mit sich bringt.

Am vorzüglichsten erweist sich demnach hier, meiner Meinung nach, die Anwendung des durch schnelles Unterbrechen und Wiederumherstellen des Stromes einer beständigen Kette inducirten Stromes. Die Schläge sind abwechselnd gerichtet, dauern möglichst kurze Zeit, und können ihrer Stärke nach durch Entfernen und Einbringen von Drähten in die Rolle mit leichter Mühe beliebig abgestuft werden. Die von mir zu allen nachstehenden Versuchen, wo nicht ausdrücklich das Gegentheil bemerkt ist, gebrauchte Inductionsvorrichtung wurde bereits oben Bd. I. S. 446. 447 beschrieben. In der erregenden Strombahn befand sich eine Grove'sche Kette von der gröfseren ebendaselbst bezeichneten Art, deren Zinkzelle jedoch meist nur mit Brunnenwasser gefüllt war, und deren beide Zellen überhaupt nur 20—30^{mm} hoch Flüssigkeit enthielten. In den Kreis derselben war der Inversor, jedoch mit so hergestellten Verbindungen eingeschaltet, dafs er einfach unterbrach, nicht zugleich umkehrte.[1] Die Rolle konnte manchmal, je nach der Erregbarkeit der thierischen Glieder, ohne alle Drahteinlagen angewandt werden; nie erreichten die hier gebrauchten Ströme je eine solche Stärke, dafs sie dem mittelst kupferner Handhaben statt des Nerven eingeschalteten menschlichen Körper irgend verspürbar gewesen wären. Das Rad wurde nicht schneller gedreht, als es der unmittelbar beobachtete Erfolg am Muskel zu verlangen schien.

Bei alledem zeigt es sich leider, dafs der auf diese Weise an frei dargestellten Muskeln vom Nerven aus erlangte Tetanus selten mit hinreichender Kraft über eine halbe Minute anhält. Nach Verlauf von wenigen Minuten Ruhe findet man jedoch, dafs Nerv und Muskel ihren ursprünglichen Zustand annäherungsweise wieder angenommen haben; man erlangt abermals, mittelst des beschriebenen Verfahrens, wenn auch auf kürzere Zeit, anhaltende Zusammenziehung, und so fort bis zur gänzlichen Erschöpfung der Organe, deren Sitz hier übrigens zunächst wohl mehr in der dem Strome unmittelbar ausgesetzten Nervenstrecke, als in dem Muskel zu suchen sein dürfte, da der Tetanus länger zu dauern scheint, wenn, statt des Nerven, der letztere selbst sich im Kreise des tetanisirenden Stromes befindet. Bemerkenswerth ist, dafs der Muskel stets, nach dem Aufhören des eigentlichen Tetanus, noch immer etwas verkürzt und zusammengeballt bleibt; erst nach und nach pflegt er seine natürliche Gestalt wieder anzunehmen. Dem Vertrocknen des Nerven wird vorgebeugt, indem man ihn von Zeit zu Zeit durch Anstreichen mit Blutwasser mittelst Klumpen Muskelfleisches frisch befeuchtet; man kann ihn auch, in den Pausen zwischen den Versuchen, in solche Klumpen einhüllen, oder ihn auf den Muskel zusammengefaltet hinlegen und nur behufs des Tetanisirens über die Platinenden ausbreiten.

Fast alle nachstehenden Versuche sind am Gastroknemius des Frosches, ohne alle Ausnahme an diesem Thiere angestellt. Ich zweifle, dafs sich warmblütige Thiere zu ihrer Wiederholung eignen möchten.

[1] Ich beabsichtige jetzt, mich, statt des Unterbrechungsrades, um der Verrichtung des Drehens überhoben zu sein, des Neef'schen Magnetelektromotors (Poggendorff's Annalen u. s. w. 1839. Bd. XLVI. S. 104*), oder Ritchie's elektromagnetischer Maschine (Ebendas. 1834. Bd. XXXII. S. 538*) zu bedienen, welche man schon vorher, mit Ausschlufs des Nerven, in Gang setzen kann, und dann nur noch nöthig hat, eine Verbindung in Quecksilber herzustellen oder abzubrechen, um beziehlich Tetanus oder Ruhe erfolgen zu sehen.

Was die Wahl jenes Muskels am Frosche betrifft, so beruht sie (vergl. oben Bd. I. S. 494) vorzüglich auf der grofsen Länge seines Nervenstammes. Der grofse Unterschenkelstrecker bietet, wie a. a. O. bemerkt wurde, sonst die nämlichen Vortheile dar, wie der Gastroknemius, eine sich unveränderlich gleich bleibende Strömungsrichtung, eine ungemeine Stärke des Stromes, eine unverwüstliche Lebenszähigkeit; allein, abgesehen von der viel schwierigeren Darstellung, ist sein Nervenstamm um ein Drittheil kürzer, hier ein wichtiger Punkt, da, je länger derselbe ist, eine um so gröfsere Strecke davon dem Strome ausgesetzt werden kann, was, bei gleicher Stromesdichtigkeit im Nerven, den Tetanus verstärkt (S. oben Bd. I. S. 295), und eine zweite um so gröfsere Strecke zwischen Bäuschen und Platinenden übrig bleibt, wodurch der Verdacht auf Hereinbrechen des erregenden Stromes in den Multiplicatorkreis um so mehr gehoben wird. Endlich kann man, wenn man über einen längeren Nervenstamm gebietet, auch mit Rücksicht auf das Valli-Ritter'sche Gesetz (S. oben Bd. I. S. 321) beim zweiten, dritten .... Mal Tetanisiren, mit dem Strome an dem Nervenstamme herunterrücken, um fortdauernd gleich starke Wirkungen zu erlangen.

Bei der ausgedehnten Klasse von Versuchen dieser Art, an welche wir jetzt hinantreten, kann durchweg nicht genug Vorsicht in Betreff des Umstandes empfohlen werden, dafs ja die primäre Kette keinen unmittelbaren Einflufs auf die Nadel ausübe. Wenn man nämlich nicht etwa Gelegenheit hat, das Bild der Multiplicatortheilung von Weitem in einem Spiegel durchs Fernrohr zu beobachten, oder wenn man nicht durch einen Schnurlauf das Unterbrechungsrad in der Entfernung in Bewegung setzen kann, so mufs, wofern man ohne Gehülfen arbeitet, nothwendigerweise ein Theil des primären Kreises in solcher Nähe vom Multiplicator verlaufen, dafs man, während man an diesem auf der einen Seite den Stand der Nadel beobachtet, auf der anderen die tetanisirende Vorrichtung mit der Hand in Bewegung setzen kann. Vorzüglich hat man sich in dieser Beziehung vor gröfseren Eisenmassen zu hüten, die durch den in ihrer Nähe vorübergehenden Strom elektromagnetisirt werden. Stets wird es gerathen sein, sich durch Vorversuche davon zu überzeugen, dafs das Schliefsen und Oeffnen der Kette den Stand der Nadel ganz unverändert läfst. Beim Gebrauch des Neef'schen Magnetelektromotors, oder sonst einer selbsttetanisirenden Vorrichtung, den ich, wie so eben bemerkt wurde, jetzt im Sinne habe, würde auch dieser Uebelstand zum gröfsten Theile wegfallen.

Fig. 85 stellt nun schematisch, wie Fig. 20. Taf. II. Bd. I. der Wirklichkeit entsprechend, die Anordnung des Grundversuches dieses Gebietes vor. Die letztere Abbildung bedarf keiner weiteren Erläuterung;

die beiden Drahtenden hat man sich zu der secundären Rolle der Inductionsvorrichtung führend zu denken. Zu beachten ist nur, bei der Zusammenstellung des Versuches, dafs die Bäusche, welche mit Eiweifshäutchen zu bekleiden sind, einander näher stehen müssen, als es sonst nöthig wäre, um den Gastroknemius zu tragen, weil dieser sich nämlich beim Tetanus zu einem kurzen sphäroïdischen Klumpen zusammenballt, welcher dann leicht in die schlüpfrige Kluft zwischen den Bäuschen hinuntergleitet. In Fig. 85 ist der Kreis *A* der des Multiplicators, welcher in *M* angedeutet ist. In denselben sind eingeschaltet ein Gastroknemius *G*, und der Nerv eines stromprüfenden Schenkels G_I; der Nerv eines zweiten stromprüfenden Schenkels G_{II} ist dem Gastroknemius *G* entlang gelegt. Der Nerv des letzteren schliefst die secundäre Strombahn der Inductionsvorrichtung *I*, deren erregender Strom in dem inneren Kreise durch die Kette *E* erzeugt und durch das Blitzrad *U* unterbrochen wird. Der Zweck der stromprüfenden Schenkel G_I, G_{II} wird später einleuchten.[1]

---

§. III.

Von dem Verhalten der Multiplicatornadel während der Zusammenziehung.

Der Grundversuch dieses ganzen Gebietes ist folgender. Ist alles, wie es oben geschildert wurde, vorbereitet, so legt man den mit seinem Nervenstamme frei präparirten Gastroknemius auf die Bäusche auf, den Nerven gefaltet auf denselben hin. Die Nadel fliegt gegen die Hemmung, schwingt hin und her, und stellt sich endlich, durch das Beruhigungsstäbchen beherrscht, auf 10—20° ruhig ein. Jetzt hebt man den Nerven von dem Muskel ab, wobei gemeiniglich, weil er Nebenschliefsung für den Multiplicatorkreis bildete, ein geringer positiver Ausschlag entsteht (S. oben Bd. I. S. 688), und breitet das Hirnende desselben über die Platinenden. Im Augenblick, wo man das Rad zu drehen beginnt, und der Muskel sich im Tetanus zusammenballt, schlägt die Nadel durch den Nullpunkt durch, und es erfolgt ein Ausschlag derselben in den negativen Quadranten, der sich bis über 50° erstrecken kann. Sie schwingt dann, während man zu drehen fortfährt, um eine in dem negativen Qua-

[1] S. unten, §. IV. dieses Kapitels.

dranten befindliche Gleichgewichtsstellung hin und her, aber bei der Langsamkeit ihrer Bewegungen hat sie niemals Zeit, zur Ruhe zu kommen, ehe der Tetanus des Muskels erlahmt ist. Sie stellt sich daher schliefslich wieder in den positiven Quadranten ein; läfst man dem Muskel Ruhe, so kann man jedoch, wie schon bemerkt, nach wenigen Minuten dasselbe Spiel, und so, bis zur völligen Erschöpfung der Organe, drei-, viermal und öfter hintereinander wiederholen.

1. Der Rückschwung der Nadel beim Tetanisiren auf elektrischem Wege rührt nicht von dem Hereinbrechen des erregenden Stromes in den Multiplicatorkreis her.

Ich will jetzt vor allen Dingen diesen Versuch von dem Verdachte reinigen, der ihm im Sinne vieler, trotz der Auseinandersetzungen des vorigen Paragraphen, im Stillen doch noch anhaften möchte, dafs nämlich die Nadelbewegung von einem Hereinbrechen des erregenden Stromes in den Multiplicatorkreis herrührt. Ein Elektriker zwar wird schwerlich auch nur einen Augenblick dabei stehen bleiben wollen, wenn man ihn daran erinnert, dafs, während die einzige Wirkung, die man von den abwechselnd gerichteten Strömen der Inductionsvorrichtung erwarten kann, doppelsinnige Ablenkung ist, welche stets die Nadel in dem Sinne einer bereits vorhandenen Ablenkung weiter nach der Hemmung zu führen strebt, hier vielmehr stets ein negativer Ausschlag der Nadel beobachtet wird. Abgesehen indefs von allen Gründen der Art, die man gegen diese Erklärung geltend machen könnte, ist es leicht, ihre Unstatthaftigkeit auf folgende Weise schlagend und für Jeden gleich bündig darzuthun.

Es ist nämlich nur nöthig, den Nerven des Gastroknemius bei dem obigen Versuche zu unterbinden, um, beim Drehen des Rades, wo dann natürlich auch der Muskel in Ruhe bleibt, die Nadel völlig unbeweglich in ihrer Stellung verharren zu sehen. Nur mufs man, beim Gebrauch einer Inductionsvorrichtung irgend welcher Art zum Tetanisiren, dabei Sorge tragen, dafs die Unterbindung dicht über der Eintrittsstelle des Nerven in den Muskel angebracht sei. Der Grund dieser Mafsregel liegt in den oben Bd. I. S. 430 beschriebenen unipolaren Inductionszuckungen. Befolgt man dieselbe nicht, so bleibt erwähntermafsen der Muskel auch bei der sorgfältigsten und festesten Unterbindung des Nerven nicht in Ruhe, und dem geringen Tetanus, den man noch erhält, entspricht auch noch eine geringe Wirkung auf die Nadel. Zur Unterbindung bediene ich mich, wie bemerkt, eines vieldoppelten Fadens roher Seide. Hat man, statt der Inductionsvorrichtung, den Inversor mit einer beständigen Kette in Gebrauch, so kann man an einer beliebigen Stelle des Nerven unterbinden, und alsdann den Versuch so abändern, daſs man den erregenden Strom bald oberhalb, bald unterhalb des Unterbandes den Nerven treffen läſst.[1] In dem ersten Falle erfolgt kein Tetanus und die Nadel bleibt in Ruhe; in dem zweiten zieht sich der Muskel zusammen und die Nadel schlägt in den entgegengesetzten Quadranten durch.

Statt zu unterbinden, kann man ferner den Nerven an seiner Eintrittsstelle in den Muskel durchschneiden, und ihn mit dem peripherischen Stumpfe auf denselben auflegen, oder auch den Nerven zusammenfalten oder ganz entfernen, und ihn in seiner physikalischen Rolle als Leiter durch einen feuchten Zwirnsfaden, einen Streifen Froschhaut oder feuchten Flieſspapieres von viel geringerer Länge und beträchtlicherem Querschnitt ersetzen. Muskel und Nadel bleiben alsdann beim Drehen des Rades unbeweglich.

Zu demselben Schlusse berechtigt übrigens schon der einfache Umstand, den man ohne alles Hinzuthun ganz von selbst am Ende jedes Versuches beobachtet, daſs nämlich, wenn Muskel und Nerv durch häufiges Tetanisiren erschöpft worden sind, so daſs der Tetanus beim Drehen des Rades ausbleibt oder nur noch dürftig zu Stande kommt, dem entsprechend auch entweder keine oder nur noch eine Spur von Wirkung auf die Nadel wahrgenommen wird. So laufen, beim Ausführen längerer Versuchsreihen, auch manchmal Fälle unter, wo die thierischen Gebilde von Hause aus so wenig leistungsfähig sind, daſs kein ordentlicher Starrkrampf entsteht; auch alsdann bleibt die rückgängige Bewegung der Multiplicatornadel aus.

Ein noch sprechenderes Zeugniſs für die Unabhängigkeit der in Rede stehenden Wirkung von dem erregenden Strome würde es unstreitig abgeben, wenn es möglich wäre, dieselbe auch durch andere Arten von Zusammenziehung, ohne alle Anwendung eines solchen Stromes, zu erhalten. Dies gelingt denn auch in der That auf sehr verschiedene Weisen.

(1) Reizung des Nerven auf mechanischem Wege.

Die Reizung kann entweder mittelbar, vom Rückenmark aus, oder unmittelbar geschehen. Die letztere Versuchsweise giebt nur dürftige Erfolge. Man verfährt dabei folgendermaſsen. In die wagerechte Klemme Fig. 19. Taf. III. zum ersten Bande spannt man eine starke Glasplatte ein, und dreht die Klemme so, daſs sich die Platte, vermittelst eines

[1] S. unten, Kap. VII. §. II. 4., eine zierliche Art, diesen Versuch anzustellen.

dazwischengelegten Stückchens Holz, Kork u. s. w., auf den Messingarm stützen kann, der die Klemme trägt. So erlangt man eine möglichst grofse Festigkeit der Platte, welche dem Nerven während des von dem Hirnende nach der Ausbreitung vorschreitenden Zerhackens zur Unterlage dienen soll, dessen wir uns als mechanischen Reizes bedienen wollen. Dann ist noch eine Vorkehrung zu treffen, damit der Muskel nicht von den Bäuschen herunter gezerrt werde, was leicht geschehen kann, weil der zerquetschte Nerv dem zerhackenden Werkzeuge stark anhängt. Dem vorzubeugen, beklebe ich das Ende der Glasplatte, auf dem der Nerv ruhen soll, mit Kork, den man wohl auch, um das Austrocknen des Nerven zu verhüten, zuvor befeuchten kann. So vorgerichtet, wird der allgemeine Träger mit dem belegten Ende der Platte dicht an die Bäusche hinangeschoben und der Nerv über die Korkfläche ausgebreitet, wo man ihn, mit Insectennadeln, an Bindegewebefasern feststeckt. Auf diese Weise ist nunmehr die Lage des jenseits der letzten Nadel nach den Bäuschen hin befindlichen Theiles völlig gesichert. Der Fufs des Trägers wird mit der in der Abbildung daran sichtbaren Schraube an den Arbeitstisch befestigt. Ist die Nadel in Ruhe, so fängt man an, den Nerven von seinem Hirnende aus mit einem Scalpellstiel zu zerhacken; begreiflich müssen sich die einzelnen Quetschungen in der Zeit wie im Raume möglichst dicht folgen, damit möglichst stetige und möglichst andauernde Zusammenziehung beobachtet werde. Indessen bleibt diese immer nur äufserst spärlich im Vergleich zu der auf elektrischem Wege vermittelten, und dem entsprechend sieht man die Nadel wohl stets zurückweichen, jedoch nur in seltenen Fällen den Nullpunkt überschreiten und einen merklichen Bogen in dem negativen Quadranten beschreiben.

Um das Verf·hren mit mittelbarer Reizung ins Werk zu setzen, wird ein Frosch folgendermafsen zugeschnitten: M·n bereitet sich, in möglichster Eile, ein Präparat, welches nur noch aus dem Gastroknemius, seinem Nervenstamme bis zum Wirbelcanal hin, und diesem selber, welcher hinter dem Schädel querdurchschnitten ist, besteht. Eine 100^{mm} lange Glasplatte, gleich der auf welcher in Fig. 19. Taf. III. Bd. I. der stromprüfende Schenkel befestigt ist, wird in die wagerechte Klemme eingespannt, der Nerv am Ende derselben mit Insectennadeln auf einem Korkstege festgesteckt, der Wirbelcanal durch Fäden, die an der unteren Fläche der Platte vorher festgekittet worden und oberhalb in einen Weberknoten geschlungen sind, festgebunden, der Gastroknemius aufgelegt und die feste Ablenkung der Nadel abgewartet. Jetzt fährt man entweder mit einem Drahte langsam drehend und bohrend in die Rückenmarkshöhle hinein, oder, was manchmal einen recht guten Erfolg giebt, man spaltet dieselbe von oben nach unten her in der senkrechten Längsmittelebene mittelst eines Scheerenschnittes. Die Zusammenziehung ist ungleich stärker als bei der unmittelbaren Reizung des Nerven, aber doch viel schwächer als beim elektrischen Tetanisiren; sie dauert nur kurze Zeit und man sieht daher die Nadel wohl stets einen Rückschwung antreten, der auch meist den Nullpunkt hinter sich läſst, dem bei elektrischer Reizung erhaltenen indeſs nicht gleichkommt.

(II) Reizung des Nerven durch Wärme.

Auch hier kann man entweder die Glühhitze unmittelbar den Nerven, oder das Rückenmark treffen lassen. Die Anordnung zu beiden Versuchen ist genau dieselbe als bei blos mechanischer Miſshandlung, nur daſs bei Reizung des Nerven selber jetzt keine besonderen Vorkehrungen mehr für die Festigkeit der Glasplatte nöthig sind. Will man auf das Rückenmark einwirken, so wird zuerst der Draht, mit dem man in seine Höhle zu fahren gedenkt, weiſsglühend gemacht; den Nerven allein verbrannte ich mit einem stumpf kegelförmig endigenden, in Form der gewöhnlichen Glüheisen oder Löthkolben umgebogenen, 2.5^{mm} dicken Kupferdrahte. Zur Unterlage diente der Kork, auf den der Nerv auch jetzt noch festgesteckt werden muſs, weil er sich unter dem Glüheisen mit hinlänglicher Gewalt kräuselt und windet, um den Muskel von den Bäuschen herabzuzerren. Der Erfolg des Versuches ist der nämliche, wie bei der mechanischen und elektrischen Reizung; schwächer als bei der letzteren, in einzelnen Fällen jedoch stärker als bei der ersteren.

(III) Reizung des Nerven durch chemische Einwirkung.

Wiederum gilt hier derselbe Unterschied zwischen mittelbarer und unmittelbarer Erregung. Den Nerven allein setzt man folgendermaſsen einer heftigen chemischen Zerstörung aus. Hinter dem Korkstege an dem freien Ende der Glasplatte, woran er, zunächst dem Muskel, festgesteckt ist, kittet man auf dieselbe ein flaches Uhrschälchen — ich hatte ein solches von 22.5^{mm} Durchmesser und 2.5^{mm} Tiefe — auf. Man füllt es mit gesättigter Kalihydrat- oder salpetersaurer Silberoxydlösung, und wirft, wenn die Nadel zur Ruhe gekommen ist, das diesseits des Steges befindliche Stück Nerv auf einmal, oder auch in Absätzen hinein. Es erfolgt meist eine tüchtige Zusammenziehung, und gleichzeitig ein negativer Ausschlag der Nadel in den entgegengesetzten Quadranten.

Das mittelbare Verfahren übt der Zufall nicht selten aus. Es ist schon mehrfach bemerkt worden, dafs GALVANI'sche Präparate, denen ein Stück Wirbelsäule von einer gewissen Länge gelassen ist, beim Auflegen auf die Zuleitungsgefäfse, durch den Reiz der Kochsalzlösung, welche den Querschnitt des Lendenmarkes trifft, in heftige tetanische Krämpfe verfallen. Geschieht dies, während die Nadel sich in fester Ablenkung befindet, so sieht man dieselbe ihren Stand verlassen, und durch den Nullpunkt in den negativen Viertelkreis wandern. Dies ist der Erfolg, den ich in meinem »*vorläufigen Abrifs*« erwähntermafsen (S. oben S. 34) dem Reiz durch schnelle Zurichtung zuschrieb, von dem ich bei NOBILI und MATTEUCCI las; irrthümlicherweise vermuthlich, da ich denselben, seitdem ich auf den Einflufs der Salzflüssigkeit aufmerksam geworden bin, nie anders, als wo diese mit im Spiele war, habe eintreten sehen. Dieser Versuch ist einer von den vielen, welche das gleiche Verhalten des Muskelstromes und des Stromes ganzer Gliedmafsen, dessen Zeichen und Gröfse man nicht aus der Zusammensetzung der einzelnen Muskelströme abzuleiten vermag, gegenüber gleichen Einflüssen beweisen.

Es kommt übrigens auch vor, dafs Gastroknemien ohne Nervenstamm, welche man ohne Eiweifshäutchen auf die Bäusche auflegt, durch den Reiz der Salzlösung sich im heftigsten Tetanus zusammenballen, wobei dann abermals die Nadel in den entgegengesetzten Quadranten durchschlägt.

(IV) Vergiftung mit Strychnin.

Der Versuch, der unter allen Umständen die Gegenwart des Rückenmarkes nothwendig macht, ist im Wesentlichen zweier Formen fähig. Man kann ihn nämlich mit dem ganzen Muskelkörper des Frosches, oder auch nur mit dem Gastroknemius anstellen.

Das erste, sehr rohe und unvollkommene Verfahren, dessen ich mich zu den im »*vorläufigen Abrifs*« a. a. O. erwähnten Versuchen bedient hatte, ist folgendes. Man spannt den Frosch in den oben Bd. I. S. 453 beschriebenen, Fig. 22. Taf. IV. 23. 24. Taf. III. ebendas. abgebildeten Rahmen ein, und vergiftet ihn auf die oben S. 35 empfohlene Art, oder auch, indem man ihm, mit einem Pinsel, die gesättigte salpetersaure Strychninlösung unter die Haut in die Lymphräume bringt. So wie sich die ersten Zeichen der Narkose kund geben, enthäutet man das Thier und bindet es los. Es in diesem Zustande auf die Zuleitungsgefäfse aufzulegen, und den Tetanus abzuwarten, geht nicht an, weil erstens noch zu viel Besinnlichkeit da ist, als dafs es den Reiz der Salzlösung am Kopf und den Füfsen, oder auch nur die Rückenlage vertragen sollte, zweitens der Tetanus durch Strychninvergiftung nicht, wie der durch den Angriff der Salzlösung auf das Rückenmark bewirkte, allmälig, sondern bekanntlich plötzlich als furchtbare Streckung zu Stande kommt, wobei unvermeidlich die Anordnung zu Grunde gerichtet werden würde. Es bleibt daher nichts übrig, als den Frosch möglichst bald nach begonnenem Krampfe auf die Gefäfse zu bringen und die Gröfse des nun erfolgenden Ausschlages mit der eines Ausschlages zu vergleichen, den man von demselben Thiere beim Eintauchen mit Kopf und Füfsen aus der Hand vor dem Eintreten des Tetanus, oder nachher in den Zwischenräumen zwischen den einzelnen Anfällen erhält. Man findet nun wirklich, dafs der Ausschlag während des Tetanus geringer ist als während der Ruhe, etwa 70° im ersten Falle, wenn er, im zweiten, die Nadel mit Heftigkeit gegen die Hemmung führte.

Viel zweckmäfsiger, ja entschieden überhaupt die schönste Art, die Nadelbewegung während der Zusammenziehung wahrzunehmen, ist nachstehendes Verfahren.

Ich will zuerst noch bevorworten, dafs man, auf elektrischem Wege, auch am Gastroknemius des lebenden Frosches dieselbe Erscheinung wahrnehmen kann. Das Thier wird auf den Rahmen befestigt, und demnächst die Arteria iliaca communis sinistra unterbunden, da man, durch die Einrichtung des Rahmens, ausschliefslich auf die Benutzung der linken Seite angewiesen ist. Man findet das Gefäfs, indem man zuerst einen Hautschnitt längs des linken Os ilium macht, und dann, mit einem geraden Scalpell, das Muskelfleisch von der inneren Fläche desselben Knochens trennt, bis man auf den Plexus ischiadicus stöfst; darunter, etwas schräger von innen und oben (den Kopf als oben gerechnet) nach aufsen und unten verläuft die Arterie. Nun wird der Gastroknemius mit seinem Nervenstamm bis möglichst hoch hinauf an die Wirbelsäule ganz frei heraus- und lospräparirt und auf die nahherangebrachten Bäusche aufgelegt. Besitzt man Froschhaut-Klemmen, wie die oben Bd. I. S. 456 beschriebenen, Fig. 24. 25. 26. Taf. III. daselbst abgebildeten, so werden diese an den Rücken des Frosches angesetzt und mit den Enden der secundären Inductionsrolle, deren Strom man übrigens kaum zu verstärken braucht, in Verbindung gebracht; wo nicht, so mufs man sich mit dem viel grausameren ebendas. beschriebenen Verfahren behelfen, dem lebenden Frosch einen Strom zuzuleiten. Sowie man das Rad der unterbrechenden Vorrichtung zu drehen anfängt, geräth das Thier in den heftigsten Tetanus. Es geschieht dabei leicht, dafs die Eingeweide durch die Zusammenziehung der Bauchmuskeln aus der Wunde hervorgetrieben werden, und dafs dadurch am Nerven, und somit an dem auf den Bäuschen aufliegenden Muskel gezerrt wird; diesem Uebelstande pflege ich auf zwiefache Weise vorzubeugen. Erstlich vereinige ich die Wundlefzen nach der Zurichtung wieder durch blutige Naht, und zweitens wird an die dem Austritte des Nerven aus der geöffneten Bauchhöhle entsprechende Stelle der senkrechten Seitenwand des Rahmens, etwa in *a* (Fig. 22) eine Korkplatte gekittet, deren oberer Rand sich mit Wunde und Bäuschen in einer Höhe befindet. Hier kann der Nerv, in hergebrachter Weise, an seiner Bindegewebhülle mittelst entomologischer Nadeln leicht unverrückbar festgesteckt werden. Gleichzeitig mit den übrigen Muskeln des Frosches geräth nun der auf den Bäuschen aufliegende Gastroknemius in lebhaften Tetanus, dessen Folge an der Multiplicatornadel ein eben so heftiger Rückschwung ist, als ob der Nerv unmittelbar dem Strom ausgesetzt worden wäre; an und für sich ein Beweis für die Unabhängigkeit dieser Nadelbewegung vom erregenden Strome, da, bei dieser Anordnung, an einem grofsen Frosche, die Nervenstrecke zwischen Muskel und Frosch 50^{mm} betragen kann.

Soll der Versuch, statt mit dem elektrischen Strome, mit Strychninvergiftung angestellt werden, so bleibt die Anordnung genau dieselbe, bis auf die stromzuführende Vorrichtung. Statt dem Thiere die Klemmen anzulegen, oder die Kupferstreifen unter der Rückenhaut durchzuziehen, mufs es aber jetzt mit Strychnin vergiftet werden. Es bleibt dabei von der Reizbarkeit des Frosches und der Gewandheit des Beobachters abhängig, an welcher Stelle der Zurichtung die Vergiftung einzuschalten ist, dergestalt, dafs zwar möglichst bald nach eingerichtetem Versuch die Krämpfe ausbrechen, dafs aber auch die Einrichtung fertig werde und die Nadel noch Zeit habe, eine feste Stellung anzunehmen. Ich selbst fing, wenigstens zuletzt, als ich eine hinreichende Uebung in den hier vorkommenden Handgriffen erlangt hatte, stets mit der Vergiftung an, und hatte oft noch zu sorgen, dafs mir der Nerv nicht austrocknete. Gelingt der Versuch gut, d. h. trocknet der Nerv nicht zu sehr aus, bis der Tetanus eintritt, und ist dieser stark ausgeprägt und lange anhaltend genug, so sieht man hier die Nadel einen nahe eben so heftigen negativen Ausschlag beschreiben, als bei der Erregung durch den elektrischen Strom.

(v) Tetanisiren auf elektrischem Wege nach Ritter's Angabe.

Endlich kann man den Rückschwung der Nadel während der Zusammenziehung auch bei dem von Ritter entdeckten Tetanus auf elektrischem Wege beobachten, welcher erst in dem Augenblick entsteht, wo ein lange Zeit in dem Nerven in aufsteigendem Sinne unterhaltener

Strom unterbrochen wird (S. oben S. 39. 40). Auf eine Korkplatte kittet man, in metallischer Verbindung mit einander, einen Platin- und einen amalgamirten Zinkstreifen, breitet den Nerven darüber, so dafs er aufsteigend durchflossen ist, und sichert seine Lage mittelst Insectennadeln. Die Korkplatte ihrerseits wird auf die wagerechte Glasplatte des allgemeinen Trägers festgekittet, und das Ganze eine halbe bis mehrere Stunden lang (S. oben Bd. I. S. 365) in der feuchten Kammer (S. ebendas. S. 219), vor dem Austrocknen geschützt, liegen gelassen. Kann man erwarten, dafs die Veränderung des Nerven durch den Strom hinlänglich weit gediehen ist, damit die Oeffnungszuckung in Starrkrampf ausarte, so spannt man die Glasplatte in die Klemme des Trägers, stellt so die Korkplatte neben die Bäusche auf, legt den Gastroknemius auf dieselben auf, und hebt, wenn die Nadel zur Ruhe gekommen ist, das Hirnende des Nerven vom Platin ab, auf welchem es, während aller dieser Verrichtungen, durch die Insectennadeln festgehalten worden war. In dem Augenblick, wo man solchergestalt die Kette öffnet, ballt sich der Muskel zusammen, und die Nadel schlägt durch den Nullpunkt durch. Der Einwand, dafs nun zwar von Anbeginn des Tetanus ab kein Strom mehr den Nerven durchkreise, dafs aber die negative Nadelbewegung hier von dem Aufhören eines im Multiplicator vorhandenen fremden Stromarmes, statt von dem Hereinbrechen eines solchen, herrühren könne, läfst sich auf verschiedene Art beseitigen. Zunächst dadurch, dafs man zeigt, dafs der absteigende Strom, welcher keinen Tetanus erzeugt, auch bei Oeffnung der Kette die Nadel in Ruhe läfst; dann durch Aufheben des aufsteigenden Stromes selber nach kürzerer Zeit als er braucht, um Starrkrampf zu hinterlassen, u. d. m.

(VI) Willkürliche Zusammenziehung.

Den Frosch, bei der so eben unter (IV) beschriebenen Anordnung des Versuches, zu so anhaltenden willkürlichen Zusammenziehungen zu bestimmen, wie sie nothwendig sind, um auf die Nadel wirken zu können, hat mir leider nicht gelingen wollen. Diese Art, Zusammenziehung zu erregen, ausgenommen, glückt es also mit Hülfe aller anderen nur bekannten Methoden des Tetanisirens, den Rückschwung der Nadel während der Thätigkeit des Muskels darzuthun, und es zeigt sich zugleich, dafs die Gröfse der Wirkung am Multiplicator gleichen Schritt hält mit der Stärke, der Stetigkeit und der Dauer der Muskelzusammenziehung Es ist demnach ersichtlich, dafs uns das Verfahren auf elektrischem Wege keine trügerischen Ergebnisse geliefert hat, und aus den im zweiten Paragraphen S. 35. 36 angeführten Gründen, welche jetzt doppelt einleuchten müssen, werden wir daher fortfahren, uns zu unsern eigentlichen Untersuchungen desselben fast ausschliefslich zu bedienen.

2. Von der nächsten Bedeutung des Rückschwunges der Nadel während der Zusammenziehung.

Nach Beseitigung dieses Verdachtes wollen wir nun erst die Erscheinung selber etwas näher ins Auge fassen. Es ist schon bemerkt worden, dafs die Nadel, so wie irgend nur der Tetanus kräftig ausfällt, also z. B. beim elektrischen Tetanus stets, in dem negativen Quadranten ihre ursprüngliche feste Stellung in dem positiven Viertelkreise überschreitet. Sie geht z. B. in dem ersten Ausschlage von + 15° auf — 45°, von + 8° auf — 35° u. s. w. Hieraus scheint unmittelbar zu folgen, dafs, während der ersten Augenblicke des Tetanus, in dem Multiplicatorkreise ein Strom von umgekehrter Richtung zugegen sein mufs, wie der gewöhnliche Muskelstrom.

Auf folgende Weise gelingt es, diesen umgekehrten Strom ganz rein zu zeigen. Es ist dazu nur nöthig, eine solche Vorkehrung zu treffen, dafs der Multiplicator nach bereits begonnenem Tetanus plötzlich in den Kreis der Muskelkette aufgenommen werden kann. Dies geschieht am besten mit Hülfe eines Pohl'schen Stromwenders, dessen Kreuz jedoch nicht ausgenommen sein darf, und zwar, mit Beibehaltung der oben Bd. I. S. 426 eingeführten Bezeichnungsweise, indem man die beiden Multiplicatorenden mit den Gefäfsen *A* und *B*, die beiden Enden der Muskelkette mit den Gefäfsen *A* und *a* verbindet, während die Wippe die Lage I hat. Der Muskel wird auf elektrischem Wege tetanisirt; wenige Secunden, nachdem man das Unterbrechungsrad zu drehen angefangen hat, legt man die Wippe um; der Strom nimmt seinen Weg durch *A*, den Multiplicator, *B*, den einen der gekreuzten Drähte, *α*, *a*, und durch die Muskelkette nach *A* zurück. Die Nadel verläfst, sowie die Wippe umgelegt worden ist, den Nullpunkt, aber in entgegengesetzter Richtung wie gewöhnlich, d. h. der Strom ist statt aufsteigend, absteigend in dem Gastroknemius.

Hieraus darf jedoch noch nicht geschlossen werden, dafs der Muskelstrom während der Zusammenziehung seine Richtung verkehrt. Die durch den Muskelstrom entwickelten Ladungen werfen die Nadel, nach Entfernung des Muskels und Schliefsung durch den dazu bestimmten Bausch, unfehlbar an die Hemmung; vollends würden sie dieses thun, wenn sie im Verein mit dem umgekehrten Muskelstrome wirkten, wie man dies beim Umlegen des Gastroknemius auf den Bäuschen erfährt.

Da nun der negative Ausschlag im Beginn des Tetanisirens selten 50° übersteigt, so ist deutlich, dafs es sich hier um nichts als um ein theilweises Verschwinden des gewöhnlichen Muskelstromes handeln kann, und dafs der verkehrte Strom, von dem so eben die Rede war, allein dem dabei in Freiheit gesetzten Theile der Ladungen zugeschrieben werden mufs.

Immerhin kann dieses Verschwinden eines Theils des ursprünglichen Stromes zunächst einem in dem Muskel absteigenden Strome zugeschrieben werden, der den aufsteigenden Strom des Gastroknemius zum Theil compensirt; diese Vorstellungsweise wird später Gegenstand der Prüfung werden. Hier handelt es sich um den Beweis, dafs im Tetanus der Muskelstrom nicht wirklich Null wird oder gar sein Zeichen ändert; ist dies nicht der Fall, so mufs es möglich sein, dadurch einen Ausschlag in dem gewöhnlichen Sinne von dem Gastroknemius innerhalb der ersten Secunden des Tetanisirens zu erhalten, dafs man die Entwickelung von Ladungen auf den Platinenden hindert. Dies geschieht leicht in der Art, dafs man die Kette überhaupt erst nach dem Beginne des Tetanus schliefst. In roher Weise haben wir unabsichtlich diesen Versuch bereits oben S. 56 an dem mit Strychnin vergifteten Frosche angestellt, dessen Muskelkörper wir, während des ersten Krampfanfalles, auf die Zuleitungsgefäfse auflegten. Man erinnert sich, dafs zwar ein merklich geringerer Ausschlag erfolgte, als wenn der Frosch, nicht tetanisirt, ebenso aufgelegt wird, allein dieser Ausschlag behauptete doch stets die gewöhnliche aufsteigende Richtung des Froschstromes. Viel zweckmäfsiger läfst sich derselbe Versuch an einem Gastroknemius anstellen, den man auf die gewöhnliche Weise, aber bei offener Kette, in Tetanus versetzt und die Kette gleich darauf durch den Multiplicator an irgend einer Stelle in Quecksilber schliefst. Alsdann sieht man einen Ausschlag in dem gewöhnlichen Sinne des Muskelstromes erfolgen, obwohl merklich schwächer, als wenn während der Erschlaffung geschlossen wird. Ich erhielt z. B. nur 12°; 28°; 30° von Muskeln während des Tetanus, die vorher 19°; 35°; 50° gegeben hatten. Die absolut geringe Gröfse dieser Werthe rührt davon her, dafs diese Versuche zu einer Zeit angestellt wurden, wo ich meinen Vorrichtungen noch nicht den Grad von Vollkommenheit ertheilt hatte, den sie jetzt besitzen.

Wenn man den Versuch so abändert, dafs man die Kette anfangs mit Ausschlufs des Multiplicators, allein abermals erst nach Beginn des Tetanisirens, schliefst, und, nachdem dieses einige Zeit gedauert hat, die stromprüfende Vorrichtung in dieselbe aufnimmt, so ist die Wirkung noch viel schwächer als bei der ersten Form, weil der Muskelstrom Zeit gefunden hat, Ladungen auf den Platinenden zu entwickeln. Oeffnet man, anstatt den Multiplicator einzuschalten, die Kette wieder durch Entfernen des Muskels, ersetzt diesen durch den Schliefsungsbausch, und schliefst jetzt durch den Multiplicator, so erhält man den reinen Ausschlag der Ladungen, die der Muskel während des Tetanisirens im Kreise entwickelt hat. Dieser Ausschlag geschieht, wiewohl schwächer, in demselben Sinne, als wenn der Muskel untetanisirt im Kreise befindlich gewesen wäre; auch so gewinnt man daher die Ueberzeugung, dafs, während des Tetanus, der gröfste Theil des gewöhnlichen Muskelstromes noch vorhanden ist, und dafs also der negative Ausschlag in den ersten Augenblicken des Tetanus dem jetzigen Anscheine nach unbedingt von nichts herrührt, als von einem durch die Abnahme des Muskelstromes in Freiheit gesetzten Theile der Ladungen.

Das Zustandekommen dieses augenblicklichen Sieges der Ladungen durch eine Abnahme des ursprünglichen Stromes hat man sich, früheren Erörterungen gemäfs (S. oben Bd. I. S. 236), folgendermafsen vorzustellen. Ein jeder Strom vermag nur eine Polarisation von einer gewissen Stärke zu erzeugen und zu erhalten. Sinkt mithin plötzlich die elektromotorische Kraft des primären Stromes, so entspricht ihr nur noch eine geringere Gröfse der Ladungen; ein Theil derselben kann sich, bei einer gewissen Gröfse der Schwankung, folglich in Freiheit gesetzt finden und sich mit der nicht mehr völlig aufgewogenen Erdkraft zu einer Wirkung auf die Nadel verbinden, welche diese in dem negativen Quadranten weit über ihre Gleichgewichtslage in dem positiven Viertelkreise hinauszuführen vermag. Nehmen wir an, wir hätten es, statt mit einem thierischen Erreger, mit einer einfachen Kette zu thun, deren elektromotorische Kraft k heifse, so sind die Zersetzungsstoffe, auf deren Wechselwirkung der Strom der Ladungen beruht, stets nur mit einer Kraft $k - \delta$ auseinandergehalten zu denken. Sinkt dann k plötzlich unter $k - \delta$, etwa auf den Werth $k - \delta - \delta'$, so mufs also ein Differentialstrom im Sinne der Ladungen zur Erscheinung kommen, dessen elektromotorische Kraft im ersten Augenblicke

$$[-k + \delta] + [k - \delta - \delta'] = -\delta'$$

ist. Allein mit dem Erscheinen dieses Stromes verbunden ist auch ein rasches Sinken der Kraft desselben, und zwar erfolgt dieses Sinken wieder bis zu einem Punkte, der unterhalb der zeitigen Stromeskraft der Kette liegt. Es sei dieser Punkt $k - \delta - \delta' - \delta''$, so wird also schliefslich die Resultante

$$[-k + \delta + \delta' + \delta''] + [k - \delta - \delta'] = \delta'';$$

die Wirkungsrichtung ist also jetzt wieder positiv geworden, oder die Gleichgewichtslage der Nadel, um welche dieselbe schwingt, und die zuerst und fast augenblicklich durch den Nullpunkt in den negativen, den den Ladungen entsprechenden Viertelkreis verlegt war, kehrt jetzt allmälig auf demselben Wege wieder in den positiven Quadranten zurück.

Diese Rückkehr der Nadel läfst sich begreiflich nicht an dem Muskel in der Weise beobachten, dafs man die feste Stellung abwartet, welche die Nadel während des Tetanus annehmen mag; denn der Tetanus hört viel früher auf, als die Nadel irgend zur Ruhe kommen kann (S. oben S. 48). Aus demselben Grunde der geringen Dauer der Zusammenziehung schwebt auch eine gewisse Unsicherheit über dem Ergebnisse des folgenden Versuches. Man tetanisirt den Gastroknemius wie gewöhnlich auf elektrischem Wege, bei geschlossener Kette, welche aber nicht den Multiplicator enthält. Nachdem der Tetanus schon geraume Zeit gedauert hat, nimmt man erst die stromprüfende Vorrichtung in den Kreis auf. Oben stellten wir gerade den nämlichen Versuch mit dem Unterschied an, dafs wir sogleich nach begonnenem Tetanus den Multiplicator einschalteten: alsdann erfolgte ein negativer Ausschlag der Nadel. Jetzt hingegen erhält man einen positiven Ausschlag; die Unsicherheit liegt aber darin, dafs man nicht mit Gewifsheit weifs, ob die Rückkehr der Gleichgewichtslage in den positiven Quadranten, welche sich auf diese Weise kundgiebt, von dem Sinken des Differentialstromes in dem Sinne der Ladungen, oder davon herrührt, dafs der Tetanus bereits nicht mehr die gehörige Stärke hat. Es giebt indefs Uebergangsfälle zwischen beiden Arten, den Versuch anzustellen, wo man ein in der Mitte liegendes unzweideutiges Ergebnifs insofern wahrnimmt, als man die Gleichgewichtslage der Nadel, um welche dieselbe schwingt, gleichsam auf dem Punkt ertappt, durch den Nullpunkt in den positiven Quadranten zurückzukehren. Alsdann sieht man bei Aufnahme des Multiplicators in den Kreis des Muskels, der zwar bereits seit einiger Zeit im Tetanus begriffen ist, jedoch noch nicht so lange, wie in der letztbeschriebenen Form des Versuchs, die Nadel auf dem Nullpunkte, wie unentschlossen, stillstehen, und endlich sich für eine träge Bewegung in dem Sinne des Muskelstromes entscheiden; oder sie zuckt in der Richtung der Ladungen hin, kommt aber alsbald in den positiven Quadranten zurück.

3. Die Abnahme des Muskelstromes während der Zusammenziehung rührt nicht von einer zufälligen Vergröfserung des Widerstandes des Multiplicatorkreises her.

Nachdem gezeigt worden ist, dafs der Rückschwung der Nadel während der Zusammenziehung nicht von dem Hereinbrechen des erregenden Stromes in den Multiplicatorkreis herrührt, dafs er vielmehr einer Veränderung des Muskelstromes selbst im negativen Sinne zugeschrieben werden muſs, und daſs diese Veränderung, trotz dem Anschein, den es im ersten Augenblicke haben konnte, nach der jetzigen Sachlage sich nicht über die Abscissenaxe erstreckt, sondern auf eine bloſse Abnahme des Stromes hinausläuft, nimmt die Untersuchung folgende Wendung. Es bedarf keiner Erörterung, daſs die ganze Bedeutung der Erscheinung an die Frage geknüpft ist, ob wir es hier mit einer Schwankung der Summe der im Muskel wirksamen Spannungen, oder mit einer Widerstandsveränderung zu thun haben. Das Letztere würde so gut wie ohne alles tiefere Interesse sein. Da der Muskel bei der Zusammenziehung seine Gestalt, seine Lage und unstreitig seine inneren Cohäsionsverhältnisse verändert, so sieht man, daſs eine solche Muthmaſsung keineswegs auſser dem Bereiche der Möglichkeit liegt. Es handelt sich also jetzt darum, nacheinander für alle Schwankungen der Art, deren Einfluſs hier zu besorgen sein kann, wo möglich den thatsächlichen Nachweis zu führen, daſs sie bei dem gewonnenen Ergebnisse nicht, oder in keinem fühlbaren Maſse betheiligt sind.

Der erste Umstand, der Berücksichtigung in diesem Sinne erfordert, ist eine möglicherweise die Zusammenziehung begleitende Vergröſserung des Widerstandes des Multiplicatorkreises. Diese könnte man herleiten wollen aus der Lageveränderung des Muskels auf den Bäuschen, aus Discontinuirlichkeit seiner Berührung mit denselben u. s. w. Wäre der Muskel als einfacher Erreger, nach dem Bilde der Ketten und Säulen, zu betrachten, so würde diese Verdächtigung sich schon durch die einfache Wahrnehmung widerlegt finden, daſs der negative Ausschlag bei der Zusammenziehung häufig die ursprüngliche Gleichgewichtslage in dem positiven Viertelkreise überschreitet (S. oben Bd. I. S. 239. ff. und am Schlusse des Bandes). Nach den Vorstellungen aber über den Bau der thierischen Erreger, welche im dritten Kapitel eingeführt wurden, wagen wir es, wie man sich erinnert, vor der Hand nicht mehr, diese Beweisführung für ausreichend zu halten. Schlagend läſst sich die fragliche Ansicht hingegen durch Anwendung des Verfahrens der Compensation mit Berücksichtigung des ebendaselbst empfohlenen Kunstgriffes beseitigen, den zu erforschenden Einfluſs erst auf den einen, dann auf den andern Erreger einwirken zu lassen. Eine und dieselbe Veränderung des Widerstandes wird auch immer nur in einer und derselben Richtung einen Ausschlag hervorbringen können; wechselt daher mit dem Erreger, auf den man die verändernde Bedingung einwirken läſst, der Sinn der Nadelbewegung, so kann man sicher sein, daſs sie von keiner Schwankung des Widerstandes im Kreise herrührt.

Zwischen den Bäuschen wird, in hergebrachter Weise, ein Zwischenbausch aufgestellt, und eine jede Lücke mit einem Gastroknemius überbrückt, dem sein Nervenstamm, bis an die Wirbelsäule hin, erhalten ist. Das Gleichgewicht wird möglichst vollkommen eingerichtet; die Nerven sind, um sie vor dem Vertrocknen zu schützen, auf die Muskeln zusammengefaltet hinzulegen. Die Platinenden werden bald dem einen, bald dem anderen Muskel gegenüber aufgestellt, und der Nerv des entsprechenden Muskels über dieselben hingebreitet. Der Erfolg ist unabänderlich der nämliche: so wie das Rad in Bewegung gesetzt wird, erfolgt ein Ausschlag in dem Sinne des ruhenden Muskels, gleichviel ob das Gleichgewicht für den angewandten Multiplicator vollkommen war oder ob, im anderen Falle, der stärkere oder der schwächere Muskel zur Zusammenziehung gereizt wurde. Des gröfseren Gesammtwiderstandes halber sind zwar die Wirkungen im Ganzen weniger lebhaft, als bei den früheren Arten, den Versuch anzustellen; allein auch bei sehr unvollkommener Compensation wird man doch stets beim Tetanisiren des stärkeren Muskels die Nadel in dem negativen Quadranten ihre Gleichgewichtsstellung in dem positiven um Vieles überschreiten sehen. Man kann hier alle früheren Abänderungen, in Betreff des nachmaligen Schliefsens der Kette oder Einführens des Multiplicators in dieselbe, mit dem nämlichen Erfolge wiederholen. Auch hier findet bald Rückkehr der Gleichgewichtslage der Nadel, um welche dieselbe schwingt, in den ursprünglichen Quadranten statt, und es waltet in Rücksicht auf die Ursache derselben die nämliche Ungewifsheit ob, da der Tetanus ebenso früh an Stärke verliert, und der Strom des ruhenden Muskels, so wie er, durch Tetanisiren seines Widerpartes, theilweise in Freiheit gesetzt ist, Ladungen entwickelt, durch die er ebenso schnell geschwächt wird, als der Differentialstrom der Ladungen in den vorigen Versuchen durch die Depolarisation. Man kann ferner auch, statt zwei Lücken, nur eine Lücke mit zwei entgegengesetzt gerichteten Gastroknemien überbrücken, und auch so gelingen noch alle die mannigfaltigen Formen desselben Versuchs.

Danach ist es unmöglich, jenem Verdacht noch länger Gewicht beilegen zu wollen, von dessen Begründung in der Wirklichkeit man sich auch schwer eine Vorstellung hätte machen können. Denn es ist nicht einzusehen, warum nicht ebensogut einmal eine Verminderung des Widerstandes im Kreise die Folge der Zusammenziehung sein sollte, während doch die entsprechenden Wirkungen niemals wahrgenommen werden. Ebensowenig begreift man, woher alsdann die geringere Stärke des Stromes des Gesammtfrosches während des Tetanus nach Strychninvergiftung rühren sollte, dessen Auflegen sich, mit einiger Gewalt, doch völlig wie beim erschlafften Thier bewerkstelligen läfst. Zum

Ueberflusse werden sich uns übrigens noch später mehrere sichere Widerlegungen derselben Vermuthung an die Hand geben.

4. Die Abnahme des Muskelstromes während der Zusammenziehung rührt nicht von der Lageveränderung des Muskels auf den Bäuschen her.

Wir wissen nunmehr mit Sicherheit folgendes: Der Muskelstromarm im Multiplicatorkreise nimmt während der Zusammenziehung an Gröſse ab, und diese Abnahme ist nicht die Folge einer Vermehrung des Widerstandes des Multiplicatorkreises. Es fragt sich jedoch noch, und vor Allem, ob nicht die Stromabnahme Folge einer Veränderung der Ableitung durch die Lageveränderung des Muskels auf den Bäuschen sein möge. Man erinnert sich, wie schwer es ist, beim Compensiren zweier Muskeln den Punkt auch nur ungefähren Gleichgewichtes für Vorrichtungen von der Empfindlichkeit der meinigen zu treffen, und eine wie kleine Verschiebung dazu gehört, um ihn wieder einzubüſsen, nachdem man ihn gefunden hatte (S. oben Bd. I. S. 247. 248). Freilich sieht man auch hier nicht recht ein, weshalb nicht auch einmal Vergröſserung des abgeleiteten Muskelstromarmes die Folge der Verrückung sein sollte, und woher, wenn diese Vermuthung richtig wäre, die geringere Gröſse des Stromes des in die Zuleitungsgefäſse eingetauchten tetanischen Gesammtfrosches herrühren möge; trotzdem ist dies eine Schwierigkeit, über die wir nicht leichten Fuſses hinwegsteigen dürfen. Das Verfahren der Entgegensetzung ist diesmal ganz unvermögend, dieselbe zu entfernen. Es bleibt vielmehr zu diesem Behuf nichts übrig, als folgendes, auf den ersten Blick etwas seltsame Mittel, welches uns aber gute Dienste leisten wird.

Man sieht ein, daſs, wenn es gelänge, einen Muskel durch mechanischen Zwang so unbeweglich zu machen, daſs er bei der Zusammenziehung seine Gestalt gar nicht verändern könnte, und wenn es dabei möglich wäre, nach wie vor den Strom eines solchen Muskels zu untersuchen, wir sofort in der gewünschten Hinsicht sicher gestellt sein würden.

Die erstere Bedingung vermag man, wie mich einige Vorversuche lehrten, dadurch ins Werk zu setzen, daſs man den Muskel mit seinen beiden Sehnen an zwei Punkte befestigt, deren Entfernung von einander nach Willkür vergröſsert werden kann; wird dieser Abstand immer gröſser gewählt, so nimmt die Gestaltveränderung fortwährend ab und man erreicht endlich ein Maſs desselben, bei welchem der gereizte Muskel völlig unbeweglich erscheint. Dieser Zustand ist offenbar nur gradweise und nur wenig von demjenigen unterschieden, der im gemeinen Leben häufig beim Anstrengen zur Bewegung übermäſsiger Lasten, beim Steifen des gestreckten Armes u. d. m. vorkommt, und schon hienach war nicht daran zu zweifeln, daſs in dem auſs äuſserste gespannten Muskel bei der Reizung noch stets dieselbe innere Veränderung vor sich geht, welche bei freier Beweglichkeit wirklich Zusammenziehung bedingt haben würde, unter diesen Umständen jedoch keinen andern Erfolg mit sich bringt, als den vermehrter Spannung, erhöhten Widerstandes gegen die dehnende Gewalt. Daſs dies in der That der Fall sei, wird aber die Erfahrung noch fernerhin herausstellen.

Was die mechanische Zergliederung des Vorganges betrifft, wodurch ein Muskel solchergestalt unbeweglich gemacht wird, so läſst sie sich, bei dem jetzigen Stande unserer Kenntnisse, nicht wohl mit aller Sicherheit durchführen. Sobald die Entfernung der beiden festen Punkte, zwischen denen der Muskel ausgespannt ist, der natürlichen Länge des Muskels + der seiner Sehnen gleichkommt oder sie übertrifft, kann die Verkürzung des ersteren nur noch auf Kosten einer Verlängerung letzterer vor sich gehen. Diese Verlängerung ist, da die Sehnen nur wenig dehnbar sind, von Anfang an klein, und man kann sich daher vorstellen, daſs die Gestaltveränderung des Muskels zuletzt deshalb unmerklich erscheint, weil dieser selbst, beim Ausspannen, beträchtlich verlängert wird und somit die Verkürzung, welche er sich durch ferneres Ausdehnen der Sehnen bei der Zusammenziehung erzwingt, auch wenn sie von beständiger Gröſse wäre, einen immer kleineren Bruchtheil seiner Länge beträgt. Allein es wäre möglich, daſs auch jene Verkürzung um so geringer würde, einer je beträchtlicheren Dehnung die Sehnen bereits ausgesetzt sind. Daſs wenigstens die elastischen Verlängerungen (»allongements élastiques«) der frischen Weichtheile des thierischen Körpers, auf die dehnenden Kräfte bezogen, dem von Robert Hooke [1] und s'Gravesande [2] für die festen Körper aufgestellten linearen Gesetze nicht folgen, hat Wertheim [3] neuerdings gezeigt, nach dessen Untersuchungen dieses Gesetz hier vielmehr ein hyperbolisches, und bei beträchtlichen Dehnungen, insbesondere der Gefäſswände, so beschaffen sein würde, daſs die elastischen Verlängerungen in viel geringerem Maſse wachsen als die dehnenden Kräfte. Hieraus läſst sich aber, für unseren Fall, nichts bestimmtes entnehmen, weil bei demselben gewiſs auch

[1] Thomas Birch, the History of the Royal Society of London etc. Vol. III. London 1757. 4°. p. 430.* (August 22, 1678).

[2] Physices Elementa mathematica, Experimentis confirmata etc. Ed. III. Leidae 1742. 4°. t. I. p. 377.*

[3] Comptes rendus etc. 28 Décembre 1846. t. XXIII. p. 1151.*

die bleibenden Verlängerungen (»allongements permanents«) ins Spiel kommen, deren entsprechendes Gesetz noch nicht klar erhellt. Endlich erleidet, wovon sogleich mehr die Rede sein wird, die Kraft der Zusammenziehung selber durch die Dehnung, wenn auch vielleicht nicht im ersten Augenblicke, doch nach einiger Dauer derselben, eine Abnahme.

Wie dem auch sei, das Mittel, die Gestaltveränderung des Muskels während seiner Thätigkeit zu verhüten, schien gefunden und es handelte sich nur noch darum, es für unseren Zweck tauglich zu machen. Nach einigem Tasten gelangte ich zuletzt auf folgende Weise zum Ziele. Der Versuch mufste abermals an dem Gastroknemius des Frosches angestellt werden. Auf ihn ist also die kleine Vorrichtung, die ich nun beschreiben werde, wie sie Hr. Kleiner nach meiner Angabe ausgeführt hat, ihrer Gestalt und Gröfse nach berechnet. S. Fig. 86. Taf. I.

Mittelst eines wagerechten Armes und eines Kugelgelenkes, welche den oben Bd. I. S. 449. 450 beschriebenen, ebendas. Fig. 19. Taf. III. abgebildeten, genau entsprechen, trägt der allgemeine Träger einen Messingklotz, in den eine runde Stange von 53^{mm} Länge und 5^{mm} Durchmesser eingelassen ist, an welcher ein dem ersten ähnlicher Klotz hin und her verschoben und durch eine Klemmschraube an jeder beliebigen Stelle festgeklemmt werden kann. An das freie Ende eines jeden der beiden Klötze ist eine Elfenbeinplatte angeschraubt, welche bei $8^{mm}.6$ Breite und 3^{mm} Stärke 12^{mm} über den untern Rand des Klotzes hervorragt. In jeder dieser Platten findet sich ein nach ihrem freien Ende zu offener, 7^{mm} langer, 1^{mm} breiter Spalt. An der nach Aufsen gekehrten Fläche der einen Platte (S. Fig. 87 A,A′. Taf. I.) ist ferner eine Höhlung in Gestalt eines flachen Kugelsegmentes von 7^{mm} Durchmesser und $1^{mm}.3$ Höhe ausgedreht, an deren oberen Umfang der Spalt bis zu 1^{mm} Abstand hinanreicht. An der entsprechenden Fläche der anderen Platte (S. Fig. 87 B,B′ ebendas.) läuft eine gleich grofse und in derselben Höhe angebrachte Höhlung dagegen nach dem freien Ende der Platte zu in Form einer Rinne aus, so dafs dieses Ende dadurch im Grundrisse von unten gesehen die in Fig. 87 B′ abgebildete Gestalt darbietet. Die Platten sind mit einer Lösung von Copalharz in Aether gefirnifst.

Der Gebrauch der Vorrichtung ist sehr einfach. Der Gastroknemius eines starken Frosches wird so zugerichtet, dafs an dem oberen Ende das Stück Oberschenkelknochen, woran er sich heftet, nebst allen Bändern des Kniegelenkes und dem oberen Ende des Unterschenkelknochens, an dem unteren Ende ein ganzes Stück des Mittelfufses erhalten bleiben. Durch den Spalt der Platte Fig. 87 A,A′ wird die schlanke Achillessehne, durch den der Platte Fig. 87 B,B′ die äufserst kurze Sehne gelegt, welche den Muskelbauch mit dem oberen Knochenstück verbindet (Vergl. Fig. 86 und 88. Taf. I.). Die Kürze der oberen Sehne ist der Grund, weshalb die zum Empfang des Knochenstückes bestimmte Höhlung an der einen Platte die Gestalt einer bis zum Ende hin gleichförmig auslaufenden Rinne hat erhalten müssen. Es würde nicht möglich gewesen sein, diese Sehne durch einen Spalt von den Fig. 87 A,A′ abgebildeten Verhältnissen ohne Quetschung des Muskelbauches und des dicht an der Sehne sich einsenkenden Nerven hindurchzuzwängen. Liegen die Knochenstücke in den entsprechenden Höhlungen an der äufseren Fläche der Platten fest, so läfst sich dem Muskel durch Verschiebung des stellbaren Klotzes längs der Messingstange nach Belieben jeder Grad von Spannung bis zur Zerreifsung ertheilen. Dies geschieht am besten, indem man den Daumen auf das Ende der Messingstange setzt, Zeige- und Mittelfinger zu beiden Seiten der Stange jenseits des beweglichen Klotzes anbringt, und die Finger einander nähert: gleichzeitig prüft man mit der anderen Hand die wachsende Spannung des Muskels. Soll dieser im gedehnten Zustande zur Zusammenziehung gereizt werden können, so versteht es sich von selbst, dafs der Nervenstamm desselben geschont werden mufs. Ich brauche nicht zu erinnern, dafs der Nerv nicht mit durch den Spalt, in dem die obere Sehne liegt, geführt werden darf, wo er beim Dehnen unfehlbar eine tödtliche Quetschung erleiden würde; man hat ihn daher, während des Einbringens der Sehne und des Ausspannens, abwärts gebogen um den Muskel zu schlingen oder zusammengefaltet auf ihn hinzulegen. Das Kugelgelenk und der allgemeine Träger dienen dazu, den gestreckten Muskel in Berührung mit den Bäuschen bequem und sicher aufzustellen. Hiezu ist jedoch nothwendig, die Bäusche selbst mittelst abgestumpft dreiseitig prismatischer, eine Kante nach oben kehrender Hülfsbäusche in der Fig. 86 dargestellten Weise zu erhöhen, um nämlich unterhalb der Elfenbeinplatten fort dem natürlichen Längs- und Querschnitt des Muskels beikommen zu können. Behufs des Tetanisirens des Muskels wird am allgemeinen Träger aufserdem noch die stromzuführende Vorrichtung auf entsprechende, durch die jedesmalige Anordnung näher zu bestimmende Weise angebracht.

Die Erscheinungen zuvörderst, welche man beim Spannen des Muskels, beim Reizen des gespannten zur Zusammenziehung und bei längerer Dauer der Ausdehnung wahrnimmt, sind folgende.

Es gehört eine ziemlich grofse Kraft dazu, fast die volle Kraft der Muskeln, welche den Daumen dem Zeige- und Mittelfinger nähern, um den Gastroknemius eines grofsen und lebhaften Frosches so zu spannen, dafs er bei der Zusammenziehung gar keine Gestaltveränderung mehr zeigt. Unter dem Mikroskope, bei auffallendem Lichte und 85maliger Vergröfserung, bleibt selbst bei der äufsersten Spannung, wenn der Muskel dem Zerreifsen nahe ist, stets noch eine leise Verschiebung zurück. Er fühlt sich alsdann wie eine blofsgelegte gespannte Sehne an; es ist nicht mehr möglich, durchs Gefühl eine Vermehrung seiner Festigkeit im Augenblicke der Zusammenziehung wahrzunehmen, weil er bereits ohnedies jeder ferneren Zusammendrückung einen beträchtlichen Widerstand darbietet.

Spannt man den Muskel über das Mafs seiner Haltbarkeit an, so erfolgt endlich Zerreifsung, sei's der Sehne am Tarsus, sei's der Muskelfasern selbst in der Gegend des Bauches, sei's Trennung der letzteren von der Sehne am oberen Ende; die entsprechende Trennung von der Ausbreitung der Achillessehne habe ich nicht beobachtet. Mit einem zerrissenen Muskel darf aus verschiedenen Gründen nicht gearbeitet werden. Erstens wegen des künstlichen Querschnittes, der dann an einzelnen Stellen ungehöriger Weise zum Vorschein kommt; dann weil die Spannung durch die Zerreifsung vermindert ist und ohne gänzliche Zerstörung nicht erneuert werden kann; weil man unsicher ist, ob diese schwere Verletzung nicht die Fähigkeit zur Zusammenziehung bedeutend beeinträchtigt hat; endlich weil, wie es mir einigemal hat scheinen wollen, der Strom durch die voraufgehende übermäfsige Dehnung eine beträchtliche dauernde Schwächung erleidet.

Ist ein Muskel längere Zeit hindurch, eine halbe bis zu einer ganzen Stunde, ausgespannt gewesen, so findet man ihn an der Oberfläche wie bethaut mit grofsen Tropfen einer schwach gelblich gefärbten, klaren, nicht fadenziehenden, auf Lackmus kaum merklich alkalisch reagirenden Flüssigkeit, welche unter dem Mikroskop einzelne Blutzellen zeigt, auf dem Objectträger erhitzt sich trübt und baumförmige mikroskopische Zeichnungen hinterläfst. Ich weifs nicht, ob diese Flüssigkeit Blutwasser ist, welches durch die mit der Ausdehnung des Muskels nothwendig gleichen Schritt haltende Zusammendrückung desselben allmälig aus den Capillargefäfsen durch die verengten Mündungen der gröfseren Gefäfsstämme zu Tage gefördert wird, oder ob sie als ein Theil der in dem Muskel aufserhalb der Blutgefäfse enthaltenen Flüssigkeiten zu betrachten ist, welcher unter dem Druck der gespannten Hüllen der Primitivbündel und Bindegewebscheiden seinen Weg durch sie hindurch nach aufsen gefunden hat. Für die erstere Ansicht scheint der Umstand zu sprechen, dafs sie sich, wie gesagt, in einzelnen Tropfen sammelt und aufgetrocknet in derselben Weise wieder erscheint; wahrscheinlich ist es indefs, dafs beide Annahmen zu gleicher Zeit in der Wirklichkeit begründet sind. Dem sei wie ihm wolle, zum Theil wegen des Austretens dieser Flüssigkeit an seine Oberfläche, zum Theil aber wohl auch in Folge der nachträglichen Dehnung (»allongement secondaire«), welche Wilhelm Weber [1] zuerst an den Kokonfäden nachwies, nimmt der Muskel fortdauernd an Spannung ab, auch wenn er durch eine mit Wasser abgesperrte Glocke vor dem Vertrocknen geschützt ist.

Bringt man unter eine solche Glocke einen ausgespannten Gastroknemius und zum Vergleich den der anderen Seite im erschlafften Zustande, und untersucht man dieselben von Zeit zu Zeit auf ihre Fähigkeit, sich zusammenzuziehen, indem man, nach angestellter Prüfung, den zum Behuf derselben erschlafften in der Vorrichtung befindlichen Muskel von Neuem anspannt, so findet man, daſs letzterer bereits nach mehreren Stunden reactionslos und todtenstarr wird, während der in Ruhe gebliebene, bei mittlerer Temperatur, noch nach 24 Stunden auf kräftige Reize antworten kann. Der Versuch gelingt um so besser, je gröſser die Gastroknemien sind, weil die gröſsere Haltbarkeit der Sehnen eine gröſsere Zugkraft auszuüben gestattet, abgesehen davon, daſs dieser Umstand wohl auch nicht ohne Einfluſs auf die Dauer der Reizbarkeit des ruhenden Muskels sein möchte. Es ist nicht nothwendig, den Muskel im ausgespannten Zustande todtenstarr werden zu lassen, um ihn lange vor der Zeit sterben zu sehen; ein Aufenthalt von wenigen Stunden, nach deren Verlauf er noch ziemlich leistungsfähig aus der Vorrichtung entfernt wird, ist dazu hinreichend.

Die Thatsache, daſs ausgedehnte Muskeln ihre Leistungsfähigkeit schnell einbüſsen, ist übrigens keineswegs neu. Jedermann weiſs z. B., wie mühsam nach langem Hocken, bei welchem sie doch keiner willkürlichen Anstrengung Folge zu leisten hatten, die Strecker des Kniegelenkes ihre Dienste verrichten. Fontana hat aber sogar schon diesen Punkt, wenigstens an den organischen Muskeln, zum Gegenstande einer Versuchsreihe gemacht. Er sprützte, bis zur äuſsersten Anspannung ihrer Wandungen, lauwarmes Wasser durch die Harnröhre in die Blase einer lebenden Katze, eines Ziegenböckchens, zweier Lämmer und eines Hundes. Nach Eröffnung der Bauchhöhle und Entleerung der Blase zeigte sich diese regungslos auf den Reiz von Nadelstichen, wie auch der Elektricität. Ein groſser Hund, der nach der Einsprützung unverletzt am Leben erhalten wurde, hatte das Vermögen, den Harn zu lassen, auf viele Tage verloren. Ein Herz, in dessen rechten Ventrikel, nach Unterbindung der Lungenarterie, oder in dessen linken Ventrikel, nach

[1] Poggendorff's Annalen u. s. w. 1835. Bd. XXXIV. S. 247.* — Vergl. Wertheim a. a. O. und oben Bd. I. S. 172.

Unterbindung der Aorta, lebenswarmes Venenblut oder Wasser vermittelst des anatomischen Hebers mit grofser Gewalt getrieben worden war, hörte auf, sich von selbst oder auf angemessene Reize zusammenzuziehen. Aehnliche Versuche gelangen mit dem gesammten Darmcanale wie auch dem blofsen Dickdarme von Katzen, der Speiseröhre und dem Magen anderer Thiere. FONTANA erinnert endlich selbst bei dieser Gelegenheit an die bekannten Zufälle von Blasenlähmung nach Harnverhaltung, und fragt wie es komme, dafs der Fruchthalter durch die langwierige Ausdehnung während der Schwangerschaft seines Vermögens, sich zusammenzuziehen, nicht verlustig gehe.[1]

Wird der Muskel freigelassen, wenn er eben erst zu antworten aufgehört hat, so zieht er sich langsam zusammen und wird in der gewöhnlichen, etwas geballten Stellung völlig todtenstarr. Läfst man ihn dagegen längere Zeit in starrem Zustande in der Vorrichtung, so erfolgt, nach Entfernung der dehnenden Gewalt, keine wirkliche Gestaltveränderung mehr: vermuthlich deshalb, weil die bis zur Zerstörung durch die Fäulnifs unangegriffen bleibende Contractilität des Bindegewebes wohl den flüssigen, oder den eben erst gerinnenden, aber nicht mehr den geronnenen Faserstoff in die ihm selber am besten anstehende Form zu pressen ausreicht.

Nicht uninteressant ist das Ergebnifs der mikroskopischen Untersuchung eines solchen in der Vorrichtung gestorbenen und darin ausgespannt gebliebenen Gastroknemius. Wird nämlich ein Stückchen davon in der gewöhnlichen Weise zugerichtet und bei 380maliger Vergröfserung betrachtet, so sieht man an einzelnen Stellen die Querstreifen vollkommen erhalten. An anderen Stellen haben dieselben ihr gleichförmiges, glattes Ansehen verloren, sie bieten eine runzliche Beschaffenheit dar, wobei sie häufig über die Breite der Primitivbündel fort ungewöhnlich grofse und zahlreiche Abweichungen von der queren Richtung, förmliche Zickzackbiegungen, zeigen. Auch lassen sie, vorzüglich an den Gipfeln dieser Biegungen, eine beträchtlich gröfsere Entfernung zwischen sich, als im unversehrten Zustande, so dafs die solchergestalt veränderten Muskelbündel eine auffallende Aehnlichkeit mit denen gewisser Gliederthiere, z. B. des Krebses, besitzen. An noch anderen Stellen erscheinen die Querstreifen gar als ziemlich regelmäfsige Perlenschnüre, gleichsam aus einzelnen der Quere nach aufgereihten, sehr groben Kügelchen zusammengesetzt. In einzelnen Fällen springen die Kügelchen an dem Rande des Bündels innerhalb der Hülle desselben deutlich vor. Unter

[1] Ricerche filosofiche sopra la Fisica animale. In Firenze 1775. 4°. t. I. p. 62.* — Vergl. unten, §. VI. 2.

Umständen kann man die Reihen derselben sowohl der Länge, als der Quere nach, nach Belieben verfolgen. Der Abstand der so verwandelten Querstreifen von einander ist noch bedeutend gröfser als der bei der vorigen Form; er mag wohl das drei- bis vierfache von dem gewöhnlichen betragen. Eine noch weiter vorgeschrittene Veränderung zeigen einzelne Stellen, an denen gar kein feinerer Bau mehr erkannt werden kann, sondern nur noch eine feinkörnige Zusammensetzung aus sehr kleinen Kügelchen, die, je nach ihrer Stellung zur Ebene des deutlichen Sehens, in meinem Instrumente weifs, grau, weingrün oder schwarz erscheinen; eine Form, welche an macerirten Muskeln sehr häufig ist, und die man auch an plötzlich und gewaltsam zerrissenen Muskelbündeln wahrnimmt. An diese Form schliefst sich diejenige solcher Stellen an, wo das ganze Innere des Bündels mit regellosen, krümlichen Massen, dem Umfange abgestorbener Nervenröhren nicht unähnlich, angefüllt ist und dadurch völlig verdunkelt erscheint. Noch andere Stellen endlich lassen zwar gleichfalls keine Querstreifung, aber eine scharf ausgesprochene glatte und feine Längsstreifung erkennen, welche dieselben nicht selten auch sehr undurchsichtig macht.

Ein und dasselbe Muskelbündel vermag auf verschiedenen Punkten seiner Länge einen grofsen Theil der hier beschriebenen Abänderungen aufzuweisen. Ob ein vor entwickelter Todtenstarre aus der Vorrichtung genommener Muskel, welcher sich allmälig wieder in der obenerwähnten Weise zusammengezogen hat, dieselben gleichfalls darbietet, ist noch nicht untersucht. Hr. Dr. Remak hat kürzlich (im Februar 1847) die Güte gehabt, mir kranke Muskelbündel einer im Wochenbette unter räthselhaften Zufällen verstorbenen Frau zu zeigen, an denen täuschend dieselbe Reihe von Veränderungen unterschieden werden konnte, als an jenen im gedehnten Zustande erstarrten Froschmuskeln. Für diejenigen, welche diese Versuche allein in morphologischer Beziehung zu wiederholen wünschten, brauche ich wohl kaum zu erinnern, dafs dazu durchaus keine der beschriebenen ähnliche künstliche Vorrichtungen nothwendig sind, sondern dafs jede beliebige Befestigungsart der Enden des Muskels, welche die Anhängung eines hinreichenden Gewichtes unter einer das Austrocknen verhütenden Glocke gestattet, ihren Zweck vollkommen erfüllen wird. Beiläufig will ich hier bemerken, dafs Froschmuskeln, die bis zur vollständigen Erschöpfung ihrer Leistungsfähigkeit auf elektrischem Wege unablässig tetanisirt worden waren, unter dem Mikroskope, so viel ich sehen konnte, merklich dieselbe Beschaffenheit ihrer Primitivbündel darboten, als solche, welche keine Mifshandlung der Art erlitten hatten.

Endlich ist zu erwähnen, dafs der ausgedehnte Muskel im Besitze eines gesetzmäfsig gerichteten Stromes ist, von dessen Stärke jedoch später noch besonders wird die Rede sein müssen. [1] Die Art diesen Strom von Längs- und Querschnitt des in der Vorrichtung befindlichen Muskels abzuleiten, ist bereits oben S. 67 angegeben und durch Fig. 86 bildlich erläutert worden.

Jetzt schreiten wir, nachdem wir uns mit den Bedingungen des Versuches vertraut gemacht haben, zu dem eigentlichen Ziele desselben, der Untersuchung, wie sich der Strom des unbeweglich ausgedehnten Muskels verhalten werde, wenn derselbe auf die gewöhnliche Art tetanisirt wird. Man findet, dafs der Erfolg genau der nämliche ist, als ob der Muskel sich wirklich hätte zusammenziehen können; die Nadel geht durch den Nullpunkt in den negativen Quadranten über ihre Stellung in dem positiven Viertelkreise hinaus, die Ladungen haben augenblicklich die Oberhand. Ein gespannter Gastroknemius gab z. B. 40° Ausschlag, 6° beständige Ablenkung. Beim Tetanisiren schlug die Nadel bis auf — 40° durch und stellte sich endlich auf + 5°; bei abermaligem Tetanus schlug sie auf — 35° durch.

Somit ist jede Möglichkeit abgeschnitten, die scheinbare Stromabnahme beim Tetanus von der Lageveränderung des Muskels auf den Bäuschen herzuleiten; auch ist deutlich, dafs dieser Versuch zugleich abermals den Verdacht auf eine Veränderung des Widerstandes des Multiplicatorkreises zu entfernen geeignet ist.

5. Die Abnahme des Muskelstromes während der Zusammenziehung rührt nicht von seiner Gestaltveränderung her.

In meinem »*vorläufigen Abrisse*« sagte ich, nachdem ich die Lehre von dem Muskelstrome als einem abgeleiteten Stromarme auseinandergesetzt hatte (S. oben Bd. I. S. 690. Anm.): [2] »Die Abnahme des »Muskelstromes im Tetanus erklärt sich dann vielleicht so, dafs, da die »ganze Masse des Muskels Nebenschliefsung für den Strom jedes ein- »zelnen Primitiv-Muskelbündels bildet, diese Masse aber im Tetanus an »Querschnitt zu-, an Länge ab-, folglich an Leitungswiderstand abnimmt, »der Stromarm in dem leitenden Bogen an Intensität abnehmen mufs. — »Es läfst sich dagegen einwenden, dafs diese Veränderung des Wider- »standes beim Tetanus ganzer Glieder zu geringfügig ist, als dafs darauf »Rücksicht genommen werden könnte. Messende Versuche sind un-

[1] S. unten, §. VI. 1.
[2] S. a. a. O. S. 19. §. 49.

»möglich. — Während heftiger und andauernder Zusammenziehungen »der Arm-, Schulter- und Brustmuskeln des menschlichen Körpers er»leidet der Widerstand desselben keine wahrnehmbare Veränderung.« [1]

Ich habe damals, vielleicht aus einem Uebermafs von Vorsicht, geglaubt, das hier ausgesprochene Bedenken gegen die Bedeutung der Stromabnahme im Tetanus nicht vorenthalten zu dürfen, da es mir noch nicht gelungen war, es durch einen entscheidenden Versuch zu beseitigen. Ich mufs indefs bekennen, dafs die Statthaftigkeit desselben mir schon zu jener Zeit sehr zweifelhaft erschien; noch mehr ist dies jetzt der Fall, wo ich eher den entgegengesetzten Schlufs zu ziehen geneigt sein würde. Wie dem auch sei, das eigentliche Interesse der schwierigen Frage, welchen Einflufs wohl die Gestaltveränderung des Muskels im Tetanus bei angenommener Beständigkeit seiner elektromotorischen Kräfte auf den Strom äufsern möchte, ist durch den Versuch der vorigen Nummer bereits miterledigt; er zeigt, dafs von der Erklärung des »*vorläufigen Abrisses*« nunmehr die Rede nicht mehr sein könne, da die negative Schwankung des Muskelstromes während der Zusammenziehung nicht ausbleibt, auch wenn dem Muskel jede Spur einer Gestaltveränderung bei derselben durch mechanische Zwangsmittel untersagt ist.

6. Die Abnahme des Muskelstromes während der Zusammenziehung rührt nicht von einer Veränderung des eigenthümlichen Widerstandes der Muskelsubstanz her.

Nur ein Element des Widerstandes giebt es noch, dessen Beständigkeit während der Zusammenziehung man gesichert zu sehen wünschen mufs, ehe die Ueberzeugung ausgesprochen werde, dafs die fragliche Erscheinung die Folge einer Verminderung der Summe der Spannungen im Inneren des Muskels sei. Es fragt sich, ob nicht vielleicht der eigenthümliche Widerstand der Muskelsubstanz selber dabei eine Veränderung erleidet, welcher die negative Schwankung des Stromes zuzuschreiben wäre.

Durch das Verfahren der Entgegensetzung können wir — s. am Schlusse des ersten Bandes — den Einflufs einer solchen Veränderung mit Sicherheit nicht aus dem Ergebnisse des Versuches verbannen; wir müssen daher, um über diesen Punkt zu entscheiden, abermals besondere Versuchsweisen aufsuchen. Das einfachste scheint zunächst, zu ermitteln, ob sich, bei der Zusammenziehung, eine Schwankung des

[1] S. die folgende Seite.

Widerstandes wahrnehmen läfst, den der Muskel einem beliebigen, ihn im beliebigen Sinne durchkreisenden Strome darbietet.

Zuerst gedachte ich den Versuch folgendermafsen an mir selber anzustellen. Ich liefs mir Kupferstreifen, in feuchtes Fliefspapier gewickelt, um die Handgelenke winden. Sie bildeten die Enden eines Kreises, in welchen eine GROVE'sche Kette von der gröfseren oben Bd. I. S. 446 beschriebenen Art und ein KLEINER'scher Multiplicator von 200 Windungen auf 100 Par. Fufs Drahtlänge eingeschaltet waren. Die Nadel desselben wurde, nach vollständiger Entwickelung der Ladungen an den Kupferstreifen, durch meine Arme, Brust und Schultern hindurch in einer beständigen Ablenkung von etwa 15° gehalten. Bei dem sehr beträchtlichen Widerstande des menschlichen Körpers, gegen den der der übrigen Kettentheile als ganz verschwindend erachtet werden durfte, [1] und da die Muskeln in der am meisten widerstehenden Strecke der Leitung, den Armen nämlich, den gröfsten Theil des Querschnittes ausmachen, liefs sich erwarten, dafs eine geringe Veränderung ihres Widerstandes aus irgendwelchem Grunde sich durch einen Ausschlag von Seiten der Nadel zu erkennen geben würde.

Der Erfolg des Versuches war jedoch so gut wie Null, gleichviel ob ich die gebeugten erschlafften Arme plötzlich mit aller Gewalt anspannte oder sie erst seitwärts ausgestreckt aber möglichst erschlafft auf zwei schulterhohen Stäben ruhen und mir dann in jede Hand ein mehrere Kilogramm schweres Gewicht reichen liefs, welches ich, wie man zu sagen pflegt, mit steifen Armen hielt, indem ich zugleich bestrebt war, von den Hals-, Schulter- und Brustmuskeln möglichst viel beim Tetanus zu betheiligen. Es fand zwar im Beginn eines jeden Versuches augenblicklich eine leichte Vergröfserung der Ablenkung statt. Diese rührte aber von nichts Anderem her, als davon, dafs der Uebelstand, den ich durch Anwendung der Kupferstreifen statt der üblichen Handhaben hatte vermeiden wollen, doch nicht völlig beseitigt war: die Verminderung der Ladungen nämlich an der negativen Elektrode durch Erschütterung derselben bei der Muskelanstrengung (Vergl. oben Bd. I. S. 212. 239. 268. 616). Sie wurde, bei dieser Einrichtung, durch das Anspannen der Sehnen der Vorderarmmuskeln innerhalb der Armbänder hervorgebracht, eine Deutung der wahrgenommenen Wirkung, die sich dadurch erhärten liefs, dafs man durch blofses An-

[1] Den Widerstand des menschlichen Körpers haben nacheinander gemessen EDUARD WEBER (Quaestiones physiologicae de phaenomenis galvano-magneticis in corpore humano observatis. Lipsiae (1836). 4°. p. 4. sqq.*), POUILLET (Comptes rendus etc. 22 Mai 1837. t. IV. p. 791.*) und LENZ und PTSCHELNIKOFF (POGGENDORFF's Annalen u. s. w. 1842. Bd. LVI. S. 429.*)

ziehen der freien Enden der Kupferstreifen leicht einen noch lebhafteren Ausschlag zu erzeugen im Stande war, als durch das willkürliche Tetanisiren der Arme.

Um den Versuch tadelfrei anzustellen, hätte folgendermafsen verfahren werden müssen. Es hätte die eine Hand in ein Gefäfs mit schwefelsaurer Kupferlösung, die andere in ein solches mit verdünnter Schwefelsäure oder Kochsalzlösung tauchen müssen; hätte man dann in das erstere eine Kupfer-, in das letztere eine Zinkplatte versenkt und beide durch den Multiplicator verbunden, während zugleich die Tiefe des Eintauchens der Hände durch irgend eine Vorkehrung vor Schwankungen gesichert gewesen wäre, so hätte der Körper den porösen Trog einer Kette von beständiger Kraft vorgestellt, die Ladungen wären aus dem Versuche verbannt gewesen und eine etwa stattfindende Veränderung des Widerstandes der Muskeln hätte rein zur Erscheinung kommen können. Am Menschen habe ich den Versuch in dieser Gestalt nicht wiederholt, hingegen an den Gastroknemien des Frosches mit bestem Erfolge.

Es kam hiebei darauf an, dafs der Widerstand der Muskeln einen möglichst grofsen Theil des Widerstandes des Kreises, hingegen ihre elektromotorische Kraft, folglich auch deren Veränderungen, einen möglichst kleinen Theil derjenigen der Kette ausmachte. Es mufsten folglich möglichst viele Muskeln sich im Kreise befinden, allein je zwei derselben ihre Wirkungen gegenseitig aufheben; es mufste die Kette selber hingegen von so kleinem Widerstande und so grofser elektromotorischer Kraft, wie nur immer möglich, gewählt werden. Da aber die Muskeln bei der Zusammenziehung ihre Lage zu verändern streben, so mufste eine solche Anordnung getroffen werden, dafs dabei ihre leitende Berührung untereinander unverändert blieb. Die Nothwendigkeit dieser Anordnung, und der Umstand, dafs die Muskeln gleichzeitig mufsten in Tetanus versetzt werden können, dafs also ihre Nerven sämmtlich auf die Platinenden der bekannten stromzuführenden Vorrichtung aufgelegt werden mufsten, machte es unmöglich, mehr als zwei Gastroknemien auf einmal in den Kreis der Kette zu bringen. Um so rathsamer schien es, sich auf diese Anzahl zu beschränken, als sich im Laufe der Versuche das Bedürfnifs herausstellte, die Muskeln in der Weise, wie es in der vorletzten Nummer geschildert wurde, bis zur Unbeweglichkeit bei der heftigsten Zusammenziehung straff ausdehnen zu können.

Ein Theil der Vorrichtungen, die mir dienten, zwei einander entgegenwirkende Gastroknemien in der Art zu befestigen, dafs diesen verschiedenen Bedingungen ebenmäfsig genügt wurde, war ursprünglich zu einem anderen Zwecke bestimmt, der erst später zur Sprache kommen wird, und kann daher hier noch nicht ausführlich beschrieben werden. Man sieht die Punkte der Anordnung, auf die es hier ankommt, indeſs in Fig. 88. Taf. I. schematisch dargestellt, und folgendes ist die Bedeutung der einzelnen Theile derselben.

α, β sind die Elfenbeinplatten der Vorrichtung Fig. 86 im seitlichen Aufrisse; der bewegliche Klotz *α* dieser Vorrichtung ist jedoch, wegen der verkehrten Lage des zugehörigen Knochenstückes, gleichfalls verkehrt auf die ihn tragende Stange aufgesteckt, so daſs die Höhlung der Elfenbeinplatte nach innen zu liegen kommt; für die Platte des festen Klotzes *β* hat dies begreiflich nicht in Ausführung gebracht werden können. Der bewegliche Klotz ist dem festen so nahe gestellt, und in dieser Lage festgeschraubt, daſs die oberen Knochenstücke beider Muskeln dadurch in inniger, unverrückbarer Berührung gehalten werden.

a, b sind ein Paar Elfenbeinplatten, welche den erstbeschriebenen, Fig. 87 A,A′ und B,B′ abgebildeten in allen Stücken genau entsprechen. Diese tragen, wie man sieht, die Fuſsenden der Muskeln, und zwar ist eins davon, z. B. *a*, als ein fester Punkt zu betrachten, von welchem das andere nach Willkür entfernt werden kann. Da *α, β* sich, bei loser Klemmschraube, um die senkrechte Stange des allgemeinen Trägers an einem ziemlich groſsen Halbmesser ungehindert drehen konnten, so ist klar, daſs beim Vergröſsern des Abstandes zwischen *a, b* beide Muskeln, und zwar ohne irgend eine Verrückung der Berührungsstelle ihrer Knochenstücke, einen ganz gleichen Grad von Dehnung erfuhren.

Die Muskeln waren so zugerichtet, daſs an ihrem unteren Ende nicht blos ein Stück des Mittelfuſses, sondern der ganze Fuſs sogar mit seiner Hautbekleidung gelassen war. Der Fuſs des einen tauchte in ein Gefäſs von der oben Bd. I. S. 387 angegebenen Gröſse voll schwach rauchender Salpetersäure zugleich mit einer Platinplatte von 17.5 Quadratcentimenter benetzter Oberfläche, der des anderen in ein solches voll Schwefelsäure zu Brunnenwasser wie 1 : 8 dem Volum nach zugleich mit einer amalgamirten Zinkplatte von gleichen Maſsen. Die Platten, welche sich den thierischen Theilen möglichst nahe befanden, ohne sie jedoch zu berühren, waren mit den Enden des Museumsmultiplicators (S. oben Bd. I. S. 202) in Verbindung, von dem jedoch nur die halbe Länge in Anwendung kam, und dessen schweres rhombisches Nadelspiel durch einen in solcher Nähe angebrachten Melloni'schen Berichtigungsstab auf Null gehalten wurde, daſs es nur noch 6″ schlug.

Man sieht, der Widerstand der beiden Muskeln bildete unstreitig den bei weitem gröſsten Theil des Widerstandes einer Grove'schen Kette, deren porösen Zwischenleiter sie vorstellten, und gegen deren elektromotorische Kraft die des übrig bleibenden Differentialstromes der thierischen Erreger als sehr unbedeutend angesehen werden konnte. In der That, während ein Semimembranosus Cuv. vom Oberschenkel des Frosches, mit künstlichem Querschnitte und natürlichem Längsschnitte auf die Bäusche aufgelegt, die Nadel des Multiplicators in diesem Zustande auf höchstens 25° trieb, hielt der Strom der Kette sie auf 45 bis 50° beständiger Ablenkung. Von den Muskeln der Füfse war nicht zu fürchten, dafs sie einen Strom durch den Kreis schickten, da sie erstens von der Haut und von einer gut leitenden Flüssigkeit umgeben waren, welche Nebenschliefsung für jenen bildeten, und da sie zweitens durch die Berührung der Salpetersäure und der verdünnten Schwefelsäure alsbald in einen Zustand versetzt wurden, in dem sie keinen Strom mehr entwickeln. In der That ballten sich die Füfse nach kurzer Zeit in unförmlicher Gestalt todtenstarr zusammen.

Den einander berührenden Kopfenden der Muskeln nahe, wurden, wie die Figur es zeigt, die Platinbleche der stromzuführenden Vorrichtung aufgestellt, und auf dieselben die Nerven der beiden Gastroknemien zusammengeflochten aufgelegt. Es ist nämlich deutlich, dafs sie nicht einzeln aufliegen durften, weil alsdann der Multiplicatorkreis eine Nebenschliefsung für den der Inductionsrolle gebildet hätte, in deren primärer Strombahn sich, wie gewöhnlich, eine schwach geladene Grove'sche Kette und das Unterbrechungsrad befanden. Damit sich die Füfse beim Tetanisiren in ihren Gefäfsen auf keinen Fall bewegen könnten, war übrigens der zu denselben längs der Achillessehne führende Nerv zerschnitten worden.

War nun Alles, wie beschrieben, vorbereitet, und die Muskeln hingen schlaff, aber doch geradlinig ausgestreckt, zwischen den Elfenbeinplatten, so dafs noch eine beträchtliche Gestaltveränderung die Zusammenziehung begleiten mufste, so erfolgte, beim Tetanisiren, stets ein kleiner Rückschwung der Nadel von ungefähr 3°.

Es fragt sich, welche Bedeutung diesem Umstande beizumessen sei, und zwar natürlich vor Allem, ob derselbe, trotz den getroffenen Vorkehrungen, nicht dennoch von dem Hindurchscheinen der Schwankung des Muskelstromes bei der Zusammenziehung durch den Strom der Grove'schen Kette herrühren könne. Dies scheint zuerst undenkbar, indem alsdann nicht einzusehen wäre, weshalb, bei einander entgegenwirkenden Muskeln, die Richtung des Ausschlages im Tetanus gerade immer der Richtung des Stromes der Kette entgegengesetzt sein sollte. Bei näherer Betrachtung aber entdeckt man allerdings einen Umstand, der möglicherweise die Ursache dieser Beständigkeit enthalten könnte. Die Anordnung des Versuches bringt es nämlich, wie man leicht sieht, immer mit sich, dafs der Nerv des einen Muskels, in unserem Falle *β*, von dem Strome der Grove'schen Kette in aufsteigendem Sinne, der des anderen *α* in absteigendem Sinne durchflossen ist. Demgemäfs (S. oben Bd. I. S. 365 ff.) wird sehr bald ein Unterschied zwischen der Stärke der Zusammenziehung des einen und des anderen Muskels fühlbar; der Tetanus des aufsteigend durchflossenen, dessen Strom mit dem der Kette folglich einerlei Richtung hat, fällt bald viel lebhafter aus als der des absteigend durchkreisten; und die Resultante der drei Ströme, des der Kette und derjenigen der beiden Muskeln, könnte folglich durch den Tetanus des aufsteigend durchströmten Muskels stets mehr verkleinert werden, als sie durch den des absteigend durchflossenen vergröfsert würde.

Diese Muthmafsung läfst sich indessen dadurch widerlegen, dafs man zeigt, wie die Stromabnahme selbst dann noch, nur begreiflich schwächer, zu erscheinen fortfährt, wenn man entweder bei der vorigen Einrichtung allein den absteigend durchkreisten Muskel tetanisirt, oder den Versuch überhaupt nur mit einem solchen anstellt. Demnach bleibt nichts übrig, als an eine Vermehrung des Widerstandes der Muskeln bei der Zusammenziehung, zur Erklärung jener Stromabnahme, zu denken. In dieser Hinsicht liegen zwei Erklärungen vor, zwischen denen entschieden werden mufs. Entweder nämlich haben wir hier wirklich eine Vermehrung des eigenthümlichen Widerstandes der Muskeln während der Zusammenziehung vor uns, oder es rührt dieselbe von der bei der obigen Versuchsweise ungehindert freigegebenen Gestaltveränderung der Muskeln her.

Das Letztere kann man sich folgendermafsen vorstellen. Die Anschauung zeigt leicht, was mit Hülfe der Methoden Lagrange's strenge zu beweisen freilich seine Schwierigkeiten haben dürfte, dafs, von allen Rotationskörpern von gleichem Rauminhalte und gleicher Axenlänge, der Cylinder der Körper von geringstem Widerstande für einen in der Richtung der Axe fliefsenden Strom sei. Annäherung an die Walzenform bei gleicher Masse und Länge wird demnach Verminderung, fernere Abweichung von derselben Zunahme des Widerstandes zur Folge haben. Gerade das Letztere ist aber der Fall bei der Zusammenziehung, so wie die Entfernung der Endpunkte des Muskels, wie in unserem Versuche, festgestellt ist, ohne dafs zugleich dieser Abstand so grofs gewählt wäre, dafs er eine alle weitere Gestaltveränderung aufhebende Spannung mit sich bringt.

Um die Richtigkeit dieser Vermuthung durch den Versuch unmittelbar zu erhärten, haben wir zweierlei zu thun. **Erstens** müssen wir, da die Ausführung der Rechnung versagt ist, wo möglich durch die Erfahrung nachzuweisen suchen, dafs eine Gestaltveränderung, wie sie hier vorliegt, in der That eine Verminderung des Leitungsvermögens nach sich ziehen kann. Dies geschah folgendermafsen.

Der oben ausgesprochene Satz gilt offenbar auch für die Elektricitätsbewegung nach nur zweien Richtungen. Es scheint einleuchtend, dafs von allen Figuren gleicher Oberfläche und Länge, das Rechteck dem elektrischen Strome den geringsten Widerstand darbieten müsse. Annäherung an die Gestalt des Rechteckes bei gleicher Oberfläche und Länge wird demnach Verminderung, fernere Abweichung von derselben Zunahme des Widerstandes zur Folge haben. Ich schnitt aus den beiden Hälften eines und desselben der Länge nach getheilten Bogens vom dünnsten Stanniol zwei Stücke von gleichem Gewichte, gleicher Länge (66^{cm}) und gleicher Breite an den Enden, von denen ich aber dem einen die ungefähre Gestalt einer sehr langgestreckten Ellipse, dem anderen die des Längendurchschnittes der Glaskolben, wie sie in der Chemie gebräuchlich sind, ertheilte. Das erstere stellte also gleichsam den Längendurchschnitt des ruhenden, das zweite den des thätigen Muskels vor. Der Analogie nach mufste von beiden, unter sonst gleichen Umständen in eine Kette eingeschaltet, jenes eine kleinere, dieses eine gröfsere Schwächung des Stromes erzeugen. Damit der Widerstand der Stanniolstreifen einen möglichst grofsen Bruchtheil des Gesammtwiderstandes der Kette ausmache, mufste diese begreiflich eine thermoelektrische sein. Hr. Dr. Hermann Knoblauch hatte die Güte, mir die nöthigen Vorrichtungen zu diesem Behufe zu Gebote zu stellen, und mich in ihrer Handhabung, in der er eine so grofse Gewandheit besitzt, zu unterstützen. Wir bedienten uns der 25gliederigen Thermosäule, die er in seiner Inauguraldissertation: *De Calore radiante Disquisitiones etc.* Berolini 1846. 4°. p. 2* beschrieben hat, und des ebendas. p. 62 erwähnten Multiplicators. In den Kreis der Säule und des Multiplicators wurden die beiden Stanniolstücke so eingeschaltet, dafs das eine Ende von beiden, in eine und dieselbe Blechklemme gefafst, dauernd in Verbindung mit dem einen Ende des Kreises blieb, während von den beiden anderen Enden, welche völlig gleichmäfsig in amalgamirte Kupferhaken ausliefen, abwechselnd das eine oder das andere durch Quecksilbernäpfchen mit dem anderen Ende des Kreises verbunden werden konnten. Die Säule wurde der Strahlung der a. a. O. p. 60 beschriebenen Oelflamme ausgesetzt. Zwei Versuchsreihen, zwischen welchen, um zufällige Unterschiede des Widerstandes aus der Anordnung zu verbannen, alle Theile derselben, in denen ein solcher Unterschied begründet sein konnte, auseinandergenommen und nach beliebiger Verwechselung der Klemmen, Haken u. s. w. wieder zusammengesetzt wurden, ergaben im

Mittel 42°.9; 43°.5 für das den zusammengezogenen, 44°.7; 45°.0 für das den erschlafften Muskel vorstellende Stanniolstück; der Unterschied zwischen den zusammengehörigen Zahlen der einen und der anderen Reihe rührt daher, dafs, während der Dauer der Versuche, der Unterschied der Temperaturen der beiden Enden der Säule noch im Wachsen begriffen war.

Somit ist als erwiesen anzusehen, dafs eine Gestaltveränderung der Art, wie sie der Muskel während seiner Thätigkeit erfährt, eine Vermehrung des Widerstandes bedingen könne; es mufs aber für's zweite gezeigt werden, dafs im vorliegenden Falle diese Gestaltveränderung es auch wirklich sei, welche die wahrgenommene Stromabnahme bedingt. Hiezu haben wir ein leichtes Mittel in der Hand. Ist diese Vorstellungsweise begründet, so mufs die Abnahme bei der Zusammenziehung wegfallen, so wie die Muskeln durch Ausspannen verhindert werden, ihre Gestalt bei derselben merklich zu verändern. Dies ist in der That der Fall.

Bleibt nämlich die ganze Anordnung, wie sie war, nur dafs die Muskeln in den gespannten Zustand versetzt worden sind, und man dreht jetzt das Unterbrechungsrad, so erfolgt keine Stromabnahme, sondern eine Nadelbewegung in entgegengesetzter Richtung, eine augenblickliche Zunahme der Ablenkung um ungefähr 3°.

Es giebt offenbar keinen Grund anzunehmen, dafs die Ursache derselben nicht auch beim Tetanisiren der nicht ausgespannten Muskeln bereits sollte statt gefunden haben; es mufs also geschlossen werden, dafs die erstbeobachtete Abnahme wegen Gestaltveränderung sogar beträchtlich genug sei, um die Zunahme zu überwiegen. Was diese betrifft, so könnte zunächst abermals der Beweis verlangt werden, dafs sie nicht von der Stromabnahme des absteigend durchflossenen Muskels während seines Tetanus herrühre. Dieser Beweis liegt erstens darin, dafs, wie bemerkt, der stärkere Tetanus vielmehr auf Seiten des aufsteigend durchkreisten Muskels fällt; zweitens aber auch darin, dafs man gleichfalls, nur begreiflich schwächere Stromzunahme erhält, wenn man entweder, bei der vorigen Einrichtung, allein den aufsteigend durchströmten Muskel tetanisirt, oder den Versuch überhaupt nur mit einem solchen anstellt.

Ich habe mich endlich auch hier noch ausdrücklich durch den Versuch überzeugt, dafs der Erfolg von der Anwendung eines elektrischen Stromes zum Tetanisiren unabhängig war. Wurden die Nerven an ihrer Eintrittsstelle in den Muskel zerschnitten und ihre Stümpfe wieder in die natürliche Lage an denselben gebracht, so dafs, bei ganz gleichen Leitungsverhältnissen für den elektrischen Strom, kein Tetanus mehr entstand, so verharrte auch die Nadel unbewegt in ihrer beständigen

Ablenkung. Dasselbe war der Fall, wenn die Muskeln durch häufige Wiederholung des Versuches, vorzüglich bei gespanntem Zustande derselben, bereits erschöpft waren.

Sonach bleibt hier sichtlich kein Ausweg, als sich vorzustellen, dafs eine leichte Verminderung des eigenthümlichen Widerstandes der Muskelsubstanz die Zusammenziehung begleite. Woher dieselbe rühre, ist begreiflich nicht zu sagen. Man könnte beim ersten Anblicke daran denken, dieselbe mit der geringen Verdichtung der Muskeln, welche gleichfalls dabei stattfindet, in Verbindung zu bringen. Es ist keine Frage, dafs die Muskeln sich unter diesen Umständen wirklich selber zusammendrücken, wovon später noch die Rede sein wird.[1] Allein es ist noch gar nicht thatsächlich ausgemacht, dafs die Zusammendrückung der feuchten Leiter überhaupt einen Einflufs auf ihren Widerstand äufsere. Hierauf bezügliche Erfahrungen besitzen wir freilich von P. L. Simon,[2] Voigt,[3] Colladon und Sturm,[4] Jacobi[5] und Daniell.[6] Nur in Colladon und Sturm's und in Jacobi's Versuchen indefs war der Multiplicator in den Kreis eingeschaltet, so dafs eine etwa eintretende Veränderung der Stromstärke sicher beurtheilt werden konnte. In den übrigen wurde blos auf den Gang der Wasserzersetzung geachtet, hier begreiflich ein höchst trügerisches Kennzeichen. Sammt und sonders aber leiden diese Versuche an dem Uebelstande, dafs der Druck, der die Flüssigkeiten selber traf, zugleich die Elektroden belastete, so dafs die etwa wahrgenommene Wirkung nothwendig aus der auf das Leitvermögen der ersteren und der auf die Ladung der letzteren ausgeübten zusammengesetzt war. Colladon und Sturm fanden nun, dafs ein Druck von 30 Atmosphären das elektrische Leitvermögen des Quecksilbers, einer gesättigten Ammoniaklösung und des destillirten Wassers nicht merklich ändert; dafs aber derselbe das Leitvermögen der Salpetersäure verringert, und sie glauben, dafs dies dadurch erklärt werden könne, dafs der Druck die Zersetzung der Säure hemmt. Jacobi dagegen sah die Ablenkung der Nadel an der Tangentenbussole um mehr als einen Grad zunehmen, als der Druck in dem

[1] S. unten, Kap. IX.

[2] Gilbert's Annalen der Physik. 1802. Bd. X. S. 297.*

[3] Ebendas. S. 298 Anm.* — Voigt's Magazin für den neuesten Zustand der Naturkunde u. s. w. 1800. Bd. II. S. 555.* — S. auch Gehler's physikalisches Wörterbuch u. s. w. Bd. IV. Abth. II. 1828. Artikel »Galvanismus.« S. 898.*

[4] Annales de Chimie et de Physique. Novembre 1827. t. XXXVI. p. 231.* — Poggendorff's Annalen u. s. w. 1828. Bd. XII. S. 166.*

[5] Poggendorff's Annalen u. s. w. 1839. Bd. XLVIII. S. 51.*

[6] Ebendas. 1843. Bd. LX. S. 383.*

Voltameter, welches Platinelektroden in Schwefelsäure von 1.33 Dichte enthielt, auf 9 Atmosphären stieg. Jacobi meint nicht, dafs dies das bei Ketten von beständiger Kraft gewöhnlich vorkommende Wachsen der Stromstärke gewesen sei, welches er sonst nie so ausdauernd bemerkt habe, wenn sich ein Volta-Elektrometer im Kreise befand, indem die Ladungserscheinungen alsdann in kurzer Zeit die Stärke des Stromes auf eine gewisse Grenze herabbringen. Und wirklich erhielt sich die Ablenkung nach Entfernung des Voltameters, so dafs die Kette für sich geschlossen war, einige Zeit lang auf gleicher Höhe, ohne noch ferner zuzunehmen. Es waltet demnach hier ein Widerspruch ob zwischen den Erfahrungen der Französischen Preisträger und denen des Petersburger Physikers; man fühlt sich aber geneigt, den Ergebnissen ersterer mehr Vertrauen zu schenken, wenn man erwägt, dafs sich in neuerer Zeit eine Verminderung der Ladungen durch Aufhebung des Luftdruckes herausgestellt hat,[1] so dafs Jacobi's Erfolg auch in dieser Hinsicht ganz abweichend erscheint, und wenn man sich überdies erinnert, dafs gleichfalls vor Kurzem durch Ohm der begünstigende Einflufs erhöhter Temperatur auf den Widerstand der feuchten Leiter durch einen Versuch erhärtet worden ist, bei dem keine Veränderung des Spieles der Ladungen mehr vermuthet werden konnte,[2] während doch sonst, bei Verhältnissen dieser Art, Kälte und Druck, Aufhebung desselben und Temperaturerhöhung in einerlei Sinne zu wirken pflegen. Um so wahrscheinlicher ist es endlich, dafs, wenn die Verdichtung der Elektrolyte einen Einflufs auf ihr Leitvermögen äufsert, dies kein begünstigender sein werde, als dieselben, beim Uebergange in den festen Zustand, sich bekanntlich in Nichtleiter verwandeln.[3]

Wie dem auch sei, die bei weitem wichtigere Frage für uns an dieser Stelle scheint zu sein, nicht, welche die Ursache der wahrgenommenen Zunahme des Leitvermögens der zusammengezogenen Muskeln sein könne, sondern inwiefern dieselbe einen Einflufs gewinnen möge auf die Erklärung der Abnahme des Muskelstromes im Tetanus. Man darf nicht vergessen, dafs wir es in diesem Strome mit einem abgeleiteten Stromarme zu thun haben, und dafs also von vorn herein nichts widersinniges darin liegt, eine Abnahme desselben der Abnahme des Widerstandes des Muskels zuschreiben zu wollen.

[1] S. unten, Kap. V. §. III. 5.

[2] Poggendorff's Annalen u. s. w. 1844. Bd. LXIII. S. 403.* — Henrici ebendas. 1845. Bd. LXVI. S. 174.*

[3] Faraday, Experimental Researches in Electricity. (Collected from the Philosophical Transactions). Vol. I. London 1839. Series IV (April 1833). p. 110.*

Nicht nur indeſs, daſs jene Wirkung viel zu geringfügig ist, um die Schwankung des Muskelstromes im Tetanus mit ihrer Hülfe zu erklären, es läſst sich auch leicht, sowohl durch die Betrachtung als durch den Versuch an einem Kupferzinkschema, einsichtlich machen, daſs unter den Umständen, wie der Strom am Muskel gewonnen wird, Abnahme des Widerstandes der Muskelsubstanz Zunahme, und nicht Abnahme der Stromstärke zur Folge haben müſste. Dazu ist, theoretischerseits, nur zu erwägen, daſs der Stromantheil, den eine Molekel des Muskels durch den Multiplicatorkreis schickt, ehe er in die feuchten Enden desselben, die Bäusche, tritt, eine Strecke in dem Muskel selber zurückzulegen hat, gegen deren Widerstand der des ganzen übrigen Kreises unter diesen Umständen höchst wahrscheinlich nur noch wenig zu sagen hat. Eine Verminderung des Widerstandes jener Strecke muſs also unstreitig eine Vermehrung der Stromstärke im Multiplicator, und keine Verminderung, nach sich ziehen.

Diesen Schluſs durch den Versuch zu bekräftigen, ging ich folgendermaſsen zu Werke. Ich untersuchte einfach die vergleichweise Stärke des Stromes, den mir das Kupferzinkschema eines Muskels nach der Molecularhypothese, welches oben Bd. I. S. 672 beschrieben, Fig. 74. 75 Taf. VI. ebendas. abgebildet ist, zwischen Längs- und Querschnitt geben würde, wenn ich, statt Brunnenwasser, wie gewöhnlich, eine besser leitende Flüssigkeit als feuchten Leiter in den Trog gösse. Das Brunnenwasser wurde zu diesem Behufe mit $^1/_{10}$ dem Volume nach englischer Schwefelsäure versetzt. Man erinnert sich, daſs die stärksten Wirkungen, die mit Brunnenwasser erhalten wurden, höchstens 25° ersten Ausschlages der Nadel betrugen; sie erreichten jetzt 50°.

Man sieht, es ist auf keine Weise daran zu denken, die geringe Zunahme des fremden durch den Muskel geleiteten Stromes beim Tetanus mit der Abnahme des eigenen Stromes desselben in Zusammenhang zu bringen. Für diejenigen, die den Erörterungen des dritten Kapitels über die Anordnung der ungleichartigen Gebilde im Muskel ihr Zutrauen versagen, kann es vollends dieser Beweisführung gar nicht erst bedurft haben, da für sie gar kein Grund vorhanden ist, zu vermuthen, daſs eine Abnahme des eigenthümlichen Widerstandes des Muskels eine solche des von ihm gewonnenen Stromes bewirken könne.

Wir beschlieſsen somit diese Prüfung der neuen Erscheinung in Hinsicht der Möglichkeit ihrer Herleitung aus bloſsen Widerstandsveränderungen irgend eines Kettentheiles; eine Untersuchung, bei der ich mich lieber habe dem Vorwurfe blosstellen wollen, daſs ich auch die fernliegendsten Verdächtigungen zur Widerlegung heranzöge und mit Beweisen und Versuchen gleichsam spielte, als demjenigen, daſs auch nur ein Schatten eines Zweifels über dem bedeutsamsten Ergebnisse schweben geblieben sei, zu dem wir bisher im Laufe unserer Forschungen gelangt sind. Es steht fest, dafs es die Summe der Spannungen im Innern des Gastroknemius ist, welche, im Augenblicke der Zusammenziehung, eine Abnahme erleidet.

7. Die Abnahme des aufsteigenden Stromes des Gastroknemius vom Frosche während der Zusammenziehung rührt nicht von einem während derselben auftretenden absteigenden Strome her.

Wir schränken diesen Ausdruck zunächst auf den Gastroknemius ein, nicht weil es möglich wäre, dafs nur dieser Muskel eine Veränderung seiner elektromotorischen Thätigkeit im Tetanus erführe, sondern weil wir noch nicht zu der Annahme berechtigt sind, dafs diese Veränderung stets dasselbe Zeichen in allen Muskeln behaupten wird. Der Gastroknemius bot natürlich stets eine und dieselbe, die aufsteigende Strömungsrichtung dar; wie, wenn die scheinbare Abnahme dieses aufsteigenden Stromes auf einem im Augenblicke der Zusammenziehung eintretenden absteigenden Strome beruhte, der, die Bahn der Bewegungsnerven herabkommend, und ihrer Ausbreitung im Muskel folgend, hier nur zufällig den ursprünglichen Strom zum Theil aufhöbe? Am Gastroknemius tritt der Nerv beinahe in den äufsersten Kopf des Muskels ein; wenn man nun einen in dieser Hinsicht ähnlich gebauten Muskel nähme, der aber absteigenden Strom zeigte, so würde vielleicht Vermehrung dieses absteigenden Stromes beobachtet werden, und wenn man den Versuch z. B. an der oberen Hälfte eines der Oberschenkelmuskeln anstellte, welche den Hilus für Nerven und Gefäfse in der Mitte ihrer Länge zu haben pflegen, so müfste man, falls jene Voraussetzung richtig wäre, an dieser oberen Hälfte beziehlich Stromabnahme und Stromzunahme im Tetanus wahrnehmen können, je nachdem ihr ursprünglicher Strom der absteigende oder der aufsteigende war.

Die Möglichkeit dieser Vorstellungsweise wurde schon früher angedeutet (S. oben S. 60); dem ist jedoch nicht so. Man findet vielmehr stets und unter allen Umständen der Ableitung des ursprünglichen Stromes, dafs Abnahme desselben die Folge des Tetanisirens ist. Sie zeigt sich ebensogut bei absteigendem als bei aufsteigendem Strome, ebensogut beim Strome zwischen natürlichem Längs- und Querschnitte, als bei Anwendung des künstlichen Querschnittes. Man kann jenen Versuch mit der oberen Hälfte eines Oberschenkelmuskels, in dem die Ausbreitung der Nerven nach oben geht, sehr gut am Semimembranosus

Cuv. anstellen, indem man einen künstlichen Querschnitt unterhalb des Hilus anbringt, und diesen gegen einen Punkt des Längsschnittes am Muskelkopfe auflegt; der Strom ist aufsteigend und die Wirkung des Tetanisirens Abnahme desselben, also dem Sinne der Nervenausbreitung entgegen. Ganz dasselbe kann man übrigens bereits an dem mit einer rein nach unten strebenden Nervenausbreitung versehenen Gastroknemius beobachten, indem man ihn oberhalb der Eintrittsstelle des Nerven köpft, die Schnittfläche gegen den einen Bausch und das Ende der Achillessehne gegen den anderen Bausch bringt. Man erhält etwa 30° absteigenden Stromes, beim Tetanisiren etwa — 18° aufsteigenden Ausschlages, dem Sinne der Nervenausbreitung entgegen, mit der diese Wirkung folglich nichts zu schaffen hat.

Dabei hält die Gröfse des negativen Ausschlages stets gleichen Schritt mit der des ursprünglichen Stromes. Es war von Wichtigkeit, diese Proportionalität auch bis in die Grenzfälle zu verfolgen, wo man zwischen zweien natürlichen oder künstlichen Querschnitten, oder zwischen entsprechenden oder auch in einer Querebene des Muskels gelegenen Punkten des Längsschnittes gar keinen oder nur noch eine Spur von Strom erhält. Die letzte Art, den Versuch anzustellen, ist die zweckmäfsigste, und zwar ist folgendermafsen dabei zu verfahren. Man richtet einen Adductor magnus Cuv. oder noch besser diesen Muskel zugleich mit den neben ihm gelegenen, durch Bindegewebescheiden mit ihm verbundenen Semimembranosus und Biceps Cuv. dergestalt zu, dafs an beiden Enden der Muskelgruppe die Stücke des Beckens und der Tibia erhalten werden, an welche sich oben die vier, unten die drei Sehnen der Muskelbäuche anheften; zugleich erhält man den gemeinschaftlichen Nervenstamm bis zur Wirbelsäule hinauf. So werden die Muskeln in die S. 67 beschriebene, Fig. 86 abgebildete Streckvorrichtung gebracht, mäfsig angespannt, und die Bäusche entweder mit einer mit Eiweifshäutchen überzogenen Ecke oder nachdem man sie in der oben Bd. I. S. 507 beschriebenen, Fig. 37. Taf. IV. ebendas. dargestellten Weise mit spitzen Hülfsbäuschen versehen hat, gegen die zu untersuchenden Punkte des Längsschnittes geschoben. Das Ausspannen der Muskeln hat zum Zweck, dafs beim Tetanisiren derselben keine Aenderung der berührten Punkte des Längsschnittes entstehen könne, wodurch leicht ein Strom herbeigeführt werden würde. Gelingt der Versuch gut, so erhält man beim Schliefsen des Kreises nur wenige Grade Ausschlag, und beim Tetanisiren ebenso nur eine Spur von rückgängiger Nadelbewegung. Rückt man dagegen den einen Bausch gegen eins der Knochenstücke jenseits der Elfenbeinenden, welches entweder dem oberen oder dem unteren natürlichen Querschnitte der vier Muskeln entspricht, so erfolgt sogleich ein Ausschlag von angemessener Stärke in der durch das Gesetz des Muskelstromes geforderten Richtung, und beim Tetanisiren ein entsprechend lebhafter Rückschwung der Nadel in den negativen Quadranten über ihre Stellung in dem ursprünglichen Viertelkreise hinaus.

Durch diese Versuche ist die obige Vorstellung eines der Ausbreitung der Nerven folgenden, den Muskelstrom bald theilweise compensirenden, bald sich mit ihr vereinigenden Stromes im Augenblicke der Zusammenziehung entschieden widerlegt (Vergl. oben S. 26). Man sieht vielmehr, daſs der Muskel auch im Tetanus noch nach demselben Gesetze wirkt, welches während der Ruhe seine elektromotorischen Leistungen beherrscht, und wir dürfen das oben vorläufig nur für den Gastroknemius ausgesprochene Ergebniſs folgendermaſsen verallgemeinern:

»Die elektromotorische Kraft der Muskeln erleidet während »der Zusammenziehung eine Abnahme.«

So wohlbegründet indeſs dieser Ausdruck nach dem Allen erscheinen mag, bereits die nächste Folge wird lehren, daſs wir bei Abfassung desselben eine Möglichkeit übersehen haben, durch deren Stattfinden in Wirklichkeit leicht noch eine beträchtliche Abänderung desselben nothwendig gemacht werden könnte.

---

§. IV.

Von dem Verhalten des stromprüfenden Froschschenkels während der Zusammenziehung, nebst der Erklärung der secundären Zuckung Matteucci's.

1. Vom Verhalten des stromprüfenden Froschschenkels in dem Kreise eines tetanisirten Muskels.

Man erinnert sich, daſs wir es als die wesentliche Eigenthümlichkeit des physiologischen Rheoskopes erkannten, daſs es nur Veränderungen in der Dichtigkeit des Stromes im Nerven anzeigt, diese aber um so leichter, je schneller sie bei gleicher Gröſse vor sich gingen, oder je gröſser sie in der Zeiteinheit waren; so daſs eben die Schnelligkeit der Veränderung hier im Stande ist, ihren Mangel an Gröſse zu ersetzen. Daher ein Hauch von Reibungselektricität, von dem keine Nadel eine Spur anzeigt, und der dem empfindlichsten Elektroskop entgeht, einen reizbaren Froschschenkel zu den heftigsten Zuckungen anzuregen vermag (S. oben Bd. I. S. 258. 409).

Man erinnert sich ferner, welche grofse Geschwindigkeit wir der Muskelzusammenziehung beizumessen berechtigt sind (S. oben S. 31). Es fragt sich daher, und es lohnt sich der Mühe zu versuchen, ob nicht durch die so äufserst geschwinde Stromabnahme im ersten Augenblicke des Tetanus, trotz ihrer Geringfügigkeit, der stromprüfende Schenkel zum Zucken gebracht werden könne. Weniger läfst sich dies vom Ende des Tetanus erwarten, wenn man mit dem Drehen des Unterbrechungsrades einhält, weil, wie bereits oben S. 48. bemerkt wurde, dieses Ende nicht so scharf begrenzt erscheint wie der Anfang, und der Muskel vielmehr erst allmälig in seinen natürlichen Zustand wieder zurückkehrt.

Dieser Versuch giebt nun allerdings ein glänzendes Ergebnifs, allein sehr verschieden von dem, welches wir gewärtigten. Um ihn ins Werk zu setzen, ist nur nöthig, zwischen den beiden Bäuschen einen Zwischenbausch anzubringen. Die eine Lücke wird mit dem zu tetanisirenden Gastroknemius, die andere mit dem Nerven des stromprüfenden Schenkels überbrückt, der, wie gewöhnlich, und wie dies Fig. 19. Taf. III. Bd. I. ausführlich zeigt, an eine Glasplatte gebunden oder besser mit Kautschukringen befestigt, isolirt aufgestellt ist. Die schematische Abbildung Fig. 85. Taf. I. dieses Bandes ist geeignet, auch diese Anordnung zu versinnlichen; *G* ist der zu tetanisirende Gastroknemius, dessen Strom abgeleitet wird; $G_{\prime}$ der stromprüfende Froschschenkel, dessen Nervenstamm dem Muskelstrome des Gastroknemius *G* zur Schliefsung dient. Nur die wesentliche Vorschrift ist zu geben, dafs man jetzt, anstatt mit Hülfe des Inductionsstromes, wegen der unipolaren Inductionszuckungen (S. oben Bd. I. S. 423), lieber mit Hülfe des Stromes der Grove'schen Kette selber tetanisire, in deren Kreis Poggendorff's Inversor so eingeschaltet ist, dafs er nicht blos unterbricht, sondern zugleich umkehrt (S. oben S. 46). Bei den Multiplicatorversuchen hatten wir, wie man sich erinnert, diese Rücksicht nicht zu nehmen (S. oben S. 47). Auch hier huldigen wir derselben mehr aus äufserster Vorsicht, als wegen unbedingter Nothwendigkeit: denn die erregenden Inductionsschläge können, unbeschadet dem Tetanus, so schwach genommen werden, dafs sie nicht im Stande sind, unipolare Wirkung zu erzeugen (S. oben Bd. I. S. 435). In die bildliche Darstellung ist diese Abänderung der Anordnung nicht aufgenommen worden, weil dadurch die Uebersicht in den Zusammenhang der beiden Grundversuche dieses

Gebietes, des Eingangs des vorigen Paragraphen beschriebenen, und des jetzt in Rede stehenden, geschmälert worden wäre.

Folgendes nun ist der angekündigte überraschende Erfolg. Die Nadel des Multiplicators ist in Ruhe, der stromprüfende Schenkel unbeweglich. So wie man mit Drehen des Inversors anhebt, gehorcht die Nadel, wegen des eingeschalteten mächtigen Widerstandes des Nerven, mit trägen Bewegungen dem Strome der Ladungen, und der stromprüfende Schenkel zeigt sich seinerseits während der ganzen Dauer des Tetanisirens in den heftigsten unablässigen Zuckungen, in förmlichem Tetanus begriffen. Der Multiplicator ist dabei nur eingeschaltet, um gleichzeitig den Erfolg an dem elektromagnetischen und physiologischen Stromprüfer übersehen zu können; er erweist sich indefs als überflüssig und der Tetanus erfolgt ebensogut bei ausgeschlossener Multiplicatordrahtwulst, zum Beweise nämlich, dafs derselbe nicht etwa durch eine Reihe von Gegenströmen erzeugt werde, welche durch die häufig wiederkehrenden schnellen Gröfseschwankungen des Muskelstromes in derselben hervorgerufen würden.

In der That giebt uns dieser Versuch ein ganz anderes Bild von dem elektromotorischen Verhalten des tetanisirten Muskels, von dem wir uns, auf Grund der Erscheinungen an der Multiplicatornadel hin, nur eine unrichtige Vorstellung gemacht hatten. Dies ist der im zweiten Abschnitte dieser Untersuchungen (S. oben Bd. I. S. 409 ff.) bezeichnete Fall, in welchem uns die Schnelligkeit der physiologischen Stromanzeigen einen so aufserordentlichen Nutzen gewähren sollte. Die Langsamkeit der Nadelbewegungen hatte uns nichts Anderes wahrzunehmen gestattet, als im Allgemeinen eine Abnahme des im Multipliplicatordrahte gegenwärtigen Muskelstromarmes, und für das Auge hatte in der Erscheinung des tetanisirten Muskels Nichts gelegen, was dieser Wahrnehmung widersprochen hätte.

Jetzt sind wir eines anderen belehrt. Die fortwährenden Zuckungen des zweiten Muskels, deren jede nothwendig einer Schwankung des Stromes des ersteren entsprechen mufs, zeigen, dafs die scheinbar noch so stetige Zusammenziehung desselben aus einer unzusammenhängenden Reihe von häufig wiederkehrenden, äufserst schnellen Wirkungen besteht, von denen immer eine nächstfolgende den Muskel, der von der vorhergehenden erledigt gemächlich seine gewöhnliche Gleichgewichtslage einzunehmen trachtet, erfafst und abermals in die verkürzte Gestalt zwingt. So ist die Frage entschieden nach dem Mechanismus des Tetanisirens auf elektrischem Wege, welche Nobili in seiner Erklärung dieses Vorganges offen gelassen hatte, und welche oben S. 37 gleichfalls noch schweben geblieben war: ob der Act der Zusammenziehung selbst nämlich bei häufiger Wiederholung der elektrischen Reizung ein stetiger werde, oder ob der Vorgang der Form nach dem an einem Elektromagnete zu vergleichen sei, welcher, in den Kreis einer schnellgedrehten SAXTON'schen Maschine gebracht, nie Zeit findet, seinen Anker fallen zu lassen, obschon er in einer ihn umgebenden Drahtrolle eine Reihe von Inductionsströmen erregt. Der Tetanus auf elektrischem Wege ist discontinuirlich; und es wird sich, wie schon bemerkt, später zeigen, dafs es überhaupt fraglich ist, ob irgend eine anscheinend stetige Zusammenziehung wirklich continuirlicher Art sei, oder ob sie nicht vielmehr stets, gleich der elektrischen, aus einer schnell aufeinanderfolgenden Reihe augenblicklicher Wirkungen sich zusammensetze.[1] Es ist, nebenbei gesagt, natürlich anzunehmen, und es geht aus der Erscheinungsweise der Zuckungen des stromprüfenden Schenkels bei langsamem Drehen des Rades mit Gewifsheit hervor, dafs, auch beim schnellsten Drehen desselben, einer jeden Oeffnung und Schliefsung der primären Kette, wie ein Inductionsstrom, so auch stets ein tetanischer Stofs entsprechen mag.

Es knüpfen sich an die Erscheinung der Zuckungen, welche durch die Schwankung des Muskelstromes im Augenblicke der Zusammenziehung hervorgebracht werden, mehrere nicht unwichtige Einzelheiten, welche wir später in Augenschein nehmen wollen; zuvor jedoch mufs untersucht werden, wie sich jetzt die Schlüsse gestalten, die wir in Betreff der Gröfse jener Schwankung auf das Verhalten der Multiplicatornadel im Tetanus gegründet hatten, ehe uns die Discontinuirlichkeit desselben bekannt geworden war. Aus den Umständen, dafs der erste Rückschwung der Nadel dieselbe nicht gegen die negative Hemmung führt, und dafs ein tetanisirter Muskel einen Ausschlag in der gewöhnlichen Richtung, obschon schwächer giebt, als im Zustande der Ruhe, wenn man ihn nur verhindert hat, vorgängig Ladungen auf den Platinenden zu entwickeln, — hatten wir anscheinend mit vollem Rechte entnommen, dafs der Muskelstrom während des Tetanus nur theilweise verschwinde, zum gröfsten Theil aber noch wie gewöhnlich vorhanden sei. Diese Folgerung ist dem jetzigen Thatbestande nicht mehr entsprechend. Man erinnert sich, dafs ein durch ein Unterbrechungsrad in regelmäfsigen Abständen völlig unterbrochener Strom, wofern nur die Dauer der Pausen nicht allzubedeutend ist, eine Nadel gerade wie ein ganz stetiger Strom in beständiger Ablenkung zu halten vermag, nur dafs diese Ablenkung geringer ausfällt als bei continuirlicher Einwirkung auf die Nadel. In dem oben Bd. I. S. 413. Bd. II.

[1] S. unten, Kap. IX.

S. 31. Anm. angeführten hierauf bezüglichen POUILLET'schen Versuche war aber die Bogenlänge eines metallischen gleich der eines nicht leitenden Zahnes; es ist klar, und es geht zum Theil aus POUILLET's Formel hervor, dafs die Beständigkeit der Ablenkung um so leichter eintreten und ihre Gröfse um so beträchtlicher ausfallen mufs, je kürzer die Dauer der Unterbrechung im Verhältnisse zu der der Schliefsung ist. Da nun beim Muskel höchst wahrscheinlich dies Verhältnifs ein sehr grofses ist, d. h. die Dauer des Stromes immer noch sehr beträchtlich bleibt gegen die Dauer der Unterbrechungen, so ist es möglich, dafs während jeder Zuckung der Strom vollständig verschwinde, ja eine theilweise oder völlige Umkehr desselben ist denkbar, ohne dafs dadurch der Erklärung der Erscheinungen an der Multiplicatornadel irgend Eintrag geschähe. Die Fig. 89 ist bestimmt, diese neue Vorstellungsweise im Zusammenhange mit der früheren zu erläutern. Die Abscissenaxe $0t$ stellt die Zeit vor, auf welche die Gröfse des Stromes in jedem Augenblicke als Curve bezogen ist, und $+k$ sei die beständige Gröfse des Muskelstromes im Zustande der Ruhe: so ist es, damit eine blofse Abnahme der Multiplicatorwirkung stattfinde, gleichgültig, ob k stetig kleiner wird, wie es in $k_I\, k_{II}$ angedeutet ist, oder ob es stofsweise, aber dann viel tiefer, immerhin bis unter die Abscissenaxe sinkt, was Umkehr der Strömungsrichtung bedeutet ($k_I\, k_{III}$); ja die Wirkung beider Schwankungen wird auch der Gröfse nach die nämliche sein, wofern nur die zwischen der Geraden $+k = const.$ und den beiden Curven begriffenen Flächenräume gleich sind, und die Stöfse, in dem zweiten Falle, hinlänglich schnell auf einander folgen. Ganz anders verhält es sich, wie man sich erinnert, mit dem physiologischen Rheoskope, welches nicht, gleich dem elektromagnetischen, den Flächenraum, sondern die Gestalt der Curve, nicht die Summe der Producte ihrer Ordinaten mit der unendlich kleinen Zeiteinheit, sondern die Werthe einer Function ihrer Steilheiten auf allen Punkten nacheinander durchempfindet (S. oben Bd. I. S. 258. 414). Die Gestalt der Curve $k_I\, k_{II}$ könnte niemals Tetanus im stromprüfenden Schenkel hervorbringen; wir sind also zu der Annahme genöthigt, dafs es die Gestalt $k_I\, k_{III}$, aber mit constanter noch unbekannter Tiefe der Einbiegungen sei, welche in Wirklichkeit beim Tetanisiren stattfinde. Diese Gestalt nähert sich, wie man sieht, derjenigen, welche nach den a. a. O. gepflogenen Erörterungen das Maximum der physiologischen Wirkung zur Folge haben würde.

Es fragt sich, wie sich, bei dieser Deutung der Erscheinungen, das Freiwerden eines Theiles der Ladungen in den ersten Augenblicken des Tetanus erklären lasse, welches wir oben S. 59 nachgewiesen haben. Die Antwort hierauf giebt folgender Versuch. Es handelt sich darum, zu zeigen, daſs beim Intermittirendwerden einer Stromesquelle die Ladungen sich ebenso verhalten, wie bei stetiger Abnahme der elektromotorischen Kraft (Vergl. oben Bd. I. S. 238). Es müſste also die elektromotorische Wirkung unterbrochen werden, ohne daſs der Kreis zugleich geöffnet würde, was sich nicht anders als mit Hülfe der Gesetze der abgeleiteten Ströme, und zwar nur annähernd bewerkstelligen läſst. Zu diesem Behufe wurde eine GROVE'sche Kette der gröſseren Bd. I. S. 447 beschriebenen Art gleichzeitig durch zwei Leitungen geschlossen. Die eine Leitung enthielt den Multiplicator mit kurzem Drahte (S. oben Bd. I. S. 202) und Platinelektroden von 25^{mm} Seite in Brunnenwasser. Die andere hingegen bestand einfach aus dem Unterbrechungsrade, dessen Widerstand, wenn die Federn auf Kupfer drückten, gegen den der Nebenleitung als durchaus verschwindend angesehen werden konnte. Geriethen hingegen die Federn auf Holz, so ging der Strom allein durch den Multiplicator und die voltameterähnliche Vorrichtung. Nennen wir W den Widerstand der Kette, w den des Multiplicators und Voltameters, w' den des Unterbrechungsrades, so schwankte also beim Drehen desselben die Stromstärke in Voltameter und Multiplicator zwischen

$$\frac{k}{W+w} \text{ und } \frac{k}{W\left(1+\frac{w}{w'}\right)+w}$$

wo $w : w'$ ein sehr groſses Verhältniſs anzeigt. Der Erfolg war stets ein lebhafter Ausschlag im Sinne der Ladungen. Ich stellte denselben Versuch auch noch am gewöhnlichen Multiplicator unter Verhältnissen der Stromkräfte an, welche mehr den am Muskel obwaltenden gleich kommen. Als Erreger diente eine kleine Kali-Salpetersäurekette mit Platinelektroden; die Rolle des Voltameters übernahmen die Zuleitungsgefäſse selbst mit ihren gewöhnlichen Platinenden. Beim Schlieſsen erfolgte ein Ausschlag wie von einem schwächlichen Gastroknemius, 70°; es hinterblieben ungefähr 8° beständiger Ablenkung. Drehte ich das Unterbrechungsrad, welches, die Federn auf Holz gestellt, gleichfalls bereits mit den Enden der Säure-Alkalikette verbunden war, so erhielt ich — 50° Ausschlag im Sinne der Ladungen, gerade als ob ein aufliegender Muskel tetanisirt worden wäre.

Dieser Umstand bietet demnach keine Dunkelheit dar. Die vornehmste Aufgabe, deren Lösung uns jetzt bevorsteht, ist unstreitig, ein Mittel ausfindig zu machen, wie wir über die Tiefe der Einbiegungen der Muskelstromcurve im Augenblicke der Zusammenziehung zu grösserer Gewiſsheit gelangen können. Sie wird Gegenstand des nächstfolgenden Paragraphen sein; jetzt wollen wir uns nach der Erscheinungsweise der Zuckungen, zu denen diese Einbiegungen in einem stromprüfenden Schenkel Anlafs zu geben vermögen, etwas näher erkundigen.

2. Erklärung der secundären Zuckung Matteucci's.

Es hat gewifs Niemand, der der geschichtlichen Darstellung in dem ersten Paragraphen dieses Kapitels mit Aufmerksamkeit gefolgt ist, verborgen bleiben können, dafs der Versuch, den wir oben mit dem Nerven des stromprüfenden Schenkels im Kreise des tetanisirten Muskels anstellten, nichts Anderes war, als Matteucci's secundäre Zuckung oder »contraction induite« in veränderter Gestalt. Ich darf, wenn ich nicht irre, hoffen, dafs es nicht vieler Worte bedürfen werde, um den Leser zu überzeugen, dafs diese Erscheinung, wie ich es sogleich nach Matteucci's Bekanntmachung aussprach, in der That nichts weiter ist, als die physiologische Wirkung derselben Schwankung des Muskelstromes, deren Sinn ich sogar bereits an der Multiplicatornadel nachgewiesen hatte. Es würde wenigstens eine Deutung sein, deren Abentheuerlichkeit alle Grenzen überstiege, wenn man sich vorstellen wollte, dafs es aufser dieser Wirkung noch eine andere gebe, der die Zuckungen zugeschrieben werden müfsten, während jene völlig ausreichend ist, um dieselben zu erklären. Dafs dies der Fall sei, dafs unter den zahlreichen Versuchen und Einwänden Matteucci's gegen die elektrische Natur der »contraction induite« nicht ein einziger sich finde, der für irgend stichhaltig gelten könne, während sich für dieselbe noch eine Menge anderer von diesem Physiker übersehenen Thatsachen mit Zuverlässigkeit ausspricht, soll jetzt dargelegt werden.

Sehen wir vorläufig ganz von dem oben angestellten Versuche, ja sogar von der Kenntnifs der rückgängigen Nadelbewegung im Tetanus ab, und wählen wir die ursprünglichen von Matteucci selber hingestellten Erfahrungen als Ausgangspunkt der Untersuchung. Es ist klar, dafs wir, einer Zuckung an einem reizbaren Froschschenkel gegenüber, welcher mit einem andern in leitender Berührung ist, unter allen Umständen zunächst an eine elektrische Einwirkung von Seiten des letzteren auf den ersteren denken werden. Eine jede andere Vermuthung mufs so lange zurückstehen, als nicht die triftigsten Gründe vorhanden sind, diesen Ursprung der Erscheinung in Abrede zu stellen. Unsere Kenntnifs der elektromotorischen Leistungen eines Froschschenkels sind aber vorgerückt genug, um von diesem Standpunkte aus alsbald die Aussicht auf ein weites und fruchtbares Gebiet prüfender Versuche zu eröffnen. Welcher Art kann eine Veränderung elektrischer Zustände am zuckenden Schenkel sein? denn eine solche Veränderung mufs stattfinden, da es sich um eine Erregung des physiologischen Rheoskopes handelt. Augenscheinlich sind nur zwei Fälle denkbar: entweder wir haben es mit einer Schwankung des Muskelstromes selber, der Stärke nach, aber innerhalb der durch sein bekanntes Gesetz bestimmten Form, oder sonst mit einer nicht nach diesem Gesetze erfolgenden, zunächst als unregelmäfsig erscheinenden Wirkung zu thun, deren neues Gesetz alsdann zu erforschen ist. Um zwischen diesen Möglichkeiten zu entscheiden, ist nichts weiter nöthig, als uns zu versichern, ob die Einwirkung des einen Schenkels auf den Nerven des andern nach dem Gesetze des Muskelstromes erfolgt oder davon unabhängig ist. Anstatt uns also, wie Matteucci, damit zu begnügen, den Nerven des stromprüfenden Schenkels aufs Gerathewohl über das ursprünglich zuckende Galvani'sche Präparat hinzulagern, werden wir suchen, diesem Nerven in Bezug auf die ungleichartigen Flächenbegrenzungen der Muskeln, Sehne oder natürlichen Querschnitt und Fleisch oder natürlichen Längsschnitt bestimmte Lagen zu ertheilen, und zu ermitteln, ob sich diese Lagen dem Erscheinen der secundären Zuckung in Uebereinstimmung mit dem Gesetze des Muskelstromes mehr oder weniger günstig zeigen.

Läfst man den Nerven des stromprüfenden Schenkels der Länge nach dergestalt auf den Extensor cruris oder den Gastroknemius heruntersinken, dafs immer neue Punkte des Nerven mit immer neuen Punkten der Muskeln in Berührung kommen, so bleibt, so lange nur natürlicher Längsschnitt oder natürlicher Querschnitt berührt wird, alles in Ruhe, weil hier nur schwache Ströme herrschen; bei gehöriger Reizbarkeit erfolgt dagegen die Zuckung, so wie der Nerv von der einen dieser Flächenbegrenzungen aus die andere erreicht (S. oben Bd. I. S. 525. Bd. II. S. 23). Diese Zuckung bedeutet, wie wir wissen, dafs plötzlich ein elektrischer Strom seine Bahn in dem Nerven gefunden habe; wir wissen, vom Multiplicator her, dafs ein solcher Strom hier wirklich fortwährend gegenwärtig ist. Lassen wir daher den Nerven in der Stellung, in welcher schliefslich die Zuckung erfolgt war, auf dem Muskel ruhen, so ist er mit Bestimmtheit von einem Strome von beständiger Kraft in der Richtung vom Längsschnitte zum Querschnitte durchflossen, und es ist klar, dafs eine plötzliche Veränderung in der Gröfse dieser Kraft im Stande sein wird, abermals eine Zuckung hervorzubringen; um so leichter natürlich, je gröfser die Veränderung ist, und je schneller sie erfolgt. Lassen wir hingegen den Nerven nur auf Längsschnitt oder nur auf Querschnitt aufliegen, so ist er von einem viel geringeren Strome durchflossen, und eine verhältnifsmäfsig eben so bedeutende Schwankung, wie sie eben für den Strom zwischen Längs- und Querschnitt vorausgesetzt wurde, kann hier vielleicht keine Zuckung mehr zur Folge haben. Ist nun die Veränderung elektrischer Zustände, der wir die secundäre Zuckung zuschreiben, dem Gesetze des Muskelstromes unterthan, d. h. nichts als eben eine Schwankung dieses Stromes seiner Stärke nach, so mufs die Gröfse dieser Schwankung in der That überall der Stärke des Stromes selbst proportional sein; es wird also das beschriebene Verhalten eintreten müssen. Gehorcht hingegen diese Veränderung einem neuen uns unbekannten Gesetze, so müssen wir die secundäre Zuckung mit derselben Leichtigkeit wahrnehmen, wenn der Nerv des stromprüfenden Schenkels nur eine der beiden Flächenbegrenzungen, als wenn er beide berührt, da im anderen Falle ja sein Gesetz mit dem des Muskelstromes zusammenfallen würde.

Wie man sich, allem Voraufgegangenen nach, leicht denken kann, bestätigt der Versuch die erstere Vorstellungsweise aufs entschiedenste. Folgendes ist zunächst die Art, Matteucci's Versuch im Groben und Allgemeinen zu wiederholen. Es ist bemerkenswerth, und erklärt sich aus der grofsen Geschwindigkeit der Muskelzusammenziehung mit Hinblick auf das allgemeine Gesetz elektrischer Nervenerregung, dafs es ungleich leichter ist, die secundäre Zuckung wahrzunehmen, als die Galvani'sche Zuckung ohne Metalle. Man nimmt einen Frosch von fast beliebiger Reizbarkeit und Gröfse, bereitet daraus das Galvani'sche Präparat, schneidet den Nerven an einer Seite von dem Stücke Wirbelsäule ab, und stellt denselben bis zum Kniegelenk frei dar, worauf man durch Entfernen des Stückes Oberschenkel zwischen Längsmittelebene des Beckens und diesem Kniegelenke einerseits ein halbes Galvani'sches Präparat nebst dem dazu gehörigen Nerven und dem Stücke Wirbelsäule, andererseits den stromprüfenden Schenkel gewinnt. Legt man nun den Nerven des letzteren aufs Gerathewohl über den Oberschenkel des ersteren, und reizt dieses auf elektrischem Wege, wozu ich mich der oben Bd. I. S. 445 beschriebenen, Fig. 18. Taf. I. ebendas. abgebildeten kleinen Vorrichtung zu bedienen pflege, oder mittelst eines glühenden Drahtes, einer Pinzette u. s. w. zur Zusammenziehung, so sieht man häufig, jedoch nicht immer, die secundäre Zuckung mit grofser Lebhaftigkeit erfolgen. Es versteht sich von selbst, dafs der stromprüfende Schenkel auf das sorgsamste isolirt sein mufs; ich lege daher entweder beide Schenkel auf zwei getrennte, nebeneinander befindliche Porzellanplatten, oder ich bediene mich der zur Aufstellung des stromprüfenden Schenkels bestimmten Glasplatte am allgemeinen Träger (Fig. 19. Taf. III. Bd. I.).

Schreitet man, von diesen ersten Wahrnehmungen, zu der Ermittelung von Lagebedingungen, unter denen die Zuckung vorzugsweise kräftig erfolgt oder völlig ausbleibt, so findet man sehr bald, dafs dieselbe nur dann eintritt, wenn der Nerv die Kette zwischen den beiden ungleichartigen Flächenbegrenzungen des Muskels, zwischen natürlichem Längs- und Querschnitte, schliefst. Ruht der Nerv dagegen allein auf Längsschnitt, so bleibt der stromprüfende Schenkel meistentheils ganz unbewegt. Dieser Unterschied ist so in die Augen springend, so leicht zu finden und zu zeigen, der Zufall führt ihn so häufig ganz von selbst herbei, dafs ich in der That nicht begreife, wie er Matteucci auch nur eine Viertelstunde lang nach seiner ersten Beobachtung hat verborgen bleiben können. Schwieriger ist es, wegen seiner geringeren Ausdehnung und der äufserlichen Unbestimmtheit seiner Begrenzung, die Unwirksamkeit des reinen natürlichen Querschnittes darzuthun. Indessen gelingt dies dennoch unzweifelhaft, wenigstens bei geringeren Graden der Reizbarkeit, an dem Sehnenspiegel des Extensor cruris und des Gastroknemius.

Die Form des Versuches mit natürlichem Längs- und Querschnitte ist überhaupt die vortheilhafteste, weil sie nicht, gleich den übrigen nun zu beschreibenden, Verletzung der ursprünglich zuckenden Muskeln, wodurch die Kraft derselben geschwächt wird, mit sich bringt. Man zeigt daher am besten die secundäre Zuckung in dieser Gestalt, indem man den stromprüfenden Nerven dem Extensor cruris oder dem Gastroknemius in möglichst grofser Ausdehnung entlang legt, so dafs er Sehne und Fleisch dieser Muskeln mit einander in Verbindung setzt. Man erinnert sich jedoch, dafs, wie Matteucci dies zuerst bemerkt hat und es sich leicht aus dem Gesetze des Muskelstromes ergiebt, auch der künstliche Querschnitt zur Hervorbringung der Zuckung ohne Metalle geeignet ist (S. oben Bd. I. S. 527). Wir dürfen also auch erwarten, die secundäre Zuckung zwischen natürlichem Längsschnitte und künstlichem Querschnitte eintreten zu sehen und eben so müssen künstlicher Längsschnitt und natürlicher Querschnitt, künstlicher Längsschnitt und künstlicher Querschnitt dem Gesetze nach wirksame Anordnungen abgeben, während keine secundäre Zuckung erfolgen dürfte, wenn der Nerv nur künstlichen Querschnitt oder nur künstlichen Längsschnitt, nur natürlichen und künstlichen Querschnitt oder Längsschnitt berührt.

Alle diese Schlüsse habe ich, mit mehr oder weniger Sicherheit, bestätigt gefunden. Der Versuch mit natürlichem Längsschnitte und künstlichem Querschnitte gelingt auf das schönste. Man präparirt den Adductor magnus vom Kniegelenke aufwärts bis zu seinem Hilus vom Oberschenkel los und schneidet ihn an der Stelle, wo er eben seine volle Dicke erlangt hat, quer durch. Ruht der Nerv nur auf natürlichem Längsschnitte, so versagt die secundäre Zuckung; sie erfolgt sogleich mit aller Lebhaftigkeit, wenn der Nerv gegen den künstlichen

Querschnitt gebogen wird. Bei Benutzung des künstlichen Querschnittes allein fällt zwar die Schwierigkeit fort, die der natürliche darbot, dafs man nämlich leicht ungewifs bleibt, ob man nicht schon die Grenze zwischen den beiden ungleichartigen Gebilden überschritten hat; dafür stellt sich aber, wenn der Querschnitt nicht ganz vollkommen gelungen ist, in der Einmischung künstlichen Längsschnittes, wie man leicht begreift, ein neuer Umstand ein, der die Beständigkeit des hier zu gewärtigenden negativen Erfolges bedroht.

Zur Darstellung des künstlichen Längsschnittes für diese Versuche bediente ich mich des folgenden Verfahrens. Ich löste den Extensor cruris, wie vorher den Adductor magnus, bis zu der Eintrittsstelle seines Nerven gänzlich ab, und schnitt das Bein unterhalb desselben weg; dann machte ich mit der Scheere einen Einschnitt in die untere Sehne des Muskels, wobei ich bemüht war, möglichst genau in der Richtung der Fasern zu schneiden, fafste beide Zipfel mit starken Pinzetten und spaltete mit einem langsamen aber kräftigen Zuge den Muskel nach Belieben weit hinauf. Durch einen senkrecht auf die Richtung der Fasern geführten Schnitt mit der Scheere wird der künstliche Querschnitt gewonnen. Um natürlichen und künstlichen Querschnitt einander begrenzend und in hinlänglicher Ausdehnung darzustellen, verfuhr ich auf die nämliche Weise, nur dafs der Schnitt so viel tiefer geführt wurde, dafs oberhalb desselben noch ein hinreichendes Stück von dem Sehnenspiegel stehen blieb.

Es versteht sich von selbst, dafs von diesen Anordnungen die Regelmäfsigkeit der Ergebnisse nicht mehr zu verlangen war, welche die früheren zeigen konnten. Es finden sich denn auch, unter der Menge, mancherlei Abweichungen von dem gesetzlichen Verhalten ein. Bei künstlichem Längsschnitte und natürlichem oder künstlichem Querschnitte z. B. erhält man häufig keine Wirkung. Dies wird wohl dadurch hinlänglich gerechtfertigt, dafs die Darstellung des künstlichen Längsschnittes, vollends im Vereine mit dem künstlichen Querschnitte, eine zu schwere Verletzung der Muskeln und dabei vor Allem Zerreifsung oder tödtliche Zerrung zu vieler Nervenfasern mit sich bringt, als dafs noch hinreichend kräftige ursprüngliche Zuckung erfolgen könnte. Es wird auch keineswegs unter allen Umständen glücken, in dieser Weise GALVANI's Zuckung ohne Metalle zu beobachten. Umgekehrt zeigt sich die Anordnung: künstlicher und natürlicher Querschnitt, manchmal wirksam, was sie nicht sollte. Allein hier erinnert man sich bereits vom Multiplicator her, ein wie mifslicher Punkt es war, die doch offenbare Gleichartigkeit der beiden negativen Flächenbegrenzungen befriedigend nachzuweisen (S. oben Bd. I. S. 504. 511. 538). Die Unwirksamkeit des künstlichen Längsschnittes, sowohl an und für sich, als auch in Verbindung mit dem natürlichen Längsschnitte, läfst sich dagegen meistens sehr rein darthun.

Man könnte, beim ersten Anblicke, sich versucht fühlen, ein Bedenken gegen die Beweisfähigkeit dieser Versuchsreihe dem Umstande zu entnehmen, dafs bei den als unwirksam angesprochenen Anordnungen der Natur der Sache nach der stromprüfende Nerv meist kürzer aufgelegt werden mufs, als dies bei den als wirksam erkannten der Fall sein kann. Dies Bedenken zu entkräften ist jedoch, auf der einen Seite, besonders die so lebhaft wirksame Zusammenstellung: natürlicher Längs- und künstlicher Querschnitt, geeignet, indem hier auch mit einer ganz kurzen Nervenstrecke die Grenze zwischen den ungleichartigen Gebilden sicher getroffen werden kann, was bei der Sehne, wo diese Grenze verwaschener ist, erwähntermafsen leicht verfehlt werden mag; auf der anderen Seite bietet der natürliche Längsschnitt, z. B. dem Adductor magnus entlang, vielfache Gelegenheit dar, den Nerven in viel gröfserer Länge aufzulegen, als es bei Längs- und Querschnitt zugleich nothwendig ist, und dennoch bleibt die secundäre Zuckung aus. So giebt es auch grofse Frösche, an denen die Ausdehnung des natürlichen Längsschnittes des Extensor cruris oder des Gastroknemius ebenso bedeutend ist, als die ganze Länge dieser Muskeln bei kleineren Thieren, und wo man doch, noch dazu trotz dem stärkeren Strome der gröfseren Muskelmassen, so lange der Nerv nicht den natürlichen Querschnitt berührt, keine secundäre Zuckung vom Längsschnitte aus erfolgen sieht.

Diese Versuchsreihe zeigt, dafs während der Veränderung der elektrischen Zustände des Muskels bei der Zusammenziehung, die wir zur Erklärung der secundären Zuckung vorausgesetzt haben, die in derselben begriffenen Spannungen noch immer dem nämlichen Gesetze der Vertheilung gehorchen, welches den ruhenden Muskelstrom beherrscht, oder mit einem Worte, dafs diese Veränderung den Muskelstrom allein seiner Gröfse nach betrifft. Die blofse Kenntnifs des Gesetzes dieses Stromes, im Vereine mit der secundären Zuckung, war demnach, wie man sieht, hinreichend, um auf dem kürzesten Wege zu der Ueberzeugung einer einfachen Gröfseschwankung desselben bei der Zusammenziehung zu gelangen. Weiter vermag man auf diesem Wege allerdings nicht vorzudringen. Ohne Multiplicatornadel läfst sich nicht entscheiden, in welchem Sinne jene Schwankung geschieht.

Hier kann die Frage entstehen, weshalb dies nicht mit Hülfe des Gesetzes der Zuckungen (S. oben Bd. I. S. 303) möglich sei. Es scheint, als müsse man dadurch, wenn man bei gegebenem Sinne der

Schwankung der Dichtigkeitscurve des Stromes in dem Nerven seine Richtung zu erkennen vermag, umgekehrt auch im Stande sein, bei gegebener Richtung desselben, dessen Bestimmung im Versuche uns freisteht, den Sinn einer Schwankung zu unterscheiden, welche Zuckung erregt hat oder unwirksam geblieben ist. So scheint es auch auf den ersten Blick, als könne man mit Hülfe des Gesetzes der Zuckungen, unter Zuziehung der Kenntnifs des negativen Sinnes der Stromesschwankung beim Tetanus, die wir vom Multiplicator her besitzen, die ausgesprochene Deutung der secundären Zuckung noch dadurch auf die Probe stellen, dafs man versucht, ob die Zuckung vielleicht nur dann gelingt, wenn dem Gesetze des Muskelstromes gemäfs die Richtung desselben in dem aufliegenden Nerven die aufsteigende sein mufs.

Gegen beide Versuchsplane wäre ursprünglich nichts einzuwenden. Nichtsdestoweniger fällt die Möglichkeit einer solchen Bestimmung hier leider fort. Man findet, dafs die secundäre Zuckung erfolgt, welches auch die Richtung des Stromes in dem aufliegenden Nerven sei, und man versteht auch bei einiger Ueberlegung bald, dafs dem nicht anders sein könne. Man hat es nämlich, bei der Stromesschwankung durch die Zusammenziehung, gewissermafsen mit einer doppelsinnigen Wirkung zu thun, da der Strom sich bei jedem tetanischen Stofse alsbald wieder ebenso schnell auf seine frühere Höhe erhebt, als er dieselbe eingebüfst hatte (S. Fig. 89. Taf. I.). Daher der stromprüfende Schenkel, wenn sein Nerv z. B. absteigend durchflossen ist, und auf das rasche Sinken der Stromesdichtigkeit in seinem Querschnitte somit nicht zu antworten vermag, durch sein nicht minder plötzliches Wiederanschwellen angeregt werden kann, und umgekehrt. Abgesehen davon kommt noch in Betracht, dafs dieser Schenkel sich wohl meistens auf einer Stufe der Erregbarkeit befinden wird, auf der er zur Wahrnehmung von Erscheinungen, die in das Gebiet des Gesetzes der Zuckungen einschlagen, wenig geeignet ist.

3. Widerlegung von MATTEUCCI's Theorie der secundären Zuckung.

Für wie überzeugend, in ihrer Einfachheit, ich die vorigen Versuche hinsichtlich der von mir gegebenen Erklärung der secundären Zuckung halten zu dürfen glaube, so kann ich mir doch nicht verhehlen, welchen Vorurtheilen ich dabei zu begegnen haben werde, nachdem sich MATTEUCCI auf Grund jahrelanger Untersuchungen und in einer Reihe von Aufsätzen so entschieden sogar gegen jede elektrische Theorie der fraglichen Erscheinung überhaupt ausgesprochen hat. Ich fühle, dafs es unbegreiflich erscheinen mufs, wie die durch das Gesetz des Muskelstromes bestimmten Lagebedingungen des Eintretens und des Ausbleibens der secundären Zuckung, wenn sie wirklich gälten, MATTEUCCI und den ihm zur Seite stehenden Französischen Beobachtern hätten entgehen können.

Man mufs aber nicht vergessen, dafs MATTEUCCI, zur Zeit, wo er die secundäre Zuckung bekannt machte, von jenem Gesetze noch keine Ahnung besafs. Zwar kannte er die Negativität eines blosgelegten Muskelinneren im Allgemeinen im Verhältnisse zum Muskelumfange; aber von der Gleichbedeutung der Sehne mit dem künstlichen Querschnitte, von ihrer Negativität gegen den natürlichen Längsschnitt, die ich ebendamals erst ans Licht zog, wufste er nichts. Er hatte demnach auch gar keine Ursache, Rücksicht auf diese Umstände beim Lagern des stromprüfenden Nerven auf den ursprünglich zuckenden Schenkel zu nehmen, und hiezu kommt noch die Natur des Versuches, der gemäfs man von vorn herein immer geneigt sein mufste, sein Mifslingen, wenn es einmal vorkam, statt auf die Versäumnifs einer wesentlichen Bedingung, einfach auf irgend eine der unzähligen in diesem Gebiete spukenden Zufälligkeiten zu schieben.

In der von MATTEUCCI ursprünglich gegebenen und bis auf die neueste Zeit unverändert beibehaltenen Abbildung schlängelt sich der stromprüfende Nerv aufs Gerathewohl über die obere Hälfte eines nach GALVANI's Vorschrift zugerichteten Frosches hin. Dasselbe ist der Fall in der Fig. 14. Pl. IV. zum Aufsatze »*On Induced Contractions*«, welche die oben S. 20. 21 beschriebene Form des Versuches zu erläutern bestimmt ist, wobei nämlich der stromprüfende Nerv, anstatt von der Wirbelsäule losgetrennt zu sein, vielmehr noch mit dem ganzen Rumpfe zusammenhängt. Natürlich kann auf einem solchen Laufe der Nerv mehrmals Längs- und Querschnitt berühren.

In der erwähnten Abhandlung hat MATTEUCCI freilich, jedoch ohne einen zu Grunde liegenden Gedanken, blos im unbegrenzten Felde der Möglichkeiten umhertastend, mannigfache Lagerungsweisen des Nerven auf dem ursprünglich zuckenden Muskel versucht. Er hat ihn bald den Muskelfasern gleichlaufend, bald querüber, bald zickzackförmig, bald zu einer Oese gebogen darauf gebettet; er hat mit einer Scheere ein Stück Fleisch vom Oberschenkel weggeschnitten, und den Nerven auf die Schnittfläche gelegt: ohne Ausnahme trat die Zuckung ein (S. oben S. 20). Nur die letzte Erfahrung könnte uns von einiger Bedeutung erscheinen; die aufs Gerathewohl angelegte Schnittfläche könnte Einer, nach MATTEUCCI's Vorgange, als gleichartig in ihren verschiedenen Punkten ansprechen wollen. Ich brauche kaum zu erinnern, wie voreilig dies sein würde; eine solche Fläche bietet stets in ihrer Mitte und an ihren seitlichen Rändern mehr oder weniger reinen künstlichen Längsschnitt, an ihrem oberen und unteren Ende jedoch der Natur der Dinge nach entschieden künstlichen Querschnitt dar. MATTEUCCI nennt das: »quite uniform«; natürlich, weil er keinen Begriff von der Positivität des künstlichen Längsschnittes besitzt, sondern das ganze Muskelinnere schlechthin für negativ dem Muskelumfange gegenüber hält.

An einer Stelle jener Arbeit wird MATTEUCCI zufällig einmal ganz in die Nähe des richtigen Punktes geführt. Er bemerkt, dafs es manchmal vorkomme, dafs der stromprüfende Schenkel zucke in dem Augenblicke, wo sein Nerv auf das GALVANI'sche Präparat gelagert werde. Als eine der Bedingungen, unter welchen dies geschehe, glaube er erkannt zu haben, dafs der Nerv mit einem Punkte seiner Ausdehnung die Sehne und mit einem anderen die Oberfläche der Muskeln berühre (S. oben S. 23). Anstatt aber hier den Schlüssel zu der Erscheinung zu ahnen, geht er blindlings mit der Behauptung daran vorüber: »So let us say that the induced contraction takes place con»stantly in all cases in which, by the care taken, the above-mentioned »circumstances that may awake the contraction of the galvanoscopic »frog are [not][1] verified« — einer Behauptung, gegenüber welcher mir freilich nichts übrig bleibt, als auf den so leicht zu prüfenden, Jedermann zugänglichen Thatbestand mich zu berufen.

Zu dieser Verblendung MATTEUCCI's finden wir den Grund, wenn wir den Kern der kritischen Betrachtung würdigen, welche er in seinem Brief an DUMAS (S. oben S. 28; vergl. Bd. I. S. 546) meiner Deutung der secundären Zuckung widmet. Zunächst lebt er in dem Wahne, von dem nicht zu verstehen ist, wie er dazu gelangt sei, die von mir entdeckte negative Schwankung des Muskelstromes im Tetanus sei eine der allzuvielen Hypothesen, die er mir zum Vorwurf machen zu müssen glaubt. Sodann begreift er nicht, wie eine negative Schwankung eines Stromes eine Zuckung in dem davon durchkreisten Nerven zur Folge haben könne: »Il m'a été impossible de me »faire une idée de la valeur physique de ces expressions.« (!) End-

[1] Es steht da (p. 315*) »are verified«; dies ist jedoch augenscheinlich ein Druckfehler, da es keinen Sinn bietet, dafs MATTEUCCI alsdann auf ein so wichtiges Zusammentreffen nicht weiter eingeht, und da die Französische Uebersetzung der Stelle in den Annales de Chimie et de Physique, ibid. p. 133* lautet: »Disons »d'abord que la contraction induite s'obtient constamment dans tous les cas dans »lesquels, par les soins qu'on y a apportés, on ne vérifie pas les circonstances susin»diquées qui peuvent faire réveiller la contraction de la grenouille galvanoscopique.« Vergl. auch Leçons sur les Phénomènes physiques des Corps vivants etc. p. 293. 294.*

lich aber, und dies ist der wesentliche Punkt, bleibt ihm unverständlich, von was für einem Strome denn überhaupt ein Nerv durchkreist sein solle, der auf dem Oberschenkel eines GALVANI'schen Präparates ruht. »On ne sait pas de quel courant il parle; le courant musculaire et le courant propre circulent dans les masses musculaires seulement dans le cas où ces masses seraient coupées et préparées.« Hier nämlich zeigt sich an ihm, welches Recht ihm zustehe, mein Gesetz des Muskelstromes für einen rohen und unvollständigen Ausdruck ihm gehöriger Erfahrungen auszugeben (S. oben Bd. I. S. 546). Von seiner der chemischen Hypothese der voltaïschen Kette entlehnten Vorstellungsweise aus, nach welcher das Blut der Säure, der Inhalt der einfachen Bündel und das angeblich damit gleichbeschaffene Sehnengewebe (!) dem Zink, endlich die Hülle der Bündel dem negativen Metalle zu vergleichen wären, und bei nicht angelegtem Bogen, die Spannungen sich auf denselben Punkten wieder aufheben würden, auf denen sie sich erst eben entwickelten (S. oben Bd. I. S. 545. 548. 683), von diesem wohlbegründeten Standpunkte aus vermag sich MATTEUCCI nicht zu denken, dafs ein Strom einen Nerven durchkreise, der in ununterbrochener Ausdehnung an Längs- und Querschnitt eines Muskels zugleich anliegt. So eingewurzelt ist diese vorgefafste Meinung in ihm, dafs sogar die Wahrnehmung keine Macht über ihn hat, dafs der auf den Muskel gebettete Nerv im Augenblicke des Auflegens manchmal zuckt, wenn jene Bedingung erfüllt ist! Wo übrigens bei der Erscheinung des Froschstromes Muskeln zerschnitten oder sonst zugerichtet sein müssen, bleibt auch im Dunkel. Hätte MATTEUCCI eine richtige Vorstellung von dem Gesetze des Muskelstromes, hätte er die Zergliederung der Erscheinungen auch nur bis zu den Anfängen zu führen verstanden, auf welche die Untersuchungen des dritten Kapitels gegründet worden sind, die Entdeckung der Schwankung jenes Stromes bei der Zusammenziehung hätte ihm nicht entgehen können, an deren Stelle er nun ein Phantasiegebilde, seine »muscular induction«, als Wirkung eines neuen unbekannten Agens der Natur, nicht ohne Selbstgefälligkeit auf den Schild erhebt.

Denn er fährt fort: »Et après tout, je viens de démontrer, par des expériences, que la contraction induite ne peut jamais être produite par une action électrique, ou directe, ou d'induction. Je le répète, la contraction induite est le premier fait d'une **action à distance**, ou plus proprement, d'induction qui est exercée par un muscle en contraction sur un nerf.«

Ich weifs durchaus das Vergnügen zu würdigen, das MATTEUCCI zu empfinden berechtigt sein würde, wenn es ihm geglückt wäre, eine Wirkung eines Muskels auf einen Nerven aus der Ferne zu entdecken.

Ich kann aber nicht umhin, diese Behauptung kühn zu finden, so lange dieselbe noch durch keinen unmittelbaren Versuch erhärtet ist. Dafs dem jemals so sein werde, daran ist guter Grund zu zweifeln. Ich will aber MATTEUCCI eine Wirkung aus der Ferne, wenn es ihm beliebt meilenweit, nur freilich durch einen Kupferdraht vermittelt, vorführen, wonach es ihm vielleicht minder schwierig erscheinen wird, sich eine Vorstellung von der »valeur physique« meiner Angaben zu machen.

Ich meine den einfachen Versuch, der im Anfange dieses Paragraphen beschrieben wurde. Der stetige Strom, von dem ein Nerv durchflossen ist, welcher, auf einem Muskel aufliegend, dessen ungleichartige Flächenbegrenzungen zur Kette schliefst, ist, wie man sich erinnert, ein von dem unablässig im Inneren des Muskels kreisenden Strome abgeleiteter Arm. Wenn eine Unterbrechung dieses Stromarmes im Stande ist, Zuckung des stromprüfenden Schenkels hervorzubringen, so dürfen wir wohl erwarten, dafs noch dasselbe der Fall sein werde, wenn wir jetzt den Nerven in der Mitte abheben, so dafs er nur noch bogenförmig mit zweien Punkten berührt. Ferner wird es gleichgültig sein, ob wir jetzt in den Berührungspunkten zwischen Muskel und Nerv einen unwirksamen Leiter einschalten, wofern nur sein Widerstand nicht so grofs gewählt wird, dafs dadurch eine zu bedeutende Schwächung des abgeleiteten Stromarmes und seiner verhältnifsmäfsigen Schwankung herbeigeführt werde. Dadurch entsteht die Form des Versuches, wo der Muskel auf den Bäuschen aufliegt, und an einer beliebigen Stelle des Kreises eine Lücke angebracht ist, welche man mit dem Nerven des stromprüfenden Schenkels schliefst (Fig. 85. Taf. I. G, G_{I}). Diese Anordnung giebt die secundäre Zuckung, wie wir gesehen haben, gerade eben so gut, wie die ursprünglich von MATTEUCCI angewendete. Es braucht nämlich nicht erinnert zu werden, dafs zur Erzeugung derselben durchaus nicht gerade ein halbes GALVANI'sches Präparat, ja nicht einmal ein stromprüfender Schenkel nothwendig ist. Grundsätzlich bedürfte es dazu nur eines Bruchstückes eines einfachen Bündels in gehöriger Verbindung mit der entsprechenden Nervenausbreitung; in der Wirklichkeit läfst sich jedoch mit der Vereinfachung nicht weiter gehen, als bis zur Anwendung eines einzelnen mit seinem Nervenstamme zugerichteten Gastroknemius oder Extensor cruris, oder sonst eines stärkeren Oberschenkelmuskels des Frosches, welche auch zur Wahrnehmung der GALVANI'schen Zuckung ohne Metalle ausreichen.

Auch beim Auflegen von künstlichem statt des natürlichen Querschnittes, glückt daher, wie sich erwarten liefs, dieser Versuch. Hingegen versteht es sich von selbst, dafs die Zuckung ausbleibt, wenn man die Bäusche statt an Längs- und Querschnitt, an zwei mit einander unwirksame Punkte des Muskels, entsprechend den obigen unwirksamen Lagen des Nerven auf dem GALVANI'schen Präparate, anlegt. Man verfährt dabei auf dieselbe Weise, wie um zu zeigen, dafs auch die Nadel unter diesen Umständen unbewegt erscheint (S. oben S. 86), nur dafs man den einen Hülfsbausch, mit welchem man den Muskel berührt, anstatt unmittelbar am Zuleitungsbausche, an einem Zwischenbausche anbringt; diesem gegenüber stellt man den Zuleitungsbausch auf, bekleidet beide mit Eiweifshäutchen, und überbrückt die Lücke zwischen ihnen mit dem stromprüfenden Nerven. Beim Drehen des Unterbrechungsrades, welches die gemeinschaftlich in der kleinen Streckvorrichtung befindlichen Muskeln, den Semimembranosus, den Biceps und den Adductor magnus in lebhaften Tetanus versetzt, bleibt der stromprüfende Schenkel in Ruhe. Hier giebt die gleichfalls kaum bewegte Nadel, geben die unmerklichen Ladungen unmittelbar den Grund für dieses Verhalten an; unter diesen Umständen ist der stromprüfende Nerv von keinem oder von einem zu schwachen Strome durchflossen, als dafs die im Verhältnisse seiner Stärke stattfindende Schwankung Zuckung hervorzubringen vermöchte. Sobald man aber den einen Hülfsbausch, statt an den Längsschnitt, an eines der Knochenstücke anlegt, durch welche die Muskeln in den Platten der Streckvorrichtung befestigt sind, erscheint die secundäre Zuckung augenblicklich.

Um zu zeigen, dafs eben so wenig, wie die Multiplicatordrahtwulst (S. oben S. 89), die Ladungen bei der Erscheinungsweise der Zuckungen betheiligt sind, kann man auch den Versuch so anstellen, dafs man den Gastroknemius blos auf die entsprechenden Enden zweier einander parallel auf einer Glasplatte ruhenden Bäusche von der Gestalt der Zwischenbäusche auflegt, und mit dem stromprüfenden Nerven die beiden anderen Enden in Verbindung bringt. Man kann auch, während schon ein stromprüfender Nerv in den gewöhnlichen Multiplicatorkreis eingeschaltet ist, die beiden Bäusche selber, auf denen der zuckende Muskel aufliegt, noch durch den Nerven eines zweiten stromprüfenden Schenkels verbinden, ja, um jeden Zweifel daran zu heben, dafs der Versuch in dieser Gestalt einerlei sei mit dem in MATTEUCCI's ursprünglicher Form, aufser diesen beiden stromprüfenden Nerven, sogar einen dritten dem Gastroknemius selber entlang legen, und man wird, bei jeder primären Zuckung dieses Muskels, die drei stromprüfenden Schenkel gleichzeitig secundär zucken sehen. Jener dritte stromprüfende Schenkel findet sich, in der eben bezeichneten Lage, denn auch noch ferner in Fig. 87 in G_{II} dargestellt. Bedarf es jetzt noch des Beweises, dafs die secundäre Zuckung elektrischer Natur sei? dafs sie nichts anderes sei, als das Ergebnifs der bereits nachgewiesenen negativen Schwankung des Muskelstromes im Augenblicke der Zusammenziehung? So betrachte man die Multiplicatornadel, welche, so wie nur die Wirkung sich in einigermaſsen kleinen Zeiträumen wiederholt, alsbald ihre Stellung verläſst und in den negativen Viertelkreis durchschlägt.

Allein MATTEUCCI hat, wie er versichert, unmittelbar durch Versuche die Unmöglichkeit dargethan, die secundäre Zuckung auf elektrischem Wege zu deuten. Untersuchen wir die von ihm und Anderen aufgeworfenen Schwierigkeiten.

Zunächst sagt er: »J'ai varié de mille manières les expériences »pour découvrir s'il y a dégagement d'électricité dans la contraction »musculaire. J'ai employé pour cela les instruments les plus délicats »et tous les soins possibles, et je dois conclure que ce dégagement »d'électricité ne peut pas se démontrer par l'expérience« (S. oben S. 20). Es kommt jedoch hier nur auf eine Veränderung der elektrischen Zustände des Muskels im Augenblicke der Zusammenziehung an, und diese hätte MATTEUCCI, da er meine Abhandlung gelesen, leicht bekannt sein können.[1]

Die Erörterung nimmt sodann dieselbe Form an wie alle anderen Streitigkeiten über Identitätstheorieen. Es wird gesagt, daſs die Natur der Körper, welche, zwischen den zuckenden Schenkel und den aufliegenden Nerven gebracht, geeignet sind, die secundäre Zuckung zu hemmen oder fortzupflanzen, der elektrischen Erklärung derselben widerstrebe. Die ersten Stoffe, welche MATTEUCCI in dieser Weise untersuchte, waren folgende: ein dünnes Goldblättchen, ein Streifen Flieſspapier, der sich sogleich von Flüssigkeit vollsaugt, ein Streifen geleimtes Papier, der dieses nicht thut, und ein Glimmerblättchen. Das Metall, das trockene Papier und das Glimmerblättchen hemmten die Erscheinung der Zuckung; das feuchte Papier hingegen gestattete ihr freien Durchgang.

BECQUEREL hat bereits diese Wirkungsweisen unter der Voraussetzung einer elektrischen Entladung, welche im Augenblicke der Zusammenziehung im Muskel stattfinde, völlig richtig erklärt (S. oben S. 15). In der That, es konnte keine bessere Wahl als die eines vorzüglichen Leiters, des Goldes, die eines feuchten Leiters, des ungeleimten Papieres, und eines Nichtleiters, des geleimten Papieres oder des Glimmerblättchens getroffen werden, um die Natur der Erscheinung als einer elektrischen festzustellen. Daſs der Nichtleiter alsdann die Wirkung

[1] Hieher gehört auch PELTIER's oben S. 16. angeführter Einwand gegen BECQUEREL's Erklärung der secundären Zuckung aus einer elektrischen Entladung, welche die Muskelzusammenziehung begleite. Ich brauche nicht zu erinnern, daſs auch er vor dem nun vorliegenden Thatbestande zusammenfällt.

hemmen müsse, leuchtet ein; dafs das Gold sich ihrem Zustandekommen widersetzt, ist nach den Ohm'schen Grundsätzen gleichfalls nothwendig. Denn zwischen dem Gold und dem aufliegenden Nerven vertheilt sich der Muskelstrom nach dem Gesetze der Nebenschliefsungen; da aber das Gold unendlich besser leitet als der Nerv, so ist der Antheil des Stromes im Nerven unendlich kleiner als im Golde, und eine dieser Gröfse proportionale Schwankung vermag keine Zuckung mehr hervorzubringen. Becquerel vergleicht diesen Vorgang ganz richtig mit dem bekannten Versuche am Zitterrochen, den man, auf einer metallenen Schüssel gehalten, mit einem Nichtleiter ungestraft reizt oder durch eine isolirte Person reizen lassen kann; auch kann man ihn mit einer andern Schüssel bedecken, und ihn so zwischen zwei metallenen Schildern ungefährdet tragen, wofern sich nur dieselben am Rande berühren, so dafs sie für die Schläge des gereizten Fisches in Bezug auf den menschlichen Körper eine Nebenleitung von verschwindendem Widerstande bilden. So hat man sich denn auch das Zustandekommen der secundären Zuckung durch den feuchten Leiter, das ungeleimte, mit Flüssigkeit getränkte Fliefspapier hindurch, vorzustellen. Es ist dasselbe blos als eine Verdickung der Schicht eines unwirksamen feuchten Leiters anzusehen, welche, nach den Erörterungen des vorigen Kapitels, an der Oberfläche der Muskeln ohnehin durch die Hüllen der einfachen Bündel und das Bindegewebe dargestellt wird. Hier vertheilt sich der Strom in einem ganz anderen, dem Nerven ungleich günstigeren Verhältnisse; der im letzteren kreisende Stromarm fällt stark genug aus, damit eine seiner Stärke proportionale Schwankung desselben noch Erregung zur Folge haben könne. Ganz das nämliche hat man in dem Falle, wo man den Nerven des stromprüfenden Schenkels, statt ihn auf den ursprünglich zuckenden Muskel aufzulegen, nur demselben nahe in die dünne Flüssigkeitschicht bettet, welche sich auf der Porzellantafel leicht durch das Umherschleifen des Galvani'schen Präparates erzeugt.

Alles dies sind Wahrnehmungen, die dem auf diesem Gebiete und dem des Ohm'schen Gesetzes Bewanderten keinen Augenblick entgehen durften. Ich habe mir aber auch angelegen sein lassen, sie durch unmittelbare Thatsachen zu erhärten. Ich habe nämlich nachgewiesen, dafs die Einschaltung derselben Zwischenkörper denselben Einflufs, wie auf die secundäre Zuckung, auch auf die Galvani'sche Zukkung ohne Metalle äufsere. Als Zwischenkörper von einem dem der natürlichen unwirksamen Hülle des Muskels entsprechenden Widerstande wende ich mit Speichel oder Blutwasser getränktes leicht durchgängiges schwedisches Fliefspapier an, als gutleitenden das fein-doppelt-Blattgold der Goldschläger, oder, da dies zu leicht zerreifst, noch lieber feines

Goldblech, welches aber der Gestalt des Muskels entsprechend gebogen werden mufs; endlich als nichtleitenden Zwischenkörper ein dünnes Blättchen russischen Glimmers, oder ein Stückchen Wachstaffent. Beim Gebrauche derselben mufs, gleichviel ob man die secundäre Zuckung oder die Zuckung ohne Metalle untersucht, darauf Rücksicht genommen werden, dafs die Umhüllung des Muskels sich auf die beiden ungleichartigen Flächenbegrenzungen erstrecke, und dafs auch der Nerv so aufgelegt sei, dafs, ohne Dasein der Zwischenkörper, wirklich Zuckung erfolgen würde, widrigenfalls das Ergebnifs nur ein illusorisches sein kann. Man findet nun in der That, dafs der GALVANI'sche Versuch ohne Metalle mit Gold und Glimmer niemals, dagegen häufig mit dem feuchten Fliefspapiere gelingt.

Ganz denselben Einflufs zeigen die drei Zwischenkörper begreiflich, wenn man ihre Wirkung auf die in einer Lücke des Multiplicatorkreises stattfindende secundäre Zuckung untersucht. Legt man den Nerven des stromprüfenden Schenkels, statt frei über diese Lücke, auf einen Fliefspapierstreifen, der mit Speichel oder Blutwasser getränkt ist, ein Platinblech oder ein Glimmerblättchen, so erfolgt im ersten Falle manchmal eine Wirkung, nie aber in den beiden letzten Fällen.

Indessen den Einflufs dieser drei Zwischenkörper, giebt MATTEUCCI denn doch dem Anscheine nach zu, könne man noch unter der Voraussetzung des elektrischen Ursprunges der secundären Zuckung erklären. Denn er unternimmt es von Neuem, nachdem BECQUEREL ihm die obige Deutung dieses Einflusses mitgetheilt hatte, Elektricitätsentwickelung, Zunahme des Muskelstromes im Augenblicke der Zusammenziehung zu entdecken. Dies gelingt ihm aus guten Gründen nicht, und nun kehrt er zur Untersuchung der mannigfaltigen Stoffe zurück, welche, zwischen die ursprünglich zuckenden Muskeln und den stromprüfenden Nerven eingeschaltet, die secundäre Zuckung entweder hemmen oder gestatten. Er schmeichelt sich, in seiner englischen Abhandlung, in dieser Hinsicht zu folgendem durchgreifenden und höchst auffallenden Ergebnisse gelangt zu sein: Die unbekannte Wirkung in die Ferne, welche ein zuckender Muskel auf einen fremden Nerven auszuüben vermag, durchbreche ohne Hindernifs alle Flüssigkeiten, selbst die für die Elektricität am wenigsten leitenden; aber kein fester Körper lasse sie hindurch. »There is no liquid body among the many examined that impedes the »induced contraction;... I have never succeeded in obtaining the in»duced contraction when using a solid body interposed, however thin »it might have been chosen, and whatever might be its nature.« (L. c. p. 314. 315*. S. oben S. 22.)

Nehmen wir jedoch die Versuche etwas näher in Augenschein, auf welche sich eine Aussage von solcher Bedeutung stützen mag. Die »vielen« Flüssigkeiten, welche Matteucci als Zwischenkörper bei der secundären Zuckung geprüft hat, sind folgende: Destillirtes Wasser (pure water), leicht angesäuertes Wasser, verdünnte Salzlösung, Blutwasser, Blut; Olivenöl, verdünnter Alkohol, alkoholischer Harzfirnifs, Terpenthinöl, und eine Auflösung von Venetianischem Terpenthin in Terpenthinöl. Er liefs einige Tropfen der zu prüfenden Flüssigkeit auf den Muskel fallen und tauchte auch den stromprüfenden Nerven in dieselbe. Dann breitete er den Nerven, wie gewöhnlich, über den Oberschenkel und sah, bei Zuckungen des letzteren, die secundäre Zuckung nicht ausbleiben. Das Gemisch von Venetianischem Terpenthin und Terpenthinöl ausgenommen, stellte er aber auch den Versuch so an, dafs er einen mit der Flüssigkeit getränkten dünnen Filzstreifen zwischen Nerv und Muskeln einschaltete, und auch so will Matteucci bei allen obengenannten Stoffen die secundäre Zuckung beobachtet haben.

Dafs reines und angesäuertes Wasser, verdünnte Salzlösung, Blutwasser, Blut, die secundäre Zuckung nicht hemmen, nun dies scheint eben, nach allem Voraufgeschickten, nicht äufserst wunderbar. Wunderbarer würde ich es finden, wenn Matteucci uns ein Mittel kennen gelehrt hätte, die secundäre Zuckung einmal zu beobachten, ohne dafs sich Wasser, dafs sich mehr oder weniger verdünnte Salzlösung, Blut und Blutwasser auf dem Wege ihrer Fortpflanzung, nämlich im Schenkel und dem Nerven selber, befänden. Auch der Erfolg mit dem verdünnten Alkohol überrascht nicht; hingegen wäre es allerdings ein Fund von überschwenglicher Wichtigkeit, wenn so gut isolirende Flüssigkeiten, wie Olivenöl, Terpenthinöl u. d. m., der Fortpflanzung der secundären Zuckung gar kein Hemmnifs in den Weg legten. Man würde nicht umhin können, dem kühnen Erfindungsfluge des Mannes Dank zu zollen, den eine unbegreifliche Ahnung dazu geführt hätte, der Entdeckung eines neuen »unwägbaren Stoffes« auf dem Wege einer Versuchsreihe entgegen zu gehen, in welcher es jedem Anderen schwer geworden sein würde, von vorn herein etwas mehr als ein sinnloses Tändeln mit Versuchen zu erblicken. Ich mufs jedoch sagen, dafs ich nicht vermocht habe, mich von der Wahrheit von Matteucci's Angabe zu überzeugen.

Was erstlich die Beobachtungen betrifft, die ohne Dazwischenlegung eines mit der zu prüfenden Flüssigkeit getränkten porösen festen Körpers angestellt sind, so gehört keine tiefe Ueberlegung dazu, um ihre völlige Werthlosigkeit zu durchschauen. Es ist klar, dafs man bei dieser Versuchsweise nicht die geringste Sicherheit hat, dafs nicht an zwei oder mehreren Punkten der Nerv die nichtleitende flüssige Schicht durchsinkt, und in unmittelbare Berührung mit dem zuckenden Muskel geräth. Die Möglichkeit davon kannte sogar schon GALVANI sehr gut, welcher sagt: »Neque enim unica serica tela ad cohibendas contra-»tiones sat erat, quippe quae facile deferenti animali lympha imbue-»batur, et humectabatur, neque solum oleum, quippe quod arcus ex-»tremitati ita locum concedebat, ut ad ipsum cum subjecta parte »contactum omnino veniret.« [1] Vermuthlich damit dasselbe hier recht ungehindert von statten gehen könne, giebt denn auch MATTEUCCI für den in Terpenthinöl gelösten Venetianischen Terpenthin den Rath: »If the insulating stratum exceeds certain limits of »thickness, and the mixture has not a convenient degree of »fluidity, the induced contraction is wanting. It is however im-»possible to me to determine within what limits of thickness in the »stratum and fluidity in the mixture this occurs; it is sufficient for »me to have established by experiment that in some cases the induced »contractions are obtained, while there is interposed between the nerve »and the muscle an insulating stratum which certainly arrests the »muscular and proper current, no less than an ordinary voltaic cur-»rent.« Wir bezweifeln keinesweges, daſs man Venetianischen Terpenthin so weit verdünnen könne, daſs, wenn man einen Froschschenkel damit beschmiert und einen Nerven darein bettet, dieser und jener sich an mehreren Stellen bis zur Berührung nähern können. Es mag also für MATTEUCCI ausreichend sein, nachgewiesen zu haben, daſs die fünfzehngliederige FARADAY'sche Säule, deren er sich zum Erregen der ursprünglichen Zuckung bediente, keine Zuckung bewirkte, wenn er mit dem einen Poldraht derselben den stromprüfenden Nerven, mit dem anderen die isolirende Schicht, »of course without penetrating to the muscle«, berührte; für uns entbehrt dieser Gegenversuch aller

[1] Opere edite ed inedite ec. p. 89,* aus dem dritten Abschnitte des Commentars. Vergl. p. 173. 193* gleichbedeutende Erfahrungen aus der Schrift »dell' uso e dell' attività dell' Arco conduttore ec.,« und eine Angabe der Commissarien der Société philomatique zu Paris, CHAPPE, POBILLIARD und SYLVESTRE, in GREN's Journal der Physik. 1794. Bd. VIII. S. 23.*, welche von einfachen GALVANI'schen Versuchen berichten: »Die bei den Thieren mit kaltem Blute wahrgenommenen Erfolge sind »noch auffallender im Oel als im Wasser. Sie dauern auch länger und lassen sich »länger wahrnehmen.« (Vergl. REINHOLD's Geschichte des Galvanismus u. s. w. S. 46*) Sie konnten also, unter Oel, die Metalle zur Berührung unter sich und mit den thierischen Theilen bringen. Daſs die Zuckungen stärker waren, als unter Wasser, erklärt sich aus der fortfallenden Nebenschlieſsung durch dasselbe; daſs die Muskeln länger antworteten, aus dem Nichtstattfinden der verderblichen Diffusion zwischen dem Wasser und den thierischen Flüssigkeiten im Inneren der Muskelbündel.

bindenden Kraft. Denn nichts bürgte, wie gesagt, dafür, daſs beim Erscheinen der secundären Zuckung nicht der Nerv bis zur Berührung mit dem Muskel die Schicht durchsunken hatte, und der Umstand, daſs ein gewisser Grad von Dünnflüssigkeit als nothwendig für dieses Erscheinen anerkannt wird, ist nicht eben geeignet, uns über das ausgesprochene Bedenken zu beruhigen.

Somit ist das zahlreiche Heer von Versuchen, dessen Matteucci sich zur Stütze seiner neuen Naturkraft berühmte, schon auf ein sehr durchsichtiges Häuflein zusammengeschmolzen. In der That, es bleiben jetzt nur noch die drei Versuche mit alkoholischem Harzfirniſs, mit Oliven- und mit Terpenthinöl aufrecht stehen, bei welchen ein mit diesen Flüssigkeiten getränkter dünner Filzstreifen zwischen Nerv und Muskeln eingeschaltet war. Darauf würde indessen nichts ankommen. Sind diese Erfahrungen richtig, und ist die isolirende Eigenschaft jener Flüssigkeiten erwiesen, so darf uns ihre Zahl gleichgültig scheinen; wir werden die Ersten sein, jene neue Kraft anzuerkennen, die wir alsdann sogar zu Ehren ihres Entdeckers »Matteuccismus« zu nennen vorschlagen möchten.

Es scheint jedoch nicht, als ob sobald Grund vorliegen dürfte, die Physik mit diesem neuen Kapitel zu bereichern. Der alkoholische Harzfirniſs ist erstens durchaus kein stichhaltiger Isolator, wie z. B. jeder weiſs, der einmal einen Multiplicatorrahmen oder eine Inductionsrolle bewickelt hat. Man pflegt dabei jede Lage von Windungen, wenn sie fertig geworden ist, mit unfiltrirtem Schellackfirniſs (Politur der Tischler) anzustreichen; stets zeigt sich alsdann noch nach vielen Tagen bis zur völligen Verdampfung des Alkohols ein leitender Uebergang von Windung zu Windung durch den Lack.[1] Allerdings läſst sich dagegen einwenden, daſs man hier ungleich stärkere Ströme, als die, welche bei Erzeugung der secundären Zuckung betheiligt sind, zur Prüfung anwendet, und daſs die Strombahn eine ungleich günstigere ist, da sie zum Querschnitte fast die ganze entwickelte Oberfläche des Drahtes, zur Länge etwa die doppelte Dicke der Seide hat, mit welcher der Draht besponnen ist. Dies wird aber dadurch aufgewogen, daſs, bei der secundären Zuckung, dem Alkohol des Firnisses Gelegenheit geboten wird, sich mit Wasser zu verdünnen, wodurch er an Leitungsgüte gewinnt. Was die beiden Oele betrifft, so läſst sich hingegen wider dieselben kein solcher Einwand erheben; beide gelten, seit sehr langer

[1] Vergl. Gourjon und Peltier, in den Comptes rendus etc. 8 Août 1836. t. III. p. 148.*

Zeit und nach den übereinstimmenden Zeugnissen zahlreicher Beobachter, für sehr vollkommene Nichtleiter.[1]

Obschon dies der Fall ist, wird man doch leicht folgendes zugeben. Wenn uns eine Erscheinung vorliegt, die sonst in jeder Hinsicht das Gepräge eines elektrischen Ursprunges zeigt, mit der einzigen Abweichung jedoch, daſs Oliven- und Terpenthinöl, sonst anerkannte Nichtleiter der Elektricität, die Wirkung durch sich hindurch zu lassen scheinen, auf welcher sie beruht; so ist es unsere Schuldigkeit, ehe wir dieses einzigen Umstandes halber über die Nichteinerleiheit der Ursache einer solchen Erscheinung und der Elektricität absprechen, uns durch den Versuch zu überzeugen, ob in unserem besonderen Falle jene Flüssigkeiten sich denn wirklich isolirend verhalten. Es könnte ja eine Verunreinigung derselben im Spiele sein,[2] und es ist nicht zu übersehen, daſs die Versuche über die Leitungsfähigkeit des Oeles, bei welchen man sich der einfachen Kette und des stromprüfenden Schenkels bediente, statt mit sehr dünnen Schichten Oeles, wie sie hier vorkommen, mit mehr oder weniger dicken angestellt sind; während die Versuche, zu welchen gröſsere elektromotorische Kräfte verwendet wurden, wieder an dem Uebelstande leiden, daſs das stromprüfende Mittel nicht, wie bei uns, der Froschschenkel, sondern wohl meist ein solches war, welches keine Einschaltung eines beträchtlichen Widerstandes vertragen

[1] Hinsichtlich des Terpenthinöles s. Priestley, the History and present State of Electricity etc. 2. Edition. London 1769. 4°. p. 581.* Er war es, der zuerst die nichtleitende Beschaffenheit der fetten und flüchtigen Oele überhaupt hervorhob. — Pfaff schreibt dem rectificirten Terpenthinöl einen 12mal geringeren Verzögerungswerth zu, als dem absoluten Alkohol, dem 84procentigen Weingeist gleich. Schweigger's Jahrbuch der Chemie und Physik. Neue Folge. 1826. Bd. XVIII. S. 284.* — Ueber das Olivenöl vergl. Priestley ebendas.; — Ampère und Dulong über Rousseau's Diagometer in den Annales de Chimie et de Physique. 1824. t. XXV. p. 373;* — Fechner in seinem Lehrbuche des Galvanismus und der Elektrochemie. Leipzig 1829. S. 227;* — Poggendorff in seinen Annalen u. s. w. 15. December 1846. Bd. LXX. S. 64. Anm.* — Versuche darüber mit der einfachen Kette am stromprüfenden Froschschenkel sind mir bekannt geworden von Galvani selbst im dritten Theile seines Commentars, Opere edite ed inedite ec. p. 85* (Vergl. oben Bd. I. S. 46. 47); — von Fowler in Alex. Monro's und Rich. Fowler's Abhandlung über thierische Elektricität u. s. w. Leipzig 1796. S. 60;* — Pfaff, Ueber thierische Elektricität und Reizbarkeit. Leipzig 1795. S. 41;* — v. Humboldt, Versuche über die gereizte Muskel- und Nervenfaser. Posen und Berlin 1797. Bd. I. S. 141. 143. 147.*

[2] Der Verzögerungswerth des Olivenöles wird nach Rousseau's Versuchen durch Hinzufügung von nur 1/100 eines fremden Oeles so bedeutend verringert, daſs er diesen Umstand zur Entdeckung von Verunreinigungen des Olivenöles mit anderen Oelen für Kaufleute vorschlagen konnte. — Ranziges Olivenöl leitet nach v. Humboldt a. a. O. S. 147.*

kann. Es erhellt also die Nothwendigkeit, die Prüfung auf Nichtleitung in jedem einzelnen Falle selber zu erneuern, und zwar wird man, wenn man es mit der Natur, mit sich selber aufrichtig meint, diese Prüfung begreiflich nicht mit Hülfe eines schwächeren, sondern eines stärkeren Stromes anstellen als derjenige ist, für welchen die Nichtleitung dargethan werden soll.

Matteucci hat jene Nothwendigkeit wohl gefühlt, der letzteren Vorschrift jedoch nachzukommen versäumt. Nur in dem einen Versuche mit der Lösung von Venetianischem Terpenthin in Terpenthinöl hat er den Gegenversuch mit der fünfzehngliederigen Faraday-schen Säule angestellt. Aber dieser Versuch ist, wie oben gezeigt wurde, dadurch ganz entwerthet, dafs er nicht mit einem porösen, mit der isolirenden Flüssigkeit getränkten festen Körper angestellt wurde, so dafs alle Bürgschaft fehlt für die Stetigkeit der nichtleitenden Schicht. In allen anderen Fällen, wo ein solcher Körper eingeschaltet war, wo also der Versuch von dieser Seite her erst Beweiskraft erhalten haben würde, in allen diesen Fällen hat Matteucci die Probe auf Nichtleitung mittelst eines weit schwächeren Stromes, auf folgende völlig unzulängliche Weise gemacht.

Halte man den stromprüfenden Schenkel in der Hand und berühre mit dem Nerven desselben einen feuchten Papierstreifen, die Muskeln eines Frosches oder sonst eines Thieres, die mit dem Erdboden in leitender Verbindung stehen, so erfolge eine Zuckung. Diese rühre her von dem durch den Beobachter, den Fufsboden und den feuchten Körper, den man berühre, kreisenden Froschstrome. Sie bleibe aus, wenn man den Nerven zuvor mit Oel, Terpenthinöl oder Firnifs benetze. »It is therefore indubitable,« schliefst Matteucci, »that if an »induced contraction is propagated through a stratum of the bad con-»ductors mentioned, this induced contraction cannot possibly be owing »to a current generated in the contracting muscle, and passing thence »into the nerve of the galvanoscopic frog.« Aber Matteucci läfst unbedacht, dafs er mit dem feuchten Körper, mit dem Fufsboden, mit seiner Fufsbekleidung und seinem eigenen Körper einen unermefslichen Widerstand in die Froschkette einschaltet, wodurch möglicherweise der Strom auf einen so niederen Grad der Stärke herabgebracht wurde, dafs er den Widerstand der schlecht leitenden Schicht nicht mehr zu überwinden vermochte; er bemerkt auch nicht, was ihm bei der bewundernswürdigen Leichtigkeit, mit der die Galvani'sche Zuckung ohne Metalle jenseits der Alpen zu erfolgen scheint, überhaupt entgangen sein mufs, wie viel leichter, als die eben erwähnte, die secundäre Zuckung unter allen Umständen von statten geht. Und ich frage nochmals kurzweg, weshalb hat Matteucci hier nicht den einzig beweisenden Gegenversuch mit der fünfzehngliederigen Säule, wie bei der Lösung von Venetianischem Terpenthin in Terpenthinöl angestellt? Oder weshalb verhehlt er uns seinen Erfolg, wenn er ihn angestellt hat? Weshalb setzt er sich der misslichen Vermuthung aus, dass die Säule allerdings noch durch Oliven- und Terpenthinöl hindurch den Schenkel zur Zuckung anzuregen vermocht habe?

Schon eine blosse, aus Matteucci's eigenen Mittheilungen geschöpfte Kritik ist somit vermögend, das Kartenhaus der neuen Naturkraft, welches er so künstlich in die Höhe gebaut hat, umzublasen. Ich habe indessen geglaubt, es nicht unterlassen zu dürfen, mich auch noch auf dem Wege eigener Versuche von dem hier stattfindenden Thatbestande zu überzeugen. Ich ging dabei folgendermassen zu Werke.

Die ursprüngliche Zuckung brachte ich stets mit Hülfe einer zweigliederigen Grove'schen Säule hervor, welche mit den beiden Drähten meiner stromzuführenden Vorrichtung verbunden war, auf deren Platinblechen der Nerv der ursprünglich zuckenden Muskeln auflag. Die Kette wurde in Quecksilber geschlossen, so dass für möglichste Gleichheit der Erregung bei jedem Versuche gesorgt war. Ich prüfte folgende für Nichtleiter geltende Flüssigkeiten:

1. Das reinste in Berlin käufliche Olivenöl;
2. Gemeines Brennöl (Rüböl mit Thran versetzt);
3. Rectificirtes Terpenthinöl;
4. Gemeines Terpenthinöl;
5. Lösung von Venetianischem Terpenthin in Terpenthinöl, etwa von der Consistenz der innersten Eiweissschicht eines Hühnereies;
6. Rectificirtes Steinöl;
7. Absoluter Alkohol;
8. Filtrirte alkoholische Lösung von Schellack und etwas Drachenblut (Lack der Mechaniker).

Mit jeder Flüssigkeit wurden drei Versuchsreihen gemacht. Erstens wurde der ursprünglich zuckende Extensor cruris oder Gastroknemius damit betropft, und der stromprüfende Nerv alsdann darin gebettet. Zweitens wurde ein Stück schwedischen Fliesspapieres mit der Flüssigkeit getränkt, und zwischen Nerv und Muskeln eingeschaltet. Drittens wurde ein Platinblech mit einem so getränkten Stücke Fliesspapieres überzogen, der Nerv des stromprüfenden Schenkels auf dasselbe, sein Fuss auf ein anderes Stück Platinblech gelegt, und die beiden Bleche mit den Poldrähten der zweigliederigen Grove'schen Säule berührt.

Der erste Versuch gab bei allen Flüssigkeiten Zuckung, mit Ausnahme des in Terpenthinöl gelösten Venetianischen Terpenthins. Hier hatte ich Unglück; ich hatte »the limit of thickness« vermuthlich überschritten, bei welcher die Zuckung zu erscheinen aufhört, »the convenient degree of fluidity« nicht getroffen, bei welcher sie zu erscheinen anfängt! In der That aber, es gelang mir nach einiger Uebung den Nerven so lange bis zur Berührung mit dem Muskel herumzuschleifen, die Verdünnung mit Terpenthinöl so weit zu treiben, daſs die Zuckung, wie man es nur wünschen konnte, erschien! Was mir aber nicht gelang, war, mich zu überreden, daſs jetzt noch eine stetige Schicht eines Nichtleiters zwischen Nerv und Muskeln bestand.

Der zweite Versuch gab lebhafte secundäre Zuckung beim Schellackfirniſs, der natürlich, wegen der Verdünnung mit der thierischen Feuchtigkeit, sogleich sein Harz fallen lieſs. Eine Spur von Wirkung erfolgte auch beim absoluten Alkohol; nur mit Mühe konnte sie durch das Gewühl kleiner Zuckungen hindurch unterschieden werden, welches von der unmittelbaren Einwirkung des Alkohols auf den Nerven herrührte. Bei allen anderen Flüssigkeiten blieb die secundäre Zuckung gänzlich aus, obwohl sie alsbald nach Entfernung des Flieſspapieres wiederkehrte.

Die Säule aber vermochte ebensowenig durch eine der genannten Flüssigkeiten, mit Ausnahme des Alkohols und des alkoholischen Harzfirnisses, hindurchzuwirken, als die Schwankung des Muskelstromes bei der Zusammenziehung.

Ich sehe nicht, was sich gegen diese Versuche einwenden läſst, und ich stelle somit das von Matteucci behauptete Verhalten auf das entschiedenste in Abrede, als seien die Leiter und Nichtleiter der Elektricität nicht auch Nichtleiter und Leiter der secundären Zuckung; als gebe es keine Flüssigkeit, fähig, die Fortpflanzung dieser zu hemmen, keinen festen Körper, im Stande, sie zu gestatten. Daſs alle festen Körper die secundäre Zuckung aufzuhalten scheinen, ist eine Täuschung, hervorgebracht durch den Umstand, daſs dieselben entweder sehr viel schlechter oder sehr viel besser leiten, als die feuchten Leiter, und daſs, bei der Matteucci allein bekannt gewordenen Anordnung, der Muskelstrom, auf dessen plötzlicher Schwankung im negativen Sinne die secundäre Zuckung beruht, sich verzweigen muſs zwischen dem stromprüfenden Nerven und dem eingeschalteten Körper, was nach den Ohm'schen Grundsätzen nicht anders, als im umgekehrten Verhältnisse der Widerstände, also, bei sehr groſser Leitungsfähigkeit des Zwischenkörpers, auch nur zum gröſsten Nachtheil für den stromprüfenden Nerven geschehen kann. Aber anstatt denselben den ursprünglich zuckenden Muskeln in seiner ganzen Ausdehnung entlang zu legen, hebe man ihn bogenförmig in der Mitte davon ab, und schalte nun zwischen seinem einen am Längsschnitt und seinem anderen am Querschnitt gelegenen Berührungspunkte zwei nicht mit einander in metallischer Verbindung stehende Metallstücke ein; mit einem Worte, man bringe den Nerven des stromprüfenden Schenkels einfach in den Multiplicatorkreis, wie es zu Anfang dieses Paragraphen geschah und in Fig. 85 (G_I) abgebildet ist, und man wird sehen, dafs allerdings die Metalle der secundären Zuckung den Durchgang verstatten, und nur die isolirenden festen Körper sie hemmen.

Was MATTEUCCI's sonstige Gründe gegen die elektrische Natur der secundären Zuckung betrifft, so hat er sie selbst in folgender Weise zusammengefafst: »Ces faits suffisent pour prouver que ce n'est pas par »une action électrique, ou directe, ou indirecte,« (?) »développée par »la contraction musculaire, que l'on peut expliquer la contraction in»duite. J'ai trouvé que la contraction induite persistait, quelleque fût »la direction du nerf relativement aux fibres musculaires; que l'exci»tation du nerf induit se propageait, soit vers le muscle, soit vers le »centre nerveux; que cette excitation avait lieu quand même le nerf »induit était déja excité par une cause quelconque; que cette contrac»tion induite était capable d'exciter jusqu'à une seconde et une troi»sième contraction indirecte« (induite?). »On est donc, par là, »amené à conclure, que la contraction induite est un phénomène »simple et primitif, une nouvelle propriété de l'action nerveuse dont »les principales lois sont établies.«

Man begreift wirklich nicht, wie MATTEUCCI diese Thatsachen und diesen Schlufs in einen Satz zusammenzustellen vermag. Da er gar kein Gesetz einer vorhandenen Strömungsrichtung voraussetzt, wie kann er daraus, dafs bei beliebiger Lage des Nerven Zuckung erfolgt, entnehmen, dafs diese nicht elektrischer Natur sei? Dafs Zuckungen am Rumpfe sich kundgaben, wenn ein Frosch, dessen einer Unterschenkel nur noch durch den Ischiadnerven mit der Wirbelsäule zusammenhing, mit dem Nerven über einen ursprünglich zuckenden Schenkel gelagert ward, was hat dies anders zu bedeuten, als dafs Reflexwirkung stattfand? Dafs die secundäre Zuckung auch dann nicht ausblieb, wenn der Nerv schon sonst von einem Strome durchflossen oder durch Aetzmittel erregt war, was ist denn hierin dem Thatbestande elektrischer Reizung widerstrebendes? Was endlich die Möglichkeit betrifft, durch die secundäre abermals eine solche oder tertiäre Zuckung, durch diese noch eine oder der vierten Ordnung hervorzubringen, so möchte ich wohl wissen, was darin liegt, wodurch die elektrische Theorie der Erscheinung verdächtigt und der Charakter eines Urphaenomens der Neuromuscular-Induction, den MATTEUCCI derselben beigelegt wissen will, erwiesen würde.

Zweifelt man daran, dafs die Induction ein elektrischer Vorgang sei, weil es Inductionsströme höherer Ordnung giebt? Oder ist ein Zahnrad kein Zahnrad mehr, weil man hundert Zahnräder immer eines durch das andere in Bewegung setzen kann?

Während des Druckes dieser Bogen erhielt ich das *Compte rendu* etc. vom 15. März d. J. (1847), in welchem (t. XXIV. p. 414*) der fruchtbare Schriftsteller Matteucci abermals von der secundären Zuckung handelt. Ich ersehe daraus, dafs ich, in Vorstehendem, in gewisser Beziehung gegen Leichen gefochten habe. Matteucci erkennt die elektrische Natur der secundären Zuckung nunmehr in folgender Weise an: »J'ai, d'une manière sûre, mis hors de doute que la con»traction induite est un phénomène qui, parmi toutes les parties de »l'organisme vivant, n'appartient qu'au seul muscle en contraction« (S. oben S. 25. Anm. 1.) »J'ai également prouvé qu'il est impos»sible de s'expliquer ce phénomène par une action quelconque d'un »courant électrique, qui parcourrait la masse musculaire pendant la »contraction. On ne trouve aucune augmentation dans le »courant musculaire pendant la contraction du muscle.[1] »C'est après avoir prouvé que des décharges électriques de la bouteille, »tellement faibles qu'elles ne peuvent être montrées par aucun instrument, »excepté par la grenouille,« ... [excitent des contractions,[2]] ... »que »j'ai pensé que la contraction induite pouvait être due à une décharge »électrique de ce genre. En effet, s'il en eût été ainsi, ce n'est pas à »l'aide du galvanomètre qu'on aurait pu s'en apercevoir. Mes doutes »ont acquis un plus grand poids, lorsque j'ai trouvé que des décharges »électriques très-faibles, en traversant les masses musculaires, étaient »capables d'exciter la contraction de la grenouille galvanoscopique, qui,

[1] Matteucci gegenüber glaube ich es mir schuldig zu sein, abermals ausdrücklich darauf aufmerksam zu machen, wie derselbe noch im Jahre 1847 sich vergeblich abmüht, eine Zunahme des Muskelstromes bei der Zusammenziehung zu entdecken, da ich bereits im Sommer 1842, also fünf Jahre früher, den gröfsten Theil der im vorigen Paragraphen dargelegten Versuche über die von mir entdeckte negative Schwankung jenes Stromes im Tetanus angestellt und sie im Januar 1843 bekannt gemacht habe.

[2] Die eingeklammerten Worte habe ich hinzugefügt, da dieselben oder gleichbedeutende bei Matteucci durch einen Druck- oder Schreibfehler ausgefallen sind. Die Thatsache, welche Matteucci bewiesen zu haben vorgiebt, ist jetzt bereits über ein halbes Jahrhundert durch Volta der Wissenschaft einverleibt, und in allen Lehrbüchern zu finden. Vergl. oben Bd. I. S. 282.

»avec son nerf seulement, touchait la surface du muscle traversé. J'ai »également prouvé que les couches isolantes et conductrices interposées »entre les nerfs de la grenouille galvanoscopique et la surface du »muscle contracté, donnaient des effets, desquels on ne pouvait pas »déduire des différences entre l'action de la décharge de la bouteille, »et la contraction musculaire excitée par l'irritation du nerf. Ces phé»nomènes n'ont pas été différents quand on faisait passer la décharge »de la bouteille aussi petite que possible, à travers des masses muscu»laires qui avaient perdu le pouvoir de se contracter. Si l'on réfléchit »maintenant à toutes les analogies que mes recherches sur la torpille »ont prouvé exister entre les lois qui président à la contraction mus»culaire et à la décharge des poissons électriques,[1] on est amené à »s'expliquer la contraction induite par un phénomène de décharge élec»trique qui aurait lieu pendant la contraction musculaire. Il est juste »de dire que M. Becquerel eut le premier cette idée.« (S. oben S. 15. ff.)

Matteucci scheint sich also jetzt vorzustellen, dafs der Muskel, im Augenblicke der Zusammenziehung, gleich dem elektromotorischen Organe eines Zitterfisches, dem stromprüfenden Nerven einen Schlag ertheile. Ferner scheint er noch immer der Meinung zu sein, obschon sie hier bereits nicht mehr deutlich ausgesprochen ist, dafs die secundäre Zuckung durch Schichten nichtleitender Flüssigkeiten hindurch zu erfolgen vermöge. Wahrscheinlich indefs wird er nächstens, seiner Gewohnheit gemäfs (S. oben Bd. I. S. 112. 114. 115. Bd. II. S. 33.), auch diese Behauptung in der Stille zu Boden gleiten lassen, wozu hier schon der Anfang gemacht ist.

Jene neue Irrlehre nun, betreffend die Natur der secundären Zukkung, halte ich mich zu widerlegen nicht für berufen. Eine solche Verpflichtung zur wiederholten Vertheidigung meiner Deutung der Erscheinung gegen die seinige würde erst dann eintreten, wenn es Matteucci gelingen könnte, durch besser ausgesonnene Versuche, durch wahrhaftere Thatsachen als bisher die Unstatthaftigkeit der von mir ausgesprochenen Lehre darzuthun. Gestützt auf den Zusammenhang meiner zahlreichen Erfahrungen, die klarsten Beweise nach allen Richtungen vor Augen, habe ich nicht zu fürchten, dafs dies jemals der Fall sein werde; ich nehme keinen Anstand, Jeden, der es nicht verschmähen will, auf diesem zugänglicheren Felde thierisch-elektrischer Versuche selbst Hand ans Werk zu legen, als Schiedsrichter zwischen Matteucci und mir anzurufen, in der Ueberzeugung, dafs wenige Mi-

[1] S. unten, Kap. X. §. 1.

nuten hinreichen werden, ihn zum Theilnehmer an dem Erstaunen zu machen, von dem ich nicht zurückzukommen vermag: wie man so lange Jahre so in selbstgeschaffenem Dunkel tappen, auf so ebener Strafse sich so seltsam versteigen, so »Mittag um vierzehn Uhr suchen« könne.

4. Fernere Bemerkungen über die secundäre Zuckung.

Die Zuckungen höherer Ordnung, von denen schon im Vorigen, als von Matteucci beobachtet, die Rede gewesen ist (S. oben S. 21 ff.), habe ich gleichfalls längst wahrgenommen, und zwar ist mir sogar gelungen, die der fünften Ordnung erfolgen zu sehen. Dafs ich hierin, trotz der geringeren Leistungsfähigkeit der Frösche in unseren Breiten, einen Schritt weiter habe gehen können, als Matteucci, findet wohl darin seinen Grund, dafs dieser nicht, gleich mir, die Lagebedingungen des stromprüfenden Nerven auf den ursprünglich zuckenden Muskeln kannte, unter welchen die secundäre Zuckung am leichtesten und kräftigsten stattfindet. Ich bereitete, in möglichster Eile, sechs stromprüfende Froschschenkel, welche ich, in der Reihenfolge, wie sie fertig wurden, dergestalt auf einer wohl isolirenden Unterlage anordnete, dafs der erste mit seinem Nerven die Platinbleche der stromzuführenden Vorrichtung verband, während jeder nachfolgende mit dem seinigen dem Gastroknemius seines Vordermannes entlang gelegt war, also die Kette zwischen natürlichem Längs- und Querschnitt schlofs. Die Zukkung der sechsten Ordnung scheint nicht leicht zu glücken. Bemerkenswerth ist, dafs durchaus kein durch die gewöhnlichen Hülfsmittel wahrnehmbarer Zeitraum zwischen der Reizung des unmittelbar erregten und der Zuckung des letzten Schenkels in der Reihe verstreicht. Es werden aber, wie man leicht durchschaut, diese Zuckungen höherer Ordnungen geeignet sein, dereinst ein mächtiges Hülfsmittel abzugeben bei Untersuchungen, die sich die Auffassung und Bestimmung der Zeit zum Ziele setzen, welche die Nervenerregung braucht, um sich von einer gegebenen Stelle des Nervenstammes bis zum Muskel fortzupflanzen.[1]

Auch bei der oben S. 104 beschriebenen Form des Versuches, bei welcher der Muskel auf den entsprechenden Enden zweier einander parallel auf einer Glasplatte ruhenden Bäusche von der Gestalt der Zwischenbäusche aufliegt, deren beide andere Enden durch den stromprüfenden Nerven verbunden sind, gelingt es, wenigstens die tertiäre Zuckung zu erhalten, indem man den zu dem Nerven gehörigen Gastroknemius abermals über eine ähnliche Lücke zwischen zweien Bäuschen

[1] S. unten, Kap. IX.

legt, und diese aufserdem wieder mit dem Nerven des tertiär zuckenden Muskels überbrückt.

Bei der Untersuchung der Zuckungen höherer Ordnung ist es besonders auffallend, aber auch bereits bei der einfachsten Form des Versuches giebt sich der Umstand zu erkennen, dafs regelmäfsiges Wiederholen der Erregung des ursprünglich zuckenden Schenkels in hinreichend kleinen Zeiträumen das Erscheinen der Wirkung, wenn sie zu versagen droht, merklich befördert, daher es stets sehr leicht ist, wie wir schon Eingangs dieses Paragraphen erfuhren, nach Einschaltung eines Unterbrechungsrades in den Kreis der erregenden Kette, die Reihe von secundären Zuckungen in einen anscheinend völlig stetigen secundären Tetanus zu verwandeln, gleichviel welcher der nun bekannten Arten, die secundäre Zuckung abzuleiten, man sich dabei bediene. Es ist diese Erscheinung wohl einerlei mit der bereits in den ersten Zeiten des Galvanismus wahrgenommenen, deren Literatur, so weit ich sie habe ermitteln können, oben Bd. I. S. 477 Anm. 1 mitgetheilt wurde, dafs nämlich auf einer tiefen Stufe der Erregbarkeit die Zuckungen durch ungleichartige Metallbögen nicht selten erst nach mehrmaliger Wiederholung der Reizung hervorzutreten sich bequemen.

Folgendes ist ein zierlicher und in seinem Erfolge überraschender Versuch. Wenn man einen Gastroknemius mit seinem Nervenstamme wie zum Tetanisiren zurichtet, und den Muskel auf die Lücke zwischen dem einen Zuleitungsbausche und dem Zwischenbausche, den Nerven auf diejenige zwischen dem letzteren und dem anderen Zuleitungsbausch auflegt, ein Unterbrechungsrad in den Kreis einschaltet, und dieses dreht, so geräth der Muskel in Tetanus. Ich erwähne diese Thatsache, welche auch vielleicht allein der Lehre vom Tetanisiren auf elektrischem Wege angehört (S. oben S. 35), erst an dieser Stelle, weil es doch wahrscheinlich ist, dafs auch die secundäre Zuckung dabei eine Rolle spielt. Man sollte nämlich meinen, dafs die Zuckung, welche durch Wiederherstellen des Stromes im Nerven geschieht, da sie bei geschlossenem Kreise stattfindet, eine secundäre Zuckung des primär zuckenden Muskels selber zur Folge haben müfste, etwa wie ein stromführender Leiter auf sich selbst den Extracurrent inducirend wirkt.

Es war nicht ohne Interesse, zu versuchen, ob sich die secundäre Zuckung von einem im gespannten Zustande befindlichen Muskel erhalten lassen würde. Wirklich ist dieses der Fall. Streckt man einen Gastroknemius in der bekannten Weise unbeweglich aus, legt den Nerven des stromprüfenden Schenkels demselben entlang, und tetanisirt jenen auf die gewöhnliche Art, so geniefst man das merkwürdige Schauspiel, dafs, während der unmittelbar erregte Muskel an sich selbst durch kein äufseres Anzeichen den inneren Molecularsturm verräth, der mit seinem Nerven eine Brücke zwischen Längs- und Querschnitt desselben schlagende stromprüfende Schenkel in den heftigsten unablässigen Zuckungen begriffen ist.

Dieser Versuch liefert zugleich einen schlagenderen Beweis, als alle bis jetzt von Matteucci gegebenen (S. oben S. 22), dafs die secundäre Zuckung nicht auf der mechanischen Erschütterung des stromprüfenden Nerven beruht. Von ähnlichen sich hier darbietenden Schlufsfolgen ist noch zu erwähnen, dafs die Kenntnifs, die wir von der Discontinuirlichkeit der Stromveränderung während des Tetanus gewonnen haben, uns, wenn es dessen noch bedürfte, vollends in Betreff des Verdachtes beruhigen kann, als möchte diese Veränderung von der Veränderung des Widerstandes irgend eines Kettentheiles statt von einer solchen der elektromotorischen Kraft herrühren. Denn da die Gestalt-, Lage- und etwaige Dichtigkeitsveränderung [1] des Muskels während der ganzen Dauer des Tetanus dieselben bleiben, so ist klar, dafs keine von ihnen den Grund der unterbrochenen Stromveränderung, wie sie sich uns jetzt kund gegeben hat, vernünftigerweise enthalten könne.

Hier verlassen wir für jetzt das Gebiet der secundären Zuckung vom Muskel aus, — denn wir werden später noch eine solche vom Nerven aus kennen lernen [2] — und wenden uns nunmehr der Lösung einer schon früher bezeichneten Aufgabe zu, nämlich die Gröfse der negativen Schwankung zu erforschen, welche der Muskelstrom im Augenblicke der Zusammenziehung erleidet.

---

§. V.

Von dem wahren Verhalten des Muskelstromes im Augenblicke der Zusammenziehung.

Ich habe, um die wichtige hier gestellte Frage zu beantworten, keine Mühe gespart, mufs aber doch gestehen, dafs es mir nicht gelungen ist, sie zu einer völligen thatsächlichen Entscheidung zu bringen.

[1] S. Eduard Weber, Artikel »Muskelbewegung« in Rud. Wagner's Handwörterbuch der Physiologie u. s. w. Bd. III. Abth. II. September 1846. S. 53.*

[2] S. unten, Kap. VII. §. VII.

Es ist deutlich, dafs hier überhaupt nur zwischen zweien Fällen durch den Versuch entschieden werden kann, ob nämlich blos Abnahme des Stromes, immerhin bis zur Abscissenaxe, stattfinde (Fig. 89 Taf. I. *A, B*), oder ob wirkliche Umkehr desselben, immerhin bis zur Geraden $-k = const.$, erfolge (Ebendas. *C, D.* Vergl. oben S. 91). Gelingt es, durch experimentelle Kunstgriffe, von dem zusammengezogenen Muskel verkehrte Stromesäufserungen zu erhalten, so ist die Frage zu Gunsten der letzteren Möglichkeit erledigt. Gelingt dies nicht, so bleibt sie schweben, obschon, je nach der Vollkommenheit des Verfahrens, mit gröfserer oder geringerer Wahrscheinlichkeit auf das Stattfinden des ersteren Falles wird geschlossen werden können. Schwerlich aber wird man je dazu gelangen, die Tiefe der Einbiegung in dem Mafse genau zu bestimmen, dafs man im ersten Falle z. B. sagen dürfe, sie reiche gerade bis zur Abscissenaxe (*B*), oder im zweiten, der verkehrte Strom im Augenblicke der Zusammenziehung habe gerade dieselbe Gröfse als der gesetzmäfsig gerichtete während der Ruhe (*D*). Man sieht nicht ab, wie jemals unsere Prüfungsmittel und Methoden den zu einer solchen Bestimmung hinreichenden Grad von Schärfe und Sicherheit sollten erreichen können.

Es würde voreilig sein, wollte man aus dem Umstande, dafs die Nadel beim Tetanus durch Strychnin (S. oben S. 55) nicht an die negative Hemmung geht, den Schlufs ziehen, dafs keine Stromumkehr stattfinde, weil nämlich diese Art des Tetanus nicht, wie der elektrische, discontinuirlich sei. Vielmehr werden wir, wie schon bemerkt, in der Folge sehen, dafs sowohl dieser Tetanus, als jeder andere, gleich dem elektrischen, wenn gleich nicht so entschieden, unterbrochener Art ist, wie es sich denn überhaupt als zweifelhaft herausstellen wird, ob es irgend eine kräftige und auf gleicher Höhe bleibende Muskelzusammenziehung ununterbrochener Art giebt.

Herrscht während des Augenblickes der Zusammenziehung die umgekehrte Strömungsrichtung in dem Kreise der Muskelkette, so müfste sie also dadurch sichtbar gemacht werden können, dafs die Kette nur allein während dieses Augenblickes geschlossen ist. Dies suchte ich anfangs so zu bewerkstelligen, dafs ich den Muskel auf dem Gipfel der Verkürzung sich selber die Kette schliefsen liefs. Es geschah mit Hülfe folgender Vorrichtung, welche die Herren Bötticher und Halske nach meiner Angabe fertigten.

Sie besteht wesentlich aus zwei Theilen; erstens der Wippe, an welcher der Muskel arbeiten soll, um die Kette rechtzeitig zu schliessen; zweitens dem Schraubstocke, welcher dazu dient, den Muskel so zu befestigen, dafs er einestheils einen Stützpunkt für seine Anstrengungen besitzt, anderentheils aber noch immer seinen Strom, wie gewöhnlich, an die Zuleitungsgefäfse abzugeben vermag.

Der Schraubstock ist aus Buchsbaum, seine Kiefern, von 15^{mm} Breite, haben parallelen Gang und sind mit Kork ausgelegt. Eine Messingsäule, welche in einer starken Hülse nach Belieben auf und nieder gestellt und hin und her gedreht, wie auch mittelst einer Klemmschraube in jeder Lage befestigt werden kann, trägt ihn, über einem hinreichend ausgedehnten und wohlgeebneten Brette, auf dem zugleich die Wippe und die Zuleitungsgefäfse, hier jedoch ohne ihre Bäusche, befindlich sind, für gewöhnlich in der Höhe des Randes dieser Gefäfse empor.

Der Muskel ist folgendermafsen vorzurichten. Vom Unterschenkel des Frosches wird alles Fleisch, bis auf den einzigen Gastroknemius, sehr sorgfältig entfernt. Dieser, welchem aufserdem sein Nervenstamm in voller Länge erhalten ist, hängt aber noch durch seine Bindegewebescheiden mit dem Unterschenkelknochen zusammen. Der Oberschenkelknochen ist dicht über der Anheftung des Gastroknemius durchschnitten, und gleichfalls von Muskelfleisch gesäubert. Um das Kniegelenk ist die Haut des Oberschenkels festgebunden. Die Achillessehne ist, unterhalb ihres knorpeligen Sesambeines, vom Fufse gelöst, dieser aber wieder mit seiner Haut bis zur Ferse bekleidet worden.

Der Unterschenkelknochen wird, mit sammt dem Kniegelenke, in den Schraubstock eingespannt. Auf der einen Seite hängen die Haut des Oberschenkels, auf der andern der Fufs herab, und können in die Zuleitungsgefäfse getaucht werden. Sind die Gefäfse mit dem Multiplicator in Verbindung gesetzt, so erhält man auf diese Weise also ganz einfach den aufsteigenden Strom des Gastroknemius, nur freilich etwas geschwächt durch die Nebenschliefsung, welche der Unterschenkelknochen bildet, und durch die Widerstände, welche mit der Haut des Oberschenkels und einer Strecke des Fufses in die Muskelkette eingeschaltet worden sind. Man sieht aber, dafs, bei dieser Befestigungsart, der Gastroknemius sich nunmehr nicht nur frei zusammenziehen und dabei noch fortdauernd seinen irgendwie veränderten Strom abgeben kann, wie dies in unseren früheren Anordnungen der Fall war, sondern er kann zugleich, weil er in dem eingespannten Kniegelenke einen festen Stützpunkt besitzt, nach Aufsen, ohne Beeinträchtigung jenes Zweckes, eine so grofse mechanische Gewalt ausüben, als er nur irgend vermag.

Diese dürfen wir nunmehr verwenden, um den besonderen Zweck des Versuches zu erreichen, was mit Hülfe der Wippe geschieht. Anstatt nämlich das eine Zuleitungsgefäfs unmittelbar mit dem Multiplicator zu verbinden, ist zwischen beide folgende Vorrichtung eingeschaltet worden.

Man denke sich einen Winkelhebel, mit einem unteren senkrechten und einem oberen fast wagerechten Arme, der mit langen stählernen Zapfen in Kernlöchern äufserst leicht beweglich läuft. Ein Gewicht, durch einen über eine Rolle gehenden Faden an seinem senkrechten Arme wirkend, hält diesen fortwährend gegen einen Anschlag. Das untere Ende des senkrechten Hebelarmes spielt, auch bei den gröfsten dem Hebel gestatteten Winkelbewegungen, stets in Quecksilber; es ist amalgamirt und nach der vom Anschlage abgewandten Richtung zweischneidig zugeschärft. Das freie Ende des wagerechten Armes des Winkelhebels ist nach unten gebogen, zugespitzt, amalgamirt und schwebt, wenn der senkrechte Arm desselben wider seinen Anschlag ruht, in einer gewissen Höhe über dem Spiegel eines zweiten Quecksilbergefäfses. Der Faden, durch welchen das Gewicht am senkrechten Hebelarme wirkt, verlängert sich jenseits desselben noch bis zum Schraubstocke. Hier ist er an der Achillessehne des Gastroknemius des eingespannten Unterschenkels befestigt, wozu der darin befindliche Sesamknorpel eine äufserst günstige Gelegenheit darbietet.

Man übersieht nun bereits leicht das Spiel der Vorrichtung. Zieht sich der Muskel zusammen, so hebt er das Gewicht, entfernt den senkrechten Arm des Winkelhebels vom Anschlage und macht die Spitze des wagerechten Armes desselben in das ihr entsprechende Quecksilbergefäfs eintauchen. Die beiden Quecksilbergefäfse sind durch Klemmschrauben beziehlich mit dem Multiplicator und dem einen Zuleitungsgefäfse in Verbindung. Die Kette wird also auf diese Weise, da das untere Ende des Hebels das Quecksilber nicht verläfst, durch die Zusammenziehung des Muskels selber geschlossen, indem der Strom seinen Weg von Quecksilbergefäfs zu Quecksilbergefäfs durch den Hebel selber nimmt.

Das Gewicht ist ein Messingeimer mit Vogeldunst gefüllt, und kann nach der Stärke des Muskels beliebig abgeändert werden. Es soll schwer genug sein, um den Muskel, sobald die Zusammenziehung aufgehört hat, wieder auszudehnen, den senkrechten Arm des Hebels gegen den Anschlag zu ziehen, und also die obere Spitze desselben aus dem Quecksilber herauszuheben. Der Winkel des Winkelhebels ist veränderlich, indem der obere schräge Arm desselben um die Axe drehbar ist, welche mit dem anderen unverrückbar zusammenhängt; eine Gegenmutter dient, ihn in beliebiger Stellung zu befestigen. Diese Anordnung war nothwendig, um die Vorrichtung verschieden langen Muskeln in der

Art anpassen zu können, dafs bei verschieden grofsen Ablenkungen des senkrechten Armes aus seiner Lage, entsprechend dem oberen Grenzwerthe der Zusammenziehung der verschieden langen Muskeln, die Spitze des Hebels doch immer gerade nur den Quecksilberspiegel in dem oberen Gefäfse erreiche. Dieser befindet sich in einer wagerechten Ebene mit dem Drehpunkte des Hebels, wodurch bewirkt wird, dafs die Spitze des letzteren, welche in einem aus dem Drehpunkte geschlagenen Kreise gebogen ist, stets senkrecht eintaucht. Ferner ist der obere Hebelarm in dem Verhältnisse von 3 : 1 länger, als der untere bis zum Angriffspunkte des Fadens. So durfte ich hoffen, dafs, bei einem gewissen den beiden Armen ertheilten Winkelabstande und einer bestimmten Muskellänge, die Kette durch das augenblickliche äufserst schnelle Eintippen der amalgamirten Spitze des Hebels nur einen Augenblick lang entsprechend dem oberen Grenzwerthe der Zusammenziehung geschlossen werden würde. Dieser Vorgang sollte oft genug und in hinreichend kurzen Zeiträumen wiederholt werden, damit sich der in diesem Augenblicke stattfindende elektromotorische Zustand des Muskels an der Multiplicatornadel aussprechen könnte.

Indessen wurden die Erwartungen, die ich von dieser Vorrichtung hegte, nicht erfüllt. Ich sah leider bald, dafs die Zusammenziehungen sich nicht mit hinlänglicher Gleichmäfsigkeit hervorbringen liefsen, um das Eintauchen der Spitze des Hebels in der Art, wie es erforderlich war, zu bewirken. Ich mochte noch so zarte Ströme anwenden, so glichen doch die nachfolgenden Zuckungen den ersten nicht an Ausdehnung; jetzt also erreichte die Spitze das Quecksilber nicht mehr, oder sie mufste umgekehrt zu Anfang so tief eintauchen, dafs während ihres Rückweges der Muskel schon annähernd im Zustande der Ruhe sich befand. Ferner mochte ich das Gewicht, welches die Spitze aus dem Quecksilber wieder herauszuheben bestimmt ist, noch so sehr vergröfsern, so lange der Muskel es noch zu bewegen im Stande war, war es auch nicht hinreichend, ihn plötzlich wieder auszudehnen, wenn man annehmen konnte, dafs die Nervenerregung durch den Strom vorüber sei, sondern die Spitze zuckte einige Augenblicke lang um den Quecksilberspiegel herauf und herunter. Genug, der unerwünschte Erfolg war und blieb, dafs der Muskel sich nicht selber die Kette immer rechtzeitig schlofs, das Gewicht sie nicht rechtzeitig öffnete, sondern stets viel zu lange geschlossen liefs; und so war das Ende immer ein mehr oder weniger kräftiger Ausschlag in dem gewöhnlichen Sinne des Muskelstromes. Dazu kam der Uebelstand, dafs nun alsbald Ladungen auf den Platinenden entwickelt wurden, deren Tilgung erst abgewartet werden mufste, ehe ein neuer Versuch begonnen werden konnte, worüber der Muskel leicht die bedeutende hier erforderliche Leistungsfähigkeit einbüfste.

Ich gab demnach diese Art des Versuches auf, wozu ich mich so williger verstand, als ich mittlerweile ein viel richtigeres Princip zur Entscheidung der Frage ersonnen zu haben glaubte. Es wurde mit Hülfe folgender Vorrichtung ins Werk gesetzt, welche die Herren Böttcher und Halske nach meiner Angabe verfertigt hatten. Auf eine (isolirende) Buchsbaumaxe, durch welche, Behufs des Drehens, ein mit einer Kurbel versehener, in zwei Lagern laufender Messingstab geht, sind zwei messingene Zackenräder, jedes von vier Zacken, von 140^{mm} Durchmesser aufgesetzt. Eine zwischen beiden befindliche Holzscheibe dient ihnen zur Stütze; das eine ist fest, gegen die Scheibe mit Holzschrauben angeschraubt; das andere, ist um den Buchsbaumcylinder drehbar, und kann so bis um 45° gegen das erste verstellt, an der Holzscheibe aber, deren Umfang mit einer hinreichend genauen Theilung versehen ist, an jeder beliebigen Stelle mittelst zweier Schraubenmuttern, deren Gewinde in kreisförmigen Einschnitten des Rades verlaufen, festgeklemmt werden. An den Hülsen, welche sich von den Rädern aus noch in einiger Länge über die Buchsbaumaxe ausdehnen, schleifen continuirlich Messingfedern, welche auf dem das Ganze tragenden Brette in Klemmen enden; die Zacken aber schlagen beim Drehen gegen andere, gleichfalls mit Klemmen verbundene Federn an.

In den Kreis der Grove'schen Kette der Inductionsvorrichtung wird das feste, in den Kreis der Muskelkette das bewegliche Zackenrad eingeschaltet. Dreht man jetzt die beide tragende gemeinschaftliche Messingaxe, so erleidet der Muskel eine nach Mafsgabe der Drehungsgeschwindigkeit mehr oder weniger dicht gedrängte Reihe von Zusammenziehungen. Für jedesmal aber, dafs er zuckt, wird auch, durch das andere Zackenrad, die Muskelkette geschlossen, und zwar kann, da es verstellbar ist, mit Hülfe desselben der elektromotorische Zustand des Muskels in jedem beliebigen Augenblicke während und nach der unmittelbaren Erregung durch den Inductionsschlag innerhalb einer gewissen Grenze der Zeit untersucht werden. Man sieht, dafs diese Vorrichtung von allen Fehlern der ersten vollkommen frei ist, da das Schliessen und Oeffnen der Muskelkette, statt dem Muskel selber übertragen zu sein, auf mechanischem Wege mit aller Sicherheit bewerkstelligt wird, und dafs sie aufserdem den Vortheil darbietet, nicht blos, wie jene, die Erforschung des Endpunktes der Zusammenziehung in elektromotorischem Bezuge, sondern die eines beliebig gelegenen Zeitaugenblickes zu gestatten.

Es wurde nun folgendermafsen verfahren. Dem Doppelrade ertheilte ich, theils nach dem 0.″4 - Schlage meiner Tiede'schen Duplexuhr, theils nach dem 2″ - Schlage des Modells einer Chronometerhemmung von Tiede, dessen Benutzung mir durch die Güte des Herrn Professor Dove verstattet war, stets eine und dieselbe gleichförmige Umdrehungsgeschwindigkeit. Zuerst stellte ich die Zackenräder gleich, dann verstellte ich sie gegeneinander um einen möglichst kleinen Bruchtheil, dann um einen gröfseren, u. s. f. Der Erfolg des Versuches war und blieb nichtig. Nie zeigte sich eine Spur von absteigender Strömungsrichtung. Das einzige Bemerkenswerthe, nach dem Vorigen leicht zu Gewärtigende und zu Deutende war, dafs die schwache aufsteigende Wirkung, die sich bei fortgesetztem Drehen kund gab, sich merklich verstärkte, wenn die Inductionsvorrichtung aufser Spiel gebracht wurde, und also der unterbrochene Strom des ruhenden Muskels, statt des zuckenden, die Nadel traf. Die Wirkung hatte indefs, auch bei tetanisirten Muskeln, von vorn herein dieselbe Stärke, wenn die Räder um einen etwas beträchtlichen Winkel gegen einander verstellt worden waren, indem alsdann die Stromesschwankung durch die Zusammenziehung bereits vorüber war, wenn erst die Muskelkette geschlossen wurde.

Dies sind die Versuche, die ich in Betreff der schwebenden Frage angestellt habe. Ihr Ergebnifs leidet an der Unsicherheit eines jeden negativen Erfolges. Es ist immer noch denkbar, dafs eine augenblickliche Umkehr der Strömungsrichtung die Muskelzusammenziehung begleite. Um dies mit völliger Entschiedenheit in Abrede stellen zu können, dazu würde eine noch viel gröfsere Verfeinerung der Beobachtungsmittel gehören, als die im Obigen in Anwendung gebrachte, und eine fast ins Unendliche gehende Vervielfältigung der Versuche. Es müfste das Doppelzackenrad durch ein kräftiges Uhrwerk in Bewegung gesetzt, beide Scheiben gegeneinander durch eine Mikrometerschraube verstellt, die Dauer der Berührung der zur Muskelkette gehörigen intermittirenden Feder gleichfalls mikrometrisch beherrscht werden können. Dies sind Erfordernisse, denen ich in diesem Augenblicke Genüge zu leisten aufser Stande bin, und ich verzichte somit vor der Hand auf die Lösung der Aufgabe auf dem hier eingeschlagenen Wege. Ich bevorworte jedoch, dafs man die Verhandlung über diesen Gegenstand deshalb nicht als geschlossen, sondern nur als vertagt anzusehen habe, in sofern wir in der Folge, von einem sehr verschiedenen und sehr erweiterten Standpunkte unserer Kenntnisse aus, darauf zurückzukommen Gelegenheit finden werden. Einstweilen sehen wir uns genöthigt, bei folgender Fassung des bisher aufgedeckten Thatbestandes stehen zu bleiben, welche auch die noch obwaltende Unsicherheit in Betreff eines wichtigen Punktes desselben nicht ausschliefst:

»Die Curve der elektromotorischen Kraft des Muskels, bezo-
»gen auf die Zeit, erleidet im Augenblicke der Zusammen-
»ziehung eine äufserst schnelle Schwankung im negativen
»Sinne, von welcher ungewifs ist, bis zu welcher Tiefe sie
»sich erstreckt, obschon es, nach den vorliegenden Thatsachen
»zu schliefsen, allerdings nicht wahrscheinlich ist, dafs sie
»unter die Abscissenaxe hinabreicht.«

Die Schwankung des Muskelstromes bei der Zusammenziehung ist die erste der Bewegungserscheinungen desselben (S. oben Bd. I. S. 681), welche uns bekannt wird. Die Erörterung der physiologischen Bedeutung, welche ihr in Bezug auf die Theorie der Muskelzusammenziehung möglicherweise zukommen kann, bleibt einem späteren Orte aufbehalten. [1] Hinsichtlich der Theorie des Muskelstromes selber kann ich jedoch nicht umhin, sogleich auf Folgendes aufmerksam zu machen.

Man erinnert sich, dafs wir im dritten Kapitel dieser Untersuchung zu der Einsicht gelangten, das Gesetz des Muskelstromes könne gleichmäfsig unter einer sehr grofsen Anzahl von Voraussetzungen in Betreff der Anordnung der ungleichartigen Gebilde im Muskel erklärt werden, welche aber alle in einem wesentlichen Punkte übereinkamen. Auseinander gingen diese Anordnungen darin, dafs es uns freistand, das ganze Muskelbündel, oder einen aliquoten Theil von beliebiger Gröfse bis zum Verschwinden seiner Mafse, und alsdann auch von beliebiger Gestalt, als Sitz und Träger der Ungleichartigkeiten anzusprechen, welche die Ursache des Muskelstromes sind; ihr Gemeinsames aber war dieses, dafs alle diese Theile, gleichviel bei welcher Gröfse und Beschaffenheit derselben man stehen bleiben wolle, ohne Ausnahme gedacht werden müfsten als versehen mit einer positiven Aequatorialzone und zwei negativen Polarzonen, und übrigens nach beliebig vielen Seiten hin noch als umgeben von einer Schicht unwirksamen feuchten Leiters. Dies war das Ergebnifs der rein physikalischen Zergliederung der Erscheinungen, die uns im Gesetze des Muskelstromes vorlagen; eine Entscheidung zwischen diesen verschiedenen, physikalisch bisher ganz gleichberechtigten Möglichkeiten konnte auf diesem Wege somit nicht erstrebt werden. Aber vom Standpunkte der Morphologie aus wufsten wir alsbald Betrachtungen anzustellen, welche dahin drängten, von den obigen Voraussetzungen vorzügsweise einer solchen die Hand zu reichen,

[1] S. unten, 4. Abschn.

welche den Sitz der Ungleichartigkeiten in Kräfteträger von verschwindenden Massen im Inneren der Muskelbündel verlegt, und ausserdem wurde bereits verkündet, dass wir in der Folge auf Thatsachen stossen würden, welche vernünftigerweise nur mit der auseinandergesetzten Moleculartheorie des Muskelstromes in Einklang zu bringen seien.

Eine solche Thatsache ist nun offenbar die blitzschnelle negative Schwankung des Muskelstromes bei der Zusammenziehung. Sie ist es schon dann, wenn man sich denkt, dass sie blos bis zur Abscissenaxe reiche, oder noch über derselben bleibe; sie wird es vollends, wenn man sich darunter eine augenblickliche Umkehr des Stromes vorstellt. Bleiben wir z. B. bei der Meinung stehen, die elektromotorische Wechselwirkung, auf welcher der Muskelstrom beruht, finde statt zwischen der Hülle des einfachen Muskelbündels und seinem Inhalte. Wie soll nun plötzlich, unter dem Einflusse des Nervensystemes, diese elektromotorische Wechselwirkung aufhören, oder gar wie soll plötzlich die Hülle sich negativ, der Inhalt positiv verhalten? Wie hat man es sich vorzustellen, dass diese Veränderung, so rasch als sie entstanden war, wieder aufgehoben werde? Und welchen Sinn vermag man, mit Hinblick auf das grosse Räthsel der Muskelzusammenziehung, einem solchen Vorgange unterzulegen?

Es leuchtet ein, dass die Schwierigkeiten, welche für eine solche Ansicht von der Sache entspringen, erst völlig verschwinden, wenn man bei dem entgegengesetzten Endpunkte der hier erkannten Reihe von Möglichkeiten angelangt ist, bei der Annahme nämlich peripolarelektromotorischer Molekeln im Inneren des einfachen Muskelbündels. Von einer zusammengesetzten Molekel kann man sich leicht denken, wie ein solches Spiel ihrer Bestandtheile untereinander oder im Vereine mit denen einer benachbarten stattfinden möge, dass sie mit Blitzesschnelle eine Anordnung annehmen können, bei welcher ihre Gesammtheit nicht mehr nach Aussen mit merklichen Kräften thätig ist, oder wobei die Richtung ihrer Wirksamkeit plötzlich die umgekehrte wird. Und es ist nicht schwer vorauszusehen, wie dieses Spiel kleinster Bestandtheile, indem es solchergestalt den Forderungen des elektromotorischen Verhaltens der Muskeln während der Zusammenziehung entspricht, zugleich so beschaffen sein könne, dass es, unter der Voraussetzung einer mechanischen Leistungsfähigkeit jener Theilchen, zur Erklärung der Muskelzusammenziehung in der Folge ein erspriessliches Hülfsmittel abzugeben geeignet sei.

Auf diese hinreichend verständliche Andeutung beschränken wir uns hier; der Zweck derselben war nur, dass dem Leser nicht entgehen möge, wie nunmehr, mit der Aufdeckung der Schwankung des Muskelstromes im Augenblicke der Zusammenziehung, die Erfüllung der Zusage ihren Anfang genommen hat, welche hinsichtlich der Beweise für die Unhaltbarkeit einer jeden anderen als einer Moleculartheorie des Stromes an der in Erwähnung gebrachten Stelle gegeben wurde.

---

§. VI.

Anhang.

Untersuchung des Einflusses einiger anderen Cohäsionsveränderungen auf den Muskelstrom.

Ich halte diesen Ort für den geeignetsten, um dem Leser eine gedrängte Mittheilung über eine Versuchsreihe zu machen, auf welche ich im Verfolg der Beobachtungen über den gedehnten Muskel (S. oben S. 65) geführt wurde, sie einige Zeit mit vielem Eifer und in der Hoffnung, wichtige Verhältnisse aufzudecken, fortgeführt, endlich aber in dem Drange anderer Fragen zur Seite liegen gelassen habe, da sie sich weniger ergiebig zeigte, als ihr Anfang versprach, und die damit verbundenen Schwierigkeiten es erfordert hätten, um zu weiterer Ueberwindung derselben sich angespornt zu fühlen.

1. Von dem Einflusse der Ausdehnung des Muskels auf die Stärke seines Stromes.

Ich glaubte bemerkt zu haben, indem ich die a. a. O. beschriebenen Versuche mit dem gedehnten Muskel am Multiplicator anstellte, dafs der Strom desselben überhaupt merklich schwächer sei als im Zustande der Erschlaffung. Dies konnte von mehreren Umständen abhängig sein. Erstens von der Vergröfserung des Widerstandes, welche die Anwendung der dreiseitig prismatischen Hülfsbäusche (S. oben S. 68) und die Kleinheit der durch die nach oben gekehrte Kante derselben dargebotenen Berührungsflächen mit sich bringen mochte. Ferner von der verschiedenen Lage dieser Berührungsstellen an dem natürlichen Längs- und Querschnitte des gedehnten und des ungedehnten Muskels. Endlich, und dieser Punkt war es natürlich, der meine Aufmerksamkeit rege machte, von dem Zustande der Ausdehnung selber, in welchem der Muskel sich befand.

Um auf einen Schlag und unzweifelhaft zwischen den ersteren und allen ähnlichen Deutungen und der letzteren zu entscheiden, war nichts weiter nöthig, als einen und denselben Muskel abwechselnd im gedehnten und im ungedehnten Zustande, diesen einzigen Umstand aber ausgenommen, unter völlig gleichen Verhältnissen auf seinen Strom zu untersuchen, und dabei vorzugsweise ein Augenmerk auf die etwa während des Vorganges der Streckung selbst eintretenden Veränderungen desselben gerichtet zu halten. Es handelte sich also darum, eine Anordnung zu ersinnen, bei welcher die Berührungsstellen zwischen den Bäuschen und dem Muskel während der Streckung vollkommen unverrückt und unverändert bleiben. Die einzige Art, diesen Zweck zu erreichen, bestand darin, die beiden Multiplicatorenden an die Knochenstücke jenseits der Elfenbeinplatten anzulegen, und dieselben dann gleichzeitig mit der Dehnung des Muskels von einander zu entfernen, mit seiner Erschlaffung einander zu nähern. Einige vorläufige, aus der Hand angestellte Versuche zeigten mir nun, dafs die obige Wahrnehmung wenigstens nicht allein auf der Anwendung der Hülfsbäusche und anderen dergleichen Verhältnissen beruht haben könnte, sondern dafs die Streckung des Muskels allem Anscheine nach wirklich mit einer Schwächung des davon entlehnten Muskelstromarmes verbunden sei. Um diesen Punkt mit Sicherheit und Bequemlichkeit weiter verfolgen zu können, bediente ich mich nachstehender Vorrichtung, die von den Herren Bötticher und Halske nach meiner Angabe ausgeführt worden war. [1]

Das 470^{mm} lange, 148^{mm} breite Brett, welches derselben zur Grundlage dient, hat in 273^{mm} seiner Länge 45^{mm} Stärke, in der übrigen Strecke derselben nur ungefähr die Hälfte. Hier ist es beiderseits mit nach oben und innen vorspringenden Leisten versehen, die es zu derselben Stärke ergänzen, welche der übrige Theil des Brettes hat; so dafs die obere Fläche eines zwischen den Leisten laufenden Brettes oder Schlittens von gleicher Höhe als sie selber in einer Ebene mit der Oberfläche des stärkeren Theiles des festen Brettes liegt. Eine der einen Leiste entlang gelegte Messingfeder sichert den Gang des Schlittens zwischen den Leisten, ein an dem freien Ende der oberen Fläche desselben befindlicher Knopf dient zu seiner Verschiebung, und eine seitlich die Leiste durchbohrende, gegen die Feder spielende Klemm-

[1] Sämmtliche in diesem Paragraphen beschriebene Vorrichtungen sind im Besitze des Königlichen Anatomischen Museums.

schraube zu seiner Feststellung an jedem beliebigen Ort. Da, wo beide Bretter in der Mitte aneinanderstofsen, tragen sie jedes zwei im Lichten 65^{mm} von einander abstehende Messingsäulen von 140^{mm} Höhe und 8^{mm} Durchmesser. An diesen gleiten, der gegenseitigen Begrenzung der Bretter parallel und senkrecht auf die Längenaxe der Vorrichtung, einander gegenüber zwei wagerechte Querbalken aus Messing auf und nieder, und können mittelst Klemmschrauben in jeder beliebigen Höhe festgestellt werden. In der Mitte der von einander abgewandten Flächen derselben ist ein Paar Elfenbeinplatten angebracht, welche denen der oben S. 67 beschriebenen kleineren Streckvorrichtung (Fig. 86. 87 Taf. I.) genau entsprechen; sie ragen 17^{mm} nach oben über den Rand der Balken fort.

Der Gebrauch der Vorrichtung ist leicht einzusehen. Der auszuspannende Muskel wird mit seinen Knochenstücken auf dieselbe Weise vorgerichtet und in die Schlitze der Elfenbeinplatten eingehängt, wie dies a. a. O. bereits gelehrt wurde, mit dem Unterschiede jedoch, dafs dort die Enden der Platten nach unten gekehrt waren, hier dieselben, wie bemerkt, nach oben vorspringen, was einige Bequemlichkeiten gewährt. Hinter einem jeden Querbalken kommt auf dem denselben tragenden Brette ein Zuleitungsgefäfs zu stehen. Die Bäusche werden dicht an die in der Höhlung der entsprechenden Platten liegenden Knochenstücke angedrängt. Wird nun der Schlitten in Bewegung gesetzt, so entfernen sich Elfenbeinplatten, Knochenstücke, Bäusche, Gefäfse u. s. w. gleichmäfsig und ohne gegenseitige Verrückung von einander; der Muskel selbst aber erfährt jeden beliebigen Grad der Spannung bis zur Zerreifsung.

Diese Vorrichtung ist es beiläufig, welche mir gedient hat, die bereits oben S. 76 beschriebenen Versuche über den Widerstand anzustellen, den ein tetanisirter Muskel im gespannten und ungespannten Zustande einem fremden, durch ihn hindurchgeleiteten Strome darbietet. Von den vier in Fig. 88 dargestellten Elfenbeinenden, zwischen denen die beiden Gastroknemien ausgespannt sind, gehören nämlich die beiden äufsersten der jetzt beschriebenen Vorrichtung an, deren Querbalken man im Durchschnitt sieht. Die beiden mittleren sind erwähntermafsen die der kleineren Streckvorrichtung; sie waren so dicht aneinandergedrängt und in dieser Lage unverrückbar festgestellt, als es die Dicke der Knochenstücke an den Kopfenden beider Muskeln mit sich brachte, die zwischen denselben begriffen war. Ferner war der kleinen Streckvorrichtung eine möglichst freie Bewegung ihrer Hülse um die Stange des allgemeinen Trägers gelassen, so dafs, wenn jetzt das bewegliche Brett der grofsen Streckvorrichtung von dem feststehenden entfernt wurde, die beiden mittleren Elfenbeinenden ganz leicht dem Zuge des einen Muskels folgten und denselben auf den anderen fortpflanzten, mithin eine gleichmäſsige Streckung beider Muskeln erzielt wurde.

Zu den Vorbereitungen zu den jetzt in Rede stehenden Versuchen gehört noch folgender Kunstgriff. Es würde zeitraubend, mühsam und nicht einmal zweckmäſsig sein, sämmtliches Muskelfleisch vom unteren Knochenstücke zu entfernen; die ohnehin leicht nachgebende Befestigung der Achillessehne an der Sohle möchte dadurch sehr an Haltbarkeit verlieren. Man findet aber, wie natürlich, daſs dieses Muskelfleisch, je nach der Stellung, die ihm beim Einrichten des Versuches vom Zufall angewiesen wird, bald in dieser, bald in jener Richtung elektromotorisch wirkt; so daſs die Wirkung des Gastroknemius selber dadurch bedeutend geschwächt oder vergröſsert erscheinen kann. Bei einer früheren Gelegenheit (S. oben S. 76), wo wir die Knochenstücke mit in den Kreis einführten, konnte uns dieses einestheils aus anderweiten Gründen gleichgültig sein, anderentheils wurden die Knochenstücke sehr bald durch die ätzende Wirkung der Flüssigkeiten, in welche sie sich getaucht fanden, ihrer elektromotorischen Kraft beraubt. Hier jedoch führt dieser Umstand eine sehr lästige Reihe von Störungen mit sich, und ich kam daher auf den Einfall, das dort durch die übrigen Bedingungen des Versuches zufällig ausgeübte Verfahren künstlich nachzuahmen, was mir auch folgendermaſsen vollständig gelang. Ich tauchte vor Beginn des Versuches das untere Knochenstück einige Minuten lang in eine etwa 55° warme gesättigte Kochsalzlösung, indem ich mich sorgfältig hütete, das Muskelfleisch des Gastroknemius selbst mit derselben in Berührung zu bringen. Die elektromotorische Kraft des Muskelfleisches wurde dadurch, worauf wir nachmals zurückkommen werden, so gut wie ganz zerstört, während die Haltbarkeit der Sehnen, weit entfernt, darunter zu leiden, vielmehr noch erhöht zu werden schien.

Es zeigt sich nun in der That, daſs in dem Augenblicke, wo man den Muskel ausdehnt, die Nadel durch den Nullpunkt in den negativen Quadranten übergeht; sie kehrt jedoch alsbald zurück und stellt sich unterhalb der ursprünglichen Ablenkung wieder ein. Läſst man dann mit der Spannung nach, so erfolgt ein Ausschlag im Sinne des Muskelstromes, und die übrigbleibende beständige Ablenkung ist gröſser, als sie es während des Gestrecktseins war; zieht man wieder an, so schlägt die Nadel wieder durch den Nullpunkt u. s. f. Ein Gastroknemius hält dieselbe z. B. auf 11°. Beim Ausdehnen erfolgen — 20° Ausschlag [1]

[1] Sämmtliche Winkel sind vom Nullpunkte ab gerechnet, so daſs — 20° Ausschlag von + 11° beständiger Ablenkung aus im Ganzen = 31° Ausschlag im Sinne der Ladungen sind.

im Sinne der Ladungen und die Nadel stellt sich wieder auf + 9°. Beim Nachlassen geht sie ausschlagsweise bis auf + 20°, und kommt endlich auf 10° zu stehen; nach und nach sinkt die Ablenkung auf 8°.5. Beim Spannen abermals — 20° Ausschlag, beständig + 7° u. s. f.

Derselbe Versuch glückt bei Anwendung des Verfahrens der Compensation. Dies wird hier folgendermafsen ins Werk gesetzt. Das Zuleitungsgefäfs auf der festen Hälfte der Streckvorrichtung, welche deshalb auch die bewegliche an Länge übertrifft (S. oben S. 130), wird von dem entsprechenden Knochenstück entfernt, und zwischen beide ein Zwischenbausch und ein zweiter Gastroknemius in der umgekehrten Richtung von der des ersteren eingeschaltet; er mufs gleichfalls mit Knochenstücken versehen, und mit Hülfe dieser in die kleine Streckvorrichtung in erschlafftem Zustande eingehängt sein. Wie auch die Einrichtung der Compensation gelinge, ob sie vollkommen sei, ob der Strom des auszuspannenden oder der des anderen Muskels überwiege, der Erfolg ist stets der nämliche und dem obigen am einzelnen Gastroknemius entsprechend. Das Ausspannen des Muskels bringt einen Ausschlag im Sinne des ruhig gelassenen hervor, das Nachlassen einen solchen im Sinne des ausgespannt gewesenen. Es versteht sich von selbst, dafs dabei die Wirkungen nicht so lebhaft sein können, wie bei Anwendung nur eines Muskels. Der Muskel, der ausgespannt werden sollte, fand sich z. B. um 10° schwächer als sein Widerpart. Im Augenblicke der Dehnung wächst diese Ablenkung bis auf 15°. Beim Nachlassen schlägt die Nadel bis auf — 4° durch. Nachdem dies zweimal beobachtet worden ist, werden die Muskeln verwechselt; der jetzt auszuspannende überwiegt mit 6°. Beim Spannen schlägt die Nadel durch bis auf — 20° und stellt sich auf + 4°.5 ein. Beim Nachlassen Ausschlag bis auf + 12° u. s. f. Auch hier läfst sich an die Stelle der Methode der Compensation, mit gleichem Erfolge, die Einschaltung eines sehr beträchtlichen Widerstandes in den Kreis der Kette setzen, wobei man sich der oben Bd. I. S. 707 empfohlenen Kunstgriffe zu bedienen hat.

Schliefslich ist zu bemerken, dafs die secundäre Zuckung vom unbeweglich ausgespannten Muskel aus (S. oben S. 119), obschon sie mit grofser Lebhaftigkeit erscheint, doch an Stärke hinter derjenigen zurückbleibt, die man vom erschlafften Muskel erhält. Dies ist nicht nur dann der Fall, wenn man erst den erschlafften, dann den gespannten Muskel auf die Stärke der secundären Zuckung prüft, die er zu erregen vermag, sondern auch dann, wenn man in umgekehrter Reihenfolge beobachtet, zum Zeichen, dafs die gröfsere Schwäche der Zuckung unter jenen Umständen wirklich durch den Zustand des Ausgespanntseins, nicht aber durch eine dauernde Beeinträchtigung bedingt sei, die der ursprünglich zuckende Muskel durch die Dehnung bereits an seiner Leistungsfähigkeit erlitten haben könnte.

Die Erörterung dieser Thatsachen wollen wir erst in der dritten Nummer dieses Paragraphen vornehmen, in Gemeinschaft mit derjenigen mehrerer ähnlichen Erscheinungen, zu deren Kenntnifsnahme wir demnächst übergehen.

2. Von dem Einflusse der Zusammendrückung des Muskels auf die Stärke seines Stromes.

Theoretische Vermuthungen, welche sich nur zum Theil bestätigt haben, machten in mir den Wunsch rege, auch die Wirkung der Zusammendrückung des Muskels auf die Stärke seines Stromes zu versuchen, und zwar lag es in dem Gange dieser Vermuthungen, dafs ich insbesondere darauf bedacht war, den Druck auf den Muskel in zwei verschiedenen Richtungen ausüben zu können: einmal senkrecht auf die Richtung der Muskelbündel, dann aber auch parallel der Axe derselben.

Es ist vielleicht nicht unnütz, daran zu erinnern, dafs in der Erwartung, bei diesen verschiedenen Richtungen des Druckes verschiedene Wirkungen zu beobachten, kein Verstofs gegen das hydrostatische Gesetz der gleichmäfsigen Verbreitung des Druckes nach allen Richtungen im Innern von Flüssigkeiten lag. Denn wenn gleich der Muskel als eine in ein System von elastischen Häuten eingeschlossene Flüssigkeitsmasse angesehen werden kann, so braucht es ihm deswegen noch keinesweges gleichgültig zu sein, ob seine Molekeln nach der Richtung, in welcher sie unter dem Einflusse des Nervenagens so besondere Eigenschaften entfalten, einander näher oder entfernter gebracht werden.

Einige vorläufige Versuche stellte ich folgendermafsen an. Gastroknemien wurden mit ihren Knochenstücken in der beschriebenen Weise zugerichtet, in Kautschukrohrenden gesteckt, wie sie zur Verbindung von Glasröhren üblich sind, und, als ob sie ausgespannt werden sollten, mit Hülfe der kleinen Streckvorrichtung mit den feuchten Multiplicatorenden in Berührung gebracht. Als ich nun dieselben zwischen die breiten Theile der Branchen gemeiner anatomischer Pinzetten, die zu diesem Behufe gefirnifst worden waren, fafste und in verschiedenen Richtungen quetschte, stellten sich lebhafte, wenn gleich, der Rohheit des angewandten Verfahrens entsprechend, unregelmäfsige Wirkungen der Stromvermehrung und -Verminderung ein, wodurch ich zum weiteren Verfolgen dieses Gegenstandes aufgefordert wurde.

Die Herren Bötticher und Halske fertigten mir nach meiner Angabe zuerst ein Muskelcompressorium senkrecht auf die Faser, sodann ein solches der Axe parallel. Die erste dieser Vorrichtungen herzustellen, war der ungleich leichtere Theil der Aufgabe. Folgende Anordnung zuvörderst ist beiden Compressorien gemeinschaftlich. In der Mitte der einen langen Seite des oben Bd. I. S. 214 beschriebenen Brettes, auf welchem für gewöhnlich die Zuleitungsgefäfse stehen, wird mittelst zweier Holzschrauben eine Messingplatte von 75^{mm} Länge und 20^{mm} Breite befestigt, welche an einem Schwanenhalse eine Hülse nebst Klemmschraube nach dem Mittelpunkte des Brettes zu emporträgt.

In der Hülse gleitet sodann, an dem Compressorium senkrecht auf die Faser eine Säule von 69^{mm} Länge und 7^{mm} Durchmesser senkrecht auf und nieder, und kann mittelst der Klemmschraube in jeder beliebigen Höhe eingestellt werden. Diese Säule trägt eine wagerechte Elfenbeinplatte von 50^{mm} Länge, 34^{mm} Breite und 8^{mm} Dicke, durchbohrt dieselbe und läuft oberhalb in einen 54^{mm} hohen, 9^{mm} dicken, gleichfalls cylindrischen Theil aus, der in seiner oberen Hälfte von einem senkrechten Schlitze durchbrochen ist, in welchem ein ungleicharmiger Hebel, mit seinem Drehpunkte 40^{mm} über der Elfenbeinplatte und in der die Platte der Länge nach halbirenden senkrechten Ebene spielt.

Der kürzere, über der Platte schwebende Arm des Hebels, von 37^{mm} Länge, trägt mittelst eines Scharnieres eine 40^{mm} breite, an der inneren Fläche ihrer Kiefern stark gezähnte Klemme nach Art der Blechklemmen an den Zuleitungsgefäfsen (Fig. 6. 12. Taf. I. 8. 9. 10. Taf. II. Bd. I.). Die Ebene der Klemme schneidet senkrecht die des Hebels. In der Gegend der Elfenbeinplatte, über welcher die Klemme, dem Spiel des Hebels folgend, sich hebt und senkt, sind, einander und der Klemme parallel und in 8^{mm} Abstand von einander, zwei Schlitze von 26^{mm} Länge durch die ganze Dicke der Platte angebracht. Ein 120^{mm} langer, 25^{mm} breiter Streifen von dünnem, aber sehr festem und wenig dehnbarem Kalbsleder ist mit seinen beiden Enden von unten her durch die Schlitze gesteckt und oberhalb der Platte in die Klemme eingespannt.

Der längere Hebelarm, welcher 65^{mm} mifst, endigt in einen Elfenbeingriff. Er bewegt sich auf und nieder an einem Kreisbogen, der an der Säule befestigt ist, und er kann an demselben mittelst einer Klemmschraube unter jedem beliebigen Winkel gegen die Säule unverrückbar eingestellt werden, welchen einerseits die Länge des Schlitzes in derselben, worin der Drehpunkt des Hebels liegt, andererseits diejenige des Lederstreifens gestattet.

Man begreift nun leicht, dafs ein in der Schlinge, welche der Lederstreifen unterhalb der Platte bildet, gefangener walzenförmiger Körper, also z. B. ein Gastroknemius vom Frosche, durch Niederdrücken des längeren Hebelarmes sehr bequem, allmählig, ohne Erschütterung und, vermöge der Klemmschraube am Kreisbogen, auch dauernd einem beträchtlichen Drucke senkrecht auf seine Axe ausgesetzt werden kann. Die Länge des die Klemme tragenden Hebelarmes und des Lederstreifens sind dabei so gewählt, dafs, wenn der letztere seine gröfste Spannung erreicht hat, die Ebene der Klemme oder der Kraft gerade mit der senkrechten Ebene zusammenfällt, welche den Abstand zwischen beiden Schlitzen halbirt. Die Elfenbeinplatte ist mit einer Lösung von Copalharz in Aether gefirnifst; der Lederstreifen mit Knochenfett schwach angerieben.

Beim Gebrauch wird die Vorrichtung so angeordnet, dafs die Klemme, die Schlitze u. s. w. der langen Seite des Brettes parallel zu liegen kommen; beiderseits von den langen Seiten der Elfenbeinplatte werden die Zuleitungsgefäfse aufgestellt, deren Bäusche von derselben überragt werden, und an den Mündungen des durch die untere Wand der Platte und den Lederstreifen gebildeten Compressionsrohres gegen die hervorstehenden Enden des Muskels angedrückt sind. Es ist überflüssig, hier Knochenstücke stehen zu lassen; dagegen wird es, bei längerer Dauer des Versuches, begreiflich wieder nothwendig, sich der Eiweifshäutchen zu bedienen, welche bei mehreren vorhergehenden Versuchsweisen durch die Knochenstücke entbehrlich gemacht waren.

Ueber die Wirkung der Zusammendrückung auf den Muskel selbst ist zunächst folgendes zu sagen. Zu beiden Enden des Compressionsrohres quillt ein Theil des Muskelfleisches in äufserster Spannung, bei wachsendem Drucke bis zur Zerreifsung, hervor. Das Rohr fühlt sich dabei, wie natürlich, ganz hart und fest an. Nach einiger Zeit findet man das Innere desselben mit eben der Flüssigkeit benetzt, welche durch Dehnen aus dem Muskel ausgetrieben werden kann (S. oben S. 69). Wenige Stunden Aufenthalt in dem Rohre reichen hin, um denselben reactionslos und todtenstarr zu machen, wie denn bereits Fontana gefunden haben will, dafs Herzen kaltblütiger Thiere, ja eine geköpfte Viper in dem Recipienten der Compressionspumpe schnell ihre Reizbarkeit einbüfsten.[1] Der starre Muskel zeigt die Form, zu welcher der elastisch reagirende schliefslich zusammengeprefst wurde; der mikroskopische Befund bietet nichts auffallendes dar.

Da das Ergebnifs der Versuche, welche mit dem senkrecht auf die Richtung der Faser zusammengedrückten Muskel in Bezug auf seine elektromotorischen Wirkungen angestellt wurden, sich nur wenig von

[1] Ricerche filosofiche sopra la Fisica animale. In Firenze 1775. 4°. t. I. p. 64. 65.* — S. oben S. 70. 71.

demjenigen unterscheidet, welches an dem der Axe parallel zusammengedrückten in derselben Beziehung sich herausstellte, so soll die Mittheilung desselben erst gleichzeitig mit der des letzteren statt finden.

Das Wesentliche an dem Compressorium der Faser parallel besteht darin, dafs dem Muskel darin Freiheit gegeben ist, sich nach den Seiten auszudehnen und die Gestalt des zusammengezogenen Muskels anzunehmen, während er durch einen in der Richtung seiner Fasern angebrachten Druck gewaltsam verkürzt wird. Um die Einsicht in die etwas verwickelte Vorrichtung, mit deren Hülfe dieser Zweck erreicht ward, zu erleichtern, will ich zuvörderst die Art und Weise beschreiben, wie dieselbe angefertigt wurde.

Ein Bohr wurde so zugerichtet, dafs die damit gebohrten Löcher an ihrem Grunde denselben Längendurchschnitt darboten, als das obere Ende der vorderen Fläche eines Gastroknemius vom Frosche. Mit diesem Bohre ward ein Loch von einigen 30^{mm} Tiefe und 9^{mm} Durchmesser in der Axe eines cylindrischen Elfenbeinklotzes gebohrt. Liefs man den Gastroknemius eines starken Frosches, das obere Ende voran, auf den Grund des Loches gleiten, so füllte er dasselbe, wie man leicht begreift, nur unvollständig aus; es blieben nämlich, der vorderen Fläche des Muskels entsprechend, ein Cylinderabschnitt, und der Ausbreitung der Achillessehne entsprechend, ein mit dem ersteren zusammenhängender Raum von schwer zu beschreibender Gestalt unausgefüllt übrig. Jetzt ward das Elfenbein der vorderen Fläche des Muskels parallel so lange abgetragen, bis die Feile diese Fläche fast erreichte. Der übriggebliebene Halbcanal wurde mit einer Elfenbeinplatte verschlossen, das untere Ende des Muskels gegen dieselbe angedrückt, und die der Ausbreitung der Achillessehne entsprechende Leere mit Gyps ausgegossen. Das solchergestalt gewonnene Gypsmodell diente dazu, dem einen Ende eines mit dem Halbcanal einerlei Querschnitt darbietenden und leicht in demselben verschiebbaren Elfenbeinstempels eine solche (concave) Gestalt zu ertheilen, dafs dasselbe, wenn es gegen den im Grunde der Höhlung befindlichen Gastroknemius angedrückt wurde, sich seiner (convexen) Gestalt so gut wie nur immer möglich anschlofs. Ward nun dem dem Muskelkopfe entsprechenden Ende der den Halbcanal nach unten begrenzenden Platte Spiel zur Drehung um eine quere Axe gelassen, und der Stempel noch tiefer in die Höhlung getrieben, so schwoll der Muskel annähernd zu der Gestalt an, die er bei der Zusammenziehung anzunehmen pflegt, und drängte die Platte von den Rändern des Halbcanales fort. Aus dem Bau des Gastroknemius, wie er in Fig. 33 Taf. IV. Bd. I. erläutert worden ist, geht hervor, dafs der Druck dabei in der That in der Richtung der Fasern ausgeübt wurde.

Man sieht, dafs es nur noch darauf ankam, diese Anfänge in eine bequeme mechanische Vorrichtung zu verwandeln, und den Muskel während der Zusammendrückung den Bäuschen zugänglich zu machen.

Die Art und Weise, wie dieses geschah, hier im Einzelnen auseinander zu setzen, möchte ohne eine grofse Anzahl von Abbildungen kaum thunlich sein und sich überhaupt nicht der Mühe verlohnen. Es genüge die Bemerkung, dafs das Ganze, die Axe des Muskels wie gewöhnlich in wagerechter Richtung, die Deckplatte des Halbcanales nach unten gekehrt, auf einer ähnlichen Säule in derselben Hülse aufgestellt wurde, wie das Compressorium senkrecht auf die Faser (S. oben S. 135); dafs abermals einem, an einem Kreisbogen spielenden, mittelst einer Klemmschraube daran feststellbaren Hebel die Ausübung des Druckes durch Führung des Stempels übertragen wurde; während von unten her eine angemessen starke Feder aus geschlagenem Messing das Amt übernahm, die Deckplatte so gegen den gewaltsam verkürzten Muskel anzudrücken, dafs er sich zwar noch seitlich ausdehnen konnte, jedoch nach Aufhebung des Druckes wieder auf seine ursprüngliche Gestalt zurückgeführt ward. Ein Schlitz an dem Ende der Platte, welches dem Schwanze des Muskels entsprach, gab Gelegenheit, hier die Achillessehne, wenn es sein sollte, mit einem Knochenstücke versehen, aus dem Compressionsrohr heraushängen zu lassen, und zu demselben Zwecke wurde an dem Ende des Klotzes, wo sich der Muskelkopf befand und den Grund des ursprünglich cylindrischen, jetzt in einen Halbcanal verwandelten Loches ausfüllte, das Elfenbein so lange abgetragen, bis durch eine kleine hufeisenförmige Oeffnung, welche nach unten unmittelbar in den Halbcanal überging, der Kopf des Gastroknemius zum Vorschein kam. Hier hing das obere Knochenstück heraus, und so konnten die beiden Zuleitungsbäusche, zu beiden Enden des Compressionsrohres aufgestellt, leicht den aufsteigenden Strom des Muskels, auch während seiner Zusammendrückung, in Empfang nehmen.

Die Wirkung der Zusammendrückung auf den Muskel ist hier dieselbe wie für das Compressorium senkrecht auf die Faser (S. oben S. 136); er giebt Flüssigkeit von sich, wird früher als ein freiliegender zuckungsunfähig und todtenstarr, der mikroskopische Befund bietet nichts auffallendes dar.

Ich theile jetzt die Ergebnisse der Versuche betreffend den Einflufs der Zusammendrückung sowohl senkrecht auf die Faser als auch parallel derselben auf den Muskelstrom mit.

In beiden Fällen ist das häufigste, dafs man den Strom abnehmen sieht.

Im Compressorium senkrecht auf die Faser hält z. B. ein Muskel die Nadel auf 13° beständiger Ablenkung. Zusammendrücken — 7°.5

Ausschlag, beständig + 8°.5. Nachlassen Ausschlag auf + 17°.7, beständig 10°. Nachher bei abermaligem Zusammendrücken Ausschlag von + 8° auf — 13°. Nachlassen beständig + 6°. Zusammendrücken — 16°.5 Ausschlag u. s. w.

Im Compressorium der Faser parallel sind die Wirkungen minder ausgesprochen. Ein Gastroknemius giebt z. B. beständig 13°. Zusammendrücken 10° Ausschlag, beständig 11°. Nachlassen bringt keine merkliche Zunahme hervor. Zusammendrücken 5° Ausschlag, beständig 7°.5. Nachlassen 9° Ausschlag, beständig 8°.5. Zusammendrücken 0°.5 Ausschlag u. s. w.

Die Versuche glücken ebenso gut mit Anwendung des Verfahrens der Entgegensetzung, gleichviel auf welchen Muskel, ob auf den stärkeren oder ob auf den schwächeren, man die verändernde Bedingung einwirken lasse.

Ich weifs nicht mit Bestimmtheit zu sagen, worauf der Umstand beruht, der schon aus den angeführten Versuchsreihen erhellt und öfter von mir beobachtet wurde, dafs die Wirkung der Zusammendrückung mit der öfteren Wiederholung derselben bis zu einer gewissen Grenze steigt. Man könnte geneigt sein, da es sich um eine negative Schwankung handelt, an ein Wachsen der Ladungen bei längerer Dauer des Versuches zu denken. Dies erscheint jedoch unhaltbar, da ja im Gegentheil während der Zusammendrückung ein Theil der Ladungen immer wieder in Freiheit gesetzt wird. Eine andere Deutung der Erscheinung die ich für wahrscheinlicher halte, wird sich uns, freilich in Gestalt einer etwas unbestimmten Analogie, in der Folge darbieten.

Nicht minder auffallend ist es, dafs man häufig, statt der Verminderung der Stromgröfse, eine eben so beträchtliche Vermehrung derselben als Wirkung der Zusammendrückung wahrnimmt. Man erinnert sich, dafs dies bereits bei den vorläufigen Versuchen der Fall war, die oben zur Prüfung der etwaigen Ergiebigkeit dieser Versuchsweise mit einem Kautschukrohr und Pinzetten angestellt wurden. Die Unregelmäfsigkeit der Ergebnisse ward damals der Rohheit des angewandten Verfahrens zugeschrieben. Ich hoffte, durch Herstellung der beiden in der Richtung ihres Druckes auf einander senkrechten Compressorien ein Mittel zur Sonderung jener beiden Wirkungen der Vermehrung und Verminderung der Stromgröfse gewonnen zu haben. Der Erfolg lehrte jedoch, dafs sowohl in der einen als in der anderen dieser Vorrichtungen aus unbekannten Ursachen bald die eine, bald die andere Wirkung die Folge der Zusammendrückung sein könne. Zwar schien es mir, als ob die Stromvermehrung häufiger in dem Compressorium der Faser parallel, als in dem senkrecht auf die Faser wahrgenommen würde.

Hieraus darf aber nicht geschlossen werden, dafs diese Wirkung vielleicht allein von der Zusammendrückung der Axe parallel, die der Verminderung allein derjenigen senkrecht auf dieselbe zuzuschreiben sei, wie dies meine ursprüngliche, auf einer fehlgeschlagenen Hypothese beruhende Vermuthung war: in der Weise nämlich, dafs durch Unvollkommenheiten in den Vorrichtungen, Unterschiede in der Lage der Muskeln u. d. m. in dem einen Compressorium sich zufällig einmal die Wirkung des anderen, und umgekehrt, erzeugte. Denn ich habe nicht nur allemal, dafs ich Stromvermehrung in einem der beiden Compressorien beobachtet habe, bei unveränderter Lage des Muskels und unverrückter Stellung aller übrigen Theile der Vorrichtung, plötzlich ohne irgend einen Grund bei abermaliger Zusammendrückung Stromverminderung wahrgenommen, die sich später wieder in Stromvermehrung verwandelte u. s. f.; sondern ich habe auch einmal den vermehrten Strom eines zusammengedrückten Muskels sich allmählig bis unter die Gröfse des Stromes des ruhenden Muskels vermindern, und beim Nachlassen des Druckes sich alsdann wieder vermehren gesehen. Ich gebe einige Beispiele.

Compressorium senkrecht auf die Faser. — Zwei Unterschenkelstrecker einander entgegenwirkend. Der freiliegende wiegt vor mit 4°.5. Bei der Zusammendrückung Durchschlagen durch den Nullpunkt bis auf — 5°; die beständige Wirkung fällt jedoch auf die Seite des freiliegenden mit + 9° Ablenkung. Nachlassen bringt einen Ausschlag nach dem Nullpunkte hin bis auf + 6° hervor. Wird jetzt zusammengedrückt, + 15° Ausschlag; also Abnahme des Stromes des zusammengedrückten Muskels. Nachdem die Muskeln verwechselt worden sind, findet abermals zuerst Stromvermehrung bei der Zusammendrükkung statt, welche noch zweimal mit Verminderung abwechselt.

Compressorium der Faser parallel. — Ein Gastroknemius hält die Nadel beständig auf 11°. Druck 7°.5 Ausschlag. Nach dem Nachlassen beständig 7°. Druck bringt einen Ausschlag auf 12° hervor, beständig 8°.5. Nachlassen Ausschlag auf 5° nach dem Nullpunkte hin. Druck Ausschlag auf 10° u. s. w.

Schliefslich ist zu erwähnen, dafs in beiden Compressorien befindliche Muskeln, tetanisirt, eine lebhafte Abnahme ihres Stromes zeigen, genau als ob sie sich hätten frei zusammenziehen können.

3. Erörterung der vorigen Ergebnisse.

Da in der Streckvorrichtung sowohl als in den beiden Compressorien die Versuche ebensogut mit Anwendung des Verfahrens der Entgegensetzung glücken, und zwar gleichviel, ob es der stärkere oder

der schwächere Muskel ist, der die Einwirkung erleidet, so kann nicht die Rede davon sein, den Erfolg derselben von einer Veränderung des Widerstandes an den Berührungsstellen der Muskeln und der Bäusche herleiten zu wollen.

Ebensowenig ist, für die beiden Compressorien, an eine Veränderung der Widerstände im Muskel, wie sie allenfalls durch die geringe Formveränderung desselben bedingt sein mag, als Grund der Erscheinung zu denken. Denn dieser Deutungsweise widersetzt sich mit Entschiedenheit der Umstand, dafs man, unter völlig gleichen Bedingungen, die entgegengesetzten Wirkungen, Stromvermehrung und Abnahme desselben, eintreten, ja die eine dieser Wirkungen in die andere ohne alle äufsere Veranlassung überschlagen und später einmal wieder die Oberhand gewinnen sieht. Auch bleibt, in dem Compressorium der Faser parallel, jede Wirkung aus, wenn der Muskel für das Compressionsrohr zu klein gewählt worden ist, so dafs er beim Eintreiben des Stempels in dasselbe keine Zusammendrückung erfährt, obschon alsdann seine Gestaltveränderung keine viel geringere sein kann, als in dem Falle, wo er wirklich einen Druck erleidet. Endlich würde, bei dieser Ansicht von der Sache, das Wachsen der Wirkungen bei mehrmaliger Wiederholung des Versuches (S. oben S. 139) offenbar ganz unerklärt bleiben.

Minder leicht zu heben ist aber das ausgesprochene Bedenken in Betreff der grofsen Streckvorrichtung. Man könnte sich in der That leicht vorstellen, dafs die die Dehnung des Muskels begleitende Stromabnahme von der Zunahme desselben an Länge, seiner Abnahme an Querschnitt dabei herrühre. Zwar nicht unmittelbar, insofern dadurch der Widerstand des Kreises vergröfsert wird, welche Deutung durch die Methode der Compensation, durch die Betrachtung der Gröfse der negativen Ausschläge, durch die ganze Lehre vom Zustandekommen des Muskelstromes unmöglich gemacht ist: sondern durch die Veränderung der Ableitungsbedingungen des Gesammtstromes von den unzähligen unendlich vielen Molecularströmen, die sich im Inneren des Muskels, zu einer Resultante zusammengesetzt, nach den Erörterungen des dritten Kapitels, bewegen. Dort haben wir diesem Versuche, wenn seinem Erfolge eine Veränderung der elektromotorischen Kräfte des Muskels untergelegt werden soll, allerdings gleichsam den Boden unter den Füfsen fortgezogen (S. oben Bd. I. S. 727), indem wir zeigten, dafs die Methode der Compensation wegen des ungleichen Eingehens der Mafse und der Leitungsgüte jedes Muskels in die Ausdrücke für seinen eigenen Strom und für den des anderen, schwerlich im Stande sei, eine Veränderung dieser Elemente der Stromstärke zu eliminiren.

Mit Hinblick indeſs auf das Ergebniſs der Zusammendrückung in den beiden Muskelcompressorien, welches von dieser Zweideutigkeit frei ist, ferner auf die unverhältniſsmäſsige Gröſse der Wirkungen in der Streckvorrichtung, welche mit der möglichen Veränderung der Widerstände nicht übereinzustimmen scheint, glaube ich, daſs man, obschon es sich nicht streng darthun läſst, die Unabhängigkeit wenigstens eines Theiles der beobachteten Stromabnahme von der Gestaltveränderung des Muskels getrost annehmen darf.

Was nun, unter dieser Voraussetzung, die Bedeutung der vorliegenden Ergebnisse betrifft, so ist allerdings wenig zu sagen. Eine erste Bemerkung ist diese, daſs die beobachtete Stromveränderung der Gröſse nach in keiner Weise mit der beim Tetanisiren in Vergleich zu bringen ist; denn die Ruhe eines stromprüfenden Froschschenkels, dessen Nerv einem gedehnten Muskel entlang gelegt ist, so lange dieser nicht tetanisirt wird (S. oben S. 119. 133), beweist, daſs wir es mit einer stetigen Stromveränderung zu thun haben, und so ist es deutlich, daſs es die Curve $k_{I}\ k_{II}$ in der Fig. 89 Taf. I. ist, welche den Gang der Stromstärke in diesen Versuchen ausdrückt, während, wie man sich entsinnt, die kammförmige $k_{I}\ k_{III}$ den Verlauf derselben beim Tetanisiren bezeichnet (S. oben S. 91). Erwägt man, daſs aus allen drei Vorrichtungen der Muskel nach einer gewissen viel kürzeren Frist reactionslos und todtenstarr hervorgeht, als wenn er auſserhalb derselben sich ruhig überlassen worden wäre, daſs also sein Aufenthalt darin eine stetige Inanspruchnahme seiner eigenthümlichen Kräfte mit sich zu bringen scheint, so kann man sich geneigt fühlen, den Schlüssel zu jenen Stromveränderungen in diesem gemeinsamen Umstande, mit Hinblick auf die Stromesschwankung beim Tetanisiren, zu suchen; obschon die bei den Compressorien auch vorkommende Stromzunahme dieser Deutungsweise nicht zu verkennende Schwierigkeiten in den Weg legt.

Schliesslich mache ich darauf aufmerksam, daſs, in der hier beschriebenen Reihe von Phaenomenen, eine zweite Gattung von Bewegungserscheinungen des Muskelstromes vorliegt (S. oben S. 127), welche, wenn ihr auch die groſse Geschwindigkeit der negativen Schwankung bei der Zusammenziehung nicht mehr zukommt, doch schwerlich mit einer anderen Vorstellungsweise von dem inneren Baue der thierischen Erreger in Einklang zu bringen sein möchte, als mit der hinsichtlich desselben aufgestellten Hypothese passend angeordneter, leicht durch einander verschiebbarer, in sich selbst beweglicher elektromotorischer Molekeln.

Fünftes Kapitel.

Von dem Einflusse verschiedener Umstände auf den Muskelstrom.

§. I.

Von dem Gesetze der Abnahme und der natürlichen Grenze des Muskelstromes nach dem Tode.

Ehe wir untersuchen, wie sich der Muskelstrom den mannigfachen physikalischen und chemischen Bedingungen gegenüber verhält, denen wir die Muskeln im Versuch aussetzen können, scheint es nothwendig, uns zuerst nach dem natürlichen Gange zu erkundigen, den die elektromotorische Wirksamkeit der sich selbst überlassenen thierischen Erreger nach dem Tode oder nach der Trennung vom Gesammtorganismus nimmt. Vernehmen wir zuvörderst, was bereits Matteucci über diesen Punkt Bemerkenswerthes mitgetheilt haben mag.

1. Matteucci's Erfahrungen über Dauer und Abnahme des Frosch- und Muskelstromes.

Im *Essai* etc. p. 79. 82* sagt Matteucci, nachdem er den im ersten Kapitel dieser Untersuchung (S. oben Bd. I. S. 465) geschilderten Kreis von Erscheinungen beim Auflegen des Frosches, Schliessen an seiner Stelle mit einem unwirksamen feuchten Leiter, Wiederauflegen u. s. f. dargestellt hat, dass er Frösche fünf bis sechs Stunden, ja sogar einen Tag lang in Wasser aufbewahrt, und stets, wenn gleich immer schwächer werdende Wirkungen von denselben erhalten habe.

Später berichtet er, dass die Abnahme des Stromes in den ersten acht bis zehn Minuten so bedeutend sei, dass der Ausschlag nach dieser Zeit nur noch halb so grofs erscheine als in den ersten Augenblicken nach der Zurichtung; daher man auch bereits nach 15—20 Minuten nur noch schwer die Zuckung ohne Metalle beobachte; und dafs eine Säule aus sechs Galvani'schen Präparaten, welche ursprünglich 16° Ausschlag gab, nach einer halben Stunde nur noch 6° und nach 24 Stunden nur noch 2—3° gegeben habe. Werden seit langer Zeit zugerichtete Frösche mit verdünnter Kochsalzlösung angefeuchtet, so erhält man eine kaum bemerkbare Vergröfserung ihres Stromes.[1]

Diese Angaben Matteucci's beziehen sich, dem durch alle seine Arbeiten bis auf die neueste Zeit sich hindurchrankenden Grundirrthume gemäfs, auf seinen vermeintlichen Froschstrom, der, von allen thierischen Gebilden einzig dem Unterschenkel des Wasserfrosches zukommen soll (S. oben Bd. I. S. 538); folgende hingegen auf den Muskelstrom, den alle Thiere, unter ihnen der Frosch noch obenein, besitzen. Matteucci fand, dafs die Dauer dieses Stromes um so kleiner sei, je höher die Thiere auf der Rangleiter der organischen Wesen ständen.[2] Bereite man drei Säulen aus gleichviel Gliedern, die eine aus Kaninchenmuskeln, die andere aus solchen von der Taube, die dritte aus halben Froschoberschenkeln, und prüfe dieselben möglichst schnell hintereinander auf die Stärke ihres Stromes, indem man bald mit der einen, bald mit der anderen den Anfang mache, so zeige sich, dafs die Kaninchenmuskelsäule die geringsten, die Tauben- und Froschmuskelsäule ansteigend gröfsere Werthe gäben. Folgendes sind die von mir zur Tabelle zusammengestellten Zahlen eines Matteucci'schen Versuches an drei solchen achtgliederigen Säulen.

Zeit von der Zurichtung ab.		Kaninchen.	Taube.	Frosch.
0^h	0'	8°	14°	22°
0	15	4	10	16
1	0	0	2—3	8—10
24	0	0	0	2—3

[1] Archives de l'Électricité. Novembre 1842. t. II. p. 436.* — Annales de Chimie et de Physique. 3. Série. t. VI. p. 319. 320.* — Traité etc. p. 100.*

[2] Archives de l'Électricité. Ibid. p. 449. 628.* — Annales de Chimie et de Physique. Ibid. p. 334. 338.*

Eine Säule aus Stücken Aal sei noch länger wirksam, als eine solche aus halben Froschoberschenkeln. [1]

Matteucci pflegt dem Satze, daſs die Dauer des Stromes um so gröſser werde, je tiefer man auf der Rangleiter der organischen Wesen hinabsteige, noch den anderen von gröſserer Wichtigkeit zuzugesellen, daſs die ursprüngliche Kraft des Stromes im lebenden Thiere das umgekehrte Gesetz befolge. Was die Anwesenheit des Stromes überhaupt im lebenden Thiere betrifft, die Matteucci fortwährend im Munde führt, sie aber nirgends gehörig erweist, so wird nachmals davon die Rede sein. [2] Anlangend seine ursprüngliche Kraft in den ersten Augenblikken nach der Zurichtung sind nun allerdings Gründe vorhanden, welche es von vorn herein wahrscheinlich erscheinen lassen, daſs ein, dem von Matteucci ausgesprochenen ähnliches Gesetz wirklich Geltung habe. Handelt es sich aber um den thatsächlichen Nachweis dieser Behauptung, so kann man sich nicht verhehlen, welche unermeſsliche Schwierigkeiten sich demselben entgegensetzen dürften. Wenn man sich erinnert, welchen Aufwand an Kunstgriffen aller Art uns die Entscheidung der allem Anscheine nach doch so einfachen Frage gekostet hat, ob der Unterschied zwischen den Stromstärken zweier Muskeln von verschiedenem Querschnitte vom Oberschenkel eines und desselben Frosches herrühre von eben dieser Verschiedenheit oder von einer solchen in den elektromotorischen Kräften beider (S. oben Bd. I. S. 703): so wird man mit Recht begierig, zu erfahren, wie Matteucci es wohl angefangen habe, sich Stücke Muskelfleisches von gleicher Länge, gleichem Querschnitte, gleicher Gestalt desselben, gleicher Frische, gleichem Zustande ihrer Querschnitte, von verhältniſsmäſsig gleicher Ausbildung ihrer Kraft von so verschiedenen Thieren zu verschaffen, nicht zu gedenken der ihm unbekannten Rücksicht auf die gleiche Spannweite des ableitenden Bogens; und wie er alles dieses mit seinen acht-, zehn- und mehrgliederigen Säulen habe zu Stande bringen können, wenn schon ein kleiner Theil davon für nur zwei Muskeln ganz unausführbar erscheint.

Der Leser täuscht sich nicht, wenn er bereits vermuthet, daſs Matteucci sich mit dem Zerhauen des unentwirrbaren Knotens dieser Schwierigkeiten begnügt hat, deren Mehrzahl ihm übrigens völlig fremd war. In seiner ersten Mittheilung über diesen Punkt heiſst es blos, daſs, aus der schnelleren Abnahme des Muskelstromes der höheren

[1] Archives de l'Électricité. 1843. t. III. p. 19. 28.* — Annales de Chimie et de Physique. 3. Série. t. VII. p. 439. 440. 449.* — Traité etc. p. 70. 71. 82.*

[2] S. unten, Kap. VIII. §. I.

Thiere, im Verein mit dem Umstande, dafs man beim Versenken der Platinenden des Multiplicators in eine frische Muskelwunde eines lebenden Kaninchens oder Hammels 30—40° Ausschlag erhalte, während dasselbe Verfahren beim Frosche nur 5—6° gebe, mit Rücksicht auf die Unsicherheit dieser Versuchsweise doch mindestens auf eine ursprüngliche Gleichheit der Stromeskräfte in den verschiedenen Thierklassen geschlossen werden dürfe. Später sollten jedoch Versuche dafür beigebracht werden, dafs die Stromeskraft bei den höheren Thieren ursprünglich sogar stärker sei als bei den niederen.[1] Diese Versuche sind folgende: Matteucci fügte auf nachmals zu beschreibende Art[2] eine viergliederige Säule aus lebenden Tauben zusammen. Der Strom derselben betrug, unter Umständen, 25°. Der Strom einer Säule aus eben so viel lebendigen Fröschen, deren Zurichtungsweise nach Matteucci uns gleichfalls noch kennen zu lernen bevorsteht,[3] betrug dagegen nie über 10—12°. Da nun Matteucci den Widerstand der Taubensäule (nach dem Augenmaafs?) auf wenigstens das Vierfache desjenigen der Froschsäule, ja nach späteren Versuchen, die aber auch nicht beschrieben werden, auf noch viel mehr schätzt, so hält er die Ueberlegenheit der Stromeskraft der höheren Thiere in den ersten Augenblicken nach der Zurichtung für eine ausgemachte Sache.[4] In seiner Arbeit »*The Muscular Current*« endlich kommt Matteucci abermals auf diesen Punkt zurück mit den Worten: »Operating with »great rapidity upon chickens and pigeons, I have been able to de»monstrate the truth of this, using for my experiments the thighs of »the above mentioned animals. Comparing an equal number of ele»ments, whether of fowls or pigeons, with the same number of elements »taken from frogs, the current, at first, is as intense, and in the greater »number of cases more than that of the frogs. Reflecting a moment »on the greater length and resistance of the circuit of the pile of fowls »and pigeons, the greater intensity of the muscular current in warm»blooded animals than in frogs, will be manifestly proved.«[5]

[1] Archives de l'Électricité. Ibid. p. 12. 20.* — Annales de Chimie et de Physique. Ibid. p. 432. 440. 441.* — Traité etc. p. 70. 71.*

[2] S. unten, Kap. VIII. §. I.

[3] S. ebendas.

[4] Comptes rendus etc. 11 Mars 1844. t. XVIII. p. 443.* — Annales des Sciences naturelles. 3. Série. t. I. Zoologie p. 191.* — Annales de Chimie et de Physique. Juin 1844. 3. Série. t. XI. p. 403.* — Comptes rendus etc. 14 Avril 1845. t. XX. p. 1097.* — Philosophical Magazineetc. 3. Series. vol. XXVI. p. 534. 535.*

[5] Philosophical Transactions etc. Ibid. p. 292.* — Annales de Chimie et de Physique. Septembre et Octobre 1846. 3. Série. t. XVIII. p. 112.* — Leçons sur les Phénomènes physiques des Corps vivants etc. p. 187. 188.*

Ich bin, wie gesagt, durchaus nicht abgeneigt, an das Dasein eines solchen Unterschiedes, wie MATTEUCCI ihn behauptet, zwischen der ursprünglichen Stromeskraft warm- und kaltblütiger Muskeln zu glauben; aber es ist mir unmöglich, und ich denke, der Leser des dritten Kapitels dieser Untersuchungen wird meine Ansicht theilen, in den obigen Erfahrungen MATTEUCCI's etwas anderes zu erblicken als einen überaus rohen Versuch jener Vermuthung eine thatsächliche Grundlage zu verleihen, einen Versuch, der mit um so mifstrauischerem Auge zu betrachten ist, als er zufälligerweise in dem Sinne der Vermuthung zu sprechen scheint, welche er zu erhärten bestimmt war. Ich kann auch nicht umhin, erstaunt zu sein über die ohne irgend einen Zahlenbeleg mitgetheilte Nachricht, dafs die Taubensäule einen so sehr viel gröfseren Widerstand dargeboten haben solle, als die aus Fröschen. Dies erregt billig Zweifel, wenn man die Mafsverhältnisse beider Thierarten in Gedanken vergleicht und sich überdies erinnert, dafs die Wärme das Leitungsvermögen der Flüssigkeiten erhöht (Vergl. oben S. 83. Anm. 2).

Zwischen Frosch- und Muskelstrom, also dem Strome vom natürlichen Längsschnitte zum natürlichen und zum künstlichen Querschnitte nach unserer Bezeichnungsweise, findet MATTEUCCI, in Bezug auf den Gegenstand dieses Paragraphen, noch folgende Unterschiede. Der Muskelstrom kehre nicht, gleich dem Froschstrome (S. oben S. 144), spurweise zurück, wenn man die Glieder mit Wasser oder verdünnter Kochsalzlösung befeuchte.[1] Zweitens der Froschstrom dauere länger nach dem Tode aus, als der Muskelstrom.[2]

Von dem ersteren Umstande wird unten noch die Rede sein; was den letzteren betrifft, so brauche ich wohl nicht zu erinnern, dafs er einfach von der Verletzung herrührt, welche die Muskeln der querdurchschnittenen Glieder in MATTEUCCI's Versuchen erlitten hatten. So lange man, beim Auflegen von natürlichem Querschnitt gegen natürlichen Längsschnitt noch Spuren von Strom erhält, so lange zeigen sie sich auch noch nach Herstellung des künstlichen Querschnittes zwischen diesem und dem Längsschnitte; und umgekehrt, wenn der künstliche Querschnitt keine Wirkung mehr giebt, versagt auch gewifs der Strom des natürlichen Längsschnittes.

[1] Archives de l'Électricité. t. III. p. 19.* — Annales de Chimie et de Physique. 3. Série. t. VII. p. 440.* — Traité etc. p. 71.*
[2] Traité etc. p. 127.* — Philosophical Transactions etc. Ibid. p. 297.*

2. Von dem Gesetze der Abnahme des Muskelstromes nach dem Tode.

Wie man aus dem Vorigen und so mancher früheren Andeutung bereits hat entnehmen können, ist der Muskelstrom nach dem Tode des Thieres oder nach der Trennung des Muskels vom Gesammtorganismus in fortwährender Abnahme begriffen und verschwindet endlich ganz. Der folgerichtige Gang der Untersuchung würde also jetzt erheischen, dafs wir suchen, uns über das Gesetz dieser Abnahme zu unterrichten, und sodann jene natürliche, dem Strome gesetzte Grenze ins Auge fassen. Es wird uns hiebei jedoch weniger darum zu thun sein, abstracte Zeit- und entsprechende Stromgröfsebestimmungen in lebloser Aufzählung aneinanderzureihen; wir werden danach zu streben haben, einen Bezug der beobachteten Veränderung der elektromotorischen Wirksamkeit auf die sonstigen Leichenveränderungen des Muskels, den Verlust der Erregbarkeit, sein Erstarren und seine Fäulnifs zu erkennen, um daraus für die Bedeutung jener Wirksamkeit ihrer Natur nach fast unfehlbare Fingerzeige zu entnehmen. Dies ist, wie man leicht gewahr wird, der einfache leitende Grundsatz, der hier mafsgebend sein mufs, an dem es aber Matteucci bei den obigen Beobachtungen gebrochen hat, wodurch er aufser Stande gesetzt war, den Sinn dessen, was er sah, aufzufassen und zu deuten.

Was erstens das Gesetz der Abnahme des Muskelstromes nach dem Tode betrifft, so sind bereits oben Bd. I. S. 242. 243. 465 die Schwierigkeiten erwähnt worden, die sich hier leider jeder schärferen Bestimmung entgegensetzen. Sie rühren her zum Theil von der Entwickelung der Ladungen auf den metallischen Multiplicatorenden, zum Theil von dem Umstande, dafs der Multiplicator, der ihm zu erhaltenden Empfindlichkeit wegen, nicht füglich graduirt werden kann (S. ebend. S. 197). Es bietet demnach der Gang der Nadel, den sie bei dauerndem Aufliegen eines thierischen Erregers nach dem Nullpunkte hin zeigt, nicht entfernterweise ein Bild dar von dem entsprechenden Gange des Muskelstromes. In der That, während bei dieser Anordnung, wie man sich erinnert, die beständige Ablenkung, nachdem zuerst Anschlagen an die Hemmung erfolgt war, zuletzt auf 5—8° zu sinken pflegt, erhält man alsbald wieder über 90° Ausschlag, sowie man durch Schliefsen mit einem unwirksamen feuchten Leiter den Ladungen Raum gegeben hat sich auszugleichen, und dieses Spiel läfst sich viele Male hintereinander wiederholen, ohne dafs eine namhafte Schwächung des thierischen Erregers in die Augen fiele. Um ein richtiges Bild von dem Gesetze der Abnahme des Muskelstromes nach dem Tode sich zu verschaffen, müfste also mit Ausschlufs der Ladungen gearbeitet werden können, und überdies die Intensitätencurve des Multiplicators vorgehend bestimmt sein.

An der ersten angeführten Stelle ist bemerkt worden, dafs es, um die Ladungen aus dem Versuche zu verbannen, nur nothwendig sein würde, statt der Kochsalzlösung mit darin tauchenden Platinenden eine geeignete Metallsalzlösung, deren Metall sich gut galvanoplastisch niederschlägt, mit Elektroden aus demselben Metalle anzuwenden: schwefelsaure Kupferoxydlösung mit Kupfer-, salpetersaure Silber- oder Cyansilberkaliumlösung mit Silberelektroden.

Mein Freund Dr. H. Helmholtz in Potsdam hat nunmehr diese Versuche angestellt, und mir verstattet, ihre Ergebnisse hier mitzutheilen. Leider sind dieselben nicht befriedigend ausgefallen. Es hat sich nämlich gezeigt, dafs mit keiner der genannten drei Salzlösungen der schwache thierisch-elektrische Strom beständig wurde. Zwar erschienen die Wirkungen im Vergleich zu denen, die man bei polarisirbaren Elektroden wahrnimmt, allerdings bedeutend verstärkt, so dafs sie an einem viel weniger empfindlichen Instrumente, als das meinige ist, welches daher auch noch leicht hätte graduirt werden können, sich beobachten liefsen; allein es war noch immer eine beträchtliche Polarisation vorhanden, so dafs es klar wurde, dafs für so schwache Ströme, wie diejenigen, mit denen man es hier zu thun hat, das Daniell'sche Princip nicht mehr ausreicht. Und es ist zu bemerken, dafs eine säulenartige Anordnung thierischer Erreger in diesem Falle zur Verstärkung der Wirkung nichts beitragen kann, da der aufserwesentliche Widerstand schon ohnedies gegen den wesentlichen verschwinden dürfte. Der einzige Umstand, auf den meines Wissens hier noch zu bauen wäre, ist folgender. Es ist eine bekannte Thatsache, dafs durch Verkleinerung der Oberfläche der Elektroden die Elektrolyse unter Umständen merklich befördert erscheinen kann.[1] Es ist also immerhin

[1] S. z. B. Henrik Steffens in Gilbert's Annalen der Physik. 1801. Bd. VII. S. 523.* — Wollaston ebendas. 1802. Bd. XI. S. 109*; 1806. Bd. XXIII. S. 424.* — Humphry Davy ebendas. 1808. Bd. XXVIII. S. 42.* — G. S. Ohm in Kastner's Archiv für die gesammte Naturlehre. 1829. Bd. XVI. S. 29.* — Faraday, Experimental Researches in Electricity. (Collected from the Philosophical Transactions). London 1839. vol. I. p. 209. 211. (Series VII. January 1834. §. 714. 718).* — de la Rive, Bibliothèque universelle etc. Nouvelle Série. Avril 1838. t. XIV. p. 366.* (16 Avril 1837). — Sturgeon in seinen Annals of Electricity, Magnetism and Chemistry etc. July 1837. vol. I. p. 367. 368.* — Matteucci, Annales de Chimie et Physique. Novembre 1837. t. LXVI. p. 231; Mai 1839. t. LXXI. p. 96.* Matteucci nimmt hier unbegreiflicherweise keinen Anstand, sich die Entdeckung dieses, wie man sieht, längst und allbekannten Verhaltens ausdrücklich zuzuschreiben.

möglich, dafs es doch noch gelinge, durch Anwendung der beschriebenen Mittel die thierisch-elektrischen Ströme beständig zu machen, unter dem Vorbehalte, dafs die Elektroden in sehr feine Spitzen endigen, dafs man sich z. B. nach Wollaston's Vorgange dünner, in Glasröhren eingeschmelzter Drähte aus dem Metalle der Salzlösung bediene.

Das Einzige, was für den Augenblick hier zu thun übrig bliebe, um eine das Gesetz der Abnahme des Muskelstromes ungefähr darstellende Reihe von Bestimmungen zu gewinnen, würde sein, die Ausschläge zu beobachten, welche man von einem thierischen Erreger bei regelmäfsig fortschreitenden Zeitabständen nach der Zurichtung erhält. Die gänzliche Werthlosigkeit einer solchen Zahlentabelle unter den obwaltenden Umständen leuchtet aber viel zu sehr ein, als dafs ich nicht fürchten müfste, durch Uebertragung einer oder mehrerer solchen aus meinen Tagebüchern den Schein auf mich zu laden, als solle mit einer nur in der Form liegenden Genauigkeit ein hohler Prunk getrieben werden. Ich habe demnach, abgesehen von diesen Auseinandersetzungen, über den in Rede stehenden Punkt nur folgende, mehr abgerissene Bemerkungen mitzutheilen.

Eine so schnelle Abnahme der Kraft der thierischen Erreger, wie Matteucci sie beschreibt (S. oben S. 143. 144) ist mir im Allgemeinen nicht aufgefallen. Ich vermuthe, dafs sie, bei seinen Versuchen an Galvani'schen Präparaten, einfach vom Austrocknen der Ischiadnerven herrührte, die er laut allen seinen Abbildungen und Versuchsbeschreibungen fortwährend im Kreise hatte; deshalb brachte auch wohl das Anfeuchten mit Salzwasser wieder eine Verstärkung des Stromes hervor, wenn er beinahe ganz verschwunden war. Was die Versuche mit dem künstlichen Querschnitte betrifft, so ist schon oben Bd. I. S. 714 bemerkt worden, dafs der Strom unter dem Austrocknen, Anätzen, Absterben desselben merklich leidet, und durch das Herstellen eines neuen Querschnittes alsbald wieder eine Hebung erfährt. Vergl. Matteucci selber in »*The Muscular Current*« p. 292.

Auf nachstehende, das Gesetz der Abnahme des Muskelstromes betreffende Beobachtung, die vielleicht nicht ohne Wichtigkeit ist, gelangte ich auf einem ziemlich seltsamen, ursprünglich etwas ganz anderes bezweckenden Umwege. Matteucci suchte sich Aufschlufs darüber zu verschaffen, ob sich auf den thierischen Gliedern selbst, durch die Wirkung ihres eigenen Stromes, Ladungen zu entwickeln vermöchten. Es schwebten ihm dabei vermuthlich die von Peltier entdeckten Ladungserscheinungen an Froschpräparaten vor, welche dem Strome einer Säule ausgesetzt werden (S. oben Bd. I. S. 376). Zu diesem Behufe öffnete Matteucci eine Kette, worin sich zwei Froschsäulen, aus sechs

Galvani'schen Präparaten jede, für sein Instrument genau das Gleichgewicht hielten, und schlofs die eine dieser Säulen für sich mittelst eines ihr entlang gelegten feuchten Bogens aus Fliefspapier oder Baumwollendocht. Nach einiger Zeit wurde der feuchte Bogen entfernt, und die eine Säule gegen die andere abermals am Multiplicator abgewogen: es herrschte nach wie vor Gleichgewicht. Matteucci zog daraus den Schlufs, es hätten sich, durch das Geschlossensein der einen Säule, auf den sie zusammensetzenden Gliedern keinerlei Ladungen entwickelt.[1]

Gegen Matteucci's Versuchsplan ist bereits von seinem Standpunkte der Kenntnifs aus einzuwenden, dafs er von einem so schwachen Strome, wie seiner Meinung nach der Froschstrom sein mufs, nicht füglich Entwickelung Peltier'scher Ladungen gewärtigen konnte. Von unserem Standpunkte fällt zwar dieses Bedenken fort (S. oben Bd. I. S. 688); es tritt aber ein anderes hinzu. Wir betrachten nämlich nicht, wie Matteucci, die Muskeln derjenigen Säule, welcher kein feuchter Bogen entlang gelegt war, als befindlich im Zustande der offenen Kette; vielmehr nehmen wir an, dafs auch in dieser fortwährend ein lebhafter Strömungsvorgang gegenwärtig ist (S. ebendas. S. 685). Die einzige Aussicht, bei dem beschriebenen Versuche einen merklichen Erfolg zu beobachten, würde also darauf beruhen, dafs der Strömungsvorgang in den mit einer künstlich hinzugetragenen Nebenschliefsung versehenen Muskeln eine Veränderung erleidet, welcher die Muskeln nicht theilhaftig werden, die ungeschlossen liegen bleiben. Dadurch könnte eine entsprechende Verschiedenheit in der Gröfse der Ladungen, und somit auch der abgeleiteten Ströme bedingt sein, die man nachmals, unter gleichen Umständen, von beiden thierischen Erregern erhält. Es ist aber deutlich, dafs diese Veränderung des Strömungsvorganges der mit einer Nebenschliefsung ausgestatteten Muskeln, wenn sie überhaupt in merklicher Gröfse stattfindet, nichts als eine Verminderung sein kann. Es müfsten folglich die ohne Nebenschliefsung gebliebenen Muskeln nach einiger Zeit an Kraft verloren zu haben scheinen gegen die mit einer solchen versehenen.

Je mehr Grund vorhanden ist, den Arm des Muskelstromes, der im Multiplicator kreist, für einen sehr schwachen anzusehen im Vergleiche zu demjenigen, den wir uns im Muskel selber verlaufend denken, für um so unbeträchtlicher mufs auch von vorn herein die Verminderung dieses letzteren gelten, welche durch das Anlegen des ablei-

[1] Archives de l'Électricité. t. II. p. 425.* — Annales de Chimie et de Physique. 3 Série. t. VI. p. 308.* Im Traité etc. ist dieses Versuches nicht wieder gedacht worden.

tenden Bogens an den Muskel bewirkt wird. Nichtsdestoweniger hielt ich es nicht für unnütz, die obigen Schlufsfolgen durch den Versuch zu prüfen, wegen der Bestätigung, die im Bejahungsfalle daraus für die Richtigkeit der im dritten Kapitel hingestellten Lehren erwachsen sein würde. Dazu mufsten nun zwei thierische Erreger genau ins Gleichgewicht gebracht, der eine sich selber überlassen, der andere aber mit einer möglichst guten Nebenschliefsung ausgerüstet werden. Nach einer möglichst langen Zeit mufste man von Neuem die elektromotorischen Kräfte beider gegeneinander abwägen. War jetzt der mit der Nebenschliefsung versehene Muskel der stärkere, so konnte man glauben, dafs dies von dem Ueberschusse der Ladungen auf dem anderen herrührte.

Der Versuch war nicht ohne die allergröfsten Schwierigkeiten, die es jedoch, mit Hülfe folgender Vorkehrungen, so ziemlich zu beseitigen gelang. Auf die obere Fläche einer hölzernen Säule, welche die Höhe der Ränder der Zuleitungsgefäfse über der Ebene des Tisches hatte, wurde ein gefirnifstes Brettchen von 60^{mm} Seite in der Mitte der einen Seite angekittet. An die einander gegenüber liegenden seitlichen freien Ränder und auf die denselben gleichlaufende Mittellinie des Brettchens kamen einander parallel drei Zwischenbäusche zu liegen. Gewichste Fäden, welche an passenden Stellen das Brett durchbohrten oder durch Einschnitte in seinen Rändern verliefsen, hielten sie unverrückbar befestigt. In der Mitte ihrer Länge waren sie, an einander gegenüberliegenden Stellen, dreidoppelt mit Eiweifshäutchen bekleidet. Auf diese wurden, in entgegengesetzter Richtung, die beiden Gastroknemien eines und desselben Frosches aufgelegt. Die dreidoppelte Bekleidung hatte zum Zweck, die Muskeln vor der gesättigten Salzlösung der Zwischenbäusche zu schützen, welche sie sonst, bei der mehrstündigen Dauer, auf die der Versuch berechnet war, durch Diffusion förmlich ausgesogen haben würde. Jetzt brachte ich das Brettchen mit den Muskeln zwischen die Bäusche der Zuleitungsgefäfse, welche gegen die beiden äufseren Zwischenbäusche geschoben wurden, und suchte durch Hin- und Herrücken der Gastroknemien möglichst vollkommenes Stromgleichgewicht zu erzielen. Da dies jedoch beinahe nie gelang (S. oben Bd. I. S. 247. 248) so mufste der schwächere Muskel mit der Nebenschliefsung versehen werden, indem alsdann aus der Umkehr des Differentialstromes mit Sicherheit auf eine Veränderung des Verhältnisses der Stromkräfte geschlossen werden konnte. Die angebrachte Nebenschliefsung bestand darin, dafs über die beiden Zwischenbäusche, zur Rechten und zur Linken des schwächeren Muskels, Bäusche gebettet wurden, die ihn etwas an Dicke übertrafen; über diese und den Muskel fort wurde wieder ein mächtiger Bausch gelagert. Daran nämlich war nicht zu denken gewesen, jetzt etwa die Vorrichtung auseinanderzunehmen, und den schwächeren Muskel eine Zeit lang ganz mit einem guten Leiter zu umgeben, ihn z. B. unter Quecksilber eingetaucht zu halten; vielmehr war eine völlige Unverrücktheit der Muskeln von dem Augenblicke an, wo das Gleichgewicht eingerichtet worden war, unerläſsliche Bedingung des Erfolges, weshalb auch die Lage der Zwischenbäusche auf vorgedachte Weise war gesichert worden. Das Ganze wurde nun aus dem Multiplicatorkreise entfernt und in die feuchte Kammer (S. oben Bd. I. S. 219) gebracht, um das Austrocknen der Muskeln, vorzüglich in der Nähe der wassergierigen Bäusche, zu verhüten. Nach einer gewissen Zeit prüfte ich das Gleichgewicht der Muskeln, nach Entfernung der Nebenschlieſsung, wieder auf die nämliche Art zwischen den Bäuschen der Zuleitungsgefäſse, wie ich es ursprünglich herzustellen versucht hatte.

In den sechs ersten Versuchen, welche ich auf diese Weise anstellte, war der regelmäſsige Erfolg der, daſs nach einiger Zeit Gleichgewicht wahrgenommen wurde, und endlich der schwächere Muskel überwog. Dies geschah im Mittel nach anderthalbstündiger Dauer des Versuches. Wurde dann die Nebenschlieſsung an den jetzt schwächeren, anfänglich stärkeren Muskel angebracht, so nahm ich keine Aenderung des Verhältnisses der Stromkräfte mehr wahr; im Gegentheil, der Differentialstrom im Sinne des ursprünglich schwächeren, dem Anscheine nach künstlich gestärkten Muskels fuhr in manchen Fällen zu wachsen fort. Da indeſs die Muskeln jetzt stets äuſserst elend waren, nur noch im Mittel 15° Ausschlag gaben, so konnte dies kein Grund sein, daran zu zweifeln, daſs die Verstärkung des mit der Nebenschlieſsung versehenen Muskels vielleicht wirklich von der darin gehemmten Entwickelung von Ladungen abgehangen hatte. Ehe ich indeſs einer so wünschenswerthen Bestätigung der theoretischen Voraussicht Zutrauen schenken konnte, waren einige Gegenversuche erforderlich.

Zunächst kehrte ich die Anordnung um, d. h. ich brachte die Nebenschlieſsung an den stärkeren Muskel an. Allein der Erfolg blieb in drei Versuchen ungeändert; auch jetzt gewann nach einiger Zeit der ursprünglich schwächere Gastroknemius die Oberhand.

Dann brachte ich gar keine Nebenschlieſsung an, und auch nun zeigte sich noch dreimal das nämliche Ergebniſs. Stets übrigens wirkten die Muskeln, einzeln geprüft, in demselben Sinne mehr oder weniger stark elektromotorisch, als es der Differentialstrom angegeben hatte. So schien es deutlich, daſs ich, anstatt eine Antwort auf die dem Versuche in Betreff der Peltier'schen Ladungen gestellte Frage zu erhalten, aller Wahrscheinlichkeit nach vielmehr auf ein Gesetz der Wirkungsabnahme der thierischen Erreger geführt worden war, welches sich im Allgemeinen folgendermaſsen ausdrücken lassen würde (S. Fig. 90. Taf. II): »Die Curve, welche das Gesetz dieser Abnahme auf die Zeit »bezogen darstellt, ist anfänglich um so steiler, je gröſser die ursprüng»liche Kraft des Muskels war, so daſs die Curven zweier zusammen»gehörigen Muskeln (kt, $k_I t_I$) von verschiedener Stärke sich nach eini»ger Zeit (bei τ in der Figur) schneiden.«

Ich stelle dieses Gesetz indeſs nur vermuthungsweise hin, da sich gegen die Beweiskraft der obigen zwölf Versuche noch mancherlei einwenden lassen dürfte; ich habe diese Untersuchung, welche äuſserst mühselig und zart ist, damals aufgegeben, weil ich näherliegende Aufgaben zu lösen zu haben glaubte. Soviel scheint gewiſs, daſs auf die Entwickelung von Peltier'schen Ladungen auf den Muskeln durch ihren eigenen Strom in der beschriebenen Weise, mit Hülfe einer angebrachten fremden Nebenschlieſsung, nicht untersucht werden könne. Zweifelhaft aber muſs es bleiben, ob in dem Falle der wirklichen Gültigkeit jenes Gesetzes, darin eine Folge der stärkeren Entwickelung solcher Ladungen auf dem stärkeren Muskel zu suchen sei, wie ja auch die Ritter'schen Ladungen sich um so rascher entwickeln, je stärker der ursprüngliche Strom ist (S. oben Bd. I. S. 207); oder ob es sich dabei in der That um ein Gesetz der Abnahme der ursprünglichen Kräfte des Muskels handle. Mit Hinblick auf einige später zu erwähnende Thatsachen, bei welchen theilweise auch der hier in Rede stehende Punkt wieder zur Sprache kommen soll, bin ich indeſs geneigt, der letzteren Ansicht mehr Vertrauen zu schenken.[1]

Eine beachtenswerthe Erscheinung, welche unter gewissen Umständen nicht selten während der letzten Stadien des Stromes auftritt, besteht in der schnell, ohne alle bekannte Veranlassung sich einfindenden Umkehr seiner Richtung. Die Häufigkeit derselben steigt mit der Zartheit der untersuchten thierischen Erreger. Ausgenommen nach Einwirkung zweier Einflüsse, die wir in der Folge kennen lernen werden,[2] erhält man von zugerichteten Froschmuskeln niemals verkehrte Ausschläge. Hingegen die querdurchschnittenen Schwänze von Froschlarven geben sie fast als Regel. Sodann bei den Muskeln warmblütiger Thiere ist es, so wie sie zu erkalten anfangen, etwas ganz gewöhnliches, daſs die noch vorhandene Spur von Strom die umgekehrte Richtung von der gesetzlich vorgeschriebenen zeigt. Namentlich ist dies der Fall für

[1] S. unten, Kap. VIII. §. v.

[2] S. unten, §. iii. 1. und Kap. VIII. §. ii.

die Ströme zwischen verschiedenen Punkten einer und derselben Flächenbegrenzung der Muskeln (Vergl. oben Bd. I. S. 525). Dasselbe Vorkommnifs wird uns noch später bei Gelegenheit des Nervenstromes zu wiederholtenmalen entgegentreten, und auch dort in dem Mafse leichter, als wir zarteren Theilen unsere Aufmerksamkeit zuwenden.[1]

Matteucci sagt, dafs, wenn er den Strom an lebenden warmblütigen Thieren in der Art beobachtete, dafs er in eine frische Muskelwunde das eine Platinende des Multiplicators versenkte, während er mit dem anderen die Aufsenfläche des Muskels berührte,[2] er nach mehrmaliger Wiederholung des Versuches öfters einen verkehrten Ausschlag erhielt.[3] Es kann sein, dafs diese Wahrnehmung einerlei ist mit der eben erwähnten. Dies unterliegt jedoch einem Zweifel, weil sich nicht gesagt findet, ob die Platinenden zwischen je zwei Versuchen entladen wurden. War dies nicht der Fall und die Stromeskraft im schnellen Sinken begriffen, so konnte, ohne dafs sie selber negativ wurde, doch leicht ein umgekehrter Ausschlag erfolgen (S. oben S. 61).

An eine solche Deutung der von mir bezeichneten Erscheinung ist nicht zu denken, da einmal die verkehrten Ausschläge auch bei völlig entladenen Platten beobachtet wurden, für's zweite, wenn die Umkehr während des Aufliegens der thierischen Theile auf den Bäuschen allmälig eintrat, die Ladungen selber nachmals die verkehrte (positive) Richtung zeigten. Es handelt sich hier vielmehr um eine wirkliche Umkehr des Stromes, wobei der Längsschnitt statt positiv, negativ, der Querschnitt statt negativ, positiv zu wirken anfängt; das Gesetz des Muskelstromes, so weit es sich bei der üblen Verfassung der Muskeln, welche dieser Zustand voraussetzt, erforschen läfst, ist dasselbe geblieben, aber mit vollkommener Umkehr aller Zeichen.

Es ist dies abermals eine Bewegungserscheinung des Muskelstromes, welche uns bekannt wird (S. oben S. 127). Obschon sie nicht mit der Blitzesschnelligkeit vor sich geht, wie die negative Schwankung von unbekannter Gröfse, welche die Zusammenziehung begleitet, auch nicht einmal mit der mäfsigen Geschwindigkeit der bei der Dehnung und Zusammendrückung des Muskels auftretenden Wirkungen (S. oben S. 142), so wird man doch zugeben, dafs auch sie nicht leicht mit einer anderen, als mit der Molecularhypothese über den Sitz der Ungleichartigkeiten im Inneren der Muskelbündel zu vereinigen ist, da es sich diesmal dabei um einen vollständigen Austausch aller Wirkungs-

[1] S. unten, Kap. VI. §. III.

[2] S. oben Bd. I. S. 527. 528; unten, Kap. VIII. §. I.

[3] Archives de l'Électricité. t. III. p. 16.* — Annales de Chimie et de Physique. 3. Série. t. VII. p. 436.* — Traité etc. p. 66.*

richtungen handelt. Man mufs sich vorstellen, dafs die aliquoten Theile der Muskelbündel, welche bis dahin mit einer positiven Aequatorial- und zwei negativen Polarzonen versehen waren, jetzt im Gegentheil eine negative Aequatorial- und zwei positive Polarzonen besitzen. Diesen Zustand kann man, der Kürze halber, als den der negativ peripolaren Anordnung der elektromotorischen Muskelmolekeln bezeichnen, im Gegensatze zu dem der positiv peripolaren, welcher derjenige ist, der oben Bd. I. S. 678 ff. zuerst erörtert wurde und in den die dipolar elektromotorischen Molekeln unter den Umständen, unter welchen wir die Muskeln zu betrachten pflegen, für gewöhnlich binnen sehr kurzer Zeit verfallen.

3. Von der Todtenstarre, als der natürlichen Grenze des Muskelstromes nach dem Tode.[1]

Das Obige ist leider Alles, was ich über das Gesetz der Wirkungsabnahme der thierischen Erreger für jetzt mitzutheilen im Stande bin. Es ist nicht schwer, die grofse Bedeutung zu durchschauen, welche einer Reihe wohlausgeführter Strombestimmungen hier möglicherweise zukommen könnte. Gleichzeitig mit der elektromotorischen ist die mechanische Leistungsfähigkeit des Muskels in unablässigem Sinken begriffen. Es springt in die Augen, von welchem Interesse es sein würde, eine einfache Beziehung zwischen diesen beiden Vorgängen ihrer Gröfse nach in Zahlenwerthen nachweisen zu können. Hierauf ist zunächst Verzicht zu leisten; aber es fragt sich, was es mit dem wohl bestimmbaren Endpunkte beider für eine Bewandtnifs habe: ob nicht wenigstens das Verschwinden der einen Fähigkeit mit dem der anderen Hand in Hand gehe.

Meinen Mittheilungen über diesen wichtigen Punkt glaub' ich folgende Bemerkungen voranschicken zu müssen. Ernst Brücke hat in einem Aufsatze: »*Ueber die Ursache der Todtenstarre*« in Müller's *Archiv* u. s. w. 1842. S. 178* den Beweis geführt, dafs alle Erscheinungen der Todtenstarre unter der einfachen Voraussetzung erklärt werden können, dafs in den Muskeln aufserhalb der Blut- und Lymphgefäfse vorhandener flüssiger Faserstoff zum Gerinnen komme. Die Gegenwart von Faserstoff überhaupt in den Muskeln ist nicht in Ab-

[1] S. meinen »vorläufigen Abrifs u. s. w.« a. a. O. S. 13. §. 33. 34: »... der »todtenstarre Muskel büfst kurze Zeit nachdem die Reactionsfähigkeit verloren ge»gangen ist, seinen Strom ein ... Der einmal wegen Todtenstarre verschwundene »Strom kehrt nicht zurück. Er ist eine lediglich dem lebendigen Gewebe angehö»rige Erscheinung.«

rede zu stellen; ebensowenig dafs, wenn dieser Faserstoff in flüssiger Gestalt vorhanden ist, derselbe, eine gewisse Zeit nach dem Tode, unfehlbar der Gerinnung verfallen müsse. Es handelt sich daher hier nur darum, ob der Faserstoff in flüssiger, oder ob er bereits in fester Gestalt, geronnen in den Muskeln sich vorfinde. Nun hat erstens Brücke durch Betrachtungen, welche der Theorie der Ernährung der durch sogenannte Intussusception wachsenden Gewebe entlehnt sind, der ersteren Vorstellungsweise den höchsten denkbaren Grad von Wahrscheinlichkeit verliehen. Fürs zweite ist man im Stande, die Gründe anzugeben, welche sich der unmittelbaren Darstellung flüssigen Faserstoffes aus den Muskeln durch Auspressen entgegensetzen. Drittens endlich ist zu bedenken, dafs, für die feste Natur des Muskelfaserstoffes während des Lebens des Gewebes, bei dem höchst geheimnifsvollen Verhalten dieses Körpers, von vorn herein im Grunde gar nichts anderes spricht, als die althergebrachte Meinung, dafs dem so sei; so dafs der entgegengesetzten Ansicht schon allein dadurch ein ungemeines Uebergewicht der Wahrscheinlichkeit gesichert wird, dafs alsdann eine einleuchtende Erklärung der Todtenstarre gewonnen ist. Wie wünschenswerth es daher auch scheint, dafs es gelingen möge, jener Schwierigkeiten Herr zu werden, und eine freiwillig gerinnbare Flüssigkeit aus den von Blut befreiten Muskeln zu gewinnen, wozu uns vielleicht die Zukunft Mittel bieten wird, so bin ich doch der Meinung, dafs es auch bei der jetzigen Sachlage einer undankbaren Zweifelsucht huldigen hiefse, wenn man sich weigern wollte, der obigen Ansicht beizutreten.

Ich selbst kann aus vielfältiger, absichtlich auf diesen Punkt gerichteter Anschauung ersterbender und erstarrender ganzer Gliedmafsen sowohl, als einzelner Muskeln von warm- und kaltblütigen Thieren insbesondere auf die Betrachtung und Handhabung der letzteren während des Eintritts der Todtenstarre, als durch den Augenschein völlig für jene Theorie einnehmend, verweisen. Ich glaube nicht, dafs Nysten, wenn er mit Aufmerksamkeit dem Vorgange in dieser Form gefolgt wäre, jemals auf den Gedanken einer lebendigen hier obwaltenden Zusammenziehung hätte gerathen können;[1] wenigstens dafs es für dies Teigig-, Trübe- und Unausdehnsamwerden keinen passenderen Namen geben dürfte, als eben den des Gerinnens, wird Niemand, der es gesehen hat, einen Augenblick in Abrede stellen. Danach aber soll es Jedermann freistehen, sich in den Muskeln einen anderen freiwillig gerinnbaren Stoff auszudenken, als Faserstoff, und diesem das Geschäft

[1] Recherches de Physiologie et de Chimie pathologiques etc. Paris 1811. p. 403.

der Todtenstarre zu übertragen. Ist aber einmal zugegeben, dafs dieses sichtliche Gerinnen eines einzelnen absterbenden Muskels von gerinnendem Faserstoff herrührt, so mögen diejenigen, denen die äufserliche Verschiedenheit der Erscheinung zwischen diesem Erstarrtsein und dem eines muskelkräftigen Mannesschenkels, zu dessen Beugung vielleicht hunderte von Pfunden erforderlich sind, als ein unbegreifliches mechanisches Räthsel erscheint, ihre Ueberzeugung aus jener Gesetzmäfsigkeit der organischen Natur schöpfen, auf welche hin man anderwärts die Gleichheit von Verhältnissen ohne weiteres anzunehmen pflegt, welche möglicherweise viel mehr Abwechselungen unter den Einflusse sehr geringfügiger Umstände preisgegeben sind. [1]

[1] F. A. Gierlichs (De Rigore Mortis. Dissertatio inauguralis. Bonnae. 31. Mai 1843*) hat gegen Brücke's Lehre folgendes eingewendet: Was Brücke von der Ernährung der Muskeln sage, sei keinesweges ganz gewifs. Dafs flüfsiger Faserstoff in den Muskeln vorhanden sei, dagegen streite Wöhler's Erfahrung, der in der aus frischem Fleische ausgeprefsten Flüssigkeit keinen solchen fand (Grundrifs der organischen Chemie. Berlin 1840. S. 151*). Wäre Brücke's Annahme richtig, so müfste man vor dem Eintritt der Todtenstarre durch Auspressen Faserstoff von den Muskeln, nach Eintritt derselben dergleichen nicht mehr gewinnen können. Gewifs müfste dies der Fall sein, aber der verneinende Erfolg jenes scheinbar entscheidenden Versuches, auf den Brücke auch verfallen war, ist ohne Beweiskraft wegen des vom Standpunkte seiner Theorie aus leicht zu rechtfertigenden Umstandes, dafs die Muskeln unter der Presse todtenstarr vorgefunden werden, d. h. mit einem Worte, dafs der Faserstoff während des Auspressens in den Muskeln gerinnt. — Brücke stütze sich auf die Aehnlichkeiten, die zwischen dem Verlaufe der Erstarrung der Muskeln und dem der Gerinnung des Blutes obwalteten; aber Aehnlichkeiten bewiesen nichts (p. 27). Wenn Aehnlichkeiten nichts beweisen, wie kommt es, dafs Gierlichs auf Unterschiede etwas giebt, wie folgt: dafs das Blut früher gerinne, als die Todtenstarre eintrete, und dafs der Blutkuchen eher durch Fäulnifs seiner Auflösung entgegengehe, als die todtenstarren Glieder? — Zwei Unzen Kalihydratlösung und Regenwasser, zu gleichen Theilen und vierzig Grad R. warm in die Gefäfse eines Kaninchens eingesprützt, bringen sehr schnell Erstarrung hervor, während eine Unze derselben Flüssigkeit, zu dem noch warmen Blute gethan, die Gerinnung desselben verhindere (p. 17). Zu wieviel Blut ist nicht gesagt; es liegt jedoch nahe zu vermuthen, dafs das Verhältnifs des Kalihydrats zum Faserstoff in dem Versuch mit Blut ein merklich gröfseres gewesen, als in dem mit dem Muskelfaserstoff, der durch das Einsprützen erreicht werden sollte. Dieser aber hatte, wenn eine 40° R. warme Flüssigkeit in das noch lebenswarme, also dieselbe wenig abkühlende Thier eingesprützt wurde, nach allbekannten Erfahrungen (S. Hermann Nasse, Artikel »Blut« in Rud. Wagner's Handwörterbuch der Physiologie u. s. w. Bd. I. Braunschweig 1842. S. 109*), wahrlich hinreichenden Grund zum Gerinnen. In meinem Munde z. B. wird ein Gastroknemius vom Frosche binnen 35′ todtenstarr (S. unten §. III. 1). Dies wird Gierlichs vielleicht auch erklären, weshalb ein geköpfter und enthäuteter Frosch, den er 30″ lang in ein 60° R. warmes Bad aus der bezeichneten Kaliflüssigkeit hielt, todtenstarr wurde

Diese Andeutungen haben an dieser Stelle zum Zweck, es zu bevorworten, wenn ich im Folgenden, wo die Erscheinung der Todtenstarre nicht selten unsere Aufmerksamkeit in Anspruch nehmen wird, bei der Betrachtung derselben von Brücke's Vorstellungsweise ausgehe.

Die Todtenstarre nämlich ist in der That jene gesuchte Grenze, welche der Dauer des Muskelstromes gesetzt ist;

(p. 18): er würde es nämlich auch in Wasser von gleicher Wärme und zwar, des gerinnenden Eiweifses wegen, sogar doppelt, so zu sagen, geworden sein. — Endlich sei ein zwölfpfündiger Hund erstarrt, dem er anderthalb Stunden vor dem durch Strychnin bewirkten Tode den Faserstoff von zwei Unzen Blut entzogen (p. 15). Dies beweist, wie mir scheint, nichts anderes, als was man sich auch schon ohnedies hätte denken können, nämlich dafs die Muskeln nichtsdestoweniger noch flüssigen Faserstoff enthielten. — Nach alledem kommt Gierlichs zum Schlusse: »Rigor mortualis est phaenomenon vitale« (p. 29). Dies habe schon Nysten behauptet, sei jedoch von Sommer (Dissertationis de signis, mortem hominis absolutam ante putredinis accessum indicantibus, particula posterior. Hauniae 1833. p. 250*) und Brücke widerlegt worden. Brücke habe zugleich Sommer's Lehre abgelehnt, der die Todtenstarre aus physikalischen Ursachen herleiten wollte. Nun aber, da er selber Brücke's Ansicht beseitigt habe, bleibe nichts weiter übrig, als zu Nysten's Meinung zurückzukehren. Diese, welche nämlich den Grund der Todtenstarre sucht in einem »dernier effort de la vie contre l'action des forces chimiques qui tendent à dissocier »les éléments de l'organisation« (S. oben), glaubt er dadurch geniefsbarer zu machen, dafs er nachweist, wie sehr allmählig das Leben den Körper verlasse; und die von Brücke für diese ungeheure Anstrengung der Kräfte kurz vor ihrem Zugrundegehen im Gebiete der Lebenserscheinungen vermifste Analogie findet er, nicht viel glücklicher, in dem Tetanus, welcher ein Beispiel abgebe, wie eine Kraft, kurz vorher, ehe sie gänzlich erlösche, den höchsten Werth erreichen und eine Zeitlang auf demselben beharren könne! Endlich heifst es (p. 29—31): »Quodsi in numero earum rerum, quae vitae attribuuntur, motum sponte sua exortum referimus, non in»telligo, quin causam rigoris in vi vitali ponamus;« und so wären wir wieder einmal glücklich bei der Lebenskraft angelangt.

Seitdem hat C. Bruch gleichfalls über die Todtenstarre gearbeitet (Nonnulla de Rigore Mortis. Dissertatio etc. pro Facultate legendi. Heidelberg, März 1845. 4°.*). Dieser ist bereits ein weit gefährlicherer Gegner. Er ist nämlich unwiderlegbar, weil er, statt aller Gründe, seinen persönlichen Geschmack in die Wageschale der Wissenschaft legt. Er erklärt in Bezug auf Brücke's Lehre schlechthin, dafs er weniger erbaut, »parum delectatus« davon gewesen (Proverbium, p. III); dafs sie »tam ingenii quam erroris ubertate insignis« sei; dafs er sie an einem andern Orte weitläuftig widerlegen werde (p. 2); und sie gänzlich bei Seite lassend, fängt er von Frischem zu experimentiren an, wobei natürlich nicht viel Neues zu Tage kommt. P. 14 gelangt er zu dem Ergebnisse: »Jamjamque nobis persuasum est, refrigeratio»nem causam rigoris absolutam non esse, quum calore servato quoque mortui ri»gescant,« wodurch man insofern überrascht sein darf, als das Starrwerden kaltblütiger Thiere, welche gar keine Wärme zu verlieren haben, eine längst bekannte Erfahrung ist. Was Bruch's eigene Theorie anbelangt, so ist folgendes zum Verständnisse derselben nothwendig. Pfeufer hat den Lehrsatz aufgestellt: »Der dieselbe tiefe Veränderung, welche SOMMER zuerst den Tod des Muskels nannte, wie die Gerinnung der Tod des Blutes sei; und deren Eintritt, nach NYSTEN's und seinen Erfahrungen, der Verlust der Zusammenziehung begleitet. Die Erscheinung des Muskelstromes ist dadurch unmittelbar als eine nur an dem lebendigen Gewebe mögliche bezeichnet. Dies, jedoch nicht mehr, folgt aus dieser Thatsache. Man merke wohl, und dies wird uns später zu

»menschliche Körper und seine einzelnen Theile ziehen sich gemäfs ihrer Structur »zusammen und dehnen sich unter dem Einflusse der Wärme aus; die Zusammen»ziehung ist also immer activ, die Erweiterung immer passiv« (HENLE und PFEUFER, Zeitschrift für rationelle Medizin. Bd. I. 1844. S. 410*). »Quae argumentatio maxime »dilucida atque perspicua,« sagt BRUCH, »mihi fulminis instar phaenomenon istud mi»rabile corporum emortuorum illustravit« (Proverbium, p. IV). Demgemäfs schreibt er endlich mit SOMMER die Todtenstarre einer »contractilitati physicae textui »fibroso propriae« zu, »— quod erat demonstrandum.« Frage Einer, weshalb denn im lebenden Körper von dieser Kraft nichts zu spüren sei, so habe er einstweilen zur Antwort: »»propter vitam«« (p. 19); am Schlusse des Proverbium aber heifst es mit Emphase: »»Dic mihi quae sit vita, et tibi dicam — quis sit rigor emor»»tualis!««

Ich kann es, wenn ich nicht irre, dem Leser selbst überlassen, die wissenschaftliche Verwahrlosung zu würdigen, die sich in diesen Leistungen abspiegelt, und abermals einen traurigen Beleg hergiebt für die Wohlbegründung der Anklagen, welche vor einigen Jahren gegen die Methoden in der Physiologie laut geworden sind.

Nicht zu verwechseln mit solchen seichten Angriffen auf eine Lehre, welche ein altes Räthsel der Physiologie so einfach und so befriedigend gelöst hat, vielmehr höchlich willkommen kann natürlich nur eine besonnene Würdigung des Standes der Frage sein, wie sie in H. JORDAN's Aufsatze: »Tod durch Blitzschlag« in HENLE und PFEUFER's Zeitschrift u. s. w. Bd. IV. 1846. S. 209* vorliegt. JORDAN hat die Anzahl der schon beobachteten Fälle, wo die Todtenstarre kräftig entwikkelt, hingegen die Gerinnung des Blutes nur unvollkommen war oder ganz fehlte, seiner Meinung nach um einen vermehrt. Da er indessen das Blut nicht anders als in einer Aderlafswunde hat untersuchen können, — die Leichenöffnung wurde nicht gestattet, — so mufs ich gestehen, dafs ich den Beweis dafür vermisse, dafs das Blut in diesem Falle wirklich nicht geronnen war. Dem sei wie ihm wolle, es liegen, wie bemerkt, andere wohlbeglaubigte Fälle der Art vor (SOMMER a. a. O. p. 262*), und man kann JORDAN nur beipflichten, wenn er die Alternative stellt, dafs entweder BRÜCKE's Deutung nicht die richtige sein könne, oder dafs der Muskelfaserstoff leichter oder unter andern Bedingungen gerinnen müsse, als der Blutfaserstoff; wenn er selber sich zur letzteren Vorstellung hinneigt, und auf künftige Erfahrungen behufs der völligen, thatsächlichen Entscheidung der Frage harrt.

Dagegen vermag ich allerdings nicht mit HENLE die BRÜCKE'sche Lehre durch den von JORDAN beobachteten Thatbestand, im Vereine mit einem BRUCH'schen, dem oben von GIERLICHS beschriebenen ähnlichen Injectionsversuch, bereits als gänzlich widerlegt zu betrachten (Handbuch der rationellen Pathologie. Braunschweig 1846. Bd. I. S. 356*).

Gute kommen, dafs wir uns vorgesehen haben, die fragliche Erscheinung noch nicht so ohne Weiteres als eine dem Leben selbst wesentlich angehörige, eine Lebensäufserung ausmachende, sondern zunächst nur als eine allein im lebenden Gewebe stattfindende anzusprechen.

Ueber die Art und Weise der Beobachtung dieser Grundthatsache ist begreiflich wenig hinzuzufügen. Ich habe dieselbe an warmblütigen Thieren, Kaninchen, Meerschweinchen, Mäusen und Tauben sowohl als am Frosche sehr häufig theils absichtlich, theils beiläufig und ohne alle Ausnahme bestätigt gefunden. Um sie herum schaart sich aber eine Anzahl von Wahrnehmungen von geringerer Bedeutung, welche wir jetzt, nach Feststellung jener, nach einander in Betracht ziehen wollen.

Zunächst also gehen wirklich mechanische und elektromotorische Leistungsfähigkeit beinahe gleichzeitig verloren. Es mufs jedoch bemerkt werden, dafs die letztere etwas länger anhält, als die erstere, so dafs ein Muskel, der bereits auf die allerstärksten elektrischen Schläge, z. B. auf die meiner ganz mit Drähten gefüllten Inductionsrolle (S. oben Bd. I. S. 446), zu antworten aufgehört hat, nichtsdestoweniger noch schwach auf die Nadel zu wirken im Stande ist. Gemeiniglich zeigen sich während der ersten Zeit der Todtenstarre noch ein Paar Grad Ausschlag.

Man entsinnt sich aus dem ersten Bande (S. das. S. 106), dafs, in Betreff der Zuckungsfähigkeit, Nobili bereits dieselbe Beobachtung gemacht hatte. Er entnahm daraus einen Grund für seine Behauptung, dafs der Strom mit den Lebensvorgängen, mit der Zusammenziehung selber ganz und gar nichts zu schaffen habe.

Es ist indefs leicht zu sehen, dafs dieses Urtheil voreilig war. Es könnte, trotz der scheinbar längeren Dauer des Stromes, sehr wohl sein, dafs die mechanische und elektromotorische Leistungsfähigkeit des Muskels als Minima wirklich ganz gleichzeitig verschwänden. Denn die Rechtfertigung liegt auf der Hand, dafs die Multiplicatornadel ja möglicherweise ein weit empfindlicheres Prüfungsmittel für den Strom sei, als die sichtbare Zusammenziehung für das Bestreben der Muskelmolekeln, sie zu bewirken.[1] Wegen dieses einen Punktes die nahe Verbindung des Stromes mit der Lebensthätigkeit des Muskels in Abrede

[1] S. meinen »vorläufigen Abrifs« a. a. O. S. 14. §. 3: »Aus der . . . angedeuteten Versuchsreihe folgt, dafs zur wahrnehmbaren Muskelzusammenziehung eine »gröfsere Integrität des Muskelgewebes gehört, als zur elektromotorischen Wirkung »desselben. Da indessen die Contraction erst wahrnehmbar zu werden beginnt, »wenn ihr Moment grofs genug geworden ist, um Masse, Steifigkeit und Adhäsion »des contractilen Organs zu überwinden, so wäre es denkbar, dafs Contraction und »Strom als Minima durchaus gleichzeitig verschwänden.«

stellen, hieſse so viel, als den ursächlichen Zusammenhang zwischen dem Winde und der Bewegung eines Segelschiffes läugnen wollen, aus dem Grunde, daſs ein ersterbender Lufthauch dem Fahrzeuge keine merkliche Geschwindigkeit mehr zu ertheilen vermag.

Was nun die Frage nach der absoluten Zeitdauer des Stromes nach dem Tode und nach den mannigfaltigen Umständen betrifft, welche sie verkürzen oder verlängern, so ist, nach dem Vorhergehenden, klar, daſs darüber durchaus nichts anderes, und folglich nichts neues, ausgesagt werden könne, als was über die Dauer der Erregbarkeit im Allgemeinen und über die Zeit des Eintretens der Todtenstarre schon längst bekannt ist. Der einfache Ausspruch, daſs die Todtenstarre oder das Ende der Zuckungsfähigkeit, oder schlechthin der Tod des Muskels zugleich das Bestimmende sind für das Ende seines Stromes: dieser Ausspruch enthielt, bei der ausgedehnten Kenntniſs der Verhältnisse, welche von Einfluſs auf jene Erscheinungen sind, für jeden Physiologen auch schon im Voraus den gröſsten Theil von alledem, was die unmittelbare Erfahrung noch ausdrücklich für die elektromotorische Wirksamkeit zu lehren vermochte.

Vor Allem kommt ganz einfach hierauf zurück der Umstand, von dem Matteucci so viel Aufhebens macht (S. oben S. 144), daſs nämlich »die Dauer des Stromes im umgekehrten Verhältnisse zur Höhe »der Stellung stehe, welche die Thiere in der Rangleiter der Schöpfung »einnehmen.« Es ist, man kann wohl sagen, eine uralte und sehr gemeine Erfahrung, die vollends seit der Entdeckung des Galvanismus unzähligemal ihre Bestätigung gefunden hat, wie viel früher warmblütige Thiere, namentlich Vögel, ihre Leistungsfähigkeit einbüſsen als Fische und Amphibien, vorzüglich aber als Frösche und Schildkröten. Weiſs nicht jede Kochmagd davon zu erzählen, wie die Stücke eines zerschnittenen Aales erst um Sonnenuntergang sich beruhigen? Weiſs sie nicht durch Bestreuen mit Kochsalz das überraschende Schauspiel der Auferstehung eines Gerichtes Galvani'scher Präparate hervorzuzaubern? Kein Wunder also, wenn man ausgeschnittene Tauben- und Kaninchenmuskeln nach kaum einer halben Stunde am Multiplicator unwirksam findet, während ein Gastroknemius vom Frosche, vor dem Vertrocknen geschützt, noch nach vielen Stunden, ein Galvani'sches Präparat unter Umständen noch nach Tagen die Nadel an die Hemmung wirft. Uebrigens trifft Matteucci hier der Vorwurf, einer vorgefaſsten Meinung zu Liebe, sehr unvollständige Beobachtungen unvorsichtig genug nach dem zoologischen Handbuche ergänzt zu haben. Denn während er nicht müde wird zu wiederholen, daſs der Strom der Säugethiere vor dem der Vögel, dieser vor dem der Amphibien, endlich wiederum dieser vor dem der Fische verschwinde, ist es vielmehr eine längst bekannte Thatsache, dafs keinesweges die höhere Stellung einer Wirbelthierklasse in unserem Systeme eine gröfsere Vergänglichkeit der Muskelreizbarkeit bedinge, sondern dafs in dieser Hinsicht im Allgemeinen die Vögel über den Säugethieren und die Fische über den Amphibien, wenigstens den Fröschen und Schildkröten zu stehen kommen. Vergl. an den unten [1] angegebenen Stellen. Wenn aber MATTEUCCI geradezu berichtet, dafs die Stücke eines querdurchschnittenen Aales länger elektromotorisch gewirkt hätten als querdurchschnittene Froschoberschenkel, so brauchen wir diese Erfahrung an sich darum noch nicht in Abrede zu stellen; sondern es mufs bedacht werden, dafs die Dauer der Erregbarkeit ja Function von noch mehreren Umständen ist, als der blofsen Besonderheit der Thierart; dafs die Aalstücke nicht nur aller Wahrscheinlichkeit nach gröfser als die Froschoberschenkel, sondern auch, was bekanntlich hier von Gewicht ist, mit einer Strecke Rückenmarkes versehen waren.

Verlassen wir sodann die Vergleichung verschiedener Thierarten, um bei den verschiedenen Individuen einer einzigen stehen zu bleiben, so finden wir gröfsere Dauer der elektromotorischen wie der mechanischen Leistungsfähigkeit und späteres Eintreten der Todtenstarre bedingt durch vielerlei schwer mit Bestimmtheit darzulegende Einflüsse. Es könnte, wie gesagt, hier durchaus nur wiederholt werden, was längst an vielen Orten über die beiden letzteren Punkte geschrieben steht, welchen in Zukunft nun noch der erste derselben, als gleichbedeutendes Moment in der Geschichte des absterbenden Muskels, hinzuzufügen sein wird. Ein minder bekannter, aber äufserst wichtiger Umstand der Art ist der von BRÜCKE, bei Anlafs seiner Untersuchung über die Ursache der Todtenstarre, zum Theil nach C. G. MITSCHERLICH's Erfahrungen ans Licht gezogene, dafs Thiere, deren Reizbarkeit vor dem

[1] VALLI in ALOYSI GALVANI Abhandlung über die Kräfte der thierischen Elektricität u. s. w. Uebersetzt von J. MAYER. Prag 1793. S. 144. 145.* — Derselbe in GREN's Journal der Physik. 1792. Bd. VI. S. 390.* — PFAFF, Ueber thierische Elektricität und Reizbarkeit. Leipzig 1795. S. 112. 115.* — v. HUMBOLDT, Versuche über die gereizte Muskel- und Nervenfaser u. s. w. Posen und Berlin 1797. Bd. I. S. 287. 304. 305.* — RITTER in GILBERT's Annalen der Physik. Bd. XVI. S. 323. 324.;* — Beiträge zur näheren Kenntnifs des Galvanismus u. s. w. Bd. II. St. 3. 4. 1805. S. 80* (S. oben Bd. I. S. 320). — NYSTEN, Nouvelles Expériences galvaniques, faites sur les organes musculaires de l'homme et des animaux à sang rouge etc. Paris, An XI (1803);* — derselbe, Recherches de Physiologie et de Chimie pathologiques etc. Paris 1811. p. 392.* — SOMMER, Dissertationis de Signis etc. Particula posterior. Hauniae 1833. p. 178. 184. 257.*

Tode durch gewaltige Muskelanstrengungen erschöpft wurde, weit früher als andere todtenstarr werden. [1]

Beim Frosche, der in dieser Hinsicht am meisten beobachtet worden und uns am nächsten angeht, ist bekanntlich die Jahreszeit ein Punkt von grofsem Belang, und zwar, allem Anscheine nach, nicht nur in Folge der verschiedenen Luftwärme, der die Gliedmafsen nach dem Tode ausgesetzt sind, sondern zum Theil vermöge bestimmter Unterschiede, welche durch den typischen Kreislauf des individuellen Lebens bedingt werden, ihrerseits aber allerdings wieder unstreitig unter der Botmäfsigkeit der kosmischen und meteorologischen Einflüsse stehen. Im Frühlinge vor der Begattung ist die Reizbarkeit nach dem einstimmigen Zeugnisse aller Beobachter am gröfsten und am längsten ausdauernd; die heifse Sommerzeit ist am ungünstigsten; im Herbste findet nach Ritter's, durch Joh. Müller erneuerter Beobachtung (S. oben Bd. I. S. 356. 320) abermals eine Hebung derselben statt. Dasselbe wird von der elektromotorischen Wirksamkeit gelten; doch ist zu bemerken, dafs die gröfstmögliche Reizbarkeit, d. h. die Fähigkeit, noch auf den kleinstmöglichen Reiz zu antworten, keinesweges nothwendig und von vorn herein auch die gröfste Stärke der Zuckung, und eben so wenig die gröfste elektromotorische Wirksamkeit des Muskels bedingen dürfte. — Im Winter habe ich einmal die Galvani'schen Präparate von Fröschen, welche bereits vier Monate lang ohne Speise in Kisten mit feuchtem Moose aufbewahrt worden waren (S. oben Bd. I. S. 458), bei einer Zimmerwärme von 7 — 11° C., noch in der 112. Stunde auf die Schläge meiner Inductionsrolle antworten und die Nadel kräftig ablenken sehen, obschon sie sich noch dazu mancherlei nachtheiligen experimentellen Einflüssen ausgesetzt fanden.

Halten wir uns endlich an die vergleichende Betrachtung der Muskeln nur eines einzigen Thieres, so tritt das Nysten'sche Gesetz bedeutend hervor (S. oben Bd. I. S. 322), demzufolge die Reizbarkeit der Muskeln vom Rumpfe nach den oberen und unteren Extremitäten zu fortschreitend erlischt, während die Todtenstarre ihrem Verschwinden in derselben Richtung auf dem Fufse folgt. Hiezu ist jetzt noch das Verschwinden des Muskelstromes zu rechnen. Wenn schon die Beckengegend und der Oberschenkel am Frosche faulig riechen und mit gelblicher, lebhaft alkalisch reagirender, von Vibrionen wimmelnder, Flüssigkeit bedeckt sind, der geronnene Faserstoff hier durch Fäulnifs seiner Auflösung wieder entgegengeht, keine Spur von Strom, geschweige von mechanischer Leistungsfähigkeit mehr vorhanden ist,

[1] S. unten, §. II. 2; vergl. oben S. 30.

kann man den Gastroknemius noch munter zucken sehen und lebhafte Ausschläge von ihm erhalten, und dieser seinerseits kann bereits der Gerinnung und dem Tode anheimgefallen sein, während die Muskeln des Fufses sich noch zusammenziehen und kräftig elektromotorisch wirken.

Der wegen Todtenstarre verschwundene Strom kehrt unter keinerlei Umständen wieder zurück. Faulende Gliedmafsen, nach Lösung der Todtenstarre, wirken nicht merklich elektromotorisch.

Ich mufs, in Bezug hierauf, schliefslich auf eine Täuschung aufmerksam machen, in die ich selbst einmal, nicht ohne Bestürzung, verfallen bin. Es ist mir begegnet, von den Muskeln eines verwesenden Froschbeines, welches ich auf die Gegenwart des Stromes untersuchen wollte, lebhafte Ausschläge in verschiedenen Richtungen zu erhalten. Bei näherer Betrachtung fand sichs, dafs es die eben erwähnte, alkalisch reagirende Vibrionenflüssigkeit war, welche diese Wirkung hervorbrachte. Ich sprützte einige Tropfen Essigsäure in einen heifsen Tiegel, und setzte den Oberschenkel den sauren Dämpfen aus: die Flüssigkeit hörte auf, laugenhaft zu reagiren, und die elektromotorischen Wirkungen waren verschwunden.

---

§. II.

Von dem Einflusse solcher Umstände auf den Muskelstrom, die das Thier während des Lebens getroffen, auch wohl dasselbe getödtet haben.

Wir haben jetzt eine grofse Reihe von Erfahrungen, theils von Matteucci, theils von mir selber, zu betrachten, betreffend den Einflufs von allerlei Umständen auf den Muskelstrom, deren Interesse indefs durch die in dem vorigen Paragraphen enthaltene Grundbestimmung, einige wenige Punkte ausgenommen, sehr geschmälert erscheint, indem sie gröfstentheils nur noch auf Bestätigungen der Thatsache hinauslaufen, dafs der Strom gleichen Schritt mit der Reizbarkeit halte, und mit ihr zugleich verschwinde.

Eine angemessene Einleitung zu den Untersuchungen der beiden jetzt folgenden Paragraphen, oder vielmehr zu einer jeden der darin enthaltenen Versuchsreihen, würde eigentlich in der Zusammenstellung der Nachrichten bestehen, die wir bereits über den Einfluſs verschiedener Umstände auf die Erregbarkeit der Muskeln nach dem Tode besitzen. Indessen ist die Zahl der derartigen Erfahrungen aus allen Zeiten des physiologischen Wissens so ungeheuer, daſs nicht daran zu denken ist, hier eine auch nur einigermaſsen vollständige Uebersicht derselben geben zu wollen. Man wird aber, was man braucht, um die Wirkungsweise der mannigfaltigen Agentien auf die mechanische Leistungsfähigkeit beurtheilen zu können, leicht zusammenfinden, wenn man die unten [1] aufgeführten Quellen nachschlägt, die ich vorziehe, einige wenige Punkte ausgenommen, ein- für allemal voraufzuschicken, um sie nicht fast in jedem einzelnen Falle sämmtlich von Neuem aufzählen zu müssen.

Wir beginnen mit der Erforschung des Einflusses solcher Einwirkungen, denen der Gesammtorganismus während des Lebens ausgesetzt wird. Es ist dies ein Feld der Versuche, auf dem sich Matteucci, jedoch, wie bemerkt, ohne leitenden Grundsatz, oder vielleicht gerade, weil ihm eine derartige Einsicht abging, mit besonderer Vorliebe bewegt hat. Er nennt diese Untersuchung diejenige über »les lois du »courant musculaire, les lois du courant propre« (S. oben Bd. I. S. 527). In Ermangelung der Kenntniſs des wirklichen Interesses, welches denselben zukommt, und auf der fortlaufenden Bestätigung beruht, die sich daraus für den Zusammenhang zwischen der elektromotorischen und der mechanischen Leistungsfähigkeit ergiebt; in Ermangelung dieser Kenntniſs schreibt Matteucci diesen Versuchen

[1] Fontana, Ricerche filolofiche sopra la Fisica animale. In Firenze. 1775. 4°.* — Derselbe, Abhandlung über das Viperngift u. s. w. Berlin 1787. 4°. An vielen Stellen; s. Reizbarkeit im Register. — Valli, in Gren's Journal der Physik. 1792. Bd. VI. S. 382.* — Derselbe, in Aloysi Galvani Abhandlung u. s. w. Uebersetzt von Joh. Mayer. Prag 1793. S. v. der Vorrede; S. 138;* — in Reinhold's Geschichte des Galvanismus u. s. w. S. 29.* — Alex. Monro's und Rich. Fowler's Abhandlung über die thierische Electricität u. s. w. Leipzig 1796.* — Pfaff, Ueber thierische Elektricität und Reizbarkeit. Leipzig 1795. S. 124 ff.* — Crève, vom Metallreize, einem neuentdeckten untrüglichen Prüfungsmittel des wahren Todes. Leipzig und Gera 1796. S. 84 ff.* — v. Humboldt, Versuche über die gereizte Muskel- und Nervenfaser u. s. w. Posen und Berlin 1797. Bd. I. S. 243 ff.* Bd. II. S. 171 ff.* — Bericht der Commission des National-Institutes von Frankreich (1797), in Ritter's Beiträgen zur näheren Kenntniſs des Galvanismus u. s. w. Bd. I. St. 1. 2. Jena 1800. S. 68 ff.* — Pfaff, im Nordischen Archive für Natur- und Arzneywissenschaft. Herausgegeben von Pfaff und Scheel. Bd. I. St. 1. 1799. S. 17.* — Carlisle, the Croonion Lecture on muscular Motion, Philosophical Transactions etc. For the Year 1805. P. I. p. 1.* — Nysten, Recherches de Physiologie et de Chimie pathologiques etc. Paris 1811. p. 328 et suiv.* — Joh. Müller, Handbuch der Physiologie des Menschen u. s. w. Bd. II. 1840. S. 15. 38. 40 ff.*

eine falsche, oder wenigstens schwer zu würdigende Bedeutung zu. Er glaubt nämlich darin ein Mittel gefunden zu haben, die Zweifel zu beseitigen, die er so unnützerweise gegen die Einerleiheit der Ursachen erhoben hat, welche die Nadelablenkung in dem Nobili-schen Grundversuche und die Zuckung in dem Galvani'schen Versuche ohne Metalle hervorbringen. Deshalb wurde auch stets, in seinen Versuchen, neben dem Multiplicator, von dem stromprüfenden Schenkel Gebrauch gemacht, um die Wirksamkeit der Muskeln zu prüfen: s. oben Bd. I. S. 478. Hier habe ich bereits angedeutet, dafs, wenn es Matteucci noch ferner anstehen sollte, jene Zweifel fortzusetzen, er sich durch den Erfolg von Versuchen der Art nicht darin stören zu lassen brauchte; denn die überall gleichen Schritt haltende Abnahme der beiden Erscheinungen kann sehr wohl davon abgeleitet werden, dafs die untersuchten Einflüsse durchweg allgemein verderblicher Art waren. Aufserdem finden sich bei Matteucci sämmtliche hiehergehörige Versuche doppelt angestellt, nämlich einmal mit dem vermeintlichen Froschstrome, das andere Mal mit dem Muskelstrome; d. h. also, nach unserer Bezeichnungsweise, einmal mit dem Strome zwischen natürlichem Längsschnitte und natürlichem Querschnitte, das andere Mal mit demjenigen zwischen natürlichem Längsschnitte und künstlichem Querschnitte. Die Erfolge beider Versuchsreihen sind, wie sich für uns von selbst versteht, völlig übereinstimmend, und dadurch ist Matteucci, seiner Angabe nach, endlich dazu geführt worden, darüber nachzudenken, ob nicht Frosch- und Muskelstrom am Ende doch noch einerlei sein möchten. [1]

Was das hier einzuschlagende Verfahren betrifft, so liefs Matteucci stets zwei Säulen aus den thierischen Gliedern einander entgegenwirken, wovon die eine dem zu erforschenden Einflufs ausgesetzt gewesen war, die andere aber in ihrem natürlichen Zustande sich befand (S. oben Bd. I. S. 231. 246). Ich habe mich in solchen Fällen, wo das ganze Thier während des Lebens der verändernden Bedingung preisgegeben wurde, um die es sich also zuerst hier handelt, damit begnügt, den mir so bekannten Strom des Gastroknemius, oder des Galvani'schen Präparates, auf seine Stärke zu prüfen, da mich die oben Bd. I. a. a. O. angeführten Gründe hinderten, mich des Verfahrens der Entgegensetzung zu bedienen. Gewifs kommt diesem Verfahren grundsätzlich eine grofse Ueberlegenheit zu; allein ich bin der Meinung, dafs man getrost auf dasselbe Verzicht leisten kann, insofern hier doch nur so erhebliche

[1] Philosophical Transactions etc. For the Year 1845. P. II. p. 297.* — S. oben Bd. I. S. 542.

Wirkungen von Interesse sein können, daſs sie sich auch jener minder empfindlichen Art der Prüfung nicht zu entziehen vermögen. Sollten hingegen einzelne vom Gesammtorganismus getrennte Muskeln dem Versuche unterworfen werden, so versäumte ich natürlich nie, entweder einen Gegenversuch mit dem unverletzt gebliebenen Muskel gleichen Namens von der anderen Seite desselben Thieres anzustellen, oder mich seiner zur Compensation zu bedienen, wovon Eingangs des folgenden Paragraphen mehr die Rede sein wird.

1. Einfluſs krankhafter Zustände des Thieres auf den Muskelstrom.

Hier wäre zunächst der Ort, von dem Einflusse zu reden, den etwaige krankhafte Zustände auf den Muskelstrom ausüben mögen. Man kann unterscheiden zwischen solchen krankhaften Zuständen, die uns die Natur selbst darbietet, und solchen, die der Versuch sich als Bedingung neuer Erscheinungen willkürlich schafft.

(1) Natürlich entstandene krankhafte Zustände.

Matteucci hat die Bemerkung gemacht, daſs man nicht selten, vorzüglich in der Sommerhitze, Fröschen begegne, deren Muskeln weiſslich, mürbe und mit einer serösen Flüssigkeit getränkt erschienen; zwischen Haut und Muskeln finden sich bei denselben gleichfalls seröse Ergüsse. Solche Frösche gerathen nicht in Zuckungen in Folge schneller Zurichtung (S. oben S. 33); es sei sehr selten, daſs der Galvani'sche Versuch ohne Metalle an denselben glücke, und auch die Nadelablenkungen durch ihren Strom seien vermindert. Lasse man eine Säule aus sechs gesunden einer solchen aus sechs in diesem Zustande befindlichen Fröschen entgegenwirken, so gebe sich stets ein deutlicher Differentialstrom im Sinne der ersteren kund. [1]

Dies Ergebniſs kann ich bestätigen, ohne im Stande zu sein, der von Matteucci gegebenen Beschreibung des krankhaften Zustandes eine wissenschaftlichere Fassung zu verleihen. Die Muskeln in demselben bieten, statt des zarten Pfirsichrothes gesunden Froschfleisches, ein Graulichweiſs dar, sind mürbe anzufühlen, und die Lymphräume sind mit einer wässerigen Flüssigkeit erfüllt. Der besondere, jedem organischen Physiker befreundete, süſslich aromatische Geruch des gesunden Froschblutes wird vermiſst. In denselben Zustand gerathen augen-

[1] Archives de l'Électricité. t. II. p. 440. t. III. p. 23.* — Annales de Chimie et de Physique. 3. Série. t. VI. p. 323. t. VII. p. 444.* — Traité etc. p. 76. 106.*

scheinlich Frösche, welche man lange in Wasser aufbewahrt. In dieser künstlich hervorgebrachten Form ist er bereits von Vielen beobachtet worden, und JOH. MÜLLER hat bemerkt, dafs alsdann die Lymphe nicht mehr gerinnt, wie auch das Blut entweder sehr wenig oder gar kein Gerinnsel absetzt.[1]

Ich habe schon oben Bd. I. S. 452, bei Gelegenheit der Aufbewahrung der Frösche, einer Seuche Erwähnung gethan, welche mit völlig sich gleichbleibenden Zufällen mehrere Jahre nacheinander unter meinen Vorräthen ausgebrochen ist und erst zu weichen anfing, nachdem sie die Reihen beträchtlich gelichtet hatte. Sie ist neuerdings auch in ganz entsprechender Weise von Dr. HELMHOLTZ in Potsdam beobachtet worden. Am heftigsten wüthete sie bei mir im Winter 1843 bis 1844, wo mir von fünfhundert Fröschen, die ich in Kisten mit feuchtem Moose hielt, nur etwa die Hälfte übrig blieb. Die Zeichen der Seuche waren folgende.

Ein Thier, welches erkranken soll, stöfst von Zeit zu Zeit einen ganz kurzen quikenden Schrei aus. Es wird von einer Unruhe befallen, die es antreibt, gegen die Wände des Behälters zu springen, was Verwundung der Nasenspitze nach sich zieht. Später bemerkt man eine Augenentzündung, mit Anschwellung des Augenliedes und manchmal einem pannusähnlichen Zustande der Hornhaut. Die Verletzung der Nase verwandelt sich in ein bis auf die Knochen gehendes torpides Geschwür mit aufgeworfenen Rändern. Aehnliche Ulcerationen ergreifen die vier Pfoten, und stellen sich auch wohl sonst am Körper ein. Das Thier magert ab; seine Haut wird ganz dunkelbraun oder schwarz. Es läfst sich greifen, ohne das Weite zu suchen, und setzt dem Anfassen nur ein eigenthümliches Aufblähen des Leibes entgegen, was eine Schmerzhaftigkeit desselben anzudeuten scheint. Endlich stirbt es, ohne Ausnahme, im Tetanus, der mit einem langen gellenden, an die Epilepsie erinnernden Schrei hereinbricht, wie er auch stets den Tetanus nach Gehirnerschütterung, nie den nach Strychninvergiftung begleitet; so dafs alle Todten in der Lage tetanischer Frösche gefunden werden, die Jedem bekannt sein wird, der einmal einen Frosch mit Strychnin vergiftet hat. Erschütterung, plötzliches Begiefsen mit kaltem Wasser u. d. m. bestimmen nicht selten den Ausbruch des tödtlichen Tetanus. Es können aber, durch sehr reinliches Halten, manchmal auch solche Frösche noch gerettet werden, die bereits nach dem

[1] Handbuch der Physiologie u. s. w. Bd. I. 3. Auflage. S. 257.* — Vergl. die Inaugural-Dissertation: Systema Amphibiorum lymphaticum Disquisitionibus novis examinatum. Auct. Jos. MEYER. Berolini 1845. 4°. p. 11. Not. 8.*

Tetanus in einen dem soporösen Stadium der Epilepsie vergleichbaren Zustand verfallen sind. Die Dauer der Krankheit bis zum Tode beträgt, je nach der Temperatur, mehrere Tage bis mehrere Wochen.

Dergleichen kranke Frösche habe ich im Laufe meiner Untersuchungen in Ermangelung gesunder nicht selten in Anwendung ziehen müssen, indessen nie daran irgend eine wesentliche Veränderung ihres Stromes, eine merkliche Schwächung ausgenommen, verspürt. Sogar an dieser, wie auch an andern Krankheiten verstorbene Frösche geben zu keiner andern Wahrnehmung Anlaſs. Auch sonst begegnet es einem wohl, wenn man viel mit Fröschen arbeitet, allerlei Abweichungen unter denselben zu beobachten. Die Muskeln von Gliedmaſsen, deren Knochen gebrochen waren, oder denen ein Theil, z. B. der Unterschenkel, der Vorderarm, in Folge eines Unfalles fehlt, verhalten sich gleich denen von gesunden.

(u) Künstlich hervorgerufene krankhafte Zustände.

Ueber absichtlich hervorgerufene krankhafte Zustände habe ich keine eigene Erfahrungen zu berichten. Bei Matteucci finde ich folgende mitgetheilt. Er verletzte sechs Fröschen die Oberschenkelmuskeln. Nach 30 Stunden, während welcher sie in Ruhe gelassen worden waren, fand er die Schenkel geröthet und von Blute strotzend »rouges »et remplis de sang: un médecin les aurait dits engorgés.« Diese Frösche gaben ihm sämmtlich stärkere Nadelablenkungen und Zuckung ohne Metalle als solche mit nicht verletzten Oberschenkeln. In einem zweiten Versuche wurden sechs gesunde Frösche in demselben Behälter mit den verletzten gehalten, gleichzeitig geschlachtet, und die beiden Froschsäulen einander entgegen aufgebaut; die mit den verletzten Schenkeln überwog um 3—4°, und gab auch ohne Anwendung der Compensation eine um eben so viel Grad stärkere Wirkung als die gesunde. — Von acht Fröschen wurden vier auf die angegebene Weise behandelt, vier gesund gelassen; von den ersten zeigten alle vier die Zuckung ohne Metalle, von den letzteren nur einer. — Frösche, denen ein Schenkel verletzt ist, geben manchmal die Zuckung ohne Metalle nur an diesem allein. Die Verwundung muſs, bei diesen Versuchen, so eingerichtet werden, daſs das Thier nicht verbluten kann; es darf nicht ins Wasser gesetzt werden, widrigenfalls die Stockung (engorgement) nicht zu Stande kommt.[1]

Diese Versuche Matteucci's beziehen sich, in seiner Vorstellung, auf den angeblichen »Courant propre«; die Säulen wurden aus Gal-

[1] Archives de l'Électricité. t. II. p. 442. 443.* — Annales de Chimie et de Physique. 3. Série. t. VI. p. 326.* — Traité etc. p. 110. 111.*

VANI'schen Präparaten zusammengesetzt. Folgender Versuch war dagegen ursprünglich bestimmt, die Unabhängigkeit des Muskelstromes vom Nervensysteme nachzuweisen. MATTEUCCI zerstörte sechs Fröschen das Rückenmark mit einem glühenden Eisen in der Gegend der Lendenwirbel, und überliefs dieselben vier Tage lang mit sechs anderen unverletzten in einem grofsen Glase bei 8 — 10° Luftwärme sich selbst. Dann setzte er aus den querdurchschnittenen Oberschenkeln beider Sippschaften zwei zwölfgliederige Säulen zusammen, die er einander entgegenwirken liefs; es zeigte sich ein Ausschlag von 16 — 18° zu Gunsten der Thiere, deren Rückenmark verletzt worden war; einzeln gab die diesen zugehörige Säule 50 — 55°, die andere nur 42 — 45°; die Muskeln der ersteren waren merklich geröthet.[1]

Von Interesse würde es unstreitig sein, Muskeln auf ihren Strom zu untersuchen, die durch lange Trennung vom Centralnervensysteme ihre mechanische Leistungsfähigkeit eingebüfst und eine Veränderung ihres Baues erlitten haben, oder deren Arterien unterbunden worden sind. Ich habe noch nicht Zeit gefunden, diese Fragen zu beantworten.

2. Einflufs verschiedener Todesarten des Thieres auf den Strom.

Zu anderen Umständen übergehend, müfste jetzt eigentlich der wesentlichste Einflufs zur Sprache kommen, dessen wir überhaupt, als das Thier während des Lebens treffend und den Muskelstrom verändernd, zu gedenken haben, der nämlich der lange fortgesetzten Einwirkung der Kälte. Indefs es knüpfen sich an die Untersuchung desselben so bemerkenswerthe Aufschlüsse über die innerste Natur des Muskelstromes, dafs ich es für gerathen halte, die ganze Darlegung dieser Reihe von Erfahrungen nebst den daran sich knüpfenden Erörterungen an eine spätere Stelle zu verlegen, wo jene Aufschlüsse besser an ihrem Platze sein werden.[2]

Von dem Einflussse der verschiedenen Todesarten des Thieres auf den Muskelstrom, Opium-, Strychnin-, Blausäurevergiftung, Gehirnerschütterung, Köpfung u. s. w. habe ich bereits in meinem »*vorläufigen Abrifs*« (A. a. O. S. 14. §. 37) gesagt, dafs er abhängig sei »von dem Einflusse dieser Todesarten auf das frühere oder spätere »Eintreten der Todtenstarre, d. h. des Muskeltodes.« MATTEUCCI hat, nach mir, und ohne meiner Erwähnung zu thun, die Einflufslosigkeit

[1] Archives etc. t. III. p. 24. 25.* — Annales etc. t. VII. p. 445.* — Traité etc. p. 77. 78.*

[2] S. unten, Kap. VIII. §. II.

des Opiums, Strychnins, und der Blausäure auf den Strom abermals ausgesprochen. Es liegen hier folgende Erfahrungen vor.

1. Opiumvergiftung. Ich habe mich der Tinctura Opii simplex Pharm. Bor. bedient, Matteucci des mit Chlorwasserstoffsäure gemischten wässrigen Opiumextractes, wovon er den Fröschen 10—12 Tropfen gab. Matteucci erhielt keinen merklichen Differentialstrom, als er eine Säule aus halben Froschoberschenkeln von den vergifteten Thieren einer solchen von nicht vergifteten entgegensetzte, und so habe auch ich keinen Unterschied in der Stärke des Stromes des Gastroknemius entdecken können. Dasselbe fand Matteucci an Tauben bestätigt.[1]

2. Strychninvergiftung. Diese ist dadurch ausgezeichnet, dafs sie durch die dem Tode vorangehenden Krämpfe die Reizbarkeit aufreibt, so dafs, nach Brücke's Beobachtung,[2] die Todtenstarre achtmal früher eintritt, als bei anderen Todesarten. Demzufolge versteht es sich nach dem Vorausgeschickten von selbst, dafs auch der Strom achtmal schneller schwindet als sonst. Matteucci hat hier grofse Verwirrung angestiftet, von der wir zum Theil schon Kenntnifs haben. Man sehe seine Behauptungen über die Wirkung der Strychninvergiftung in der geschichtlichen Einleitung zum vorigen Kapitel. Mit Strychnin vergiftete, tetanische Thiere sollten keinen Strom besitzen, nach gelöstem Krampfe sogar der Strom nie wiederkehren (S. oben S. 12). Nachher wurden diese Behauptungen gemildert und es kam heraus, dafs der Strom etwas schwächer sei und die Zuckung ohne Metalle nicht so leicht glücke (S. oben S. 29). Dies ist nun in der That kein Wunder, da das Thier durch den Tetanus billig sich im Zustande einiger Erschöpfung befinden darf. Matteucci geht aber sogar noch weiter in der Beschränkung seiner ersten, so zuversichtlich schroffen Behauptung. Das letzterwähnte Ergebnifs solle nämlich nur für den »courant propre« gelten; für den »courant musculaire« stellt er noch eine besondere Versuchsreihe, entsprechend der so eben in Betreff des Opiums beschriebenen, an. Er findet, dafs auf den »courant musculaire« von Fröschen und Tauben das Strychnin so wenig wie das Opium einen merklichen Einflufs ausübt. »J'ai même, dans un seul »cas, observé, et d'une manière bien distincte, que l'action du poison

[1] Archives etc. t. III. p. 25.* — Annales etc. t. VII. p. 445. 446.* — Traité etc. p. 78.* — In einer ersten Mittheilung behauptete Matteucci eine Schwächung durch Opium. Comptes rendus etc. 23 Janvier 1843. t. XVI. p. 197:* »J'ai introduit dans »l'estomac des grenouilles de l'extrait d'opium en solution, et j'ai trouvé que le »courant musculaire, en général, s'affaiblit.«

[2] Müller's Archiv u. s. w. 1842. S. 178.*

»narcotique en très-faible dose, avait augmenté les signes du cou-»rant musculaire.«[1]

3. Blausäurevergiftung. Ich sprützte Fröschen in 5—10′ Abstand 3—4 Gaben des alkoholischen Präparates der Pharm. Bor. von 3β (etwas über 1.8gr.) ein, wodurch ich eine möglichst allgemeine Verbreitung des Giftes und seiner Wirkung bezweckte. Die Thiere geriethen in folgenden Zustand. Sie behielten jede gegebene Stellung bei, antworteten nicht mehr auf Zehenabschneiden, Einschneiden des Augenliedes, Kneipen, Maulaufsperren. Eine lebhafte Erschütterung in der Umgebung rief eine träge Reflexbewegung der vier Extremitäten hervor. Athmen konnte nicht bemerkt werden, das Herz schlug mehreremal in der Minute. Alle Theile rochen stark nach bitteren Mandeln. Das Blut gerann in Gestalt eines unzusammenhängenden Niederschlages, wie dies auch bei der Strychninvergiftung beobachtet wird.

Indessen zuckte der Gastroknemius noch beim Durchschneiden seines Nerven und von demselben aus auf die leere Inductionsrolle; der Strom war in gewöhnlicher Richtung und Stärke vorhanden. Das Ergebnifs blieb sich in mehreren Versuchen gleich.

Mit Piria's Hülfe stellte Matteucci folgenden Versuch an. Frösche wurden unter eine Glocke gebracht, in die er Cyanwasserstoffgas steigen liefs. So wie die Frösche unter dem Einflusse des Giftes zu wanken (?! »chanceler«) anfingen, tödtete Matteucci eine gleiche Anzahl nicht vergifteter, und setzte aus diesen und jenen, in gewohnter Weise, zwei Säulen aus halben Oberschenkeln zusammen, die er einander entgegenwirken liefs. Es gab sich ein sehr kleiner Differentialstrom im Sinne der nicht vergifteten Frösche kund. Dasselbe sah Matteucci an Tauben.[2]

4. Arsenikwasserstoffvergiftung. Alles von der Blausäure gesagte lassen Matteucci und Piria auch vom Arsenikwasserstoff gelten.[3] Ich habe keine Versuche darüber angestellt.

5. Schwefelwasserstoffvergiftung. Diese Todesart scheint, nach Matteucci, eine ausgezeichnete Wirkung auf den Muskelstrom zu besitzen. Es wird damit verfahren wie mit der Blausäure und dem Arsenikwasserstoffgase. Zwei Säulen, aus zwölf Gliedern jede, die eine bestehend aus querdurchschnittenen Oberschenkeln von gesunden, die

[1] Archives de l'Électricité. Ibidem. — Annales de Chimie et de Physique. Ibidem. — Traité etc. Ibidem.

[2] Archives etc. p. 26. 27.* — Annales etc. p. 447. 448.* — Traité etc. p. 80. 81.* — Philosophical Transactions etc. For the Year 1845. II. p. 284. 293.* — Leçons sur les Phénomènes etc. p. 186.*

[3] Ibidem.

andere aus solchen von den vergifteten Fröschen, wurden einander entgegengesetzt. Es erfolgte ein Differentialstrom von 26°; einzeln geprüft, gab die vergiftete Säule nur 5—6°, die gesunde 30° Ausschlag. In einem anderen Falle mit achtgliederigen Säulen erhielt Matteucci 15° Differentialstrom, in einem dritten mit einer siebengliederigen 12°; in diesem letzteren hatte die vergiftete Säule fast gar keine Wirkung, die andere gab 15° Ausschlag.[1] Drei zwanziggliederige Säulen aus querdurchschnittenen Froschoberschenkeln gaben, statt 90° Ausschlag, wie sie hätten sollen, durch den Einfluſs des Gases nur 55°; 44°; 41°.[2] Dasselbe fand Matteucci an Tauben bestätigt. Zwei einander entgegenwirkende siebengliederige Säulen gaben nacheinander 15°; 10°; 8° zu Gunsten der nicht vergifteten Thiere.[3] Bei Gelegenheit des »courant propre« führt Matteucci noch an, daſs auch dieser Strom durch den Schwefelwasserstoff beeinträchtigt erscheine, so daſs ein starker Frosch keine Zuckung ohne Metalle gegeben habe, und auch die Multiplicatorwirkung unmerklich gewesen sei. Dasselbe fand sich an einer Säule aus Galvani'schen Präparaten. Matteucci fügt hinzu: »Je ferai observer que cette grenouille se contractait encore sous le »courant d'un couple de zinc et platine.«[4] Es ist indeſs nicht zu übersehen, daſs, nach dem Zeugnisse mehrerer Beobachter, das Schwefelwasserstoffgas sowohl als die schwefelige Säure eine verderblichere Wirkung auf die mechanische Leistungsfähigkeit der Muskeln zu äuſsern scheinen, als die übrigen Vergiftungsarten und Todesweisen, die sich auch der elektromotorischen Leistungsfähigkeit gegenüber mehr gleichgültig verhalten.[5]

Ich selbst habe noch nicht Zeit gefunden, diese Angaben Matteucci's zu prüfen, werde jedoch an einer späteren Stelle dieses Werkes vielleicht noch Gelegenheit nehmen, darauf zurückkommen.

6. Stickoxydgasvergiftung. In Matteucci's Brief an Dumas über meine Untersuchungen heiſst es: »Je viens de trouver que le gaz

[1] Comptes rendus etc. 23 Janvier 1843. t. XVI. p. 197.* — L'Institut. t. XI. No. 475. p. 36.* — Archives de l'Électricité. t. III. p. 27. 28.* — Annales de Chimie et de Physique. 3. Série. t. VII. p. 448. 449.* — Traité etc. p. 81. 82.*

[2] Philosophical Transactions etc. Ibid. p. 293.*

[3] Archives etc., Annales etc., Traité etc., ibidem.

[4] Comptes rendus etc., L'Institut etc., ibidem. — Archives etc. t. II. p. 412.* — Annales etc. p. 326.* — Traité etc. p. 110.*

[5] S. Fontana, Abhandlung über das Viperngift u. s. w. Berlin 1787. 4°. S. 50. 51.* — Volta, Collezione dell' Opere etc. Firenze 1816. t. II. p. I. p. 45. Nota (a).* — Valli in Aloysi Galvani Abhandlung über die Kräfte der thierischen Elektricität u. s. w. Uebersetzt von J. Mayer. Prag 1793. Vorrede S. vi.;* — Gren's Journal der Physik. 1792. Bd. VI. S. 395.* — Pfaff, Ueber thierische Elektricität

»nitreux agit encore avec plus d'intensité que l'hydrogène sulfuré pour »détruire le courant musculaire et le courant propre.«[1] In seinen späteren Mittheilungen, wo er noch viele Male auf die Wirkung des Schwefelwasserstoffgases zurückkommt, vermifst man die Erneuerung auch jener Angabe, was bei Matteucci kein gutes Zeichen für ihre Zuverlässigkeit ist.

7. Kohlensäurevergiftung. Matteucci liefs unter die Glocke, in der die Versuche mit Blausäure u. s. w. angestellt wurden, Kohlensäuregas zu Fröschen treten. »Les grenouilles commencent par sauter, »ouvrent la bouche, et après quinze à vingt minutes elles restent sans »mouvement, on dirait qu'elles sont mortes. Effectivement si on ne »les retire pas de l'acide carbonique, on ne parvient plus à les sauver.« In dem Augenblicke, wo die Frösche regungslos wurden, richtete Matteucci eine Säule aus ihren querdurchschnittenen Oberschenkeln zu, und zu gleicher Zeit bereitete ein Gehülfe eine solche von gesunden Fröschen. In sechs Versuchen zeigte sich kein Differentialstrom. Dasselbe Ergebnifs erhielt Matteucci an einer in Kohlensäure erstickten Taube.[2]

8. Erstickungstod. Matteucci that zwanzig Frösche in Wasser, welches zwei Stunden lang gekocht hatte. Auf das Wasser ward Oel gegossen, damit es nicht wieder Luft anziehen sollte, und eine Glasplatte auf den Cylinder aufgekittet. Temperatur 15° C. Anfangs fuhren die Frösche in dem Wasser auf und ab, vom Boden nach der Oberfläche. Nach einer Stunde aber hielten sie sich sämmtlich am Grunde, schienen zu leiden und machten nur wenig Bewegungen. Nach zwei Stunden hörte jene Bewegung auf und die Frösche schienen todt. Eine aus den querdurschnittenen Oberschenkeln dieser Frösche bereitete zwanziggliederige Säule zeigte einen weit schwächeren Strom als sonst; statt 90° Ausschlag und 25—30° beständiger Ablenkung, wie sie hätte sollen, gab sie nur 50—60° Ausschlag und 10—12° beständige Ablenkung. Der Versuch ward zweimal mit gleichem Erfolge wiederholt, und der einzige bemerkbare Unterschied zeigte sich in der Zeit des Erstickens, die sich umgekehrt wie die Temperaturen verhielt.

und Reizbarkeit. Leipzig 1795. S. 128.* — Die Commission des Französischen National-Institutes vom Frühling 1797 (S. oben Bd. I. S. 315) in Ritter's Beiträgen u. s. w. Bd. I. St. 1. 2. 1800. S. 73.* — Nysten, Recherches de Physiologie et de Chimie pathologiques etc. Paris 1811. p. 114. 365.*

[1] Annales de Chimie et de Physique. Septembre 1845. 3. Série. t. XV. p. 65.* — Archives etc. 1845. t. V. p. 383.*

[2] Archives etc. t. III. p. 26.* — Annales etc. t. VII. p. 446. 447.* — Traité etc. p. 79. 80.* — Philosophical Transactions etc. p. 284. 294.*

Die Muskeln dieser Frösche sollen weifs gewesen sein, und sich an der Luft leicht geröthet haben. [1]

9. Verblutung. Matteucci behauptet, dafs Frösche, denen er das Herz ausgeschnitten, und sie sich zu Tode bluten gelassen, nur sehr schwer die Zuckung ohne Metalle zeigten, und dafs auch der Strom ihres Galvani'schen Präparates am Multiplicator geschwächt erscheine. [2] Dasselbe wird später auch von dem »muscular current« einer zwanziggliederigen Säule berichtet. [3]

10. Enthäutung. Matteucci hat folgenden Versuch mehrmals wiederholt: Er zog zehn lebendigen Fröschen die Haut ab. Die Frösche lebten auf diese Weise noch sechs, acht, sogar zehn Stunden fort. Der Strom einer zwanziggliederigen, aus ihren querdurchschnittenen Oberschenkeln bereiteten Säule trieb die Nadel, statt auf 90°, nur auf 80—85°, die beständige Ablenkung betrug 18° statt 25°. [4]

Matteucci macht übrigens die allgemeine Bemerkung, dafs Stärke und Dauer seines sogenannten Froschstromes (des Stromes zwischen natürlichem Längs- und Querschnitte) unter der Wirkung der erniedrigten Temperatur, des unterdrückten Athmungsvorganges oder Blutumlaufes, des geschwefelten Wasserstoffgases mehr leide als sein sogenannter Muskelstrom [5] (der Strom zwischen natürlichem Längs- und künstlichem Querschnitte). Vergl. oben Bd. I. S. 542. 543. Wir werden später Gelegenheit finden, auf die Bedeutung dieser Angabe zurückzukommen, welche, bei der so sehr viel gröfseren Zartheit des künstlichen Querschnittes, auf den ersten Blick allerdings nicht wenig auffallend erscheint. [6]

[1] Comptes rendus etc. 14 Avril 1845. t. XX. p. 1097.* — Philosophical Transactions etc. p. 292. 293.*

[2] Archives etc. t. II. p. 442.* — Annales etc. t. VI. p. 325.* — Traité etc. p. 109.*

[3] Philosophical Transactions etc. p. 292.*

[4] Ibidem. p. 291. 292.*

[5] Ibidem. p. 298.*

[6] S. unten, Kap. VIII. §. II.

§. III.

Von dem Einflusse solcher Umstände auf den Muskelstrom, welche den vom Gesammtorganismus getrennten Muskel unmittelbar treffen.

Der gröfste Theil der im vorigen Paragraphen beschriebenen Erscheinungen liefs sich nach dem, was längst über den Einflufs der verschiedenen Todesarten auf die Erregbarkeit der Muskeln bekannt ist, und dem von uns aufgestellten Satze, dafs der Strom mit derselben gleichen Schritt hält, leicht voraussehen, und eben dieses gilt von dem nun Mitzutheilenden, betreffend den Einflufs mannigfacher Bedingungen, denen die vom Gesammtorganismus getrennten Muskeln im Versuche unmittelbar unterworfen werden können. Man vermag sich leicht zu denken, dafs wir hier, über ungleich heftigere Einwirkungen gebietend, übrigens auf viel ausgesprochenere Erfolge stofsen werden.

Matteucci hat sich auch hier seiner einander entgegenwirkenden Säulen aus thierischen Gliedern bedient. Ich habe mich an die Untersuchung des Gastroknemius, und in solchen Fällen, wo der Einflufs der Art war, dafs er nur schwer und langsam ins Innere des Muskels dringen konnte, an diejenige des dünnen und platten Sartorius gehalten; wobei mir der entsprechende Muskel der anderen Seite desselben Thieres, der der Bedingung nicht ausgesetzt wurde, zum Vergleichspunkte diente. Nur in wenigen Fällen ist diese Bedingung der Art, dafs man sie während des Aufliegens einwirken lassen kann. Die Bäusche waren mit Eiweifshäutchen bekleidet, um die Muskeln, falls sie dem Einflusse noch einmal ausgesetzt werden sollten, vor dem Anätzen durch die Kochsalzlösung zu schützen. Handelte es sich um Eintauchen derselben in eine Flüssigkeit, und war diese von der Art, dafs sie, in den Multiplicatorkreis zwischen den Bäuschen eingeführt, leicht hätte elektromotorisch wirken können, so wurden die Muskeln vor dem Auflegen mit destillirtem Wasser abgespült und zwischen Fliefspapier getrocknet. Nie versäumte ich, gleichzeitig mit der elektromotorischen, die mechanische Leistungsfähigkeit des Muskels einer genauen Prüfung zu unterwerfen. Dies geschah auf elektrischem Wege, mittelst der bekannten Inductionsrolle, wobei, wegen der an und für sich dem Muskel schädlichen Wirkung elektrischer Schläge, die Vorsicht gebraucht wurde, die Prüfung stets mit den schwächsten Strömen zu beginnen und möglichst wenig Schläge durch den Muskel hindurch gehen zu lassen. Für todt galt er, wenn er, auf den Platinenden der stromzuführenden Vorrichtung aufliegend, auf die Schläge der ganz mit Drähten angefüllten Rolle, in deren primären Kreis sich eine GROVE'sche Kette der gröfseren Art befand, nicht mehr antwortete. Auf diese Weise wurde die bevorstehende Untersuchung abermals eine fortlaufende Bestätigung der im ersten Paragraphen dieses Kapitels gegebenen Grundbestimmung: dafs die Abnahme des Stromes Hand in Hand gehe mit der der Reizbarkeit, dafs er verschwinde, wenn das Gerinnen des flüssigen Muskelfaserstoffes, die Todtenstarre, eintrete.

1. Einflufs der Temperatur.

(1) Temperaturerhöhung.

Dafs ein warmes, vollends ein siedendes Wasserbad, wie auch ein Wasserdampfbad von bestimmter Temperatur die Reizbarkeit und den Strom vernichten, habe ich bereits in meinem »*vorläufigen Abrifs*« a. a. O. S. 13. §. 35. 4. *c. d.* im Allgemeinen angeführt. Hier folgen die näheren Angaben. In meinem Munde wurde ein Gastroknemius binnen 35′ todtenstarr, reactions- und stromlos. In destillirtem Wasser von 40° C. geschah dasselbe bereits nach 25′. In destillirtem Wasser von 50° zieht sich ein Adductor magnus Cuv. binnen 2′ zu einem unförmlichen Klumpen zusammen, und ist reactions- und stromlos. In Dampf von 50° tritt die Wirkung nicht ganz so schnell ein. Noch langsamer geschieht dies in trockener Luft von der gleichen Temperatur, ohne Zweifel, weil der Muskel durch das Verdampfen des Wassers an seiner Oberfläche und die schlechte Wärmeleitungsfähigkeit der sich auf derselben bildenden trockenen Schale eine Zeit lang geschützt wird. Wirklich ist innerhalb dieser Schale die Muskelsubstanz fast unversehrt, allein die Steifigkeit der ersteren ist so grofs, dafs keine Zusammenziehung sichtbar werden kann.

Die constanten Temperaturen wurden erreicht, indem ich hinlänglich grofse Wassermassen in einiger Entfernung von der verkleinerten und sorgfältig überwachten Flamme der BERZELIUS'schen Lampe so aufstellte, dafs die hinzutretende Wärme den Verlust durch Verdampfung, Leitung und Strahlung möglichst genau compensirte. Dem Dampfbade wurde der Muskel ausgesetzt, indem ich ihn auf ein Netz von Platindraht rings um die Kugel eines über der Oberfläche des Wassers schwebenden Thermometers legte. Ebenso ward beim heifsen Luftbade verfahren.

MATTEUCCI hat bereits in seinem vor dem Erscheinen des »*vorläufigen Abrisses*« veröffentlichten »*Deuxième Mémoire sur le cou-*

»*rant de la grenouille* etc.« angekündigt, dafs es ihm gelungen sei, diesen Strom durch mehrere Minuten lang dauerndes Eintauchen in fast siedendes Wasser zu vermindern und sogar völlig verschwinden zu machen.[1] Seitdem hat er dieselbe Angabe einer grofsen Schwächung, durch ein nur wenige Secunden (?) dauerndes Bad von 50°, in Bezug auf den »courant musculaire« wiederholt.[2] Sechszehn halbe Froschoberschenkel, auf diese Weise behandelt, dann in kaltem Wasser gewaschen, gaben, statt 90° Ausschlag und etwa 20° beständiger Ablenkung, wie sie hätten sollen, nur 12° Ausschlag und 0° beständiger Ablenkung. Anfrischen des Querschnittes half dem Strom nicht wieder auf. Matteucci überzeugte sich, dafs die Wirkung weder von der verminderten Leitungsfähigkeit der thierischen Glieder, noch von den Waschungen mit kaltem Wasser herrührte.

Dafs die Temperaturerhöhung den verderblichsten Einflufs auf den Strom ausüben würde, war nicht schwer im Voraus zu errathen. Es ist (S. oben S. 158. Anm.) eine alte und vielfach bestätigte Erfahrung, dafs die Gerinnung des Blutfaserstoffes durch Temperaturerhöhung, statt verzögert zu werden, vielmehr beschleunigt erscheint, und so weifs man auch schon seit geraumer Zeit von mehreren Seiten her, dafs bei höheren Wärmegraden die Muskeln schnell ihre Erregbarkeit einbüfsen und gerinnen.[3] Aber es kommt eine andere, mehr besondere Wirkung hier zu Stande, die zu einer sehr lehrreichen Wahrnehmung Anlafs giebt. Sie ist Matteucci entgangen, und war es auch mir bei meinen ersten im »*vorläufigen Abrisse*« niedergelegten Arbeiten, da sie allerdings eine beträchtliche Empfindlichkeit der stromprüfenden Vorrichtung erforderlich macht. Sie besteht darin, dafs durch Eintauchen in siedendes Wasser, wo dann die Muskeln, durch die Gerinnung des Eiweifses

[1] Archives etc. t. II. p. 438.* — Annales etc. t. VI. p. 321.* — Traité etc. p. 103.*

[2] Philosophical Transactions etc. p. 306.*

[3] Fontana, Ricerche filosofiche sopra la Fisica animale. In Firenze 1775. 4°. p. 70.* — John Hunter's Versuche über das Blut, die Entzündung und die Schufswunden u. s. w. Uebersetzt von Hebenstreit. Leipzig 1797. Bd. I. S. 181 ff.* — Caldani, Osservazioni sulla Membrana del Timpano e nuove Ricerche sulla Elettricità animale ec. In Padova 1794. p. 128. 173.* — Pfaff, Ueber thierische Elektricität und Reizbarkeit u. s. w. S. 175.* — Crève, Vom Metallreize, einem neuentdeckten untrüglichen Prüfungsmittel des wahren Todes. Leipzig und Gera 1796. S. 97. 98.* — v. Humboldt, Versuche über die gereizte Muskel- und Nervenfaser u. s. w. Bd. II. S. 222.* — Carlisle, Philosophical Transactions etc. For the Year 1805. P. I. p. 25.* — F. E. Delaroche, Expériences sur les effets qu'une forte chaleur produit dans l'économie animale. Paris, 13 Janvier 1806 (Thèse). 4°. p. 80 et suiv.*

zugleich mit dem Faserstoff, gleichsam in doppelte Todtenstarre verfallen, der Strom nicht nur aufs äußerste geschwächt, sondern auch in seiner Richtung umgekehrt wird.

Beim Gastroknemius, wo ich dies zuerst beobachtete, konnte ein Zweifel an der Richtigkeit der Thatsache daraus entnommen werden, daß der Muskel beim Kochen seine Gestalt außerordentlich verändert, sich zu einem unförmlichen Klumpen unkenntlich zusammenballt, daß er also, vermöge dieser neuen Anordnung seiner Theile, gleich mehreren anderen Muskeln (S. oben Bd. I. S. 497), könnte absteigend wirksam geworden sein. Allein derselbe Versuch gelingt mit einem ganzen Galvani'schen Präparate, wo die Gestaltveränderung so hoch nicht mehr in Anschlag zu bringen ist; er gelingt ferner mit künstlichem Querschnitte und natürlichem Längsschnitte, sowohl an einzelnen Muskeln als an einem ganzen Oberschenkel. In diesem Falle hat also das Galvani'sche Präparat absteigenden Strom, und zugleich findet man die Strömungsrichtung zwischen den ungleichartigen Flächenbegrenzungen der dasselbe zusammensetzenden Muskeln umgekehrt: augenscheinlich der bündigste Beweis, daß der für gewöhnlich aufsteigende Strom jenes Präparates, obschon dies nicht mit mathematischer Strenge hergeleitet werden kann, wirklich nichts weiter ist, als die Resultante aller jener vom natürlichen Längsschnitte zum natürlichen Querschnitte kreisenden Muskelströme; mit der Umkehr des Zeichens sämmtlicher Componenten kehrt sich auch das Zeichen der Resultante um (Vergl. oben Bd. I. S. 688).

Außerdem erkennen wir in dieser schnellen, auf allen Punkten des Muskels in gleicher Weise vor sich gehenden Umkehr des Stromes zum vierten Male eine jener verkündigten Bewegungserscheinungen desselben (S. oben S. 127. 142. 155), welche sich, nach früheren Erörterungen, vernünftigerweise mit keiner anderen, als der auseinandergesetzten Moleculartheorie des Stromes in Einklang bringen lassen. Was bei den zarteren Muskeln in den letzten Stadien der schwindenden Erregbarkeit sich häufig von selber einzustellen pflegt (S. oben S. 155), tritt hier unter der Gewalt einer der kräftigsten Einwirkungen nach Belieben an den rüstigsten der thierischen Erreger hervor, welche uns bekannt geworden sind: die Verwandlung der positiv peripolaren Anordnung der elektromotorischen Muskelmolekeln in die negativ peripolare.

(II) Temperaturerniedrigung.

Einen eben so verderblichen Einfluß auf den Muskelstrom als die Siedhitze übt ein solcher Kältegrad aus, daß die Muskeln todtenstarr daraus hervorgehen.[1] Läſst man einen Gastroknemius vom Frosche auf den Grund eines kleinen Reagenzglases gleiten, in dem sich etwas Blutwasser oder Hühnereiweiſs befindet, und stellt dieses mehrere Minuten lang in eine gute Frostmischung, so wird man, gleichviel ob man den Muskel schnell oder langsam aufthauen lasse, nur noch eine geringe Spur von Strom und gar keine von mechanischer Leistungsfähigkeit mehr an ihm entdecken. Nicht immer erscheint dabei die Richtung des Stromes umgekehrt; es kommen aber auch Fälle vor, wo dies der Fall ist. Die Grenztemperatur, bis zu welcher ein einzelner Froschmuskel abgekühlt werden kann, ohne seine Lebenseigenschaften einzubüſsen, weiſs ich nicht mit Bestimmtheit anzugeben; ich glaube jedoch der Wahrheit ziemlich nahe zu kommen, wenn ich sie auf — 5° bis — 6° schätze. Die zerstörende Wirkung heftiger Kältegrade auf den Strom, von der hier die Rede ist, darf nicht verwechselt werden mit der oben S. 171 bereits verkündigten, welche vielmehr durch die lange Zeit hindurch fortgesetzte Anwendung solcher mäſsig erniedrigten Temperaturen auf den Gesammtorganismus des kaltblütigen Thiere ausgeübt wird, bei denen die Lebenseigenschaften der Gewebe im Uebrigen noch gar nicht gefährdet sind.[2]

2. Einfluſs elektrischer Schläge.

Der verderbliche Einfluſs heftiger elektrischer Entladungen auf die Reizbarkeit, das schnelle Faulen von Thieren, die durch den Blitz oder die Kleist'sche Batterie getödtet, oder vielfach zu galvanischen Versuchen benutzt worden sind:[3] alles dies sind äuſserst bekannte That-

[1] S. Hunter a. a. O. S. 179;* — Brücke in Müller's Archiv u. s. w. 1842. S. 186.*

[2] Vergl. unten, Kap. VIII. §. II.

[3] S. unter andern Benjamin Franklin, Experiments and Observations on Electricity, made at Philadelphia etc. 4. Edition. London 1769. 4°. p. 153. 415. 416.* — Derselbe, in seinen sämmtlichen Werken u. s. w. Uebersetzt von Wenzel. Dresden 1780. Bd. I. S. 488.* — Fontana, Ricerche filosofiche sopra la Fisica animale ec. p. 42. 181 e seg.* — Achard, in Nouveaux Mémoires de l'Académie Royale des Sciences et Belles-Lettres (de Berlin). Année 1781 (1783). p. 16.* — Galvani in seinem Commentar, Opere edite ed inedite ec. p. 75.* — Valli in Reinhold's Geschichte des Galvanismus u. s. w. S. 31.* — van Marum in Gren's Journal der Physik. 1792. Bd. VI. S. 37.* — Klein in Gren's Neuem Journal der Physik. 1795. Bd. I. S. 49.* — Pfaff, Ueber thierische Elektricität und Reizbarkeit u. s. w. S. 87.* — Crève, in Gren's Journal der Physik. 1793. Bd. VII. S. 331;* — und in seiner Schrift vom Metallreize u. s. w. S. 84.* — Carlisle, Philosophical Transactions etc. For the

sachen. Es war von Interesse, auf diese Weise erschöpfte Muskeln auf ihre eigene elektromotorische Wirkung zu untersuchen, und wirklich zeigte sichs, dafs in den meisten Fällen, mit der Reaction, auch zugleich der Strom fast ganz zu Grunde gegangen war. So gaben drei Gastroknemien beziehlich 33°; 33°; 54° Ausschlag; nachdem sie durch die Schläge der ganz mit Drähten angefüllten Rolle bis zum Ausbleiben jeder Spur von Zuckung tetanisirt worden waren, zeigten sie nur noch 0°; 7°; 0° Ausschlag.[1] Von dem mikroskopischen Befunde dergestalt mifshandelter Muskeln ist bereits oben S. 72 die Rede gewesen. Aehnliche Erfolge nahm ich an Fröschen wahr, durch die ich starke Batterieschläge hatte gehen lassen.

3. Einflufs narkotischer Gifte.[2]

Dafs die narkotischen Gifte, unmittelbar auf Nerven und Muskeln angewendet, nicht mit der Heftigkeit auf die Zerstörung der Erregbarkeit hinwirken, mit der sie die Functionen der Centralorgane des Nervensystemes auf dem Wege des Blutumlaufes zerrütten, so dafs ein guter Theil ihres verderblichen Einflusses wahrscheinlich einfach dem Wasser oder gar dem Weingeiste zukommt, in dem sie sich gelöst finden, ist eine alte und oftbestätigte Erfahrung.

Ich habe dieselbe erneuert und sie zugleich auf die elektromotorische Wirksamkeit ausgedehnt bei folgenden Stoffen: Ziemlich concentrirte wässerige Blausäure. Essigsaures Morphium, zu $^1/_{20}$ dem Gewichte nach in destillirtem Wasser. Extractum Opii aquosum Pharm. Bor. zu gleichen Theilen mit Wasser angerührt. Essigsaures Strychnin zu $^1/_{60}$ in destillirtem Wasser. Extractum Nucis Vomicae Pharm. Bor. zu $^1/_2$ mit destillirtem Wasser angerührt. Dem Sartorius vom Frosche wurde seiner Dünne wegen bei diesen Versuchen, wie auch bei allen der folgenden Nummer, der Vorzug geschenkt. Die Extracte

Year 1805. P. I. p. 25.* — Nur die unmittelbar betroffenen Muskeln büfsen, nach van Marum und Crévé, ihre Zuckungsfähigkeit ein. Dies erklärt wohl manches abweichende Ergebnifs, z. B. Valli's in Galvani's Commentar u. s. w., übersetzt von Mayer. Vorrede S. vi;* — Sommer's in der Dissertatio de Signis etc. p. 215* u. s. w. — Eine Sammlung anderweiter hierauf bezüglicher Stellen s. noch in Saxtorph's Darstellung der gesammten, auf Erfahrung und Versuche gegründeten Elektricitätslehre, u. s. w. Aus dem Dänischen übersetzt von Boëtius Fangel. Kopenhagen 1804. Bd. II. S. 140.*

[1] S. meinen »vorläufigen Abrifs u. s. w.« A. a. O. S. 13. §. 35. 4. a.

[2] Vorläufiger Abrifs u. s. w. A. a. O. S. 14. §. 35. 4. e.

schienen mir beiläufig kräftiger als die Lösungen der essigsauren Alkaloïde zu wirken.

4. Einfluſs der Aetzmittel. [1]

Viel kräftiger werden bekanntlich die Lebenseigenschaften des Muskelgewebes, unter ihnen nun auch der Strom, durch die Berührung solcher Stoffe betroffen und vernichtet, welche in die Augen fallende chemische Wirkungen auf die Muskelsubstanz ausüben, und deshalb als Aetzmittel bezeichnet zu werden pflegen. Ich habe in dieser Hinsicht versucht:

A. Wasser. [2] Chlorwasser Pharm. Bor. Alkohol. Aether.

B. Säuren: Arsenige Säure in gesättigter wässeriger Lösung. Concentrirte Essigsäure. Salpetersäure.

C. Alkalien: Gesättigte Kalihydratlösung.

D. Salze: Kohlensaures Kali. Salpetersaures Silberoxyd, schwefelsaures Kupferoxyd, die gesättigten Lösungen. Schwefelwasserstoffammoniak. Bleiessig und Liquor Chloreti Stibii Pharm. Bor. Gesättigte Kochsalzlösung.

Die ätzende Wirkung der letzteren ist Ursache, daſs wir uns von Anfang dieser Untersuchung an, bei allen feineren Ermittelungen, der Eiweiſshäutchen zum Schutze der thierischen Theile bedient haben (S. oben Bd. I. S. 223).

Auſser der verstärkenden Wirkung, welche die verdünnte Kochsalzlösung auf den Strom solcher Gliedmaſsen ausüben soll, die bereits dem Absterben nahe sind, wovon oben S. 144. 147. 150 die Rede gewesen ist, schreibt Matteucci derselben noch die Kraft zu, überhaupt den Strom eines Galvani'schen Präparates am Multiplicator stärker erscheinen zu lassen. Er erinnert zugleich daran, daſs schon Galvani die befördernde Wirkung eines Bades in Kochsalzlösung auf das Erscheinen und auf die Stärke der Zuckung ohne Metalle erkannt habe [3]

[1] Ebendaselbst.

[2] Ueber die verderbliche Wirkung des Wassers auf die Reizbarkeit s. unter andern Fontana, in seiner Abhandlung über das Viperngift u. s. w. Berlin 1787. 4°. S. 438. ff.* — Fowler in Alex. Monro's und Rich. Fowler's Abhandlung über die thierische Elektricität u. s. w. S. 168.* — v. Humboldt, Versuche über die gereizte Muskel- und Nervenfaser u. s. w. Bd. II. S. 222.* — Carlisle, Philosophical Transactions etc. For the Year 1805. P. I. p. 23* (Crimping fish). — Nasse in Meckel's Deutschem Archiv für Physiologie. 1816. Bd. II. S. 78.* — Stannius in Hecker's Litterarischen Annalen der gesammten Heilkunde. 1832. Bd. XXIV. S. 408.*

[3] Archives etc. t. II. p. 442.* — Annales etc. t. VI. p. 325.* — Traité etc. p. 109.*

(S. oben Bd. I. S. 62. 97). Dies ist einer von den Versuchen, auf welche hin sich MATTEUCCI endlich entschlossen hat, die Zweifel fallen zu lassen, die er, in Ermangelung besserer Einfälle, gegen die Einerleiheit der Ursachen erheben zu müssen glaubte, welche die Nadelablenkung im NOBILI'schen Grundversuche und die Zuckung ohne Metalle hervorbringen.

Drei Jahre nach mir hat MATTEUCCI, ohne meiner Erwähnung zu thun, die zerstörende Wirkung der Aetzmittel (verdünnte Schwefelsäure, Kalihydratlösung und gesättigte Kochsalzlösung) auf den Muskelstrom als etwas Neues bekannt gemacht,[1] und zwar hat er die Anzeige dieser Entdeckung sogar in demselben Briefe an DUMAS wiederholt, welcher vorzugsweise einer Beurtheilung meines *»vorläufigen Abrisses«* gewidmet ist.[2] Vielleicht ist es ein Vorzug von MATTEUCCI's Erfahrungen, dafs er sie, statt, wie ich, an einem einzigen Muskel vom Frosche, an Säulen aus sechszehn querdurchschnittenen Oberschenkeln gemacht hat, oder vielleicht glaubt er dadurch ein Anrecht auf sie erworben zu haben, dafs er sich die Mühe genommen, durch eine besondere Versuchsreihe nachzuweisen, dafs durch den Aufenthalt in der sauren oder alkalischen Flüssigkeit die Muskeln nicht an Leitungsgüte verloren haben!

5. Einflufs des Aufenthaltes in verschiedenen Gasarten und dem luftverdünnten Raume.

Zu den sauren Aetzmitteln ist hier zunächst noch die salpetrige Säure zu rechnen, welche den Muskel sehr bald in einen gelblichen Brei verwandelt.

Was die indifferenteren Gase betrifft, so ist der erste Versuch, die Wirkung des Aufenthalts in denselben auf den Muskelstrom zu erkunden, von MATTEUCCI. Von zwölf GALVANI'schen Präparaten wurden sechs unter eine Glocke mit Kohlensäure gebracht, und nach einer Viertelstunde gegen die anderen sechs am Multiplicator geprüft; es zeigte sich kein Differentialstrom, allein die Zuckung ohne Metalle fand sich durch die Kohlensäure sehr geschwächt; manchmal fehlte sie ganz, kehrte aber nach einigen Secunden (?) Aufenthalt an der atmosphärischen Luft, oder nachdem die thierischen Glieder mit Wasser abge-

[1] Philosophical Transactions etc. p. 305. 306.*

[2] Annales etc. Septembre 1845. 3. Série. t. XV. p. 65.* — Archives etc. t. V. p. 383.*

waschen worden waren, zurück. Matteucci schreibt dies der Wirkung des Gases auf die Nerven zu. Sauerstoff verhielt sich, bei einem ähnlichen Versuche, in jeder Hinsicht wie gemeine Luft. [1]

Um dieselbe Zeit hatte ich selbst einen, zwar im Principe zweckmäfsigeren, jedoch in der Anwendung damals gefährlichen Weg eingeschlagen, um die nämliche Frage zu beantworten.

In ein rundes Tischchen von 170^{mm} Durchmesser, welches auf drei 100^{mm} hohen Füfsen steht, ist eine kreisförmige Rinne von 120^{mm} Durchmesser und hinlänglicher Tiefe und Breite geschnitten, um den Rand einer tubulirten, nur etwa 100^{mm} hohen Glocke aufzunehmen. Unter dieselbe kamen zwei Gläser von 45^{mm} Höhe und ebensoviel Durchmesser zu stehen. Sie waren mit gesättigter Kochsalzlösung gefüllt, gleich den gewöhnlichen Zuleitungsgefäfsen innerhalb in passender Höhe mit gefirnifsten Holzvorsprüngen versehen (S. oben Bd. I. S. 221. Fig. 11. 12. 13. Taf. I. ebendas.), auf denen Bäusche ruhten, und jedes derselben nahm zwei mit Fliefspapier bekleidete Platinplatten von 16^{mm} Breite und 20^{mm} benetzter Länge auf. Der Tisch selbst war an zwei Stellen durchbohrt. Durch die eine Durchbohrung waren luftdicht die beiden Drähte der beiden Plattenpaare geführt; durch die andere trat ein Rohr vom Gasbehälter her unter die Glocke. Aus der Tubulatur derselben begab sich ein anderes Rohr in ein mit Wasser gefülltes Cylinderglas, um durch den darin stattfindenden Blasengang eine Vorstellung von der Geschwindigkeit des Gaszuflusses zu gewinnen, und die hier über dem Sperrwasser aufgefangene Gasart mittelst eines glimmenden Spanes auf ihre wesentlichen Eigenschaften prüfen zu können.

War nun Alles in dieser Weise vorgerichtet, der Rand der Glocke mit Oel, Salzlösung oder Quecksilber luftdicht abgesperrt, die Vorrichtung unter derselben hinlänglich gleichartig, so schien nichts einfacher, als den fraglichen Versuch anzustellen und beliebig mit den durchzutreibenden Gasen abzuwechseln. In der That, es brauchte nur auf die mit Eiweifshäutchen überzogenen Bäusche des Gläserpaares unter der Glocke ein Gastroknemius aufgelegt zu werden: die Nadel flog an die Hemmung, stellte sich auf 10—15° ein; wurde nun der Hahn des Gasbehälters geöffnet und die Luft ausgetrieben, was, bei der Kleinheit der Glocke, sehr schnell vor sich gehen konnte, so befand sich der Muskel in der verlangten Atmosphäre, und die Multiplicatornadel mufste durch ihr Stillestehen, oder durch das Zeichen ihrer Bewegung bekun-

[1] Archives etc. t. II. p. 437. 438.* — Annales etc. t. VI. p. 320. 321.* — Traité etc. p. 102. 103.* — Für Matteucci's vermeintlichen Muskelstrom (den Strom zwischen natürlichem Längs- und künstlichem Querschnitte), s. in Philosophical Transactions etc. p. 289. 290.*

den, ob und in welcher Art dieser Umstand auf die Stärke des Stromes einfliefsen mochte. Plötzliches Wegheben der Glocke, wodurch die atmosphärische Luft möglichst schnell wieder freien Zutritt erhielt, schien eine gute Gewährleistung für die Richtigkeit etwa gelungener Beobachtungen abgeben zu können, weil jetzt die Nadel mit mehr Geschwindigkeit ihren früheren Stand wieder aufsuchen mufste.

Aber leider war mir damals die allerwichtigste der hier zu nehmenden Rücksichten noch unbekannt, nämlich die auf etwaige durch die Gase selbst bewirkte elektromotorische Wirkungen, und ich bin in dieser Hinsicht zu entschuldigen, da ich meine Untersuchungen im November 1842 vorläufig abschlofs, während Grove seine »gaseous voltaic battery« erst im Decemberheft 1842 des »*Philosophical Magazine*«[1] beschrieb, wodurch zuerst die Aufmerksamkeit allgemein auf diese Art von Wirkungen gerichtet wurde. So kam es, dafs ich mich in meinem »*vorläufigen Abrifs*« (A. a. O. S. 24. §. 62) zu folgenden, jetzt zum Theil als voreilig erkannten Aeufserungen verleiten liefs: »Ich habe eine Reihe von Versuchen über das Verhalten des Muskelstroms während des Aufenthalts der Muskeln in verschiedenen Gasarten angestellt. Es scheint nämlich, als ob der Strom, wenn anders seine Gröfse eine Function der Intensität des Athmungsprocesses ist, verschwinden müsse, wenn der Muskel in einer Stickgas-, Wasserstoff- oder Kohlensäure-Atmosphäre allen freien Sauerstoff von sich gegeben hat; dafs er dagegen zunehmen müsse, wenn der Athmungsprocefs in einer Sauerstoff- oder Stickstoffoxydul-Atmosphäre das Maximum seiner Lebendigkeit erreicht. In der That hatte ich bereits in allen diesen Fällen die erwarteten Wirkungen mit der täuschendsten Uebereinstimmung erfolgen sehen, als ich auf Umstände aufmerksam wurde, welche diese gleichwohl anscheinend mit allen Cautelen gemachten Beobachtungen, wenigstens in Betreff des Stickgases und der Kohlensäure, in der Art verdächtigten, dafs ich die Nothwendigkeit einsah, eine andere Methode des Experimentirens in Anwendung zu bringen, und bei der ungemeinen Vorsicht, welche die Untersuchungen in diesem Gebiet verlangen, mich nicht getraue, für die Exactitüde jener schon gewonnenen Ergebnisse einzustehen. Die Zunahme des Stroms im Sauerstoff und Lustgas ist dagegen unbezweifelt, und findet in sehr beträchtlichem Maafse statt.« Das Vertrauen, welches die Versuche mit den letzteren Gasen mir einflöfsten, rührte daher, dafs ich, nach freiem Zutritt der atmosphärischen Luft, die Nadel, welche, in der

[1] S. daselbst, 3. Series. vol. XXI. p. 417.* — Poggendorff's Annalen u. s. w. Februar 1843. Bd. LVIII. S. 202.*

Sauerstoffatmosphäre, auf 30° beständiger Ablenkung im Sinne des Muskelstromes beharrte, in den negativen Quadranten durchschlagen und dort noch lange Zeit nachher äufserst kräftige und hartnäckige Ladungen anzeigen sah, die ich durchaus nichts anderem, als dem während des Aufenthaltes in den athembaren Gasen verstärkten Muskelstrome zuzuschreiben wufste.

Indefs auch dies beruhte auf einer Täuschung, wie ich sehr bald erkannte, als ich, im darauf folgenden Sommer, bei hinreichender Mufse und durch die Grove'sche Erfindung über die möglicherweise hier obwaltenden Fehlerquellen aufgeklärt, meine Untersuchungen sogleich an diesem Punkte wieder aufnahm. Es zeigte sich merkwürdiger Weise jetzt, dafs die Nadel in allen fünf genannten Gasen stets völlig in Ruhe blieb, gleichviel ob ein Muskel auflag oder ob der Kreis durch einen Schliefsungsbausch vervollständigt war; oder wenn ja einige kleine Nadelbewegungen erfolgten, so waren sie doch nicht zu vergleichen jenen mächtigen und entschiedenen Wirkungen, die sich mir im vorhergegangenen Herbste dargeboten hatten. Jenem bejahenden Erfolge anfangs vor dem verneinenden den Vorzug gebend, wiederholte ich die Versuche fast unzähligemal mit aller erdenklichen Sorgfalt: allein um so klarer blieb nur das Urtheil gesprochen, dafs das augenblickliche Eintauchen in eine Atmosphäre eines der fünf genannten Gase: Sauerstoff, Wasserstoff, Stickstoff, Kohlensäure, Stickstoffoxydul, keinen merklichen Einflufs auf den Muskelstrom hat.

Da dies Ergebnifs seitdem durch Matteucci bestätigt worden ist, dem der Erstbesitz desselben in Betreff von Sauerstoff und Wasserstoff gebührt, so kann kein Zweifel darüber sein, und unbegreiflich bleiben mir nur die Umstände, durch die ich bei der ersten Versuchsreihe in die Irre geführt worden bin. Dafs das Princip der Grove'schen Gasbatterie dabei eine wesentliche Rolle gespielt habe, scheint unvermeidlich; wie dies aber, bei der vorliegenden Anordnung, der Fall sein konnte, dies zu ermitteln und jene Rolle ins Einzelne der Versuche zu verfolgen, bin ich so sehr unvermögend gewesen, dafs es mir nicht einmal gelungen ist, die Bedingungen der Wirkung, sei's durch Zufall, sei's absichtlich, in vielen darauf gerichteten Versuchen wiederzufinden. Wir werden übrigens sehen, dafs sie sich, wenn auch in etwas abgeänderter Weise, Matteucci gleichfalls bei seinen drei Jahre später erschienenen Untersuchungen dargeboten haben, der aber, durch die Bekanntschaft mit der Grove'schen Erfindung gewitzigt, allerdings besser als ich in den Stand gesetzt war, die Klippe zu vermeiden, die sich uns hier entgegengestellt hat.

Ich habe ferner seitdem gleichfalls den Einflufs des luftverdünnten Raumes auf den Muskelstrom untersucht. Meine Versuche darüber wurden im Winter 1843—1844 angestellt. Ich bediente mich der Oertling'schen Luftpumpe des Königlichen Anatomischen Museums, welche damals mit Bequemlichkeit bis auf 5^{mm} pumpte; ich verdankte die Erlaubnifs zu ihrer Benutzung der Güte des Herrn Geheimenraths Joh. Müller.

Auf den Teller derselben wurde ein länglich achteckiges, ringsum mit einer Leiste versehenes, auf drei Füfsen ruhendes, wohl gefirnifstes Tischchen von 133^{mm} Länge und 88^{mm} Breite angekittet, auf dessen oberer Fläche eine 120^{mm} lange, 46^{mm} breite, 6^{mm} tiefe Rinne ausgestochen war, in der die beiden Gläser der eben beschriebenen Gasvorrichtung sich mit Reibung verschieben liefsen. Die Platinplatten derselben durften hier jedoch nicht mit Fliefspapier bekleidet werden, der Blasen wegen, welche sich bei Aufhebung des Luftdruckes zwischen dem Platin und der Papierhülle entwickelt haben würden, ohne entweichen zu können: ich suchte die Vortheile, die das Bekleiden gewährt, dadurch zum Theil wieder einzuholen, dafs das Metall bis unter die Oberfläche der Flüssigkeit mit Kitt überzogen wurde (S. oben Bd. I. S. 215). Die beiden Drähte der beiden Plattenpaare waren erst um Knöpfe am Tischchen gewickelt, und dann luftdicht durch die Tubulatur einer Glocke geführt, welche die Vorrichtung eben bedeckte; sie waren schraubenförmig federnd aufgerollt, so dafs sie, die Glocke mochte aufgesetzt, oder in einiger Höhe über dem Teller schwebend angebracht sein, um etwas unter derselben zu ordnen, stets zwischen den Knöpfen und der Tubulatur in passender Spannung verharrten.

Ehe ich an die Versuche mit dem Muskel selbst gehen durfte, mufste ich mich noch über folgenden Umstand unterrichten.

De la Rive hat in den *Comptes rendus etc.* 17 April 1843. t. XVI. p. 772* angezeigt, dafs während der Strom einer einfachen Daniell'schen Kette, Wasser mit 0.1 Schwefelsäure (dem Volume nach), Schwefelsäure zwischen Platinelektroden nicht zu zersetzen vermöge, diese Zersetzung sogleich beginne und die Multiplicatorablenkung zunehme, wenn man das Voltameter in die Guericke'sche Leere bringe. Man sehe dabei sehr feine Glasblasen vom Platin aufsteigen. Die Wirkung sei nur vorübergehend, und erneutes Pumpen nothwendig, um abermals eine Hebung des Stromes zu bewerkstelligen.

Wäre diese Behauptung in der Allgemeinheit richtig gewesen, die man, nach de la Rive's Ausdruck, ihr zuzuschreiben geneigt ist, so hätte ich, wie man leicht sieht, von meinen Bemühungen, das Verhalten des Muskelstromes im luftverdünnten Raume zu ermitteln, nur sogleich abstehen können; denn die Stromvergröfserung durch die Verminderung der Ladungen bei aufgehobenem Luftdrucke würde jede andere Wirkung verdeckt oder mindestens ihre Beobachtung äufserst unsicher gemacht haben. Ich fing also damit an, die DE LA RIVE'sche Erfahrung zu bestätigen, indem ich entweder beide Plattenpaare einfach in ein und dasselbe Gefäfs setzte, oder die Bäusche beider Gefäfse wie gewöhnlich durch einen Schliefsungsbausch verband. Die Gefäfse und Bäusche wurden, statt mit der sonst üblichen gesättigten Kochsalzlösung, mit verdünnter Schwefelsäure nach DE LA RIVE's Vorschrift angefüllt.

Ich wandte zuerst eine sehr kleine DANIELL'sche Kette an, an welcher der amalgamirte Zinkdraht in destillirtes Wasser tauchte, welches durch Blase von der gesättigten schwefelsauren Kupferoxydlösung getrennt war. Der Strom derselben vermochte die Nadel meines Multiplicators bei Einschaltung der voltameterähnlichen Vorrichtung unter der Glocke nur auf etwa 40° zu halten. Es zeigte sich nun in der That, dafs das Auspumpen der Luft in derselben eine Wirkung auf den Strom äufserte, wie sie DE LA RIVE beschrieben hat. Wurde gepumpt, so stieg plötzlich die Ablenkung, und sank, sobald nachgelassen wurde, auf den früheren Stand zurück oder noch tiefer. Gleichzeitig entwikkelten sich aus der Flüssigkeit, und vorzugsweise an den Platinplatten, gleichviel ob gerade gepumpt wurde oder nicht, eine Menge gröfserer und kleinerer Blasen. Luftzulassen brachte keine Wirkung hervor. Wurde dieselbe Versuchsreihe, statt mit dem primären Strome des DANIELL's mit dem Strome der dadurch erregten Ladungen angestellt, so fand keine deutliche Wirkung statt.

Hier nun war ein Zusammentreffen von Erscheinungen, worin sich wenigstens alle von DE LA RIVE beschriebenen Einzelheiten Punkt für Punkt wiedererkennen liefsen. Die Frage, ob dies eine nur rein äufserliche Aehnlichkeit, oder ob die Erscheinungen wirklich einerlei gewesen, mag unbeantwortet bleiben: nur soviel ist gewifs, dafs diese Wirkungen in meinem Falle nicht von der durch die Aufhebung des Luftdruckes bedingten Verminderung der Ladungen herrührten. Folgendes ist der Fortgang meiner Erfahrungen.

Es kam mir zunächst äufserst unwahrscheinlich vor, dafs die Aufhebung des Luftdruckes nur eben während des Pumpens ihre Wirkung sollte äufsern können. So lange dies in der Beschreibung fremder, mit einer Luftpumpe von unbekannter Beschaffenheit angestellten Versuche geschrieben stand, liefs sich nichts dagegen einwenden, denn die Pumpe konnte ja so wenig dicht gehalten haben, dafs die Wirkung des Pumpens sich nur wenige Augenblicke über die Dauer desselben hinaus erstreckte. Davon durfte, bei der Güte meiner Vorrichtungen, nicht die Rede sein. Ich fand auch sehr bald, dafs ich, um die Ablenkung auf einige Zeit zu verstärken, nichts weiter nöthig hatte, als die Pumpe mit sammt dem Tische, auf dem sie stand, in fortdauernde Schwankung zu versetzen; ja, die Wirksamkeit dieser Erschütterung übertraf bei weitem die des Pumpens. Hienach stand zu vermuthen, dafs es die mechanische Erschütterung der voltameterähnlichen Vorrichtung unter der Glocke war, von der die Vergröfserung der Ablenkung während des Pumpens herrührte; eine Vermuthung, die ich alsbald durchaus zur Gewifsheit brachte, indem ich bei von den Stiefeln abgesperrter Glocke pumpend gerade dieselbe Wirkung erhielt. Das Ganze war also nichts weiter als eine etwas umständliche Form des bekannten Schüttelversuches an der negativen Elektrode, der von Fechner, Vorsselman de Heer und Faraday herrührt, und dessen schon mehrmals im Laufe dieser Untersuchungen hat gedacht werden müssen (S. oben Bd. I. S. 212. Anm. 1). Die blofse Erschütterung vorzugsweise der negativen Elektrode einer voltameterähnlichen Vorrichtung ist hinreichend, eine bedeutende Verstärkung des durch die Ladungen geschwächten Stromes zu bewirken. Dies beruht, nach Vorsselman de Heer, darauf, dafs gleichsam lose anhangende elektropositive Ionen, der Wasserstoff u. s. w., durch das Schütteln fortgespült werden. Ist diese Erklärung richtig, so mufs durch Schütteln der Wasserstoffelektrode der Strom der Ladungen, wie er nach Ausschlufs des primären Stromes beobachtet wird, abnehmen. Dies ist nun wirklich meistens der Fall, wie ich mich an Platinelektroden von 20^{mm} Breite und 30^{mm} Länge benetzter Oberfläche überzeugt habe, die durch Kitt, welcher sich bis unter die Oberfläche der Flüssigkeit erstreckte, vor dem Anwogen geschützt waren, und in verdünnter Schwefelsäure durch eine Grove'sche Kette geladen wurden. Was aber nicht so leicht zu gewärtigen war, ist, dafs unter diesen Umständen Schütteln der Sauerstoffelektrode Zunahme des Stromes der Ladungen hervorbringt. Dies rührt vermuthlich daher, dafs der secundäre Strom abermals Wasserstoff an der in Bezug auf ihn negativen, ursprünglich positiven Platte zu entbinden sucht. Hierauf hat übrigens bereits Poggendorff die besondere Tauglichkeit des platinirten Platins zu secundären Batterieen von grofser Wirksamkeit zurückgeführt.[1] Wäre die Zunahme des primären Stromes in dem obigen Luftpumpenversuche nicht von der Erschütterung, sondern von der Verdünnung abhängig, so ist es klar, müfste der secundäre Strom unter denselben Umständen eine Verminderung erleiden, da auf dieser Verminderung, bei Gegenwart des ursprünglichen Stromes, ja die Verstärkung dieses letzteren beruhen würde;

[1] Poggendorff's Annalen u. s. w. 1844. Bd. LXI. S. 594. 595.*

der Erfolg lehrt indefs, dafs der Einflufs des Pumpens auf den Strom der Ladungen nicht ausgesprochen, bald unmerklich, bald in dieser, bald in jener Richtung stattfand. Dies erklärt sich auf zweierlei Weise. Einmal glückt der Schüttelversuch mit geladenen Elektroden nur in den ersten Augenblicken nach Ausschlufs der primären Kette; wahrscheinlich, weil die Reste der Ladungen zu fest an dem Platin anhaften. Sodann ist, wie so eben gesagt wurde, die Wirkung des Schüttelns auf beide geladene Elektroden die entgegengesetzte; sie mufste sich folglich in dem vorliegenden Falle mehr oder weniger vollständig aufheben, und die Nadel somit annäherungsweise in Ruhe bleiben.

Nachdem nunmehr der Pumpe ein fester Stand angewiesen, und dabei der Strom der kleinen DANIELL'schen Kette während des Auspumpens ziemlich beständig erfunden war, schritt ich zur Prüfung von DE LA RIVE's Behauptung auch noch mit gröfseren Stromstärken, obschon dies aufserhalb des nächsten Zweckes meiner Untersuchung lag. Ich bediente mich einer bis zweier säulenartig angeordneten GROVE'schen Ketten und des schon bekannten Multiplicators mit kurzem Drahte (S. oben Bd. I. S. 202).

Hier glaube ich nun gefunden zu haben, dafs es eine gewisse Grenze der Polarisation giebt, unterhalb welcher die Aufhebung des Luftdruckes keinen merklichen Einflufs äufsert. Ueber diese Grenze hinaus, die ich an den Punkt setzen möchte, wo die Elektroden anfangen, sich mit feinen Bläschen zu bedecken, welche aber nicht, oder nur sehr selten, aufsteigen, findet allerdings eine vermindernde Wirkung auf die Ladungen statt. Natürlich aber dauert dieser Einflufs so lange fort, als die Luftverdünnung selbst; er giebt sich durch vermehrte Gasentwickelung und vergröfserte Nadelablenkung kund. Die Nadel sinkt sogleich, wenn die Luft zugelassen wird, und die Gasentbindung wird träger. Bei offener Kette hört die Gasentwickelung auf, und ist also unabhängig von etwa noch in der Flüssigkeit aufgelösten, sich nach Entfernung des Luftdruckes entbindenden atmosphärischen Gasarten.

POGGENDORFF hat inzwischen den nämlichen Umstand beobachtet und bekannt gemacht. Er sagt, in seinen *Annalen u. s. w.*, Bd. LXI. S. 620*: »Barometrischer Druck. Auch der Einflufs dieses Ele-
»mentes läfst sich auf analoge Weise »— mit Hülfe der Wippe —«
»ermitteln, wenn man die eine Zelle unter die Glocke einer Luftpumpe
»versetzt. Einige vorläufige Versuche lassen mich schliefsen, dafs die
»Polarisation mit verändertem Drucke abnimmt.«

Es erscheint auch dies Ergebnifs völlig in der Ordnung und zwar gerade im Vereine mit der von mir bemerkten Einschränkung auf eine gewisse Gröfse der Polarisation, wenn man sich erinnert, dafs zu Anſang, oder noch bei Gegenwart des ursprünglichen Stromes, eine bloſse Erschütterung ausreicht, um den Strom der Ladungen merklich zu verringern, während dies später nicht mehr von statten geht. Dunkel bleibt nur in beiden Fällen in gleichem Maſse, wie auch solche Theile der entwickelten Gase zur elektromotorischen Gegenkraſt beitragen können, welche so locker gebunden sind, daſs es einer bloſsen Erschütterung oder der Auſhebung des Luſtdruckes bedarf, um sie auſser Spiel zu versetzen.

Wir kehren zu dem Ausgangspunkte dieser nothwendigen Abschweiſung zurück. Sie hat uns gezeigt, daſs die Untersuchung über das Verhalten des Muskelstromes in der Guericke'schen Leere wirklich in der Weise unternommen werden könne, wie wir dieselbe begonnen haben.

Ich stellte mehrere Versuchsreihen, sowohl mit dem Wadenmuskel, als mit dem groſsen Unterschenkelstrecker an. In einigen derselben bediente ich mich des Verſahrens der Entgegensetzung. Es wurden nämlich, auſser dem Multiplicator, noch die gewöhnlichen Zuleitungsgeſäſse in den Kreis der unter der Glocke beſindlichen Vorrichtung mit auſgenommen, und ihre Bäusche in entgegengesetzter Richtung mit dem gleichnamigen Muskel der anderen Seite desselben Frosches überbrückt. Allerdings war dadurch der Widerstand des ganzen Kreises beträchtlich erhöht, die Sicherheit der Versuche aber auch doppelt verbürgt.

Wie bei den Gasversuchen lieſs sich natürlicherweise auch hier viel mehr von dem Augenblicke des Luſtzulassens, als von dem Auspumpen selbst erwarten, da jenes in vielleicht 10″ beendigt ist, während dieses, selbst an der mit Steuerung versehenen Oertling'schen Pumpe, dreiſsigmal länger dauern mag. Der unter der Glocke beſindlichen Feuchtigkeiten halber konnte übrigens die Barometerprobe nie unter die der zeitigen Luſtwärme (10 — 15°) entsprechende Spannkraſt der Wasserdämpſe gebracht werden.

Indessen, der Erſolg war in beiden Fällen völlig nichtig; es zeigte sich, wie es nach dem Ergebnisse der Gasversuche zu erwarten stand, daſs die augenblickliche Entziehung der atmosphärischen Luſt von keinerlei Einfluſs auf den Muskelstrom ist.

Es bleibt uns übrig, Matteucci's auf eben dasselbe hinauslauſende Versuche in diesem Gebiete in Augenschein zu nehmen. Ihm gehört, wie schon bemerkt, der Erstbesitz derselben ſür Sauerstoff, Wasserstoff und den luſtverdünnten Raum an. Diese Arbeiten machen gröſstentheils den Inhalt der schon oſterwähnten Arbeit: »*The Muscular Current*« aus.

Matteucci gebrauchte zu seinen Versuchen eine doppelt tubulirte Glocke, welche ursprünglich zu Versuchen über das elektrische Licht in der Guericke'schen Leere bestimmt war. Die eine, mit einem Hahne versehene Tubulatur diente zum Verkehr der Gase, die andere war durch eine Stopfbüchse verschlossen, durch die ein Metallstab auf und nieder ging. Auf dem Teller des Recipienten lag, auf dem oben Bd. I. S. 229 beschriebenen Brette mit Vertiefungen, eine dreizehngliederige Säule aus halben Froschoberschenkeln. Zwei Platindrähte waren, der eine mit dem Metallstabe in metallischer Verbindung, der andere isolirt daran befestigt, und dieser ging durch die mit dem Hahne versehene Tubulatur zur Glocke hinaus; er und der Metallstab konnten mit dem Multiplicator in Verbindung gesetzt und die thierische Kette dadurch geschlossen werden, daſs Matteucci den Stab durch die Stopfbüchse hinab stieſs, indem alsdann die auseinandergebogenen Enden der beiden Drähte in die mit Brunnenwasser oder destillirtem Wasser gefüllten Vertiefungen trafen, in welche die Enden der Säule tauchten.

Matteucci stellte nun den Versuch so an, daſs er die Gröſse der Ausschläge verglich, die er vor dem Entleeren der Glocke, während der Luftverdünnung und nach wiederum zugelassener Luft durch Schliessen der Säule mit Hülfe der Stopfbüchse erhielt; wobei er keinen Unterschied wahrnehmen konnte. Ferner bestimmte er das Gesetz der Stromabnahme bei geschlossener Kette für den Strom einer Säule aus zwanzig querdurchschnittenen Froschoberschenkeln, indem er von 10′ zu 10′ die Gröſse der Ablenkung verzeichnete. Der erste Ausschlag betrug 90°; bei 30° fing die Nadel an stetig zu sinken; von 10′ zu 10′ waren die Ablenkungen in einem angeführten Beispiele 15°, 9°, 5°, 4°, $3\frac{1}{2}$°; nach zwei Stunden hatte die Nadel noch dieselbe Stellung inne. Nun ward der Versuch mit Fröschen, die an demselben Tage und in demselben Sumpfe gefangen waren, unter der Glocke bei nur 1″ Spannung, aber mit merklich demselben Erfolge angestellt. Auch Matteucci hat die Zunahme der Ablenkung durch das Pumpen bemerkt, diese Wirkung aber, statt sie dem Schüttelversuche zu vergleichen, von dem Anwogen der Flüssigkeit gegen die Elektroden abgeleitet. Ich war auch zuerst auf diese Erklärung verfallen, lieſs sie aber zur Seite, nachdem ich bedacht hatte, daſs die Wirkung des Anwogens gegen beide Elektroden sich im Durchschnitt aufheben muſs, und nachdem ich gefunden, daſs die Vermehrung blieb, selbst als die Platten bis unter die Oberfläche der Flüssigkeit mit Kitt überzogen waren.

Auf dieselbe Weise und an derselben Vorrichtung stellte Matteucci mit Säulen aus zwanzig halben Froschoberschenkeln seine Gasversuche an. Er pumpte die Luft aus der Glocke, füllte sie an der

Stelle mit Sauerstoff und beobachtete, daſs der Gang der Abnahme des Stromes zweier Säulen sich im Sauerstoff, wie im luftverdünnten Raume, völlig gleich blieb.

Der Wasserstoff hingegen bot eine Eigenthümlichkeit dar. Es zeigte sich nämlich, daſs die Nadel, auf 15° angelangt, statt tiefer zu sinken, weiter abgelenkt wurde, bis auf 50°. Matteucci unterbrach den Strom, indem er den Stab in der Stopfbüchse, und mit ihm die Platindrähte aus den Endlöchern der Säule emporzog, lieſs die Nadel auf Null zurückkommen und schloſs abermals. Es erfolgten 90° Ausschlag, und die Nadel stellte sich auf 55°; erst nach einer Stunde war sie bis auf 40° gesunken. Nun ward Luft zugelassen, und sie begab sich auf 12°, von wo aus sie, wenngleich langsamer als gewöhnlich, zu sinken fortfuhr. Mehrere andere Versuche gaben entsprechende Ergebnisse. Matteucci konnte, im Laufe eines und desselben Versuches, durch öfteres Zulassen und Auspumpen von Wasserstoff, mehrmals hintereinander Anschwellen des Stromes und Zurücksinken auf sein natürliches Maſs willkürlich hervorbringen.

Um zu beweisen, daſs diese Wirkungen nicht von einem Einflusse des Gases auf die Muskeln herrührten, verglich Matteucci, mit Hülfe des Verfahrens der Compensation, den Strom einer zwanziggliederigen thierischen Säule, welche 40′ lang in Wasserstoff gewesen war, mit dem einer gleichzeitig bereiteten, in der atmosphärischen Luft gebliebenen, wie auch mit dem einer in verdünnter Luft gewesenen, und fand weder so, noch in der Weise einen Unterschied, daſs er die Stromstärke der einzelnen Säulen nach dem ersten Ausschlage und der beständigen Ablenkung nach 10′ bestimmte.

Matteucci behauptet sodann, daſs die Verstärkung des Stromes daher rühre, daſs der Wasserstoff sich mit dem Sauerstoff an der positiven Elektrode der thierischen Säule verbinde, und beweist dies angeblich durch folgenden Versuch. Er umgab die, aus einem an seinem Ende schraubenförmig aufgerollten Platindrahte bestehende positive Elektrode einer zwanziggliederigen Säule mit einem umgestürzten Rohr und füllte dieses mit Wasserstoff, wobei die Flüssigkeit des Endloches der Säule dem Gase zum Sperrwasser diente. Dabei stieg die Ablenkung von 20° auf 50°. Matteucci lieſs den Wasserstoff entweichen, und die Nadel ging auf 5° zurück; bei abermaliger Einwirkung des Gases kam sie wieder auf 30°. Als die negative Elektrode mit der Wasserstoffatmosphäre umgeben wurde, sank die Ablenkung, statt sich zu heben, vielmehr schneller als gewöhnlich.

Nichtsdestoweniger scheinen mir hier noch beträchtliche Dunkelheiten obzuwalten. Denn wenn sich der Wasserstoff mit dem Sauerstoff an der positiven Elektrode verbindet, warum verbindet sich der Sauerstoff, in dem entsprechenden Versuche mit diesem Gase, nicht ebensogut mit dem Wasserstoff an der negativen Elektrode? Ferner, wenn das Wasserstoffrohr, an der negativen Elektrode angebracht, die Ablenkung verkleinert, warum that dies nicht auch die Wasserstoff-Atmosphäre, und hob so die Verstärkung wieder auf, die sie durch Binden des Sauerstoffes am positiven Pole bewirkt haben soll? Und warum vermehrte umgekehrt der Sauerstoff im Sauerstoffversuche nicht die Ladung der positiven Elektrode?

Seitdem hat MATTEUCCI sich über meine ersten mangelhaften Gasversuche im »*vorläufigen Abriſs*« folgendermaſsen ausgesprochen: »J'aurais voulu aussi que M. DU BOIS-REYMOND eût décrit dans son »Mémoire la méthode qu'il a employée pour étudier l'influence des gaz »sur l'intensité et la durée du courant musculaire. Les résultats aux-»quels je suis parvenu diffèrent beaucoup de ceux de M. DU BOIS-»REYMOND, ayant trouvé que, dans tous les gaz, ce courant reste le »même, et que la variation produite par l'hydrogène est due à une »action secondaire, indépendante, par conséquent, de la nature de la »pile. J'ai décrit, dans le Mémoire qui paraîtra dans les *Philosophi-»cal Transactions,* l'appareil et le procédé que j'ai employés dans mes »expériences. Je regarde comme très-exacts les résultats auxquels je »suis parvenu, et j'ai de la peine à m'expliquer comment, en travaillant »sur ce sujet, on n'a pas remarqué la différence produite par le gaz »hydrogène, qui est si manifeste, tandis qu'en opérant avec les autres »gaz on a trouvé des différences qui n'existent pas.«[1]

Es ist seltsam, daſs MATTEUCCI, anstatt mir den Irrthum vorzuwerfen, in den ich hier augenblicklich wirklich verfallen bin, lieber den Thatbestand zu leugnen sucht, den ich falsch gedeutet habe. Allein dies liegt daran, daſs er selbst seine Versuche nicht hinlänglich vervielfältigt hat. Er hat, die Ketten in den Gasen, nur ein Paar Versuche mit Sauerstoff und Wasserstoff angestellt, und weil nun das Schicksal bei diesen, allem Anscheine nach, sehr unbeständigen und verwickelten Erscheinungen gewollt hat, daſs ihm gerade die anscheinende Stromverstärkung durch Wasserstoff aufgestoſsen ist, hält er alles andere für unmöglich, für baare Erfindung, was er selbst nicht zufällig beobachtet hat. Was kann ich dazu, wenn, wie ich es viele Male gesehen, Sauerstoff und Stickstoffoxydul die lebhafteste Stromzunahme gaben, welche ungeheure Ladungen hinterlieſs; wenn hingegen Wasserstoff

[1] Annales de Chimie et de Physique. Septembre 1845. 3. Série. t. XV. p. 67.* — Archives de l'Électricité. t. V. p. 385.*

und Kohlensäure die Nadel durch den Nullpunkt in den negativen Quadranten führten, und erst der nicht athembare, indifferentere Stickstoff mich dadurch, dafs auch er meistens schwache Zunahme gab, auf das Bedenkliche dieser Ergebnisse aufmerksam machte? Was kann ich dazu, wenn ich seitdem bei allen diesen Gasarten, mit derselben Vorrichtung, nach demselben Verfahren experimentirend, diesesmal alle jene unerklärlichen und doch ein geheimes Gesetz verrathenden Wirkungen kaum spurweise wieder auftreten sah?

Soviel von diesem, wie man sieht, nicht sehr fruchtbaren Felde der Untersuchung, welches aber doch gleichfalls durchmustert sein wollte. Von dem Einflusse einer lange Zeit fortgesetzten Einwirkung der verschiedenen Gasatmosphären wird nachmals noch die Rede sein.[1] Es bleibt uns jetzt, in Betreff des Muskelstromes, im Wesentlichen noch übrig, sein Verhalten am lebenden unversehrten Thiere zu ermitteln. Ich halte es indefs für zweckmäfsig, den Leser zuerst mit einer anderen wichtigen Reihe von Erscheinungen bekannt zu machen, und mit jener Ermittelung lieber unsere Forschungen im Gebiete der elektrischen Muskel- und Nervenphysik zu beschliefsen. Wir verlassen demnach jetzt den Muskelstrom und wenden uns dem Strome anderer Gewebe, insbesondere dem Nervenstrome, zu.

[1] S. unten, Kap. VIII. §. v.

Sechstes Kapitel.

Von dem Strome einiger anderen Gewebe, insbesondere dem Nervenstrome.

Von den drei Richtungen, nach welchen wir uns vorgesetzt hatten, unsere Untersuchung über das Gesetz des Muskelstromes auszudehnen (S. oben Bd. I. S. 521), haben wir erst zwei verfolgt: diejenige durch die Reihe der verschiedenen Thierarten, und die ins Innere des Muskels selbst. Es bleibt uns übrig, uns nach dem Vorkommen ähnlicher elektromotorischer Wirkungen auch bei anderen Geweben, wovon wir schon ebendas. S. 486 unbestimmte Spuren wahrgenommen, umzusehen, und insbesondere aufzumerken, ob auch diese dem beim Muskelgewebe gültig befundenen Gesetze oder einem davon abweichenden gehorchen mögen.

---

§. I.

Von dem Strome bei den verschiedenen Formen des Muskelgewebes, den Gefäfswänden, Sehnen u. s. w., dem Nervenstrome im Allgemeinen und der elektromotorischen Unwirksamkeit der Berührung ungleichartiger Gewebe.

1. Von dem Strome der verschiedenen Gewebe.

Auf die mannigfaltigen Formen des Muskelgewebes selber, von denen wir bisher nur die vornehmste, diejenige der Muskeln des Stammes und der Extremitäten, in Augenschein genommen haben, trifft diese Untersuchung zunächst. Ich schicke derselben ihr, übrigens leicht zu gewärtigendes Ergebnifs vorauf als leitende Bemerkung und sammelnden Faden für ihre Einzelheiten, welche dadurch erst zur Bedeutung gelangen. Es ist folgendes. Aus den Versuchsreihen des vorigen Kapitels ging, wie man sich erinnert, im Allgemeinen hervor, dafs mit der mechanischen Leistungsfähigkeit eines und desselben Muskels, unter dem Einflusse der verschiedensten Umstände, auch sein elektromotorisches Vermögen gleichen Schritt halte. Hier nun wird sich zeigen, dafs ebenso durch die Reihe der zusammenziehungsfähigen Gewebe hindurch das elektromotorische Vermögen gleichen Schritt halte mit der mechanischen Leistungsfähigkeit.

Die Eigenschaft der Muskeln, auf die wir hier zu merken haben, ist somit weder, ob sie willkürlich oder unwillkürlich bewegte seien, noch, ob die Form ihrer Reaction die animalische oder die organische sei, sondern diese, welche Kraftgröfse sie bei ihrer Zusammenziehung entfalten. Man weifs, dafs es die nämliche Eigenschaft ist, welche durch die Abwesenheit oder die Gegenwart von Querstreifen bezeichnet wird. Sie steht mit der animalischen und organischen Reactionsweise vor der Hand in keinem bekannten Zusammenhange, da zwar die animalischen Muskeln sämmtlich einen hohen Grad von mechanischer Leistungsfähigkeit zeigen, jedoch auch organische Muskeln vorkommen, welche jenen in dieser Beziehung ganz nahe treten.[1]

An die quergestreiften Muskeln mit animalischer Bewegung, die wir bisher allein im Auge gehabt, schliefst sich aus der Thierwelt noch das Gaumenorgan einiger Cyprinoïden, auf dessen contractile Natur Ernst Heinrich Weber[2] aufmerksam machte. Er erkannte daran die merkwürdige Eigenschaft, dafs es, bei mechanischer Reizung, ganz örtlich mit einer lange währenden Zusammenziehung antwortet, so dafs man erhabene Schriftzüge darauf zeichnen kann. Joh. Müller[3] fügte hinzu, dafs es quergestreifte Muskelfasern besitze, die in mannigfachen Richtungen durcheinander gewirkt seien, und dafs es durch die Volta'sche Säule in die heftigsten Zuckungen, immer in der Richtung des Stromes, versetzt werde. Eduard Weber[4] endlich hat neuerdings die Reactionsweise dieses Organs, mit Hülfe der Methode des Tetanisirens auf elektrischem Wege, näher bestimmt als animalische, aber mit organischer untermischte Bewegung. Ich habe dasselbe beim Schley (Cyprinus Tinca) auf eine eigene elektromotorische Wirkung untersucht, indem ich Stücke davon, die einerseits durch die Schleimhaut des Rachens, sonst aber allerseits durch Schnittflächen begrenzt waren, in ver-

[1] Vergl. Eduard Weber in seiner Abhandlung über Muskelbewegung in Rud. Wagner's Handwörterbuch der Physiologie u. s. w. Bd. III. Abth. 2. S. 3.

[2] Meckel's Archiv für Anatomie und Physiologie. 1827. S. 309.

[3] Handbuch der Physiologie u. s. w. Bd. I. 3. Aufl. 1838. S. 798. Bd. II. 1840. S. 35.

[4] A. a. O. S. 28.

schiedener Weise auf die Bäusche meiner Vorrichtung auflegte. Die Nadel blieb annähernd in Ruhe, wenn die berührten Punkte beide der Schleimhaut, oder beide der künstlichen Begrenzung angehörten; wurde aber ein Punkt der letzteren gegen einen Punkt der ersteren aufgelegt, so entstand ein lebhafter Ausschlag (40—50°), der einen Strom in der Richtung von der Schleimhaut in dem Drahte zur künstlichen Begrenzung, also entsprechend dem Gesetze des Muskelstromes, anzeigte.

Auf diese Muskeln folgt nun zunächst die Klasse derjenigen mit Querstreifung und organischer Bewegung, welche sich aber, in ihrer Schnelligkeit und Kraft, noch der animalischen nähert. Es war zu erwarten, und, wie schon bemerkt, die Erfahrung bestätigt es, dafs solche Muskeln in ihrem elektromotorischen Verhalten sich nicht merklich von den ersterwähnten unterscheiden würden. Das Verdienst, die elektromotorische Wirksamkeit der Herzmuskelsubstanz zuerst nachgewiesen zu haben, gebührt Matteucci, dem übrigens die allgemeinen hier zu ziehenden Folgerungen völlig entgangen sind.[1] Es geschah an einer Säule aus querdurchschnittenen Taubenherzen zwischen dem Muskelinneren (dem künstlichen Querschnitte) und der Aufsenfläche; der Querschnitt verhielt sich negativ. Ich habe denselben Versuch an einzelnen Herzen von Fröschen, vom Erdmolch (Salamandra maculata), dem Meerschweinchen und der Hausmaus angestellt; habe aber auch lebhafte Ausschläge von ganz unverletzten Herzen erhalten, die ich mit der Spitze gegen den einen, mit den fleischigen Seitenwänden gegen den anderen Bausch lehnte: hier stellte die Spitze des Herzens natürlichen Querschnitt vor.

Anlangend die glatten Muskelfasern mit träger organischer Bewegung, war es, nach physiologischen Analogieen, wiederum leicht vorauszusehen, dafs sich hier, im Vergleich mit den vorigen Formen des Muskelgewebes, ein bedeutender Unterschied zu Gunsten der letzteren, hinsichtlich der elektromotorischen Leistungen, kundgeben würde, und so zeigt es sich denn auch in Wirklichkeit. Der Muskelmagen der Taube, mit natürlichem Längsschnitt und künstlichem Querschnitt aufgelegt, gab mir zwar lebhafte Wirkungen in richtigem Sinne, etwa 25° ersten Ausschlages, die sich auch bei fortgesetztem Umlegen (S. oben Bd. I. S. 242) bis auf 90° treiben liefsen, allein im Verhältnifs zu der Muskelmasse, von welcher sie ausgingen, doch äufserst schwach zu nennen waren. Die Negativität des natürlichen Querschnittes an den schönen Sehnenspiegeln dieses Magens nachzuweisen, wie auch überhaupt

[1] Comptes rendus etc. 23 Janvier 1843. t. XVI. p. 197.* — L'Institut. t. XI. No. 475. p. 36.* — Traité etc. p. 60.*

das Gesetz des Muskelstromes in etwas gröſserer Vollständigkeit zu bestätigen, gelang nicht nach Wunsch, wegen der Unregelmäſsigkeit der Faserrichtungen sowohl als der Unbeständigkeit des Stromes.

Die Wandung des Magens oder des Darmes vom Frosche giebt, mit einem Punkte ihrer äuſseren Fläche gegen einen beliebig zur Axe des Darmes verlaufenden Schnittrand aufgelegt, schwache Wirkungen, innerhalb der ersten 15°, in dem Sinne des Gesetzes des Muskelstromes. Man wird, selbst nach sorgfältiger Reinigung der inneren Schleimhautfläche, stets vorziehen, die Peritonäalseite aufzulegen, wegen der elektromotorischen Wirkungen, die die Ueberbleibsel des Darminhaltes leicht bewirken könnten. Damit der Bausch, der nur mit natürlichem Längsschnitt berührt werden soll, von der Berührung der sich gern einrollenden Schnittränder frei bleibe, ist es angemessen, sich der oben Bd. I. S. 629 beschriebenen gefensterten Glimmerblättchen zu bedienen. Gleichgültig ist die Richtung, in welcher der aufgelegte Schnittrand gegen die Axe des Darmes verläuft, weil nämlich das Mikroskop, wie man weiſs, an jener Haut zwei senkrecht aufeinander angeordnete Schichten paralleler Fasern, die eine der Länge nach, die andere der Quere nach verlaufend zeigt. Sobald also der Schnitt nicht genau in der Richtung der Fasern der einen Schicht geführt wird, muſs er den künstlichen Querschnitt beider Schichten enthalten; aber selbst in jenem schwerlich jemals mit Genauigkeit verwirklichten Falle bliebe immer, um den Schnittrand negativ gegen den Punkt des Darmumfanges erscheinen zu lassen, der künstliche Querschnitt der anderen Schicht übrig, während allerdings die erste nur noch eine unwirksame schwächende Nebenschlieſsung in Bezug auf den Multiplicatorkreis abgeben würde. Eine vortreffliche Gelegenheit zur Bewährung des Gesetzes des Muskelstromes in aller Vollständigkeit an den Darmmuskeln, mit Ausnahme freilich der den natürlichen Querschnitt betreffenden Punkte, müſsten übrigens, wie mir scheint, die Längsbinden des Dickdarmes (Taeniae coli) gröſserer Säugethiere darbieten.

Man erinnert sich der merkwürdigen Entdeckung Reichert's,[1] nach welcher eine vereinzelte Cyprinusart, der Schley, von allen untersuchten Wirbelthieren einzig quergestreifte Muskelfasern an seinem Darmcanal besitzt. Eduard Weber[2] hat dieselbe neuerdings dahin vervollständigt, daſs der Darmcanal des Schleyes auch durch seine kräftige animalische Reactionsweise vor dem der übrigen Thiere ausgezeichnet

[1] Medicinische Zeitung. Herausgegeben von dem Verein für Heilkunde in Preuſsen 10. März. 1841. S. 47.*

[2] A. a. O. S. 28.*

ist. Danach war zu erwarten, dafs er ebenso durch seine elektromotorische Leistungsfähigkeit weit voraus stehen würde. Diese Erwartung fand sich, zu nicht geringer Befriedigung, auf das vollständigste bestätigt. Der Darmcanal des Schleyes, gleich dem des Frosches in den obigen Versuchen behandelt, führt zwar nicht die Nadel an die Hemmung, giebt aber doch zwischen 50 und 60° Ausschlag. Der Darmcanal des Karpfens (Cyprinus Carpio) dagegen, der mir zum Vergleichspunkte diente, gab nur äufserst matte Wirkungen gleich dem des Frosches.

Eine Gelegenheit zu einem gleichbedeutenden Versuche bot die mit quergestreiften Muskelfasern versehene Augenblendung der Vögel dar, im Gegensatze zu der nicht gestreiften der Säugethiere. Ich stellte denselben, unterstützt durch die Geschicklichkeit meines augenkundigen Freundes Brücke, an der Iris der Taube und des Kaninchens an, die ich einerseits mit einem Punkte ihrer Fläche, andererseits mit einem radialen Querschnitt auflegte. Um sie dabei leichter handhaben zu können, wurden sie zuerst auf einem Stücke mit Eiweifs getränkten Fliefspapieres entfaltet, dieses dem äufseren und dem inneren grade ausgestreckten Umfange entlang abgeschnitten, sodann ein gemeinschaftlicher Querschnitt durch das Papier und die Iris angelegt, und das Ganze in passender Lage auf die Bäusche gebracht, wobei freilich das feuchte Papier eine unwirksame schwächende Nebenschliefsung für den Strom in Bezug auf den Multiplicatorkreis bildete. An der Blendung des Kaninchens gelang der Versuch gut; es zeigte sich ein schwacher Strom in der richtigen Richtung. An der Iris der Taube hingegen glückte es, ihrer ausnehmenden Zartheit halber, nicht einmal, überhaupt mit Bestimmtheit gesetzmäfsige Wirkungen wahrzunehmen. Von einem Vergleich beider in der angedeuteten Hinsicht konnte demnach nicht die Rede sein.

Ein Stück Fruchthalter eines nicht trächtigen Kaninchens gab mir einen schwachen Strom in der richtigen Richtung vom äufseren Umfange zum künstlichen Querschnitte in dem Draht. Von einem Stücke Eileiter vom Frosche erhielt ich nur äufserst schwache und verwirrte Ausschläge; es gelang mir aber auch nicht, durch Tetanisiren mittelst der ganz angefüllten Rolle wurmförmige Bewegung wahrzunehmen. [1] Der Harnleiter des Kaninchens dagegen gab mir zwar schwache aber regelmäfsige Wirkung gleich dem Fruchthalter; die Harnblase selber starke, jedoch regellose Ausschläge, wobei wohl die Verunreinigung durch den Harn mit im Spiele war.

[1] Doch sind an anderen Thieren sogar freiwillige Bewegungen der Tuben beobachtet. S. Joh. Müller, Handbuch der Physiologie u. s. w. Bd. I. 3. Aufl. 1838. S. 739. Bd. II. S. 70.* — G. Valentin, Lehrbuch der Physiologie u. s. w. 1844. Bd. II. S. 706.*

Kaum mehr an meinem Multiplicator mit Sicherheit nachzuweisende Spuren eines gesetzmäfsig gerichteten Stromes zeigte mir ein Stück Aorta abdominalis vom Kaninchen. Dies führte zur Untersuchung des gelben elastischen Gewebes, welche am Nackenbande eines frischgeschlachteten Schöpses angestellt ward. Ich fand, trotz der beträchtlichen aufgelegten Gewebemasse, nur einen sehr schwachen Strom in dem Sinne des Muskelstromes. Andere Male erhielt ich verkehrte Ausschläge, ohne dafs es mir gelang, den Grund dieser Unregelmäfsigkeiten zu entdecken. Es folgt aber hiernach, dafs der Strom der Arterienhaut als zusammengesetzt anzusehen ist aus dem der glatten Muskelfasern, welche, nach Henle, [1] dieselbe zum Theil bilden, und aus dem des elastischen Gewebes selbst.

Legt man, dem Gesetze des Muskelstromes entsprechend, eine Sehne vom Kaninchen mit natürlichem Längsschnitt und künstlichem Querschnitt auf die Bäusche meiner Vorrichtung auf, so erhält man eine ausnehmend schwache und träge Wirkung, selten mehr als 5°, höchstens 8° Ausschlag, welche zwar meist wie beim Muskel gerichtet ist, allein sehr leicht unregelmäfsig wird. Z. B. man sieht nach mehrmaligem Auflegen den einen Querschnitt sich positiv gegen den natürlichen Längsschnitt verhalten, während der andere sich noch negativ verhält u. d. m. Ebenso giebt die Achillessehne des Frosches nur sehr undeutliche und leicht unregelmäfsige Wirkungen.

Von der Haut des Frosches erhält man alles Mögliche; bald richtig, bald verkehrt gerichtete, bald starke, bald schwache, bald gar keine Ströme, und ganz gleichviel, ob man nach dem Gesetze oder wie man sonst auflege. Auf diesen Punkt wird später noch, besonderer Gründe halber, zurückgekommen werden müssen. [2]

Der frisch zugerichtete Ober- und Unterschenkelknochen vom Frosche geben, mit einer Gelenk- oder Querbruchfläche gegen einen Punkt des äufseren Umfanges aufgelegt, Wirkungen in demselben Sinne, wie ein Muskel, freilich unendlich viel schwächer. [3] Aber auch quer durch die Tibia, in der Gegend der Foramina nutritia, finden sich, dem Gesetze zuwider, Ströme von gleicher Kraft.

Säulen aus Stücken Lunge, Leber und Nieren, nach Art seiner Muskelsäulen, hat Matteucci zusammengefügt. Er will auf diese Weise, sowohl mit Hülfe des Multiplicators als mit der des stromprüfenden Froschschenkels, schwache und nur kurze Zeit nach dem Tode

[1] Allgemeine Anatomie. 1841. S. 575.* — Vergl. Ernst Heinrich und Eduard Weber in Müller's Archiv u. s. w. 1847. S. 309.*

[2] S. unten, Kap. VIII. §. i.

[3] Vorläufiger Abrifs u. s. w. A. a. O. S. 23. §. 61.

ausdauernde Ströme in dem Sinne des Muskelstromes, d. h., bei ihm, von dem blosgelegten Inneren der Gewebemassen nach ihrer Aufsenfläche erhalten haben. [1] Von welchem Thiere die Theile entnommen waren, wird nicht gesagt; man darf nur, da auch von der Lunge die Rede ist, schliefsen, dafs sie nicht dem Frosch angehörten, dessen Lunge keinen hinreichend ausgedehnten Querschnitt darbietet.

Auch ich habe Versuche der Art am Kaninchen, der Taube und dem Frosche angestellt, jedoch einen merklich verschiedenen Erfolg wahrgenommen. Ein Stück Lunge, Leber, Niere, Milz vom Kaninchen, einerseits mit einem künstlichen Querschnitte, andererseits mit der äufseren Oberfläche auf die Bäusche meiner Vorrichtung aufgelegt, gab mir nämlich stets einen ziemlich kräftigen Strom (10—25°) in der umgekehrten Richtung von der des Muskelstromes, oder der von Matteucci angegebenen, nämlich von der Aufsenfläche zum Querschnitt in dem thierischen Gebilde. Die langgestreckte Milz des Kaninchens eignete sich gut dazu, zwei künstliche Querschnitte zu vergleichen. Sie verhielten sich gleichartig. An der Taube gab die Leber mir einigemale Ströme in dem von Matteucci angezeigten Sinne, öfter jedoch in dem verkehrten; die Niere in dem verkehrten; die Lunge liefs die Nadel auf Null. Am Frosche war das Ergebnifs für die Leber ebenso zweideutig wie bei der Taube, nur noch öfter Matteucci's Angabe entsprechend. Die Milz giebt eine Spur von Strom im umgekehrten Sinne, wie beim Kaninchen. Die Nieren zeigen keinen deutlichen Strom. Die Hoden wirken, wie nach Matteucci's Angabe sämmtliche Gewebe. An einem und demselben, dem Versuch unterworfenen Stücke drüsigen Gewebes hört der Strom bald auf; aber noch nach 24 Stunden aus dem Kaninchen geschnittene Stücke Leber, Niere, Lunge geben beim ersten Auflegen schon lebhafte Wirkungen, zu einer Zeit also, wo die Muskeln keine deutliche Spur von Wirkung mehr zeigen; die Leber meist in dem von Matteucci angezeigten Sinne.

Ehe wir zur Würdigung dieser Reihe von Thatsachen übergehen, haben wir noch Folgendes zu berücksichtigen.

Von dem Nervensysteme nämlich ist noch nicht die Rede gewesen. In meinem »*vorläufigen Abrifs*« a. a. O. S. 7. §. 20 habe ich folgendes bekannt gemacht (Januar 1843): »Ein Stück N. ischiadicus vom »Frosche oder vom Kaninchen wirkt elektromotorisch nach demselben »Gesetz wie ein Stück Muskelfleisch. Berührt der indifferente leitende »Bogen zwei Punkte der Aufsenfläche des Nerven, oder seine beiden

[1] Annales de Chimie et de Physique. Septembre 1845. 3 Série. t. XV. p. 65. 66.* — Archives de l'Électricité. t. V. p. 383. 384.*

»Stümpfe, so wird kein Strom bemerkbar sein; derselbe tritt sogleich »hervor, und zwar in gleicher Richtung, obschon viel schwächer, als »am Muskelfleischriemen, wenn der indifferente leitende Bogen einen »Punkt der Aufsenfläche des Nerven mit einem Punkte seines Quer»schnitts in Verbindung setzt.«

In der That, das Nervensystem allein, von allen anderen thierischen Theilen, ist mit einer elektromotorischen Thätigkeit begabt, welche mit der des Muskelgewebes in Vergleich zu bringen ist. Nicht nur in der Kraft, auch in der völligen Eingeschränktheit unter dasselbe Gesetz, kommen die Ströme beider hochgestellten Gewebe völlig mit einander überein. Wie der Muskelstrom bei der Zusammenziehung, bei Cohaesionsveränderungen des Muskels, beim natürlichen Absterben oder im siedenden Wasserbade, ja noch ungleich leichter und häufiger erleidet der Nervenstrom Schwankungen in verschiedenem Sinne theils Einflüssen gegenüber, die der Innervation am nächsten stehen, theils nach ähnlichen Mifshandlungen, wie diejenigen, welche die Bewegungserscheinungen des Muskelstromes veranlassen. Endlich wie von den Eigenthümlichkeiten dieses letzteren, kann nur mit Hülfe einer Molecularhypothese Rechenschaft abgelegt werden von den mannigfachen Erscheinungswechseln des Nervenstromes. Von diesem also haben wir jetzt auf das genaueste Kenntnifs zu nehmen, als von einem Phaenomen von völlig gleicher Würde und Berechtigung mit dem Muskelstrom. Der dritte Paragraph dieses Kapitels und das ganze folgende sind ausschliefslich dieser Bemühung gewidmet.

Zuvor bleiben uns noch einige andere Punkte zu erledigen übrig. Seinen Lungen-, Leber- und Nierenstrom hält Matteucci für gleichbedeutend mit dem Muskelstrome, für nur gradweise davon verschieden. Er beeilt sich, seine bereits oben Bd. I. S. 683 beleuchtete Theorie des Muskelstromes darauf auszudehnen, welche sich auf die unerwiesene chemische Hypothese von dem Ursprunge des elektrischen Stromes stützt, von ihm aber als ganz zweifellos hingestellt wird.[1] Ich bin der Meinung, dafs Matteucci wohlgethan haben würde, hier etwas von dem Skepticismus anzubringen, der ihn anderwärts dazu trieb, die Einerleiheit von Frosch- und Muskelstrom und die der Ursachen in Abrede zu stellen, welche die Multiplicatorablenkung im Nobili'schen Grundversuch und die Galvanische Zuckung ohne Metalle hervorbringen (S. oben S. 167. Bd. I. S. 541). Um es begreiflich zu finden, wie Matteucci die Einerleiheit jener »Drüsenströme« mit dem Muskelstrom so ohne Rückhalt und schlechterdings behauptet, mufs man bedenken, dafs ihm, vom Gesetze des

[1] Annales etc., ibidem. — Archives etc., ibidem.

Muskelstromes, seiner langjährigen Forschungen und der Kenntnifs meiner Abhandlung ungeachtet, noch immer nichts ganz eingeleuchtet hat, als was auch die drüsigen Gebilde scheinbar darbieten, ein elektrischer Gegensatz des Inneren und der Aufsenfläche; dafs ihm die Bewegungserscheinungen des Muskelstromes, sein Zusammenhang mit den Lebenseigenschaften, mit der mechanischen Leistungsfähigkeit des Muskelgewebes, endlich der Nervenstrom, völlig fremd geblieben sind; dafs der Muskelstrom in seinen Augen nichts weiter ist, als ein Strom von chemischem Ursprunge wie eben jeder andere auch, und das Räthselhafteste daran im Grunde, welches Interesse er wohl alsdann noch einzuflöfsen geeignet sei. Ein anderer Umstand, der MATTEUCCI bewogen haben mag, an jener Stelle den Lungen-, Leber- und Nierenstrom in einem etwas zu schönen Lichte sehen zu lassen, wird uns später bekannt werden.[1]

Man wird, wie mir scheint, der Wahrheit ziemlich nahe kommen, wenn man folgendermafsen über den Zusammenhang dieses Kreises von Erscheinungen urtheilt. Was erstens die schwachen Ströme der glatten Muskeln des Magens, Darmes, der Blendung, des Fruchthalters, des Harnleiters u. s. w. betrifft, so wird man nicht umhin können, sie für einerlei zu halten mit dem Strome der quergestreiften Muskelfaser, obschon eine ungeheure Kluft sie der Stärke nach von diesem und von dem Nervenstrome trennt, und obschon keine Bewegungserscheinungen an denselben nachgewiesen sind, was für das Tetanisiren wenigstens seine nicht zu überwindenden Schwierigkeiten hatte. Sie stellen sich gewissermafsen dar als eine niedere Entwickelungsstufe jenes Stromes, völlig entsprechend der tiefen Stufe mechanischer Leistungsfähigkeit und morphologischer Ausbildung, auf welcher das Gewebe, von dem sie ausgehen, stehen geblieben ist.

An dem anderen Endpunkte der Reihe bin ich geneigt, die Ströme der Lunge, Leber, Niere, Milz, des Hodens, wie auch der Knochen, als Erscheinungen ganz anderer Art zu betrachten, welche mit dem Muskelstrome in der That nur den Punkt gemein haben, dafs sich dabei dem Anscheine nach ein elektrischer Gegensatz des Inneren und der äufseren Oberfläche kundgiebt. Allein die völlig mangelhafte Unterordnung dieser Ströme unter das gemeinsame Gesetz des Nerven- und Muskelstromes, die Abwesenheit von Bewegungserscheinungen an denselben, die zum Theil unveränderte Fortdauer lange Zeit nach dem Tode, endlich die Erwägung im physiologischen Sinne des jede Gleichstellung vorweg abschneidenden Unterschiedes zwischen Muskel und Nerv und den Geweben, welche die Träger jener sind: dies Alles scheint mir zu dem Schlusse

[1] S. unten, §. II. 4.

zu führen, dafs in denselben ein, an und für sich immerhin bemerkenswerther, aber von dem Nerven- und Muskelstrom ganz getrennter Kreis von Thatsachen und jedenfalls von ganz verschiedener Bedeutung vorliege. Obschon die geringe Beständigkeit des Gegensatzes der Strömungsrichtungen an Leber und Niere diese Ansicht nicht gerade sehr begünstigt, ist doch wohl zunächst die Vermuthung hinzustellen, dafs es sich bei diesen Strömen einfach handele um grobvertheilte Ungleichartigkeiten im Inneren und an der Oberfläche der Gewebetheile, welche durch den Absonderungsvorgang in denselben bedingt sind. Vielleicht rühren sie auch blos von dem gröfseren Blutreichthum des Inneren her, wofür das Beispiel der Milz sprechen dürfte, welche keine secernirende Fläche darbietet. An eine physiologische Verwerthung so roher Ergebnisse, etwa in dem Sinne, wie dies früher mit den DONNÉ'schen Strömen zwischen Magen und Leber u. s. w. (S. oben Bd. I. S. 487) beabsichtigt wurde, ist begreiflich in keiner Weise zu denken.

Es bleibt nun drittens übrig, den schwachen Wirkungen, welche uns Sehne, Haut, elastisches Gewebe gegeben haben, einen angemessenen Platz in dieser Gruppirung anzuweisen. Bei diesen haben wir es, wenigstens zum Theil, mit mehr oder weniger regelmäfsigen Anhäufungen gleichgearteter Elementartheile zu thun. Es scheint, als ob dem Dasein von schwachen Strömen zwischen Längsschnitt und Querschnitt derselben, trotz der Abwesenheit irgend einer mechanischen Leistungsfähigkeit, wie bei der Sehne, dem elastischen Gewebe, der Schlufs zu entnehmen sei, dafs mehr oder minder zwischen dem Aeufseren und Inneren der feineren Bestandtheile sämmtlicher Gewebe ein Gegensatz herrsche, der sich als Strom auszusprechen vermöge. Man kann sonach, im physiologischen Sinne betrachtend, sagen, dafs Nerven- und Muskelstrom nur eine besonders hohe Entwickelungsstufe einer allgemeinen Eigenschaft seien, entsprechend den besonderen Lebenseigenschaften jener beiden Gewebe; ferner dafs, je lebhafter der Stoffwechsel in einem Gewebe vor sich gehe, um so entwickelter sei sein elektromotorisches Vermögen. Mit einem Worte: Sehne, Bindegewebe, contractiles Bindegewebe der Tunica Dartos, der Brustwarzen u. s. w. (obschon es noch nicht untersucht werden konnte, wird man sein elektromotorisches Vermögen nach dem Obigen nicht bezweifeln wollen), die glatten Muskeln, die quergestreiften Muskeln nebst den Nerven stellen eine ansteigende Reihe elektromotorischer Bildungen dar, und dunkel kann nur noch erscheinen, worauf auch nicht leicht sobald eine Antwort erfolgen dürfte, an welcher Stelle dieser Reihe man sich zu denken habe, dafs die von uns an ihrem oberen Endpunkte erkannte

Erzeugung des Stromes durch elektromotorische Molekeln ihren Anfang nehme.

Bekanntlich haben RÜPPELL,[1] CHARLES ROBIN[2] und ERDL[3] bei verschiedenen Fischen ein Organ von unbestimmter Verrichtung beschrieben, welches von dem zweiten dieser Beobachter bei den nicht elektromotorischen Rochen, wo er es zuerst wiederfand, für das vollständige Ebenbild eines elektromotorischen Organes ausgegeben ward. JOH. MÜLLER unterzog sich, jedoch vergeblich, auf Helgoland der Untersuchung desselben auf Strömungen ähnlich denen der elektrischen Fische, mit Hülfe des oben Bd. I. S. 202 beschriebenen Multiplicators des Königlichen Anatomischen Museums mit schwerem rhombischen Nadelspiel. Er lud sodann MATTEUCCI brieflich ein, seinerseits den Versuch anzustellen. MATTEUCCI bediente sich des stromprüfenden Froschschenkels, den GALVANI so passend und mit so großem Erfolge in die Erforschung der Zitterfische eingeführt hat;[4] allein auch ihm versagten Wirkungen, welche denen der elektromotorischen Organe zu vergleichen gewesen wären. Hingegen sagt er: »Je dois ajouter que j'ai pu obtenir de cet »organe tous les phénomènes du courant électrique musculaire, de sorte »que l'observation de M. ROBIN m'en semble d'autant plus digne d'at»tention de la part des anatomistes.«[5]

2. Von der elektromotorischen Unwirksamkeit der Berührung ungleichartiger Gewebe.

(Fortsetzung von §. VII. Kap. I. dieses Abschnittes. S. oben Bd. I. S. 481. 521.)

Wir können jetzt, wo wir mit dem elektromotorischen Verhalten der einzelnen Gewebe hinlänglich vertraut sind, die Untersuchung wiederum aufnehmen und zu Ende führen, welche noch vom ersten Kapitel her über die vermeintliche Ungleichartigkeit der Gewebe untereinander schwebend ist. Man erinnert sich des VOLTA'schen Princips,

[1] Fortsetzung der Beschreibung und Abbildung mehrerer neuer Fische, im Nil entdeckt u. s. w. Frankfurt am Main. 1832. 4°. S. 8. 9.* (An Mormyrus longipinnis.)

[2] Comptes rendus etc. 18 Mai 1846. t. XXII. p. 821.* — Philosophical Magazine etc. January 1847. 3. Series. vol. XXX. p. 47.*

[3] Gelehrte Anzeigen. Herausgegeben von Mitgliedern der k. bayer. Akademie der Wissenschaften. No. 203. 10. October 1846. S. 508.* (An Gymnarchus niloticus.)

[4] Memoria quinta allo SPALLANZANI. Opere edite et inedite ec. p. 411.*

[5] Comptes rendus etc. 22 Février 1847. t. XXIV. p. 302. 303.*

welches, nach mangelhaften Analogieen schliefsend, jedes einzelne Gewebe als ein in sich selbst völlig Gleichartiges betrachtete, hingegen eine elektromotorische Wirkung aus der Berührung zweier ungleichartigen Gewebe entspringen liefs. Dies Princip, welches so lange in der Wissenschaft gegolten hat, und meines Wissens noch allgemein gilt (Vergl. oben Bd. I. S. 532), haben wir nun, im Verfolge des Weges, den ich zuerst in meinem »*vorläufigen Abrifs*« eingeschlagen habe,[1] vor Allem die einzelnen Gewebe auf ihre innere Gleichartigkeit zu untersuchen, völlig umgekehrt. Es zeigt sich jetzt, wie gesagt, dafs vielmehr alle Gewebe in sich selbst den Grund zu einem elektrischen Gegensatze tragen, während a. a. O. bereits, zuerst theoretisch, dann durch den Versuch, die elektromotorische Unwirksamkeit der Berührung verschiedener Gewebe verkündigt wurde. Unser Nachweis erstreckte sich auf folgende fünf Gewebe vom Frosche, die dem Zustande des unversehrten Lebens möglichst nahe in allen zehn möglichen Combinationen untersucht wurden: Muskel, Nerv, Sehne, Haut und Knochen. Allein die Beschreibung der Versuche, wodurch dieser Nachweis geliefert worden ist, wurde damals vorenthalten, mit dem Bemerken, es sei zum Verständnisse derselben die Kenntnifs einer Reihe von Umständen erforderlich, die noch nicht bei dem Leser vorausgesetzt werden könnte.

Jetzt ist er so weit geführt; es leuchtet ein, dafs bei diesen Versuchen beide Gewebe so gelagert sein müssen, dafs jedes einzelne an und für sich, durch die ihm eigenthümlichen elektromotorischen Kräfte, nicht auf die Nadel einzuwirken vermöge. Hat man es also z. B. mit Nerv und Muskel zu thun, so wird man ihnen die Lage anweisen müssen, die Fig. 91. Taf. II. abgebildet ist; nach den früheren Auseinandersetzungen bedarf dieselbe keiner näheren Erläuterung mehr. Was Sehne und Muskel betrifft, so ist ferner deutlich, dafs der Versuch nicht etwa so anzustellen ist, dafs man eine mit dem Muskel organisch verbundene Sehne gegen reines Muskelfleisch auflegte; denn da jene den natürlichen Querschnitt des Muskels verdeckt, so würde, bei den äufserst geringen Stromeskräften des Sehnengewebes selber, der Erfolg begreiflich nichts anderes anzuzeigen geeignet sein, als das elektromotorische Verhalten zwischen dem natürlichen Querschnitte und dem zweiten aufliegenden Punkte des Muskels, am allerwenigsten aber eine elektromotorische Wirkung an der Grenze des Muskel- und des Sehnengewebes. Man mufs also vielmehr bei derselben Lage des Muskels wie

[1] Matteucci hat erst nach mir von einzelnen Stücken Muskelgewebes Ströme erhalten. In seinem »Deuxième Mémoire« ist nur die Rede von querdurchschnittenen Froschoberschenkeln. Vergl. oben B. I. S. 536. 540.

Fig. 91 der Sehne eine ähnliche Lage anweisen, wie diejenige, die der Nerv daselbst inne hat.

Es würde überflüssig sein, diese Erörterung, deren Grundsatz sehr einfach, seine Anwendung indefs, wie man sich leicht denken kann, sehr schwierig ist, noch ausführlich auf mehrere Zusammenstellungen von Geweben ausdehnen zu wollen. Wir wenden uns vielmehr nach dieser Abschweifung, welche uns auf einen längst überwundenen Standpunkt der Untersuchung für einen Augenblick zurückversetzte, der Betrachtung der elektromotorischen Kräfte des Nervensystemes selber zu.

---

§. II.

Geschichtlicher Ueberblick über die Bestrebungen, elektrische Wirkungen an den Nerven nachzuweisen.

Es wird nicht unpassend erscheinen, wenn der endlichen nnd zwar bejahenden Erledigung der Frage nach elektrischen Strömen in den Nerven eine gedrängte Uebersicht der mannigfaltigen früheren Bestrebungen in diesem Gebiete voraufgeschickt wird. Alles im geschichtlichen Paragraphen des vierten Kapitels von den elektrischen Erklärungsversuchen der Muskelzusammenziehung im Allgemeinen Gesagte gilt hier in gleichem Mafse. Wir begegnen denselben mehr oder weniger berechtigten Muthmafsungen, dreisten Behauptungen; dann denselben Enttäuschungen, den nämlichen Wiederaufschwüngen eines nie ganz erloschenen Glaubens, entsprechend etwaigen neuen Fortschritten der anorganischen Elektricitätslehre selbst; endlich derselben allgemeinen Entmuthigung, dem entschiedenen Inabredestellen der Beobachter, welche die besten Hülfsmittel, die scheinbar vielversprechendsten Methoden bald an dem unerquicklichen Gewühl dichtgedrängter Fehlerquellen, bald an dem hartnäckigen Verstummen der befragten experimentellen Anordnungen hatten scheitern sehen.

Die Anzahl derer, die sich in früherer Zeit für die elektrische Natur des Nervenwesens aussprechen zu müssen glaubten, ist fast unermefslich zu nennen. Es würde nutzlos und vielleicht kaum möglich sein, ein vollständiges Verzeichnifs dieser Bekenner aufzustellen; nur die Schöpfer der Identitätslehre und ihre hervorragendsten Verfechter werden daher hier, und auch diese zum Theil nur in namentlicher Anführung, ohne Entwickelung ihrer besonderen Ansichten, einen Platz finden.

1. Der vorgalvanische Zeitraum.

Wer zuerst dem menschlichen Hange, dem Dunklen das Dunkle erklärungshalber unterzulegen, in Bezug auf Elektricität und Nervenprincip nachgegeben, dies weiſs uns Haller selbst bereits, über den hinauszugehen in der physiologischen Literatur so schwer ist, nicht mit Bestimmtheit zu melden. Dieser widerlegt, unter der Aufschrift »*Conjecturae*« in seinen *Elementa Physiologiae Corporis humani* nacheinander alle die mannigfaltigen Hypothesen, die seit undenklichen Zeiten ersonnen worden waren, um die räthselhaften Wirkungen der Nerven dem Verständnisse etwas näher zu rücken: jener weichen feuchten Stränge, die, ohne an sich selber eine merkbare Veränderung zu verrathen, mit Blitzesschnelle Schmerz und Wonne und gewaltige Bewegung in die Ferne hinterbringen. Die Nerven, heiſst es zuerst, leiteten nicht durch ihre häutige Umhüllung; es sei falsch, sie gespannten Saiten oder Seilen zu vergleichen, die, an einem Ende aus ihrem Gleichgewichte gestört, die Erschütterung wellenförmig nach dem anderen fortpflanzen; vielmehr müsse man zu einem unendlich zarten und beweglichen Flüssigen, den Sonnenstrahlen, dem Lichte, dem Feuer, der Luft, dem Electrum vergleichbar, seine Zuflucht nehmen, welche alle flüssig und nachgiebig, doch die heftigsten Bewegungen vermitteln. Dieses Flüssige der Nerven sind ihm die thierischen Geister, »spiritus animales.« Nachdem die Einwürfe wider diese Annahme beseitigt sind, wird gefragt, welcher Art die Geister seien. Sie seien nicht wässerig, nicht eiweiſs-, nicht weingeistartig, nicht sauer oder schwefelig, nicht luftig, wie diese oder jene muthmaſsten; ob sie, wie die berühmten Männer Willis, Newton und Stenson wollten, dem Lichte, oder, wie Cartes und Bonnet, dem Feuer u. d. m. vergleichbar seien? »Denique,« fährt Haller fort, »cum nuper materies »electrica omnium esset in ore, eaque videretur celeritatem habere, quae »est in spiritibus animalibus, vimque summis etiam motibus excitandis »parem, cogitatum est, ejus naturae esse animalem spiritum. Nescio, »an non Cl. olim Hausen prima conjectura fuerit, quam »inde Cl. Boissier «[sc. de Sauvages]» et des Hais pro»posuit. Addidit uterque varia, quae eam sententiam non impro»babilem reddunt, luculas et flammulas, quae de animalium pilis vulgo, »non raro etiam de hominibus, excusso indusio neque detracto, aut »fricata cute exsiliunt, et igniculos ante epilepticos insultus adparentes, »aque fricto oculo nascentes quasi scintillas; et motum in nervo ea »strictione, quae versus partem aliquam deorsum fit, in vivo animale »excitatum. Ad funiculos electricum elementum adhaerere commode

»adnotatum est. Sed etiam a scintilla electrica musculos, aut ipsos, »aut per nervos suos percussos, omnium certissime et potentissime in »motum cieri observarunt, et subsultus electricos nervorum directionem »sequi; esseque eo minores scintillas, quo remotius a cerebro, spirituum »fonte, pars aliqua percutitur; et denique a nervo ischiatico canis, elec»trica natura imbuto, conspicuum penicillum lucidum prodiisse.« [1]

Haller führt hiezu, aus dem unermeſslichen Schatze seiner literarischen Kenntniſs, eine Menge von Stellen an, von denen es mir jedoch nur zum kleineren Theile vergönnt gewesen ist, selber Kenntniſs zu nehmen. Zu Hausen's Namen fehlt merkwürdiger Weise ein Citat, womit doch Haller sonst nicht zu kargen pflegt. Auch der von Haller ausgesprochene Zweifel — »Nescio, an non Cl. olim Hausen prima »conjectura fuerit« — ist sehr auffallend, und kaum anders erklärbar, als wenn man annimmt, es sei ihm die bezügliche Stelle wirklich nicht bekannt gewesen. Es ist mir aber gelungen, sie ausfindig zu machen, und ich denke, daſs wohl schwerlich eine ältere Urkunde für die Identitätslehre aufzubringen sein möchte.

Einem Deutschen also, Christian August HAUSEN, Professor der Mathematik zu Leipzig, geboren zu Dresden 1693, gestorben zu Leipzig 1743, gebührt das Verdienst, in dem Werke: »*Novi Profectus in Historia Electricitatis*,« [2] welches erst nach seinem Tode erschien, diese Lehre zuerst in folgender Weise ausgesprochen zu haben: »Quodsi licet suspicari, non verebor dicere, mihi haud parum »verisimile videri firmitatem et fluiditatem, elaterem, densitatem, lucem, »sonum, calorem, electricitatem, et fortasse Magnetismum, ab uno eo»demque fluido pendere, in quo haerent corpora omnia, quodve haeret »in omnibus et pro varia conditione virium agendi, fluidi hujus et cor»porum ipsorum, illa omnia variis modis varioque gradu oriri. Imo »si ex sanguine posset secerni magna copia hoc fluidum, »quod in sanguine est sine dubio, ut in corporibus reli»quis, fungeretur illud fortasse officio spirituum anima»lium. Et si in lucem idoneo motu versum, agere potest in organum »visionis, id est, agitare simile sibi fluidum contentum in retina, quae »est nervus expansus, quidni a saliva attractus (nam phlegma mate»riam electricam potenter absorbet) posset commovere simile fluidum,

[1] Elementa etc. Lausannae. 4°. t. IV. 1766. p. 378.*

[2] Chr. Aug. Hausenii etc. novi Profectus in Historia Electricitatis, post Obitum Auctoris, praematuro Fato nuper exstincti, ex MSto ejus editi etc. Lipsiae 1743. 4°. p. 47.* — Die Ausgabe ist von Gottsched besorgt: s. J. B. v. Rohr's physikalische Bibliothek u. s. w., herausgegeben von A. G. Kästner. Leipzig 1754. S. 179.*

»quod est in nervulis partium, quarum cum motu conjunctus est sen»sus saporis; ut sic sufficeret perficiendis omnibus mutationibus, quae »in corpore fiunt, exercitio sensuum subtiliorum.«

Ich vermisse sodann bei HALLER eine nur um ein Jahr jüngere Stelle, welche DE SAUVAGES gehört. Dieser sagt in seinen Anmerkungen zu HALES' Haematostatik, wo der Verfasser sich im Texte die Frage stellt, ob auch Flüssigkeiten durch Reiben Elektricität entwickeln (S. oben Bd. I. S. 22. Anm. 2): »Mr. HALES ouvre ici un vaste champ »à une hypothèse propre à expliquer le mouvement musculaire, et »plusieurs autres fonctions auxquelles on n'a vu goute jusqu'ici. La »fluide nerveux n'est-il pas poussé dans les nerfs avec une vitesse suf»fisante pour les échauffer, et mettre en jeu l'électricité des fibres et »la leur propre? Par cette électricité, ne se peut-il pas que les fibres »nerveuses se froncent, et racourcissent le muscle entier, sans aug»menter son volume? Ne pourrait-on pas déduire certaines antipathies »morales ou aversions qu'on a pour certains aliments, certaines odeurs, »de l'ébranlement que l'atmosphère électrique de ces corps peut causer »aux fibres nerveuses? La force répulsive de quelques autres, ne »pourrait-elle pas venir au secours de l'hypothèse?«[1]

So kühn es scheinen mag, HALLER nach so langer Zeit in einem Punkte der Literaturgeschichte berichtigen zu wollen, der noch dazu in die Jahre der Blüthe seiner eignen Kraft fällt, so kann ich doch nicht umhin, es hiernach sehr unwahrscheinlich zu finden, daſs der Arzt von Montpellier dem Leipziger Mathematiker die Vorstellung der Identitätslehre sollte entlehnt haben. Wie dem auch sei, nach einem Zeitraum von vier Jahren folgt abermals ein Document, welches HALLER unerwähnt läſst, in DE SAUVAGES' *Dissertation sur la Nature et la Cause de la Rage.* (Toulouse 1749. 4°; — 1759. 4°; — auf's Neue abgedruckt in DE SAUVAGES' *Oeuvres complètes etc.* Nouvelle Édition. Lyon 1776. t. XI. p. 1*). Hier erklärt der Verfasser vornehmlich auf Grund einer Reihe subjectiv-elektrischer Erfahrungen das Nervenprincip und die Elektricität für einerlei mit den Worten: »Ce qui, réitéré souvent, m'a convaincu que le fluide nerveux est cette matière électrique »que ces artifices mettent en un si grand mouvement.« In der *Bibliotheca anatomica* (Tiguri 1777. 4°. t. II. p. 301*) giebt zwar HALLER 1749 als die Jahreszahl dieser Schrift an; aus dem *Éloge de M.* DE SAU-

[1] Haemastatique ou la Statique des Animaux. Expériences hydrauliques faites sur les Animaux vivans. Par M. ETIENNE HALES etc. Traduit par Mr. DE SAUVAGES etc. A Genève 1744. 4°. p. 79. Note 3.* — Statick des Geblüts u. s. w. Halle 1748. 4°. S. 90.*

vages *par M.* de Ratte (*Oeuvres complètes* etc. t. I. p. 45.*) ist aber zu ersehen, daſs sie bereits im Jahre 1748 von der Akademie zu Toulouse gekrönt wurde, bei welcher sie als Preisschrift eingereicht worden war. Unbedingt ist sie älter, als die Abhandlung, welche Haller selbst als die erste hieher gehörige anführt. Der Titel dieser letzteren, welche er uns in seinen *Disputationes ad Morborum Historiam et Curationem facientes* (Lausannae 1757. 4°. t. I. p. 17*) aufbewahrt hat, lautet: J. Stephani des Hais *Dissertatio de Hemiplegia per Electricitatem curanda.* Monspelii 1749. Sie hebt sofort völlig didaktisch an: »Datur in homine fluidum tenuissimum, elasticum, mobilissimum, »corporis interiora velocissime pervadens, electricum dictum etc.« Auf Hausen ist in ihr kein Bezug enthalten, wohl aber heiſst es: »Vide hac de re, dissertationem de rabie Tolosae nuper editam.«

Noch an zwei, von Haller angegebenen, mir zugänglichen Stellen ist de Sauvages für die Identitätslehre aufgetreten. Zunächst 1753 in der ihm durch Haller und de Ratte zugeschriebenen: *Dissertation sur le Méchanisme du Mouvement des Muscles,* welche, bei der hiesigen Akademie der Wissenschaften eingereicht, den ausgesetzten Preis nicht gewann, sondern nur der Ehre theilhaftig wurde, nächst der gekrönten Arbeit Lecat's aus Rouen, von der alsbald die Rede sein wird, in der Sammlung von Preisschriften der Akademie den zweiten Platz einzunehmen;[1] sodann in seinen *Physiologiae mechanicae Elementa* (Amstelodami 1755. 12°. p. 129*). Was die übrigen von Haller angeführten Stellen betrifft, so scheint es nach denjenigen unter denselben, die ich habe nachsehen können, daſs sie sich weniger auf Aeuſserungen im Sinne der Identitätslehre beziehen, als auf die elektrischen Erscheinungen, die de Sauvages und des Hais zum Beweise ihrer Behauptungen angerufen haben. Ausgenommen hievon sind

[1] Dissertation qui a remporté le prix proposé par l'Académie Royale des Sciences et Belles-Lettres de Prusse, sur le Principe de l'action des Muscles avec les Pièces qui ont concouru. Berlin 1753. 4°. p. 73. No. XX.* — Vergl. Haller's Bibliotheca anatomica; — de Ratte's Éloge de M. de Sauvages, ibidem. p. 46.* — Dies ist die oben S. 5 Anm. 1 angeführte Abhandlung, die ich mir zur Zeit des Druckes jener Bogen noch nicht zu verschaffen gewuſst hatte. Auch das auf des Hais bezügliche, mir damals unverständliche Citat Haller's ist nach dem hier Gesagten zu ergänzen. So beruht es auch auf einem Miſsverständniſs, wenn ich oben Bd. I. S. 34. Anm. 2. auf de Sauvages' Physiologie mit der Bemerkung verwies, daſs Haller, an der bezüglichen Stelle, sie anzuführen unterlassen habe. Er thut dies freilich, aber ausnahmsweise unter dem Namen »Cl. Boissier«, unter welchem ich damals de Sauvages nicht erkannte.

jedoch die Briefe Tommasio Laghi's,[1] die mir zwar gleichfalls nicht vorgelegen haben, deren Inhalt aber aus einer Polemik gegen dieselben, auf welche wir sogleich kommen werden, unzweideutig erhellt.

Die Gründe, welche Hausen, de Sauvages, des Hais, Laghi für die Identitätslehre aufzubringen vermocht hatten, finden sich oben in Haller's Auseinandersetzung bündig dargelegt, so daſs auf keine Einzelheiten weiter eingegangen zu werden braucht. Man kann sich nicht verhehlen, daſs sie mehr als schwach sind, da schon bei dem damaligen Stande des elektrischen Wissens nicht viel Scharfsinn dazu gehörte, um zu enträthseln, daſs bei fast allen jenen Erscheinungen, insofern sie überhaupt elektrischer Natur waren, der menschliche oder thierische Körper keine andere Rolle, als eben die eines ganz passiven Leiters spielte. Es hatten daher diejenigen allerdings leichtes Spiel, welche sich dem Geschäfte widmeten, die Unhaltbarkeit der Hypothese von der elektrischen Natur des Nervenprincips ausführlich darzuthun.

Unter diesen bemerken wir zunächst Lecat,[2] den Preisträger der Berliner Akademie, sodann den groſsen Erforscher der Gifte und Nerven, Felice Fontana selber, drittens den Anatomen Marco Antonio Caldani in Bologna, einen fleiſsigen Experimentator auf den von Haller angebahnten Wegen. Die beiden Letzteren, eifrige Anhänger der Lehre von der Irritabilität und Sensibilität der verschiedenen Gewebe des thierischen Körpers, lieſsen es sich angelegen sein, die Zweifel zu erdrücken, die der schon erwähnte Laghi wohl nicht sehr glücklich gegen dieselbe erhoben hatte. Bei dieser Gelegenheit vernichten sie zugleich seine elektrische Theorie des Nervenprincips. Ihre Abhandlungen, in der Form von Briefen, finden sich in Haller's *Mémoires sur les parties sensibles et irritables du Corps animal etc.* t. III. Lausanne 1760. Fontana's Schreiben an Tosetti ist gezeichnet vom 23. Mai 1757, Caldani's Brief an Haller vom 30. December desselben Jahres; beide beziehen sich auf Laghi's zweiten Brief; die Stellen, die Identitätslehre betreffend, finden sich a. a. O. p. 204 sqq. p. 459 sqq.* Sie berufen sich dabei vornehmlich auf das Zeugniſs Giambattista Beccaria's, damals des ersten Elektrikers jenseits der Alpen.

Ihre Einwendungen finden wir wiederum bei Haller mit Kürze und

[1] Risposta al Signore Ces. Pozzi. Bologna 1756. fol. — Epistola ad Jac. B. Beccari. Bononiae 1757. fol.

[2] L. c. p. 17;* und im Traité de l'Existence, de la Nature et des Propriétés du Fluide des Nerfs, et principalement de son action dans le mouvement musculaire, etc. Berlin 1765. p. 28.*

Klarheit zusammengestellt. Nachdem er Aether und Feuer als das Princip der Nerven ausmachend von der Hand gewiesen, heifst es: »Electricae materiei aliae etiam sunt adfectiones. Primum in mortua ca»daveris materie non eadem quidem est electrici elementi [1] copia, quae in »vivo nervo, sed multa tamen, neque parcius eo sanguis imbutus est, »aut adeps, aut tendo, aut dentes, quam ipse nervus. Electrici torren»tis ea natura est, ut ex ea sede, in qua id elementum abundat, in »alteram, in qua parcius continetur, summo impetu ruat. Pone nunc »nervum ischiadicum electrica materie plenissimum: pone Te velle so»lum hallucem movere, et vere movere: necesse est in nervo hallucis, »minus quam in trunco, electri fuisse, hinc ex trunco in eum ramum »nerveum fluxisse electrum; ita vero nullo modo fieri potuit, ut is »torrens solum in hallucem tenderet .... Sed majus quid superest. »Omnis materia animalis ex eo genere est corporum, quod per com»municationem electricam naturam accipit, et omnes animales partes »pariter sunt ad eam recipiendam aptae. Nunc pone, aut nervum »ischiadicum, aut musculum plenum esse electrica materie, et ad mo»tum incitatum; ea certe materies se undique, nullis coercenda limiti»bus, in circumpositum adipem, in vicinos musculos, diffundet, donec »aequilibrium natum sit. Addit vir Cl. FRANCISCUS CIGNA, scintillans »elementum, quod ex pilis animalis veniat, non ex pilis, sed ex am»biente elemento ad fricantem manum confluere, et perinde ad mor»tuam pellem abundare. Denique electricum fluidum corpus huma»num pervadit, neque ullum motum in musculo ullo excitat, donec »ex corpore exeat, alterumque hominem non electricum offendat. Idem »a nullo vinculo coercetur, et ne a dissectione quidem, dum inferior »pars nervi non longe a superiore removeatur. Nunc elementum ner»veum et per vincula coercetur, et dissecto nervo omnis sensus, aut »motus continuitas abrumpitur.« [2]

[1] »In experimentis Cl. GRAY lego, mortuis ex partibus tristiorem lucem prodire.« — Anm. HALLER's; unstreitig ist wohl die Stelle gemeint Philosophical Transactions etc. For the Years 1735, 1736. vol. XXXIX. London 1738. p. 19.*

[2] Ibidem p. 379. 380.* — Eine Wiederholung dieser Betrachtungen s. in TISSOT's sämmtlichen zur Arztneykunst gehörigen Schriften u. s. w. Leipzig 1781. Bd. III. S. 302.* — Gegen die Identitätslehre erklärt sich ferner mit Entschiedenheit JOS. LUD. ROGER in seinem Specimen physiologicum de perpetua Fibrarum muscularium palpitatione, novum Phaenomenon in corpore humano experimentis detectum et demonstratum. Gottingae 1760. S. 60. 65*, wovon übrigens der gröfste Theil einer fleifsigen Sammlung aller damals der Electricität zugeschriebenen physiologischen Erscheinungen gewidmet ist. Bei HALLER finde ich diese Schrift, wenigstens wo es sich um die Identitätslehre handelt, nicht berücksichtigt.

Wie man sieht, es sind dies völlig dieselben Einwürfe, die bis auf den heutigen Tag in ungeschwächter Kraft gegolten haben: einerseits die mangelnde Isolation der Nervenstränge; andererseits das Hemmniss, welches Unterbindung und Durchschneidung der Fortpflanzung des Nervenprincips entgegensetzen, der eines elektrischen Stromes aber nicht in den Weg legen dürften.[1] Indessen, wie es gleichfalls noch heute der Fall ist, so auch bereits damals: den strengen Hütern der Methode, des Schatzes wirklich errungener Thatsachen oblag es freilich, eine im Einzelnen so wenig stichhaltige Hypothese, je verführerischer sie einladen mochte, um so unerbittlicher aus dem Tempel zu treiben; aber sie konnten nicht verhindern, dass beweglichere, auch minder sicheren Blicken ins Künftige nicht abgeneigte Geister ihre Einbildung fort und fort mit jener doch immer noch so einleuchtenden Analogie beschäftigten und täuschten. Kein geringer Vorschub wurde diesen zu Theil, als die Wirkungen der Zitterfische, welche Haller noch 1766 nach Réaumur's[2] Vorgange auf Rechnung einer sehr heftigen Muskelbewegung brachte,[3] obschon bereits 1751 Adanson[4] am Senegal ihre Aehnlichkeit mit dem Schlage der Kleist'schen Flasche bemerkt hatte, nun aus Walsh's, Cavendish's u. A. Arbeiten[5] als unbestritten elektrischer Natur hervorgingen. Und so sehen wir denn auch, noch bevor Galvani's Entdeckungen ans Licht traten und der Identitätslehre sogar mit den unmittelbarsten Thatsachen das Wort zu reden schienen, Forscher jedes Fachs und jedes Ranges aller Orten ihre Ueberzeugung in diesem Sinne aussprechen. Neben den verwirrten Schwärmern Comus,[6]

[1] Vergl. Joh. Müller, Handbuch der Physiologie u. s. w. Bd. I. 4. Aufl. 1844. S. 553.*

[2] Histoire de l'Académie Royale des Sciences. Année 1714. Paris 1717. p. 19. Mémoires de Mathématique et de Physique. p. 344.*

[3] Ibidem, p. 484.* »Videtur etiam ad testimonia vehementissimi tremoris quo »musculares fibrae agitari possunt torpedo pertinere.« — Erst in den Addendis am Schlusse des 8. Bandes der Physiologie heisst es: »Fateor, post nupera experimenta »in anguilla stuporifera (Gymnoto) facta, omnino potius vaporem electricum de eo »animale exire videri etc.« L. c. P. II. p. 176.*

[4] Herrn Adanson's Reise nach Senegall. Aus dem Französischen übersetzt von Martini. Brandenburg 1773. S. 201.*

[5] Philosophical Transactions etc. For the Year 1773. vol. LXIII. P. II. p. 461;* — 1774. vol. LXIV. P. II. p. 464;* — 1775. vol. LXV. P. I. p. (3). 1. 94. 102. P. II. p. 395;* — 1776. vol. LXVI. P. I. p. 196.*

[6] Rozier, Observations sur la Physique et l'Histoire naturelle et sur les Arts etc. 1775. t. VI. p. 258; 1778. t. XI. p. 49.* — Vergl. oben Bd. I. S. 11. 12.

de Thourry,[1] Bonnefoy,[2] Bertholon,[3] Vassalli,[4] deren zum Theil schon bei früheren Gelegenheiten gedacht worden ist, nenne ich die Sterne erster Gröfse Franklin,[5] Leonhard Euler,[6] Priestley[7], und um sie herum die nicht zu verachtenden Namen Bonnet,[8] Ingenhousz,[9] Kielmeyer,[10] Klügel.[11] Ja, seltsam genug, Fontana selber gab sich nach Haller's Tode so weit nach, dafs er, sehr im Widerspruch mit den Grundsätzen, aus denen er einst gegen Laghi eine so scharfe Waffe geschmiedet, nun ganz unumwunden erklärt: »Es ist »nicht allein der Mechanismus der Muskelbewegung unbekannt, son»dern wir können auch nicht einmal etwas erdenken, was ihn er»klären könnte, und es scheint, dafs wir gezwungen sind, zu irgend »einem anderen Principium, wo nicht zur gewöhnlichen Elektricität,

[1] Ibidem, Juin 1777. t. IX. p. 430.* (Polemik gegen Lecat; eine Antikritik s. bei Tissot, a. a. O. S. 441. Anm. *.

[2] De l'application de l'Électricité à l'art de guérir. Lyon 1783. — Vergl. Saxtorph's Darstellung der gesammten, auf Erfahrung und Versuche gegründeten Elektricitätslehre u. s. w. Aus dem Dänischen von Boëtius Fangel. Kopenhagen 1804. Bd. II. S. 487.*

[3] De l'Électricité du Corps humain dans l'état de santé et de maladie. Paris 1786. 2 Bde.* — Vergl. oben Bd. I. S. 11. — Es dürfte auch hieher gehören sein Uebersetzer C. G. Kühn (Anwendung und Wirksamkeit der Elektricität zur Erhaltung und Wiederherstellung der Gesundheit des menschlichen Körpers, aus dem Französischen des Abt Bertholon de St. Lazare. u. s. w. Weifsenfels und Leipzig 1788—89. 2 Bde.), auch Verfasser einer Geschichte der medicinischen und physikalischen Elektricität u. s. w. (Leipzig 1783—85. 2 Bde.). Seine Werke haben mir nicht zu Gebote gestanden; vergl. Saxtorph's Darstellung u. s. w. A. a. O. S. 103. 486. 488. 510. 515.*

[4] Gren's Journal der Physik. 1793. Bd. VI. S. 371. 372.* — Volta, Collezione dell' Opere ec. t. I. p. I. p. 240.*

[5] Vergl. de Ratte, Éloge de M. de Sauvages, in den Oeuvres complètes etc. Lyon 1776. t. I. p. 41.* — Bei Franklin selber habe ich keine Gewährsstelle dafür ausfindig machen können.

[6] Er führt die Erscheinungen der Elektricität und des Nervenprincips auf eine gemeinschaftliche Grundursache, die Gleichgewichtsstörung des Aethers, zurück. Lettres à une Princesse d'Allemagne sur divers sujets de Physique et de Philosophie. Mitau et Leipzig 1770. t. II. p. 316. 333.*

[7] Experiments and Observations on different kinds of Air. London 1775. vol. I. p. 277. 278.* — Vergl. oben S. 5.

[8] Oeuvres d'Histoire naturelle et de Philosophie. t. VIII. Neuchatel 1781. p. 4. 7.*

[9] Vermischte Schriften physikalisch-medicinischen Inhalts. Uebersetzt von Molitor. Wien 1784. Bd. I. S. 29.*

[10] Gren's Journal der Physik. 1794. Bd. VIII. S. 70. 76.*

[11] Encyclopaedie, oder zusammenhängender Vortrag der gemeinnützigsten, insbesondere aus der Betrachtung der Natur und des Menschen gesammelten Kenntnisse. 2. Ausgabe. Berlin und Stettin 1792. Bd. I. S. 483.*

»doch zu etwas unsere Zuflucht zu nehmen, das wenigstens mit der »Elektricität viel Aehnliches hat. Der Zitteraal und der Krampffisch »machen die Sache, wo nicht wahrscheinlich, doch wenigstens mög- »lich, und man könnte glauben, daſs dieses Principium den gemeinsten »Gesetzen der Elektricität folgt u. s. w.«[1] FONTANA scheint aber in diesem Punkte wankelmüthig gewesen zu sein; denn später sieht man ihn wieder, ohne der elektrischen Hypothese Erwähnung zu thun, sich für Schwingungen des Inhaltes der Primitivröhren, ähnlich denen der Luft bei der Fortpflanzung des Schalles, aussprechen.[2]

2. Zweiter Zeitraum. Von GALVANI bis zur Entdeckung des Elektromagnetismus.

Dies ist, was uns der vorgalvanische Zeitraum Bemerkenswerthes in Betreff der Identitätslehre darbietet. Daſs auch GALVANI derselben von Anfang an mit Entschiedenheit huldigte, ist schon früher berichtet worden. War dieser Umstand auf der einen Seite von dem gröſsten Einfluſs auf die Art und Weise, wie er selbst jene erste zufällige Erfahrung verfolgte und seine weiteren Ergebnisse deutete, so fand sich auf der anderen der beispiellose Beifall, den der Commentar durch ganz Europa einerntete, nicht wenig vorbereitet durch die Stimmung der Gemüther, die, wie man gesehen hat, ziemlich allgemein zu Gunsten der thierischen Elektricität herrschte. Man begrüſste in den Entdeckungen des Bolognesers die ersten scheinbar glücklichen und tadelfreien Bemühungen, die Identitätslehre, die bis dahin nur ein auf mehr oder weniger losen Analogieen begründeter Traum gewesen war, in das Gebiet des Experiments hineinzuziehen. Die Wendung, welche kurz darauf diese Geschichte durch VOLTA erfuhr, der freilich auch geneigt war, an die Einerleiheit des Nervenwesens und der Elektricität zu glauben, aber doch zu scharf blickte, um in so grobe Schlingen, wie sie sich hier gelegt fanden, einzugehen; die verzweiflungsvollen Anstrengungen GALVANI's und seiner Jünger, um die Theorie des Commentars zu retten; wie aus diesen endlich der wirkliche Grundversuch der thierischen Elektricität durch GALVANI selbst hervorging, anfangs durch VOLTA entstellt, dann durch v. HUMBOLDT wieder eingesetzt wurde; wie zuletzt denn doch wiederum VOLTA's Ansicht, getragen durch den Rückhalt,

[1] Traité sur le venin de la Vipère etc. Florence 1781. 4°. t. II. p. 244.* — Deutsch Berlin 1787. 4°. S. 220. 395. 396.*

[2] Opuscoli scientifici. In Firenze 1783. p. 180.* — Französisch von GIBELIN unter dem Titel: Opuscules physiques et chimiques etc. Paris 1784. p. 183. 184.*

den ihr die Erfindung der Säule gewährte, den Sieg davon trug, und endlich nur noch ein kleines Häuflein von Getreuen, ALDINI an der Spitze, zurückblieb, welches das Dogma der Identitätslehre durch eine schlimme Zeit der Bedrängnifs jahrzehndelang spärlich hindurchfristete: diese ganze, an spannenden Zwischenfällen reiche Handlung ist zur Genüge bereits in dem ersten Kapitel des ersten Abschnittes dieses Werkes dargestellt worden. Dort verfolgten wir, in den Anfang dieses Jahrhunderts hinein, bis zu NOBILI's Entdeckung der elektromagnetischen Wirkung des Froschstromes, die ferneren Schicksale des GALVANI'schen Versuches ohne Metalle; hier haben wir uns zu unterrichten, wer, trotz der scheinbar verlorenen Stellung, noch fort und fort die elektrische Beschaffenheit des Nervenwesens zu behaupten wagte.

Ich habe zunächst eine Anzahl von Männern, zum Theil den ersten ihrer Zeit, zu nennen, welche sich damit begnügten, ihre Ueberzeugung in diesem Sinne an den Tag zu legen: J. D. BRANDIS,[1] J. W. RITTER,[2] GEORG PROCHASKA,[3] ALEXANDER v. HUMBOLDT[4] unter uns; den Kaiser NAPOLÉON[5] selber, CABANIS[6] in Frankreich; Sir WILLIAM HERSCHEL,[7] THOMAS YOUNG,[8] JOHN ABERNETHY[9] in England; jen-

[1] Versuch über die Lebenskraft. Hannover 1795. S. 81.*

[2] Beiträge zur näheren Kenntnifs des Galvanismus und der Resultate seiner Untersuchungen. Bd. II. Jena 1805. St. 3. 4. S. 245. Anm.*

[3] In seinen Schriften: Lehrsätze aus der Physiologie des Menschen u. s. w. Wien 1810. Bd. I. S. 66. 111.* — Bemerkungen über den Organismus des menschlichen Körpers und über die denselben betreffende arteriösen und venösen Haargefäfse u. s. w. Wien 1810. S. 40 ff.* — Disquisitio anatomico-physiologica organismi Corporis humani ejusque processus vitalis. Viennae 1812. 4°. p. 42. Caput VII. §. 16 sqq.* — Versuch einer empirischen Darstellung des polarischen Naturgesetzes u. s. w. Wien 1815. S. 48 ff.* — Physiologie oder Lehre von der Natur des Menschen. Wien 1820. S. 26 ff. 79. 90. 199.*

[4] Voyage aux Régions équinoxiales du nouveau Continent, etc. Paris 1819. 4°. t. II. p. 189. 190;* — Paris 1820. 8°. t. VI. p. 145. 146;* — Annales de Chimie et de Physique. Août 1819. t. XI. p. 436. 437.*

[5] Laut CORVISART bei BECQUEREL, Traité expérimental de l'Électricité et du Magnétisme. t. I. Paris 1834. p. 108.*

[6] Rapports du Physique et du Moral de l'Homme. Paris 1805. t. I. p. 422. t. II. p. 346.* — Uebersetzt von JAKOB, unter dem Titel: Ueber die Verbindung des Physischen und Moralischen in dem Menschen. Halle und Leipzig 1804. Bd. I. S. 396. Bd. II. S. 431.*

[7] Laut MARSHALL HALL in seinem New Memoir on the nervous System. London 1843. 4°. p. 27. §. 115.*

[8] A Course of Lectures on natural Philosophy and the mechanical Arts. London 1807. 4°. vol. I. p. 740.*

[9] Physiological Lectures, exhibiting a general view of Mr. HUNTER's Physiology etc. London 1817. p. 27. 245. 260.*

seits der Alpen Rolando.[1] Unter diesen verdient hervorgehoben zu werden unser Ritter, welchem es geglückt ist, eine Auseinandersetzung zu Gunsten der Identitätslehre zu geben, wodurch nicht allein die gröfsten ihr bis dahin entgegenstehenden Schwierigkeiten aus dem Wege geräumt werden, sondern die sich auch ganz nahe an diejenigen Ergebnisse anschliefst, zu welchen wir selber, im Laufe dieser Untersuchung und an der Hand der Erfahrung, wirklich gelangen werden. Ich behalte mir die ausführlichere Erwähnung dieser merkwürdigen »Anticipatio mentis« auf eine spätere Stelle vor.[2]

An den feinen stromprüfenden Mitteln, mit denen uns die Entdeckung des Elektromagnetismus begabt hat, fehlte es damals noch; was der stromprüfende Froschschenkel leisten konnte, schien abgethan. Unter diesen Umständen suchten einige Beobachter freilich seltsame Wege auf, um ihren Meinungen eine thatsächliche Grundlage zu verschaffen.

[1817] Weinhold besitzt die Ungezwungenheit, folgendes zu berichten: »Einer drei Wochen alten Katze . . . zerstörte ich »das Rückenmark und leerte dessen Höle gänzlich mittelst eines an »einer Schraubensonde befestigten Schwammes und füllte es sehr dicht »mit einem Amalgam von Silber und Zink aus, welches zu dem Be»huf erst von dem Gebrauch zusammengemischt wurde, um die Metalle »nicht in ihrer Wirkung zu schwächen. Ist dasselbe fein und vor»sichtig bereitet, so schmiegt es sich wie eine fettige Masse in der »Höle der Wirbelsäule an alle Nervenursprünge an, welche vom Rücken»mark ausgehen, und kaum eingedrungen, beginnt Herz- und Pulsschlag »von Neuem. Die Muskelcontraction zeigt sich stark, so dafs kein »Unterschied zwischen dieser natürlichen und künstlichen Rückenmarks»säule wahrzunehmen ist. Es wurde das Hüpfen auf das Neue angeregt, »nachdem die Oeffnung der Rückenmarkssäule verschlossen war, und »das Thier that noch einige starke Sätze, ehe es ganz ermattete.« Einer anderen Katze machte dieser glückliche Experimentator sogar ein künst-

[1] Saggio sulla vera Struttura del Cervello dell' uomo e degli animali, e sopra le Funzioni del sistema nervoso. Sassari 1809. 4°. p. XII.* — Cenni fisico-patologici sulle differenti specie d' Eccitabilità et d' Eccitamento, sull' Irritazione e sulle Potenze eccitanti debilitanti ed irritanti ec. Torino 1821. p. 21. 38 (Das kleine Gehirn seinem Baue nach der Volta'schen Säule verglichen.) 159.* — Saggio sopra la vera Struttura del Cervello e sopra le Funzioni del Sistema nervoso. Seconda Edizione. Torino 1828. Sezione terza. Fisiologia del Cervello. p. 38.*

[2] S. unten, 4. Abschn.

liches Gehirn aus einem Zinksilberamalgam, mit solchem Erfolge, daſs das Thier sah und hörte.[1]

Aus derselben Zeit schreiben sich WILSON PHILIPP's Behauptungen her. Ein wunderliches Prüfungsmittel hatte [1818] sich dieser für die Einerleiheit des Nervenwesens und der Elektricität ersonnen. »If the nervous power and galvanism be really the same agent, »the latter must be capable of the more complicated as well as the »more simple, functions of that power. On comparing the proper»ties of galvanism with the phenomena of the nervous power, the »analogy between them seemed to the author to warrant the investi»gation thus suggested. The reader has seen that by the removal of »part of the eighth pair of nerves, the power of digestion, and con»sequently the formation of gastric juice, is wholly lost, and the »structure of the lungs as well as their secreting power deranged. »This appeared to offer an excellent opportunity of ascertaining how »far galvanism is capable of effecting the more complicated functions »of the nervous system. It is not difficult, by coating the lower part »of the divided nerves with tin-foil and applying a plate of metal to »the skin over the stomach and lungs, to expose these organs, by »means of a galvanic trough, to any degree of galvanic power which »may be judged proper.«[2]

HASTINGS machte nun, auf WILSON PHILIPP's Anliegen, den Versuch, und es ist bekannt, daſs das Ergebniſs desselben ein bejahendes gewesen sein soll; daſs die Speisen in dem Magen, dessen Vagus einem Strom ausgesetzt war, gerade ebenso, wie bei unverletzten Nerven verdaut wurden, während sie, wenn kein Strom angewendet wurde, unverändert blieben. Allein eben so bekannt ist das Schicksal, welches dieser Versuch bei seiner Wiederholung in der Folge zu erdulden hatte.

Anfangs zwar gelang es seinem Urheber, einige Widersprüche, die sich zuerst erhoben hatten, zu beseitigen.[3] Dann fanden sich sogar

[1] Versuche über das Leben und seine Grundkräfte auf dem Wege der Experimental-Physiologie. Magdeburg 1817. S. 33. ff.*

[2] An experimental Inquiry into the Laws of the vital Functions, etc. 2. Edition. London 1818. p. 217.* — 3. Edition. London 1826. p. 210.* — Die erste Ausgabe von 1817 hat mir nicht zu Gebote gestanden. — Deutsch von SONTHEIMER nach der 2. Ausgabe, unter dem Titel: Untersuchung über die Gesetze der Functionen des Lebens, auf Versuche gegründet u. s. w. Stuttgart 1822. S. 183.* — Vergl. ANDREW URE in den Annales de Chimie et de Physique. Août 1820. t. XIV. p. 337.* — Der erste Keim von PHILIPP's späteren Behauptungen findet sich schon enthalten in einer Abhandlung in den Philosophical Transactions etc. For the Year 1817. P. I. p. 22:* »On the effects of galvanism in restoring the due action of the lungs.«

[3] S. WILSON PHILIPP und BRODIE in the London Medical and Physical Jour-

nicht ungewichtige Bestätigungen seiner Lehre ein. [1] Allein später ward, und mit vollem Rechte, der Einwand erhoben, dafs, wenn der Galvanismus hier eine Wirkung erzeuge, er dies nur in seiner Eigenschaft als Reiz thue, indem er nämlich, vom durchschnittenen Vagus aus, die wurmförmige Bewegung des Magens unterhalte, welche nothwendig sei, damit die Speisen auf hinreichend vielen Punkten mit dem Magensafte in Berührung kommen. Ja es wurde durch den Versuch gezeigt, dafs der Galvanismus in dieser Eigenschaft durch jeden andern Reiz, z. B. den mechanischen, sehr wohl ersetzt werden könne, so dafs also dem Philipp'schen Versuche, wenigstens für die Identitätslehre, jede Beweiskraft abgehe. Breschet und H. Milne Edwards nämlich versuchten, statt das Thier in den Kreis einer Säule zu bringen, die beiden Enden des durchschnittenen Vagus durch einen Draht zu vereinigen; als sie aber Gegenversuche mit nicht leitenden Verbindungen der Art machten, gelangten sie zu der Einsicht, dafs es die bei dieser Versuchsweise nicht zu vermeidende Zerrung des peripherischen Stumpfes gewesen war, welche die Wirkung hervorbrachte. [2] Brachet in Lyon, der das Verdienst in Anspruch nimmt, diesen Einwand zuerst theoretisch ausgesprochen zu haben, [3] bestätigte dasselbe jetzt gleichfalls durch Erfahrungen. [4] Endlich aber zeigten Joh. Müller und Dieckhoff sogar, dafs man sich die Mühe, diese Auslegung zu finden, hätte sparen können, da nämlich Wilson Philipp's Behauptung eines Einflusses des Galvanismus auf die Verdauung überhaupt nichtig sei. [5] Doch sucht Longet gegen

nal etc. March and April 1820. vol. XLIII. p. 250. 286.* — Dieselben in den Philosophical Transactions etc. For the Year 1822. P. I. p. 22;* — Annales de Chimie et de Physique. Février 1823. t. XXII. p. 216;* — Froriep's Notizen u. s. w. Bd. I. No. 4. August 1821. S. 49.* — Broughton in Magendie's Journal de Physiologie expérimentale et pathologique. 1821. t. I. p. 120.*

[1] Clarke Abel in the London Medical and Physical Journal etc. Mai 1820. vol. XLIII. p. 385.* — Breschet, H. Milne Edwards und Vavasseur in Archives générales de Médecine etc. 1823. t. II. p. 481;* — Froriep's Notizen u. s. w. No. 127 (Bd. VI. No. 17). März 1824. S. 264.* — Krimer in Bonn suchte Wilson Philipp's Behauptungen auch noch auf die Harnabsonderung auszudehnen. Physiologische Untersuchungen. Leipzig 1820. S. 22 ff.*

[2] Archives générales de Médecine. 1825. p. 187.*

[3] Ibidem, p. 610.*

[4] Recherches expérimentales sur les Fonctions du Système nerveux ganglionaire, et sur leur application à la Pathologie. Paris, Montpellier et Bruxelles 1830. p. 207 et suiv.*

[5] Dieckhoff, de Actione, quam Nervus vagus in Digestionem ciborum exerceat. Berolini 1835.* — Joh. Müller, Handbuch der Physiologie des Menschen u. s. w. Bd. I. 3. Aufl. 1838. S. 550. 642.*

JOH. MÜLLER die frühere Meinung aufrecht zu erhalten.[1] Ich mufs bemerken, dafs es mir, von Seiten der Elektrophysiologie aus, im höchsten Grade unwahrscheinlich ist, dafs der Galvanismus, wie er in jenen Versuchen angewendet wurde, irgend eine Wirkung auszuüben im Stande gewesen sei. Denn alle genannten Forscher haben aufser Acht gelassen, dafs auf eine beständige Einwirkung des Stromes keine Reaction der Bewegungsnerven erfolgt; eine solche kann nun und nimmermehr an die Steile einer von Zeit zu Zeit ausgeübten mechanischen Reizung gesetzt werden. Zu diesem Zwecke hätten nämlich die Thiere von Zeit zu Zeit auf elektrischem Wege tetanisirt werden müssen. Vergl. oben Bd. I. S. 258.

WILSON PHILIPP selber hat sich durch diese mannigfachen Wechselfälle seines viel zu berühmt gewordenen Versuches nicht irren lassen. Er hat vielmehr in einer langen Reihe von Bekanntmachungen seine Behauptung stets in gleicher Weise wiederholt, und dabei zwar auf die etwaigen Bestätigungen derselben durch andere Forscher sehr gewissenhaft, viel weniger aber auf ihre Widerlegungen oder auf abweichende Deutungen Rücksicht genommen.[2] — Von einem früh verdorrten Ausläufer der PHILIPP'schen Lehre, den auch JOH. MÜLLER mit DIECKHOFF zu Grabe getragen, nämlich MATTEUCCI's künstlichen Verdauungsversuchen ohne Pepsin auf elektrischem Wege, ist bereits oben Bd. I. S. 109 die Rede gewesen.

Indem wir zum Verfolg unserer Geschichte zurückkehren, stofsen wir auf eine merkwürdige, halb neuroëlektrische Hypothese über den Ursprung der thierischen Wärme. [1820] Ich würde ihrer keine Erwähnung thun, wenn sie sich nicht zur Zeit eines gewissen Beifalls zu erfreuen gehabt hätte. DE LA RIVE stellte dieselbe auf. Das arterielle Blut oxydire mehr oder weniger leicht die verschiedenen Stoffe des thierischen Körpers. Durch diese Unterschiede der Oxydation seien Strömungen bedingt, die sich durch die äufsersten Endigungen der Nerven ergössen. Wegen des geringen Querschnittes derselben aber werde dabei Wärme entwickelt. Diese Entwickelung höre (entsprechend den Versuchen von BRODIE und CHOSSAT) auf, wenn die Nerven, nach

[1] Anatomie et Physiologie du Système nerveux de l'Homme et des Animaux vertébrés. Paris 1842. t. I. p. 124. t. II. p. 322 et suiv.*

[2] S. Philosophical Transactions etc. For the Year 1827. P. II. p. 297;* — 1829. P. I. p. 137. 261;* — 1833. P. I. p. 55;* — 1834. P. I. p. 198. Note (*);* — 1836. P. II. p. 355. 376;* — 1839. P. I. p. 11. Note (†).* — Bibliothèque universelle de Genève. Nouvelle Série. Octobre 1838. t. XVII. p. 361.* — Vergl. auch einen Streit desselben mit WILLIAMS und EARLE in the London Medical Gazette etc. vol. XVII. (vol. I. for the Session 1835—36).*

bedeutenden Verletzungen ihrer Centralgebilde, gewisse tiefe Veränderungen erlitten hätten.[1]

Um diese Zeit fallen auch Bellingeri's Arbeiten über thierische Elektricität, von denen wir einen Theil, die Elektricität der thierischen Flüssigkeiten betreffend, schon oben Bd. I. S. 24 kennen gelernt haben. Aehnliches hat Bellingeri auch für die festen Gewebetheile geleistet, und obschon er meist nur verneinende Ergebnisse eingeerntet, doch nicht unterlassen, seine Ueberzeugung von der Einerleiheit des Nervenprincips und der Elektricität auszusprechen.[2]

3. Dritter Zeitraum. Von der Anwendung des Elektromagnetismus durch Prévost und Dumas bis zur Berücksichtigung des Nobili'schen Froschstromes in diesem Gebiete durch Matteucci.

[1823] Jetzt trat der Elektromagnetismus ans Licht, und bei dem lebhaften Wiederhall, den diese Entdeckung in der ganzen naturwissenschaftlichen Welt fand, konnte es nicht fehlen, dafs, sobald nur die ersten Grundzüge der neuen Erscheinung ins allgemeine Bewufstsein übergegangen waren, ihr alsbald eine Anwendung zur Befestigung der Identitätslehre abgewonnen ward. Die Vervollständigung der Analogie, die durch den Umstand gewährt wurde, dafs man sich am elektrischen Strome nun erst wirklich, wie an den Nerven, in den Besitz eines Mittels gesetzt sah, durch äufserlich unveränderte Zwischenglieder in die Ferne mechanische Thätigkeit nach Willkür auszuüben, ein solcher Zuwachs der Aehnlichkeit konnte nicht lange unbemerkt bleiben, und Prévost und Dumas gebührt der Ruhm, in höchst zierlicher und ansprechender Weise zuerst den Versuch gemacht zu haben, die neue Eigenschaft der stromführenden Leiter behufs der Erklärung der Muskelzusammenziehung auszubeuten. Dieser Versuch ist allbekannt, und bereits oben S. 7 erwähnt worden; sie gaben vor, 1°. dafs die Nerven in den Muskeln keine freien Endigungen besäfsen, sondern einander parallel und senkrecht auf die Muskelbündel verlaufende Schlingen darböten; 2°. dafs die Muskelzusammenziehung durch die Zickzackbiegung der einfachen Bündel gerade an den Stellen geschehe, wo die Nervenschlingen sie senkrecht kreuzten; 3°. dafs die Nerven vortreffliche Leiter und noch dazu mit einer isolirenden Hülle versehen seien. Nach dem Tode vermindere sich die Leitungsgüte

[1] Annales de Chimie et de Physique. Septembre 1820. t. XV. p. 109.*

[2] Memorie della Reale Accademia delle Scienze di Torino. t. XXV. 1820. (Sulla proprietà elettrica dei solidi animali). p. 11.*

der Nerven. Nun brauchte nur ein Strom die Schlingen alle in gleicher Richtung zu durchfliefsen, damit nach dem Ampère'schen Grundgesetze durch gegenseitige Annäherung der Schlingen Verkürzung des Muskels hervorginge. Bis dahin klingt die Sache leidlich, abgesehen davon, dafs sich nun herausgestellt hat, dafs die Nerven vielleicht auch nicht in Schlingen enden, dafs die Muskeln sich bei der Zusammenziehung nicht im Zickzack beugen, und dafs die Nerven nichts weniger als auch nur mittelmäfsige Leiter des elektrischen Stromes sind. An diesem Punkte angelangt aber stofsen Prévost und Dumas auf die Schwierigkeit, erklären zu müssen, wie denn unter irgend welchen Umständen ein Strom dazu komme, jene Schlingen zu durchlaufen. Sie besiegen sie mit Hülfe einer Reihe so sehr auf der Hand liegender Trugschlüsse, dafs gar nicht zu denken ist, sie selber hätten ihre Theorie je für etwas anderes als für ein sinnreiches Spiel des Witzes ausgeben wollen. Sie unternehmen es nämlich durchzuführen, dafs alle möglichen Reize, als mechanische Verletzung, Aetzmittel, Wärme, auf Nerv und Muskel nur in sofern wirken, als dabei Elektricität entwickelt werde, überspringen aber den dunklen Umstand, wie diese Elektricität ihren Weg durch die Schlingen finde, wenn z. B. der Muskel an und für sich gestochen oder gebrannt wird. Für die elektrische Reizung selbst dagegen sind sie unvorsichtig genug, sich auf diese Auseinandersetzung einzulassen und schlechthin zu behaupten, dafs, wenn ein Plattenpaar an zwei Punkte des Nerven angelegt werde, ein Theil des Stromes seinen Weg durch die Schlingen nehme. Endlich der Wille selbst nun wirke durch einen sich durch die Schlingen ergiefsenden Strom. Es ist klar, dafs dieser Strom in dem Nervenstamme hin und zurück laufen müsse, und deshalb undeutlich, wie Prévost und Dumas auch nur den Versuch machen können, einen Theil desselben am Schweigger'schen Multiplicator abzuleiten. Allein gleichviel; es kommt ihnen das Verdienst zu, das elektromagnetische Rheoskop zuerst auf die Aufsuchung elektrischer Ströme in den Nerven verwendet zu haben, und dies ist der Grund, weshalb ihrer Leistungen hier ausführlich gedacht wird, wie auch das Einzige, was von ihrer berühmten Arbeit aufrecht stehen bleibt. »Nous »avons choisi les pneumo-gastriques de préférence dans l'animal sain, »puis les plexus sciatiques d'un animal en état de tétanos; mais, soit »qu'on ait mis les branches en rapport avec diverses parties du nerf »intact, soit qu'on les ait fixées aux portions supérieure et inférieure »du nerf divisé, l'action électromotrice a été inappréciable. Il en a »été de même des essais tentés sur les nerfs sciatiques, après avoir »coupé une de leurs racines. Nous n'avons pas été plus heureux avec »les diverses portions de la moelle ou du cerveau; et si, dans certains

»cas, l'aiguille s'est déviée, nous n'avons pas encore pu parvenir à nous »former une idée nette des conditions qui ont déterminé le succès.«[1]

[1824] Kurz darauf, und noch vor der Arbeit von BRESCHET und EDWARDS, in der sie die Wirkung des durchschnittenen Vagus durch Verbindung der Stümpfe mit einem Metallbogen wiederherzustellen beabsichtigten (S. oben S. 222), machte LARREY, der Wundarzt der grofsen Armee, folgendes bekannt.[2] Er habe seit 1792, wo er Einer der ersten zu Mainz GALVANI's Versuche an abgesetzten menschlichen Gliedmafsen wiederholte, sehr häufig beobachtet: 1. dafs die Stümpfe eines durchschnittenen Nerven, anstatt sich gleich allen übrigen Weichtheilen zurückzuziehen, sich vielmehr auszudehnen und ihre wechselseitige Berührung aufzusuchen scheinen;[3] 2. dafs die Wirkung eines einen Druck erleidenden, unterbundenen oder durchschnittenen Nerven durch Verbindung seiner beiden Stümpfe mittelst eines metallischen Bogens wiederum hergestellt werden könne. Und LARREY vergleicht die einzelnen Nervenfasern mit den 25 von einander isolirten Leitungsdrähten des SÖMMERING'schen elektrolytischen Telegraphen: »Le névrilème qui enveloppe chaque filet en particulier ferait ... l'office du »fil de soie qui entoure les fils métalliques du télégraphe de SÖMMERING.«

Die »*Litterary Gazette*« vom 13. März desselben Jahres be-

[1] MAGENDIE, Journal de Physiologie expérimentale et pathologique. 1823. t. III. p. 301—344.* — Auch in W. FRÉD. EDWARDS, de l'influence des agents physiques sur la vie. Paris 1824. p. 531.*

[2] Revue médicale Française et étrangère et Journal de Clinique de l'Hôtel-Dieu et de la Charité de Paris etc. 1824. t. I. p. 406.*

[3] Ganz im Gegentheil hat EVERARD HOME eine eigene Abhandlung unter dem Titel: »On the Irritability of the Nerves« über die aufserordentliche Fähigkeit der Nerven geschrieben, sich nach der Durchschneidung zurückzuziehen, welche nach dem Tode sehr schnell abnehmen solle. Philosophical Transactions etc. For the Year 1801. P. I. p. 2.* — Vergl. P. W. LUND, Physiologische Resultate der Vivisectionen neuerer Zeit. Aus dem Dänischen übersetzt. Kopenhagen 1825. S. 323.* — Auf der anderen Seite will aber auch FLOURENS eine wirkliche Anziehung zwischen den beiden Stümpfen eines durchschnittenen Nerven bemerkt haben, die er als ein erstes Anzeichen jenes Hanges zum Verwachsen betrachtet, welcher die Enden sogar trotz ihnen künstlich dargebotenen Hindernissen zur Vereinigung bringt. Annales des Sciences naturelles. 1828. t. XIII. p. 117. Note 1;* — HEUSINGER's Zeitschrift für organische Physik. Bd. II. Eisenach 1828. S. 325. Anm.;* — Recherches expérimentales sur les Fonctions et les Propriétés du Système nerveux dans les Animaux vertébrés. 2. Édition. Paris 1842. p. 271. — Zuletzt hat FLOURENS an diese Beobachtung erinnert bei Gelegenheit von MANDL's vermeintlicher Entdeckung von Bewegungen an den Nerven der Blutigel. Comptes rendus etc. 5 Octobre 1846. t. XXIII. p. 685.* Ich brauche wohl nicht zu erinnern, dafs es sich dabei um nichts als um ein Capillaritätsphänomen handelt.

richtet, dafs in PARTINGTON's Vorlesungen über Physik eine Dame das Vermögen kund gegeben, mit den Fingern ihrer Hand die Magnetnadel anzuziehen und abzustofsen. Daumen und Finger zeigten dabei ein entgegengesetztes Verhalten.[1]

Folgender Versuch scheint bestimmt gewesen zu sein, die Lücke auszufüllen, welche PRÉVOST und DUMAS genöthigt gewesen waren, in ihrer Auseinandersetzung offen zu lassen, weil sie nicht unmittelbar nachzuweisen vermochten, dafs bei Druck und Stich der Muskeln und Nerven Elektricität frei werde. W. FRÉD. EDWARDS legte den N. ischiadicus vom Frosche in der Gegend des Kreuzbeines (vom Bauche her) blos, zog einen Streifen Wachstaffent darunter durch, und strich den Nerven mit einem Stifte aus reinem Kupfer, Zink, Blei, Eisen, Gold, Zinn, Platin, oder mit Glas oder Horn. Es erfolgten Zuckungen, die bei Eisen und Zink minder heftig gewesen sein sollen, und gänzlich ausblieben, wenn die isolirende Unterlage entfernt wurde. In diesem Falle hatte der Nerv, beim Streichen, Muskeln zur Unterlage. Indessen erschienen die Zuckungen auch, wenn der Wachstaffent durch nasses Papier ersetzt wurde, hingegen kehrten sie nicht wieder, wenn Froschhaut sich an der Stelle befand. EDWARDS schliefst: »Le fait sur lequel »j'ai désiré attirer l'attention par cette note, consiste en ce que, toutes »choses égales d'ailleurs, les contractions produites par le contact d'un »corps solide et d'un nerf sans arc galvanique sont diminuées ou abo»lies, si ce nerf, au lieu d'être isolé, communique avec un bon con»ducteur; d'où il paraîtrait résulter que les contractions sont dues à »l'électricité produite par le contact du nerf et du muscle.«[2] [1825]

Multiplicatorwirkungen, die in dem Kreise zwischen einer in den Arm versenkten Stahlnadel und einem eben solchen in den Mund genommenen Drahte sich kund gaben, bei Anwendung von Platin jedoch ausblieben, führten bald darauf POUILLET zu folgendem Versuche. Er stach eine Platinnadel, welche mit dem Multiplicator verbunden war, in die oberste Gegend des Rückenmarkes eines Kaninchens ein, eine andere ins untere Ende desselben zwischen den letzten Wirbeln; es zeigte sich jedoch keine Spur eines abgeleiteten Stromes. POUILLET entbehrte bei diesem Versuche noch der Vervollkommnungen, mit denen NOBILI um dieselbe Zeit SCHWEIGGER's und POGGENDORFF's Erfindung so glücklich ausstattete.[3]

[1] FRORIEP's Notizen u. s. w. No. 135. (Bd. VII. No. 3.) April 1824. S. 39.*

[2] Note sur les Contractions produites par le contact d'un Corps solide avec les Nerfs, sans arc galvanique. Annales des Sciences naturelles. 1825. t. V. p. 51;* — FRORIEP's Notizen u. s. w. No. 266. (Bd. XIII. No. 2.) Januar 1826. S. 24.*

[3] MAGENDIE, Journal de Physiologie etc. 1825. t. V. p. 5.*

Die erste Anwendung, die Nobili selber noch in dem nämlichen Jahre von seinem Multiplicator machte, galt der Lösung eben dieser Aufgabe (S. oben Bd. I. S. 103). Die Erfindung des Verfahrens, durch Nebenschliefsung mittelst des Multiplicators Ströme in einem Leiter aufzusuchen, schreibt Nobili an dieser Stelle de la Rive zu. Vergl. darüber oben Bd. I. S. 565. Hier habe ich erinnert, dafs dieses Verdienst jedenfalls nicht de la Rive, sondern eher Förstemann zukommt, nach dem oben S. 225 Gesagten dürften aber Prévost und Dumas im Stande sein, ein noch älteres Anrecht geltend zu machen. Das Instrument, dessen sich Nobili bediente, war dasselbe, welches er am 13. März d. J. der Akademie zu Modena als Probe seiner neuen elektromagnetischen Rheoskope vorgelegt hatte; es steht ausführlich beschrieben an den angegebenen Stellen.[1] So erfahren wir, dafs dasselbe nur 72 Umgänge eines 29—30′ langen, 0‴.2 dicken Drahtes besafs. Es war demnach gewifs bereits eine staunenswürdige Empfindlichkeit, wenn es, an beiden Enden mit $\frac{1}{3}$‴ dicken Zink- und Kupferdrähten versehen, bei Verbindung dieser durch eine feuchte Baumwollenschnur, 9—12° Ausschlag gab. Behufs der thierisch-elektrischen Versuche wurden seine Enden bald mit Platindrähten, bald mit Lederballen ausgerüstet, die mit Baumwolle ausgestopft und mit Blattgold oder Goldblech bekleidet waren, und durch eine Harzschicht isolirt an messingenen Heften safsen. Die Versuche wurden am Kaninchen, dem Huhn und dem Schafe angestellt. Sie bestanden darin, dafs bald nur die Ballen an verschiedene blosgelegte Theile des Nervensystemes angelegt wurden, bald die Platindrähte in dieselben eingesenkt wurden. Diese Theile waren folgende. 1. Das Rückenmark in der Gegend des Rückens und der Lenden am Kaninchen. 2. Zwei Punkte des N. ischiadicus an demselben Thiere, wobei auch die umgebenden Muskeln auf einen darin kreisenden Strom untersucht wurden. 3. Die Hemisphären einer- und das kleine Gehirn andererseits, am Huhne. 4. Das kleine Gehirn einer- und die Hemisphären oder das Rückenmark andererseits, ebenso die Hemisphären einer- und das Rückenmark andererseits am Kaninchen. Endlich 5. das grofse oder das kleine Gehirn einer- und das Rückenmark andererseits am Schafe. Die Multiplicatornadel blieb, was nicht zu verwundern ist, in allen Fällen unbewegt. Nobili schlofs daraus, dafs, wenn die untersuchten Gebilde stromführend sind, ihre Ströme

[1] Bibliothèque universelle etc. Ancienne Série. Sciences et Arts. 1825. t. XXIX. p. 119;* — Poggendorff's Annalen u. s. w. 1826. Bd. VIII. S. 338. Anm.;* — Memorie ed Osservazioni edite ed inedite. Firenze 1834. vol. I. p. 1.*

jedenfalls zehnmal schwächer sein müssen, als der oben bezeichnete Probestrom, und dafs es also unwahrscheinlich sei, dafs elektrischen Strömen eine wesentliche Rolle in den Vorgängen des Lebens zukomme.[1]

Diese Arbeit, eine der besten in diesem Gebiete, deren wir zu gedenken haben, ist, wie es scheint, sehr wenig [1829] bekannt geworden. Schwer zu begreifen ist jedenfalls, wie, bei so weit vorgeschrittener Stellung der Untersuchung, sie in Abwege der Art zurückfallen konnte, wie diejenigen, welche uns noch kennen zu lernen bevorsteht. Zunächst haben wir nun eines, zwar nur auf dem theoretischen Gebiete sich bewegenden Versuches Erwähnung zu thun, einige Schwierigkeiten der Identitätslehre hinwegzuräumen, der aber wegen der Gewichtigkeit des Namens, von dem er ausgeht, und des einschmeichelnden Vortrags der Gründe, auf welche er sich stützt, wohl berechtigt ist, unsere Aufmerksamkeit zu fesseln. In seinem so vielfach von uns benutzten *Lehrbuche des Galvanismus und der Elektrochemie* (S. 504 ff.*) äufsert Fechner eine entschiedene Neigung für diese Lehre. Nachdem er die schon von Anderen vermuthete isolirende Eigenschaft der Nervenhüllen zu Hülfe gerufen, um der ersten der oben S. 217 bezeichneten Schwierigkeiten, der mangelnden Isolation, zu begegnen, sagt er: ». . . Sehr gut läfst sich hiernach die Unter»brechung der Nervenleitung durch Unterbindung der Nerven erklären. »Durch das umgelegte Band wird das leitende Mark nach beiden Seiten »von der Unterbindungsstelle seitwärts gedrückt, so dafs nun keine Con»tinuität desselben mehr Statt findet; vielmehr müssen an der Unterbin»dungsstelle die gegenüberstehenden Wandungen der neurilematischen »Canäle aufeinander geprefst werden, eben wie bei Unterbindung der »Blutgefäfse die Wände dieser, und somit die Leitung intercipiren.«

Nichts beweist vielleicht besser die allgemeine Eingenommenheit für die Identitätslehre, welche zu der Zeit herrschte, als der Antheil, mit dem Versuche, wie die folgenden, aller Orten aufgenommen wurden. Beraudi steckte in den sorgfältig von Blut gereinigten Schenkelnerven eines lebenden Kaninchens drei durch Siegellack von einander getrennte sehr feine eiserne Nadeln,[2] um zu ermitteln, ob sie nach einiger Zeit

[1] Memorie ed Osservazioni ec. Ivi. p. 7;* — Bibliothèque universelle etc. Ancienne Série. Sciences et Arts. 1834. t. LVII. p. 174.*

[2] Omodei, Annali universali di Medicina. Maggio 1829. vol. L. Fasc. 149. p. 278;* — Froriep's Notizen u. s. w. No. 538. (Bd. XXV. No. 10.) August 1829. S. 150;* — The London medical and physical Journal etc. New Series. vol. VII. November, 1829. p. 457;* — Archives générales de Médecine etc. t. XX. Juillet 1829. p. 422.*

die Fähigkeit erhalten würden, kleine Papierschnitzel anzuziehen. Nach einer Viertelstunde war dies noch nicht der Fall, aber nach ferneren 15 Minuten sah Beraudi zu seinem Erstaunen, dafs eine jede der Nadeln einige Stäubchen Eisenfeile leicht anzog, während sie die Papierschnitzel unbewegt liefsen. Bei einer Wiederholung des Versuches versagte dieser Erfolg: Beraudi erkannte auf der Stelle, dafs dies von einer Verlangsamung des Athmungsvorganges herrühre, und zehn Minuten nachdem er begonnen hatte, dem Kaninchen Luft in die Lungen zu blasen, war auch die magnetische Eigenschaft wieder da. Auf Rolando's Rath (S. oben S. 220) schritt nun der Entdecker dazu, statt atmosphärischer Luft, verschiedene Gasarten einzublasen; und siehe, ganz nach Wunsch zeigte sich der Magnetismus erstaunlich stark beim Sauerstoff, sehr schwach beim Wasserstoff, und sogar Null beim Stickstoff. War das Rückenmark zwischen dem dritten und vierten Halswirbel zerschnitten, so erschien etwas Magnetismus erst nach Einathmung von Sauerstoff. Der Sehnerv wollte hingegen durchaus die Erscheinung nicht zeigen, auch mit keiner der drei Gasarten; und der Schenkelnerv konnte durch Unterbindung sowohl als Durchschneidung gleichfalls unwirksam gemacht werden. Am durchschnittenen Nerven fand aber doch noch von dem oberen, vier Linien entfernten Stumpfe her eine Wirkung in die Ferne statt, wodurch die Nadeln schwach magnetisch wurden! Schliefslich bemerkt Beraudi sehr gewissenhaft, dafs das Verdienst dieser Versuche, wodurch seiner Meinung nach Rolando's Lehre von der galvanischen Natur des Nervenwesens bestätigt sei, im Grunde Béclard gehöre, welcher bereits angegeben habe, dafs eine in einen Nerven gesteckte Nadel magnetisch werde. Ich habe die Stelle, wo der früh verstorbene Schüler Bichat's dies mitgetheilt haben soll, indefs nirgends ausfindig machen können. Joh. Müller hat sich »nicht verdriefsen lassen, diese Versuche an einem Kaninchen »zu wiederholen, und . . . auch nicht eine Spur von magnetischer »Eigenschaft an den eingestochenen Nadeln bemerken können.«[1]

[1830] David[2] führte einen Messingdraht in den Ischiadnerven eines Huhnes ein und fand, dafs eine dem Ende des Drahtes genäherte Magnetnadel in Schwingungen gerieth, welche um so stärker

[1] Handbuch der Physiologie u. s. w. Bd. I. 3. Auflage. Coblenz 1838. S. 644.*

[2] L'Identité du Fluide nerveux et du Fluide électrique. Thèse inaugurale. Paris, 7 Août 1830; — Archives générales de Médecine etc. t. XXIV. Novembre 1830. p. 428;* — Froriep's Notizen u. s. w. No. 623. (Bd. XXIX. No. 7.) December 1830. S. 97;* — The London medical and physical Journal etc. New Series. vol. X. Mai 1831. p. 454;* — The Journal of the Royal Institution of Great Britain. August 1831. vol. II. p. 183.*

schienen, je mehr das Thier sich bewegte. Wenn zeitweise die Schwingungen unmerklich blieben, lag es einzig daran, dafs der Messingdraht nicht die Nervensubstanz selber berührte. Bei Anwendung dickerer Nerven beschrieb die Nadel häufig einen Bogen von vier bis fünf Linien (?) und mehr. David fand indefs, worin wir ihm nur Recht geben können, diese Versuche nicht hinreichend, um danach auf die Gegenwart elektrischer Ströme in den Nerven zu schliefsen, und er ersetzte demgemäfs den Messingdraht und die Bussolnadel durch Platindrähte und den Schweigger'schen Multiplicator. Der Ischiadnerv eines Kaninchens wurde blosgelegt, gereinigt, durch eine Glasplatte von den darunterliegenden Muskeln getrennt, und die Platinnadeln in denselben, ohne dafs sie einander berührten, eingeführt: ».. . l'animal est fort »tranquille, l'aiguille du multiplicateur est immobile. Par un mouve»ment brusque, l'animal dérange l'appareil, mais l'aiguille est évidem»ment déviée et oscille. Je replante les aiguilles; quelques contractions »ont lieu, l'aiguille oscille de nouveau, mais d'une manière douteuse »pour les assistans. Bientôt l'animal se livre à des efforts vigoureux »et répétés; alors plus de doute, l'aiguille décrit un arc de plus de »deux lignes (?). Les oscillations cessent avec les mouvemens de l'ani»mal, pour reparaître aussitôt qu'il agit. La cause de l'intermittence »est connue. On excite l'animal, en lui piquant le nez, en irritant »le nerf à faire des efforts de contraction et l'aiguille aussitôt oscille, »et l'arc décrit est d'autant plus grand que l'action musculaire est »plus énergique.« Wie das Thier an Kraft verliere, werden auch die Wirkungen weniger ausgesprochen und verschwinden mit dem Tode. Keine Wirkungen erfolgen, wenn von den Nadeln die eine in den Nerven, die andere in den Muskel, oder wenn beide in den Muskel versenkt seien; wenn der Nerv durch mechanische Verletzung oder durch Austrocknen gelitten habe; wenn Nerv und Nadeln in Blut gebadet seien; wenn die Nadeln nicht eine ganz frische metallische Oberfläche darbieten; wenn die Nerven vom Gehirne getrennt seien. Auf diese thatsächlichen Behauptungen, welche sich gröfstentheils auf die Erschütterung polarisirter Elektroden (S. oben S. 190) zurückführen lassen dürften,[1] gründet David eine sehr ausgebildete elektrische Theorie des Nervensystemes, in welcher das Gehirn als elektromotorischer Apparat, Rückenmark und Nerven aber als blofse Leiter fungiren.

[1] Aufser Person, zu dessen Arbeit wir jetzt kommen, haben Sternberg, Bischoff (S. unten), Joh. Müller (Handbuch der Physiologie u. s. w. Bd. I. 3. Aufl. 1838. S. 644.*), Longet (Anatomie et Physiologie du Système nerveux etc. t. I. Paris 1842. p. 136.*) und wohl noch viele Andere David's Versuch nachgemacht, ohne seine Erfolge wahrnehmen zu können.

Zwei Monate nach dem Erscheinen dieser durchaus schülerhaften Arbeit machte Person eine Abhandlung bekannt,[1] die mir leider nicht zu Gesicht gekommen ist, der ich aber, nach den Bruchstücken davon, welche mir an verschiedenen anderweitigen Stellen zugänglich geworden sind, nicht umhin kann, unter allen hier zu erwähnenden unbedingt den ersten Platz anzuweisen. »Sur de jeunes chats,« sagt Person bei Longet a. a. O., »sur des chiens et des lapins, j'ai mis les pôles »du galvanomètre en communication avec les parties antérieure et »postérieure de la moelle; j'ai fait pénétrer les fils de l'instrument dans »différents points de l'épaisseur de plusieurs nerfs volumineux, espérant »les mettre ainsi en rapport avec des courants dirigés en sens inverses; »j'ai répété ces expériences après avoir injecté dans l'abdomen de la »teinture de noix vomique, afin de pouvoir exciter à volonté la con- »traction musculaire. Des essais analogues ont été faits sur des an- »guilles et des grenouilles, qui vivent longtemps sous l'influence de la »strychnine; jamais je n'ai aperçu un indice certain d'électricité. Ce- »pendant je me suis servi de plusieurs galvanomètres d'une sensibilité »extrême.« Person macht sodann, wie es scheint, auf verschiedene Umstände aufmerksam, welche geeignet sind, bei diesen Versuchen Täuschungen herbeizuführen. So z. B. begegnete es ihm, als er eines Tages die Empfindlichkeit des Multiplicators dadurch auf die Probe gestellt hatte, dafs er mit dem einen Platinende desselben ein Stück Zink, mit dem anderen einen auf dem Zink befindlichen Wassertropfen berührte, nachmals beim Einsenken der Drähte ins Rückenmark eines jungen Hundes lebhafte Ströme wahrzunehmen, die sich jedoch mit der Verwechselung der Drähte gleichfalls umkehrten. Es zeigte sich, dafs diese Wirkung von Nichts herrührte, als von einer Spur von Zink, welche an dem einen Platinende haften geblieben war. In der That liefs sich dieselbe nach Belieben wieder erzeugen, wenn man die Drähte, nachdem der eine mit Zink in Berührung gebracht worden, in Blut oder auch nur in Wasser tauchte.[2] Nicht nur aber berichtigte Person auf diese Weise wieder die groben Irrthümer Beraudi's und David's, son-

[1] Sie steht in Magendie's Journal de Physiologie etc. 1830. t. X. p. 216. — Vergl. Archives générales de Médecine etc. 1830. t. XXIV. p. 457. 459;* — Froriep's Notizen u. s. w. No. 620. (Bd. XXIX. No. 4.) December 1830. S. 56;* — Joh. Müller's Handbuch der Physiologie u. s. w. Bd. I. 3. Aufl. 1838. S. 646;* — Longet, Anatomie et Physiologie du Système nerveux etc. Paris 1842. t. I. p. 136 et suiv.*

[2] Aehnliche Erfahrungen am stromprüfenden Schenkel besitzen wir mehrere bereits aus den ersten Zeiten des Galvanismus. S. Wells in Philosophical Transactions etc. For the Year 1795. P. II. p. 255;* — Gren's Neues Journal der

dern er hat auch überhaupt von allen Arbeitern in diesem Gebiete den fruchtbarsten Gedanken gehabt. Er stellt nämlich bereits ganz den nämlichen Kreis von Betrachtungen an, mit welchem wir oben Bd. I. S. 409. Bd. II. S. 30 die Untersuchung über den Einfluſs der Zusammenziehung des Muskels auf den Strom eingeleitet haben. Er überlegt sich nämlich, daſs die Muskel- und Nervenwirkungen leicht zu schnell vorübergehend sein könnten, um das elektromagnetische Rheoskop in Bewegung zu setzen. So finde wohl Ablenkung durch den stetigen Strom von Reibungselektricität statt, der sich vom Leiter der gedrehten Maschine durch den Multiplicator in den Boden ergieſse; aber die Nadel bleibe unbewegt, wenn, nach Unterbrechung der Ableitung, der Abfluſs funkenweise geschehe. »D'après cette observation,« sagt LONGET, »M. PERSON crut devoir répéter quelques-unes de ses expériences avec »un instrument sensible aux courants successifs et instantanés, ce qu'il »fit soit avec la grenouille, qui est, comme on sait, sensible à cette »sorte du courant, soit avec un galvanoscope de son invention; mais »les résultats furent toujours négatifs.« Man sieht, wie erstaunlich nahe PERSON's Scharfsinn ihn hier mit einem Sprunge den allerwichtigsten Entdeckungen gestellt hatte. Er kannte die Trägheit der Magnetnadel, die unbegrenzte Geschwindigkeit im Antworten, die dem stromprüfenden Schenkel eigen ist; es fehlte ihm nur die Kenntniſs der NOBILI'schen Arbeit über den Froschstrom, in welcher er zugleich, wenn er dessen noch bedurfte, das Tetanisiren auf elektrischem Wege gelernt haben würde, um ungleich weiter zu sein, als MATTEUCCI nach mehr denn zehnjährigen Arbeiten es noch heutigen Tages ist.

Auſser dem Obigen stellt PERSON noch folgende Sätze auf, mit denen man auch nach allem seitdem Dazugekommenen nur übereinstimmen kann:[1] »1°. . . . les nerfs sont moins bons conducteurs de l'électricité que les métaux; 2°. . . . ils ne la conduisent pas mieux que »les muscles et autres parties animales humides, et . . . leur conductibilité électrique ne change pas quand on désorganise mécaniquement »la pulpe nerveuse;[2] 3°. le névrilème est si bon conducteur, qu'il est »incapable d'isoler les courants les plus faibles qu'on puisse produire

Physik. 1796. Bd. III. S. 450.* — v. HUMBOLDT, Versuche über die gereizte Muskel- und Nervenfaser u. s. w. 1797. Bd. I. S. 239.* — REINHOLD, de Galvanismo Specimen II. Lipsiae 1798. 4°. p. 22.*

[1] LONGET, ibidem. p. 138. 141.*

[2] LONGET bemerkt hiezu: »Dans nos expériences avec M. GUÉRARD« (S. unten, §. III. 4 [VIII]) »nous avons vu, au contraire, cette conductibilité changer d'une »manière appréciable, quoique peu sensible.« Ich halte diesen Versuch jedoch für ganz erstaunlich schwer anzustellen.

»dans les expériences galvaniques, de sorte qu'un courant engagé dans »un nerf peut passer dans les muscles dès que ceux-ci lui offrent un »chemin plus court.« Damit war denn leider auch die Ausflucht vernichtet, welche die Voraussetzung einer isolirenden Beschaffenheit der Nervenhüllen gegen die beiden Haupteinwürfe gewährt hatte, die sich bisher wider die Identitätslehre erheben liefsen, die mangelnde Isolation nämlich und das Verhalten des unterbundenen Nerven, welches FECHNER, wie man sich entsinnt, so eben mit Hülfe jener Annahme zu erklären versucht hatte (S. oben S. 231).

[1832—1834] Ich wüfste nicht, welchen Fortschritt von hier ab diese Untersuchung gemacht hätte, als höchstens den, dafs in jüngster Zeit mit noch empfindlicheren Vorrichtungen und an noch gröfseren Thieren und mit noch mehr Vorsichtsmafsregeln die Erfahrung erneuert wurde, dafs man sich, um Ströme in den Nerven zu entdecken, wohl nicht auf dem rechten Wege befinden dürfte. Der NOBILI'sche Froschstrom und PERSON's glücklicher Wink blieben fort und fort unbeachtet. Der theoretischen Schwärmereien MEISSNER's ist schon oben S. 5. 6 gedacht worden. In einer Inaugural-Dissertation, die sich in allgemeinen Betrachtungen über das Spiel elektrochemischer Kräfte im Organismus ergeht, spricht GUSSEROW die Vermuthung aus, dafs der Thran der Cetaceen, bei ihrem Aufenthalt in einem leitenden Mittel, dazu da sein möge, um ihre Nervenelektricität vor Zerstreuung zu schützen. [1] CUNNINGHAM giebt vage theoretische Betrachtungen im Sinne der Identitätslehre in einem Werke, betitelt: »*On the motion of the earth and heavenly bodies as ex-»plainable by electromagnetic attraction and repulsion.*« (London 1834. p. 114—120.*) STERNEBERG wiederholt in demselben Jahre ohne Erfolg die Versuche von LARREY, W. FRÉD. EDWARDS und DAVID. EDWARDS' Beobachtungen glaubt er durch die verschiedene Härte der dem Nerven beim Streichen untergebreiteten Körper erklären zu können. [2]

[1835] Dagegen war FOLCHI in Rom wieder so glücklich, in Gemeinschaft mit CARLOCCI, BICCIOLI und dem Mechaniker LUSWARGH Ablenkungen am Multiplicator wahrzunehmen, als von dessen silbernen Enden das eine in die weifse, das andere in die graue Substanz des Rückenmarkes eines frischenthaupteten Kalbes versenkt wurde.

[1] GUSSEROW, de electricarum chemicarumque organismi virium ratione atque efficacia. Berolini 1832. p. 35.*

[2] Experimenta quaedam circa vim electricam nervorum atque sanguinis facta. Bonnae 1834. 4°. p. 3. 4. 5. 6.* — Vergl. HECKER's Neue wissenschaftliche Annalen der gesammten Heilkunde. 1835. Bd. I. S. 473.*

Die Richtung der sich auf 5—6° belaufenden Ausschläge war beständig von der weifsen Substanz zu der grauen in dem Drahte.[1]

In das folgende Jahr fällt EDUARD WEBER's Angabe über die Wirkung eines in der Zusammenziehung begriffenen Muskels auf einen Magnet in die Entfernung, deren oben S. 7. 8 bereits gedacht worden. Dieser erwarb sich aber zugleich das Verdienst, über die Leitungsfähigkeit der Nerven zuerst Bestimmungen von zeitgemäfser Schärfe und Sicherheit zu geben. Er fafst die Ergebnisse, die er am Magnetometer-Multiplicator von 384 Windungen mit Hülfe von Inductionsströmen gewann, in folgenden Worten zusammen: »Ex observationibus ... intelligitur, nullam substantiam in corpore humano »reperiri, e. g. substantiam nerveam, quae flumen galvanicum tam bene »transmittat, ut metallis quodammodo similis sit. Diversae enim cor»poris partes flumini galvanico non minorem resistentiam opponunt, »quam quae a corpore sanguine aliisque salsis et calidis fluidis imbuto »exspectari potest, nempe resistentiam decies aut vigesies minorem, »quam aqua destillata aeque calida, igitur aequalem fere ei, quam aqua »calida aeque salsa opponit.« Das Wasser selbst nun leitet, nach WEBER, über tausend Millionen Mal schlechter als Kupfer. »In hac maxima metal»lorum et aquae discrepantia mirum sane videri possit, in corpore anima»lium ad ictus galvanicos propagandos, metalla regulina a natura non in »usum vocata esse, a natura illa, quae alias optimis quibusque instru»mentis usa est ad certos fines consequendos .... Haud dubie etiam »conductoribus metallicis usa esset, si flumina galvanica ad certa loca »derivare utile fuisset.«[2] Dies ist die erste Andeutung eines dritten Haupteinwurfes, der sich jetzt vom Standpunkte der Kenntnifs der Gesetze der Fortpflanzung galvanischer Ströme aus, gegen die Identitätslehre erheben liefs. Bei der Länge und dem geringen Querschnitte der Nerven nämlich, endlich ihrer so geringen Leitungsfähigkeit müfsten die Ströme, die etwa in den Nerven kreisten, eine ganz unendliche elektromotorische Kraft besitzen, um noch irgend merkliche Wirkungen ausüben zu können. [1836]

In das nun kommende Jahr gehört PRÉVOST's bald darauf von PELTIER und mehreren Anderen widerlegte Angabe über die Fähigkeit der Muskeln, in sie eingeführte Nadeln zu elektromagnetisiren (S. oben S. 8. 9), wie auch eine Arbeit von TÜRCK, von der [1837]

[1] L'Institut. 1835. t. III. No. 95. p. 71;* — FRORIEP's Notizen u. s. w. No. 950. (Bd. XLIV. No. 4.) April 1835. S. 55.*

[2] Quaestiones physiologicae de Phaenomenis galvano-magneticis in Corpore humano observatis. Lipsiae (1836). 4°.*

die Pariser Akademie der Wissenschaften jedoch den Inhalt vorenthalten hat. [1]

[1838] Trotz den unstreitig vorzuziehenden, weit sorgfältigeren und zahlreicheren Erfahrungen NOBILI's und PERSON's hatte FOLCHI's Angabe doch alsbald wieder grofses Aufsehen gemacht, und in alle Zeitschriften Eingang gefunden. An sie knüpfen sich TH. L. BISCHOFF's Bestrebungen, elektrische Ströme in den Nerven zu entdecken. [2] Er hatte FOLCHI's Versuch sogleich an Hunden vergeblich nachzuahmen gesucht. Am 6. Juli 1838 stellte er in Rastadt in Gemeinschaft mit HEERMANN und JOLLY ähnliche Beobachtungen an dem Rumpfe eines vor ungefähr 40′ enthaupteten Verbrechers an. Er bediente sich eines NOBILI'schen Galvanometers, welches beim Eintauchen einer Kupferplatte (?) von ¼ Quadratzoll Oberfläche in reines Wasser eine Abweichung der Magnetnadel um 90° ergab. BISCHOFF senkte zuerst die beiden mit zwei Platinnadeln endigenden Leitungsdrähte, den einen in die graue, den anderen in die weifse Substanz des Rückenmarkes des Stammes ein. Die Nadel blieb unbeweglich, wie oft auch der Vorgang erneuert und die Platinenden verwechselt wurden; indessen, fügt BISCHOFF hinzu, gab das Einstechen derselben auch zu keinen Zuckungen mehr Anlafs. Unterdefs war der N. medianus am Oberarme blosgelegt worden, und es wurden die beiden Nadeln in 1″ Entfernung von einander in denselben eingesenkt, während man sich zugleich bemühte, Zuckungen vom Rückenmarke aus zu erregen. Allein es traten weder diese, noch eine Ablenkung der Magnetnadel ein. Vermuthlich in der Absicht zu erfahren, wie sich denn unter den hier gegebenen Verhältnissen der Leitung ein Strom wahrnehmen lassen würde, der den Nerven wirklich durchkreiste, wurden jetzt die Enden einer 60paarigen Säule bald mit Rückenmark und Hand, bald mit dem Nervenstamme oberhalb der Platinenden und der Hand, bald endlich mit demselben allein ober- und unterhalb der Nadeln in Berührung gebracht. Gleichwohl blieb die Nadel unbewegt. Natürlich rührte dies von nichts her, als der geringen Empfindlichkeit des Multiplicators. BISCHOFF aber, dem PERSON's und WEBER's Angaben über den Widerstand der Nerven

[1] Comptes rendus etc. 20 Février 1837. t. IV. p. 579;* — L'Institut. t. V. No. 198. p. 62* »ce mémoire (sur l'Électricité animale) extrait d'un long travail que »l'auteur a entrepris sur la goutte a pour objet particulier de chercher à établir »que l'action nerveuse est due au fluide électrique.«

[2] MÜLLER's Archiv u. s. w. 1838. S. 493.* — JOLLY in Verhandlungen der Schweizerischen naturforschenden Gesellschaft bei ihrer Versammlung zu Basel den 12. 13. 14. September 1838. Basel 1838. S. 121.* — Vergl. VALENTIN's Repertorium für Anatomie und Physiologie u. s. w. Bd. IV. S. 37.*

wohl noch unbekannt geblieben waren, neigte sich zu der Ansicht, dafs das vorzügliche, ja sogar das der Metalle übertreffende Leitungsvermögen der Nerven die Ursache jenes Erfolges gewesen sei, und er fand sich hierin durch eine der seinigen ähnliche Erfahrung Matteucci's bestätigt, über welche oben Bd. I. S. 113. 114 berichtet worden ist. Die Erklärung in entgegengesetztem Sinne, welche Joh. Müller schon früher von diesem Versuche bekannt gemacht hatte,[1] beseitigt Bischoff, seiner Meinung nach, mit Hülfe einer Reihe von Betrachtungen, deren Widerlegung uns an dieser Stelle zu weit führen würde. Obschon er sich endlich wider den Verdacht verwahrt, ein Anhänger der Identitätslehre zu sein, macht er doch darauf aufmerksam, dafs die Erfolglosigkeit der bisherigen Bestrebungen, elektrische Wirkungen von den Nerven zu erhalten, sich sehr wohl allein aus ihrer überlegenen Leitungsfähigkeit erklären lassen könnte.

Bischoff ist jedoch später,[2] in Gemeinschaft mit Jolly, auf diesen Punkt zurückgekommen, und hat sich diesmal die Ueberzeugung verschafft, dafs die Nerven vielmehr sehr schlechte Leiter der Elektricität seien. Die Versuchsreihe, wodurch ihm dieses schliefslich geglückt ist, glaube ich übergehen zu dürfen, da sie mehr zu des Verfassers eigener Belehrung gedient hat, als dafs sich dabei für die Sache etwas Neues herausgestellt hätte. Ich bemerke nur, dafs Bischoff sich auch noch vergeblich bemühte, freie Spannung an den Nerven zu entdecken, indem er sie durch dicke Kupferdrähte mit der Condensatorplatte eines Goldblattelektroskopes in Verbindung setzte, welches die durch einen leichten Druck auf ein seidenes Band erregte Elektricität noch anzeigte.

Zu derselben Zeit tauchte in Frankreich, wie ich, in Ermangelung der Quelle,[3] aus Longet's *Anatomie et Physiologie du Système nerveux etc.* t. I. p. 131. 132* entnehme, die Sage einer elektrischen Anziehung wieder auf, welche Theile des Nervensystemes auf leichte Körper ausüben sollten. Vergl. die ähnlichen Behauptungen Galvani's und Aldini's oben Bd. I. S. 69. 94. Lembert und Jobert sind hier als erneute Urheber derselben zu nennen. Longet sagt davon: »L'expérience de M. Lembert, qui consiste à faire attirer un fil par un nerf, »ou, selon M. Jobert, par le cerveau et la moelle, nous a réussi également bien avec les muscles, le doigt humide, et tout corps, même »inerte, imprégné d'eau tiède. La prétendue attraction résulte »ici de l'impulsion de l'air froid qui souffle le fil vers le corps chaud,

[1] Müller's Archiv u. s. w. 1835. S. 103.*
[2] Müller's Archiv u. s. w. 1841. S. 20.*
[3] Jobert, Études sur le Système nerveux. Paris 1838. p. 47.

»tandis qu'un courant d'air chaud, mêlé de vapeur aqueuse, s'élève »de ce corps: l'électricité n'a donc rien à revendiquer dans cette ex»périence.«

[1839] Ein Jahr darauf sucht unter uns LAYMANN die Erscheinungen der Reflex- und der Mitbewegungen unter dem Bilde einer Induction, wie sie von einem stromführenden Leiter auf einen benachbarten Leiter stattfindet, zu verdeutlichen.[1]

FARADAY spricht sich am Schlusse seiner Arbeit über den Zitteraal der Adelaïde-Gallery folgendermaſsen für die Identitätslehre aus: »Now though I am not as yet convinced by the facts that the ner»vous fluid is only electricity, still y think that the agent in the ner»vous system may be an anorganic force; and if there be reason for »supposing that magnetism is a higher relation of force than electri»city, so it may well be imagined, that the nervous power may be »of a still more exalted character, and yet within the reach of the »experiment.« Die Versuche, die der groſse Entdecker zu dem Ende vorschlägt, um ein solches Verhältniſs näher festzustellen, sind folgende: Man solle zusehen, ob ein durch vieles Schlagen erschöpfter Zitteraal oder Zitterroche sich schneller erhole, wenn man fremde Ströme in der Richtung seiner eigenen durch ihn hindurchsende; ob er schneller zu Grunde gehe, wenn in entgegengesetzter Richtung, u. d. m.[2]

Zu sehr schlechten Mitteln nahmen in demselben Jahre zwei Italiänische Gelehrte, PACINOTTI und PUCCINOTTI, ihre Zuflucht, um elektrische Wirkungen dem Nervensysteme abzulocken. Ihre eigene Arbeit ist mir nicht zu Händen gekommen; Berichte darüber aber an mancherlei Orten.[3] Das Verfahren dieser Forscher besteht darin, das eine Platinende des Multiplicators ins Gehirn, das andere in einen Muskel eines lebenden warmblütigen Thieres zu versenken. Natürlich kann dies, bei auch nur mittelmäſsiger Empfindlichkeit des Stromprüfers, nicht ohne Nadelbewegungen ablaufen. PACINOTTI und PUCCINOTTI aber behaupten, daſs der Strom stets einerlei Richtung, nämlich vom Gehirn zu den

[1] Physiologische Untersuchungen. Anwendung der Induction auf die Nervenphysik. Coblenz 1839.*

[2] Experimental Researches in Electricity (Collected from the Philosophical Transactions). vol. II. London 1844. p. 16. (Series XV. November 1838. §§. 1791 bis 1795.)*

[3] Der Titel der Abhandlung ist: »Esperienze sulla Esistenza e le Leggi delle »Correnti elettro-fisiologiche negli Animali a sangue caldo« Pisa 1839. — Vergl. VALENTIN in RUD. WAGNER's Handwörterbuch der Physiologie u. s. w. Bd. I. 1842. S. 299;* — und in seinem Repertorium für Anatomie und Physiologie u. s. w. 1841. Bd. VI. S. 62.* — MATTEUCCI in Archives de l'Électricité etc. t. II. p. 446;* — Annales de Chimie et de Physique. 3. Série. t. VI. p. 330;* — Traité etc. p. 119.*

Muskeln in dem Thiere, innehalte, dafs er mit der Erregung des Thieres steige, mit dem Blutverluste desselben falle.

[1840] Sind schon diese Versuchsweisen erbaulich genug, so hat man an Zantedeschi's und Favio's Methoden,[1] mit Hinblick auf Nobili's und Person's frühere Leistungen, einen wahren Rückfall in tiefe Barbarei zu beklagen. Diese setzen nämlich das Thier in einen Kasten und spiefsen es an zwei Stellen an eisernen Spitzen auf, welche mit dem Multiplicator in Verbindung sind. So enthüllt sich ihnen eine Welt von Strömungen: es scheint aber doch, als wenn die Unbill derartiger Untersuchungen ziemlich allgemein gefühlt worden wäre; wenigstens haben sich von verschiedenen Seiten her zweifelnde Stimmen über die Zuverlässigkeit ihrer Ergebnisse vernehmen lassen.[2]

[1841] Heidenreich brachte sodann einen Vorschlag zur Ausführung, der, seiner Angabe nach, von Pelletan dem Sohne in seinem *Traité élémentaire de Physique générale et médicale* (Paris 1824) herrührt. Er umgab nämlich seinen Zeigefinger oder seinen Vorderarm nebst der Hand mit Drahtwindungen, durch welche er den Strom einer »einelementigen Säule« gehen liefs. Näherte er nun das seiner Meinung nach elektromagnetisirte Glied einem freischwebenden Magnetstabe, so fand, je nach der Richtung des Stromes, Anziehung oder Abstofsung des letzteren statt. Heidenreich übersah nicht, dafs die Spirale an und für sich in dieser Weise zu wirken vermöge; »aber,« versichert er, »nach genauer mit einem Zirkel angestell- »ter Messung ergiebt sich, dafs die Spirale, um gleiche Wirkung zu »haben, für sich allein dem Magnetstabe gerade um das Doppelte näher »gebracht werden mufste, als wenn der Finger durch dieselbe gesteckt »war.«[3]

In England wurde währenddem die Frage mehr theoretisch behandelt. In einer ersten Abhandlung erklärt Martyn Roberts den Einflufs der Nerven auf den Blutumlauf in den Haargefäfsen, z. B. bei

[1] Die Originalabhandlung ist mir unbekannt geblieben. Esperienze intorno alle Correnti elettro-fisiologiche negli Animali a sangue caldo. Venetia 1840. — Vergl. einen Bericht von Cantraine in: Bulletins de l'Académie Royale des Sciences et Belles-Lettres de Bruxelles. 1840. t. VII. P. II. p. 43;* — Archives de l'Électricité. 1841. t. I. p. 474;* — L'Institut. 1841. t. IX. N°. 367. p. 4.*

[2] Archives de l'Électricité, Ibidem. — Valentin, a. a. O.

[3] Inductions-Magnetismus am menschlichen Körper nachgewiesen in: Eichhorn's Medicinisches Correspondenz-Blatt bayerischer Aerzte u. s. w. Erlangen 1841. S. 785;* — C. Chr. Schmidt's Jahrbücher der in- und ausländischen gesammten Medicin. 1842. Bd. XXXIV. S. 3.*

der Schamröthe, durch den Versuch JALLABERT's, in welchem Wasser aus einem elektrisirten Haarröhrchen im Strome fliesst, anstatt zu tropfen; in einer zweiten wendet er, wie schon früher LAYMANN in Deutschland (S. oben S. 237), das Princip der Induction auf die Nervenphysik an.[1] Dagegen giebt sich WM. BEVAN damit ab, das Unhaltbare der Identitätslehre von Neuem auseinanderzusetzen.[2]

[1842] Dasselbe unternimmt PELTIER im darauf folgenden Jahre (26. Februar) in einem Vortrage in der Société philomatique zu Paris bei Gelegenheit von MATTEUCCI's oben Bd. I. S. 528 mitgetheilten Versuchen.[3] Ebenso urtheilt LONGET nach einer kenntnissreichen und unbefangenen Erörterung in seinem mehrerwähnten Lehrbuche.[4] Hieher gehören VALENTIN's Arbeiten, deren oben Bd. I. S. 154 schon hinreichend gedacht worden ist. PRÉVOST macht abermals eine elektrische Theorie der Muskelzusammenziehung bekannt (S. oben S. 9).

[1843] WHARTON JONES folgt PRÉVOST in dieser Laufbahn (S. ebendas. S. 9. 10). Ich zeige die Entdeckung des Nervenstromes an (Januar 1843). — S. oben S. 203. 204.

[1844] In einem, einige chemische Untersuchungen über das Nervensystem ausgenommen, rein theoretischen Aufsatze ficht JAMES STARK gegen die Identitätslehre und entscheidet sich für die Annahme von Schwingungen des Nerveninhaltes.[5] THILORIER, der weiland Erfinder der festen Kohlensäure, und LAFONTAINE kündigen im Juni d. J. der Pariser Akademie der Wissenschaften an, dass, wenn man die beiden Enden des Multiplicators in die Hände nimmt, man durch blosse angestrengte Willensthätigkeit im Stande sei, die Nadel bald hiehin, bald dorthin abzulenken. Eine auf die Magengrube gelegte Eisenmasse werde gleichfalls durch einen blossen Ausfluss des Willens zum Magnete.[6] Diese Fabel hat sich nicht bestätigt.

HENLE und KÖLLIKER meinen, dass für die PACINI'schen Körperchen,

[1] The Philosophical Magazine etc. 3. Series. vol. XIX. July — December 1841. p. 31. — Vol. XXIII. July — December 1843. p. 41;* — Archives de l'Électricité. t. I. p. 467.*

[2] The London Medical Gazette. New Series. vol. I. For the Session 1841—1842. p. 173.* (An Inquiry into the truth of the electric nature of the nervous principle.)

[3] L'Institut. t. X. 1842. No. 466. p. 96.*

[4] Ibidem. t. I. p. 120—144.*

[5] Edinburgh medical and surgical Journal etc. October 1844. vol. LXII. p. 285.* — January 1845. vol. LXIII. p. 116;* — FRORIEP's Neue Notizen u. s. w. No. 106 (Bd. XXXIII. No. 2). Januar 1845. S. 17.*

[6] Comptes rendus etc. 10 et 17 Juin 1844. t. XVIII. p. 1109. 1132.*

wenn man an irgend etwas Bekanntes anknüpfen wolle, nichts übrig bleibe, als sie mit Pacini den elektrischen Organen der Fische an die Seite zu stellen, mit denen sie eine Aehnlichkeit des Baues besitzen sollen, die mir indefs nicht begründet zu sein scheint. Sie glauben ferner, um diese Ansicht zu stützen, an die bekannte Elektricitätsentwickelung bei Katzen, zusammentreffend mit der grofsen Anzahl der Pacini'schen Körperchen bei diesen Thieren, erinnern zu dürfen, und sie machen den Versuch, freie Spannung an jenen neuen Organen im Gekröse lebender Katzen mit Hülfe des Elektroskopes nachzuweisen, wobei sie indefs, wie zu erwarten war, zu keinem Erfolge gelangen. [1]

4. Matteucci's vergebliche Bemühungen, elektrische Wirkungen von den Nerven zu erhalten.

Endlich Matteucci's Leistungen auf diesem Felde ist noch nicht Erwähnung geschehen. Obschon dieselben viel früher anfangen, habe ich doch vorgezogen, sie bis an den Schlufs dieser Geschichte zu versparen, um sie, da sie bis in die neueste Zeit hinabreichen, in zusammenhängender Reihe abhandeln zu können. Seine ersten Angaben rühren von 1834 her, und es ist ihrer bereits oben Bd. I. 111—118 gedacht worden. Zuerst sollte sich ein Strom kundgeben zwischen den Enden eines durchschnittenen Vagus; dann zeigte sich's, dafs dies nicht der Fall sei. Nun bemächtigte er sich der Becquerel'schen (eigentlich Ritter'schen) Meinung von der Entwickelung der Elektricität der Zitterfische in ihrem Gehirn,[2] und keine Behauptung schien ihm zu gewagt, um diese Lehre zu erhärten. Viel weiter vorgeschritten finden wir ihn unstreitig in seinem »*Essai sur les phénomènes électriques des animaux*« (Paris 1840). Er fängt an, sich auf die entgegengesetzte Seite des Zweifelns an der Identitätslehre zu schlagen. Er stellt indefs noch Versuche an, wie die oben S. 14 beschriebenen an Muskeln, und wie folgende: Um zu erfahren, ob die Nerven spiralig um die Muskelbündel gerollt seien, und ob ein durch die thierischen Gebilde geführter fremder Strom etwa diese Bahn einschlage, steckte er ein Froschbein in eine Rolle, deren Enden mit dem Multiplicator in Verbindung waren, und liefs den Strom einer Säule durch die Muskeln gehen, ohne jedoch Induction zu erhalten. Ebensowenig gelang ihm dies, als er den Schlag einer Flasche durch das Bein führte, und die Enden der Rolle

[1] Ueber die Pacini'schen Körperchen an den Nerven des Menschen und der Säugethiere. Zürich 1844. 4°. S. 37. 38.*

[2] S. unten, Kap. X. §. II. 1.

mit einer Art von Marianini'schem »Ré-électromètre« (S. oben Bd. I. S. 418) verband.[1] Und Matteucci schliefst, von solchem Thatbestande aus, ganz folgerecht: »Il faut donc avouer que, malgré les recherches »les plus minutieuses, il nous a été impossible de découvrir des cou- »rants électriques dans les nerfs des animaux lorsqu'ils éprouvent des »contractions aux muscles, ou qu'ils transmettent des sensations au »cerveau. Pour conclure que le courant électrique est l'agent de ces »fonctions, nous attendrons que la science nous donne des moyens »plus propres pour le démontrer.«

Obschon Matteucci seitdem ziemlich unverrückt auf diesem Standpunkte stehen geblieben ist, den er, wie wir sehen werden, auch heute noch einnimmt, hat er es doch nicht lassen können, dem Nervensysteme bei Gelegenheit wieder allerlei unglaubliche Eigenschaften in elektrischer Beziehung aufzubürden. In dem Aufsatze über den Froschstrom vom Jahre 1838, welcher nachmals im *Essai etc.* abgedruckt wurde, hatte er angegeben (S. oben Bd. I. S. 120), dafs der Strom des Galvanischen Präparates zwischen den Schenkelmuskeln und den Füfsen zu erscheinen fortfahre selbst nach Entfernung der Ischiadnerven wie auch des zwischen den Schenkelmuskeln gelegenen Theiles derselben. Ebendaselbst machte er bekannt, dafs der Strom nicht minder zwischen Kopf und Füfsen des enthäuteten, sonst unverletzten Gesammtfrosches erhalten werde. Man sollte also meinen, Matteucci hätte von hier ab wissen können, dafs die Ischiadnerven bei der Erzeugung des Stromes unbetheiligt sind, dafs sie dabei nichts als unwirksame feuchte Leiter von sehr beträchtlichem Widerstande vorstellen. Nichtsdestoweniger bemüht er sich vier Jahre später in seiner Preisschrift *»Deuxième »Mémoire sur le courant de la grenouille etc.,«* ohne dieser Angaben Erwähnung zu thun, durch eine weitschweifige Versuchsreihe die Rolle der Nerven bei der Erzeugung des Stromes von Neuem festzusetzen. Zuerst gelangt er, auf mühseligen Umwegen, zu dem Schlusse, über den doch jene früheren Versuche schon weit hinausgehen: »que l'élé- »ment électromoteur complet du courant de la grenouille est formé »d'un de ses membres, c'est-à-dire d'une jambe, d'une cuisse, de son »nerf spinal et d'un morceau d'épine.« Dann läfst er zwei Säulen aus sechs Galvani'schen Präparaten jede einander entgegenwirken. Einmal nimmt er den Gliedern der einen Säule die Nervenstämme und das Stück Wirbelsäule, läfst ihnen aber die hintere Beckenwand (»les os »et les muscles du bassin« — vergl. oben Bd. I. S. 699). Ein ander-

[1] Essai etc. p. 36. 37.* — Traité etc. p. 256.* — Leçons sur les Phénomènes physiques des Corps vivants. Paris 1847. p. 265.*

mal entfernt er die Nervenstämme, bei sonst ähnlicher Zubereitung, bis zum Kniegelenke. Ein drittes Mal fehlt auch die hintere Beckenwand. Ein viertes Mal endlich fehlt nicht nur die Beckenwand, sondern es sind auch alle sichtbaren Nervenfäden des Oberschenkels ausgemerzt. In allen vier Fällen beobachtete Matteucci einen sehr schwachen Differentialstrom im dem Sinne der ihrer Nerven beraubten Präparate. Er schliefst daraus: »1° . . . le courant de la grenouille persiste dans sa »direction et dans son intensité sans la moelle épinière, sans les nerfs »spinaux et cruraux, et quoiqu'elle soit privée de tous les filets ner»veux visibles de la masse musculaire de la cuisse; 2° . . . l'élément »électromoteur de ce courant se réduit aux muscles de la jambe et de »la cuisse, unis organiquement; 3° . . . quand on laisse à la grenouille »préparée à la manière ordinaire, la moelle épinière, les nerfs et leurs »ramifications dans les muscles, toutes ces parties nerveuses »agissent dans la production du courant, comme le fait la »substance musculaire de la cuisse.« [1]

Diese dunkle Behauptung betrifft, wie man sieht, das Hirngespinnst des Froschstromes. Was den in Matteucci's Vorstellung davon unterschiedenen Muskelstrom anlangt, so sagt dieser Physiker in seiner ersten unverständlichen Mittheilung darüber vom September 1841 (S. oben Bd. I. S. 527), der Nerv verhalte sich positiv gegen das Muskelinnere. In dem »*Deuxième Mémoire etc.*,« welches im Februar 1842 bei der Pariser Akademie der Wissenschaften eingereicht wurde, heifst es dagegen: »Toutes les recherches que j'ai tentées, m'ont démontré, qu'en opérant »de la manière qui a été indiquée et dans les animaux susdits, on »obtient toujours au galvanomètre un courant qui est constamment di»rigé, dans l'animal, de la masse musculaire de la cuisse ou du nerf »qui y est ramifié, à la surface externe ou tendineuse des muscles de la »jambe.« [2] Nun also soll sich der Nerv vielmehr dem Muskelinneren gleich, oder negativ verhalten! Sodann wiederholt auch Matteucci Pacinotti und Puccinotti's rohe Metzeleien (S. oben S. 238), und findet gleich ihnen, dafs man, beim Versenken des einen Multiplicatorendes ins Gehirn, des anderen in den Muskel eines lebenden Thieres, einen Strom im Thiere vom Gehirn nach dem Muskel erhalte. Er fügt hinzu: »J'ai trouvé »que ces courants ont la même intensité et la même direction, quand »on plonge une des lames dans le cerveau et qu'on pose l'autre sur »la simple surface du muscle.« [3] In nicht geringer Verlegenheit findet

[1] Archives de l'Électricité. Novembre 1842. t. II. p. 432. 433. 443;* — Annales de Chimie et de Physique. 3. Série. t. VI. p. 316. 327.*

[2] Archives etc. Ibidem. p. 448;* — Annales etc. Ibidem. p. 333.*

[3] Archives etc. Ibidem. p. 446;* — Annales etc. Ibidem. p. 330.*

er sich aber, wie es sich darum handelt, diese mannigfaltigen Aussagen in einen Schlufssatz zu vereinigen, denen, da sie völlig aus der Luft gegriffen sind, das einzige Verdienst abgeht, was ihnen noch zukommen könnte, dasjenige, sich wenigstens nicht zu widersprechen. Dies geschieht folgendermafsen: »le nerf qui appartient à une masse musculaire, »et tout le système nerveux en général, peuvent faire l'office de la partie »interne d'un muscle dans la production du courant musculaire . . . »Chaque nerf représente tous les points de la masse musculaire où il »se distribue, et fait par là le même office qu'un fil métal»lique qu'on supposerait répandu avec un très grand nombre de ra»mifications dans un muscle . . . Le courant est dirigé, dans l'animal, »de l'intérieur du muscle ou de son nerf à sa surface, ou à son ten»don. . . . Ces conclusions expliquent les résultats des expériences de »MM. PACINOTTI et PUCCINOTTI . . . Il arrive dans la seule grenouille »que le courant qu'on obtient en mettant en communication les muscles »ou les tendons de la jambe et les nerfs ou les muscles de la cuisse, »est dirigé, dans l'animal, de la jambe à la cuisse ou au nerf. . . . »Il reste à expliquer . . . comment dans la grenouille les muscles de »la jambe et particulièrement les tendons par lesquels ils se terminent, »ont, dans la production du courant propre, la même influence qu'a, »dans les animaux à sang chaud et dans les mêmes grenouilles, la partie »interne des muscles ou des nerfs qui s'y distribuent.« [1]

Vergl. oben Bd. I. S. 531. Dies ist die gränzenlose Verwirrung, auf welche bereits ebendaselbst angespielt wurde. Ich bin mir schuldig, von Neuem darauf aufmerksam zu machen, dafs sie es ist, auf welche MATTEUCCI allein sich stützen kann, wenn er sich erdreistet, mir den Erstbesitz des Gesetzes des Muskelstromes abstreiten zu wollen. Zwei Monate nach dem Erscheinen des »*Deuxième Mémoire*« kam der »*vorläufige* »*Abrifs*« meiner Untersuchungen heraus. Hier legte ich das Gesetz des Muskelstromes in seiner ganzen Einfachheit dar. Der Längsschnitt, sei's der natürliche, sei's der künstliche, verhält sich positiv gegen den Querschnitt, sei's den künstlichen, sei's den mit der Sehne überzogenen natürlichen. Dies ist der Fall bei allen Muskeln aller Thiere. Einen Froschstrom giebt es nicht, so wenig als einen Hunde- oder Taubenstrom. Er ist die höchst verwickelt zu Stande kommende Resultante unzähliger unbestimmbar verlaufender Componenten. Es fragte sich aber, welche Rolle die Nerven dabei spielen mögen. Ich zeigte zunächst, dafs sogar Muskelbruchstücke, in denen das Mikroskop nach-

[1] Archives etc. Ibidem. p. 449. 450. 451;* — Annales etc. Ibidem. p. 334. 335. 337.*

mals keine Primitivnervenröhren zu entdecken vermochte, den Strom entwickeln (S. oben Bd. I. S. 555) und fuhr dann fort: »In Bezug »auf Matteucci's Angabe, die Nerven vermöchten das Innere der Muskel»massen im elektromotorischen Effect zu ersetzen, ist zu erinnern, daſs »dieselben, gleich dem Sehnengewebe, in solchen Fällen als indiffe»rente feuchte Leiter fungirend, bald Querschnitt, bald Auſsen»fläche des Muskels zu ersetzen im Stande sein würden, wenn nicht der »Eintritt eines Nerven in seinen Muskel durch die Sehne die morpholo»gisch unstatthafte Bedingung des ersteren Verhaltens wäre. Daher, »so oft ich bisher diesem Umstande meine Aufmerksamkeit geschenkt »habe, ich stets gefunden habe, daſs der Nerv als Auſsenfläche des »Muskels fungirte.«[1]

Erst zwei Jahre später ist Matteucci, begreiflich ohne meiner mit einer Sylbe Erwähnung zu thun, in Betreff der Rolle, welche die Nerven bei der Erzeugung des Muskelstromes spielen, zu denselben Ergebnissen gelangt.

Zuerst verschaffte er sich die Ueberzeugung, daſs die Nerven, das Gehirn und das Rückenmark nicht gleich Metallen, sondern etwa viermal schlechter leiten als die Muskelsubstanz. Er stellte sich, so gut wie möglich, Streifen der gröſseren Gewebemassen von gleichem Querschnitte mit dem Ischiadicus des Kaninchens her, legte diesen und jene hintereinander auf eine isolirende Unterlage und lieſs den Strom einer 12gliederigen Kette von beständiger Kraft durch sie hindurchgehen. Dann berührte er sie mit den in beständiger Entfernung von einander gehaltenen Platinenden des Multiplicators, und las die Ablenkungen durch den Stromarm ab; oder er wechselte mit der Entfernung der Platinenden, so daſs die Ablenkung beständig blieb.[2] Die auf Stromstärken zurück-

[1] A. a. O. S. 7. 8. §. 21.

[2] Comptes rendus etc. 23 Janvier 1843. t. XVI. p. 196;* — l'Institut. t. XI. N°. 475. p. 36.* — Traité etc. p. 47. fig. 11. pl. I.* — Matteucci erzählt hier von einem merkwürdigen Leitungsverhältnisse des Nervensystemes, welches er zweimal beobachtet hat. Er legte an einem Kaninchen das Rückenmark und den einen Ischiadnerven blos, und lieſs den Strom einer hundertpaarigen Säule hindurchgehen. Ein eingeschalteter Multiplicator zeigte ihm, wenn der Strom annähernd beständig geworden war. Tauchte Matteucci die beiden Platinenden eines zweiten Multiplicators in zwei Muskelwunden auf den Rücken des Thieres, so erhielt er, wie sich von selbst versteht, einen abgeleiteten Strom. Dieser Strom soll von gröſserer, manchmal doppelter Stärke sein, wenn der ursprüngliche Strom von gleicher Stärke vom Rückenmark nach dem Ischiadnerven, als wenn er den entgegengesetzten Weg geführt wird; ein Unterschied, der mit dem Leben abnehmen und endlich im Tode verschwinden soll.

geführten Ablenkungen in dem ersten Falle, wie die Abstände der Platinenden in dem zweiten, würden allerdings ein Maſs der Leitungsgüte der verschiedenen Gewebe abgeben, wenn nur nicht die Ladungen der Platinenden wären, und wenn man sich nur denken könnte, daſs die Querschnitte der Streifen, worauf doch alles ankommt, einander auch nur einigermaſsen gleich zu machen seien.

Dem *Traité etc.* ist sodann als 8. Kapitel (p. 113*) eine ganze Abhandlung unter der Aufschrift einverleibt: »*De la fonction du système nerveux dans le courant électrique musculaire et dans le courant propre de la grenouille,*« welche eine groſse Menge von Versuchen enthält, die eben einfach darauf hinauslaufen, daſs die Nerven beim Frosch- und Muskelstrome nichts als die Rolle unwirksamer feuchter Leiter von beträchtlichem Widerstande spielen. Zuerst setzt er aus vier stromprüfenden Schenkeln mit ihren Nerven eine Säule zusammen, welche 4—5° ansteigenden Stromes giebt. In diesem Falle stellte der Nerv des einen Endgliedes also den positiven Pol der thierischen Säule vor. Schob aber MATTEUCCI die Unterschenkel zusammen, so daſs, bei Ausschluſs der Nerven, der Fuſs des einen Gliedes das Kniegelenk des anderen berührte, so war nicht nur der Strom nicht verschwunden, sondern er hatte sogar die doppelte Höhe erreicht (10—12° Ausschlag). Richtete MATTEUCCI eine Säule aus den unteren Hälften der beiden Oberschenkel von vier Fröschen vor, indem er dabei die Ischiadnerven so schonte, daſs sie oberhalb der Schnittfläche erhalten waren und sich in diese hineinversenkten; so gab die Säule 12° Ausschlag im absteigenden Sinne, und der Nerv des einen Endgliedes stellte diesmal den negativen Pol derselben vor. Diesen Versuch kann ich nur loben; er ist, mit künstlichem Querschnitte, die Verwirklichung der Bedingungen für das negative Verhalten des Nerven, welche ich, aus morphologischen Rücksichten, für den natürlichen Querschnitt in meinem »*vorläufigen Abriſs*« für unstatthaft erklärt hatte. Erhielt MATTEUCCI vielmehr die obere Hälfte der Oberschenkel, an denen der Nerv am Beckenende zwischen den mehr oder weniger unversehrten Muskeln heraustrat, und das Muskelinnere des nächstfolgenden Gliedes berührte, so stellte der freie Nerv des einen Endgliedes positiven Pol vor; legte er die Nerven aber gegen die Auſsenfläche der nächstfolgenden Glieder, so erschien eine Spur von Strom in der umgekehrten Richtung, wobei der freie Nerv des einen Endgliedes wieder den negativen Pol vorstellte. Diese Spur rührte nach MATTEUCCI davon her, daſs am Becken das Muskelinnere bei der Zurichtung etwas hatte entblöſst werden müssen. Stets kann, in allen diesen Versuchen, der Nerv ohne Beeinträchtigung des Erfolges durch einen feuchten Papierstreifen ersetzt werden.[1]

Nach einigen völlig werthlosen Versuchen, die sich auf das angebliche gleichzeitige Vorkommen des Muskelstromes und des vermeintlichen Froschstromes im Froschunterschenkel beziehen, gelangt MATTEUCCI zum Schlufs: »... Il est bien établi par mes recherches, que la fonction »des nerfs dans le courant musculaire et dans le courant propre de la »grenouille se réduit simplement à celle d'un corps très-peu conducteur, »qui représente l'état électrique de la partie du muscle, intérieur ou »surface, avec laquelle il est le plus rapproché.« Je mehr Nachdruck, aus unbekannten Gründen, MATTEUCCI auf sein Verdienst in dieser Angelegenheit legt, je mehr sehe ich mich gezwungen, nochmals darauf hinzuweisen, wie ich schon zwei Jahre vor ihm den Satz ausgesprochen hatte, dafs die Nerven beim Muskelstrome sich einfach als unwirksame feuchte Leiter verhalten. Wie schlecht sie alsdann leiten, ist seit CAVENDISH's Zeiten bekannt, physikalisch aber klar und auch bereits in meinem Satz enthalten, dafs sie den elektrischen Zustand des Punktes des Muskelumfanges vorstellen müssen, den sie zuerst berühren.

Uebrigens kann es MATTEUCCI noch immer nicht ganz verschmerzen, dafs die Nerven so gar gemeine Leiter sein sollen. Er kommt, an eben der Stelle des *Traité etc.*, nochmals auf PACINOTTI und PUCCINOTTI's Versuche zurück. Er erhebt jetzt gegen ihr Verfahren die Einwürfe, dafs 1°. die Gehirnplatte immer in Blut gebadet sei, während die Muskelplatte trockener bleibe, was einen Strom im Thier gerade in der Richtung erzeugen müsse, die sie ihrem Hirnmuskelstrom zuschreiben; 2°. dafs man, um das Thier länger am Leben zu erhalten, die Hirnplatte später einzusenken pflege, wodurch abermals ein Strom wegen ungleichzeitigen Eintauchens in derselben Richtung bedingt werde. Diese Uebelstände strebt er dadurch zu vermindern, dafs er Platinenden von nur einem halben Quadratcentimeter Oberfläche anwendet (?), die Ordnung, in welcher dieselben eingetaucht werden, dann und wann umkehrt, und das Versenken der einen Platte ins Hirn der Tauben mit möglichst geringer Blutung zu bewerkstelligen sich bemüht. Gleichwohl zeigte sich noch stets derselbe Erfolg; nämlich 10—80° Ausschlag beim ersten Versenken in der Richtung vom Hirn zum Muskel in dem Thiere. Beim zweiten und dritten Versenken grofse Schwächung, häufig Umkehr des Stromes. Bei Zuckungen des Thieres wächst der Strom wieder an; dies schreibt MATTEUCCI aber der Bewegung der Platten in den Wunden zu, wodurch man die nämliche Wirkung auch

[1] Vergl. Leçons etc. 1847. p. 187.*

nach Willkür hervorrufen könne. Matteucci schliefst: »Pour admettre »les mêmes conséquences que MM. Pacinotti et Puccinotti ont tirées »de leurs expériences, il faudrait dire que le système nerveux réuni »dans le cerveau fonctionne comme la partie intérieure des muscles »dans lesquels ce système est ramifié. Il ne serait pas moins difficile »pourtant, malgré cette hypothèse, de concevoir comment la direction »du courant est la même en touchant avec l'une des lames indifférem- »ment l'intérieur du muscle ou sa surface.«

Noch eine andere Art von Einflufs auf die Erscheinungsweise des Muskelstromes findet sich bei Matteucci dem Nervensysteme zugeschrieben, die ich, da er selber keinen sonderlichen Werth darauf zu legen scheint, mich kurz anzudeuten begnüge. Die Zuckungen ohne Metalle an dem noch mit dem Rückenmark zusammenhängenden stromprüfenden Schenkel sollen nämlich leichter zu Stande kommen, oder, nachdem sie verschwunden waren, wieder erscheinen, wenn man das Rückenmark entfernt oder auch nur verletzt. [1]

Im Jahre 1844 scheint Matteucci den Entschlufs gefafst zu haben, nochmals mit allen seinen Kräften der Entdeckung elektrischer Ströme in den Nerven nachzugehen. Nie, auch nicht an narkotisirten Thieren, war es ihm gelungen, dergleichen an einem Multiplicator wahrzunehmen, dessen Enden in den Nerven versenkt waren. [2] Jetzt glaubten er und Longet den Nichterfolg dieser und ähnlicher Bestrebungen vielleicht der Kleinheit der angewendeten Thiere, Hunde, Kaninchen und Frösche, zuschreiben zu dürfen, und unternahmen deshalb in der Thierarzneischule zu Alfort ebendarauf gerichtete Versuche an einem gröfseren Säuger, dem Pferde. Der Multiplicator, dessen sie sich bedienten, war von Ruhmkorff gebaut. Sein Draht, der 2500mal die Nadel umkreiste, endete in Platinplatten, deren jede an ein Elfenbeinheft befestigt und bis auf ein Quadratcentimeter mit Firnifs bekleidet war (S. oben Bd. I. S. 227. 228). Um ihre Gleichartigkeit zu befördern, hatten dieselben bereits geraume Zeit, unstreitig zum Kreise geschlossen, in Brunnenwasser gestanden. Die Nadel brauchte, ein bewundernswürdiger Grad der Astasie, 70″ zu einer Schwingung (S. oben ebendas. S. 168). Das Pferd lag lebend auf einem Tische, und sein sonst unverletzter Ischiadnerv war auf einer Strecke von 20—30^{cm} durch Wachstaffent von den umgebenden Muskeln isolirt und sorgfältig abgetrocknet. Nun wurden

[1] Annales de Chimie et de Physique. Décembre 1837. t. LXVI. p. 431. 432* (Vergl. oben Bd. I. S. 118). — Ibidem. Mai 1838. t. LXVIII. p. 104.* — Essai etc. 1840. p. 83.* — Archives de l'Électricité. 1842. t. II. p. 437;* — Annales de Chimie et de Physique. 3. Série. t. VI. p. 320.* — Traité etc. 1844. p. 101. 102.*

[2] Traité etc. p. 254.*

beide Platinenden, in 3—4^{cm} Abstand von einander, zuerst mit der unversehrten Oberfläche, sodann, nach Entfernung des Neurilems, mit verschiedenen Punkten der Dicke des Nerven in Berührung gebracht. Ein Paar Mal zeigte sich eine leichte Bewegung der Nadel, welche jedoch bald auf Null zurückkam; es war nichts darauf zu geben, da sie unverändert blieb, ebenso schnell verschwand, und ebenso häufig fehlte, wenn der Abstand der Platten plötzlich auf 15^{cm} vergröſsert wurde. Ueberdies behielt sie ihre Richtung bei, wenn die Platten am Nerven vertauscht wurden, zum sicheren Zeichen, daſs sie allein von jenen ausging; die Verfasser scheinen geneigt zu sein, dieselbe Ungleichzeitigkeiten der Berührung beider Platten mit dem Nerven zuzuschreiben (S. oben ebendas. S. 210). Zu bemerken ist noch, daſs, während der Versuche, in Folge absichtlich erregter Schmerzen, das Thier heftige und anhaltende Anstrengungen mit den Hinterbeinen machte, so daſs der Ischiadicus sich dauernd im Zustande der Innervation befand. MATTEUCCI und LONGET schlieſsen: »En ayant égard à l'extrème »sensibilité de notre galvanomètre et aux précautions que nous avons »prises, nous croyons être autorisés à conclure qu'il n'existe au»cune trace de courants électriques dans les nerfs des »animaux vivants, appréciable à l'aide des instruments »que l'on possède aujourd'hui. Du reste, nos travaux anté»rieurs nous avaient déja amenés à la même conclusion.«[1]

Dieses Ergebniſs hat ÉLIE WARTMANN in Lausanne, nach Wiederholung der Versuche MATTEUCCI und LONGET's am N. cruralis des Kaninchens und dem Facialis des Pferdes, mit Hülfe eines BONIJOL'schen Multiplicators von 3000 Umgängen, dessen Nadel durch den Strom beim Anlegen von Platinenden an die obere und untere Zungenfläche um 23° abgelenkt wurde, auf's entschiedenste bestätigt. »Avec les précautions conve»nables on a toujours obtenu l'absence complète de toute indication »de courant. ... On voit donc qu'en agissant sur les nerfs du mouve»ment comme sur ceux de la sensation (?) les conclusions formulées par »M. MATTEUCCI demeurent également vraies.«[2]

Bis zum September 1845 hatte MATTEUCCI meines *»vorläufigen »Abrisses«* mit keiner Sylbe Erwähnung gethan. Sehr seltsam ist

[1] Annales de Chimie et de Physique. 3. Série. Décembre 1844. t. XII. p. 579. 580.* Note sur l'hypothèse des courants électriques dans les nerfs. — Leçons etc. 1847. p. 264.*

[2] Archives des Sciences physiques et naturelles. t. I. p. 422.* »Sur la non»existence de courants électriques dans les nerfs« (4 Mars 1846). — Bulletin de l'Académie Royale des Sciences, des Lettres et des Beaux-Arts de Belgique. 1846. t. XIII. I. Partie. p. 323. 324.* — L'Institut. t. XIV. N°. 652. 660. p. 228. 290.*

nun die Art, wie er in seinem damals über meine Untersuchungen an Dumas gerichteten Schreiben, in welchem er sucht, sich das Gesetz des Muskelstromes zuzueignen, die negative Schwankung dieses Stromes im Tetanus für eine Hypothese von mir, und meine darauf gegründete Erklärung der secundären Zuckung für ein widersinniges Hirngespinnst ausgiebt — sehr seltsam ist, wie er hier den von mir entdeckten Nervenstrom behandelt. Er erwähnt nämlich des im »*Abriſs*« beschriebenen Stromes des N. ischiadicus des Frosches und des Kaninchens mit keiner Sylbe, wohl einfach darum, weil er, bei der Unvollkommenheit und Rohheit aller seiner Versuchsweisen, durchaus nicht im Stande ist, diesen Strom wahrzunehmen. An der Stelle aber sagt er ganz obenhin, ohne mich zu nennen, und nachdem er so eben vom Strome der Lunge, Leber, Niere gehandelt hat (S. oben S. 202 ff.): »En agis»sant sur la substance cérébrale, ou sur la moelle épinière, j'ai eu »beaucoup de peine à obtenir avec la grenouille galvanoscopique des »signes de courant. J'ai composé une pile de vingt éléments, et avec »ma méthode ordinaire, avec la moelle épinière d'un boeuf récemment »tué. J'ai obtenu un courant de 10 à 12 degrés, toujours dirigé, »dans la substance organisée, de l'intérieur à la surface. Avec un »même nombre d'éléments musculaires, l'intensité du courant aurait été »beaucoup plus forte, et il aurait persisté davantage.«[1] Und ohne irgend einen Werth darauf zu legen, daſs dies das erste Mal sei, daſs wirklich elektrische Wirkungen dem Nervensysteme abgewonnen werden, wie es doch die Leser seiner Abhandlung glauben müssen, da er es für gut befindet, meine Entdeckung des Nervenstromes mit Stillschweigen zu übergehen, wirſt Matteucci diese Wirkungen als völlig gleichbedeutend, oder, nach seiner Vorstellungsweise, vielmehr gleich unbedeutend, mit den Strömen der drüsigen Gebilde zusammen, über deren Unbeständigkeit, Schwäche, Unregelmäſsigkeit und sonstige Abweichungen von der Beschaffenheit des Muskelstromes er einen mildernden Schatten ruhen läſst. Vergl. oben S. 205.

Seitdem hat es Matteucci, wie es scheint, aufgegeben, elektrische Wirkungen von den Nerven zu erhalten. Er hat neuerdings sogar der Pariser Akademie der Wissenschaften, gleichsam als Schluſsstein seiner elektrophysiologischen Arbeiten, eine nicht elektrische Theorie des Nervenfluidums mitgetheilt. Anstatt den Leser damit zu behelligen, begnüge ich mich, Matteucci's eigenes Urtheil darüber anzuführen, mit dem ich mich nur einverstanden erklären kann: »J'ai presque honte d'avoir eu

[1] Annales de Chimie et de Physique. Septembre 1845. 3. Série. t. XV. p. 65. 66;* — Archives de l'Électricité. t. V. p. 383. 384.*

»la hardiesse de communiquer à l'Académie des idées si vagues et »apparemment si peu fondées et contre lesquelles on pourrait faire bien »des objections.« [1]

§. III.

Von dem ruhenden Nervenstrome.

1. Vom Nervenstrome an den gemischten Nervenstämmen.

Ich gehe zur Darstellung meiner eigenen Untersuchungen über diesen Gegenstand über.

Lege ich ein aus dem N. ischiadicus eines frisch getödteten Frosches so eben ausgeschnittenes Stück Nerv zum ersten Male auf die Bäusche meiner Vorrichtung dergestalt auf, dafs es einerseits mit natürlichem Längsschnitt, andererseits mit künstlichem Querschnitt berührt, so erfolgt ein Ausschlag, der unter Umständen 25—30° betragen kann, sich gemeiniglich auf 15—18° beläuft, ohne Ausnahme von dem Punkte des natürlichen Längsschnittes durch den Multiplicatordraht zum künstlichen Querschnitte, also wie am Muskel gerichtet ist, und eine beständige Ablenkung von 5—8° hinterläfst. S. Fig. 92. Taf. II.

Der Nerv wird dargestellt, indem man, wie bereits oben Bd. I. S. 255 empfohlen wurde, von der Kniekehle aus zu präpariren anfängt. Es ist nicht unzweckmäfsig, ihm einige Fasern Bindegewebe oder ein Stückchen Blutgefäfs zu lassen, woran man ihn, ohne ihm eine Quetschung beizubringen, mit der Pinzette handhaben könne. Die Bäusche sind mit Eiweifshäutchen überzogen; auf demjenigen, der mit Längsschnitt berührt werden soll, befindet sich aufserdem ein Stückchen Glimmer oder Wachstaffent, auf welches man den Theil des Nerven jenseits des abgeleiteten Punktes des Längsschnittes zusammengefaltet dergestalt hinlegt, dafs sein Querschnitt nicht mit dem Bausch in Berührung kommt. Man mufs sich hüten, als Längsschnitt eine solche Stelle aufzulegen, wo gerade ein abgehender Nervenast abgeschnitten worden ist und sein Stumpf künstlichen Querschnitt darbietet; und ebensowenig rathsam ist es, den künstlichen Querschnitt an solchen Stellen anzubringen, wo der Nerv aus mehreren völlig getrennten Zweigen besteht, wie in der Knie-

[1] Comptes rendus etc. 15 Mars 1847. t. XXIV. p. 417. 418.* — Ueber die Theorie selber vergl. noch Leçons etc. p. 258 et suiv.*

kehle und am Plexus ischiadicus, indem hier leicht der eine Ast sich umlegen und Längs- statt Querschnitt darbieten kann.

Welchen von beiden künstlichen Querschnitten man auflege, ob den dem Ursprunge (*c*, Centrum, in den Figuren), oder den der Ausbreitung (*p*, Peripherie) der Nerven näher gelegenen, ist in Betreff der Strömungsrichtung völlig gleichgültig. Auch hier ist es also in die Willkür des Beobachters gegeben, ob er den scheinbar aufsteigenden oder den scheinbar absteigenden Strom darstellen will. Vergl. Fig. 92. 93. Taf. II. Man kann auch den Nerven in der Mitte seiner Länge zusammenfalten, die beiden Querschnitte, den oberen und den unteren, gleichzeitig auf den einen Bausch, und die Schlinge auf den anderen Bausch auflegen: man erhält einen starken Strom in der richtigen Richtung (Fig. 94). Ebenso gleichgültig ist es, ob, wenn der untere Querschnitt aufgelegt wird, das obere Ende des Nerven noch mit dem unverletzt in ihren Knochenhöhlen befindlichen Gehirn- und Rückenmark in Zusammenhang steht; und umgekehrt, ob, wenn der obere Querschnitt aufgelegt wird, das untere Ende des Nerven noch mit seiner Ausbreitung im Unterschenkel und Fufs verbunden ist.

Wird beiderseits der Bausch nur mit künstlichem Querschnitte berührt, so bleibt, wenn der Versuch gut gelingt, das Gleichgewicht der Nadel ungestört (Fig. 95). Dies ist jedoch nur selten der Fall; meistens erfolgt eine geringe Wirkung von höchstens 8°, in deren Richtung keine Gesetzmäfsigkeit wahrzunehmen ist, und deren Gegenwart sich leicht aus der grofsen Schwierigkeit erklärt, die Bäusche ganz gleichmäfsig nur mit Querschnitt zu berühren. Dabei ist es rathsam, sich keiner Eiweifshäutchen zu bedienen, deren Gleichartigkeit innerhalb der engen hier nothwendigen Grenzen angegebenermafsen nicht völlig getraut werden darf. Die Schliefsung des Kreises mufs, nach sorgfältiger Einrichtung des Versuches, in Quecksilber geschehen.

Es versteht sich von selbst, dafs von einer Bestimmung des elektromotorischen Verhaltens der einzelnen Punkte eines oder auch zweier verschiedenen Querschnitte hier die Rede nicht sein kann, da wir bereits an den doch so sehr viel dickeren Muskeln des Frosches auf die entsprechende Untersuchung verzichten mufsten. Allein auch die Nerven des Kaninchens, zu dessen Muskeln wir damals unsere Zuflucht nahmen, ja sogar das Rückenmark desselben, von dessen elektromotorischer Wirksamkeit sogleich gesprochen werden wird, reichen noch bei weitem nicht zur Ermittelung des fraglichen Umstandes aus. Ich habe noch nicht Gelegenheit gehabt, Versuche zur Erledigung dieser Frage an dem Nervenstamme des Ischiadicus bei Ochsen und Pferden, und dem Rückenmarke dieser Thiere anzustellen; ich zweifle jedoch, dafs jener, bei seiner plattgedrückten Gestalt, dick genug dazu sein möge, und dafs man letzterem schnell genug beikommen könne, um noch taugliche Ergebnisse zu erhalten. Das Gehirn dürfte wegen der Unregelmäfsigkeit seiner Gestaltung zu diesen Versuchen unbrauchbar sein.

Einen natürlichen Querschnitt der Nerven, der geeignet wäre, auf sein elektromotorisches Verhalten gegen den Längsschnitt, geschweige denn auf das seiner verschiedenen Punkte untereinander, untersucht zu werden, giebt es nicht, oder wenigstens, wenn es einen solchen vielleicht im Gehirne an irgend einer Stelle geben sollte, so kennen wir ihn noch nicht, und schwerlich möchte er unseren Versuchen zugänglich sein.[1] Auch diese Untersuchung fällt daher hier fort.

Die Erforschung der einzelnen Punkte des natürlichen Längsschnittes bietet dagegen keine Schwierigkeiten dar. Sie geschieht auf die nämliche Weise wie beim Muskel, indem man beide Endquerschnitte auf Stückchen Glimmer oder Wachstaffent ruhen läfst, und nur die abzuleitenden Punkte des Längsschnittes mit den davon entblöfsten Kanten der Bäusche in Berührung bringt. Das Ergebnifs entspricht vollkommen dem beim Muskel gewonnenen. Man erhält Wirkungen, welche aber im Verhältnifs zu den beim Auflegen von Längs- und Querschnitt beobachteten sehr gering ausfallen. Die Ausschläge betragen 6—7°, die beständige Ablenkung 2—4°. Sie sind im Allgemeinen so gerichtet, dafs die Punkte, die dem mittleren Querschnitte des aufliegenden Nervenstückes näher gelegen sind, sich positiv verhalten gegen diejenigen, die den Endquerschnitten näher gelegen sind (Fig. 96. 97).

Liegen die Punkte von jenem Querschnitte gleichweit entfernt, so bleibt die Nadel annähernd in Ruhe (Fig. 98). Wie beim Muskel ist es jedoch auch hier in den wenigsten Fällen der geometrisch mittlere Querschnitt selber, welcher die Strömungsrichtungen nach beiden Endquerschnitten hin von einander trennt, so dafs man beim Auflegen zweier gleichweit davon entfernten Punkte wirklich Gleichgewicht erhielte. Meistens ist dazu nothwendig, das Nervenstück seiner Länge nach über den Bäuschen in der dem gerade darin vorhandenen Strom entgegengesetzten Richtung mehr oder weniger zu verschieben. Ueber die Richtung, in welcher der elektromotorische Aequator des Nervenstückes gemeiniglich verrückt erscheint, läfst sich nichts bestimmtes angeben. Der Quere nach ist der Nerv gleich dem Muskel begreiflich unwirksam. Bei diesen Versuchen ist es rathsam, den Ischiadicus unterhalb des untersten Muskelnervenastes, den er ziemlich hoch im Ober-

[1] Ueber das elektromotorische Verhalten der Nervenendigungen in der Retina s. unten No. 2.

schenkel abgiebt, zu durchschneiden, nicht nur um ganz sicher zu sein, daſs sich nicht etwa an einer Stelle des Längsschnittes unstatthafter Weise Querschnitt vorfinde, sondern auch um über ein Nervenstück von ganz gleichmäſsigem Querschnitt zu gebieten, indem sich sonst, wovon unten mehr die Rede sein wird, die Verschiebung des elektromotorischen Aequators nach dem einen Ende zu von selbst verstände.

Den künstlichen Längsschnitt vermag man an solchen Nervenstämmen, wie sie mir bisher frisch zu Gebote standen, nicht zu untersuchen; dies hat daher, wie sogleich näher erörtert werden soll, an dem Rückenmarke des Kaninchens stattfinden müssen.

2. Vom Nervenstrome an verschiedenen Theilen des Nervensystemes.

Dies ist die Erscheinungsweise des Nervenstromes an den gemischten Nervenstämmen der Extremitäten. In der That läſst sich ganz derselbe Kreis von Versuchen an den Armnerven des Frosches anstellen. Eine gröſsere Bequemlichkeit gewährt nur, wie man leicht begreift, der Ischiadicus wegen seiner Länge, und er ist es auch, der uns, bei der Erforschung des Nervenstromes, dieselben Dienste zu leisten bestimmt ist, als der Gastroknemius unter den Muskeln bei der Erforschung des Muskelstromes (S. oben Bd. I. S. 493. 494), daher ich in der Folge, sobald von einem im Versuche gebrauchten Nerven schlechthin die Rede und nichts anderes bemerkt ist, den Ischiadicus des Frosches darunter zu verstehen bitte.

Ehe wir nun dem Obigen das Gesetz des Nervenstromes entnehmen, ist es nothwendig, daſs wir uns nach dem Verhalten desselben auch an anderen Theilen des Nervensystemes, an den Centralgebilden sowohl als auch vorzüglich an den reinen Empfindungs- und Bewegungsnerven erkundigen. Es könnte ja sein, und von welcher Wichtigkeit wäre solcher Fund, daſs sich zwischen den letzteren in ihrer elektromotorischen Thätigkeit irgend ein Unterschied kundgäbe; daſs vielleicht das Gesetz des Stromes gemischter Nerven nur die Resultirende sei aus dem Zusammenwirken der Ströme der bewegenden und empfindenden Fasern, wie Joh. Müller vermuthet hat, u. d. m.[1] Freilich war die Wahrscheinlichkeit hiefür nur gering, wenn man auf den Umstand achtete, daſs das Gesetz des Nervenstromes, soweit es bisher erkannt ist, dem des Muskelstromes genau entspricht, welcher sich nicht dergestalt in zwei Componenten zerlegen lassen würde; und in diesem Sinne entschied auch bald der Erfolg des Versuches.

[1] Handbuch der Physiologie u. s. w. Bd. I. 4. Aufl. 1844. S. 626.*

Als Bewegungsnerven untersuchte ich zunächst die Muskelnervenäste des Ischiadicus aus dem Oberschenkel des Frosches: sie wirkten in allen Stücken dem gemischten Stamme gleich.

Dasselbe Ergebnifs erhielt ich, wiewohl nicht mit völliger Sicherheit, an den dünnen Hautnerven, welche die Lymphräume zwischen den Muskeln und der Rückenhaut zu beiden Seiten der Wirbelsäule als freie Fäden durchsetzen. Die Untersuchung derselben fand ich aufserordentlich schwierig, weniger wegen ihrer grofsen Dünne, derzufolge sie äufserst schnell vertrocknen, als wegen der Schnellkraft, die ihnen wahrscheinlich von den sie begleitenden Bindegewebefasern mitgetheilt wird, und welche macht, dafs sie sich um die Spitzen der Pinzette augenblicklich zu einem schwer zu entwirrenden Knäuel zusammenrollen.

Dagegen bieten die vorderen und hinteren Wurzeln der Nervenstämme für die hinteren Extremitäten des Frosches, welche man leicht in 7—8^{mm} Länge erhält, eine willkommene Gelegenheit zur Erledigung des fraglichen Punktes dar. Es ist zu diesem Behufe nicht nothwendig, dieselben am lebenden Thiere freizulegen, es reicht hin, nach Köpfung des Frosches die Decke des Wirbelkanals von vorn nach hinten mittelst einer Scheere abzutragen, das Rückenmark herauszuheben und die Wurzeln, von deren Natur man sich theils durch ihre anatomische Lage, theils, nach ihrer Trennung vom Rückenmark, durch ihr Verhalten gegen den Reiz des kleinen Zinkplatinbogens (S. oben Bd. I. S. 445) überzeugen kann, nacheinander auszuschneiden und aufzulegen. Dieselben bleiben hinlänglich lange Zeit mit überraschender Kraft elektromotorisch wirksam. Eine solche Wurzel giebt mit Leichtigkeit 20° bis 25° Ausschlag und 10° beständiger Ablenkung. Wenn es nur darauf ankommt, ihre Thätigkeit überhaupt nachzuweisen, kann man aber auch, der Bequemlichkeit halber, und um das rasche Eintrocknen zu verhüten, sämmtliche Bewegungs- oder Empfindungswurzeln einer Seite auflegen, und erhält dann noch lebhaftere Wirkungen. Indefs tritt dabei wieder dieselbe Schwierigkeit ein, wie bei dem Auflegen des Querschnittes einer gespaltenen Stelle eines Nerven, dafs nämlich leicht die eine Wurzel sich umlegen und dem Bausche Längs- statt Querschnitt zuwenden kann (S. oben S. 251. 252). Das elektromotorische Verhalten der vorderen und hinteren Wurzeln bietet keinen Unterschied dar. Man kann an beiden sowohl den scheinbar auf- als den scheinbar absteigenden Strom erhalten, an beiden die vergleichweise Unwirksamkeit der Berührung zweier Punkte des Längsschnittes und zweier Gesammtquerschnitte darthun. Ein wie oben zusammengefafstes Bündel von vorderen und hinteren Wurzeln, also gleichsam ein künstlich gemischter Nervenstamm, gleichviel ob von einer oder beiden Seiten und gleichviel ob den Wurzeln der einen Art die verkehrte Lage in Bezug auf Ursprung und Ausbreitung ertheilt worden ist, oder die richtige gelassen wurde, gleichviel endlich wie das Bündel aufgelegt werde; alle diese Anordnungen liefern dasselbe Ergebniſs wie das aus dem Ischiadicus oder dem Armnerven ausgeschnittene gemischte Nervenstück.

Ich schritt sodann zur Untersuchung, ob auch die Centralgebilde selbst mit einem Strom versehen seien.

Ich gedenke hier zunächst des Stromes des sogenannten Sehnerven, den die mikroskopischen Untersuchungen der neueren Zeit als einen wahrhaften Fortsatz des Gehirnes haben erkennen lassen, und an dem man die Gelegenheit findet, die man sonst überall vergeblich suchen würde, ein regelmäſsig angeordnetes Bündel von Hirnfasern von bequemen Maſsverhältnissen und in eine unwirksam leitende Scheide wohlverwahrt eingeschlossen auf sein elektromotorisches Vermögen zu prüfen. Besonders geeignet erweist sich, um alle vorbeschriebenen Versuche mit gleichem Erfolge daran zu wiederholen, der Opticus von Fischen, z. B. eines groſsen Schleyes. Dieser giebt 40—50° Ausschlag. Schwieriger ist es bereits, wenn man sich an den Frosch halten will, dessen Sehnerv nur eine geringe Länge, höchstens von 3^{mm} besitzt, und noch weniger passend habe ich die Schildkröte gefunden.

Eine sehr auffallende Thatsache ist folgende. Ich legte, anstatt des bloſsen, der Länge nach durch zwei künstliche Querschnitte begrenzten Opticus eines Schleyes, einerseits einen solchen Querschnitt desselben, andererseits den Augapfel selber auf, der durch Brücke in gröſster Geschwindigkeit von allen Augenmuskelresten befreit worden war. Dies geschah, indem ich den Augapfel in eine halbkugelige Höhlung von Buchsbaumholz, von passendem Durchmesser, hineinpreſste, welche an ihrem Grunde eine Oeffnung hatte, durch die der Sehnerv hindurchgesteckt wurde; der Buchsbaumring war mit einem Punkte seines Umfanges auf die Spitze der dreieckten Glasplatte des allgemeinen Trägers (S. oben Bd. I. S. 495) aufgekittet, so daſs nun, bei wagerechter Lage der Sehaxe, sehr bequem einerseits die Hornhaut, andererseits der Sehnerv in beliebiger Weise konnte mit den Bäuschen in Berührung gebracht werden. Dabei zeigte sich, daſs sich ein beliebiger Punkt der Auſsenfläche des Augapfels positiv verhielt gegen den Querschnitt des Sehnerven, gleich als ob, statt des ersteren, ein Punkt des natürlichen Längsschnittes im Kreise gewesen wäre. Dies konnte als ein Beweis angesehen werden, daſs entweder in der Nervenhaut des Auges keine freien Nervenendigungen vorhanden sind, oder daſs dieselben, wenn es wirklich dergleichen giebt, sich wenigstens nicht, wie die freien Endigungen der einfachen Muskelbündel, negativ gleich künstlichen Querschnitten verhalten. Es war indefs noch die Deutung möglich, dafs der in der Nervenhaut vorausgesetzte natürliche Querschnitt der Hirnfasern sich gegen den künstlichen Querschnitt schwach positiv verhalte, wie dies auch bei den Muskeln der Fall zu sein pflegt (S. oben Bd. I. S. 504). Um die Richtigkeit dieser Deutung einer Prüfung zu unterwerfen, war nur nöthig, einerseits Hornhaut, andererseits aber natürlichen Längsschnitt des Sehnerven auf die Bäusche zu bringen. Verhielt sich der letztere positiv gegen die erstere, so mufste die Nervenhaut mit negativen Endigungen der Hirnfasern versehen sein; verhielt er sich aber negativ, so fand die oben gestellte Alternative statt. Der Versuch entschied zweifellos für das letztere, indem beim Auflegen eines dem Querschnitte benachbarten Punktes des natürlichen Längsschnittes des Sehnerven ein lebhafter Strom in dem Nerven nach dem Auge zu entstand. Wurde dann der Querschnitt selber aufgelegt, so wich natürlich die Nadel weiter ab, gerade als ob man an einem regelmäfsig gestalteten Stücke Nerv oder Muskel den Bogen von beständiger Spannweite dem Längsschnitt entlang verschoben hätte und mit dem einen Ende des Bogens auf Querschnitt gerathen wäre.

Man findet ferner, dafs eine an einer beliebigen Stelle des Gehirns angelegte Schnittfläche und ein beliebiger Querschnitt des Rückenmarkes sich negativ verhalten gegen einen beliebigen Punkt des natürlichen Längsschnittes des Rückenmarkes und der Aufsenfläche des Gehirnes. Man erhält also einen scheinbar aufsteigenden Strom von der Aufsenfläche des Gehirns durch den Multiplicatordraht zu einem beliebigen unter demselben gelegenen Querschnitte des Gehirns oder Rückenmarkes; einen scheinbar absteigenden Strom hingegen von einem beliebigen Punkte des natürlichen Längsschnittes des Rückenmarkes durch den Draht zu einem beliebigen oberhalb desselben gelegenen Querschnitte des Rückenmarkes oder Gehirns. Da aber jede Schnittfläche des Gehirns sich negativ gegen Punkte der Aufsenfläche verhält, so sieht man ferner, dafs man hier auch scheinbar senkrecht auf die Hirnrückenmarksaxe gerichtete Ströme erhalten kann, und zwar nach Mafsgabe des Winkels, den die der Axe parallele Schnittfläche bei wagerechter Haltung der Axe mit dem Horizonte bildet, in jedem beliebigen von der Längsmittelebene des Körpers aus gerechneten Azimuth. Die Stärke aller dieser Ströme ist sehr beträchtlich: ein Stück aus dem Gehirn der Schildkröte kann über 50° Ausschlag geben; von dem Rückenmark und Gehirn des Frosches erhält man leicht 30—45° Ausschlag, und 8—10° beständiger Ablenkung.

Beim Auflegen zweier Querschnitte des Rückenmarkes erfolgen

schwache und unregelmäfsige Wirkungen. Verschiedene Punkte eines oder zweier Querschnitte sind, wie gesagt, noch nicht untersucht (S. oben S. 252). Die Untersuchung verschiedener Punkte des natürlichen Längsschnittes ist dadurch sehr erschwert, dafs zu beiden Seiten des Rückenmarkes sich eine doppelte Reihe von künstlichen Querschnitten vorfindet, die Ueberreste nämlich der durchschnittenen Wurzeln der Rückenmarksnerven; man beobachtet demgemäfs hier gleichfalls mehr oder weniger st·rke Wirkungen, in deren Richtung sich keine Gesetzmäfsigkeit kundgiebt, und welche jedenfalls gegen den eigentlichen Strom zwischen Längs- und Querschnitt verschwinden.

Dagegen glückt es an dem Rückenmarke des Kaninchens, die Positivität des künstlichen Längsschnittes gegen den künstlichen Querschnitt nachzuweisen (S. oben S. 254). Man bedient sich dabei der schon von früher her bekannten gefensterten Glimmerblättchen (S. oben S. 200). Der künstliche Längsschnitt mufs senkrecht auf die Ebene der Fissurae longitudinales anterior und posterior angelegt sein, da er, mit diesen zusammenfallend, ja zum gröfsten Theil natürliche Begrenzung darbieten würde. Uebrigens versteht es sich von selbst, dafs er stets mehr oder weniger als mit künstlichem Querschnitt verunreinigt zu betrachten ist. Demgemäfs findet man auch, dafs er, gegen solchen Querschnitt aufgelegt, einen weniger starken Strom giebt, als der natürliche Längsschnitt, und dafs er, gegen letzteren aufgelegt, schwach negativ erscheint. Da aber auf einem Punkte des künstlichen Längsschnittes mehr, auf einem anderen weniger Querschnitt blosgelegt sein kann, mufs auf die Untersuchung des Verhaltens verschiedener Punkte des künstlichen Längsschnittes untereinander Verzicht geleistet werden.

Wir haben nun noch zu untersuchen, wie die gegen einen beliebigen künstlichen Querschnitt positive Hirnoberfläche sich gegen Punkte des natürlichen Längsschnittes verhält. Es wäre ja möglich, dafs jene Positivität davon herrührte, dafs die Hirnoberfläche natürlichen Querschnitt vorstellt, der sich bei den Muskeln schwach positiv gegen den künstlichen Querschnitt zeigt. Alsdann müfste sich dieselbe negativ verhalten gegen Punkte des Längsschnittes; eine Meinung, die allerdings zuwider sein würde der Angabe einiger Zergliederer, dafs die gegen die Hirnoberfläche strahlenden Fasern daselbst nicht frei endigen, sondern schlingenförmig umbiegen.[1] Es fand sich aber wirklich, dafs die Punkte des Gehirns, die sich positiv gegen den Querschnitt des Rückenmarkes zeigen, sich auch noch schwach positiv betrugen gegen

[1] S. Henle, Allgemeine Anatomie. Leipzig 1841. S. 673.* — Longet, Anatomie et Physiologie du Système nerveux etc. Paris 1842. t. I. p. 104.*

solche Punkte des natürlichen Längsschnittes, die dem Querschnitte nahe benachbart waren. Es bleibt also, wie für die Nervenhaut des Auges (S. oben), nur die Alternative übrig, dafs entweder die Behauptung jener Zergliederer der Wirklichkeit gemäfs sei, d. h. dafs die Hirnoberfläche keine freien Endigungen von Primitivröhren darbiete, oder dafs diese Endigungen sich nicht, wie bei den Muskeln, negativ gegen Längsschnitt verhalten.

Ganz ungerathen möchte es wenigstens sein, um die Positivität der Hirnoberfläche zu erklären, an die Schicht grauer Marksubstanz zu denken, welche dieselbe überzieht. Ein elektromotorischer Gegensatz der grauen und weifsen Substanz, wie ihn Folchi und Bischoff suchten (S. oben S. 234. 236), ist nach allem, was wir jetzt wissen, höchst unwahrscheinlich, da die elektrischen Wirkungen der thierischen Gebilde nicht zwischen den Gewebemassen im Ganzen und Grofsen, sondern in den kleinsten Bestandtheilen derselben ihren Ursprung nehmen. Besondere Versuche über das elektromotorische Verhalten der grauen Substanz habe ich aus Gründen, die wohl keiner Auseinandersetzung bedürfen, nicht beizubringen.

Was die Darstellung von Gehirn und Rückenmark des Frosches zu diesen Zwecken betrifft, so bedient man sich für das Rückenmark am besten der Müller'schen dazu bestimmten Knochenzange (S. oben Bd. I. S. 460). Indessen kommt man auch ganz gut mit einer Scheere aus, da man nämlich gleich anfangs einen Querschnitt durch die Wirbelsäule oberhalb des Abganges der Wurzeln für die unteren Extremitäten anlegen kann. Die mangelhafte Ausfüllung sowohl der Rückenmarks- als der Schädelhöhle kommt einem dabei sehr zu statten. Man bringt es leicht dahin, diese Zurichtung so schnell zu vollziehen, dafs der Frosch, beim Durchschneiden z. B. des Rückenmarkes oberhalb der Wurzeln für die oberen Extremitäten, noch mit den Augen zwinkert, und dies sogar noch thut, wenn man mit der Durchschneidung der verschiedenen Wurzeln bis an die Hirnnerven gelangt ist, was, sei es Schmerzbezeugung oder Reflexbewegung, jedenfalls auf noch bestehende Leitung irgendwelcher Art im Rückenmark und Hirn deutet. Aus später anzuführenden Gründen dürfen Querschnitte, die bereits einige Zeit der Luft ausgesetzt gewesen, nicht aufgelegt werden, sondern müssen erst angefrischt worden sein.

Es ist möglich, dafs die hier nachgewiesenen Strömungen der Centralgebilde eine Rolle gespielt haben in den Ergebnissen der überaus rohen Versuche Pacinotti und Puccinotti's, welche Matteucci wiederholt hat, und deren oben S. 238. 243. 247 gedacht worden ist. Ein näheres Eingehen auf die Zergliederung der Gründe aber, weswegen sich stets ein Strom vom Gehirnquerschnitte zum Muskel kundgeben soll, gleichviel ob die Muskelplatte in den Muskel versenkt werde oder nur seine Oberfläche berühre, möchte, bei der unendlichen Verwickelung dieser elektromotorischen Anordnung, eben so unmöglich als nutzlos sein.

Den Querschnitt eines Ganglions habe ich am Bauchstrang des Krebses untersucht, und gefunden, daſs er sich gleich jedem anderen Querschnitte des Stranges, lebhaft negativ gegen den natürlichen Längsschnitt verhielt.

Ueber die elektromotorischen Kräfte des Sympathicus eines Wirbelthieres bin ich noch im Besitze keiner Erfahrungen. Bei der Darstellung des Grenzstranges an einer Schildkröte fand ich solche Schwierigkeiten zu bekämpfen, daſs ich zu keinem Ergebnisse gelangte und auch nicht mehr füglich ein bejahendes gewärtigen konnte. Da die organischen Muskeln aller Art nach demselben Gesetze, nur meistentheils schwächer, elektromotorisch wirksam sind, wie die animalischen Muskeln (S. oben S. 199), so kann jedoch kaum ein Zweifel sein, daſs auch die sympathischen Nervenfasern in Betreff ihres Stromes zu den Cerebrospinalfasern in einem ähnlichen Verhältniſs stehen werden. Höchst wahrscheinlich wird sich auch hier ein Zusammenhang kundgeben zwischen der elektromotorischen Kraft der Nerven und der Gröſse ihrer sonstigen Leistungen.

3. Verfolgung des Nervenstromes in dem Thierreiche.

Wir haben im Vorigen schon mehrmals Theile des Nervensystemes anderer Thiere als des Frosches bei unserer Untersuchung zu Hülfe genommen. Folgendes ist eine Uebersicht der Thierarten, an deren Nervensystem ich bisher, zum Theil an den verschiedensten Punkten desselben, die Gegenwart des Stromes in gesetzmäſsiger Weise erkannt habe (Vergl. oben Bd. I. S. 523):

Mensch.
Kaninchen.
Meerschweinchen.
Hausmaus.

---

5 Taube.

Schildkröte.
Eidechse.
Wasserfrosch.

Grasfrosch.
10 Laubfrosch.
Erdmolch.

Schley.

Flufskrebs.

Am Menschen wurde der Versuch bei derselben Gelegenheit, wo ich den Muskelstrom untersuchte (S. oben ebendas.), sowohl am N. ischiadicus als am N. saphenus major angestellt. Bei dem ersteren ging die Nadel bis auf 56°; beim Umlegen schlug sie an die Hemmung. Beim N. saphenus war der Ausschlag, des geringeren Querschnittes halber, natürlich geringer (30—40°); hier gelang es, die Unwirksamkeit zweier Punkte des natürlichen Längsschnittes und zweier künstlicher Gesammtquerschnitte gegeneinander, der ersteren sehr vollkommen, der letzteren nicht ganz so befriedigend nachzuweisen. Die elektromotorische Thätigkeit war sehr vergänglich; sehr bald erfolgte grofse Schwäche und Umkehr der Richtung der Ausschläge.[1]

4. Gesetz des Nervenstromes und seine Erörterung.

Wir sind jetzt soweit gelangt, dafs wir mit Sicherheit für alle Theile des Nervensystemes aller Thiere ein elektromotorisches Vermögen in Anspruch nehmen und das Gesetz angeben können, welches dieses Vermögen beherrscht. Wie man sieht, stimmen die gewonnenen Ergebnisse, so weit die Untersuchung reicht, völlig mit den vom Muskel her bekannten überein. Nicht zu besiegender Schwierigkeiten halber fällt die Erforschung des natürlichen Querschnittes, wenn es überhaupt einen solchen giebt, wie auch die verschiedener Punkte eines oder zweier künstlichen Querschnitte und des künstlichen Längsschnittes von selbst hinweg, und es bleibt danach folgender Ausdruck des Gesetzes übrig (Vergl. oben Bd. I. S. 515—517):

[1] S. unten, No. 5.

Gesetz des Nervenstromes.

I. Wirksame Anordnungen.

A. Starke Ströme.

»Wird ein beliebiger Punkt des natürlichen oder »künstlichen Längsschnittes eines Nerven mit einem gleich»falls beliebigen Punkte des [künstlichen] Querschnittes »desselben Nerven dergestalt in Verbindung gebracht, dafs »dadurch keine Spannung gesetzt wird: so zeigt eine in »den unwirksamen leitenden Bogen eingeschaltete strom»prüfende Vorrichtung gleichwohl einen Strom an, der »von dem Punkte des Längsschnittes in dem Bogen zu »dem Punkte des Querschnittes gerichtet ist.«

B. Schwache Ströme.

a. Ströme des [künstlichen] Querschnittes.

(Fallen vor der Hand aus.)

b. Ströme des [natürlichen] Längsschnittes.

(Die Ströme des künstlichen Längsschnittes fallen gleichfalls aus.)

»Wird zweitens ein dem geometrisch mittleren Quer»schnitte des Cylinders, den der Nerv vorstellt, näher ge»legener Punkt des natürlichen Längsschnittes auf die »nämliche Weise in Verbindung gebracht mit einem ent»fernter von jenem Querschnitte gelegenen Punkte des »natürlichen Längsschnittes desselben Nerven: so zeigt »die stromprüfende Vorrichtung abermals einen Strom an, »der aber viel schwächer als der vorhergehende und »von dem dem mittleren Querschnitte näher gelegenen »Punkte, in dem Bogen, zu dem davon entfernteren ge»richtet ist.«

II. Unwirksame Anordnungen.

»Die stromprüfende Vorrichtung bleibt hingegen in »Ruhe, wenn die beiden durch den unwirksamen leiten- »den Bogen verbundenen Punkte zwei [künstliche] Quer- »schnitte eines und desselben Nerven sind, oder wenn »sie auf dem natürlichen Längsschnitte gleichen Abstand »vom mittleren Querschnitte haben.«

Nerven- und Muskelstrom folgen also, im Ganzen und Allgemeinen, einem und demselben Gesetze ihrer Wirksamkeit. Es handelt sich aber nunmehr darum, den Beweis zu führen, dafs diese Uebereinstimmung keine blos äufserliche und oberflächliche sei. Es fragt sich zunächst, ob sie auch für die feineren, nicht so leicht ins Auge fallenden Punkte des Gesetzes des Muskelstromes sich zu zeigen fortfahre, auf welche wir, wie man sich erinnert, erst später auf dem Grunde theoretischer Betrachtungen geführt wurden, als da sind die Gestalt der Curve der Stromstärken beim Verschieben eines Bogens von beständiger Spannweite rings um einen Längsdurchschnitt des thierischen Erregers, der Einflufs der Spannweite des ableitenden Bogens auf die Stromstärke, u. d. m. Sollte sich alles dieses beim Nerven gleichfalls bestätigt finden, so ist es klar, würden wir uns berechtigt sehen, alle die Folgerungen unverzüglich auf den Nervenstrom zu übertragen, zu denen wir im dritten Kapitel dieser Untersuchung in Betreff des Sitzes und der Vertheilung der Ungleichartigkeiten gelangt sind, auf denen die Erscheinung des Muskelstromes beruht. Wir werden sagen dürfen, dafs auch der Nervenstrom entspringe von positiv peripolar angeordneten ungleichartigen Bestandtheilen im Nerven, gleichviel bei welcher der unzähligen Möglichkeiten wir stehen bleiben, die alle in dieser Voraussetzung begriffen sind; und ferneren Ermittelungen wird die Entscheidung anheimfallen, ob wir auch hier, wie bei den Muskeln, diejenige Gruppe dieser Möglichkeiten bevorzugen müssen, welche die peripolare Anordnung elektromotorischen Molekeln im Innern der Nervenröhren zuweist, oder ob wir, was unwahrscheinlich ist, eine andere Art der Vertheilung der ungleichartigen Gebilde, wenngleich durch dasselbe allgemeine Princip beherrscht, als der Wirklichkeit nach allem Ermessen am nächsten kommend anzuerkennen haben.

(1) Von der Curve der Stromstärken an dem Nerven.

Beim Muskel nahmen wir, wie man sich erinnert, folgenden Gang, in der Absicht, die Vertheilung ungleichartiger Gebilde zu ermitteln, welche, nach physikalischen Gesetzen, der Erscheinungsweise des Muskelstromes zu Grunde liegen müsse oder könne. Es schien uns zunächst, als ob ein an seinem Mantel positiver, an seinen beiden Grundflächen negativer, überall mit einer Schicht feuchten Leiters bekleideter Cylinder, bei Berührung dieser Schicht an mannigfaltigen Punkten mit den Enden eines ableitenden Bogens, Ströme geben müsse, die im Allgemeinen dem Gesetze des Muskelstromes entsprächen (S. oben Bd. I. S. 561. 562). Wir untersuchten daher auf theoretischem Wege näher das Gesetz dieser Ströme (Ebendas. S. 562—596), und prüften das Ergebniſs unserer Ermittelung an einem Kupferzinkschema auf die Fig. 61. Taf. VI. Bd. I. abgebildete Weise (S. 596—624). Dies Ergebniſs findet sich graphisch dargestellt in der punktirten Curve, welche den Längsdurchschnitt des Cylinders in Fig. 57. Taf. V. ebendas. umgiebt. Es ist dies die Curve der Stromstärken in dem ableitenden Bogen von beständiger Spannweite bei seinem Verschieben rings um den Längsdurchschnitt des Cylinders. Wir verglichen nun das Gesetz, welches diese Curve darstellt, mit dem Gesetze des Muskelstromes (S. 624—635). Es zeigte sich, daſs beide ganz auf Eins hinauslaufen, mit dem einzigen Unterschiede, der in der Art und Weise, wie beide gewonnen worden, begründet ist, daſs eben das erstere sich in Gestalt einer stetigen Curve dargestellt findet, während das letztere immer nur einige abgerissene Punkte derselben hervorhebt. Wir erkannten, daſs die Kluft, die sich in unseren bisherigen Versuchen und ihrem einfachsten Ausdrucke, dem Gesetze des Muskelstromes, zwischen den schwachen Strömen des Längs- oder Querschnittes allein und den starken Strömen des Längs- und Querschnittes zugleich vorfand, höchst wahrscheinlich in der Natur nicht bestehe, sondern nur der Ausdruck sei eines sehr steilen Ueberganges des gegen die Abscissenaxe convexen Theiles der Curve der Stromstärken, der den Stellungen des Bogens über nur einer Flächenbegrenzung entspricht, zu dem gegen diese Axe concaven Theile, der, den Stellungen des Bogens über beiden Flächenbegrenzungen zugleich angehörig, bis zu einem oberen Grenzwerthe führt, von dem herab die Curve wieder einem ähnlichen Wendepunkte entgegensinkt. Wir suchten nun, dieser neuen Anschauungsweise des Gesetzes des Muskelstromes gemäſs, deren Ueberlegenheit keiner Erläuterung bedurfte, unsere früheren Wahrnehmungen am Muskel zu ergänzen, und dieses gelang uns auch in Betreff eines wesentlichen Umstandes, der ausgesprochenen Convexität nämlich, welche die Curve der Stromstärken der Abscissenaxe vom elektromotorischen Aequator an bis zu dem Punkte zukehrt, wo der Bogen von beständiger Spannweite mit einem Fufse auf die zweite, ungleichartige Flächenbegrenzung hinübertritt (S. oben ebendas. S. 628. 629).

Es mufs demnach zugesehen werden, ob der Nervenstrom sich zu derselben Beobachtung schickt. Wirklich ist dieses der Fall. Die Versuchsweise ist völlig dieselbe, welche a. a. O. für die Muskeln angewendet worden ist, so dafs nichts mehr in Betreff derselben hinzugefügt zu werden braucht.

(II) Von der Curve der Spannweiten an dem Nerven.

Noch in einer anderen Beziehung wiesen wir sodann für den Muskel die Uebereinstimmung seiner Wirkungsweise mit derjenigen des cylindrischen Kupferzinkschema's nach. Die Theorie hatte uns voraussehen lassen, und die Erfahrung es bestätigt, dafs die Spannweite des ableitenden Bogens einen namhaften Einflufs auf die Stärke des darin kreisenden Stromarmes ausüben müsse. Dieser Einflufs ist der Art, dafs man, bei festgestelltem einem Fufspunkte des Bogens, sei's auf der negativen Grundfläche des Cylinders, sei's auf dem positiven Mantel selber nahe der Zinkkupfergrenze, den Strom wachsen sieht, wenn man den anderen Fufspunkt nach dem elektromotorischen Aequator hin verschiebt; hier erreicht die Curve der Spannweiten ihren oberen Grenzwerth, und fällt alsdann, der zweiten Zinkkupfergrenze entgegen, wiederum stetig in derselben Weise ab, wie sie anfangs aufgestiegen war.

Auch diesen feineren Umstand also glückte es uns, auf das befriedigendste am Muskel zu erkennen (Vergl. oben Bd. I. S. 631 ff. 695. 696). Wir haben jetzt dieselbe Versuchsreihe mit den neuentdeckten thierischen Erregern, den Nerven, durchzumachen. Auch hier ist in Betreff der Versuchsweisen zu dem a. a. O. Gesagten nichts hinzuzufügen. Ich habe den Einflufs der Spannweite des ableitenden Bogens auf den Nervenstrom zwischen Längs- und Querschnitt, mit und ohne Anwendung des Verfahrens der Compensation, wie auch blos zwischen verschiedenen Punkten des Längsschnittes, hier aber der grofsen Schwäche der Wirkungen halber nur ohne Compensation, geprüft und völlig die nämlichen Ergebnisse wie am Muskel, am Kupferzinkschema und nach der Theorie erhalten. In Betreff des Vergleichs mit der letzteren ist indefs auch hier, wie bei den Muskeln, zu bemerken, dafs meistens die Curve der Spannweiten vom elektromotorischen Aequator ab nach dem zweiten Endquerschnitte hin minder steil abzufallen scheint, als sie aufgestiegen war.

(III) Von dem Einflusse der Länge und des Querschnittes der Nerven auf die Stärke ihres Stromes.

Wir haben uns ferner beim Muskel angelegen sein lassen, den Einfluſs zu erforschen, den die Maſse des thierischen Erregers, Länge und Querschnitt, auf die Stärke des davon abgeleiteten Stromes ausüben (S. oben Bd. I. S. 694 ff. 703 ff.) Wir gelangten zu folgenden Ergebnissen: 1. Von zwei Muskeln von gleichem Querschnitte aber verschiedener Länge giebt meistens der längere einen etwas stärkeren Strom, jedoch ist die Sicherheit dieses Erfolges nur gering. 2. Läſst man beide Muskeln einander in einem und demselben Kreise entgegenwirken, so hat stets der längere sehr ausgesprochen die Oberhand. 3. Von zwei Muskeln von gleicher Länge aber verschiedenem Querschnitte giebt stets der dickere den stärkeren Strom. 4. Läſst man beide Muskeln in einem und demselben Kreise einander entgegenwirken, so hat gleichfalls der dickere entschieden die Oberhand.

Die nämlichen Versuche sind nunmehr mit den Nerven anzustellen. Die Vorsichtsmaſsregeln, die wir dabei zu beobachten haben, sind wesentlich dieselben, mit denen wir bereits bei den Muskeln bekannt wurden. Die relative Spannweite des ableitenden Bogens muſs stets eine und dieselbe sein, was dadurch erreicht wird, daſs man die Spannweite wählt, welcher der obere Grenzwerth der Stromstärke entspricht, wobei also der an den Längsschnitt angelegte Fuſspunkt des Bogens sich am elektromotorischen Aequator befindet (S. oben Bd. I. S. 696). Für's zweite muſs, um die mannigfaltigen Zufälligkeiten beim Auflegen unschädlich zu machen, die Kette nie durch dieses selber, sondern anderwärts in Quecksilber geschlossen werden (S. 697. 704). Der für die Untersuchung der Muskeln ohne Anwendung der Compensation gegebene Rath, bei halber Multiplicatorlänge zu arbeiten, damit sich die Ausschläge nicht in zu hohen Breiten der Theilung bewegen (S. ebendas.), fällt begreiflich hier von selbst hinweg.

Als Nerven von verschiedener Länge, gleichem Querschnitte und gleicher elektromotorischer Kraft wendet man die beiden Ischiadici eines und desselben Frosches an, jedoch nur das Stück derselben, welches unterhalb der Abgabestelle der Aeste für die Oberschenkelmuskeln gelegen ist. Will man ohne Compensation verfahren, so richtet man den zweiten Nerven erst zu, nachdem man die Prüfung des ersten beendet hat (S. ebendas. S. 697). Bedient man sich der Compensation, so stellt man die Querschnitte, die man gegeneinander aufzulegen beabsichtigt, mit einem und demselben Messerzuge oder Scheerenschnitte her (S. 698). Wie man auch die Versuche anstelle, man findet, wie beim Muskel, dafs der längere Nerv den stärkeren Strom entwickelt. Die gröfsere Sicherheit, die man hier beim Verfahren ohne Compensation bemerkt, rührt davon her, dafs man, bei dem geringen Querschnitte der Nerven, über vergleichweise gröfsere Unterschiede der Länge gebietet, als bei den Muskeln.

Was den Einflufs des Querschnittes betrifft, so ist erstens die gröfsere Stärke des Stromes des Rückenmarkes im Vergleich zu der des Ischiadicus eine sehr in die Augen fallende Thatsache. Dieselbe rührt aber nicht allein von dem geringeren Widerstande des Rückenmarkes her, denn wenn man dieses mit einiger Geschwindigkeit zurichtet, und es dem Nerven in einem und demselben Kreise entgegenwirken läfst, nimmt man fast immer ein geringes Uebergewicht auf Seiten des Rückenmarkes wahr. Bei der grofsen Vergänglichkeit aber des Stromes der Centralgebilde ist wohl nicht daran zu denken, dafs die elektromotorische Kraft der Rückenmarksmolekeln gröfser sein sollte, als die der Molekeln der Nerven, vielmehr das Gegentheil könnte leicht der Fall sein. Nervenstücke von verschiedenem Querschnitte, gleicher Länge und nach allem Vermuthen gleicher elektromotorischer Kraft verschafft man sich, indem man z. B. den Stamm des Ischiadicus oberhalb der Abgabe der Aeste für die Oberschenkelmuskeln mit einem Theile desselben Nerven unterhalb jener Stelle in Vergleich bringt. Freilich ist man dabei auf eine ziemlich enge Grenze des Unterschiedes der Querschnitte eingeschränkt. Nichtsdestoweniger zeigt sich die Ueberlegenheit des Stromes des dickeren Endes des Nerven, gleichviel auf welche Weise man den Versuch anstelle. Mit dem Hirnende oberhalb des Abganges der Oberschenkelmuskeläste aufgelegt, wirkt der unzertrennte Ischiadicus stärker, als mit dem peripherischen Ende. Dasselbe ist der Fall, wenn, nach Zerschneidung des Nerven in der Abgangsstelle, das dickere und das dünnere Stück einzeln geprüft werden. Ebenso, wenn Compensation angewendet wird. Dies kann auf doppelte Weise geschehen, wie bei den Muskeln (S. oben Bd. I. S. 708). Entweder man stellt zwischen den Bäuschen einen Zwischenbausch auf und überbrückt die beiden Lücken mit den beiden Nervenstücken, deren Ströme gegen einander abgewogen werden sollen (Vergl. Fig. 77. Taf. V. Bd. I). Alsdann benutzt man, als Nerven von geringerem Querschnitte im Vergleich zum Stamme des Ischiadicus, mit Vortheil einen der beiden Aeste, in welche sich dieser in der Kniekehle spaltet. Oder es können sich auch die Querschnitte von ungleicher Ausdehnung unmittelbar berühren. Dies thun sie aber von vorn herein im Ischiadicus an der Abgabestelle der Oberschenkelmuskeläste, so dafs man nicht erst den Nerven zu zerschneiden braucht. Man hat vielmehr nur nöthig, die einfache Fig. 99 abgebildete Anordnung herzustellen, so findet man einen schwachen aufsteigenden Strom im Nerven vor, zum Beweise, dafs der Strom des dickeren Hirnendes den des dünneren Muskelendes überwiegt. Deshalb wurde oben S. 253. 254 gerathen, um das elektromotorische Verhalten verschiedener Punkte des natürlichen Längsschnittes zu untersuchen, sich des Stückes des Ischiadicus von gleichförmigem Querschnitte unterhalb der Abgabe der Muskeläste zu bedienen, weil sich sonst die daselbst erwähnte Verrückung des elektromotorischen Aequators von selbst verstände.

(IV) Erörterung des Gesetzes des Nervenstromes.

Man sieht, wie vollständig, bis in die feinsten Einzelheiten, die Gesetze beider, des Muskel- und des Nervenstromes, einander entsprechen. Es tritt demnach der Fall ein, der oben S. 263 vorhergesehen wurde, nämlich wir sind wirklich berechtigt, alle Schlüsse, die rein physikalisch für den Muskel aus der Erscheinungsweise seines Stromes folgten, unmittelbar auf den Nerven zu übertragen. Am Muskel bedeutete uns der am Mantel positive, an den Grundflächen negative, überall mit einer Schicht eines unwirksamen Leiters überzogene Cylinder gleich anfangs das einfache Muskelbündel, weil hier die Verhältnisse es gestatteten, durch den Versuch zu zeigen, dafs jedes einzelne Bündel den Strom gesetzmäfsig entwickele, ja sogar, dafs die Hülle desselben noch nicht das positive Glied der Muskelkette sein könne, sondern als unwirksamer Leiter sich verhalte, unter dem noch die beiden ungleichartigen Stoffe zu suchen seien (S. oben Bd. I. S. 558 ff.). Nachdem wir aber die Aehnlichkeit der Wirkungen des Muskelbündels und des cylindrischen Schema's erkannt hatten, kamen wir ferner auf Umwegen, die zu berühren hier von keinem Nutzen sein würde, zu der Einsicht, dafs wir, mit gleichem Erfolge in elektromotorischer Hinsicht, an die Stelle jenes Schema's eine Unendlichkeit anderer Vorstellungsweisen über die Vertheilung der ungleichartigen Gebilde im Muskel setzen könnten, welche jedoch alle unter der Herrschaft desselben Princips, der peripolaren Anordnung nämlich, stehen (S. ebendas. S. 678 ff.). Aus mancherlei Gründen nahmen wir bereits damals keinen Anstand, unter allen diesen Möglichkeiten einer Gruppe derjenigen den Vorzug zu schenken, welche den Strom herleitet von der Wirkung elektromotorischer Molekeln von positiv peripolarem Bau, die im Inneren des Muskels angenommen werden. Es wurde aber sogleich bevorwortet, dafs eine Reihe von Erscheinungen, die wir in der Folge kennen lernen würden, die Bewegungserscheinungen des Muskelstromes nämlich, keinen Zweifel an der Richtigkeit unserer Wahl übrig lassen sollten, eine Zusage, die, wenn ich nicht irre, in der negativen Stromesschwankung bei der Zusammenziehung, den durch Dehnung und Druck, durch ein siedendes Wasserbad, oder auch bei zarteren Muskeln allein durch den Vorgang des Absterbens herbeigeführten Erscheinungen, ihre vollständige Erfüllung gefunden hat (S. oben S. 180).

Was nun die Nerven betrifft, so ist zuerst zu bemerken, dafs der Versuch hier, wie man sich leicht denken kann, nicht gestattet, den Strom an einer einzelnen Primitivröhre, oder auch nur an einer Vereinigung mehrerer, nachzuweisen, sondern man ist stets darauf beschränkt, von ihrer Bindegewebehülle umgebene Nervenäste mit natürlichem Längsschnitte aufzulegen. Es ist also auch nicht daran zu denken, den Versuch, durch welchen wir die unwirksame Beschaffenheit der Muskelbündelhülle unmittelbar darthaten (S. oben Bd. I. S. 559. Fig. 52. Taf. IV), auf die Nerven auszudehnen. Vielmehr kann ein solcher Versuch bei denselben nur für das den natürlichen Längsschnitt bekleidende Bindegewebe angestellt werden, wo sein Erfolg übrigens genau derselbe wie am Muskel ist (S. ebendas. S. 558. Fig. 50. Taf. V).

Indessen glaube ich nicht, dafs es, nach allem Voraufgegangenen, vieler Worte bedürfen werde, um dem Leser die Unwahrscheinlichkeit einleuchten zu machen, dafs, bei der Erzeugung des Nervenstromes, das im Inneren des Nerven vorkommende Bindegewebe betheiligt sein oder dafs die Hülle der einfachen Nervenröhre das positive Glied der Nervenkette sein solle, wenn beides bei den Muskeln erwiesenermafsen nicht der Fall ist; jener physiologische Takt, den man sich bei wiederholter Betrachtung der Organismen erwirbt, sträubt sich gegen eine solche Verletzung der Analogie.

Es ist aber ferner zu bemerken, dafs wir bei den Nerven, nachdem einmal zugegeben ist, dafs die beiden peripolar angeordneten ungleichartigen Bestandtheile sich noch unter der Hülle des einfachen Rohres, welche unwirksamen Leiter vorstellt, in seinem Inhalte befinden, auf eine Möglichkeit stofsen, welche uns verhindert, sofort, wie bei den Muskeln, zur Annahme der elektromotorischen Molekeln überzuspringen. Hier nämlich liefsen wir das morphologische Element ein Wort mit einreden, und dieses zeigte uns wenigstens klar, dafs nicht zu denken sei an eine solche Vertheilung der ungleichartigen Gebilde in dem Inhalte der Primitivmuskelbündelhülle, wobei ein negativer Axencylinder von einer positiven Rinde bekleidet wäre. Höchstens zu der Annahme einer sehr grofsen Anzahl solcher cylindrischen Anordnungen, wovon alsdann jede einer Primitivfaser entsprochen haben würde, hätten wir greifen können; allein die meiste Wahrscheinlichkeit erkannten wir, von dem Standpunkte der Morphologie aus, der Vorstellungsweise elektromotorischer Molekeln zu, indem dieselbe keinen vorzugsweisen Zusammenhang des Muskelbündelinhaltes in der einen oder der anderen Richtung voraussetzt, was eben am meisten mit dem jetzigen Thatbestande der Lehre von dem feineren Baue des Muskelgewebes übereinkommt (S. oben Bd. I. S. 664). Nicht so bei den Nerven: man erinnert sich, dafs zwar in den ersten Augenblicken nach der Zurichtung und unter günstigen Umständen die Primitivröhren glashell erscheinen und einen durchaus gleichartigen Inhalt darbieten; sehr bald aber giebt sich eine Veränderung kund, in Folge welcher sich dieser Inhalt in einen sogenannten Axencylinder und in eine Rinde von unregelmäfsig gerunzelter, krümlicher Beschaffenheit trennt. Es läfst sich nun zwar die Meinung vertheidigen, und ich bin nicht abgeneigt, sie für die richtige zu halten, dafs der Nervenröhreninhalt während des unverletzten Lebens wirklich durch die ganze Dicke des Bündels gleichartig sei, und dafs jene Trennung nach dem Tode nur auf einem Vorgange der Gerinnung und Ausscheidung beruhe. Allein diese Meinung ist nicht so wohl befestigt, als dafs nicht der entgegengesetzten Denkweise, welche die Trennung in Axencylinder und Rindensubstanz während des Lebens als vorbestehend annimmt, wenigstens in sofern hier ihr Recht geschehen müsse, als die Möglichkeit zu erwähnen ist, dafs jener Axencylinder der negative, die Rinde der positive Bestandtheil, die Hülle der unwirksame Leiter der Nervenkette sei.

Nichtsdestoweniger ist diese Voraussetzung, wie die Folge lehren wird, unhaltbar. Nicht allein widersteht sie abermals dem physiologischen Takte, nachdem bei den Muskeln die Erzeugung des Stromes durch elektromotorische Molekeln erkannt worden ist; sondern angegebenermafsen (S. oben S. 204.) ist auch der Nervenstrom, gleich dem Muskelstrome, zahlreichen und lebhaften Bewegungserscheinungen unterworfen. Und diese Erscheinungen lassen hier nicht nur, wie bei jenem Strome, im Allgemeinen keine andere vernünftige Deutung zu, als diejenige auf die Lageveränderung elektromotorischer Molekeln, sondern was noch mehr ist, es lassen sich auch, unter dieser Voraussetzung, ihre Einzelheiten zum Theil auf das überraschendste und befriedigendste erklären, so dafs uns, auf diesem Wege, ein ungeahntes Verständnifs vieler Punkte aus dem Gebiete der Reizversuche entgegentreten wird.

Wir nehmen demnach keinen Anstand mehr, schon jetzt der Vorstellung der elektromotorischen Molekeln in den Nerven als Erzeugerinnen des Stromes zu huldigen. Und somit versteht es sich von selbst, dafs wir auch die übrigen Folgerungen vom Muskel auf den Nerven übertragen, zu denen wir im Laufe der Erörterung des Gesetzes des Muskelstromes gelangten. Gleich den Muskeln (S. oben Bd. I. S. 685) sind die Nerven fortwährend als im Zustande der geschlossenen Kette befindlich zu betrachten; wie von den Muskeln (S. ebendas. S. 686) ist jeder Strom, der von den Nerven gewonnen wird, als durch Nebenschliefsung erhalten, als abgeleiteter Stromarm anzusehen; endlich wie für die Muskeln (S. ebendas. S. 688), gilt auch für die Nerven die Bemerkung, dafs die Stärke des Nervenstromes, wie er im Multiplicator sich kundgiebt, nicht das geringste aussage über die Stärke, die dem Strom in der nächsten Nähe der ihn entwickelnden Molekeln zukommen mag; vielmehr ist es möglich, dafs er hier eine Stärke erreicht, welche die aller uns bekannten Ströme übertrifft und aller nur denkbaren Stromeswirkungen im höchsten Grade fähig ist. Endlich bleiben, wie für die Muskeln (S. ebendas. S. 723 ff.), auch für die Nerven alle die Einschränkungen in Kraft, mit denen wir, von einem erweiterten Stande der Kenntnifs aus, die Anwendung des Verfahrens der Compensation zur Eliminirung von Widerstandsunterschieden in thierisch-elektrischen Versuchen leider belegen mufsten.

Ehe wir, nach Festsetzung dieser Hauptpunkte, in der Erforschung des Nervenstromes weiter fortschreiten, haben wir noch einige hieher gehörige, nicht unwichtige Fragen zu beleuchten.

(v) Von der Gröfse der elektromotorischen Kraft der Nerven im Vergleich zu der der Muskeln.

Was zunächst die elektromotorische Kraft der Nervenmolekeln, verglichen mit derjenigen der Muskelmolekeln betrifft, so ist begreiflich leider nicht möglich, sich darüber irgend einen genauen Aufschlufs zu verschaffen. Denn selbst wenn es glückte, sich zwei Stücke Muskel und Nerv von derselben Länge und demselben Querschnitte zu verschaffen, um sie einander in einem und demselben Kreise entgegen wirken zu lassen, was unausführbar ist; selbst wenn dies von statten ginge, käme immer noch in Betracht, dafs das Gesetz der Abnahme der Kraft nach dem Tode in Nerv und Muskel doch wohl ein anderes ist, wovon alsbald die Rede sein wird; dafs die eigenthümliche Leitungsfähigkeit der beiden Gewebe gleichfalls verschieden sein dürfte, welche nicht durch die Methode der Compensation eliminirt werden kann (S. oben S. 74 und Bd. I. S. 726); dafs im Nerven die Molekeln bei gleicher Kraft möglicherweise mehr oder weniger dicht angeordnet sein könnten, als im Muskel, u. d. m. In Erwägung indefs des äufserst geringen Querschnittes des Ischiadicus und der Wurzeln für die hinteren Extremitäten des Frosches z. B. im Vergleich zu den dünnsten Muskeln, welche überhaupt zur Untersuchung kommen, des Rectus internus, des Sartorius (S. oben Bd. I. S. 705), und des ungleich schnelleren

Absterbens der Nerven, läfst sich wohl mit ziemlicher Sicherheit die Behauptung hinstellen, dafs der Nervenstrom dem Muskelstrome, unter übrigens gleichen Umständen, an Stärke nicht nachsteht, ja vielleicht ihn in den ersten Augenblicken übertrifft. Auf alle Fälle ist, wie bereits oben S. 204 bemerkt wurde, der Strom keines dritten Gewebes, auch nicht, wie MATTEUCCI will, der der drüsigen Gebilde, mit dem Nervenstrom in Vergleich zu bringen (S. oben S. 250). MATTEUCCI's Behauptung erklärt sich indefs, wenn man bedenkt, dafs er seine Versuche an Stücken Gehirn und Rückenmark von warmblütigen Thieren anstellte, welche, wie uns noch zu erfahren bevorsteht, von allen thierischen Erregern gerade die allervergänglichsten sind.

(VI) Zuckung durch den Strom des ruhenden Nerven hervorgebracht.

Der Frage nach der elektromotorischen Kraft der Nerven liegt diejenige nahe nach der Möglichkeit, das Dasein ihres Stromes mittelst anderer stromprüfenden Mittel, als des Multiplicators, nachzuweisen. Eigentliche elektrolytische Versuche habe ich mit Nerven nicht angestellt, da die Gröfse und namentlich Dauer ihrer Wirkung wohl zu gering ist, um merkliche Zersetzung auch des empfindlichsten Jodkaliumstärkebreies erwarten zu dürfen. Die Platinelektroden des Multiplicators wurden natürlich durch den Nervenstrom polarisirt zurückgelassen, und hier ist es wegen des grofsen Widerstandes der Nerven und der besseren Leitung durch den Schliefsungsbausch häufig der Fall, dafs der Strom der Ladungen den ursprünglichen des Nerven bei weitem übertrifft (S. Bd. I. S. 240. 241). Von elektroskopischen Wirkungen kann natürlich nicht die Rede sein, da dieselben uns sogar beim Muskel versagt haben (S. ebendas. S. 691).

Auf physiologischem Wege glückt es dagegen bei einiger Erregbarkeit der thierischen Glieder leicht, Wirkungen vom Nervenstrome zu erlangen. Zwar nicht auf die Weise, dafs man den Nerven des stromprüfenden Schenkels mit seinem Querschnitte gegen sich selber statt gegen den Muskel umbiegt, oder an seinen Längs- und Querschnitt einen anderen Nerven beziehlich mit Quer- und Längsschnitt anlegt u. d. m. Alle derartige Versuche haben mir so wenig als v. HUMBOLDT[1] und den vielen Anderen je ein günstiges Ergebnifs geliefert, die sich, geleitet durch die Analogie der GALVANI'schen Zuckung ohne Metalle, wohl schon damit befafst haben, wenn gleich ohne die Bedeu-

[1] Versuche über die gereizte Muskel- und Nervenfaser u. s. w. Bd. I. S. 392. Fig. 78; — S. auch S. 39. Fig. 7*.

tung des Querschnittes zu kennen[1]. Nur GALVANI selber scheint in diesem Punkte glücklicher gewesen zu sein. Ich erinnere an den Versuch GALVANI's, den ich in der Geschichte des Froschstromes als den Grundversuch der elektrischen Nervenphysik angesprochen habe (S. oben Bd. I. S. 84). GALVANI lagerte den Nerven eines stromprüfenden Schenkels in einen offenen Bogen, und liefs den Nerven eines zweiten, von dem ersten sonst völlig isolirten Schenkels dergestalt auf den Bogen fallen, dafs der Querschnitt — »boccuccia« — des ersten Nerven einen der beiden Berührungspunkte bildete. In günstigen Fällen zuckten beide Schenkel. MATTEUCCI will an Säulen aus Stücken Gehirn und Rückenmark vom Ochsen Zuckungen des stromprüfenden Schenkels erhalten haben, wie bereits oben S. 250 berichtet ist.

Mein Verfahren, um Zuckungen durch den Strom des ruhenden Nerven zu erhalten, besteht in folgendem. Der stromprüfende Schenkel wird an die Glasplatte des allgemeinen Trägers befestigt, wie Fig. 19. Taf. III. Bd. I zeigt, und das Hirnende des Ischiadnerven mit Längs- und Querschnitt über die mit Eiweifshäutchen bekleideten Bäusche meiner Vorrichtung gebrückt. Für die Gleichartigkeit aller Theile der Vorrichtung bürgt die Multiplicatornadel; hat man sich von dieser Gleichartigkeit überzeugt, so kann man den Multiplicator natürlich auch fortlassen. Es ist ein Quecksilbergefäfs in den Kreis eingeschaltet, so dafs Schliefsen und Oeffnen des Kreises mittelst eines verquickten Kupferhakens metallisch vollzogen werden kann. Beim Schliefsen und manchmal auch beim Oeffnen zuckt der Schenkel; in einigen Fällen auch nur beim Oeffnen. Bei dem Grade von Erregbarkeit, den der Versuch voraussetzt, ist nicht zu verlangen, dafs sich in dieser Beziehung eine vollständige Gesetzmäfsigkeit kund gebe (S. oben Bd. I. S. 320. 390). Legt man den Nerven statt mit Längs- und Querschnitt nur mit Punkten des Längsschnittes auf, indem man den Querschnitt auf Glimmer ruhen läfst, so bleibt die Zuckung aus. Sie kehrt wieder, wenn von Neuem Querschnitt aufgelegt wird.

Es ist nicht schwer zu erkennen, worin die Ueberlegenheit der von mir gewählten Anordnung begründet sei. Erstlich ist der Widerstand der Nervenkette so klein als möglich gemacht. Vermöge des Kunstgriffes, den Nerven des stromprüfenden Schenkels zur Anzeige seines eigenen Stromes dienen zu lassen, ist der Widerstand nur halb so grofs, als wenn zur Schliefsung der Nervenkette noch ein anderer Nerv angewendet würde. Da aber der Widerstand der Bäusche und des

[1] S. z. B. NOBILI, Memorie ed Osservazioni edite ed inedite ec. Firenze 1834. vol. I. p. 74*. (Abhandlung I. oben Bd. I. S. 104).

metallischen Theiles des Kreises gegen den des Nerven kaum in Betracht kommt, so ist der Widerstand bei der beschriebenen Anordnung auch kleiner, als wenn man den Querschnitt unmittelbar gegen den Längsschnitt umbiegt, wie v. Humboldt vergeblich that, es sei denn, daſs man den Halbmesser des Ringes ausnehmend klein machte. Für's zweite jedoch, und dies ist der wesentliche Punkt, ist die angegebene Versuchsweise deshalb so günstig, weil sie gestattet, die Kette mit weit gröſserer Geschwindigkeit zu schlieſsen und zu öffnen, als es beim Umbiegen des Nerven gegen sich selber, beim Anlegen eines Nerven an einen anderen, und den übrigen derartigen Versuchsweisen möglich ist (Vergl. oben Bd. I. S. 264. 474. 475). Soviel ist gewiſs, daſs man zur Entdeckung der Ungleichartigkeit zwischen Längs- und Querschnitt der Nerven hienach nicht des Multiplicators bedurfte.

Ich habe übrigens noch eine ganz andere Art ausfindig gemacht, physiologische Stromeswirkungen von den Nerven zu erlangen: ich meine die secundäre Zuckung vom Nerven aus. Dabei befindet sich jedoch der Zuckung erregende Nerv nicht in Ruhe, sondern in Thätigkeit. Insofern somit diese Art der Zuckung zusammenhängt mit Bewegungserscheinungen des Nervenstromes, von denen wir noch keine Kunde haben, bleibt ihre ausführliche Erwähnung einem späteren Orte vorbehalten.[1]

(VII) Widerlegung der Annahme, der Muskelstrom rühre her von dem Strome der in den Muskeln verzweigten Nerven.

Die auf einem viel früheren Standpunkte der Untersuchung angeregte Frage, ob der Nervenstrom wegen der im Muskel verzweigten Nerven vielleicht zugleich den Grund des Muskelstromes enthalte (S. oben Bd. I. S. 556), kann wohl jetzt kaum noch der Erörterung werth erscheinen. Man hätte sich also vorzustellen, daſs der künstliche Querschnitt des Muskels sich deshalb negativ gegen den Längsschnitt verhalte, weil in ihm zugleich stets künstliche Querschnitte von einzelnen Nervenfäden angelegt seien. Es bliebe aber dunkel, weshalb der künstliche Längsschnitt sich positiv verhält, der doch auch die Stümpfe zerschnittener Nervenfäden darbietet; weshalb der natürliche Querschnitt hingegen sich negativ zeigt, an dem doch keine freie Endigungen der Muskelnerven bekannt sind. Dunkel bliebe, wie ein einfaches Muskelbündel den gesetzmäſsigen Strom zeigen könne, an dessen Querschnitten man mit Hülfe des Mikroskopes und der Essigsäure gleichwohl keine Nervenbruchstücke zu entdecken vermag; nicht weniger dunkel endlich

[1] S. oben S. 120; — unten, Kap. VII. §. VII.

die Stärke des Muskelstromes, welche viel geringer sein müfste als die des Stromes des zugehörigen Muskelnerven, nicht nur weil nicht jeder Querschnitt die Querschnitte sämmtlicher einfachen Nervenröhren enthält, die den Nerven zusammensetzen, sondern auch wegen der hinzugekommenen unwirksamen Nebenschliefsung, die durch die Masse der Muskelbündel selber bewirkt würde. Zu alledem wird eine nicht sehr entfernte Folge noch den wesentlichen Umstand hinzufügen, dafs die Bewegungserscheinungen des Muskelstromes und des Nervenstromes von einander verschieden sind, und an eine gänzliche Verschmelzung beider folglich nicht gedacht werden kann.

(viii) Von der Annahme einer nicht leitenden Beschaffenheit der Hülle der einfachen Nervenröhren.

Es bleibt uns nun übrig, einem Punkte von gröfstem Belang unser Augenmerk zuzuwenden, dessen Erledigung am besten hier Platz finden dürfte: der Frage nämlich, ob die einfachen Nervenröhren mit einer isolirenden Hülle umgeben, abgesehen von der schlechten Leistungsfähigkeit ihrer inneren Substanz also gewissermafsen besponnenen Kupferdrähten zu vergleichen seien.

Diese Vorstellungsweise rührt, meines Wissens, von Galvani selber her. Er berief sich bereits, um sie zu stützen, auf den verhältnifsmäfsig bedeutenden Gehalt der Nerven an Fett.[1] Fowler berichtet: »Wenn ein Nerve, welcher auf einige Zeit von den umgebenden Thei»len getrennt war, entweder sorgfältig mit einem Stück feinen Mous»selin völlig abgetrocknet, oder, — wenn man seinem Bau dadurch »zu schaden glauben sollte — in der Schwebe erhalten worden, bis »seine Feuchtigkeit verdunstet ist; so kann kein Zusammenziehen in »den Muskeln, in welchen er sich vertheilt, erregt werden, wenn er »blofs mit zwei Metallen in Berührung mit einander berührt wird. »Wenn er aber wieder mit einem Wassertropfen befeuchtet wird; so »erfolgt augenblicklich ein Zusammenziehen; und auf diese Art läfst »sich, durch abwechselndes Abtrocknen und Anfeuchten der Nerven, »ein Zusammenziehen nach Belieben eine beträchtliche Zeit lang hem»men und erneuern.«[2] Eine ähnliche Erfahrung erzählt Pfaff in einer früheren Arbeit[3] und giebt an, dafs Schmuck dasselbe beobachtet habe.

[1] Opere edite ed inedite ec. De viribus Electricitatis etc. P. IV. p. 105*; — Dell' uso e dell' attività dell' Arco conduttore ec. p. 241. 245. 246.* — Vergl. oben Bd. I. S. 49.

[2] Al. Monro's und Rich. Fowler's Abhandlung über thierische Elektricität und ihren Einflufs auf das Nervensystem. Leipzig 1796. S. 67.*

[3] Gren's Journal der Physik. 1794. Bd. VIII. S. 214.*

Merkwürdigerweise sagt er jedoch kurz darauf anderwärts von der Fowler'schen Nachricht: »Diesem widersprechen aber geradezu meine »Versuche. So lange der Nerv Empfindlichkeit für Reize überhaupt »behielt, so zeigten sich, auch wenn er ganz trocken gemacht war, »dennoch Zuckungen bei der Berührung desselben mit beiden Metallen, »und hatte er diese Empfindlichkeit verloren, wie dies gewöhnlich bei »seiner Austrocknung an der Luft geschieht, so war auch dieses Be»feuchten fruchtlos.«[1] Bunzen in Kopenhagen empfahl, beim Zusammensetzen der von ihm erfundenen Froschsäule (S. oben Bd. I. S. 100), die Verbindungen zwischen den einzelnen Gliedern derselben nicht mittelst der äufseren Hülle der Nerven herzustellen, sondern diese unter einem möglichst kleinen Winkel mit ihrer Längenaxe zu durchschneiden, und das so in einer gröfseren Fläche entblöfste Innere mit den Muskeln des nächstfolgenden Präparates in Verbindung zu bringen. »Denn nach »meiner Erfahrung,« sagt er, »gehört das Neurilema (oder die Nerven»scheide) zu den weniger leitenden Substanzen, und wirkt in Verbin»dung mit der Nervensubstanz selbst, nicht sowohl durch seine eigene »... leitende Natur, als durch die dasselbe bekleidende Flüssigkeit. Es »ist unbeschreiblich, wie sehr es die Versuche erleichtert, auf diese Art »die Nervensubstanz selbst zu entblöfsen, und wie weit besser alles »glückt, als wenn das Neurilem das verbindende Glied ist.«[2] Während sodann Weinhold,[3] Prévost und Dumas, Larrey, und Fechner (S. oben S. 224. 226. 229) dieser Vorstellungsweise huldigten, bekämpfte sie Person (S. oben S. 233). Neuerdings haben Guérard und Longet eine Erfahrung bekannt gemacht, welche der von Fowler beschriebenen entspricht: »Quand on essuie le nerf avec précaution, au moyen de »papier non collé, les contractions musculaires résultant de l'action »électrique perdent beaucoup de leur intensité.«[4] E. Harless sagt: »Häufig schon bemerkte ich, dafs wenn der in seinem Neurilem ein»geschlossene Nerv mit einem einfachen voltaischen Plattenpaar gereizt »wird, gar keine Reaktion eintritt, was sogleich geschieht, wenn an »demselben Punkt der seines Neurilems beraubte Nerv gereizt wird, »so dafs bis zu einem gewissen Punkt das Neurilem als ein Isolator »für galvanische Ströme anzusehen ist.«[5] Nicht wenig schien aber

[1] Ueber thierische Elektricität und Reizbarkeit. Leipzig 1795. S. 211.*

[2] Gilbert's Annalen der Physik. 1807. Bd. XXV. S. 155. 156.*

[3] Versuche über das Leben und seine Grundkräfte auf dem Wege der Experimental-Physiologie. Magdeburg 1817. S. 15.*

[4] L'Institut. 1842. t. X. No. 466. p. 427. 4°.* — Longet, Anatomie et Physiologie du Système nerveux etc. Paris 1842. t. I. p. 143. 144. Nota.*

[5] Müller's Archiv für Anatomie und Physiologie u. s. w. 1846. S. 80.*

endlich die Meinung von dem Vorhandensein einer isolirenden Nervenhülle an Gewicht zu gewinnen, als man Grund gefunden zu haben glaubte, den Fettgehalt der Nerven vorzüglich an ihren Umfang zu verlegen.[1]

Indessen nichts von alledem ist als irgend stichhaltig zu betrachten. Wenn wirklich eine Fettschicht sich zunächst unter der Hülle der Primitivröhren befinden sollte, so ist, bei der grofsen Dünne derselben, ihre isolirende Kraft doch noch keinesweges als erwiesen anzusehen. Dafs die Zuckungen an Stärke verlieren oder gar ausbleiben, wenn der Nerv äufserlich getrocknet wird, beweist, wie mir scheint, nichts anderes, als was man schon längst auf verschiedene Weise in Erfahrung gebracht hat, dafs nämlich die thierischen Stoffe nur vermöge der in ihnen befindlichen Feuchtigkeit leiten. Bunzen und Harless sprechen zwar nicht vom Vertrocknen des Nerven, aber eben deshalb ist es wahrscheinlich, dafs sie dadurch in die Irre geführt worden sind. Beiläufig gesagt, würde für physiologische Erklärungszwecke noch sehr wenig gewonnen sein mit der Annahme einer nichtleitenden Beschaffenheit der äufseren Nervenscheide, wenn nicht zugleich nachgewiesen oder aus Gründen der Analogie weiter geschlossen würde, dafs sich isolirende Hüllen der Art auch in's Innere der Nerven erstrekken, bei den Empfindungsnerven bis auf jede einzelne Primitivröhre, bei den Bewegungsnerven bis auf solche Gruppen von Primitivröhren, welche für einen und denselben Muskel bestimmt sind.

Es ist, so viel mir scheint, unmöglich, ohne sich in die seltsamsten Voraussetzungen zu verlieren, bei der Annahme von der nichtleitenden Beschaffenheit der Nervenhüllen die Zuckungen zu erklären, die man durch Anlegen beider Elektroden an den Nerven erhält. Guérard und sein Mitarbeiter Longet versuchen dies zwar auf folgende Weise. Sie haben bemerkt, dafs, wenn sie beide Pole, in 2^{cm} Abstand von einander, an den Nerven brachten, während die Multiplicatorenden sich gleichfalls am Nerven, aufserhalb der beiden Pole und möglichst entfernt von dem nächsten Pole befanden, bei jeder Schliefsung der Kette ein geringer Ausschlag entstand. Dieser Umstand wird später seine Deutung finden.[2] Guérard sagt nun: »Il semble, d'après cela, »que l'électricité ne produit ces contractions qu'au moyen d'un courant »dérivé du courant principal, dont il n'est qu'une petite fraction. Il »y aurait alors deux circuits: l'un, formé par la pile et la portion du

[1] S. Schwann, Mikroskopische Untersuchungen über die Uebereinstimmung in der Structur und dem Wachsthum der Thiere und Pflanzen. Berlin 1839. S. 176.*

[2] S. unten, Kap. VII. §. I. 1.

»nerf interceptée entre les pôles; l'autre, constituée par les divers filaments nerveux. Dans ce dernier, le fluide appliqué à l'extérieur du »nerf, arriverait à la pulpe des filaments correspondants au moyen de »la sérosité qui mouille le névrilemme, parcourrait les ramifications nerveuses dans le muscle, dont il exciterait les contractions, et retournerait à la pile en suivant des rameaux différents de ceux qu'il avait »d'abord parcourus. . . . La nouvelle théorie rend parfaitement raison »des phénomènes qui succèdent à la ligature des nerfs . . . . La ligature, en enlevant au névrilemme la sérosité qui le mouille (?), apporte »un obstacle infranchissable au courant dérivé, qui, comme on l'a »dit, n'est qu'une fraction du courant principal; de là l'absence des »contractions. Mais, quand cette ligature est placée entre les pôles, »elle ne suffit plus à arrêter le courant énergique qui traverse le nerf »et, au delà du lien, une petite portion de ce courant se dérive comme »à l'ordinaire, parcourt les ramifications nerveuses, fait contracter les »muscles et retourne à la pile, ainsi que nous l'avons indiqué plus »haut.«[1] Ich mufs bekennen, dafs es mir durchaus unverständlich ist, auf welche Weise Guérard und Longet sich denken, dafs ein Theil des Stromes veranlafst werde, seinen Weg durch gewisse Nervenfasern zum Muskel und durch andere zu den Polen der Kette zurück zu nehmen; und dafs mir ebenso ihre Theorie der Unterbindung als ein Gewebe von Dunkelheiten und willkürlichen Behauptungen erscheint.

Für die einzige Art, die elektrischen Reizversuche bei Gegenwart einer isolirenden Hülle zu erklären, mufs ich folgende halten. Man hat sich zu denken, dafs in den Centralgebilden sowohl als in den Muskeln die Nervenröhren streckenweise von ihrer nichtleitenden Bekleidung befreit sind, was sich im Allgemeinen wohl mit den Thatsachen der Formenlehre und auch den physiologischen Erklärungszwecken vertragen würde, die der Hypothese zu Grunde liegen. Alsdann folgt ein Theil der Erscheinungen zwar auf eine abentheuerliche Weise, der man nicht leicht im Ernste Glauben schenken wird, aber doch zur Noth verständlich. Beim Anlegen beider Pole an den Nerven hat man in der That, wie auch Guérard und Longet voraussetzen, zwei Stromarme. Der eine findet statt durch die Bindegewebehülle und die unwirksam leitenden Hüllen der Nervenröhren in dem Stücke zwischen beiden Polen. Der andere nimmt seinen Weg von der positiven Elektrode — der Strom mag absteigend in dem Nerven sein — durch dieselben Gebilde aufwärts zu den Centraltheilen. Hier entweder, wo er, wegen Abwe-

[1] L'Institut. Ibidem; — Longet, Anatomie et Physiologie du Système nerveux etc. Ibidem et p. 124.*

senheit der isolirenden Schicht, Zutritt zu dem Inneren der Nervenröhren erhält, oder, wenn der Nerv verletzt ist, in dem Querschnitte, betritt der Stromarm die Bahn sämmtlicher Axencylinder bis zum Muskel, wo er sie verläſst, um wieder durch die leitenden Nervenhüllen zur negativen Elektrode zurückzugelangen. Mit dieser Theorie würde die Erscheinung stimmen, daſs die die Axe des Nerven senkrecht schneidende Strömungsrichtung am wenigsten geeignet zur Erzeugung von Zuckungen ist, da allerdings bei dieser Anordnung der abgeleitete Stromarm durch die einfachen Röhren verschwinden müſste, wie auch diejenige, daſs die Zuckungen um so stärker ausfallen, eine um so längere Strecke des Nerven man mit den Elektroden umfaſst. Für die Wirkung der Unterbindung könnte man Fechner's Auslegung beibehalten (S. oben S. 220). Alsdann müſste jedoch ein oberhalb der Elektroden angelegtes Unterband gleichfalls die Zuckungen hemmen, ein unterhalb derselben die elektrischen Empfindungen, ein zwischen ihnen befindliches sowohl die Zuckungen, als die Empfindungen. Ferner bliebe unverständlich, wie das Durchschneiden des Nerven mit Wiederzusammenzufügen seiner Stümpfe dieselbe Wirkung hervorbringt, als das Unterbinden. Es würde demnach vorzuziehen sein, sich zu denken, daſs die Unterbindung sowohl als die Durchschneidung dadurch hemmend auf den elektrischen Reizungsvorgang einwirken, daſs sie eine Nebenschlieſsung eröffnen dem Stromarme, der sich, der Oberfläche des Nerven entlang, bis zu einer Stelle begiebt, wo er den Rückweg durch das Innere der Röhren antreten kann. Die Unterbindung würde dies dadurch thun, daſs sie die isolirenden Hüllen der Primitivröhren örtlich vernichtete.

Darauf ist nun folgendes zu erwiedern. Was erstlich die Wirkung beim Unterbinden und Durchschneiden betrifft, so würde doch die gänzliche Hemmung der Zuckungen auf die dargelegte Weise schwer zu verstehen sein. Die Unterbindung müſste weniger wirksam sein, wenn sie in einiger Entfernung von den Elektroden geschieht und wenn sie dicht über dem Muskel angebracht wird, weil alsdann der Stromarm, der sich durch die äuſsersten Nervenendigungen zu begeben hat, vergleichweise bessere Leitung vorfände. So müſste man auch die Zuckungen dadurch verstärken können, daſs man die Nerven auſserhalb der Elektroden mit einem guten Leiter umhüllte, ihn bis zur Berührung seiner selbst zusammenböge, oder ihn dicht über den Elektroden, wie auch zwischen denselben durchschnitte. Die Zuckungen müſsten zu erscheinen aufhören, wenn der Nerv oberhalb der Elektroden austrocknete. Sie müſsten gänzlich ausbleiben, wenn man den Nerven im Kreise lagerte, das Hirnende das Muskelende kreuzen lieſse, und die Elektroden zweien Punkten des Kreises anlegte, oder auch, wenn man den Nerven, wie in Fig. 94. Taf. II zusammenlegte, und an zwei Punkte der Schlinge, etwa in den punktirten Linien, die Elektroden anbrächte. Nichts von alledem ist der Fall, und dazu kommt endlich noch, dafs man eine wohlbegründete Erscheinung, das Valli-Ritter'sche Gesetz, nicht würde erklären können, nach welchem, wie man es gewöhnlich auszusprechen pflegt, die Reizbarkeit des Nerven von seinem Hirnende nach seinem Ursprunge hin vorschreitend erlischt (S. oben Bd. I. S. 321 ff.). Vielmehr müfste alsdann die Stelle, wo man dem Nerven die Elektroden anlegt, ohne allen Einflufs auf die Stärke der Zuckungen sein, da stets die ganze Länge der Primitivröhren einem Strome von gleicher Stärke ausgesetzt sein würde.

Dies sind Betrachtungen, zu denen die thatsächliche Grundlage längst der Wissenschaft zu Gebote stand. Jetzt aber, wo an den Nerven selber elektrische Wirkungen entdeckt sind, kann noch gefragt werden, wie sich die Erscheinungsweise dieser mit der Annahme der nichtleitenden Beschaffenheit des Umfanges der einfachen Röhren vertragen mag. Hierüber ist folgendes zu sagen.

Der Thatbestand ist, dafs der Nervenstrom in seinem Gesetze auf das vollständigste mit dem Muskelstrome übereinkommt. Es sind nun zwei Fälle möglich. Entweder wir denken uns, dafs im Nerven dieselbe Anordnung der ungleichartigen Gebilde herrscht, wie im Muskel. Alsdann müfste gezeigt werden, dafs, bei dieser Anordnung, das Anbringen nichtleitender Hüllen rings um sämmtliche einfache Röhren, innerhalb der uns gesteckten Grenzen der Genauigkeit, ohne Einflufs auf die Erscheinungsweise des Stromes bleiben würde. Oder, wenn dies nicht von statten gehen sollte, wir versuchen umgekehrt, ob sich nicht vielleicht eine von der in den Muskeln erkannten abweichende Anordnung ungleichartiger Gebilde ersinnen liefse, die aber, eben vermöge der Annahme der isolirenden Hüllen, dennoch Wirkungen nach dem Gesetze des Muskelstromes gäbe. Es ist klar, dafs erst nachdem diese beiden Wege vergeblich betreten worden wären, von dem Thatbestande des Nervenstromes aus die Lehre von den isolirenden Hüllen verworfen werden dürfte; nicht minder klar ist jedoch, dafs die zweite der ausgesprochenen Möglichkeiten erst zur Erörterung kommen kann, nachdem die erste als nicht in der Wirklichkeit stattfindend nachgewiesen worden ist.

Wir schreiten demnach zur Betrachtung des Einflusses, den die nichtleitende Umhüllung der Primitivröhren auf die Erscheinungsweise des Stromes äufsern müfste, wenn derselbe ausgeht von ungleichartigen Gebilden der Art und Anordnung, wie wir sie in den Muskeln angenommen haben. Diese Betrachtung hat, wie alle ähnliche dieses Gebietes, mit grofsen, ja zum Theil unüberwindlichen Schwierigkeiten zu kämpfen.

Soviel ist zwar von vorn herein deutlich: gleichviel welche von allen im dritten Kapitel (S. oben Bd. I. S. 676) als möglich erkannten peripolaren Anordnungen man auch in den Nerven als wirklich gelten lasse, die Ströme zwischen Längs- und Querschnitt werden, wenn auch in geschwächtem Mafse, zu erscheinen fortfahren. Man kann sich nämlich vorstellen, die Schicht feuchten Leiters, welche die isolirende Hülle bekleidet, sei eine Fortsetzung des an Längsschnitt gelegten Endes des ableitenden Bogens; diese Fortsetzung reicht ein- für allemal bis nach den beiden Grenzen zwischen Längs- und Querschnit hin, findet sich hier aber immer an Punkte von gröfserer absoluter Spannung angelegt, als das andere Ende des Bogens, welches die den Querschnitt selber überziehende Schicht feuchten Leiters berührt.

Die Ströme zwischen verschiedenen Punkten des Querschnittes gehen uns zwar nichts an, in sofern sie an den Nerven noch nicht wahrgenommen worden sind (S. oben S. 252), indessen ist leicht zu sehen, dafs sie, obschon geschwächt, doch trotz der isolirenden Hüllen sich zu zeigen fortfahren würden.

Sehr dunkel aber gestaltet sich diese Ermittelung in Betreff der Ströme zwischen verschiedenen Punkten des Längsschnittes. Es scheint nämlich, so viel sich theoretisch ermessen läfst, unmöglich, dafs diese Ströme noch sollten wahrgenommen werden können. Da dies nun ein Umstand in der Erscheinungsweise des Nervenstromes gewesen wäre, aus welchem man auf die Abwesenheit isolirender Hüllen um die einfachen Nervenröhren hätte schliefsen können, so suchte ich mich dadurch desselben zu vergewissern, dafs ich Versuche darüber anstellte mit Hülfe der schematischen Kupferzinkvorrichtungen, deren wir uns bei Gelegenheit der Erörterung des Gesetzes des Muskelstromes so vielfach bedient haben. Dabei fand ich aber gerade das entgegengesetzte von dem, was ich theoretisch gewärtiget hatte.

Ich wiederholte zuerst den Fig. 61. Taf. VI. Bd. I abgebildeten Versuch mit dem kupfernen, am Mantel verzinkten, an den Grundflächen rothgebliebenen Cylinder, der in eine cylindrische Masse feuchten Leiters versenkt ist, mit dem Unterschiede, dafs der Cylinder in einem wohl gefirnifsten Papprohr als isolirender Hülle steckte, welches ringsum einen Raum von einigen Millimetern zwischen sich und dem positiven Mantel übrig liefs, und an beiden Enden durch drei Korkstückchen festgekeilt war. Die Ströme des Längsschnittes waren dabei zwar nur schwach, aber doch regelmäfsig vorhanden.

Dieser Versuch bezog sich zunächst auf diejenige Hauptabtheilung der zahllosen Möglichkeiten peripolarer Anordnung in den thierischen Erregern, bei welchen am Längsschnitte das positive Kettenglied ununterbrochen herrscht (S. oben Bd. I. S. 676). Als Typus einer Anordnung mit unterbrochenem positiven Gliede am Längsschnitte wendete ich die Vorrichtung an, welche Fig. 64—69. Taf. VI. Bd. I auf verschiedene Weise dargestellt ist (Vergl. daselbst S. 643—652). Es wurde aber in geringer Enfernung von der Zinkfront sämmtlicher Elemente und derselben parallel ein Glasstreifen von der Höhe der Elemente mit seinem einen Längsrande auf den Boden des Troges wasserdicht aufgekittet; seine beiden Enden lagen in einer Ebene mit den äufseren Kupferwänden der beiden Endglieder der Reihe. Auch hier nun gaben sich, vor der Glasplatte, die Ströme des Längsschnittes zwar schwach, aber in aller Regelmäfsigkeit kund.

Ich mufs bekennen, dafs ich weder im einen noch dem anderen Falle im Stande bin, mir die Art und Weise klar zu machen, wie diese Ströme zu Stande kommen. Wie dem auch sei, das Ergebnifs der Untersuchung würde sein, dafs allerdings die Erscheinungsweise des Stromes sich mit der Annahme isolirender Hüllen der Nervenröhren, unter Voraussetzung der nämlichen Anordnung ungleichartiger Gebilde, welche im Muskel stattfindet, in Einklang bringen läfst. Es sei denn, wofür indefs nichts zu sprechen scheint, dafs uns die schematische Kupferzinkvorrichtung, mit ihrem ableitenden Bogen von verschwindendem Widerstande, hier, wie schon einmal bei einer früheren Gelegenheit (S. oben Bd. I. S. 722), eine Antwort ertheilt hätte, die wir nicht so ohne weiteres auf die freilich sehr verschiedenen Leitungsverhältnisse der thierischen Erreger übertragen dürften. Für die Lehre von den isolirenden Hüllen ist unter keinen Umständen etwas gewonnen, da die oben von Seiten der elektrischen Reizversuche gegen sie angeführten Gründe hinreichen, sie völlig umzustofsen. Ob und auf welche Weise, trotz diesem Uebelstande, eine elektrische Theorie der Nervenwirkungen vielleicht doch noch ihr Dasein fristen könne, ist eine Frage, deren Ueberlegung einem späteren Orte vorbehalten wird.[1]

5. Von dem Gesetze der Abnahme des Nervenstromes und seiner natürlichen Grenze nach dem Tode.

Wir fahren nun fort das Schema der Untersuchung, wie es sich uns bei der Erforschung des Muskelstromes an die Hand gegeben hatte, in ähnlicher Weise für den Nervenstrom auszufüllen. Dort

[1] S. unten, 4. Abschn.

gingen wir nach Auffindung des Gesetzes des Muskelstromes und nach der Erörterung dieses Gesetzes zunächst an die Untersuchung über das Verhalten des Stromes während der Zusammenziehung; besondere Gründe sprechen hier dafür, der Untersuchung über das Verhalten des Nervenstromes, während das sogenannte Nervenprincip in Thätigkeit ist, diejenige über das Gesetz der Abnahme und die Dauer des Stromes nach dem Tode, wie auch über sein Verhalten mannigfaltigen Einflüssen gegenüber, den Untersuchungen des vorigen Kapitels für den Muskelstrom entsprechend, voraufzuschicken.

Ueber das Gesetz der Abnahme des Nervenstromes nach dem Tode läfst sich natürlich noch weniger etwas genaues ermitteln als über das entsprechende des Muskelstromes (S. oben S. 148 ff.). Auch hier mufs, damit irgend eine numerische Bestimmung Werth erhalte, darauf gewartet werden, dafs man lerne, den Nervenstrom mit Ausschlufs der Polarisation an einem graduirten Multiplicator zu beobachten. Bis dahin müssen wir uns mit abgerissenen Bemerkungen, wie die folgenden, begnügen.

Nicht weniger als auf den Muskelstrom (S. oben S. 150) übt auf den Nervenstrom der Zustand des aufliegenden Querschnittes einen merklichen Einflufs aus. Das Herstellen eines neues Querschnittes giebt, wenn der alte vertrocknet, angeätzt, gequetscht oder sonst mifshandelt war, Anlafs zu einer Hebung des Stromes.

Man erinnert sich, dafs bereits zartere Muskeln, z. B. die der Froschlarven und der warmblütigen Thiere, uns kurz vor ihrem gänzlichen Zugrundegehen eine Umkehr der Richtung ihres Stromes zeigten (S. oben S. 154 ff.). Auch dies Verhalten kehrt hier, und in noch ausgedehnterem Mafsstabe, wieder. Bei dem Gehirn und dem Rückenmarke, vorzüglich warmblütiger Thiere, wird dasselbe fast zur Regel, so dafs man nicht selten die beständige Ablenkung der Nadel allmälig kleiner werden und endlich sich durch den Nullpunkt in einen Ausschlag im Sinne der Ladungen verwandeln sieht. Man hat es aber nicht blos mit einer Vernichtung der elektromotorischen Kraft zu thun; denn wird nun, nach einiger Zeit, der thierische Erreger durch den Schliefsungsbausch ersetzt, so erfolgt ein Ausschlag in dem ursprünglichen Sinne des Nervenstromes, der von den Ladungen herrührt, die der verkehrte Strom, nach vorgängiger Entladung der Elektroden, abermals auf diesen entwickelt hat. Vielleicht war dies der Grund der verkehrten Ausschläge, die Matteucci bei der Wiederholung der Versuche Pacinotti und Puccinotti's am Gehirne und den Muskeln von Säugethieren und Vögeln erhielt, wenn er das Einsenken der Platten öfters erneuerte (S. oben S. 243. 247. 259). Es ist dies aber eben so zweifelhaft, als dafs Matteucci bereits die Umkehr des Stromes zarterer Muskeln wirklich beobachtet hat, weil er nämlich auch hier anzugeben versäumt, ob die Platten zwischen je zwei einzelnen Versuchen entladen wurden (Vergl. oben S. 155).

Die gemischten Nervenstämme warmblütiger Thiere, der Sehnerv und die Nervenwurzeln des Frosches zeigen noch leicht die freiwillige Umkehr des Stromes; viel seltener ist sie hingegen an den gemischten Nervenstämmen des Frosches. Nichtsdestoweniger beobachtet man sie hier, wovon unten ausführlicher die Rede sein wird,[1] sehr regelmäfsig als Folge gewisser tiefeingreifender Mifshandlungen, auch wenn dieselben sich nicht unmittelbar über mehr als einen sehr kleinen Bruchtheil der Länge des Nerven erstrecken.

Ich mache darauf aufmerksam, dafs wir, in der freiwilligen Umkehr des Nervenstromes, zum erstenmale auf eine Bewegungserscheinung desselben stofsen; eine solche Erscheinung, der sich vernünftigerweise kein anderer Vorgang unterlegen läfst als ein in den kleinsten Theilen des thierischen Erregers stattfindender, ein wahrer Molecular-Vorgang. Denn bei jeder anderen Annahme, welche eine Vertheilung der ungleichartigen Gebilde in endlich ausgedehnten Massen im Inneren des Nerven voraussetzt, stöfst man auf den dunklen Umstand, wie man sich einen plötzlichen gegenseitigen Lageaustausch dieser Massen zu denken habe, während eine Lageveränderung kleinster Theile gar keine Schwierigkeit darbietet (Vergl. oben S. 270).

Lassen wir dieses auf sich beruhen und fragen wir nach der natürlichen Grenze des Nervenstromes nach dem Tode, so fährt das genaue Entsprechen, welches wir bisher zwischen allen Zügen der elektromotorischen Thätigkeit des Muskel- und Nervenstromes bemerkt haben, wiederum zu gelten fort. Mit der elektromotorischen sinkt zugleich die mechanische Leistungsfähigkeit des Muskels; beide erreichen fast gleichzeitig, die letztere scheinbar etwas früher als die erstere ihr Ziel; dieses Ziel ist bezeichnet durch den Eintritt der Todtenstarre, das Gerinnen des Muskelfaserstoffes. Mit der elektromotorischen Leistungsfähigkeit des Nerven sinkt zugleich seine Fähigkeit, den Muskel zur Zuckung anzuregen; jene überdauert aber diese um eine gewisse Zeit; ihr gemeinschaftliches Ziel ist, aller Wahrscheinlichkeit nach, jene Veränderung des Inhaltes der Nervenröhren, welche man längst gleichfalls als eine Gerinnung zu bezeichnen pflegt,[2] und welche auch im Gehirn und Rückenmark einige Zeit nach dem Tode unzweifelhaft eine

[1] S. unten, Kap. VII. §. VIII.

[2] S. meinen »vorläufigen Abrifs u. s. w.« A. a. O. S. 13. §. 33.

Vermehrung der Consistenz herbeiführt. Nerven, welche keinen Strom mehr entwickeln, zeigen unter dem Mikroskope stets schon diese Veränderung.

Für die elektromotorische Wirksamkeit der thierischen Erreger über die Grenze des Verlustes ihrer wesentlichen Lebenseigenschaften hinaus läfst sich mit ziemlicher Gewifsheit das Gesetz aufstellen, dafs sie im Verhältnifs zur ganzen Zeit der Wirksamkeit nach dem Tode um so länger dauere, einen um so gröfseren Bruchtheil dieser Zeit einnehme, je zarter die stromentwickelnden Gewebtheile sind. Dies glaube ich wenigstens auf Grund meiner Beobachtungen an Nervenstämmen im Vergleich zu den Muskeln, am Rückenmarke im Vergleich zu den Stämmen, am Gehirn im Vergleich zum Rückenmarke behaupten zu dürfen, von welchen das Gehirn gewifs nie, das Rückenmark nur in seltenen glücklichen Fällen in einem Zustande aufgelegt wird, der dem des unversehrten Lebens entfernterweise gleichgestellt werden kann, während doch stets beide noch eine geraume Zeit hindurch mit bedeutender Kraft elektromotorisch wirken.

Hier, wie bei den Muskeln (Vergl. oben S. 161), würde es sehr voreilig sein, aus diesem Verhalten schliefsen zu wollen, dafs der Strom in keinem Zusammenhange mit den besonderen Lebensäufserungen des Nervensystemes stehe. Es folgt vielmehr nichts anderes daraus, als die immer gröfsere Zartheit und leichtere Verrückbarkeit der Bedingungen, an deren Zusammenwirken die Möglichkeit jener Aeufserungen geknüpft ist. In der That wird denn auch die Folge lehren, dafs gleichzeitig mit dem Untergange letzterer der Nervenstrom selber eine wesentliche Eigenschaft einbüfst, die der Veränderung nämlich unter gewissen, der Innervation am nächsten kommenden Einflüssen. So überdauert zwar auch der Muskelstrom die Fähigkeit der Zusammenziehung um ein kleines, hat aber doch selber diejenige eingebüfst, beim Tetanisiren des todten Muskels in eine negative Schwankung zu verfallen.

Ueber die absolute Dauer des Nervenstromes nach dem Tode läfst sich begreiflich ebensowenig etwas bestimmtes aussagen, als über diejenige des Muskelstromes (S. oben S. 162). Beide sind, mit der mechanischen Leistungsfähigkeit selber, einer Fülle der mannigfaltigsten Einflüsse unterworfen, welche Schwankungen innerhalb aufserordentlich weiter Grenzen mit sich führen. Diese Grenzen und die wesentlichsten jener Einflüsse sind bereits im vorigen Kapitel aufgezählt worden; es braucht deshalb hier nur noch kurz an einige Punkte von vorzüglicher Wichtigkeit erinnert zu werden.

Die Stelle des Nysten'schen Gesetzes bei den Muskeln vertritt hier das Valli-Ritter'sche Gesetz (S. oben S. 164). Das Gehirn giebt auch in Betreff der elektromotorischen Thätigkeit seine Stelle als primum moriens nicht auf; am Rückenmarke unterscheidet man leicht das allmälige Vorschreiten des örtlichen Todes von der Gegend des Calamus scriptorius nach der Cauda equina zu; die Wirksamkeit der Wurzeln verlischt vor der der Stämme; die des Plexus ischiadicus vor der der unteren Verzweigung des Sitzbeinnerven in der Kniekehle u. s. f. Endlich behalten die Muskeln selber länger als die Nerven ihre elektromotorische Kraft, was sich nach dem Obigen mit Rücksicht auf den Umstand von selbst versteht, dafs man durch Reizung der Muskeln selber Zuckungen erhält, noch lange nachdem es unmöglich geworden ist, dergleichen von den Nerven aus zu erregen.

Sehr in die Augen fallend ist sodann der Einflufs der Thierart auf die Dauer des Nervenstromes nach dem Tode. Der Nervenstrom der Säugethiere und der Vögel ist in hohem Grade vergänglich, namentlich der der Centralgebilde. Der der Frösche und Schildkröten dagegen kann sich, mit der Erregbarkeit, unter günstigen Umständen bis weit über die hundertste Stunde hinaus erhalten. Bei den Fröschen ist natürlich auch hier die Jahreszeit ein Punkt von grofsem Belang. Es bedarf keiner Erinnerung, dafs es, bei der geringen Masse der Nerven, die das Austrocknen sehr begünstigt, einen grofsen Unterschied macht, ob es sich um einzelne ausgeschnittene Nervenstücke, oder um die in situ der Annäherung des örtlichen Todes überlassenen Nerven handelt. Ein je längeres Stück Nerv ein bestimmter in's Auge gefafster Punkt des Nervensystemes über sich hat, eine um so längere Frist ist der Leistungsfähigkeit dieses Punktes nach dem Tode des Gesammtorganismus gestattet.

Ist der Nervenstrom einmal verloren gegangen, so kehrt er so wenig wie der Muskelstrom jemals wieder. Ein Nerv, aus einem faulenden oder vertrocknenden Gliede geschnitten, und auf die Bäusche gebracht, erweist sich als völlig unwirksam.

6. Von dem Einflusse solcher Umstände auf den Nervenstrom, die entweder das Thier während des Lebens getroffen, auch wohl dasselbe getödtet haben, oder denen der vom Gesammtorganismus getrennte Nerv unmittelbar ausgesetzt wird.

Ich habe, wie für den Muskelstrom, den Einflufs einer Reihe von Einwirkungen auf den Nervenstrom geprüft. Auch hier hat sich, wie zu erwarten war, aus dieser Untersuchung nichts weiter ergeben, als eine fortlaufende Bestätigung des in der vorigen Nummer entwickelten Satzes, dafs der Nervenstrom gleich dem Muskelstrome Schritt halte mit der sonstigen Leistungsfähigkeit des Gewebes, welches sein Träger ist, dafs er, gleich jenem, nur verhältnifsmäfsig etwas später, mit dem Verluste der Leistungsfähigkeit auch zu Grunde gehe.

Von dem Nervenstrome kraftloser, ausgehungerter, kranker Frösche — an anderen Thierarten, die Schildkröte ausgenommen, fehlte es mir an Gelegenheit zu dergleichen Beobachtungen — ist wenig zu sagen: man findet im Allgemeinen sehr entschieden, dafs die Stärke des Stromes mit der Lebensfülle der Thiere steigt und fällt. Von grofsem Interesse wäre es unstreitig, zu untersuchen, wie sich der Strom eines Nerven verhält, der nach der Durchschneidung mit Substanzverlust unterhalb der verletzten Stelle seine gesunde Beschaffenheit eingebüfst hat. Ich habe dies ebensowenig wie die entsprechende Untersuchung am Muskel bisher zu bewerkstelligen Zeit gefunden.

Einige Vergiftungen, welche ich anstellte, haben zu keinen bemerkenswerthen Ergebnissen geführt. Drei Frösche, welche bezüglich mit essigsaurer Strychninlösung, einem Brei von Opium purum und Tinctura Opii simplex, und dem Acidum hydrocyanicum Pharm. Bor. vergiftet worden waren, zeigten an ihrem Ischiadicus den Strom in gesetzmäfsiger Richtung und nicht auffallend geschwächt.

Von den Einflüssen, denen die vom Gesammtorganismus getrennten Nerven unmittelbar ausgesetzt werden können, habe ich folgende untersucht.

1. Wärme. Siedhitze, nur wenige Augenblicke lang auf den Nerven angewendet, schwächt den Strom desselben und kehrt ihn um. Längere Zeit einwirkend vernichtet sie natürlich gänzlich das elektromotorische Vermögen. Wird der Nerv in Wasser von nur 40—50° getaucht, so kehrt sich der Strom nicht um, sondern wird allmälig kleiner.

2. Elektricität. Häufig wiederkehrende elektrische Schläge von beträchtlicher Stärke schwächen den Strom und kehren ihn auch wohl um.

3. Narkotische Gifte. Von diesen habe ich die Blausäure, die Auflösung des essigsauren Morphiums und Strychnins, und der wässerigen Opium- und Brechnufsauszüge geprüft (Vergl. oben S. 182). Es zeigte sich, wie zu erwarten war, dafs der Strom der in diesen Flüssigkeiten gebadeten Nervenstücke sehr bald zu Grunde ging; nichtsdestoweniger bestätigte sich auch hier die Wahrnehmung, wie sehr die örtliche Schädlichkeit der narkotischen Gifte ihrer verderblichen Wirkung auf den Gesammtorganismus an Heftigkeit nachsteht.

4. Aetzmittel. Viel gewaltsamer greifen bei dieser Versuchs-

weise die sogenannten Aetzmittel ein, als Alkohol, Aether, Essigsäure, Salpetersäure, Kalihydrat-, Kochsalzlösung u. d. m. Eine gesättigte Lösung von arseniger Säure wirkte auffallend langsam und schwach.

5. Aufenthalt in der GUERICKE'schen Leere. Unter der Glocke der Luftpumpe blieb der Nervenstrom unverändert, sowohl als die Verdünnung mit möglichster Geschwindigkeit bis zu der der zeitigen Temperatur entsprechenden Dampfspannung getrieben wurde, als auch, was entscheidender ist, während des Wiederzulassens der Luft. Die Versuche wurden gleichzeitig mit den entsprechenden für den Muskelstrom, und an derselben oben S. 185 beschriebenen Vorrichtung angestellt. Der Einfluſs des Aufenthaltes in verschiedenen Gasarten ist noch nicht untersucht. Nach den ganz verneinenden Ergebnissen der in diesem Bezuge mit den Muskeln ausgeführten Versuchsreihe, und in Erwägung der sonst so vollständigen Uebereinstimmung in dem Verhalten des Muskel- und Nervenstromes, ist indessen wohl kaum zu bezweifeln, daſs auch auf den letzteren die mannigfaltigen Atmosphären keine merkliche Wirkung ausüben werden.

Die Stromesumkehr durch die Wärme und die Elektricität brauche ich wohl nicht erst noch der Aufmerksamkeit des Lesers als neue Bewegungserscheinungen des Stromes zu empfehlen.

Wie die Sachen jetzt stehen, sieht man, vielleicht nicht ohne Miſstrauen, daſs zwischen Muskel- und Nervenstrom, in allen untersuchten Punkten, gar kein Unterschied obzuwalten scheint. Wie sollte der Strom, wenn sich dies zu bewähren fortführe, wohl eine wesentliche Beziehung zu den sonst so verschiedenen Lebensäuſserungen dieser beiden Gewebe haben? Dies Bedenken ist voreilig: dem folgenden Kapitel ist es vorbehalten, uns auch über solche Bewegungserscheinungen des Nervenstromes Aufschluſs zu geben, welche demselben eigenthümlich sind.

Siebentes Kapitel.

Von den Bewegungserscheinungen des Nervenstromes.

---

§. I.

Von der Veränderung des Nervenstromes durch einen stetig einwirkenden elektrischen Strom, oder dem **elektrotonischen Zustande der Nerven.**

1. Einleitung. Erste Darlegung der Erscheinungen des elektrotonischen Zustandes der Nerven.

Wir wissen nun, dafs das Muskel- und Nervengewebe vor allen anderen durch den Besitz eines überwiegend starken Stromes bei weitem ausgezeichnet sind; wir kennen das Gesetz, wonach sie diese Thätigkeit ausüben; es ist bei beiden eines und dasselbe; und wir haben gesehen, dafs sämmtliche Erscheinungen, welche an dem ruhenden Nerven und Muskel unter diesem Gesetze begriffen sind, sich erklären lassen unter der einfachen Voraussetzung, Muskel und Nerv seien gleichmäfsig aus Molekeln zusammengesetzt, deren Aequatorialzone positiv, ihre Polarzonen negativ wirken, und deren Axen dabei sämmtlich einander und der Richtung der Primitivbündel oder der Nervenröhren gleich gerichtet sind. Wir wissen ferner, dafs die elektromotorische Thätigkeit, die wir diesen hypothetischen Molekeln zuschreiben, wesentlich geknüpft ist an den für beide Gewebe durch bestimmte Fähigkeiten und Eigenschaften bezeichneten Zustand des vergleichweise unversehrten Lebens; ja, wir haben gefunden, dafs der Muskelstrom veränderlich ist mit der dem Muskelgewebe eigenthümlichen Lebensäufserung, der Zusammenziehung. Jetzt schreiten wir, gestützt auf diese vielversprechenden Vordersätze, zu der Untersuchung, wie sich der Nervenstrom verhalte, während das sogenannte Nervenprincip in Thätigkeit ist; also während der Nerv nach dem Muskel zu oder den Centralgebilden hin die materiellen Veränderungen fortpflanzt, die wir als Bewegung, als Empfindung wahrnehmen.

Die Untersuchung hat hier zunächst ganz gleiche Form mit derjenigen über das Verhalten des Muskelstromes während der Zusammenziehung. Sie zerfällt abermals in die Versuche am Multiplicator und in die dieselben ergänzenden am stromprüfenden Froschschenkel. In Betreff der Multiplicatorversuche gelten ferner ganz dieselben Grundsätze, welche oben S. 30 ff. für die Untersuchung des Muskelstromes während der Zusammenziehung aufgestellt worden sind. Bei der grofsen Geschwindigkeit der Nervenwirkungen, und der geringen Gröfse der hier zu gewärtigenden Stromeskräfte, ist es aus den daselbst erörterten Gründen von vorn herein ebenso unmöglich, die Wirkung eines einzigen Impulses des Nervenprincips auf die Multiplicatornadel wahrzunehmen, als die einer einzigen Muskelzuckung. Wenn überhaupt eine Veränderung des Nervenstromes den Bewegung und Empfindung vermittelnden Vorgang begleitet, so kann dieselbe am Multiplicator vielmehr nicht anders wahrgenommen werden, als wenn sie entweder stetig stattfindet oder sich innerhalb einer möglichst kurzen Frist fortwährend in gleicher Weise wiederholt. Man sieht, dafs sich hier abermals gegen die früheren Bestrebungen in diesem Gebiete, diejenigen Person's ausgenommen (S. oben S. 32. 232), der Vorwurf einstellt, diesen wesentlichen Punkt unberücksichtigt gelassen zu haben.

Unsere Bemühung mufs daher jetzt dahin gehen, ein Verfahren ausfindig zu machen, wodurch wir den Nerven in einen Zustand versetzen können, der in Bezug auf seine besonderen Lebensäufserungen dasselbe vorstellt, was beim Muskel das Tetanisiren. Dieser Zustand ist für den bewegenden Nerven offenbar der, welcher Tetanus in den zugehörigen Muskeln zur Folge hat; für den Empfindungsnerven ein solcher, wo eine irgendwie beschaffene, aber möglichst lebhafte Empfindung entweder stetig oder in einzelnen Anfällen stattfindet, die sich in ununterbrochen dicht gedrängter Reihe wiederholen. Wir wollen, der Kürze und Bequemlichkeit halber, fortfahren, eine jede Versuchsweise, wodurch ein solcher Zustand der Nerven, gleichviel ob bewegender oder empfindender Art, hervorgerufen wird, mit dem Ausdruck »Tetanisiren« zu bezeichnen.

Man übersieht bereits, dafs die Mittel, die uns zur Erreichung dieses Zweckes zu Gebote stehen, mit denen, die wir bei Gelegenheit der entsprechenden Untersuchung für das Muskelgewebe aufgezählt haben, gröfstentheils übereinkommen müssen, da dort eben unser Augenmerk war, vom Nerven aus den Zustand der anhaltenden Zusammenziehung zu bewirken. Wir haben die Wahl zwischen dem elektrischen Strome, der Strychninvergiftung, und den unmittelbar auf den Nerven angewandten mechanischen, thermischen und chemischen Gewaltthätigkeiten. Daſs auch hier ein groſses Uebergewicht der Sicherheit, Bequemlichkeit, Stärke und Dauer der Reizung auf Seiten des elektrischen Stromes liege, kann uns nicht entgehen; wir beginnen daher mit dessen Anwendung. Nachher wird uns obliegen, die auf diese Weise erlangten Ergebnisse einer Prüfung mittelst der übrigen Versuchsweisen zu unterwerfen; eine Maſsregel, deren Bedeutung, wie sich sehr bald zeigen wird, hier von ganz unerwartetem Belang erscheint.

Der Einfachheit und Bequemlichkeit halber bedienen wir uns ferner zunächst nur einzelner ausgeschnittener Nervenstücke. Die Folge wird lehren, daſs die Ergebnisse, welche man an Nerven gewinnt, die noch an einem oder dem anderen Ende mit ihrem natürlichen Ursprung oder ihrer Ausbreitung versehen sind, in jeder Hinsicht mit denjenigen übereinkommen, welche sich an einzelnen freien Nervenstücken darbieten; ja daſs aller Wahrscheinlichkeit nach die letzteren sich noch im vollen Besitz aller der Eigenschaften befinden, die ihnen unter den obigen Verhältnissen zustehen.

Die Art und Weise, hier den elektrischen Strom in Anwendung zu bringen, ist völlig dieselbe, die wir bereits für die Muskeln kennen gelernt haben. Es handelt sich ja gleichsam nur darum, zu untersuchen, welcher elektromotorische Vorgang etwa zwischen Querschnitt und Längsschnitt der Nervenstrecke stattfinde, die beim Tetanisiren des Muskels zwischen diesem und den Platinenden der Inductionsrolle gelegen ist: statt des Muskels wird demnach jetzt das Ende des oberhalb desselben abgeschnittenen Nerven selber in der bekannten Weise über die Bäusche gelegt. Alles, was beim Muskel von der Stärke der Schläge, der Art sie hervorzubringen, von ihrer abwechselnden Richtung u. s. w. gesagt worden ist, behält hier in vollem Maſse seine Geltung; ebenso Alles, was von vorn herein und von Seiten schematischer Versuche beigebracht wurde, um den Verdacht zu beseitigen, als könne, bei der fraglichen Anordnung, ein Uebergang des erregenden Stromes in den Multiplicatorkreis unmittelbar stattfinden.

Doch wollen wir, gröſserer Sicherheit halber, noch einmal eine Prüfung in dieser letzteren Hinsicht vornehmen. Diese Vorsichtsmaſsregel erweist sich hier als von nicht geringer Bedeutung.[1] Um sie ins Werk zu setzen, muſs man sich, wie wohl noch von oben S. 40 her erinnerlich ist, keiner Inductionsschläge bedienen, sondern eines

[1] Ich erlaube mir hier, den Leser ganz den nämlichen Weg zu führen, auf dem ich selber, bereits im Sommer 1843, zur Entdeckung des elektrotonischen Zustandes der Nerven gelangt bin.

stetigen Stromes, welcher, wie wir zu wissen glauben, wenn er nicht alles Maſs der Stärke überschreitet, ja das Nervenprincip völlig in Ruhe läſst. Obgleich die Einschaltung eines Nerven zwischen Platinelektroden die Beständigkeit des Stromes unmöglich macht, bedient man sich doch mit Vortheil einer Kette von beständiger Kraft. Um mit Leichtigkeit die Richtung des Stromes in dem Nerven abändern zu können, wird entweder ein POGGENDORFF'scher Inversor (S. oben Bd. I. S. 447), oder, da das Stehenbleiben mit der Feder auf Metall oder das genaue Fortrücken des Rades um einen bestimmten Bruchtheil seines Umfanges nicht ohne eine gewisse Aufmerksamkeit vollzogen werden kann, ein POHL-scher Stromwender eingeschaltet in den Kreis des Nerven und der Kette.

Es versteht sich von selbst, daſs auch hier, wie bei den entsprechenden Versuchen mit dem Muskelstrome, die gröſste Obhut zu verwenden ist darauf, daſs keine unmittelbare Einwirkung der Kette auf die Nadel stattfinde. Man darf daher nicht versäumen, nach AMPÈRE's Vorschrift[1] alle Kettentheile, welche es irgend verstatten, zusammenzuwinden, um die Wirkung des einen durch die des anderen aufzuheben. Man muſs sich von Zeit zu Zeit immer wieder überzeugen, daſs Herstellen, Abbrechen und Umkehren des Stromes an und für sich die Nadel ganz unbewegt lassen. Um, trotz dem Zusammenwinden der Drahtleitungen, die Richtung des Stromes mit Geschwindigkeit übersehen zu können, ist es zweckmäſsig, sich zu denselben verschiedenfarbiger Drähte zu bedienen. Auch hat man sich, mit Hülfe einer passenden Bezeichnungsweise, von vorn herein die Lage der Wippe zu merken, die einer bestimmten Richtung des Stromes zwischen den Platinenden entspricht.

Man findet nun, daſs in dem Augenblicke, wo man den Kreis der Kette durch den Nerven schlieſst, was bei aufliegendem und die Nadel in beständiger Ablenkung haltendem Nerven in einem der Quecksilbergefäſse des Stromwenders metallisch geschehen muſs, der Strom des Nerven eine beträchtliche Veränderung seiner Gröſse erleidet. Und zwar ist das Gesetz, welches dieselbe zu bestimmen scheint, folgendes:

»Hat der Strom der Kette in dem Nerven gleiche Richtung »mit dem Nervenstrome in dem Stücke Nerv, welches in dem »Multiplicatorkreise begriffen ist, so findet anscheinend Vergröſse»rung des Nervenstromes statt; es findet anscheinend Verkleinerung »desselben statt, wenn beide Ströme in dem Nerven die entge»gengesetzte Richtung haben.«

[1] AMPÈRE et BABINET, Exposé des nouvelles découvertes sur l'Électricité et le Magnétisme. Paris 1822. p. 17.*

Man sehe Fig. 99. 100. Taf. II.; die Pfeile geben die Richtung der Ströme an, das Plus- und Minuszeichen beziehlich Stromvergröfserung und -Verkleinerung. Mit der in den Nerven aufsteigenden und absteigenden Richtung des fremden elektrischen Stromes hat das Zeichen der Veränderung des Nervenstromes nichts zu schaffen; die Erscheinung ist in der That ganz dieselbe, gleichviel ob das Hirnende des Nerven auf den Platinblechen, das Muskelende auf den Bäuschen ruht, oder umgekehrt. Die Stromveränderung ist stetiger Natur; sie dauert so lange, als der fremde Strom das andere Ende durchkreist. Dies erkennt man erstens an der unter günstigen Umständen leicht zu beobachtenden dauernden Erhöhung oder Erniedrigung der beständigen Ablenkung, zweitens daran, dafs man, bei gleichgerichteten Strömen des Nerven und der Kette in dem Nerven, durch Oeffnen der Kette Verminderung, bei entgegengesetzt gerichteten Vermehrung des Stromes hervorbringt.

Es ist, beim ersten Anblick dieser Erscheinungen, wohl nicht leicht, sich der Vorstellung zu erwehren, dafs sie ganz einfach beruhen auf dem Hereinbrechen des fremden elektrischen Stromes in den Multiplicatorkreis,[1] und der Leser erstaunt vielleicht, dafs ihm die ausführliche Beschreibung eines so nichtssagenden Umstandes mitgetheilt wird. Dem ist jedoch nicht so; eine kurze Betrachtung, und wenige Versuche werden hinreichen, um zu zeigen, dafs von dieser Deutung nicht die Rede sein könne, sondern dafs es sich hier um nichts geringeres handle als um eine neue elektromotorische Fähigkeit der Nerven, die sie unter dem Einflusse eines stetigen elektrischen Stromes, der einen Bruchtheil ihrer Länge trifft, auf allen Punkten derselben entfalten. So willkommen uns diese Wahrnehmung sein darf, die uns plötzlich die Nerven, aufser mit ihrem gewöhnlichen Strome, anscheinend als noch mit ganz besonderen elektrischen Eigenschaften begabt erkennen läfst, so wenig können wir uns verhehlen, wie grofse Schwierigkeiten dadurch der Verfolgung des eigentlichen Zweckes in den Weg gelegt sind, den wir hier im Auge hatten, der Untersuchung nämlich, ob eine wahrnehmbare Veränderung des Nervenstromes in dem Augenblicke stattfinde, wo das

[1] Es ist nicht undenkbar, dafs Guérard und Longet in der oben S. 276 erwähnten Beobachtung bereits den elektrotonischen Zustand der Nerven vor sich gehabt haben. Allein ohne alle Bekanntschaft mit den zahlreichen Umständen, welche bei Beurtheilung der hier obwaltenden Verhältnisse in Betracht kommen, plötzlich vor eine der verwickeltesten Erscheinungen dieses ganzen Gebietes gestellt, war es ihnen allerdings unmöglich, die richtige Deutung derselben zu fassen, und auch nicht einmal ein Verdacht stieg ihnen auf, dafs sie hier mit etwas anderem zu thun haben könnten, als einem gemeinen, auf den Gesetzen der Nebenschliefsung beruhenden Phänomen der Ableitung. Vergl. unten, §. II. 2 (III).

Nervenprincip in Thätigkeit ist. Denn dieser Augenblick entspricht, wie wir nach dem Früheren wissen (S. oben Bd. I. S. 258), allein dem Anfang und dem Ende des erregenden Stromes. Hingegen finden wir jetzt, dafs die elektrischen Zustände des Nerven auch durch die Fortdauer des Stromes auf gleicher Höhe verändert werden. Diese Veränderung wird sich, allem Anscheine nach, auch in die etwaige Stromesschwankung zu Anfang und zu Ende des Stromes, wegen Thätigkeit des Nervenprincipes, einmischen. Welche Mittel werden wir ausfindig machen, beide Wirkungen, wenn die zweite derselben in der That vorhanden ist, von einander abzuscheiden? Diese Frage mufs vor der Hand auf sich beruhen; es ist klar, dafs, bevor wir irgend einen weiteren Schritt unternehmen, die sorgfältigste Untersuchung jener neuen Erscheinung anzustellen ist. Hiezu schreiten wir jetzt; jedoch wollen wir uns erst, behufs leichterer Verständigung, über mehrere kurze und bequeme Ausdrücke für häufig in diesem Gebiete wiederkehrende Vorstellungen einigen.

Den die elektrischen Zustände des Nerven verändernden Strom fahren wir fort, mit dem uns schon geläufigen Namen des erregenden Stromes zu bezeichnen.

Den Zustand der Veränderung seiner elektromotorischen Kräfte, welche durch den erregenden Strom hervorgebracht wird, schlage ich vor, den elektrotonischen Zustand des Nerven zu nennen. Die Wahl dieses Namens wird später gerechtfertigt werden.

Von der Strecke eines im elektrotonischen Zustande befindlichen Nerven, welche Vermehrung ihres ursprünglichen Stromes zeigt, wollen wir sagen, sie sei in der positiven Phase jenes Zustandes begriffen. Die negative Phase desselben schreiben wir der Strecke zu, welche Verminderung ihres ursprünglichen Stromes zeigt.

Die Strecke des Nerven, welche auf den Bäuschen ruht, und von der der Nervenstrom in den Multiplicatorkreis abgeleitet wird, heifse die abgeleitete Strecke des Nerven; die auf den Platinblechen der stromzuführenden Vorrichtung liegende, welche dem erregenden Strome ausgesetzt wird, die erregte Strecke desselben.

2. Beweis, dafs die dem elektrotonischen Zustande des Nerven zugeschriebenen Erscheinungen nicht von dem Hereinbrechen des erregenden Stromes in den Multiplicatorkreis herrühren.

Ich beginne mit der Zusammenstellung der Gründe, aus denen mit Zuverlässigkeit hervorgeht, dafs hier durchaus an kein Hereinbrechen des erregenden Stromes in den Multiplicatorkreis, wodurch jene Wirkungen bedingt würden, zu denken ist.

Wir haben bereits oben S. 40 ff. die Gesetze der abgeleiteten Ströme untersucht, welche vermittelst einer zwischen zweien sonst von einander isolirten Kreisen geschlagenen Brücke aus dem einen Kreis in den anderen gelangen können. Wir fanden, daſs die Möglichkeit eines solchen Ueberganges eine Stärke des Hauptstromes und Maſsverhältnisse des verbindenden feuchten Leiters voraussetzt, die hier vergeblich gesucht werden würden. Von dem mächtigen Strome einer sechsgliederigen Grove'schen Säule geht durch einen mit Wasser, Speichel, Blut oder Salzlösung getränkten Zwirnsfaden von viel beträchtlicherem Querschnitte als der Ischiadicus des Frosches, und bei nur 2^{mm} Abstand zwischen den Blechen und Bäuschen, keine an meinem Instrumente wahrnehmbare Spur in den Multiplicatorkreis über. Zur Erzeugung des erregenden Stromes in den vorigen Versuchen, und, wo es nicht ausdrücklich anders gesagt ist, auch in allen folgenden, bediene ich mich eines einzigen Grove'schen Elementes. Schon die verhältniſsmäſsige Schwäche jenes Stromes also und vollends die Länge und Dünne der angewandten Nervenstücke, sichern uns, nach diesen Erfahrungen, von vorn herein gegen jede Täuschung der bezeichneten Art.

Allein selbst in dem Falle, daſs ein solches unmittelbares Hereinbrechen des erregenden Stromes hier stattfinden sollte, würde dennoch keine Verwechselung zwischen den dadurch erzeugten Ablenkungen der Nadel und den vom elektrotonischen Zustande herrührenden möglich sein. Wir sahen, daſs, wie dem auch nicht anders sein kann, jene Ablenkungen in ihrer Richtung sich unabhängig zeigten von der Stelle des Multiplicatorkreises, welche durch die feuchte Brücke mit dem Kreise der Kette in Verbindung gesetzt wurde. Sie blieben, bei gleicher Richtung des Hauptstromes zwischen den Platinenden der Säule unverändert, welches auch der Bausch war, auf welchem das Ende des ableitenden Flieſspapierstreifens aufgelegt wurde, ob der rechte, der linke, oder ein zwischen beiden befindlicher Schlieſsungsbausch. Nur in dem besonders erwähnten Falle der Ableitung durch einen wie in Fig. 81. 82. Taf. I. dieses Bandes gefalteten Streifen nahmen wir, aus unerörtert gelassenen Gründen, Abwechselungen dieser Richtung auf einem und demselben Bausche wahr, je nachdem die beiden senkrecht auf einander stoſsenden Hälften des Streifens in der Falte aneinander schlossen oder nicht. Für gleiche Zustände der Falte blieb sich jedoch auch hier auf beiden Bäuschen die Richtung der Ablenkungen gleich.

Im elektrotonischen Zustande des Nerven nun finden wir die Wirkung auf die Nadel in ihrem Zeichen verschieden für eine und dieselbe Richtung des erregenden Stromes zwischen den Platinenden, je nach dem Bausch, der mit Querschnitt des Nervenstückes berührt wird, da doch durchaus kein Grund vorhanden ist, ein ähnliches Verhältniſs der Ableitung voraussetzen, wie das eben in Erinnerung gebrachte an dem rechtwinklich geknifften Streifen bei anschlieſsender und loser Falte. Jene Wirkungen können also niemals einer Verwechselung ausgesetzt sein mit derjenigen, welche herrührt von Schlingen des erregenden Stromes, die in den Multiplicatorkreis einbrechen. Dies ist der oben S. 42 bereits verkündigte Fall, in welchem uns die Wahrnehmung der beständigen Richtung der letzteren Wirkungen so wichtig werden sollte. Man vergleiche, um sich diesen Punkt lebhaft einzuprägen, die Fig. 99. 100. Taf. II., welche sich auf die Nerven im elektrotonischen Zustande beziehen, mit den Fig. 81—84. Taf. I., welche dies Hereinbrechen des Stromes durch einen Flieſspapierstreifen in den Multiplicatorkreis darstellen.

Es ist übrigens leicht, noch auf andere, völlig entscheidende Art dasselbe Ergebniſs zu bestätigen. Wir werden später sehen, daſs die Gröſse der Veränderung des Nervenstromes durch den elektrotonischen Zustand bis zu einer gewissen Grenze sehr abhängig erscheint von der Stärke des erregenden Stromes. Bei gleicher Stärke desselben wird sie jedoch auſserdem in hohem Maſse bestimmt durch die gröſsere oder geringere Leistungsfähigkeit des Nerven. Dies verträgt sich, wie man leicht sieht, in keiner Weise mit der Annahme, daſs jene Veränderung nichts sei als die Wirkung hereinbrechender Schleifen des erregenden Stromes, da, den einzigen Fall des Austrocknens ausgenommen, die Verminderung der Leistungsfähigkeit keine entsprechende Abnahme des Leitungsvermögens mit sich bringt. Hieher gehören nun folgende Wahrnehmungen.

Man erinnert sich erstlich von früher her (S. oben S. 46), daſs ein Nerv dem elektrischen Strome nicht längere Zeit ausgesetzt werden kann, ohne dadurch in seiner Leistungsfähigkeit beeinträchtigt zu werden. Man sieht daher regelmäſsig, namentlich, wenn man sich stärkerer erregender Ketten bedient, die Veränderungen des Nervenstromes durch den elektrotonischen Zustand immer kleiner werden, und zuletzt verschwinden; der Nerv ist, abgesehen von einem Reste seines gewöhnlichen Stromes, der ihm alsdann noch anzuhaften pflegt, in einen gewöhnlichen feuchten Leiter verwandelt, und man gewinnt, bei ungeschwächter Kraft der Grove'schen Kette, unmittelbar die Ueberzeugung, daſs, bei den Maſsverhältnissen des Nerven, kein Theil ihres Stromes einen Weg in den Multiplicatorkreis zu finden vermag. Dabei kann nicht die Rede davon sein, jene Schwächung den Ladungen der Platinenden zuzuschreiben, auf welchen der Nerv aufliegt. Denn sie wird erst merklich zu einer Zeit, wo die Ladungen längst ihren oberen Grenzwerth erreicht haben, wenn die Kette ununterbrochen geschlossen gehalten wird; sie giebt sich nicht weniger kund, wenn man den Strom, vor der Prüfung, erst wieder zeitweise unterbricht, und also den Ladungen Gelegenheit giebt, sich abzugleichen; endlich sie bleibt nicht aus, auch wenn man den Strom abwechselnd in der einen und der anderen Richtung durch den Nerven schickt, obschon alsdann, bei jedem Wechsel, der erregende Strom, statt durch die Ladungen geschwächt zu sein, im ersten Augenblicke vielmehr um ihre ganze Gröfse vermehrt ist.

Für's zweite kommt es nicht selten vor, dafs Nerven kranker, schwacher, ausgehungerter Thiere, an denen auch sonst alle feineren Reizversuche mifsglücken, die Erscheinungen des elektrotonischen Zustandes nur spurweise zeigen, oder sie wenigstens erst bei viel stärkeren erregenden Kräften deutlich hervortreten lassen.

Drittens hat man es stets in seiner Gewalt, den Nerven augenblicklich des elektrotonischen Zustandes unfähig zu machen, indem man ihn nämlich auf eine der oben S. 287 angegebenen Weisen, durch Wärme, narkotische Gifte, Aetzmittel u. s. w. mifshandelt, wobei er zugleich seinen Strom ganz oder zum Theil einbüfst.

Aber noch eine andere Art giebt es viertens, die Leitungsverhältnisse des Nerven für den elektrischen Strom annähernd unverändert zu lassen, hingegen denselben für die Fortpflanzung des Molecularvorganges undurchgängig zu machen, auf dem die Erscheinungen des elektrotonischen Zustandes beruhen. Ich meine die Unterbindung und Durchschneidung. Unterbindet man einen Nerven, der so eben die Veränderung seines Stromes unter dem Einflusse der erregenden Kette auf das schönste zeigt, zwischen den Platinenden und den Bäuschen, so ist jede Spur von Wirkung an meinem Multiplicator sofort verschwunden; diese Wirkung ist alsbald wieder da, wenn man mit den Platinenden so weit am Nerven nach den Bäuschen zu rückt, dafs das Unterband zwischen oder gar über die Platinenden zu liegen kommt.

Man könnte einwenden, dafs zwar die unterbundene Stelle einem Strome, der den Nerven einfach seiner Länge nach durchkreist, kein merkliches Hindernifs entgegenzusetzen vermöge im Vergleich zu dem stets so beträchtlichen Widerstande des Nerven überhaupt; dafs aber die daselbst befindliche Einschnürung Stromesschlingen, die sich in dem Nerven hin und zurück begeben, doch wohl in ihrem Fortschritt hemmen könne. Dieser Einwand trifft die Durchschneidung des Nerven nicht, welche daher hier den Vorzug verdient. Man bringt es bei einiger Uebung bald dahin, mit befeuchteter Scheere, damit die Nervenbruchstücke nicht ankleben, den Nerven zwischen Bäuschen und Blechen zu durchschneiden, ohne irgend eine weitere Störung des Versuches herbeizuführen; die beiden Stümpfe kleben alsbald wieder zusammen, so dafs die Unterbrechung des Zusammenhanges fast dem Auge entgeht; und doch finden beim Schliefsen, Oeffnen, Umsetzen der erregenden Kette keine merklichen Wirkungen mehr statt. Auf hundertfache Weise läfst sich nun wieder darthun, dafs nicht etwa die Schnittflächen isolirend aufzutreten im Stande seien.

Endlich ist hier noch folgendes zu erwähnen. Es zeigt sich nämlich nicht selten, dafs die Veränderung des Nervenstromes durch den erregenden Strom nicht sogleich in ihrer ganzen Gröfse erscheint, sondern von dem ersten bis dritten, ja vierten Schliefsen der erregenden Kette ein merkliches Ansteigen wahrnehmen läfst. Gleich, oder sehr bald darauf fängt dieselbe wieder an abzunehmen. Namentlich stellt sich dieses Verhalten ein bei sehr geringer Stärke des erregenden Stromes, wie auch bei sehr geringer Leistungsfähigkeit des Nerven. Dieser Umstand selbst soll uns an einer späteren Stelle noch beschäftigen, ebenso die Hemmbarkeit des elektrotonischen Zustandes durch die Unterbindung und Durchschneidung; hier ist dieser Punkte nur gedacht worden, um den Verdacht beseitigen zu helfen, welcher über dem Ursprunge der jenem Zustande zugeschriebenen Erscheinungen schweben möchte. Man sieht in der That, dafs das allmälige Wachsen der Veränderung des Nervenstromes bis zu einer gewissen Grenze abermals in keiner Weise zu vereinigen ist mit der Vorstellung, diese Veränderung rühre her von Schleifen des erregenden Stromes, die sich durch den Nerven bis in den Multiplicatorkreis erstreckten, da alsdann, der sich auf den Platinenden entwickelnden Ladungen halber, vielmehr gerade das Gegentheil der Fall sein müfste. An das geringe und langsame Wachsen der Kraft der Grove'schen Ketten, welches während der ersten Zeit ihrer Wirksamkeit beobachtet zu werden pflegt, ist hier, aus vielfachen Gründen, nicht zu denken.

3. Von der Erscheinungsweise des elektrotonischen Zustandes im Allgemeinen.

Nachdem solchergestalt der Ursprung der neuen Erscheinung vor dem ausgesprochenen Verdachte sichergestellt worden ist, schreiten wir erst zu einer etwas näheren Betrachtung derselben.

Sie bestand also darin, dafs, bei gleicher Richtung des erregenden und des Nervenstromes in dem Nerven, Vermehrung des letzteren, bei entgegengesetzter Richtung Verminderung desselben wahrgenommen wird. Um nun dem Leser einigermafsen ein Bild von dem Vorgange zu geben, bevorworte ich zunächst, was auch zum Theil schon angedeutet wurde, dafs die Gröfse dieser Veränderung von mehreren Umständen in hohem Grade abhängig ist, als da sind die Stärke des erregenden Stromes, die Leistungsfähigkeit des Nerven, der auf dem Nerven gemessene Abstand der Ableitungsstelle von der der Erregung u. d. m. Hiervon wird später ausführlich die Rede sein.[1] Setzen wir aber den Fall, man habe es mit einem Ischiadicus vom Frosche von mittlerer Leistungsfähigkeit zu thun. Als erregender Kette bediene man sich eines Grove-schen Elementes der kleineren Art. Der Abstand der Platinenden der stromzuführenden Vorrichtung von einander, wodurch natürlich, wegen des Widerstandes des Nerven, die Stärke des erregenden Stromes wesentlich mitbestimmt wird, betrage etwa 10^{mm}, der des vorderen Bleches von dem mit Längsschnitt berührten Bausche 8^{mm}, der Abstand der Bäusche von einander ebensoviel. Der Nervenstrom wird, an meinen Vorrichtungen, die Nadel auf ungefähr 8^{0} beständiger Ablenkung halten. Schliefst man alsdann die Kette zur positiven Phase (S. oben S. 294) so wird ein Ausschlag auf $15-20^{0}$, vom Nullpunkte an gerechnet, erfolgen; die beständige Zunahme der Ablenkung pflegt indefs nur $2-3^{0}$ zu betragen. Oeffnet man die Kette, so geht, wie schon bemerkt (S. oben S. 293), die Nadel zurück. Hätte man gar, statt zur positiven, zur negativen Phase geschlossen, so würde ein Ausschlag im Sinne der Ladungen von ungefähr gleicher Gröfse erfolgt sein; er vermag sich, obschon es sich nur um eine Stromverminderung handelt, in dem negativen Quadranten über die ursprüngliche Stellung der Nadel in dem positiven Viertelkreise hinaus zu erstrecken, weil, früher erörterten Grundsätzen zufolge, durch die Verminderung des Stromes ein Theil der Ladungen sich in Freiheit gesetzt findet und mit der nicht mehr völlig aufgewogenen Erdkraft zu einer Wirkung auf die Nadel sich vereinigt (S. oben S. 61). Auch hier wird die beständige Stromesverminderung nicht mehr als $2-3^{0}$ betragen.

Dies ist ungefähr der Gang der Dinge, den man, unter den oben angegebenen, gewissermafsen mittleren Umständen wahrnimmt. Diese bitte ich in Zukunft stets vorauszusetzen, wo nicht das Gegentheil ausdrücklich bemerkt ist. Bei gröfserer Stärke des erregenden Stromes aber sieht man viel bedeutendere Wirkungen erfolgen. Alsdann kann sogar die negative Phase so mächtig werden, dafs dem Anschein nach völlige Umkehr des Nervenstromes in dem Multiplicatorkreise eintritt. Man erkennt dies weniger an der beständigen Ablenkung, welche alsdann im negativen Quadranten stattfindet; denn diese könnte blos von

[1] S. unten, §. II.

freigegebenen Ladungen herrühren. Sondern entweder an den verkehrten, den Sinn des ursprünglichen Nervenstromes einhaltenden Ladungen, welche jene hinterläfst, wenn der Nerv in der negativen Phase befindlich, also mit seinem erregten Ende immer noch auf den stromzuführenden Blechen aufliegend, mit seinem abgeleiteten Ende aus dem Multiplicatorkreise entfernt wird; oder noch besser, man verfährt mit Hülfe eines Kunstgriffes, welcher demjenigen ähnlich ist, dessen wir uns oben S. 59 bedient haben, um mit Ausschlufs der Ladungen den Zustand des Muskelstromes während des Tetanisirens zu erforschen: indem man nämlich zuerst die erregende Kette zur negativen Phase durch den Nerven schliefst und nun diesen in den Multiplicatorkreis aufnimmt. Alsdann bekommt man, statt des Stromes vom Längsschnitte zum Querschnitte in dem Drahte, dem Anscheine nach einen Ausschlag in der entgegengesetzten Richtung zu sehen.

Aber auch bei den erstgedachten mittleren Verhältnissen, wie sie gewöhnlich obwalten werden, kann man leicht viel beträchtlichere Nadelbewegungen erzeugen, als die oben beschriebenen. Dies geschieht, wenn man, auf die Beobachtung beständiger Stromesveränderungen verzichtend, entweder die Kette bei positiver und negativer Phase in Uebereinstimmung mit den Schwingungen der Nadel abwechselnd öffnet und schliefst, oder vollends die Wippe des Stromwenders ebenso fortwährend von der positiven zur negativen Phase und umgekehrt umlegt, ein Kunstgriff, der dem schon früher von uns angewendeten, den Inductionsversuchen entlehnten Verfahren des Umlegens (S. oben Bd. I. S. 242) im Wesentlichen entspricht. Diese Form des Versuches, wobei sich die Nadel bis auf 60°, ja noch höher, mit Leichtigkeit treiben läfst, ist es begreiflich, deren man sich stets bedienen mufs, wenn es darauf ankommt, den unter gewissen Umständen vielleicht nur spurweise vorhandenen elektrotonischen Zustand wahrnehmbar zu machen. Sie hat noch das für sich, dafs der Nerv nicht, wie bei der ersten Art der Beobachtung, der Einwirkung des Stromes längere Zeit hindurch in einer und derselben Richtung ausgesetzt wird, eine Behandlung, deren verderbliche Folgen uns von früherher bekannt sind.

4. Untersuchung des elektrotonischen Zustandes zwischen Längsschnitt und Querschnitt an beiden Enden des Nerven.

Wir wollen jetzt den Versuch machen, etwas tiefer in den Thatbestand einzudringen, der diesem räthselhaften Complex von Erscheinungen zu Grunde liegen mag. Die erste Frage, die wir uns demgemäfs vorzulegen haben, scheint folgende zu sein. Wir sehen den Nervenstrom anschwellen, schwinden oder gar seine Richtung ändern, je nachdem sie mit der des erregenden Stromes zusammenfällt oder nicht. Schwillt er nun gleichzeitig auf allen Punkten der Nervenlänge an, schwindet er und verkehrt er seine Richtung in gleicher Weise auf allen? Von den Bäuschen aus jenseit der Platinbleche ist ein zweiter Querschnitt des Nerven vorhanden; wenn wir hier seinen Strom ableiteten, würde er in dem Nerven die entgegengesetzte Richtung zeigen von derjenigen an dem erstbeobachteten Ende. Geräth nun auch das zweite Ende jenseit der Platinbleche in die positive Phase, wenn das erste, diesseit gelegene sich darin begriffen zeigt? Verfällt es in die negative Phase bis zur Stromesumkehr, wenn dieses ihr unterliegt? Oder ist nicht vielmehr das Entgegengesetzte der Fall; schwindet nicht der Strom hier, während er dort anschwillt, herrscht nicht hier negative Phase, während dort positive waltet und umgekehrt; mit einem Worte, sind nicht beide Phasen des elektrotonischen Zustandes stets an beiden Enden des Nerven complementär?

Wir werden sofort den Versuch zur Entscheidung dieser Frage anrufen: aber ihre Beantwortung scheint schon auf der Hand zu liegen. Es ist von vorn herein klar, daſs die letztere Möglickeit es sein wird, die der Wirklichkeit entspricht. Denn wir haben gefunden, daſs es völlig gleichgültig ist, welches Ende des Nerven, das seinem Ursprunge oder das seiner Ausbreitung entsprechende, auf den Bäuschen abgeleitet wird, während das andere dem erregenden Strom zwischen den Blechen ausgesetzt ist; stets wird das Zeichen der Phase durch den Widerspruch oder die Uebereinstimmung der Richtungen des Nerven- und des erregenden Stromes bedingt. Fände aber die erstere dargelegte Möglichkeit statt, so müſste es immer ein Ende des Nerven geben, für welches der Widerspruch der Strömungsrichtungen das Erscheinen der positiven, ihre Uebereinstimmung das der negativen Phase bestimmte. Alsdann bliebe zu erklären, wie wir stets nur dasjenige Ende zu Gesicht bekommen haben, welches das umgekehrte Gesetz hinsichtlich des Zeichens seiner Phasen befolgte, und hiefür lieſsen sich nur zwei gleich unwahrscheinliche Deutungen beibringen. Es müſste entweder sein, daſs stets nur für das abgeleitete Ende jenes beobachtete Gesetz für das Zeichen der Phasen gälte, für das nicht abgeleitete aber das entgegengesetzte; oder es müſste das Stattfinden des ersteren in allen unseren Versuchen durch den Umstand bedingt sein, daſs wir stets, wie die Natur der Dinge es mit sich bringt, den Strom von der längeren der beiden Hälften ableiteten, in welche der Nerv durch die Platinbleche getheilt wird; der kürzeren Hälfte jenseit derselben von den Bäuschen aus gerechnet würde dann das umgekehrte Gesetz zukommen.

Der Versuch befreit uns von diesen künstlichen Voraussetzungen, und spricht entschieden für die letztere Annahme. Er ist nicht ohne Schwierigkeiten. Es gehören dazu zwei Multiplicatoren von hinreichender Empfindlichkeit für den Nervenstrom, zwei Paar meiner Zuleitungsgefäſse mit den zugehörigen Platinblechen und Bäuschen, und, was nicht immer das leichteste zu beschaffen ist, ein Frosch von der allergröſsten Art, dessen Ischiadicus von der Austrittsstelle aus der Wirbelsäule bis zur Kniekehle nämlich lang genug ist, um mit dem einen Ende über das eine Paar Bäusche, mit seiner mittleren Gegend über die Platinbleche, endlich mit dem anderen Ende über das andere Paar Bäusche gebreitet werden zu können, wie Fig. 101. Taf. II. schematisch zeigt, welche keiner weiteren Erläuterung bedarf.

Alles dieses stand mir glücklicherweise zu Gebot. Ich besaſs einen Frosch von 26^{cm} Länge,[1] dessen Ischiadicus zwischen den angegebenen Grenzen 84^{mm} maſs. Als zweiten Multiplicators bediente ich mich des oben Bd. I. S. 202 beschriebenen Instrumentes des Königlichen Anatomischen Museums, das mit dem leichten daselbst S. 165 erwähnten Nadelpaare versehen war. Dies wurde durch einen Melloni'schen Berichtigungsstab (S. ebendas. S. 199) auf Null gehalten, wobei es eine Schwingung zwischen $\pm 20^0$ (Vergl. ebendas. S. 191. 192) in 13″.6 vollzog, während das bekannte schwerere Spiel (Ebendas. S. 165) in meinem Multiplicator 21″.8 dazu brauchte. Trotz der etwas geringeren Anzahl der Windungen zeigte sich der Museumsmultiplicator für diese Versuche durchaus hinreichend empfindlich. Ein Gastroknemius warf die Nadel desselben mit gröſster Heftigkeit an die Hemmung; ein Ischiadicus gab $18 - 20^0$ ersten Ausschlages. Endlich war es mir vergönnt, ein Paar Zuleitungsgefäſse für thierisch-elektrische Versuche zu benutzen, welche Herr Kleiner gerade damals, nach meiner Angabe, für das Kaiserlich Russische Anatomische Museum in Dorpat angefertigt hatte.

Anlangend die Einrichtung des Versuches ist wenig zu bemerken. Die Multiplicatoren müssen natürlich so weit von einander entfernt sein, daſs keine Wirkung des Berichtigungsstabes des einen auf das Nadelspiel des anderen, geschweige der beiden Nadelspiele auf einander stattfinde. Da sie aber gleichzeitig überwacht sein wollen, so wird ein zweiter Beobachter nothwendig. Mein Freund Herr Dr. Brücke übernahm dieses Geschäft. Es ist ferner darauf zu achten, daſs die beiden Multiplicatorkreise nicht minder sorgfältig von einander isolirt seien,

---

[1] Er überschritt also sogar um Vieles das von Duméril und Bibron seinem Geschlechte vorgeschriebene äuſserste Maſs der Länge. Erpétologie générale ou Histoire naturelle complète des Reptiles. t. VIII. Paris 1841. p. 345.*

als von der erregenden Kette, widrigenfalls dieselben leicht dem erregenden Strome zur Nebenschliefsung dienen könnten. Im Kreise der erregenden Kette mufs sich, wie bei allen Versuchen über den elektrotonischen Zustand, der Pohl'sche Stromwender befinden, weniger hier, um sich des Kunstgriffes des fortgesetzten Umlegens der Wippe bedienen zu können (S. oben S. 300), was keinen Nutzen bieten und bei ungleicher Schwingungsdauer der beiden Spiele nicht einmal zum Zweck führen würde, als um überhaupt Gelegenheit zu haben, die Richtung des Stromes schnell zu wechseln, und die Kette nach Belieben in Quecksilber zu öffnen und zu schliefsen.

Ist nun alles in dieser Weise vorgerichtet, liegen die beiden Enden des Nerven auf den Bäuschen der beiden Paare von Zuleitungsgefäfsen auf und halten die Nadeln der beiden Multiplicatoren in beständiger Ablenkung *ab* (S. die Figur), welche für beide gleiche Stromesrichtung in Bezug auf Längs- und Querschnitt, aber verschiedene hinsichtlich des Ursprungs und der Ausbreitung der Nerven anzeigt, und man schliefst nun die erregende Kette; so sieht man die eine Nadel weiter abgelenkt werden, die andere in dem Sinne der Ladungen zurückweichen, und zwar findet sich für beide das Zeichen der Phase in gleicher Weise bestimmt durch den Widerspruch oder die Uebereinstimmung der Richtung des Nerven- und des erregenden Stromes in dem Nerven. Es wird diejenige Nadel weiter abgelenkt, deren Nervenstrom gleiche Richtung mit dem erregenden Strome hat; es weicht diejenige im Sinne der Ladungen zurück, deren Strom dem erregenden Strome entgegenfliefst (Vergl. die Figur). Wird die erregende Kette geöffnet, so weicht die Nadel zurück, die weiter abgelenkt worden war; die früher zurückgewichene wird weiter abgelenkt. Sind beide Nadeln sur Ruhe gekommen, ist die Wippe umgelegt, und wird abermals geschlossen, so zeigt sich negative Phase an dem Ende, welches früher positive darbot, positive an dem in der negativen begriffen gewesenen u. s. w.

Ich habe, weil mir die mannigfaltigen Hülfsmittel, die er voraussetzt, zu gleicher Zeit nur einmal zu Gebote standen, diesen wichtigen Versuch auch nur zweimal, nämlich an den beiden Sitzbeinnerven des obenerwähnten grofsen Frosches anstellen können. Aber der Erfolg zeigte sich beide Male so rein und so übereinstimmend, und ich hatte mich durch allerlei Gegenversuche dermafsen von der Zuverlässigkeit meiner Verfahrungsarten und Vorrichtungen überzeugt, dafs ich keinen Anstand nehme, das ausgesprochene Ergebnifs als ein völlig sicheres hinzustellen. Es wird dasselbe übrigens noch später auf ganz entscheidende Weise bestätigt werden.

5. Untersuchung des elektrotonischen Zustandes zwischen verschiedenen Punkten des natürlichen Längsschnittes des Nerven.

Wir schreiten jetzt dazu, unsere Kenntniſs des elektrotonischen Zustandes des Nerven dadurch zu erweitern, daſs wir versuchen, wie derselbe sich gestalten möge, wenn wir den ursprünglichen Nervenstrom, statt von Längsschnitt und Querschnitt zugleich, von zweien Punkten des Längsschnittes allein ableiten.

Zu dem Ende heben wir zunächst einfach den Querschnitt des Nerven von dem entsprechenden Bausche ab, versehen diesen in gewohnter Weise mit einem Stückchen Wachstaffent oder einem Glimmerblättchen und schlieſsen den Multiplicatorkreis abermals mit dem Nerven dergestalt, daſs der Querschnitt, während des Aufliegens, durch das Glimmerblättchen u. s. w. vor der Berührung des Bausches geschützt wird. Man erhält bekanntlich eine, im Vergleich zu dem Strome zwischen Längs- und Querschnitt sehr schwache Wirkung in der nämlichen Richtung (S. oben S. 253). Schlieſst man dann die erregende Kette, sei's zur positiven, sei's zur negativen Phase, so sieht man dieselben Wirkungen erfolgen, als bei Ableitung des ursprünglichen Stromes von Längs- und Querschnitt zugleich: anscheinende Vermehrung des Stromes, wenn er mit dem erregenden gleiche Richtung hat, anscheinende Verminderung, wenn die entgegengesetzte. Was aber dabei sofort in die Augen fällt, ist, daſs die Veränderungen des Stromes in beiden Phasen im Vergleich zum ursprünglichen Strome viel gröſser erscheinen als da Querschnitt auflag; sie zeigen nämlich, so weit sich dies beurtheilen läſst, absolut genommen dieselbe Gröſse wie vorher. Natürlich kann dabei von keiner genauen Bestimmung die Rede sein, so wenig wie sonst irgendwo in diesem Gebiete. In dem Falle von Längs- und Querschnitt zugleich geht die Nadel bereits aus von einer merklichen beständigen Ablenkung, in dem zweier Punkte des Längsschnittes allein von einer sehr geringen; in dem ersten Falle sind demgemäſs kräftige Ladungen vorhanden, in dem zweiten nur unbedeutende; dort hat man eine längere, hier eine kürzere Strecke des Nerven zwischen den Bäuschen, oder wenn man den Abstand derselben beständig erhalten will, muſs man hier den stromzuführenden Platinenden näher rücken als dort: lauter Umstände, die, wie wir zum Theil noch sehen werden, von Einfluſs auf die Gröſse der Wirkungen sind. Man müſste denn umgekehrt wieder mit dem ganzen Nerven an den Platinenden herabrücken wollen; aber dabei verändert man wieder die Stärke des erregenden Stromes, die durch die Polarisation jener Enden ohnehin fortwährenden Schwankungen ausgesetzt ist. Ueberdies, und fast ist dies der wesentlichste

Punkt, erhält man auch bei ganz ungestörter Anordnung des Versuches kaum zweimal nacheinander Ausschläge von gleicher Gröfse; sie sind entweder im Zunehmen begriffen (S. oben S. 298), oder sie sinken je nach der Stärke des erregenden Stromes und der Leistungsfähigkeit des Nerven mehr oder weniger rasch von ihrer Höhe herab. Bei alledem kann über dem angekündigten Ergebnisse kein Zweifel obwalten, was schon daraus folgt, dafs es zwischen zweien Punkten des Längsschnittes ungleich leichter ist, als zwischen Längs- und Querschnitt zugleich in der negativen Phase beim metallischen Schliefsen des Multiplicatorkreises nach der erregenden Kette die umgekehrte Strömungsrichtung zu beobachten (Vergl. oben S. 299).

Der elektrotonische Zustand giebt sich also auch am Längsschnitte, und mit nicht geringerer Stärke als zwischen Längs- und Querschnitt kund. Setzen wir nun voraus, dafs wir diesseits der Platinenden eine hinreichend lange Nervenstrecke haben, um den Bäuschen daran verschiedene Lagen geben zu können in der Art, wie man dies in Fig. 102. Taf. II. sieht. *Z* und *P* stellen beziehlich das positive und das negative Platinende vor; $q' l''$, $l'' l'$, $l' l$, $l' l_0$, $l' l_{,,}$ $l^0 l_{,,}$ $l l_,$ verschiedene Stellungen, die wir den Bäuschen zu ertheilen vermögen. Vergegenwärtigen wir uns zuerst, was sich uns, bei geöffneter erregender Kette, von Seiten des ursprünglichen Stromes kund geben werde, während wir die bezeichnete Reihe von Stellungen durchmachen. Sehen wir davon ab, dafs in der Figur, der gröfseren Deutlichkeit halber, zwischen $l' l_,$ und zwischen $l' l_0$, $l^0 l_,$ den Bäuschen ein verschiedener Abstand ertheilt ist von dem, welchen sie bei $q' l''$, $l'' l'$ u. s. w. inne haben, so läuft die bezeichnete Versuchsweise darauf hinaus, dafs ein Bogen von beständiger Spannweite dem Längsschnitt entlang verschoben wird. Dies ist ein Verfahren, das uns völlig geläufig ist; wir brauchen nur einen Blick auf das entsprechende Stück der punktirten Curve der Stromstärken Fig. 57. Taf. V. Bd. I. zu werfen, so erfahren wir, dafs, wenn z. B. bei *l* der elektromotorische Aequator gelegen ist, der Gang des Stromes sich folgendermafsen gestaltet. So lange wir uns mit den Bäuschen diesseits des Aequators aufhalten, werden wir, aber je näher wir ihm rücken, desto schwächer, die nämliche, in der Figur durch die Pfeile angezeigte Strömungsrichtung obwalten sehen, die wir, dem Gesetze des Muskel- und Nervenstromes gemäfs, zwischen Längs- und Querschnitt beobachteten ($l'' l'$, $l' l$). Sie dauert fort, auch noch wenn wir mit dem einen Bausche den Aequator überschreiten ($l' l_0$). Sind wir aber bis zu dem Punkte angelangt, wo der Aequator den Abstand der Bäusche nahezu hälftet, so ist der Strom verschwunden ($l' l_,$). Er kehrt allmälig wachsend, jedoch in entgegengesetzter Richtung wieder, wenn wir, im Verfolg unserer Wanderung, den diesseitigen Bausch dem Aequator näher bringen ($l_0\, l_{\prime}$), dann vollends diesen ganz überschreitend uns mit beiden Bäuschen zwischen denselben und das vordere Platinende stellen ($l\, l_{\prime}$) [Vergl. oben Bd. I. S. 626; Bd. II. S. 264].

Es fragt sich nun, wie sich die Veränderungen des Nervenstromes im elektrotonischen Zustande verhalten werden, während er selber diese Wechsel seiner Erscheinung durchläuft, erst auf Null herabsinkt, dann mit verkehrtem Zeichen wieder anschwillt. Man findet, dafs die Ausschläge beim Schliefsen der erregenden Kette fortfahren zu erscheinen nach demselben Gesetze, nach welchem sie stattfanden, als wir den Strom von Längs- und Querschnitt zugleich ableiteten und als wir zuerst, statt des Querschnittes, einen benachbarten zweiten Punkt des Längsschnittes auflegten. Gleichviel nämlich, bei welcher Stellung der Bäusche man die Erregung vornehme, ob diesseits der unwirksamen Lage $l'\, l_{\prime}$, wo der Strom noch die ursprüngliche Richtung wie zwischen $q'\, l''$ besitzt, oder ob jenseits $l'\, l_{\prime}$, wo er den umgekehrten Sinn einhält; es findet anscheinend Stromvermehrung statt, wenn der ursprüngliche und der erregende Strom im Nerven einander gleichgerichtet sind, anscheinend Stromverminderung, wenn sie einander zuwider laufen.

Daraus folgt unmittelbar, wie auch die in der Figur beigefügten Zeichen es angeben, dafs für eine und dieselbe Stellung der Wippe diesseits des elektromotorischen Aequators positive Phase, jenseits desselben negative Phase herrschen müsse. Und man wird leicht inne, dafs dieses Ergebnifs im Wesentlichen ganz einerlei Sinn hat mit dem der vorigen Nummer. Dort beobachteten wir die Veränderung des Stromes durch den elektrotonischen Zustand gleichzeitig in $q'\, l''$ und $l_{\prime\prime}\, q_{\prime}$ zu beiden Seiten der Platinenden (S. die Figur und vergl. Fig. 101). Wir fanden, dafs, bei entgegengesetzter Richtung der beiden ursprünglichen Ströme im Nerven, die Phasen an beiden Enden desselben einander complementär erschienen. Hier entdecken wir einfach, dafs sich dieses Verhalten auch erstreckt auf die Ströme zwischen verschiedenen Punkten des Längsschnittes, beiderseits bis zum elektromotorischen Aequator hin; dafs also stets die ganze eine Hälfte des Nervenstückes in der positiven Phase begriffen ist, wenn für die ganze andere die negative herrscht.

Was die vergleichweise Stärke der Ausschläge anbetrifft, die der Eintritt der einen und der anderen Phase in den verschiedenen Lagen $l''\, l'$, $l'\, l$ u. s. w. hervorruft, so wird ausführlicher davon gehandelt werden im folgenden Paragraphen, wo wir diese Stärke überhaupt als Function mannigfacher Umstände ins Auge fassen wollen. Hier sei nur kurz angedeutet, dafs dieselbe, während man mit den Bäuschen den Platinenden näher rückt, in stetem und lebhaftem Wachsen begriffen ist, so dafs also fortdauernd jede Proportionalität vermifst wird zwischen der Stärke, in der der ursprüngliche Strom der Stellung des ableitenden Bogens gemäfs erscheint, und der Stärke der Wirkungen, die vom elektrotonischen Zustande herrühren.

Am deutlichsten aber giebt sich dieser Mangel an Beziehung kund in dem Falle, dessen wir nun noch zu gedenken haben, wo, bei symmetrischer Stellung der Bäusche zum Aequator (l' $l_{,}$), der ursprüngliche Strom gleich Null, oder doch nahezu verschwunden ist. Hier nämlich findet das Bemerkenswerthe statt, dafs der Nerv beim Eintritt des erregenden Stromes plötzlich elektromotorisch wirksam wird, und zwar, wie der Pfeil in der Figur anzeigt, dergestalt, dafs der Strom in dem Bogen sich begiebt von der in der negativen zu der in der positiven Phase begriffenen Nervenhälfte; bei umgelegter Wippe ändert sich auch das Zeichen der elektromotorischen Kraft. Der Stärke nach passen die Wirkungen, die man solchergestalt erhält, zwischen diejenigen hinein, welche bei der letzten wirksamen Stellung der Bäusche diesseits und der ersten umgekehrt thätigen Lage derselben jenseits des elektromotorischen Aequators (etwa l' l_0, l^0 $l_{,}$) erhalten werden.

Dies ist die Erscheinungsart des elektrotonischen Zustandes zwischen verschiedenen Punkten des Längsschnittes. Was die Ausführung der Versuchsreihe anbelangt, deren Ergebnisse hier als ein zusammenhängendes Ganze geschildert worden sind, so ist allerdings zu bemerken, dafs sie zu den schwierigeren gehört, und nur in seltenen glücklichen Fällen alles eben dargelegte auf einmal, an einem und demselben Nerven, erkennen lassen wird. Meistens mufs man sich damit begnügen, das vollständige Bild des Vorganges mehreren Versuchen zu entnehmen, deren jeder mit einem anderen Punkte zur Ergänzung der Gesammtheit beisteuert. Im höchsten Grade störend tritt dabei das unvermeidliche Austrocknen der Nerven auf, nicht nur wegen des üblen Einflusses, den dasselbe auf ihre Leistungsfähigkeit ausübt, sondern auch wegen der dadurch entstehenden Klebrigkeit ihrer Oberfläche, welche die Handhabung auf den Bäuschen mittelst der Pinzette aufserordentlich erschwert. Anfeuchten der Spitzen der Pinzette hilft nur wenig dagegen; am besten wirkt Eintauchen derselben in irgend ein flüssiges Fett, z. B. Knochenöl. Dazu kommt noch, dafs nicht gar selten ganz unbegreifliche, nicht zu beherrschende Unregelmäfsigkeiten, wahre Anwandlungen, sich in das ohnehin so zarte und verwickelte Spiel dieser geheimnifsvollen Wirkungen einmischen: plötzliches Versagen, dann wieder unerwartete Lebendigkeit derselben u. d. m. Nur der Richtung nach bleiben sich die Erscheinungen stets und ohne alle Ausnahme unverbrüchlich treu. Man wird aber auch, was ihre Gröſse betrifft, bei hinreichender Vervielfältigung der Versuche, zuletzt immer eine sichere Ueberzeugung von der Wirklichkeit des Verhaltens davontragen, wie es in dieser Nummer von mir dargestellt worden ist.

6. Prüfung der Annahme, die elektromotorische Kraft der in der positiven Phase des elektrotonischen Zustandes begriffenen Nervenhälfte sei erhöht, die der anderen vermindert bis umgekehrt.

Wir sind nunmehr zur Kenntniſs der wesentlichsten Erscheinungen gelangt, die der elektrotonische Zustand darbietet, und in Stand gesetzt, zu untersuchen, welcher muthmaſslich neuen Anordnung die elektromotorischen Kräfte des Nerven während desselben unterliegen.

Wir haben zwar bisher stets, durch den oberflächlichen Anblick der Erfolge an der Multiplicatornadel bestimmt, von einer Vermehrung und einer Verminderung bis Umkehr des Nervenstromes im elektrotonischen Zustande gesprochen. In sofern damit eben nichts weiter gegeben sein soll, als ein kurzes Bild des Vorganges seiner äuſseren Erscheinung in den meisten Fällen nach, ist gegen diese Ausdrucksweise nichts einzuwenden. Sie ist aber, wie sogleich erhellen wird, unhaltbar, sobald sie wörtlich auf den Nervenstrom, seinem Ursprunge und ganzen Verlaufe nach, bezogen werden sollte, sobald damit die, scheinbar freilich am nächsten liegende Vorstellung verknüpft wird, die Molekeln der in der positiven Phase begriffenen Nervenhälfte, deren Strom dem erregenden gleichgerichtet ist, hätten, bei fast unveränderter Anordnung, einen Kräftezuwachs erhalten, hingegen diejenigen der in der negativen Phase befindlichen Hälfte, deren Strom entgegengesetzt flieſst, einen Verlust daran, ja eine Umkehr des Zeichens ihrer Wirksamkeit erlitten. Es ist vielmehr leicht zu zeigen, daſs eine solche Aenderung der elektrischen Zustände des Nerven durchaus nicht die Folgen nach sich ziehen würde, die wir unter dem Einflusse des erregenden Stromes beobachtet haben.

Um zu dieser Einsicht zu gelangen, wollen wir nachstehende Zergliederung vornehmen. Wir entwerfen die Curve der Stromstärken beim Verschieben eines Bogens von beständiger Spannweite rings um den Längsdurchschnitt des zur Hälfte verstärkten, zur Hälfte geschwächten oder in seiner Wirkung umgekehrten Nerven. Diese Curve wird auf eine bestimmte Weise abweichen von der uns wohlbekannten ursprünglichen Curve der Stromstärken am Muskel und Nerven. Nehmen wir nun nacheinander die entsprechenden Ordinaten dieser beiden

Curven und ermessen die Gröſse und Richtung der Wirkungen, welche der Uebergang von der Ordinate der ursprünglichen zu der der veränderten Curve an der Multiplicatornadel hervorbringen würde, so müſste die Reihe dieser Wirkungen sichtlich der Reihe der Ausschläge annähernd entsprechen, welche, nach unseren Erfahrungen, der Eintritt des elektrotonischen Zustandes bei verschiedenen Stellungen des Bogens mit sich bringt, wenn nämlich dieser Zustand wirklich besteht in einer Verstärkung der einen und Schwächung bis Umkehr der Kraft der anderen Nervenhälfte.

Es sei $y'\alpha'0\alpha_{,}y_{,}$ (Fig. 103. Taf. III) die ursprüngliche Curve der Stromstärken an dem Nerven $q'q_{,}$ beim Verschieben des Bogens von beständiger Spannweite $q'l$ seinem Längsschnitte entlang. Die Axe des Nerven ist Abscissenaxe; die verschiedene Richtung der Strömung in beiden Nervenhälften ist durch die Pfeile bezeichnet und graphisch dargestellt durch die Lage der Ordinaten ober- und unterhalb der Abscissenaxe. Nun werde die Hälfte des Nerven $q'0$ verstärkt, die Hälfte $0q_{,}$ geschwächt oder in ihrer Wirkungsrichtung umgekehrt. Alsdann wird nahezu folgendes eintreten.

Fände der ganzen Ausdehnung des Nerven entlang gleichmäſsig eine und dieselbe Veränderung der Kraft seiner elektromotorischen Molekeln statt, so ist deutlich, würden sämmtliche Ordinaten der Curve der Stromstärken einfach proportional erhöht oder erniedrigt scheinen. So eben bleibt die Sache nicht, wenn die Veränderung der Kraft sich nur auf einen Bruchtheil der Länge des Nerven erstreckt, oder wenn beide Hälften desselben eine Veränderung in entgegengesetztem Sinne erfahren. Zwar an beiden Enden des Nerven, zwischen Längs- und Querschnitt, und zwischen zweien dem letzteren benachbarten Punkten des ersteren wird man eine ungefähr proportionale Schwankung erwarten dürfen, namentlich wenn man eine im Vergleich zur halben Nervenlänge nicht zu groſse Spannweite des ableitenden Bogens und einen geringen Querschnitt des Nerven voraussetzt. Allein nach dem elektromotorischen Aequator zu gestalten sich die Dinge sehr verschieden.

In jeder Lage des Bogens nämlich, bei welcher derselbe den Aequator zwischen seinen Fuſspunkten hat, wird sich ein Strom von dem auf der gestärkten Nervenhälfte aufstehenden Fuſspunkte zu dem auf der geschwächten ruhenden durch den Bogen begeben müssen. Denn man kann sich denken, man habe den Fig. 99. Taf. II abgebildeten Fall vor sich, wo von den beiden ungleich dicken Hälften eines und desselben Nervenstückes diejenige von gröſserem Querschnitte die Oberhand hat (S. oben S. 267); wie dort die Vergröſserung des Querschnittes wirkt hier die Verstärkung der Kraft der elektromotorischen Molekeln.

Vollends deutlich wird jener Satz, wenn man annimmt, daſs die Kraft der in der negativen Phase begriffenen Hälfte auf Null gesunken ist, da diese alsdann nur noch eine unwirksam leitende Verlängerung des Bausches vorstellt; endlich gar, wenn die Umkehr der Wirkungsrichtung darin erfolgt ist, indem man es dann, da der positive Querschnitt der umgekehrten an den negativen der verstärkten Hälfte stöſst, gewissermaſsen mit einer zweigliederigen Nervensäule zu thun haben würde. Die Stärke der solchergestalt in dem Bogen gesetzten Ströme könnte daher sehr beträchtlich werden; sie würde bereits bei einem gewissen Grade der Verstärkung der einen und Schwächung der anderen Hälfte der des ursprünglichen Nervenstromes zwischen Längs- und Querschnitt gleichkommen, von da ab sie um steigende Gröſsen übertreffen. Sie scheint übrigens am gröſsten sein zu müssen, wenn der Bogen eben mit seinem ersten Fuſse den elektromotorischen Aequator überschreitet, da er alsdann der stärkeren Nervenhälfte in der gröſsten, der schwächeren ihr entgegenwirkenden in der kleinsten Spannweite sich angelegt findet; sie wird umgekehrt am kleinsten, wenn der Bogen eben im Begriff ist, auch mit dem zweiten Fuſse auf die in der negativen Phase begriffene Hälfte hinüberzurücken.

Wie man leicht bemerkt, würde die Richtung des Stromes in dem Bogen während seines Ueberganges über den Aequator die entgegengesetzte sein von derjenigen, die ihm zwischen Längs- und Querschnitt oder zwischen verschiedenen Punkten des Längsschnittes der in der positiven Phase begriffenen Hälfte zukommt, folglich einerlei mit derjenigen, die bei den entsprechenden Stellungen des Bogens an der in der negativen Phase begriffenen Hälfte wahrgenommen wird, so lange hier noch keine Stromesumkehr im elektrotonischen Zustande erfolgt ist. Die neue Curve der Stromstärken ($\xi'\alpha' l'\beta\alpha_{,}\xi_{,,}$ oder auch . . . $\alpha_{,} l_{,} \xi_{,,}$) muſs danach folgenden Gang nehmen. Wir beginnen bei dem Ende der in der positiven Phase begriffenen Nervenhälfte. Die Curve verläuft zuerst über der ursprünglichen Curve der Stromstärken, und ihre Ordinaten sind denen der letzteren annähernd proportional. Dann strebt sie nach der Abscissenaxe. Sie schneidet die ursprüngliche Curve (bei α'), dann die Axe in einem Punkte (l'), der mindestens um die beständige Spannweite $q'l$ des Bogens vom elektromotorischen Aequator entlegen ist. Sofort erreicht sie (bei β) ein negatives Maximum, überschreitet den Aequator jedoch noch mit einem sehr beträchtlichen Werthe, nähert sich jenseits wieder stark der Abscissenaxe und schneidet abermals (bei $\alpha_{,}$) die ursprüngliche Curve. Von hier ab wird ihr Verlauf wesentlich dadurch bestimmt, ob nur Schwächung, oder ob auch Umkehr der Wirkungsrichtung der in der negativen Phase begriffenen

Nervenhälfte stattfindet. Ist das erstere der Fall, so hat die Curve nur ein negatives Minimum und strebt dann wieder aufwärts, wobei ihre Ordinaten schliefslich denen der ursprünglichen Curve annähernd proportional werden. Trifft das letztere ein, so schneidet sie zum zweitenmale die Abscissenaxe, und macht oberhalb derselben, mit verändertem Zeichen ihrer Kraft, einen ähnlichen Schlufs.

Wir sind jetzt im Stande, die Prüfung anzustellen, die der Zweck dieser Untersuchung war. Besteht der elektrotonische Zustand in Verstärkung der einen, Schwächung bis Umkehr der Kraft der anderen Nervenhälfte, so müssen die Ordinatenunterschiede beider, der ursprünglichen und der veränderten Curve der Stromstärken, wie sie sich uns in den schraffirten Flächenräumen der Fig. 103 darstellen, der Gröfse und dem Zeichen nach den Ausschlägen entsprechen, die wir, bei verschiedenen Stellungen des Bogens, in Folge des Eintrittes jenes Zustandes wahrgenommen haben. Bemerkt zu werden im Allgemeinen verdient nun der Umstand, dafs, wie aus dem vorigen deutlich erhellt, die Ordinaten der veränderten Curve keinesweges denen der ursprünglichen proportional geblieben sind. Der Mangel an Proportionalität also, den wir zwischen den Wirkungen bei Eintritt des elektrotonischen Zustandes und der jedesmaligen Gröfse des ursprünglichen Stromes beobachtet haben, wie sie durch die Stellung des Bogens bestimmt wird, z. B. das Wirksamwerden des Nerven bei der symmetrischen Stellung der Fufspunkte des Bogens zum Aequator (S. oben S. 307, vergl. Fig. 102 $l'\ l_{,}$), diese Abwesenheit jeder Uebereinstimmung an und für sich enthielt keinen Grund, die Vorstellung von der Natur des elektrotonischen Zustandes, die hier geprüft wird, von der Hand zu weisen, wie es auf den ersten Blick vielleicht hat scheinen mögen. Allein es fragt sich, ob, innerhalb ihrer beiderseitigen Abweichungen vom ursprünglichen Wirkungsgesetze, die neue Curve der Stromstärken Fig. 103 und der Gang der von uns verzeichneten Wirkungen mit einander übereinkommen.

Anfangs nun, bei Ableitung des ursprünglichen Stromes vom Längs- und Querschnitte zugleich, wird noch kein Unterschied zwischen beiden fühlbar. Es mufs, nach unserer Figur, in der positiven Phase Verstärkung, in der negativen Schwächung bis Umkehr wahrgenommen werden, und so ist es auch, wie man sich erinnert, in der That. Der unversöhnlichste Zwiespalt zögert aber nicht sich einzustellen, sobald man den auf Querschnitt befindlichen Fufs des Bogens gleichfalls auf Längsschnitt herüberzieht. Jetzt nämlich müfsten, da zunächst noch die Ordinaten der ursprünglichen Curve in der positiven Phase ungefähr proportional erhöht, in der negativen ebenso erniedrigt, oder dem Zeichen nach verkehrt sind, die Wirkungen beim Eintritt des elektrotonischen Zustandes annähernd in dem Maſse schwächer ausfallen, in welchem der hier herrschende ursprüngliche Strom demjenigen zwischen Längs- und Querschnitt selber nachsteht. Wir haben jedoch gesehen, daſs eine solche Proportionalität gar nicht stattfindet, sondern daſs jene Wirkungen im Durchschnitt dieselbe Gröſse erreichen zwischen Längs- und Querschnitt zugleich und zwischen zweien dem letzteren benachbarten Punkten des ersteren allein (S. oben S. 304).

Dabei handelt es sich noch um eine, in diesem Gebiete zugegeben immer miſsliche Vergleichung von Wirkungsgröſsen. Jetzt aber zeigt uns unsere obige Zergliederung, daſs wir, sowohl in der positiven Phase, als in der negativen, beim Hinaufrücken mit dem Bogen nach dem Aequator zu, auf einen Punkt stoſsen müſsten (α', $a_{,}$), wo die Wirkung beim Eintritt des elektrotonischen Zustandes Null wäre. Solchem Punkte, der uns doch schwerlich hätte entgehen können, sind wir jedoch nicht begegnet. Weiter vorrückend finden wir dann in der positiven sowohl als der negativen Phase, nachdem der eine Fuſspunkt des Bogens den elektromotorischen Aequator überschritten, eine heftige Wirkung im umgekehrten Sinne von derjenigen angezeigt, die zwischen Längs- und Querschnitt, und zwischen zweien Punkten des ersteren, stattfand. Diese Wirkung soll mit abnehmender Stärke anhalten, bis der zweite Punkt des Bogens dem ersten über den Aequator fort in das Gebiet der entgegengesetzten Phase gefolgt ist. Hälftet der Aequator die beständige Spannweite des Bogens, so soll ein Strom von beträchtlicher Stärke in diesem entstehen in der Richtung von der in der positiven Phase begriffenen zu der in der negativen befindlichen Nervenhälfte.

Dies ist nun der völlig entscheidende Punkt, über dessen Stattfinden und nicht Stattfinden gar kein Zweifel aufkommen kann. Wir haben aber gerade das Entgegengesetzte beobachtet; die Wirkungen beim Eintritt des elektrotonischen Zustandes kehrten, für eine und dieselbe Lage der Wippe, ihr Zeichen dem ganzen Längsschnitte entlang niemals um: denn wenn die eine Nervenhälfte Stromzunahme wahrnehmen lieſs, so zeigte die andere, von ursprünglich entgegengesetzter Strömungsrichtung, Stromabnahme bis Stromesumkehr. Standen die Fuſspunkte des Bogens symmetrisch zum elektromotorischen Aequator, so wurde, gerade entgegengesetzt dem durch Fig. 103 geforderten Erfolge, beim Eintritt des Zustandes der Nerv in dem Sinne elektromotorisch wirksam, daſs ein Strom den Bogen durchlief von der in der negativen zu der in der positiven Phase begriffenen Nervenhälfte.

Durch diese Auseinandersetzung ist demnach, wenn ich nicht irre, die fragliche Vorstellungsweise über die Natur des elektrotonischen Zustandes der Nerven auf das gründlichste beseitigt. Es war auch, bei näherer Ueberlegung, schon von vorn herein nicht anders zu erwarten. Schwerlich möchte man, ganz gleichviel von welcher Ansicht über die Anordnung der ungleichartigen Gebilde im Nerven man ausgehe, jener Vorstellungsweise irgend ein vernünftiges Verständnifs abgewinnen. Dafs sie an keine Erscheinung ähnlicher Art im ganzen Gebiete der Elektricität anknüpft, würde ihr noch zum geringeren Vorwurf gereichen, da wir nicht wissen können, ob es uns vergönnt sein wird, eine Annahme an die Stelle jener zu setzen, welche besser dieser Anforderung entspricht. Aber was wir verlangen dürfen, ist wenigstens dieses, dafs eine neue, eigends zum Behuf der Erklärung eines Vorganges erdachte Wirkungsweise nicht ohne allen mechanischen Sinn sei, nicht an einem so gröblichen Mifsverständnisse daniederliege, wie es hier in dem Umstand hervortritt, dafs dem elektromotorischen Aequator vor den übrigen Punkten der Nervenlänge eine wesentliche Bedeutung zugeschrieben wird. Diese Bedeutung beschränkt sich, wie die des Indifferenzpunktes eines Magnetstabes, eines Ampère'schen Solenoïds u. d. m., in Wirklichkeit darauf, dafs er eine Abgrenzung bildet zwischen den Richtungen der Resultanten der Partialwirkungen beider Nervenhälften, ohne dafs jedoch damit der geringste weitere Unterschied zwischen den diesseits und jenseits desselben gelegenen Componenten angezeigt sei. Wie sollte nun hier eine Molekel, je nachdem sie durch den Aequator von der erregten Stelle getrennt wird oder nicht, so verschiedene Wirkungen vom Strom erfahren? wie der Strom bis zum Aequator hin die eine, von hier ab jedoch bis zum anderen Nervenende hin die entgegengesetzte Thätigkeit ausüben?

Man könnte, in Betracht dieses Uebelstandes, die fragliche Hypothese dahin abändern wollen, dafs man sich dächte, die Vermehrung der Kraft der Molekeln der in der positiven Phase begriffenen Nervenhälfte nehme stetig ab bis zum elektromotorischen Aequator, wo sie Null sei; hier gehe sie über in Verminderung, welche nach dem Ende der in der negativen Phase befindlichen Nervenhälfte hin wachse, wo sie unter Umständen bis zur Umkehr gedeihen könne. So wäre jene Discontinuität im elektromotorischen Aequator, dies einem zufälligen Punkte beigemessene wesentliche Gewicht freilich hinweggeschafft. Allein die Annahme wird darum in sich nicht viel statthafter, und die gegen die erste Gestalt derselben vorgebrachten thatsächlichen Gründe fahren zu gelten fort, wie man leicht erkennt, da, bei der symmetrischen Stellung der Fufspunkte des Bogens zum Aequator, der durch den elektrotonischen Zustand in dem Bogen gesetzte Strom noch immer die umgekehrte Richtung von der von uns wirklich beobachteten haben müfste.

7. Von der neuen Anordnung der elektromotorischen Kräfte der Nerven im elektrotonischen Zustande.

So stehen wir denn zunächst, wenn wir nicht die abentheuerlichsten Hypothesen noch ferner übereinanderhäufen wollen, ganz rathlos da. Ueberlegen wir uns jedoch den Gang unserer letzten Untersuchung, so wird es fraglich, ob nicht die Verwickelungen, in die wir hier gerathen sind, daher rühren, dafs wir, stets und mit Recht durchdrungen von der Bedeutung des ursprünglichen Wirkungsgesetzes der thierischen Erreger, darauf bestanden haben, dieses Gesetz um jeden Preis auch in der neuen elektromotorischen Erscheinung der Nerven wiederzuerkennen. Versuchen wir nun einmal, nachdem wir dergestalt der Verpflichtung Genüge gethan, ohne Nothwendigkeit keine neue Annahme zu Hülfe zu rufen, wie sich die Erörterung unserer Thatsachen gestalten möge, wenn wir Verzicht leisten auf die Durchführung des Princips der peripolaren Anordnung; ob sich auf diesem Wege vielleicht eine einfache Formel für die Gesammtheit der Erscheinungen entdecken lasse, welche der Beobachtung zugleich und irgend welcher verständigen Erklärungsweise sich anschmiegt. Vielleicht tritt hier der Fall ein, wo der oben Bd. I. S. 682 ausgesprochenen Warnung mit Vortheil gedacht werden kann, dafs man sich das Bild der peripolar elektromotorischen Molekeln und also auch des auf sie zurückgeführten Wirkungsgesetzes der thierischen Erreger nicht einprägen solle als ein unveränderliches und einzig gültiges; wozu das Gewicht leicht verführen könne, welches jenem Gesetze von uns beigemessen worden ist als dem ersten sicheren Anhaltspunkte, dem wir im Laufe unserer Untersuchung begegneten.

Da scheint es denn an der Zeit, einen merkwürdigen Umstand hervorzuheben, der übrigens dem Leser gewifs bereits aufgefallen ist. Fassen wir nämlich die Fig. 102. Taf. II nochmals ins Auge, so ist folgendes nicht zu verkennen. In der Nervenhälfte $q'l$ herrscht bekanntlich die eine, in der lq, die andere Strömungsrichtung. Die Phasen beider Hälften sind stets complementär (S. oben S. 303. 306). Es folgt, dafs sich die Zunahme des Stromes in der einen, die Abnahme bis Umkehr desselben in der anderen Hälfte gemeinsam ableiten lassen unter der Voraussetzung, dafs beiden Strömen ein algebraïsch zu summirender Zuwachs von gleicher absoluter Richtung widerfahre. Und zwar müfste dieser Zuwachs im Nerven diejenige Richtung haben, die der Strom der in der positiven Phase begriffenen Hälfte in demselben hat. Betrachten wir nun aufmerksamer, was bei der Stellung des Bogens vor sich geht, bei welcher der elektromotorische Aequator seine beständige Spannweite hälftet. Hier entsteht ein Strom in dem Bogen in der Richtung von der in der negativen Phase begriffenen zu der in der positiven befindlichen Nervenhälfte. Dieser Strom hat also, in dem Nerven, die entgegengesetzte Richtung. Diese Richtung ist aber gerade diejenige, die der Zuwachs haben müfste, den wir eben voraussetzten, um die Zunahme des Stromes der einen, die Abnahme des Stromes der anderen Nervenhälfte zu erklären.

Dies ist jedoch noch nicht Alles. Sondern man werfe einen Blick auf die Fig. 104. Taf. II. Hier habe ich den vorausgesetzten Zuwachs für die verschiedenen Stellungen des Bogens überall angedeutet. Die punktirten Bögen und Pfeile entsprechen denen der Fig. 102 und gehören dem ursprünglichen Strome an; die ausgezogenen stellen den Zuwachs vor. *Z* und *P* sind die stromzuführenden Platinenden. Der Pfeil zwischen denselben zeigt die Richtung des erregenden Stromes an. Diese Richtung fällt bekanntlich stets zusammen mit derjenigen des ursprünglichen Nervenstromes in der Hälfte, welche in der positiven Phase begriffen ist; denn durch dies Zusammenfallen wird ja bei jeder Richtung des erregenden Stromes eben bestimmt, welche Hälfte der positiven Phase unterliegen soll. Nun sollte auch der Zuwachs mit dem Strome der in der positiven Phase befindlichen Hälfte einerlei Richtung haben, damit man durch denselben die Erscheinungen beider Phasen sowohl als auch das Wirksamwerden des Nerven bei der mittleren, am ruhenden Nerven unwirksamen Stellung des Bogens erklären könne. Daraus folgt, wie leicht aus der Figur ersichtlich ist, dafs jener Zuwachs auf allen Punkten des Nerven dem erregenden Strome selber gleichgerichtet gedacht werden mufs.

Dies ist ein Ergebnifs von der höchsten Bedeutung. Die einfachen und fruchtbaren Folgerungen, zu denen es hinsichtlich der Natur des elektrotonischen Zustandes Anlafs giebt, sollen uns erst in der folgenden Nummer beschäftigen, wo wir versuchen wollen, eine physikalische Theorie dieses Zustandes aufzustellen: hier beschränken wir uns darauf, mit Hülfe jenes Ergebnisses, in dem Geiste einer mathematischen Theorie, sämmtliche uns bis jetzt bekannt gewordene Erscheinungen des Zustandes an eine einzige, zunächst nicht weiter gedeutete Voraussetzung, die des in Rede stehenden Zuwachses, zu knüpfen.

In der That, wir brauchen uns nur vorzustellen, dafs der Erfolg, den wir beim Eintritt des elektrotonischen Zustandes und bei der mittleren, für gewöhnlich unwirksamen Stellung des Bogens wahrnehmen, nämlich das Wirksamwerden des Nerven in der Richtung des elektrischen Stromes, kein ausnahmsweiser und besonderer ist, sondern der auf allen aufserhalb der Elektroden gelegenen Punkten gleichmäfsig stattfindende, der nur hier, wegen der ursprünglichen Unwirksamkeit der Lage des Bogens, rein und ungetrübt ans Licht zu treten vermag; mit einem Worte, wir brauchen uns nur zu denken, dafs der Nerv, sobald irgend eine Strecke seiner Länge von einem elektrischen Strome betroffen wird, abgesehen von seiner gewöhnlichen Stromentwickelung, sofort auf allen seinen Punkten anfängt elektromotorisch zu wirken in dem Sinne jenes erregenden Stromes selber: so haben wir für alle bisher beschriebenen Erscheinungen des elektrotonischen Zustandes eine befriedigende Ableitung gewonnen.

Für die neuen dergestalt unter dem Einflusse des erregenden Stromes hervortretenden elektromotorischen Kräfte des Nerven büfst, wie die Erfahrungen der fünften Nummer lehren, der Gegensatz zwischen Längs- und Querschnitt seine Geltung ein; es verhält sich einfach jeder Punkt der Nervenlänge negativ gegen jeden anderen in der Richtung des erregenden Stromes vor ihm gelegenen, positiv gegen jeden hinter ihm gelegenen. Die beiden Endquerschnitte selber stellen dabei nichts weiter vor, als die entferntesten Punkte des Nerven, deren jeder sich positiv oder negativ gegen alle übrigen verhält, je nachdem sie in der Richtung des Stromes beziehlich aufwärts oder abwärts von ihm gelegen sind.

Damit ist indessen nicht gesagt, dafs während des elektrotonischen Zustandes der Gegensatz zwischen Längs- und Querschnitt überhaupt aufgehört habe; er dauert vielmehr fort, und seine Wirkungen setzen sich zusammen mit denjenigen der Kräfte, die ohne Bezug auf diesen Gegensatz, durch den erregenden Strom in dem Nerven hervorgerufen sind. Dafs dem so sei, läfst sich schon dem Umstande entnehmen, dafs, je nach der Gröfse des algebraïsch zu summirenden Zuwachses, die, wie man sich erinnert, aufser durch die Entfernung von den Elektroden noch durch mehrere andere Umstände bestimmt wird, in der negativen Phase bald blofse Abnahme des Stromes, bald Umkehr desselben beobachtet wird, dafs aber die letztere viel leichter erfolgt, wenn der ursprüngliche Strom von zweien Punkten des Längsschnittes, als wenn er von Längs- und Querschnitt zugleich abgeleitet wird. Noch unmittelbarer zeigt sich aber die Fortdauer des gewöhnlichen Nervenstromes während des elektrotonischen Zustandes darin, dafs man, während die auf den Bäuschen liegende Nervenhälfte in der einen oder der anderen Phase durch einen nicht zu starken Strom begriffen ist, die ursprüngliche Curve der Stromstärken noch daran zu unterscheiden vermag. Wenn man nämlich mit den in beständigem Abstand gehaltenen Bäuschen längs dem Nerven nach seinem Endquerschnitt zu um gleiche

Gröfsen herunterrückt, so finden wachsende Ausschläge im Sinne des ursprünglichen Nervenstromes statt, und endlich, wenn der Querschnitt selber berührt wird, ein die früheren bei weitem übertreffender. Oeffnet man aber auf irgend einer Stufe dieses Vorganges den Kreis der erregenden Kette, während die Nadel in beständiger Ablenkung weilt, so stellt sich, je nachdem positive oder negative Phase herrschte, ein negativer oder positiver Ausschlag ein. Man wird demnach inne, dafs allerdings während des elektrotonischen Zustandes die ursprüngliche Curve der Stromstärken noch ihre Geltung behält. Nur hat eine Vermehrung oder Verminderung des Stromes auf allen Punkten um eine nahezu beständige Gröfse, die des Zuwachses nämlich, stattgefunden.

Für nahezu beständig kann übrigens diese Gröfse nur ausgegeben werden, wenn es sich um kleine Unterschiede der Entfernung der abgeleiteten von der erregten Strecke handelt. Man erinnert sich, dafs, wie wir fanden (S. oben S. 306. 307), die Wirkungen beim Eintritt des elektrotonischen Zustandes um so gröfser ausfielen, je näher wir den stromzuführenden Platinenden am Längsschnitte mit den Bäuschen rückten. Es mufs also zur Beschreibung des durch den erregenden Strom in seiner eigenen Richtung gesetzten Zuwachses noch hinzugefügt werden, dafs die Gröfse desselben an einer bestimmten Stelle in einem umgekehrten Verhältnifs stehe zur Entfernung dieser Stelle von den Elektroden.

Dies alles vollends einleuchten zu machen, greifen wir abermals zur graphischen Darstellung. S. Fig. 105. Taf. III. Sei in hergebrachter Weise *q′q*, der Nerv, dessen Axe als Abscissenaxe benutzt wird, die Spannweite des Bogens *q′l*, *y′α0y*, die ursprüngliche Curve der Stromstärken. Nach der durch den Pfeil angezeigten Richtung des erregenden Stromes zwischen den Elektroden *Z* und *P* mufs die Hälfte *q′0* des Nerven der positiven, die *0q*, der negativen Phase anheimfallen. Oberhalb der Abscissenaxe sind also die Ordinaten aufzutragen, welche den Zuwachs des Stromes für jede mögliche Stellung des Bogens dies- und jenseits der Elektroden vorstellen, d. h. den vermöge der neuen elektromotorischen Kräfte des Nerven im elektrotonischen Zustand gesetzten Unterschied der Spannungen der Enden des Bogens, dividirt durch den beständigen Widerstand des Multiplicatorkreises. Demnach ist *z′α[0]ZPz*, etwa der Verlauf der Curve des Zuwachses; die gegen die Abscissenaxe convexe Gestalt der Aufsteigung glaube ich derselben mit ziemlicher Bestimmtheit zuschreiben zu dürfen. Wie die Curve zwischen den Elektroden selber beschaffen sei, ist unbekannt; hievon wird übrigens noch später gehandelt werden.

Summiren wir nun für jeden Punkt der Abscisse algebraïsch die

Ordinate der ursprünglichen Curve der Stromstärken und die der Curve des Zuwachses, so erhalten wir die rechte, in der vorigen Nummer (Fig. 103) vergeblich gesuchte veränderte Curve der Stromstärken an dem im elektrotonischen Zustande begriffenen Nerven. Es ist die Curve $y''[0]Z'P'y_{,,}$. Hätte die Curve des Zuwachses zur Gleichung $Y = const.$, so sieht man ein, würde es sich um eine bloſse Coordinatenverlegung um den beständigen Werth von Y nach der Seite der positiven Ordinaten handeln; für die mittlere Stellung des Bogens (0) würde beim Schlieſsen der erregenden Kette sich das reine Maſs der Verlegung kundgeben. Dieses einfache Verhältniſs wird getrübt durch die verwickeltere Gleichung des Zuwachses. Betrachten wir jetzt die Reihe von Wirkungen, welche, beim Vorrücken von q' nach Z, der Uebergang von der ursprünglichen zur veränderten Curve der Stromstärken in dem Multiplicatorkreise hervorbringen muſs, so finden wir eine völlige Uebereinstimmung mit dem Gesetze der Ausschläge, die wir beim Eintritt des elektrotonischen Zustandes in der fünften Nummer unter den entsprechenden Umständen wirklich beobachtet haben. Ich habe, wie in der Fig. 103, wo wir eine solche Uebereinstimmung so sehr vermiſsten, den Flächenraum zwischen der ursprünglichen und der veränderten Curve der Stromstärken schraffirt, um das Gesetz der Differenzencurve beider leichter zur Anschauung zu bringen. Diese Differenzencurve verlangt nämlich einfach, gerade wie es in der That der Fall war, daſs, ohne Rücksicht auf Gröſse und Richtung des vorhandenen ursprünglichen Stromes, das Schlieſsen der erregenden Kette einen Ausschlag hervorbringe, der eine Stromentwickelung in dem Nerven in der Richtung des erregenden Stromes anzeige, und dessen Gröſse wachse, wie man mit der abgeleiteten Strecke der erregten näher kommt. Die neue Curve der Stromstärken endlich für die negative Phase der Hälfte $q'0$, die positive der Hälfte $0q$, des Nerven habe ich, nebst der zugehörigen Curve des Zuwachses, beziehlich durch lang ausgezogene und kurze Punkte unterhalb der Abscissenaxe angedeutet.

Somit haben wir das uns in dieser Nummer gestellte Ziel erreicht. Ehe wir weiter gehen, will ich noch zweier hiehergehöriger Versuche gedenken, die zwar kein Ergebniſs geliefert haben, aber über deren Ausgang doch vielleicht einer oder der andere Leser wünschte unterrichtet zu sein, da sie allerdings, wenn sie mit Erfolg ausführbar wären, für die Bestätigung der obigen Theorie des elektrotonischen Zustandes von einiger Wichtigkeit sein würden. Beide laufen darauf hinaus, mit Hülfe besonderer Kunstgriffe die Schwierigkeiten zu umgehen, die sich, bei dem oben S. 304 beschriebenen Verfahren und aus den daselbst aufgezählten Gründen, der Gröſsevergleichung des Zuwachses bei Ableitung des ursprünglichen Stromes von Längs- und von Querschnitt zugleich, und von verschiedenen Punkten des ersteren allein widersetzen.

Der erste Versuch ist dieser. Anstatt den Ausschlag durch den positiven entweder oder den negativen Zuwachs abwechselnd bei der einen und der anderen Lage des Nerven zu beobachten, prüft man abwechselnd bei geöffneter erregender Kette, bei positiver und bei negativer Phase die Gröfse des Ausschlages, den man erhält, indem man einen dem Querschnitte benachbarten Punkt des Längsschnittes durch den Querschnitt selber ersetzt. Herrschte irgend eine Art von Proportionalität zwischen der Stärke des Zuwachses und derjenigen des ursprünglichen Stromes, wie sie durch die Stellung des Bogens bedingt wird, so müfste jener Ausschlag bei negativer Phase kleiner, bei positiver gröfser ausfallen als bei offener erregender Kette. Man findet aber gar kein gesetzmäfsiges Ergebnifs der Art vor, sondern grofse und kleine Ausschläge kommen durcheinander zum Vorschein, gerade wie es auch bei öfterer Wiederholung des Versuches bei geöffneter erregender Kette der Fall ist.

Der zweite Weg, den ich einschlug, beruht auf dem Verfahren der Compensation. Der Versuch ist Fig. 106. Taf. II dargestellt, und daraus wohl ohne weiteres verständlich. Zwei Nerven eines und desselben Frosches gleichzeitig an der Wirbelsäule und der Kniekehle durchschnitten, der eine nicht mehr als der andere zur Erregung von Zuckungen veranlafst, liegen mit gleichnamigen Enden zusammengewunden auf einem und demselben Paare stromzuführender Platinenden auf. In einiger Entfernung von dem vorderen Platinende, wo die Spitze der dreieckten Glasplatte zu ihrer Unterstützung aufgestellt ist, gehen sie nach beiden Bäuschen auseinander; der eine liegt mit Querschnitt, der andere in gleicher Länge mit Längsschnitt auf. Das Zusammenwinden geschah, damit nicht durch irgend einen unglücklichen Zufall, der die Nerven bis zum vorderen Platinende auseinandergerissen hätte, der Multiplicatorkreis plötzlich zur Nebenschliefsung für den Strom der erregenden Kette würde. Es war nun, beim Schliefsen des Multiplicatorkreises, ein Strom in dem Sinne des mit Querschnitt aufliegenden Nerven vorhanden, welcher nämlich die Oberhand hatte über den entgegengesetzt gerichteten Strom zwischen den abgeleiteten Punkten des Längsschnittes des anderen Nerven. Ist die in dieser Nummer entwickelte Vorstellungsweise vom elektrotonischen Zustande die richtige, so mufs, beim Schliefsen der erregenden Kette, die Nadel unverrückt in der beständigen Ablenkung verharren, in welcher der mit Querschnitt aufliegende Nerv sie hält; denn beide Ströme erhalten einen gleichen und entgegengesetzten Zuwachs. Herrscht hingegen eine Art von Proportionalität zwischen der Stärke des Zuwachses und der des ursprünglichen Stromes, wie sie durch die Stellung des Bogens bestimmt wird, so mufs ein Ausschlag erfolgen in dem Sinne des mit Querschnitt aufliegenden Nerven, d. h. also des bereits vorhandenen Stromes.

So treffend die Frage gestellt zu sein schien, so ganz unbrauchbar war die Antwort. Es zeigte sich nämlich, dafs unter allen Umständen der eine Nerv die Oberhand hatte und sie trotz allen erdenklichen Abänderungen in der beiderseitigen Lage und Länge der Nerven behielt. Dieses Ergebnifs rührte wohl von nichts her als von einer verschiedenen Empfänglichkeit der beiden Nerven für den elektrotonischen Zustand, die man auch sonst vielfach Gelegenheit hat zu beobachten.

8. Theorie des elektrotonischen Zustandes der Nerven.

Die Ueberlegenheit der Ansicht vom elektrotonischen Zustande der Nerven, welche in der vorigen Nummer dargelegt worden ist, über die früher entwickelten, ja die ausschliefsliche Richtigkeit jener liegt wohl hinlänglich am Tage. Ich brauche wohl nicht zu erinnern, welcher Fortschritt darin begründet ist, dafs wir fortan nicht mehr nöthig haben, in der positiven und der negativen Phase zwei verschiedene Vorgänge auseinanderzuhalten, welche an verschiedenen Punkten des Nerven, je nach ihrer Lage zum elektromotorischen Aequator, Platz greifen; sondern dafs es uns statt dessen vergönnt ist, in der Zu- und Abnahme bis Umkehr des Stromes der einen und der anderen Nervenhälfte die Folge eines und desselben überall, vor, wie hinter dem erregenden Strome gleichbeschaffenen Vorganges anzuerkennen. Wie erfreulich uns aber auch diese Einsicht bereits scheinen mag, wir dürfen uns kaum verhehlen, dafs die Voraussetzung, welche ihr zu Grunde liegt, immer noch ein höchst abentheuerliches Gepräge führt; dafs, indem wir sagen, der Nerv werde unter dem Einflusse des erregenden Stromes auf allen Punkten seiner Länge elektromotorisch wirksam in der Richtung dieses Stromes, wir letzterem eine Wirkungsweise zuschreiben, zu der in dem ganzen übrigen Gebiete der Elektricität kein Seitenstück zu finden sein möchte, und bei der man sich auch, so scheint es auf den ersten Blick, in keiner Art etwas rechtes vorstellen kann. Nichtsdestoweniger findet sich, bei etwas näherer Betrachtung, dafs diese Sorge voreilig war. Es zeigt sich ganz im Gegentheil und zu nicht geringer Ueberraschung, dafs die dem Strome zur Erzeugung des elektrotonischen Zustandes der Nerven beigemessene Art der Thätigkeit sich anknüpfen läfst an eine der wohlbegründetesten Vorstellungsweisen der Elektrochemie, so dafs sie mit einigem Nachdenken sogar hätte im Voraus verkündigt werden können; und dafs gerade hier das seltene Glück unserer gewartet hat, eine der wichtigsten thierisch-elektrischen Erscheinungen bis in ihren Molecularmechanismus mit fast zweifellos sicherem Verständnisse zu durchdringen.

Zuvörderst sei die Bemerkung gemacht, dafs die Anordnung der neuen elektromotorischen Kräfte, die wir im elektrotonischen Zustande wirksam werden sehen, wie wir sie in der vorigen Nummer aufgefafst haben, zu vergleichen ist derjenigen an einer unter Wasser getauchten oder überall mit einer Schicht feuchten Leiters bekleideten Säule. Um einen Leiter herzustellen, der, wie der Nerv im elektrotonischen Zustande, die Eigenschaft besitzt, dafs jeder seiner Punkte elektromotorisch in einer und derselben Richtung zu wirken scheint, oder dafs jeder sich positiv verhält zu allen nach einer Richtung hinter ihm, negativ zu allen vor ihm gelegenen Punkten, ist es nöthig und zureichend, sich denselben erfüllt zu denken mit ungleichartigen Bestandtheilen, welche nach dem Bilde der Säule aufgereiht sind: die positiven Elemente nach der Seite gekehrt, wohin der Strom in der Säule fliessen soll, die negativen damit in wirksamer Berührung stehenden nach jener, von welcher er zurückkehren mufs. Es kommt also die Frage nach dem Wesen des elektrotonischen Zustandes im Grunde zurück auf diese, wie der erregende Strom vermöge, in dem Nerven ungleichartige Bestandtheile, gleich den einzelnen Gliedern einer Säule, plötzlich und stets in seiner eigenen Richtung in's Dasein oder wenigstens in Thätigkeit zu rufen.

Man erspart mir wohl die Aufzählung der Gründe, weshalb hier nicht zu denken sei an grobe äufsere Ungleichartigkeiten, die durch den Strom erzeugt würden und sich mit abnehmender Stärke dem Nerven entlang verbreiteten, als da wären die auf den Platinenden ausgeschiedenen Zersetzungsstoffe, welche an ihnen selber die Ladungen bedingen u. d. m. Alle dergleichen Muthmafsungen fallen unbedingt zusammen vor den oben S. 296 bereits geltend gemachten Thatsachen, dafs die Gröfse der durch den elektrotonischen Zustand bedingten Wirkungen im höchsten Mafse abhängig ist von der Leistungsfähigkeit des Nerven, dafs Durchschneidung und Unterbindung die Fortpflanzung des Zustandes hemmen, dafs nur die Nerven diesen Zustand zeigen, nicht auch andere feuchte Leiter von ähnlichen Mafsverhältnissen und eigenthümlichem Widerstande u. d. m. Dazu kommt, dafs, wie eine spätere Folge uns zeigen wird, der elektrotonische Zustand meist mit einer sehr grofsen Geschwindigkeit hereinzubrechen scheint, und mit ebensogrofser Schnelligkeit der Zuwachs in demselben sein Zeichen wechselt,[1] so dafs von Fortbewegung endlicher Massen durch endliche Räume hier die Rede nicht sein kann.

Diese Umstände im Verein mit der Analogie der übrigen thierisch-elektrischen Erscheinungen zwingen uns vielmehr, behufs der Erklärung des Zuwachses unsere Zuflucht abermals zu elektromotorisch wirkenden kleinsten Theilen im Nerven zu nehmen. Elektromotorische Molekeln, deren Anordnung das Bild der Säule gewähren soll, müssen, einem mit seinen Flächen zusammengelötheten Plattenpaare vergleichbar, einen positiven und einen negativen Pol besitzen; sie müssen so angeordnet sein, dafs ihre von Pol zu Pol gedachten Axen sämmtlich einander und der Axe der Nervenröhren parallel, und ihre gleichnamigen Pole sämmtlich nach einer und derselben Seite gekehrt seien. So beschaffene Molekeln, mit einem Worte, »dipolar elektromotorische Molekeln« (S. oben Bd. I. S. 683) haben wir uns mithin, zur Erklärung des Zuwachses, in den Nerven zu denken.

Dafs die dipolaren Molekeln erst durch die Gegenwart des erregenden Stromes entstehen; dafs sie erst durch diesen ihre elektromotorischen Eigenschaften erlangen sollten: beides ist gleich undenkbar. Wir bedürfen also einer ferneren Voraussetzung, um ihre Nichtwirksamkeit aufserhalb des elektrotonischen Zustandes zu rechtfertigen. Diese Voraussetzung liegt auf der Hand. Sie kann keine andere sein, als dafs die dipolaren Molekeln alsdann eine Lage haben, in welcher sie keine fühlbare Wirkung nach aufsen zu richten vermögen; dafs die Wirkung des erregenden Stromes aber darauf zurückkommt, diese Molekeln nach dem Bilde der Säule zu ordnen, säulenartig zu polarisiren.

Arten der Anordnung, bei welchen dipolar elektromotorische Molekeln keine Wirkung nach aufsen zu erzeugen vermögen, giebt es mancherlei. Z. B. ein mit einer Unendlichkeit nach unendlich viel verschiedenen Richtungen gekehrter Molekeln angefüllter feuchter Leiter würde, bei Berührung mit den Enden des Multiplicators, keinen Strom von sich geben. Aber wir brauchen uns nicht zu verirren in dieses neue Feld von Vermuthungen; wir haben in nächster Nähe eine Vorstellungsweise, so einfach und einleuchtend, so in sich selber gerundet und doch so natürlich in Verbindung mit den übrigen Thatsachen der Stromesfortpflanzung in feuchten Leitern, dafs ich, so kühn dies scheinen mag, keinen Anstand nehme, sie schon jetzt für die rechte und nicht zu bezweifelnde Theorie des elektrotonischen Zustandes auszugeben.

Die verschiedensten Abänderungen der durch v. Grotthuss zuerst ausgesprochenen Theorie der Zersetzung durch den Strom (S. oben

[1] S. unten, §. IV. 1. §. VII. 4.

Bd. I. S. 236) kommen darin überein, dafs in der zwischen den Elektroden begriffenen Strecke des Leiters zweiter Klasse die aus einem elektropositiven und einem elektronegativen Bestandtheile zusammengesetzten kleinsten Theile desselben vor Allem eine solche gemeinsame Stellung annehmen, dafs sie sämmtlich mit der ihre Pole verbindenden Axe der Richtung des Stromes und einander parallel angeordnet, mit ihren positiven Polen dabei dem negativen Pol der Säule, mit ihrem negativen hingegen dem positiven zugewandt seien.

Wir nehmen in den Nerven Erscheinungen wahr, welche uns zu der Annahme zwingen, es befinden sich in denselben kleinste Theile, welche nach gewissen Richtungen positiv, nach anderen negativ elektromotorisch wirken. Schwerlich können dergleichen Theile anders gedacht werden, als an den Stellen, von denen der Strom ausgeht, von elektropositiver Natur, an denjenigen, zu welchen er einkehrt, dagegen von elektronegativer Beschaffenheit.

Lassen wir einen Strom auf den Nerven einwirken, so ist demnach aller Analogie nach klar, dafs die positiv elektromotorisch wirkenden, elektropositiven Bestandtheile der peripolar elektromotorischen Molekeln streben werden, sich der negativen Elektrode zuzukehren. Andererseits die negativ elektromotorischen, elektronegativen Bestandtheile derselben werden suchen, sich der positiven Elektrode zuzuwenden.

Man erinnert sich wohl aus den Ergebnissen des dritten Kapitels dieser Untersuchung, dafs die näheren Eigenschaften der peripolar elektromotorischen Molekeln ganz unbestimmt bleiben mufsten. Alle die unzähligen erdenkbaren Zusammenstellungen ungleichartiger Bestandtheile, welche, abgesehen von den mannigfaltigsten sonstigen Abweichungen, nur die Bedingung erfüllen, zwei negative Polarzonen und eine positive Aequatorialzone zu besitzen; alle diese Combinationen sind in gleichem Mafse fähig, nach dem ursprünglichen Wirkungsgesetze der thierischen Erreger elektromotorisch thätig zu sein, und haben also sämmtlich bis auf weiteres völlig gleiche Berechtigung (S. oben Bd. I. S. 680). Es steht uns somit auch völlig frei, wenn wir dessen zur Erklärung eines ferneren Umstandes bedürfen, uns die peripolar elektromotorischen Molekeln zusammengesetzt vorzustellen aus dipolar elektromotorischen Molekeln, welche so aneinandergefügt sind, dafs die positiven Pole die positive Aequatorialzone, die negativen die beiden negativen Polarzonen abgeben; was immer noch auf unzählige verschiedene Arten denkbar ist, wovon die einfachste allerdings die Fig. 107 *A.* Taf. III sichtbare sein würde. Die dunklen Zonen stellen in Uebereinstimmung mit Fig. 72. Taf. VI. Bd. I, und wie es die hinzugefügten Minuszeichen andeuten, die elektronegativen Bestandtheile der elektromotorischen Molekeln vor;

die hellen, den beigesetzten Pluszeichen entsprechend, die elektropositiven Bestandtheile, der schraffirte Grund unwirksamen feuchten Leiter. Man könnte fragen, weshalb denn, in der Figur, die positiven Pole je zweier dipolaren Molekeln, welche zusammen eine peripolare Gruppe bilden, aneinander stofsend gezeichnet sind, da doch durch ihre Entfernung von einander die Vertheilung der Spannungen in der Masse des unwirksamen feuchten Leiters nicht wesentlich verändert werden würde. Es würde vielmehr, damit Ströme nach dem ursprünglichen Wirkungsgesetze der thierischen Erreger erfolgten, nur nöthig sein, dafs die letzte Schicht dipolarer Molekeln an jedem Endquerschnitt ihren negativen Pol nach aufsen gerichtet hätte. Allein es ist zu erwiedern, dafs wir der Annahme einer engeren Beziehung zwischen je zwei zusammen eine peripolare Gruppe bildenden dipolaren Molekeln bedürfen, um begreiflich zu machen, wie es komme, dafs, wo wir auch einen Querschnitt an Muskel oder Nerv anlegen, der Querschnitt sich stets negativ darstellt.

Wie dem auch sei, man sieht leicht, was in der vom Strom unmittelbar betroffenen Strecke des Nerven, der von uns so genannten erregten Strecke selber, wird stattfinden können, ja aller Nothwendigkeit nach wird der Fall sein müssen, sobald die Zersetzbarkeit der peripolar elektromotorischen Gruppen dipolarer Molekeln durch den Strom zugelassen wird. Die Elektrolyse dieser Gruppen beginnt damit, dafs sie in die dipolaren Molekeln zerfallen, und dafs diese sämmtlich ihre positiven Pole der negativen, ihre negativen der positiven Elektrode zukehren. Die Anordnung Fig. 107 *A* wird sich z. B., wenn der Strom die durch den Pfeil bezeichnete Richtung hat, verwandeln in die Fig. 107 *B*. Dazu ist nichts weiter nöthig, als dafs von je zwei dipolaren Molekeln, die eine peripolare Gruppe zusammensetzen, diejenige mit ihrer Axe einen Bogen von 180° beschreibt, welche die falsche Lage inne hat, während die andere ruhig in der Stellung verharren darf, die sie bereits einnimmt. War die Richtung des Stromes die umgekehrte, so trifft dies Loos die ersterwähnten Molekeln, und die letztbezeichneten müssen Kehrt machen; wird die Richtung des Stromes plötzlich verkehrt, so müssen die Axen sämmtlicher Molekeln sofort einen Halbkreis beschreiben u. s. w.

In dem Augenblick aber, wo die Anordnung *A* Fig. 107 sich in die Anordnung *B* verwandelt hat, haben auch die Molekelgruppen aufgehört, elektromotorisch zu wirken nach dem ursprünglichen Wirkungsgesetze der thierischen Erreger; sie haben begonnen, nach dem Bilde der Säule thätig zu sein, und zwar in der nämlichen Richtung, in welcher der Strom verläuft, der die säulenartige Polarisation hervorrief.

Es wird daher, sobald nur die Elektrolysirbarkeit der peripolar elektromotorischen Gruppen dipolarer Molekeln im Nerven zugestanden wird, zwischen den Elektroden wenigstens mit aller Nothwendigkeit genau die Abänderung der elektromotorischen Wirkungsweise des thierischen Erregers eintreten, die wir aufserhalb der Elektroden beobachtet und als elektrotonischen Zustand des Nerven bezeichnet haben, und wir bedürfen, um die Erscheinungen dieses Zustandes zu erklären, nur der Voraussetzung, dafs die nämliche säulenartige Polarisation, welche zwischen den Elektroden das Werk des erregenden Stromes ist, sich beiderseits auch über die Elektroden hinaus auf die nicht unmittelbar vom Strome betroffenen Nervenstrecken fortpflanzt. Alsdann wird jeder Punkt des Nerven scheinen, im Augenblick des Schliefsens der erregenden Kette elektromotorisch zu wirken stets in dem Sinne des erregenden Stromes; er wird sich negativ verhalten gegen alle in der Richtung jenes Stromes vor ihm, positiv gegen alle in demselben Bezuge hinter ihm gelegenen Punkte der Nervenlänge.

Es tritt jedoch noch eine Bestimmung hinzu. Wir haben gesehen, dafs das ursprüngliche Wirkungsgesetz der thierischen Erreger während des elektrotonischen Zustandes seine Geltung nicht verliert, sondern dafs es selber und das Gesetz der Säule sich gleichsam in dem Nerven durchdringen. Wir haben aber ferner erkannt, dafs die Erscheinungen jenes Zustandes sich auch nicht völlig darstellen lassen durch eine blofse Coordinatenverlegung der ursprünglichen Curve der Stromstärken in der Richtung der Ordinatenaxe, je nach der Richtung des erregenden Stromes nach oben oder nach unten von der Abscissenaxe; sondern dafs die Gröfse des Zuwachses selber oder die Stärke der säulenartigen Polarisation auf jedem Punkte der Nervenlänge noch dergestalt von der Abscisse abhängig sei, dafs sie in einem umgekehrten Verhältnifs zur Entfernung des gerade betrachteten Punktes von den Elektroden stehe. Um auch noch diese Umstände unserer Theorie des elektrotonischen Zustandes einzuverleiben, stehen uns, so viel ich sehe, zwei Wege offen. Entweder wir stellen uns vor, was jedoch nur wenig innere Wahrscheinlichkeit hat, dafs die säulenartige Polarisation sich zwischen den Elektroden nur auf eine gewisse Anzahl aller in einem Querschnitte des Nerven befindlichen peripolaren Gruppen erstreckt, und dafs diese Anzahl aufserhalb der Elektroden in raschem Mafs abnimmt. Oder besser wir denken uns, dafs die Polarisation eine mehr oder weniger vollkommene sein kann in dem Sinne, dafs die in Bezug auf die Richtung des Stromes verkehrt liegenden dipolaren Molekeln, anstatt mit ihren Axen einen Halbkreis zu beschreiben, nur eine mittlere Lage einnehmen zwischen derjenigen, die ihnen vermöge der Richtkraft des Stromes zukommt, und derjenigen, die ihnen die Kräfte im Nerven selber zu ertheilen streben, welche die Ursache der peripolaren Anordnung enthalten, und augenblicklich ihre Herrschaft wieder geltend machen, sobald der Strom gewichen ist; diese mittlere Lage würde sich um so mehr der ursprünglichen durch die peripolare Anordnung gegebenen nähern, je weiter der betrachtete Querschnitt des Nerven von der erregten Strecke entfernt ist. Auch die Lage der Molekeln, welche in Bezug auf die Richtung des Stromes die richtige Stellung haben, wird dabei eine Aenderung erleiden. Indessen wollen wir uns auf eine weitere Verfolgung dieser Muthmafsungen wenigstens an dieser Stelle nicht einlassen.

Der Umstand, dafs sich die säulenartige Polarisation über die unmittelbar vom Strome betroffene Strecke hinaus mit abnehmender Stärke fortpflanzen soll, steht übrigens nicht ganz vereinzelt da im Gebiete der Polarisationserscheinungen, d. h. der Vorgänge, die wir auf Anordnung kleinster Kräfteträger nach einem bestimmten Gesetze zurückzuführen gewohnt sind (S. oben Bd. I. S. 418). In der That zeigt sich uns an den Elektromagneten ein ganz ähnliches Verhalten. Wird auf einen weichen Eisenstab eine vergleichweise kurze stromführende Rolle aufgeschoben, so erscheint der Stab seiner ganzen Länge nach polarisirt, jedoch bei zunehmender Entfernung von der Rolle mit abnehmender Stärke, gerade wie wir es von den Nerven festgestellt haben. Zwischen beiden Vorgängen findet allerdings der wesentliche Unterschied statt, dafs bei den Nerven weder die Wirkung des Stromes noch die eines jeden polarisirten Querschnittes sich in die Ferne erstreckt, daher die Unterbindung und Durchschneidung die Fortpflanzung des elektrotonischen Zustandes hemmen; dagegen bei den Elektromagneten reicht sowohl die Kraft der Rolle in's Weite als auch die jeder unendlich dünnen Scheibe des weichen Eisenstabes. Indessen scheint dies die Treue des angestellten Vergleiches nur wenig zu beeinträchtigen, der daher auch noch öfter wiederkehren wird.

Haben wir schon Bedenken getragen, uns tiefer einzulassen auf die Zergliederung der Art und Weise, wie die dipolare Anordnung auf Kosten der peripolaren mehr oder minder vollkommen verwirklicht werden mag, so können wir begreiflich noch weniger uns befassen mit der Erwägung, welche Veränderung möglicherweise die nach dem ursprünglichen Wirkungsgesetze auf jedem Punkte der Nervenlänge thätigen Kräfte durch die dipolare Anordnung erleiden. Es scheint kaum anders möglich, als dafs wirklich der elektrotonische Zustand begleitet sein müsse von einer Verzerrung der ursprünglichen Curve der Stromstärken; und die so verzerrte Curve würde es erst sein, zu deren Ordinaten auf jedem Punkte die entsprechenden Ordinaten der Curve des Zuwachses algebraïsch summirt werden müssen, um die wahrhafte neue Curve der Stromstärken während des elektrotonischen Zustandes zu erhalten. Wir haben diese Verzerrung in unsern bisherigen Betrachtungen aufser Acht gelassen und werden auch ferner so verfahren, aus dem Grunde, dafs, wie die Folge lehren wird, dieselbe jedenfalls so klein ist, dafs sie, bei der geringen für uns erreichbaren Genauigkeit in Betracht zu kommen verdient weder neben dem ursprünglichen Strome selber, noch neben dem Zuwachse, noch endlich neben einer anderen Bewegungserscheinung des Nervenstromes, welche kennen zu lernen uns noch bevorsteht und mit der sie, bei hinlänglicher Gröfse, gleichfalls in Beziehung gerathen würde[1].

Es ist oben S. 299. 300 bereits bemerkt worden und wird später noch genauer erörtert werden, dafs unter Umständen die Gröfse des Zuwachses die des ursprünglichen Stromes selber zu übertreffen vermöge. Dies könnte den Zweifel erregen, ob die Kräfte, welche sich im Zuwachse nach dem Gesetze der Säule thätig zeigen, auch wirklich die nämlichen sind, die den ursprünglichen Strom hervorbringen. Das Bedenken fällt, wenn man erwägt, dafs die säulenartige Anordnung von Kräften eine weit günstigere ist zur Erzeugung nach Aufsen gerichteter Stromeswirkungen, als die peripolare. Wir haben es in beiden Fällen mit ganz anderen Resultanten der nämlichen Componenten zu thun.

Es würde natürlich sehr schätzbar sein, wenn es uns gelänge, die säulenartige Polarisation der dipolar elektromotorischen Nervenmolekeln durch den Strom auch zwischen den Elektroden nachzuweisen, und dadurch die Curve des Zuwachses auch an dieser Stelle erfahrungsmäfsig zu ergänzen (S. oben S. 317). Leider habe ich keinen Weg ausfindig machen können, um diesen Zweck zu erreichen. Der zwischen den Elektroden ohne allen Zweifel gleichfalls vorhandene Zuwachs kann sich durch nichts anderes kundgeben, als durch eine Vermehrung der Stärke des erregenden Stromes. Wir werden in der Folge ermitteln, dafs der Zuwachs bis zu einer Grenze, die in genaueren Versuchen nie überschritten werden darf, der Stärke des erregenden Stromes einfach proportional ist[2]. Es wird also die Erhöhung dieser Stärke, welche der Zuwachs zwichen den Elektroden bedingt, auch stets dieser Stärke selber proportional sein. Die Aufgabe läuft also darauf hinaus, auf allen Punkten einer Strecke eines Kreises, in welchem eine elektromotorische Kraft wirksam ist, eine stets gleichgerichtete und dabei

[1] S. unten, §. IV. 4 (II).
[2] S. unten, § IV. 2 (II).

stets der ersteren proportionale elektromotorische Kraft nachzuweisen. Es fehlt nun aber an jedem Mittel, die Wirkung einer solchen Kraft zu unterscheiden von der Wirkung einer Verminderung des Widerstandes der Strecke, welche der Sitz der Kraft ist, und die Wirkung des Zuwachses zwischen den Elektroden wird sich also stets darauf beschränken, den Widerstand der Nerven kleiner erscheinen zu lassen, als er in Wirklichkeit ist; gerade wie, ohne Hinzunahme anderweitiger Thatsachen und Betrachtungen, die Schwächung einer Kette durch die Polarisation der Elektroden auf Rechnung ebensowohl eines Uebergangswiderstandes als einer elektromotorischen Gegenkraft gebracht werden kann.

Es würde demnach nichts übrig bleiben, als die Prüfung in der Weise anzustellen, dafs man untersucht, ob ein bereits abgestorbener Nerv einen gröfseren Widerstand biete, als scheinbar ein solcher, der noch im Besitze seiner Lebenseigenschaften verharrt. Doch dürfte es bei diesem Verfahren aufserordentlich schwierig, ja unmöglich sein, zu der Sicherheit zu gelangen, dafs die gröfsere Schwäche des Stromes in dem ersteren Falle in der That von nichts anderem herrührte, als von dem Erlöschen der elektromotorischen Wirksamkeit des Nerven. Keinenfalls glaube ich, dafs LONGET und GUÉRARD's oben S. 233. Anm. 2 erwähnte Beobachtung hiemit in Verbindung zu bringen sei, und ebensowenig möchte wohl MATTEUCCI's oben S. 245. Anm. 2 mitgetheilte Wahrnehmung darauf zu beziehen sein, da, wie sich bereits aus der bisherigen Darstellung ergiebt und in der Folge ausführlich erörtert werden soll, die Stärke der säulenartigen Polarisation von der Richtung des Stromes im Nerven in Bezug auf Ursprung und Ausbreitung unabhängig erscheint.

Wir werden uns übrigens später in Stand gesetzt sehen, über den Verlauf der Curve des Zuwachses zwischen den Elektroden eine wohlbegründete Vermuthung hinzustellen.[1]

Auf diese Andeutungen hinsichtlich der Theorie des elektrotonischen Zustandes wollen wir uns, bis auf weiteres, beschränken. Darüber, dafs damit im Allgemeinen das Rechte getroffen sei, wird wohl schwerlich ein Zweifel obwalten. Von hier ab aber die verschiedenen Punkte noch tiefer in's Einzelne zu verfolgen, scheint bei dem gänzlichen Mangel an ferneren Fingerzeigen vor der Hand wenig rathsam. Gewifs ist es an dieser Stelle leicht, eine Unzahl der wichtigsten und, wenn sie nur zu beantworten wären, fruchtbringendsten Fragen aufzuwerfen; es liegt nicht fern, sich zu erkundigen, was denn wohl die weitere Folge der säulenartigen Anordnung der ungleichartigen Bestandtheile des Nerven

[1] S. unten, §. II. 3. 8.

sein mag; ob nicht zwischen den Elektroden wenigstens dadurch eine wirkliche Zersetzung eingeleitet werde, was den verderblichen Einflufs des Stromes auf die elektromotorische Leistungsfähigkeit des Nerven erklären würde, während aufserhalb der Elektroden der Vorgang vielleicht auf der Stufe der dipolaren Anordnung stehen bleibt u. d. m. Aber eben so nahe liegen wohl die Gründe, weshalb wir es vermeiden, weiter in die sich hier öffnende Unbegrenztheit der Vermuthungen hinauszusteuern, vielmehr es vorziehen, uns allmälig wieder der einzig sicheren Küste der Erfahrung zu nähern. Was die Betrachtungen hinsichtlich der physiologischen Bedeutung des elektrotonischen Zustandes betrifft, seines augenscheinlichen Zusammenhanges mit den Erscheinungen galvanischer Reizung, auf den sich auch der Name bezieht, mit welchem wir ihn belegt haben (Vergl. bereits oben Bd. I. S. 302), so sparen wir sie theils für den dritten Paragraphen dieses Kapitels, theils, wie bisher alle ähnlichen, für den vierten Abschnitt des Werkes auf, der den Bestrebungen dieser Art ausschliefslich gewidmet sein soll.

9. Untersuchung anderer feuchten Leiter, insbesondere der Muskeln, auf einen elektrotonischen Zustand gleich dem der Nerven.

Ehe wir in der Erforschung des elektrotonischen Zustandes der Nerven weiter gehen, sei hier noch bemerkt, dafs derselbe in der That den Nerven allein angehört. Wir entnehmen dies weniger daraus, dafs bis jetzt an keinem Orte eine ähnliche Erscheinung verzeichnet steht; denn selten hat man sich wohl eines so empfindlichen Rheoskopes bedient wie wir und nie dürfte man sich in die besondere zur Beobachtung geeignete Lage begeben haben. Sondern unsere eigenen, oben S. 45. 295 beschriebenen Versuche können uns in diesem Sinne mafsgebend sein, wobei wir mit destillirtem Wasser, Speichel, Eiweifs u. d. m. getränkte Zwirnsfäden von den Mafsverhältnissen eines Nerven statt dieses auf die Bäusche und stromzuführenden Platinenden auflegten, um uns zu überzeugen, dafs durch dieselben von dem Strome einer sechsgliederigen Grove'schen Säule keine Spur in den Multiplicatorkreis übergeht. Ich habe es aber für zweckmäfsig erachtet, diese Prüfung noch auf mehrere feuchte Leiter, zum Theil von hervorstechenden Eigenschaften, auszudehnen. Ich nahm gesättigte Kochsalz- uud Jodkalium-, käufliche Kalihydratlösung, englische Schwefelsäure zu destillirtem Wasser wie 1 : 4 dem Volum nach, und rauchende Salpetersäure. Die Bäusche waren dabei, um dauernde Verunreinigung derselben zu verhüten, mit kleinen Hülfsbäuschen versehen, die für jede Flüssigkeit erneuert wurden.

Es zeigte sich nicht die geringste Spur von elektromotorischer Wirksamkeit. Was man daraus zu schliefsen habe, bleibt ungewifs: ob in diesen feuchten Leitern sich die säulenartige Polarisation durch den Strom nicht aufserhalb der Elektroden fortzupflanzen vermöge, oder ob ihre Molekeln nicht, gleich denen der Nerven, elektromotorisch wirksam seien.

Am Schlusse des vorigen Kapitels fingen wir an, Bedenken zu hegen über die bis dahin vollkommene Uebereinstimmung aller Erscheinungen des Muskel- und Nervenstromes. Es ist daher jetzt von gröfster Wichtigkeit, uns zu unterrichten, ob die Muskeln vielleicht gleichfalls des elektrotonisehen Zustandes fähig sind, von denen mit Bestimmtheit bekannt ist, dafs ihre Molekeln elektromotorische Eigenschaften besitzen. Zu diesem Versuch eignet sich am besten der Rectus internus Cuv., der lange, schmale und dünne Hautmuskel an der Innenseite des Froschoberschenkels; seiner Breite wegen schon weniger der Sartorius Id. (S. oben Bd. I. S. 497. 2. 3). Wie man auch diese Muskeln mit dem einen Ende auf die Bäusche auflege, während das andere die stromzuführenden Platinenden überbrückt, sei's mit Längsschnitt und natürlichem oder künstlichem Querschnitt, sei's mit verschiedenen Punkten des Längsschnittes allein; bei mäfsigen Stromstärken, unter deren Einflufs ein Nerv bereits die lebhaftesten Wirkungen zeigen würde, erfolgt hier keine deutliche Spur. Bei Anwendung der sechsgliederigen Grove'schen Säule erscheinen Ströme, die sich aber nicht mit dem Umlegen auf den Bäuschen umkehren, und folglich von Schleifen des erregenden Stromes herrühren, die in den Multiplicatorkreis einbrechen (S. oben S. 42), was bei dem grofsen Querschnitt, vorzüglich der Breite der Muskeln nicht zu verwundern ist. Es wäre nun allerdings möglich, dafs dadurch Spuren eines elektrotonischen Zustandes verdeckt würden, die sich erst bei so mächtigem erregenden Strome kundzugeben vermöchten. Dies kann nicht entschieden werden, da das einzige Kennzeichen eine ungleiche Gröfse der Wirkungen auf beiden Bäuschen sein würde, während doch die von den Stromesschleifen herrührenden Ausschläge innerhalb der hier erforderlichen Grenzen begreiflich nicht zweimal hintereinander dieselbe Gröfse zeigen. Wie dem auch sei, immer würden die Muskeln in diesem Punkte den Nerven ganz aufserordentlich nachstehen, und endlich stünde es gar noch dahin, ob nicht diese schwachen Spuren von den in den Muskeln verbreiteten Nerven selber herrühren. Nicht selten geschieht es übrigens bei dieser Versuchsweise, dafs der Muskel, beim Schliefsen der erregenden Kette, in Tetanus geräth. Alsdann geht die Nadel sogleich nach dem Nullpunkte zurück und in den negativen Quadranten über (S. oben S. 50);

man wird sich aber hiedurch nicht täuschen lassen, und diesen Rückschwung, dessen Richtung von der des erregenden Stromes unabhängig ist, für die Wirkung der negativen Phase des elektrotonischen Zustandes ansehen, in den der Muskel verfallen wäre.

So ist es uns denn schliefslich doch geglückt, einen wesentlichen Punkt aufzudecken, in dem Nerven- und Muskelstrom auseinandergehen; einen Punkt von hinreichender Wichtigkeit, um an diese Wahrnehmung die Erneuerung der Hoffnung knüpfen zu dürfen, dafs es möglich sein werde, in Zukunft einmal einen verständlichen Zusammenhang herzustellen zwischen diesen Strömen und den besonderen Lebenserscheinungen der Gewebe, welche ihre Träger sind. Daraus aber, dafs die Muskeln, obschon mit peripolar elektromotorischen Molekeln begabt, keinem elektrotonischen Zustand zu unterliegen scheinen, hüte man sich voreilig zu entnehmen, dafs nun doch auch unsere in der vorigen Nummer gegebene Theorie dieses Zustandes gefährdet sei. Vielmehr wird die Folge lehren, dafs allerdings auch die peripolar elektromotorischen Muskelmolekeln unter dem Einflufs von Stromeskräften einer Zerfällung in dipolare nach dem Bilde der Säule angeordnete Glieder fähig sind; nur dafs diese Zerlegung sich hier nicht über die unmittelbar betroffene Strecke hinaus erstreckt, dafür aber in der Zeit hinlänglich lange verharrt, um noch nach Entfernung des Muskels aus dem Kreise der erregenden Kette fühlbar gemacht werden zu können.

---

§. II.

Von dem Einflusse verschiedener Umstände auf die Gröfse des Zuwachses im elektrotonischen Zustande der Nerven.

Nachdem wir solchergestalt das allgemeine Gesetz erkannt haben, wonach der Zuwachs des Nervenstromes im elektrotonischen Zustande wirksam ist, schreiten wir zur Betrachtung seiner Gröfse als Function verschiedener veränderlichen Umstände, denen wir einen Einflufs auf dieselbe beizumessen Veranlassung haben. Eine derartige Abhängigkeit ist schon früher mehrfach angedeutet worden (S. oben S. 296. 299), und einige hieher gehörige Punkte haben sogar schon ausführlicher erwähnt werden müssen, um nicht den Gang der Untersuchung einer nur äufserlichen Scheidung zuliebe zu stören.

Indem nun hier diese Wahrnehmungen wieder aufgenommen und ergänzt werden sollen, ist zunächst folgendes voraufzuschicken.

Mit der Methode der Compensation ist hier nichts anzufangen. Zu den Schwierigkeiten, welche schon beim Compensiren zweier ruhenden Nerven aus der ursprünglichen Ungleichheit, der ungleich schnellen Vergänglichkeit der Ströme, der Verdoppelung der Hindernisse erwachsen, auf welche man bei der Handhabung der Nerven stöfst, kommen hier noch die verschiedene Empfänglichkeit für den elektrotonischen Zustand, die verschieden schnelle Abnahme der Leistungsfähigkeit unter dem Einflusse des Stromes, die Verwickelung, die aus dem Gebrauch zweier Ketten entspringt, wenn man nicht auf die Anordnung oben S. 319. Fig. 106. Taf. II beschränkt sein will, die Schwächung aller Wirkungen durch die Verdoppelung der in den Kreis eingeführten Nervenlänge u. d. m.

Als leitender Grundsatz bei den hier einzuschlagenden Versuchsweisen ist aber ferner hervorzuheben, dafs in den meisten Fällen darauf Verzicht zu leisten ist, absolute Vergleiche der Wirkungsgröfsen anzustellen, d. h. die Gröfse des Zuwachses unter bestimmten Umständen aufzuzeichnen, dann eine Abänderung vorzunehmen und nun von Neuem die Gröfse des Zuwachses zu beobachten, um sie mit der früheren zusammenzuhalten. Für dieses Verfahren sind fast überall die Wirkungen zu unbeständig, die wahrzunehmenden Veränderungen zu gering. Man hat vielmehr, wo man nur kann, den Kunstgriff anzuwenden, der uns bei der Erforschung des ursprünglichen Stromes schon so häufig gute Dienste geleistet hat, nämlich während der Dauer des elektrotonischen Zustandes auf beständiger Höhe plötzlich den zu erforschenden Einflufs eintreten zu lassen, und die Art desselben zu beurtheilen je nach dem Zeichen der Nadelbewegung, die diese Veränderung mit sich bringt.

Ich brauche übrigens wohl nicht erst zu bevorworten, wie sehr beschränkt, trotz diesem und manchem anderen Kunstgriffe, die Genauigkeit sei, die uns hier schliefslich zu erreichen vergönnt ist. In der Mehrzahl der Fälle ist das Höchste, wozu wir gelangen können, die Bestimmung, ob die Function, welche die Abhängigkeit der Gröfse des Zuwachses von dieser oder jener Veränderlichen ausdrückt, eine mit derselben wachsende oder abnehmende sei. An die Gewinnung wirklich bedeutsamer Zahlenwerthe ist vor der Hand nirgends zu denken. Es werden daher im Folgenden auch nur dann numerische Bestimmungen mitgetheilt werden, wenn dies dienen kann, die beschriebenen Wirkungen näher zu veranschaulichen.

Wenn diese Mängel zu einem grofsen Theil auf der Natur der Nerven selber beruhen, so ist doch ein anderer nicht minder bedeutender Theil davon unseren Vorrichtungen in ihrer jetzigen Verfassung zur Last zu legen. Nicht nur die Ladungen der metallischen Multiplicatorenden treten störend dazwischen, wenn man darauf ausgeht, die Beobachtung in Messung zu verwandeln, sondern auch die Ladungen der stromzuführenden Platinenden. Auch ohne so hochstrebende Absichten zu verfolgen, wird man letztere nicht selten sich auf eine sehr lästige Weise in's Spiel mischen sehen, so dafs hier die Reihe der Versuche beginnt, für welche es wünschenswerth gewesen wäre, jene Enden wenigstens aus einem minder ladungsfähigen Metalle, wenn auch nur z. B. Zinn, angefertigt zu haben (S. oben Bd. I. S. 452).

Bemerkt zu werden verdient dabei, dafs, wenn diese und ähnliche Schwierigkeiten, welche von der Beschaffenheit der Vorrichtungen herrühren, erst besiegt wären, es gerade kein Feld der thierischen Elektricität, mit Ausnahme vielleicht der Zitterfische, geben würde, wo Messungen mit so vieler Aussicht auf Erfolg unternommen werden könnten. Der Grund ist der, dafs man es hier, statt wie sonst mit der verwickelten peripolaren Anordnung, zu thun hat mit der einer strengen Betrachtungsweise schon weit zugänglicheren dipolaren. Der daraus entspringende Vortheil wird, wie man sehen wird, sogar bereits uns, trotz der Mangelhaftigkeit unserer Vorkehrungen, zugute kommen.

1. Von dem Einflusse der Stärke des erregenden Stromes auf die Stärke der säulenartigen Polarisation der Nerven.

Von allen hier zu erwähnenden Umständen ist die Stärke des erregenden Stromes wohl derjenige, dessen Einflufs auf die Gröfse des Zuwachses am leichtesten in die Augen fällt, und innerhalb der weitesten Grenzen thätig ist. Natürlich ist es indefs nicht die Stärke des Stromes allein, auf welche es dabei ankommt, sondern vielmehr seine Dichtigkeit. Wartet man, in der einen oder der anderen Phase, die feste Stellung der Nadel ab und überbrückt dann die Platinenden aufser mit dem Nerven noch mit einem Fliefspapierbausch, der mit Eiweifs getränkt ist, wodurch die Stromstärke unstreitig vervielfacht wird, so sieht man gleichwohl, der in dem Nerven verminderten Dichtigkeit halber, die Nadel eine Bewegung in der dem Zeichen der Phase entgegengesetzten Richtung antreten, und mit Entfernung des Bausches sogleich wiederkehren.

Wir haben dieses Einflusses der Stromstärke auf die Gröfse des Zuwachses schon früher (S. oben S. 299) bei der allgemeinen Beschreibung der Erscheinungsweise des elektrotonischen Zustandes gedacht und damals den Strom einer einfachen Grove'schen Kette als den von mittlerer Stärke, d. h. als einen solchen bezeichnet, der fast alle Umstände der säulenartigen Polarisation mit hinreichender Lebhaftigkeit wahrnehmen läfst, ohne doch die Leistungsfähigkeit der Nerven allzuschnell zu beeinträchtigen oder gar ihr ein Ende zu machen. Man mufs jedoch nicht, weil hier die Grove'sche Combination genannt wird, sich die angewendete Stromstärke als eine irgend beträchtliche vorstellen. Sie wird nämlich, durch die Einschaltung des ungeheuren Widerstandes der Nerven, wie man sich leicht denken kann, ganz ausnehmend geschwächt. Es ist demgemäſs auch völlig gleichgültig, ob man sich zu diesen Versuchen eines ganz gefüllten Grove'schen Bechers der gröſseren oben Bd. I. S. 446 beschriebenen Art oder eines der kleineren in Wheatstone'schen Trögen angeordneten Elemente bedient.

Aus demselben Grunde ist es nicht räthlich, durch Widerstandsveränderungen die Stärke des Stromes abstufen zu wollen, wenn es sich darum handelt, die Abhängigkeit der Gröſse des Zuwachses von derselben ausdrücklich darzuthun. Vielmehr erscheint es zweckmäſsiger, durch Einführung neuer Elemente oder Verminderung ihrer Anzahl die Summe der elektromotorischen Kräfte beziehlich steigen und fallen zu machen. Dies geschieht einfach, indem man an der in den Wheatstone'schen Trögen befindlichen kleinen Grove'schen Säule die bewegliche Platinplatte, welche als negatives Metall des letzten Elementes dient, nach und nach in die Thonzelle des ersten, zweiten, . . . *n*ten Gliedes stellt, und ebenso wieder zurückkehrt. Man kann dabei, wegen der namhaften Gröſse der sich geltend machenden Unterschiede, auf doppelte Weise verfahren: entweder indem man, mit Hintansetzung des oben S. 332 dargelegten Princips, nur die Ausschläge beobachtet, welche die jedesmalige Schlieſsung der Kette, sei's in der positiven, sei's in der negativen Phase, hervorbringt, und den Nerven alsbald wieder von dem Zwange des erregenden Stromes befreit, sowie die Nadel sich zum Rückschwung anschickt; oder indem man die beständige Ablenkung derselben unter dem Einflusse des Stromes abwartet, und die Uebertragung der negativen Elektrode so schnell vornimmt, daſs die Nadel keine Zeit hat, während der Oeffnung der Kette einen merklichen Bogen nach dem Nullpunkt hin zu beschreiben. Das Ergebniſs ist, in beiden Fällen, eine rasche Zunahme der Gröſse des Zuwachses mit der Stromstärke; das erstere Verfahren giebt jedoch hier sogar mehr in die Augen fallende Wirkungen, weil die Leistungsfähigkeit des Nerven dabei mehr geschont wird.

Von dem Gesetze, nach welchem die Gröſse des Zuwachses mit der Dichtigkeit der erregten Strecke wächst, soll erst an einer späteren Stelle ausführlich die Rede sein, wo sich uns ein Verfahren darbieten wird, um darüber Auskunft zu erhalten. Wir werden finden, wie bereits oben S. 327 verkündigt wurde, daſs die Gröſse des Zuwachses bis zu einer gewissen Grenze der Stromdichte einfach proportional ist, daſs sie sodann aber beginnt langsamer zu wachsen als die Stromdichte und Neigung zeigt, sich einem beständigen Grenzwerth anzuschliefsen. Einen solchen Grenzwerth nachzuweisen, mufs bereits mit Hülfe der hier angewendeten Methoden gelingen, wenn derselbe überhaupt im Bereich des Versuches wie auch der Stromeskräfte liegt, über die wir zu gebieten haben.

Man erreicht nun zwar bald ein Maximum der Wirkung, wenn man, der zweiten der beiden oben beschriebenen Versuchsweisen gemäfs, mit der beweglichen Platinplatte von Glied zu Glied der Säule vorrückt. Bei 7—8 Gliedern höchstens hört die Wirkung zu wachsen auf, beginnt dann unaufhaltsam zu sinken und wird schliefslich fast ganz Null. Dies zeigt deutlich, was sich bereits vorhersehen liefs, dafs der hier dem Anschein nach gefundene Grenzwerth nicht der von absoluter Geltung ist, den wir suchen. Augenscheinlich ist der Nerv durch die vorgängigen Versuche bereits zu sehr in seiner Leistungsfähigkeit beeinträchtigt worden, als dafs dieser Grenzwerth noch erreicht werden könnte.

Um denselben zu entdecken, mufs man, auf einen frischen Nerven, die zu prüfende Stromdichte sogleich in vollem Mafs einwirken lassen, diese Einwirkung aber nur Einen Augenblick lang fortsetzen und höchstens noch einmal in gleicher Weise erneuern. So habe ich diese Prüfung bis zu 15 Gliedern der Grove'schen Säule fortgesetzt, ohne bei einem Grenzwerth angelangt zu sein. Die Gröfse des Zuwachses wird hier zuletzt äufserst beträchtlich. Er übersteigt weit den ursprünglichen Nervenstrom selber, worin übrigens nach dem oben S. 326 Bemerkten nichts liegt, was gegen die Einerleiheit der im Zuwachse wirksamen Kräfte mit denjenigen spräche, denen jener Strom seinen Ursprung verdankt. Ebensoschnell aber sinkt auch die Gröfse des Zuwachses von dieser Höhe herab; so dafs man beiläufig nie der Ueberzeugung entbehrt, dafs die Ausschläge wirklich vom Nerven, nicht von hereingebrochenen Schleifen des erregenden Stromes herrührten. Z. B. bei 10 Gliedern erhielt ich in der positiven Phase die Reihe der Ausschläge: + 68°; 13°; 8°; 0°. Es kommt aber ferner vor, dafs die Gröfse des Zuwachses bei so grofsen Stärken des erregenden Stromes auch gleich beim ersten Ausschlage sehr klein erscheint, und nicht weiter in die Höhe geht. Man hat sich wohl zu denken, dafs in solchen Fällen die Leistungsfähigkeit der Nervenstrecke zwischen den Elektroden sofort in dem Mafse gelitten hat, dafs der Zuwachs einen Augenblick lang möglicherweise in sehr bedeutender Gröfse gegenwärtig war, wegen der kurzen Dauer seines Daseins indefs nur eine so geringe Spur davon hinterlassen konnte. Es wird demnach sehr zweifelhaft, ob sich diese Ermittelung überhaupt zu einem sicheren Ende führen lasse. Denn es ist nicht undenkbar, dafs der Nerv, wenn er nur ihre Einwirkung vertrüge, bei immer gröſseren Stromdichten auch noch immer stärkere Wirkungen von sich geben könnte, weit hinaus über diejenigen, welche die Grenze seiner Leistungsfähigkeit unter dem Einflusse des erregenden Stromes wirklich zu beobachten gestattet.

Vielleicht ist folgende Betrachtung nicht überflüssig. Es könnte Einem oder dem Anderen das Bedenken aufstoſsen, wie es komme, daſs nicht unter allen Umständen der Nerv, sobald er in elektrotonischen Zustand versetzt ist, in den Grenzwerth der säulenartigen Polarisation verfällt. Denn der Zuwachs, den der erregende Strom zwischen den Elektroden hervorruft, verstärkt diesen Strom, und dadurch kommt wieder ein Zuwachs zu Stande; dieser Zuwachs zweiter Ordnung ist abermals begleitet von einem solchen der dritten Ordnung, und so fort bis in's Unendliche.

Unläugbar muſs ein solcher Vorgang stattfinden; allein es ist nicht nothwendig, daſs dadurch der Nerv in den Grenzwerth der säulenartigen Polarisation übergeführt werde. Es sei Δ die ursprüngliche Dichte des erregenden Stromes in dem Nerven, und $\alpha\Delta$ die Gröſse des Zuwachses zu dieser Stromdichte, welcher von der dadurch erzeugten säulenartigen Polarisation herrührt; so ist $\alpha^2\Delta$ die Stärke des Zuwachses zweiter, $\alpha^3\Delta$ die des Zuwachses dritter Ordnung u. s. w., und die endliche Stromdichte wird ausgedrückt durch $\Delta\,(1+\alpha+\alpha^2+\alpha^3+\ldots)$. Die geometrische Reihe in der Klammer ist aber convergirend, sobald, wie es erfahrungsmäſsig hier der Fall ist, $\alpha<1$; und man sieht daher, wie der Zuwachs, trotz der nun erkannten Verwickelung, der ursprünglichen Stromdichte stets proportional bleiben könne.

Nach der anderen Richtung uns wendend, begegnen wir der Frage, bei welchem unteren Grenzwerthe der Dichtigkeit des erregenden Stromes wohl die Gröſse des Zuwachses aufhöre, eine merkliche zu sein. Es ist jedoch deutlich, daſs, der Natur der Dinge nach, diese Frage, in dieser Fassung, keiner Beantwortung fähig sei, indem sowohl die Leistungsfähigkeit des Nerven als die Empfindlichkeit des Multiplicators dabei in Betracht kommen. Bedeutsamer und richtiger kann man sich aber hier danach erkundigen, ob, bei stets abnehmender Stärke des erregenden Stromes, die säulenartige Polarisation vielleicht zugleich mit den Zuckungen aufhöre wahrnehmbar zu sein; ob sie scheinbar früher ein Ende nehme, oder endlich ob sie sich als ein feineres Prüfungsmittel denn die Zuckungen selber kundgebe für die Veränderung der inneren Gleichgewichtszustände des Nerven durch den Strom. Ich glaube das Letzere mit Bestimmtheit bejahen zu dürfen; die Wahrnehmungen jedoch, auf welche diese Meinung sich stützt, können erst an einer späteren Stelle mitgetheilt werden.[1]

2. Von dem Einflusse der Länge der erregten Strecke auf die Stärke der säulenartigen Polarisation der Nerven.

(I) Einleitung.

Was die Abhängigkeit der Gröfse des Zuwachses von der Länge der erregten Strecke betrifft, so bedarf man, um darüber ins Klare zu kommen, schon etwas künstlicherer Versuchsweisen.

Zuerst könnte man glauben einfach mit nachstehender Anordnung auszukommen, welche sich Fig. 108. Taf. III. schematisch abgebildet findet. In den Elfenbeinwürfel der stromzuführenden Vorrichtung wird von den vier Fig. 20. Taf. II. Bd. I. abgebildeten Platinblechen, von denen gewöhnlich nur die beiden vordersten angewendet werden, jetzt noch ein drittes, am besten das hinterste, gesteckt. Die beiden vorderen Bleche werden einander möglichst genähert, das dritte möglichst von dem zweiten entfernt. Der Nerv liegt mit seinem einen Ende auf den Bäuschen auf, mit seiner ganzen übrigen Länge ist er über die Bleche gebreitet. Das vorderste Blech ist unmittelbar in Verbindung mit dem einen Pol der erregenden Kette, die beiden hinteren Bleche hingegen mit Quecksilbergefäfsen. Von dem andern Pol der Kette aus kann man, mit Hülfe eines verquickten Kupferhakens, den Kreis entweder in dem einen, oder in dem anderen Quecksilbergefäfs schliefsen, und so entweder eine sehr kurze, oder eine möglichst lange Strecke des Nerven darin aufnehmen, ohne sonst etwas an der Anordnung zu ändern. Verfährt man auf diese Weise, während der ursprüngliche Strom im Verein mit dem positiven oder negativen Zuwachse die Nadel in beständiger Ablenkung hält, so scheint es, müsse man durch den Sinn einer etwa eintretenden Nadelbewegung leicht die Art des Einflusses ermessen können, den die Länge der erregten Strecke auf die Gröfse des Zuwachses hat.

Natürlich schaltet man, um mit Bequemlichkeit bald bei positiver, bald bei negativer Phase arbeiten zu können, den Stromwender zwischen der Kette und der stromzuführenden Vorrichtung ein. Der kleinste Abstand, den ich den beiden vorderen Blechen zu ertheilen vermochte, betrug beiläufig $0^{mm}.1$; der Abstand des hinteren Bleches von dem vorderen hingegen 33^{mm}. Das Verhältnifs der kürzeren

[1] S. unten, §. VI.

zur längeren erregten Strecke war also in meinen Versuchen wie 1 : 330.

Der beständige Erfolg bei der Verlängerung der erregten Strecke ist nun eine Abnahme des Zuwachses, sei's des positiven, sei's des negativen; eine Zunahme hingegen der Erfolg bei ihrer Verkürzung. Hieraus schliefsen zu wollen, dafs die Stärke der säulenartigen Polarisation in einem umgekehrten Verhältnifs stehe zur Länge der erregten Strecke, würde jedoch sehr voreilig sein. Es ist nämlich nicht zu übersehen, dafs man, indem man die erregte Strecke verlängert, zugleich die Stärke des erregenden Stromes schwächt, und zwar nahe in demselben Mafse, insofern man den Widerstand der übrigen Kettentheile als verschwindend ansehen kann gegen den des Nerven. Es ist also ebensowohl die Möglichkeit da, dafs die Stärke der säulenartigen Polarisation schneller mit der Dichtigkeit des Stromes abnehme, als sie mit der Länge der erregten Strecke wächst. Um diesen Doppelsinn zu beseitigen, müssen wir eine solche Anordnung treffen, dafs, trotz der Verlängerung oder Verkürzung der erregten Strecke, die Dichtigkeit des Stromes in derselben beständig bleibe. Dies können wir auf verschiedene Weise erreichen.

(u) Unmittelbares Verfahren den Einflufs der Länge der erregten Strecke zu erforschen.

Scheinbar am nächsten würde liegen der Versuch, die elektromotorische Kraft der erregenden Kette gleichzeitig mit der Vergröfserung des Widerstandes um ebensoviel zu erhöhen. Allein dieses Verfahren ist, wie man leicht bemerkt, in der Wirklichkeit unausführbar. Eine andere Art, denselben Zweck zu erreichen, besteht darin, dafs wir in die Kette einen ferneren, im Vergleich zu dem des Nerven sehr beträchtlichen Widerstand einführen. Alsdann wird bei Verlängerung der erregten Strecke die Stromstärke möglicherweise langsam genug abnehmen, damit die Zunahme der Stärke der säulenartigen Polarisation durch die Verlängerung sichtbar werde. Diese Vorkehrung an sich reicht freilich noch nicht aus. Denn da, bei unserer gewöhnlichen Anordnung, der Nerv fast allein den Widerstand des Kreises ausmacht, so wird durch Einschaltung eines bedeutend gröfseren Widerstandes, wie wir dessen bedürfen, die Stromstärke auch aufserordentlich viel kleiner werden, und nicht mehr im Stande sein, überhaupt merkliche Polarisation hervorzubringen. Es mufs also gleichzeitig an die Stelle der einfachen Kette, deren wir uns zur Erregung bedienen, eine hinlänglich starke Säule treten, damit, trotz dem so sehr erhöhten Widerstande des Kreises, der Zuwachs noch eine merkliche Gröfse behalte.

Auf folgende Weise wurde dies ins Werk gesetzt. Als Widerstand, gegen den der Widerstand des Nerven annähernd verschwinden sollte, wendete ich eine voltameterähnliche Vorrichtung an, welche als Flüssigkeit zwischen den Elektroden verdünnten Weingeist enthielt. Zinkplatten von 25^{mm} Breite tauchten etwa 10^{mm} tief in zwei Gefäfse mit Brennspiritus, die durch ein heberförmiges, zweimal rechtwinklig gebogenes, mit derselben Flüssigkeit gefülltes Glasrohr von 200^{mm} Länge und $2^{mm}.5$ Durchmesser im Lichten verbunden waren. Als erregende Kette fand ich eine fünfzehngliedrige Grove'sche Säule ausreichend.

Unter diesen Umständen nun zeigte sich's, dafs wirklich das erste Ergebnifs nicht das richtige war. Jetzt nämlich sah ich, wenn ich bei positiver Phase die erregte Strecke verlängerte, die Nadel weiter abgelenkt werden; bei Verkürzung der Strecke wich sie im Sinn der Ladungen zurück. Bei negativer Phase war der Erfolg an der Nadel für Verlängerung und Verkürzung natürlich der entgegengesetzte. Allein es gab sich der ebenso bemerkenswerthe als räthselhafte Umstand zu erkennen, dafs der Einflufs der Länge der erregten Strecke bei negativer Phase weniger ausgesprochen schien, als bei positiver. Ich konnte für die letztere häufig diesen Einflufs nicht mehr nachweisen, d. h. der Strom blieb trotz der Verlängerung und Verkürzung der erregten Strecke beständig, wenn bei positiver Phase noch merkliche Nadelbewegungen diese Veränderungen begleiteten. Ja, während bei der letzteren Phase die Verlängerung noch Zunahme, die Verkürzung Abnahme des Stromes nach sich zog, sah ich, bei negativer Phase, nicht selten bereits, statt des Umgekehrten, dasselbe erfolgen, zum Zeichen unstreitig, dafs die Verminderung der Stromstärke, welche trotz dem Spiritusvoltameter die Verlängerung doch wohl noch immer begleitet, die Oberhand erhalten hatte über den verstärkenden Einflufs derselben Veränderung auf den negativen Zuwachs. Dieser Unterschied trat um so klarer hervor, je kleiner das Verhältnifs der verlängerten zur verkürzten erregten Strecke war. Er hatte nichts zu schaffen mit der Richtung, in der sich die säulenartige Polarisation in dem Nerven nach den Bäuschen zu fortpflanzte, d. h. er blieb ganz der nämliche, gleichviel ob das Hirn- oder ob das Muskelende auf den Bäuschen ruhte. Man könnte geneigt sein, hier irgend ein verwickeltes Spiel der Ladungen der Platinbleche zu vermuthen, wodurch derselbe herbeigeführt wurde. Indessen die Folge wird lehren, dafs ihm doch wohl etwas tieferes zu Grunde lag.

(III) Mittelbares Verfahren den Einfluſs der Länge der erregten Strecke zu erforschen.

Es gab noch einen anderen Weg, trotz der Verlängerung und Verkürzung der erregten Strecke des Nerven die Stromstärke beständig zu erhalten, und bei der groſsen Wichtigkeit der hier in Rede stehenden Thatsachen für die dereinstige Mechanik der Nerven glaubte ich denselben nicht unbetreten lassen zu dürfen. Er besteht darin, daſs man, anstatt abwechselnd einen längeren und einen kürzeren Theil des Nerven dem Strome auszusetzen, vielmehr, bei sonst unveränderter Anordnung, einen Theil der erregten Strecke, ohne seinen Leitungsverhältnissen zu nahe zu treten, seiner Wirksamkeit als Nerv zu berauben sucht.

Wir haben erfahren (S. oben S. 297), daſs die Unterbindung und Durchschneidung des Nerven die Fortpflanzung des elektrotonischen Zustandes unwiederbringlich hemmen. Könnte man nun den Nerven während des elektrotonischen Zustandes dicht hinter dem vorderen Platinbleche durchschneiden oder unterbinden, ohne sonst dadurch etwas an den Leitungsverhältnissen der Anordnung zu verändern, so würde es hinsichtlich der Länge der erregten Strecke gerade so sein, als ob man das hintere Blech an die Stelle des Unterbandes oder des Durchschnittes verlegt hätte, dabei aber die Dichtigkeit des Stromes im Nerven beständig geblieben wäre.

Der Ausführung dieses Planes mit Hülfe des Durchschneidens stellt sich das Bedenken entgegen, daſs nach dieser Operation die beiden Stümpfe auſser Berührung sind und die Leitung sich dadurch unterbrochen findet. Man könnte zwar den Nerven an der betreffenden Stelle unter Eiweiſs getaucht halten, so daſs das Leitungsvermögen, trotz der Trennung der Stümpfe, beständig erhalten würde. Allein dabei bliebe noch immer der miſsliche Umstand zurück, daſs nun in dem ganzen nicht unbedeutenden Bruchtheil der erregten Strecke, der solchergestalt von einer flüssigen Nebenschlieſsung umgeben wäre, die Dichtigkeit des Stromes auſserordentlich verringert sein würde. Auch die Unterbindung ist nicht ganz frei von einem ähnlichen Uebelstande. Der Widerstand des erregenden Kreises muſs durch dieselbe einer, wenn auch sehr kleinen Veränderung ausgesetzt sein. Diesem Uebelstande läſst sich jedoch vollständig vorbeugen und es ist alsdann nur noch die groſse mechanische Schwierigkeit zu besiegen, welche darin liegt, daſs der Nerv, bei Ausführung dieser Operation, und trotz dem bedeutenden Kraftaufwande, den sie in Anspruch nimmt, auf den Platinblechen sowohl als auf den Bäuschen vollkommen unverrückt bleiben soll.

Ich erreichte dies zuletzt mit Hülfe folgender Vorrichtung, welche Herr Bötticher nach meiner Angabe sehr sauber ausgeführt hatte. Sie ist Fig. 109. Taf. III. abgebildet. In das Brett, auf welchem für gewöhnlich meine Vorrichtungen stehen (S. oben Bd. I. S. 214), ist eine starke Hülse eingebohrt, in welcher eine Säule aus Messing auf- und niedergeschoben und mittelst des Halsbandes am oberen Ende der Hülse an jeder Stelle festgeklemmt werden kann. Die Säule trägt ein starkes Winkelstück aus Messing, dessen senkrechter Theil zweien Rädern zur Platine dient, deren wagerechte Axen in einer senkrechten Ebene befindlich sind. Der Umfang eines jeden Rades ist zur Hohlkehle ausgedreht. In die einander zugekehrten Hälften beider Räder sind Zähne geschnitten und greifen ineinander. Der Unterbindungsfaden ist mit dem einen Ende an einem Haken am obersten Punkte des Umfanges des oberen Rades, mit dem anderen an einem ähnlichen Haken am untersten Punkte des Umfanges des unteren Rades befestigt. Die Schlinge liegt in der zwischen beiden Rädern befindlichen Strecke des Fadens. Man begreift, dafs man durch einen Druck auf den am oberen Rade sichtbaren Hebel den Faden zwischen beiden Rädern spannen und die Schlinge zuschnüren kann.

Wäre die Dehnbarkeit des Fadens in allen Punkten ganz gleich grofs, wäre die Reibung, die er sich selbst in der Schlinge darbietet und am Umfang der Räder erleidet, überall genau dieselbe, so würde bereits bei dieser Art zu verfahren das Zuziehen der Schlinge ohne Ortsverrückung derselben am Faden vor sich gehen. Auf jene Eigenschaften darf jedoch nicht gerechnet werden, und es ist daher noch eine Vorkehrung zu treffen, wodurch die Schlinge an einen bestimmten Ort gebunden, und somit die Verschiebung des in derselben begriffenen Nerven verhindert wird. Dies erreicht man, indem man mit dem Nerven einen festen Stab von geringem Durchmesser in die Schlinge bringt, an welchem der Faden den Nerven zerquetscht, wie angeblich die Boa den Tiger am Palmenstamme.

Der feste Stab ist an meiner Vorrichtung die dünnste Stelle des ausgeschweiften Doppelkegels oder richtiger des einschaligen Rotationshyperboloïds aus Elfenbein, welches man in Fig. 109 in seiner Lage zwischen den Rädern, in Fig. 110 *A* Taf. III. im senkrechten Längendurchschnitt, in Fig. 110 *B* aber im Grundrifs von oben gesehen erblickt. Der Doppelkegel ist folgendermafsen orientirt. Seine Axe ist denen der beiden Räder parallel, und befindet sich in der die Entfernung jener Axen hälftenden wagerechten Ebene. Seine eine Grundfläche ist gegen ein Messingstück geschraubt, welches von der Platine der Räder vorspringt, um ihn zu tragen. Seine andere Fläche, welche den Bäuschen zugekehrt sein soll, ist frei, bis auf ein später zu beschreibendes daran geklebtes Korkstückchen. Die Senkrechte, welche beide Räder berührt, und mit der also der Unterbindungsfaden seiner Richtung nach zusammenfällt, berührt auch die den Rädern zugekehrte Seite des Doppelkegels, da, wo beide Kegel durch das dünne Zwischenstück in einander übergehen. Der Doppelkegel ist endlich von oben her in einer senkrechten Ebene nebst dem Messingstück, welches ihn trägt, der Länge nach aufgesägt, und zwar, wie Fig. 110 *A* zeigt, so tief, dafs der Grund des Schnittes zusammenfällt mit dem oberen Umfange der dünnen Verbindungsstrecke beider Kegel, oder den Scheitel der Curve berührt, durch deren Umwälzung die Oberfläche des Doppelkegels entstanden gedacht werden kann. In diesen Schnitt hinein kommt der Nerv zu liegen. An der dünnen Stelle wird er, nebst dem Elfenbein, von der Schlinge umfafst. An den beiden Grundflächen der Kegel sind gleichsam Console aus Kork angekittet, deren obere Fläche eine Verlängerung der Grundfläche des Schnittes darstellt; auf ihr wird der Nerv, vor und hinter der Unterbindungsstelle, mit Insectennadeln festgesteckt. Das Messingstück an der hinteren Grundfläche des Doppelkegels ist tiefer und weiter ausgeschnitten als das Elfenbein, so dafs der Nerv hier kein Metall zu berühren braucht.

Man versteht nun leicht, wie, mit Hülfe dieser Vorrichtung, der Nerv ohne jede Erschütterung, Zerrung und Ortsverrückung, mit einem Wort, ohne jede Veränderung der Leitung die nicht unmittelbar durch die Einschnürung gegeben ist, plötzlich unterbunden werden könne. Beim Gebrauch wird aus dem Elfenbeinwürfel der stromzuführenden Vorrichtung Fig. 20. Taf. II. Bd. I. die Glasplatte entfernt und der Doppelkegel zwischen beide Platinenden gebracht (S. Fig. 110 *B*). Dabei mufs das vordere Platinblech der freien vorderen Fläche des Doppelkegels so nahe wie möglich, das hintere von der hinteren, auf das Messingstück geschraubten Fläche so entfernt wie möglich angebracht werden, damit nämlich das Verhältnifs der durch die Quetschung aufser Wirksamkeit gesetzten Länge der erregten Strecke zu der in Wirksamkeit bleibenden so grofs wie möglich ausfalle. Dies Verhältnifs läfst sich bei den Mafsen meiner Vorrichtung für einen Ischiadicus von gewöhnlicher Länge leicht wie 5 : 1 herstellen.

Die Schlinge wird schon vor dem Zuziehen so dicht um den Nerven gelegt, als es ohne Verletzung desselben möglich ist. Zum Unterbinden nahm ich Preufsische Actenseide, welche bekanntlich die Eigenschaft hat, dafs der schwarze Faden zuerst reifst. Da die Vorrichtung, vermöge der Länge des Hebelarmes, etwas zu kräftig wirkte, so bot dieser Umstand ein willkommenes Mafs für die aufzuwendende

Kraft dar. Der Nerv war stets bis auf die Bindegewebhülle völlig zerquetscht, wenn der schwarze Faden riss.

Vor dem vorderen Platinblech wird der Nerv wie gewöhnlich über die Bäusche gebreitet. Die Handhabung desselben in diesen und ähnlichen Versuchen, wo die Lage der nicht im Multiplicatorkreise befindlichen Strecke bereits gegeben ist, bietet beiläufig eine Schwierigkeit dar. Man darf nämlich den Nerven nirgends mit der Pinzette anfassen, weil man ihm eine Quetschung beibringen würde, und es ist nicht darauf zu rechnen, dafs man immer am geeigneten Orte Bindegewebezipfel vorfinde, an denen man ihn regieren könne. Um diesen kleinen Uebelstand, welcher aber die lästigsten Störungen herbeizuführen im Stande ist, zu besiegen, giebt es kein passenderes Werkzeug, als einen knöchernen Häkelhaken feinster Art, wie sie bei weiblichen Handarbeiten üblich sind. Man fängt den Nerven mit dem Haken und läfst ihn nach Bedürfnifs aus demselben in die angemessene Stellung gleiten.

Ich untersuchte nun natürlich zuerst den Einflufs der Unterbindung auf den Widerstand des Nerven als Theil eines stromführenden Kreises überhaupt. Wir haben darüber schon früher eine Angabe von Matteucci kennen gelernt (S. oben Bd. I. S. 116). Dieser behauptet, es finde bald eine geringe Zunahme, bald eine solche Abnahme des den Nerven durchkreisenden Stromes statt. Nach kurzer Zeit jedoch nehme derselbe seine frühere Stärke wieder an.

Ich schaltete die halbe Länge des Museumsmultiplicators, mit dem bekannten leichteren Nadelspiele, welches 10″ schlug, in den Kreis des Nerven und einer Grove'schen Kette ein, und beobachtete folgendes.

Matteucci's Behauptung ist in sofern irrig, als jedesmal eine zwar sehr geringe aber nachhaltige Abnahme die Folge der Unterbindung mit einem trocknen Faden und bei unverrückter Lage des Nerven auf den Elektroden ist. Man begreift auch leicht, wie dem nicht anders sein kann, da an der gequetschten Stelle die Leitung nun der blofsen Nervenscheide anheimfällt. Es wird zwar dafür das Nervenmark zu beiden Seiten gedrängt, so dafs hier an Querschnitt gewonnen werden mag, was dort verloren geht; nach den oben S. 79 angedeuteten Grundsätzen aber kann eine solche Vertheilung der Masse niemals gut machen, was durch den Verlust an einer Stelle eingebüfst wurde. Eine augenblickliche Zunahme der Stromstärke durch die Unterbindung tritt ein, wenn der Nerv dabei in seiner Lage auf der negativen Elektrode gestört worden ist. Eine dauernde Zunahme hingegen findet statt, wenn man sich eines nassen Fadens bedient, so dafs der Querschnitt an der gequetschten Stelle, statt verkleinert zu werden, vergröfsert wird. Durch ein geeignetes Zusammenwirken dieser mannigfaltigen Umstände kann es denn natürlich auch vorkommen, dafs das Unterbinden ganz spurlos an dem erregenden Strome vorübergeht.

Hieraus ergiebt sich, wie man sieht, für uns die Regel, die Unterbindung in dem beabsichtigten Versuche mit einem nassen Faden auszuführen. Denn wir streben danach, eine Verminderung der Gröfse des Zuwachses in Folge der Unterbindung eintreten zu sehen. Würden wir mit einem trocknen Faden unterbinden, so könnte dies eine Verminderung des erregenden Stromes nach sich ziehen, und wenn wir wirklich eine entsprechende Veränderung der Gröfse des Zuwachses zu sehen bekämen, so würden wir ungewifs bleiben, ob dieselbe herrühre von der Verkürzung des wirksamen Theils der erregten Strecke oder von der Verminderung des erregenden Stromes. Bedienen wir uns hingegen eines feuchten Fadens, so kann auf keinen Fall Verminderung des erregenden Stromes die Folge der Unterbindung sein; sondern wenn eine Veränderung desselben bewirkt wird, so mufs sie im positiven Sinne stattfinden. Beobachten wir alsdann Verminderung des Zuwachses, so kann dieselbe also wenigstens bestimmt nicht von einer etwaigen Verminderung der Stromstärke durch die Unterbindung herrühren; ganz im Gegentheil hat sie, um sichtbar zu werden, vielleicht den Einflufs einer Vergröfserung derselben zu überwiegen gehabt.

Noch eine Vorfrage wollte beantwortet sein, ehe der Versuch mit entscheidender Sicherheit angestellt werden konnte. Es wäre nicht unmöglich, dafs das Unterbinden an und für sich, auch bei Abwesenheit des erregenden Stromes, eine Veränderung des Nervenstromes nach sich zöge. Ich führte also, mit Hülfe meiner Vorrichtung, eine Reihe von Unterbindungen aus, während das eine Ende des Nerven wie gewöhnlich auf den Bäuschen auflag, und kein fremder Strom den Nerven durchkreiste. Es zeigte sich, dafs die durch den Nervenstrom in beständiger Ablenkung gehaltene Nadel meist ganz unbewegt verharrte. Es geschah indessen auch, dafs eine mehr oder weniger lebhafte, bald mehr vorübergehende, bald nachhaltige Bewegung derselben im Sinne der Ladungen die Unterbindung begleitete. Wir werden später Gelegenheit haben, auf diese Erscheinung zurückzukommen. Hier geht für uns daraus die Weisung hervor, den Unterbindungsversuch zur Prüfung des Einflusses der Länge der erregten Strecke auf die Gröfse des Zuwachses, zu dem wir nun endlich schreiten, vorzugsweise bei negativer Phase anzustellen. Die positive Wirkung, die wir alsdann zu erwarten haben, wird von jedem Verdacht frei sein, während man geneigt sein könnte, in der negativen Schwankung, welche die Folge der Verminderung des positiven Zuwachses durch Verkürzung der erregten Strecke sein soll, eine der eben angedeuteten ähnliche Wirkung der Unterbindung selber auf den ursprünglichen Strom zu sehen. Allerdings versetzen wir uns dadurch in einigen Nachtheil, insofern wir erfahren haben, dafs bei negativer Phase die Verlängerung der erregten Strecke einen minder ausgesprochenen Einflufs äufsert als bei positiver. Allein dieser Nachtheil wird reichlich aufgewogen durch das gröfsere Mafs von Sicherheit, welches wir dabei gewinnen.

Der Versuch ist im Allgemeinen nicht leicht auszuführen; er ist aber, wenn man sich die hinlängliche Uebung in den nöthigen Handgriffen erworben hat, einer Zierlichkeit und Reinlichkeit fähig, welche nichts zu wünschen übrig lassen. Sein Erfolg ist bei hinlänglicher Leistungsfähigkeit der Nerven genau der, den man nach dem Ergebnifs des unmittelbaren Verfahrens zur Veränderung der Länge der erregten Strecke zu erwarten berechtigt ist. Bei negativer Phase bringt die Unterbindung eine dauernde Erhöhung des Stromes, bei positiver Phase eine dauernde Erniedrigung desselben hervor, in beiden Fällen also ebenmäfsig eine Verkleinerung des Zuwachses. Jene Nadelbewegungen stehen auch in einem angemessenen Verhältnisse der Gröfse zu denen, welche man durch Aufheben des erregenden Stromes erhält. An absoluter Gröfse geben sie denen nichts nach, die man durch die unmittelbare Verkürzung der erregten Strecke bei Einschaltung eines grofsen Widerstandes in den Kreis einer vielgliedrigen Säule als erregender Kette erhält, obschon das Verhältnifs der ungleich langen erregten Strecken in dem letzteren Falle ein weit günstigeres ist, als im ersteren. Dies rührt aber daher, dafs die absolute Stärke des Stromes, also auch die entsprechende Gröfse des Zuwachses, im letzteren Falle in meinem Versuche wegen des Spiritusvoltameters trotz den fünfzehn Gliedern der erregenden Kette eine viel kleinere blieb, als die durch ein oder zwei Glieder ohne Spiritusvoltameter hervorgebrachte, und dafs die Verstärkung des Stromes durch die Unterbindung mit einem nassen Faden eine minder beträchtliche war als diejenige, die in dem Kreise der fünfzehngliedrigen Säule trotz dem Widerstande des Spiritusvoltameters noch immer die Verkürzung begleiten mochte.

Auch auf diesem Wege gelingt es also darzuthun, dafs die Gröfse des Zuwachses, bei Beständigkeit aller übrigen Umstände, welche darauf von Einflufs sind, eine mit der Veränderlichen stetig wachsende Function der Länge der erregten Strecke vorstellt.

(IV) Vermischte Bemerkungen betreffend den Einfluſs der Länge der erregten Strecke auf die Gröſse des Zuwachses.

An diese Grundermittelung hinsichtlich des Einflusses der Länge der erregten Strecke knüpfen sich nun noch verschiedene Einzelheiten von gröſserem und geringerem Interesse.

Ich versuchte, ob auch die Strecke des Nerven jenseits der Elektroden, welche mit abnehmender Stärke säulenartig polarisirt ist, noch einen Einfluſs ausüben würde auf die Gröſse des Zuwachses diesseits der Elektroden. Zu diesem Behufe wurden, während sonst die Vorrichtung die gewöhnliche Gestalt hatte, die beiden Platinbleche einander sehr nahe gebracht, dicht hinter das zweite ein schmaler Korksteg auf die Glastafel gekittet, und den Nerv auf demselben mittelst Insectennadeln festgesteckt. Während nun entweder der positive oder der negative Zuwachs im Verein mit dem ursprünglichen Strome die Nadel in beständiger Ablenkung hielt, schnitt ich mit der Scheere die Nervenstrecke jenseits der hintern Elektrode fort. Es wurde jedoch keine Verminderung der Gröſse der Phase bemerkbar, worauf auch kaum zu rechnen gewesen war.

Wir wissen bereits (S. oben S. 334), daſs beim Anbringen einer Nebenschlieſsung von Elektrode zu Elektrode, die Stärke der säulenartigen Polarisation stets einen namhaften Verlust erleidet, nicht anders, als wenn auf irgend eine Weise die Stärke des erregenden Stromes vermindert worden wäre. Es war nicht ohne Wichtigkeit, zu untersuchen, was die Folge sein würde, wenn man die schwächende Nebenschlieſsung nur an einen Theil der erregten Strecke anbrächte. Dies geschah, indem ich dem Nerven entlang mit Eiweiſs getränkte Flieſspapierbäusche von verschiedenem Querschnitt oder Zwirnsfäden anlegte. Die Lage desselben auf den stromzuführenden Blechen war in hergebrachter Weise gesichert durch Feststecken mit Insectennadeln auf zwei Korkstückchen dicht hinter dem vorderen und dicht vor dem hinteren Platinbleche. Es fand nun gleichfalls stets Abnahme des Zuwachses statt, wenn auch nur ein ganz kurzer Bruchtheil der erregten Strecke von der vordern Elektrode aus mit einer Nebenschlieſsung versehn wurde, obschon alsdann die Dichtigkeit in der übrigbleibenden erregten Strecke vermehrt war. Dies rührt indeſs weniger daher, daſs dabei die erregte Strecke gleichzeitig verkürzt wurde, als davon, daſs dadurch gewissermaſsen auch der Abstand der abgeleiteten von der erregten Strecke vergröſsert wurde. Umgekehrt fand stets Vergröſserung des Zuwachses statt, wenn die Nebenschlieſsung von der hintern Elektrode aus dergestalt angebracht war, daſs noch ein Zwischenraum zwischen ihr und der vorderen Elektrode blieb, gleichviel welcher ihr Querschnitt und welche ihre Länge war. Dies erklärt sich leicht unter der Voraussetzung, die zu machen wir schon anderweitig genöthigt waren, dafs die Gröfse des Zuwachses sich mit der Stromstärke in dem einen Sinne rascher verändert, als in dem andern mit der Länge der erregten Strecke.

Wir sind jetzt in Stand gesetzt eine Theorie des elektrotonischen Zustandes schlagend zu widerlegen, welche, obschon auch sie eine Thatsache von erheblicher Wichtigkeit feststellen würde, doch von der oben gegebenen völlig abweicht. Diese Theorie vermag fast von allen Umständen unserer Versuche mit Einfachheit Rechenschaft abzulegen, nur an den hier verhandelten Punkten scheitert sie unrettbar. Es ist deshalb ihrer, da sie doch entschieden verwerflich ist, bis zu dieser Stelle nicht gedacht worden, wo sie für einen Augenblick unsere Aufmerksamkeit fesseln mag, um sogleich wieder der Vergessenheit anheimzufallen.

Sie beruht nämlich auf der schon früher besprochenen Annahme isolirender Hüllen um die Primitivnervenröhren. Wir haben oben S. 280 gesehen, dafs jene Annahme mit der Erscheinungsweise des Nervenstromes, unseren Versuchen an schematischen Zinkkupfervorrichtungen nach, nicht unverträglich sein würde, dafs sie aber im Gebiete der elektrischen Reizversuche auf Hindernisse stöfst, die sie nur mit Hülfe sehr gesuchter Voraussetzungen im Stande sein würde zu umgehen. Wenn dieselbe nun aber mit grofser Leichtigkeit sämmtliche Räthsel des von uns sogenannten elektrotonischen Zustandes zu lösen vermöchte, so dürfte doch immerhin der eine oder der andere sich geneigt fühlen, in Betracht der anderweitigen Vortheile, die die fragliche Annahme verspricht, ein Auge zuzudrücken über die ihr von Seiten der Reizversuche entgegenstehenden Bedenken und ihr vor unserer bisherigen Deutung den unstatthaften Vorzug zu geben. Um die Erscheinungen des elektrotonischen Zustandes zu erklären, müfste man sich der neuen Theorie zufolge vorstellen, wie dies bereits bei den Reizversuchen angenommen wurde, dafs der den Nerven treffende elektrische Strom sich in zwei Hauptarme spaltet. Der eine dieser Arme fliefst von Elektrode zu Elektrode unmittelbar durch das Bindegewebe und die leitenden Hüllen der Primitivnervenröhren. Der andere nimmt von der positiven Elektrode seinen Weg denselben Gebilden entlang bis zum Querschnitte, betritt hier die Bahn des blofsgelegten Innern sämmtlicher Primitivröhren und fliefst dieselbe hinab bis zum andern Querschnitte des Nerven. Hier verläfst er das Innere der Röhren, geht wieder über auf das Aeufsere derselben, und gelangt so zur negativen Elektrode. Wird der Multiplicatorkreis mit seinen beiden feuchten Enden, den Bäuschen, an den Nerven aufserhalb der Elektroden angelegt, so verzweigt sich der letztere Stromarm noch zwischen dem Nerven und dem Drahte, daher der Zuwachs. Geschieht dies zwischen dem einen Endquerschnitt und z. B. der positiven Elektrode, so ist der von uns sogenannte erregende Strom mit dem Nervenstrom gleichgerichtet, der Stromarm aufserhalb der Elektrode am Nerven ihm ungleich, im Multiplicatordraht aber gleich gerichtet, folglich hat der Zuwachs wirklich die Richtung, welche die positive Phase verlangt. Dasselbe gilt gleichzeitig auf der anderen Nervenhälfte für die negative Phase. Der Erfolg beim Unterbinden und Durchschneiden wird auch hier wie bei den Reizversuchen zur Noth verständlich, wenn man sich denkt, dafs dadurch dem zweiten Stromarme besser leitende Nebenschliefsungen eröffnet werden. Dies ist vermuthlich, obschon es aus ihrer Darstellung nicht klar erhellt, die Art, wie Guérard und Longet die Entstehung des Zuwachses, wenn sie ihn wirklich vor Augen gehabt haben, zu erklären gedachten. (S. oben S. 293. Anm.)

Allerdings gelten nun auch dawider dieselben Bemerkungen, die schon bei jener früheren Gelegenheit hervorgehoben wurden. So vollkommen abschliefsend, wie es in Wirklichkeit der Fall ist, könnten unter dieser Voraussetzung die Unterbindung und Durchschneidung denn doch nicht wirken. Dazu kommt, dafs man die Abhängigkeit der Gröfse des Zuwachses von der ursprünglichen Leistungsfähigkeit des Nerven, wie sie im Früheren schon mehrfach angedeutet wurde, nur mit Hülfe der kühnen Annahme erklären könnte, dafs die nichtleitende Beschaffenheit der Hüllen der Nervenröhren gleichen Schritt mit der Erregbarkeit halte. Noch eine Schwierigkeit würde die sein, dafs, nach der in Rede stehenden Theorie, der Zuwachs, bei gleicher Spannweite des Bogens, gleiche Gröfse haben müfste für alle Stellungen des Bogens aufserhalb der Elektroden. Wir wissen aber schon, dafs seine Gröfse zur Entfernung der abgeleiteten von der erregten Strecke in einem umgekehrten Verhältnisse steht. Es müfste also, um diesen Umstand zu beschönigen, noch zu Stromesschlingen gegriffen werden, die sich durch die Bindegewebehüllen und die unwirksam leitenden Hüllen der Nervenröhren in den Multiplicatorkreis verlören, wogegen aber alle oben S. 295 aufgezählten Gründe von Neuem geltend gemacht werden könnten; oder man müfste annehmen, dafs die nichtleitende Eigenschaft den Hüllen der Nervenröhren nur in gewissem Grade zustehe u. dgl. m.

Alle diese Verhandlungen schneiden nun die Thatsachen dieser Nummer mit einem Schlage ab. Es sei k die elektromotorische Kraft der erregenden Kette, w ihr Widerstand gemessen bis zum Nerven, m der des Multiplicators, ebenso bis an den Nerven gemessen, und es mögen n, ν und N beziehlich folgende Widerstände am Nerven selbst in der Richtung seiner Axe genommen bezeichnen. n soll sein der Widerstand der feuchten, die isolirenden Hüllen bekleidenden Schicht zwischen den Elektroden; ν der Widerstand derselben Schicht zwischen den aufserhalb der Elektroden an den Nerven angelegten Multiplicatorenden; endlich N die Summe der Widerstände 1. der noch übrigen Strecke der gedachten Schicht aufserhalb der Elektroden und der Multiplicatorenden, 2. des leitenden Innern der Primitivröhren. Der Kürze halber wollen wir aufserdem setzen

$$\frac{m\nu}{m+\nu}=r,\ \ \frac{r}{m}=\alpha,$$

wo übrigens m sehr klein gegen ν. Bemerkt man alsdann, dafs

$$N+r+n=const.=c$$

gesetzt werden könne, worin r gegeben ist, so findet man, nach den Ohm'schen Grundsätzen, für die absolute Gröfse des Zuwachses z nach der neuen Theorie leicht den Ausdruck

$$z=\frac{\alpha k n}{c(w+n)-n^2}.$$

Hier stellt n die Länge der erregten Strecke vor. Ist demnach diese Theorie richtig, so mufs in dem vorliegenden Ausdruck, wenn wir n vor w verschwinden lassen, z mit n wachsen; z mufs hingegen abnehmen mit wachsendem n, wenn wir w so klein nehmen, dafs wir es gegen n vernachlässigen können. Die Untersuchung der Function $z=f(n)$ lehrt aber, dafs z mit n stetig und ins Unbegrenzte wächst, gleichviel welchen Werth man w zuschreibe. Es ist folglich die neue Theorie nicht stichhaltig.

Dies zeigt sich auch noch darin, dafs wenn wir n sich verändern lassen, ohne dafs sich zu gleicher Zeit N um ebensoviel im entgegengesetzten Sinne verändert, bei verschwindendem w, z von n unabhängig wird. Wir haben aber, während w gegen n in der That annähernd verschwand, gefunden, dafs Anbringen einer Nebenschliefsung zu n, also Verkleinerung desselben, den Zuwachs verkleinerte, wenn die Nebenschliefsung sich von Elektrode zu Elektrode erstreckte, oder von der vorderen Elektrode ausging, ihn dagegen vergröfserte, wenn sie von der hinteren Elektrode ausging. Wollte man auch annehmen, dafs w nicht hinreichend klein war im Verhältnifs zu n, um gänzlich vernachlässigt werden zu können, so bliebe doch noch unbegreiflich, wie die Nebenschliefsung eine verschiedene Wirkung je nach ihrer verschiedenen Beschaffenheit ausüben könnte, da diese Wirkung alsdann vielmehr stets eine den Zuwachs vergröfsernde sein müfste.

Ohnehin würde bei der neuen Theorie unverständlich bleiben, wie die Verlängerung der erregten Strecke einen verschiedenen Einflufs ausüben kann, je nachdem man bei positiver oder bei negativer Phase beobachtet.

Endlich und zum Ueberflusse spricht in demselben Sinne auch noch folgender Versuch. Stellt man die Fig. 94. Taf. I. abgebildete Anordnung her und legt man die Schlinge des Nerven über die stromzuführenden Platinenden, so erhält man die Phasen des elektrotonischen Zustandes in aller Regelmäfsigkeit. Dasselbe ist der Fall, wenn man die Schlinge auf die Bäusche, hingegen die beiden Querschnitte auf die Bleche legt, wobei ein schwacher ursprünglicher Strom sich im Nerven kund giebt in der Richtung von den Querschnitten nach der Schlinge. Offenbar dürfte, wenn die Primitivröhren nichtleitend umhüllt wären, keines von beiden eintreffen, ebensowenig als Zuckung stattfinden dürfte, wenn man die Elektroden an zwei Punkte des in der Fig. 94 dargestellten Weise zusammengefalteten Nerven anlegte (Vergl. oben S. 278).

3. Von der Erscheinungsweise der säulenartigen Polarisation bei gleichzeitiger Einwirkung zweier Ströme auf den Nerven.

Obschon sich kein besonderer theoretischer Zweck daran knüpfte, wollte ich nicht unversucht lassen, wie die säulenartige Polarisation sich gestalten würde, wenn ich zu gleicher Zeit zwei Ströme auf den Nerven einwirken liefse, sei's zu beiden Seiten der abgeleiteten Strecke, sei's hintereinander auf einer und derselben Seite. Ich knüpfe diese Untersuchung sogleich an dieser Stelle an, weil in dem letzteren Falle und bei gleicher Stärke der beiden Ströme der beabsichtigte Versuch gewissermafsen ein neues Verfahren vorstellt, den Einflufs der Länge der erregten Strecke zu prüfen, nur dafs zwischen dem ursprünglichen und dem hinzugefügten Stücke derselben eine Nervenstrecke offen bleibt, auf welche kein Strom unmittelbar einwirkt.

Schwierigkeiten bieten die Versuche bei den einmal vorhandenen Hülfsmitteln und ersonnenen Methoden nicht mehr dar. Um den Nerven zweien Strömen auf einer und derselben Seite der abgeleiteten Strecke gleichzeitig aussetzen zu können, wurde der Elfenbeinwürfel der stromzuführenden Vorrichtung mit den vier, Fig. 20. Taf. II. Bd. I. darin abgebildeten Platinenden auf einmal angewendet. Das erste und zweite derselben war mit der einen, das dritte und vierte mit der anderen erregenden Kette verbunden; die beiden ersten unter sich, und die beiden letzteren unter sich ebenfalls einander sehr nahe, damit bei hinreichendem Abstande des zweiten von dem dritten Bleche, und des ersten von den Bäuschen, den möglicherweise von der entfernteren Kette her bis in die abgeleitete Strecke sich fortpflanzenden Wirkungen noch eine merkliche Gröfse zukommen möge. Die Fig. 111. Taf. III. stellt diese Anordnung schematisch vor. Die den Bäuschen nähere erregte Strecke wollen wir die erste, die davon entferntere die zweite erregte Strecke nennen.

Der Erfolg war, dafs bei gleicher und gröfserer Dichtigkeit des Stromes in der zweiten erregten Strecke die beiden Phasen von derselben aus sich sowohl durch die eine als durch die andere von der ersten erregten Strecke aus kundgaben. War die Dichtigkeit des erregenden Stromes in der zweiten Strecke die geringere, z. B. nur von einer einfachen Grove'schen Kette herrührend, während die Kette der ersten Strecke zwei Glieder besafs, so konnte ich die Phasen von der zweiten Strecke aus durch die von der ersten hindurch nicht mehr unterscheiden, und sie blieben auch dann aus, wenn nachmals die Kette der ersten Strecke geöffnet wurde, so dafs der Nerv, durch den stärkeren erregenden Strom, für die Phasen vom schwächern her dauernd undurchgängig schien gemacht worden zu sein.

Auch bei dieser mittelbaren Art nun, die erregte Strecke zu verlängern, gab sich der oben S. 389 beschriebene Unterschied der beiden Phasen hinsichtlich des Einflusses dieser Veränderung zu erkennen. War nämlich der Nerv von der ersten Strecke aus in positiver Phase begriffen, so wirkte die positive sowohl als die negative Phase von der zweiten Strecke aus sehr leicht durch jene positive Phase hindurch. War dagegen die Phase von der ersten Strecke aus die negative, so war es häufig sehr schwer, die negative Phase von der zweiten Strecke aus durch jene hindurch wahrzunehmen. Die positive Phase aber von der zweiten Strecke aus zeigte sich in unveränderter Deutlichkeit. Ich versäumte nicht, indem ich den Museumsmultiplicator in den Kreis der zweiten erregenden Kette einschaltete, mich davon zu überzeugen, dafs ihr Strom für beide Richtungen zwischen den Platinblechen einerlei Stärke hatte, oder, was noch beweisender ist, dafs die Ueberlegenheit der positiven Phase sich selbst dann bewährte, wenn zufällig der dieselbe erzeugende Strom schwächer ausfiel, als der zur negativen Phase gehörige.

An dem solchergestalt in dem Kreise der einen erregenden Kette befindlichen Multiplicator liefsen sich die Phasen unterscheiden, welche von der anderen Kette herrührten; natürlich in sehr geringem Mafse, da sie nur als eine sehr kleine Veränderung des erregenden Stromes selber an der Nadel erscheinen konnten. Die erregten Strecken waren also in diesem Falle zugleich abgeleitete Strecken. Wurde der Nerv zwischen dem zweiten und dritten Platinblech zerschnitten, so hörte diese Wirkung in dem Kreise der entfernteren Kette auf, und ebenso war ihre eigene Wirkung in dem Kreise der näheren Kette sowohl als in dem der Bäusche verschwunden.

Die Gestalt der stromzuführenden Vorrichtung, wo ihr Elfenbeinwürfel mit den vier Platinenden versehen ist, bietet, beiläufig gesagt, eine vortheilhafte Gelegenheit dar, die Hemmung des Fortschreitens der säulenartigen Polarisation durch das Unterbinden und Durchschneiden in gefälliger Weise darzuthun. Bringt man nämlich das Unterband oder den Schnitt zwischen den beiden mittleren Blechen an, und läfst man die Zuleitungsdrähte aller vier Bleche sich in Quecksilbergefäfse endigen, so braucht man nur die Enden der erregenden Kette, die aus verquickten Kupferhaken bestehen können, von dem ersten und zweiten ins dritte und vierte Gefäfs oder umgekehrt zu übertragen, um die erregte Strecke abwechselnd vor und hinter die gequetschte oder getrennte Stelle zu verlegen. Befindet sie sich, von den Bäuschen aus gerechnet, diesseits von dieser Stelle, so erfolgen die Phasen; befindet sie sich jenseits, so bleiben sie aus. Denselben Kunstgriff kann man anwenden, um zu zeigen, dafs, mit dem Tetanus, die negative Schwankung des Muskelstromes bei der Zusammenziehung sofort ein Ende hat, wenn eine unterbundene oder durchschnittene Stelle des Nerven sich zwischen dem Muskel und der erregten Strecke befindet. Nur mufs man sich alsdann, der unipolaren Inductionszuckungen halber, statt einer Inductionsvorrichtung, des Poggendorff'schen Inversors zum Tetanisiren bedienen. Vergl. oben S. 52 Anm.

Ich darf auch nicht unterlassen, darauf aufmerksam zu machen, dafs, bei grofser Stärke eines der beiden erregenden Ströme in unserem obigen Versuche, z. B. bereits bei Anwendung einer viergliederigen Grove'schen Säule, die Isolation der beiden erregenden Kreise von einander durch das Elfenbein des Würfels der stromzuführenden Vorrichtung wenigstens bei feuchter Witterung nicht mehr ausreicht. Es fand sich nämlich alsdann, dafs die Nadelbewegungen, welche die Phasen der stärkeren Kette an dem in den Kreis der schwächeren eingeschalteten Multiplicator anzeigten, nach einiger Zeit unmerklich wurden, und endlich mit verändertem Zeichen wiederkehrten. Ersetzte ich den Nerven durch einen mit Eiweifs getränkten Faden, so waren auch dergleichen Wirkungen vorhanden, und zwar hatten sie alsdann stets die letztangegebene der der Phasen entgegengesetzte Richtung. Daraus wurde der oben angezeigte Ursprung derselben aus einer mangelhaften Isolation der beiden Kreise klar. Die mitgetheilten Erfolge werden aber durch diesen Umstand sichtlich nicht in dem Sinne gefährdet, als hätten die der entfernteren, stärkeren Kette zugeschriebenen Veränderungen der säulenartigen Polarisation hergerührt von dem Stromarme derselben in dem Kreise der näheren Kette, weil dieser Stromarm zufälligerweise die entgegengesetzte Richtung von derjenigen besafs, die erforderlich gewesen wäre, um die fraglichen Veränderungen zu erzeugen. Da die beiden Kreise sonst überall durch Luft und Glas von einander getrennt waren, so blieb nichts übrig, als zu vermuthen, dafs das Elfenbein nicht hinreichend isolirend wirkte. Auch fand ich ganz unmittelbar, dafs ein Grove'sches Element, durch die 1^{mm} dicke lufttrockene Elfenbeinplatte eines sogenannten Plessimeters, gegen welche ich Kupferplatten von 37^{mm} Durchmesser als Elektroden anprefste, an meinem Multiplicator unmittelbar geschlossen, 45° Ausschlag gab. Ich ersetzte daher an der stromzuführenden Vorrichtung die beiden vorderen Platinenden durch Streifen aus demselben Metall, an welche Kupferdrähte gelöthet waren und die ich auf die Glasplatte der Vorrichtung aufkittete. Jetzt waren die Wirkungen bei Anwendung eines mit Eiweifs getränkten Fadens völlig verschwunden, die auf Rechnung des Nervenstromes und seiner Phasen gebrachten nach wie vor erkennbar.

Wir wenden uns jetzt zu dem Falle, wo die beiden erregten Strecken, anstatt auf einer und derselben Seite der abgeleiteten Strecke, zu beiden Seiten derselben liegen. Der Nerv wurde mit zweien von seiner Mitte gleich weit entfernten Punkten des Längsschnittes auf die Bäusche aufgelegt und von seinen beiden Enden das eine wie gewöhnlich über die beiden vorderen Platinenden gebreitet, das andere über zwei Platinstreifen, welche auf eine passend aufgestellte Glasplatte gekittet und durch angelöthete Kupferdrähte mit der Kette verbunden waren.

Der Erfolg war, dafs die Gröfse des Zuwachses in der abgeleiteten Strecke gewissermafsen als die algebraïsche Summe der Wirkungen erschien, welche von beiden erregten Strecken ausgingen, gleichviel welche Richtung und Dichtigkeit der eine von beiden erregenden Strömen im Vergleich zum andern besafs. Da bei dieser Anordnung keine positive und negative Phase unterschieden werden kann, so kann auch von keiner Beobachtung einer Verschiedenheit derselben die Rede sein.

Es würde zur Vervollständigung der hier geführten Untersuchung nun noch zu erforschen sein, wie sich die Gröfse des Zuwachses ändere, wenn man innerhalb der erregten Strecke selber die Elektroden einer zweiten Kette von gleicher oder verschiedener Kraft und von gleicher oder entgegengesetzter Strömungsrichtung anlegte. Ich habe jedoch noch nicht Zeit gefunden, diesen verwickelten Versuch, der wenig neue Aufschlüsse verspricht, in's Werk zu setzen.

Wir können jetzt übrigens, mit einem ziemlichen Grade von Berechtigung, eine Vermuthung aufstellen hinsichtlich der Gestalt der Curve des Zuwachses zwischen den Elektroden (S. oben S. 317. 328). Wir können nämlich behaupten, dafs die Curve über der Mitte der erregten Strecke ein Maximum besitzen müsse. Dies folgt, wie es scheint, mit Nothwendigkeit aus der Gesammtheit unserer bisherigen Erfahrungen. Denn wir können sagen, dafs die Stärke der säulenartigen Polarisation des Nerven an einer bestimmten Stelle bedingt ist durch die Stärke der Polarisation aller übrigen Punkte des Nerven, so zwar, dafs jeder Punkt um so mehr zur Erhöhung der Polarisation an der gerade betrachteten Stelle beiträgt, je stärker er selber polarisirt ist, und je näher er jener Stelle liegt. Danach sieht man, dafs allerdings die Mitte der erregten Strecke es sein wird, welche die gröfste Summe der Wirkungen erfährt. Das Maximum wird, um eine sehr kleine Gröfse aus der Mitte verrückt werden, wenn sie nicht mit der geometrischen Mitte des Nerven zusammenfällt, oder wenn mehrere Elektrodenpaare dem Nerven angelegt sind. So ist auch der Magnet in der Mitte seiner Länge am stärksten polarisirt[1].

4. Von dem Einflusse des Winkels zwischen der Richtung des erregenden Stromes und der Axe der Primitivröhren auf die Stärke der säulenartigen Polarisation.

Manche wichtige Ermittelung schien sich an die Frage zu knüpfen, die auch im Gebiete der Reizversuche eine geläufige ist (S. oben Bd. I. S. 226), welche Wirkung wohl der elektrische Strom auf den Nerven zu äufsern vermöchte, wenn er ihn, statt der Axe der Primitivröhren entlang, unter verschiedenen Winkeln bis senkrecht auf jene Axe träfe. Diese Untersuchung wird natürlich zu beginnen haben mit der letzteren Strömungsrichtung als derjenigen, welche den etwa hervortretenden Erscheinungen ihren gröfsten Werth ertheilen mufs; es ist zugleich die am leichtesten mit einiger Genauigkeit zu verwirklichende.

Man sollte nun nach unserer Theorie des elektrotonischen Zustandes meinen, dafs, wenn eine Strecke des Nerven einem senkrechten Strom ausgesetzt wird, keine säulenartige Polarisation wie gewöhnlich in der Richtung der Primitivnervenröhren die Folge sein könne. Denn die dipolar elektromotorischen Molekeln, in welche die peripolaren Gruppen durch die Gewalt des Stromes zerlegt werden, stellen sich senkrecht auf die Axe der Röhren, alle mit ihren Axen einander und der Strömungsrichtung parallel, die elektropositiven Bestandtheile nach

[1] G. Lamé, Cours de Physique de l'École polytechnique. Paris 1837. t. II. p. II. p. 100.* — van Rees in Poggendorff's Annalen u. s. w. 1847. Bd. LXX. S. 1.*

der negativen Elektrode hinsehend. Möglicherweise kann sich auch diese Art der Anordnung über die erregte Strecke hinaus fortpflanzen. Es ist aber deutlich, dafs dieselbe alsdann nach Aufsen keine elektromotorische Wirkung wird hervorbringen können. Denn die letzte durch den Strom gerichtete Molekel einer Molekelreihe wird nicht streben ihre Nachbarin nach Aufsen von den Elektroden sich selbst gleich zu stellen, wobei die elektropositiven und negativen Bestandtheile beider beziehlich einander zunächst zu liegen kommen würden; sondern die entgegengesetzte Lage suchen sich je zwei benachbarte Molekeln zu ertheilen, wo dem elektropositiven der negative, dem positiven der elektronegative Bestandtheil entspricht. Dasselbe geht vor zwischen der zweiten und dritten, der dritten und vierten u. s. w. Molekel, so dafs die Wirkung einer Molekel nach Aufsen immer genau durch die Wirkung der folgenden aufgewogen werden würde, wenn die Polarisation nicht, je weiter von den Elektroden, um so unvollkommner vor sich ginge. So jedoch bleibt eine unendlich kleine Wirkung übrig. Aufserdem ist aber eine allmälige Drehung der Ebene, in der die Polarisation stattfindet, um die Axe der Molekelreihe denkbar. Unter diesen Umständen kann also nach Aufsen keine Wirkung sichtbar werden.

Verschiedene Methoden, den Nerven einem queren elektrischen Strom auszusetzen, haben wir bereits oben a. a. O. kennen gelernt, als wir aus den in der Literatur der Reizversuche vorhandenen Zeugnissen uns eine Meinung zu bilden suchten über den Einflufs jener Strömungsrichtung auf die Erscheinungsweise der Zuckungen. Ich selbst nahm jedoch folgenden Weg, da ich anfänglich Gründe zu haben glaubte, jene Verfahrungsarten sämmtlich für mehr oder weniger ungeeignet zu halten.

Eine Glasplatte wurde erhitzt und mit Kolophoniumkitt bestrichen. In den Kitt wurden zwei erhitzte Platinbleche von 18^{mm} Länge und beiläufig 10^{mm} Breite eingedrückt, an welche Kupferdrähte gelöthet waren. Die Bleche liefsen zwischen ihren langen Seiten einen an den Rand der Platte stofsenden Spalt mit parallelen Rändern. Die kurzen auf den Spalt senkrechten Seiten der Bleche lagen an seinen beiden Enden die eine genau in der Verlängerung der anderen, so dafs auch zwischen ihren äufsersten Punkten, bei Ueberbrückung des Spaltes mit einem Leiter von gleichförmigem Widerstande, der Strom senkrecht auf die Axe des Spaltes zu gehen gezwungen war.

Den Spalt wendete ich von verschiedenen Breiten an. Zuerst gab ich ihm nur 0.7^{mm} Breite, so dafs ein in demselben gelagerter Nerv auf allen Punkten die beiden Ränder des Spaltes berührte. Als ich nun das Bauschende des Nerven wie gewöhnlich der Länge nach ableitete, und durch die erregte Strecke den Strom einer GROVE'schen Kette gehen liefs, erhielt ich für die eine Richtung des Stromes Zunahme, für die andere Abnahme des Nervenstromes, als ob der Nerv der Länge nach durchflossen gewesen wäre. Diejenige Strömungsrichtung aber, die in dem einen Versuche positive Phase bewirkte, brachte in einem andern negative Phase hervor, und umgekehrt.

Daraus ging hervor, dafs diese Wirkungen nicht herrührten von dem Theile des Stromes, der den Nerven senkrecht traf, sondern höchst wahrscheinlich von solchen, die, wegen Ungleichmäfsigkeiten des Widerstandes und der Ladungen, den Nerven unter einem mehr oder weniger spitzen Winkel durchliefen, also eine merkliche, seiner Axe parallele Componente besafsen. In der That, man hat sich nur zu denken, dafs, von vier einander zu zweien gegenüberliegenden Punkten $z, p; z', p'$ der Ränder der Platinbleche Z und P, z und p' z. B. auf der sie verbindenden Geraden einen geringeren Widerstand oder eine geringere Stärke der Polarisation haben als z' und p. Alsdann wird nicht die Strömung gleichmäfsig zwischen z und p, z' und p' geschehen, sondern der Strom zwischen z und p' wird die Oberhand haben über den zwischen z' und p, und eine Resultante die Folge sein, welche eine auf die Verbindungslinie von $z, p; z', p'$ senkrechte oder der Länge des Nerven nach gerichtete Componente von z, p nach z', p' oder umgekehrt, je nach dem Sinne des Stromes, besitzt. Es ist klar, dafs dergleichen Verhältnisse durch Auflegen eines neuen Nerven, oder auch schon durch Wechseln der Lage eines und desselben, eine solche Veränderung erleiden können, dafs die der Nervenaxe parallele Componente das eine Mal die eine, das andere Mal die andere Strömungsrichtung innehält, und so Anlafs werden kann zum Erscheinen bald der positiven, bald der negativen Phase für einen und denselben Sinn des erregenden Stromes zwischen den Blechen.

Der Erfolg blieb der nämliche, als ich den Spalt bis auf 7^{mm} erweiterte, und auf die Platinbleche vieldoppelte mit Eiweifs getränkte Fliefspapierstreifen legte, die sie in einer weit gröfseren Ausdehnung und allem Vermuthen nach auch viel gleichförmiger berührten als vorher der Nerv. In der Mitte der Breite des Spaltes liefsen sie wieder einen Zwischenraum zwischen sich, gerade breit genug, um einen Nerven aufzunehmen. Ich hatte gehofft, dafs bei dieser Anordnung der Einflufs von Unregelmäfsigkeiten der Leitung und Ladung sich mehr ausgleichen würde; diese Erwartung wurde jedoch getäuscht.

Legte ich auf die Bäusche ein Glimmerblatt auf, auf dieses aber zwei vieldoppelte mit Eiweifs getränkte Fliefspapierstreifen, welche zu beiden Seiten das Glimmerblatt überragten, so dafs jeder von ihnen einen der Bäusche berührte, während zwischen denselben ein Spalt übrig blieb, breit genug einen Nerven aufzunehmen; brachte ich dann in diesen Spalt das abzuleitende Ende eines Nerven, der auf die obige Weise grofsentheils quer erregt wurde, und dessen Ableitung also auch quer geschah: so nahm ich nie eine Spur von Wirkung beim Umlegen der Wippe wahr.

Vergebens suchte ich eine Art ausfindig zu machen, bei der beschriebenen Methode zur queren Erregung des Nerven wenigstens den Nachweis zu führen, dafs die Wirkung immer schwächer ausfalle als bei der Erregung des Nerven der Länge nach, unter der Voraussetzung natürlich eines gleichen Abstandes des letzten unmittelbar erregten Punktes von den Bäuschen. Meine Bemühungen scheiterten an der Unmöglichkeit, in beiden Fällen den Nerven einem Strome von gleicher Dichtigkeit auszusetzen.

Ich habe nicht unterlassen wollen, diese allerdings wenig gelungenen Versuche dem Leser mitzutheilen, weil die Verfahrungsarten, auf denen sie beruhen, sich unwillkürlich Jedem zuerst aufdrängen werden und theoretisch den nun folgenden weit überlegen scheinen, obschon damit, wie man sieht, nicht viel anzufangen ist. Ich selbst kehrte endlich, durch Schaden klug geworden, einfach zurück zu der von dem alten Galvani angewendeten, ebenso sinnreichen als leicht zu verwirklichenden Methode der queren Erregung des Nerven, wodurch ich auch bald zum Ziele gelangte. Sie besteht darin (S. oben Bd. I. S. 296), den Nerven senkrecht über einen vom Strom durchflossenen feuchten Faden zu betten. Der Vortheil derselben liegt darin, dafs, wegen der geringen Breite der Strombahn in dem Nerven, einmal überhaupt weniger Gelegenheit gewährt ist zur Bildung von Strömen, die der Axe des Nerven entlang verlaufen, fürs zweite die doch noch etwa stattfindenden Unregelmäfsigkeiten der Art immer nur Ströme erzeugen können, welche den Nerven unter einem mehr oder weniger rechten Winkel treffen. In der That wurde meine Aufmerksamkeit auf dies Verfahren gelenkt durch die Wahrnehmung, dafs in meinen vorigen Versuchen häufig die Wirkung ungleich schwächer ausfiel, wenn der Nerv nur noch in einer sehr kurzen Strecke, 1.0 — 1.5^{mm}, den Spalt an seinem den Bäuschen entsprechenden Ende überbrückte, obschon alsdann die Dichtigkeit des Stromes in demselben auf keinen Fall kleiner, eher etwas gröfser ausfallen konnte, als beim Schliefsen durch eine längere Strecke.

Die Vorrichtung, deren ich mich bediente, ist Fig. 112. Taf. III. abgebildet. Auf einen Spiegelglasstreifen von 35^{mm} Breite, der in die wagerechte Klemme des allgemeinen Trägers eingespannt wird, ist eine dünne Korkplatte gekittet. Zu beiden Seiten derselben sind Platinbleche aufgeklebt, an welche Kupferdrähte gelöthet sind, welche zur Kette gehen. Auf den Blechen ruhen vieldoppelte Fliefspapierstreifen, welche mit gesättigter Salzlösung getränkt sind. Ein mit Eiweifs getränkter Zwirnsfaden ist mit Nadeln über die Korkplatte gespannt und seine Enden ruhen auf den Fliefspapierstreifen. Diese letzteren haben, wie man leicht erkennt, zum Zweck, die Stromstärke zu vermehren durch Verminderung der Polarisation, welche an dem Berührungspunkte des Fadens allein mit dem Platin eine zu beträchtliche Höhe erreichen würde.

Mit Hülfe dieser Anordnung nun fand ich, dafs meistens, wenn der Nerv sorgfältig senkrecht über den Faden gebettet wird, keine oder nur sehr schwache und unregelmäfsige Spuren von säulenartiger Polarisation sich kundgaben. Legt man den Nerven schräg über den Faden, oder gar demselben in einer ganz kurzen Strecke entlang, wobei die Dichtigkeit des Stromes im Nerven keine merkliche Veränderung erfahren kann, so treten sofort lebhafte Phasen in der geforderten Richtung ein. Ich halte es durch diese Versuche für aufser Zweifel gesetzt, dafs die senkrechte Strömungsrichtung unvermögend ist, im Nerven eine Anordnung der dipolar elektromotorischen Molekeln zu bewirken, welche sich aufserhalb der unmittelbar betroffenen Strecke durch Stromerzeugung kund zu geben vermöchte.

Ich habe bei dieser Gelegenheit und mit denselben Vorrichtungen auch einige Versuche angestellt über das Ausbleiben der Zuckungen bei der queren Erregung des Nerven, welches Galvani und v. Humboldt gleichzeitig bekannt gemacht und nach ihnen mehrere Forscher bestätigt, andere in Zweifel gestellt haben (S. oben a. a. O.). Ich verfuhr auf verschiedene Weise, entweder indem ich blofs den Nerven des isolirten stromprüfenden Schenkels der queren Erregung aussetzte, oder auch indem ich gleichzeitig an seinem Hirnende die säulenartige Polarisation beobachtete. Alsdann war der stromprüfende Schenkel wie in Fig. 19. Taf. III. Bd. I. auf die dazu bestimmte Glasplatte mit Fäden oder Kautschukringen befestigt, und die Platte am allgemeinen Träger oberhalb und hinter der stromzuführenden Vorrichtung angebracht. Damit nicht der Nerv durch die Zuckungen in seiner Lage gestört würde, war er zwischen dem Kniegelenk und jener Vorrichtung irgendwo auf einem Korkstege mit Insectennadeln festgesteckt. Es fand sich, dafs zwischen der Erscheinungsweise der Zuckungen und der der säulenartigen Polarisation eine vollkommene Uebereinstimmung herrschte. Bei Anwendung des Spaltes zwischen den stromzuführenden Blechen oder feuchten Fliefspapierstreifen, den der Nerv in grofser Länge überbrückt, fanden Zuckungen statt und zwar blieb für eine und dieselbe Strömungsrichtung zwischen den Blechen u. s. w. bald die Oeffnungs- und bald die Schliefsungszuckung aus. Dies deutete, nach dem oben Bd. I. S. 303 ff. dargelegten Gesetze der Zuckungen, auf eine beziehlich bald absteigende bald aufsteigende, der Axe der Nervenröhren parallele Stromcomponente in dem Nerven. Diese Componente fiel der Richtung nach zusammen mit derjenigen, welche die säulenartige Polarisation anzeigte. Wurde die durchströmte Strecke sehr abgekürzt, so fehlten häufig die Zuckungen. Mit dem feuchten Faden war es sehr leicht, gänzliche Ruhe des stromprüfenden Schenkels, sowohl beim Oeffnen und Schliefsen der Kette, als beim Umlegen der Wippe zu erzielen. Nur mufste die Stromstärke keine zu bedeutende sein. MATTEUCCI's oben Bd. I. S. 297. 298 mitgetheilte Ergebnisse sind mir daher, wie ich bekennen mufs, unbegreiflich. Bei einer geringen Abweichung des Nerven von der auf den Faden senkrechten Richtung traten sofort Zuckungen ein.

Schliefslich ist noch folgendes zu erwähnen. Ich kam auf den Gedanken, ob nicht die Zuckungen und die säulenartige Polarisation, welche bei der queren Erregung unter Umständen wahrgenommen werden, daher rühren möchten, dafs die Bedingung des Senkrechtdurchströmtseins stets nur mangelhaft erfüllt ist wegen der geschlängelten Lage der Primitivröhren in den Nerven, die FONTANA entdeckte und dadurch das schraubenförmig gebänderte Ansehen feinerer Nerven erklärte.[1] Ich versuchte daher, ob die Zuckungen auch dann noch erscheinen würden, wenn der Nerv bis zum Verschwinden der Bänderung sanft ausgespannt würde. Dies geschah, indem ich das obere Ende des Nerven auf ein Korkstückchen jenseit der stromzuführenden Bleche feststeckte, und den Unterschenkel selbst als Gewicht benutzte, wodurch der Nerv über einen Korksteg fort ausgespannt gehalten wurde. Die Erscheinungsweise blieb indefs dieselbe, und danach hatte ich, wie die Folge lehren wird, keinen Grund mehr, den Versuch auch noch für die säulenartige Polarisation anzustellen, was überdies seine eigenen Schwierigkeiten gehabt haben würde.

5. Von dem Einflusse der Entfernung der abgeleiteten von der erregten Strecke auf die scheinbare Gröfse des Zuwachses im elektrotonischen Zustande.

Die bisher betrachteten unter den Umständen, welche von Einflufs auf die Gröfse des Zuwachses im elektrotonischen Zustande sind, waren

[1] Abhandlung über das Viperngift u. s. w. Berlin 1787. 4° S. 362.

der Art, daſs dieser Einfluſs beruhte auf der gröſseren oder geringeren Vollkommenheit, womit die säulenartige Polarisation zu Stande kommt. Jetzt gehen wir über zur Berücksichtigung einiger Punkte, von denen, bei gleicher Stärke und Beschaffenheit des elektrotonischen Zustandes des Nerven, die Gröſse der Wirkungen abhängt, die er nach dem Gesetze der Säule in dem Multiplicatorkreise zu erzeugen vermag.

Es hat schon im vorigen Paragraphen bemerkt werden müssen, daſs die Gröſse des Zuwachses mit der Entfernung von den Elektroden immer mehr abnimmt (S. oben S. 299. 307. 317. 325). Wir haben diesen Umstand sogar schon in die Curve des Zuwachses aufgenommen, wie sie in der Fig. 105. Taf. III. entworfen worden ist. Er ist in der That so auffallend, daſs zu seiner Wahrnehmung meist keine weitere künstliche Versuchsweisen gehören. Es genügt, die Veränderung des Nervenstromes beim Eintritt des elektrotonischen Zustandes, sei's in der einen, sei's in der andern Phase, nach einander bei zwei oder mehreren verschieden weit von dem vorderen Platinblech entfernten Stellungen der Bäusche zu beobachten, um sich von dem Wachsen dieser Veränderung in einem umgekehrten Verhältniſs der Entfernung der abgeleiteten von der erregten Strecke zu überzeugen.

Handelt es sich aber um einen methodischen Nachweis dieses Verhaltens, so kann man folgendermaſsen verfahren. Man läſst die Nadel unter dem Einfluſs des ursprünglichen Nervenstromes und des positiven oder negativen Zuwachses eine feste Stellung annehmen, hebt dann den Nerven für einen Augenblick von den Bäuschen ab, rückt die stromzuführende Vorrichtung nach Bedürfniſs näher oder entfernter, und läſst den Nerven wieder zur Berührung mit den Bäuschen herabsinken, ehe die Nadel einen merklichen Rückschwung hat beschreiben können. Es findet ein Ausschlag in dem Sinne der gerade obwaltenden Phase statt, wenn man den Abstand der Bleche von den Bäuschen verkürzt hat, ein Ausschlag in entgegengesetzter Richtung, wenn man ihn verlängert hat. Diese Versuchsweise leidet indeſs an dem Uebelstande, daſs man mit der Lage der Bäusche an dem Nerven die Stärke seines ursprünglichen Stromes unfehlbar verändert, welcher, wie man sich erinnert, während des elektrotonischen Zustandes nicht zu kreisen aufgehört hat (S. oben S. 316. 325). So lange man sich nämlich mit beiden Bäuschen diesseit des elektromotorischen Aequators aufhält, nimmt der Nervenstrom, gemäſs der Curve der Stromstärken (S. oben S. 264), mit der Entfernung von dem Endquerschnitt ab; über den Aequator hinaus verkehrt er seine Richtung. Beobachtet man also bei negativer Phase die Wirkung der Vergröſserung des Abstandes zwischen Blechen und Bäuschen, so weiſs man nicht, welcher Theil des wahrgenommenen positiven Erfolges der Vergröfserung des ursprünglichen Nervenstromes, welcher der Verkleinerung des negativen Zuwachses zukommt. In dieselbe Zweideutigkeit geräth der Versuch, wenn man die Strecke zwischen Blechen und Bäuschen verkürzt; sowohl die Veränderung des ursprünglichen Stromes als die der scheinbaren Gröfse des Zuwachses verlangen einen Rückschwung der Nadel. Die Beobachtung der positiven Phase ist zwar von diesem Mangel frei, da die Wirkung auf den Zuwachs immer die entgegengesetzte ist von der auf den ursprünglichen Strom; aber eben deshalb wird der Erfolg minder ausgesprochen erscheinen. Dazu kommt noch, dafs man bei dieser Versuchsweise, welche auf das Abwarten beständiger Ablenkungen durch den Zuwachs berechnet ist, keine sehr starken erregenden Kräfte anwenden darf.

Es ist daher nachstehendem Verfahren bei weitem der Vorzug zu geben, wobei nicht die abgeleitete Strecke der erregten, sondern die letztere der ersteren abwechselnd näher und entfernter gebracht wird, der ursprüngliche Nervenstrom also beständig verharrt. Man wendet abermals, wie oben S. 337, drei Platinbleche in dem Elfenbeinwürfel der stromzuführenden Vorrichtung an, verbindet sie jedoch diesmal, wie Fig. 113. Taf. III. zeigt, sämmtlich mit Quecksilbergefäfsen. Die beiden Enden der Kette laufen in zwei verquickte Kupferhaken aus, und diese überträgt man abwechselnd aus dem ersten und zweiten in das zweite und dritte Quecksilbergefäfs und zurück. Der erregende Strom begiebt sich alsdann z. B. bei positiver Phase beziehlich bald von dem ersten zum zweiten Platinblech in dem Nerven, bald von dem zweiten zum dritten. Natürlich mufs Sorge getragen werden, dafs die beiden äufsersten Bleche in möglichst gleicher Entfernung von dem mittleren stehen und dafs der Nerv alle drei an Stellen von möglichst gleicher Breite berührt, damit nämlich der erregende Strom keine andere Schwankung erleide, als die von den Ladungen herrührt. Der Einflufs dieser ist, wie man leicht durchschaut, in dem ersten Augenblick der Uebertragung der Schliefsung stets ein die Stromstärke vermehrender, da das mittlere Blech von der negativen zur positiven Elektrode wird, und umgekehrt, und die andere Elektrode sich durch eine frische ersetzt findet. Gleichwohl, und trotz den sonstigen Schwankungen der Stromstärke, die doch wohl unvermeidlich sind, bemerkt man, wenn man die Schliefsung nach dem entfernteren Plattenpaare verlegt, stets eine Verminderung der Gröfse des Zuwachses.

Die Curve, in welcher die Stärke der Polarisation von den Elektroden aus nach den Enden des Nerven zu sinkt, ist aller Wahrscheinlichkeit nach, wie bereits oben S. 317 bemerkt wurde, gegen den als Abscissenaxe gedachten Nerven stark convex gebogen, und schliefst sich ihm in der Ferne asymptotisch an. Dies geht daraus hervor, dafs, in einiger Entfernung von den Elektroden eine Verrückung der abgeleiteten Strecke um eine bestimmte Gröfse eine viel kleinere Wirkung hervorbringt, als in der Nähe derselben, eine Wirkung, welche zuletzt beinahe verschwindet. Eine absolute Bestimmung, auf welche Entfernung hin die säulenartige Polarisation am Nerven noch bemerkbar sei, läfst sich begreiflich nicht geben, weil dabei die Empfindlichkeit des stromprüfenden Mittels in Betracht kommt. Ich selber kann nur sagen, dafs ich, auch bei den gröfsten Entfernungen, über welche ich an Froschnerven gebot, also unter Umständen mehreren Centimetern Abstand zwischen den Blechen und Bäuschen, bei hinreichender Stärke des erregenden Stromes und mit Hülfe des Verfahrens des Umlegens (S. oben S. 300), stets noch im Stande gewesen bin, unzweideutige Spuren positiven und negativen Zuwachses wahrzunehmen.

Die Curve des Zuwachses $z'\alpha[0]ZPz$, Fig. 105. Taf. III. (Vergl. oben S. 317) hatte zur Ordinate die Gröfse des Zuwachses für die verschiedenen Stellungen des ableitenden Bogens, aufgetragen auf die Mitte der Spannweite desselben. Denkt man sich diese Spannweite so klein, dafs für die von derselben umfafste Strecke (dx) der Nervenlänge die elektromotorische Kraft des Nerven als beständig angesehen werden könne, denkt man sich ferner die Division durch den Widerstand des Multiplicatorkreises + dem der abgeleiteten Strecke fortgelassen, so geht die Curve des Zuwachses über in die Curve der Stärke der säulenartigen Polarisation, oder der dipolar elektromotorischen Kräfte des Nerven im elektrotonischen Zustande. Heifse W der Widerstand des Multiplicatorkreises, w der des Nerven für die Länge $= 1$, y die Ordinate der Curve der dipolar elektromotorischen Kräfte. Sei der Ursprung an die vordere Elektrode verlegt, endlich $\beta - \alpha = n$ die Länge der abgeleiteten Strecke, die wir uns auf der Seite der positiven Abscissen gelegen denken wollen, während sich die erregte Strecke vom Ursprung nach der entgegengesetzten Seite ausdehnt; so ist die scheinbare Gröfse des Zuwachses z sichtlich ausgedrückt durch

$$z = \frac{1}{nw + W}\int_{\alpha}^{\beta} y \, . \, dx; \; \ldots . \quad (1)$$

und z ist die Ordinate der früher betrachteten Curve des Zuwachses für die Spannweite n des ableitenden Bogens; denn wir haben im Nenner den Widerstand der abgeleiteten Strecke + dem des Multiplicatorkreises, im Zähler die Summe der in der abgeleiteten Strecke begriffenen elektromotorischen Kräfte, dargestellt nämlich durch den Flächenraum, den die abgeleitete Strecke nebst den Grenzordinaten und dem zugehörigen Stücke der Curve der dipolar elektromotorischen Kräfte umschliefst. Wir kennen nun zwar nicht die Function $y = f(x)$; allein das Eine was wir von ihr wissen, dafs sie nämlich mit dem Wachsen ihrer Veränderlichen stetig abnimmt, reicht hin, um den Schlufs zu ziehen, dafs z beziehlich wachsen oder abnehmen müsse, je nachdem man β und α in $\beta + \nu$ und $\alpha + \nu$ verwandelt, worauf, wie man leicht erkennt, der hier in Rede stehende Versuch hinausläuft. Diese Zergliederung wird uns sogleich von einigem Nutzen werden.

Schliefslich sei noch erwähnt, dafs in keiner Weise daran zu denken ist, die Abhängigkeit der scheinbaren Gröfse des Zuwachses von dem Abstande zwischen den Blechen und Bäuschen abzuleiten von dem von uns sogenannten Valli-Ritter'schen Gesetze der Abnahme der Leistungsfähigkeit des Nerven von seinem Ursprunge nach seiner Ausbreitung hin (S. oben S. 286). Zwar werden wir in der Folge erfahren, dafs wirklich, woran gezweifelt werden konnte, dies Gesetz auch noch für einzelne ausgeschnittene Nervenstücke seine Gültigkeit behält. Allein dasselbe erlangt seine Bedeutung immer erst nach einiger Dauer des Versuchs, während die hier betrachtete Abhängigkeit sich sofort in aller Gröfse kundgiebt. Diese Gröfse scheint überhaupt der Art, dafs die Wirkung nicht jenem Umstande beigemessen werden könne. Endlich und vor Allem ist es sehr leicht, den Einflufs desselben dadurch auszuschliefsen, dafs man bald das Hirnende des Nerven auf die stromzuführenden Bleche, das Muskelende auf die Bäusche auflegt, bald umgekehrt verfährt. In beiden Fällen ebenmäfsig wächst die Stärke der säulenartigen Polarisation nach den Elektroden hin, und die Folge wird lehren, dafs dieser Versuch nun nicht wieder durch die Möglichkeit entkräftet werden kann, der elektrotonische Zustand pflanze sich in den Fasern der einen und der andern Gattung nur nach einer Richtung fort, während die Reihefolge des Absterbens der verschiedenen Punkte in beiden das umgekehrte Gesetz befolge.

6. Von dem Einflusse der Länge der abgeleiteten Strecke auf die scheinbare Gröfse des Zuwachses im elektrotonischen Zustande.

Das Wesen des elektrotonischen Zustandes besteht, wie wir oben S. 320 ff. gesehen haben, aller Wahrscheinlichkeit nach darin, dafs die dipolaren Nervenmolekeln, welche für gewöhnlich zu peripolaren Gruppen zusammengefügt sind, durch den Strom mehr oder weniger vollkommen nach dem Bilde der Säule angeordnet werden; das Gesetz der Säule durchdringt sich währenddem in dem Nerven mit dem ursprünglichen Wirkungsgesetze der thierischen Erreger. Wir haben uns zur Zeit angelegentlich danach erkundigt, welche Abänderung das letztere wohl dadurch erleiden möge, daſs dem ableitenden Bogen bald eine gröſsere, bald eine geringere Spannweite ertheilt wird (S. oben S. 265); jetzt obliegt uns, dieselbe Ermittelung auch auf die neue Anordnung der elektromotorischen Kräfte des Nerven im elektrotonischen Zustand auszudehnen.

Sehen wir für einen Augenblick ab von der noch fortdauernden Wirksamkeit des Nerven nach dem ursprünglichen Gesetze, und halten wir allein die Kräfte im Auge, die von den säulenartig angeordneten dipolaren Nervenmolekeln ausgehen, so ist klar, kommt die Vergröſserung der Spannweite des Bogens oder die Verlängerung der abgeleiteten Strecke im Wesentlichsten überein mit einem uns in der anorganischen Elektricitätslehre durchaus geläufigen Falle, dem nämlich der Einführung neuer Plattenpaare in den Kreis einer Säule und einer stromprüfenden Vorrichtung. Man erinnert sich (S. oben Bd. I. S. 231), daſs die Folge dieses Verfahrens nicht nothwendig eine Vermehrung der Stromstärke ist. Sondern eine solche findet nur dann statt, wenn durch die Einschaltung der neuen Kettenglieder die Summe der elektromotorischen Kräfte in rascherem Maſse gewachsen ist, als die Summe der Widerstände. Haben die neueingeführten Plattenpaare alle gleiche elektromotorische Kraft untereinander und mit den bereits vorhandenen, so ist also eine merkliche Verstärkung des Stromes nur möglich unter der Voraussetzung, daſs ein Widerstand auſserhalb der Kette, ein auſserwesentlicher Widerstand, vorhanden sei, der gegen den Widerstand in der Kette, den wesentlichen Widerstand, nicht verschwinde. Ist die elektromotorische Kraft der neuen Elemente der der bereits vorhandenen überlegen, ihr Widerstand dem Widerstande derselben aber gleich, so findet unter allen Umständen Stromvermehrung statt, auch dann, wenn der auſserwesentliche Widerstand verschwinden sollte gegen den wesentlichen. Denn man hat alsdann den Ausdruck

$$\frac{nk}{nw}$$

verwandelt in den

$$\frac{nk + \nu\varkappa}{nw + \nu w}, \ldots \text{(II)}$$

wo $\varkappa > k$. Ist hingegen die elektromotorische Kraft der neuen Elemente der der bereits vorhandenen unterlegen, ihr Widerstand dem Widerstande derselben jedoch fortwährend gleich, so sind verschiedene Möglichkeiten denkbar. Man verwandelt nämlich den Ausdruck

$$\frac{nk}{nw + W}, \ldots . \text{(III)}$$

wo W den aufserwesentlichen Widerstand bedeutet, in den

$$\frac{nk + \nu\varkappa}{nw + \nu w + W}, \ldots . \text{(IV)}$$

wo $\varkappa < k$. Der Erfolg dieser Veränderung aber ist abhängig von dem Unterschiede der Brüche

$$\frac{k}{\varkappa} \text{ und } \frac{nw + W}{nw}.$$

Ist der erste der gröfsere, so findet Verminderung statt, ist er der kleinere, Vermehrung, ist der Unterschied Null, so bleibt sich die Stromstärke gleich. Man sieht also, dafs wenn W nur klein ist im Verhältnifs zu nw, $\varkappa$ nicht sehr viel kleiner zu sein braucht als k, damit Schwächung des Stromes eintrete.

Diese Erörterung genügt und war nothwendig, um den uns vorliegenden Fall zu beurtheilen. Da nämlich die Stärke der säulenartigen Polarisation in einem umgekehrten Verhältnisse zur Entfernung von den Elektroden sich verändert, so ist klar, dafs wir es, beim Verlängern und Verkürzen der abgeleiteten Strecke, nicht wie bei einer Säule zu thun haben mit einer Reihe erregender Glieder von gleicher Kraft, sondern die hier gestellte Frage läuft, analytisch ausgedrückt, darauf hinaus, wie der Ausdruck (I) für z (S. oben S. 362) verändert werde, wenn entweder statt β, $\beta + \nu$, oder statt α, $\alpha - \nu$ gesetzt wird, oder endlich beide Veränderungen gleichzeitig vorgenommen werden. Um dieselbe zu beantworten, reicht aber unsere Kenntnifs von der Function $y = f(x)$ im Verein mit der vorstehenden Zergliederung eines einfacheren Falles in der That aus, wenigstens bis zu einer gewissen Grenze.

Setzen wir nämlich das bestimmte Integral in (I) gleich nk, wo n wie früher $= \beta - \alpha$, folglich k gleich der mittleren von allen zwischen α und β begriffenen Ordinaten, so ist die Formel (I) in die (III) verwandelt. Jetzt nehme α ab bis zu α' und es sei $\alpha - \alpha' = \nu$, das Integral von $y \, . \, dx$ zwischen den Grenzen α' und α aber $\nu\varkappa$; so wissen wir soviel als dafs $\varkappa > k$ und wir haben den in (II) betrachteten Fall vor uns: d. h. selbst wenn $W = 0$ wäre, müfste Vermehrung der Stromstärke die Folge der Verkleinerung von α sein; die scheinbare Gröfse des Zuwachses mufs unter allen Umständen zunehmen, wenn der den Elektroden nähere Fufspunkt denselben noch näher gebracht wird. Umgekehrt denken wir uns jetzt, dafs α beständig bleibe, hingegen β zunehme zu β', und es sei diesmal $\beta' - \beta = \nu$, das bestimmte Integral zwischen den Grenzen β' und β aber wieder $= \nu\varkappa$; so wissen wir abermals so viel als dafs diesmal $\varkappa < k$.

Es treten also die auf Formel (iv) bezüglichen Schlüsse in Kraft, d. h., es wird von der Beziehung zwischen den verschiedenen in den Ausdruck eingehenden Gröſsen abhängen, ob entweder Zunahme, oder Abnahme, oder Gleichbleiben der Gröſse des Zuwachses die Verschiebung des von den Elektroden entfernteren Fuſspunktes nach dem Ende des Nerven zu begleitet. Ist W, der auſserwesentliche Widerstand, wie in unserem Falle, sehr klein im Verhältnisse zu nw, so ist jedoch Abnahme der Gröſse des Zuwachses mit überwiegender Wahrscheinlichkeit zu gewärtigen. Was, bei dem gleichzeitigen Schwanken der Werthe beider Grenzen im entgegengesetzten Sinne eintreten muſs, läſst sich auf demselben Wege beurtheilen; indessen wird einerseits das theoretische Erwägen der mannigfaltigen dabei in Betracht kommenden Möglichkeiten noch verwickelter, andererseits läſst sich der Versuch auf diesen Fall nicht mit Sicherheit ausdehnen.

Ehe wir zu diesem übergehen, und sein Ergebniſs mit dem vorhergesagten vergleichen, ist nun noch zu erwägen, was wir zeitweise bei Seite gesetzt hatten, daſs nämlich die Veränderung der Spannweite des ableitenden Bogens noch eine Veränderung des ursprünglichen Nervenstromes nach sich zieht, der während des elektrotonischen Zustandes zugleich mit der dipolar elektromotorischen Thätigkeit herrscht. Diese Veränderung besteht, wie wir zur Genüge wissen, darin, daſs, so lange wir uns mit den Fuſspunkten des Bogens diesseit des Aequators aufhalten, eine Vergröſserung der Spannweite stets eine solche des ursprünglichen Nervenstromes mit sich bringt, und zwar eine gröſsere, wenn die Spannweite nach dem Querschnitte des Nerven hin ausgedehnt wird, eine kleinere, wenn nach dem elektromotorischen Aequator zu. Diese Wirkung setzt sich also zusammen mit der, welche die Veränderung der Spannweite auf die scheinbare Gröſse des Zuwachses ausübt.

Betreffend die Ausführung des Versuches ist folgendes zu sagen. Damit man die Spannweite sowohl nach der einen als nach der anderen Seite hin ausdehnen könne, muſs der Nerv nicht mit Längs- und Querschnitt, sondern mit zweien Punkten des Längsschnittes allein aufliegen. Der Bausch, auf dem der Querschnitt ruht, ist mit einem Glimmerblättchen in hergebrachter Weise zu versehen, um die Berührung zwischen beiden zu verhüten. Man hebt alsdann den Nerven, mit Hülfe des oben S. 343 bezeichneten Hakens, sanft in die Höhe, indem man entweder den einen oder den anderen Berührungspunkt unverrückt läſst, verschiebt in passender Weise das Zuleitungsgefäſs, welches dem zu verändernden Berührungspunkte entspricht, und läſst den Nerven wieder zur Berührung herabsinken. Dies kann, wie schon bei mehreren früheren Gelegenheiten bemerkt wurde, wegen der Langsamkeit der Nadelbewegungen leicht so schnell geschehen, dafs die durch den ursprünglichen Nervenstrom + dem Zuwachse in beständiger Ablenkung gehaltene Nadel keine Zeit findet, einen merklichen Rückschwung zu beschreiben.

Es herrsche nun positive Phase; so mufs, wenn wir den den Elektroden näheren Fufspunkt noch weiter der erregten Strecke zuschieben, ein Ausschlag erfolgen in dem Sinne des ursprünglichen Nervenstromes, herrührend von der Vermehrung der Gröfse dieses sowohl als des Zuwachses. Dies ist wirklich stets der Fall.

Herrscht negative Phase, so mufs, wegen Vergröfserung des Zuwachses, ein Ausschlag sich kundgeben in der dem ursprünglichen Nervenstrom entgegengesetzten Richtung; aber wegen Vermehrung des ursprünglichen Nervenstromes wird derselbe kleiner erscheinen können, als dies bei der positiven Phase der Fall war; ja es wird, wenn die Stärke des erregenden Stromes sehr gering ist und in grofser Entfernung von den Elektroden verfahren wird, die Wirkung Null sein oder gar die Richtung des ursprünglichen Stromes einhalten dürfen. Unter den Verhältnissen, unter welchen ich die Prüfung anstellte, gab sich jedoch stets die vermehrte Gröfse der negativen Phase zu erkennen.

Betrachten wir jetzt die Verschiebung des von den Elektroden abgewandten Fufspunktes des Bogens. Hier können wir, wie aus dem Obigen hervorgeht, nicht mit Bestimmtheit den Erfolg im Voraus verkündigen; wir müssen uns begnügen damit, dafs wir den beobachteten zu erklären im Stande sind. In der positiven Phase erfolgt meist ein Rückschwung im Sinne der Ladungen des ursprünglichen Nervenstromes. Es hat also eine Verminderung der Gröfse des Zuwachses stattgefunden wegen Kleinheit des aufserwesentlichen Widerstandes und hat die Vermehrung des ursprünglichen Nervenstromes überwogen. Doch kommt es, bei schwachen erregenden Stromeskräften, grofser Entfernung von den Elektroden und grofser Nähe des Querschnittes auch vor, dafs ein Ausschlag im positiven Sinne die Folge ist. In der negativen Phase tritt ein Ausschlag in dem Sinne des ursprünglichen Nervenstromes ein; natürlich, denn die Gröfse des negativen Zuwachses hat abgenommen, und die des ursprünglichen Nervenstromes ist vermehrt worden. Es zeigt sich demnach hier nichts, was nicht sehr gut mit den obigen Grundsätzen im Einklang stände, wenn es auch, aus leicht zu ermessenden Gründen, unmöglich scheint, das Stattfinden einer Verminderung des Zuwachses an der Stelle einer Vermehrung mit Strenge abzuleiten aus der Gröfsebeziehung zwischen den verschiedenen Kräften und Widerständen, welche in den Ausdruck für seine Gröfse eingehen.

7. Von dem Einflusse des Querschnittes des Nerven auf die scheinbare Gröfse des Zuwachses im elektrotonischen Zustande.

Diese Ermittelung würde sich theoretisch sehr einfach gestalten, wenn die elektromotorischen Kräfte, auf denen der Zuwachs beruht, auf allen Punkten eines Querschnittes des Nerven, welcher dergleichen enthält, thätig wären. Alsdann würde sich's von selbst verstehen, dafs die Stärke des Stromes, den diese Kräfte im Multiplicatorkreis erzeugen, mit dem Querschnitt der abgeleiteten Strecke zunähme, so lange nicht ihr Widerstand verschwände gegen den jenes Kreises. Das Verhältnifs wird aber verwickelt durch den Umstand, dafs wir uns in jedem Querschnitte des Nerven aufser den elektromotorisch wirksamen Punkten auch solche denken müssen, die nur einfach leitend sind, nämlich ohne nur auf die Beschaffenheit des Inhaltes der Primitivröhren Rücksicht zu nehmen, die Hüllen dieser Röhren und die Bindegewebscheide des Nerven. Aber auch zwischen den elektromotorischen Molekeln selber haben wir uns, zufolge der natürlichsten Annahme, welche über deren Anordnung gemacht werden kann, Lagen unwirksamen feuchten Leiters vorzustellen. Alle diese Stellen in jedem Querschnitt des Nerven treten, gegenüber den mit elektromotorischen Kräften begabten, als Nebenschliefsung auf.

Die dipolare Anordnung elektromotorischer Molekeln ist zwar, wie bereits oben S. 327 bemerkt wurde, zur Hervorbringung nach aufsen gerichteter Stromeswirkungen eine bei weitem günstigere als die peripolare. Nichtsdestoweniger gilt, beiläufig gesagt, jener Nebenschliefsungen halber, für die Nerven im elektrotonischen Zustande immer noch dasjenige, was oben Bd. I. S. 688. 689. Bd. II. S. 271 hinsichts der Erreger mit peripolarer Anordnung bemerkt wurde, dafs nämlich die Kraft, mit der sie nach Aufsen wirken, nicht geeignet sei, eine Vorstellung zu geben von der Gröfse der in ihrem Innern wirklich thätigen Stromeskräfte. Um so weniger vollends ist dies hier der Fall, als, wie gleichfalls oben S. 325 erörtert worden ist, die dipolare Anordnung der elektromotorischen Molekeln, wenigstens aufserhalb der Elektroden, doch stets nur eine mehr oder minder unvollkommene sein dürfte.

Was nun die Frage betrifft, welchen Einflufs unter diesen Umständen, bei Gegenwart derartiger Nebenschliefsungen, eine Vergröfserung des Querschnittes des Nerven auf die scheinbare Gröfse des Zuwachses ausüben müsse, so ist leicht zu sehen, dafs die Beantwortung derselben die Erledigung einer Vorfrage voraussetzt, nämlich derjenigen, ob bei jener Vergröfserung das Verhältnifs der wirksamen Punkte zu den unwirksamen sich gleich bleibe oder sich verändere, und ob im letzteren Falle die Zahl der wirksamen oder die der unwirksamen Punkte in rascherem Mafse wachse. Diese Vorfrage ist bald entschieden; es leuchtet ein, dafs, was das Innere der Primitivröhren und deren Hülle betrifft, die unwirksamen Theile des Querschnittes durch Vergröfserung desselben im nämlichen Mafse vergröfsert werden als die wirksamen. Was aber die Bindegewebscheide anlangt, so ist es wenigstens im höchsten Grade unwahrscheinlich, dafs sie in rascherem Mafse an Dicke zunehmen sollte, als der Querschnitt sich vergröfsert. Es ist vielmehr zu muthmafsen, dafs ihre Dicke in langsamerem Mafse wachsen, vielleicht gar sich gleich bleiben werde, wovon die Folge sein würde, dafs ihr Gesammtquerschnitt langsamer wachsen müfste, als der ihres Inhaltes.

Nehmen nun die unwirksamen Theile des Nervenquerschnittes bei Vergröfserung desselben in langsamerem oder auch nur in gleichem Mafse zu, wie die wirksamen, so wird die scheinbare Gröfse des Zuwachses mit jener Vergröfserung wachsen müssen, so lange nicht der Widerstand des Nerven verschwindet gegen den des Multiplicatorkreises. Man kann sich die Nothwendigkeit davon folgendermafsen klar machen. Fassen wir eine einzige Querscheibe ins Auge, in welcher elektromotorische Kräfte thätig sind. Den Strömungsvorgang, den diese Kräfte hervorbringen, theilen wir in Gedanken in zwei Theile: der eine davon begiebt sich durch die übrigen Querscheiben des Nerven und den Multiplicatorkreis; der andere findet nur in der unmittelbaren Nähe der wirksamen Punkte durch die unwirksamen Punkte hindurch statt. Es ist einsichtlich, dafs, wenn die gerade betrachtete Querscheibe unverändert bliebe, die Stärke des Stromantheils, der sich von derselben aus durch den Multiplicatorkreis begiebt, mit dem Querschnitte des Nerven wachsen müfste, so lange nicht der Widerstand des Nerven gegen den des Kreises verschwindet. Es kann daher nur noch die Frage sein, ob der Stromantheil, den die Querscheibe durch den Nerven und den Kreis sendet, kleiner werde mit wachsendem Querschnitte, so zwar, dafs diese Abnahme jener Zunahme gleichkomme oder gar sie zu überwiegen vermöge. Wächst indefs die Summe der unwirksamen Punkte der Querscheibe in geringerem oder auch nur in gleichem Mafse mit der Summe der wirksamen, so ist für eine solche Abnahme des durch den Kreis geschickten Stromantheils mit der Anschauung wenigstens kein Grund zu ersehen, vielmehr scheint, in dem Falle des langsameren Wachsens, eine Zunahme dieses Antheils die Folge sein zu müssen. Dieselbe Auseinandersetzung, die hier für eine Querscheibe gegeben ist, pafst aber sichtlich auch auf alle übrigen, und damit scheint die oben aufgestellte Behauptung erwiesen zu sein.

Liefse man sich zwei ungleich dicke, im elektrotonischen Zustand begriffene Nerven einander entgegenwirken, so scheint es ferner, als müfsten sich die dipolar elektromotorischen Kräfte derselben bei gleicher Länge der abgeleiteten Strecke das Gleichgewicht halten. S. oben Bd. I. S. 727 die Auseinandersetzung eines Falles linearer Stromverzweigung, der dem hier gedachten füglich an die Seite gestellt werden kann. Die peripolare Anordnung hingegen sichert, wie man sich erinnert, dem thierischen Erreger von gröfserem Querschnitt das elektromotorische Uebergewicht (S. oben S. 267). Das Gleichgewicht im elektrotonischen Zustande würde indessen auch nur stattfinden, wenn in den beiden ungleich dicken Nerven das Verhältnifs der wirksamen Punkte eines Querschnittes zu den unwirksamen das nämliche wäre. Sollte es in dem einen gröfser sein als in dem andern, so müfste der erstere das Uebergewicht haben. Es würde daher vielleicht doch dem dickeren Nerven ein solches in geringem Mafse zukommen.

Die Verstärkung des Zuwachses durch Vergröfserung des Querschnittes hat übrigens, um hervorzutreten, den Einflufs der Verminderung der Stromdichte in der erregten Strecke zu besiegen, welche bei wachsendem Querschnitte nicht ausbleiben kann, so lange nicht der Widerstand aller übrigen Theile der erregenden Kette gegen den des Nerven verschwindet. Allerdings kann dieser Umstand wieder aufgewogen werden durch die Verminderung der Ladungen der Platinenden.

Ist nur die abgeleitete Strecke von gröfserem Querschnitt, was z. B. verwirklicht wird, wenn sie oberhalb der Abgabestelle der Oberschenkelmuskeläste gewählt wird, die erregte Strecke aber unterhalb derselben, so wird dies den Zuwachs, statt ihn zu verstärken, vielmehr schwächen müssen. Denn die überzähligen Nervenröhren, welche nicht bis in die erregte Strecke hinaufragen und daher nicht an der Erregung theilnehmen, bilden für die dipolare Thätigkeit der erregten Fasern eine schwächende Nebenschliefsung in Bezug auf den Multiplicatorkreis; aufserdem aber können sie deren Wirkung noch auf eine andere Weise beeinträchtigen, worüber später etwas Genaueres verlauten wird.

Im Versuch läfst sich von diesen verschiedenen Punkten, bei der geringen für uns erreichbaren Genauigkeit, nicht mehr wahrnehmen, als die gröfsere Stärke der Erscheinungen an dickeren Nerven. Die Entgegensetzung zweier Nerven von ungleichem Querschnitte giebt aus den bekannten Gründen (S. oben S. 319. 332) keine brauchbaren Erfolge.

Nach den Auseinandersetzungen dieser Nummer ist nun auch näher zu bestimmen der Begriff, der mit der Ordinate $y = f(x)$ der Curve der dipolar elektromotorischen Kräfte in dem Nerven (S. oben S. 363. 365) zu verbinden ist. Es ist nämlich darunter zu verstehen das relative

Mafs der elektromotorischen Kraft, welche wir uns in allen Punkten der Grundfläche der eben betrachteten Querscheibe des Nerven wirksam denken müssen, um in dem Kreise des Nerven und des Multiplicators einen Stromantheil von der Stärke desjenigen hervorzubringen, den jene Querscheibe in Wirklichkeit durch den Kreis sendet.

8. Von der relativen Gröfse des positiven und negativen Zuwachses im elektrotonischen Zustande.

Wir haben bisher stets den positiven und negativen Zuwachs im elektrotonischen Zustande einander bis auf ihr Zeichen ganz gleich gesetzt. Ich habe jedoch gefunden, dafs zwischen beiden ein, wenn auch nur geringer Unterschied der Gröfse obwaltet, und zwar zu Gunsten der positiven Phase.

Natürlich läfst sich indefs dieser Umstand nicht so ohne Weiteres wahrnehmen. Wenn die Nadel schon, vermöge des ursprünglichen Stromes, eine Ablenkung besitzt, und die Elektroden des Multiplicatorkreises polarisirt sind, ist nicht daran zu denken, einen Vergleich anzustellen zwischen der Gröfse der Wirkungen, die durch den positiven und negativen Ausschlag beim Eintritte der entsprechenden Phasen angezeigt werden. Es ist klar, dafs alsdann der Eintritt der negativen Phase die stärkere Wirkung hervorbringen mufs; denn sie setzt die Ladungen in Freiheit, die der ursprüngliche Strom entwickelt hatte, und um selber durch Ladungen geschwächt zu werden, mufs sie erst die Polarisation umkehren. Abgesehen davon wird durch den positiven Zuwachs die Nadel weiter nach der Hemmung hin abgelenkt, wo gröfseren Stromstärken kleinere Winkelbewegungen entsprechen, während der Ausschlag des negativen Zuwachses durch die Gegend des Nullpunktes hindurch geschieht, wo die gröfste Empfindlichkeit herrscht.

Es mufs demnach vielmehr, um einen Vergleich der Phasen möglich zu machen, bei der Unsicherheit der Methode der Compensation in den hier erforderlichen Grenzen der Genauigkeit, der Nerv auf die Bäusche mit zweien Punkten des Längsschnittes aufgelegt werden, die symmetrisch zum elektromotorisch mittleren Querschnitt gestellt sind. Alsdann bleibt, wenn die Anordnung wohl gelingt, die Nadel so gut wie in Ruhe, die Platinenden des Multiplicators werden von Ladungen frei gehalten. Wird der erregende Kreis geschlossen, so erhält man, je nach der Richtung des Stromes, einen Ausschlag in dem einen oder dem andern Sinne, der der reinen Gröfse des positiven und negativen Zuwachses entspricht (S. oben S. 318), und stets von einem und demselben Punkte der Theilung, dem Nullpunkt nämlich, seinen Anfang nimmt.

Um indeſs den Vergleich der beiden Ausschläge noch sicherer zu machen, wird man wohl thun, einen Stromwender zwischen die Zuleitungsgefäſse und den Multiplicator einzuschalten, damit die Nadel stets nach derselben Multiplicatorseite hin abgelenkt werde. Dieser Kunstgriff beruht darauf, daſs Multiplicatoren, welche für Versuche dieser Art die hinreichende Empfindlichkeit besitzen, schwerlich graduirt sein werden, und daſs man alsdann der Gewiſsheit entbehrt, daſs die Intensitätencurve des Multiplicators (S. oben Bd. I. S. 197) auf beiden Seiten auch wirklich symmetrisch sei.

Endlich ist noch eine Vorsichtsmaſsregel nothwendig. Wegen der Ladungen, die sich auf den stromzuführenden Platinenden entwickeln, ist es keinesweges ganz von selbst verständlich, daſs beide erregende Ströme, der positive und der negative, wie wir sie, nach den Phasen, die sie hervorbringen, fortan nennen wollen, einander stets vollkommen gleich seien. Im Gegentheil, wir haben oben S. 44. 45 z. B. gerade den Fall zu sehen bekommen, daſs der Strom einer sechsgliederigen Grove'schen Säule, von dem wir durch feuchte Brücken zwischen den Blechen und Bäuschen Zweige in den Multiplicatorkreis ableiteten, um die Gesetze dieser Abzweigung zu erforschen, stärker ausfiel, wenn er zwischen den Blechen von den Bäuschen fort, als wenn er darauf zu floſs. Man muſs daher, um in dieser Hinsicht sicher zu gehen, in den erregenden Kreis zunächst der Kette und jenseits des zwischen derselben und den stromzuführenden Platinenden befindlichen Stromwenders einen Multiplicator einschalten, und daran die Ausschläge ablesen, welche beim Schlieſsen des Kreises bald zur positiven, bald zur negativen Phase nach derselben Seite vom Nullpunkt aus geschehen. Ich bediente mich zu diesem Behuf des Museumsmultiplicators, dessen halbe Länge jedoch nur in Anwendung kam; versehen war er mit dem bekannten leichteren Nadelspiel, welches, durch den Melloni'schen Berichtigungsstab auf Null gehalten, 4″ schlug. Da es somit sehr viel schneller schwang, als das den Nervenstrom anzeigende Nadelpaar, so hatte ich volle Zeit, zuerst den Ausschlag an dem Multiplicator für den erregenden Strom abzulesen, und mich dann erst zur Beobachtung desjenigen zu wenden, den an dem Multiplicator für den Nervenstrom der Eintritt des elektrotonischen Zustandes hervorbrachte.

Der Versuch nimmt demnach, wie man sieht, eine ziemlich verwickelte Gestalt an. Diese Verwickelung wird aber noch erhöht durch folgenden Umstand. Allerdings bedienen wir uns zur Erregung einer Kette von beständiger Kraft. Auch werden, wegen der abwechselnden Richtung des Stromes zwischen den Blechen, die Ladungen derselben immer wieder aufgehoben. Allein wegen des Austrocknens des Nerven sind doch auch die Ausschläge an dem Multiplicator für den erregenden Strom in fortwährendem Sinken begriffen. Es kann demnach vorkommen, daſs, während doch in der That der eine Zuwachs bei gleicher Stromstärke den anderen an Gröſse übertrifft, der ihm zugehörige Ausschlag absolut kleiner ausfällt, als der durch letzteren hervorgebrachte, daher erst ein genauerer Vergleich der Reihe der Ausschläge am Multiplicator für den erregenden Strom mit der Reihe derjenigen am Multiplicator für den Nervenstrom vermögend ist die Ueberlegenheit des ersteren Zuwachses in's Licht zu setzen.

Ich habe nun in dieser Weise eine groſse Anzahl von Versuchsreihen angestellt. Das Ergebniſs war nachstehendes. Anfangs stellte sich kein klares Uebergewicht des einen oder anderen Zuwachses heraus. Später geschah es, daſs, während die Ausschläge an dem Multiplicator für den erregenden Strom gleichmäſsig abnahmen, an dem Multiplicator für den Nervenstrom die Unterschiede zwischen je einem Ausschlage des negativen Zuwachses und einem darauf folgenden des positiven Zuwachses immer kleiner wurden, immer gröſser hingegen die Unterschiede zwischen je einem Ausschlage des positiven Zuwachses und einem darauf folgenden des negativen. Endlich gingen die ersteren Unterschiede durch Null hindurch, und nun lag das Uebergewicht des positiven Zuwachses klar am Tage.

Ich habe dies in Fällen beobachtet, wo, durch einen unerforschten Umstand, der negative erregende Strom zwischen den Blechen den positiven übertraf, und der positive Zuwachs, um als der stärkere zu erscheinen, diesen Nachtheil noch zu besiegen hatte. Ich habe ferner jenen Erfolg wahrgenommen, sowohl wenn die Spur ursprünglichen Stromes, die, trotz aller der ersten Anordnung gewidmeten Sorgfalt, sich doch immer einzufinden pflegt, dem positiven Zuwachs gleichgerichtet war, als wenn sie den entgegengesetzten Sinn einhielt. Es kann demnach, trotz den groſsen Schwierigkeiten des Versuches, an der Richtigkeit seines Ergebnisses kaum ein Zweifel sein. Denkt man sich die Curve der positiv und die der negativ dipolar elektromotorischen Kräfte auf einer und derselben Seite der Abscissenaxe aufgetragen, um die entsprechenden Ordinaten ihrer Gröſse nach vergleichen zu können, so decken sich diese Curven nicht, sondern in der Entfernung von den Elektroden, bei welcher unsere Versuche angestellt sind, verläuft die positive Curve über der negativen.

Natürlich kann man sich verschiedene Arten vorstellen, wie, von den Elektroden aus, die positive Curve über die negative gelangt sei. Wenn wir, wie wir wohl dürfen, von der Möglichkeit absehen, daſs zwischen unserem Beobachtungsorte und der vorderen Elektrode die beiden Curven einander geschnitten haben können, so bleiben folgende Fälle übrig. Entweder die beiden der vorderen Elektrode entsprechenden Ordinaten haben gleiche, oder sie haben ungleiche Höhe. Haben sie gleiche Höhe, so mufs die positive Curve die minder steile sein, um in einiger Entfernung von der Elektrodenordinate die negative an Höhe ihrer Ordinaten übertreffen zu können (S. Fig. 114 *A*. Taf. III). Haben die Elektrodenordinaten hingegen ungleiche Höhe, so dafs schon hier die positive Curve sich über der negativen befindet, so sind wiederum zwei Fälle denkbar. Es kann entweder die positive Curve steiler als die negative sein (S. Fig. 114 *B*), oder sie kann abermals die minder steile sein (S. Fig. 114 *C*).

Wir sind nicht ganz entblöfst von Mitteln, um zwischen diesen Möglichkeiten zu entscheiden. Zwar unmittelbar durch den Versuch gelingt dies nicht. Die Genauigkeit, welche derselbe gewährt, ist hier gar zu gering. Die Vergleichung der Unterschiede zwischen Ausschlägen von verschiedener Gröfse würde an und für sich nur in dem Falle mafsgebend sein, wo in höheren Breiten der Theilung gröfsere Unterschiede als in niederen beobachtet wären. Ferner ist der Spielraum der Entfernung von den Elektroden, innerhalb dessen die Prüfung angestellt werden kann, allzu beschränkt durch die Nothwendigkeit, die Bäusche an elektromotorisch entsprechende Punkte des Längsschnittes eines Nervenstückes von gleichförmigem Querschnitt anzulegen. Mit wachsender Entfernung von den Elektroden wächst endlich die Unsicherheit des Verfahrens, weil alsdann die Spuren des ursprünglichen Stromes, die trotz jener Lage der Bäusche doch stets noch zurückbleiben, nicht mehr gegen die Wirkungen des positiven oder negativen Zuwachses verschwinden. Alle Bemühungen in dieser Beziehung haben denn auch keinen anderen Erfolg, als zu zeigen, dafs innerhalb der Grenzen, die durch jene Vorschrift gesteckt sind, sich wenigstens kein Schneidepunkt der beiden Curven wahrnehmen läfst, wie dies im Falle Fig. 114 *B* z. B. leicht möglich wäre, dafs vielmehr stets die positive Curve über der negativen gefunden wird.

Um jener Entscheidung aber näher zu kommen, können wir folgenden Weg einschlagen. Es scheint zuerst klar, dafs gröfsere und geringere Steilheit der Curve, in der sich die Stärke der säulenartigen Polarisation von den Elektroden her abdacht, nichts anderes zu bedeuten habe, als dafs sich unter den gegebenen Umständen die Polarisation beziehlich schwerer oder leichter ausbreite. So wird sich an einem Stahlstabe, von dem eine kurze Strecke mit stromführenden Drahtwindungen umgeben ist, die magnetische Intensität seiner Querscheiben von der Rolle aus in einer um so steileren Curve abdachen, je härter der Stahl oder je gröfser seine Coërcitivkraft ist.[1] Man erinnere sich nun, dafs, nach früheren Erörterungen (S. oben S. 354) die Stärke der säulenartigen Polarisation an einer bestimmten Stelle bedingt ist durch die Stärke der Polarisation aller übrigen Punkte des Nerven, so zwar, dafs ein jeder Punkt um so mehr zur Erhöhung der Polarisation an der gerade betrachteten Stelle beiträgt, je stärker er selber polarisirt ist und je näher er jener Stelle liegt. Also die Höhe der Elektrodenordinate ist Function z. B. der Stärke der Polarisation aller Punkte der erregten Strecke und ihres Abstandes von der Elektrode. Sie wird um so geringer sein, je rascher jene Function mit der Gröfse der Abstände der in Betracht kommenden Punkte abnimmt. Sie mufs folglich kleiner sein, wenn die Polarisation sich nach ihr hin schwerer auszubreiten vermag, was durch gröfsere Steilheit der Curve der dipolar elektromotorischen Kräfte angezeigt wird; sie mufs hingegen gröfser sein, wenn die Polarisation nach ihr hin einen kleineren Widerstand findet, wo dann die Curve minder steil ausfallen wird.

Diesen Betrachtungen, welche als nothwendige Folgen alles früher von uns über den elektrotonischen Zustand festgestellten erscheinen, läfst sich sofort entnehmen, dafs der Fall Fig. 114 *A* nicht der Wirklichkeit gemäfs sein kann. Denn er enthält einen offenbaren Widerspruch. Soll die positive Curve über der negativen sein, so mufs sie minder steil als diese abfallen. Fällt sie minder steil ab als die negative, so mufs ihre Elektrodenordinate höher sein, als die der negativen Curve, nicht aber ihr gleich. Einen noch stärkeren Widerspruch bringt, wie man sogleich sieht, der Fall Fig. 114 *B* mit sich. Denn hier ist die positive Curve die steilere, die negative die minder steile. Es müfste folglich die Elektrodenordinate der negativen Curve höher als die der positiven sein, nicht aber niedriger.

Hingegen der Fall Fig. 114 *C* ist derjenige, der mit jenen Ansichten genau übereinstimmt, wie ich nun nicht erst noch besonders auseinanderzusetzen brauche. Ihm würden wir folglich die Wirklichkeit mit grofser Wahrscheinlichkeit zuzusprechen haben. Die Curve der negativ dipolar elektromotorischen Kräfte würde es sein, der die gröfsere, die der positiven, der die geringere Steilheit zukäme. Sehen wir zu, ob wir nicht eine Erfahrung besitzen, an der wir die Richtigkeit dieser Vorstellungsweise zu prüfen vermögen.

Wir haben gefunden, dafs die Verlängerung der erregten Strecke bei positiver Phase einen stärkeren Einflufs äufserte auf die Gröfse des

[1] Vergl. oben S. 426; — Arago in Annales de Chimie et de Physique. Septembre 1820. t. XV. p. 99.* — Ampère et Babinet, Exposé des nouvelles découvertes sur l'Électricité et le Magnétisme. Paris 1822. p. 83.*

Zuwachses, als dies bei negativer Phase der Fall war (S. oben S. 339). So zeigte sich's auch, dafs, wenn wir zwei erregte Strecken hintereinander auf einer und derselben Seite der abgeleiteten Strecke anbrachten, der Zuwachs von der zweiten erregten Strecke aus deutlicher wahrnehmbar war, wenn die beiden erregenden Ströme die positive, als wenn sie die negative Richtung hatten (S. oben S. 351). Endlich ist oben S. 339 auch noch angemerkt worden, dafs nicht selten, wenn für die positive Phase die Verlängerung der erregten Strecke Verstärkung des Zuwachses herbeiführte, für die negative Phase durch dasselbe Verfahren der Zuwachs geschwächt wurde, die erfolgende Nadelbewegung also für beide Zuwachse einerlei absolutes Zeichen hatte.

Der Zusammenhang dieser Erscheinungen mit der uns beschäftigenden ist nicht zu verkennen. Sie erklären sich unter der Voraussetzung, dafs der negative Zuwachs mit der Länge der erregten Strecke langsamer wachse als der positive. Und zwar mufs das Gesetz, welches beide Zuwachse dabei befolgen, in sofern ein verschiedenes sein, als die entsprechenden Gröfsen derselben bei verschiedenen Längen der erregten Strecke in keinem constanten Verhältnifs stehen. Denn es sei $z = \Phi(\lambda)$ die Gröfse des positiven, $z' = -\Psi(\lambda)$ die des negativen Zuwachses als Function der Länge der erregten Strecke λ. Setzen wir $\Psi(\lambda) = n\,\Phi(\lambda)$, so kann, durch keine Veränderung des Werthes von λ, $-d.\,\Psi(\lambda) = -\,nd.\Phi(\lambda)$ einerlei Zeichen annehmen mit $+\,d.\,\Phi(\lambda)$. Dies ist aber der Fall in der letzten der drei so eben in Erinnerung gebrachten Thatsachen. Es mufs folglich zwischen den Functionen (Φ) und (Ψ) eine andere Beziehung obwalten, als die hiemit ausgeschlossene einer blossen Proportionalität; eine solche die zulasse, dafs, vermöge des ungleich schnellen Wachsens der Zuwachse in beiden Phasen mit λ, während in beiden die Stromdichte gleich schnell mit λ abnimmt, die Incremente der Functionen für entsprechende Incremente der Veränderlichen schliefslich einerlei Zeichen erhalten.

Welcher Art auch dieselbe sei, der Umstand, dafs, um jene Thatsachen zu erklären, nothwendig $\Psi_{,}(\lambda) < \Phi_{,}(\lambda)$ sein oder dafs z' langsamer mit λ wachsen müsse als z, dieser Umstand scheint in der That auf ganz dieselbe Vorstellungsweise hinzuführen, für die wir oben eine Bestätigung suchten. Ein solches langsameres Wachsen würde nämlich die Folge davon sein, dafs der negative Zuwachs bei seiner Ausbreitung im Nerven schneller an Gröfse verliert als der positive.

Die Ueberlegenheit der positiven und der negativen Phase giebt sich in gleicher Weise kund, es mag das Hirnende oder das Muskelende des Nerven auf den Bäuschen aufliegen. Sie hat folglich, ihrer Erscheinungsweise nach, mit der Richtung des erregenden Stromes im

Nerven in Bezug auf Ursprung und Ausbreitung nichts zu schaffen. Dasselbe galt von den oben S. 339. 351 beschriebenen hieher gehörigen Umständen.

Wir können uns demnach, auf Grund der obigen Auseinandersetzungen, die Curve der dipolar elektromotorischen Kräfte über die erregte Strecke fort in der Weise ausgedehnt denken, wie dies in Fig. 115. Taf. III. dargestellt ist. Die Abscissenaxe zwischen $q'q,$ stellt in gewohnter Weise die Nervenaxe vor. Die Elektrodenordinaten sind an den ihnen beigefügten Buchstaben $Z(P)$, $P(Z)$, leicht erkennbar. Denken wir uns die abgeleitete Strecke zwischen q' und der Elektrodenordinate $Z(P)$ befindlich, so ist also die ausgezogene Curve $+z'ZP+z,$ die der positiven, die punktirte Curve $-z'(P)(Z)-z,$ die der negativen Kräfte in Bezug auf die abgeleitete Nervenhälfte. Die Wölbung der Curve zwischen den Elektroden wird durch die oben S. 354 gegebene Auseinandersetzung gerechtfertigt.

Ueberlegt man sich dieses Ergebniſs, und sucht es auf einen einfacheren Ausdruck zurückzuführen, so stöſst man zuerst auf folgende Vorstellungsweise. Man kann sich einfach denken, die säulenartige Polarisation pflanze sich leichter fort in der Richtung, welche der des erregenden Stromes entgegengesetzt ist, als in der letzteren Richtung selber. Diese Ansicht von der Sache umfaſst in gleicher Art die Erfolge bei der einen und bei der andern Richtung des Stromes in dem Nerven. Es ist aber noch eine andere Deutung möglich. Es entspreche nämlich q' in Fig. 115 dem Ursprung, $q,$ der Ausbreitung des Nerven. Alsdann kann man sagen, die säulenartige Polarisation in der Richtung vom Ursprunge nach der Ausbreitung pflanze sich leichter fort in der Richtung nach dem Ursprung als nach der Ausbreitung hin; und die Polarisation in der Richtung nach dem Ursprunge pflanze sich leichter fort in der Richtung nach der Ausbreitung hin als nach dem Ursprunge zu.

Auch diese Ansicht erklärt gleich vollständig den fraglichen Kreis von Erscheinungen. Die erstere Vorstellung aber bezog die gröſsere oder geringere Schwierigkeit der Ausbreitung auf das Verhältniſs der Richtung, in der sie geschehen sollte, zu der Richtung des erregenden Stromes. Die zweite hingegen würde uns das erste Beispiel vorführen eines Zusammenhanges der elektrischen Erscheinungen am Nerven mit den Richtungen vom Ursprunge nach der Ausbreitung, von der Ausbreitung nach dem Ursprunge, die uns in physiologischer Hinsicht von so groſser Bedeutung sind.

Allerdings ist zu bemerken, daſs die letztere Ansicht, wenn man ihr weiter nachzugehen sucht, sich noch beträchtlich verwickelt. Sie hat nämlich nur dann einen rechten Sinn, wenn man sich denkt, dafs die Ordinaten der Curve der dipolar elektromotorischen Kräfte, wie wir sie beobachten, die Summen sind der Ordinaten zweier anderer Curven, welche beziehlich den bewegenden und empfindenden Fasern im Nerven angehören; dafs diese beiden Curven von einander in der Art abweichen, wie die beiden von uns beobachteten Curven für die verschiedenen Richtungen des erregenden Stromes; dafs aber die Summation ihrer Ordinaten diese Abweichung deshalb nicht zur Symmetrie um die Mitte der erregten Strecke zurückführt, weil die Anzahl und möglicherweise die elektromotorische Kraft der Fasern der einen und anderen Gattung verschieden sei. Und hierdurch büfst auch das Ergebnifs viel von seiner Wichtigkeit ein, da wir nicht wissen, welcher von beiden Fasergattungen das Uebergewicht in jener Hinsicht zusteht, und folglich nicht zu ermessen vermögen, in welcher die eine und in welcher die andere Richtung der Polarisation sich leichter in einem bestimmten Sinne ausbreitet. Ich habe indessen nicht unterlassen wollen, diese Punkte ausführlich darzulegen, da sie vielleicht in späterer Zeit, wenn sie zum Gegenstande besonders darauf gerichteter Untersuchungen gemacht werden, zu wichtigen Aufschlüssen führen können.

Endlich habe ich hier noch folgendes mitzutheilen. Ehe erkannt worden war, dafs stets der positive Zuwachs die Oberhand habe über den negativen, gleichviel ob die abgeleitete Strecke am Nerven oberhalb oder unterhalb von der erregten Strecke gelegen sei, oder, was auf dasselbe hinausläuft, dafs der Zuwachs, der auf der einen Seite der erregten Strecke der gröfsere ist, auf der anderen als der kleinere erscheint, wie Fig. 115 zeigt, konnte der Vermuthung Raum gegeben werden, dafs vielleicht die ungleiche Gröfse der Phasen auf dem ungleichen Widerstande des Nerven in beiden Richtungen beruhe. So wenig innere Wahrscheinlichkeit dieser Annahme zustand, so hatte ich doch einigen Grund dabei zu verweilen. Sie würde beigetragen haben, die Unterschiede begreiflich zu machen, die sich häufig in der Stärke des erregenden Stromes je nach seiner Richtung zwischen den Blechen kund geben (S. oben S. 372. 373.). Zudem ist sie es allein, mit deren Hülfe man die oben S. 245 Anm. 2 mitgetheilte angebliche Erfahrung Matteucci's allenfalls zu erklären vermöchte. Der einzige Sinn, den dieselbe in ihrer rohen Verwickelung bieten zu können scheint, würde der sein, dafs die Nerven in absteigender Richtung schlechter leiten als in aufsteigender, und gerade das Muskelende des Nerven hatte ich bis dahin allein auf den Bäuschen aufzuliegen gehabt.

So einfach die Aufgabe scheint, ein solches Verhalten genau zu prüfen, auf soviel Schwierigkeiten stöfst man bei ihrer Ausführung.

Die Schwierigkeiten beruhen darauf, dafs für den Durchgang des elektrischen Stromes durch eine Reihe von Körpern allerdings ein ähnliches Gesetz der Reciprocität gilt wie für das Licht, dafs aber dasselbe nur Bezug hat auf die passiven Widerstände der Strombahn, nicht auf die activen der Polarisation, welche der Strom entwickelt beim Uebergang aus den starren Leitern in die feuchten und umgekehrt.

Auf folgende Weise gelang es befriedigende Ergebnisse zu erzielen. Mit dem Kreise des Museumsmultiplicators im zuletzt beschriebenen Zustande und einer Grove'schen Kette wurden mittelst des Stromwenders zwei Platinplatten verbunden, welche mit gleichen Oberflächen von etwa 25^{mm} Seite jede in ein Gefäfs mit dunkelgrüner rauchender Salpetersäure tauchten. In dieser standen poröse Thonzellen mit gesättigter Salpeterlösung. Der Ischiadicus eines grofsen Frosches wurde durch ein zweimal rechtwinklich gebogenes heberförmiges Glasrohr von ungefähr gleicher Länge gezogen. Die Mündungen des Rohres verschlofs ich mit Stopfen aus Fliefspapier, das mit Eiweifs getränkt war, dergestalt, dafs die Stopfen zugleich die Enden des Nerven zwischen sich und der Wandung des Rohres leicht einklemmten. Nun wurden die Enden des Rohres mit ihren Stopfen in die Salpeterlösung der Thonzellen umgestürzt. So erreichte ich 1., wegen der rauchenden Salpetersäure, möglichst schwache Polarisation; 2., wegen der Gleichheit der eingetauchten Platinoberflächen, möglichste Gleichheit der etwa übrigbleibenden elektromotorischen Gegenkraft bei beiden Richtungen des Stromes durch die Vorrichtung; 3. nahezu Verschwinden aller übrigen Widerstände, mit Ausnahme etwa desjenigen der doch kurzen und dicken Stopfen, gegen den des Nerven; 4., dafs der Nerv nicht durch chemische Einwirkung in seiner Leistungsfähigkeit beeinträchtigt werden konnte; endlich 5., dafs er vor der Trocknifs auf das vollständigste geschützt war.

Diese Anordnung erfüllte denn auch ihren Zweck vollkommen; denn es fand sich, dafs, wenn die Wippe des Stromwenders mit einiger Schnelligkeit umgelegt wurde, die Nadel gänzlich in Ruhe blieb. Der eigenthümliche Widerstand der Nerven ist folglich von der Richtung, in welcher sie durchströmt werden, unabhängig.

9. Von dem Einflusse der Leistungsfähigkeit der Nerven auf die Stärke ihrer säulenartigen Polarisation im elektrotonischen Zustande.

Noch einen Umstand haben wir zu besprechen, von welchem die Stärke der säulenartigen Polarisation in hohem Grade abhängig erscheint.

Es ist, wie schon mehrmals erwähnt werden mufste, die Leistungsfähigkeit der Nerven. In so fern, nach dem Grade derselben, die Polarisation selber mehr oder weniger vollkommen zu Stande kommt, hätte diesem Umstande eigentlich neben denen sein Platz gebührt, von welchen in den vier ersten Nummern dieses Paragraphen gehandelt worden ist. In so fern er aber auch, bei gleicher Stärke und Beschaffenheit der erregenden Ursache, die scheinbare Gröfse des Zuwachses bedingt, kann er mit gleichem Rechte der zuletzt erörterten Gruppe derartiger Einflüsse zugezählt werden, und ich habe die nähere Berücksichtigung desselben bis zu dieser Stelle verschoben, theils weil einzelne Punkte, die dabei zur Sprache kommen, erst jetzt verständlich sind, theils damit uns diese Darlegung gleichsam den Uebergang bahne von der hier angestellten mehr physikalischen Zergliederung der Erscheinungen des elektrotonischen Zustandes zu der mehr physiologischen Betrachtungsweise, mit der wir uns im folgenden Paragraphen befassen wollen.

Des wesentlichen Hiehergehörigen ist bereits ziemlich ausführlich oben S. 296 gedacht worden, als es sich darum handelte, die Erscheinungen des elektrotonischen Zustandes zu unterscheiden von den Wirkungen jener gefürchteten, in den Multiplicatorkreis einbrechenden Stromesschleifen. Gleichviel, ob die Leistungsfähigkeit des Nerven ursprünglich eine geringe gewesen sei, ob sie erst im Laufe des Versuches selber gelitten habe oder sonst durch künstliche Mittel herabgedrückt worden, unter allen diesen Umständen erscheinen die Nadelbewegungen durch den Eintritt des elektrotonischen Zustandes auf eine winzige Spur beschränkt, die auch oft noch zögert sich kund zu geben, erst bei mehrmaligem Schliefsen, Wiederumöffnen der Kette, Umsetzen des Stromes hervorzutreten sich bequemt.

Besonders untauglich erweisen sich von vorn herein die Nerven solcher Frösche, die den oben S. 168 beschriebenen krankhaften Zustand ihrer Muskeln zeigen. Auch bemerkt man an denselben eine sehr in die Augen fallende Veränderung ihrer Nerven. Sie erscheinen nämlich statt strohgelb, wie an kräftigen Thieren, als ob sie aus weifsem Wachse geformt wären. Die Fontana'sche Bänderung ist kaum erkennbar. Solche Nerven, an denen übrigens auch die feineren Reizversuche mifsglücken, geben beim Eintritt der positiven Phase unter dem Einflusse der mittleren Stromstärke statt 25 — 30°, wie sie sollten, nur etwa 5 — 8° Ausschlag, oft noch weniger.

Ich mufs daher entschieden widerrathen, sich der Wiederholung oder Fortführung der Versuche über den elektrotonischen Zustand in der kalten Jahreszeit an aufbewahrten Fröschen unterziehen zu wollen.

Nicht viel günstiger ist übrigens, des raschen Austrocknens der Nerven halber, heifse und dürre Sommerwitterung, obwohl natürlich die ersten Wirkungen darunter nicht leiden. Am vortheilhaftesten erweisen sich unter diesen Umständen kühle und feuchte Sommertage, sowie Frühling und Herbst, zu diesen Versuchen.

Auffallend ist, dafs manchmal die beiden Sitzbeinnerven eines und desselben Frosches, obschon anscheinend auf völlig übereinstimmende Weise behandelt, eine sehr verschiedene Empfänglichkeit für den elektrotonischen Zustand an den Tag legen, so zwar, dafs der zweite Nerv, der doch während der Beobachtungen an dem ersten an Erregbarkeit hat einbüfsen müssen, die besseren Erfolge giebt.

Was die Abnahme der Leistungsfähigkeit im Verlaufe des Versuches selber betrifft, so ist der wichtigste Bezug, auf welchen dabei ein Augenmerk zu richten ist, offenbar der auf die möglicherweise gleichzeitig sinkende mechanische Leistungsfähigkeit des Nerven, d. h. sein Vermögen, Zuckungen zu vermitteln. Der Versuch wird angestellt auf die oben S. 358 bei Gelegenheit der queren Erregung des Nerven beschriebene Weise. Man findet, dafs die Zuckungen und die Empfänglichkeit für den elektrotonischen Zustand fast zu gleicher Zeit, die ersteren etwas früher, ein Ende nehmen. Der ursprüngliche Nervenstrom dauert alsdann noch in geringem Mafse fort, um bald darauf auch gänzlich zu verschwinden (Vergl. oben S. 285). Ferner wie ein durch Zuckungen ermattetes Präparat durch Ruhe einige Kräfte wiedergewinnen kann, allein nach kurzer Zeit doppelt erschöpft sich darstellt (S. oben Bd. I. S. 47. 48. 375), so kann ein blofses ausgeschnittenes Nervenstück, welches man zwischen Stücke Muskelfleisch zum Ausruhen feuchtgebettet hat, auf kurze Zeit wieder deutlichere Wirkungen beim Eintritt des elektrotonischen Zustandes von sich geben, die aber sehr bald einem völligen Schweigen Platz machen.

Zwischen den Gröfsen des Zuwachses bei erregbaren und wenig erregbaren Nerven, und denen des ursprünglichen Stromes in beiden Fällen scheint nicht dasselbe Verhältnifs obzuwalten. Die Gröfse des Zuwachses leidet offenbar weit mehr als die des ursprünglichen Stromes unter dem Mangel an Erregbarkeit. Hieraus läfst sich schliefsen, dafs die Schwäche des Zuwachses bei wenig erregbaren Nerven nicht allein zuzuschreiben ist der geringeren elektromotorischen Kraft der Molekeln, sondern dafs auch in der That die säulenartige Polarisation aufserhalb der Elektroden alsdann mit geringerer Vollkommenheit vor sich geht. Ob sie nun auch zwischen den Elektroden eine minder vollkommene sei, oder ob nur mit der geringeren elektromotorischen Kraft der Molekeln zugleich ein Hemmnifs bedingt sei für die Fortpflanzung des

Zustandes aufserhalb der Elektroden: dies ist ein Punkt der unserer Entscheidung vollständig entzogen bleibt.

Ich habe endlich auch untersucht, welchen Einflufs das längere Beharren des Nerven in der einen Phase auf seine Empfänglichkeit für die entgegengesetzte Phase äufsern möchte. Es war nicht undenkbar, dafs letztere dadurch erhöht erscheinen könnte. Der Versuch hat jedoch gegen diese Vermuthung gesprochen. Er kann natürlich nur so angestellt werden, dafs man die positive Phase länger bestehen läfst. Denn da diese an und für sich gröfser ausfällt als die negative, so würde man nicht wissen, ob ein Uebergewicht derselben nach längerem Verweilen des Nerven in der negativen Phase von diesem Umstande herrührte, oder nichts sei als der Ausdruck der natürlichen Ueberlegenheit der positiven Phase. Der Versuch ist zudem nicht ohne beträchtliche Schwierigkeiten, die uns den hartnäckigen Ladungen entspringen, welche die stromzuführenden Bleche während der verlängerten Dauer der einen Phase annehmen.

Läfst man den erregenden Strom längere Zeit hindurch den Nerven in positiver Richtung durchstreichen, und untersucht dann, ohne mit den Elektroden zu wechseln, in der oben S. 371 ff. angegebenen Weise die relative Gröfse der beiden Phasen, so findet man stets ein Uebergewicht auf Seiten der negativen Phase. Hat man aber in den erregenden Kreis einen Multiplicator eingeschaltet, so zeigen die Ausschläge der Nadel desselben, dafs auch der erregende Strom in der negativen Richtung stets der stärkere ist, und dafs jenes Uebergewicht also von nichts herrührt, als von den Ladungen der Platinenden, die in dieser Richtung mit dem ursprünglichen Strome gemeinschaftliche Sache machen. Später sieht man die Phasen und dementsprechend die Ausschläge an dem Multiplicator für den erregenden Strom sich wieder der Gleichheit nähern, und schliefslich erhält die positive Phase wieder die ihr gebührende Oberhand.

Um diesen Mifsstand zu vermeiden, müssen daher, nachdem man den Nerven längere Zeit dem positiven Strom ausgesetzt hat, die geladenen Elektroden durch frische ersetzt werden. Den Nerven selber, auf den nämlichen Elektroden, an eine andere Stelle zu verlegen, ist aus mehreren Gründen nicht rathsam. Man verrückt ihn dabei leicht auf den Bäuschen, und kann ihn doch auch nicht in gewohnter Art zwischen Blechen und Bäuschen feststecken, da ihn dies der freien Beweglichkeit in seitlicher Richtung berauben würde. Man schleift ihn leicht blofs auf den Elektroden fort, so dafs zwischen den geladenen Stellen und den neuen Berührungsflächen eine feuchte Schicht bestehen bleibt. Endlich die Ladungen selbst möchten bei diesem Verfahren nicht ganz aufgehoben sein, indem die alten Berührungsflächen am Nerven selber behaftet sein dürften mit den elektropositiven und negativen Zersetzungsstoffen, auf deren Berührung mit dem Platin die Ladungen beruhen. Es ist deshalb folgendem Kunstgriff der Vorzug zu geben.

Man bringt in dem Elfenbeinwürfel der stromzuführenden Vorrichtung die vier Platinbleche auf einmal an. Dabei müssen die beiden mittleren den beiden äufsersten möglichst nahe, dagegen von einander so weit entfernt sein, als es irgend verträglich ist mit der Länge des Nervenstückes von gleichförmigem Querschnitt, über welches man gebietet. Dies mufs nämlich mit seinem andern Ende so über die Bäusche gebreitet werden können, dafs dieselben an zwei elektromotorisch entsprechende Punkte des Längsschnittes sich angelegt finden. Man läfst nun zuerst den positiven Strom den Nerven mehrere Minuten lang von dem vordersten zu dem hintersten Platinblech durchstreichen, während die beiden mittleren Bleche nicht zum Kreise geschlossen sind. Alsdann entfernt man die den beiden äufsersten Bleche zugehörigen verquickten Kupferhaken aus den Gefäfsen des Stromwenders für den erregenden Strom, und ersetzt dieselben, während man sie von einander isolirt hält, durch die den mittleren Blechen zugehörigen Haken. So bringt man, ohne den Nerven berühren zu müssen, frische Elektroden an demselben an.

Verfährt man auf diese Weise, so gelangt man zu der Ueberzeugung, dafs das längere Verweilen des Nerven in der einen Phase seine Empfänglichkeit für beide Phasen in gleichem Mafs abstumpft. Obschon man denselben dauernd in der positiven Phase hat beharren lassen, giebt sich das Uebergewicht derselben unzweideutig kund, und zwar um so ausgesprochener, als, wie wir oben S. 373 sahen, dasselbe auch sonst bei bereits gesunkener Erregbarkeit deutlicher hervorzutreten pflegt.

---

§. III.

Von der physiologischen Bedeutung des elektrotonischen Zustandes der Nerven.

Es ist dem Leser wohl nicht entgangen, dafs ich im Vorigen stets bestrebt gewesen bin, jede Betrachtung über die thierisch-elektrischen Erscheinungen, welche Bezug gehabt hätte auf den Zusammenhang derselben mit den sonstigen Thatsachen der Nerven- und Muskelphysiologie, so viel wie möglich ferne zu halten, und mich auf die rein physikalische Zergliederung des Thatbestandes zu beschränken. Meine Absicht ist, wie schon mehrmals angedeutet wurde, das Wenige, was ich von Bemerkungen der Art mitzutheilen habe, in den vierten Abschnitt dieses Werkes zusammenzudrängen, um das minder Sichere und Beständige von dem, was ich für wohlbegründet halte, nach Kräften zu scheiden. Indessen kann begreiflich der Fall eintreten, wo solche Scheidung unserem Fortschritte geradezu hemmend statt förderlich sein würde; wo die Weisheit der Methode in pedantische Ziererei überschlagen würde, wenn wir uns zwingen wollten, an dem augenfällig zu Tage liegenden mit verwendetem Blicke vorüberzugehen. Ein solcher Fall tritt hier ein. Ich nehme daher keinen Anstand, die Untersuchungen über den elektrotonischen Zustand vor der Hand abzuschliefsen mit einigen Bemerkungen, die sich beziehen auf sein Verhältnifs zu den Erscheinungen der galvanischen Reizung, und ich zögere dies zu thun um so weniger, als dieselben uns die natürlichste Rückkehr eröffnen werden zu dem eigentlichen Ausgangspunkte unserer Forschung, der Frage nämlich, ob während des Bewegung und Empfindung vermittelnden Vorganges der ursprüngliche Nervenstrom eine Schwankung erleide, und welcher Art alsdann diese sei.

Vor allen Dingen ist nun der wichtige Umstand gebührend hervorzuheben, dessen schon oben (S. 297. 321. 340. 352) mehrfach, jedoch in anderem Sinne, gedacht worden ist, dafs die Fortpflanzung des elektrotonischen Zustandes durch die Unterbindung und Durchschneidung gehemmt wird. Diese Thatsache war dort gröfstentheils nur zur Sprache gebracht worden, um die Gründe vervielfältigen zu helfen, aus denen sich mit Bestimmtheit ergiebt, dafs die Erscheinungen des elektrotonischen Zustandes nicht von dem Hereinbrechen des erregenden Stromes in den Multiplicatorkreis herrühren. Es verdient jedoch bemerkt zu werden, dafs dadurch die säulenartige Polarisation des Nerven als eine mit seiner besonderen Lebensthätigkeit, der Innervation, in engem Verkehr stehende bezeichnet wird. Kein bekannter physikalischer Vorgang, denjenigen ausgenommen, der Bewegung und Empfindung vermittelt, wird am Nerven durch die Unterbindung und Durchschneidung in seinem Fortschritt aufgehalten. Zu diesen beiden mufs nun ein dritter hinzugezählt werden, dessen Ausdruck der Zuwachs im elektrotonischen Zustande ist.

Der elektrotonische Zustand bietet also zunächst diesen bedeutsamen Zug der Aehnlichkeit mit dem Vorgange der Innervation dar. Diese Analogie läfst sich beim ersten Anblick nicht ohne Erfolg noch weiter treiben. Zuwachs, Zuckung und Empfindung steigen mit der Dichtigkeit des Stromes (S. oben Bd. I. 252. 253; — Bd. II. 333. 334).

Der Zuwachs und wenigstens die Zuckungen wachsen beide gleichmäſsig mit der Länge der erregten Strecke (S. oben Bd. I. S. 295; — Bd. II. S. 339. 345). Für die Erregung des Nerven zum elektrotonischen Zustande wie zum Bewegung vermittelnden Vorgange ist die auf die Axe der Nervenröhren senkrechte Strömungsrichtung die am wenigsten günstige (S. oben S. 354). Wie sehr die Gröſse des Zuwachses abhängig sei von der Leistungsfähigkeit des Nerven, wie unmittelbar dadurch die Stärke der Zuckungen bedingt werde, bedarf nicht der Erinnerung. Endlich haben wir in Erfahrung gebracht, daſs mit den Zuckungen, mit der mechanisch ausgedrückten Leistungsfähigkeit des Nerven auch der elektrotonische Zustand ein Ende habe (S. oben S. 381).

Nichtsdestoweniger würde es ganz irrthümlich sein, die säulenartige Polarisation für einerlei halten zu wollen mit dem Bewegung und Empfindung vermittelnden Vorgange. Nicht etwa blos weil, wie wir gefunden haben, die Stärke der säulenartigen Polarisation mit dem wachsenden Abstande von der Elektrode abnimmt (S. oben S. 359), da doch der Innervation in so engen Grenzen schwerlich ein ähnliches Verhalten zukommt, oder wegen ähnlicher mehr oder minder nur die äuſsere Erscheinungsweise betreffender Abweichungen; sondern der wahre und wesentliche Grund ist dieser, daſs der Bewegung vermittelnde Vorgang nur in dem Augenblicke des Hereinbrechens, Aufhörens, Umsetzens des Stromes stattfindet, nur durch die positiven und negativen Schwankungen der Stromdichte in dem Nerven hervorgerufen wird (S. oben Bd. I. S. 258), während der elektrotonische Zustand in gleicher Stärke anhält so lange als die Kette geschlossen ist, selbst bei Stromdichten in dem Nerven die noch bei weitem nicht hinreichen, um durch zerstörende Elektrolyse anhaltende Zusammenziehung zu erregen.

Der elektrotonische Zustand darf also auf keinen Fall verwechselt werden mit dem Bewegung und Empfindung vermittelnden Vorgange selber, und nicht entfernterweise dürfen wir uns schmeicheln, in den elektrischen Wirkungen, zu denen er Anlaſs giebt, bereits entdeckt zu haben was wir suchen, eine die Innervation begleitende Schwankung des ursprünglichen Nervenstromes. Vergl. vielmehr in dieser Beziehung das bereits oben S. 293. 294 gesagte, worauf wir bald mit allen uns zu Gebote stehenden Mitteln zurückzukommen haben werden. Es scheint aber nicht schwer, nachdem einmal dieser Punkt festgestellt ist, die wahre Bedeutung aufzufassen, welche dem elektrotonischen Zustande im Zusammenhange der galvanischen Reizung beizumessen ist.

Ich muſs, um dies darzulegen, zuerst erinnern dürfen an einen Punkt aus dem Gebiete der elektrischen Reizversuche, der im ersten Bande dieses

Werkes, nicht ohne Beziehung auf die Wichtigkeit, die er hier für uns gewinnen sollte, bereits mit Ausführlichkeit behandelt worden ist. Sobald nämlich bei RITTER und P. ERMAN die ersten Grundzüge einer Theorie der Zuckungen auftauchten, machte sich auch folgende Vorstellungsweise geltend, die durch die ferneren Betrachtungen NOBILI's, weniger BECQUEREL's und MATTEUCCI's, noch an Gehalt gewann: dafs nämlich der Bewegung vermittelnde Vorgang, der im Augenblick des Schliefsens der Kette entstehe, herrühre von dem Uebergange des Nerven in einen veränderten Zustand; dafs die Thätigkeit des Stromes eben darin bestehe, den Nerven in diesen veränderten Zustand zu versetzen und, so lange er selber andauere, auch darin zu erhalten; dafs endlich die Oeffnungszuckung nichts sei, als die Folge des Rücktrittes des Nerven aus dem veränderten Zustand in den natürlichen, sobald der Zwang des erregenden Stromes ein Ende habe. Daher RITTER's markiger Ausdruck, »der Organismus ertheile sich den Oeffnungsschlag selbst« (S. oben Bd. I. S. 335. 385. 393 ff.). Von RITTER's ferneren Muthmafsungen über das Wesen jener Veränderung zu schweigen, gedenken wir nur in Kurzem, wie P. ERMAN, dem von seinen Versuchen an der unvollkommen geschlossenen Säule her das Bild des in zwei verschiedenartige Zonen zerfällten feuchten Leiters vorschwebte (S. oben Bd. I. S. 432), sich eine vorwaltende Oxydation und Hydrogenisation der einen und der anderen Nervenhälfte als das Wesentliche dabei dachte; wie NOBILI die Veränderung durch den absteigenden und aufsteigenden Strom als »Alterazione diretta« und »Alterazione inversa« unterschied, um daran die Auslegung des Gesetzes der Zuckungen zu knüpfen, es klüglich vermeidend, eine Meinung über die Natur jener Veränderung auszusprechen; wie endlich BECQUEREL, vollends MATTEUCCI, diese weise Vorsicht hintansetzend, es nicht lassen konnten, seine der Form nach treffend richtige Lehre mit ungeniefsbarem Inhalt auszufüllen. Die Nerven sollten aus höchst elastischen Kügelchen bestehen, welche der Strom, vermöge einer ihm zukommenden ortverrückenden Thätigkeit in der Richtung nach dem negativen Pol hin, aus ihrer Gleichgewichtslage verdränge. Die Erschütterung beim Verdrängen pflanze sich längs der ganzen Ausdehnung der Primitivröhren fort. Höre später der Strom auf, so kehren die Kügelchen, wenn er nicht zu stark gewesen und zu lange angehalten, schnell nach ihrem ursprünglichen Orte zurück und die abermalige Erschütterung des Systemes werde Anlafs zur Oeffnungszuckung. [1]

[1] In neuerer Zeit indefs hat MATTEUCCI, ohne übrigens mit einer Sylbe jener älteren Meinungen zu gedenken, eine davon sehr abweichende, völlig verkehrte Vor-

Wenn mich nicht alles täuscht, so sind wir jetzt in Stand gesetzt, Nobili's Theorie auf eine naturgemäfsere Weise zu ergänzen. Meine Meinung, die mir durch die Thatsachen auferlegt zu sein scheint, ist diese. Wir haben in dem elektrotonischen Zustand jene dauernde Veränderung der Nerven durch den elektrischen Strom wirklich erkannt, deren Dasein zu muthmafsen Ritter, Erman und Nobili allein vergönnt war. Wenn ein Strom auf einen Nerven wirkt, ergeht es letzterem gleich jedem anderen feuchten Leiter. Es wird Elektrolyse eingeleitet, welche mit säulenartiger Polarisation beginnt. Der Uebergang der natürlichen zur dipolaren Anordnung der elektromotorischen Molekeln bedingt jene Gleichgewichtsstörung, die als Schliefsungszuckung, Schliefsungsschmerz sich geltend macht. Die Rückkehr von der dipolaren zur natürlichen Anordnung ist es, wodurch sich der Organismus, um mit Ritter zu reden, den Oeffnungsschlag selber ertheilt. Mit einem Worte, das Galvani'sche Phaenomen erscheint uns als ein besonderer Fall des von Nicholson und Carlisle entdeckten, durch die Eigenthümlichkeit des thierischen Leiters nur so wunderbar eingekleidet. Galvanische Reizung ist uns nichts mehr als die erste Stufe der Elektrolyse eines Nerven. (Vergl. oben Bd. I. S. 419.)

P. Erman war daher nicht so ganz entfernt von der Wahrheit, als er, um die Wirkung des Stromes auf den Nerven zu erklären, erinnerte an die Polarisation des feuchten, die Säule, wie man zu sagen pflegt, unvollkommen schliefsenden Leiters. Seine Lehre stand zu der unsrigen gleichsam in eben dem Verhältnifs, wie des Aepinus und seiner Zeitgenossen Ansicht von der Vertheilung der magnetischen Flüssigkeiten im Stahlstabe zu der von Coulomb ersonnenen Molecularhypothese (Vergl. oben Bd. I. S. 678. 679). Es war unzweifelhaft viel richtiger gedacht, wie Erman that, um die Veränderung des Nerven durch den Strom zu erklären, zu einer dem letzteren unter allen Umständen, sobald er einen feuchten Leiter trifft, zukommenden Wirkungsweise zu greifen, als, wie Matteucci, seine Zuflucht zu nehmen zu einer absonderlichen, wenig gekannten Fähigkeit desselben, die er blos dann und wann, unter verwickelten Bedingungen und nur bei sehr grofser Mächtigkeit kundgiebt. Es ist nicht wenig auffallend, und wohl nur durch die Vernachlässigung zu erklären, welche dies Gebiet viele Jahrzehnde lang hat erdulden müssen, dafs, seit unsere Kenntnifs von der Elektrolyse so wesentliche Bereicherungen erfahren hat, der

stellungsweise bekannt gemacht über die Ursache, weshalb die Zuckungen zu Anfang und zu Ende des erregenden Stromes auftreten. Vergl. oben Bd. I. S. 282 und die Nachträge am Schlusse des Werkes.

Gedanke nicht a priori von Einem oder dem Anderen gefafst worden ist, die Wirkung des Stromes auf die Nerven einfach auf Rechnung der mit der feuchten Leitung nothwendig verbundenen säulenartigen Polarisation der Nervenelemente zu bringen.

Wir sind nun auch so weit gelangt, dafs ich mich hinsichtlich des Namens rechtfertigen kann, mit welchem ich die dauernde Veränderung der Nerven durch den Strom bezeichnet habe. Man erinnert sich vielleicht aus dem ersten Bande dieses Werkes (S. daselbst S. 300), dafs wir eine in allen wesentlichen Stücken obwaltende Aehnlichkeit erkannten zwischen dem Vorgange der Nervenerregung durch den Strom und dem der Induction eines stromführenden Leiters oder eines Magnetes auf einen benachbarten Leiter. Wie der Bewegung und Empfindung vermittelnde Vorgang nicht während der Dauer des Stromes auf beständiger Höhe stattfindet, so geschieht auch die Induction nur in Folge von positiven oder negativen Veränderungen der auf das leitende Element wirkenden elektrodynamischen oder magnetischen Resultante. Auch im Gebiete der Induction nun hatte ihr Entdecker sogleich eingesehen, dafs der Schliefsungsstrom betrachtet werden müsse als der Ausdruck einer von dem Leiter eingegangenen Veränderung durch die Nähe des Magnetes, welche so lange anhalte, als die inducirende Ursache selber; das Schwinden dieser Veränderung, die Rückkehr in den natürlichen Zustand nach Entfernung der inducirenden Ursache, enthalte den Grund des Oeffnungsstromes. Jenen Zustand der Veränderung der leitenden Materie nannte Faraday den elektrotonischen Zustand. Er vermochte anfangs denselben nicht anders nachzuweisen, als indem er einsichtlich machte, die Materie müsse verändert sein, da sie die Eigenschaft gewonnen habe einen Strom in dem Augenblick zu entwickeln, wo die auf sie wirkende magnetische oder elektrodynamische Resultante erlösche. Viel später aber gelang es ihm, durch optische Mittel wirklich eine Veränderung des Molecularzusammenhanges verschiedener Körper, unter anderen mehrerer feuchten Leiter, durch magnetische Einflüsse darzuthun. Es ist daher in hohem Grade, ja mehr als wahrscheinlich, dafs zwischen dem Schliefsungs- und Oeffnungsstrome in einem inducirten Kreise ein Zustand der Verrückung, der Spannung seiner kleinsten Theile liege, eben der elektrotonische Zustand, aus welchem zurückkehrend zum natürlichen Zustande die Materie »sich selber den Oeffnungsschlag ertheilt.« Vergl. oben Bd. I. S. 302. 303.

In der That, wenn wir jetzt den Vergleich der Induction mit der Nervenerregung vollends durchführen wollen, so ist klar, dafs die säulenartige Polarisation der Nerven durch den Strom Faraday's elektrotonischem Zustande der Materie genau entspricht. Entsteht ein Strom in dem einen von zweien benachbarten Leitern, so ist dies Entstehen in dem anderen von einem Inductionsstrome begleitet, nachher befindet sich der letztere im elektrotonischen Zustande. Entsteht ein Strom in einem Kreise, in welchen ein Nerv eingeschaltet ist, so ist dies Entstehen von einer Erregung des Bewegung und Empfindung vermittelnden Vorganges begleitet, nachher befindet sich der Nerv säulenartig polarisirt, im elektrotonischen Zustande. Nun öffnen wir beide Ketten. Im Leiter schwindet der elektrotonische Zustand, im Nerven fallen die Molekeln aus der dipolaren in die natürliche Lage zurück, in dem ersten hat abermals ein Strom diese Wiederherstellung des ursprünglichen Zustandes begleitet, in dem Nerven eine neue Bewegung des sogenannten Nervenprincips. Dabei zeigt sich, wie schon an jener früheren Stelle deutlich gemacht worden ist (S. oben Bd. I. S. 303. (4). 307), zwischen Schliefsungs- und Oeffnungszuckung derselbe Gegensatz wie zwischen Schliefsungs- und Oeffnungsstrom, indem nämlich die Schliessungszuckung bei absteigendem Strome die nämlichen Eigenthümlichkeiten darbietet, als die Oeffnungszuckung bei aufsteigendem, und umgekehrt.

Je weniger bisher diese Fülle wichtiger Analogieen zwischen beiden Vorgängen, dem der Induction und dem der Nervenerregung durch den Strom beachtet worden ist, um so mehr habe ich geglaubt, darauf Gewicht legen zu müssen. Es hat mir daher geschienen, als könne ich den veränderten Zustand der Nerven, in den sie durch die Gewalt des erregenden Stromes verfallen, nicht treffender und beziehungsreicher benennen, als mit demselben Namen, mit dem Faraday den veränderten Zustand der Materie unter dem Einflusse elektrodynamischer oder magnetischer Kräfte belegt hat, dem nämlich des elektrotonischen Zustandes der Nerven.

Hier brechen wir diese Bemerkungen über die physiologische Bedeutung des elektrotonischen Zustandes ab, um sie an einer späteren Stelle, im vierten Abschnitte dieses Werkes, noch etwas tiefer in manche dem Anschein nach schon jetzt zugängliche Einzelheit zu verfolgen. Was die Untersuchung des elektrotonischen Zustandes an den verschiedenen Theilen des Nervensystemes betrifft, so soll sie gleichfalls erst später, im zehnten Paragraphen dieses Kapitels, angestellt werden.

§. IV.

Von dem Verhalten des Nervenstromes beim Tetanisiren auf elektrischem Wege.

1. Von der Erscheinungsweise des elektrotonischen Zustandes bei unterbrochenem erregenden Strome.

(1) Einleitung.

Wir nehmen nun, des Erwerbes froh, den wir bei dieser Gelegenheit so ganz unerwartet in den Kauf erhielten, den eigentlichen Faden unserer Untersuchung wieder auf. Der Zweck derselben war, zu ermitteln, ob der Bewegungs- und Empfindungs-Vorgang in dem Nerven begleitet sei von einer Veränderung ihres Stromes in irgend einem Sinne. Wir hatten beschlossen, diesen Vorgang zunächst auf elektrischem Wege ins Leben zu rufen, als dem mächtigsten und bequemsten Mittel, welches uns zu diesem Behufe zu Gebote steht. Schon hatten wir (S. oben S. 291) die Vorrichtung zum Tetanisiren zusammengestellt, die nöthigen Vorkehrungen überlegt, der Nerv lag über die Bäusche gebreitet, als eine glückliche Vorsicht uns antrieb uns nochmals ausdrücklich davon zu überzeugen, ob bei dieser Anordnung der beständige Strom auch wirklich die Nadel in Ruhe lasse: da stiefsen wir auf die Erscheinung des elektrotonischen Zustandes, welche natürlich erst, so weit als nur immer möglich, verfolgt werden mufste, ehe wir daran denken durften, unserem ursprünglichen Versuchsplan nachzugehen.

Die Schwierigkeiten, die diesem letzteren durch die Erscheinung des beständigen positiven oder negativen Zuwachses in den Weg gelegt werden, sind oben S. 294 bereits kurz angedeutet worden. Jeder Anfang, jedes Aufhören des Stromes, oder schärfer gesagt, jedes Ansteigen, jedes Abfallen der Curve seiner Dichtigkeit in dem Nerven ist von dem Bewegung und Empfindung vermittelnden Vorgange und also möglicherweise von der gesuchten Schwankung des Nervenstromes begleitet. Aber nichts steht uns dafür, dafs nicht auch der elektrotonische Zustand sofort bei der Schliefsung der Kette ins Spiel sich einmische, vielmehr spricht alles in diesem Sinne.

Wir betrachten denselben als den Ausdruck der Elektrolyse des Nerven. Wir nehmen ferner an, dafs die Elektrolyse nichts ist, als der Vorgang der Fortpflanzung des Stromes in den Leitern zweiter Klasse, und Henrici hat nachgewiesen, dafs auch nach dem schnellsten elektrischen Entladungsvorgange, dem der KLEIST'schen Flasche, die Elektroden polarisirt zurückbleiben (S. oben Bd. I. S. 238). Ferner wird, wie schon oben S. 322 bevorwortet wurde, sogleich durch den Versuch gezeigt werden, dafs der elektrotonische Zustand wirklich mit sehr grofser Geschwindigkeit hereinbricht. Also selbst unter der Voraussetzung, dafs zwischen dem elektrotonischen Zustande und dem Bewegung und Empfindung vermittelnden Vorgange kein Zusammenhang obwalte, ist es schon sehr unwahrscheinlich, dafs jemals der letztere, wenn er auf elektrischem Wege angeregt wird, ohne den ersteren vorkomme.

Vollends zweifelhaft wird dies aber, wenn man die Betrachtungen des vorigen Paragraphen hinzunimmt. Danach würde die säulenartige Polarisation ja vielmehr stets als das Erstvorhandene und Ursprüngliche anzusehen sein. Das Entstehen und Vergehen derselben würde es sein, worauf der Bewegung und Empfindung vermittelnde Vorgang beruht. Wie die Curve der Dichtigkeit des erregenden Stromes in dem Nerven eine Schwankung erleidet, schwankt in gleichem Sinne die Curve der Stärke der säulenartigen Polarisation, auf die Zeit als Abscisse bezogen, und die Stärke des Bewegung und Empfindung vermittelnden Vorganges ist daher nur in sofern eine mit der Veränderlichen wachsende Function des Differentialquotienten der Dichtigkeitscurve des erregenden Stromes, als sie eine ähnliche Function der entsprechenden Ordinatenunterschiede der Curve der säulenartigen Polarisation bezogen auf die Zeit darstellt (Vergl. oben Bd. I. S. 258. 289).

Die Hoffnung kann demnach nur sehr gering sein, jenen Vorgang getrennt vom elektrotonischen Zustande auf elektrischem Wege zur Erscheinung zu bringen, indem man den erregenden Strom nur in so kurzen Zeiträumen einwirken läfst, dafs der Zuwachs möglicherweise keine Zeit mehr zu seiner Entwickelung finde. Auch habe ich wirklich, bei den mir zu Gebote stehenden Mitteln, keine solche Grenze für die Geschwindigkeit der Entwickelung des Zuwachses zu entdecken vermocht. Nichtsdestoweniger ergiebt sich im Verfolg der darauf gerichteten Bestrebungen eine Thatsache, welche uns für den weiteren Fortschritt unserer Untersuchung einen Fingerzeig von unberechenbarer Wichtigkeit ertheilen wird.

(II) Unterbrechungsrad.

Schaltet man in den Kreis der erregenden Kette, aufser dem Stromwender, den POGGENDORFF'schen Inversor dergestalt ein, dafs er nur unterbricht, nicht zugleich umkehrt, und schliefst den erregenden Kreis in Quecksilber, erst nachdem man das Rad zu drehen angefangen hat, so erhält man einen Ausschlag in dem Sinne, als ob man die erregende

Kette stetig geschlossen hätte. Die Gröfse desselben hängt, unter sonst gleichen Umständen, begreiflich ab von dem Verhältnifs der Dauer jeder einzelnen Schliefsung zur Dauer der Schliefsung + der Unterbrechung. Bei Anwendung der Federn, die oben Bd. I. S. 448 beschrieben sind, ist die Unterbrechung so kurz, dafs jenes Verhältnifs der Einheit ziemlich nahe kommt. Um es beliebig verkleinern zu können, liefs ich nicht allein an den breiten Federn schmale Hülfsfedern anbringen, welche blos mit der abgerundeten Kante eines etwa 1^{mm} starken Kupferbleches an dem Umfange des Rades schleifen, sondern ich änderte auch den Bogenabstand der Federn selber von einander ab. Dadurch läfst sich bei einer gegebenen Anordnung der kleinstmögliche Grenzwerth jenes Verhältnisses erreichen, wie sich aus der Zergliederung ergiebt, die ich in der untenstehenden Anmerkung mittheile.[1] Die Dauer der Ströme, die ich nun mit meiner Vorrichtung darstellte, konnte

[1] Wir suchen das Verhältnifs n der Zeit, während welcher ein gegebener Inversor, dessen Rad mit beständiger Geschwindigkeit gedreht wird, in der Zeiteinheit die Kette schliefst, zu dieser Zeiteinheit auszudrücken als Function der entwickelten Bogenlänge m der metallischen, derjenigen h der isolirenden, hölzernen Zähne des Rades, der Breite b der Federn, d. h. der entwickelten Bogenlänge ihrer schleifenden Oberflächen, endlich des Abstandes a der einander zugekehrten Ränder dieser Flächen. Als Zeiteinheit nehmen wir die Dauer des Durchganges der Bogenlänge $m + h$ unter einem Punkte der Federn. Wir denken uns zunächst, dafs die Kette zwischen den von einander isolirten, durch die Federn zu schliefsenden Radhälften angebracht sei. Wäre $b > h$, so würde die schleifende Oberfläche einer Feder eine Nebenschliefsung für den Strom bilden können in dem Falle, dafs derselbe zugleich unterbrochen und umgekehrt werden soll, d. h. dafs der Kettentheil, auf den die Stromeswirkungen ausgeübt werden sollen, durch den Inversor von der Kette getrennt sei. Es wird also stets $b < h$ sein müssen. Aufserdem aber müssen, hinsichtlich der Stellung der Federn, gewisse Bedingungen erfüllt sein, damit überhaupt Schliefsung durch dieselben stattfinden könne. Diese Bedingungen kehren bei wachsendem Abstande der Federn periodisch wieder. Es stelle ν einschliefslich der Null jede positive ganze Zahl vor bis zu $N - 1$, wenn $2N$ die Anzahl der metallischen Zähne des Inversors ist, so kann zwischen den Grenzen

$$a > 2\nu m + (2\nu - 1)\, h,\quad 2b + a < 2(\nu + 1)\, m + [2(\nu + 1) + 1]\, h$$

die Kette geschlossen werden, so lange nicht

$$2b + a < 2\nu m + (2\nu + 1)\, h, \text{ oder } a > 2(\nu + 1)\, m + (2\nu + 1)\, h.$$

Man findet nun, dafs für n zwei verschiedene Ausdrücke gelten, je nachdem

$$b + a \lesseqgtr (2\nu + 1)\,(m + h).$$

Gilt das obere Zeichen, so ist

$$n = \frac{2b + a - 2\nu m - (2\nu + 1)\, h}{m + h}.$$

Gilt das untere, so ist n unabhängig von b,

$$n = \frac{2(\nu + 1)\, m + (2\nu + 1)\, h - a}{m + h}.$$

schwerlich viel über 0″.001 betragen. Nichtsdestoweniger zeigten sich die Phasen auf das allerentschiedenste.

(III) Magnetelektromotor.

Ich habe denselben Versuch auch mit dem NEEF'schen Magnetelektromotor wiederholt. An dem Instrumente aus der Werkstätte des Herrn HALSKE, dessen ich mich zuerst bediente, wird die Feder in Schwingungen versetzt nicht wie gewöhnlich durch den Eisenkern der Inductionsrollen selber, sondern durch ein davon gesondertes kleines Hufeisen, welches nur mit wenigen Windungen eines dicken Drahtes versehen ist.[1] Ich stellte die Verbindungen so her, daſs ich

Für $b + a = (2\nu + 1)(m + h)$ sind die Ausdrücke gleich und n hat seinen gröſsten Werth

$$\frac{m + b}{m + h}.$$

Die Formeln gelten, gleichviel ob der Inversor nur zur Unterbrechung oder ob er gleichzeitig, seinem eigentlichen Zwecke gemäſs, zur Umkehr des Stromes benutzt werde. Etwas anders gestalten sich die Dinge, wenn wir uns denken, daſs die Kette sich zwischen den Federn befinde. Zwar wenn nun wiederum der Kettentheil, der den Stromeswirkungen unterliegen soll, jenseits des Inversors zwischen seinen von einander isolirten Radhälften angebracht ist, können alle frühere Bestimmungen stehen bleiben. Soll aber der Inversor nur unterbrechen, d. h. befindet sich jener Kettentheil gleichfalls zwischen den Federn, so müssen auch die Schliessungen berücksichtigt werden, die dadurch zu Stande kommen, daſs die Federn zwei Zähne berühren, welche der nämlichen Radhälfte angehören. Dies führt zu weiteren Verwickelungen, die wir unerörtert lassen, da sie ohne theoretisches Interesse sind, im Versuch aber leicht dadurch vermieden werden können, daſs man die Kette nebst dem betreffenden Kettentheile wie in dem erstzergliederten Falle zwischen die beiden Radhälften anbringt.

[1] Ich habe diesem Magnetelektromotor noch eine Einrichtung gegeben, die ich nach den Erfahrungen, welche meine Freunde BRÜCKE und LUDWIG und ich selber seitdem damit gemacht haben, wirklich als sehr zweckmäſsig empfehlen kann. Sie dient dazu, die Stärke der abwechselnd gerichteten Schläge der inducirten Rolle von Null bis zu der höchsten Grenze, die das Instrument bei jedesmaliger Stärke des inducirenden Stromes zuläſst, aufs Feinste abzustufen. Dies wird dadurch erreicht, daſs die inducirte Rolle auf einem Schlitten der inducirenden nach Belieben fern und nahe gebracht werden kann. Zuletzt kann sie über dieselbe geschoben werden, wo dann die Anordnung die gewöhnliche ist. Vergl. die Fortschritte der Physik im Jahre 1846. Dargestellt von der physikalischen Gesellschaft zu Berlin. II. Jahrgang. Redigirt von G. KARSTEN. Berlin 1848. S. 462. Ich bin leider nicht im Stande, die Maſse des Drahtes an meinen Rollen vollständig mitzutheilen. Es würde daher keinen Werth haben, wollte ich den Abstand anführen, in den ich, an meinem Instrumente, die Rollen von einander bringen kann. An der Stelle gebe ich den Rath, ehe man das Geleise anfertigen läſst, durch den Versuch den Abstand der beiden Rollen zu ermitteln, in welchem man, bei Anwendung der Stromeskräfte und Prüfungsmittel, deren man sich in der Folge bedienen will, keine Wirkung

diese Bewickelung nebst der Feder und ihrem Stifte als Nebenschliessung für den Strom der GROVE'schen Kette an den Theil des erregenden Kreises anbrachte, der den Nerven in sich begriff. Ruhte die Feder gegen den Stift, so war die Kette durch diese Nebenleitung geschlossen und dadurch die Stromdichte im Nerven so geschwächt, daſs ich nur eine kaum merkliche Spur positiven und negativen Zuwachses wahrnehmen konnte. Lieſs ich hingegen die Feder schwingen, so sandte während der Unterbrechung die Kette ihren vollen Strom durch den Nerven, und es erschienen demgemäſs, auch bei den höchsten Tönen, deren das Instrument fähig war, lebhafte Phasen im richtigen Sinne.

Hier war die Zeit, während welcher der Strom den Nerven traf, diejenige, während welcher der Magnetelektromotor die Kette öffnet. Da möglicherweise die Zeit, während welcher er sie schlieſst, die kürzere ist, so war es wünschenswerth, den vorigen Versuch noch mit Rücksicht hierauf abzuändern. Dazu muſste aber der Nerv in den Kreis der Kette und des Magnetelektromotors selber gebracht werden, oder vielmehr, da ein Strom, der letzteren in Thätigkeit zu setzen vermag, viel zu stark für den Nerven sein würde, in eine Nebenschlieſsung zu einem Theile jenes Kreises, welcher weder die Kette, noch den Magnetelektromotor in sich begriff. Damit sich alsdann noch ein hinreichender Zweigstrom durch den Nerven begebe, um diesen in elektrotonischen Zustand zu versetzen, muſste jener Theil einen beträchtlichen Widerstand haben. Ich wählte als solchen eine mit schwefelsaurer Kupferoxydlösung gefüllte Rinne. Von den darin tauchenden Kupferelektroden

mehr verspürt. Dabei macht es natürlich einen beträchtlichen Unterschied, ob man die Prüfung vornimmt auf subjectiv-physiologischem Wege, durch Einschaltung des menschlichen Körpers sogar zwischen nassen Handhaben, oder auf objectiv-physiologischem, mittelst des Froschschenkels. Das erstere würde für Aerzte genügen; für physiologische Versuche ist das zweite nothwendig, und bei einer kräftigen Vorrichtung wird man finden, daſs man hier unter Umständen eines Abstandes von 35^{cm} zwischen den Mittelpunkten der Längenaxe beider Rollen bedarf. Daſs es nicht wie sonst der Eisenkern der Rollen ist, der das Spiel der Feder anregt, gewährt die Möglichkeit, dieselben ohne Eisenkern zu gebrauchen. Dadurch ist ein neues Mittel gewonnen, die Stromstärke innerhalb ihrer höheren Werthe abzustufen. Dies ist um so schätzbarer, als sie, wenn die Rollen einander schon nahe sind, mit noch mehr abnehmender Entfernung in sehr raschem Wachsen begriffen ist. Freilich entspringt daraus der Nachtheil, daſs man, wenn man sich des Endgegenstromes bedienen wollte, der sich in beiden zu einer Leitung verbundenen Rollen entwickelt, man das Hufeisen mit einer besonderen Rolle, die zahlreiche Windungen besitzt, umgeben müſste, damit es noch hinreichend stark magnetisirt würde, um die Feder in Bewegung zu setzen. Dafür hat man aber wieder den Vortheil, sich, wie oben im Texte, der Vorrichtung bei Gelegenheit auch blos als einer unterbrechenden bedienen zu können, ohne daſs sich Inductionswirkungen in merklicher Gröſse einmischten.

gingen Drähte zur Kette und zum Nerven. Unter diesen Umständen reichte aber die Anzahl Ketten von beständiger Kraft, über die ich gebot, als Säule zusammengefügt nicht mehr aus, das kurzbewickelte Hufeisen meines Magnetelektromotors bis zu der für das Spiel der Feder erforderlichen Stärke zu magnetisiren. Ich bediente mich deshalb des Instrumentes von der Arbeit der Herren Bötticher und Halske, welches mein Freund Helmholtz in Müller's *Archiv etc.* 1848. S. 154* beschrieben hat. Hier wird die Feder durch den Eisenkern der Inductionsrollen selber zu ihren Schwingungen angeregt. Bei Anwendung einer mehrgliederigen Grove'schen Säule stellte sich das Spiel der Feder, trotz dem Widerstande der eingeschalteten Rinne mit schwefelsaurer Kupferoxydlösung, sehr schön her, und beim Schliefsen der an die Rinne angebrachten Nebenleitung, in der sich der Nerv zwischen den Platinenden der stromzuführenden Vorrichtung in gewohnter Weise befand, gaben sich, je nach der Richtung des Stromes, der positive und negative Zuwachs deutlich zu erkennen, obschon aus leicht ersichtlichen Gründen minder lebhaft als bei stetig geschlossener Kette, wenn die Feder wider den Stift ruhte.

(IV) Von der relativen Gröfse der beiden Zuwachse im elektrotonischen Zustande bei unterbrochenem erregenden Strome.

In diesen Versuchen ist folglich die Grenze der Geschwindigkeit, womit der elektrotonische Zustand zu Stande zu kommen vermag, gewifs noch lange nicht erreicht. Der Versuch am Inversor schneidet insbesondere die Möglichkeit ab, welcher bei denen am Magnetelektromotor allenfalls Raum gegeben wäre, dafs der elektrotonische Zustand durch die dicht aufeinanderfolgenden Stromstöfse in den letzteren stufenweise entwickelt worden sei, indem zwischen je zwei Stöfsen der Nerv nicht Zeit gefunden habe, in den natürlichen Zustand zurückzukehren. Denn am Inversor in seiner zuletzt angegebenen Verfassung betrug die Zeit der Oeffnung etwa das neunzehnfache von der, während welcher der Strom seinen Weg durch den Nerven fand. Ohnehin wird die Annahme, dafs der elektrotonische Zustand des Nerven, trotz der Unterbrechung des erregenden Stromes, ein stetiger sei, sobald man den Meinungen des vorigen Paragraphen Glauben schenkt, unmöglich gemacht durch den Erfolg, den man wahrnimmt, wenn jenseits der Elektroden der Nerv noch mit dem stromprüfenden Unterschenkel in Verbindung steht. Derselbe geräth nämlich, wie dem nicht anders sein kann, in den heftigsten Tetanus. Dieser ist nicht denkbar ohne eine fortwährende Molecularbewegung im Nerven und verstattet folglich keine

Verwechselung dieses Zustandes des Nerven mit dem der säulenartigen Polarisation durch einen stetigen Strom.

Ebensowenig würde es gerechtfertigt sein, wollte man jene Wirkungen, die wir einfach als positive und negative Phase gemäfs der Richtung des unterbrochenen erregenden Stromes ausgelegt haben, als Folge des Bewegung und Empfindung vermittelnden Vorganges betrachten. Sie verändern sich nicht, nur nehmen sie an Stärke zu, wenn die Unterbrechungen des Stromes immer seltener werden, während umgekehrt die Zuckungen alsdann verschwinden. Ihre Richtung ist abhängig von der des erregenden Stromes. Von der Wirkung, welche möglicherweise den Bewegung und Empfindung vermittelnden Vorgang begleitet, dürfen wir aber, so scheint es, mit vieler Bestimmtheit voraussetzen, dafs sie bei beliebiger Richtung des Stromes stets einerlei Sinn haben werde. Unstreitig ist bei den obigen Versuchen diese Wirkung, wenn sie überhaupt besteht, dauernd mit im Spiele gewesen, allein verdeckt durch die Phasen des elektrotonischen Zustandes, durch deren Ungleichheit sie allein würde entdeckt werden können.

Richten wir also jetzt unser Augenmerk auf die relative Gröfse der beiden Phasen im elektrotonischen Zustande bei unterbrochenem erregenden Strome. Bei Anwendung des Inversors giebt sich, in dieser Hinsicht, noch nichts Auffallendes kund. Hingegen in den Versuchen mit den Magnetelektromotoren erscheint der positive Zuwachs häufig, anstatt gröfser, wie er sollte, aufserordentlich viel kleiner als der negative, so zwar, dafs man, um dies wahrzunehmen, gar keiner besonderen Versuchsweisen bedarf. Denn während in der negativen Phase die Nadel vielleicht von + 8° bis auf — 15° durchschlägt, erhält man in der positiven nur eine Zunahme um etwa 2—3°. Andere Male erfolgt in der positiven Phase gar keine sichtbare Wirkung. Endlich kommt es sogar vor, dafs man in der positiven Phase, statt des oben angekündigten Ergebnisses, welches dem bei stetigem erregenden Strome entspricht, einen n e g a t i v e n Ausschlag erhält, der jedoch dem durch den Zuwachs dieses Zeichens sehr an Gröfse nachsteht. Das Merkwürdigste ist aber, dafs alle diese Erscheinungen allein wahrgenommen werden bei Ableitung des ursprünglichen Stromes zwischen Längs- und Querschnitt. Legt man den Nerven allein mit Punkten des Längsschnittes auf, so werden dieselben schon fast unmerklich; verfährt man vollends, wie wir zu thun pflegten, um bei stetigem erregenden Strome die Gröfse beider Zuwachse zu vergleichen (S. oben S. 371), so findet man zwischen beiden keinen deutlichen Unterschied mehr, da hier die Wirkungen zu zart und zu wandelbar sind, um die geringe Ueberlegenheit durchblicken zu lassen, die sonst dem positiven Zuwachse zusteht.

Man bemerkt nun leicht, dafs die Gruppe von Störungen, welche sich in die Erscheinungsweise des Zuwachses bei unterbrochenem erregenden Strome und bei Ableitung des ursprünglichen Stromes von Längs- und Querschnitt eindrängen, sich zurückführen lassen würde auf eine negative Schwankung dieses Stromes, welche, ihrem Zeichen nach unabhängig von der Richtung des erregenden Stromes, sich zum negativen Zuwachs hinzufügte, vom positiven abgezogen würde, und grofs genug werden könnte, um den letzteren unter Umständen völlig zu überwiegen. Nimmt man hinzu, dafs diese Schwankung auszubleiben scheint, wenn der Nerv mit elektromotorisch entsprechenden Punkten des Längsschnittes aufliegt, d. h. wenn der ursprüngliche Strom gleich Null ist, so kommt man auf den Gedanken, dafs man es wohl zu thun haben könne mit einer negativen Schwankung des ursprünglichen Stromes, deren Gröfse überall mit seiner eigenen Gröfse gleichen Schritt halte. Da wir in unsere Versuchsweise keine andere Verschiedenheit eingeführt haben, als die Unterbrochenheit des erregenden Stromes, so dürfte es gerechtfertigt sein, wenn wir jene negative Stromesschwankung herleiten gerade von diesem Umstande, von den unablässigen Schwankungen der Stromdichte im Nerven, die wir veranlafst haben. Diese Schwankungen haben zur Folge die ebenso unablässige Erregung des Bewegung und Empfindung vermittelnden Vorganges. In sofern uns aber, den elektrotonischen Zustand ausgenommen, für den die Muskeln nicht empfänglich zu sein schienen, bisher noch kein Unterschied aufgestofsen war zwischen den Erscheinungen des Muskel- und denen des Nervenstromes (S. oben S. 288. 331), können wir nicht umhin, das bedeutsame Zusammentreffen zu bemerken, welches darin liegt, dafs auch beim Tetanisiren der Muskeln sich eine allerwärts der Stärke des Muskelstromes proportionale Schwankung desselben im negativen Sinne einstellte (S. oben S. 86. 103. 104).

Kaum möchte danach noch ein Zweifel übrig bleiben, dafs wir hier wirklich auf die entsprechende Erscheinung für den Nervenstrom geführt worden sind, auf dasjenige, was wir suchten, eine Schwankung des ursprünglichen Nervenstromes, welche als der elektrische Ausdruck des Bewegung und Empfindung vermittelnden Vorganges anzusehen sei. Es kann sich nur noch darum handeln, eine Versuchsweise zu finden, um jene negative proportionale Schwankung des ursprünglichen Nervenstromes unvermischt mit dem einen oder anderen Zuwachs ans Licht zu ziehen. Diese Aufgabe, deren Lösung beiläufig auf der Hand liegt, soll uns sogleich weiter in Anspruch nehmen. Zuvor sind noch, hinsichtlich der Erscheinungsweise des elektrotonischen Zustandes bei unbrochenem erregenden Strome, mehrere Einzelheiten zu erwähnen.

(v) Saxton'sche Maschine.

Aufser den oben bereits eingeschlagenen Verfahrungsarten nämlich, eine Reihe gleichgerichteter Stromstöfse von kurzer Dauer hervorzubringen, giebt es hiezu noch einen anderen Weg, den wir später wünschenswerth finden werden, gleichfalls betreten zu haben. Man kann sich nämlich der Inductionsvorrichtungen bedienen mit solchen Vorkehrungen, dafs entweder die abwechselnd gerichteten Ströme, die sie ihrer Natur nach liefern, in gleichgerichtete verwandelt werden, oder dafs die Reihe der Schläge in der einen Richtung vollständig weggeblendet ist, und nur die andere übrig bleibt.

Ich wählte zuerst, jedoch, wie man sehen wird, nicht sehr glücklich, die Saxton'sche Maschine. Durch die Güte des Herrn Professor Dove hatte ich den Vortheil, die oben Bd. I. S. 447 Anm. 1 bereits erwähnte vortreffliche Maschine von Oertling's Arbeit anwenden zu können. Dove's Beschreibung derselben findet sich an den unten angegebenen Stellen.[1] Ich setze sie im Folgenden voraus und bediene mich daher ohne weiteres der von Dove eingeführten Bezeichnungsweise für die Theile der Maschine und für ihre gegenseitigen Lagen.

Die gewaltigen physiologischen Wirkungen der Saxton'schen Maschinen beruhen bekanntlich auf dem Kunstgriffe, während eines Theiles der Umdrehung, nämlich vom Azimuth 0° bis etwa zum Azimuth 90°, und dem Azimuth 180° bis zu dem 270°, eine metallische Nebenschliessung zu dem in den Kreis der Rollen eingeschalteten thierischen Theil anzubringen, der den Stromeswirkungen ausgesetzt werden soll. Diese Nebenschliefsung gestattet in den Rollen die Entwickelung eines äufserst kräftigen Stromes, der in jenen letztgenannten Azimuthen seine gröfste Stärke erreicht, in beiden übrigens entgegengesetzte Richtung hat. Fällt nun plötzlich die gutleitende Nebenschliefsung weg, so entsteht durch die tiefe Senkung des Stromes, welche fast einem Verschwinden gleich zu achten ist, ein gleichgerichteter Endgegenstrom (Extracurrent), der vermöge seiner hohen Summe von Spannungen trotz dem Widerstande des thierischen Theiles einen heftigen Schlag hervorzubringen vermag. Auf die Wirkung dieses Gegenstromes können wir es hier

[1] Berichte über die zur Bekanntmachung geeigneten Verhandlungen der Königl. Preufs. Akademie der Wissenschaften zu Berlin. April 1842. S. 100.* — Poggendorff's Annalen u. s. w. 1842. Bd. LVI. S. 253.* (S. daselbst auf Taf. II. Fig. 1 eine Abbildung des Ankers der Maschine im Grofsen nach einer Zeichnung von mir.) — Dove, Untersuchungen im Gebiete der Inductionselektricität. Berlin 1842. 4°. S. 71.* — Archives de l'Électricité. t. III. 1843. p. 50.* — Scientific Memoirs etc. Edited by Richard Taylor. London 1848. vol. V. p. 163.*

offenbar allein abgesehen haben, da wir ja darauf ausgehen, die Geschwindigkeitsgrenze der Entwickelung des elektrotonischen Zustandes in der Erfahrung noch weiter hinauszuschieben.

Es würde also zunächst darauf ankommen, an der Maschine solche Einrichtungen zu treffen, dafs entweder die beiden Gegenströme, welche während der beiden Hälften einer Umdrehung des Ankers erfolgen, einerlei Richtung erhalten, oder dafs die Reihe derselben in der einen Richtung völlig weggeblendet wird. Beides ist an der OERTLING'schen Maschine leicht zu bewerkstelligen.

Das Erste läfst sich erreichen mit Hülfe der Y förmig gespaltenen Federn. Zwischen den Ständern *C* und *D*, die beide Federn tragen, wird der thierische Theil angebracht. Die Walze I. wird so gestellt, dafs die auf ihr schleifenden Zweige der Federn von Holz auf Metall oder umgekehrt übergehen, wenn die Rollen sich in den Azimuthen 0° und 180° befinden. Die Walze II. wird um etwa 90° gegen die I. verstellt. Während der ersten 90° einer Umdrehung berühren alsdann die beiden Zweige einer Feder beide Walzen metallisch. Es entwickelt sich ein starker Strom in den Rollen. In dem Augenblick, wo der eine Zweig auf Holz geräth, geräth der Zweig der anderen Feder an derselben Walze auf Metall. An die Stelle der Leitung durch die beiden Aeste einer und derselben Feder tritt also jetzt die durch den thierischen Theil, der zwischen beiden Federn eingeschaltet ist. Es wird folglich ein Gegenstrom von entsprechender Stärke durch letzteren hindurchgehen. Beim Azimuth 180° gerathen die beiden Zweige der anderen Feder auf Metall. Bei 270° entsteht von Neuem ein Gegenstrom, der in den Rollen die entgegengesetzte Richtung des vorigen hat. Allein durch das Spiel der gespaltenen Federn findet er seinen Weg durch den thierischen Theil in der nämlichen Richtung wie vorhin.

Soll nur die Reihe der Schläge in der einen Richtung weggeblendet werden, so läfst man die Feder 1 z. B. vom Azimuth 0° bis 180° die Walze I. metallisch, von 180° bis 360° aber isolirend berühren, die Feder 9 stetig auf der Walze II. schleifen, und auf derselben Walze entweder die Feder 3 im Azimuth 90° auf den Holzeinsatz von 60° Bogenlänge gerathen, oder man läfst 4 auf dem Blitzrade von neun Unterbrechungen für jede halbe Umdrehung ruhen. Der thierische Theil ist zwischen den Ständern *C* und *D* eingeschaltet, von denen der erste Feder 9, der zweite Feder 1 und Feder 3 oder 4 trägt. Jedesmal dafs Feder 3 oder 4 auf Holz gerathen, erhält er einen Schlag; bei 3 nur einen starken im Azimuth 90°, bei 4 neun Schläge von erst steigender, dann abnehmender Stärke.

Damit keine unmittelbare Wirkung von der Maschine auf die

Nadel ausgeübt werden möge, wurde sie in 3^m.1 Entfernung vom Multiplicator aufgestellt, ihre Drehscheibe von ihr getrennt an den Arbeitstisch geschraubt, und durch eine Guttaperchaschnur mit dem Wirtel in Verbindung gesetzt. Ich fand dies weit bequemer, als das oben Bd. I. S. 196. Bd. II. S. 49 erwähnte Verfahren.

Die Strömungsrichtung wird, wenn man eine wesentliche Veränderung an der Maschine vorgenommen hat, stets am leichtesten durch Jodkaliumelektrolyse ermittelt, mit Hülfe einer Vorrichtung, welche der oben Bd. I. S. 443 erwähnten nachgebildet ist. Dies Verfahren läfst keinen Irrthum zu und ist weniger zeitraubend, als die Bestimmung jener Richtung durch Verfolgen des Vorganges an der Maschine. Läfst man die beiden Platinelektroden, mit welchen man das Jodkalium zersetzt hat, zur Kette geschlossen, so erscheint augenblicklich auch an der früheren negativen Elektrode ein Jodfleck, ein Vorgang, der sichtlich ganz der an der ehemaligen Sauerstoffelektrode erscheinenden Wasserstoffpolarisation beim Schliefsen von Elektroden entspricht, mit welchen Wasser zersetzt wurde (S. oben S. 190). Es ist gut, auf diesen Umstand gefafst zu sein, da er bei der Saxton'schen Maschine, und den Inductionsvorrichtungen überhaupt, wo nach Aufhören des Stromes der Natur der Sache nach der inducirte Kreis geschlossen bleibt, leicht zu der Meinung Anlafs geben könnte, es habe, trotz den dawider getroffenen Vorkehrungen, ein Stromwechsel stattgefunden. Fährt man fort, das Rad in dem früheren Sinne zu drehen, so verschwindet der secundäre Fleck wieder.

Ich fand nun folgendes. Die Ströme der gespaltenen Federn gaben, sowohl bei Längs- und Querschnitt, als bei Punkten des Längsschnittes allein, sehr lebhafte positive und negative Phase je nach ihrer Richtung zwischen den Blechen. Die Ströme bei den beiden anderen Anordnungen, nämlich mit Feder 3 und einer Unterbrechung bei jeder Umdrehung, und mit Feder 4 und neun Unterbrechungen, gaben bei Längs- und Querschnitt fast ohne Ausnahme negative Wirkung in beiden Phasen, stärker jedoch in der negativen als in derjenigen, welche die positive hätte sein sollen; bei elektromotorisch entsprechenden Punkten des Längsschnittes jedoch positive und negative Wirkung je nach der Richtung zwischen den Blechen, obschon weit schwächer als bei Anwendung der gespaltenen Federn.

Die Ströme mufsten übrigens, um diese Wirkungen hervorzubringen, ziemlich kräftig genommen werden, der Magnet zwar gedeckt, aber doch den Rollen sehr nahe, der Pachytrop auf »*Physiologisch*« gestellt. Die Schläge wurden bei schnellem Drehen als kaum erträgliche Erschütterungen im Handgelenk empfunden. Dabei ist jedoch zu bemerken, dafs diese Versuche, wie alle hier noch unter 1. folgenden, an wenig erregbaren Thieren in der ungünstigen Jahreszeit angestellt sind, ohne dafs mir, bis zum Abschlufs für den Druck, Gelegenheit geworden wäre, sie an mehr erregbaren zu wiederholen.

Dafs die mit Hülfe der gespaltenen Federn erzeugten Zuwachse diejenigen mit Feder 3 bewirkten so sehr an Gröfse übertrafen, konnte wohl nicht allein daher rühren, dafs in dem ersten Falle zwei Stöfse, in dem zweiten nur ein Stofs auf jede Umdrehung erfolgten. Denn Feder 4, welche nicht günstiger wirkte, als 3, brachte neun Stöfse auf die Umdrehung, welche zusammen wenigstens jenen zwei an Stärke gleichkommen dürften. Eine genauere Betrachtung des Vorganges deckte denn auch bald einen weiteren Unterschied auf.

Nachdem nämlich die Schliefsung von Walze zu Walze durch eine und dieselbe Feder der durch beide Federn und den dazwischen befindlichen thierischen Theil Platz gemacht hat, dauert diese letztere während einer viertel Umdrehung an. Da sich dies während jeder ganzen Umdrehung zweimal wiederholt, so sind die Rollen überhaupt während einer halben Umdrehung durch den thierischen Theil geschlossen. Bei Anwendung der Feder 3 findet dasselbe nur während einer sechstel Umdrehung statt, bei der 4 während einer viertel.

Bei subjectiv-physiologischen Versuchen verspürt der zwischen stetig schleifenden Federn, welche die Rollen zum Kreise schliefsen, mittelst kupferner Handhaben eingeschaltete menschliche Körper nichts. Bei solchen Versuchen also können die Wirkungen des alsdann vorhandenen stetig wachsenden oder abnehmenden schwachen Stromes in der That vernachlässigt werden. Wir jedoch haben es zu thun mit entblöfsten Nerven, auf welche der Strom in einer Strecke seiner Bahn als Leitung allein angewiesen ist. Diese sind als unvergleichlich empfindlichere Stromprüfer zu erachten, als der zwischen Handhaben eingeschaltete menschliche Körper. Und wirklich fand sich's, dafs der stromprüfende Froschschenkel in den heftigsten Tetanus gerieth, wenn ich seinen Nerven in den Kreis der Rollen zwischen stetig auf beiden Walzen schleifenden Federn anbrachte, gleichviel ob dies die gespaltenen Federn, oder etwa Feder 1 und 9 waren, 1 alsdann nicht mehr schief nach dem Rande der Walze I. zu eingesteckt.[1] Als ich aber die Ströme der gespaltenen Federn auf den Nerven einwirken liefs, der mit Längs- und Querschnitt auflag, erhielt ich äufserst lebhaften positiven

[1] Vergl. die Fortschritte der Physik im Jahre 1846. Dargestellt von der physikalischen Gesellschaft zu Berlin. II. Jahrgang. Redigirt von G. Karsten. Berlin 1848. S. 510.

und negativen Zuwachs, je nach der Richtung der Ströme zwischen den Blechen.

Dieses Ergebnifs ist demnach geeignet, sowohl aufzuklären über den Grund, weshalb die gespaltenen Federn bei um 90° verstellter Walze II. so viel stärker wirkten als die andern Anordnungen, als auch überhaupt aufmerksam zu machen auf die Untauglichkeit der Maschine in ihrer jetzigen Verfassung für unseren Zweck, und den Unwerth der bisher daran erhaltenen Ergebnisse für die Frage, um die es sich hier handelt. Denn nichts steht uns dafür, dafs die Wirkungen, die wir den Endgegenströmen zugeschrieben haben, die sich beim Abreifsen der Federn in den Rollen entwickeln, nicht vielmehr stammen von den Strömen, die bei stetig schleifenden Federn, zwischen denen der Nerv einfach eingeschaltet ist, unmittelbar durch die Drehung des Ankers entstehen. Wir müssen also entweder den Gebrauch der Maschine aufgeben, oder ein Mittel finden, die Wirkung der letzteren Ströme beinahe auszulöschen, und die jener Endgegenströme allein aufrecht zu erhalten.

Glücklicherweise liefs die Maschine, deren ich mich bediente, sogar zwei verschiedene Vorkehrungen zu diesem Behufe zu. Ich setzte nämlich die von der Axe isolirte Walze IV. in metallische Verbindung mit der Walze III., welche ihrerseits mit der Walze II. in metallischer Verbindung steht. Dies geschah, indem ich in der Rinne zwischen III. und IV. einen Streifen Schnellloth einsprengte. Auf der Walze IV. liefs ich sodann zuerst die Feder 4 über den Einsatz von 60° Bogenlänge mit Unterbrechung schleifen. Es war aber der Einsatz gegen den der Walze II., auf dem die Feder 3 schleifte, so verstellt, dafs Feder 4 auf Metall gerieth fast unmittelbar nachdem Feder 3 dasselbe verlassen hatte. Jetzt also war während der halben Umdrehung, welche die schief nach dem Rande der Walze I. zu eingesetzte Feder 1 übrig liefs, der Kreis der Rollen bis auf ein Stück von wenigen Graden Bogenlänge metallisch geschlossen, und in dem Augenblick, wo die Federn dergestalt über Holz wegglitten, durchflog der Gegenstrom den thierischen Theil. Oder ich liefs, statt der Feder 9 stetig auf Walze II., die 8 auf Walze IV. über den Einsatz von 180° Bogenlänge aussetzend schleifen. Es war aber der Einsatz gegen den der Walze II., auf dem die Feder 3 schleifte, so verstellt, dafs Feder 8 auf Holz gerieth fast unmittelbar nachdem Feder 3 Metall verlassen hatte. Während also bei der vorigen Einrichtung der den thierischen Theil enthaltende Bogen bis auf den Augenblick, in welchem der Endgegenstrom erfolgen sollte, eine Nebenschliefsung zum metallisch geschlossenen Kreise der Rollen abgab, war dies hier nur während der ersten viertel Umdrehung der Fall; während des zweiten Viertels war jener Bogen vielmehr vollständig geöffnet.

Ich hatte übrigens auch nicht versäumt, mich zu überzeugen, dafs, bei stetig metallisch geschlossenem Kreise der Rollen, so dafs der Nerv während der ganzen wirksamen Dauer der Umdrehung eine Nebenschliefsung für den durch die Federn und den Ständer gebildeten Bogen abgab, nur eine unbedeutende Spur von Wirkung stattfand, welche zu keinen Täuschungen der obigen Art Anlafs zu geben vermochte. Diese Wirkungen werden bei subjectiv- sowohl als bei objectiv-physiologischer Prüfung,[1] wenn die Maschine nicht noch ungleich kräftiger wirkt, in den meisten Fällen vernachlässigt werden können.

Als ich nun die Ströme der solchergestalt auf die eine oder die andere Weise vorgerichteten Maschine den Nerven treffen liefs, stiefs ich auf ein höchst unerwartetes Ergebnifs, dessen Mittheilung und Erklärung halber auch hier vornehmlich auf diese Einzelheiten eingegangen wird. Der Nerv lag mit elektromotorisch symmetrischen Punkten des Längsschnittes auf. Hatten die Schläge der Maschine zwischen den Blechen die positive Richtung, d. h. von den Bäuschen fort, so erfolgte meistens ein n e g a t i v e r Ausschlag, nämlich im umgekehrten Sinne von der Wirkung bei stetigem Strome. Hatten sie die negative Richtung, so war der Ausschlag p o s i t i v. Die negative Nadelbewegung bei der positiven Richtung der Schläge ist folglich nicht zu verwechseln mit der bei Längs- und Querschnitt unter Umständen stattfindenden (S. oben S. 396), wie dies unten noch näher erörtert werden soll. Nur in einigen Fällen, bei sehr starken Strömen und wenn die Anordnung mit Feder 8 zur Anwendung kam, zeigte sich der Ausschlag wegen säulenartiger Polarisation in der richtigen Richtung. Die Jodkaliumelektrolyse bezeugte fortwährend, dafs in der Bestimmung der Strömungsrichtungen kein Irrthum vorgefallen war.

Man sieht demnach, dafs die früher mittelst der Saxton'schen Maschine erhaltenen Erfolge wirklich trügliche waren. Es mufs, bis auf weiteres, den Anschein haben, als seien zwar äufserst flüchtige Ströme, gleich den hier angewandten, im Stande, säulenartige Polarisation zu erzeugen, als habe diese aber merkwürdigerweise wenigstens aufserhalb der Elektroden mehrentheils die umgekehrte Richtung von der bei stetigem Strome. Natürlich indefs mufste, bevor einem solchen Ergebnisse Vertrauen geschenkt wurde, die Untersuchung noch auf die voltaëlektrischen Inductionsströme ausgedehnt werden.

[1] Dove, Untersuchungen im Gebiete der Inductionselektricität u. s. w. S. 78.*

(vi) Voltaëlektrische Inductionsvorrichtung.

Die abwechselnd gerichteten Schläge einer voltaëlektrischen Inductionsvorrichtung in gleichgerichtete zu verwandeln, gelingt mit Hülfe von drei Unterbrechungsrädern, welche an einer und derselben isolirenden Axe drehbar sind und daran gegeneinander verstellt werden können. Alle drei Räder haben gleich viel Zähne, und die Breite der metallischen und der nicht leitenden Zähne ist dieselbe. Das eine Rad unterbricht den primären Strom und stellt ihn wieder her. Die stetig schleifenden Federn der beiden anderen Räder führen zu dem Kettentheile, den die gleichgerichteten Inductionsschläge treffen sollen. Von jedem der beiden Enden der Rolle geht eine aussetzende Feder zu dem Umfange des einen und des anderen Rades. An jedem Rade aber steht die Feder des einen Endes der Rolle auf einem isolirenden Zahne, wenn die des anderen auf einem leitenden steht; und wenn die eine Feder des einen Endes auf dem einen Rade auf einem leitenden Zahne steht, steht die andere desselben Endes auf dem anderen Rade auf einem isolirenden Zahne. Endlich sind die beiden Räder gegeneinander um eine ganze, gegen das des primären Stromes um eine halbe Zahnbreite verstellt, so zwar, daſs die aussetzende Feder des secundären Kreises beziehlich auf der Mitte ihrer leitenden oder nicht leitenden Zähne stehen, wenn die des primären Kreises letzteren gerade entweder schlieſsen oder öffnen. Die Folge dieser Anordnung ist, daſs die Ströme der Rolle in dem Kettentheile zwischen den stetig schleifenden Federn der beiden zur secundären Strombahn gehörigen Räder in gleichgerichtete verwandelt werden.[1] Derselbe Zweck läſst sich erreichen, wenn man an derselben Axe mit dem Unterbrechungsrade der primären Kette ein POGGENDORFF'sches Inversorrad anbringt, welches die doppelte Anzahl von Zähnen hat und so gegen das erstere verstellt ist, daſs die Mitte seiner Zähne stets dem Ende der Zähne jenes entspricht.

Bei weitem einfacher kommt man zum Ziele, wenn man darauf Verzicht leistet, die abwechselnde Stromreihe der Inductionsvorrichtung in eine gleichgerichtete zu verwandeln, und sich statt dessen damit begnügt, die eine Reihe der Ströme, z. B. sämmtliche Schlieſsungsschläge, wegzublenden. Hiezu bedarf man nur zweier Unterbrechungsräder an einer und derselben isolirenden Axe, welche um eine halbe Zahnbreite gegeneinander verstellt sind. Das eine Rad unterbricht den primären

[1] Vergl. ÉL. WARTMANN, Quatrième Mémoire sur l'Induction. Archives des Sciences physiques et naturelles. t. V. p. 143* (15. Juillet 1847). — WARTMANN vergiſst indessen anzugeben, daſs das Rad des primären Stromes gegen jedes der beiden anderen Räder um eine halbe Zahnbreite verstellt sein muſs.

Strom. Das andere öffnet den secundären Kreis dergestalt, daſs die aussetzende Feder in der Mitte eines isolirenden Zahnes zu stehen kommt in dem Augenblicke, wo an dem Rade des primären Stromes, wenn der Schlieſsungsschlag weggeblendet werden soll, die Feder auf Metall geräth. [1]

Ich stellte die letztere Anordnung her mit Hülfe einer Vorrichtung von der Arbeit des Herrn Wagner, deren Benutzung ich abermals der Güte des Herrn Professor Dove verdankte. Es ist dieselbe, deren er in seinen *Untersuchungen* u. s. w. S. 30 Anm.* Erwähnung thut. Ich bediente ich mich zuerst des oben Bd. I. S. 446 beschriebenen, dem Leser bereits von früherher bekannten Rollenpaares, dessen inducirende Rolle eine starke Drahteinlage erhielt, und den Strom einer Grove'schen Kette der gröſseren Art führte. Als ich nun abwechselnd die Reihe der Schlieſsungsschläge oder der Oeffnungsschläge wegblendete, und die jedesmal übrig bleibende den Nerven treffen lieſs, der mit elektromotorisch entsprechenden Punkten des Längsschnittes auflag, sah ich den Zuwachs je nach der Richtung der Ströme zwischen den Blechen regelmäſsig und in ansehnlicher Stärke hervortreten. Als ich aber jenes Rollenpaar mit dem des oben S. 393 Anm. beschriebenen Magnetelektromotors vertauschte, dessen Stift dabei fest gegen die Feder geschraubt war, hatte ich den nämlichen Erfolg nur bei der ausgesonderten Reihe der Schlieſsungsschläge. Die der Oeffnungsschläge hingegen brachte, gleich den ausgesonderten Endgegenströmen der Saxton'schen Maschine, verkehrten Zuwachs hervor. Nur in wenigen Fällen gelang es, die Nadel in gesetzlichem Sinne, alsdann aber sehr schwach, abgelenkt zu sehen.

Vergleicht man, durch subjectiv-physiologische Prüfung, den Schliessungs- und Oeffnungsstrom einer voltaëlektrischen Inductionsvorrichtung, so findet man zwischen beiden bekanntlich einen beträchtlichen Unterschied. Denn während sich die Oeffnungsschläge bereits über das Handgelenk hinaus erstrecken und ans Unerträgliche grenzen, kann es vorkommen, daſs die Schlieſsungsschläge noch kaum als leises Kriebeln, ja gar nicht empfunden werden. Ebenso unterschieden ist die Wirkung auf den stromprüfenden Froschschenkel, [2] und auch wohl hinsichts der Magnetisirung von Stahlnadeln. [3] Nichtsdestoweniger zeigt die Theorie, gestützt auf die Erscheinungen an der Multiplicatornadel, daſs die Elektricitätsmengen, die sich in beiden Strömen abgleichen, dieselben sein müssen. Der Grund des Unterschiedes, der sich bei den erwähnten

[1] Vergl. Wartmann, ibid.

[2] Vergl. Helmholtz, in Müller's Archiv u. s. w. 1848. S. 155.*

[3] Vergl. Dove, a. a. O. S. 28.*

Prüfungsmitteln kundgiebt, kann demnach in nichts gesucht werden, als in der verschiedenen Dauer der Abgleichung in beiden Fällen. Vergl. oben Bd. I. S. 409 ff. die Auseinandersetzung über die wesentliche Eigenthümlichkeit des physiologischen Rheoskopes. Es müssen die Schliefsungsschläge die langsameren und schwächeren, die Oeffnungsschläge die schnelleren und stärkeren sein. Die Ursache der Verzögerung jener, der Beschleunigung dieser aber liegt in der Entwickelung beziehlich des Anfang- und Endgegenstromes, von denen der erstere dem ursprünglichen Strom entgegen, der letztere ihm gleichgerichtet ist. Der Unterschied wird folglich um so bedeutender ausfallen, je mehr die Entwickelung der Gegenströme in der inducirenden Rolle begünstigt ist, d. h. aus je mehr Windungen diese besteht.

Die inducirende Rolle der Vorrichtung, der wir uns bisher bedient haben, besitzt nur 32 Windungen in fast 1^{cm} Abstand von einander (S. oben a. a. O.). Es ist also in ihr zur Entwickelung des Gegenstromes nur sehr wenig Gelegenheit gegeben. Dagegen die inducirende Rolle des Magnetelektromotors, welche 104 Windungen hat, in dieser Hinsicht schon viel günstiger gebaut ist. Die angewandten Ströme würden also, ihrer Dauer nach, folgendermafsen zu stehen kommen:

1. Schliefsungsschläge des Magnetelektromotor-Rollenpaares.
2. Schliefsungsschläge des gewöhnlich angewandten Rollenpaares.
3. Oeffnungsschläge dieses Rollenpaares.
4. Oeffnungsschläge des Magnetelektromotor-Rollenpaares.

Während nun, von dieser Reihe immer flüchtigerer und dabei stärkerer Ströme, 3. noch mit Leichtigkeit den Zuwachs in der richtigen Richtung zeigt, thut dies 4. nur noch ausnahms- und spurweise. Die möglichst rein ausgesonderten Endgegenströme, welche sich in den windungsreichen Rollen der Saxton'schen Maschine entwickeln, thaten es dem Anscheine nach noch seltener. Sie möchten also hiernach, trotz den massiven Eisenkernen der Rollen, in welchen sich verzögernde Inductionsströme bilden (S. oben Bd. I. S. 271), die mit 4. bezeichneten an Kürze noch übertreffen. So schnelle Ströme also geben, in der überwiegenden Mehrzahl der Fälle, verkehrte säulenartige Polarisation.

Es fragt sich jetzt, was von diesem Ergebnifs zu halten sei. Es versteht sich, dafs, ehe wir den Satz zulassen, äufserst schnell vorübergehende Ströme wirkten umgekehrt polarisirend auf die elektromotorischen Nervenmolekeln, wir eine erschöpfende Untersuchung anstellen müssen, ob nicht die Erscheinung sich aus anderweitigen, bisher unbeachteten Umständen des Versuches erklären möge.

Eine erste Voraussetzung war folgende. Die Schläge, deren ich mich hier bediente, waren von ansehnlicher Stärke. Die Oeffnungsschläge wurden als lebhafte Zuckung im Handgelenk empfunden. Dies sind Bedingungen, unter welchen die oben Bd. I. S. 429 beschriebene Erscheinung der unipolaren Inductionszuckungen schon mit grofser Stärke auftritt. Es sei nun der Strom zwischen den Blechen von den Bäuschen fort gerichtet, so ist das den Bäuschen nähere vordere Blech das positive, und bei mangelhafter Isolirung des Multiplicatorkreises, wie sie für so hochgespannte elektrische Wirkungen stattfinden kann, müfste positive Elektricität nach den Bäuschen zu abfliefsen. Dafs dieselbe unmittelbar als Strom auf die Nadel einwirke, daran ist freilich nicht zu denken, und es war leicht, diese Vermuthung in gewohnter Weise dadurch zu beseitigen, dafs gezeigt wurde, wie, nach Durchschneidung des Nerven zwischen Blechen und Bäuschen oder bei Ersatz desselben durch einen feuchten Faden, die Nadel trotz den heftigsten Strömen zwischen den Blechen völlig in Ruhe blieb. Allein es war denkbar, dafs jene von den Blechen nach den Bäuschen zu abfliefsende Elektricität von dem Zeichen der gerade herrschenden Phase ihrerseits auch einen Zuwachs und zwar vom entgegengesetzten Zeichen bewirkte. Dieser Zuwachs summirte sich algebraïsch zu dem von dem eigentlichen Strome zwischen den Blechen her und konnte ihn überwiegen wegen der ungleich gröfseren Nähe der erregten Strecke, von der er ausging (S. oben S. 350).

Um diese Annahme zu prüfen, war nur nöthig, das hintere Blech aufser Verbindung mit dem zweiten Ende der solchergestalt offenbleibenden Inductionsrolle zu lassen. Alsdann mufsten die verkehrten Wirkungen in verstärktem Mafse erscheinen. Denn nicht nur fiel der Zuwachs fort von dem eigentlichen Strome zwischen den Blechen her, auch die unipolaren Wirkungen mufsten nun an sich weit kräftiger ausfallen, weil ja die unvollkommene Schliefsung zwischen den beiden Enden der Rolle hinweggeräumt war. Nichtsdestoweniger blieb, als ich den Versuch anstellte, die Nadel unbewegt. Diese Hypothese mufste folglich unverrichteter Sache entlassen werden. Es blieb danach über den Grund der merkwürdigen Abweichung nur folgende Vorstellungsweise übrig.

Die Anordnung des erregenden Kreises in diesen Versuchen hat das Eigenthümliche, worauf bereits oben S. 400 aufmerksam gemacht wurde, dafs derselbe geschlossen bleibt über die Dauer des inducirten Stromes hinaus, nämlich sowohl an dem Unterbrechungsrade als an der Saxton'schen Maschine bei der Anwendung von Feder 4 auf Walze IV. im Ganzen während einer halben Umdrehung, bei der Anwendung von Feder 8 auf derselben Walze während eines viertel Umganges. Dieselbe Bemerkung gilt für die mit den Magnetelektromotoren angestellten Versuche (S. oben S. 393). Es ist demnach deutlich, dafs sich in den

Zwischenräumen, welche die einzelnen Schläge von einander trennen, wegen der Ladungen, welche die Platinenden der stromzuführenden Vorrichtung annehmen, ein Strom in der umgekehrten Richtung von den Inductionsströmen durch den erregenden Kreis bewegen wird. Auch dieser Strom wird nun suchen, den Nerven seiner Richtung gemäſs säulenartig zu polarisiren. Er mag, durch irgend welches Zusammentreffen, das wir noch nicht übersehen, bei den schnelleren unter jenen Strömen unter Umständen die Oberhand erwerben und so Anlaſs geben zu der räthselhaften Erscheinung, die uns hier in Anspruch nimmt.

Daſs bei derselben in der That die Ladungen leicht betheiligt sein könnten, geht schon daraus hervor, daſs häufig, nachdem ein schwacher Zuwachs im richtigen Sinne beobachtet worden ist, nach Aufhören der Inductionsströme, aber bei fortdauernder Schlieſsung des Kreises ein stärkerer Ausschlag im umgekehrten Sinne erfolgt. Uebrigens giebt es Mittel, hierüber mit Bestimmtheit zu entscheiden.

Ein Weg dazu würde darin bestehen, den Ladungen die Gelegenheit zur Abgleichung zu nehmen. Könnte man z. B. das Unterbrechungsrad mit solcher Geschwindigkeit drehen, daſs die Dauer jeder Schlieſsung nur eben zur Aufnahme eines Oeffnungsschlages hinreichte, oder hätte man ein Rad, an dem die leitenden Zähne so kurz wären, daſs dasselbe bereits bei der gewöhnlichen Geschwindigkeit erreicht würde, so müſste der Zuwachs stets in dem richtigen Sinne erscheinen. Hiezu standen mir die Vorrichtungen nicht zu Gebot. Man kann indeſs als eine annähernde Verwirklichung dieses Verfahrens, und zwar mit bejahendem Erfolge, den Fall an der Saxton'schen Maschine betrachten, wo die Feder 8 auf Walze IV. schleifte, indem dabei der erregende Kreis nur während der letzten viertel Umdrehung vor dem Endgegenstrome geschlossen war. Unter diesen Umständen erfolgte, wie oben S. 403 bemerkt wurde, der Zuwachs leichter im richtigen Sinne, als bei der Anordnung mit Feder 4 auf Walze IV., wo der Kreis noch während der ersten viertel Umdrehung n a c h dem Endgegenstrome geschlossen blieb.

Es gab aber noch eine andere Art, diese Prüfung anzustellen, indem man nämlich suchte, die Ladungsfähigkeit der stromzuführenden Bleche zu vermindern, auf denen der Nerv ruht. Ich schnitt zwei Zinkbleche in der Gestalt aus, wie man Fig. 116. Taf. III. sieht, löthete Kupferdrähte daran, kittete sie auf den oben S. 359 erwähnten Spiegelglasstreifen, der wieder in die wagerechte Klemme des allgemeinen Trägers eingespannt wurde, und bedeckte sie mit gleichgestalteten Flieſspapierbäuschen von etwa 3^{mm} Dicke, die mit gesättigter schwefelsaurer Zinkoxydlösung getränkt waren. Der Spalt zwischen den Bäuschen wurde, wie die

Figur zeigt, mit dem Nerven überbrückt. An den Stellen, wo der Nerv auflag, waren die Bäusche mit Eiweifshäutchen bekleidet. Liefs ich den Strom einer zweigliederigen Grove'schen Säule 15″ lang durch die Bleche gehen, und verband sie dann plötzlich mittelst eines Stromwenders mit ausgenommenem Kreuze, der mir als Poggendorff'sche Wippe diente (S. oben Bd. I. S. 238), mit der halben Länge des Museumsmultiplicators, dessen leichtes Nadelspiel etwa 12″ schlug, so erhielt ich 15—20° Ausschlag durch den Strom der Ladungen. Die gewöhnlichen stromzuführenden Bleche schleuderten unter diesen Umständen die Nadel an die Hemmung. Entschieden war also, durch jene Anordnung, die Ladungsfähigkeit der Elektroden des erregenden Kreises ausnehmend verringert, wenn auch noch nicht vernichtet. Und demgemäfs fand sich denn auch, dafs, bei Anwendung der Zinkelektroden statt der Platinenden der stromzuführenden Vorrichtung, auch die schnellsten unter den oben erwähnten Inductionsströmen den Zuwachs stets im richtigen Sinne hervorbrachten.

So weit ist also die Sache ins Klare gebracht. Es steht fest, dafs selbst diese äufserst flüchtigen Schläge vermögen, säulenartige Polarisation in der gesetzmäfsigen Richtung zu erzeugen; dafs der verkehrte Zuwachs nichts war als eine Wirkung der Ladungen der metallischen Enden des secundären Kreises. Sehr im Dunkel liegt aber noch die Art und Weise, wie die Ladungen die Oberhand über den ursprünglichen Strom erlangen. Es versteht sich zunächst von selber, dafs die Elektricitätsmenge, welche sich in dem Strome der Ladungen abgleicht, diejenige niemals übersteigen könne, die sich in dem ursprünglichen Strom abglich. Hingegen das dürfen wir allerdings annehmen, dafs die Dauer der Abgleichung für die Ladungen gröfser ausfalle als für den ursprünglichen Strom. Es mufs folglich, unter den hier obwaltenden Umständen, die säulenartig polarisirende Wirkung der Ströme nicht ihrer elektromagnetischen oder elektrolytischen Wirkung, oder der sich abgleichenden Elektricitätsmenge schlechthin proportional sein, sondern es mufs darauf auch noch die Art der Vertheilung dieser Elektricitätsmenge nach Ordinate und Abscisse von Einflufs sein, wenn wir uns den Abgleichungsvorgang in der Zeit durch eine Curve vorgestellt denken. Es lassen sich von hier ab verschiedene Hypothesen zur Erklärung des verkehrten Zuwachses ausdenken; ich ziehe jedoch vor es bei diesen Andeutungen bewenden zu lassen, weil ich in dem Augenblick, wo ich über diesen Punkt abschliefsen mufs, der Mittel zur thatsächlichen Entscheidung zwischen jenen Hypothesen entbehre, jedoch so viel bereits gesehen zu haben glaube, dafs eine solche Entscheidung nicht unthunlich sein dürfte.

Nur des Umstandes will ich noch erwähnen, dafs möglicherweise hier auch eine in der Erregbarkeit der Nerven selber begründete Bedingung mit eingreift, so dafs man vielleicht in der günstigen Jahreszeit an Nerven, die im Besitz ihrer vollen Leistungsfähigkeit sind, den verkehrten Zuwachs gar nicht zu sehen bekommen würde. Jedoch auch hierin könnte ich noch in einer durch die grofse Veränderlichkeit der Ladungen herbeigeführten Täuschung befangen sein.

Nicht zu verwechseln mit der Erscheinung des verkehrten Zuwachses bei positiver Phase ist, wie schon oben S. 403 bemerkt wurde, der negative Ausschlag, den man zu Zeiten erhält, wenn man den Nerven bei Ableitung von Längs- und Querschnitt mit einem häufig unterbrochenen positiven Strome tetanisirt, und den wir als eine neue Bewegungserscheinung des Nervenstromes angesprochen haben, welche den Bewegung und Empfindung vermittelnden Vorgang begleitet (S. oben S. 396. 403). Der verkehrte Zuwachs ist negativ für die positive Phase, positiv für die negative; er folgt den Gesetzen des gewöhnlichen Zuwachses, insofern er auch bei Ableitung von elektromotorisch entsprechenden Punkten des Längsschnittes in einer durch den Abstand der Elektroden bedingten, von der Lage der abgeleiteten Strecke zum Querschnitt unabhängigen Gröfse erscheint. Jene besondere Wirkung hingegen, wodurch bisweilen zwischen Längs- und Querschnitt statt der unterbrochenen positiven Phase eine negative Schwankung zum Vorschein kam, summirte sich offenbar algebraïsch zu beiden Zuwachsen; denn der negative Zuwachs zeigte sich, statt gleichfalls verkleinert oder verkehrt, vielmehr vergröfsert. Jene Wirkung war aufserdem der Stärke des ursprünglichen Stromes an jeder Stelle des Nerven proportional, so dafs bei Ableitung von elektromotorisch entsprechenden Punkten des Längsschnittes sich nichts von derselben kundgab.

Da wir indessen jene Wirkung den positiven Zuwachs ganz und gar verdecken gesehen haben nur bei den Versuchen mit den Magnetelektromotoren und den Inductionsvorrichtungen, nicht jedoch bei denen mit dem Inversor, auch wenn der Bruch *n* noch so klein gemacht wurde (S. oben S. 392), so ist freilich die Möglichkeit nicht abgeschnitten, dafs das Ueberwiegen der negativen Wirkung über die positive begünstigt gewesen sei durch die in den Zwischenräumen stromloser Schliefsung (S. oben S. 407. 408) sich abgleichenden Ladungen, die den richtig gerichteten Zuwachs zu verkleinern strebten. Um so denkbarer ist es, dafs nur dadurch die negative Wirkung die Oberhand erhalten habe, als wohl die Ladungen selber schon eine hinreichend schnelle und starke Stromesschwankung darstellen, um Bewegung und

Empfindung vermittelnden Vorgang zu erzeugen, und somit die negative Wirkung auch noch auf diese Weise vergröfsern können.

(VII) Elektrisirmaschine.

Bekanntlich geräth der stromprüfende Schenkel in den heftigsten Tetanus, wenn man den Nerven desselben mit dem Leiter einer Elektrisirmaschine, den Fufs mit dem Erdboden,[1] oder mit dem Leiter von entgegengesetztem Zeichen in Verbindung bringt. Auch hier also mufs ein unterbrochener, oder wenigstens in steten Schwankungen begriffener einsinniger Strom stattfinden und ich wollte nicht unversucht lassen, ob derselbe im Stande sein würde, die Erscheinung des elektrotonischen Zustandes zu zeigen. Die Elektrisirmaschine, deren ich mich bediente, hatte eine Scheibe von 37^{cm} Durchmesser und Ein Paar Reibkissen. Auf eine in die wagerechte Klemme des allgemeinen Halters eingespannte Glasplatte hatte ich zwei Platinstreifen gekittet, an welche Kupferdrähte gelöthet waren. Die Kupferdrähte wurden bezichlich mit dem positiven und negativen Leiter der Maschine in Verbindung gesetzt. Ueber die Platinstreifen wurde der Nerv gebreitet, wie sonst über die Bleche der stromzuführenden Vorrichtung, welche hier verworfen werden mufste, weil sich ein Theil der Elektricitäten schon durch den Elfenbeinwürfel möchte ausgeglichen haben. Die Maschine wirkte, der Witterung halber, verhältnifsmäfsig nur sehr schwach. Gleichwohl sah ich, sobald ich die Scheibe in Bewegung setzte, gleichviel ob Längs- und Querschnitt, oder ob nur Punkte des Längsschnittes auf den Bäuschen lagen, je nach der Richtung des Stromes zwischen den Platinstreifen, lebhafte positive und negative Wirkungen erfolgen. Sie blieben aus, wenn entweder der Nerv zwischen Blechen und Bäuschen durchschnitten, oder durch einen mit Eiweifs getränkten Faden ersetzt wurde. Dies diente zum Beweise, der bekanntlich nicht überflüssig ist,[2] dafs jene Wirkungen nicht etwa beruhten auf einem statisch-elektrischen Anziehungs- oder Abstofsungsvorgange.

[1] S. Marco Antonio Caldani in Mémoires sur les parties sensibles et irritables du Corps animal. t. III. Lausanne 1760. p. 146.* (1756). — Vergl. oben Bd. I. S. 34. Anm. 2, wie auch die Fortschritte der Physik im Jahre 1846. Dargestellt von der physikalischen Gesellschaft zu Berlin. U. s. w. S. 455.

[2] Oersted in Schweigger und Meinecke's Journal für Chemie und Physik. 1820. Bd. XXIX. S. 365.* — Colladon in Annales de Chimie et de Physique. Septembre 1826. t. XXXIII. p. 65;* — Poggendorff's Annalen u. s. w. 1826. Bd. VIII. S. 339. 340.* — Faraday, Experimental Researches in Electricity. Reprinted from the Philosophical Transactions. vol. I. London 1839. p. 84. Series III. January 1833. No. 293;* — Poggendorff's Annalen u. s. w. 1833. Bd. XXIX. S. 286.*

Da die elektromagnetische Wirkung des reibungselektrischen Stromes innerhalb sehr weiter Grenzen unabhängig ist von dem Widerstande des Schliefsungsbogens,[1] und da die säulenartig polarisirende Wirkung eines Stromes abermals innerhalb sehr weiter Grenzen der elektromagnetischen Wirkung einfach proportional ist, wie die nächste Folge lehren wird, so würde man vielleicht mit Hülfe des reibungselektrischen Stromes am leichtesten den Beweis führen können, dafs der Zuwachs mit der Länge der erregten Strecke wächst (Vergl. oben S. 337). Der Nerv müfste mit elektromotorisch entsprechenden Punkten unwirksam aufliegen, wodurch freilich die mit der Länge der erregten Strecke vorzunehmende Veränderung in enge Grenzen eingeschränkt wird. Ich habe diesen Plan noch nicht ausgeführt, dessen Tauglichkeit, wie man sieht, ohnehin von dem Umstande abhängen würde, ob die Nadel, beim stetigen Drehen der Maschine, eine einigermafsen beständige Stellung annimmt, oder ob sie in fortwährendem Schwanken begriffen bleibt, wo dann allerdings nichts anzufangen wäre.

2. Von der Art und Weise, die negative Schwankung des Nervenstromes beim Bewegung und Empfindung vermittelnden Vorgange, der auf elektrischem Wege angeregt wird, zu trennen von den Wirkungen der säulenartigen Polarisation.

(1) Prüfung der Inductionsvorrichtung auf ihre Brauchbarkeit für vorstehenden Zweck.

Wir kehren von dieser Abschweifung, welche noch der Untersuchung über den elektrotonischen Zustand angehört, nunmehr zurück zu der neuen Bewegungserscheinung des Nervenstromes, die wir als den

[1] Vergl. Ampère, Annales de Chimie et de Physique. Septembre 1820. t. XV. p. 69;* — Recueil d'Observations électro-dynamiques etc. Paris 1822. p. 12. 13;* — Annales de Chimie et de Physique. Septembre 1824. t. XXVII. p. 30;* — Poggendorff's Annalen u. s. w. 1824. Bd. II. S. 206.* — Colladon, Annales de Chimie et de Physique. Septembre 1826. t. XXXIII. p. 62;* — Poggendorff's Annalen u. s. w. 1826. Bd. VIII. S. 336.* — Faraday, Experimental Researches in Electricity. Reprinted from the Philosophical Transactions. vol. I. London 1839. p. 85. 86. Series III. January 1833. No. 296—307; — p. 127. 128. Ser. V. June 1833. No. 453;* — Poggendorff's Annalen u. s. w. 1833. Bd. XXIX. S. 287;* — 1834. Bd. XXXII. S. 402.* — Gauss u. Wilhelm Weber, Resultate aus d. Beobachtungen d. magnetischen Vereins i. J. 1837. Göttingen 1838. S. 14.* — Munk af Rosenschöld in Poggendorff's Annalen u. s. w. 1838. Bd. XLIII. S. 216.* — Fechner, ebendas. 1838. Bd. XLV. S. 236.* — Riess, ebendas. 1846. Bd. LXVII. S. 539.* — De la Rive, Archives des Sciences physiques et naturelles. 1846. t. II. p. 65.* — Riess, Poggendorff's Annalen u. s. w. 1846. Bd. LXIX. S. 151.*

Ausdruck des Bewegung und Empfindung vermittelnden Vorganges ansehen zu dürfen glauben. Sie sollte bestehen in einer negativen Schwankung des ursprünglichen Stromes, welche überall am Nerven der scheinbaren Stärke desselben sich proportional zeige. Dies hatten wir geschlossen daraus, dafs bei unterbrochenem erregenden Strome, wobei jener Vorgang unablässig rege gemacht wird, zwischen Längs- und Querschnitt der Zuwachs durch den positiven Strom häufig auf Kosten des durch den negativen verkleinert war, ja mit letzterem einerlei Zeichen annahm, dafs hingegen zwischen Punkten des Längsschnittes allein diese Abweichung sehr viel geringer ausfiel, endlich zwischen elektromotorisch entsprechenden Punkten dieser Begrenzung ganz verschwand (S. oben S. 396).

Es fragt sich, welche Versuchsweise nun einzuschlagen sei, um die Erscheinung, deren Dasein wir somit aus einer Störung anderer, in ihren Gesetzen uns befreundeter Phänomene entnommen haben, von denselben frei und unvermischt darzustellen. Sie liegt uns, durch einen glücklichen Zufall, längst zur Hand. Wir haben uns bisher immer, um das Tetanisiren auf elektrischem Wege ins Werk zu setzen, abwechselnd gerichteter Schläge bedient. Dies geschah (S. oben S. 46), weil dabei die Leistungsfähigkeit des Nerven weniger beeinträchtigt wird, und somit auf längere Zeit kräftigerer Starrkrampf erwartet werden darf. Hier gewinnt dieser Kunstgriff eine ganz andere, viel tiefere Bedeutung.

Es ist nämlich klar, dafs, wenn beide Zuwachse von genau gleicher Gröfse wären und nicht fernere Verwickelungen hinzutreten, sie bei diesem Verfahren einander vollständig aufheben müfsten. Alsdann müfste, wenn keine Veränderung der elektrischen Zustände des Nerven den Bewegung und Empfindung vermittelnden Vorgang begleitet, der zu Anfang und zu Ende einer jeden Phase Platz greift, die Nadel beim Tetanisiren mit abwechselnd gerichteten Strömen unbeweglich bleiben. Giebt es hingegen eine solche Veränderung, so müfste sie, bei dieser Versuchsweise, ganz rein ans Licht treten.

Wir haben nun freilich in Erfahrung gebracht, dafs die beiden Zuwachse nicht von gleicher Gröfse sind, dafs vielmehr die Curve der dipolar elektromotorischen Kräfte des Nerven im elektrotonischen Zustande steiler abfällt in der Richtung des erregenden Stromes als in der entgegengesetzten (S. oben S. 373). Es ist also auch nicht zu erwarten, dafs beim Tetanisiren mit abwechselnden Strömen sich die beiden Zuwachse völlig aufheben; sondern wir werden hier auf eine neue Art geführt, die Ueberlegenheit der positiven Phase möglicherweise darzuthun. Es mufs nämlich, in Folge der abwechselnd gerichteten Schläge, denen wir den Nerven aussetzen, falls kein anderer elektrischer Vorgang sich in die Erscheinung einmischt, ein positiver Ausschlag entstehen, als Ausdruck des Unterschiedes der Summe sämmtlicher positiver und der Summe sämmtlicher negativer Zuwachse von sehr kurzer Dauer, die dem ursprünglichen Strome zu Theil geworden sind.

Wir werden später eine Art ausfindig machen, diesen Umstand wirklich hervortreten zu lassen. Hier jedoch ist es klar, daſs uns derselbe ziemlich gleichgültig sein kann. Denn da wir, bei dem Tetanisiren mit abwechselnden Strömen, das Hervortreten einer negativen Schwankung und zwar von nicht unbeträchtlicher Gröſse erwarten, so kann uns die winzige positive Wirkung in der Ausführung unseres Planes schwerlich beeinträchtigen, welche von der spurweisen Ueberlegenheit der positiven über die negative Phase herrührt.

Schreiten wir daher zur Anstellung des Versuches. Wie man sieht, können wir die oben S. 291 beschriebene, dem Tetanisiren der Muskeln entlehnte Anordnung, mit Hülfe deren wir nun auch das Tetanisiren des Nerven auszuführen gedachten, ehe wir zur Kenntniſs des elektrotonischen Zustandes gelangt waren, auch jetzt noch unverändert beibehalten.

Ein Grund, die Inductionsrolle, die uns dabei zur Erzeugung der abwechselnd gerichteten Ströme dienen sollte, zu vertauschen mit dem Poggendorff'schen Inversor, möchte darin gesucht werden, daſs, nach dem oben S. 405 Dargelegten, der Schlieſsungs- und Oeffnungsstrom der Inductionsrollen stets von verschiedener Beschaffenheit sind, dergestalt, daſs zwar in beiden sich gleiche Elektricitätsmengen abgleichen, folglich ihre elektromagnetische und elektrolytische Wirkung dieselbe ist, daſs aber diese Abgleichung für den Oeffnungsstrom in kürzerer Zeit vor sich geht als für den Schlieſsungsstrom, daher die physiologische und Stahl magnetisirende Wirkung für ersteren beträchtlicher ausfällt, als für letzteren.[1]

Es könnte nun das Bedenken entstehen, daſs durch diese Ungleichheit auch die beiden Zuwachse ungleich gemacht und somit die Vorsorge, abwechselnd gerichtete Ströme anzuwenden, in ihrem Zwecke vereitelt werden möchte. Um so gegründeter dürfte dieses Bedenken

[1] Von den gangbaren Vorrichtungen sind nur die Saxton'schen Maschinen von diesem Uebelstande frei. Man würde übrigens eine Reihe entgegengesetzt gerichteter und doch in Hinsicht auf die beiden Factoren der Dauer und Stärke einander völlig entsprechender voltaëlektrischer Inductionsströme erhalten, wenn man die Reihe der Schlieſsungsschläge z. B. ganz wegblendete, und von den Oeffnungsströmen stets einen um den anderen umkehrte. Dies würde sich erreichen lassen mit Hülfe eines mit dem Unterbrechungsrade für den primären Strom an der nämlichen isolirenden Axe drehbaren Inversorrades von der gleichen Anzahl von Zähnen, welches gegen

erscheinen, wenn man sich aus der vorigen Nummer erinnert, dafs die säulenartig polarisirende Wirkung einer ausgesonderten Reihe schneller Oeffnungsschläge überwogen werden konnte durch die entgegengesetzt gerichtete der Ladungen, die sich zwischen je zwei Schlägen abzugleichen Gelegenheit fanden. Und doch waren dabei die Elektricitätsmengen, die sich in beiden Reihen von Strömen durch den Kreis hin und her ergossen, nicht einmal gleich, sondern die Reihe der ursprünglichen Ströme mufste der der secundären an elektromagnetischer und elektrolytischer Wirkung ohne Frage überlegen sein. Um wie viel leichter dürfte hier den Schliefsungsschlägen das Uebergewicht zustehen über die Oeffnungsschläge, wo die in beiden Reihen sich abgleichenden Elektricitätsmengen einander gleich sind.

Um hierüber zu entscheiden, haben wir einfach auf die Weise zu verfahren, die uns nunmehr schon so geläufig geworden ist, nämlich indem wir den ursprünglichen Strom von elektromotorisch symmetrischen Punkten des Längsschnittes ableiten. Wir wissen bereits, wenigstens mit einem hohen Grade von Wahrscheinlichkeit, dafs die Veränderung des ursprünglichen Nervenstromes, welche die Folge des Tetanisirens ist, und auf deren Scheidung vom Zuwachs im elektrotonischen Zustande wir hier ausgehen, der Stärke des ursprünglichen Stromes überall proportional ist (S. oben S. 397. 410. 413). Sie wird also, bei jener Art der Ableitung, mit diesem Strome Null sein müssen. Darauf beruhten schon mehrere unserer Versuchsweisen in der vorigen Nummer. Jetzt mufs sich's bei dieser Methode herausstellen, ob der Kunstgriff des Tetanisirens mit den abwechselnd gerichteten Strömen einer Inductionsvorrichtung hinreicht, um uns von der Einmischung des Zuwachses in die Veränderung des Nervenstromes wegen des Bewegung und Empfindung vermittelnden Vorganges zu befreien, oder ob dabei die Wirkung der einen Reihe der Inductionsschläge, wahrscheinlich alsdann die der Schliefsungsschläge, sich hervordrängt in Gestalt des Zuwachses, der ihrer jedesmaligen Richtung zwischen den stromzuführenden Blechen entspricht.

Ich stellte die Versuche an sowohl mit unserem gewöhnlichen Rollenpaare als auch mit denen der Magnetelektromotoren (S. oben S. 393).

das erstere um eine halbe Zahnbreite verstellt wäre. An die Stelle des Inversorrades könnten auch zwei Unterbrechungsräder treten, welche nur die halbe Anzahl Zähne hätten von der des Rades für den primären Strom, unter sich um eine volle Zahnbreite, gegen jenes aber so verstellt wären, dafs die Mitte ihrer leitenden Zähne immer demjenigen Ende eines Zahnes des letzteren enspräche, welches die Oeffnung der primären Kette vermittelt. Dazu gehörte endlich ein System von Federn gleich dem oben S. 404 beschriebenen.

Im ersten Falle geschah die Unterbrechung mit Hülfe verschiedener Räder, im andern durch das Spiel der Vorrichtungen selber.

Der Erfolg lehrte, dafs noch weit über solche Stromstärken hinaus, wie wir sie zum Tetanisiren brauchen, nämlich wenn schon die Oeffnungsströme als mäfsige Schläge im Handgelenk empfunden werden, die beiden Reihen von Strömen sich vollständig das Gleichgewicht halten. Allmälig tritt aber doch ein Unterschied zu Gunsten der Schliefsungsschläge hervor, der sich bei äufserst starken Strömen zuletzt wirklich zu einem beträchtlichen Uebergewicht ausbildet.

Hieraus folgt nun zunächst, dafs wir uns, zum Zweck unserer Untersuchung, in der That der Inductionsvorrichtung bedienen dürfen. Für's zweite aber knüpfen sich an dies Ergebnifs einige Betrachtungen hinsichtlich der Abhängigkeit der Gröfse des Zuwachses von der Dichtigkeit des erregenden Stromes, die wir uns nicht entgehen lassen wollen.

(ιι) **Folgerungen aus dem Vorhergehenden für das Gesetz der Abhängigkeit der Gröfse des Zuwachses von der Dichtigkeit des erregenden Stromes.**

Halten wir uns nämlich zunächst nur an den Zustand der Dinge, wo bei Ableitung des ursprünglichen Stromes von elektromotorisch entsprechenden Punkten des Längsschnittes, unter dem Einflusse der abwechselnd gerichteten Ströme der Inductionsvorrichtungen, die Nadel auf Null verharrt. Denken wir uns die Dichtigkeit des erregenden Stromes Δ, welche seiner Stärke proportional ist, als Ordinate aufgetragen auf die Zeit als Abscissenaxe. Fassen wir je einen (positiven) Schliefsungs- und einen (negativen) Oeffnungsschlag nebst den zugehörigen Zeiträumen der stetigen Schliefsung und Oeffnung der Kette in eine Periode zusammen. So entsteht eine discontinuirliche Curve, deren Ordinate zu Anfang der Periode, wo die Schliefsung beginnen mag, von Null anhebt, einen oberen Grenzwerth erreicht, wieder Null wird, eine Zeit lang, während der Schliefsung der Kette, auf Null verharrt, dann mit einem negativen Werth unterhalb der Abscissenaxe anwächst, einen zweiten Gipfel ersteigt und endlich zum vierten Mal zur Abscisse zurücksinkt, um während der Oeffnung der Kette, bis zum Beginn der neuen Periode, auf derselben zu bleiben. Während aber das zu den positiven Ordinaten gehörige Stück der Abscisse das längere ist, ist das den negativen entsprechende das kürzere; demgemäfs ist jedoch das Maximum der negativen Ordinaten, absolut genommen, dem der positiven überlegen; und zwar sind die beiden Flächenräume, der von den positiven, und der von den negativen Ordinaten gebildete, schliefslich einander gleich. Es gilt also, wenn T den Anfang, T_I das Ende der Periode bedeutet, stets die Bedingung

$$\int_T^{T_I} \Delta . dt = 0 \ldots\ldots (\text{I})$$

Während nun die Dichtigkeit des erregenden Stromes den Schwankungen nach der Zeit ausgesetzt ist, deren allgemeines Gesetz die Gleichung (I) ausdrückt, mufs die Gröfse des Zuwachses im elektrotonischen Zustande, als mit der Veränderlichen stetig wachsende Function der Stromdichte,

$$z = F(\Delta),$$

in eben so unablässigem Wogen zwischen den nämlichen Zeitgrenzen begriffen sein. Und zwar wissen wir, durch den oben angestellten Versuch, dafs dieses Wogen unterhalb eines gewissen Werthes von Δ ebenfalls durch das Gesetz beherrscht wird

$$\int_T^{T_I} F(\Delta) . dt = 0 \ldots\ldots (\text{II})$$

Es fragt sich, ob sich aus dem gemeinsamen Gelten der beiden Ausdrücke (I) und (II), im Verein vielleicht mit sonstigen Umständen des Versuches, etwas aussagen lasse über die Beschaffenheit der Function $z = F(\Delta)$.

Man sieht nun sogleich, dafs die einfachste Annahme, welche hinsichtlich der Gestalt der Function (F) gemacht werden kann, nämlich $F(\Delta) = \alpha \Delta$, wo α eine Constante bedeutet, die Erfüllung jener Bedingungen möglich machen würde. Man sieht ferner, dafs wenn sich ja eine andere Function finden sollte, welche denselben gleichfalls genügte, dies eine so verwickelte sein dürfte, dafs, bei der Wahl zwischen beiden, der Annahme einer einfachen Proportionalität wohl mit grofser Wahrscheinlichkeit der Vorzug zu geben sein würde.

Es läfst sich aber auch, wenn man noch gewisse Bestimmungen hinzunimmt, der strenge Beweis führen, dafs (F) keine andere Form haben könne, als die angegebene. Verallgemeinert man nämlich den Sinn der Gleichung (I) dahin, dafs man sich unter Δ eine Function der Zeit denkt, welche, bis auf die in der Gleichung ausgesprochene Bedingung, ganz beliebig verändert werden kann, und es soll alsdann doch stets noch die Gleichung (II) mit der (I) zugleich bestehen, so mufs $F(\Delta) = \alpha \Delta$ sein. Dies zu zeigen gelingt nicht nur mit Hülfe der Variationsrechnung, sondern man kann die Nothwendigkeit davon auch durch die blofse Anschauung begreiflich machen.

Denken wir uns, der Einfachheit halber, dafs die durch (I) ausgesprochene Bedingung an der sonst willkürlichen Function $\varDelta = \varphi(t)$ so erfüllt sei, wie dies oben beschrieben wurde, indem die Curve, welche diese Function vorstellt, innerhalb einer Periode einen Flächenraum oberhalb, und einen gleichen Flächenraum unterhalb der Abscissenaxe abgrenzt. Ebenso wird alsdann die Curve des Zuwachses bezogen auf die Zeit im Allgemeinen beschaffen sein. An die Stelle der Bedingungen, welche durch die Gleichungen (I) und (II) ausgedrückt sind, können wir jetzt auch die setzen, dafs durch keine Veränderung des Umfanges des einen Flächenraumes der Curve der Dichtigkeiten, wobei sein Inhalt derselbe bleibt, der entsprechende Flächenraum der Curve des Zuwachses eine Veränderung seines Inhaltes erfahren dürfe. Nehmen wir nun vom Umfange des einen Flächenraumes der Curve der Dichtigkeiten an einer beliebigen Stelle, deren Abscisse $\tau_{,}$ sei, ein Flächenelement $d\varDelta \,.\, dt$ fort, und bringen es an einer anderen, gleichfalls ganz beliebigen Stelle wieder an, welche $\tau_{,,}$ zur Abscisse habe. Durch den Verlust an der ersten Stelle ist an dem Punkte des Umfanges des Flächenraumes der Curve des Zuwachses, der mit jener Stelle die Abscisse $\tau_{,}$ gemein hat, ein Stück

$$\frac{dz}{d\varDelta} \,.\, d\varDelta \,.\, dt$$

verloren gegangen. An dem Punkte des Umfanges, der mit der zweiten Stelle die Abscisse $\tau_{,,}$ theilt, mufs dagegen dem Flächenraum ein Zuwachs widerfahren sein abermals um

$$\frac{dz}{d\varDelta} \,.\, d\varDelta \,.\, dt.$$

Sollte dieser Zuwachs jenem Verlust im Allgemeinen nicht gleich sein, so müfste, da $d\varDelta \,.\, dt$ constant ist, in dem Differentialquotienten von z nach $\varDelta$, $\varDelta$ noch enthalten sein. Nichts verhindert uns aber, uns zu denken, dafs dieser Vorgang an unendlich vielen Stellen, d. h. an einer beliebig gelegenen endlichen Strecke des Umfanges Punkt für Punkt unendlich oft wiederholt werde, so dafs die Ordinaten dieser Strecke dadurch schliefslich um eine endliche Gröfse verändert werden. Soll also der Flächenraum der Curve des Zuwachses nicht zuletzt in seiner Beständigkeit gefährdet werden, so mufs das Increment an der Stelle, deren Abscisse $\tau_{,,}$ ist, dem Decrement an der Stelle, deren Abscisse $\tau_{,}$ ist, genau gleich sein. D. h. es mufs der Differentialquotient von z nach $\varDelta$ vielmehr von $\varDelta$ unabhängig, $= const. = \alpha$ sein. Es folgt $z = \alpha\varDelta$; da die Integrationsconstante, wegen $z = 0$ bei $\varDelta = 0$, augenscheinlich $= 0$ zu setzen ist.

Es würde sich nun darum handeln, ob die Bedingung der willkürlichen Gestalt der Curve der Dichtigkeiten, welche zur strengen Beweisführung der Proportionalität zwischen Zuwachs und Dichtigkeit gehört, in unseren Versuchen erfüllt gewesen sei. Ich habe aber, wie oben S. 415. 416 bemerkt wurde, diese Versuche angestellt nicht allein mit verschiedenen Unterbrechungsrädern, sondern auch mit Magnetelektromotoren. Schon bei der ersten Art von Vorrichtungen kann man annehmen, daſs nicht einmal die schleifende Feder vom metallischen Zahn in ganz gleicher Weise abreiſst, nicht einmal in ganz gleicher Weise die Verbindung wieder hergestellt wird. Vollends vom Magnetelektromotor läſst sich ohne Widerrede behaupten, daſs die Gestalt der Curven, in denen die Schlieſsungs- und Oeffnungsströme sich abgleichen, eine bei gleichem Inhalt völlig flüssige sei, da hier unaufhörlich und bis zur Zerstörung Platin in der Richtung des positiven Stromes zwischen Stift und Platte übergeführt wird, wie den Erbauern elektromagnetischer Bewegungsvorrichtungen aller Art nur zu wohl bekannt ist, so daſs in keinem Augenblicke die Gestalt der beim Anschlagen der Feder zuerst in Berührung kommenden, bei ihrer Trennung zuletzt loslassenden Punkte dieselbe sein kann. Schon das Schwirren, welches den musikalischen Ton des Instrumentes fortdauernd begleitet, deutet auf eine solche unvollkommene Periodicität des Schlieſsungs- und Oeffnungsvorganges, überdies die unregelmäſsigen Funken, die man in der Lichterscheinung am negativen Pol in scheinbarer Bewegung begriffen sieht.[1]

Erwägt man endlich, daſs bereits ohne die Betrachtung, die sich an die Annahme der willkürlichen Gestalt der Curve knüpft, mit gröſster Wahrscheinlichkeit dasselbe folgen würde, so dürfen wir wohl ohne Rückhalt den Satz aussprechen, daſs die Gröſse des Zuwachses, in den angegebenen Grenzen, der Dichtigkeit des erregenden Stromes einfach proportional sei. Da aber diese Versuche, so viel wie möglich, bei verschiedenen Abständen der Bleche von den Bäuschen und verschiedenen Längen der abgeleiteten Strecke angestellt sind, so dürfen wir ferner, was hier von dem Zuwachs gesagt ist, auch auf die Ordinate der Curve der dipolar elektromotorischen Kräfte des Nerven im elektrotonischen Zustande übertragen. Daraus folgt, daſs wir, natürlich immer unterhalb eines gewissen Werthes von Δ, für $y = f(x)$ in der Formel (1) S. 362 nunmehr setzen können $y = \Delta \,.\, \psi(x)$. Wir können Δ vor das Integralzeichen nehmen und ihm seinen Werth ertheilen

[1] Neef in Poggendorff's Annalen u. s. w. 1845. Bd. LXVI. S. 414.

$$\Delta = \frac{k}{qR + \lambda r},$$

wo k die elektromotorische Kraſt der Kette, R ihr Widerstand bis zum Nerven hin gemessen, r der Widerstand des Nerven für die Einheit der Länge und des Querschnittes, q der Querschnitt, endlich λ, wie oben S. 376, die Länge der erregten Strecke. Der Bruch vor dem Integralzeichen nimmt dadurch die Gestalt an

$$\frac{qk}{(qR + \lambda r)(qW + nr)},$$

während $\psi(x)$, worin x der Abstand von der vorderen Elektrode, neben der Leistungsſähigkeit u. s. w. nochmals λ als Constante enthält.

Durch die einſache Gröſsebeziehung zwischen Zuwachs und erregender Stromdichte unterhalb einer gewissen Grenze ist in ſormeller Hinsicht eine Aehnlichkeit mehr gegeben zwischen dem Vorgange der säulenartigen Polarisation und dem der Elektromagnetisirung des weichen Eisens durch den Strom (S. oben S. 326). Denn auch bei diesem ist die Stärke des erregten Magnetismus nach den Untersuchungen von Fechner [1] und von Lenz und Jacobi [2] der Stromstärke einſach proportional. Hier natürlich, wo sowohl der Werth der Veränderlichen als der der unbekannten Function mehr oder weniger genauen Messungen zugänglich war, hat man den Weg eingeschlagen, verschiedene Werthe der ersteren und der letzteren zu beobachten und mit einander zu vergleichen. Wir sind zu einem ſormell gleichbedeutenden Ergebniſs mit Hülſe einer Methode gelangt, bei welcher, was einigermaſsen bemerkt zu werden verdient, keine Messung nothwendig ist und möglich zu sein braucht. Es war nicht ohne Interesse, diese Methode nun auch auſ die Elektromagnetisirung des weichen Eisens zu übertragen, um zu sehen, wie sie sich hier bewähren würde.

Man denke sich eine Drahtrolle, mit ihrer Axe in der Gleichgewichtsebene eines empfindlichen astatischen Systemes, ihr eines Ende dem einen Pole des Systemes gegenüber, nach Art des Melloni'schen Berichtigungsstabes (S. oben Bd. I. S. 189), aber zugleich möglichst nahe angebracht. Man denke sich ſerner die Enden dieser Rolle verknüpſt mit der inducirten Rolle des Magnetelektromotors, sodann in den Kreis der inducirenden und der inducirten Rolle dieser Vorrichtung zwei Unterbrechungsräder an der nämlichen isolirenden Axe eingeschaltet, welche gegeneinander so verstellt sind, daſs sie entweder die eine oder die

[1] Schweigger-Seidel's Neues Jahrbuch der Chemie und Physik. 1833. Bd. IX. S. 274. 316.* — Dove's Repertorium der Physik. Berlin 1837. Bd. I. S. 264.*
[2] Poggendorff's Annalen u. s. w. 1839. Bd. XLVII. S. 233.*

andere Reihe der Inductionsströme wegblenden können (S. oben S. 404). Sei die dergestalt ausgesonderte Reihe von Schlägen so gerichtet, und die Verbindung der Rolle vor dem Nadelpaar mit der inducirten Rolle so getroffen, dafs die einander am nächsten gelegenen Pole des Systemes und des Solenoïds feindliche seien. Wird nun der Stift des Magnetelektromotors fest gegen die Platte geschraubt, und man dreht die Axe der Unterbrechungsräder, so mufs die Nadel in ihrer früheren stabilen Gleichgewichtsebene in labiles Gleichgewicht gerathen, und entweder nach der einen oder nach der anderen Seite um eine gewisse Gröfse abgelenkt werden. Bringen wir in die Rolle eine Eiseneinlage, so wird die Ablenkung eine beträchtlich gröfsere sein. Stellen wir aber jetzt die Federn beider Räder auf einen metallischen Zahn, und lassen die Feder des Magnetelektromotors spielen, so mufs die Nadel, wenn unsere Methode richtig und hier anwendbar ist, auf Null verharren. Lassen wir aber die Axe der Rolle einen Winkel machen mit der Gleichgewichtsebene des Systemes, so mufs dasselbe sich der Rolle zu nähern suchen. Dies wird geschehen müssen vermöge des Princips der doppelsinnigen Ablenkung Poggendorff's (S. oben S. 44), weil nämlich das Product aus der magnetischen Intensität der Nadel in die des Drahtbündels für die freundlichen Phasen dieses letzteren ein gröfseres sein wird, als für die feindlichen.

Ich habe den Versuch angestellt mit Hülfe des Magnetelektromotors meines Freundes Helmholtz, der secundären Rolle meines eigenen (S. oben S. 393. 395), des oben S. 405 erwähnten Unterbrechers, endlich des Nadelpaares meines Multiplicators, vor dessen Glocke jene Rolle aufgestellt war. Leer, als blofses Solenoïd, wirkte die Rolle, wenn sie von einer ausgesonderten Reihe heftiger Inductionsströme einsinnig durchflossen wurde, kaum merklich auf die Nadel. Als ich sie mit Drähten anfüllte, fand ich leider zuerst, dafs dieselben nicht hinlänglich von dauerndem Magnetismus befreit werden konnten, der ihnen stets im Sinne der letzten Elektromagnetisirung anhaften blieb, welcher die Drähte ausgesetzt worden waren. Es mufste demnach so verfahren werden, dafs zuerst durch die Rolle eine Stromreihe geschickt wurde, welche die beiden einander nächsten Pole des Systemes und des Solenoïds zu freundlichen machte. Wurde dann die Richtung der Ströme umgekehrt, so lehnte sich die Nadel auf der einen oder auf der anderen Seite an die Hemmung. Stellte ich aber die Federn der Unterbrechungsräder auf einen metallischen Zahn, und gab das Spiel der Feder frei, so blieb die Nadel auf Null.

Dies war jedoch nur der Fall, wenn die Schliefsungsschläge die nächsten Pole des Systemes und des Solenoïds zu feindlichen machten,

Thaten dies die Oeffnungsschläge, so wich die Nadel etwas ab, aufser Vergleich jedoch mit der Wirkung einer der beiden ausgesonderten Stromreihen. Machten die Oeffnungsschläge hingegen jene Pole zu freundlichen und wurde der Nadel durch ein seitlich angebrachtes Magnetstäbchen schon vorher eine Ablenkung mitgetheilt, oder befand sich die Axe der Rolle nicht in der Gleichgewichtsebene der Nadel, so näherte sich die Nadel der Rolle. Es hatten also die starken und schnellen Oeffnungsschläge ein leises Uebergewicht über die schwachen und langsamen Schliefsungsschläge. Dieser Umstand widersetzte sich beiläufig der Beobachtung der doppelsinnigen Ablenkung, welche oben für den Fall vorhergesehen wurde, dafs die Ebene des Systemes und die Solenoïdaxe nicht bereits zusammenfielen. Woher derselbe rührte, weifs ich nicht zu sagen.

Obschon die bisher angestellten Versuche vielleicht noch weit von dieser Grenze entfernt sind, scheint es doch unmöglich, sich vorzustellen, dafs nicht, bei immer zunehmender Stromstärke, ein Punkt kommen sollte, wo die fernere Erregung des Magnetismus im weichen Eisen anfängt von dem Gesetze der einfachen Proportionalität abzuweichen um sich endlich einem beständigen Grenzwerth anzuschliefsen. Für die Nerven hingegen liegt jener Punkt bereits innerhalb der von uns angestellten Versuche. Es giebt wenigstens keine einfachere Art, das endliche Hervortreten einer Wirkung im Sinne der Schliefsungsschläge bei immer wachsender Stärke des inducirenden Vorganges zu deuten, als durch die Annahme, dafs alsdann die Curve der Stärke der säulenartigen Polarisation, bezogen auf die Stromdichte, anfange nach der Abscisse zu von der geradlinigen Gestalt abzuweichen, um sich endlich einem beständigen Grenzwerth anzuschliefsen.

Die Schwierigkeiten, die sich der Nachweisung eines solchen Grenzwerthes entgegensetzen würden, haben wir bereits oben S. 335 kennen gelernt. Es möchte noch eine andere Art geben, denselben darzuthun, wobei aber noch weniger die Hoffnung vorhanden scheint, zum Ziele zu gelangen. Es ist nämlich deutlich, dafs, wenn man auf den Nerven, während er sich im Grenzwerthe des elektrotonischen Zustandes befände, einen ferneren Strom einwirken liefse, keine Zuckung entstehen dürfte. Denn nach unserer Theorie dieses Zustandes ist Zuckung immer nur die Folge einer in demselben vorgegangenen Veränderung. S. oben S. 391. Vergl. auch, was oben Bd. I. S. 293 von dem Einflusse der absoluten Dichtigkeit auf die Erregung der Nerven durch den Strom gesagt ist. Es ist indefs deutlich, dafs die Beobachtung schwerlich angestellt werden kann, wenn man nicht einmal am Multiplicator den oberen Grenzwerth der Stärke der säulenartigen Polarisation aufzuweisen vermag. Denn hiezu bedarf es nur einer so langen Schliefsung, als die Schwingungsdauer der Nadel unter dem Einflusse der vereinigten Erd- und Stromkräfte beträgt, zu dem Zuckungsversuch hingegen würde ein längeres Geschlossenhalten der Kette unerläfslich sein.

Dafs übrigens, bei äufserst mächtigen erregenden Strömen, schliefslich das Gesetz der Proportionalität seine Geltung einbüfst, kann das Ergebnifs der annähernden Gültigkeit desselben bei schwächeren Strömen nicht entwerthen. Vielmehr wird diese Kenntnifs, bei ferneren auf die Erforschung des elektrotonischen Zustandes gerichteten Bestrebungen, sobald sie selber nur gehörig feststeht, gerade eben so gut im Stande sein, nützliche Dienste zu leisten, als dies in der Physik z. B. der Fall ist mit der annähernden Kenntnifs der Gesetze, wonach die Ausgleichung der Temperaturen innerhalb gewisser Grenzen erfolgt, oder wonach sich der Widerstand der Luft mit der Geschwindigkeit des bewegten Körpers innerhalb gewisser Grenzen ändert. Um so mehr wird dies der Fall sein, als die Stärke der Ströme, deren man sich zur Untersuchung des elektrotonischen Zustandes zu bedienen hat, stets unvergleichlich tief unter derjenigen bleiben wird, bei welcher die Abweichung vom Gesetze der Proportionalität anfängt fühlbar zu werden.

(III) Vorzüge der Inductionsvorrichtung vor dem Inversor für das Tetanisiren des Nerven mit abwechselnden Strömen.

Von der neuen Abschweifung, zu der uns das Aufsuchen einer Methode verleitet hat, die Schwankung des Nervenstromes beim Bewegung und Empfindung vermittelnden Vorgange getrennt vom elektrotonischen Zustande darzustellen, kehren wir nun zur Verwirklichung dieses Vorhabens zurück. Wir haben uns die Sicherheit verschafft, dafs wir uns der Inductionsvorrichtung behufs der Erregung des Nerven bedienen dürfen. Die Zulässigkeit davon wird in der Folge noch durch mancherlei Umstände bekräftigt erscheinen. Wir werden nun aber, bis auf gewisse Ausnahmsfälle, für gewöhnlich wirklich von dieser Erlaubnifs Gebrauch machen. Das Tetanisiren mit dem Inversor wird mit Vortheil für einige besondere Zwecke aufgespart, die sich in der Einleitung zum folgenden Paragraphen auseinandergesetzt finden werden. Für den gewöhnlichen Gebrauch bei diesen Versuchen jedoch bietet es mancherlei nicht zu übersehende Nachtheile dar.

Es hat nämlich erstens den Fehler, dafs der Strom dabei eine gewisse Zeit hindurch auf beständiger Höhe verweilt. Diesen Fehler haben wir ihm schon früher (S. oben S. 47) aus dem Grunde vorgeworfen, dafs der Nerv mehr, als es der Zweck des Tetanisirens verlange, der verderblichen Wirkung des Stromes ausgesetzt werde. Nun tritt noch hinzu, dafs uns sichtlich daran liegen mufs, die Zeit, während welcher der Bewegung und Empfindung vermittelnde Vorgang stattfindet, möglichst grofs zu machen im Vergleich zu der, während welcher der Nerv im elektrotonischen Zustande auf beständiger Höhe begriffen ist, wo möglich ihr gleich, also den Strom selber möglichst wenig auf beständiger Höhe verweilen zu lassen. Denn je mehr sich das Verhältnifs jener Zeiten der Einheit nähert, um so mehr werden auch gegen die Schwankung des Nervenstromes wegen des Bewegung und Empfindung vermittelnden Vorganges alle Störungen zurücktreten müssen, die wir trotz dem Kunstgriffe der abwechselnden Ströme etwa noch von dem elektrotonischen Zustande zu besorgen haben.

Nun ist zwar der Uebelstand der längeren Schliefsung durch den Inversor, im Vergleich zum Stande der Dinge oben S. 47, sehr vermindert durch die Einrichtung der schmalen Hülfsfedern und den Kunstgriff der Veränderung ihres Abstandes (S. oben S. 392). Allein es ist zu bemerken, dafs, wenn man nicht eine fortwährende Sorgfalt auf die Reinheit der hölzernen Zähne richtet, bei länger fortgesetzten Versuchen, durch Kupferstreifen, welche sich auf denselben bilden, ihre nichtleitende Beschaffenheit dermafsen beeinträchtigt wird, dafs das Verhältnifs der Schliefsungsdauer zu der der Schliefsung + der Unterbrechung der Einheit nahe geführt werden mag.

Fürs zweite hatten wir das Tetanisiren mit dem Inversor für gewöhnlich unbequem gefunden, weil man bei Beendigung des Drehens darauf achten müsse, mit der Feder auf Holz stehen zu bleiben, in dem Augenblicke gerade, wo man an der Wiederkehr der Nadel ein sicheres Kennzeichen für die Aechtheit der beobachteten Wirkung wahrzunehmen habe. Bei unseren früheren Versuchen sollte nur deshalb auf einem nichtleitenden Zahne still gestanden werden, um den Nerven nicht unnütz der verderblichen Wirkung des beständigen Stromes ausgesetzt zu lassen. Auch diese Rücksicht gewinnt hier an Gewicht. Läfst man nämlich die Feder in Berührung mit einem leitenden Zahne, so entwickelt sich sofort der der zeitigen Stromesrichtung entsprechende Zuwachs, und die Beobachtung der Wiederkehr der Nadel ist ohne Rettung dahin.

Allerdings ist nun auch dieser Uebelstand insofern gemildert, als bei geeignetem Abstande der Federn die Wahrscheinlichkeit, dafs man das Rad in einer schliefsenden Stellung zur Ruhe bringe, eine ungleich geringere werden mufs. Auch kann man zu dem bereits oben S. 391 erwähnten Verfahren seine Zuflucht nehmen, den erregenden Kreis erst nach begonnenem Drehen mittelst eines verquickten Kupferhakens in einem der Gefäſse des Stromwenders zu schlieſsen, und ihn vor Beendigung des Drehens wieder zu öffnen. Dies bleibt aber unter allen Umständen eine lästige Verpflichtung, und dazu kommt noch, um die praktische Ueberlegenheit der Inductionsvorrichtung zu vollenden, die wesentliche Rücksicht, daſs man hier die Stromstärke, durch Veränderung der Eiseneinlage der Rolle, innerhalb gewisser Grenzen vollständig in seiner Gewalt hat, während sie am Inversor, vermöge des groſsen Widerstandes des Nerven, fast jeder Beherrschung anders als durch Einführen mehrerer Ketten in den erregenden Kreis entzogen ist.

3. Von der negativen Schwankung des Nervenstromes beim Tetanisiren mit abwechselnden Strömen.

Der Erfolg des Tetanisirens der Nerven mit abwechselnden Strömen bei aufliegendem Längs- und Querschnitt ist nun wirklich eine gröſsere oder geringere rückgängige Bewegung der Nadel nach dem Nullpunkt hin, unter günstigen Umständen bis in den negativen Quadranten und über ihre ursprüngliche Gleichgewichtsstellung in dem positiven Viertelkreise hinaus (S. Fig. 117. Taf. II).[1] Hört man zu drehen auf, so schwillt der Strom wieder an, die Nadel kehrt zurück und nimmt ihre erste Stellung nahezu wieder ein. Läſst man den Nerven ausruhen, so erscheint nach einiger Zeit die Wirkung wieder sehr schön, fast in ihrer anfänglichen Stärke. So kann man sie viele Male hintereinander an einem und demselben Nervenstücke beobachten, natürlich zuletzt mit abnehmender Stärke, bis zur völligen Erschöpfung des thierischen Erregers. Alsdann ist nur noch ein matter Ueberrest vom ursprünglichen Strome vorhanden.

Die absolute Gröſse der stattfindenden Nadelbewegungen erhellt aus den obigen Angaben im Vereine mit der bekannten Gröſse der beständigen Ablenkung, welche der Nervenstrom zu hinterlassen pflegt. Sie beläuft sich auf einen Bogen von 5 — 10° und mehr. Es kommt auch hier, wie beim elektrotonischen Zustande vor (S. oben S. 298), und zwar unter den nämlichen Umständen eines Miſsverhältnisses der Stärke der Erregung zur Leistungsfähigkeit des Nerven, daſs die Wirkung vom ersten bis etwa zum dritten Male Tetanisiren sich im Wachsen begriffen zeigt.

Bezug auf Ursprung und Ausbreitung der gemischten Nerven ver-

[1] Ich habe diesen Versuch bereits im Sommer 1843 angestellt. Vergl. oben S. 291.

räth die Erscheinung nicht. Sie bleibt sich gleich, ob das Hirnende auf den stromzuführenden Blechen, das Muskelende auf den Bäuschen aufliege oder umgekehrt.

Leitet man den ursprünglichen Strom von beiden Enden des Nerven zu gleicher Zeit ab, wie wir dies oben S. 302. Fig. 101. Taf. II. zuerst thaten, um das Verhalten des elektrotonischen Zustandes unter diesen Umständen zu erforschen, und bringt man den tetanisirenden Strömungsvorgang an die Mitte des Nerven zwischen den beiden abgeleiteten Strecken an, so erfolgt an beiden Enden zugleich Stromabnahme (S. Fig. 118 ebendas.). Dieser Versuch wurde bei derselben Gelegenheit, mit denselben Geräthschaften, und an dem nämlichen ausgezeichnet grofsen Frosche zweimal angestellt, als der entsprechende auf den elektrotonischen Zustand bezügliche Versuch. Die Einzelheiten der Anordnung sind daher nach der Beschreibung dieses letzteren zu ergänzen (S. oben a. a. O.).

Man übersehe nicht den wesentlichen Unterschied zwischen den Erfolgen beider. Er springt deutlich hervor aus den schematischen Abbildungen der Taf. II. Dort, wo ein beständiger Strom den Nerven in bestimmter Richtung durchflofs, wich die Nadel des Multiplicators zurück, in dessen Kreise der Nervenstrom mit dem erregenden Strome ungleiche Richtung hatte; die Nadel des anderen Multiplicators dagegen, wo der Nervenstrom einerlei Sinn mit dem erregenden besafs, ging noch weiter hinaus über ihre beständige Ablenkung *ab*. Hier nun, wo abwechselnd gerichtete Schläge die Mitte des Nerven unaufhörlich treffen, gehen beide Nadeln aus ihren Ablenkungen *ab* durch den Nullpunkt in den negativen Quadranten über.

Wir hätten diesen Erfolg vorhersehen können, insofern wir darauf rechnen, beim Tetanisiren überall am Nerven eine der Gröfse des ursprünglichen Stromes proportionale negative Schwankung eintreten zu sehen. Von demselben Standpunkte läfst sich leicht beurtheilen, was der Fall sein wird, wenn wir den Strom nunmehr statt von Längsschnitt und Querschnitt zugleich, von verschiedenen Punkten des Längsschnittes allein ableiten. Denken wir uns die Elektroden an das eine Ende des Nerven verlegt, und die in beständigem Abstande gehaltenen Bäusche von dem anderen Ende des Nerven nach jenem hin verschoben, so wird nach und nach folgendes eintreffen. Wie sich die Bäusche vom Endquerschnitt entfernen, sinkt der ursprüngliche Strom schnell bis er endlich Null wird bei symmetrischer Stellung der Bäusche zum mittleren Querschnitte. Ebenso wird die negative Stromesschwankung abnehmen müssen. Wir wissen aber schon von früheren Versuchen her, dafs sie in der That Null ist, wenn die Bäusche an elektromotorisch entsprechende Punkte des Längsschnittes zu beiden Seiten des mittleren Querschnittes angelegt sind (S. oben S. 415). Gehen wir dann mit den Bäuschen über die mittlere Stellung hinaus, so kehrt allmälig der Strom wieder, jedoch mit entgegengesetztem Zeichen. Hier mufs auch die Stromesschwankung wieder bemerklich werden. Sie mufs aber, wenn unsere Voraussichten richtig sind, jetzt gleichfalls ihr Zeichen, absolut genommen, umgekehrt haben. Hingegen ihr relatives Zeichen in Bezug auf die neue Richtung des ursprünglichen Stromes mufs dasselbe, nämlich das negative, geblieben sein. Bei weiterem Vorrücken stofsen wir endlich auf die Elektroden. Ueberspringen wir diese und legen die Bäusche an den Längs- und Querschnitt des jenseits derselben befindlichen Nervenendes an, so fallen wir zum Theil in den vorigen Versuch zurück. Abgesehen von dem weit gröfseren Mafsstabe, in welchem sie auftritt, bleibt die Erscheinung dieselbe, die sie seit Ueberschreitung des elektromotorischen Aequators auf der zweiten Nervenhälfte war.

Ich brauche kaum zu sagen, dafs der Versuch diese Muthmafsungen, welche im Grunde nur noch für die Strecke zwischen dem Aequator und den Elektroden solche sind (S. oben S. 496), vollständig bestätigt. Wie bereits die letzte Versuchsweise bis auf den erregenden Strömungsvorgang, der entsprechenden Ermittelung für den elektrotonischen Zustand durchgängig entlehnt war, so können wir uns auch hier auf das oben S. 304 Gesagte berufen, wo wir die Untersuchung jenes Zustandes zwischen verschiedenen Punkten des Längsschnittes anstellten. Wie man sich wohl denken kann, gehört übrigens diese Versuchsreihe keinesweges zu den leicht auszuführenden. Vielmehr gilt von ihr in noch erhöhtem Mafse Alles, was oben S. 307 von der entsprechenden Versuchsreihe für den elektrotonischen Zustand gesagt worden ist. Schon zwischen Längs- und Querschnitt ist die Beobachtung der negativen Schwankung des Nervenstromes beim Tetanisiren eine viel zartere als die des Zuwachses durch den stetigen Strom, dem diese Schwankung meistens an Gröfse weit unterlegen ist. Bei der Untersuchung über verschiedene Punkte des Längsschnittes allein tritt noch hinzu, dafs der Zuwachs an Kraft gewinnt, indem man sich mit den Bäuschen den Elektroden nähert, dafs hingegen die negative Schwankung beim Tetanisiren nach dem elektromotorischen Aequator zu mit dem ursprünglichen Strom in gleichem Mafse schwindet, ein Unterschied in der Erscheinungsweise beider, auf den wir sogleich noch ausdrücklich zurückkommen werden. Endlich wird der Nerv durch das Tetanisiren auf elektrischem Wege schneller in seiner Leistungsfähigkeit beeinträchtigt, als durch den Durchgang eines auf beständiger Höhe verweilenden Stromes (S. oben S. 39). Alle diese Umstände vereint sind schuld, daſs es nur selten glücken wird, an einem und demselben Nerven die ganze Reihe der angegebenen Erfahrungen durchzumachen. Man muſs sich vielmehr, wie beim elektrotonischen Zustande, damit begnügen, ihr Bild zusammenzusetzen aus den Ergebnissen vieler einzelnen Versuche, wovon immer jeder nachfolgende unter etwas anderen Bedingungen angestellt ist als der vorige.

Abermals ist es nun zweckmäſsig, sich den Unterschied des Erfolges dieser Versuchsreihe von dem derselben für den Zuwachs im elektrotonischen Zustande angestellten deutlich zu machen und einzuprägen. Dies wird später dienen, gewisse ebenso wichtige als verwickelte Erfahrungen dem Verständniſs näher zu bringen. Die Fig. 119. Taf. II. ist geeignet, uns diesen Dienst zu leisten als Gegenstück zur Fig. 102 ebendas., welche auf den elektrotonischen Zustand bezüglich ist.

Hier fand, wie man sich erinnert, keine Proportionalität statt zwischen der Veränderung des ursprünglichen Stromes durch den Eintritt des elektrotonischen Zustandes und der Gröſse jenes Stromes. Ebensowenig fand jemals eine Sinnesumkehr der Nadelbewegung statt, gleichviel welche Stellung den Bäuschen am Nerven ertheilt wurde. Vielmehr hatte der von uns sogenannte Zuwachs stets eine und dieselbe Richtung, nämlich die des erregenden Stromes. Da aber die Richtung des ursprünglichen Stromes verschieden ist in den beiden Nervenhälften, so ergab sich daraus die Vorstellung einer positiven und einer negativen Phase, mit welchen die beiden Hälften stets gleichzeitig behaftet wären. Die Gröſse des Zuwachses wuchs von den beiden Enden des Nerven nach den Elektroden hin. Bei der unwirksamen Stellung des ableitenden Bogens, wo der Aequator seine Spannweite hälftet, entstand scheinbar ein Strom in dem Sinne des erregenden Stromes in dem Nerven (Vergl. oben S. 304 ff.).

In Fig. 102 nun bedeuten die Pluszeichen anscheinende Vermehrung, die Minuszeichen anscheinende Verminderung des ursprünglichen Stromes. Der punktirte Bogen *l′ l*, zeigt die unwirksame Lage an; ihr Wirksamwerden ist durch einen Pfeil bei *l* angedeutet. In Fig. 119 bedeuten abermals die Minuszeichen Verminderung des ursprünglichen Stromes. Man sieht, daſs sie die Pluszeichen überall verdrängt haben. Gewissermaſsen der ganze Nerv ist in negativer Phase begriffen. Zugleich aber obwaltet der erhebliche Unterschied, daſs die unwirksame Lage des Bogens auch beim Tetanisiren unwirksam bleibt. Die Stromesschwankung hat weder mehr der Richtung, noch, so viel sich im Allgemeinen erkennen läſst, der Gröſse nach Bezug auf die Stellung der Elektroden am Nerven, bei gleichgedachtem Abstand derselben von einander. Sie erscheint überall der ursprünglichen Stromstärke proportional.

Wenn man die Gröfse der negativen Stromesschwankung beim Tetanisiren bei den verschiedenen nacheinander möglichen Stellungen des Bogens am Nerven auf die Mitte seiner Spannweite in gewohnter Weise als Ordinaten aufträgt, so erhält man eine Curve, welche der ursprünglichen Curve der Stromstärken ähnlich ist (S. Fig. 120. Taf. III. $y'' Oy_{,,}$), folglich keinen Zug der Verwandtschaft darbietet mit der Curve des Zuwachses, wie wir sie oben S. 317 kennen gelernt, und in Fig. 105. Taf. III. ($z'\alpha[0]ZPz_{,}$) entworfen haben. Zieht man in Fig. 120 die Ordinaten, welche die Gröfse der negativen Stromesschwankung für jede Stellung des Bogens darstellen, von denen der ursprünglichen Curve der Stromstärken ab, so erhält man die veränderte Curve der Stromstärken beim Tetanisiren mit abwechselnden Strömen ($y''' Oy_{,,,}$). Es ist klar, dafs auch diese Curve der ursprünglichen Curve der Stromstärken ähnlich sein müsse. Sie wird folglich, ebensowenig als die Curve der negativen Schwankung mit der des Zuwachses, eine Verwechselung zulassen mit der veränderten Curve der Stromstärken im elektrotonischen Zustande, $y''[0]Z'P'y_{,,}$ in Fig. 105. Taf. III. Wie man leicht bemerkt, verhält sich Fig. 120 zu Fig. 105, als erläuterndes Gegenstück in Bezug auf den Unterschied zwischen der negativen Stromesschwankung beim Tetanisiren und dem Zuwachs im elektrotonischen Zustande, ähnlich wie sich Fig. 119 zu Fig. 102 verhielt.

Stellt man die Fig. 94. Taf. II. abgebildete Anordnung her und setzt die Schlinge dem tetanisirenden Strömungsvorgang aus, so erfolgt Stromabnahme. Ebenso wenn man die Schlinge auf die Bäusche, hingegen die beiden Querschnitte auf die Bleche bringt, wobei der ursprüngliche natürlich weit schwächere Strom im Multiplicatorkreise die entgegengesetzte Richtung hat von der bei der ersteren Lage (Vergl. oben S. 252. 350).

Wir sind also jetzt so weit gelangt, dafs die oben S. 397 aus unreinen und verwickelten Erfahrungen geschöpfte Vermuthung, beim Tetanisiren der Nerven auf elektrischem Wege möchte, wie bei der anhaltenden Zusammenziehung der Muskeln, die Stärke des ursprünglichen Stromes auf allen Punkten eine proportionale negative Schwankung erleiden, zu einer auf unbestreitbaren Thatsachen gegründeten Einsicht erhoben scheint. Jetzt würde uns obliegen, von der Zergliederung, die wir hinsichtlich der physikalischen Deutung jener Erscheinung an den Muskeln in dem vierten Kapitel dieser Untersuchungen anstellten, dasjenige hieher zu übertragen, was auf die Verhältnisse der Nerven Anwendung finden mag, und es durch etwaige sich neu aufdrängende Betrachtungen zu ergänzen. Ehe wir indessen zu dieser Leistung schreiten, wird es gerathen sein, vorerst noch jenes Ergebniſs selber in etwas gröſsere Sicherheit zu bringen. Es könnten einige Bedenken dawider erhoben werden, denen wir versuchen wollen, hier sogleich zuvorzukommen.

4. Beseitigung einiger Bedenken wider die negative Stromesschwankung beim Tetanisiren der Nerven mit abwechselnden Strömen.

(1) Der Rückschwung der Nadel beim Tetanisiren der Nerven mit abwechselnden Strömen rührt nicht vom Hereinbrechen des erregenden Stromes in den Multiplicatorkreis her.

Zuerst will ich nicht unterlassen, aber- und abermals, immerhin ihnen selbst zum Ueberdrusse, die Zweifel derjenigen zu beschwichtigen, welche in der wahrgenommenen Nadelbewegung nichts sehen möchten, als eine Wirkung des in den Multiplicatorkreis eingedrungenen erregenden Stromes.

Die Gründe gegen diese Meinung, welche der Natur des erregenden Strömungsvorganges im Verein mit der Beschaffenheit der erfolgenden Wirkung entnommen werden können, sind hier noch ganz die nämlichen, die sie oben S. 51 in dem entsprechenden Falle für den Muskelstrom waren. Jeder Elektriker sieht sofort, daſs, da es sich um schnell aufeinander folgende, gleiche und entgegengesetzt gerichtete Stöſse eines Stromes handelt, die einzige Folge dieser Stöſse an der Multiplicatornadel, wenn sie wirklich mit hinlänglicher Macht in den Kreis brächen, Poggendorff's doppelsinnige Ablenkung sein könnte (S. oben S. 44). Mit dieser ist es aber ganz unmöglich, einen Erfolg, wie den unsrigen, einen Augenblick lang zu verwechseln, da die Nadelbewegungen durch doppelsinnige Ablenkung stets von dem Nullpunkte fort, diejenigen wegen Tetanisirens des Nerven stets nach dem Nullpunkt hin stattfinden.

Eben so wenig paſst zu diesem Thatbestande die Voraussetzung, die man nun machen könnte, daſs die beiden erregenden Ströme in entgegengesetzter Richtung einander nicht an Gröſse gleich seien, oder (S. oben S. 44. 372) doch nicht gleiche Antheile in den Multiplicatorkreis schicken. Denn alsdann müſste die Wirkung beim Tetanisiren an der Nadel stets einerlei Richtung haben, in dem einen Viertelkreise nach dem Nullpunkt hin, in dem anderen davon fort (S. oben S. 44. 45). Sie ist aber in Wirklichkeit abhängig von der Lage des Nerven auf den Bäuschen oder

der Richtung des Nervenstromes in dem Multiplicatorkreise, d. h. stets nach dem Nullpunkt hin gerichtet, wie auch jene Lage sei. Auf keine Weise ist ferner mit der fraglichen Deutung zu vereinigen der Umstand, den wir in der vorigen Nummer kennen gelernt haben, daſs die rückgängige Nadelbewegung mit dem ursprünglichen Strom ihre Richtung wechselt, je nachdem die Bäusche diesseits oder jenseits vom elektromotorischen Aequator, aber auf einer und derselben Seite der Elektroden, angelegt werden.

Schon diese Gründe würden genügen, wenn sie überall noch nothwendig waren. Es treten aber noch andere hinzu, die mehr aus der Natur des Nerven als thierischen Erregers flieſsen. Die Zunahme der Stromesschwankung, die man öfter vom ersten bis etwa zum dritten Male Tetanisiren gewahr wird (S. oben S. 425), würde unerklärlich sein, wenn die Wirkung vom erregenden Strom unmittelbar herrührte (Vergl. oben S. 298).

Zeigte sich bereits der elektrotonische Zustand abhängig von der Leistungsfähigkeit des Nerven (S. oben S. 296. 379), so ist dasselbe hier in noch viel höherem Maſse der Fall. Das Tetanisiren greift, wie so eben S. 427 bemerkt wurde, den Nerven noch mehr an, als der Durchgang des Stromes auf beständiger Höhe. Man sieht daher stets nach mehrmaliger Wiederholung des Versuches an einem und demselben Nerven die Wirkung versagen, zu einer Zeit, wo sich in den Leitungsverhältnissen der Anordnung nichts Wesentliches geändert haben kann. Ruhe dagegen stellt sie bis zu einem gewissen Grade wieder her (S. oben S. 425). So versagt sie auch nicht selten von vorn herein, oder kommt wenigstens nur undeutlich zum Vorschein an den Nerven kranker, schwacher, ausgehungerter Thiere. Nerven, welche durch irgendwelche Miſshandlungen ihre Lebenseigenschaften eingebüſst haben, zeigen sie nicht.

Endlich die Unterbindung und Durchschneidung heben auch hier jede Spur von Nadelbewegung auf. Die Versuchsweise ist begreiflich ganz die nämliche, wie für den elektrotonischen Zustand; ihre zierlichste Gestalt findet sich angegeben oben S. 352. Man muſs sich dabei wegen der unipolaren Inductionswirkungen (S. oben Bd. I. S. 429. Bd. II. S. 51. 352. 407) zum Tetanisiren keiner Inductionsvorrichtung, sondern einer Kette bedienen, deren Strom durch den Poggendorff'schen Inversor unterbrochen und zugleich umgekehrt wird.

Der durchschnittene oder unterbundene Nerv ist, seinen Leitungsverhältnissen nach, wie schon so oft zu bemerken Gelegenheit war, einem mit Eiweiſs, Speichel, Blut u. dgl. m. getränkten Faden zu vergleichen. Legt man statt des Nerven einen solchen auf die Bleche und

Bäusche, so erfolgt, so wenig als beim stetigen Strom eine Spur von Zuwachs, eine Spur von Nadelbewegung beim Tetanisiren.

Man sieht somit, wenn ich nicht irre, klar, dafs wenigstens gegen die hier ausgesprochene Verdächtigung die Erscheinung des Rückschwunges der Nadel beim Tetanisiren des Nerven mit abwechselnden Strömen hinlänglich gesichert ist. Bei den Muskeln liefsen wir in demselben Sinne noch eine Reihe von Versuchen reden, in welchen der thierische Erreger, mit gleichem Erfolge an der Multiplicatornadel, auf anderem als elektrischem Wege tetanisirt wurde (S. oben S. 52). Man erwartet vielleicht, dafs dasselbe auch hier sofort geleistet werde. Freilich soll dies eine unserer vornehmsten Aufgaben sein, und wir werden uns derselben mit Glück entledigen. Allein ihre Lösung hat mit zu grofsen Schwierigkeiten zu kämpfen, als dafs die Darlegung dieser Untersuchung hier im Vorübergehen Platz finden könnte. Es wird derselben vielmehr einer der folgenden Paragraphen gänzlich gewidmet werden müssen.

(II) Die negative Stromesschwankung beim Tetanisiren der Nerven mit abwechselnden Strömen rührt nicht vom elektrotonischen Zustande unmittelbar her.

Die Zweideutigkeiten, welche bei den Muskeln für den Sinn des Rückschwunges der Nadel im Tetanus daraus erwuchsen, dafs sich, bei der Zusammenziehung, die Lage der Muskeln auf den Bäuschen, ihre Gestalt und Dichtigkeit verändern, fallen hier glücklicherweise fort (S. oben S. 65 ff.). Nur das könnte des thatsächlichen Beweises bedürfen, dafs nicht der eigenthümliche Widerstand der Nerven während des Bewegung und Empfindung vermittelnden Vorganges zunimmt. Dies soll später durch einen ganz unmittelbaren Versuch erhärtet werden.

Für diese Gruppe von Verdächtigungen aber, welche uns der Natur der Sache nach bei den Nerven erspart sind, war hier lange Zeit eine andere zu fürchten, welche an Gewicht und Schwierigkeit der Widerlegung jene wohl zu ersetzen drohte. Jetzt freilich kann von derselben die Rede nicht mehr sein. Sie beruhte auf der Unmöglichkeit, den Nerven auf elektrischem Wege zu tetanisiren, ohne ihn zugleich säulenartig zu polarisiren. Hieraus liefs sich zunächst der Zweifel entnehmen, ob nicht die negative Stromesschwankung vielleicht nur eine unter besonderen Umständen zur Erscheinung kommende negative Phase des elektrotonischen Zustandes sei, welche auf irgend eine Art die Oberhand gewinne über die positive Phase; etwa dadurch dafs stets der negative Strom zwischen den Blechen der stärkere, oder dadurch dafs beim Tetanisiren mit abwechselnden Strömen, vermöge einer neuen Verwickelung, die negative Phase die positive, statt, wie bei stetigem Strome, die letztere die erstere übertreffe (S. oben S. 373).

Es war nun allerdings nicht schwer, die eine wie die andere dieser Vorstellungsweisen mit Hülfe der Kenntnifs zu vernichten, die ich schon besafs von der Proportionalität der Gröfse der negativen Stromesschwankung und der des ursprünglichen Stromes. Also z. B. wenn die negative Phase stets dadurch die Oberhand gehabt hätte, dafs der negative Strom der stärkere war, so hätte, bei Ableitung des ursprünglichen Stromes von beiden Enden des Nerven zugleich, nicht an beiden Orten negative Stromesschwankung erfolgen können, sondern das Ergebnifs würde, wie für den elektrotonischen Zustand (S. oben S. 300), an dem einen Ende ein negativer, an dem anderen ein positiver Zuwachs gewesen sein. Bei Ableitung des ursprünglichen Stromes von Punkten des Längsschnittes zwischen dem Aequator und den Elektroden hätte ebenso keine negative, sondern eine positive Schwankung beobachtet werden müssen. Bei Ableitung von elektromotorisch entsprechenden Punkten des Längsschnittes dürfte in jenem Falle die Nadel nicht auf Null bleiben, sondern sie müfste einen Ausschlag im negativen Sinne beschreiben.

Bei der anderen Vorstellungsweise, welche der negativen Phase ohne Weiteres die Ueberlegenheit über die positive zuschreibt, konnte man den Erfolg bei Ableitung von elektromotorisch entsprechenden Punkten des Längsschnittes und von solchen zwischen Aequator und Elektroden zur Noth erklären mit Hülfe der Annahme, die Curven der beiden Zuwachse hätten einen Schneidepunkt, jenseits dessen von den Elektroden aus die des negativen Zuwachses erst die Oberhand gewönne, und dieser Schneidepunkt sei in unseren Versuchen zufälligerweise immer zusammengefallen mit dem elektromotorischen Aequator des Nervenstückes. Bei unserer auf den ferneren Verlauf der beiden Zuwachscurven gerichteten Ermittelung sei zwar ein solcher Schneidepunkt nicht beobachtet worden (S. oben S. 374), indessen sei dieselbe damals durch die Bedingungen des Versuches auf eine allzukleine Nervenstrecke eingeschränkt geblieben. Hierauf war zu antworten, dafs alsdann, bei grofser Nähe der Elektroden, stets und nur positive Schwankung erfolgen müfste; dafs danach also auch jenseits der Elektroden die Schwankung nicht dieselbe, sondern die entgegengesetzte Richtung haben müfste von der diesseits zwischen Aequator und Elektroden.

Einen ungleich schlagenderen und einfacheren Beweis haben wir aber jetzt in Händen gegen alle Annahmen der Art, wonach die negativ dipolar elektromotorischen Kräfte des abwechselnd in dieser und jener Richtung säulenartig polarisirten Nerven es sein sollen, welche in der negativen Schwankung beim Tetanisiren hervortreten. Dieser Beweis liegt darin, dafs, wie wir gesehen haben, die negative Schwankung unter Umständen auch die Folge sein kann des Tetanisirens mittelst eines unterbrochenen positiven Stromes (S. oben S. 396. 400). Hier giebt es keine negative Phase, und nichtsdestoweniger zeigt sich die negative Schwankung proportional der Gröfse des ursprünglichen Stromes. Unmöglich also kann sie, so scheint es, von der negativen Phase herrühren! Sollte aber diese Art, die negative Schwankung durch den positiven Strom allein zu erzeugen, wegen der oben S. 410 berührten Verhältnisse an und für sich Anstofs erregen, obschon sie, wie die nähere Betrachtung zeigt, wirklich unverfänglich ist, so sei hier sogleich bevorwortet, dafs es uns gelingen wird, dieselbe Wahrnehmung noch auf zwei verschiedene, nicht dem leisesten Bedenken mehr ausgesetzte Arten zu erneuern.

Die vorigen Verdächtigungen waren aus der Luft gegriffen. Es könnte daher die folgende Bemerkung auf den ersten Blick gefährlicher scheinen, weil sie sich wenigstens auf einen wirklich bestehenden Umstand beruft. Wir haben oben S. 326 gesehen, dafs möglicherweise eine Verzerrung der ursprünglichen Curve der Stromstärken den elektrotonischen Zustand begleitet. Die Ordinaten der Curve des Zuwachses würden nicht algebraïsch zu summiren sein mit den Ordinaten jener Curve unmittelbar, um die veränderte Curve der Stromstärken im elektrotonischen Zustande zu erhalten, sondern zuvor würde das Gesetz der ursprünglichen Ordinaten eine durch die Lageänderung vieler Molekeln bedingte Abänderung erfahren. Ueber die Natur dieser Abänderung, die wir überhaupt nur muthmafsten, wufsten wir nichts Näheres auszusagen. Jetzt aber könnte man behaupten wollen, die negative Stromesschwankung beim Tetanisiren sei nichts Anderes als der Ausdruck jener Veränderung, Die Verzerrung der ursprünglichen Curve der Stromstärken bestehe in einer proportionalen Schwankung ihrer sämmtlichen Ordinaten im negativen Sinne.

Man begreift nun in der That, dafs das Tetanisiren mit abwechselnd gerichteten Strömen eine geeignete Versuchsweise wäre, um diese Verzerrung, wenn sie in merklichem Mafsstabe vorhanden ist, hervortreten zu lassen. Allein jene Meinung ist nicht minder unhaltbar als die vorigen. Erstens möchte es nicht leicht abzuleiten sein, dafs die Verzerrung in einer Schwankung der Art bestehen solle, wie das Tetanisiren sie zur Folge hat. Bei derselben erweist sich, eben weil an jeder Stelle ihre Gröfse der des ursprünglichen Stromes proportional ist, die Lage der Elektroden am Nerven als gleichgültig, während doch die Abweichung von der peripolaren Anordnung, welche die Ursache der Verzerrung enthält, von den Elektroden aus sich mit abnehmender Stärke verbreitet, entsprechend der Curve der dipolar elektromotorischen Kräfte des Nerven im elektrotonischen Zustande. Dann aber und vor Allem kommt noch Folgendes in Betracht.

Soll nämlich die negative Schwankung der Ausdruck eines im elektrotonischen Zustande eintretenden Verlustes an Kräften sein, so kann derselbe, ohne Hinzunahme fernerer Hypothesen, doch nicht anders zu verstehen sein, als in der Art, dafs diese Kräfte der Wirkungsweise nach dem ursprünglichen Gesetze der thierischen Erreger zeitweise entzogen werden, um währenddem in Thätigkeit nach dem Gesetze der Säule zu treten. Nun ist aber, wie bereits oben S. 327. 368 bemerkt wurde, die dipolare Anordnung eine günstigere Art Stromeswirkungen nach Aufsen von elektromotorischen Molekeln zu erhalten, als die peripolare. Es kann folglich der Zuwachs wohl an Gröfse den ursprünglichen Strom übertreffen (S. oben ebendas.), nicht aber der Verlust des ursprünglichen Stromes, wenn überall ein solcher stattfindet, den Zuwachs.

Wir haben oben S. 396. 400 gesehen, dafs die negative Schwankung unter gewissen Umständen den unterbrochenen positiven Zuwachs zu überwiegen vermochte. Es konnte hienach bereits scheinen, als ob jene Schwankung an und für sich gröfser werden könne als der Zuwachs. Ein tieferes Eingehen auf die verwickelten Verhältnisse des Versuches lehrte uns aber, dafs dies noch nicht erwiesen sei. Weil dabei, zwischen je zwei Stromstöfsen, der erregende Kreis geschlossen blieb, sowohl an den Magnetelektromotoren als an den Inductionsvorrichtungen, kamen theils die Ladungen selber der negativen Schwankung zu Hülfe, um den positiven Zuwachs zu verkleinern, theils verlängerten sie wohl auch noch, vermöge des schnellen Abfalles ihrer Gröfse, die Dauer dieser Schwankung (S. oben S. 410). Allein ich werde in der Folge, durch mehrere völlig untadelhafte Versuche, den Beweis führen, dafs nichtsdestoweniger, unter Umständen, wirklich ein Ueberwiegen der negativen Schwankung über den Zuwachs stattfinden kann.[1]

Es mufs also, selbst wenn es eine solche Verzerrung der ursprünglichen Curve der Stromstärken gäbe, wie sie hier vorausgesetzt wurde, doch noch aufserdem eine negative Stromesschwankung wegen Tetanisirens vorhanden sein. Ohnehin wird es uns, wie schon S. 432 gesagt ist, gelingen, dieselbe auch auf nicht elektrischem Wege darzuthun. Dann aber entbehrt zunächst die Annahme der Verzerrung der ursprünglichen Curve durch den elektrotonischen Zustand jeglichen er-

[1] S. unten, §. v. 1. 5.

ſahrungsmäſsigen Grundes. Wir können nun vielmehr (S. oben S. 327) behaupten, daſs diese Verzerrung, wie gegenüber dem ursprünglichen Strome selber und dem Zuwachs im elektrotonischen Zustande, so auch neben der negativen Schwankung beim Tetanisiren mit abwechselnden Strömen vollständig vernachlässigt werden dürfe. Denn während Alles dafür zu sprechen scheint, daſs dieselbe keine dem ursprünglichen Strome proportionale Schwankung herbeiführe, wenn überhaupt eine solche, sind wir bisher noch auf keine merkliche Abweichung vom Gesetze der Proportionalität seitens der negativen Schwankung wegen Tetanisirens gestoſsen. Man könnte sagen, daſs wir uns dazu in keine günstige Lage begeben haben, indem wir uns zum Tetanisiren der flüchtigen voltaëlektrischen Inductionsströme zu bedienen pflegen. Allein jene Proportionalität zeigt sich, wie hier bemerkt werden mag, nicht minder, wenn man die Inductionsvorrichtung vertauscht mit der Kette nebst dem Poggendorff'schen Inversor mit seinen breiten Federn, deren Abstand a man zum Ueberfluſs $= m + h - b$ machen kann, wobei der Bruch n (S. oben S. 392. Anm.) seinen gröſstmöglichen Werth erreicht.

(III) Die negative Stromesschwankung rührt nicht her von dem Freiwerden von Ladungen durch den abwechselnd positiven und negativen Zuwachs im elektrotonischen Zustande.

Es ist nunmehr gezeigt worden, daſs die negative Schwankung zugeschrieben werden könne weder Theilen des erregenden Strömungsvorganges, die ihren Weg in den Multiplicatorkreis finden, noch einem Ueberwiegen der Reihe der negativen Zuwachse, welches auf die eine oder die andere Weise zu Stande käme, noch endlich einem Verlust an peripolar elektromotorischen Kräften, die nach dem Gesetze der Säule zur Bildung des Zuwachses im elektrotonischen Zustande verwendet würden. Es wird nicht unnütz sein, uns nun noch klar zu machen, daſs jene negative Schwankung ebensowenig herrühren könne von einem Einflusse der abwechselnd positiven und negativen Zuwachse auf die Ladungen, die der ursprüngliche Strom auf den metallischen Multiplicatorenden entwickelt.

Eine solche Erklärung, wenn sie, was wir erst untersuchen wollen, überhaupt möglich ist, würde sichtlich stimmen mit der Proportionalität zwischen der negativen Schwankung und der Gröſse des ursprünglichen Stromes. Sie würde indessen abermals scheitern an der Thatsache, daſs ein unterbrochener positiver Strom unter Umständen eine negative Schwankung in gröſserem Maſse als den positiven Zuwachs selber hervorzurufen vermag. Nichtsdestoweniger wird es von

Wichtigkeit sein, zu erfahren, ob sich in die dergestalt unstreitig vorhandene negative Schwankung wegen des Bewegung und Empfindung vermittelnden Vorganges eine Schwankung wegen Veränderung der Ladungen einmische oder nicht. Um so mehr wird dies der Fall sein, als sich dabei ein in rein physikalischer Hinsicht nicht uninteressantes Ergebnifs herausstellt.

Dies Ergebnifs ist, dafs bei hinreichender Stärke des ursprünglichen Stromes und der beiden Zuwachse, statt einer negativen Schwankung, wegen der Ladungen vielmehr eine positive Schwankung eintreten müfste. Die Curve der Stärke der Polarisation, bezogen auf die Stromstärke, steigt bei immer weiterem Wachsen der letzteren bekanntlich nicht ins Unbegrenzte empor, sondern sie schliefst sich bald asymptotisch einer Geraden an, welche der Abscissenaxe parallel läuft (S. oben Bd. I. S. 239). Die Curve kehrt also der Abscissenaxe eine entschiedene Hohlung zu (S. Fig. 121. Taf. III., die Curve $Op_,p\,p'\,P$). Während die Stromstärke linear wächst, wächst die Stärke der Polarisation in immer langsamerem Mafse. Nennen wir I die Stärke des ursprünglichen Stromes, $\pm\delta$ die Zuwachse, die ihm abwechselnd in der einen und anderen Richtung zu Theil werden, $p_,$ die zu $I-\delta$, p die zu I, endlich p' die zu $I+\delta$ gehörigen Polarisationsstärken (S. die Figur), so hat man, während

$$\frac{[I+\delta]+[I-\delta]}{2}=I,$$

wegen der Wölbung der Polarisationscurve

$$\frac{p_,+p'}{2}=p_.<p.$$

Bei beständig bleibender mittlerer Stromstärke nimmt also die Polarisation ab, und es mufs demnach ein positiver Ausschlag stattfinden, wegen

$$\frac{[I+\delta-p']+[I-\delta-p_,]}{2}>I-p.$$

Mit anderen Worten, weil die Polarisation langsamer wächst als die Stromstärke, entspricht einem in der Zeit wellenförmig schwankenden Strömungsvorgange eine geringere mittlere Polarisation, als demselben Vorgange, wenn er, bei beständig bleibender Elektricitätsmenge, stets auf der nämlichen Höhe verweilt. Ueber die Grenze hinaus, wo die Curve keine merkliche Hohlung mehr besitzt, hört dies natürlich zu gelten auf. Man erkennt übrigens leicht den formellen Zusammenhang des ausgesprochenen Satzes mit der Grundlage der Untersuchung, die oben S. 416 ff. angestellt wurde hinsichtlich der Abhängigkeit der Gröfse des Zuwachses von der Stromdichte.

Ich habe natürlich nicht unversucht gelassen, ob sich diese Schlüsse in der Wirklichkeit bestätigt finden würden. Erschwert werden die bezüglichen Versuche dadurch, dafs sich POGGENDORFF's doppelsinnige Ablenkung, der Natur der Sache nach, in ihren Erfolg einmischt. Diese besteht bekanntlich darin, dafs eine dichtgedrängte Reihe gleicher und entgegengesetzter Ströme die Nadel stets auf der Seite des Nullpunktes weiter abzulenken trachtet, auf der sie sich bereits befindet. Es hat nämlich der Strom, der sie nach dieser Richtung ablenken würde, die Oberhand über den anderen, weil er zugleich den Magnetismus der Nadel verstärkt, jener dagegen ihn um ebensoviel schwächt. Das Product aus der Kraft des Stromes in die der Nadel fällt also für ersteren stets gröfser aus, als für letzteren, und dieser Unterschied wächst mit der bereits vorhandenen Ablenkung. (Vergl. oben S. 44. 421. 430.)

Ich ging folgendermafsen zu Werke. Mit den Enden des Museumsmultiplicators, dessen halbe Länge angewendet wurde und dessen leichtes Nadelspiel, ohne durch einen Berichtigungsstab auf Null gehalten zu werden, im Meridian einstand und 4″ schlug, verband ich die secundäre Rolle meiner Inductionsvorrichtung. Der primäre Kreis derselben enthielt eine GROVE'sche Kette der gröfseren Art und den POGGENDORFF'schen Inversor als Unterbrechungsrad. Lenkte ich die Windungen um etwa 40° nach der einen oder nach der anderen Richtung aus dem Meridian ab, und drehte dann das Unterbrechungsrad, so dafs eine Reihe abwechselnder Ströme durch den Multiplicator ging, so fand ein Ausschlag von wenigen Graden nach der Hemmung zu statt. Der Ausschlag wurde nicht merklich kleiner, als ich in den Multiplicatorkreis eine voltameterähnliche Vorrichtung mit Platinelektroden in verdünnter Schwefelsäure einschaltete. Dies erklärt sich durch die grofse Länge und Dünne des metallischen Theiles des Kreises. Der Ausschlag wurde nicht merklich gröfser, als ich die Windungen in den Meridian zurückführte, und, aufser dem Voltameter, eine GROVE'sche Kette in den Kreis brachte, welche anfangs die Nadel an die Hemmung gelehnt hielt, sie aber allmälig bis auf 40° sinken liefs. Man hat sich zu denken, dafs hier die abwechselnden Zuwachse $\pm\delta$ noch zu klein waren, als dafs der Unterschied zwischen

$$p, \text{ und } p_\circ = \frac{p_, + p'}{2},$$

hätte merklich ausfallen können. Jetzt begann ich dieselbe Versuchsreihe von vorn durchzumachen, nachdem ich ein starkes Drahtbündel in die primäre Rolle der Inductionsvorrichtung gebracht hatte. Nun betrug, bei ganz metallischem Multiplicatorkreise, der Ausschlag durch doppelsinnige Ablenkung beim Drehen des Rades 28°, von 40° ging die Nadel bis auf 68°. Als aber in den Kreis wie früher die unbeständige Combination der Grove'schen Kette nebst dem Voltameter eingeführt wurde, welche diesmal die Nadel nur auf 35° hielt, ging die Nadel an die Hemmung, und stellte sich, während mit Drehen fortgefahren wurde, beständig auf etwa 70° ein. Ich brauche nicht hinzuzufügen, daſs dies gleichmäſsig auf beiden Multiplicatorseiten der Fall war, und gleichviel, ob der Oeffnungs- oder der Schlieſsungsschlag der Inductionsvorrichtung dem Strome der Grove'schen Kette im Multiplicatorkreise gleichgerichtet war.

Dieser Versuch scheint an der Richtigkeit der obigen Schluſsfolge auf den ersten Blick keinen Zweifel übrig zu lassen. Die Inductionsströme muſsten durch die Einschaltung der Grove'schen Kette offenbar geschwächt sein, wenn auch nur um ein Geringes, und doch brachten sie eine stärkere positive Wirkung hervor. Bei näherer Betrachtung steigen indeſs noch Bedenken auf. Die beiden Anordnungen, nämlich diejenige, wo der Kreis ganz metallisch war oder nur das unpolaririsirte Voltameter enthielt, und die andere, wo zugleich die Grove'sche Kette eingeschaltet war, diese beiden Fälle sind in ihren übrigen Bedingungen nicht so vollkommen übereinstimmend, daſs man nicht wünschen könnte, den möglicherweise stattfindenden Einfluſs der zwischen denselben vorhandenen Unterschiede auch noch entfernt zu sehen. Nämlich in dem einen Falle befindet sich die Doppelnadel im Meridiane, es wird also die eine Nadel durch die Erde gestärkt, die andere geschwächt. Die Astasie ist folglich geringer, als wenn die Nadeln durch einen Strom aus dem Meridian abgelenkt sind, wenigstens wenn, wie dies an meinem Multiplicator der Fall war, die untere Nadel, welche die stärkere Wirkung vom Strom erfährt, die schwächere ist. Ueberdies sind im letzteren Falle beide Nadeln durch den Strom gestärkt, und man könnte glauben, daſs daraus, im Verein mit der gröſseren Astasie, die gröſsere positive Wirkung entspringe.

Indessen die von Poggendorff gegebene Zergliederung der doppelsinnigen Ablenkung zeigt bereits, daſs die Stärke des permanenten Magnetismus der Nadeln, wozu hier der durch den Strom der Grove-schen Kette erregte gerechnet werden kann, bei Gleichheit der beiden abwechselnden Ströme aus dem Ausdruck für den Impuls fortfällt, den die Nadel im positiven Sinne erfährt. Was die geringere Astasie der Doppelnadel im Meridiane betrifft, so kann diesem Umstand ein Erfolg von der Gröſse des beobachteten wohl kaum zugeschrieben werden. Es war übrigens leicht, diese Bedenken auf dem Wege des Versuchs vollständig zu beseitigen.

Es geschah dadurch, dafs die Grove'sche Kette und das polarisirte Voltameter mit der einen Drahtleitung des Multiplicators in Verbindung gesetzt wurden, die secundäre Inductionsrolle hingegen mit der anderen. Dabei mufste sich's zeigen, ob die stärkere Wirkung, welche bei Gegenwart polarisirter Elektroden die abwechselnd gerichteten Ströme ausüben, herrührt von der veränderten Polarisation, oder ob sie auf sonstwelcher Veränderung beruht. Der Versuch lehrte, dafs jetzt die Wirkung auf die Nadel nicht stärker war, als bei metallischem Kreise und Ablenkung der Windungen aus dem Meridian.

Es blieb somit nichts Anderes übrig, als an eine Veränderung der Ladungen durch die abwechselnden Ströme zu glauben. Man müfste denn annehmen, dafs durch das Einschalten des Widerstandes der Kette die magnetisirende Wirkung der Ströme verstärkt worden sei. Dies ist indefs, so viel ich weifs, zunächst ohne Analogie, und, da ohnehin schon feuchter Leiter im Kreise war, nicht sehr wahrscheinlich. Diesem Einwand konnte übrigens auch noch begegnet werden, indem statt des Voltameters mit polarisirbaren Elektroden ein solches mit nicht so ladungsfähigen in den Kreis aufgenommen wurde, z. B. mit Zinkelektroden in verdünnter Schwefelsäure. Alsdann durfte die positive Wirkung bei Gegenwart der Elektroden nicht merklich gröfser sein als diejenige bei Abwesenheit derselben. Denn wenn man sich sämmtliche Ordinaten der Polarisationscurve mit $n < 1$ multiplicirt denkt, so wird in demselben Mafse der Unterschied $p - p_{,}$ verkleinert. Der Versuch bestätigte auch diese Vermuthung. Dabei mufste die Grove'sche Kette durch eine Säure-Alkalikette mit Platinelektroden ersetzt, und aufserdem durch einen Berichtigungsstab die Empfindlichkeit des Multiplicators geschwächt werden, um das Fortfallen der Ladungen zu vergüten. Die Schwächung des Stromes durfte nämlich deshalb nicht durch Vergröfserung des Widerstandes erzielt werden, und die Zinkelektroden befanden sich demgemäfs in verdünnter Schwefelsäure, weil sonst die im Vergleich zum vorigen Versuch hier geringer ausfallende positive Wirkung bei Verbindung der secundären Rolle zu einem Kreise mit der Kette und den Zinkelektroden, hätte gebracht werden können auf Rechnung der Schwächung, welche den Inductionsströmen unter diesen Umständen widerfahren wäre.

Die Richtigkeit des obigen Satzes ist sonach als erwiesen zu betrachten. Es fragt sich aber nunmehr, ob derselbe wohl eine unmittelbare Anwendung auf die Verhältnisse unserer Versuche finde. Wir würden alsdann in der negativen Schwankung beim Tetanisiren, wie wir sie zu sehen bekommen, nichts haben, als den Unterschied dieser Schwankung, wie sie in Wirklichkeit beschaffen ist, und der positiven

Wirkung, welche von der Veränderung der Ladungen durch die Zuwachse herrührt. Von vorn herein können wir darüber wenig sagen. Nur so viel ist leicht zu sehen, dafs es zwei Bedingungen giebt, unter welchen die positive Schwankung Null oder $p. = p$ werden würde. Die erste, oben bereits bedachte, würde verlangen, dafs die Zuwachse sehr klein wären im Verhältnifs zum ursprünglichen Strome. Diese Bedingung ist in unseren Versuchen sicher nicht erfüllt. Die zweite Möglichkeit wäre, dafs die Gestalt der Polarisationscurve sich in der ersten Gegend ihres Verlaufes der geradlinigen anschlösse. Hierüber ist meines Wissens noch nichts bekannt. Ja es wäre sogar, bei einer so dunklen Erscheinung wie die Ladungen sind, die Möglichkeit vorhanden, dafs die Curve einen Wendepunkt besäfse, d. h. in jener Gegend der Abscisse eine Convexität, statt wie später eine Concavität, zukehrte. Alsdann würden sich selbstredend alle obige Schlüsse in die entgegengesetzten verwandeln, $p.$ würde, statt kleiner als p, gröfser ausfallen und eine negative Schwankung die Folge sein. Wir müssen daher, um ins Reine zu kommen, den vorigen Versuch bei Verhältnissen der Stromstärke wiederholen, welche mehr übereinstimmen mit den in unseren thierisch-elektrischen Versuchen obwaltenden.

In den Kreis unseres gewöhnlichen Multiplicators und der Zuleitungsgefäfse brachte ich eine Säure-Alkalikette, deren Strom den Nervenstrom an Stärke etwas übertraf. Ich stellte sie her, indem ich Platinplatten in zwei Gefäfse tauchte, die mit Brunnenwasser gefüllt und durch ein heberförmiges, gleichfalls mit Wasser gefülltes Rohr verbunden waren. In das eine Gefäfs brachte ich mittelst eines Glasstabes einen Tropfen Kalihydratlösung. Der Strom dieser Anordnung stellte den ursprünglichen Strom vor.

Nun handelte es sich darum, eine Reihe von abwechselnden Zuwachsen hindurch zu schicken, welche an Stärke dem Zuwachs im elektrotonischen Zustande ungefähr entsprächen. Der Gebrauch der Inductionsvorrichtung mufste hier aufgegeben werden, weil es zu schwer ist, ihre augenblicklichen Wirkungen der absoluten Gröfse nach in Vergleich zu bringen mit solchen, die uns, wie der Zuwachs, gerade umgekehrt nur als stetiger Strom bekannt sind. Es blieb vielmehr nichts übrig als folgender Kunstgriff.

Aufser den Zuleitungsgefäfsen und der Säure-Alkalikette wurde noch eine etwa 2^m lange Strecke nicht übersponnenen versilberten Kupferdrahtes von $0^{mm}.3$ Durchmesser in den Multiplicatorkreis eingeschaltet; der Widerstand derselben verschwand natürlich gegen den des übrigen Kreises. Ich konnte also zu derselben eine irgendwie beschaffene Nebenschliefsung anbringen, ohne dadurch die Stromstärke im Kreise merklich zu vergröſsern. Eine solche Nebenschlieſsung ward nun folgendermaſsen hergestellt. Die beiden Enden des Multiplicatorkreises waren nicht mit den ſreien Enden der Drahtstrecke verbunden, sondern so, daſs die letzteren über die ersteren hinausragten und noch anderen Verbindungen zugänglich blieben. Ueberdies war auch das eine Ende des Multiplicatorkreises an der Drahtstrecke verschiebbar, so daſs nach Bedürſniſs ein längeres oder kürzeres Stück derselben in den Kreis auſgenommen werden konnte. Die ſreien Enden der Drahtstrecke wurden durch den Poggendorff'schen Inversor mit einer sechsgliederigen Grove'schen Säule [1] dergestalt verbunden, daſs der Strom der Säule, je nach der Stellung des Rades, bald in der einen, bald in der anderen Richtung durch die Drahtstrecke ging. Ein äuſserst kleiner Theil dieses Stromes zweigte sich ab in den Multiplicatorkreis, und summirte sich algebraïsch zu dem bereits darin vorhandenen Strome der Säure-Alkalikette. Durch passende Veränderung der Länge der zwischen den Enden des Multiplicatorkreises begriffenen Drahtstrecke war es leicht, die Stärke jenes Stromzweiges so abzustimmen, daſs sie der des Zuwachses bei mittlerer Stärke des erregenden Stromes etwa gleich kam. Endlich beſand sich im Kreise der Grove'schen Säule noch ein Quecksilbergeſäſs mit verquicktem Kupſerhaken, um rasch dieselbe schlieſsen und öffnen zu können.

Nach dieser Vorkehrung hatte es keine Schwierigkeit mehr, den elektrischen Vorgang beim Tetanisiren der Nerven, wie er auſserhalb des thierischen Erregers im Multiplicatorkreise stattfindet, auſs treueste nachzuahmen. Während die Säure-Alkalikette im Kampſ mit den Ladungen auf den Platinblechen der Zuleitungsgeſäſse die Nadel abgelenkt hielt, wurde das Rad des Inversors in Bewegung gesetzt und nachgehends die Grove'sche Säule mittelst des Kupſerhakens in Quecksilber geschlossen. Eine Reihe abwechselnder Zuwachse von kurzer Dauer ergoſs sich durch den Multiplicatorkreis. Sie lieſsen die Nadel vollständig in Ruhe. Es findet ſolglich unter diesen Umständen keine positive Wirkung mehr statt, wie bei gröſseren Stromstärken. Und da wir auſserdem schon von früherher wissen, daſs Ströme von so geringer Stärke unvermögend sind, doppelsinnige Ablenkung zu erzeugen (S. oben S. 45), so kann auch keine negative Wirkung sich hier etwa mit einer solchen die Wage gehalten haben.

[1] Eine so starke Säule wendete ich an, um durch ihren Widerstand einen Unterschied im Widerstande der beiden Inversorhälften unschädlich zu machen, vermöge dessen die Reihe der Ströme in der einen Richtung die der Ströme in der anderen Richtung stets um eine kleine Gröſse übertraf. Eine Widerstandsrolle mochte ich hiezu nicht nehmen, weil der Anfangs- und Endgegenstrom sich mit eingemischt haben würden. Die Einschaltung einer Flüssigkeitszelle mit nicht polarisirbaren Elektroden würde aber natürlich dieselben Dienste geleistet haben.

Die Curve der Stärke der Polarisation bezogen auf die Stromstärke mufs folglich, in dieser Gegend ihres Verlaufes, nahe geradlinig sein. Die Ladungen haben, insofern sie durch die abwechselnden Zuwachse verändert werden könnten, keinen Antheil am Zustandekommen der negativen Stromesschwankung. Dafs sie gleichwohl, bei der durch diese Schwankung erzeugten rückgängigen Nadelbewegung, mit betheiligt sind, versteht sich von selbst, hat aber mit der hier widerlegten Vermuthung nichts zu schaffen. Auf dieses Verhalten, welches dem bei der negativen Schwankung des Muskelstromes im Tetanus beobachteten genau entspricht, werden wir sogleich, Eingangs der folgenden Nummer, zurückkommen.

5. Von der physikalischen Bedeutung des Rückschwunges der Nadel beim Tetanisiren der Nerven mit abwechselnden Strömen. Er rührt nicht her von einer Zunahme des eigenthümlichen Widerstandes der Nervensubstanz, sondern von einer Abnahme der Summe der elektromotorischen Kräfte des Nerven.

Wie bereits oben S. 397 bemerkt wurde, stimmt das Ergebnifs des Tetanisirens der Nerven mit abwechselnden Strömen merkwürdigerweise genau überein mit dem elektromotorischen Ergebnifs der Muskelzusammenziehung. Auch die Stromstärke des thätigen Muskels zeigt sich auf allen Punkten um eine proportionale Gröfse vermindert. Ehe wir indefs diese Wahrheit für den Muskel anerkannten, fanden wir, nächst dem Verdacht auf Hereinbrechen des erregenden Stromes in den Multiplicatorkreis, mancherlei Bedenken zu beseitigen. Es ist schon oben S. 432 bemerkt worden, was sich auch von selbst versteht, dafs am tetanisirten Nerven von diesen Bedenken die fortfallen, welche aus der Bewegung des tetanisirten Muskels entsprangen. Es bleiben aber doch noch mehrere Versuche aus jener Sphäre in diese zu übertragen.

Zunächst brauche ich wohl nicht zu erinnern, dafs es sich hier, ebensowenig als beim Muskel, um eine Umkehr des Stromes während des Tetanisirens handelt, wenn gleich die Nadel häufig in dem negativen Quadranten die Stellung überschreitet, die sie im positiven Viertelkreise innehatte. Freilich zeigt dies an, dafs während der ersten Augenblicke des Tetanisirens ein Strom im umgekehrten Sinne des ursprünglichen im Multiplicatorkreise gegenwärtig ist. Wie für den Muskel (S. oben S. 59), kann man auch hier das Dasein dieses umgekehrten Stromes dadurch unmittelbar zur Anschauung bringen, dafs man den Multiplicator erst nach begonnenem Tetanisiren in den Kreis aufnimmt. Wie dort, kann aber auch hier gezeigt werden, dafs dieser Strom nichts ist als der Ausdruck der zu einem kleinen Theil in Freiheit gesetzten Ladungen der metallischen Multiplicatorenden. Denn erstens kehrte der Nervenstrom sich wirklich um, so müfste die negative Wirkung ungleich gröfser sein. Da alsdann, wie beim Verfahren des Umlegens (S. oben Bd. I. S. 242), die Ladungen sich mit dem ursprünglichen Strome zu gemeinsamer Wirkung verbinden würden, müfste letztere den Ausschlag durch den ursprünglichen Strom weit an Heftigkeit übertreffen. Fürs zweite erhält man aber in der That einen Ausschlag im Sinne dieses Stromes, wenn man den Kreis erst nach Beginn des Tetanisirens schliefst, also mit Ausschlufs der Ladungen zu Werke geht.

Also um eine blofse Abnahme der Stromstärke, keine Umkehr seiner Richtung, handelt es sich hier, wie bei den Muskeln. Die erste Frage, welche sich dann erhebt, ist diejenige, ob diese Abnahme beruhe auf einer Verminderung der Summe der elektromotorischen Kräfte, oder auf einer Vergröfserung der Widerstände des Kreises. Das letztere würde sichtlich eines tieferen Interesses entbehren.

Eine solche Vergröfserung könnte hier nur herrühren von einer Verminderung der Leitungsgüte der Nervensubstanz selber im Augenblicke des Tetanisirens. Es kann uns begreiflich nicht genügen, dagegen die Analogie der Muskeln aufzuführen, deren eigenthümlicher Widerstand, wie wir gefunden haben, während der Zusammenziehung vielmehr um eine geringe Gröfse abnimmt (S. oben S. 82). Ebensowenig wird jene Möglichkeit bereits durch den Umstand widerlegt, dafs die Nadel in günstigen Fällen in dem negativen Quadranten die Stellung überschreitet, die sie im ursprünglichen Viertelkreise innehatte. Denn es läfst sich nicht übersehen, ob durch eine Vermehrung des Widerstandes des Nerven der Nervenstrom und der Strom der Ladungen in demselben Mafse geschwächt werden, oder der letztere vielleicht etwas weniger, als der erstere (S. oben Bd. I. S. 726. Bd. II. S. 74).

Es mufs daher unmittelbar durch den Versuch geprüft werden, ob der Widerstand der Nerven während des Tetanisirens eine Schwankung erleide oder nicht. Die Grundsätze, auf denen diese Untersuchung beruht, sind die nämlichen, welche bei der entsprechenden Ermittelung für die Muskeln aufgestellt wurden (S. oben S. 76). Wir lassen einen fremden Strom durch den Nerven hindurchgehen und beobachten, ob er beständig bleibt, während der Nerv tetanisirt wird. Der Widerstand der Kette mufs dabei so klein als möglich sein im Vergleich zum Widerstande des thierischen Erregers. Hingegen mufs ihre elektromotorische Kraft so grofs als möglich sein im Vergleich zu der Veränderung der elektromotorischen Kräfte des Nerven bei der Innervation, auf welche die negative Schwankung seines Stromes gleichfalls gedeutet werden könnte, damit wir nämlich zur Sicherheit gelangen, dafs eine beobachtete Wirkung einer Veränderung des Widerstandes, nicht aber der elektromotorischen Kraft zuzuschreiben sei.

Beide Bedingungen sind hier noch leichter zu erfüllen, als bei den Muskeln, wegen des gröfseren Widerstandes der Nerven und der absoluten Kleinheit der Veränderung des Nervenstromes beim Tetanisiren. Wir können somit, mit allem Vortheil, die für die Muskeln eingeschlagene Versuchsweise hieher übertragen. Sie bestand, wie man sich erinnert, darin, dafs die thierischen Theile angebracht wurden gleichsam als poröser Zwischenleiter einer Kette von beständiger Kraft nach dem Vorbilde der GROVE'schen, welche für unseren Zweck eine hinreichende elektromotorische Kraft darbietet. Dadurch wird erreicht, dafs der Widerstand des übrigen Kreises gegen den jener Theile möglichst klein ausfällt und dafs zugleich die Ladungen aus dem Spiel gebracht sind. Wie bei den Muskeln, werden wir auch hier, statt blos einen, zwei Nerven zugleich in den Kreis nehmen, und zwar in entgegengesetzter Richtung, so dafs der Widerstand verdoppelt ist, die elektromotorischen Kräfte aber, mit denen sie etwa im Kreise wirken könnten, einander aufheben müssen. Die beiden Enden der Nerven, welche erregt werden sollen, werden auch hier, wie bei dem entsprechenden Versuch für die Muskeln, zusammengeflochten über die Platinenden der stromzuführenden Vorrichtung gebreitet. Um aber ihre beiden anderen Enden beziehlich mit den beiden Flüssigkeiten der Kette von beständiger Kraft in Verbindung bringen zu können, und um gleichzeitig ein Mittel zu erwerben, woran zu erkennen sei, dafs in den Nerven der Bewegung vermittelnde Vorgang wirklich stattfinde, ist die Anordnung getroffen worden, von der Fig. 122. Taf. IV. ein Bild giebt.

Bekanntlich spaltet sich der Stamm des N. ischiadicus des Frosches oberhalb der Kniekehle in zwei Aeste, den R. peronaeus und den R. tibialis.[1] Der letztere versieht den Gastroknemius, der erstere begiebt sich zu anderen Theilen des Unterschenkels. Ich richtete nun zwei stromprüfende Schenkel so zu, dafs die Gastroknemien mit denselben nur noch durch den Tibialis zusammenhingen. Während die Hirnenden beider Ischiadnerven auf den stromzuführenden Platinenden zusammengeflochten auflagen, liefs ich den Stamm derselben mit den Gastroknemien auf einer vollkommen trocknen Glasplatte ruhen, welche zwischen dem Gefäfs mit Salpetersäure und dem mit verdünnter Schwefelsäure in der Höhe ihrer Ränder aufgestellt war. Die Unterschenkel tauchte

[1] Vergl. VAN DEEN, Anatomische Beschreibung eines monströsen, sechsfüfsigen Wasserfrosches. Leiden 1838. 4°. — S. auch unten, §. VII. 6.

ich beziehlich in das eine und in das andere Gefäfs, um als Zuleiter des Stromes zu dienen. Die Gefäfse mit ihren Flüssigkeiten und die Erregerplatten waren die nämlichen, welche bei den Muskeln angewendet wurden (S. oben S. 77. Taf. I. Fig. 88). Der Museumsmultiplicator fand sich auch hier zwischen ihnen eingeschaltet, aber wegen des grofsen Widerstandes der Nerven zeigte sich seine ganze Länge erforderlich, da bei den Muskeln die halbe genügt hatte, und der Melloni'sche Berichtigungsstab mufste um so viel entfernt werden, dafs das schwere rhombische Nadelspiel etwa 14″ schlug. Alsdann hielt die Grove'sche Kette dasselbe auf etwa 45° beständiger Ablenkung. Wurde das Unterbrechungsrad in dem primären Kreise der Inductionsvorrichtung gedreht, deren secundäre Rolle mit den stromzuführenden Platinblechen in Verbindung stand, so geriethen die Gastroknemien in Tetanus, zum Zeichen, dafs auf der ganzen Nervenstrecke zwischen beiden Gefäfsen, die, bei den Mafsen der Glasplatte, nicht unter 70^{mm} betragen konnte, der Bewegung vermittelnde Vorgang dauernd herrschte. Den Nervenästen, an denen die Gastroknemien hingen, war eine geschlängelte Lage gegeben, damit die Muskeln, bei ihrer Zusammenziehung, nicht an den Stämmen zerren möchten. Die beiden anderen Aeste, durch welche die Stämme mit den Unterschenkeln in Verbindung waren, wurden vor ihrer Einsenkung in die Muskeln durchschnitten, damit in den Gefäfsen keine Bewegung entstände, übrigens eine unnöthige Vorsicht, da die thierischen Theile durch die Wirkung der Säuren sofort ihre Leistungsfähigkeit einbüfsten. Damit die Säuren nicht etwa, durch Haarröhrchenanziehung zwischen die Glasplatte und die aufliegenden Nervenstämme emporgehoben, ihre verderbliche Wirkung auch auf diese letzteren selber ausdehnen möchten, war der in der Figur bemerkbare Zwischenraum gelassen zwischen dem Rande der Glasplatte und dem der Gefäfse.

Der Erfolg des Versuches war so gut wie völlig nichtig. In der Mehrzahl der Fälle blieb die Nadel durchaus unbewegt. In einigen fand zwar eine Spur von Bewegung bald in der einen, bald in der anderen Richtung statt, allein es war offenbar nichts darauf zu geben, um so weniger, als eine solche Wirkung leicht erklärt werden konnte durch eine nicht vollkommene Ausschliefsung des Stromes der Gastroknemien aus dem Multiplicatorkreise, wie sie die Folge sein mochte einer nicht hinlänglichen Trockenheit der Glasplatte.

Wir schliefsen somit, dafs innerhalb der uns verstatteten Grenzen der Genauigkeit, welche hier keinesweges sehr zu unserem Nachtheil gezogen sind, der eigenthümliche Widerstand der Nerven während des Bewegung vermittelnden Vorganges beständig bleibe, und dafs es sich folglich, bei der negativen Stromesschwankung des tetanisirten Nerven, wirklich um eine Verminderung seiner nach Aufsen gerichteten elektromotorischen Kräfte handle.

Ist durch dieses Ergebnifs nun auch die Bedeutung unseres Fundes gesichert, so ist derselbe, nach den Erörterungen, zu denen uns das Gleiche für die Muskeln Anlafs gab, doch noch nicht aller Zweideutigkeit entrückt. Denn man erinnert sich, dafs eine negative Bewegung der Multiplicatornadel, auch wenn ihr Ursprung aus einer Verminderung der elektromotorischen Kräfte festgestellt ist, darum noch immer der Ausdruck sehr verschiedenartiger Vorgänge sein kann (Vgl. oben S. 90. 142). Sie kann ihren Grund haben in einer geringen, aber stetigen Veränderung der Ordinaten der Curve der Stromstärken bezogen auf die Zeit als Abscisse, und ebenso kann sie auch herrühren von zahlreichen, mehr oder weniger dicht gedrängten und mehr oder weniger grofsen Veränderungen jener Ordinaten, welche nur von kurzer Dauer sind, und zwischen denen die Curve ihre gewöhnliche Höhe auf Augenblicke wieder erlangt. Die Nadel vermag diese beiden Fälle nicht zu unterscheiden, wofern nur in beiden die Flächenräume gleich sind, welche die unveränderte Curve und die beiden veränderten Curven zwischen sich begreifen. Dies ist also eine Frage, die hier noch zu erledigen wäre, ob die negative Schwankung des Nervenstromes beim Tetanisiren auf elektrischem Wege eine stetige, oder ob sie eine discontinuirliche sei.

Aus Gründen, welche in der Folge einleuchten werden, lassen wir dieselbe indefs vor der Hand auf sich beruhen und wenden uns erst der Lösung einiger anderen Aufgaben zu.

---

§. V.

Von dem Einflusse verschiedener Umstände auf die Gröfse der negativen Stromesschwankung beim Tetanisiren der Nerven mit abwechselnden Strömen.

Die Gröfse der negativen Stromesschwankung beim Tetanisiren der Nerven unter verschiedenen Bedingungen zu vergleichen, ist ungleich schwieriger, als dieselbe Prüfung für den elektrotonischen Zustand anzustellen. Hier besafsen wir den äufserst zweckdienlichen Kunstgriff, eine Bedingung, deren Einflufs erforscht werden sollte, plötzlich einzuführen, während die Nadel durch den einen oder den anderen Zuwachs im Verein mit dem ursprünglichen Strom in beständiger Ablenkung gehalten wurde (S. oben S. 333). Beim Tetanisiren fällt dieser Kunstgriff fort, weil die Wirkung leicht fast unmerklich wird, ehe die Nadel zur Ruhe kommen kann. Schon bei dem Tetanisiren der Muskeln erfuhren wir denselben Uebelstand (S. oben S. 62). An das Verfahren der Compensation ist natürlich hier noch viel weniger zu denken als bei dem elektrotonischen Zustande (S. oben S. 332).

An die Stelle jenes Kunstgriffes kann hier das folgende Verfahren treten. Man tetanisirt auf die eine der beiden Weisen, deren Wirksamkeit gegeneinander erprobt werden soll, und nimmt den Augenblick wahr, wo die Nadel im Begriff ist, aus dem Rückschwung in den Vorschwung wieder überzugehen, wo sie also gerade so gut wie unbeweglich verharrt. In diesem Augenblicke muſs man, mit den beiden zu vergleichenden Bedingungen, rasch abwechseln können. Ist die nachfolgende Art zu tetanisiren die günstigere, so wird die Nadel aus ihrer augenblicklichen Gleichgewichtslage noch weiter im Sinne der Ladungen fortschreiten. Ist sie die weniger günstige, so wird ihre Wiederkehr beschleunigt erscheinen. Das letztere Merkmal ist begreiflich nur ein unsicheres. Man muſs daher in einem Versuch mit der einen, im anderen Versuch mit der anderen Art des Tetanisirens den Anfang machen, bis man zu der Gewiſsheit gelangt ist, daſs das Uebergehen von der einen zur anderen stets Beschleunigung der Wiederkehr der Nadel, das Uebergehen von der letzteren zur ersteren dagegen stets eine erneute Bewegung im Sinne der Ladungen zur Folge hat.

Sollte sich diese Versuchsweise nicht anwendbar zeigen, z. B. ein hinreichend schneller Wechsel mit den zu vergleichenden Bedingungen nicht ausführbar sein, so bleibt nichts übrig, als einfach die negativen Ausschläge der Gröſse nach zu vergleichen, die man nacheinander beim Tetanisiren unter verschiedenen Umständen erhält. Ein solcher Vergleich ist begreiflich nur dann zulässig, wenn die beiden Ausschläge von einer und derselben Gleichgewichtslage der Nadel ihren Anfang nehmen, es sei denn, daſs der Unterschied ein ganz in die Augen fallender ist. In beiden zu vergleichenden Fällen muſs das Rad gedreht werden, bis sich die Nadel zur Wiederkehr anschickt. Am zweckmäſsigsten ist jedoch bei diesem Verfahren, den Zeitpunkt abzuwarten oder auch durch öftere Wiederholung des Versuches schneller herbeizuführen, wo von den beiden zu vergleichenden Arten des Tetanisirens die minder günstige gar keine Wirkung mehr oder nur noch eine eben merkliche hervorbringt. Zeigt dann die durch die andere, günstigere Gestalt des Versuches bewirkte Nadelbewegung noch eine einigermaſsen beträchtliche Gröſse, so tritt der Unterschied viel reiner an den Tag, als beim Vergleich zweier wirklicher Ausschläge.

Um, vor Erschöpfung der Leistungsfähigkeit des Nerven, möglichst oft mit beiden in Vergleich zu bringenden Bedingungen abwechseln zu können, ist es räthlich, sich bei diesen Versuchen zum Tetanisiren nur ganz schwacher Ströme zu bedienen. Ferner wird es nicht selten nothwendig, die Inductionsvorrichtung mit dem Poggendorff'schen Inversor zu vertauschen.

Dies ist der Fall erstens, wenn die Gröfse der negativen Stromesschwankung beim Tetanisiren verglichen werden soll mit der Gröfse der negativen Phase des elektrotonischen Zustandes, welcher durch einen Strom von gleicher Stärke mit dem tetanisirenden selbst erzeugt wird, da es nämlich unmöglich ist, den Inductionsströmen eine gleiche Stärke mit einem beliebigen stetigen Strome zu ertheilen. (S. oben. S. 441.)

Fürs zweite tritt jene Nothwendigkeit ein, wenn man Störungen der Erfolge zu besorgen hat seitens der Wirkungen, auf denen die unipolaren Inductionszuckungen beruhen (S. oben Bd. I. S. 423. Bd. II. S. 407). Ich wiederhole es: wenn nicht der gesammte secundäre Inductionskreis, die stromzuführende Vorrichtung, die Zuleitungsgefäfse und der Multiplicator selbst auf's vollkommenste isolirt sind, was begreiflich nicht leicht zu verwirklichen ist, so fliefst fortwährend, je nach der Richtung des tetanisirenden Stromes, bald positive, bald negative Elektricität durch die Strecke zwischen den Blechen und Bäuschen, durch letztere und schliefslich die übrigen Theile der Vorrichtung in den Boden ab. Auf die Nadel zwar bleibt diese Elektricität wirkungslos, aber sie verfehlt nicht, den Nerven schwach zu tetanisiren, und kann daher Wirksamkeit einer Anordnung vorspiegeln, die sich sonst als unwirksam erwiesen haben würde, oder die Wirksamkeit, die sie gehabt hätte, erhöht erscheinen lassen. So z. B. hebt aus diesem Grunde die Unterbindung oder Durchschneidung des Nerven zwischen den Blechen und Bäuschen die negative Stromesschwankung bei Anwendung von Inductionsströmen zum Tetanisiren nicht völlig auf. Dasselbe haben wir schon beim Tetanisiren der Muskeln erfahren (S. oben S. 52. 352) und deshalb wurde oben S. 431 gerathen, bei dem Versuch über die Wirkung des Unterbindens und Durchschneidens die Inductionsvorrichtung durch die Kette nebst dem Inversor zu ersetzen.

Wie der praktische Uebelstand am besten zu vermeiden sei, der beim Tetanisiren mittelst des Inversors daraus entspringt, dafs man zu Ende des Drehens auf Holz stehen bleiben und auch von demselben seinen Ausgang nehmen mufs, ist oben S. 391. 424. 425 bereits besprochen worden.

Es wird nicht unnütz sein, indem wir die Abhängigkeit der Gröfse der negativen Stromesschwankung von mancherlei Umständen untersuchen, dabei vergleichende Rücksicht zu nehmen auf die Abhängigkeit auch der Gröſse des Zuwachses von denselben Umständen, insofern entsprechende Beobachtungen vorhanden sind. Um so passender wird dies sein, als mehrentheils die besonderen Versuchsweisen, die wir bei jedem Umstand in Anwendung bringen, ohne Weiteres der entsprechenden Untersuchung für den Zuwachs im zweiten Paragraphen dieses Kapitels entlehnt sein werden. Wir werden dabei Gelegenheit haben, vollends jeden Zweifel daran zu vernichten, daſs die negative Schwankung beim Tetanisiren mit abwechselnden Strömen dem elektrotonischen Zustande gegenüber eine selbständige Bewegungserscheinung des Nervenstromes sei (S. oben S. 434. 435). Aus diesem Grunde befolgen wir in Nachstehendem, so weit es sich thun läſst, der besseren Uebersicht halber dieselbe Reihenfolge, wie sie sich uns beim elektrotonischen Zustand an die Hand gegeben hat.

1. Von dem Einflusse der Stärke des erregenden Stromes auf die Gröſse der negativen Stromesschwankung beim Tetanisiren der Nerven.

Wir hätten uns demnach zuerst zu erkundigen, wie sich die Gröſse der negativen Stromesschwankung beim Tetanisiren verändere mit der Stärke des erregenden Stromes, oder vielmehr mit seiner Dichtigkeit in der erregten Strecke. Da aber die negative Stromesschwankung, gleich dem Bewegung vermittelnden Vorgange in den Nerven, nicht die Folge ist des Stromes in stetiger Gröſse, sondern die seiner Veränderungen in der Zeit (S. oben Bd. I. S. 258. Bd. II. S. 391. 397), so versteht es sich von selbst, daſs die Stromdichte auf die Gröſse jener Schwankung nur insofern Einfluſs haben kann, als mit der Stromdichte auch das bestimmte Integral η (S. oben Bd. I. a. a. O.) gleichsinnigen Veränderungen seines Werthes ausgesetzt ist. So hat man es also aufzufassen, wenn im Folgenden die Rede ist von einer Abhängigkeit der Gröſse der negativen Stromesschwankung von der Stromdichte.

Wie zu erwarten war, findet zwischen beiden ein gerades Verhältniſs statt. Dies ist indeſs hier, wenn nicht der Unterschied der Stromstärken ein ganz ausnehmender ist, nicht so leicht nachzuweisen als für den Zuwachs im elektrotonischen Zustande, der einem ähnlichen Gesetze folgt (S. oben S. 299. 334. 416). Es gelingt nicht, bei allmäliger Abstufung der Stromstärke auch die Gröſse der Schwankung sich allmälig verändern zu sehen, sondern man muſs sich damit begnügen, die Wirkungen zweier sehr von einander verschiedener Stromstärken zu vergleichen entweder auf die eine oder auf die andere der beiden oben angegebenen Verfahrungsarten, welche hier beide gleich zulässig sind.

Der Gebrauch der Inductionsvorrichtung bietet bei dieser Gelegenheit keine Uebelstände dar. Will man die erstbeschriebene Versuchsweise anwenden, so tetanisirt man zuerst bei leerer Rolle, und läfst in dem Augenblicke, wo die Nadel im Begriff steht, wiederzukehren, durch einen Gehülfen ein Drahtbündel in die Rolle schieben. Wendet man einen Magnetelektromotor nach meiner Angabe (S. oben S. 393. Anm.) zum Tetanisiren an, so kann man statt dessen auch die inducirte Rolle der inducirenden auf ihrem Schlitten plötzlich nahe rücken lassen. Man sieht alsdann, gleichsam auf dem Gipfel des ersten, einen zweiten kleineren Ausschlag in dem Sinne der Ladungen erfolgen. Bei dem anderen Verfahren läfst man die beiden verschiedenen Stromstärken abwechselnd auf den Nerven einwirken, bis die kleinere keine Bewegung der Nadel mehr zur Folge hat. Alsdann bringt die gröfsere noch eine merkliche Schwankung hervor.

Um zu zeigen, dafs es auch hier die Dichtigkeit des Stromes ist, nicht seine Stärke unmittelbar, auf welche es ankommt, kann man zu Werke gehen, wie oben S. 334 für den elektrotonischen Zustand. Man läfst nämlich die erregende Stromesquelle selber unverändert, bringt aber dafür eine Nebenschliefsung von der einen zur anderen Elektrode an, z. B. einen mit Eiweifs getränkten vieldoppelten Fliefspapierbausch. Es ist jedoch dabei rathsam, die Inductionsvorrichtung mit dem Inversor zu vertauschen, weil sich die Dichtigkeitsverminderung jetzt nicht mehr, wie beim Schwächen der Stromesquelle selber, auch auf die unipolaren Wirkungen erstreckt. Zweckmäfsig ist es ferner, aufser der Kette selber, einen gegen den des Nerven in Betracht kommenden Widerstand einzuschalten, damit die Veränderung der Dichtigkeit eine gröfsere werde. Eine bequeme Art, einen solchen Widerstand herzustellen, besteht in der Einschaltung einer voltameterähnlichen Vorrichtung mit Zinkelektroden in Brennspiritus, wie sie oben S. 339 bereits empfohlen wurde, jedoch ohne das heberförmige Rohr. Bei Anstellung desselben Versuches für den elektrotonischen Zustand bedurften wir dieser Vorkehrung nicht, weil wir erwähntermafsen dabei eine viel günstigere Beobachtungsweise in dem Verfahren besafsen, die Nebenschliefsung plötzlich anzubringen, während der eine oder der andere Zuwachs im Verein mit dem ursprünglichen Strome die Nadel in beständiger Ablenkung hielt (S. oben S. 447). Es giebt aber dafür noch einen anderen, etwas tiefer liegenden Grund.

Gehen wir nämlich jetzt darauf aus, die negative Stromesschwankung beim Tetanisiren mit dem Zuwachs im elektrotonischen Zustande hinsichtlich ihrer Abhängigkeit von der Stromesdichtigkeit etwas genauer zu vergleichen. Die Gröſse beider wächst ebenmäſsig mit dieser Dichtigkeit; es ist aber sichtlich nicht nur die Möglichkeit vorhanden, sondern auch im höchsten Grade wahrscheinlich, daſs das Gesetz dieser sonst übereinstimmenden Abhängigkeit ein verschiedenes sei. Wirklich fällt es nun zunächst ganz entschieden in die Augen, wenn man mit steigenden Stromdichten durch den Poggendorff'schen Inversor abwechselnd tetanisirt und säulenartig polarisirt, daſs die negative Stromesschwankung viel langsamer mit der Dichtigkeit wächst, als der Zuwachs im elektrotonischen Zustande. Dies hilft also zur Erklärung, weshalb sich die hier besprochene Abhängigkeit minder leicht wahrnehmen lasse, als die des Zuwachses von dem gleichen Umstande.

Zu einer sehr lehrreichen Wahrnehmung giebt nun aber Gelegenheit die Verfolgung desselben Bezuges nach der entgegengesetzten Richtung, bei immer weiterer Schwächung nämlich des erregenden Stromes. Beobachtet man abwechselnd bald die negative Stromesschwankung beim Tetanisiren mittelst des Inversors und eines Stromes von mittlerer Stärke (S. oben S. 299), bald den Ausschlag in gleichem Sinne, den derselbe Strom bewirkt beim Eintritt der negativen Phase des elektrotonischen Zustandes, so zeigt sich, daſs der letztere ungleich gröſser ausfällt. Bei steigender Stromstärke wird dieser Unterschied noch bedeutender. Hingegen wenn man den erregenden Strom durch Einschaltung eines Spiritusvoltameters in angemessener Weise schwächt, so findet man, daſs ein Punkt kommt, wo die negative Schwankung jenem Ausschlage an Gröſse nicht etwa blos gleich, sondern merklich überlegen ist.

Man denke sich die Stromdichte als Abscissenaxe $O\Delta$, Fig. 123. Taf. IV. Tragen wir auf jeden Punkt derselben die zugehörige ursprüngliche Stromstärke als Ordinate auf, so entsteht, weil dieselbe von der Stromdichte unabhängig ist, eine der Abscissenaxe parallele Gerade, etwa $y_0\, y$, deren wir uns als neuer Abscissenaxe bedienen wollen. Tragen wir beziehlich oberhalb und unterhalb dieser neuen Axe als Ordinaten die entsprechenden Gröſsen des positiven und negativen Zuwachses bei stetigem Strome auf, so entstehen die beiden Geraden $y_0\,[+z]$, $y_0\,\sigma$ $[-z]$, weil innerhalb der Grenzen der Stromdichte, bei der sich dergleichen Versuche anstellen lassen, die Curve der Gröſse des Zuwachses bezogen auf die Stromdichte zur Gleichung hat $z = \alpha\Delta$ (S. oben S. 418). Die geringe Ueberlegenheit des positiven Zuwachses über den negativen können wir hier, wie fast überall, vernachlässigen. Tragen wir ferner unterhalb derselben Axe noch als Ordinaten auf die zugehörigen Gröſsen der negativen Stromesschwankung, die derselbe erregende Strom, in abwechselnder Richtung durch den Nerven gesandt, bei einer bestimmten Anzahl von Wechseln in der Zeiteinheit und einer bestimmten Art der Unterbrechung und Wiederherstellung hervorbringt. Es entsteht die Curve $t_0 \sigma t$. Wie man es sich zu denken habe, dafs die Ordinaten derselben dicht am neuen Nullpunkte y_0 mit einem endlichen Werthe beginnen, soll später erklärt werden. Hier handelt es sich nur um das Dasein eines Schneidepunktes σ der Curve der negativen Stromesschwankung mit der negativen Zuwachscurve $y_0 \sigma [-z]$ und um die Ueberlegenheit der Ordinaten der ersteren über die der letzteren zwischen jenem Schneidepunkt und der Anfangsordinate. Dies Verhalten ist so auffallend, dafs es schon wahrnehmbar wird, wenn man einfach abwechselnd den Ausschlag durch Tetanisiren und den durch die negative Phase bei kleinen Stromstärken beobachtet. Allein noch deutlicher erhellt es aus folgenden Versuchen.

Es herrsche die negative Phase, hervorgebracht durch einen Strom von mittlerer Stärke, und man gehe plötzlich, indem man das Rad zu drehen anfängt, aus jener Phase über ins Tetanisiren mit abwechselnden Strömen. Alsdann erfolgt ein Ausschlag im positiven Sinne. Er rührt davon her, dafs man in der Figur übergegangen ist z. B. von dem Unterschiede der Ordinaten $y_, \Delta_,$ und $y_, (-z_,) = [(-z_,)\Delta_,]$ zum Unterschiede der Ordinaten $y_, \Delta_,$ und $y_, t_, = [t_, \Delta_,]$. Da aber $[(-z_,)\Delta_,] < [t_, \Delta_,]$, so ist die Folge eine Vermehrung der Stromstärke im Multiplicatorkreise. Jetzt schalte man in den erregenden Kreis ein Spiritusvoltameter ein, so dafs der Strom in diesem Kreise beträchtlich geschwächt wird, und wiederhole den nämlichen Versuch. Es wird sich diesmal, statt der positiven, eine negative Schwankung einstellen. Man ist nämlich in der Figur übergegangen von dem Unterschiede $[y_{,,} \Delta_{,,}] - [y_{,,}(-z_{,,})] = [(-z_{,,})\Delta_{,,}]$ zum Unterschiede $[y_{,,} \Delta_{,,}] - [y_{,,} t_{,,}] = [t_{,,} \Delta_{,,}]$. Da aber diesmal $[(-z_{,,})\Delta_{,,}] > [t_{,,} \Delta_{,,}]$, findet ein Ausschlag statt im Sinne der Ladungen.

Man richte ferner den Inversor so ein, dafs er nur unterbricht, nicht zugleich umkehrt, und gebe dem erregenden Strom in dem Nerven die positive Richtung. Aufserdem treffe man die oben S. 449 bezeichneten Vorkehrungen, um die erregende Kette mit Leichtigkeit zu schliefsen, erst nachdem man das Rad in Bewegung gesetzt hat, und sie zu öffnen, während es noch gedreht wird. Verfährt man auf diese Weise bei mittlerer Stromstärke, so erhält man, wie wir bereits wissen (S. oben S. 391. 392), einen positiven Ausschlag. Um das Zustandekommen desselben durch unsere Figur zu veranschaulichen, müssen wir zunächst die relative Wirkungsgröfse des unterbrochenen positiven Zuwachses bezogen auf die Stromdichte darin gleichfalls durch eine Curve darstellen. Wir erhalten diese Curve, indem wir sämmtliche Ordinaten der Curve des positiven Zuwachses bei stetigem Strome, $y_0\,(+z)$, multipliciren mit dem Verhältniſs n der Dauer der Schlieſsung der Kette durch den Inversor zur Dauer der Schlieſsung + der Oeffnung (S. oben S. 392 Anm.). Sei $y_0\,(+nz)$ die Curve des unterbrochenen positiven Zuwachses. Ziehen wir die entsprechende Curve des unterbrochenen negativen Zuwachses, $y_0\,\sigma_{\prime}\,(-nz)$, so sieht man, daſs der Schneidepunkt $\sigma_{\prime}$ derselben mit der der negativen Stromesschwankung beim Tetanisiren um so weiter hinausgerückt ist in der Richtung der steigenden Stromdichten, je kleiner der ächte Bruch n ist. Jener positive Ausschlag rührt nun daher, daſs man in der Figur übergegangen ist z. B. von der Ordinate $y_{\prime}\Delta_{\prime}$ der ursprünglichen Stromstärke, welche vom Nullpunkt aus noch jenseits des neuen Schneidepunktes liegt, zur algebraïschen Ordinatensumme $[y_{\prime}\Delta_{\prime}] + [y_{\prime}\,(+nz_{\prime})] - [y_{\prime}\,t_{\prime}]$, wo das vorletzte positive Glied gröſser ist als das letzte negative. Wiederholt man denselben Versuch bei geringer Stromdichte, so ist der Erfolg der umgekehrte, man erhält, durch Tetanisiren mit dem schwachen positiven Strome, negative Stromesschwankung. Man ist nämlich übergegangen von der Ordinate $y_{\prime\prime}\Delta_{\prime\prime}$, welche vom Nullpunkt aus noch diesseits des neuen Schneidepunktes liegt, zur algebraïschen Ordinatensumme $[y_{\prime\prime}\Delta_{\prime\prime}] + [y_{\prime\prime}\,(+nz_{\prime\prime})] - [y_{\prime\prime}\,t_{\prime\prime}]$, wo aber diesmal das vorletzte positive Glied kleiner ist als das letzte negative.

Auſser der Verkleinerung des Bruches n giebt es noch ein anderes Mittel, den Schneidepunkt der negativen Zuwachscurve und der Curve der negativen Stromesschwankung weiter vom Nullpunkt abzurücken. Es besteht darin, die Zahl der Unterbrechungen des Stromes zu erhöhen, die in der Zeiteinheit stattfinden, wie auch die Art der Schlieſsung und Oeffnung auf eine für die Erregung des Nerven günstigere Weise zu bewerkstelligen, d. h. also die Ordinaten der Curve der negativen Schwankung um eine proportionale Gröſse zu erhöhen, anstatt die der Zuwachscurve um eine solche Gröſse zu verkleinern. Durch diese Betrachtung ist der Zusammenhang unserer jetzigen Versuche mit denjenigen hergestellt, welche uns im Beginne des vorigen Paragraphen aufmerksam machten auf das Dasein der negativen Stromesschwankung (S. oben S. 396). Hier fanden wir, daſs ein häufig unterbrochener positiver Strom, bei Ableitung des ursprünglichen Stromes von Längs- und Querschnitt, nicht selten statt positiven Zuwachses eine negative Schwankung gab, oder wenigstens eine weit kleinere positive Wirkung, als die negative Wirkung desselben Stromes war. Bei Ableitung von elektromotorisch entsprechenden Punkten des Längsschnittes hingegen verschwand diese Störung in der Erscheinung des unterbrochenen Zuwachses. Jetzt sieht man, daſs diese Versuchsweise nur als ein besonderer Fall erscheint des letzten von uns angestellten Versuches, wobei aber der Schneidepunkt σ_i über die Grenze der angewendeten Stromdichte hinausgerückt ist vermöge der Zahl und der Art und Weise der Unterbrechungen, wie auch des daraus hervorgehenden endlichen Werthes des Bruches *n*. Dabei ist jedoch nicht zu vergessen, dafs dort noch etwas Anderes im Spiele war. Weil nämlich der erregende Kreis, wegen der besonderen Bedingungen des Versuches, über die Dauer des erregenden Stromes geschlossen blieb, entwickelte sich in den stromlosen Zwischenräumen ein umgekehrter Zuwachs in Folge der Ladungen, denen Raum zur Abgleichung gegeben war. Dieser Umstand begünstigte begreiflich das Ueberwiegen der negativen Schwankung über den Zuwachs schon bei mittlerer Stromstärke, insofern er auf die Wirkungsgröfse des letzteren gerade so einfliefsen mufste, wie eine unmittelbar herbeigeführte Verkleinerung des Bruches *n*, aufserdem aber noch die Dauer der negativen Schwankung selber durch den schnellen Abfall der Gröfse der Ladungen verlängert sein mochte (S. oben S. 410. 435).

Bei unserer jetzigen Versuchsweise, wobei wir uns des Inversors bedienen, kann keine Abgleichung der Ladungen in den vom ursprünglichen Strome nicht eingenommenen Zeiträumen mehr sich einmischen. Man sieht daher jetzt ferner, wie hier die Zusage ihre Erfüllung findet, die oben S. 435 gegeben wurde, wir sollten, im Verfolg unserer Forschungen über die negative Stromesschwankung, noch auf mehrere Thatsachen stofsen, die eben so geeignet sein würden, als jene ersten Versuche es anfangs schienen, zur Widerlegung jeglichen Verdachtes, der dahin ziele, die negative Schwankung für unselbständig dem elektrotonischen Zustande gegenüber, für nichts als eine besondere Erscheinungsweise desselben auszugeben. Denn nicht nur sehen wir hier abermals, unter bedeutend veränderten Umständen, negative Schwankung als Folge des Tetanisirens mit positivem Strom auftreten, sondern es ist uns auch in der That gelungen, zu zeigen, dafs diese Schwankung grösser gemacht werden könne als der negative Zuwachs selber, durch Tetanisiren nämlich aus der negativen Phase mit abwechselnden Strömen bei sehr geringer Stromdichte. Dieses letzteren Punktes bedurften wir aber, wie man sich erinnert, um zu beweisen, dafs die negative Schwankung sich nicht zuschreiben lasse einem Verlust an peripolar elektromotorischen Kräften, die dem Nerven während des elektrotonischen Zustandes entzogen und dipolar verwendet würden.

Auf der verschiedenen Abhängigkeit der negativen Schwankung und des Zuwachses von der Stromdichte, wie sie hier von uns erkannt worden ist, beruht noch der Ausgang folgenden Versuches. Geht man nämlich über aus der stetigen negativen Phase ins Tetanisiren mit dem negativen Strome, und hat dabei n, wie es in der Figur bei den Curven $y_0\,(+nz)$, $y_0\,\sigma,\,(-nz)$ angenommen ist, einen der Einheit nahen Werth, so erhält man auch bei mittlerer Stromstärke stets schon einen negativen Ausschlag. Denn man geht über von dem Unterschiede $[y,\varDelta,] - [y,(-z,)] = [(-z,)\,\varDelta,]$ zur algebraïschen Ordinatensumme $[y,\varDelta,] - [y,(-nz,)] - [y,t,]$; und es wird erst in sehr grofser Entfernung vom Nullpunkte, d. h. bei sehr grofser Stromdichte, der Unterschied der Ordinaten der Curve des stetigen und des unterbrochenen Zuwachses $[y,(-z,)] - [y,(-nz,)] > [y,t,]$ ausfallen. Anstatt aber die Stromdichte zu vergröfsern, können wir, um den Unterschied sein Zeichen wechseln zu lassen und dadurch einen positiven statt eines negativen Ausschlages herbeizuführen, n verkleinern, wozu oben S. 392 Anm. die Anleitung gegeben ist. Man sieht leicht, dafs, je kleiner wir n nehmen, um so mehr wird sich die Abscisse, jenseits welcher wir positiven statt negativen Ausschlag beim Uebergang aus der negativen Phase ins Tetanisiren mit negativem Strom erhalten, der Abscisse des Schneidepunktes σ nähern. Sie würde sie erreichen für $n = 0$, wo die Versuchsweise, ihrer Wirkung nach, zusammenfiele mit der ersten, bei der wir aus der negativen Phase übergingen ins Tetanisiren mit abwechselnden Strömen. Denn alsdann fällt die Curve des unterbrochenen negativen Zuwachses $y_0\,\sigma,\,(-nz)$ zusammen mit der neuen Abscissenaxe $y_0\,y$, mit der auch, bei abwechselnden Strömen, gewissermafsen die Differenzencurve der einander aufhebenden positiven und negativen Zuwachse zusammenfällt. Ich brauche kaum zu sagen, dafs der Versuch diese Voraussicht hinsichtlich des Erfolges der Verkleinerung des Bruches n vollständig bestätigt.

Die übrigen hier möglichen Combinationen, die man nun noch wünschen könnte durchgeführt zu sehen, geben zu keiner lehrreichen Wahrnehmung Gelegenheit. Beim Tetanisiren mit negativem Strome erhält man selbstredend bei allen Stromdichten negative Schwankung, ebenso beim Uebergange aus der stetigen positiven Phase ins Tetanisiren mit positivem Strome, mit abwechselnden Strömen, vollends mit negativem Strome. Nur beim Uebergange aus stetiger negativer Phase ins Tetanisiren mit positivem Strome könnte sich wieder, je nach den verschiedenen Werthen von n und $\varDelta$, ein verschiedener Erfolg kund geben. Je kleiner nämlich n ist, bei um so gröfserer Stromdichte unterhalb der dem Schneidepunkt σ entsprechenden kann ein negativer Ausschlag statt eines positiven beobachtet werden, wie dies leicht aus der Betrachtung der Figur sich ergiebt, in der man z. B. von dem Ordinatenunterschiede $[y_{,,}\,\varDelta_{,,}] - [y_{,,}\,(-z_{,,})]$ übergeht zur algebraïschen Summe $[y_{,,}\,\varDelta_{,,}] + [y_{,,}\,(+nz_{,,})] - [y_{,,}\,t_{,,}]$, wo also, damit negative Wirkung eintrete, $[y_{,,}\,(-z_{,,})] +$

$[y_{\prime\prime}(+nz_{\prime\prime})] < [y_{\prime\prime}t_{\prime\prime}]$ sein mufs. Für $n = 0$ würde die Abscisse, diesseits welcher negative Wirkung erfolgt, mit der Abscisse des Schneidepunktes σ zusammenfallen. Der negative Ausschlag ist jedoch noch nicht beobachtet.

Es bleibt uns übrig, uns über einige Punkte hinsichtlich des Erfolges in den Grenzfällen des Tetanisirens mit sehr starken und sehr schwachen Strömen zu unterrichten. Treibt man die Stromdichte unmäfsig in die Höhe, so nimmt zwar die negative Stromesschwankung gleichfalls an Gröfse zu, es kommt jedoch sehr bald eine Grenze, wo sich anderweitige Wirkungen in dieselbe einmischen. Nämlich man sieht zwar manchmal die Nadel einen beträchtlichen Rückschwung vollziehen, allein sie kehrt nicht wieder, sondern das Tetanisiren mit allzustarken Strömen hat den ursprünglichen Strom dauernd auf eine niedere Stufe gebracht.[1] Hat man jenseits der Elektroden dem mit seinem Hirnende die Bäusche überbrückenden Nerven den stromprüfenden Schenkel gelassen, so findet man, wenn man mit immer schwächer werdenden Strömen tetanisirt, dafs zugleich mit dem Verschwinden der Zuckungen die negative Schwankung unmerklich wird. Man kann aber häufig, wenn jene bereits verstummt sind, von dieser noch eine leise Spur wahrnehmen.

2. Von dem Einflusse der Dauer der zum Tetanisiren der Nerven angewandten abwechselnden Ströme auf die Gröfse der negativen Stromesschwankung.

Die Dauer der zum Tetanisiren angewandten Ströme, welche bei der Kette nebst dem Inversor durch den ächten Bruch n gemessen wird, hat im Vorherigen schon eine Rolle gespielt, aber nur insofern sie bei nicht abwechselnder Richtung der Ströme die Gröfse des unterbrochenen Zuwachses bedingte, der sich in den Erfolg des Tetanisirens einmischte. Hier handelt es sich um den Einflufs der Dauer abwechselnder Ströme auf die Gröfse der negativen Stromesschwankung selber.

Es bietet sich dabei von Neuem eine entscheidende Versuchsweise an, um zu prüfen, ob die negative Schwankung dem elektrotonischen Zustande gegenüber als eine selbständige Bewegungserscheinung des Nervenstromes zu betrachten sei oder nicht. Ist nämlich das erstere der Fall, so darf sie ihrer Gröfse nach von nichts abhängig sein, als von der Zahl der Stromwechsel in der Zeiteinheit und von der Art und Weise, wie die Schliefsung und Oeffnung der Kette bewerkstelligt wird. Ihre Gröfse mufs also beständig bleiben, gleichviel

[1] S. unten, §. VIII.

welche Breite und Stellung man den Federn an einem bestimmten Inversor innerhalb der oben S. 392 Anm. bezeichneten Grenzen gebe, d. h. gleichviel welchen Werth man dem Bruch *n* ertheile, so lange die Winkelgeschwindigkeit des Rades beständig bleibt. Hingegen wäre die negative Schwankung in irgend einer Art nur eine andere Erscheinungsweise der säulenartigen Polarisation, so sieht man, müfste ihre Gröfse in einem geraden Verhältnisse stehen zur Dauer der einzelnen Ströme des tetanisirenden Vorganges.

Da die Veränderungen am Inversor nicht augenblicklich ausführbar sind, mufste die Beobachtung mit Hülfe des zweiten in der Einleitung angegebenen Verfahrens angestellt werden, bis zur Erschöpfung abwechselnd auf die eine und auf die andere der beiden zu vergleichenden Arten zu tetanisiren. Der Erfolg sprach durchaus für die erstere Annahme, die Selbständigkeit nämlich der negativen Stromesschwankung. Die Gröfse derselben ist unabhängig von der Dauer der Ströme, bei gleicher Anzahl der Ströme in der Zeiteinheit, gleicher Dichtigkeit derselben und gleicher Art der Schliefsung und Oeffnung des Kreises. Hingegen mit der Winkelgeschwindigkeit des Rades wächst diese Gröfse.

Hier mag noch folgende Bemerkung einen Platz finden, welche sich auf die Wirkungsweise von Strömen bezieht, deren Stärke zugleich mit ihrer Dauer, aber in entgegengesetztem Sinne, veränderlich ist. Tetanisirte ich bei Längs- und Querschnitt mittelst einer Reihe abwechselnder Inductionsströme, von denen die Oeffnungsschläge den Schliessungsschlägen an Dauer nachstehen, aber an Stärke überlegen sind (S. oben S. 405. 414), so fand ich, dafs es sich für die Gröfse der negativen Stromesschwankung nicht ganz gleich blieb, ob die Oeffnungsströme die positive, oder ob sie die negative Richtung zwischen den Blechen innehielten. In dem ersten Falle war die Gröfse der Schwankung etwas beträchtlicher, so dafs ich auf dem Gipfel des Rückschwunges der Nadel beim Tetanisiren mit negativ gerichteten Oeffnungsströmen einen zweiten kleineren Ausschlag im Sinne der Ladungen erhielt, wenn ich die Wippe eines in den erregenden Kreis eingeschalteten Stromwenders zur positiven Richtung umlegte. Legte ich umgekehrt zur negativen Richtung um, so kehrte die Nadel mit beschleunigter Geschwindigkeit wieder, zum Beweise, dafs es sich nicht um eine einsinnige Erschöpfung der Leistungsfähigkeit des Nerven handelte (S. oben Bd. I. S. 365 ff. Bd. II. S. 46. 291. 382. 413). Es war dabei gleichgültig, ob das Hirn- oder ob das Muskelende auf den Bäuschen auflag.

Man könnte geneigt sein, diese Erscheinung dadurch zu erklären, dafs man annimmt, es habe die säulenartig polarisirende Wirkung der Schliefsungsströme die Oberhand gehabt über die der Oeffnungsströme

(S. oben S. 416). Es habe sich daher, bei positiver Richtung der letzteren, der negative Zuwachs durch die ersteren zur negativen Schwankung wegen Tetanisirens hinzugefügt. Hingegen bei negativer Richtung der Oeffnungsströme habe sich der positive Zuwachs durch die Schliefsungsströme von jener Schwankung abgezogen. Ich würde keinen Anstand nehmen, dieser Vorstellungsweise zu huldigen, wenn ich nicht noch mehreres dawider einzuwenden hätte. Einmal ist die Erscheinung mit Strömen von so mäfsiger Stärke beobachtet, dafs die säulenartig polarisirenden Wirkungen der beiden Reihen von Schlägen bei Ableitung von elektromotorisch entsprechenden Punkten des Längsschnittes sich noch völlig die Wage hielten. Zweitens war die Erscheinung nicht beständig. Manchmal war der Unterschied grofs, andere Male unmerklich, ja in einzelnen Fällen kehrte derselbe sein Zeichen um. Ich bin daher nicht ganz sicher, ob dabei nicht irgend eine Tücke seitens der Ladungen der Platinenden mit im Spiel gewesen sei.

3. Von dem Einflusse der Länge der erregten Strecke auf die Gröfse der negativen Stromesschwankung beim Tetanisiren der Nerven.

Das Verfahren, dessen man sich zu bedienen hat, um eine längere Strecke des Nerven dem erregenden Strome auszusetzen, ohne zugleich die Dichtigkeit des letzteren zu verändern, ist das nämliche, welches oben S. 338 bei Gelegenheit der entsprechenden Untersuchung für den elektrotonischen Zustand beschrieben wurde. Der Gebrauch der Inductionsvorrichtung ist zu verwerfen. Um die Gröfsen der negativen Stromesschwankung bei längerer und bei kürzerer Strecke zu vergleichen, können die beiden in der Einleitung empfohlenen Versuchsweisen angewandt werden. Um, bei der ersten dieser Versuchsweisen, die Uebertragung der Schliefsung von der mittleren zu der von den Bäuschen entferntesten Elektrode mit Leichtigkeit vollziehen zu können in dem Augenblicke, wo die Nadel ihren Rückschwung beendigt hat, verknüpft man die Drähte, welche zu den Platinenden führen, durch einen Stromwender mit der Kette dergestalt, dafs man durch blofses Umlegen der Wippe dem Strome nach Belieben die eine oder die andere Bahn anzuweisen im Stande ist. Die vorderste Elektrode wird unmittelbar mit dem einen Pol der Kette in Verbindung gesetzt. Beibehalten wir für die verschiedenen Gefäfse des Stromwenders die oben Bd. I. S. 426 eingeführte Bezeichnungsweise, die ich jetzt noch nachträglich durch die Fig. 108. 111. Taf. III. erläutere, so wird also ferner der andere Poldraht der Kette z. B. mit *b* verknüpft, die beiden Drähte aber von der mittleren und entferntesten Elektrode mit β und B. Je nachdem man alsdann der Wippe die Lage I. (Fig. 108) oder die Lage II. (Fig. 111) ertheilt, wird dem Strome beziehlich die längere und kürzere Strecke ausgesetzt. In *b* wird, nachdem man begonnen hat das Rad zu drehen, mit einem verquickten Haken geschlossen, im richtigen Augenblicke die Wippe umgelegt, und nach angestellter Beobachtung vor Beendigung des Drehens der Haken wieder aus dem Quecksilber entfernt.

Stellt man den Versuch an, während das Hirnende des Nerven auf den Bäuschen ruht, oder bei aufliegendem Muskelende, während das Hirnende noch mit dem Rückenmark jenseits des letzten der drei Platinbleche in Verbindung steht, so sieht man stets von der längeren erregten Strecke aus die gröſsere negative Schwankung erfolgen. Ist dagegen, bei letzterer Anordnung, das Rückenmark vom Nerven getrennt, so daſs man nur wie gewöhnlich einen Ischiadnerven mit seinem Muskelende über die Bäusche, mit seinem Hirnende über die Platinbleche gebreitet hat, so giebt häufig das Tetanisiren von der kürzeren Strecke aus den besseren Erfolg. Namentlich zeigt sich diese Abweichung bei Anwendung des Verfahrens, abwechselnd bis nahe zur Erschöpfung von der kürzeren und von der längeren Strecke aus zu tetanisiren.

Dieser Umstand im Verein mit dem anderen, daſs bei Gegenwart des Rückenmarkes die längere Strecke die gröſsere negative Wirkung giebt, weist darauf hin, wie der Grund jener Unregelmäſsigkeit zu suchen sei in dem Valli-Ritter'schen Gesetze der Reihenfolge des Absterbens der verschiedenen Punkte des Nerven vom Ursprunge nach der Ausbreitung hin. Die unterhaltene Verbindung mit dem Rückenmarke verzögert das Fortschreiten des örtlichen Todes. Ist diese Deutung, wie dem kaum anders sein kann, die richtige, so würde dadurch zugleich der Beweis geliefert sein, daſs das Valli-Ritter'sche Gesetz auch noch an ausgeschnittenen Nervenstücken seine Gültigkeit behalte (Vergl. oben S. 363). Ein bemerkenswerther Umstand ist der, daſs häufig beim Tetanisiren des noch mit dem Rückenmarke verbundenen Nerven die negative Schwankung überhaupt sehr klein erscheint.

Verlängert man die erregte Strecke, indem man die den Bäuschen nähere Elektrode denselben noch näher bringt, so erhält man unter allen Umständen stärkere Wirkung. Beim elektrotonischen Zustande ist dieser Art, den Versuch anzustellen, deshalb gar nicht Erwähnung geschehen, weil bei der Geschwindigkeit, womit von den Elektroden aus der Zuwachs abnimmt, ihr Ergebniſs ein völlig zweideutiges geblieben sein würde. Auch hier wird sich zeigen, daſs ihr nur ein untergeordneter Werth zukommt, insofern die Gröſse der negativen Stromesschwankung, obschon viel weniger als die des Zuwachses bedingt durch den Abstand der abgeleiteten von der erregten Strecke, doch nicht ganz unabhängig von diesem Abstand ist.

In Fällen, wo die negative Stromesschwankung von der längeren erregten Strecke schwächer ausfiel, habe ich gefunden, dafs gleichwohl der Zuwachs im elektrotonischen Zustande von der ersteren Strecke aus der stärkere war. Es würde daraus zu entnehmen sein, dafs die Gröfse der negativen Stromesschwankung, wie mit der Stromdichte, so auch mit der Länge der erregten Strecke in langsamerem Mafse wachse als die des Zuwachses.

Von einer ferneren Eigenthümlichkeit, welche sich hier kund giebt, soll an einer späteren Stelle die Rede sein. [1]

4. Von der Erscheinungsweise der negativen Stromesschwankung bei gleichzeitiger Einwirkung zweier Ströme auf den Nerven.

Zu einer Zeit, wo ich die einfachen Beweise noch nicht gefunden hatte, die im Obigen für die Selbständigkeit der negativen Stromesschwankung gegeben wurden und im Folgenden noch mit Verstärkung wiederkehren werden, kam ich, um diesen Zweck zu erreichen, auf folgenden Gedanken.

Ich wollte, mit Hülfe zweier Inversoren, auf einer und derselben Seite der abgeleiteten Strecke zwei Ströme gleichzeitig auf den Nerven einwirken lassen, wie wir dies für den elektrotonischen Zustand gethan haben, so zwar, dafs beim Drehen der beiden Räder mit gleicher Geschwindigkeit die Zuwachse von beiden erregten Strecken aus sich stets von einander abzögen (S. oben S. 350). Ich muthmafste, dafs sich unter diesen Umständen die negativen Stromesschwankungen vielmehr summiren würden. So wollte ich bewirken, dafs die negative Stromesschwankung die negative Phase an Gröfse überträfe. Dies würde sich dadurch kund gegeben haben, dafs beim Tetanisiren mit abwechselnden Strömen an beiden Inversoren von der negativen Phase der näheren erregten Strecke aus ein negativer Ausschlag erfolgt wäre.

Ich habe damals den Versuch wirklich angestellt, wobei mir ein zweiter Inversor diente, dessen Benutzung ich der Güte des sinnreichen Erfinders dieses in der thierischen Elektricität so unentbehrlichen Werkzeuges verdankte. Die Axen der beiden Inversoren wurden zusammengekuppelt, so dafs sie sich gleichzeitig drehen liefsen. Der Erfolg war indefs nicht günstig. Die Schwächung des negativen Zuwachses von

[1] S. unten, §. IX.

der näheren erregten Strecke her durch den positiven Zuwachs von der entfernteren her ist nämlich stets zu unbedeutend, um den Unterschied des negativen Zuwachses und der negativen Schwankung zu überwiegen.

Um jene Schwächung hinlänglich groſs zu machen, bedürfte es so beträchtlicher Stromeskräfte, daſs die Leistungsfähigkeit des Nerven darüber bald zu Grunde gehen würde, es sei denn, daſs man auch die Dichtigkeit in der näheren Strecke angemessen abstufte. Ich habe mich seitdem nicht wieder in diesem Sinne bemüht, weil ich erwähntermaſsen denselben Zweck inzwischen auf viel leichterem Wege erreicht hatte. Wollte man jenen Versuch zum Ziele führen, so würde man sich jedoch auf alle Fälle einer so verwickelten Einrichtung, wie der Doppelinversor ist, entschlagen können. Es würde vielmehr ausreichend sein, wenn man den Nerven über drei Platinbleche brückte, das mittlere derselben mit dem einen, und die beiden äuſsersten mit dem anderen Ende einer Kette verbände. Die beiden Nervenstrecken zwischen dem mittleren und den beiden äuſsersten Blechen würden alsdann für jede Stromesrichtung stets im verschiedenen Sinne durchflossen, und die passende Abstufung der Stromdichten durch Einschalten von Widerständen zu erzielen sein.

5. Von dem Einflusse des Winkels zwischen der Richtung des erregenden Stromes und der Axe der Primitivröhren auf die Gröſse der negativen Stromesschwankung beim Tetanisiren.

Läſst man mit Hülfe der oben S. 357. 358 beschriebenen, Fig. 112 Taf. III. abgebildeten Vorrichtung die durch den Inversor unterbrochenen und abwechselnd gerichteten Ströme einer Kette die Axe des Nerven senkrecht treffen, so vermiſst man die negative Stromesschwankung zugleich mit den Zuckungen. Sie tritt ein, sobald man den Nerven schräg über den feuchten Faden bettet. Die senkrechte Strömungsrichtung ist demnach entschieden ungünstig, ja unvermögend zu nennen. Dasselbe war der Fall für den elektrotonischen Zustand, so daſs sich hier kein Unterschied bietet.

6. Von dem Einflusse der Entfernung der abgeleiteten von der erregten Strecke auf die scheinbare Gröſse der negativen Stromesschwankung beim Tetanisiren der Nerven.

Die bisher betrachteten unter den Umständen, welche von Einfluſs sind auf die Gröſse der negativen Stromesschwankung beim Tetanisiren, waren der Art, daſs dieser Einfluſs beruhte auf der gröſseren oder geringeren Stärke, in der die negative Schwankung zu Stande kommt. Jetzt gehen wir über zur Berücksichtigung einiger Punkte, von denen, bei gleicher Stärke der negativen Schwankung, die scheinbare Gröſse abhängt, in welcher dieselbe in dem Multiplicatorkreise wahrgenommen wird. Den gleichen Gang befolgten wir für den elektrotonischen Zustand (S. oben S. 359. 360).

Die Gröſse der negativen Schwankung ist nicht, wie man hätte vermuthen können, völlig unabhängig von der Entfernung der abgeleiteten von der erregten Strecke. Man findet vielmehr, daſs dieselbe von der näheren erregten Strecke aus um ein Geringes stärker ausfällt als von der entfernteren aus.

Um sich davon zu überzeugen, kann man beide in der Einleitung beschriebene Methoden der Vergleichung anwenden. Der Gebrauch der Inductionsvorrichtung ist dabei zu verwerfen. Damit der Unterschied merklicher werde, ist es zweckmäſsig, statt, wie bei der entsprechenden Untersuchung für den Zuwachs, nur drei Platinenden, ihrer vier in Gestalt zweier vollständigen Elektrodenpaare anzuwenden, und die Schlieſsung abwechselnd von dem vorderen auf das hintere und umgekehrt zu übertragen. Dabei ist abermals vom Stromwender Gebrauch zu machen, um diese Uebertragung mit Leichtigkeit vollziehen zu können in dem Augenblicke, wo die Nadel ihren Rückschwung beendigt hat (S. oben S. 459). Zu diesem Behufe wird das Kreuz desselben ausgenommen, und es werden die beiden Enden der Kette mit den Gefäſsen *a* und *b*, die beiden Drähte von der vorderen Elektrode eines jeden Paares Platinenden mit den Gefäſsen *α* und *A*, und die beiden Drähte von der hinteren Elektrode eines jeden Paares mit den Gefäſsen *β* und *B* verknüpft. In *a* oder in *b* wird mit einem verquickten Haken geschlossen und geöffnet.

Die geringe Ueberlegenheit des Tetanisirens von dem näheren Elektrodenpaare aus wird beobachtet, gleichviel ob das Hirn- oder ob das Muskelende des Nerven auf den Bäuschen aufliege. Dies beseitigt den Verdacht, als ob die Abnahme der Wirkung mit wachsender Entfernung nur herrühre von der geringeren Erregbarkeit des Hirnendes, gemäſs dem Valli-Ritter'schen Gesetze (Vergl. oben S. 460).

Hier giebt sich uns nun abermals eine Abweichung der Erscheinungsweise der negativen Schwankung von der des Zuwachses im elektrotonischen Zustande zu erkennen, welche an und für sich ausreichend sein würde, die Selbständigkeit jener darzuthun. In der That ist gar kein Vergleich zwischen dem Grade der Abhängigkeit von der jetzt in Rede stehenden Veränderlichen, den die eine und den die andere Erscheinung zeigt. So in die Augen fallend ist dieser Unterschied, daſs er sich selbst der flüchtigsten Beobachtung nicht entzieht, wenn man nacheinander für zwei verschiedene Abstände der Elektroden von den Bäuschen, etwa zuerst die Gröfsen des Zuwachses, hernach die der negativen Stromesschwankung aufzufassen sucht. Mit Hülfe der methodischen Erforschung vollends ist es leicht, aus dieser Wahrnehmung eine Reihe ebenso einfach schlagender Beweisgründe für die Unabhängigkeit der negativen Schwankung hervorgehen zu lassen, als sie uns die Betrachtung des Einflusses der Dichtigkeit des erregenden Stromes auf beide Erscheinungen darbot. Und zwar stimmen beide Reihen im Wesentlichen auf das Vollständigste untereinander überein. Beim Abschwächen der Stromdichte nämlich nahm die negative Stromesschwankung minder schnell an Gröfse ab als der negative Zuwachs, so dafs ihre Ordinate schliefslich die des letzteren übertraf. Hier nun nimmt bei sich gleichbleibender Stromdichte, aber wachsendem Abstande der erregten Strecke die negative Stromesschwankung abermals minder schnell an Gröfse ab als der negative Zuwachs, und dies Verhalten giebt uns daher Gelegenheit zu ganz denselben Erfolgen und daran sich knüpfenden Schlüssen, als das obige beim Abschwächen der Stromdichte und unverändertem Abstande der erregten Strecke.

Es herrsche also (S. oben S. 453) negative Phase, hervorgebracht durch einen Strom von mittlerer Stärke bei mittlerem Abstande der Elektroden von den Bäuschen, und man gehe plötzlich, indem man das Rad des Inversors zu drehen anfängt, aus jener Phase über ins Tetanisiren mit abwechselnden Strömen. Es erfolgt ein Ausschlag im positiven Sinne. Jetzt verlege man die Schliefsung der erregenden Kette nach den entfernteren Elektroden, und wiederhole den nämlichen Versuch. Es wird sich diesmal, statt der positiven, eine negative Schwankung einstellen.

Die Fig. 124. Taf. IV. zeigt auf das deutlichste den Grund dieser Erscheinung. Das Verständnifs dieser Figur wird erleichtert werden, wenn man sich zuvörderst das oben S. 317 mit Rücksicht auf Fig. 105. Taf. III. Gesagte ins Gedächtnifs zurückruft. Abermals lassen wir, wie in Fig. 123. Taf. IV., die Zuwachscurven in Conflict gerathen mit der Curve der negativen Stromesschwankung: aber die Gröfse jener Zuwachse und dieser Schwankung als Ordinaten werden diesmal nicht auf die hier beständig bleibende Stromdichte, sondern auf die Axe des Nerven als Abscisse aufgetragen gedacht.

Es sei also $q'Oq$, in gewohnter Weise der Nerv, $y'Oy$, die ursprüngliche Curve der Stromstärken. Wir denken uns den ableitenden Bogen von der beständigen Spannweite $q'l$ mit seinem einen Fufspunkte dauernd an den Querschnitt q' angelegt. Was wir beobachten geht also innerhalb der Grenzordinate y' selber vor. Es ist ferner

— $z'PZ[0] - z$, die Curve des negativen Zuwachses in Bezug auf die Nervenhälfte $q'0$, den ein erregender Strom zwischen den mit p und z bezeichneten Elektroden in der Richtung von 0 nach q', wie der Pfeil angiebt, hervorbringt. Ziehen wir die negativen Ordinaten der letzteren Curve von den positiven der ersteren ab, so entsteht die veränderte Curve der Stromstärken, welche mit langen Punkten den Verlauf $y''l'P'Z'[0]y_{,,}$ nimmt. Die Grenzordinate dieser veränderten Curve y'' ist es, welche wir beobachten, wenn der ursprüngliche Strom zwischen $q'l$ im Verein mit dem negativen Zuwachse die Nadel in beständiger Ablenkung hält. Beim Tetanisiren mit abwechselnden Strömen lassen wir einfach sämmtliche Ordinaten der ursprünglichen Curve der Stromstärken um eine proportionale Gröfse abnehmen, wie wir mit hinlänglicher Genauigkeit annehmen können (S. oben S. 429. Fig. 120. Taf. III.). Es sei die gleichfalls lang punktirte Curve $v'\sigma 0 v_{,}$ die der Stromstärken unter dem Einflufs der negativen Stromesschwankung; so besteht also schliefslich der Uebergang aus der negativen Phase ins Tetanisiren mit abwechselnden Strömen bei mittlerem Abstande der abgeleiteten von der erregten Strecke darin, dafs man von der Ordinate y'' übergeht zu der v'. Beide sind positiv, die letztere ist die gröfsere, daher der positive Ausschlag. Jetzt wollen wir das Elektrodenpaar in einen gröfseren Abstand bringen. Die Curve des negativen Zuwachses wird $-\zeta'[0]'\mathfrak{P}\mathfrak{Z}-\zeta_{,,}$ die neue veränderte Curve der Stromstärken $y'''\sigma l''[0]'\mathfrak{P}'\mathfrak{Z}'y_{,,,}$. Die Curven sind durch kurze Punkte vor den früheren ausgezeichnet. Beim Tetanisiren sinkt die Ordinate y'' zwar nicht mehr ganz bis zu v', allein die Grenzordinate y''' der veränderten Curve $y'''\sigma l''[0]'\mathfrak{P}'\mathfrak{Z}'y_{,,,}$ ist wegen der raschen Abnahme des Zuwachses mit wachsendem Abstande der erregten Strecke so viel gröfser als im ersten Versuche, dafs, wenn man jetzt abermals von der Ordinate y''' zur Ordinate v' übergeht, wegen der verhältnifsmäfsigen Kleinheit der letzteren ein negativer Ausschlag erfolgt. Bei Ableitung des ursprünglichen Stromes von Punkten des Längsschnittes allein jenseits des Schneidepunktes σ erhält man aber begreiflich fort und fort einen positiven Ausschlag.

Man richte ferner den Inversor so ein, dafs er nur unterbricht, nicht zugleich umkehrt, und gebe dem erregenden Strom in dem Nerven die positive Richtung. Aufserdem treffe man die nöthigen Vorkehrungen, die uns nun bereits geläufig geworden sind, um die erregende Kette mit Leichtigkeit zu schliefsen, erst nachdem man das Rad des Inversors in Bewegung gesetzt hat, und sie zu öffnen, während es noch gedreht wird (S. oben S. 449). Verfährt man auf diese Weise bei mittlerem Abstande der Elektroden von den Bäuschen, so erhält man, wie wir bereits wissen (S. oben S. 453), einen positiven Ausschlag.

Verlegt man dann die Schliefsung der erregenden Kette auf das entferntere Elektrodenpaar, so ist die Wirkung des Tetanisirens mit dem positiven Strome, statt positiv, wie vorhin, negativ.

Endlich drittens behält man die beschriebene Einrichtung des Inversors bei, giebt jedoch dem Strom im Nerven die negative Richtung und geht von der negativen Phase über in's Tetanisiren mit negativem Strome, so ist, bei grofsem Abstande der Elektroden von den Bäuschen, der Erfolg stets ein negativer; hingegen bei kleinem Abstande der Elektroden fällt das Ergebnifs verschieden aus je nach dem Schliefsungswerthe des Inversors in der Zeiteinheit, den wir oben mit *n* bezeichnet haben. Hat *n* einen Werth nahe $= 1$, so erhält man, wie oben S. 456 bereits dargelegt wurde, einen negativen Ausschlag; nähert sich hingegen *n* der Null, so findet die Wirkung in entgegengesetztem Sinne statt.

Ich brauche, nach allem Vorausgegangenen, wohl nicht noch weiter auf die Erklärung dieser Erscheinungen einzugehen. Sie ist bereits mit enthalten in dem früher bei Gelegenheit des Einflusses der Stromdichte Gesagten, insofern, in unseren jetzigen Versuchen, die Entrückung der erregten Strecke in eine gröfsere Entfernung gleich der Stromschwächung in jenen Erfahrungen wirkt. Man wird sich leicht, nach Vorbild der Fig. 124, die passenden Figuren auch für diese Fälle zu entwerfen im Stande sein.

Was den ersten Versuch betrifft, so zeichnet man die ursprüngliche Curve der Stromstärken, verkleinert ihre Ordinaten proportional, und trägt darauf die Ordinaten der Curve des positiven Zuwachses auf. Je nachdem diese letzteren, entsprechend der gröfseren oder geringeren Entfernung der Elektroden, gröfser oder kleiner genommen werden, kann man leicht bewirken, dafs das Ergebnifs, in Bezug auf die ursprüngliche Curve der Stromstärken, beziehlich ein positives sei oder ein negatives.

Hinsichtlich des zweiten Falles hat man die Fig. 124 selber vorzunehmen, die Ordinaten der Curve des negativen Zuwachses mit $n < 1$ zu multipliciren, und sie von den wegen Tetanisirens proportional erniedrigten Ordinaten der ursprünglichen Curve der Stromstärken abzuziehen. Zu der Ordinate der Curve, die man solchergestalt erhält, geht man über von der Ordinate der ursprünglichen Curve der Stromstärken, weniger der Ordinate der Curve des Zuwachses bei stetigem Strome, wenn man von der negativen Phase aus mit negativem Strome tetanisirt. Man wird leicht zeigen können, dafs bei geringem Abstande der Elektroden das Zeichen des Erfolges bestimmt wird durch die Gröfse des ächten Bruches *n*; dafs aber bei hinreichend entfernten Elektroden bei jedem Werthe von *n* zwischen Null und der Einheit der Erfolg ein negativer sein könne.

Sollte es nöthig sein, zu wiederholen, was sich von selbst versteht, dafs diese Versuchsreihe es auf's Neue unmöglich macht, ferner zu denken an die Ableitung der negativen Stromesschwankung beim Tetanisiren sei's aus einem Ueberwiegen des negativen Zuwachses während dieses Vorganges, sei's aus dem Verlust an peripolaren Kräften, den der Nerv im elektrotonischen Zustande wegen ihrer Verwendung zur dipolaren Thätigkeit erleiden könnte; dafs vielmehr aus der erwiesenen Möglichkeit, so verwickelte Erscheinungen auf's vollständigste zu erklären aus unseren Grundvorstellungen über das Gesetz der Thätigkeit des Nerven im elektrotonischen Zustande und das der negativen Stromesschwankung beim Tetanisiren, unwiderleglich hervorzugehen scheint, wie uns das Durchschauen dieser Gesetze wirklich gelungen sei.

Als das Gesetz der negativen Stromesschwankung beim Tetanisiren des Nerven auf elektrischem Wege ist oben S. 428. 429 bezeichnet und seitdem geltend gemacht worden die proportionale Erniedrigung sämmtlicher Ordinaten der ursprünglichen Curve der Stromstärken. Es wurde hervorgehoben, wie, im Gegensatze zu den elektromotorischen Wirkungen der säulenartigen Polarisation des Nerven durch den stetigen Strom, die Stromesschwankung beim Tetanisiren weder mehr der Richtung, noch, so viel sich im Allgemeinen erkennen lasse, der Gröfse nach, Bezug habe auf die Stellung der Elektroden am Nerven, bei gleichgedachtem Abstande derselben von einander. Diese Vorstellungsweise ist jetzt, nach den Untersuchungen dieser Nummer, hinsichtlich des Punktes der Gröfse einigermafsen abzuändern. Sie behält zwar ihre Berechtigung, insofern die Abhängigkeit des Zuwachses von dem Abstande zwischen erregter und abgeleiteter Strecke eine sehr viel gröfsere ist als die der negativen Stromesschwankung. Allein in geringem Mafse finden wir doch nun auch letztere diesem Einflufs unterthan. Glücklicherweise indefs ist diese Abweichung unbedeutend genug im Verhältnifs zur Gröfse der negativen Stromesschwankung selber, um, wie wir gesehen haben, die Erscheinungen mit hinlänglicher Gewifsheit des Zutreffens in der Wirklichkeit ableiten zu können aus der Annahme, die Ordinaten der ursprünglichen Curve der Stromstärken seien beim Tetanisiren sämmtlich einfach einer proportionalen Schwankung unterworfen.

7. Von dem Einflusse der Länge der abgeleiteten Strecke auf die scheinbare Gröfse der negativen Stromesschwankung beim Tetanisiren der Nerven.

Wir finden sofort Gelegenheit den am Schlusse der vorigen Nummer ausgesprochenen Satz abermals zu bestätigen. Mit Hülfe der Einsicht, daſs die negative Stromesschwankung im Allgemeinen stets der Stärke des ursprünglichen Stromes proportional gesetzt werden könne, ist das Ergebniſs des nun in Rede stehenden Versuches leicht vorherzusagen.

Eine Veränderung der Länge der abgeleiteten Strecke ist immer zugleich zu betrachten als eine solche der Spannweite des ableitenden Bogens. Ist die Veränderung der Spannweite der Art, daſs dadurch die Stärke des ursprünglichen Stromes zunimmt, so wird auch die negative Stromesschwankung gröſser ausfallen; ist sie entgegengesetzter Beschaffenheit, so muſs auch die negative Schwankung beeinträchtigt erscheinen.

So zeigt es sich denn auch in Wirklichkeit. Das Gesetz, wodurch Spannweite des ableitenden Bogens und Stärke des ursprünglichen Stromes verknüpft sind, brauche ich wohl nicht erst noch in Erinnerung zu bringen (S. oben S. 264. 366). Man kann sich hier der Inductionsvorrichtung ohne Nachtheil bedienen. Von den beiden in der Einleitung erwähnten Verfahrungsarten ist hier nur die zweite in Gebrauch zu ziehen. Schlagende Ergebnisse erhält man selbstredend nur, wenn man solche Veränderungen der Spannweite vornimmt, daſs denselben bedeutende Veränderungen in der Gröſse des ursprünglichen Stromes entsprechen. Die Abhängigkeit der Gröſse der negativen Stromesschwankung von dem Abstande zwischen der erregten und der abgeleiteten Strecke macht sich bei diesen Versuchen, welche keine groſse Genauigkeit zulassen, nicht weiter störend bemerklich. Ihr Einfluſs ist leicht dadurch völlig zu umgehen, daſs man den den Elektroden näheren Bausch unverrückt am Nerven liegen läſst, und die Veränderungen der Spannweite allein durch Verschiebung des von den Elektroden entfernteren Bausches bewirkt.

8. Von dem Einflusse des Querschnittes des Nerven auf die scheinbare Gröſse der negativen Stromesschwankung beim Tetanisiren mit abwechselnden Strömen.

Da mit der Gröſse des Querschnittes die Stärke des ursprünglichen Stromes wächst (S. oben S. 267), die negative Stromesschwankung aber wiederum mit letzterer zunimmt, so ergiebt sich die Nothwendigkeit, daſs dieselbe an dickeren Nerven lebhafter auftreten müsse, als an solchen von geringerem Durchmesser. Der gleichen Abhängigkeit unterliegt, wie man sich erinnert, die Gröſse des Zuwachses im elektrotonischen Zustande (S. oben S. 370).

Auch hier wird vorausgesetzt, dafs die abgeleitete Strecke mit der erregten einerlei Querschnitt besitze. Denn auch hier bieten die überzähligen Röhren der ersteren, welche nicht an der Erregung theilnehmen, dem Strome der erregten Fasern eine Nebenschliefsung dar. Für den elektrotonischen Zustand wurde erwähnt, dafs dies nicht die einzige Art sei, wie die nicht betheiligten Fasern die Wirkung der übrigen beeinträchtigen könnten, dafs in der Folge vielmehr noch ein anderer Grund dafür angegeben werden solle. Derselbe Umstand kommt auch hier in Betracht; allein es wird sich an jener späteren Stelle zeigen, dafs er diesmal vielmehr zu Gunsten der negativen Schwankung ausfällt, die von den erregten Fasern herrührt.[1]

9. Von dem Einflusse der Leistungsfähigkeit des Nerven auf die Gröfse der negativen Stromesschwankung beim Tetanisiren mit abwechselnden Strömen.

Mehrere der hiehergehörigen Punkte haben wir schon bei früheren Gelegenheiten berücksichtigen müssen. Wir wissen bereits, dafs die Gröfse der negativen Stromesschwankung im höchsten Grade abhängig ist von der Leistungsfähigkeit des Nerven (S. oben S. 431). Es gelten in dieser Hinsicht sämmtliche Bemerkungen, die oben S. 379 für den elektrotonischen Zustand gemacht worden sind hinsichtlich des Einflusses der Jahreszeit, krankhafter Zustände, verderblicher Einwirkungen die den Nerven getroffen haben, u. d. m.

Wie beim elektrotonischen Zustande geschieht es auch hier bei schwacher Erregung, sei's leistungsfähiger Nerven mit schwachen Strömen, sei's wenig erregbarer auch mit stärkeren, dafs die negative Stromesschwankung nicht sofort in ihrer ganzen Gröfse erscheint, sondern erst nach mehrmaligem Tetanisiren mit Zwischenräumen der Ruhe in wachsender Stärke hervortritt (S. oben S. 298. 425. 431). Die Unterbindung und Durchschneidung hemmen natürlich ihren Fortschritt so gut wie den der säulenartigen Polarisation des Nerven durch den stetigen Strom (S. oben S. 197. 384. 431).

Endlich wenn man jenseits der Platinenden dem Nerven den Unterschenkel gelassen hat, wobei man auf die oben S. 358. 381 beschriebene Art verfährt, so findet man, dafs, mit den Zuckungen, die negative Stromesschwankung des Nervenstromes aufhört deutlich zu sein, obwohl man bei ausgezeichneten Prüfungsmitteln alsdann noch im Stande ist, sie

[1] S. unten, §. VII. 5.

einige Zeit hindurch in äufserst geringem Mafse nachzuweisen (Vergl. oben S. 457).

Es scheint aber sogar, als ob die Gröfse der negativen Stromesschwankung noch mehr als die des Zuwachses unter dem Mangel an Leistungsfähigkeit litte. Es würde danach in dieser Hinsicht eine dreifache Steigerung stattfinden. Der ursprüngliche Strom selber leidet unter jenem Mangel (S. oben S. 286), mehr als der ursprüngliche Strom leidet der Zuwachs im elektrotonischen Zustande (S. oben S. 381), am meisten endlich die negative Schwankung beim Tetanisiren. Diesen Umstand folgere ich nicht allein aus dem allgemeinen Eindruck der Nadelbewegungen, sondern zugleich aus nachstehender Wahrnehmung, die wohl geeignet ist, unsere Aufmerksamkeit zu fesseln.

Tetanisirt man nämlich einen wenig erregbaren Nerven, dessen Strom man von Längs- und Querschnitt ableitet, aus grofser Nähe mit den abwechselnden Strömen des Inversors, dessen Schliefsungswerth in der Zeiteinheit (den ächten Bruch *n*) man der Einheit möglichst nahe gebracht hat, so erhält man häufig nur eine Spur von negativer Schwankung, nicht selten bleibt die Nadel wie gelähmt stehen, endlich in noch anderen Fällen sieht man sie einen p o s i t i v e n Ausschlag beschreiben. Bei mehrmaliger Wiederholung des Versuches stellt sich in den beiden letzten Fällen doch noch eine schwache negative Wirkung ein. Bei Ableitung von elektromotorisch entsprechenden Punkten des Längsschnittes ist die positive Wirkung noch ausgesprochener. Hingegen bei gröfserer Entfernung der erregten von der abgeleiteten Strecke bekommt man dieselbe nicht zu sehen.

Ebensowenig erfolgt die positive Wirkung je, wenn man sich der Inductionsvorrichtung zum Tetanisiren bedient. Man kann an demselben Nerven nach einander beobachten, erstens, positive Wirkung beim Tetanisiren mit dem Inversor (n nahe $= 1$); zweitens, negative Wirkung beim Tetanisiren mit der Inductionsvorrichtung; endlich drittens, abermals positive Wirkung beim Tetanisiren mit dem Inversor: zum Zeichen, dafs die Behauptung, die Inductionsvorrichtung gebe stets negative Wirkung, nicht blos darauf beruhe, dafs die damit tetanisirten Nerven grade immer nicht aufgelegt waren, die positive Wirkung zu zeigen. Jedoch wird man, bei dieser Versuchsreihe, nachdem man sich beim zweiten Male der Inductionsvorrichtung bedient hat, beim dritten Male meistens negative Wirkung erfolgen sehen.

Die Deutung dieser Erscheinungen scheint mir folgende zu sein. Die positive Wirkung ist dem ursprünglichen Strome nicht wie die negative Schwankung proportional. Vielmehr wächst sie mit dem Bruche *n* und nimmt ab mit wachsender Entfernung von den Elektroden. Dies bezeichnet sie als vom elektrotonischen Zustande unmittelbar abhängig. Sie kann folglich nichts anderes sein als der Ausdruck der Ueberlegenheit der positiven Phase dieses Zustandes über die negative, wie wir sie oben S. 373 festgestellt haben.

Schon oben S. 413. 414 ist bemerkt worden, dafs das Tetanisiren mit abwechselnden Strömen, wenn sich keine andere Erscheinung ins Spiel mische, eine zweite Versuchsweise abgeben müsse, um diese Ueberlegenheit darzuthun. Es mischt sich nun aber wirklich eine neue Erscheinung ein, die negative Schwankung nämlich beim Tetanisiren, welche jenen Ueberschufs in den meisten Fällen um so leichter überwiegt, als wir für gewöhnlich gesucht haben, *n* so klein als möglich zu machen, hingegen so gleich als möglich der Einheit das Verhältnifs der Zeit, während welcher der Strom schwankt, zu derjenigen, während welcher er überhaupt den Nerven trifft (S. oben S. 424). Aus diesen Gründen haben wir jenen Ueberschufs hier bisher überall vernachlässigen dürfen, obschon er, wie wir nun finden, doch auch auf diese Art sichtbar zu machen ist, Dank der oben behaupteten Eigenthümlichkeit der negativen Stromesschwankung unter dem Mangel an Leistungsfähigkeit mehr zu leiden als der Zuwachs im elektrotonischen Zustande.

Da, bei öfterer Wiederholung des Versuches, sich endlich doch negative Wirkung einzufinden pflegt, so scheint es, als erstrecke sich jene Eigenthümlichkeit auch noch darauf, dafs die negative Schwankung an wenig erregbaren Nerven in Folge öfterer Anregung langsamer hervortritt als der Zuwachs. Damit stimmt noch eine andere Erfahrung. Wenn man nämlich mit positivem Strome in der oben S. 296 beschriebenen Weise tetanisirt, kommt es häufig vor, dafs man zuerst eine ganz regelmäfsige positive Phase von angemessener Gröfse im Verhältnifs zur negativen Phase beobachtet. Bei öfterer Wiederholung des Versuches aber wird die positive Phase im Vergleich zur negativen immer kleiner, und endlich erhält man statt derselben jene negative Wirkung, die uns zuerst auf die Spur der negativen Stromesschwankung beim Tetanisiren gebracht hat.

Der Umstand, dafs beim Tetanisiren mit der Inductionsvorrichtung niemals positive Wirkung beobachtet wird, ist nicht ohne Wichtigkeit. Es würde nämlich im anderen Falle ein bedeutendes Ergebnifs gefährdet erscheinen, welches wir oben S. 427 verzeichnet haben. Wir haben gefunden, dafs wenn man beim Tetanisiren auf elektrischem Wege die abgeleitete Strecke zwischen Elektroden und elektromotorischen Aequator verlegt, die negative Stromesschwankung, entsprechend dem ursprünglichen Strome selber, ihr Zeichen wechselt, so dafs sie, in Bezug auf die für die erste Nervenhälfte geltenden Bestimmungen, zur positiven wird. Wir betrachteten dies als einen neuen Beweis für unsere Ansicht, dafs die Veränderung der elektrischen Zustände des Nerven beim Tetanisiren bestehe in einer proportionalen Erniedrigung sämmtlicher Ordinaten der ursprünglichen Curve der Stromstärken. An der Richtigkeit dieser Deutung könnte gezweifelt werden, insofern sich jetzt herausstellt, dafs die Folge des Tetanisirens, und zwar gerade in der Nähe der Elektroden, nicht stets und unter allen Umständen eine Nadelbewegung im Sinne der Ladungen ist. Allein diese Zweifel sind grundlos, sobald gleichzeitig festgesetzt wird, dafs die ausnahmsweise positive Richtung der Wirkung nur bei Anwendung der Kette nebst dem Inversor stattfindet, während jenes Ergebnifs gerade mit Hülfe der Inductionsströme gewonnen ist. Ohnehin hätte alsdann nicht jenseits der Elektroden, an dem zweiten Nervenende, die Stromesschwankung dieselbe Richtung haben können.

Ueber den Einflufs einer voraufgegangenen längere Zeit dauernden positiven oder negativen Phase, oder fortgesetzten Tetanisirens mit positivem oder negativem Strom auf die Gröfse der negativen Schwankung beim Tetanisiren beziehlich mit einem negativen oder positiven Strom oder mit abwechselnden Strömen habe ich noch keine Versuche angestellt.

Wir verlassen nunmehr das Tetanisiren auf elektrischem Wege, und wollen versuchen, die negative Stromesschwankung auch beim Tetanisiren mittelst anderer Verfahrungsarten zu beobachten. Einen passenden Uebergang zu gewähren würde hier ganz geeignet sein das Tetanisiren zwar noch auf elektrischem Wege, aber nicht mehr durch einen in häufige Wellen versetzten Strömungsvorgang, sondern nach Ritter's Angabe, durch Unterbrechung eines lange Zeit im Nerven unterhaltenen aufsteigenden Stromes (S. oben Bd. I. S. 365 ff. Bd. II. S. 25. Anm. 1. 39. 40. 57. 58). Ich habe indessen noch nicht Mufse gefunden, mich mit diesem Versuch abzugeben, der zwar mancherlei wichtige Aufschlüsse verspricht, jedoch auch mit beträchtlichen Schwierigkeiten zu kämpfen haben würde.

§. VI.

Von der negativen Schwankung des Nervenstromes beim Tetanisiren auf anderem als elektrischem Wege.

1. Einleitung.

Ich habe in den beiden vorigen Paragraphen, wenn ich nicht irre, durch eine Versuchsreihe, so klar, so sicher und so entscheidend, wie nur sonst physikalische Versuche sich zu gestalten pflegen, den Beweis geführt, dafs das Tetanisiren der Nerven auf elektrischem Wege begleitet ist von einer Schwankung des ursprünglichen Nervenstromes in negativem Sinne, welche, vom elektrotonischen Zustande unabhängig, nichts anderem zugeschrieben werden kann, als einer Verminderung der nach Aufsen gerichteten elektromotorischen Kräfte des Nerven. Es können demnach, über die Bedeutung dieser Erscheinung, nur noch zwei Meinungen obwalten. Entweder man sieht darin in That und Wahrheit den elektrischen Ausdruck des Bewegung und Empfindung vermittelnden Vorganges. Dies mit aller Sicherheit thun zu können, ist begreiflich das Ziel, wonach wir streben. Oder man könnte sich nun noch, um mit äufserster Vorsicht zu verfahren, die Frage stellen, ob nicht die negative Schwankung doch allein an's Tetanisiren auf elektrischem Wege geknüpft sei, so dafs sie bei anderen Arten der künstlichen Innervation fehlte.

Das, was hier noch zu leisten war, um diesem Mangel zu steuern, war nicht schwer zu ersinnen. Nachdem es uns, in dem vierten Kapitel dieser Untersuchung, gelungen war, für die Muskelzusammenziehung auf elektrischem Wege das Nämliche zu erweisen, was hier für die elektrische Innervation, eine die Zusammenziehung begleitende negative Schwankung des Muskelstromes, war unsere erste Sorge, den gleichen Erfolg auch beim Tetanisiren auf anderem als elektrischem Wege zu erhalten, weil dies wohl als der klarste und einfachste Beweis dafür gelten durfte, dafs derselbe von der Besonderheit seines elektrischen Ursprunges unabhängig sei, und dafs wirklich nur die Zusammenziehung das vermittelnde Glied abgebe zwischen dem erregenden Strömungsvorgange und der elektrischen Wirkung in dem Multiplicatorkreise. Das Nämliche ist hier der Fall. Um zu zeigen, dafs die negative Schwankung des Nervenstromes beim Tetanisiren auch nicht in jener mittelbaren Weise vom elektrotonischen Zustande herrühre; dafs dies Ergebnifs frei sei von der Besonderheit des angewandten

Verfahrens; dafs wirklich nichts als der Bewegungs- und Empfindungs-Vorgang das vermittelnde Glied abgebe zwischen dem erregenden Strömungsvorgange und der elektrischen Wirkung in dem Multiplicatorkreise, dazu ist nur nöthig, dafs wir den Beweis liefern, wie auch beim Tetanisiren auf anderem als elektrischem Wege die negative Schwankung des Nervenstromes nicht ausbleibt (Vergl. oben S. 52. 432).

Dies zu thun wird um so zweckmäfsiger sein, als nicht zu verkennen ist, dafs auch dem bisher gelieferten Beweise der Unabhängigkeit dieser Erscheinung vom elektrotonischen Zustande nur in den Augen eines beschränkten Kreises von Lesern die Gültigkeit zukommen dürfte, die ihm doch bereits zusteht. Um die Kraft der aufgeführten Gründe zu würdigen, ist, ich kann es mir nicht verhehlen, ein Eingehen in den verwickelten Zusammenhang meiner Forschungen nothwendig, worauf ich nicht allein wegen der stofflichen Ausdehnung derselben und der gänzlichen Neuheit fast aller dargelegten Beziehungen schwerlich bei Vielen rechnen kann, sondern welches auch immerhin eine tiefere Kenntnifs der Elektricitätslehre und mehr Gewöhnung an strenge Betrachtung voraussetzt, als bei der Mehrzahl der Physiologen heutzutage noch heimisch zu sein pflegt. Ich lege Gewicht auf diesen Umstand, um die ungewöhnlichen Anstrengungen zu rechtfertigen, die ich es mir habe kosten lassen, um das in diesem Paragraphen vorgesteckte Ziel zu erreichen. Denn so einfach das Ziel erscheint, die Schwierigkeiten, welche sich hier dem Gelingen entgegensetzen, sind wahrhaft unermefslich zu nennen. Die nächste Folge wird sogleich zeigen, dafs wir hier nicht einmal mehr mit unseren bisherigen stromprüfenden Mitteln auskommen, so gute Dienste uns dieselben auch bis zu dieser Stelle geleistet haben.

Was die einzuschlagenden Versuchsweisen betrifft, um die Nerven auf nicht elektrischem Wege zu tetanisiren, so sind sie, wie dies bereits Eingangs dieses Kapitels, oben S. 290, bevorwortet wurde, die nämlichen, die beim Tetanisiren des Gastroknemius vom Ischiadicus aus in Anwendung gebracht wurden (S. oben S. 32 ff. 52 ff.). Wir werden später Gelegenheit nehmen, darauf mehr im Einzelnen zurückzukommen, insofern es einiger Zusätze zu dem a. a. O. Gesagten mit Bezug auf die jetzigen Forderungen des Versuches bedarf. Auch einige ganz neue Verfahrungsarten treten hinzu, bedingt durch die Verhältnisse des Empfindung vermittelnden Vorganges in den Nerven, welche nicht mehr, wie die des Bewegung vermittelnden Vorganges, mit den Verhältnissen der Muskelreizung zusammenfallen. Halten wir uns einstweilen jedoch nur an die Vorstellung der für das Tetanisiren der Muskeln empfohlenen Versuchsweisen, mit keinem anderen Unterschiede, als dafs nunmehr, statt des Gastroknemius, stets der in der Kniekehle zerschnittene Ischiadicus selber mit Längs- und Querschnitt über die Bäusche gebreitet wird (S. oben S. 291).

Ich fand nun leider, anfangs nicht ohne Bestürzung, dafs meine Bemühungen, mit Hülfe dieser Methoden eine negative Schwankung des Nervenstromes beim Tetanisiren wahrzunehmen, so gut wie vergeblich blieben. Die Strychninvergiftung, von der am meisten zu erwarten war, wiederholte ich 42 Mal. Darunter mifsglückte entschieden eine nicht unbedeutende Anzahl von Versuchen an Zufällen, die später beschrieben werden sollen. Eine hinreichend grofse Zahl aber gelang offenbar vollständig, ohne bejahenden Erfolg. Nur in einigen wenigen Fällen glaubte ich eine nicht zu verkennende Spur einer rückgängigen Nadelbewegung wahrzunehmen in dem Augenblicke, wo der Starrkrampf ausbrach. Dasselbe zeigte sich bei den übrigen Versuchsweisen, dem Tetanisiren durch mechanische, kaustische, chemische Mifshandlung, sei's des Nerven unmittelbar, sei's des Rückenmarkes. Meistens war das Ergebnifs ganz nichtig. Manchmal trat eine besondere Veränderung des Stromes ein, die später geschildert werden soll.[1] In wenigen Fällen endlich bemerkte ich gleichfalls wieder jene Spur von rückgängiger Bewegung.

Meine Ueberzeugung von dem Dasein der negativen Stromesschwankung wurzelte indefs viel zu tief, als dafs ich mich, auf die Länge, durch diese scheinbar sehr ungünstige Antwort des Versuches hätte entmuthigen lassen können. Ich bedachte mir vielmehr Folgendes. Das Tetanisiren auf elektrischem Wege ist ein, allen anderen Methoden, die zu demselben Behufe dienen, ganz ausnehmend überlegenes Verfahren. Unter Umständen, wo alle übrigen Reize, welche Zusammenziehung zu erregen im Stande sind, sich bereits unwirksam erweisen, ruft der elektrische Strom, wie dies von Alters her bekannt ist, noch lebhafte Zuckungen hervor. Während man beim Tetanisiren der Muskeln auf elektrischem Wege unter günstigen Umständen die Nadel in den negativen Quadranten bis auf — 50° durchschlagen sieht, erhält man, bei allen anderen Arten des Tetanisirens, die Strychninvergiftung ausgenommen, nur in seltenen Fällen Ausschläge, welche den Nullpunkt überschreiten, oft, bei 15° beständiger Ablenkung durch den Muskelstrom, nur 5 — 10° rückgängiger Bewegung der Nadel. Der Tetanus durch Strychninvergiftung giebt dagegen allerdings wohl — 20° Ausschlag unter günstigen Umständen. Es ist nun gewifs sehr natürlich anzunehmen, dafs beim Tetanisiren der Nerven die Gröfsen

[1] S. unten, §. VIII.

der rückgängigen Nadelbewegung, welche man bei den verschiedenen Arten der Erregung erhält, sich ebenso zu einander verhalten werden, wie beim Tetanisiren der Muskeln von den Nerven aus. Demnach erwäge man, welche Aussichten auf einen wahrnehmbaren bejahenden Erfolg hier im Grunde vorhanden waren. Das Tetanisiren der Nerven auf elektrischem Wege giebt gewöhnlich, unter ungünstigen Umständen für den Nerven, wie sie hier obwalten, nur 5° negativen Ausschlages. Somit ist schon klar, dafs die übrigen Versuchsweisen, die Strychninvergiftung ausgenommen, hier ganz ohnmächtig erscheinen müssen. Beim Strychninkrampf allein wäre eine Spur von rückgängiger Bewegung, im Betrage höchstens eines Grades, zu gewärtigen.

Aber es kommt noch ein anderer Punkt hinzu, nämlich die im Vergleich zum Muskelstrome so sehr viel gröfsere Vergänglichkeit des Nervenstromes, sobald einmal der Nerv entblöfst, zugerichtet und durchschnitten sich auf den Bäuschen meiner Vorrichtung der Trocknifs und mancherlei schädlichen Einflüssen ausgesetzt findet. Dieser Uebelstand kann gering gemacht werden bei der mechanischen, kaustischen, chemischen Reizung, weil bei diesen Versuchsweisen es in die Hand des Beobachters gegeben ist, die Mifshandlung des Nerven vorzunehmen wenn es ihm gut dünkt, er also den Augenblick benutzen kann, wo die Nadel erst eben zur Ruhe gekommen ist und der Nerv noch ein möglichst grofses Mafs der Leistungsfähigkeit besitzt. Beim Tetanisiren durch Strychnin dagegen ist von solchem Abpassen nicht die Rede. Hier hängt Alles von einem glücklichen Zusammentreffen zahlreicher Umstände ab. Erstlich mufs der Tetanus gut ausfallen; er mufs mit einem lang anhaltenden kräftigen Stofse ganz rein beginnen, dem keine kleinen kurzen Erschütterungen, welche den Hauptanfall schwächen, voraufgegangen sind. Zweitens mufs dieser Stofs gerade eintreten, wenn die Nadel eben zur Ruhe gekommen ist. Geschieht es früher, so ist selbstverständlich der Versuch dahin. Geschieht es später, so leidet der Nerv Schaden an seiner Leistungsfähigkeit durch das längere Aufliegen. Zwischen diesen beiden Grenzen das richtige Mittel zu erhalten, ist nun aber so schwierig, so vom Zufall abhängig, dafs dadurch hinlänglich erklärt wird das ganz nichtige Ergebnifs, welches die Mehrzahl der Versuche zu liefern pflegt.

Man sieht somit, dafs, Alles wohl erwogen, der geringe Erfolg der obigen Bemühungen im Grunde hätte im Voraus verkündigt werden können. Es ist höchst wahrscheinlich, dafs die Spur von rückgängiger Bewegung, die wir trotzdem in günstigen Fällen wahrgenommen haben, wirklich das Anzeichen der von uns gesuchten Erscheinung ist. Allerdings ist zu bemerken, dafs, nach dem Aufhören des tetanisirenden

Stromes, die Nadel nicht wiederkehrte, wie sie eigentlich mufste. Allein darauf läfst sich erwiedern, dafs wir es zu thun hatten mit einer Winkelbewegung von einem halben bis einem ganzen Grade in einer Gegend der Theilung, nämlich dem Nullpunkte nahe, wo sich die Nadel fast im beweglichen Gleichgewichte befindet (S. oben Bd. I. S. 190).

Ueber das, was nun hier geschehen mufste, um zu einem entschieden bejahenden Ergebnisse zu gelangen, konnte ich nicht lange im Zweifel sein. Die Unempfindlichkeit des Stromprüfers war es, woran meine Bemühungen scheiterten. Ich mufste also daran denken, die Empfindlichkeit meines Multiplicators zu erhöhen. Es war ganz gewifs: mit einem Multiplicator, der sich für den Nervenstrom so verhielte, wie mein bisheriger Multiplicator für den Muskelstrom, dessen Nadel also durch den Ischiadicus des Frosches an die Hemmung geworfen und in einer beständigen Ablenkung zwischen 10° und 20° gehalten würde, mit einem solchen Multiplicator versehen durfte ich darauf rechnen, das mir gesteckte Ziel, das eigentliche Ziel der ganzen Unternehmung zu erreichen.

Ich ging daher an das Werk, und liefs, von den Herren Boetticher und Halske, das Instrument erbauen, welches in der folgenden Nummer beschrieben werden soll.

2. Beschreibung eines Multiplicators von 24160 Windungen für den Nervenstrom.

Das wesentlich Bemerkenswerthe an dem neuen Multiplicator ist natürlich zu suchen in dem Rahmen mit seiner Bewickelung, dem Nadelpaare und der auch hier nothwendig gewordenen Compensation. Indessen mag einiges auch über die sehr vollkommene Einrichtung des Ganzen mitgetheilt werden.

(1) Gestell.

Eine durch drei Speichen und einen dickeren Ring am Umfange verstärkte Rothgufsplatte von 172^{mm} Durchmesser ruht auf drei Stellschrauben. In dem Centrum des Kreises dreht sich die Axe einer nach unten offenen Messingbüchse von 138^{mm} Durchmesser und 15^{mm} Höhe, deren Rand auf der Oberfläche der Platte schleift. In den Umfang der Büchse ist ein Schraubengang ohne Ende geschnitten; sie wird durch eine auf der Rothgufsplatte befestigte Schraube, welche für grobe Verschiebungen ausgelöst werden kann, mikrometrisch bewegt. Auf den Rand der Rothgufsplatte ist eine Theilung in drittel Grade aufgetragen, welche durch eine an der Büchse befestigte Alhidade abgelesen wird.

Die Oberfläche der Büchse ist bestimmt, nach Bedürfnifs verschiedene Multiplicatorrahmen aufzunehmen. Sie trägt aufserdem den 285^{mm} hohen Bügel, an welchem das Nadelpaar hängt, so dafs der Aufhängepunkt beim Drehen der Büchse stets dieselbe Stellung zum Rahmen behält. Auf den Umfang der Büchse wird auch der Glascylinder aufgesetzt, der das Innere vor Zug und Staub schützt. Er ist oberhalb der Wölbung des Bügels mit einer Spiegelplatte geschlossen. Wird die untere Fassung des Cylinders an die Büchse, und an die obere Fassung ein Fernrohr nebst Prisma befestigt, so kann demnach das Instrument als Sinusbussole benutzt werden.

(II) Rahmen und Draht.

Der Rahmen hat ganz die Einrichtung, wie sie gebräuchlich ist an den in Deutschland aus den Berliner Werkstätten allgemein verbreiteten Multiplicatoren. Er ist aus Buchsbaumholz geschnitzt; seine Seitenwände sind aus drei Dicken gefertigt, um dem Werfen weniger ausgesetzt zu sein. In ihren unteren Theil sind, senkrecht auf ihre Fläche, und in einer Flucht mit ihren unteren Rändern, Fufsbretter eingezapft, mit deren Hülfe der Rahmen auf die obere Fläche der Büchse festgeschraubt werden kann. Die Mafse des Rahmens sind folgende:

Länge des Rahmens im Lichten oder des Spielraums für die untere Nadel, in der Längsmittellinie gemessen . .	43^{mm}
Breite im Lichten	41
Dicke der Querleisten oder Höhe des Spielraums für die untere Nadel	3
Länge der Seitenwände	117
Höhe derselben	81

Die Querleisten sind nach aufsen gewölbt, dergestalt, dafs ihr innerer, den Spielraum der unteren Nadel begrenzender Rand den Abschnitt eines Kreises von 66^{mm} Halbmesser bildet. Ihre Breite, den Wänden des Rahmens parallel gemessen, beträgt 7.5^{mm}. Ihre nach Aufsen gerichteten Kanten sind abgerundet. Die Streben, welche den Spalt zwischen den oberen Windungen offen halten, sind aus Elfenbein und 2^{mm} breit.

Aufgewickelt auf den Rahmen sind 844^{gr} einfach [1] mit Seide besponnenen Kupferdrahtes. Derselbe ist leider nicht überall von gleichem

[1] Die Drähte zu galvanischen Leitungen sind gemeiniglich der vollkommneren Deckung halber doppelt mit Seide besponnen. Diese Vorsicht ist jedoch überflüssig, wenn man sich nur die Mühe geben will, den einfach besponnenen Draht während des Aufwickelns genau zu mustern. Sie wird es vollends, wenn man die Lagen firnifst, wie dies doch immer rathsam erscheint. Dann geht aber durch die doppelte Dicke der Seidenschicht ein kostbarer Raum verloren, der

Durchmesser. Er zerfällt in eine Strecke von 2020^{m} Länge und 0.15^{mm} Durchmesser im Kupfer, und in eine andere von 3086^{m} Länge und nur 0.13^{mm} Durchmesser. Die Gesammtlänge ist mithin = 5106^{m}. Diese Länge ist in 12080 doppelten, oder 24160 einfachen Windungen um den Rahmen geschlungen.[1] Es wurden zuerst gewickelt 147 regelmässige Lagen im Mittel zu etwa 143 einfachen Windungen. Dabei entstanden, wie dies auch bei der gröfsten Sorgfalt unvermeidlich ist,

weit zweckmäfsiger mit Windungen ausgefüllt werden kann. Ueberhaupt ist zu bemerken, dafs, sobald die Drähte, im Metall gemessen, so fein werden, dafs die Dicke der Seidenschicht gegen den Durchmesser des Drahtes in Betracht kommt, eben so sehr nach Verdünnung der Seidenschicht als nach der des Kupfers zu streben ist. Es ist also der Verdünnung der anzuwendenden Drähte die Grenze gesetzt nicht allein durch die Schwierigkeit des Bespinnens, sondern auch durch die Unmöglichkeit, die zuletzt eintritt, die Verdünnung der Seidenschicht mit der des Metalles gleichen Schritt halten zu lassen. Man mufs, beim Bestellen des Drahtes, nicht versäumen, die möglichste Feinheit der Bewickelung anzuempfehlen.

[1] Folgendes ist eine Uebersicht der mir bekannt gewordenen Multiplicatoren mit zahlreichen Windungen. Die gröfste bisher in Gebrauch gekommene Anzahl von Windungen ist meines Wissens die des Fechner'schen langen Multiplicators, nämlich 12076 Windungen bei 16454 Par. Fufs (= 5347.5^{m}) Drahtlänge. (S. Poggendorff's Annalen u. s. w. 1838. Bd. XLV. S. 235.*) Danach kommt wohl H. Schroeder's Multiplicator mit 10000 Windungen (S. ebendas. 1841. Bd. LIV. S. 58*); dann Dove's von Kleiner's Arbeit mit 5500 (S. oben Bd. I. S. 437); der von uns bis zu dieser Stelle angewandte Multiplicator mit 4650; ein Schroeder'scher mit 4500 (S. a. a. O.); unser Museumsmultiplicator mit 4100; der Schroeder'sche von Valentin angewandte mit 3300 (S.oben Bd. I. S. 131); der von Bonijol verfertigte in Él. Wartmann's Händen mit 3000 (S. oben S. 249); endlich die Multiplicatoren von Gourjon und Ruhmkorff, deren Matteucci sich zu bedienen pflegt, mit 2500 Windungen (S. oben Bd. I. S. 119. Bd. II. S. 248).

Bei der Bestimmung des Durchmessers der Drähte meines neuen Instrumentes habe ich aus Unkenntnifs leider die Vorsichtsmafsregeln versäumt, welche Fechner a. a. O. wegen der verjüngten Gestalt des Drahtes empfiehlt, die von der Ausweitung des Ziehloches im Verlauf des Ziehens herrührt. Die obigen Messungen sind nämlich nur an dem einen Ende der Drähte angestellt. So sind auch die Proben, auf deren Wägung die Längenmafse beruhen, nur von demselben Ende genommen und somit möglicherweise auch diese Mafse nicht ganz zuverlässig.

Ich nehme diese Gelegenheit wahr, einen Irrthum zu berichtigen, in den ich oben Bd. I. S. 164. 165 bei Beschreibung des Multiplicators von 4650 Windungen verfallen bin. Die Besorgnifs, es möchten die unteren Lagen der unteren Windungen, oder gar schon die mittleren der oberen, wegen ihrer wachsenden Entfernung von den Nadeln keinen Einflufs mehr auf ihre Stellung ausüben, erweist sich theoretisch als ungegründet. Man wird vielmehr mit Vortheil immer gröfsere Drahtmassen verwenden, so lange man nicht dadurch den Widerstand des Kreises in gleichem oder rascherem Mafse vergröfsert, als die Function der Zahl der Windungen, welche die Wirkung auf die Nadel für die Einheit der Stromstärke ausdrückt, was bei den thierischen Erregern, namentlich den Nerven, nicht sobald der Fall sein dürfte.

Unregelmäſsigkeiten in der Gestalt des Gewindes. Diese wurden durch passendes Zuwickeln der Lücken und Freilassen der erhabenen Stellen ausgeglichen, und dann das Ganze noch mit 9 regelmäſsigen Lagen im Mittel zu 145 einfachen Windungen bekleidet.

Das Wickeln übernahm ich selber, und verfuhr dabei nach folgender Methode, welche zum Theil von den Künstlern, in deren Werkstätte mir zu arbeiten vergönnt war, ersonnen, theils uns durch die Erfahrung an die Hand gegeben wurde. Von einer Drehbank wurde die Schnur entfernt und ein Futter aufgeschraubt, worin ein schwach keilförmiges Messingstück eingelassen war, welches am Rahmen in den Spielraum für die untere Nadel paſste. Der Rahmen wurde auf das Messingstück gesteckt, durch eine vorgelegte Platte, welche gegen dasselbe durch Schrauben angezogen werden konnte, befestigt, und drehte sich nunmehr mit der Spindel dergestalt, daſs seine Seitenwände in Einer senkrechten Ebene blieben. Dem Rahmen gegenüber waren, an einer wagerecht ausgespannten Schnur als Axe drehbar, die beiden gleichzeitig abzuwickelnden Drahtrollen nebeneinander angebracht. Der aus der Hand gedrehte Wirtel trieb durch einen Schnurlauf aus vulcanisirtem Kautschuk ein Zählerwerk, welches die Zahl der doppelten Umgänge selbst dann unmittelbar richtig angab, wenn einmal, wie dies zuweilen geschah, dazwischen hatte abgewickelt werden müssen.

War eine Lage fertig, so wurde jeder der beiden Drähte auf seine Unversehrtheit geprüft. Hiezu verband ich sein freies Ende mit dem einen Poldraht einer Daniell'schen Kette. Der andere Poldraht hing mit dem einen Ende des oben Bd. I. S. 224 beschriebenen Multiplicators mit kurzem Draht zusammen. Das andere Ende des Multiplicators war mit einem Draht versehen, der in eine feine Stahlspitze (eine alte Staarnadel) auslief. Die Stahlspitze versenkte ich in die Bewickelung des zu prüfenden Drahtes. Sodann wurde dieselbe Prüfung vorgenommen, indem das freie Ende des einen Drahtes mit der Kette in Verbindung stand, und die Stahlspitze in die Bewickelung des anderen Drahtes versenkt wurde. Dies hatte zum Zweck, sich zu überzeugen, daſs wirklich beide Drähte ven einander isolirt seien. Es muſste nämlich alsdann die Multiplicatornadel unbeweglich bleiben.[1] War auf diese Weise die Lage untadelhaft befunden, so wurde sie mit einer filtrirten Lösung von ostindischem Copalharz in wasserfreiem Aether gefirniſst,[2] und die folgende Lage

[1] Ein erster Rahmen, den ich zu wickeln versucht hatte, und der 11900 Windungen besaſs, zeigte sich, wegen Versäumniſs der hier angegebenen Vorsichtsmaſsregeln, völlig unbrauchbar, indem der eine Draht keinen Strom durchließ.

[2] Bei dem eben erwähnten miſsglückten Rahmen hatte ich die Lagen gefirniſst mit dem käuflichen unfiltrirten Schellackfirniſs, wie dies, wenn ich nicht irre, all-

begonnen. Fand ich den Draht irgendwo zerrissen, so wurde er in etwa 10^{mm} Länge zusammengedreht, in einer Strecke von wenigen Millimetern mit Zinn verlöthet und wieder mit Seide bewickelt. Das Zusammendrehen über die Löthung hinaus ist nothwendig, weil das Kupfer durch Legirung mit dem Zinn leicht aufserordentlich brüchig wird. Beim Löthen hat man darauf zu achten, dafs nicht Zacken und Spitzen am Loth sich bilden. Diese drücken sich leicht durch die Seide der benachbarten Windungen bis zur metallischen Berührung hindurch, so dafs entweder Windungen derselben Leitung aufser Thätigkeit, oder beide Leitungen mit einander in Verbindung kommen. Das Wickeln einer jeden Lage erforderte im Durchschnitt über eine halbe Stunde.

Die Seitenwände des Rahmens waren ursprünglich höher gelassen, als nothwendig. Als nun die Windungen begannen an beiden Enden des Rahmens über denselben hervorzuquellen, wurde er von dem keilförmigen Messingstück, seiner bisherigen Axe, gelöst, ein grofses Futter mit dem Support plan abgedreht, der Rahmen mit den noch abzuwickelnden Rollen so darauf befestigt, dafs seine Querleisten der Ebene des Futters parallel liefen, seine unteren Ränder nebst den Fufsbrettern plan abgedreht, dann diese auf das Futter aufgesetzt, und die oberen Ränder bis hart an den Draht gleichfalls plan abgedreht. So waren die oberen und unteren Ränder des Rahmens nach Möglichkeit

gemein üblich ist (S. z. B. oben S. 110). Allein bei der bedeutenden Drahtmasse, welche das Austrocknen verzögerte, zeigten sich beide Drähte noch nach langer Zeit so wenig durch den Firnifs von einander isolirt, dafs schon aus diesem Grunde die Arbeit mehrerer Wochen hätte verworfen werden müssen, da kaum zu hoffen schien, dafs sich dieser Zustand binnen Jahresfrist bessern würde. Der Aetherfirnifs bietet dagegen den ungemeinen Vortheil, fast augenblicklich einzutrocknen, so dafs trotz der ungeheuren Oberfläche, welche sich beide Drähte einander in einem der doppelten Dicke der Bewickelung entsprechenden Abstande darboten (S. oben a. a. O.), zuletzt doch nur eine äufserst schwache Spur vom Probestrom durch den Firnifs ging.

Dafs eine zwischen beiden Drähten bestehende Leitung nicht metallischer Art ist, sondern durch den Firnifs stattfindet, kann man leicht dadurch prüfen, dafs man ein Ende des einen und ein Ende des anderen Drahtes mit den Polen einer Säule in Verbindung setzt, während die beiden anderen Enden von einander isolirt sind. Man läfst den Strom einige Zeit hindurchgehen, und schaltet dann plötzlich, mit Hülfe eines Stromwenders, statt der Säule einen Multiplicator in den Kreis der Drähte ein. War die Leitung metallisch, so bleibt die Nadel in Ruhe. Fand sie durch den Firnifs als feuchten Leiter statt, so sieht man, in Folge der auf den Drähten als Elektroden entwickelten Ladungen, die Nadel im umgekehrten Sinne von dem abweichen, in welchem der Strom der Säule durch die Drähte gesandt worden war.

planparallel und dabei den Querleisten gleichlaufend gemacht, und nun erst wurde der Rahmen ganz voll gewickelt.

Der Spalt zwischen den oberen Windungen wurde während des Wickelns aufser durch die erwähnten elfenbeinernen Streben noch durch drei Messingplatten offen gehalten, wovon die mittlere, welche als Keil wirkte, zuletzt eingebracht und zuerst entfernt wurde, um nicht die Windungen des zarten Drahtes zu verletzen. Um diese Gefahr zu vermindern, die auch wiederkehrt beim Einbringen und Herausnehmen des keilförmigen Messingstückes in den Spielraum für die untere Nadel, würde es sehr zweckmäfsig sein, die Querleisten sowohl unterhalb als oberhalb und die Streben seitlich mit dünnem, festem, glattem Papier, etwa Briefpapier, zu überspannen. Dadurch würde zugleich vermieden werden, dafs etwa lose ausgefallene Windungen, wie auch Seidenfäden von der Bewickelung, störend in den Spalt und den Spielraum hineinragen (S. oben Bd. I. S. 163).

Auf die oberen Ränder des Rahmens wurde unmittelbar die unten näher zu beschreibende Theilung aufgesetzt, und nach Möglichkeit mit demselben centrirt. Dann wurde der Rahmen auf die Messingbüchse aufgeschraubt, so dafs die Ebene der Windungen die des Bügels senkrecht schnitt. Mit der Drehungsaxe der Büchse brauchte der Rahmen übrigens nicht genau centrirt zu werden. Denn die Schraube, welche die Nadel trägt, bewegt sich in einem Aufsatz auf und nieder, der in einem den Bügel krönenden Ring mittelst drei Centrirschrauben die feinsten Verschiebungen erhalten und in jeder Lage festgestellt werden kann. So kann also die Nadel mit dem Rahmen und der Theilung centrirt werden. Da aber der Bügel mit der Büchse in einem Stück drehbar ist, so ist es gleichgültig, ob die Drehungsaxe der Nadel und die der Büchse zusammenfallen oder nicht. Die Drehungswinkel der Büchse, die man an der beweglichen Theilung der Büchse mit Hülfe der unverrückt gedachten Nadel, und diejenigen, die man an der festen Theilung der Rothgufsplatte mit Hülfe der Alhidade der Büchse abliest, werden einander stets gleich sein.

Die Drähte endigen folgendermafsen. An den Anfang und an das Ende jedes derselben ist ein dickerer Draht gelöthet und zu einem Loch in der Seitenwand des Rahmens herausgeführt. Der dickere Draht ist nothwendig, weil der dünne Multiplicatordraht selber leicht einmal im Loch abbrechen könnte, wodurch, wenn dies am äufseren Ende einer Leitung geschähe, der Rahmen wenigstens zeitweise, wenn gar am inneren Ende, für immer unbrauchbar gemacht sein würde. Wo ein dickerer Draht mit einem dünneren verlöthet ist, bricht der letztere gern ab. Dem zu begegnen, sind hier die dicken Drähte in heifser Salpetersäure spitz geätzt worden, so dafs sie in etwa 10^{mm} Länge den Durchmesser des dünneren Drahtes erreichen. Die dicken Enddrähte der einen Leitung sind mit grüner, die der anderen mit rother Seide besponnen.

Die Oberfläche der Büchse bietet jederseits des Rahmens zur Aufnahme der vier Drähte eines beliebigen aufzusetzenden Multiplicatorgewindes zwei durch Elfenbein isolirte Klemmschrauben dar. Sie sind mit vier in gleicher Weise isolirten Klemmschrauben an dem Rande der Rothgufsplatte ein für allemal in Verbindung durch Drähte, welche im Inneren der Büchse mehrmals lose um die Axe geschlungen sind, um die freie Bewegung der Büchse zu gestatten. Die Drähte, die von demselben Paar Klemmschrauben auf einer Seite des Rahmens kommen, sind entsprechend den Enddrähten des Gewindes verschiedenfarbig besponnen, und in ihrem Verlauf in der Büchse in einander geflochten.

(III) N a d e l n.

Die Nadeln sind cylindrisch, scharf zugespitzt und haben folgende Mafse:

Länge der Nadeln	37.5^{mm}
Durchmesser	0.7
Abstand im Lichten	40.5

Sie sind demnach, wie man aus einem Vergleich mit den Angaben Bd. I. S. 165 sieht, viel kürzer und auch dünner, als die des bisher angewandten Multiplicators, wie auch die Mafse des Rahmens dieser Kürze angepafst sind. Trotzdem halten sie sehr gut den Magnetismus. Sie sind folgendermafsen zubereitet. Ein Stück vom besten englischen Stahldraht wurde in einem Bügel so stark gerade ausgespannt, als es ertragen konnte, ohne später im glühenden Zustande zu reifsen. Es wurde glühend gemacht, und in dieser Lage gehärtet. Alsdann wurden zwei benachbarte Strecken davon herausgebrochen, und in siedendem Leinöl angelassen. So erhielt man die Nadeln zugleich möglichst gerade, und von möglichst gleicher Beschaffenheit.

Das Zwischenstück ist aus Schildpatt gearbeitet. Es wiegt, obschon es den Nadeln an Länge gleichkommt, doch nur 0.060^{gr}, beide Nadeln zusammen 0.260^{gr}. Die beiden Löcher für die Nadeln in dem Zwischenstück sind auf der Drehbank mit dem Support gebohrt und mithin ursprünglich parallel. Nichtsdestoweniger zeigt das System die Erscheinung der freiwilligen Ablenkungen (S. oben Bd. I. S. 169) auf's entschiedenste.

Der grofse Abstand der Nadeln liefs eine sehr bequeme Art zu, sie zuerst beide bis zur Sättigung zu streichen, ohne dafs man nöthig gehabt hätte, sie aus ihrer Fassung zu entfernen. Es wurde nämlich das System in einer hölzernen Blechklemme, wie sie Poggendorff zu galvanischen Versuchen angegeben hat,[1] zwischen Korkstückchen eingespannt, mit denen die Backen der Klemme gefüttert waren, und die einander gegenüber liegenden Enden beider Nadeln an den Polen eines Hufeisenmagnetes gleichzeitig gestrichen.[2] Die fernere Abgleichung geschah nach den oben Bd. I. S. 166 dargelegten Grundsätzen durch Schwächung der stets stärkeren oberen Nadel mittelst einer sehr schwach magnetisirten kleinen Nähnadel, womit jene verkehrt gestrichen wurde, d. h. der Nordpol mit dem Nordpol u. s. w.

Die Metallmassen der Büchse und der Bodenplatte des Instrumentes wirken merklich dämpfend auf die Schwingungen des Systemes ein. Obschon dies eigentlich meinem Zwecke nicht entsprach, flüchtige Stromesschwankungen von geringer Gröfse zu beobachten, so fand ich mich doch bald in diesen Uebelstand, da er bei vielen anderen Gelegenheiten sich als bedeutende Annehmlichkeit darstellte.

(iv) Theilung, Art der Ablesung, Vorkehrung gegen die Luftströmungen, und Hemmungen.

Die Theilung besteht aus einer 2.6^{mm} dicken, viereckten Elfenbeinplatte von 64.5^{mm} Seite, deren Mitte, in einem der Länge der Nadeln entsprechenden Kreise, bis auf 0.4^{mm} dünn gedreht ist. Sie ist, nach dem Durchmesser der 90°-Punkte, in zwei Hälften geschnitten. Wegen der Kürze des Halbmessers schreitet die Theilung nur von zwei zu zwei Graden fort.

Da es häufig darauf ankommt, Schwankungen der Gleichgewichtsstellung der Nadel um nur wenige Grade abzulesen, so hat hiezu, abermals wegen der Kürze der Nadel, ein Fernrohr angebracht werden müssen. Neben dem Multiplicator steht ein hölzerner Galgen, dessen wagrechter Arm über der Mitte des Instrumentes endigt. Hier trägt er einen zweiten wagrechten Arm, der an dem ersten drehbar ist in einer mit der Drehungsaxe der Nadel möglichst centrirten Senkrechten.

---

[1] In seinen Annalen u. s. w. 1841. Bd. LII. S. 509. 510.*

[2] Für Nadelpaare von geringerem Abstande wird man dasselbe Verfahren anwenden können, wenn man die Pole des Stahlmagnetes mit Schuhen von weichem Eisen versieht. Ich weifs zur Zeit noch nicht, bis zu welchem Grade es vortheilhaft sein würde, sich zum Streichen der Nadeln astatischer Systeme des galnischen Stromes zu bedienen (Vergl. Elias in Poggendorff's Annalen u. s. w. 1844. Bd. LXII. S. 249.* — R. Boettger ebendas. 1846. Bd. LXVII. S. 112;* — Archives des Sciences physiques et naturelles. 1846. t. I. p. 202.* — Elias in Poggendorff's Annalen u. s. w. 1846. Bd. LXVII. S. 356*)

Von dem beweglichen wagrechten Arme steigt zur Seite der Glocke ein senkrechter Arm nieder, der in eine Klemme ausläuft, in welche das Fernrohr eingespannt ist. So kann dasselbe mit Leichtigkeit die Nadel in jeder Stellung aufsuchen und in's Auge fassen.

Der dickere Rand der Theilung ist bestimmt, einen doppelten Zweck zu erfüllen. Einmal soll er das Werfen des dünnen mittleren Theiles verhüten. Dies thut er jedoch nur unvollkommen, so dafs, um letzteren eben zu erhalten, aufser dem Firnissen noch andere Vorkehrungen getroffen worden sind. Zweitens schützt der erhabene Rand die obere Nadel vor Luftströmungen (S. oben Bd. I. S. 193). Um auch die untere davor zu schützen, sind die Schlitze in den Seitenwänden, durch welche der Spielraum für die untere Nadel sich nach Aufsen öffnet, mit Glasplatten geschlossen. Ich kann demgemäfs sagen, dafs ich, trotz der, wie man sehen wird, fast unendlichen Empfindlichkeit des Nadelpaares, mich an diesem Instrumente noch niemals durch Luftströmungen belästigt gefunden habe.

Statt der vom Aufhängepunkte der Nadel herabhängenden, die Theilung in den 90°-Punkten durchbohrenden Fäden, welche bei dem früheren Multiplicator als Hemmungen dienten (S. oben Bd. I. S. 201), ist hier folgende Anordnung gewählt worden. Von dem dickeren Rande der Theilung aus springen nach jenen Punkten zu äufserst dünne Glimmerplättchen vor, welche gleich Zungen in den Orgelpfeifen mit dem einen Ende zwischen beide Hälften der Theilung eingeklemmt, mit dem anderen freien Ende federnd die obere Nadel aufzufangen bereit sind. Sie leisten dies auf eine äufserst angemessene Weise.

(v) Ablenkungen durch die Drahtmassen und ihre Berichtigung.

Der Draht des Multiplicators ist nicht frei von Magnetismus, und da seine Masse sehr bedeutend ist, so finden auch sehr starke Ablenkungen des Nadelpaares aus der Ebene seiner freiwilligen Ablenkung statt. Sie belaufen sich, wenn die Windungen in diese Ebene eingestellt sind und das System in dem besten Zustande sich befindet, den ich ihm zu ertheilen vermag, auf ± 28°.

Dieser Umstand war, bei den bekannten Eigenschaften des in Berlin gefertigten Kupferdrahtes, vorhergesehen worden, und meine ursprüngliche Absicht war, dagegen den von Ruhmkorff angegebenen Compensator in Anwendung zu bringen, dessen oben Bd. I. S. 189 schon gedacht worden ist. Er besteht aus zwei Magnetstäben, welche mit ungleichnamigen Polen zusammengefügt in der Ebene der freiwilligen Ablenkung und der Verlängerung des Aufhängefadens neben einander angebracht sind. Soll die Astasie vermindert werden, so mufs der untere

Nordpol des compensirenden Systemes dem Südpol der oberen Nadel des astatischen Systemes entsprechen. Es ist eine Vorkehrung da, mit deren Hülfe die beiden Stäbe, gleich den Schenkeln eines Zirkels, um ihren oberen Vereinigungspunkt gedreht und dadurch um gleiche Winkel aus der Senkrechten entfernt werden können. Auf diese Weise vermag man, zwischen gewissen, durch die Maſse und die Stärke der Stäbe, ihre Entfernung von einander und von dem astatischen Systeme bestimmten Grenzen, alle möglichen Stufen der Wirkung auf das letztere auszuüben. Dies Verfahren ist zwar viel weniger leicht ins Werk zu setzen, als das von Melloni angegebene, dessen wir uns in dem bisherigen Laufe dieser Untersuchungen mit allem Vortheil bedient haben, und mit dem es im Wesentlichen ganz auf Eins hinausläuft; dafür bietet es aber auch, wenn einmal die passenden mechanischen Einrichtungen gegeben sind, nicht unerhebliche Vorzüge dar. Man bedarf erstlich nicht mehr, wie zur Aufstellung des Melloni'schen Berichtigungsstabes, eines ausgedehnten Consols (S. oben Bd. I. S. 173); und wenn der Bügel, auf den der Compensator aufgesetzt wird, mit den Windungen drehbar ist, so gewährt jenes Verfahren zweitens die Möglichkeit, bei ausgeführter Compensation den Multiplicator nach Poggendorff's allgemeiner Methode zu graduiren (S. oben Bd. I. S. 198), nachdem man einfach vorher die Drehkräfte des Gewindes + denen des Compensators für jede Stellung der Nadeln gegen die Windungen auf die oben Bd. I. S. 179. 180 angegebene Weise ermittelt hat. Ist der Compensator nicht mit den Windungen drehbar, so geht allerdings dieser Vortheil verloren, man braucht noch eine dritte Versuchsreihe zur Graduation.[1]

Ruhmkorff scheint, nach der von Matteucci gegebenen Abbildung (S. oben a. a. O.), seinen Compensator einfach auf den Glasdeckel des Cylinders seines Multiplicators über der Tragschraube des Nadelpaares aufzusetzen, und die gleiche Ablenkung der um ihre Axe mit Reibung drehbaren Stäbe aus der Senkrechten durch Einstellen mit der Hand nach einer Theilung zu bewirken. An meinem Instrument ist die Einrichtung zu diesem Zwecke folgende.

Der oben S. 482 bereits erwähnte centrirbare Aufsatz auf dem den Bügel krönenden Ring, in welchem die Tragschraube der Nadeln auf und nieder geht, hat oberhalb dieser Schraube noch einen senkrechten konischen Zapfen, der mit der Schraube centrirt ist. Auf den Zapfen wird, mit einer wohlaufgeschliffenen Hülse, ein senkrechtes Messingstück aufgesetzt, welches die Magnete trägt. Jeder der beiden

[1] S. hierüber Helmholtz in Mueller's Archiv für Anatomie und Physiologie u. s. w. 1848. S. 151. 152.

Stäbe ist mit seinem oberen Ende an ein Zahnrad befestigt. Beide Zahnräder, denen das Messingstück zur Platine dient, greifen sicher ineinander. So geschieht es, dafs beide Stäbe stets um gleiche Winkel aus der Senkrechten abgelenkt sind. Sie können nun, mittelst einer passend angebrachten Klemmschraube, in jeder beliebigen Stellung festgestellt werden. Neben dem konischen Zapfen erhebt sich von dem beweglichen Aufsatz aus noch ein senkrechtes Messingstück. Dies kommt zwischen zwei Vorsprünge an der Hülse des Compensators zu liegen. Die Vorsprünge sind mit mikrometrischen Correctionsschrauben versehen, welche gegen das Messingstück spielen und die feine Stellung des magnetischen Systemes im Azimuth beherrschen.

Als ich nun so weit gekommen war, mit diesem Compensator einige Vorversuche anzustellen, gewahrte ich mit Staunen, dafs der Multiplicator, trotz der so viel gröfseren Anzahl seiner Windungen, dem vortheilhaften Bau aller seiner Theile und den vortrefflichen Eigenschaften seines Nadelpaares, den bisher angewandten nicht sehr an Empfindlichkeit übertraf. Der Strom des Gastroknemius warf die Nadel an die Hemmung, und hielt sie auf 25 — 30° beständiger Ablenkung; der Strom des Ischiadicus trieb sie nur bis 20° oder 25° ausschlagsweise, und hielt sie beständig auf 8 — 10°.

Es gab sich jedoch, unter diesen Umständen, ein Unterschied von der Erscheinungsweise an dem älteren Multiplicator zu erkennen, der mich bald auf die richtige Spur führte, um von dem neuen Instrumente das zu erhalten, was ich davon zu erwarten berechtigt war. Die Nadel desselben schwang nämlich, bei ungefähr gleicher Empfindlichkeit, und trotz dem dämpfenden Einflusse der benachbarten Metallmassen, aufserordentlich viel schneller als die Nadel des Multiplicators von nur 4650 Windungen. Sie vollzog diese Schwingungen unter dem vereinigten Einflusse der Kräfte der Erde, des Compensators und der Drahtmassen. Die geringe Empfindlichkeit rührte nun offenbar daher, dafs die Summe der beiden ersteren Kräfte hatte so grofs gemacht werden müssen, um die letztere Kraft eben zu überwiegen, in der Gegend der Theilung, in welcher sie die Nadel vom Nullpunkt abzulenken strebt. Die ablenkende Kraft der Drahtmassen ist eine durch die Natur, die Mafse und die Gestalt des Gewindes gegebene. Es scheint somit auf den ersten Blick, als sei dadurch auch die Grenze der Astasie unwiderruflich bestimmt, welche dem System überhaupt gelassen werden dürfe, damit es auf dem Nullpunkt verharre. Allein eben hier lag der Fehler, den ich begangen hatte, und eine mir bisher unbemerkt gebliebene Lücke in den oben Bd. I. S. 184 ff. mitgetheilten Betrachtungen über die verschiedenen Arten der Compensation. Die Sache ist diese.

Der Melloni'sche, der Ruhmkorff'sche, genug alle ähnlichen Berichtigungsmagnete wirken wegen ihres Abstandes vom astatischen System auf allen Punkten der Theilung mit einer fast gleichen Resultante auf die Nadel. Die wagerechte tangentiale Componente dieser Resultante ist Null im Nullpunkt, und fällt zusammen mit der Resultante selber im 90°-Punkte. Die Curve der störenden Kräfte schneidet aber die Sinuscurve der Erdkraft in einiger Entfernung vom Nullpunkte. und später sogar die zur Abscissenaxe entwickelte Theilung ungefähr in der Gegend, welche der Diagonale des Rahmens entspricht. Ueber den ersten dieser Schneidepunkte hinaus also bringt der Compensator, ohne allen Nutzen, einen mächtigen, immer steigenden Verlust an Empfindlichkeit hervor. Da das Maximum der Curve der störenden Kräfte dem Nullpunkte sehr nahe liegt, zwischen 5° und 10°, so wird schon sofort über dieses Maximum hinaus unnützerweise eine grofse Einbufse an Empfindlichkeit stattfinden. Bei Multiplicatoren von geringer Drahtmasse mag diese Einbufse nicht in Anschlag kommen gegen die übrigen Vorzüge der in Rede stehenden Compensationsmethode, die Leichtigkeit ihrer Verwirklichung mit mechanischer Vollkommenheit und die Zuverlässigkeit der Wirkung grösserer sorgsam gehärteter Stahlstäbe. Allein in unserem Falle ist dem nicht mehr so; jener Verlust übersteigt durchaus das erträgliche Mafs. Es ist demnach klar, es mufs auf eine andere Weise der Berichtigung gesonnen werden, welche der Nadel nicht nur gerade so viel an Astasie nimmt, dafs sie auf dem Nullpunkte verweilen könne, sondern auch sie der Astasie nur in der Gegend beraubt, wo es nothwendig ist, nämlich etwa innerhalb der ersten 25° Grade der Theilung.

In der That, es führt diese Betrachtung zu der Vorstellung einer möglichst vollkommenen Compensation. Man denke sich die Ordinaten der Curve der störenden Kräfte $O\alpha sB$ (Fig. 125. Taf. IV. Vergl. dazu die Fig. 1 — 4. Taf. I. Bd. I. und ebendas. S. 177), von denen der Sinuscurve OsM abgezogen und die Ordinatenunterschiede als Differenzencurve aufgetragen, so erhält man zwischen dem Nullpunkte und der Abscisse des Schneidepunktes s eine Kuppe $O\alpha' s'$, deren Ordinaten ablenkend wirken. Diese Ordinaten gilt es in der Weise zu compensiren, dafs der Ueberschufs der compensirenden Kräfte möglichst klein sei und stetig nach dem Punkte s' hin zunehme, und dafs die compensirenden Kräfte jenseits dieses Punktes, wo sie beginnen sich zu den Erdkräften hinzuzufügen, zwar möglichst schnell, aber doch, damit keine Discontinuität stattfinde, allmälig ein Ende nehmen. Die Curve $O\alpha''\beta$ in der Figur würde diesem Ideal einer berichtigenden Curve entsprechen; es ginge schliefslich hervor die einlenkende Curve $O\gamma\delta\beta'$.

Das Mittel, eine solche berichtigende Curve wenigstens annähernd herzustellen, liegt bereits in dem Vorigen angedeutet. Es muſs der Abstand der Nadel von dem Compensator bei ihrer Ablenkung vom Nullpunkte schnell wachsen, damit seine Wirkung gleich der der Drahtmassen schnell abnehme. Es muſs also der Compensator dem Nullpunkte sehr nahe, und zugleich, entsprechend dieser Nähe, auſserordentlich viel schwächerer Beschaffenheit sein, als die vormals angewandten. Ich suchte dies zuerst dadurch zu verwirklichen, daſs ich, nach Kleiner's Angabe (S. oben Bd. I. S. 186), den Spalt zwischen den oberen Windungen mit einer stetigen Kupfermasse ausfüllte. Zwar rühren die störenden Kräfte des Gewindes nicht allein her von der Vertheilung der oberen Windungen in zwei symmetrische Hälften, sondern auch von der länglich viereckten Gestalt desselben. Allein ich durfte hoffen, daſs die Stetigkeit der Kupfermassen, welche ich in den Spalt einbrachte, einen solchen Ueberschuſs an anziehenden Kräften über ein gleiches Raummaſs des Gewindes selber bedingen würde, daſs dadurch die Wirkung der viereckten Gestalt desselben auch noch überwogen werden würde. Diese Hoffnung war nichtig; das Verfahren, welches ich an dem früheren Multiplicator, vermuthlich der viel gröſseren Breite des Spaltes halber, so wirksam gefunden hatte, erwies sich hier fast ganz erfolglos. Ja sogar Neusilbermassen, wodurch ich nun die kupfernen ersetzte, brachten eine Verminderung der Ablenkungen durch das Gewinde um nur 2 — 4° hervor.

Es blieb mir daher nichts übrig, als zu einem Berichtigungsverfahren meine Zuflucht zu nehmen, dessen ich mich vor sechs Jahren, bei meinen ersten Multiplicatorversuchen, bereits bedient hatte, es aber, wegen der groſsen Schwierigkeiten seiner mechanischen Verwirklichung, alsbald mit dem Melloni'schen vertauscht hatte, so wie mir die Arbeit dieses Physikers in den *Archives de l'Électricité* (S. oben Bd. I. S. 189) zu Händen gekommen war. Es ist das nämliche, welches H. Schroeder in Mannheim um dieselbe Zeit (1841) in Poggendorff's *Annalen* u. s. w. beschrieb (S. oben Bd. I. S. 188). Es besteht darin, daſs ein Stückchen weiches Eisen, dem einen Pole der oberen Nadel gegenüber und sehr nahe, so lange verkleinert und verschoben wird, bis es eben ausreicht, sie in der den Windungen parallelen Stellung festzuhalten.

Die mechanische Schwierigkeit des Verfahrens liegt zum Theil in der Kleinheit der Verschiebungen, deren man zu diesem Behufe bedarf. Bei dem Melloni'schen Berichtigungsverfahren ist oft eine seitliche Verrückung des um 2 — 4^{dcm} entfernten Stabes um 1 — 2^{mm} von wesentlichem Einflusse auf die Stellung der Nadel. Hier handelt es sich um

Winkelbewegungen von derselben Gröfse, aber bei einem Halbmesser von nur 2 — 3^{cm}, wobei der Bogen also nur noch geringe Bruchtheile vom Millimeter beträgt. Defshalb hatte schon der Ruhmkorff'sche Compensator, mit Hülfe mikrometrischer Correctionsschrauben, eine so feine Stellung im Azimuth erhalten müssen. Dasselbe gilt von der Näherung und Entfernung des compensirenden Eisenstückchens. Die leiseste Verrückung bringt eine merkliche Veränderung hervor in der Schwingungsdauer der Nadel zunächst dem Nullpunkte, während bei Melloni's Anordnung ein Unterschied in der Entfernung des Stabes um 5^{mm} an der Nadel kaum gespürt wird, beim Ruhmkorff'schen Compensator eine feine Winkelbewegung der Magnete innerhalb ihrer senkrechten Ebene sich gleichfalls als entbehrlich erweist.

Ein anderer Uebelstand, den das neue Verfahren mit sich bringt, beruht darauf, dafs die berichtigende Vorrichtung unter der Glasdecke des Instrumentes befindlich ist. Diese mufs also, bei jeder Veränderung, die man an jener vornehmen will, entfernt werden. Dadurch wird es, wegen der dabei unvermeidlichen Erschütterung und der Luftströmungen, unmöglich, sofort an der Nadel den Erfolg der Veränderung zu beurtheilen. Nicht nur dafs solchergestalt das Geschäft der Berichtigung aufserordentlich erschwert und verzögert wird, sondern da die Nothwendigkeit kleiner Correctionen der Stellung des Eisenstückchens fortwährend wiederkehrt, so ist auch nicht zu umgehen, dafs tagtäglich einem feindseligen Elemente, dem Staube, zum Inneren des Instrumentes der Zutritt verstattet werde. Ein Umstand, dessen Gewicht freilich nur derjenige zu würdigen wissen wird, dem es begegnet ist, stundenlang durch ein Stäubchen im Spielraum der unteren Nadel des Multiplicators gefoppt und der Verzweiflung nahe gebracht worden zu sein.

Die an meinem Multiplicator von Hrn. Halske nachträglich getroffene Einrichtung besiegt die beiden so eben bezeichneten Schwierigkeiten auf das vollständigste. Sie gewährt die Möglichkeit, von aufsen, ohne die Glocke abzuheben, das Eisenstückchen mit mikrometrischer Feinheit vor dem einen Pol der oberen Nadel nach rechts und links, wie auch vor- und rückwärts zu bewegen. Eine nähere Beschreibung derselben erscheint indefs hier nicht statthaft. Sie möchte einmal, ohne ausgedehnte Abbildungen, nicht leicht verständlich ausfallen. Für's zweite ist die Vorrichtung den an meinem Instrumente bereits gegebenen Verhältnissen, welche ursprünglich auf Anwendung des Ruhmkorff'schen Verfahrens berechnet waren, erst nachmals angepafst worden. Es kommt ihr demnach auch kein absoluter Werth zu, sondern man würde, wenn man von Haus aus auf dasselbe Ziel hinarbeitete, noch auf anderem Wege, und alsdann vielleicht einfacher und leichter, eben dahin zu gelangen im Stande sein.

Dem sei wie ihm wolle, es hatte mit Hülfe dieser Vorrichtung für mich keine Schwierigkeit mehr, die Nadel durch die Ziehkräfte eines weichen Eisenstückchens auf dem Nullpunkt zu fesseln. Aber es stellte sich noch immer ein bedeutender Uebelstand heraus. Ich fand jetzt nämlich, dafs der Multiplicator, für einigermafsen starke Ströme, ausnehmend an Empfindlichkeit zugenommen hatte. Der Muskelstrom warf die Nadel mit unbeschreiblicher Heftigkeit an die Hemmung und hielt sie, wenigstens in den ersten Augenblicken, wider dieselbe gelehnt. Der Nervenstrom dagegen, namentlich aber noch schwächere elektromotorische Wirkungen, z. B. diejenige zwischen verschiedenen Punkten des Längsschnittes des Nerven, vermochten manchmal die Nadel kaum vom Nullpunkte zu entfernen; erst wenn sie eine gewisse Gröfse der Ablenkung überschritten hatte, ging sie langsam, aber alsdann fast in's Unbegrenzte weiter. Versetzte ich die Nadel in Schwingungen mit Hülfe eines Magnetstäbchens, so war es seltsam zu sehen, wie sie, von hohen Breiten der Theilung gemächlich sich dem Nullpunkt nähernd, plötzlich von den Kräften des Eisenstückchens erfafst, und nach einigen kleinen und schnellen Schwingungen gewaltsam zur Ruhe gebracht wurde.

Abermals lag der begangene Fehler, sobald die Erfahrung auf ihn aufmerksam gemacht hatte, klar am Tage. Das weiche Eisen wirkte auf dem Nullpunkte zu stark, wenn ihm eine solche Masse ertheilt worden war, dafs seine Kraft vermochte, bis zu den Schneidepunkten der Curve der störenden Kräfte mit den Sinuscurven der Erdkraft hin den Ueberschufs der störenden Kräfte über die Erdkräfte zu überwiegen. Ich mufste suchen, eine Anordnung magnetischer Kräfte herzustellen, welche, bei geringerer Wirkung in der Nähe, ebenso weit in die Ferne reichte. Diese Bedingung ist unschwer zu erfüllen; ein magnetisirtes Stahlstück leistet ihr vollständig Genüge. Denn da das weiche Eisen seine magnetische Kraft erst empfängt von dem nächsten Pole der Nadel her, so ist klar, dafs die anziehenden Kräfte desselben nach einer höheren Potenz der Entfernung abnehmen müssen, als die von dem Stahle ausgehenden, welche, wenn gleich die Nadel auch hier nicht ohne verstärkende Wirkung bleiben wird, doch als einigermafsen unabhängig von dem Abstande derselben anzusehen sind.

Ich strich daher eine Perlnadel feinster Art bis zur Sättigung, brach die Spitze in der Länge von 0.5^{mm} ab, und brachte sie, mit ihrem einen Pole dem freundlichen Pole der oberen Nadel zugekehrt, an die Stelle des weichen Eisenstückchens.

Diese Art der Berichtigung erwies sich nun als vollkommen dem Zweck entsprechend. Die Nadel erfuhr auf dem Nullpunkte keine auffallende Beschleunigung ihrer Schwingungen mehr. Die durch schwache und die durch starke Ströme bewirkten Ausschläge standen zu einander in einem geeigneten Verhältnisse.

Endlich der Multiplicator leistete jetzt das, was von ihm verlangt worden war. Der Ischiadicus des Frosches warf die Nadel desselben mit Heftigkeit an die Hemmung und hielt sie in einer beständigen Ablenkung von 40—50°. Der Muskelstrom hielt sie beständig an die Hemmung gelehnt. Eine GROVE'sche Kette gab 60° Ausschlag und 40° beständiger Ablenkung durch eine Weingeistflamme hindurch, welche Kupferelektroden bei 5^{mm} Abstand von einander in einer Oberfläche von etwa 15 Quadratcentimetern bespühlte [1]. Die ungemeine Beweglichkeit des Nadelpaares an und für sich mag aus folgendem Versuch erhellen. Ein Stück Eisendraht wurde an beiden Enden mit Stücken Kupferdraht zusammengeflochten. Die freien Enden des letzteren wurden in die äufsersten Klemmschrauben des Multiplicators gebracht. Erwärmte ich die eine Lothstelle dieses thermoëlektrischen Bügels, indem ich sie, mit Wachstaffent bekleidet, zwischen die Finger nahm, so erfolgte ein Ausschlag von mehreren Graden in der Richtung vom Kupfer zum Eisen in der erwärmten Stelle. Wurde die Lothstelle in eine Weingeistflamme gebracht, so erhielt ich in entgegengesetzter Richtung 60° beständiger Ablenkung.

Die neue Art der Berichtigung bringt mehrere Umstände mit sich, die der Erwähnung werth sind. Bei dem MELLONI'schen oder RUHMKORFF'schen Verfahren ist es gleichgültig, welchen Grad der Astasie man dem Nadelpaar ertheilt, wofern er nur hinreichend ist, um dasselbe zu verhindern, den Nullpunkt einzuhalten. Man fügt alsdann, mit Hülfe des Berichtigungsstabes, dem Systeme gerade soviel Richtkraft hinzu, dafs dasselbe den Nullpunkt einhält, und es wird, innerhalb der hier geltenden Grenzen der Genauigkeit, gleichgültig sein, wieviel von der Summe der Kräfte, welche dazu nothwendig ist, der Erde, wieviel dem Berichtigungsstabe angehört. Denn wegen der Entfernung des letzteren wird seine Kraft näherungsweise wie die der Erde mit dem Sinus der Ablenkung wachsen. Bei der nun erwählten Art der Compensation ist dies nicht mehr der Fall. Da die compensirenden Kräfte mit merklicher Stärke nur bis an den Schneidepunkt

[1] Vergl. FARADAY, Experimental Researches in Electricity. Reprinted from the Philosophical Transactions. London 1839. vol. I. p. 79. Series III. January 1833. No. 271 — 274.* — THOMAS ANDREWS in the Philosophical Magazine etc. 3. Series. 1836. vol. IX. p. 176;* — POGGENDORFF's Annalen u. s. w. 1838. Bd. XLIII. S. 314.*

der störenden Curve mit der Sinuscurve der Erdkraft reichen sollen, so hängt in geringer Entfernung vom Nullpunkte die Beweglichkeit des Systemes schon sehr, später ganz allein von seiner Astasie ab. Diese würde somit möglichst weit zu treiben sein, wenn nicht folgender Uebelstand wäre, der ihr ein Ziel zu setzen kommt.

Es geschieht nämlich, wenigstens an meinem Instrumente, aber wegen einer geringen Asymmetrie des Gewindes auch nur auf der einen Seite des Nullpunktes, dafs bei einem gewissen Grade der Astasie die Nadel durch Ströme von einer bestimmten Stärke nicht in einer bestimmten Ablenkung gehalten wird, sondern dafs sie zwei Lagen festen Gleichgewichtes hat. Der Grund davon ist leicht zu zergliedern.

Je gröfser die Astasie des Systemes ist, um so weniger steil fallen die Sinuscurven OM der Erdkraft in Fig. 125. Taf. IV. aus, um so steiler folglich die ersten Ansteigungen der Curven der ablenkenden Kräfte, $O\alpha' s'$ in der Figur, welche übrig bleiben, wenn man die Ordinaten der Sinuscurven von denen der ursprünglichen störenden Curven, $O\alpha s B$, abzieht. Um so steiler müssen also auch die ersten Ansteigungen der Curven der berichtigenden Kräfte gemacht werden. Bei gegebener Kraft des berichtigenden Stahlstückchens geschieht dies durch Näherbringen desselben an den freundlichen Pol der oberen Nadel. Dies hat nun an meinem Instrumente zur Folge, dafs die schliefslich entspringende Curve der einlenkenden Kräfte $O\gamma\delta\beta'$ auf der einen Seite des Nullpunktes ein Maximum erhält, jenseits dessen sie sich abermals der Abscissenaxe nähert, um sich erst dann nach dem 90°-Punkte zu mit stetigem Wachsthum ihrer Ordinaten zu erheben. Es erfüllt also der Ueberschufs der compensirenden über die ablenkenden Kräfte zwischen O und s' nicht mehr die Forderung, die wir oben S. 488 an ihn stellten, stetig nach s' hin zu wachsen. Sondern die Sache sieht jetzt etwa so aus wie in Fig. 126. Taf. IV, welche keiner Erläuterung bedarf, da die Bezeichnungen aus Fig. 125 beibehalten sind. Hieraus entstehen aber, wenn wir nunmehr die einlenkende Curve $O\gamma\delta\beta'$ mit einer ablenkenden Stromescurve in Conflict gerathen lassen, für einen gewissen Bereich von Stromstärken, ein Schneidepunkt labilen und zwei Schneidepunkte festen Gleichgewichtes der Nadel. Man sieht dies leicht in der Figur. Die lang punktirte Curve ist nämlich die der ablenkenden Stromeskräfte, deren eigenthümliche Gestalt, mit einem Minimum auf der Nulllinie und einem Maximum in einiger Entfernung von derselben, bedingt wird durch den Spalt zwischen den oberen Windungen.[1] Der Schneidepunkt labilen Gleichgewichtes ist mit l, die des

[1] Vergl. Poggendorff in seinen Annalen u. s. w. 1842. Bd. LVI. S. 339. Taf. II. Fig. 4.° — Helmholtz in Moeller's Archiv u. s. w. 1848. S. 152.°

festen sind mit σ, σ' bezeichnet. In diesem Zustande ist der Multiplicator begreiflich unbrauchbar. Man mufs alsdann entweder die Astasie bis zu dem erforderlichen Grade vermindern, oder das Berichtigungsstäbchen verstärken und aus gröfserer Ferne wirken lassen, wodurch man sich wiederum dem Melloni'schen Verfahren nähert.

Ein anderer Uebelstand des neuen Berichtigungsverfahrens liegt darin, dafs der Nullpunkt nicht mehr, wie sonst, und vorzüglich wie bei der Melloni'schen Methode (S. oben Bd. I. S. 190), als der Sitz der gröfsten Empfindlichkeit zu betrachten ist. Wenn man auch die Gestalt der einlenkenden Curve dahin zu verbessern vermag, dafs der die beiden Schneidepunkte festen Gleichgewichtes bedingende Höcker zu einem sanfteren Uebergang verstrichen wird, die Curve scheint vom Nullpunkt aus stets mit einer gröfseren Steilheit emporzusteigen, als ihr in einiger Entfernung von demselben eigen ist. Sie bleibt gestaltet etwa wie die kurzpunktirte Curve in Fig. 126. Trotzdem ist die Empfindlichkeit auf dem Nullpunkte immer noch ungeheuer. Sollte es sich indefs darum handeln, z. B. eine ausnehmend kleine Schwankung der Stromstärke sichtbar zu machen, und die Nadel sollte, durch den Wettstreit zwischen dem ursprünglichen im Sinken begriffenen Strome und dem der Ladungen gerade auf dem Nullpunkte gefesselt sein, so wird man allerdings wohl daran thun, durch einen in gehörigem Abstande seitlich angebrachten Magnetstab ihre Gleichgewichtsstellung in einige Entfernung von jenem Punkte, über die steile Strecke der einlenkenden Curve hinaus, zu verlegen.

3. Vorversuche mit dem Multiplicator von 24160 Windungen.

(1) Vom Gebrauch des Multiplicators von 24160 Windungen.

Der Bau des in Rede stehenden Instrumentes war allerdings erst eben beabsichtigt zur Zeit, wo ich im ersten Bande dieses Werkes die Beschreibung eines Multiplicators für thierisch-elektrische Ströme in den Druck gab. Allein auch wenn derselbe bereits vollendet gewesen wäre, würde ich dennoch Anstand genommen haben, ihn bereits an jener Stelle zu erwähnen, um nicht zu der Meinung Veranlassung zu geben, als sei ein Instrument von so aufserordentlicher Empfindlichkeit nothwendig zu der Wiederholung meiner Untersuchungen. Ich bevorworte vielmehr hier ausdrücklich, von allen bis jetzt beschriebenen Erscheinungen mit Ausnahme einiger feinerer Bemerkungen ist keine, welche so bedeutende Hülfsmittel in Anspruch nähme zu ihrer Bestätigung. Für den Muskelstrom ist der Multiplicator von 24160 Windungen im zuletzt beschriebenen Zustande geradezu unbrauchbar, da alle Nadelbewegungen in viel zu hohen Breiten der Theilung vor sich gehen, um irgend zartere Unterschiede wahrnehmen zu lassen, aufserdem die Astasie des Nadelpaares durch die übermäfsige Heftigkeit der Wirkungen bald zu Grunde gehen würde. Um ihn für diesen Zweck geeignet zu machen, mufs vielmehr eine Nebenschliefsung zur halben Länge des Gewindes angebracht werden. Was den Strom des ruhenden Nerven, den elektrotonischen Zustand und die negative Stromesschwankung beim elektrischen Tetanisiren betrifft, so ist es natürlich leichter, eine Menge dieselben betreffende Punkte an einem Instrumente nachzuweisen, welches einen Spielraum der Nadel von 90° an die Stelle eines solchen von 20° setzt, und im Verhältnifs zu dem älteren Multiplicator wie ein zusammengesetztes Mikroskop zu einem Doublet erscheint. Allein fast sämmtliche bisher mitgetheilte Ergebnisse sind mit jenem unvollkommneren Werkzeuge gewonnen worden, und Matteucci und Longet befinden sich völlig im Irrthum, wenn sie behaupten: »qu'il n'existe aucune trace de courants électriques dans les nerfs des animaux vivants, appréciable à l'aide des instruments que l'on possède aujourd'hui« (S. oben S. 249). Ich würde, mit dem von ihnen benutzten Multiplicator von 2500 Windungen, namentlich mit einem 70″ schwingenden Nadelpaare, wie sie es besafsen, den Strom des Ischiadnerven vom Frosche, vollends vom Pferde, ganz unzweifelhaft nachzuweisen mich anheischig machen. Nur für die in diesem Paragraphen beabsichtigten Versuche reicht der Multiplicator von 4650 Windungen nicht mehr aus; für diese bedarf man der ungewöhnlichen Empfindlichkeit des neuen Instrumentes, und ich abrathe jedem, der nicht im Besitz eines demselben gleichkommenden ist, sich der Wiederholung zu unterziehen. Seine Bemühungen würden vergeblich bleiben. Da aber diese Versuche die wichtigsten sind, welche überhaupt hinsichtlich des Nervenstromes angestellt werden können, so wollen wir dem neuen Multiplicator, als demjenigen Instrumente, welches allein vermögend ist, sie und mithin den ganzen Kreis der Erscheinungen des Nervenstromes zu zeigen, den Namen beilegen des Multiplicators für den Nervenstrom, im Gegensatz zu dem älteren Multiplicator, der hinfort als Multiplicator für den Muskelstrom bezeichnet werden mag.

Ich hegte die Besorgnifs, es würde nicht möglich sein, die Platinplatten in den Zuleitungsgefäfsen für den neuen Multiplicator hinreichend gleichartig zu erhalten. Diese Besorgnifs erwies sich zwar als unbegründet, insofern die Vorrichtung, frisch zusammengesetzt und einige Zeit geschlossen gehalten, die Nadel desselben beim Aufnehmen in ihren Kreis eben so in Ruhe liefs, als die des Multiplicators für den Muskelstrom. Eine völlige Gleichartigkeit konnte also erreicht werden. Allein allerdings gehörte dazu eine ausnehmende Sorgfalt und jener wünschenswerthe Zustand war leider immer nur von kurzer Dauer. Alle Versuche daher, bei welchen es nicht blos darauf ankommt, Veränderungen eines beständigen Stromes wahrzunehmen, sondern wodurch das Dasein eines schwachen Stromes durch die von Null ausgehende Nadelbewegung dargethan werden soll, sind an diesem Instrument im höchsten Grade zeitraubend anzustellen.

(ıı) **Untersuchung des elektrotonischen Zustandes am Multiplicator für den Nervenstrom. Beschreibung eines eigenthümlichen, an empfindlichen Multiplicatoren bemerkbaren Phaenomens der Nebenschliefsung, nebst einer daraus entspringenden Vorschrift für die Aufstellung solcher Multiplicatoren.**

Ich begann meine Arbeiten mit dem Multiplicator für den Nervenstrom, indem ich fast alle Versuche über den elektrotonischen Zustand einer nochmaligen Prüfung unterwarf. Ich fand die früheren Ergebnisse bestätigt, konnte aber allerdings noch manche Einzelheiten hinzufügen, wie z. B. die Beobachtung der verschiedenen Abhängigkeit der Gröfse der beiden Zuwachse von der Länge der erregten Strecke, u. dgl. m. Die Erscheinungen erreichen beiläufig, wie man sich dies dem Gesagten nach auch bereits vorstellen kann, eine sehr bedeutende Gröfse. Beim Eintritt der positiven Phase des elektrotonischen Zustandes unter dem Einflusse der mittleren erregenden Stromstärke sieht man die Nadel, wenn der Nerv nur einigermafsen Leistungsfähigkeit besitzt, aus ihrer etwa 40° betragenden beständigen Ablenkung mit Heftigkeit wider die Hemmung fliegen, und sich dann beständig auf 60 — 70° einstellen. Beim Umlegen der Wippe wird sie durch den Nullpunkt wider die negative Hemmung geschleudert und bleibt, wegen der Ladungen, vor der Hand an dieselbe gelehnt.

Bei Gelegenheit der Wiederholung der Versuche über den elektrotonischen Zustand mit dem neuen Instrumente ereignete sich folgender Zwischenfall, den ich nicht unerwähnt lassen will, da sich einmal eine wichtige praktische Vorschrift daraus entnehmen läfst, und da er mir für's zweite ein recht anschauliches Bild zu gewähren scheint von den unberechenbaren Störungen, die bei so zarten Versuchen sich in den Gang der Beobachtungen eindrängen, durch endlose Plänkeleien gleichsam die Spannkraft des Forschers erschöpfen und seine Aufmerksamkeit von dem Hauptziel der Unternehmung ablenken.

Man erinnert sich vom vierten Kapitel und dem Anfange dieses Kapitels her, wie wichtig es uns war, durch die unwidersprechlichsten

Zeugnisse darzuthun, dafs unter den Umständen, unter welchen wir das Tetanisiren des Muskels auf elektrischem Wege ausführten und die Veränderung des Nervenstromes durch den elektrotonischen Zustand beobachteten, keine Spur des erregenden Stromes in den Multiplicatorkreis einbrechen könne (S. oben S. 41. 295. Vergl. S. 430). Eine Art, diesen Nachweis zu führen, bestand in Folgendem. Wir liefsen einen weit stärkeren Strom, als derjenige war, dessen wir uns zur Erregung des Nerven bedienten, durch einen feuchten Leiter von den Leitungsverhältnissen des Nerven gehen, dessen eines Ende auf den stromzuführenden Platinenden ruhte, während das andere zwischen den Bäuschen den Multiplicatorkreis schlofs; gleich als wäre dieser Leiter ein Nerv, und als sollte an ihm der elektrotonische Zustand beobachtet werden. Es zeigte sich nun, dafs in der That bei dieser Anordnung, durch einen mit destillirtem Wasser, Speichel, Eiweifs, Froschblut getränkten Zwirnsfaden, von dem Strome einer sechsgliederigen Grove'schen Säule keine Spur in den Multiplicatorkreis überging, die an dem damals in Anwendung gebrachten Instrumente wahrnehmbar gewesen wäre. Späterhin wünschten wir uns zu überzeugen, dafs allein die Nerven, nicht auch andere feuchte Leiter, die Erscheinungen des elektrotonischen Zustandes zu zeigen vermögen. Hiezu reichten die obigen Versuche nicht hin, sondern wir dehnten dieselben noch auf verschiedene Elektrolyte aus, die zum Theil mit hervorstechenden Eigenschaften begabt sind, auf Chlornatrium-, Jodkalium-, Kalihydratlösung, verdünnte Schwefelsäure und Salpetersäure. Allein auch hier blieb jede Spur von Wirkung an der Nadel aus (S. oben S. 330).

Es mufste mir natürlich daran liegen, diese Thatsache jetzt auch mit Hülfe des Multiplicators für den Nervenstrom zu bestätigen. Ich befolgte ganz die eben in Erinnerung gebrachte Versuchsweise, und fand, nicht ohne Mifsbehagen, dafs allerdings bei den schlechteren unter den aufgeführten feuchten Leitern die Nadel nicht in Ruhe blieb, sondern, wenn gleich äufserst schwach (3 — 5° Ausschlag), gerade in dem Sinne abgelenkt wurde, als ob ein Nerv im elektrotonischen Zustand aufgelegen hätte.

Man erinnert sich nun ferner vom vierten Kapitel und dem Anfange dieses Kapitels her, dafs wir folgenden Grundunterschied erkannt hatten zwischen der Erscheinungsweise des elektrotonischen Zustandes und der Wirkung von Schlingen des erregenden Stromes, die in den Multiplicatorkreis einbrechen. Diese letztere Wirkung behält ihre Richtung bei, gleichviel welchen Bausch der feuchte Faden oder Streifen zuerst berührt, dessen eines Ende die Säule zwischen den Platinenden, das andere den Multiplicatorkreis zwischen den Bäuschen schliefst.

Nur unter ganz besonderen Verhältnissen der Leitung, die bei einem Faden nicht vorausgesetzt werden können, findet Umkehr dieser Richtung statt. Anders der im elektrotonischen Zustande begriffene Nerv; hier wechselt stets die Richtung der Wirkung mit dem Bausch, welchen der Nerv von den Elektroden aus zuerst berührt (Vergl. oben S. 42. 296).

Mit Hülfe dieses Kennzeichens schritt ich nun zu der Ermittelung, ob ich es in dem Falle der feuchten Fäden mit Schlingen des erregenden Stromes, oder mit einem dem der Nerven ähnlichen elektrotonischen Zustande zu thun habe. Ich fand, zu meinem Erstaunen, dem Anschein nach das letztere. Die Wirkungen kehrten sich mit dem Umlegen der Fäden auf den Bäuschen stets um und blieben stets so gerichtet, dafs sie in dem Faden scheinbar den Sinn des erregenden Stromes einhielten. Ich wiederholte nun auch die Durchschneidung und Unterbindung eines im elektrotonischen Zustande befindlichen Nerven in der Strecke zwischen den Blechen und Bäuschen, und sah, mit wachsendem Befremden, auch hier eine Spur von Veränderung des Nervenstromes, anscheinend durch elektrotonischen Zustand, jene Vorkehrungen überdauern.

Es blieb mir nun nichts übrig, als anzunehmen, dafs entweder schlecht leitende Elektrolyte wirklich gleichfalls jenes Zustandes fähig sind, und dafs diese Eigenschaft sich im unversehrten Nerven nur zu einem freilich ausnehmend überlegenen Grade gesteigert findet; oder dafs hier, wie in dem Falle des rechtwinklig geknifften Fliefspapierstreifens bei loser Falte, durch unbekannte Leitungsverhältnisse die Umkehr der Wirkungsrichtung je nach dem zuerst berührten Bausche vermittelt ward. Die Unmöglichkeit, diesen Vorgang zu begreifen, das Ausbleiben der Wirkungen bei besser leitenden Flüssigkeiten, endlich der Umstand, dafs ihre Richtung immer so beschaffen war, wie sie auch ein Nerv im elektrotonischen Zustand gezeigt haben würde, alles dieses vereint machte die letztere Annahme so unwahrscheinlich, dafs ich mich schon in die erstere gefunden hatte, als ein glücklicher Zufall mir aus dieser Verlegenheit half.

Es geschah einmal, während ich immer von Neuem die räthselhafte Versuchsreihe durchmachte, dafs ich ganz ähnliche Wirkungen auftreten sah, obschon, wie ich nachher bemerkte, der Multiplicator sich durch Unachtsamkeit gar nicht im Kreise der Bäusche befand. Die Drähte, welche von den beiden Zuleitungsgefäfsen ausgehen, liefen vielmehr zur einen der beiden festen Klemmschrauben hin, die, in das Galvanometerconsol gebohrt, stets mit dem Multiplicator in Verbindung sind. Dies ist nämlich die Art und Weise, wie die Vorrichtung, während sie unthätig aber zu Versuchen bereit steht, behufs der Gleichartigkeit der Platinplatten ohne Unterlafs geschlossen gehalten wird (S. oben Bd. I. S. 205). War das den Bäuschen zunächst gelegene Ende die positive Elektrode, so wurde die Nadel so abgelenkt, als ob sich ein Strom von diesem Platinende durch den feuchten Faden, die beiden Zuleitungsgefäfse, ihre Drähte u. s. w. in das Multiplicatorende ergossen hätte, womit letztere in Verbindung standen. Die Wirkung kehrte sich um, wenn entweder die Drähte der Zuleitungsgefäfse mit dem anderen Multiplicatorende verbunden oder der Strom zwischen den stromzuführenden Platinenden umgekehrt wurde.

Ich glaubte zuerst, es vielleicht in sofern versehen zu haben, als irgend ein Theil des Kreises der sechsgliederigen Grove'schen Säule oder eine dadurch elektromagnetisirte Eisenmasse (S. oben S. 49) aus der Ferne auf die Nadel wirkte. Freilich blieb dabei unbegreiflich, wie sich diese Wirkung hätte umkehren sollen, wenn ich die Drähte der Zuleitungsgefäfse statt mit dem einen, mit dem anderen Multiplicatorende in Verbindung setzte. Auch ging die Nichtigkeit jener Voraussetzung alsbald daraus hervor, dafs die Nadel ganz in Ruhe blieb, wenn die Säule, durch Aneinanderschieben der Platinbleche der stromzuführenden Vorrichtung, metallisch geschlossen, und die Wippe des eingeschalteten Stromwenders von Zeit zu Zeit umgelegt wurde.

Es blieb hiernach nur die Vorstellung übrig, dafs der Multiplicator von der Säule nicht hinlänglich isolirt war, obschon diese in einer anderen Ecke des Zimmers in einem Porzellantroge stand und obschon die Drähte, welche ihre Pole mit der stromzuführenden Vorrichtung verbanden, durch ihren Seiden- und Harzüberzug überall hinreichend gesichert schienen. Die Richtigkeit dieser Muthmafsung bestätigte sich in folgender Versuchsreihe.

Ich liefs zuerst den die Säule unvollkommen schliefsenden Leiter fort, d. h. den Theil des Fadens zwischen den Blechen, der der erregten Strecke des Nerven entspricht. Die Wirkung blieb, ja sie hatte an Stärke zugenommen. Ich öffnete nun den Kreis der Zuleitungsgefäfse, so dafs die Verbindung des den Bäuschen näheren Platinendes mit dem einen Multiplicatorende nur noch vermittelt war durch den feuchten Faden, das eine Zuleitungsgefäfs und den zugehörigen Draht. Die Wirkung blieb wie vorher. Ich ging noch weiter; ich entfernte die Zuleitungsgefäfse, die stromzuführende Vorrichtung nebst dem feuchten Faden ganz und gar und verband das eine Multiplicatorende, mit Ausschlufs der festen Klemmschrauben im Galvanometerconsol, unmittelbar durch einen Draht mit dem einen Pol der Säule. Auch jetzt war die Wirkung noch in derselben Art und Stärke vorhanden.

Die Erklärung dieser Erscheinung ist meiner Meinung nach folgende. In Fig. 127. Taf. IV. stellen *E* und *M* in gewohnter Weise die Säule und den Multiplicator vor. Der Kreis der Säule ist durch das eine Ende eines feuchten Fadens geschlossen, dessen anderes Ende durch die beiden Bäusche, die Zuleitungsgefäſse und deren Drähte, wovon der eine mit *8*, der andere nur punktirte mit *9* bezeichnet ist, mit dem einen Multiplicatorende in Verbindung steht. Nach der Beschaffenheit der Vorrichtung war kein Grund vorhanden anzunehmen, daſs eine vorzugsweise Verbindung eines der beiden Multiplicatorenden mit einem der beiden Pole der Säule stattfand. Vielmehr muſs man sich denken, daſs beide Multiplicatorenden mit beiden Polen durch geheime Wege von gleichem und sehr groſsem Widerstande verknüpft seien. Die Leitungen *3*, *4*, *5* und *6* in der Figur sollen diese Wege vorstellen.

Ich erinnere nun zuerst an den besondern Fall von linearer Verzweigung elektrischer Ströme, der von Wheatstone [1], Kirchhoff [2], Wilhelm Weber und Poggendorff [3], zuletzt auch von Knochenhauer [4] behandelt worden ist. Ein Strom verzweigt sich zwischen zweien Drähten, zwischen denen ein dritter als Brücke quer angebracht ist. S. Fig. 128. Taf. IV. Soll der Strom in der Brücke = Null sein, so muſs sein $w_1 : w_2 :: w_3 : w_4$, wenn $w_1, w_2, \ldots$ die Widerstände der Drähte *1*, *2*... bedeuten. Ist diese Bedingung nicht erfüllt, so herrscht ein Strom in der Brücke. Bildet man die Producte der Widerstände der vier an die Brücke stoſsenden Zweigbahnen über's Kreuz $(w_2 w_3, w_1 w_4)$, so ist die Richtung des Stromes in der Brücke diejenige von dem Zweigdraht vor der Brücke zu dem Zweigdraht hinter der Brücke, für welche dieses Product das kleinere ist. S. die Figur.

Kehren wir jetzt zurück zur vorigen Figur. Man sieht leicht, daſs wir die Leitungen *3*, *4*, *5*, *6* mit den Leitungen *1*, *2*, *3*, *4* der Fig. 128, den Multiplicatordraht aber mit der Brücke in dieser Figur vergleichen können. Da wir aber Gleichheit der Widerstände w_3, w_4, w_5, w_6 annehmen, so kann, vermöge dieser Leitungen allein, kein Strom entstehen in der Brücke. Aber auch die Leitungen *1*, *2*, *3*, *4* in Fig. 127

[1] Philosophical Transactions etc. For the Year 1843. P. II. p. 323*; — Annales de Chimie et de Phys. Février 1844. 3. Série. t. X. p. 291*; — Poggendorff's Annalen u. s. w. 1844. Bd. LXII. S. 535.*

[2] Poggendorff's Annalen u. s. w. 1845. Bd. LXIV. S. 512*. — 1847. Bd. LXXII. S. 497.*

[3] Ebendas. 1846. Bd. LXVII. S. 273*; — Annales de Chimie et de Physique. Octobre 1846. 3. Série. t. XVIII. p. 489.*

[4] Poggendorff's Annalen u. s. w. 1846. Bd. LXVIII. S. 136.*

können wir den gleichbezifferten der folgenden Figur an die Seite stellen, und alsdann der Brücke vergleichen nicht nur wie vorher den Multiplicatordraht allein, sondern denselben nebst der ganzen irgendwie beschaffenen Reihe von Leitern, durch die sein eines Ende mit dem einen Platinende der stromzuführenden Vorrichtung verknüpft wird. Bilden wir nun über's Kreuz die Producte der Widerstände der vier an die Brücke stofsenden Zweigbahnen, so sieht man, kann nicht mehr Gleichgewicht herrschen in der Brücke, weil nämlich die Leitungen w_1 und w_2 unterschieden sind um den Widerstand der Strecke des feuchten Fadens, welche, der erregten Strecke des Nerven zu vergleichen, in den Kreis der Säule zwischen den Platinenden eingeschaltet ist. Das Product $w_2\, w_3$ ist das kleinere; die Richtung des Stromes in dem Multiplicatordrahte mufs also diejenige sein, welche die Figur zeigt.

Ist diese Erklärung die richtige, so müssen die Wirkungen am Multiplicator verschwinden, sobald wir den Leitungen *1* und *2* einerlei Widerstand ertheilen.

Dies ist nun wirklich der Fall. Ich verband die beiden Platinbleche, welche in möglichst grofse Entfernung von einander gebracht waren, durch einen feuchten Faden, und legte einen anderen feuchten Faden mit seinem einen Ende auf den Schliefsungsbausch der Zuleitungsgefäfse auf, welche beide mit dem einen Multiplicatorende verbunden waren, während ich das andere Ende des Fadens auf verschiedene Punkte des zwischen den Platinenden befindlichen ersten feuchten Fadens brachte. Geschah dies in der Mitte, so blieb die Nadel ruhig. Geschah es an dem einen oder an dem anderen Ende des Fadens, so wurde sie in dem einen und anderen Sinne abgelenkt, in dem in der Figur sichtbaren z. B., wenn das berührte Ende des Fadens das dem Platin der Säule nähere war. Legte ich den ableitenden Faden auf die Mitte des unvollkommen schliefsenden auf, wobei die Nadel, wie schon gesagt, in Ruhe blieb, und veränderte den Widerstand der beiden Hälften des letzteren Fadens, indem ich längs der einen Hälfte einen dicken, mit gesättigter Kochsalzlösung getränkten Bausch legte, so erhielt ich Wirkungen gerade so, als ob ich mit dem ableitenden Faden mich an das Ende des unvollkommen schliefsenden begeben hätte, welches der Hälfte von vermindertem Widerstande entsprach.

Die Wirkungen müssen ferner um so gröfser werden, je gröfser man die Ungleichheit der beiden Leitungen *1* und *2* macht, am gröfsten begreiflich, wenn man durch Entfernen des Theiles des feuchten Fadens zwischen den Blechen die Kette aus dem Zustande der unvollkommenen Schliefsung in denjenigen einer scheinbar offenen Kette überführt. Dies fand statt in den drei Fällen, welche oben S. 499 beschrieben sind; und in der That zeigten sich in denselben die Wirkungen verstärkt. Das Ersetzen des feuchten Fadens durch eine rein metallische Leitung in dem dritten Falle konnte dagegen zu keiner merklichen Verstärkung Anlafs geben, weil der Widerstand des Fadens gegen den der geheimen Wege *3*, *4* ohnehin verschwindend klein gewesen sein mochte.

Es kann sonach an der Richtigkeit der ausgesprochenen Vermuthung kein Zweifel mehr sein. Es bleibt aber noch übrig, auf derselben Grundlage der mangelhaften Isolation des Multiplicators die Erklärung der Wirkungen zu geben, welche an den feuchten, nach Art der Nerven aufgelegten Fäden die Erscheinungen des elektrotonischen Zustandes so täuschend nachahmen. Dies gelingt auch leicht in folgender Gestalt.

Die Anordnung, bei der sich diese Wirkungen kund geben, unterscheidet sich von der letztbetrachteten wesentlich dadurch, dafs nun die Drähte der beiden Zuleitungsgefäfse, statt mit einem und demselben Multiplicatorende, mit beiden Multiplicatorenden in Verbindung gesetzt sind. S. 7 und 8 in der Figur 127. Taf. IV. Zuerst mufs bemerkt werden, dafs auch hier die Wirkungen, und zwar gleichfalls stärker, fortdauerten, wenn ich, statt mit dem einen Ende der Fäden die Säule zwischen den stromzuführenden Platinenden zu schliessen, dieses Ende blos auf das den Bäuschen nähere Blech auflegte. Noch immer hatten alsdann die Wirkungen die Richtung derjenigen, die ein Nerv im elektrotonischen Zustande gezeigt haben würde: noch immer kehrten sie sich mit dem Bausch um, den der Faden von den Blechen aus zuerst berührte. Klar also war nun bereits, dafs keinenfalls, um diese Wirkungen zu deuten, gedacht zu werden braucht an einen elektrotonischen Zustand der Elektrolyte, womit die Fäden getränkt sind. Es fragte sich aber, wie bei Verbindung nur des einen Poles der Säule durch einen feuchten Faden mit den beiden Zuleitungsgefäfsen, deren jedes mit einem Multiplicatorende in Verbindung steht, noch eine Wirkung in bestimmter Richtung auf die Nadel durch den Zweigstrom ausgeübt werden könne, der doch g l e i c h m ä f s i g in beide Multiplicatorenden einzubrechen s c h e i n t.

Bei näherer Betrachtung zeigt sich's jedoch, dafs diese Gleichmäfsigkeit in der That nur scheinbar ist. Denn auf der Seite des Bausches, den der Faden zuerst berührt, hat der Strom nur den Weg durch den Bausch, das Zuleitungsgefäfs u. s. w. zum einen Multiplicatorende zurückzulegen; auf der anderen Seite kommt zu diesem Widerstande noch der bedeutende des Theiles des Fadens hinzu, der zwischen beiden Bäuschen, entsprechend der abgeleiteten Strecke des Nerven, gelegen ist.

Durch diese Bemerkung sind wir auf den rechten Weg gebracht, um den Vorgang zu zergliedern. Es ist nämlich deutlich, dafs die Leitungen *5*, *8*, *3*, *7*, wovon *5* und *3* geheime Wege von grofsem und gleichem Widerstande, wiederum zu vergleichen sind mit den Leitungen *1*, *2*, *3*, *4*, des Wheatstone'schen Stromnetzes, so zwar, dafs der Multiplicatordraht die Brücke zwischen den beiden Zweigströmen in diesem Netze vorstellt. Die Leitung 7 hat, wie so eben erörtert wurde, einen kleineren Widerstand als die Leitung *8*. Es ist also auch das Product $w_7\, w_5 < w_8\, w_3$; d. h. es mufs in dem Multiplicatordraht ein Strom vorhanden sein in der Richtung von *7* nach *5*, womit die Beobachtung stimmt. Legt man den Faden auf den Bäuschen um, so wird das Product $w_8\, w_3$ das kleinere, und demgemäfs kehrt sich der Strom im Multiplicatordrahte um.

Dafs diese Erklärung die richtige sei, zeigt nachstehende Versuchsreihe. Ich verband wiederum, mit Ausschlufs der Zuleitungsgefäfse, den Multiplicator unmittelbar mit dem einen Pole der Säule, diesmal aber beide Multiplicatorenden durch gleiche Drahtleitungen. Nun blieb die Nadel ganz in Ruhe. Als ich aber in die eine, oder in die andere dieser beiden Leitungen die beiden Zuleitungsgefäfse mit dem Schliessungsbausche, als eine Strecke schlechter Leitung, einschaltete, trat die Wirkung wieder hervor, in dem Sinne, als ob das metallisch verbundene Ende allein mit dem Pole der Säule verknüpft gewesen wäre.

Nun wurden beide Zuleitungsgefäfse mit beiden Multiplicatorenden verknüpft, und von beiden aus feuchte Fäden von gleicher Länge nach dem einen stromzuführenden Platinende gezogen, welches mit dem einen Pole der Säule in Verbindung war. Jede Wirkung blieb aus. Auf der einen Seite wurde der feuchte Faden entfernt und durch einen kurzen und dicken Bausch ersetzt, der mit gesättigter Kochsalzlösung getränkt war, während der feuchte Faden destillirtes Wasser enthielt. Die Ablenkung erfolgte in dem Sinne, als ob allein das durch den Salz-Bausch mit dem Pole der Säule verknüpfte Zuleitungsgefäfs mit dem Multiplicator verkettet gewesen wäre. Es wurden beide Bäusche durch einen feuchten Faden miteinander verbunden, und ein zweiter feuchter Faden berührte mit seinem einen Ende das stromzuführende Platinblech, während sein anderes Ende auf verschiedenen Punkten des ersten feuchten Fadens aufgelegt wurde. Geschah dies in der Mitte, so blieb die Nadel ruhig. Geschah es näher dem einen Bausch oder gar auf dem einen Bausche selber, so wurde sie in dem Sinne abgelenkt, als ob dieser Bausch allein mit dem einen Pole der Säule verbunden gewesen wäre.

Man sieht daher, alle Veränderungen der Anordnung, welche dahin gehen, die Producte $w_7 w_5$, $w_8 w_3$ einander gleich zu machen, heben jene Wirkung auf; hingegen alle Veränderungen, welche eine Ungleichheit jener Producte dadurch herbeiführen, dafs sie einen Unterschied zwischen w_7 und w_8 bedingen, rufen die Wirkung hervor.

Es bleibt uns übrig, die Erscheinung in ihrer ganzen Verwickelung, wie sie sich uns zuerst dargeboten hat, zu betrachten; in dem Falle nämlich, der in der Fig. 127 abgebildet ist, wo der feuchte Faden nicht allein mit seinem einen Ende die Bäusche, sondern zugleich mit seinem anderen die stromzuführenden Bleche überbrückt, wo er also völlig nach Art eines Nerven aufgelegt ist, an dem der elektrotonische Zustand beobachtet werden soll. In diesem Falle findet eine doppelte Brückenbildung statt. Und zwar bilden die Leitungen *1*, *2* einerseits, die [*3*, *5*], [*4*, *6*] andererseits zusammen das WHEATSTONE'sche Stromnetz, wozu die Strecke des feuchten Fadens zwischen Blechen und Bäuschen und die Leitungen [*7*, *8*] die Brücke abgeben. Der Strom in dieser Brücke wird bedingt durch die Ungleichheit der Widerstände w_1, w_2, welche von der Strecke des Fadens zwischen den stromzuführenden Platinenden herrührt. Das zweite WHEATSTONE'sche Stromnetz aber, zu dem der Multiplicatordraht allein die Brücke abgiebt, bilden die Leitungen *7*, *8*, *3*, *5*. Hier wird der Strom in der Brücke bedingt durch die Ungleichheit der Widerstände w_7, w_8, welche von der Strecke des Fadens zwischen den Bäuschen herrührt.

Verfolgt man die jedesmalige Richtung des Stromes im Multiplicatordrahte, in dem Kreise des Multiplicators und der Zuleitungsgefäfse bis zwischen die Bäusche unter der Voraussetzung, dafs in diesem Kreise ein in sich wiederkehrender Strom herrscht, so fällt sie daselbst zusammen mit der des erregenden Stromes, wie der punktirte Pfeil zeigt. Es hat daher den Anschein, als befinde sich der Faden im elektrotonischen Zustande, eine Uebereinstimmung, welche sich auch noch erhält, wenn man entweder den Strom der Kette in dem Faden umkehrt oder den Faden auf den Bäuschen umlegt. Nichtsdestoweniger ist dieser Anschein ganz trüglich, da in dem Multiplicatorkreise gar kein in sich wiederkehrender Strom herrscht, sondern die Strömung in der Strecke des Fadens zwischen den Bäuschen, wie auch sonst in der Leitung *8*, statt von dem Multiplicator fort, vielmehr gleichfalls, nur mit geringerer Stärke als in der Leitung *7*, nach dem Multiplicator hin gerichtet ist.

Dafs der Strom in der Leitung *8* wirklich diesen Sinn einhält, war übrigens leicht zu zeigen. Ich verstärkte die Säule und ertheilte dem Multiplicator für den Muskelstrom den höchsten Grad der Empfindlichkeit, deren derselbe fähig ist. Dann stellte ich ihn mit seinen drei Stellschrauben auf Glasplatten, und schaltete ihn, dergestalt isolirt, abwechselnd in die Leitungen *7* und *8* ein. Es ergab sich, dafs in beiden ein Strom nach dem Multiplicator für den Nervenstrom zu herrschte, in *7* stärker als in *8*, und dafs also wirklich in dem Kreise des Multiplicators für den Nervenstrom, der Leitungen *7* und *8*, und der Bäusche nebst der dazwischen begriffenen Strecke feuchten Fadens, kein in sich wiederkehrender Strom stattfindet.

Es ist nun auch ganz einsichtlich, weshalb nur schlecht leitende Elektrolyte, mit denen man die feuchten Fäden tränkt, auf diese Weise einen elektrotonischen Zustand gleich dem der Nerven vorspiegeln. Nämlich bei besser leitenden Elektrolyten kommt kein hinreichender Unterschied der Producte der Widerstände der Leitungen vor und hinter den Brücken über's Kreuz zustande, um zu einem merklichen Strome in den Brücken Anlafs zu geben, weil dieser Unterschied eben zum Factor hat das eine Mal den Widerstand der feuchten Fäden zwischen den stromzuführenden Platinenden, das andere Mal den derselben Fäden zwischen den Bäuschen.

Nunmehr versuchte ich schliefslich, durch Vervollkommnung der Isolation der beiden Kreise von einander, der Erscheinung überhaupt ein Ende zu machen. Dazu gehörte aber nichts Geringeres, als dafs die beiden Kreise jeder einzeln durch Luft, Glas und Harz isolirt wurden. Isolation des Kreises der Säule allein reichte nicht aus. Ich sah mich daher zuletzt sogar genöthigt, die bisherige Aufstellung des Multiplicators aufzugeben, um unter die Fufsplatten desselben, welche die Stellschrauben tragen, Stücke Spiegelglas anbringen zu können. Dies wird fortan bei Aufstellung empfindlicher Multiplicatoren wohl zu berücksichtigen sein.

Auch die in's Galvanometerconsol gebohrten Klemmschrauben werden aus diesem Grunde künftig mit Glas durchbrochene Säulen haben müssen. So wird man auch wohl thun, auf das Brett, auf dem die Zuleitungsgefäfse stehen (S. oben Bd. I. S. 214), eine Spiegelplatte sogleich aufkitten zu lassen. Denn sowohl dieses, als die stromzuführende Vorrichtung, der Stromwender, beim Tetanisiren mit der Kette der Inversor, Alles mufste auf Glas gestellt werden. Der Kurbelgriff des Inversors erhielt einen Ueberzug von Guttapercha. Endlich die verquickten Kupferhaken, deren ich mich zu bedienen pflege, um die Ketten in Quecksilber bequem zu schliefsen und zu öffnen, wurden fortan aus mit Guttapercha bekleidetem, zu unterirdischen Telegraphenleitungen bestimmtem Drahte genommen, damit nicht, beim Handhaben derselben, eine Ableitung durch den Körper stattfinde.

Bei alledem war, unter günstigen Umständen, immer noch eine leise Spur jener Wirkung, etwa im Bereich eines halben Grades, bemerkbar. Dieselbe verdiente jedoch, in praktischer Hinsicht, keine Beachtung mehr. Denn sie trat erst bei Stromstärken hervor, wie sie nur äufserst selten zur Erregung angewendet werden, und gegen die Wirkungen der Nerven verschwand sie stets ganz und gar.

Zu den Umständen, welche ihr Erscheinen begünstigten, gehörte übrigens entschieden die Feuchtigkeit der Witterung. Bei trockenem Wetter, wie es uns der Nordstrom zu bringen pflegt, welches aber der schnellen Vertrocknung der Nerven halber wenig geeignet ist zu zarten Versuchen an denselben (S. oben S. 381), pflegte jene Spur nicht allein zu fehlen, sondern es konnte auch alsdann ohne Gefahr mit den Schutzmafsregeln nachgelassen werden. Da man nicht wohl geneigt sein wird, an eine Leitung durch die Luft zu glauben, so scheint daraus hervorzugehen, dafs es die hygroskopische Eigenschaft der Oberfläche der Körper ist, auf der die mangelhafte Isolation beruhte.

Die Isolirung des Multiplicators für den Nervenstrom selbst bot jetzt noch eine Gelegenheit dar, die oben gegebene Theorie der Erscheinungen zu erhärten, welche an dem nach Art der Nerven aufgelegten feuchten Faden einen elektrotonischen Zustand vorspiegeln. Ich verband nämlich den isolirten Multiplicator durch einen Draht mit einer gegen das trockene Consol geschraubten Kupferplatte. Sofort stellten sich jene Wirkungen wieder ein. Nun wurde der gleichfalls isolirte Multiplicator für den Muskelstrom, in dem oben erwähnten Zustande höchster Empfindlichkeit, in den Draht eingeschaltet, der den Multiplicator für den Nervenstrom mit dem Consol, d. h. dem Erdboden verband. Es zeigte sich darin ein Strom in der richtigen Richtung, und beträchtlich stärker als bei Einschaltung des Multiplicators in eine der Leitungen *7* und *8* Fig. 127. Taf. IV. In der That, um die jetzige Anordnung in dieser Figur wiederzuerkennen, hat man sich nur zu denken, dafs die Leitungen *3*, *5* in einer gewissen Strecke mit einander verschmolzen seien, so dafs man darin das Aequivalent der ganzen Strömung hat, die sich von der vorderen Elektrode überhaupt nach den Bäuschen zu ergiefst, um sich in ungleichem Mafse in die Zweige *7* und *8* zu vertheilen.

(III) Untersuchung der negativen Schwankung des Nervenstromes beim Tetanisiren auf elektrischem Wege an dem neuen Multiplicator.

Wie die Versuche über den elektrotonischen Zustand, habe ich auch diejenigen über die negative Schwankung des Nervenstromes beim

Tetanisiren auf elektrischem Wege, soweit sie bisher beschrieben sind, einer Prüfung an dem neuen Multiplicator unterworfen und die angegebenen Thatsachen durchweg bestätigt gefunden. Die Schwankung erscheint bei Anwendung einer mittleren Stromstärke nun nicht viel kleiner als die entsprechende des Muskelstromes bei der Zusammenziehung am Multiplicator von 4650 Windungen. Sie kann im Ganzen bis 40° betragen, und läfst sich begreiflich nun auch mit viel schwächeren Strömen und viel öfter an dem nämlichen Nerven sichtbar machen als an jenem Instrumente. Einige feinere Ergebnisse, z. B. die positive Wirkung beim Tetanisiren wenig erregbarer Nerven mit dem Inversor bei n nahe $= 1$ (S. oben S. 470), sind bereits mit dem neuen Multiplicator gewonnen.

4. Von der negativen Schwankung des Nervenstromes beim Tetanisiren auf anderem als elektrischem Wege.

(1) Vorbemerkungen.

Wir schreiten jetzt dazu, mit Hülfe des neuen Instrumentes, die Versuche zu wiederholen, für welche dasselbe eigends erbaut worden ist. Es handelte sich, wie man sich erinnert, darum, die negative Schwankung, die uns der Nervenstrom beim Tetanisiren auf elektrischem Wege kundgegeben hatte, nun auch bei anderen Arten der Erregung wahrzunehmen. Unsere Bemühungen danach waren, bei Anwendung des Multiplicators von 4650 Windungen, so gut wie vergeblich geblieben. Sie scheiterten aber, defs hielten wir uns für überzeugt, allein an der Unempfindlichkeit des Stromprüfers. Eine leise Andeutung einer negativen Bewegung der Nadel, die wir mehrmals beobachteten, bestärkte uns in dieser Ueberzeugung (S. oben S. 475). Die Wichtigkeit der Frage schien uns hinlänglich grofs, um nichts unversucht zu lassen, sie zur Entscheidung zu bringen. Wir entschlossen uns zu dem Bau des neuen Multiplicators. Jetzt wollen wir zusehen, ob wir, bei diesem Unternehmen, der Spielball einer leeren Hoffnung gewesen sind, oder ob es das Schicksal besser mit uns gemeint hat, ob die feste Zuversicht, aus der uns die Ausdauer erwuchs zur Hinwegräumung dieser neuen Hindernisse, auf einer richtigen Vorauserkenntnifs der Natur beruhte.

Ich bin so glücklich, das letztere bestätigen zu dürfen. Wirklich gelingt es, mit dem Multiplicator von 24160 Windungen, während des Tetanisirens der Nerven auf anderem als elektrischem Wege, eine negative Schwankung ihres Stromes zu gewahren. Ich kann jedoch nicht umhin, zu bevorworten, dafs auch so noch diese Erscheinung zu den zartesten gehört, welche das Gebiet der experimentellen Wissenschaft aufzuweisen haben mag. Auch so noch geht stets eine grofse Mehrheit von Versuchen an den zahllosen Schwierigkeiten zu Grunde, von denen ihr Gelingen umgeben ist. Stets bleibt dasselbe mehr oder weniger in der Hand des Zufalls. Selbst als ich mich, für jede der hier zu schildernden Versuchsweisen, durch wochenlanges unablässiges Wiederholen in der Blüthe der Uebung befand, durfte ich nicht wagen, für den glücklichen Ausgang, für den bejahenden Erfolg eines einzigen Versuches einzustehen. Und ich kann mir, mufs ich bekennen, weder von dem experimentellen Geschick noch von den Hülfsmitteln eine Vorstellung machen, für und durch welche diese Beobachtungen von der Grenze unserer Wahrnehmungsfähigkeit, wo sie jetzt stehen, jemals der gewöhnlichen Mitte feinerer thatsächlicher Prüfungen näher gebracht werden sollten.

Die Schwierigkeiten sind im Wesentlichen zweierlei Art. Ein Theil derselben beruht auf der Mangelhaftigkeit aller Arten des Tetanisirens im Vergleich zu derjenigen auf elektrischem Wege. Die Sicherheit der Versuche leidet darunter um so mehr, als mehrentheils die Anordnung es mit sich bringt, dafs man durch kein äufseres Anzeichen, weder Muskelzusammenziehung noch Schmerzbezeugung, in Kenntnifs gesetzt wird von dem Erfolge des Tetanisirens in dem Nerven. Man entbehrt somit der Controlle, welche beim Tetanisiren der Muskeln daraus hervorgeht, dafs einer kräftigen Zusammenziehung eine lebhafte Wirkung an der Nadel entsprechen mufs, während ein Ausbleiben der Nadelbewegung sich durch das Ausbleiben des Tetanus erklärt und entschuldigt findet. Allein auch wenn die verschiedenen Verfahrungsarten zum Tetanisiren die besten Dienste leisten, deren sie fähig sind, steht dennoch die Wirksamkeit der meisten von ihnen dem Tetanisiren auf elektrischem Wege aufserordentlich nach. Insbesondere ist dies der Fall in Betreff der Dauer der Erregung, welche hier nach Willkür bis zur Erschöpfung fortgesetzt werden kann, bei den anderen Methoden hingegen durch mancherlei Bedingungen meist auf wenige Secunden eingeschränkt bleibt (Vergl. oben S. 475).

Eine andere, und zwar die bedenklichere Gruppe von Uebelständen, rührt daher, dafs es sich darum handelt, eine sehr kleine negative Bewegung sicher aufzufassen an einer Nadel, die, wenige Augenblicke ausgenommen, meist schon von selber in fortwährendem Sinken begriffen ist. Die Nadel pflegt nämlich, wenigstens in der heifsen Jahreszeit, nachdem sie sich von ihren ersten heftigen Schwingungen erholt hat, folgenden eigenthümlichen Gang zu nehmen. Sie stellt sich zuerst zwischen 40° und 50° scheinbar beständig ein, wie oben S. 492 angegeben worden ist. Dann fängt sie an, äufserst langsam zwar, aber stetig nach dem Nullpunkte zu sinken, ohne dabei in Schwingungen zu gerathen. Zwischen 20° und 10°, wo demnach die empfindlichste Gegend der Theilung zu suchen ist, wie dies auch die Theorie verlangt (S. oben S. 494), sinkt sie plötzlich schneller und setzt sich bei etwa 10° zum zweitenmal nach einigen kurzen Schwingungen fest. Hier verharrt sie lange in Ruhe, geht aber doch auch manchmal dem Nullpunkte noch näher, schlägt auch wohl durch denselben hindurch u. s. f. Das Ganze dauert natürlich viele Minuten.

Beim elektrotonischen Zustande und beim Tetanisiren auf elektrischem Wege kann man sehr gut Beobachtungen anstellen, während die Nadel im langsamen Sinken begriffen ist. Bei der gewaltigen Gröfse der Wirkungen ist keine Möglichkeit vorhanden, diese Wirkungen zu verwechseln mit einer plötzlich von selber eintretenden schnelleren Rückbewegung der Nadel, wie solche wohl vorkommt.

Für die negative Stromesschwankung beim Tetanisiren auf anderem als elektrischem Wege ist hingegen jene Möglichkeit allerdings vorhanden und sehr zu berücksichtigen. Verpafst man die beiden Augenblicke der beständigen Ablenkung der Nadel, wenn der Zeitpunkt des Tetanisirens in die Hand des Beobachters gegeben ist, oder fällt der Tetanus, wenn er freiwillig hereinbricht, nicht mit ihnen zusammen, so ist meistens die Beobachtung dahin, da nur noch eine plötzliche Beschleunigung der Nadelbewegung, mehrentheils kaum von einem Rückschwunge gefolgt, sich wahrnehmen läfst, wie sie aber erwähntermafsen auch mehr oder weniger häufig und ausgesprochen von selber den stetigen Gang des Sinkens zu unterbrechen kommt. Tetanisirt man bei dem ersten Ruhepunkte der Nadel, so wird fast immer die negative Nadelbewegung das Zeichen zum Beginn des dauernden Sinkens derselben. Es ist deshalb am zweckmäfsigsten, den zweiten Ruhepunkt abzuwarten. Die Gefahr, durch ein mit dem Tetanisiren zu gleicher Zeit eintretendes freiwilliges Sinken der Nadel getäuscht zu werden, ist an dieser Stelle viel geringer als an der ersteren, und da die zweite Stelle dem Punkte gröfster Empfindlichkeit des Instrumentes näher gelegen ist, so mufs der nämlichen Stromesschwankung hier zugleich eine beträchtlichere Nadelbewegung entsprechen.

Die Thiere, die man zu diesen Versuchen benutzt, müssen natürlich im besten Kräftezustande sein. Es ist nicht daran zu denken, die Versuche im Winter an ausgehungerten Fröschen anzustellen. Die Nerven müssen ganz frisch bereitet sein. Um ihr schnelles Vertrocknen zu verhüten, hat man sie vor dem Auflegen mit Blutwasser vom Frosche zu bepinseln. Indessen verzichte man darauf, bei trockenem und heifsem Wetter diese Versuche glücken zu sehen. Nur in wenigen Fällen gestattet es die Natur des zum Tetanisiren angewandten Verfahrens, den nämlichen Nerven demselben zweimal nacheinander zu unterwerfen, und meist ist dies Ansinnen alsdann vergeblich.

Hiermit ist der Kreis der allgemeinen Bemerkungen erschöpft, welche auf die folgenden Versuche Anwendung finden, und wir schreiten nunmehr zu dem Einzelnen der verschiedenen Verfahrungsarten.

Beim Tetanisiren auf elektrischem Wege ist schon bemerkt worden, dafs die negative Stromesschwankung sich in den Nerven sowohl in aufsteigender als in absteigender Richtung fortpflanzt (S. oben S. 425. 426). Auch bei dem auf nicht elektrischem Wege vermittelten Tetanisiren ist dies der Fall. Unter den dazu geeigneten Verfahrungsarten sind jedoch mehrere, welche nur für eine Richtung des ursprünglichen Stromes Geltung haben, die andere vollständig ausschliefsen. Wir werden, in nachstehender Darlegung, beginnen mit denjenigen Versuchsweisen, welche eine einseitige absteigende Wirkungsrichtung in den Nerven bedingen, und durch diejenigen hindurch, wobei eine Prüfung nach beiden Seiten hin möglich ist, zu den wenigen schreiten, welche allein die aufsteigende Richtung zulassen.

(II) Tetanisiren vom Rückenmark aus durch Strychninvergiftung und mechanische oder kaustische Mifshandlung.

Bei der Strychninvergiftung wird, wie man sich erinnert (S. oben S. 55), der Frosch auf den dazu bestimmten Rahmen befestigt, vergiftet, die Arteria iliaca communis sinistra unterbunden, und der Nerv, hier natürlich ohne den Gastroknemius, von der Knickehle bis an die Wirbelsäule frei zugerichtet, um mit seinem freien unteren Ende mit Längs- und Querschnitt über die Bäusche gebreitet zu werden. Diese Zurichtung wird, wie ich der Wichtigkeit des Versuches halber hier nachträglich bemerken will, wesentlich erleichtert durch Berücksichtigung folgender Vorschriften.

Bei der Erweiterung der Hautwunde über dem linken Darmbeine nach vorn und nach hinten hat man sich zu hüten vor Verletzung gröfserer Blutgefäfse, wodurch lästige Blutungen herbeigeführt werden. Es ist dazu nur nöthig, vor Ausführung jedes Schnittes sich die Hautstelle, wohin man ihn richten will, immer erst von der inneren Seite zu betrachten.

Der Muskelschnitt, die Lostrennung des Ileo-coccygeus Dug. vom Darmbeine, beginnt man mit einem geraden Scalpell, dessen Spitze man in die Nuth längs der inneren Fläche des Knochens setzt, und darin mit aller Sicherheit von hinten nach vorn führen kann. Es bleibt alsdann noch eine dünne Schicht Muskelfleisch unzerschnitten zurück, durch welche man, bei kleineren Thieren, das Sitzbeingeflecht schon hervorschimmern sieht. Diese Schicht trennt man am besten mit einer kleinen spitzen Cooper'schen Scheere. Man hat sich aber, wenn man dabei zuerst in die Bauchhöhle gelangt, wohl in Acht zu nehmen vor Verletzung der sich leicht hervordrängenden Nierengefäfse, wodurch äufserst heftige Blutungen entstehen.

In der Gegend des Hüftgelenkes wird der Sitzbeinnerv durch die Aeste, die er zu den Oberschenkelmuskeln abgiebt, fest in seiner tiefen Lage zwischen den Muskeln niedergehalten. Es wird sehr schwer, ihm beizukommen, wenn der Frosch eine ganz gestreckte Lage hat, wie das Ausspannen auf dem Rahmen sie mit sich bringt (Vergl. oben Bd. I. S. 255). Dem läfst sich dadurch abhelfen, dafs man unter das Hüftgelenk einen nach dem einen Ende zu etwas verjüngten cylindrischen Körper von geeigneten Mafsen, etwa einen langen und dünnen Korkstöpsel, schiebt. Dadurch wird das Gelenk in einen hinreichenden Winkel gebeugt, um freien Zugang zu dem Nerven zu gestatten.

Rathsam ist es, sich zu diesem Versuche männlicher Frösche zu bedienen. Der Bauch der Weibchen nämlich springt häufig, wegen der strotzenden Eierstöcke, so weit vor, dafs eine anderweitig viel besser nutzbare Strecke Nerv darauf verwendet werden mufs, um ihn herumzukommen.

Nachdem der Nerv, um ihn vor Zerrung zu sichern, in hergebrachter Weise mittelst Insectennadeln auf den Rand einer in *a* (S. Fig. 22. Taf. IV. Bd. I.) angekitteten Korkplatte festgesteckt ist, soll er, wie bemerkt, mit Längs- und Querschnitt über die Bäusche gebreitet werden. Pafst jedoch der Frosch zum Rahmen, was wünschenswerth ist, damit er beim Tetanus möglichst unverrückt bleibe, so reicht sein Nerv, bei der jetzigen Gestalt meiner Vorrichtungen, nicht bis an die Bäusche. Die Messingklemmen, welche die Platinplatten tragen, ragen nämlich beiderseits über die Bäusche fort und verhindern eine hinlängliche Annäherung der letzteren an den Rahmen. Ich lege deshalb auf die Bäusche vierseitig prismatische Hülfsbäusche auf, welche Verlängerungen der ersteren über die Messingklemmen hinaus vorstellen und leicht mit dem Nerven erreicht werden können. Man sieht den Theil der Anordnung, auf den es ankommt, im Grundrifs abgebildet in der Fig. 129. Taf. IV. Der Nerv, aus der durch Hefte wieder vereinigten Wunde hervortretend, ist auf den oberen Rand der Korkplatte in *a* festgesteckt, wie dies zum Ueberflufs in Fig. 130 ebendas. im Durchschnitt nach *aa'* dargestellt ist. Sein freies Ende ruht auf den mit Eiweiſshäutchen bekleideten Hülſsbäuschen. Damit letztere nicht mit den Messingklemmen in Berührung kommen können, trenne ich sie von denselben durch Glimmerstreiſen, welche in der Zeichnung jedoch fortgelassen sind, da sie sich nur in linienförmiger Projection dargestellt haben würden.

Auf diese Weise ist der Versuch vollständig vorbereitet. Was zu seinem Gelingen gehört, die Schwierigkeiten, die sich demselben entgegensetzen, dies ist bereits oben S. 475. 476 ausführlich dargelegt worden. Diese Schwierigkeiten übersteigen in der That alle Begriffe. Wenigstens ist es mir so erschienen, obschon ich (S. oben ebendas.) doch nicht ganz der Uebung entbehrte. Ich kann nur wünschen, wiewohl ich es nicht zu hoffen wage, daſs meine Nachfolger Grund finden möchten, sich über dieses Urtheil zu verwundern.

Wie dem auch sei, der Versuch glückt von Zeit zu Zeit nach Wunsch. Man hat alsdann den Anblick, der allerdings einiger Bemühung werth war, im Augenblicke der tetanischen Strychnininnervation statt des Gastroknemius die Magnetnadel zucken zu sehen [1]. Sie weicht um 1 — 3°, auch wohl 4° zurück, und kehrt sofort, jedoch nicht ganz zur vorigen Höhe, wieder. Sie thut dies nicht allein bei dem ersten Hauptanfall, der sich nach einer gewissen Zeit von selber einzustellen pflegt, sondern auch bei den einzelnen Stöſsen von ungleich kürzerer Dauer, welche man bereits vor dem Hauptanfalle im Stadium der Reflexbewegungen durch Berührung hervorrufen kann. Sie thut es nicht minder bei den zwar immer schwächer werdenden, aber ziemlich anhaltenden Anfällen, welche nach dem Hauptanfall entweder von selber eintreten, oder durch äuſsere Reize herbeigeführt werden. Im Allgemeinen hält die Stärke der Wirkung an der Nadel gleichen Schritt mit der Stärke und Nachhaltigkeit der krampfhaften Zusammenziehung. Wird der Nerv zerschnitten, so findet keine Wirkung mehr statt.

Es läſst sich gegen diesen Versuch ein Einwand erheben, dessen Widerlegung nicht überflüssig sein dürfte. Es ist nämlich nicht zu läugnen, daſs der Nerv, in der Strecke von seinem Austritt aus der Wirbelsäule an bis zu dem Punkte, wo er den Körper des Frosches verläſst, von einem Muskelstrom durchflossen sein kann. Die Muskeln, von denen dieser Strom ausgeht, ziehen sich zusammen in dem Augenblicke, wo wir die Nadel zurückweichen sehen. Diese Zusammenziehung aber führt mit sich eine Veränderung des Muskelstromes. Er ist, wie wir von früherher wissen, während derselben begriffen in einer negativen Schwankung (S. oben S. 50. 397. 429. 447). Rührt nun

[1] Dies gelang mir zum ersten Mal am 18. November 1847.

die negative Schwankung des Nervenstromes im Augenblicke des Tetanus nicht vielleicht einfach davon her, dafs der Nerv ansteigend durchflossen ist, dafs sich also das auf den Bäuschen aufliegende Ende desselben durch den Muskelstrom in der positiven Phase des elektrotonischen Zustandes befindet, und dafs der diese Phase bewirkende Zuwachs geschwächt wird durch die negative Schwankung, welche der erregende Muskelstrom erleidet? Allerdings scheint der vornehmste Einflufs der Art, dem der Nerv ausgesetzt ist, von dem Ileo-coccygeus herstammen zu müssen. Dieser bietet aber dem Nerven innerhalb der Bauchhöhle den natürlichen Längsschnitt, innerhalb der Wunde am Darmbeine den von diesem abgetrennten künstlichen Querschnitt dar. Durch diesen Muskel also müfste das peripherische Nervenende sich vielmehr in negativer Phase befinden, deren theilweise Aufhebung, statt einer negativen, eine positive Schwankung zur Folge haben würde. Nichtsdestoweniger könnte immer noch vermuthet werden, dafs diesseits vom Ileo-coccygeus der Nerv in positiver, jene negative überwiegender Phase gehalten würde durch irgend welche Muskelströme, deren Verlauf am Froschkörper unter so verwickelten Bedingungen uns ja völlig unbekannt ist.

Zur Prüfung und wo möglich Beseitigung dieses Einwurfes unternahm ich folgende Versuchsreihe. Ich überzeugte mich zuerst von der Möglichkeit, einen Nerven, mit Hülfe des Muskelstromes, überhaupt nur in elektrotonischen Zustand zu versetzen. Es gelang mir in der That an dem Multiplicator für den Nervenstrom Spuren sowohl von der positiven als von der negativen Phase zu entdecken, als ich einen Ischiadicus mit seinem von den Bäuschen abgewandten Ende über natürlichen Längs- und künstlichen Querschnitt eines Muskels lagerte. Zwischen den Bäuschen und dem Muskel war der Nerv auf einem Korksteg mit Insectennadeln festgesteckt. Als erregenden Muskels bediente ich mich des Adductor magnus oder Semimembranosus Cuv. vom Oberschenkel des Frosches. Positive Phase war vorhanden, wenn der Nerv, von den Bäuschen an gerechnet, erst Längsschnitt, dann Querschnitt berührte. Negative Phase zeigte sich, wenn das Gegentheil der Fall war. Hob ich den Nerven vom Muskel ab, oder gab ich ihm auf demselben eine solche Lage, dafs er nur entweder Längsschnitt oder Querschnitt berührte, so stellte sich Zunahme oder Abnahme des Stromes ein, je nachdem vorher beziehlich negative oder positive Phase geherrscht hatte.

Diese Wirkungen erschienen jedoch äufserst schwach, nicht viel gröfser als die Stromesschwankung im Strychninversuch selber. Dies spricht gegen den Ursprung letzterer aus der vorausgesetzten Ursache, insofern die Bedingungen im Strychninversuch viel weniger günstig gestellt sind als in dem mit dem einzelnen Muskel. Hier ist der Nerv nicht einem vergifteten und gemarterten Thier angehörig, nicht, wie so häufig dort, durch langes Warten erschöpft. Er ist an den Muskel unter den vortheilhaftesten Umständen angelegt, und zwar war die Grenze zwischen Längs- und Querschnitt des Muskels, der Sitz der eigentlichen Erregung, den Bäuschen möglichst nahe gebracht, während im Strychninversuch die ganze Anordnung es mit sich bringt, daſs diese Grenze von den Bäuschen durch eine möglichst lange Nervenstrecke getrennt sei. Bedenkt man nun auſserdem, daſs im Versuch an einzelnen Muskeln der Nerv, beim Abheben von Längs- und Querschnitt, befreit wird vom Muskelstrom in seiner ganzen Gröſse, dagegen im Strychninversuch nur von einem gewissen Bruchtheile desselben, so sieht man, müſste die Wirkung im letzteren sehr zurückstehen gegen diejenige im ersteren. Dies trifft, wie bemerkt, nicht ein, und somit könnte die Sache als erledigt angesehen werden, wenn sie nicht, durch folgenden Versuch, noch eine andere Wendung bekäme.

Es liegt nämlich jetzt nahe, zu untersuchen, ob nicht, da die Wirkung des gänzlichen Aufhebens des Muskelstromes bereits so unbedeutend ist, die des bloſsen Tetanisirens, wodurch nur ein Bruchtheil des Stromes auſser Thätigkeit kommt, vollends unmerklich ausfalle. Die thatsächliche Antwort auf diese Frage zeigte mir, daſs ich nicht alle Umstände gehörig im Voraus erwogen hatte. Als erregenden Muskels bediente ich mich jetzt, bei sonst unveränderter Anordnung, des Gastroknemius eines querdurchschnittenen stromprüfenden Schenkels, dessen Nerv auf elektrischem Wege tetanisirt wurde. Dabei stellte sich, gleichviel ob sich der Nerv vermöge seiner Lagerungsweise auf dem Muskel in positiver oder negativer Phase befand, stets eine schwache Spur einer negativen Schwankung des Nervenstromes ein. Hinge an dem Ende des Nerven, welches wir über die Bäusche gebreitet haben, noch der Unterschenkel mit seinen Muskeln, so würde derselbe in secundären Tetanus gerathen (S. oben S. 87). Es ist demnach klar, jene negative Schwankung rührt daher, daſs der Nerv durch den Muskel elektrisch tetanisirt wird. Sie summirt sich algebraïsch zu der positiven oder negativen Schwankung, welche die Folge sein muſs der theilweisen Aufhebung beziehlich der negativen oder positiven Phase, worin der Muskelstrom den Nervenstrom hält. Der erregende Strom ist schwach genug, um der negativen Schwankung zu gestatten, im Falle der negativen Phase die positive Schwankung zu überwiegen, wovon wir die Möglichkeit oben S. 452 erkannt haben. Den Gröſseunterschied, der hienach obwalten müſste zwischen dem Ergebniſs des

Tetanisirens bei der einen und bei der anderen Richtung des Muskelstromes in dem Nerven, gelingt es jedoch nicht im Versuch nachzuweisen. Man könnte daraus den Schlufs ziehen, dafs die Gröfse der positiven oder negativen Wirkung, welche von theilweiser Aufhebung der entgegengesetzten Phasen herrührt, eine ganz verschwindende sei; indessen ist dazu die Sicherheit der Beobachtung doch nicht ausreichend. Die absolute Gröfse der negativen Schwankung ist derjenigen im Strychninversuch im Mittel etwa gleich.

Durch diese Wahrnehmungen ist die Sachlage eine ganz andere geworden. Man sieht, dafs es vor Allem darauf ankommt, zu erfahren, ob der Strychnintetanus, gleich dem elektrischen, unterbrochener Art sei, oder ob während desselben der Strom vielleicht stetig auf einer niederen Stufe verharre.

Es ist leicht, sich von dem ersteren zu überzeugen. Man vergiftet einen auf den Rahmen gespannten Frosch, unterbindet die Iliaca der einen Seite, enthäutet das entsprechende Bein und legt am natürlichen Längsschnitt und natürlichen oder künstlichen Querschnitt seiner Muskeln den Nerven eines stromprüfenden Schenkels an. Gelingt der Versuch gut, d. h. kommt der Tetanus zur rechten Zeit und mit hinlänglicher Kraft zu Stande, so sieht man den stromprüfenden Schenkel in einer zusammenhängenden, obwohl nicht dicht gedrängten Reihe schwacher Zuckungen begriffen. Häufig freilich bleibt er in Ruhe; allein alsdann sind jene Bedingungen nicht erfüllt, der Nerv des stromprüfenden Schenkels hat vor dem Ausbruch des Krampfes zu viel von seiner Erregbarkeit eingebüfst, der Krampf selber hat nicht den erforderlichen Gipfel der Heftigkeit. Uebrigens bedarf es kaum des stromprüfenden Froschschenkels; das Zittern der tetanisch angespannten Muskeln selber ist schon dem Auge leicht bemerkbar. Auch löst sich der Strychninkrampf bei seinem Nachlassen schliesslich stets in eine Reihe einzelner, immer seltener werdender Stöfse auf.

Dieser Krampf ist somit, gleich dem elektrischen, und wahrscheinlich auch gleich den meisten anderen tetanischen Zusammenziehungen,[1] wirklich unterbrochener Natur. Haben wir also einen Nerven, dessen Strom wir untersuchen, in Berührung mit einem Muskel und dieser Muskel geräth in Tetanus durch Strychninvergiftung, so wird die Folge im Wesentlichen dieselbe sein, als wenn der Muskel elektrisch tetanisirt worden wäre. Es wird die negative Schwankung des Nervenstromes wegen elektrischen Tetanisirens durch den Muskel vorzugsweise in Betracht kommen, während die Schwankungen wegen theilweiser Aufhebung der einen oder der anderen Phase mehr oder weniger in den Hintergrund treten. Diese werden um so mehr verschwinden, je un-

[1] Vergl. oben S. 90; — unten, Kap. IX.

günstiger die Bedingungen gestellt sind für die Wahrnehmung des Zuwachses, je gröfser also z. B. der Abstand zwischen der erregten und der abgeleiteten Strecke (S. oben S. 464). In dem Strychninversuch, um dessen Bedeutung es sich hier handelt, ist erwähntermafsen dieser Abstand ein sehr beträchtlicher. Also selbst wenn die Unterbrochenheit des Strychnintetanus minder ausgesprochen wäre als die des elektrischen, würde man dennoch anzunehmen berechtigt sein, dafs in jenem Versuch die theilweise Aufhebung der Phasen keine irgend namhafte Wirkung auszuüben im Stande sei, und die Vorstellung, welche bemüht ist, die negative Schwankung des Nervenstromes bei der Strychnininnervation davon herzuleiten, erscheint nunmehr erst recht unhaltbar. Es bleibt demnach, wenn man den Grund dieser Schwankung noch ferner in den elektrischen Veränderungen der umgebenden Muskeln suchen will, keine andere Auskunft übrig, als sich zu denken, sie rühre, statt von der Strychnininnervation, von dem elektrischen Tetanisiren her, dem der Nerv möglicherweise von Seiten jener Muskeln ausgesetzt ist, ohne dafs sie etwas zu schaffen hätte mit dem bewegungvermittelnden Vorgang in dem Nerven selber, der vom Rückenmark her angeregt wird.

Obschon sich diese Ansicht vor der früheren des Vorzuges erfreut, dafs dabei die Richtung gleichgültig ist, in der die Muskeln einen Strom durch den Nerven schicken, so ist sie doch dermafsen auf Schrauben gestellt, dafs nicht leicht Jemand ihr im Ernste beitreten wird. Nichtsdestoweniger habe ich mich umgesehen nach unmittelbaren Versuchen, die ihr entgegengesetzt werden könnten. Ein solcher ist denn auch in der That folgender. Man vergiftet einen auf den Rahmen gespannten Frosch, unterbindet die linke Iliaca, enthäutet das linke Bein, und schneidet den Oberschenkel quer durch. Der Nerv eines anderen Frosches wird dann mit dem einen Ende über die Bäusche gebreitet, mit dem anderen an Längs- und Querschnitt der Oberschenkelmuskeln angelegt. Zwischen den Bäuschen und den Muskeln mufs er irgendwo auf Kork festgesteckt sein. Rührte in unserem ursprünglichen Versuch die negative Schwankung des Nervenstromes, statt von der Strychnininnervation, vom elektrischen Tetanisiren durch die umgebenden Muskeln her, so müfste offenbar bei der obigen Anordnung eine noch kräftigere negative Schwankung erfolgen. Denn der Nerv wird dabei vom Muskelstrom entschieden unter den günstigsten Bedingungen durchflossen, wie sie schwerlich innerhalb der Wunde des Ileo-coccygeus zwischen Steifs- und Darmbein stattfinden. Trotzdem habe ich in zehn Versuchen, unter denen mehrere sehr gut gelungen waren, keine negative Schwankung des Stromes des durch die Muskeln elektrisch tetanisirten Nerven zu entdecken vermocht. Es scheint demnach klar, unter den vortheilhaftesten Umständen ist das elektrische Tetanisiren eines Nerven durch Muskeln, die sich im Strychnintetanus befinden, zu schwach, um merkliche negative Schwankung des Stromes herbeizuführen, und es ist nicht daran zu denken, daſs diese Schwankung in unserem ersten Versuche herrühre von den Zuckungen der umgebenden Muskeln statt von dem Vorgange in dem Nerven selber.

An das Tetanisiren durch Strychninvergiftung schlieſst sich, insofern als es nur in absteigender Richtung in den Nerven sich wirksam zeigen kann, das durch Miſshandlung des Rückenmarkes an. Die Versuchsweisen finden sich bereits dargelegt oben S. 53. 54, wo es galt, vom Rückenmark aus anhaltende Zusammenziehung des Gastroknemius zu erregen. Die Reizung kann geschehen durch mechanische Gewaltthätigkeit, und durch dieselbe in Verbindung mit der Glühhitze. Die chemische Zerstörung wirkt hier nicht mit hinreichender Kraft und Schnelligkeit. Es ist sehr zweckmäſsig, dem Präparat beide Ischiadici zu lassen. Der eine wird über die Bäusche gebreitet, der andere muſs noch mit dem Unterschenkel in Verbindung stehen. Durch die Zusammenziehungen des Unterschenkels wird man dann in Kenntniſs gesetzt von der Wirksamkeit der ausgeführten Erregung, über welche man sich ohne diese Auskunft oft sehr im Irrthum befinden würde. Es gelingt nur selten, deutliche Wirkungen an der Nadel zu erhalten.

(III) Tetanisiren einzelner Nervenstücke.

Das Tetanisiren einzelner Nervenstücke kann begreiflich stets nach beiden Richtungen des Nerven in gleicher Weise ausgeübt werden. Der Erfolg ist davon unabhängig stets derselbe, unter günstigen Umständen eine negative Schwankung um 1 — 3° mit leichter Wiederkehr der Nadel. Zu den oben S. 52. 53 angegebenen Versuchsweisen habe ich jetzt noch Folgendes hinzuzufügen.

Zur mechanischen Reizung bedienten wir uns daselbst eines Scalpellstiels, mit welchem wir den Nerven nach den Bäuschen zu fortschreitend zu zerhacken suchten. Dies rohe Verfahren giebt, wie auch a. a. O. bemerkt wurde, nur sehr unvollkommene Ergebnisse. Ich habe seitdem an die Stelle des Scalpellstiels mit gutem Erfolg ein gezähntes Rad gesetzt, welches ich um eine in ein Heft befestigte Axe längs des Nerven hinrolle und ihn somit seiner ganzen nutzbaren Ausdehnung nach in Abständen zerquetsche, die sich in Zeit und Raum ganz gleichmäſsig folgen, in der Zeit nach Belieben verkleinert werden können, im Raum abhängig sind von der entwickelten Bogenlänge zwischen den höchsten Punkten zweier Zähne.[1]

[1] Die Vorrichtung ist im Princip entlehnt dem Cordenrädchen oder Ränderireisen der Mechaniker, dem Roulett der Kupferstecher und Buchbinder, dem Ku-

Mein Rad (S. Fig. 131. Taf. IV.), von der Arbeit des Herrn Halske, hat in den Zähnen 6^{mm} Durchmesser, und 18 Zähne, so daſs auf den Millimeter eine Quetschung kommt. Zur Unterlage dient eine Korkplatte. Damit sich der Nerv nicht von dieser ab- und an dem Umfange des Rades aufwickele, muſs er auch an dem von den Bäuschen abgewandten Ende, wo man mit dem Rollen beginnt, mittelst Insectennadeln gut festgesteckt sein. Die Nadeln darf man indessen mit dem Rade nicht berühren, weil dies zur Kettenbildung Anlaſs geben könnte: man könnte alsdann die negative Wirkung beim Zerquetschen auslegen als die Spur einer negativen Phase, die durch einen in dem Nerven nach den Bäuschen zu flieſsenden Strom erzeugt würde. Theils um dies, bei dennoch einmal stattfindender Berührung, zu verhüten, theils um den Verdacht zu entfernen, daſs sich eine Kette bilde durch ungleichzeitige Benetzung zwischen je zwei Zähnen des Rades und dem Nerven als feuchtem Leiter, ist es rathsam, daſs das Rad sehr stark lackirt sei. Dem letzterwähnten Verdacht läſst sich auch noch dadurch begegnen, daſs man das Rad erst einmal leise über den Nerven hinrollt, wo dann keine negative Schwankung stattfinden darf.

Das Rad bringt eine sehr gute Wirkung hervor. Es läſst den Nerven hinter sich in Gestalt einer blassen Bernsteinperlschnur. Die Zusammenziehung, wenn noch der Muskel mit dem Nerven zusammenhängt, ist stark und dauernd, die negative Schwankung der Multiplicatornadel unzweideutig.

Wenn mich nicht Alles täuscht, habe ich in einigen Fällen auch in Folge der bloſsen Unterbindung mit Hülfe der oben S. 340 beschriebenen Vorrichtung, ja sogar der Durchschneidung des Nerven Spuren der negativen Schwankung gesehen.

In derselben Weise, wie das Verfahren zur mechanischen Miſshandlung des Nerven, habe ich auch das zu seiner Erregung durch hohe Temperaturgrade neuerdings vervollkommnet. Oben S. 54 (II) bedienten wir uns einfach eines kupfernen Glühbolzens, mit dem wir den Nerven stellenweise verbrannten. Derselbe leistet auch hier ganz gute Dienste. Ich habe mich beiläufig überzeugt, daſs ein mit Ei-

chenrade der Kuchenbäcker u. d. m. Sie würde noch sehr zu vervollkommnen sein dadurch, daſs man die Axe des Rades in einigen Centimetern Entfernung sich um eine senkrechte Axe drehen und das Rad in einer kreisförmigen Rinne laufen lieſse, in welche der Nerv gebettet wäre. Zwei Anschläge könnten die Gröſse der verstatteten Winkelbewegung bestimmen. Dadurch würde die Handhabung so erleichtert sein, daſs man im Stande wäre, sie auszuführen, ohne nur hinzublicken. Die Vorrichtung würde im Kleinen die Ciderpressen nachahmen, wie ich sie vor Jahren in der Umgegend von Stuttgart in Gebrauch gesehen.

weiſs getränkter Zwirnsfaden, gleich dem Nerven über Bleche und Bäusche gebreitet und mit dem Bolzen gebrannt, die Nadel völlig unbewegt läſst. Dies Verfahren hat indeſs die Unbequemlichkeit, daſs man nicht leicht gleichzeitig durch's Fernrohr sehen und die Verbrennung ausführen kann; ferner, daſs diese immer nur auf einen Punkt beschränkt bleibt, da das nach den Bäuschen zu fortschreitende Berühren verschiedener Punkte mit dem Geschäft der Beobachtung vollends unverträglich wird. Man könnte zwar auch hier an die Stelle des Bolzens in mechanischer Hinsicht mit Vortheil eine glühende Walze setzen, die man über den Nerven hinrollte; allein man würde dabei den Verdacht der Kettenbildung (S. oben) nicht so sicher beseitigen können. Ich traf folgendes Auskunftsmittel.

Ich reibe Schieſspulver mit so viel Wasser an, daſs es sich, ohne zu bröckeln, kneten läſst und der Teig einen matten Fettglanz zeigt. Diesen Pulversatz trage ich in einer Schicht von einigen Millimetern Dicke auf einen Streifen Schachteldeckel von etwa 8^{mm} Breite auf. An einem Ende des Streifens wird ein Stück Feuerschwamm als Zünder eingeknetet. Auf den Satz wird der Nerv mit einer möglichst langen Strecke seines von den Bäuschen abgewandten Endes aufgelegt. In dem geeigneten Augenblick wird der Zünder in Brand gesetzt, und man hat dann nur noch nöthig, die Beobachtung am Fernrohr zu machen. So wie das Feuer den Satz erreicht, brennt er mit gröſserer oder geringerer Langsamkeit nach den Bäuschen zu fortschreitend ab. Der Nerv wird natürlich in der ganzen Länge, mit der er auf dem Satz auflag, verkohlt. Die Zusammenziehung, die man auf diese Weise erhält, wenn der Muskel noch mit dem Nerven zusammenhängt, ist sehr kräftig und anhaltend. Die Nadelbewegung erscheint deutlich. Groſse Vorsicht ist jedoch darauf zu verwenden, daſs nicht die umhersprühenden Funken (Tröpfchen von Schwefelkalium und schwefelsaurem Kali) die Bäusche erreichen, da leicht Ungleichartigkeiten dadurch herbeigeführt werden. Zu diesem Behuf ist die wagerechte Glasplatte des allgemeinen Trägers, auf welche ich den Schachteldeckelstreifen aufkitte, mit einem Schirm zu umgeben, der nur an einer passenden Stelle ein Loch hat, durch welches man den Nerven nach auſsen den Bäuschen zuführt.

Trockene Sätze durch Hinzufügung von Kohle zu tempiren, scheint ohne Compression nicht zu gelingen. Beim Trocknen efflorescirt der Salpeter, eine oberflächliche Schicht brennt mit fast unverminderter Geschwindigkeit ab und hinterläſst einen Rückstand wie Sprengkohle. Ein bloſser Streifen Feuerschwamm, auf den man den Nerven legt, um ihn durch die fortkriechende Gluth zu rösten, bringt keinen

Tetanus hervor, sondern nur eine Reihe einzelnstehender schwacher Zuckungen.

Die chemische Erregung des Nerven wirkt am wenigsten vortheilhaft. Sie hat mir keine zuverlässige Wirkungen an der Nadel gegeben. Ich habe gesucht, die oben S. 54 (iii) beschriebene Methode nach demselben Grundsatz zu vervollkommnen, wie das mechanische und kaustische Verfahren, nämlich dahin, daſs die Miſshandlung, nach dem auf den Bäuschen aufliegenden Nervenende zu fortschreitend, nach einander alle Punkte einer möglichst langen Nervenstrecke beträfe. Dazu lieſs ich den Nerven, mit einem Platingewicht versehen, von dem Stege, wo er mit Nadeln festgesteckt war, frei herabhängen und hob ihm, mit Hülfe einer hebelartigen Vorrichtung, ein Gefäſs mit Kalihydratlösung dergestalt entgegen, daſs er allmählig mit seiner ganzen nutzbaren Strecke in dasselbe gerieth. Das Ergebniſs bleibt, wie gesagt, so gut wie nichtig; man kann sich aber auch leicht überführen, wenn man den Versuch an einem noch mit dem Muskel versehenen Nerven anstellt, daſs dies Verfahren dem vervollkommneten mechanischen und kaustischen an Wirksamkeit um Vieles nachsteht.

(iv) Tetanisiren des Ischiadicus von seinen Hautverzweigungen aus.

Wir kommen nun zu einer letzten Gruppe von Verfahrungsarten zum Tetanisiren, welche nur in aufsteigender Richtung, also bei absteigendem ursprünglichen Strom, ausgeübt werden kann. Bei den Muskeln fehlte diese Gruppe der Natur der Sache nach ganz und gar. Ich habe versucht und es ist mir geglückt, von den Hautverzweigungen aus die negative Schwankung des Stromes des Ischiadicus zu bewirken. Dazu dient die Fig. 132. Taf. V. abgebildete Vorrichtung.

In eine Versenkung an der oberen Fläche eines Klotzes aus Mahagoniholz von 84^{mm} Länge, 64^{mm} Breite und 39^{mm} Höhe, der an dem vorderen, den Bäuschen zugewandten Ende gleich den Fuſsbrettern aller unserer übrigen Träger halbkreisförmig abgerundet ist, ist ein weites, einem umgestürzten Heber ähnliches Glasrohr mit seiner Biegung eingegypst. Der vordere Schenkel steigt schräg in die Höhe, ist aber in seiner letzten Strecke so gebogen, daſs seine Oeffnung wieder in einer wagrechten Ebene liegt, und zwar der nämlichen, welche die Oeffnung des hinteren Schenkels enthält. Dieser ist senkrecht, und, wie die Figur zeigt, trichterförmig erweitert. Das Rohr hat etwa 17^{mm} Durchmesser im Lichten; die Länge des schrägen Schenkels beträgt ungefähr 105^{mm}, seine Neigung gegen den Horizont 45°. Beim Eingypsen des Rohres ist die Höhe der Mündungen beider Schenkel so bestimmt worden, daſs, wenn die Vorrichtung mit den Zuleitungsgefäfsen auf einer Fläche steht, die Ebene der Mündungen mit der oberen Fläche der Bäusche zusammenfällt.

Es wird nun ein stromprüfender Schenkel, dem jedoch die Haut gelassen ist, in den schrägen Schenkel des communicirenden Rohres gesteckt. Sein Kniegelenk wird in der oberen Mündung durch ein hufeisenförmig dasselbe umfassendes und in die Mündung passendes Korkstückchen festgehalten. Der Nerv, der auf der oberen Fläche des Korkringes zum Ueberfluſs festgesteckt werden kann, liegt auf den Bäuschen auf. Sein Querschnitt ist dicht unterhalb der Abgabestelle der Oberschenkelmuskeläste gewählt, damit die negative Schwankung einen möglichst grofsen Bruchtheil der elektromotorischen Kräfte betrage[1]. Währenddem siedet über dem Feuer einer benachbarten Berzelius-Lampe gesättigte Kochsalzlösung in einer Porzellancasserolle (Siedpunkt 107°). Das Auge am Fernrohr erspäht man den günstigen Augenblick, wo die Nadel zur Ruhe gekommen ist, und giefst nun die siedende Lösung in die Trichtermündung des hinteren senkrechten Schenkels des communicirenden Rohres ein.

Der Trichter gewährt einen doppelten Vortheil. Einmal giefst man nicht so leicht fehl. Für's zweite aber ist weniger zu besorgen, dafs der schräge Schenkel bis zum Ueberfliefsen voll werde, weil zuletzt einer kleinen Höheveränderung der Flüssigkeit in demselben eine grofse Raumveränderung in dem Trichter entspricht. Die nothwendige Menge von Kochsalzlösung zuvor abzumessen und zum Sieden zu bringen, ist unzulässig, weil häufig durch Zufälligkeiten bei der sonstigen Einrichtung des Versuches der Augenblick des Giefsens verzögert wird. Alsdann geht einerseits durch Verdampfung Flüssigkeit verloren, anderseits durch das ausgesottene Kochsalz, welches sich nicht mit ausgiefsen läfst und einen Theil der Lösung zurückbehält.

Die siedende Kochsalzlösung steigt in dem schrägen Schenkel langsam empor, und verbrüht Schritt für Schritt und durch und durch den darin befindlichen Unterschenkel, indem sie bei den Zehen und Schwimmhäuten beginnt und endlich das Kniegelenk erreicht. Während nun ein Frosch, den man sich am oberen Ende des Ischiadicus denkt, sich in der gräfslichsten Qual winden würde, sieht man hier die Nadel die bekannte negative Schwankung vollziehen.

[1] Ich habe nicht versäumt, mich zu überzeugen, dafs mit Ausnahme höchstens der oberen Gegend der inneren Fläche des Unterschenkels, wohin Aeste einer dem Saphenus major und minor entsprechenden Gruppe von Hautverzweigungen hinreichen mögen, die Haut desselben ihre Nerven von den R. peronaeus und tibialis des Ischiadicus erhält (S. oben S. 445).

Ich erinnerte mich, dafs bei den Versuchen über Reflexbewegungen das Betupfen mit Schwefelsäure als heftiger Hautreiz gute Dienste leistet. Ich ersetzte daher die heifse Kochsalzlösung durch concentrirte Schwefelsäure, und nahm, obschon nicht ganz so deutlich, den nämlichen Erfolg wahr.

Von etwas zu kühnem Zuschnitt für den damaligen Zustand meiner Vorrichtungen und Versuchsweisen war zur Zeit, wo ich ihn anstellte, folgender Versuch, auf dessen Gelingen ich deshalb jedoch noch nicht verzichte. Im verfinsterten Zimmer wurde das möglichst schnell zugerichtete Auge einer Schildkröte mit dem Umfange des Augapfels auf den einen, mit dem Querschnitte des Sehnerven auf den anderen Bausch gelegt. In diesem Falle hat man, wie man sich erinnert (S. oben S. 256), in dem Sehnerven einen Strom vom Querschnitte zur Nervenhaut. Plötzlich liefs ich nun, mittelst eines Young'schen Heliostaten,[1] einen Sonnenstrahl in das Auge fallen. Da der Versuch noch am Multiplicator für den Muskelstrom angestellt wurde, so hat es vor der Hand nichts zu bedeuten, dafs die Nadel dabei unbewegt blieb. Um so weniger ist dies der Fall, als die Zurichtung, wegen der unvortheilhaften Wahl des Schildkrötenauges, viel zu lange dauerte, als dafs noch mit Fug Erregbarkeit der Nervenhaut durch das Licht angenommen werden konnte.

(v) **Beseitigung eines Einwandes gegen mehrere der vorigen Versuche.**

Es läfst sich, gegen mehrere der vorigen Versuche, abermals ein Einwand erheben. Wir haben oben Bd. I. S. 694 und in diesem Bande S. 266 untersucht, welchen Einflufs auf die Stärke des ursprünglichen Stromes die Länge des thierischen Erregers äufsere. Wir fanden, dafs diese Stärke mit der Länge wachse. Der hier zu machende Einwand ist nun der, dafs durch das Zerquetschen, Unterbinden, Abschneiden, Verbrennen u. s. w. des Nerven seine wirksame Ausdehnung verkürzt werde und dafs möglicherweise daher, statt von der Innervation, die negative Schwankung seines Stromes herrühre. Zwar müfste diese alsdann dauernder Art sein. Wir haben sie aber im Gegentheil von einem Rückschwunge begleitet gefunden. Indefs ist schon bemerkt worden, dafs die Nadel ihre frühere Stellung nie ganz wieder einnehme (S. oben S. 512). Es ist daher nicht mit Bestimmtheit zu behaupten, dafs die beobachtete Nadelbewegung nur eine negative Schwan-

[1] A Course of Lectures on natural Philosophy and the mechanical Arts. London 1807. 4°. vol. I. p. 426. pl. XXVIII. fig. 400.

kung, nicht eine dauernde Abnahme des Stromes bedeute, und wir können danach nicht umhin, näher auf diesen neuen Einwurf einzugehen.

Zunächst ist folgendes zu bemerken. Das obige Gesetz ist von uns hingestellt worden für den Fall der beständig bleibenden relativen Spannweite des ableitenden Bogens (S. oben ebendas.). Hier dagegen bleibt die absolute Spannweite beständig. Beim Verändern der Länge des thierischen Erregers wird folglich die relative Spannweite gleichfalls verändert. Sie kann, durch das Verkürzen des Erregers, eine im Vergleich zur früheren ungünstige werden. Alsdann ist kein Zweifel, dafs Schwächung des Stromes die Folge der Verkürzung sein müsse. Sie kann aber auch eine günstigere werden. Alsdann entsteht die Frage, ob dadurch die schwächende Wirkung der Verkürzung aufgehoben oder gar überwogen werden könne. Fassen wir einen besonderen Fall in's Auge.

Man denke sich beide Fufspunkte des ableitenden Bogens am Längsschnitt angelegt. Soll ein Strom in dem Kreise herrschen, so dürfen sie dabei nicht symmetrisch zum elektromotorischen Aequator gestellt sein. Auf der einen Seite wird also ein längeres, auf der anderen ein kürzeres Ende Nerv oder Muskel vom Bogen frei sein. Jetzt schneide man von dem längeren dieser beiden Enden ein solches Stück ab, dafs beide dadurch gleiche Ausdehnung erhalten. Dann findet sich der Bogen symmetrisch angelegt, jeder Strom mufs verschwinden, eine Verminderung des Stromes also die Folge der Verkürzung sein. Hier nämlich haben wir, durch die Verkürzung, gleichzeitig die Spannweite ungünstiger gemacht.

Nun setze man aber den Fall, der eine Fufspunkt liege hart an der Grenze zwischen Längs- und Querschnitt an, jenseits des anderen Fufspunktes aber habe der thierische Erreger eine solche Länge, dafs sie die Spannweite selber um eine beliebige Gröfse übertreffe. Man verkürze nun den Erreger gerade um so viel, dafs der elektromotorische Aequator auf den letzteren Fufspunkt falle. Alsdann hat man die Spannweite an dem kürzeren Erreger zur möglichst günstigen gemacht, und es kann, wie oben angedeutet wurde, auf den ersten Blick zweifelhaft erscheinen, ob auch hier noch Stromabnahme die Folge dieser Veränderung sein werde.

Bei näherer Betrachtung findet man jedoch, dafs diese Zweifel des Grundes entbehren. Unter allen Umständen verlangt die Theorie Abnahme des Stromes bei Verkürzung des Nerven. Man sieht dies für den letztangeführten Fall ein, indem man überlegt, dafs der Unterschied der Abstände der Fufspunkte des Bogens vom elektromotorischen Aequator doch derselbe geblieben ist, während demjenigen von beiden, der die Eigenschaften des Längsschnittes vorstellt, der Querschnitt näher gerückt ist.

Ich bin natürlich auch bemüht gewesen, diese Schlufsfolgen auf dem Wege des Versuches zu erhärten. Zu diesem Behufe verfuhr ich folgendermafsen. Es scheint, nach unseren Voraussetzungen im dritten Kapitel dieser Untersuchungen, für den ursprünglichen Strom offenbar gleichgültig zu sein, ob der Nerv irgendwo durchschnitten ist oder nicht. Da nun die Handhabung der Scheere auf den Bäuschen immer misslich bleibt, und es ohnedies schwer sein würde, die richtigen Stellen des Nerven zu treffen, wo er durchschnitten werden soll, so ist unstreitig das Einfachste, man schneidet sogleich vor dem Auflegen den Nerven quer durch, bringt die eine Hälfte in passender Lage auf die Bäusche, welche mit Glimmerplättchen versehen sein müssen, und fügt hinzu und entfernt wechselsweise die andere Hälfte. Diese mufs begreiflich dabei auf den Glimmer zu liegen kommen; sie mufs mit ihrem Querschnitt an den Querschnitt der ersteren stofsen, als ob sie die natürliche Fortsetzung derselben bildete. Es ist klar, dafs die Wirkung des Wiederanfügens die entgegengesetzte sein müsse von der des Entfernens, welches das Durchschneiden ersetzen soll, und dafs auf diese Weise zugleich noch eine nützliche Controlle der Richtigkeit des beim Entfernen beobachteten Erfolges gewonnen ist.

Die Versuche, die ich nach diesen Grundsätzen anstellte, führten zu keinem ganz zuverlässigen Ergebnifs. Zuerst zwar fand ich bestätigt, dafs, wenn ein Nervenstück mit zwei Punkten des Längsschnittes unwirksam aufliegt, und es wird ein anderes angefügt, die Anordnung wirksam werde in der Richtung als wenn kein Schnitt vorhanden wäre. Dasselbe glückte mir nachzuweisen am Rectus internus Cuv., dem langen, schmalen und dünnen Hautmuskel an der Innenseite des Froschoberschenkels. An den dickeren regelmäfsig gefaserten Oberschenkelmuskeln aber, dem Adductor magnus Cuv. z. B., erhielt ich beim Hinzufügen die entgegengesetzte Strömungsrichtung. Als ich jetzt irre geworden den Versuch am Nerven wiederholte, zeigte sich unbegreiflicherweise dasselbe, und ich konnte die Bedingungen nicht wiederfinden, unter denen ich den ersten, theoretisch richtigen Erfolg wahrgenommen hatte.

Vielleicht sind folgende Versuche geeignet, Aufschlufs zu geben über den Grund dieser Doppelsinnigkeit. Der bei jener Anordnung entstehende Strom verdankt seinen Ursprung zweien Ursachen. Erstens kann sich von dem angefügten Nerven möglicherweise ein Stromantheil in den Multiplicatorkreis ergiefsen, indem er Stromesschleifen durch das unwirksam aufliegende Stück, wie durch einen seiner Natur nach wirklich unwirksamen Leiter hindurchsendet. Für's zweite kann dieses Stück selber wirksam werden dadurch, dafs die Symmetrie der begrenzenden unwirksam leitenden Flüssigkeitsschicht gestört wird, wobei man sich wiederum das neuangefügte Stück als unwirksam zu denken hat. Nach dem Grundsatze der Deckung der Ströme (S. oben Bd. I. S. 647) müssen sich diese beiden Wirkungen von einander sondern lassen. Den Stromantheil, der von dem angefügten Nervenstück herrührt, mufs man ebensowohl erhalten können, wenn man, statt des unwirksam aufliegenden Stückes Nerv, einen mit Eiweifs getränkten Zwirnsfaden auf den Bäuschen hat (S. Fig. 133. Taf. IV.). Denjenigen, welcher wegen gestörter Symmetrie der Ableitung von dem ursprünglich unwirksam aufliegenden Nervenstück ausgeht, mufs man erhalten können, wenn man diesem Stücke, statt des zweiten Nervenstückes, einen ähnlichen Faden als unwirksam leitende Verlängerung anfügt (S. Fig. 134 ebendas.). Wirklich bekommt man in beiden Fällen Wirkungen. In dem ersteren hat die Wirkung die Richtung, als ob das Ganze Ein aufliegender Nerv wäre, in dem zweiten hält sie den entgegengesetzten Sinn ein (S. die Figuren), beides entsprechend der oben Bd. I. S. 649 ff. entwickelten Theorie der Ströme einer Reihe peripolarer Erreger mit einer Endlücke (S. Fig. 67. Taf. VI. ebendas.), welche dadurch unstreitig eine merkwürdige Bestätigung erfährt. Die Endlücke wird hier durch das Stück feuchten Faden vorgestellt. Es könnte nun sein, dafs die oben bemerkte Doppelsinnigkeit der Wirkung beim Anfügen eines Stückes thierischen Erregers an ein gleiches unwirksam aufliegendes Stück darauf beruhte, dafs von den beiden entgegengesetzten Wirkungen, die wir so eben getrennt beobrachteten, aus unbekannten Gründen bald die eine und bald die andere siegte, während beim entsprechenden Auflegen eines einzigen Stückes von gleicher Länge mit jenen beiden zusammengenommen stets diejenige vorwaltet, welche von dem Theile des Stückes ausgeht, der dem hinzugefügten Nervenstück in Fig. 133 Taf. IV entspricht.

Wie dem auch sei, es scheint jedenfalls, dafs der eingeschlagene Weg kein ganz untrüglicher war. Es ist deshalb auch wenig auf den Erfolg zu geben, den ich nun erhielt, als das auf den Bäuschen befindliche Nervenstück mit Längs- und Querschnitt auflag, und der Berührungspunkt am Längsschnitt mit dem Aequator zusammenfiel. Es fand nämlich beim Hinzufügen des zweiten Nervenstückes Abnahme, beim Entfernen Zunahme statt, als ob dennoch die erste obige Bemerkung richtig gewesen wäre, dafs in diesem Falle, weil eine günstigere Spannweite die Folge sei, aus der Verkürzung des Nerven eine Zunahme hervorgehen könne. Wir dürfen aber darauf keinen Werth legen, weil ja aus unbekannten Gründen der Versuch uns auch häufig ein unrichtiges Ergebniſs geliefert hat in einem Falle, der theoretisch ganz klar vor Augen liegt, dem nämlich, wo das zweite Nervenstück einem unwirksam aufliegenden wechselsweise angefügt und davon entfernt wurde.

Somit bleibt der Einwurf gegen die Bedeutung unserer obigen Erfahrungen von dieser Seite aus noch unerschüttert stehen. Indessen ist zu bemerken, daſs in allen diesen Versuchen die Wirkungen in Folge des Hinzufügens und Entfernens des zweiten Nervenstückes meistens so klein ausfielen, daſs die negative Schwankung, die sie zu erklären geeignet sein sollten, sie häufig an Gröſse übertrifft. Jene Wirkungen aber sind unter den günstigsten Bedingungen für ihre Gröſse beobachtet worden. Umgekehrt bei der negativen Schwankung sind die Bedingungen für das Zustandekommen einer Stromabnahme durch Verkürzung des Nerven meist sehr ungünstig gestellt. Die Anstalten zu den mannigfachen Verfahrungsarten, um den Nerven zu zerstören, zur mechanischen, kaustischen, chemischen Miſshandlung desselben, bringen es stets mit sich, daſs zwischen den Bäuschen und dem ihnen zunächst gelegenen unmittelbar betroffenen Punkte, eine Strecke von wenigstens 8 — 10^{mm} unversehrt bleibt. Bei einzelnen besonders wirksamen Versuchsweisen kann dieselbe aber viel länger sein, die Zerstörung selber sich nur auf einen geringen Bruchtheil der Nervenlänge erstrecken, und die negative Wirkung kommt doch zum Vorschein. Dies ist z. B. der Fall bei Anwendung des Glühbolzens. Man kann den Nerven nachher viel näher an den Bäuschen durchschneiden, ohne daſs eine Spur von negativer Schwankung erfolgte, und das abgeschnittene Stück auch wieder hinzufügen, ohne daſs die Nadel weiter abgelenkt würde.

Es ist demnach deutlich, daſs die Erklärung der negativen Schwankung durch Verkürzung der wirksamen Nervenstrecke nicht ausreicht, um die Gröſse der Erscheinung, wie klein dieselbe auch absolut ausfällt, zu rechtfertigen. Ich brauche nicht zu erinnern, daſs, wenn der Nerv zwischen der Stelle, wo der Reiz angebracht wird, und den Bäuschen durchschnitten ist, keine Wirkung stattfindet. Sie müſste gleichwohl eintreten, wenn diese allein auf der Verkürzung der wirksamen Strecke beruhte. Schon diese Gründe würden genügen, um den hier schwebenden Einwand zu entkräften. Allein wir werden später einen noch weit schlagenderen Beweis dawider kennen lernen.[1]

Eine besondere Erwähnung verdienen hier noch die Versuche, in

[1] S. unten, §. VIII.

denen der Theil des Nerven, welcher zerstört wird, nicht von Luft, sondern von thierischen Theilen umgeben ist; also die mechanische und kaustische Verödung der Rückenmarkshöhle, das Verbrühen des Unterschenkels, das Anätzen desselben mit Schwefelsäure. Man könnte sich denken, dafs in diesen Fällen die von feuchten Leitern umgebenen Theile schon vor ihrer Zerstörung nicht als wirksam zu betrachten gewesen seien, weil der Strömungsvorgang in denselben durch die vorhandene Nebenschliefsung zum Theil geschwächt werden müsse (S. oben S. 151). Wäre diese Voraussetzung richtig, so würde das Erscheinen der negativen Schwankung in den angegebenen Versuchen anzusehen sein als ein neuer Beweis gegen die Verdächtigung, die wir hier bekämpfen. Allein dem ist nicht so. Schon der Theorie nach sieht man leicht, dafs jene Verminderung einmal nur eine sehr kleine sein könne, für's zweite dafs sie in einer anderen Strecke der Bahn des Strömungsvorganges jeder Molekel durch eine Vergröfserung aufgewogen werden müsse, nämlich in dem Theile der Bahn innerhalb der Molekel selber, der als unverzweigt zu denken ist. Demgemäfs lehrt die Erfahrung, dafs die Nadel keine negative Schwankung zeigt, wenn man den Theil des Nerven aufserhalb der Bäusche unter leicht angesäuertes oder etwas Kochsalz enthaltendes Wasser taucht, welches seine Leistungsfähigkeit erst nach einer merklichen Zeit beeinträchtigt. Der zwischen den Unterschenkelmuskeln z. B. begrabene Theil der Nerven ist somit wohl als wirksam zu betrachten, nicht als ob er am Kniegelenk abgeschnitten wäre, und wenn der auf die Verkürzung der wirksamen Nervenstrecke gegründete Einwurf gegen die obigen Versuche überhaupt statthaft wäre, würden das Verbrühen des Unterschenkels, das Anätzen desselben mit Schwefelsäure diesem Einwurf so gut verfallen, als unsere sonstigen Erfahrungen.

(vi) Ueber die Untersuchung der negativen Stromesschwankung beim Tetanisiren auf nicht elektrischem Wege zwischen verschiedenen Punkten des Längsschnittes u. s. w.

Man könnte nun schliefslich noch verlangen, dafs auch für die negative Stromesschwankung auf anderem als elektrischem Wege die Proportionalität ihrer Gröfse mit derjenigen des ursprünglichen Stromes bei jeder Art der Ableitung dieses letzteren nachgewiesen werde. Ist es indessen, wie bevorwortet, bereits die schwierigste Aufgabe des ganzen Gebietes, nur das Dasein der Schwankung in dem Grenzfalle darzuthun, der ihr, unter Voraussetzung der Proportionalität, den höchsten Werth verleibt, so übersteigt jene Forderung, in meinen Augen, durchaus die Grenzen desjenigen, was mit den jetzigen Hülfsmitteln hier geleistet werden kann. Wo von zehn Versuchen fünf ganz zu mifslingen und von den übrigen etwa nur drei ein wirklich gutes Ergebnifs zu liefern pflegen, würde es niemals auszumachen sein, ob das Ausbleiben oder die Schwäche der Wirkung beim Ableiten des ursprünglichen Stromes von verschiedenen Punkten des Längsschnittes herrühre von der vorausgesetzten Proportionalität, oder von einem ungünstigen Ausgange des Versuches, der auch zwischen Längs- und Querschnitt einen geringen oder keinen Erfolg gehabt haben könnte.

Dasselbe gilt, in noch erhöhtem Mafse, für die Frage, ob sich vielleicht auch hier eine Abnahme der Wirkung mit wachsender Entfernung der abgeleiteten von der erregten Strecke kundgebe.

---

§. VII.

Von der secundären Zuckung vom Nerven aus.

1. Allgemeine Darlegung der Erscheinung.

Wir wenden uns nun schliefslich zu der schon früher angeregten Frage, ob die negative Stromesschwankung beim Tetanisiren der Nerven stetiger oder unterbrochener Art sei. Oben S. 447 wurde gezeigt, dafs, wie für die negative Schwankung des Muskelstromes bei der Zusammenziehung, der physikalische Thatbestand auch hier beide Möglichkeiten offen lasse. Es knüpfen sich an die Bemühungen zur Erledigung dieser Frage so viel interessante Einzelheiten, dafs ich für gut befunden habe, denselben einen eigenen Paragraphen zu widmen.

Das physiologische Rheoskop ist es, dessen wir uns zu ihrer Entscheidung zu bedienen haben. Ist die Schwankung stetiger Natur, so wird es unter allen Umständen in Ruhe bleiben, höchstens zu Anfang und Ende derselben eine Zuckung zeigen dürfen. Ist sie unterbrochener Art, so wird dagegen der stromprüfende Schenkel in secundären Tetanus gerathen müssen, wofern nur die einzelnen Stöfse tief und schnell genug sind, und der Schenkel hinreichende Erregbarkeit besitzt, damit Zuckung stattfinden könne. Auch hier wollen wir uns zuerst der elektrischen Erregung bedienen. Wir haben also einfach an Längs- und Querschnitt des aufserhalb der Platinenden der stromzuführenden Vorrichtung befindlichen Theiles eines auf denselben aufliegenden Nervenstückes, statt der feuchten Multiplicatorenden, der Bäusche, nunmehr den Nerven eines stromprüfenden Schenkels anzulegen, das erstere Nervenstück auf elektrischem Wege zu tetanisiren und zuzusehen, ob secundärer Tetanus vom Nerven aus an den Muskeln bemerkbar werde.

Ehe wir zum Versuche schreiten, ist in geschichtlicher Hinsicht zu erwähnen, dafs wir nicht die ersten sind, welche in gleicher Absicht die beschriebene Anordnung verwirklichen. Ich lese bei Sömmering: »An die Gliedmasse .... eines frisch geschlachteten Frosches, Vogels »oder Säugethieres lege man das abgeschnittene Stück eines ausgeschäl»ten, mitten entzweigeschnittenen Nerven dicht an den Rest, und elek»trisire durch Zink und Silber das obere Stück, so werden sich die »Muskeln ebensogut zusammenziehen, als wenn der Nerv wirklich noch »ganz oder unzerschnitten wäre«.[1] Joh. Müller sagt hinwieder: »Da»gegen ist der Nerve eines Froschschenkels ein viel feineres Elektro»meter, welches indefs keine Wirkung zeigt, wenn der Nerve eines ab»geschnittenen Froschschenkels mit einem andern gereizten Nerven im »Contact steht«.[2] Thierry erhielt von Royer-Collard den Gedanken zu dem nämlichen Versuche. Er glaubte anfangs, am Kaninchen, einen bejahenden Erfolg wahrgenommen zu haben. Er fand jedoch später, als er seine Beobachtungen am Frosche wiederholen wollte, dafs er sich wahrscheinlich hatte täuschen lassen durch Wirkungen der anatomischen Werkzeuge, Messer und Pinzette. Trotzdem hielt er es nicht für überflüssig, seine schon 1828 angestellten Versuche noch 1842 zu veröffentlichen, als Matteucci's »contraction induite«, die secundäre Zuckung vom Muskel aus, ihm bekannt wurde.[3] Endlich Matteucci selber ist vielfach bemüht gewesen, die secundäre Zuckung auch vom Nerven aus zu erhalten, den er auf elektrischem Wege reizte. S. oben S. 21.[4] Alle seine Bemühungen blieben vergeblich.

Es hat indessen, bei passender Einrichtung des Versuches, keine Schwierigkeit, diese Zuckung erfolgen zu sehen. Die Platinenden der stromzuführenden Vorrichtung sind mit den Enden einer Grove'schen Kette verbunden. In den Kreis ist der Pohl'sche Stromwender und der Poggendorff'sche Inversor eingeschaltet. Ersterer dient zum einmaligen Umsetzen des Stromes, letzterer zum Tetanisiren. Das Um-

[1] Sam. Th. Sömmering, Ueber den Saft, welcher aus den Nerven wieder eingesaugt wird, im gesunden und kranken Zustande des menschlichen Körpers u. s. w. Landshut 1811. S. 17.*

[2] Handbuch der Physiologie u. s. w. Bd. I. 3. Aufl. 1838. S. 647. 648.*

[3] Comptes rendus etc. 28 Novembre 1842. t. XV. p. 1016.* — L'Institut. t. X. No. 466. p. 424.*

[4] Zu der daselbst befindlichen Anführung ist jetzt noch hinzuzufügen: Annales de Chimie et de Physique. Août 1846. t. XVIII. p. 126.* — Philosophical Transactions etc. For the Year 1847. P. II. p. 233.* — Annales de Chimie et de Physique. 1848. t. XXIII. p. 233.*

setzen mit Hülfe der Wippe des Stromwenders erweist sich nämlich seiner gröfseren Schnelligkeit halber, wie bequemer, so auch wirksamer, als das mittelst des Inversors. Zum Schliefsen und Oeffnen der Kette dient ein verquickter Kupferhaken, der in eines der Quecksilbergefäfse taucht. Dieser ganze Kreis mufs sorgfältig isolirt sein. Die Platinenden schweben dicht über einer wohlgetrockneten Glastafel. Man stellt sich den stromprüfenden Schenkel aus der einen Seite eines Galvani'schen Präparates dar, schneidet aus der anderen den Ischiadicus, und legt diesen über die Platinenden. An Längs- und Querschnitt des aufserhalb der Platinenden auf der Glastafel ruhenden Theiles des Nerven legt man den Nerven des zur secundären Zuckung bestimmten Unterschenkels mit zwei Punkten des Längsschnittes an. Beim Oeffnen und Schliefsen der Kette, vollends beim Umsetzen des Stromes in der unmittelbar erregten Strecke, sieht man häufig Zuckung erfolgen. Wird das Rad des Inversors gedreht, so tritt secundärer Tetanus vom Nerven aus ein. Es ist gleichgültig, an welches Ende des unmittelbar erregten Nerven, ob an das dem Ursprung, oder an das der Ausbreitung entsprechende, das Hirnende des mittelbar zu erregenden angelegt wird.

2. Beseitigung des Verdachtes auf Schleifen des erregenden Stromes, unipolare Wirkungen, oder mangelhafte Isolation.

Es wird nun wohl rathsam sein, in hergebrachter Weise hier zuerst die Gründe auseinanderzusetzen, weshalb nicht daran zu denken ist, diese Wirkungen auf Stromestheile zu schieben, die von den Platinenden bis zu dem secundär erregten Nerven übergreifen. Diese Gründe sind folgende.

Erstens findet die secundäre Zuckung auch statt, wenn der zweite Nerv dem ersten in einer Entfernung von der nächsten Elektrode angelegt ist, bei welcher man sich mit dem besten Willen nicht vorzustellen vermag, wie sich Stromesschleifen bis dahin in dem ersten Nerven begeben sollten. Unipolare Wirkungen sind hier nicht zu fürchten, weil wir uns weder einer Inductionsvorrichtung, noch einer vielgliederigen Säule zur Erregung bedienen, und weil der secundär zuckende Unterschenkel sorgfältig isolirt ist. Aus denselben Gründen fällt auch der Verdacht weg auf ein Phaenomen der Nebenschliefsung gleich dem oben S. 496 ff. erörterten.

Schon von vorn herein also schliefsen diese Umstände die obige Vermuthung aus. Aber für's zweite läfst sich dieselbe auch noch durch viele Versuche unmittelbar widerlegen. Wird der primär erregte Nerv dicht an der vorderen Elektrode unterbunden oder durchschnitten mit Wiederaneinanderfügung beider Stümpfe, und man rückt mit dem mittelbar zu erregenden Nerven gleichfalls bis ganz nahe an die vordere Elektrode, wobei man jedoch diesseits der verletzten Stelle bleiben mufs, so findet niemals Zuckung statt. Der Durchschneidung ist auch hier aus dem oben S. 297 angeführten Grunde der Vorzug zu geben vor der Unterbindung. Wendet man statt des unmittelbar erregten Nerven einen mit Eiweifs getränkten Zwirnsfaden oder einen Fliefspapierbausch von geeigneten Mafsen an, so kann man mit dem mittelbar zu erregenden Nerven abermals ganz nahe an die vordere Elektrode rücken, ohne dafs Zuckung entstände. Dasselbe ist der Fall, wenn der unmittelbar erregte Nerv ursprünglich wenig erregbar war oder wenn er im Laufe des Versuches seine Leistungsfähigkeit eingebüfst hat. Die Strecke, in der die Nerven einander berühren, kann man auf feuchten Leiter betten und auch damit bedecken, ohne den Erfolg des Versuches sonderlich zu beeinträchtigen. Der Wirkung von Stromesschleifen müfste das Anbringen einer so bedeutenden Nebenschliefsung gänzlich ein Ende machen.

Auch hier kommt es vor, dafs die Wirkung anfangs versagt, und erst später mit zunehmender Stärke hervortritt. Aus der entsprechenden Thatsache für den elektrotonischen Zustand und die negative Schwankung beim Tetanisiren auf elektrischem Wege schlossen wir, dafs diese Erscheinungen nicht beruhen könnten auf dem Hereinbrechen von Schleifen des erregenden Stromes, weil für diese kein Grund des allmäligen Wachsthums einzusehen sei (S. oben S. 298. 431). Hier dürfen wir den gleichen Schlufs nicht ziehen. Dort stützte sich derselbe auf die unveränderliche Treue der Angaben des elektromagnetischen Stromprüfers. Aus der Zunahme der Nadelbewegung folgte unmittelbar die Zunahme der sie erzeugenden Ursache. Hier bedienen wir uns des stromprüfenden Schenkels. Da mag die Ursache beständig sein, der Grund der scheinbar zunehmenden Wirkung kann im mittelbar zu erregenden Nerven selber liegen.

Hingegen eine dritte Gruppe von Beweisen gegen die in Rede stehende Deutung wird uns sehr bald entgegentreten in dem Verhalten der secundären Zuckung unter verschiedenen Bedingungen des Anlegens des einen Nerven an den anderen. Dieser Umstand übt auf das Erscheinen und Ausbleiben der Zuckung einen entschiedenen Einflufs aus. Bei der Annahme unipolarer Wirkungen oder einer Erregung durch einen Zweigstrom ist dies undenkbar. Allenfalls könnte etwas der Art stattfinden in dem Falle von Stromesschleifen. Allein die Folge wird lehren, dafs auch hiemit die Thatsachen sich unvereinbar zeigen, insofern nämlich gerade die Veränderungen der gegenseitigen Lage beider Nerven, welche unter der Voraussetzung von solchen Schleifsen die Erscheinungsweise der Zuckungen verändern müfsten, wirkungslos an derselben vorübergehen.

3. Die secundäre Zuckung vom Nerven aus rührt her von dem elektrotonischen Zustande, nicht aber von der negativen Schwankung beim Tetanisiren.

Wir betrachten damit die obigen Bedenken als erledigt und als erwiesen, dafs wir es hier in der That mit einer Wirkung des primär erregten auf den secundär zu erregenden Nerven zu thun haben. Fassen wir jetzt diese Wirkung näher in's Auge. Unsere Absicht, beim Aufsuchen dieser neuen Thatsache, ist gewesen, die Natur der negativen Schwankung beim Tetanisiren des Nerven genauer kennen zu lernen. Jetzt könnte man zu schliefsen geneigt sein, dafs dieser unser Zweck erreicht sei. Man könnte beim Anblick des secundären Tetanus vom Nerven aus, das Urtheil fällen, dafs die negative Stromesschwankung des unmittelbar erregten Nerven unterbrochener Art sein müsse. Dies würde jedoch voreilig sein. Denn wir haben, als wir oben S. 528 den nun verwirklichten Versuchsplan fafsten, einen wichtigen Umstand übersehen. Wir haben nicht erwogen, dafs, bei der elektrischen Erregung, die elektrischen Zustände des Nerven noch eine andere Veränderung erleiden als diejenige, deren Ausdruck die negative Schwankung ist. Nichts steht uns dafür, dafs nicht die secundäre Zuckung, statt von der negativen Schwankung, herrühre von dem Eintreten und Aufhören des positiven oder negativen Zuwachses, welches begleitet ist von der negativen Schwankung, oder dafs nicht wenigstens der Zuwachs an dem Hervorbringen der Zuckung einen wesentlichen Antheil habe.

Es ist übrigens nicht schwer, entscheidende Merkmale zu erdenken, welche die secundäre Zuckung in dem einen und dem anderen Falle zeigen müfste. Stammt sie her von der negativen Stromesschwankung, so mufs sie erstens nur erscheinen, oder wenigstens sehr an Stärke zunehmen, wenn der mittelbar zu erregende Nerv angelegt ist an Längs- und Querschnitt des unmittelbar erregten. Für's zweite mufs sie stattfinden, gleichviel welcher Abstand herrsche zwischen diesem Querschnitt und der vorderen Elektrode. Zum dritten mufs, bei einzelnen Zuckungen, die durch Schliefsen und Oeffnen der erregenden Kette entstehen, ihre Erscheinungsweise unabhängig sein von der Richtung des erregenden Stromes. Denn es würde sich dabei handeln um eine schnelle Senkung des Stromes, aus der er sofort seine frühere Höhe wieder ersteigt. Es wird also unter allen Umständen Zuckung stattfinden müssen, gleichviel ob nach den übrigen Umständen des Versuches der mittelbar zu erregende Nerv für eine positive Stromesschwankung mehr als für eine negative, oder für eine der letzteren Art mehr als für eine der ersteren empfänglich ist, indem stets beide Wirkungen zugleich vorhanden sind (Vergl. oben S. 99).

Stammt dagegen die Zuckung her von dem Eintritt der einen und der anderen Phase, so mufs von allem Obigen das gerade Gegentheil Platz greifen. Sie mufs alsdann ebensowohl von reinem Längsschnitt aus erfolgen, als bei der Verbindung von Längs- und Querschnitt. Sie mufs an Stärke zunehmen, je näher man mit dem mittelbar zu erregenden Nerven an die Elektroden rückt, denn um so stärker wird der Zuwachs. Sie wird, bei einiger Entfernung von den Elektroden, dagegen ganz versagen dürfen. Drittens wird die Erscheinungsweise einzelner Zuckungen beim Schliefsen und Oeffnen der erregenden Kette abhängig sein von der Richtung des erregenden Stromes. Denn nun ist die Wirkung nicht mehr, wie unter der ersteren Voraussetzung, eine stets doppelsinnige. Es ist entweder nur eine positive oder nur eine negative Schwankung vorhanden. Nachher verweilt der Strom des unmittelbar erregten Nerven wieder auf beständiger Höhe. Ist also der mittelbar zu erregende Nerv vermöge der sonstigen Umstände des Versuches für die eine Art der Schwankung empfänglicher als für die andere, so wird der stromprüfende Schenkel auch auf jene vorzugsweise mit Zuckung antworten.

Prüfen wir nun, mit Hinblick auf diese Grundsätze, etwas genauer die Natur der secundären Zuckung vom Nerven aus, so zeigt sich Folgendes

Man erhält die Zuckungen auch, ohne dafs der mittelbar zu erregende Nerv die Kette zwischen Längs- und Querschnitt des unmittelbar erregten schliefst, wenn er nur demselben in einer gewissen Strecke entlang gelegt ist. S. Fig. 135. 136. Taf. V.

Die Nähe der Elektroden übt den entschiedensten Einflufs auf die Stärke der Zuckungen aus. Bemerkenswerth ist, dafs man häufig letztere erst erhält, wenn man mit dem mittelbar zu erregenden Nerven ganz dicht an die vordere Elektrode gerückt ist. Ist aber erst einmal Zuckung dagewesen, so kann man sich wiederum sehr weit entfernen, ohne dafs dies ihrem Erscheinen Eintrag thue. Dies hängt zusammen mit der schon häufig beregten Eigenthümlichkeit des physiologischen Stromprüfers, nicht sofort, sondern gern erst nach mehrmals wiederholter Frage zu antworten (S. oben S. 531).

Endlich bei einzelnen Zuckungen, welche durch Schliefsen und

Oeffnen der erregenden Kette entstehen, ist allerdings das Erscheinen und Ausbleiben der Zuckungen abhängig von der Richtung des erregenden Stromes. Dabei ist jedoch Folgendes zu bevorworten. Die Thiere, deren man sich hier bedient, müssen begreiflich einen hohen Grad der Leistungsfähigkeit darbieten. Die Ströme, denen der mittelbar zu erregende Nerv ausgesetzt wird, sind äufserst schwache. Dies sind Bedingungen, unter welchen, wie man sich erinnert, das Gesetz der Zuckungen seine Geltung stets mehr oder weniger vollständig einbüfst (S. oben Bd. I. S. 320. 390). So erhält man durch Umbiegen des Nerven gegen den Gastroknemius bei dem Galvani'schen Versuch ohne Metalle meist nur die Schliefsungszuckung, obschon der Strom aufsteigend im Nerven ist und somit, nach dem Gesetze der Zuckungen, wie es bei mittlerer Erregbarkeit gilt, eigentlich Oeffnungszuckung zu erwarten wäre (S. ebendas. S. 66. 100. 390. 409. 477.). Demnach erhält man auch hier beim Schliefsen und Oeffnen keinesweges immer die Zuckung, die man, nach der Richtung des Stromes des Zuwachses in dem unmittelbar zu erregenden Nerven, zu gewärtigen hätte. Einmal genügt es aber für den Zweck unserer Beweisführung schon, dafs überhaupt die eine von beiden Zuckungen, die Schliefsungszuckung entweder oder die Oeffnungszuckung, die Oberhand hat über die andere. Für's zweite jedoch läfst sich noch eine vollgültige Probe anstellen. Man kann nämlich dem mittelbar zu erregenden Nerven gegen den unmittelbar erregten die beiden entgegengesetzten Lagen ertheilen, die Fig. 135. 136. Taf. V. sichtbar sind. Die Zuckungen sind alsdann in beiden Lagen complementär, d. h. wenn, vermöge der besonderen Empfänglichkeit des mittelbar zu erregenden Nerven, in dem einen Falle die Schliefsung der Kette bei der einen Richtung des erregenden Stromes, oder bei der anderen Richtung ihre Oeffnung sich wirksam erwies, so erweist sich in dem anderen Falle bei der ersteren Richtung die Oeffnung, bei der letzteren die Schliefsung wirksam, gleichviel ob im einzelnen Falle das Gesetz der Zuckungen befolgt oder übertreten werde.

Diese Thatsachen sind es beiläufig, welche auf's Neue unverträglich erscheinen mit der Annahme des Ursprunges der Zuckungen aus unipolaren Wirkungen oder Zweigströmen nach Art der oben S. 496 ff. zergliederten. Denn diese würden in beiden Fällen den an den unmittelbar erregten Nerven anliegenden Theil des mittelbar erregten in gleichem Sinne durchlaufen, wenn sich, in dem Fall Fig. 136, überhaupt noch eine merkliche Spur davon in jenen Theil abzweigte.

Hier ist denn auch der Ort, jener anderweitigen Veränderungen der gegenseitigen Lage des unmittelbar erregten und des mittelbar zu erregenden Nerven zu gedenken, welche von keinem Einflufs sind auf die Erscheinungsweise der Zuckungen, da sie dies doch sein müfsten, wenn man letztere erklären wollte durch Schleifen des erregenden Stromes, die sich über die Platinenden hinaus verbreiteten. Es ist nämlich gleichgültig, ob bei der Fig. 135. abgebildeten Anordnung der mittelbar zu erregende Nerv rechts oder links von, oder auch über oder unter, dem unmittelbar erregten Nerven zu liegen komme. Man sieht leicht, dafs er dabei nothwendig ein Mal in den einen, ein anderes Mal in den anderen Schenkel der schlingenförmig umbiegenden Stromescurven gerathen würde, so dafs die Zuckungen in irgend zwei Fällen sich alsdann complementär verhalten müfsten.

Es kann, nach dem Allen, kein Zweifel übrig bleiben daran dafs der Eintritt und das Aufhören des elektrotonischen Zustandes an und für sich, unabhängig von der negativen Schwankung, im Stande sind, secundäre Zuckung zu erzeugen. Diese Wirkung wird sich folglich in diejenige einmischen, die, zwischen Längs- und Querschnitt, die negative Schwankung streben wird hervorzubringen. Es würde aber jetzt darauf ankommen, zu untersuchen, ob auch diese letztere an und für sich Zuckung zu erzeugen vermag und diese Art der secundären Zuckung von der ersteren im Versuch dergestalt zu trennen, dafs wir dabei zur Entscheidung der hier eigentlich schwebenden Frage gelangen, ob nämlich die negative Schwankung beim Tetanisiren eine stetige oder unterbrochene sei.

Eine erste Art, die secundäre Zuckung durch negative Schwankung von derjenigen durch Eintreten und Aufhören des Zuwachses im Versuche ganz zu trennen, besteht offenbar darin, den mittelbar zu erregenden Nerven an Längs- und Querschnitt des unmittelbar erregten in sehr beträchtlicher Entfernung von den Elektroden anzulegen, insofern nämlich die negative Schwankung mit dem Wachsen jener Entfernung unvergleichlich langsamer abnimmt als der Zuwachs (S. oben S. 462). So oft ich aber auch den Versuch angestellt habe, der stromprüfende Schenkel, welcher secundär zucken sollte, beharrte in hartnäckigem Schweigen.

Wir müssen also schliefsen, dafs die negative Schwankung des Nervenstromes, welche das e l e k t r i s c h e Tetanisiren begleitet, unfähig ist, an und für sich secundäre Zuckung zu erregen. Erinnert man sich der Ueberlegenheit dieser Art des Tetanisirens über jede andere, wie sich besonders am Nerven diese Ueberlegenheit kund gab, wie sie sich aber auch bereits bei der secundären Zuckung vom Muskel aus darbot, so sieht man wohl, wie kümmerlich sich die Hoffnung stellt, es möchte uns nunmehr gelingen, secundären Tetanus vom Nerven aus beim Tetanisiren auf anderem als auf elektrischem Wege zu erhalten. Begreiflich würde dies eine zweite Art abgeben, die secundäre Zuckung durch die negative Schwankung zu trennen von derjenigen durch das Eintreten und Aufhören des Zuwachses. In der That zeigen sich denn auch alle darauf gerichteten Bestrebungen erfolglos, gleichviel ob man auf mechanischem, kaustischem oder chemischem Wege verfahre, mit unmittelbarer Anwendung auf den Nerven oder vom Rückenmark aus. Man sieht im letzteren Falle selbst dann nichts sicheres erfolgen, wenn die noch mit dem anderen unversehrten Ischiadnerven zusammenhängenden Muskeln lebhafte Zuckungen zeigen.

Es gelingt folglich nicht, durch die bloſse negative Schwankung des Nervenstromes beim Tetanisiren secundäre Zuckung vom Nerven aus zu erzeugen. Nichtsdestoweniger scheint, bei der secundären Zuckung vom Nerven aus auf elektrischem Wege, welche somit wesentlich herrührt vom Eintreten oder Aufhören des elektrotonischen Zustandes, die negative Schwankung doch noch eine Rolle zu spielen. Es ist nämlich nicht zu verkennen, daſs die Aufnahme des Querschnittes des unmittelbar erregten Nerven in den Kreis beider Nerven, wie auch Anfrischen jenes Querschnittes, wenn er schon im Kreise befindlich war (S. oben S. 282), häufig eine günstige Wirkung hervorbringt.

Man könnte, beim ersten Anblick, der Meinung sein, nur die Wirkung der negativen Phase des unmittelbar erregten Nerven dürfte durch Hinzufügung der negativen Schwankung verstärkt erscheinen, die der positiven Phase hingegen müſste eine Schwächung zeigen. Dabei ist jedoch auſser Acht gelassen, daſs der Strom aus der negativen Schwankung sofort wieder die Höhe ersteigt, die ihm vermöge des erregenden Stromes zukommt, sobald dieser nach der Schlieſsung der Kette beständig geworden ist, oder seine ursprüngliche Gröſse wieder annimmt, sobald der erregende Strom, bei der Oeffnung der Kette, Null geworden ist.

In Fig. 137. Taf. IV. sei die Abscissenaxe $O\,T$ die Zeit; die derselben gleichlaufende Gerade $y.\,y_{,}\,y_{,,}\,y$ stelle die, bei Abwesenheit eines erregenden Stromes, von der Zeit unabhängige Stärke des ursprünglichen Stromes des unmittelbar erregten Nerven in dem an Längs- und Querschnitt desselben angelegten mittelbar zu erregenden Nerven vor. Es seien ferner $y.\,z'\,\zeta'\,y$, $y.\,z,\,\zeta,\,y$ beziehlich die Curven der Stärke des positiven und des negativen Zuwachsstromes bezogen auf die Zeit, während der erregende Strom, bei Schlieſsung der Kette, von O bis $T_{,}$, seine stetige Höhe erreicht, einige Zeit, von $T_{,}$ bis $T_{,,}$, darauf verweilt, endlich, bei Oeffnung der Kette, von $T_{,,}$ bis T, wieder auf Null zurücksinkt. Alsdann sind $y.\,t\,t,\,y_{,}$, $y_{,,}\,\tau,\,\tau\,y$ die Curven der negativen Stromesschwankungen beim Schlieſsen und Oeffnen der Kette auf dieselben Abscissen bezogen. Beim Schliefsen der Kette entspringt also für den positiven Zuwachs die Curve $y.t\,a'\,z'$, für den negativen die Curve $y.t\,a,z,$, beim Oeffnen für den positiven die $\zeta'\,\alpha'\,\tau\,y$, für den negativen die $\zeta,\alpha,\tau\,y$.

Man sieht, dafs diese Stromesschwankungen, nach unseren oben Bd. I. S. 258 ff. dargelegten Grundsätzen, sämmtlich stärkerer physiologischer Wirkungen fähig sein werden, als beziehlich die durch die Curven $y.z'$, $y.z,$, $\zeta'y$, ζ,y ausgedrückten, welche auf dem einfachen Ansteigen und Abfallen der beiden Zuwachse beruhen und in der Wirklichkeit vorkommen, wenn man den mittelbar zu erregenden Nerven nur an Punkte des Längsschnittes des unmittelbar erregten Nerven anlegt. Man sieht ferner, dafs allerdings vermöge der Beschaffenheit der aus der Zusammensetzung der negativen Schwankung und des Eintrittes und Aufhörens der Zuwachse entspringenden Curven noch Raum gegeben ist für eine verschiedene Wirkung in den vier Fällen der Schliefsung zur und Oeffnung aus der positiven und der negativen Phase; dafs sich aber, wenn man auch nicht vorhersagen kann, welche unter diesen vier Fällen die günstigeren sein werden, doch gar kein Grund dafür einsehen läfst, dafs der positive Zuwachs, wegen Abzugs der negativen Schwankung, die minder starken Wirkungen hervorbringen sollte.

Was die Frage betrifft nach der stetigen oder unterbrochenen Natur der negativen Stromesschwankung, so scheint es leider nunmehr, dafs sie auf diesem Wege nicht entschieden werden könne. Theoretisch scheint es freilich ansprechender, sich die Schwankung als unterbrochener Art vorzustellen, insofern der erregende Vorgang selber kein stetiger ist, die Wirkung auf die Muskeln sich auch nicht als stetig erweist, endlich an ein Andauern der Erregung über die einzelnen Acte des erregenden Vorganges hinaus, so dafs die diesen Acten entsprechenden Erregungen stetig in einander übergingen, doch nur bei äufserst heftigen Strömen in Folge ihrer zerstörenden Einwirkung zu denken sein dürfte.

Wie dem auch sei, die secundäre Zuckung vom Nerven und diejenige vom Muskel aus, sind nach alledem hinsichtlich ihres Ursprunges wohl auseinanderzuhalten. Die letztere rührt her von der negativen Schwankung bei der Zusammenziehung. Sie ist daher unabhängig von der Art und Weise, wie die Zusammenziehung hervorgebracht wurde. Die secundäre Zuckung vom Nerven aus rührt wesentlich her vom Eintritt oder vom Aufhören des Zuwachses im elektrotonischen Zustande, und ihr Zustandekommen ist deshalb gebunden an diese besondere Art der Erregung des Nerven, die Reizung auf elektrischem Wege.

Bei der secundären Zuckung vom Muskel aus wurde die Bemerkung gemacht, dafs dieselbe leichter wahrnehmbar sei, als die Galvani'sche Zuckung ohne Metalle (S. oben S. 95). Es könnte daher hier auffallend erscheinen, dafs während es uns gelungen ist, Zuckung durch Herstellen und Abbrechen des ursprünglichen Nervenstromes zu beobachten (S. oben S. 272), uns jetzt die secundäre Zuckung durch die negative Schwankung versage, die wir doch sonst der entsprechenden Schwankung des Muskelstromes im Tetanus gleichgestellt haben. Bei der Geschwindigkeit, die man, im Fall der Richtigkeit dieses Vergleiches, der negativen Schwankung des Nervenstromes zuzuschreiben berechtigt ist, würde man hier wenigstens folgern müssen, dafs die Tiefe der Einbiegungen der Curve der Stromstärken bezogen auf die Zeit, aus welcher sich die negative Schwankung zusammensetzt (S. oben S. 447. Fig. 89. Taf. I.), eine im Vergleich zu demselben Vorgange bei den Muskeln minder beträchtliche sei.

Es ist indessen folgendes nicht zu übersehen. Erstlich ist es uns bei den Nerven auch nie geglückt, die Zuckung ohne Metalle zu beobachten. Die Zuckung, die wir mit Hülfe des ruhenden Nervenstromes bewirkten, war nicht die ohne Metalle, sondern vielmehr die mit gleichartigem Metallbogen in ihrer vollendetsten Gestalt, wie wir sie oben Bd. I. S. 475 ausfindig gemacht hatten. Von dieser aber kann man auch bei den Muskeln kaum mehr sagen, dafs sie schwieriger erfolge, als die secundäre Zuckung. Die Ueberlegenheit der secundären Zuckung über die Zuckung ohne Metalle scheint vielmehr darin ihren vornehmsten Grund zu haben, dafs die Stromesschwankung durch die Zuckung schneller vor sich geht, als durch das Anschwenken des Nerven an die Achillessehne u. d. m. Diese Schnelligkeit der Schliefsung aber läfst sich bei der Zuckung mit gleichartigem Bogen dadurch wieder einholen, dafs man den Kreis metallisch schliefst und abbricht.

Immer jedoch würde die secundäre Zuckung vom Muskel aus berechtigt sein stärker zu erscheinen als die Zuckung durch den Muskelstrom mit gleichartigem Metallbogen, ohne dafs dies auch bei den Nerven der Fall sein müfste. Denn fürs zweite will hier der Widerstand der verschiedenen Kreise in Betracht gezogen sein. Bei der secundären Zuckung, in der Gestalt, wie sie oben S. 95 gemeint ist, ist die Stärke des Muskelstromes in dem mittelbar zu erregenden Nerven wegen kleineren Widerstandes nothwendig gröfser als bei der Zuckung mit gleichartigem Metallbogen. Dagegen bei den Nerven ist der Widerstand im Fall der secundären Zuckung nahe doppelt so grofs als in dem der Zuckung mit gleichartigem Metallbogen. Denn, wie bereits an Ort und Stelle (S. oben S. 273) bemerkt wurde, wir bedienten uns hier des äufserst zweckdienlichen Kunstgriffes, den Nerven selber seinen eigenen Strom anzeigen zu lassen. Bei der secundären Zuckung vom Nerven aus aber mufs, der Natur der Sache nach, ein zweiter Nerv in den Kreis aufgenommen werden. Jener Schlufs also, auf die geringere Tiefe der Einbiegungen der Curve der Stromstärken bezogen auf die Zeit beim Tetanisiren der Nerven, ist noch keinesweges als gesichert anzusehen.

Ebensowenig, als an dem eben erörterten Punkte, hat man übrigens Anstofs zu nehmen daran dafs, während die negative Schwankung doch unter Umständen den Zuwachs an Gröfse übertraf, wir nun jene unvermögend finden, secundäre Zuckung zu erzeugen, die doch dieser ohne Anstand hervorbringt. Denn man mufs nicht vergessen, dafs die beiden Male, wo wir dergestalt die negative Schwankung gröfser als den Zuwachs erscheinen liefsen (S. oben S. 453. 464), dies nicht dadurch geschah, dafs wir die negative Schwankung über den Zuwachs erhoben, sondern dadurch, dafs wir diesen unter jene verkleinerten. Zwar kann man sich, um die Ueberlegenheit des Zuwachses über die negative Stromesschwankung bei mittlerer Stromstärke fühlbar zu machen, nicht ohne Weiteres darauf berufen, dafs, beim Uebergang aus der stetigen negativen Phase ins Tetanisiren mit abwechselnden Strömen alsdann ein positiver Ausschlag erfolgt (S. oben ebendas.). Denn die negative Schwankung ist bei diesem mit Hülfe des Inversors angestellten Versuch unstreitig unterbrochener Natur. Allein selbst beim Tetanisiren mit dem Neef'schen Magnetelektromotor, wo dem Nerven gewifs kein Augenblick Ruhe gegönnt wird, bleibt der negative Ausschlag weit unter dem, den sogar schwächere stetige Ströme beim Eintritt der negativen Phase erzeugen, und läfst sich auch durch Verstärkung der erregenden Schläge nicht merklich höher treiben, während der Zuwachs sich, innerhalb der Grenzen unserer Versuche, ja, wie es schien, überhaupt innerhalb der durch die verderbliche Wirkung der Ströme auf die Erregbarkeit gesteckten Grenzen, einer immer weitern Steigerung fähig zeigte (S. oben S. 335. 336).

4. Einzelheiten betreffend die secundäre Zuckung vom Nerven aus.

Das Ergebnifs der vorigen Nummer ist, dafs wir, hinsichtlich des hauptsächlichsten Zieles, welches wir uns hier vorgesetzt hatten, leider unverrichteter Sache abziehen müssen. Es mag uns zum Trost gereichen, dafs wir als beiläufige Ausbeute wenigstens mancherlei nicht unwichtige Einzelheiten mitnehmen können, welche die secundäre Zuckung vom Nerven aus betreffen.

Diese Erscheinung legt, bei der absoluten Kleinheit des Zuwachses, aufs Neue ein sprechendes Zeugnifs ab für die Geschwindigkeit, mit welcher derselbe hereinbricht und wiederum verschwindet (S. oben S. 321. 390. 391). Es ist daher auch möglich, durch einen vereinzelten voltaëlektrischen Inductionsstrom die secundäre Zuckung vom Nerven aus zu bewirken. Nur mufs man dabei vor unipolaren Wirkungen wohl auf der Hut sein. Dafs die Isolation des stromprüfenden Schenkels ausreichend sei, erkennt man in jedem einzelnen Falle daran, dafs der Schenkel in Ruhe bleibt, wenn sein Nerv diesseits der Elektroden von den Muskeln aus unterbunden worden ist, oder wenn man ihn, ohne Unterband, statt unmittelbar auf die Elektroden, auf das freie Ende eines dieselben überbrückenden und darüber fortragenden feuchten Fadens oder Fliefspapierbausches legt. Sobald man ihn aber ableitend berührt, während man den Inductionsstrom erregt, mufs er in Zuckung gerathen (S. oben Bd. I. S. 435). Versäumt man diese Vorsichtsmafsregeln, so läuft man Gefahr, ehe man sich dessen versieht, auf die sinnlosesten Abwege geführt zu werden, da man alsdann nur durch Zufall von Zeit zu Zeit keine Wirkung wird erfolgen sehen. Vergl. oben ebendas. Ich bemerke, dafs es gerade solche allen Gesetzen der Nervenphysik und der Elektricität hohnsprechenden Erfolge waren, die mich, bei Gelegenheit der hier beschriebenen Versuchsreihen, bereits im September 1844 auf die unipolaren Inductionszuckungen zuerst aufmerksam machten und zur genaueren Untersuchung derselben veranlafsten.[1]

Man kann der secundären Zuckung vom Nerven aus auch die Form ertheilen, in der wir die secundäre Zuckung vom Muskel aus zuerst beobachtet haben (S. oben S. 87 ff. Fig. 85. Taf. I.), indem man nämlich zwischen die Zuleitungsgefäfse des Multiplicators einen Zwischenbausch bringt, die Lücke zwischen demselben und dem einen Bausche mit dem Nerven des stromprüfenden Schenkels, die andere Lücke mit dem unmittelbar zu erregenden Nerven überbrückt. Der Versuch setzt, damit er gelinge, einen ziemlichen Grad von Leistungsfähigkeit seitens der thierischen Gebilde voraus. Auch auf diese Weise kann man darthun, dafs es der Eintritt des unmittelbar erregten Nerven in den elektrotonischen Zustand und der Austritt aus demselben sind, wodurch die Zuckung erfolgt. Sie zeigt sich nämlich auch dann, wenn der Nerv nur mit Punkten des Längsschnittes aufliegt. Sie tritt entweder nur bei der Schliefsung, oder nur bei der Oeffnung des erre-

[1] Vergl. die Fortschritte der Physik im Jahre 1845. Dargestellt von der physikalischen Gesellschaft in Berlin. I. Jahrgang. Redigirt von G. Karsten. Berlin 1847. S. 543.

genden Kreises ein. Sie versagt endlich, wenn der Abstand zwischen der erregten und der abgeleiteten Strecke ein gewisses Maſs überschreitet.

Von der secundären Zuckung vom Muskel aus hat Matteucci jahrelang behauptet, die Wirkung der zuckenden Muskeln auf den aufliegenden stromprüfenden Nerven sei nicht elektrischer Natur. S. oben S. 99 ff. Wir haben daselbst seine Behauptung einer besonderen in die Ferne wirkenden Induction durch das Nervenprincip vorzüglich mit Hülfe zweier Gruppen von Beweisen widerlegt. Einmal indem wir zeigten, daſs die Leiter und Nichtleiter der zwischen Muskel und Nerv stattfindenden Wirkung auch Leiter und Nichtleiter der Elektricität seien. Für's zweite indem wir darthaten, daſs jene Wirkung dem Gesetze des Muskelstromes unterworfen sei. Die secundäre Zuckung vom Nerven aus ist nun, ihrer Erscheinungsweise nach, nicht mehr gebunden an das Gesetz des Nervenstromes, weil sie ausgeht von den dipolar elektromotorischen Kräften des Zuwachses im elektrotonischen Zustande. Ein Zweifler im Sinne Matteucci's könnte daher den Beweis verlangen, daſs sie wirklich auf elektrischer Einwirkung des unmittelbar erregten Nerven auf den mittelbar zu erregenden beruhe. Ich habe mir angelegen sein lassen, auch dieser Meinung zu begegnen. Ich kann sagen, daſs die secundäre Zuckung vom Nerven aus sich in günstigen Fällen durch feuchtes Flieſspapier hindurch fortpflanzt, während sie gehemmt wird durch Einschaltung entweder eines Nichtleiters der Elektricität, wie Glimmer, Wachstaffent, oder eines im Vergleich zu den thierischen Flüssigkeiten auſserordentlich guten Leiters, wie Platin u. d. m.

5. Vom secundären elektrotonischen Zustande und der secundären negativen Stromesschwankung vom Nerven aus.

Es giebt noch eine andere Art zu zeigen, daſs die Wirkung, welche der unmittelbar erregte Nerv auf den mittelbar zu erregenden ausübt, elektrischer Natur sei. Man vermag nämlich nachzuweisen, daſs der letztere, gleichzeitig mit dem ersteren, im Augenblick der Schlieſsungszuckung, in elektrotonischen Zustand geräth, und ebenso gleichzeitig mit jenem, im Augenblick der Oeffnungszuckung, aus demselben wieder austritt. Es versteht sich, daſs der Zuwachs in diesem secundären elektrotonischen Zustande an dem Multiplicator für den Muskelstrom auf eine bloſse Spur herabsinkt; an dem Multiplicator für den Nervenstrom ist dagegen die Wirkung noch sehr ausgesprochen: bei mittleren Verhältnissen erfolgen 8—10° Ausschlag. Die Richtung entspricht stets derjenigen, welche der Strom des Zuwachses des unmittelbar erregten Nerven in dem mittelbar zu erregenden haben mufs. Diese Richtungsbeziehungen, wie auch die Art, den Versuch anzustellen, erhellen zur Genüge aus den Fig. 138. 139. Taf. II. Man sieht, dafs für beide daselbst abgebildete Anordnungen die Richtung der säulenartigen Polarisation im mittelbar erregten Nerven die entgegengesetzte ist, die Phasen sich complementär verhalten. So verhielten sich auch die Zuckungen in beiden Fällen complementär (S. oben S. 301. 534).

Dieser Umstand untersagt es, an ein Phaenomen der Nebenschliefsung gleich dem oben S. 496 ff. erörterten zur Verdächtigung der Erscheinungen zu denken. An Schleifen kann nicht gedacht werden, weil es gleichgültig ist, ob der mittelbar zu erregende Nerv rechts oder links, ober- oder unterhalb von dem unmittelbar erregten liegt. Zudem hemmen die Durchschneidung und Unterbindung des unmittelbar erregten Nerven die Wirkung. Sie findet nicht statt, wenn statt des Nerven ein feuchter Faden oder ein Fliefspapierbausch von geeigneten Mafsen über die Platinenden gebrückt wird.

Sollte bei alledem auch hier jemand noch zweifeln wollen, dafs die Wirkung des einen auf den anderen Nerven elektrischer Natur sei, da doch nichts zu der Annahme berechtigt, die Erscheinungen des elektrotonischen Zustandes könnten durch etwas anderes hervorgebracht werden, als durch den elektrischen Strom, so wird er seine Bedenken doch aufgeben müssen, wenn ich berichte, dafs auch hier die Wirkung durch Platin und Glimmer gehemmt wird, hingegen durch feuchtes Fliefspapier in günstigen Fällen hindurchgeht.

Es ist gleichgültig, welche zwei von den vier Enden beider Nervenstücke man in beiden Fällen zur Berührung bringt, ob die beiden Hirnenden, die beiden Muskelenden, das Hirnende des unmittelbar erregten Nerven und das Muskelende des mittelbar zu erregenden, oder das Muskelende des ersteren und das Hirnende des letzteren.

Ist in den Kreis der erregenden Kette der Inversor eingeschaltet, und man tetanisirt den unmittelbar erregten Nerven, so zeigt sich am mittelbar zu erregenden die secundäre negative Stromesschwankung.

Ich betrachte, nach der Gesammtheit meiner Erfahrungen, den secundären elektrotonischen Zustand am Multiplicator für den Nervenstrom im Allgemeinen als eine leichter wahrzunehmende Erscheinung, als die secundäre Zuckung vom Nerven aus, welche ihre Tücken hat; und aus diesem Grunde ist oben S. 336 gesagt worden, dafs die säulenartige Polarisation als ein feineres Prüfungsmittel betrachtet werden dürfe für die Veränderung der inneren Gleichgewichtszustände der Bewegungsnerven durch den Strom, denn die Zuckung selber.

Der secundäre elektrotonische Zustand, und die secundäre negative Schwankung beim Tetanisiren (S. oben) sind die Erscheinungen, welche oben S. 370. 469. gemeint waren, als wir die Folgen zergliederten, die für die Gröfse des Zuwachses und der negativen Schwankung erster Ordnung hervorgehen würden aus einer Vergröfserung des Querschnittes der abgeleiteten Strecke allein im Vergleich zur erregten Strecke. Was den Zuwachs betrifft, so sieht man jetzt leicht, dafs die in secundären elektrotonischen Zustand versetzten, nicht bis in die erregte Strecke hinaufreichenden Fasern in entgegengesetzter Richtung durch den Multiplicatorkreis wirksam sein werden, als die unmittelbar erregten. Handelt es sich aber um die negative Schwankung beim Tetanisiren, so verkehrt sich die secundäre Wirkung, da sie auch stets negativ ist, vielmehr zugunsten derjenigen, die von den unmittelbar erregten Fasern ausgeht.

Ein elektrotonischer Zustand dritter, vierter, ... Ordnung und die demselben entsprechenden Zuckungen vom Nerven aus (S. oben S. 118), welche übrigens kein weiteres Interesse darbieten würden, sind nicht beobachtet.

So scheint auch folgendes der Fall sein zu müssen, ohne dafs man im Stand ist, es zu beobachten. Man denke sich an die Strecke zwischen Elektroden und Bäuschen ein zweites Paar Elektroden angelegt, gleich als ob es sich darum handelte, zwei Ströme auf einer und derselben Seite der abgeleiteten Strecke auf den Nerven einwirken zu lassen (S. oben S. 350. 461). Anstatt aber, zwischen die beiden neuhinzugekommenen Elektroden, nun auch eine erregende Kette einzuschalten, schliefse man dieselben einfach metallisch zum Kreise. In diesem Kreise mufs, vermöge der säulenartigen Polarisation durch die Kette des ersten Elektrodenpaares, ein Strom entstehen in dem Nerven in der Richtung des erregenden Stromes, gerade wie im Multiplicatorkreise selber. Man sollte nun meinen, dieser Strom müsse im Stande sein, in dem Multiplicatorkreise, beim Schliefsen des Elektrodenpaares, den gerade obwaltenden Zuwachs um ein Geringes zu erhöhen, beim Oeffnen ihn ebenso zu verkleinern; oder, mit anderen Worten, es müfste der Abfall der Curve der dipolar elektromotorischen Kräfte durch das Schliefsen des Elektrodenpaares verzögert werden. Ich mufs jedoch sagen, dafs mir der Nachweis dieses Verhaltens in der Wirklichkeit nicht hat von statten gehen wollen.

Schliefslich ist hier noch folgendes zu erwähnen. Wie durch den Strom des ruhenden Muskels (S. oben S. 513), läfst sich auch durch den des ruhenden Nerven der elektrotonische Zustand in merklichem Mafsstabe hervorrufen. Dies war zu erwarten, da man ja auch Zuckung durch den Nervenstrom erhält (S. oben S. 272); da, nach den oben S. 383 gegebenen Auseinandersetzungen, die Zuckung durch elektrische Erregung stets nur als Begleiterin des elektrotonischen Zustandes auftritt; endlich da, wie so eben bemerkt wurde, der elektrotonische Zustand bei sehr schwachem erregenden Strome sogar leichter wahrzunehmen ist als die Zuckung selber.

Um den Versuch anzustellen, wird der eine Bausch mit Glimmer belegt, und an das darauf ruhende Nervenende ein Stück Nerv mit Längs- und Querschnitt in passender Weise angebracht. Man beobachtet, am Multiplicator für den Nervenstrom, unzweideutige Wirkungen in dem durch die Richtung des ursprünglichen Stromes geforderten Sinne, welche dagegen ausbleiben, wenn man das Nervenstück nur mit Punkten des Längsschnittes oder mit beiden Querschnitten zugleich an das Ende des auf den Bäuschen aufliegenden Nerven bringt.

Nun liegt, wie man sieht, der Schluſs auf der Hand, daſs auch der wirksam aufliegende Nerv selber sich durch seinen eignen Strom säulenartig polarisiren muſs; in äuſserst geringem Maſse zwar, aber in jedem einzelnen Falle der Stärke des ursprünglichen Stromes proportional. Diese Stärke muſs also dadurch für alle Stellungen des ableitenden Bogens gröſser erscheinen, als sie wirklich ist, ohne daſs jedoch die Gestalt der ursprünglichen Curve der Stromstärken an dem Nerven eine andere Beeinträchtigung erlitte, als eben die proportionale Erhöhung ihrer sämmtlichen Ordinaten um ein Geringes (Vergl. oben S. 416 ff.).

Für die abgeleitete Strecke des Nerven, welche also stets zugleich als eine schwach erregte zu betrachten ist, läſst sich diese Schluſsfolge freilich nicht erhärten, so wenig, als es uns geglückt ist, überhaupt die säulenartige Polarisation innerhalb der erregten Strecke darzuthun (S. oben S. 328). Allein es ist leicht, den Zuwachs nachzuweisen, den der Strom des Nerven am Nerven selber auſserhalb der erregten Strecke hervorbringt. Dazu ist nur nöthig, den Nerven in der Fig. 140. Taf. V. sichtbaren Weise auſserhalb der Bäusche in sich zur Kette zwischen Längsschnitt und Querschnitt zu schlieſsen. Sofort erfolgt, wie die Theorie es verlangt, ein Ausschlag in negativem Sinne. Man kann auch zwischen Längs- und Querschnitt einen mit Eiweiſs getränkten Flieſspapierbausch anbringen, der aber, um nicht den Widerstand allzusehr zu vermehren, den Nerven einigermaſsen an Querschnitt übertreffen muſs. Biegt man den Nerven so im Kreise, daſs er sich an der Kreuzungsstelle nur mit Längsschnitt berührt, wie in der Figur durch Punkte angedeutet ist, so wird die Wirkung vermiſst, weil der entstehende Strom zwischen verschiedenen Punkten des Längsschnittes zu schwach ist, um merklichen Zuwachs hervorzubringen.

Dieser letzte Versuch zeigt zugleich, dafs in den anderen Fällen die Wirkung nicht etwa blos daher rührte, dafs man dem Nerven nach der einen Seite eine Ableitung gab, wie in dem Versuch Fig. 134. Taf. IV. (S. oben S. 525). Obschon ich keinen anderen Einwand, als den hiedurch beseitigten, gegen den in Fig. 140 dargestellten Versuch kenne, beobachtete ich doch die Vorsicht, diesen Versuch auch noch mit Muskeln zu wiederholen, welche, wie man sich erinnert (S. oben S. 330), nicht empfänglich sind für den elektrotonischen Zustand. Ich kann sagen, dafs in der grofsen Mehrzahl der Fälle beim Zurückbiegen des Querschnittes des Muskels gegen einen aufserhalb der Bäusche befindlichen Punkt des Längsschnittes die Nadel unbeweglich blieb. In einzelnen Fällen zeigte sich jedoch auch hier eine Spur einer negativen Wirkung. Ich glaube aber nicht, dafs etwas darauf zu geben sei.

6. Von der **paradoxen Zuckung.**

Wenn mich nicht alles täuscht, sind die vorigen Erfahrungen wohl geeignet, die Aufmerksamkeit der Nervenphysiologen auf sich zu ziehen. Ich zeige denselben, allem bisher Erhörten entgegen, dafs, trotz der Durchschneidung, der obere Theil eines Nerven noch in dem unteren den Bewegung vermittelnden Vorgang anzuregen vermag. Ich zeige, dafs zwei einander ursprünglich fremde Nerven, die Nerven zweier verschiedenen Thiere, eines solchen Einflusses auf einander fähig sind.

Aber eine Folgerung von noch viel mehr überraschender Art ergiebt sich aus diesen Vordersätzen.

Der erste und oberste Grundsatz der Mechanik der Bewegungsnerven heifst bei Joh. Müller: »*Die motorische Kraft wirkt in den* »*Nerven nur in der Richtung der Verzweigung der Nerven und nie*-»*mals rückwärts*. Es ist eine bekannte Erfahrung, dafs wenn man »einen Muskelnerven reizt, die Zuckung in keinem andern Muskel ein-»tritt, als in welchem sich der Nerve verzweigt. Reizt man einen »Nervenstamm caustisch, mechanisch, elektrisch oder durch un-»mittelbare Anwendung beider galvanischen Pole auf den »Nerven, so zucken die Muskeln aller Nervenzweige des gereizten »Stammes, und niemals ein anderer Muskel. Man kann daher auch nie-»mals durch unmittelbare caustische, mechanische oder galvanische »Reizung eines Nerven durch beide Pole Zuckungen in Muskeln er-»regen, welche von Nervenzweigen abhängig sind, die über der gereiz-»ten Stelle vom Stamme abgehen. Nie erfolgt eine Spur einer Zuckung »in den Muskeln des Oberschenkels, wenn man den untern Theil des »N. ischiadicus reizt, wo er die Aeste für die Oberschenkel schon ab-

»gegeben hat. Es ist daher eine sichere Thatsache, ... dafs ein un»mittelbar auf jede Art gereizter Muskelnerve mit motorischer Kraft nur »auf die Muskeln seiner Nervenäste wirkt, niemals aber auf die Nerven»zweige zurückwirkt, die oberhalb der gereizten Stelle vom Nerven»stamm abgehen.« [1]

So Müller. Fast wörtlich gleichlautend drückt sich Longet aus.[2] Nicht anders andere. Wie sollten sie, da diese Thatsache, die Isolation der Nervenfasern von einander in den Stämmen hinsichtlich ihrer motorischen und sensiblen Erregung, ja die unentbehrliche, unantastbare Grundlage, die Cardinalwahrheit der Nervenphysik, bis zur Stunde ausmachte? Doch hatte ich nicht sobald die Möglichkeit erkannt, die secundäre Zuckung vom Nerven aus zu erhalten, als mir auch die Gewifsheit aufstieg, es müsse Fälle geben, in denen jene Grundlehre sich nicht mehr bewähren würde. Der leicht anzustellende Versuch zeigte mir sofort, dafs ich richtig geschlossen habe. Er ist, seiner Merkwürdigkeit halber, Fig. 141. Taf. V. ausführlich dargestellt.

Der Ischiadicus des Frosches spaltet sich, wie bereits oben S. 445 bemerkt wurde, in der Gegend des unteren Drittels des Oberschenkels in zwei Aeste, den R. tibialis (*a* in der Figur) und den R. peronaeus (*b*, *c*). Jener versieht am Unterschenkel den Gastroknemius Cuv. und den Tibialis posticus Cuv., Cruro-astragalien Dug.; dieser begiebt sich unter der Sehne des Biceps Cuv., Ilio-péronien Dug. (*d*) und der Sehne des äufseren Kopfes des Gastroknemius (*e*) hindurch nach aufsen und vorn zu den übrigen Muskeln des Unterschenkels.

Man löst den Biceps aus seiner Verbindung am Kniegelenk, ebenso die genannte Sehne des Gastroknemius (S. die Figur), um ein möglichst langes Stück des R. peronaeus unterhalb der Spaltungsstelle frei zu bekommen. Man schneidet dann den Peronaeus in *c* in der Figur durch, den Ischiadicus in *f*, welchem Punkte der Stumpf *g* entspricht, und stellt so die abgebildete Anordnung her. *h* ist der äufsere Kopf und der Bauch nebst Sehne des Triceps Cuv., Pelvi-fémoro-rotulien Dug., *i* der Semimembranosus, *k* der uns so wohl bekannte Adductor magnus, *l* die Sehne des Semitendinosus Cuv., Bis-ischio-tibial Dug.

Schickt man nun den Strom einer Grove'schen Kette durch den auf den stromzuführenden Platinenden aufliegenden Peronaeus, so zeigt, beim Schliefsen und Oeffnen des Kreises, vollends beim Umsetzen des Stromes, der Gastroknemius so lebhafte Zuckungen, dafs man ihn, bei Einschaltung des Inversors in den erregenden Kreis, sogar in Tetanus versetzen kann.

[1] Handbuch der Physiologie u. s. w. Bd. I. 4. Aufl. S. 583.*

[2] Anatomie et Physiologie du Système nerveux etc. Paris 1842. t. I. p. 48.*

Man kann auch den Versuch umkehren und statt des Peronaeus den Tibialis von seinen Muskeln trennen und auf die Bleche der stromzuführenden Vorrichtung legen. Alsdann zucken die vom Peronaeus versehenen Muskeln. Es ist übrigens nicht nöthig, in der abgebildeten Weise den Stamm des Ischiadicus über der Spaltungsstelle zu zerschneiden und ihn aus seiner natürlichen Lage hinaus in's Freie zu heben. Es genügt, den Peronaeus in einer hinreichend langen Strecke frei zuzurichten und nicht einmal von der Haut entblöfst braucht das Froschbein zu werden. Nur mufs begreiflich der Ischiadicus an irgend einer Stelle vom Rückenmark getrennt sein, da sonst der Verdacht auf Reflexbewegung schwer zu beseitigen sein möchte.

Derselbe Versuch läfst sich anstellen an der oberen Spaltungsstelle des Ischiadicus, wo dieser die Aeste für die Oberschenkelmuskeln abgiebt. Vom durchschnittenen Stamme des Ischiadicus unterhalb dieser Stelle aus lassen sich sämmtliche Oberschenkelmuskeln in Zuckung versetzen; von dem Muskelaste einer Gruppe der Oberschenkelmuskeln aus die Muskeln der übrigen Gruppen und des Unterschenkels.

Die Physiologen werden nun vermuthlich der Meinung sein, es walte hier eine Täuschung ob »durch Ueberspringen der Elektricität« — eine verjährte Vorstellungsweise und bequeme Formel, von der es, wie es scheint, für sie nicht leicht ist, zu den scharfen Bestimmungen überzugehen, die doch längst auf diesem Gebiete gewonnen sind. Der galvanische Strom überspringt keinerlei ihm gesetzte Schranken. Er betritt nur alle ihm offen gestellte Wege und zwar nach Mafsgabe ihrer Leitungsfähigkeit. Hier kann der Schenkel auf das sorgfältigste isolirt sein, ohne dafs dadurch dem Erscheinen der Zuckungen Eintrag geschähe. Es ist demnach nicht zu denken weder an unipolare Wirkungen noch an ein Nebenschliefsungsphaenomen gleich dem oben S. 496 erörterten. Es bliebe nur die Möglichkeit der viel besprochenen Stromesschleifen übrig. Allein von vorn herein ist es nicht glaublich, dafs diese muthmafslichen Schleifen sich weit genug erstrecken sollten, um, in dem Fall Fig. 141. Taf. V. z. B., den Stumpf des Tibialis zu erreichen. Es ist unmöglich, dafs sie solcher Wirkungen fähig sein sollten, wenn noch die Spaltungsstelle des Ischiadicus nebst dem Tibialis zwischen Muskeln unter der Haut begraben liegt. Und der Versuch zeigt denn auch, dafs Unterbindung oder Durchschneidung des Peronaeus zwischen den Elektroden und der Spaltungsstelle den Zuckungen ein Ende macht.

Es ist somit klar, die bisherigen Versuche über diesen Punkt sind nicht ausreichend gewesen. Für die galvanische Reizung gilt der oben angeführte erste Grundsatz der Nervenphysik nicht. Bei elektrischer Erregung eines Astes eines Nervenstammes können sämmtliche Muskeln zucken, welche von demselben Stamm ihre Nerven erhalten, wofern nur diese Nerven den Stamm nicht allzuhoch über der Abgangsstelle des unmittelbar erregten Astes verlassen (S. unten).

Wir wollen diese Art der Zuckung, wegen des vollständigen Widerspruches, in welchen sie mit allen Thatsachen der bisherigen Nervenphysik geräth, mit dem Namen der »paradoxen Zuckung« belegen. Es ist der Wissenschaft Glück zu wünschen, dafs sie zur Kenntnifs dieser Erscheinung erst gelangt ist, nachdem sie so sehr in Stand gesetzt war, sie zu erklären und die daraus entspringenden Verlegenheiten zu beseitigen, dafs sie das Dasein derselben aus Gründen der Theorie sogar hatte weissagen können. Sie ist dadurch dem Schicksal einer langen und unermefslichen Verwirrung entgangen. Denn es ist weder zu begreifen, wie, bei Bekanntschaft mit der paradoxen Zuckung, die Lehre von der isolirten Leitung der Nervenfasern hätte aufgestellt und festgehalten werden können, noch, wie ohne diese Lehre die Nervenphysik im Stande gewesen wäre, einen sicheren Schritt nach ihrem Ziele hinter sich zu legen.

Die Erklärung der paradoxen Zuckung, wenn es deren nach dem Vorigen überall noch bedarf, ist folgende. Das Bruchstück des Peronaeus z. B. in dem Fig. 141 abgebildeten Falle wird durch den erregenden Strom in den elektrotonischen Zustand versetzt. Die dipolar elektromotorischen Kräfte, welche dabei von den Elektroden aus mit abnehmender Stärke in dem Peronaeus entwickelt werden, bringen in dem anliegenden Tibialis einen schwachen Strom in der umgekehrten Richtung von derjenigen hervor, welche der erregende Strom in dem Peronaeus haben würde, wenn man ihn bis zu der Vereinigungsstelle beider Aeste fortführte. S. die Pfeile in der Figur. Das Entstehen und Vergehen dieses Stromes beziehlich beim Schliefsen und Oeffnen der erregenden Kette ist es, worauf das Erscheinen der paradoxen Zuckung beruht.

Natürlich setzt die Erscheinung einen gewissen Grad von Leistungsfähigkeit der thierischen Gebilde voraus. Es ist daher auch nicht zu verlangen, dafs das Eintreten und Ausbleiben der Zuckungen der Richtung des Stromes des Zuwachses im Tibialis in der Weise entspreche, wie bei mittlerer Erregbarkeit das Gesetz der Zuckungen es verlangen würde (S. oben S. 534). Zieht man jedoch vorsichtig die beiden nur locker durch Bindegewebe verbundenen Nervenäste auseinander, und giebt dem Stumpfe des Peronaeus die verkehrte Lage in Bezug auf den Stumpf des Tibialis, so dafs man statt der Anordnung Fig. 136. Taf. V.

139. Taf. II., welche hier die natürliche ist, die künstliche Fig. 135. 138 ebendas. erhält, so sind die Zuckungen den früher vorhandenen complementär.

Die Zuckung ist um so stärker, je näher man mit der Spaltungsstelle der vorderen Elektrode rückt, denn um so stärker ist der Zuwachs. Bei einer gewissen Entfernung zwischen Spaltungsstelle und Elektrode hört die Zuckung zu erscheinen auf. Dieser Grenzabstand wächst mit der Leistungsfähigkeit und der erregenden Stromdichte. Das Herstellen eines gemeinschaftlichen Querschnittes des unmittelbar und des mittelbar erregten Nerven über der Spaltungsstelle scheint auch hier die Zuckung zu befördern (Vergl. oben S. 536). Bei allen übrigen Erregungsarten des Peronaeus bleibt übrigens der Gastroknemius wirklich völlig in Ruhe, wie man dies früher stets beobachtet hat.

Schneidet man endlich den Tibialis an seiner Eintrittsstelle in den Gastroknemius ab und breitet ihn über die Bäusche der Zuleitungsgefäfse, während der Peronaeus auf den stromzuführenden Platinenden ruht, so sieht man beim Herstellen, Abbrechen, Umsetzen des Stromes an der Nadel den secundären elektrotonischen Zustand des mittelbar erregten Nervenstückes sich kundgeben. Derselbe Versuch gelingt, obwohl, wegen der Kürze und Dünne der betreffenden Zweige, minder sicher und schön, mit der für den Oberschenkel bestimmten Verzweigung des Ischiadicus.

Dies alles beweist hinlänglich, dafs wir es hier in der That mit nichts anderem zu thun haben, als mit der physiologischen Wirkung des Stromes des Zuwachses des unmittelbar erregten Nervenastes, mit einer besonderen Gestalt der secundären Zuckung vom Nerven aus, wie wir deren Wesenheit oben S. 532 erkannt haben. Der Lehre von der isolirten Leitung in den Nervenfasern geschieht also durch die paradoxe Zuckung kein Eintrag. Nichtsdestoweniger sieht man leicht, dafs die hier aufgedeckten Thatsachen nicht umhin können, einen wesentlichen Einflufs auf manche unserer Vorstellungen hinsichtlich der Mechanik der Nerven auszuüben. Hiervon soll jedoch erst später, in dem vierten Abschnitt dieses Werkes, umständlicher gehandelt werden.

Schliefslich ist noch folgendes zu bemerken. Legt man einen der Stämme eines ausgeschnittenen Plexus ischiadicus auf die Bäusche, und brückt einen anderen über die Platinenden, so beobachtet man den secundären elektrotonischen Zustand. Es ist also zu erwarten, dafs der Frosch die elektrische Erregung eines von dem Rückenmark getrennten Stammes des Geflechtes schmerzhaft empfinden werde durch Vermittelung der noch ungetrennten Stämme, welche in der Anastomose mittelbar erregt werden. Ich stellte den Versuch an, mit der Vorsicht, den Ischiadicus unterhalb der Anastomose zu durchschneiden, um weder durch Zuckungen, noch durch den Schmerz getäuscht zu werden, den die Zuckungen verursachen könnten (S. oben Bd. I. S. 359. 363). Ich bekam jedoch keine Schmerzbezeugungen von Seiten des Frosches zu sehen, was jedoch nichts beweist, da ihm auch häufig das Auflegen der noch mit dem Rückenmark verbundenen Stämme auf die Elektroden keine Aeufserung des Mifsbehagens entlockte.

---

§. VIII.

Von einer Bewegungserscheinung des Nervenstromes, welche heftige Mifshandlungen der Nerven zu begleiten pflegt.

1. Versuche.

Folgendes ist ein bei den Versuchen über die negative Stromesschwankung u. d. m. häufig vorkommendes Ereignifs.

Wenn man den aufserhalb der Bäusche befindlichen Theil des Nerven brennt, quetscht, chemischer Zerstörung preisgiebt, ihn austrocknen läfst, mit übermächtigen Strömen tetanisirt oder beim Tetanisiren nicht Rücksicht nimmt auf die durch den Strom hervorgebrachte Erschöpfung: in allen diesen Fällen und noch manchen derselben Art geschieht es zu Zeiten, dafs man anstatt der kleinen, von einem Rückschwunge begleiteten negativen Schwankung die Nadel dauernd aufserordentlich viel tiefer sinken sieht. Es hat eine namhafte dauernde Abnahme des Stromes stattgefunden, denn nicht selten stellt sich die Nadel in den negativen Quadranten ein. In einigen Fällen findet man sogar, dafs der Strom mehr oder weniger schnell sein Zeichen wechselt, so dafs er verkehrte Ladungen hinterläfst, d. h. solche, die dem ursprünglichen Strome gleichgerichtet sind.

Die Erscheinung ist im Allgemeinen der Willkür des Beobachters sehr entzogen, so dafs es schwer hält, sie genauer zu untersuchen. Am meisten eignet sich dazu folgendes Verfahren.

Während der Strom die Nadel in beständiger Ablenkung hält, nähert man dem zwischen den Bäuschen befindlichen Theile des Nerven, jedoch ohne ihn zu berühren, den Kupferbolzen, dessen wir uns zum Brennen des Nerven zu bedienen pflegen (S. oben S. 54 (II). 518), im glühenden Zustande. Sofort geht die Nadel nach dem Nullpunkt zurück, schlägt hindurch und stellt sich in den negativen Viertelkreis ein. Es hat also eine Stromabnahme stattgefunden, welche den Ladungen zeitweise die Oberhand verschafft.

Nähert man den Bolzen statt dem Nerven einer empfindlichen Hautstelle, so ist die Wirkung ähnlich der im Heerde eines Brennglases, indem eine anfänglich angenehme Wärmeempfindung sich schnell zum unerträglichen Schmerzgefühl steigert.[1] Möglicherweise ist in dem obigen Versuche die Wirkung der strahlenden Wärme auf die Nerven derjenigen zu vergleichen, die sie hier auf die Hautnerven hervorbringt. Möglicherweise rührt die Wirkung auch blos von der Austrocknung her, da diese an und für sich, ohne durch künstliche Temperaturerhöhung begünstigt zu sein, bereits ähnliche Folgen nach sich zieht.

Wie dem auch sei, ganz gewifs ist, dafs die Verminderuug des Nervenstromes, welche man hier gewöhnlich zu sehen bekommt, wenigstens nicht unmittelbar aus der Trocknifs entspringt, insofern dadurch der Widerstand des Nerven vergröfsert wird. Abgesehen davon, dafs angegebenermafsen ganz ähnliche Wirkungen unter Bedingungen hervortreten, wo der Widerstand des Nerven unverändert bleibt, vermag auch die Trocknifs zunächst nur die unwirksame Umhüllung der Nerven zu treffen, nicht aber das elektromotorische wirksame Mark selber. Also eine Stromvergröfserung statt einer Stromverkleinerung müfste die Folge sein, wenn hier nichts anderes vorginge, als die Austrocknung des Nervenumfanges. Eine solche sieht man denn auch in Folge der Bestrahlung mit dem Bolzen wirklich eintreten, wenn die Nerven nicht hinlänglich erregbar sind, um die angekündigten Erscheinungen zu zeigen.

Ist im Gegentheil ihre Empfänglichkeit grofs, so kommt es auch vor, dafs die Stromabnahme zur wirklichen Stromumkehr ausartet. Alsdann schlägt, unter dem Einflusse der Strahlung des Bolzens, die Nadel mit Heftigkeit an die entgegengesetzte Hemmung des Multiplicators für den Nervenstrom an, nicht anders, als ob man den Nerven auf den Bäuschen umlegte, zum Zeichen, dafs nun Strom und Ladungen in einerlei Sinne wirken. Läfst man den Nerven ferner aufliegen, so entwickelt er, nach Tilgung der ursprünglichen Ladungen, verkehrte Ladungen in Bezug auf seine ursprüngliche und gesetzmäfsige Strömungsrichtung.

Man kann auch die Strahlung auf das Nervenstück einwirken lassen, ehe es noch auf die Bäusche gebracht worden ist. Alsdann findet man beim Auflegen grofse Schwächung oder verkehrte Richtung

[1] Vergl. Henle, Pathologische Untersuchungen. Berlin 1840, S. 145.

der Wirkung vor. Dasselbe ist der Fall, wenn man den Nerven in geringer Entfernung vom Querschnitt unterbindet, und ihn so auf die Bäusche bringt, dafs das Unterband sich zwischen denselben befindet. Die verkehrten Ausschläge in beiden Fällen zeigen wohl klar, dafs es sich dabei nicht um Widerstandsveränderungen handele. Das plötzliche tiefe Sinken der Nadel tritt übrigens auch nicht selten beim Unterbinden des Nerven aufserhalb der Bäusche ein. Auf diese Erscheinung haben wir uns schon an einer früheren Stelle bezogen (S. oben S. 344). Während die durch Strahlung oder Unterbindung bewirkte Stromesumkehr vor sich geht, sieht man die noch mit dem mifshandelten Nerven in Verbindung stehenden Muskeln in fortdauernden Zuckungen begriffen. Allein später beruhigen sich dieselben, obschon der Strom umgekehrt bleibt.

Die elektromotorischen Wirkungen eines Nerven, der seinen Strom in der angegebenen Weise umgekehrt hat, stehen übrigens, so weit sich dies bei einer so vergänglichen Erscheinung ermitteln läfst, unter der Botmäfsigkeit desselben Gesetzes, wie die des Nerven in seinem gewöhnlichen Zustande, d. h. der relative Werth der Ordinaten der Curve der Stromstärken ist überall derselbe geblieben, während der absolute sein Zeichen gewechselt hat. In der That, stellt man den Strahlungsversuch in der zuletzt beschriebenen Gestalt an einem nicht auf den Bäuschen aufliegenden Nerven an, was den Vortheil gewährt, alle Punkte der Nerven gleichmäfsig der Wärmequelle aussetzen zu können, so findet man beide Querschnitte positiv gegen den Längsschnitt, gleichartig unter einander, und verschiedene Punkte des Längsschnittes geben Ströme von dem dem Querschnitt näheren Punkte durch den ableitenden Bogen zu dem davon entfernteren. Um dies zu zeigen, mufs indefs der Nerv nach der Strahlung wieder zwischen Muskeln feuchtgebettet worden sein, da sonst die geringe Wirksamkeit der Punkte des Längsschnittes der Vertrocknung des Nervenumfanges zugeschrieben werden könnte.

Begreiflich kommen bei diesen Versuchen eine Menge von Unregelmäfsigkeiten vor. Es kann z. B. nur ein Theil der Länge des Nerven die besagte Veränderung eingehen, ein anderer dagegen das ursprüngliche Zeichen seiner Wirkung beibehalten. Dies ist nicht nur der Fall bei der Unterbindung oder beim Strahlungsversuch, wenn ein entfernterer Theil des Nerven ganz vor der verderblichen Einwirkung geschützt war, sondern sogar der regelmäfsige Erfolg bei der Umkehr des Stromes durch Trocknifs, wenn man sie an der ganzen Länge des Ischiadicus beobachtet. Dieser hat, oberhalb des Abganges der Aeste für die Oberschenkelmuskeln, einen viel beträchtlicheren Durchmesser als unterhalb und ist deshalb dort viel langsamer den Folgen der Trocknifs zugänglich. Die Umkehr pflegt daher nicht einzutreten, wenn man das dicke Hirnende auf den Bäuschen aufliegen hat, und der Beweis, dafs diese Eigenthümlichkeit von nichts anderem herrührt, als der gröfseren Dicke dieses Endes, ist leicht zu führen. Er liegt darin, dafs auch am Muskelende die Umkehr ausbleibt, wenn man zwei Ischiadnerven, als ob sie eins wären, mit gleichnamigen Enden zusammenfafst und ihre beiden Muskelenden auf die Bäusche bringt.

Bis hieher zeigen die beschriebenen Erscheinungen sichtlich eine grofse Aehnlichkeit mit denjenigen, die wir an absterbenden zarteren Muskeln und Theilen des Nervensystemes bemerkt haben. Auch diese kehrten häufig, jedoch ohne wahrnehmbare Ursache, die z. B. beim Rückenmark nicht leicht in der Austrocknung gesucht werden kann, das Zeichen ihrer elektromotorischen Wirksamkeit um (S. oben S. 154. 282). Ueberdies fanden wir, dafs ein in siedendes Wasser getauchter Muskel oder Nerv seinen Strom umkehrt. Dasselbe leisteten, für die Nerven, heftige und häufig wiederholte elektrische Schläge (S. oben S. 179. 287). Man könnte nun geneigt sein, diese Wirkungen mit den letztbeschriebenen ganz verschmelzen zu wollen. Es findet jedoch zwischen beiden ein sehr bemerkenswerther Unterschied statt. Dort nämlich war die Umkehr des Stromes immer das Anzeichen des herannahenden oder eingetretenen Todes. Ein Säugethiermuskel, der verkehrte Ausschläge giebt, ein Gastroknemius vom Frosche, der nach einem siedenden Wasserbade absteigend wirkt, sind zur Zuckung unfähig. Auch kehrt in diesem Falle die gesetzmäfsige Strömungsrichtung nicht mehr wieder. Hier dagegen kehrt sie, unter gewissen gleich anzugebenden Bedingungen allmälig ganz von selbst zurück. Ebenso ist die Leistungsfähigkeit der Nerven nicht wesentlich beeinträchtigt.

In der That, man stelle den Strahlungsversuch so an, dafs das Hirnende des Nerven auf den Bäuschen ruht, während das Muskelende noch mit dem stromprüfenden Schenkel zusammenhängt, der oberhalb der Bäusche mit Hülfe der bekannten Vorrichtungen unterstützt wird. Wenn der Strom verschwunden oder umgekehrt ist, öffnet man den Multiplicatorkreis, und legt den Bäuschen ungleichartige Metalle an. Die Zuckung erscheint ohne Anstand.

Demgemäfs zeigt ein solcher Nerv denn auch noch die negative Schwankung beim Tetanisiren, sowohl auf elektrischem, als auch auf anderem, z. B. auf kaustischem Wege. Dieselbe stellt sich alsdann merkwürdigerweise als Zunahme des verkehrten Stromes dar. Dies ist beiläufig die oben S. 526 verkündete Thatsache, welche unwiderleglich beweisen sollte, dafs die negative Schwankung beim Tetanisiren auf anderem als elektrischen Wege nicht, wie die Möglichkeit vorhanden zu sein schien, herrühre blos von der Verkürzung der wirksamen Strecke des Nerven. Ebenso ist ferner der Nerv in seinem neuen Zustande empfänglich für die säulenartige Polarisation durch einen stetigen erregenden Strom, wobei der Zuwachs in Bezug auf den erregenden Strom die gleiche, diesem entsprechende Richtung behält, in Bezug auf den ursprünglichen Strom dagegen verkehrt erscheint. Die Empfänglichkeit für den elektrotonischen Zustand kann man auch beobachten, wenn der ursprüngliche Strom dadurch umgekehrt worden, dafs man den Nerven zwischen den Bäuschen unterbunden hat; natürlich erstreckt sich aber die Polarisation von den Elektroden aus nur bis zu der gequetschten Stelle (S. oben S. 384).

Nimmt man ferner einen Nerven, dessen Strom umgekehrt ist, von den Bäuschen, läfst ihn sich zwischen Muskeln erholen, und legt ihn dann wieder auf, so zeigt er vielleicht anfangs noch den verkehrten Strom, obschon er, wenn die Umkehr die Folge der Austrocknung war, jetzt völlig durchfeuchtet sein kann. Dann geht er durch einen unwirksamen Zustand zurück in den gesetzmäfsig elektromotorischen, so dafs er von Prüfung zu Prüfung stärkere Wirkungen in dem richtigen Sinne giebt. Anbringen eines frischen Querschnittes thut hier nichts, als dafs dadurch die Wiederherstellung beschleunigt wird. Aber auf den Bäuschen aufliegend, zeigt der Nerv noch immer eine starke Neigung, allmälig das Zeichen seiner Wirkungsrichtung umzukehren.

Der Unterschied zwischen der neuen Erscheinung und der freiwilligen Stromesumkehr beim Absterben wird noch deutlicher, wenn man erwägt, dafs die erstere, wie schon bemerkt wurde, in ihrer Gröfse der Erregbarkeit des Nerven einigermafsen proportional ist, während die letztere gerade als ein sicheres Anzeichen des nahenden Todes betrachtet werden kann. Indessen ist auf der anderen Seite nicht zu leugnen, dafs zwischen beiden Erscheinungen gewisse Uebergangsformen stattfinden. Dahin gehört z. B. folgender Umstand, den man häufig zu beobachten Gelegenheit hat. Wenn ein bereits sehr erschöpfter Nerv auf den Bäuschen aufliegt, so wird leicht ein jeder ihn treffende Reiz, z. B. das Abschneiden eines Stückes seiner Länge, das Anlegen von Elektroden, u. d. m., das Zeichen zu einem tiefen und unaufhaltsamen Sinken der Stromeskräfte, aus welchem keine rechte Erholung mehr gelingen will. Hier sehen wir von der uns beschäftigenden Erscheinung den Zug beibehalten, dafs eine Mifshandlung des Nerven Anlafs dazu wird; es fehlt hingegen das Merkmal der Erholung. Gerade dadurch wird wiederum der Vorgang ähnlicher dem der freiwilligen Stromesumkehr beim Absterben, während doch die Abhängigkeit von einer äufseren Ursache keine völlige Verwechselung beider zuläfst.

2. Theorie der Stromesumkehr der thierischen Erreger.

Es ist bereits oben S. 155. 156 bemerklich gemacht worden, dafs man sich den Vorgang der Stromesumkehr auf folgende Weise zu denken habe. Anstatt dafs im gesetzmäfsigen Zustande jede mit ihrer Axe der Axe des thierischen Erregers parallele Molekel eine positive Aequatorialzone und zwei negative Polarzonen besitzt, braucht man ihr jetzt nur eine negative Aequatorialzone und zwei positive Polarzonen zuzuschreiben, um, bei gleicher Relation aller Ordinaten der Curve der Stromstärken, diese Ordinaten sämmtlich ihre Zeichen wechseln zu sehen. So sehr bleibt dabei das Wirkungsgesetz, die Richtung ausgenommen, das nämliche, dafs wir uns im dritten Kapitel, als wir uns mit der Grundlegung jenes Gesetzes befafsten, ohne Unterschied schematischer Vorrichtungen der einen und der anderen Art bedienten, an denen bald die Aequatorialzone positiv, die Polarzonen negativ waren, bald das Umgekehrte stattfand (S. oben Bd. I. S. 645). Am oben angeführten Orte endlich sind wir bereits übereingekommen, die erste dieser Anordnungen, welche die gewöhnlich herrschende ist, als die positiv peripolare, die andere als die negativ peripolare zu bezeichnen.

Fig. 107 *A*. Taf. III. zeigt uns die einfachste Art, wie aus dipolar elektromotorischen Molekeln positiv peripolare Gruppen zusammengefügt werden können. Man erinnert sich, und *B* derselben Figur diente zur Erläuterung dieses Umstandes, wie leicht sich aus der Annahme eines solchen Baues der Nervenmolekeln die verwickelte Erscheinung des elektrotonischen Zustandes ableiten liefs. Dazu mufsten einfach diejenigen dipolaren Muskeln, die ihren positiven Pol dem Strom entgegenkehrten, mit ihren Axen einen Bogen von 180° beschreiben (S. oben S. 323).

Um die positiv peripolare Anordnung in die negative überzuführen, lassen sich verschiedene Wege ersinnen. Erstlich würde dazu schon ausreichen, dafs sämmtliche dipolare Molekeln einen Bogen von 180° mit ihren Axen beschrieben. Die unwirksame Anordnung zwischen der positiv und der negativ peripolaren würde stattfinden, entweder wenn die beiden Anordnungen durch die ganze Dicke des Nerven gleichmäfsig gemischt vorkommen, oder wenn die unendlich vielen dipolaren Molekeln, im Umlegen begriffen, mit ihren Axen unendlich viel verschiedene Winkel mit der Axe des Muskels machen (S. oben S. 322).

Eine andere, jedoch minder plane Art, den Wechsel zu bewerkstelligen, ist folgende. Die vier dipolaren Molekeln, die zu zweien zwei benachbarte positiv peripolare Gruppen bilden, müssen sich auseinander begeben und dergestalt neu zusammenfügen, dafs die beiden mittleren sich mit ihren negativen Polen zu einer negativ peripolaren Gruppe verbinden, und ihre positiven Pole in's Freie nach der Axe des thierischen Erregers kehren, während die beiden äufsersten ebenso mit ihren negativen Polen die negativen Pole der zunächst benachbarten dipolaren Molekeln aufsuchen u. s. f. Dadurch wird an beiden Querschnitten eine einfache Schicht dipolarer Molekeln frei, von der man annehmen mufs, dafs sie aufser Wirksamkeit tritt. Die unwirksame Anordnung zwischen der positiv und der negativ peripolaren läfst sich hier gleichfalls auf zweierlei Art auffassen. Entweder sie beruht abermals darauf, dafs die beiden Anordnungen durch die ganze Dicke des Nerven gleichmäfsig gemischt vorkommen. Oder man stellt es als Grundsatz hin, dafs die dipolaren Molekeln vereinzelt aufser Stande sind, eine bestimmte Richtung im Raume festzuhalten, dafs sie dies nur vermögen, wenn sie zu positiv oder zu negativ peripolaren Gruppen zusammengefügt sind. Dadurch würde man zugleich das Unwirksamwerden der einfachen Schicht dipolarer Molekeln erklärt haben, welche an beiden künstlichen Querschnitten übrig bleibt.

Welche von diesen Hypothesen über den Mechanismus der Stromesumkehr in Wirklichkeit stattfinde, läfst sich vor der Hand nicht ausmachen. Dagegen sind wir im Stande, eine dritte Muthmafsung, welche sich hier darbietet und, als die einfachste von allen, äufserst lockend erscheint, mit Entschiedenheit von der Hand zu weisen.

Man erinnert sich, dafs oben S. 324 der Möglichkeit gedacht wurde, das peripolar elektromotorische Wirkungsgesetz der thierischen Erreger auch unter der Bedingung abzuleiten, dafs die dipolaren Molekeln nicht eigentlich zu peripolaren Gruppen in der Weise zusammengefafst seien, dafs die positiven Pole je zweier solchen Molekeln einander näher liegen als die negativen Pole oder gar einander berühren. Es würde dabei vielmehr nur darauf ankommen, dafs die Molekeln der letzten Schicht eines jeden Querschnittes negative Pole nach Aufsen gekehrt hielten. Alsdann würde zum Uebergang aus der positiv in die negativ peripolare Anordnung durch einen Punkt der Unwirksamkeit hindurch nichts weiter erforderlich sein, als dafs diese äufsersten Schichten theilweise bis ganz unwirksam würden, so dafs die denselben nach Innen zunächst gelegenen Schichten, welche positive Pole nach Aufsen gekehrt halten, beziehlich zum Theil, oder ihrer ganzen Ausdehnung nach, als den Querschnitt begrenzend zur Geltung kämen. Zur Stütze dieser Annahme könnte man sich auf die von

Matteucci und uns selber beobachtete Thatsache berufen, dafs durch das Anfrischen des künstlichen Querschnittes der Strom eine Hebung erfährt (S. oben Bd. I. S. 714. Bd. II. S. 19. 145. 150. 179. 282).

Die grofse Einfachheit dieser Vorstellungsweise möchte dazu verleiten hintanzusetzen die bereits oben S. 324 dawider laut gewordene Betrachtung, dafs ohne die Annahme einer besonderen Beziehung je zweier dipolaren Molekeln zu einander, welche zusammen eine positiv peripolare Gruppe bilden, es unerklärlich bleibe, weshalb ein jeder Querschnitt eines Muskels oder Nerven sich stets negativ verhalte. Dieselbe Betrachtung ist auch auf die negativ peripolare Anordnung anwendbar, wo jeder Querschnitt sich vielmehr positiv darstellt. Es ist jedoch zu bemerken, dafs dieser Art der Deutung noch eine andere Schwierigkeit bereitet ist. Es ist nämlich die Meinung nicht durchzuführen, dafs bei den verschiedenen Versuchsweisen, wodurch die positiv peripolare Anordnung in die entgegengesetzte verwandelt wird, nichts weiter vor sich gehe, als ein Spiel der dipolaren Molekeln in der den Querschnitt begrenzenden äufsersten Schicht. Dies ist zwar denkbar, wenn z. B. ein Nerv, ohne Eiweifshäutchen auf die mit gesättigter Kochsalzlösung getränkten Bäusche aufgelegt, binnen kurzer Zeit negativ peripolar zu wirken anfängt. Allein andere Thatsachen können nicht den mindesten Zweifel daran übrig lassen, dafs sich hier wirklich ein Molecularvorgang der oben bezeichneten Art über die ganze Ausdehnung des Nerven erstrecke. Nur auf diese Weise wird es verständlich, dafs ein vor dem Auflegen, ja vor dem Herstellen des zum Aufliegen bestimmten Querschnittes unterbundener Nerv umgekehrten Strom zeige; dafs dasselbe der Fall sei in Folge der Annäherung des Glühbolzens statt der Unterbindung; endlich, dafs durch Austrocknung, durch Wärmestrahlung der Strom eines aufliegenden Nerven umgekehrt werden könne, da doch sein Querschnitt von der Trocknifs, von der Strahlung gerade am wenigsten betroffen werden kann.

Es mufs demnach an den obigen Vorstellungsweisen, trotz ihrer gröfseren Verwickelung, bis auf Weiteres festgehalten werden. Die Folge wird übrigens lehren, dafs diese Vorstellungsweisen, wie für die Nerven, so auch für die Muskeln hinsichtlich ihrer freiwilligen Stromesumkehr ihre Geltung behalten, indem wir auf Thatsachen stofsen werden, welche keinen Zweifel daran erlauben, dafs, worauf schon nach der Analogie geschlossen werden konnte, auch die peripolaren Muskelmolekeln aus dipolaren Elementen zusammengesetzt sind.

§. IX.

Von der physiologischen Bedeutung der negativen Stromesschwankung beim Tetanisiren der Nerven.

Aus dem Gedränge von Einzelheiten, in welches wir im Vorigen so lange gezwungen waren, uns zu vertiefen, ist es jetzt an der Zeit, jetzt aber, wie die Folge zeigen wird, auch erst thunlich, uns zu einem umfassenderen Ueberblick des Gewonnenen zu erheben.

Wir wollten zu Anfang dieses Kapitels einfach wissen, wie sich der Nervenstrom verhalten würde, während im Nerven der Bewegung und Empfindung vermittelnde Vorgang rege ist. Indem wir, um diesen Vorgang zu erwecken, uns des elektrischen Stromes bedienten, gelangten wir zur Kenntniſs des elektrotonischen Zustandes. Wir versuchten ohne sonderliche Hoffnung, daſs uns dies gelingen werde, denselben dadurch aus dem Spiel zu bringen, daſs wir den Strom nur in möglichst kurzen Zeiträumen auf den Nerven einwirken lieſsen (S. oben S. 390). Obgleich uns dies, unserer Erwartung gemäſs, fehlschlug, wurden wir doch dabei zur Ueberzeugung geführt, daſs das Tetanisiren des Nerven begleitet sei von einer negativen Schwankung seines Stromes, deren Gröſse allerwärts der dieses letzteren proportional sei (S. oben S. 396). Um diese Schwankung nunmehr wirklich frei von der Einmischung des positiven und negativen Zuwachses darzustellen, bedienten wir uns des Kunstgriffes, mit abwechselnden Strömen zu tetanisiren, so daſs die Zuwachse einander vernichten muſsten. Es glückte uns sodann, durch eine vergleichende Prüfung der Umstände, welche sich von Einfluſs auf die neue Erscheinung erwiesen, ihre Selbständigkeit neben dem elektrotonischen Zustande überzeugend, vielleicht bis zum Ueberdrusse, darzuthun. Auch damit noch nicht zufrieden, wünschten wir die negative Schwankung noch beim Tetanisiren des Nerven auf anderem als elektrischen Wege zu beobachten. Dazu reichten aber unsere bisherigen Beobachtungsmittel, wir wir leider fanden, nicht aus. Dagegen mit dem neuen Stromprüfer von unerhörter Empfindlichkeit, den wir uns nun zu verschaffen wuſsten, gelang es uns wirklich, eine negative Schwankung des Nervenstromes beim Tetanisiren durch die verschiedenartigsten Mittel zu gewahren.

Wir haben also gefunden, was wir irgend erwarten konnten, unter der Voraussetzung, daſs der Nervenstrom in näherem Bezuge stehe zur Innervation: eine bestimmte Veränderung dieses Stromes, welche jedesmal wiederkehrt, daſs der Nerv zum Bewegung und Empfindung vermittelnden Vorgange dauernd und heftig angeregt wird. Es scheint so natürlich, danach anzunehmen, dafs die negative Stromesschwankung beim Tetanisiren wirklich nichts sei, als der elektrische Ausdruck jenes Vorganges, dafs wir im Vorigen schon mehrmals, der nun bevorstehenden Erörterung vorgreifend, in diesem Sinne davon geredet haben. Indefs verlangt doch die Strenge der Methode, dafs wir, ehe wir ein so gewichtiges Urtheil fällen, uns durch eine genauere Untersuchung davon überzeugen, dafs hier mehr als nur zufällige Gleichzeitigkeit, dafs ein innerer Zusammenhang obwalte, der sich in der Gleichheit des Benehmens verschiedenen Umständen gegenüber bewähre. Leider vermögen wir diese Prüfung bisher nur anzustellen einerseits für das Tetanisiren auf elektrischem Wege, andererseits für den Bewegung vermittelnden Vorgang. Es fehlt uns an Thatsachen, um sie auch auf den Empfindung vermittelnden Vorgang und auf das Tetanisiren auf anderem als elektrischem Wege auszudehnen. Für jene beiden aber liefert sie ganz befriedigende Ergebnisse. Wir befolgen dabei nach Möglichkeit die uns durch die Reihefolge der Versuche in dem fünften Paragraphen vorgeschriebene Ordnung.

(1) Die Zuckung tritt·auf, so oft die Stromdichte im Nerven einer Veränderung unterworfen wird (S. oben Bd. I. S. 258).

Um die negative Schwankung in's Leben zu rufen, müssen wir den Strom in eine unablässige Reihe von Schwankungen versetzen, wir müssen den Nerven tetanisiren (S. oben S. 397).

(2) Die Zuckung ist, bis zu einer gewissen Grenze, um so stärker, je dichter der erregende Strom (S. oben Bd. I. S. 251).

Auch die negative Schwankung zeigt die gleiche Abhängigkeit (S. oben S. 450).

(3) Von der Länge der erregten Strecke ist es auch schon aus den ersten Zeiten des Galvanismus bekannt, dafs sie auf die Stärke der Zuckungen einen begünstigenden Einflufs ausübt (S. oben Bd. I. S. 295). Ich zeige zwar in der unten stehenden Anmerkung nachträglich, dafs, was mir früher entgangen war, wegen der Hintansetzung einer wichtigen Vorsichtsmafsregel, von den a. a. O. mitgetheilten Erfahrungen nur eine einzige als wirklich beweisend betrachtet werden könne.[1] Allein

[1] Es sind nämlich die in Rede stehenden Versuche, mit Ausnahme des von Pfaff herrührenden, nicht frei zu sprechen von dem Verdachte, dafs beim Verlängern der erregten Strecke, wegen des Valli-Ritter'schen Gesetzes, Punkte von gröfserer Leistungsfähigkeit in den Kreis aufgenommen worden seien. Aus der Angabe v. Humboldt's und der ersten Ritter'schen erhellt nicht deutlich, ob die obere Elektrode weiter nach dem Ursprunge zu verlegt wurde, wie es geschehen mufs, um den Einflufs jenes Gesetzes aus dem Spiel zu bringen, oder die untere nach dem Muskel zu, wobei man sich der erwähnten Täuschung ausgesetzt findet. In der zweiten Ritter zugehörigen Stelle giebt dieser aber sogar ausdrücklich an,

gleichzeitig stelle ich, durch eigene unzweideutige Erfolge, die Richtigkeit des angefochtenen wichtigen Satzes wieder fest.

Hinsichtlich der negativen Schwankung ist es uns gelungen, gleichfalls von der längeren Strecke aus die stärkeren Wirkungen zu erhalten (S. oben S. 459). Allerdings fanden wir, dafs häufig, wenn man sich bloſser Nervenstücke bedient, die mit dem Muskelende auf den Bäuschen ruhen und dabei das zweite in der Einleitung zum fünften Paragraphen angegebene Verfahren einschlägt, die stärkere Wirkung wegen des Valli-Ritter'schen Gesetzes von der kürzeren Strecke aus erfolgt. Ich habe mich jedoch davon überzeugt, dafs nicht selten ganz

dafs die untere Elektrode nach dem Muskel zu verschoben worden sei. Bei Guérard und Longet scheint es, als habe dies gleichfalls stattgefunden, da das Anlegen der beweglichen Elektrode an den Muskel als der die längste Nervenstrecke umfassende Grenzfall angeführt wird (Vergl. Longet, Anatomie et Physiologie du Système nerveux etc. Paris 1842. t. I. p. 143*. — übersetzt von Hein. Leipzig 1847. Bd. I. S. 127*). Bei Pfaff dagegen heifst es: »So waren bei der Be»rührung des Schenkels« — mit dem silbernen Bogen — »die Zuckungen am leb»haftesten, wenn die Armatur ... nach oben angebracht war« (A. a. O. S. 24*). Ohnehin waren in seinem Versuche die Nerven noch mit dem Rückenmark in Verbindung, wodurch der Einflufs des Valli-Ritter'schen Gesetzes sehr vermindert wird (S. oben S. 460). Es mufsten also diese Versuche nothwendig einer erneuerten Prüfung unterworfen werden, um so mehr, als Grund vorhanden war daran zu zweifeln, dafs wirklich die Stärke der Zuckungen mit der Länge der erregten Strecke so schnell wachsen sollte, als es danach der Fall sein müfste. Denn, wie bereits oben Bd. I. S. 296 bemerkt worden ist, da man sich dabei zur Erregung einfacher an die Nerven angelegter Metallbögen bediente, so mufste die Stromdichte beim Verlängern der erregten Strecke in dieser nach einem hyperbolischen Gesetze sinken, und es mufste die Gröfse der Erregung mit der Länge der erregten Strecke in so raschem Mafse zunehmen, dafs dadurch der Einflufs dieser Verminderung sogar überwogen werden konnte.

Die Prüfung geschah nun theils mit Hülfe unserer gewöhnlichen stromzuführenden Vorrichtung und einer Grove'schen Kette, theils auf folgende Weise. Auf eine Glasplatte kittete ich einen Platinstreifen, demselben möglichst nahe einen Zinkstreifen, und in so grofser Entfernung von diesem, als es die Länge des Ischiadnerven eines mittelgrofsen Frosches erlaubt, einen zweiten Zinkstreifen. Dies war für den absteigenden Strom. Behufs des aufsteigenden wurden ebenso auf eine andere Platte ein Zink- und zwei Platinstreifen gekittet. An die Platinstreifen waren stets Drähte gelöthet und mit verquickten Haken versehen. Das eine Ende der Zinkstreifen war verquickt und es schwamm auf demselben ein Quecksilbertropfen. In diesem konnte somit die Kette, mit Ausnahme des Nerven rein metallisch und stets in ganz gleicher Weise, geschlossen, wie auch dauernd geschlossen gehalten werden.

Der Erfolg dieser Versuche war indefs kein ganz befriedigender. Es zeigte sich nämlich ein so verwickeltes Gewirr ganz eigenthümlicher Erscheinungen, dafs ich einsah, dafs dies eine Sache sei, welche nicht so im Vorübergehen abgemacht werden könne, und es aufgab, bis zur Klarheit durchzudringen. Um so mehr Verdie nämliche Abweichung sich einstellt, wenn man, statt die Gröfse der Erregung am Multiplicator mittelst der negativen Schwankung zu prüfen, dieselbe beurtheilt nach der Stärke des Tetanus, in den der dem Muskelende gelassene Unterschenkel beim Tetanisiren abwechselnd von der einen und von der andern Strecke aus geräth. Jene Abweichung hat also nichts zu bedeuten. Vielmehr giebt sich hier noch eine fernere Uebereinstimmung zu erkennen. In der Anmerkung findet sich gesagt, dafs man auch bei Anwendung der einfachen Kette zum

anlassung fand ich hiezu, als ich Grund hatte, zu vermuthen, dafs die schwer zu beseitigende Polarisation der Elektroden an jenen Verwickelungen Theil hatte.

Eine häufig wiederkehrende Erscheinungsweise der Zuckungen war folgende. Bei absteigendem Strome hatte die Schliefsungszuckung von der längeren Strecke aus fast gleiche Stärke mit der von der kürzeren Strecke aus. Hingegen die Oeffnungszuckung fehlte von dieser aus ganz und gar. Der Unterschied verwischte sich, wenn entweder der Versuch öfter wiederholt, oder die Kette dauernd, namentlich mit Benutzung nur der kürzeren Strecke, geschlossen gehalten wurde; er kehrte wieder, nachdem der Schenkel eine Zeitlang in Ruhe gelassen worden war. Hier also hatte sich wirklich eine Art von Ueberlegenheit der längeren über die kürzere Strecke kund gegeben, wie in Pfaff's Versuch, wo gleichfalls der Strom absteigend war. Als ich aber nun dem Strom die umgekehrte Richtung zwischen den Platinblechen ertheilte oder die für den aufsteigenden Strom bestimmte Vorrichtung anwendete, fand ich das gerade Gegentheil vom Vorigen, d. h. nun blieb bei der längeren Strecke die Oeffnungszuckung aus. Auch hier verwischten gewisse Umstände den Unterschied und stellten andere denselben oder einen ähnlichen wieder her.

Aber bei diesen Ergebnissen hatte es, wie bemerkt, sein Bewenden nicht, sondern noch viele andere Erscheinungsweisen der Zuckungen traten hervor, die jedoch weniger entschieden und verhältnifsmäfsig beständig waren, so dafs als allgemeine Folgerung nur dies ausgesprochen werden kann: es giebt Bedingungen, unter denen wirklich, ohne Einschaltung eines Widerstandes in den Kreis, die Verlängerung der erregten Strecke eine Verstärkung der Zuckungen nach sich zieht, und zwar scheint zu diesen Bedingungen vorzugsweise die absteigende Richtung des erregenden Stromes im Nerven zu gehören.

Schaltet man aber in den Kreis einen Widerstand ein, gegen welchen der des Nerven nur klein ist, und erhält dabei durch Vermehrung der Zahl der Kettenglieder die Stromdichte auf hinreichender Höhe, so kommt stets der Zuckung von der längeren Strecke aus das entschiedene Uebergewicht zu. Die Einrichtung des erregenden Kreises ist zu diesem Zwecke begreiflich dieselbe als die oben S. 339. 459 angegebene. Man kann übrigens mit Vortheil an die Stelle des Spiritusvoltameters eine Spiritusflamme zwischen Kupferelektroden bringen (S. oben S. 492), was noch insofern von Interesse, als bekanntlich in den ersten Zeiten des Galvanismus ein Unterschied zwischen diesem und der Elektricität darin gesucht worden ist, dafs sich durch die Flamme hindurch keine Zuckung hervorbringen lasse (S. Pfaff, über thierische Elektricität und Reizbarkeit. Leipzig 1795. S. 57.* — v. Humboldt, Versuche über die gereizte Muskel- und Nervenfaser u. s. w. Posen und Berlin 1797. Bd. I. S. 440*).

Tetanisiren, wobei die Stromdichte in der längeren Strecke eine kleinere wird als in der kürzeren, von der längeren Strecke aus unter Umständen die stärkere Wirkung erfolgen sehe. Dasselbe merkwürdige Verhalten habe ich einigemale bei der negativen Schwankung zu sehen bekommen.

(4) Die Zuckung hört auf zu erscheinen, wenn die Richtung des erregenden Stromes die Axe der Primitivröhren senkrecht schneidet (S. oben Bd. I. S. 296).

Bei senkrechter Stromesrichtung versagte uns die negative Stromesschwankung (S. oben S. 462).

(5). Was die verschiedenen Abänderungen betrifft, die mit dem erregenden Strome vorgenommen werden können, so wissen wir für die negative Schwankung noch, dafs sie mit wachsendem Abstande der abgeleiteten von der erregten Strecke eine geringe Schwächung erfährt (S. oben S. 462).

Das gleiche Verhalten für die Zuckung ist noch nicht ermittelt. Versuche darüber würden, des Valli-Ritter'schen Gesetzes wegen, jedenfalls nur am lebenden Thier angestellt werden können, und möchten mit erstaunlichen Schwierigkeiten zu kämpfen haben, ehe man zu der Sicherheit käme, dafs nicht zufällige Unterschiede eine geringe Ueberlegenheit der Zuckung von der näheren erregten Strecke aus verdecken.[1]

(6) Anlangend die vom Nerven selber abhängigen Bedingungen, so sehen wir die Zuckung an Stärke zunehmen mit der Leistungsfähigkeit der thierischen Gebilde, die Unterbindung, das Durchschneiden ihr Erscheinen hemmen.

Dasselbe ist der Fall für die negative Schwankung (S. oben S. 431. 469).

(7) Diese letztere zeigt nicht selten die Eigenthümlichkeit, dafs sie sich anfangs weigert zu erscheinen, erst nach mehrmaliger Wiederholung der Erregung, dann aber bis zu einer gewissen Grenze stärker und stärker hervortritt (S. oben S. 425. 469).

Man sollte auf den ersten Blick diesen Umstand für einen mifslichen halten, da man keinen Sinn damit zu verbinden weifs. Allein es ist zu erinnern, dafs schon in den ersten Jahren des Galvanismus vielfältig dieselbe Eigenthümlichkeit seitens der Zuckungen bemerkt worden ist, und wir selber haben Gelegenheit gehabt, ein Beispiel davon zu verzeichnen (S. oben Bd. I. S. 477. Bd. II. S. 119).[2]

[1] Vergl. Volkmann, Artikel »Nervenphysiologie« in Rudolph Wagner's Handwörterbuch der Physiologie u. s. w. Bd. II. 1844. S. 528.*

[2] Vergl. auch Joh. Müller's Handbuch der Physiologie u. s. w. Bd. II. Coblenz 1840. S. 39.*

(8) Wenn ein stromprüfender Schenkel durch viele Reizversuche erschöpft ist, und man läfst ihm einige Zeit Ruhe, so erhält man, bei erneuter Erregung, anfangs wieder ganz lebhafte Zuckungen, die aber sehr bald wieder völlig versagen (S. oben S. 381).

Genau dasselbe ist der Fall bei der negativen Stromesschwankung.

(9) Von dieser ist angemerkt worden, dafs sie, bei Gegenwart der Centralgebilde, minder leicht zu erfolgen scheint (S. oben S. 460).

Es ist unmöglich, dabei nicht zurückzudenken an die mannigfaltigen von Matteucci in derselben Beziehung hinsichtlich der Zuckung aufgestellten Behauptungen (S. oben S. 248). Ich bin neuerdings darauf aufmerksam geworden, dafs bereits Valli[1] und Pfaff[2] diese Beobachtung mittheilen. Auch Cima hat dieselbe bestätigt gefunden.[3]

Es ergiebt sich folglich, dafs, soweit unsere Kenntnisse reichen, die negative Stromesschwankung beim elektrischen Tetanisiren und der Bewegung vermittelnde Vorgang, ihrer Erscheinungsweise und Gröfse nach, unter mannigfaltigen Bedingungen sich einander vollständig entsprechen. Es wird demnach gerechtfertigt erscheinen, wenn wir die negative Schwankung fortan als das äufsere Anzeichen der inneren Bewegungen im Nerven betrachten, aus welchen sich jener Vorgang zusammensetzt, gerade wie wir die negative Schwankung des Muskelstromes als das Merkmal der inneren Bewegungen im Muskel betrachten, welche die Zusammenziehung zur Folge haben.

Man könnte wohl auch die Vermuthung hinstellen, dafs der negativen Schwankung des Muskel- und Nervenstromes eine ganz andere Bedeutung zukomme. Anstatt nämlich anzunehmen, dafs dieselbe das äufsere Anzeichen der Ursache der Zusammenziehung und der Innervation sei, könnte man sich denken, dafs in ihr nur die Folge eines Verlustes an Kräften sichtbar werde, der in beiden Vorgängen stattfinde. Dieser Verlust würde nachgehends annähernd ersetzt werden durch den auch in abgetrennten Gliedmafsen einige Zeit nach dem Tode noch in fortdauernder Thätigkeit zu denkenden Stoffwechsel.[4]

Hinsichtlich der Muskeln indefs erweist sich diese Meinung sofort als unhaltbar. Sie ist offenbar vernünftigerweise nicht zusammenzubringen mit der grofsen Geschwindigkeit, mit der, wie aus der Erscheinung des secundären Tetanus erhellt, die einzelnen Stöfse der negati-

[1] Hufeland und Goettling, Aufklärungen der Arzneywissenschaft aus den neuesten Entdeckungen der Physik, Chemie und andern Hülfswissenschaften. Weimar 1793. Bd. I. St. 2. S. 184. 185.*

[2] Ueber thierische Elektricität und Reizbarkeit u. s. w. Leipzig 1795. S. 21.*

[3] Zantedeschi, Raccolta fisico-chimica italiana ec. Vol. III. 1848. p. 491.*

[4] S. unten, Kap. VIII. §. v.

ven Schwankung, entsprechend den Inductionsschlägen, die wir dem Nerven ertheilen, in dichtgedrängter Reihe vollzogen werden. Handelte es sich um einen erst auf dem Wege des gewöhnlichen Stoffwechsels im ruhenden Muskel zu ersetzenden Kräfteverlust, so würden diese Stöfse vielmehr zu einer stetigen Senkung des Stromes verschmelzen, aus der, nach Beendigung des Tetanisirens, eine mehr oder weniger allmälige Erholung sichtbar werden würde.

Es fragt sich aber, ob es vielleicht passend sei, diese neue Art der Auffassung für die negative Schwankung des Nervenstromes in Anspruch zu nehmen. Man sieht leicht, dafs dieselbe uns fortheben würde über die Schwierigkeit, zu erklären, wie es komme, dafs, so lange der elektrotonische Zustand aufser Spiel bleibt, ein tetanisirter Nerv einen stromprüfenden Schenkel, dessen Nerv dem ersten entlang gelegt ist, in Ruhe lasse (S. oben S. 536). Denn da es sich alsdann, angegebenermafsen, um eine stetige Senkung des Stromes handeln würde, die weder eintreten, noch sich wiederum ausgleichen würde mit der Geschwindigkeit, die wir dem Vorgange der Innervation zuschreiben, so würde der Grund zur Zuckung unter diesen Umständen gänzlich fortfallen.

Gegen diese Verdächtigung läfst sich sogleich einwenden, wie wenig ansprechend es erscheint, zweien Vorgängen, die sonst so viel Aehnlichkeit darbieten, wie die negative Schwankung des Muskel- und die des Nervenstromes beim Tetanisiren, zwei ganz verschiedene Grundursachen unterzulegen; ferner, dafs, während wir uns demgemäfs nur bei der dringendsten Nothwendigkeit unserer erstausgesprochenen Ansicht von der negativen Schwankung zu begeben hätten, das Ausbleiben der secundären Zuckung unter den erwähnten Umständen sich noch auf andere Weise erklären lasse (S. oben S. 538); endlich, dafs für die neue Deutung der negativen Schwankung im Grunde schon das Sinken der Nadel ein zu plötzliches, ihre Wiederkehr eine zu rasche und vollständige sei, u. d. m. Allein wir sind bereits im Besitz einer Thatsache, die so schlagend in unserem Sinne spricht, dafs sie alle diese Gründe völlig entbehrlich macht.

Diese Thatsache ist die, dafs, nachdem der Strom des Nerven unter dem Einflufs gewisser äufseren Bedingungen, z. B. der Austrocknung, seine Richtung verkehrt hat, die negative Schwankung die ihrige beibehält, zu einer positiven Schwankung wird (S. oben S. 553). Wäre diese Schwankung das Anzeichen eines Verlustes elektromotorischer Kräfte, so ist es klar, müfste sie nicht eine stets absolut negative in Bezug auf die positiv gedachte Richtung des gewöhnlichen Stromes sein, sondern sie müfste mit diesem ihren Sinn verwandeln, eine relativ negative sein. Und wir werden später in Erfahrung bringen, dafs sie diese Eigenthümlichkeit einer absolut negativen Richtung gleichfalls theilt mit der negativen Schwankung des Muskelstromes bei der Zusammenziehung,[1] so dafs die Berechtigung, von der einen dieser Erscheinungen auf die andere zu schliefsen, dadurch abermals an Stärke gewinnt.

Somit dürfen wir die neue Deutung der negativen Schwankung des Nervenstromes, als beruhend auf einem Kräfteverlust durch den Vorgang der Innervation, statt auf den inneren Bewegungen im Nerven bei diesem Vorgange, ohne ferneren Anstand von der Hand weisen. Mit Fug schränken wir dieselbe auf den Umstand ein, dafs die Nadel, nach dem Tetanisiren, stets nur mehr oder weniger unvollständig ihren früheren Stand wieder einnimmt. Dieser Unterschied, vermindert um denjenigen, der in der Stärke des ursprünglichen Stromes während der Dauer des Versuches möglicherweise auch ohne das Tetanisiren eingetreten sein würde, mag herrühren von dem Kräfteverlust, der augenblicklichen Erschöpfung des Nerven durch das Tetanisiren.

Schwerlich bedarf es sodann noch eines besonderen Beweises, dafs der negativen Stromesschwankung beim Tetanisiren auf nicht elektrischem Wege die nämliche Bedeutung zukomme, als der bei elektrischer Erregung. Sollte Jemand, den Zweifel bis zur letzten Grenze treibend, fragen, weshalb man sich nicht begnügen könne, darin nur zu sehen den Anfang einer Bewegungserscheinung, wie wir sie im vorigen Paragraphen kennen gelernt haben, und sich dabei berufen auf die hier häufig allerdings ziemlich mangelhafte Wiederkehr der Nadel, so ist nachstehendes darauf zu erwiedern. Erstens, dafs der letztere Umstand sich beschönigen lasse durch die ausnehmende Kleinheit der Wirkung an einer Nadel, die sich fast in beweglichem Gleichgewicht befindet (S. oben S. 477). Für zweite, dafs die vorgeschlagene Deutung selber unhaltbar sei, weil die negative Schwankung nicht durch allmälige Uebergangsstufen der Gröfse nach verknüpft werde mit jener Bewegungserscheinung; weil sie sich mehreremale nach einander in ganz gleicher Weise wahrnehmen lasse, ohne dafs endlich die dauernde tiefe Erniedrigung des Stromes einbreche; weil sie sich auch beim Tetanus durch Strychninvergiftung und bei kaustischer Mifshandlung eines von der abgeleiteten Strecke weit entfernten Punktes des Nerven einstelle, wobei man die Erscheinung des vorigen Paragraphen nicht zu sehen bekomme; endlich, und vor allem, weil sie sich in ganz gleicher Gröfse auch an Nerven kundgebe, die der dauernden Verän-

[1] S. unten, Kap. VIII. §. IV.

derung ihres Stromes im negativen Sinne bereits wirklich verfallen sind, und zwar auf allen möglichen Stufen dieses Vorganges bis zu seinem Gipfel, wo der Strom verkehrt erscheint (S. oben S. 553).

Wir erklären demnach die negative Schwankung des Nervenstromes beim Tetanisiren auf elektrischem und auf nicht elektrischem Wege für gleichbedeutend, und zwar für den elektromotorischen Ausdruck des Bewegung vermittelnden Vorganges, der in dem Nerven stattfindet jedesmal dafs auf mechanischem, kaustischem, chemischem Wege sein inneres Gleichgewicht gestört wird, oder jedesmal dafs der Nerv durch einen erregenden Strom in elektrotonischen Zustand versetzt wird, oder endlich dafs dieser Zustand eine Schwankung in beliebigem Sinne erleidet in Folge einer gleichsinnigen Schwankung des erregenden Stromes, dessen Dichtigkeit die Stärke des elektrotonischen Zustandes innerhalb weiter Grenzen einfach proportional ist (S. oben Bd. I. S. 289. 294. Bd. II. S. 391. 416).

Wenn aber, im Laufe dieser Erörterung, stets nur der Bewegung vermittelnde Vorgang erwähnt worden ist, so ist der Grund davon nicht gewesen, dafs das Gesagte nicht eben so gut auf den Empfindung vermittelnden Vorgang Anwendung finde. Vielmehr ist hier zunächst Alles aus dem einen Gebiet in's andere zu übertragen. Zwar sind wir für die Empfindung nicht, wie für die Bewegung, im Stande den Beweis zu führen, dafs sie sich der negativen Schwankung gleich verhalte gegenüber mannigfaltigen Umständen des Versuches; allein wir sind zu jener Uebertragung berechtigt durch die vielfach bewährte Gesetzmäfsigkeit des Organismus, welche die Erforschung desselben so sehr erleichtert. Wir dürfen daher die negative Schwankung, so gut wie für ein Anzeichen des Bewegung vermittelnden Vorganges, erklären für ein solches des Empfindung vermittelnden, der beim mechanischen, kaustischen, chemischen Mifshandeln des Nerven Platz greift, wie auch desjenigen Theiles der auf elektrischem Wege hervorgebrachten Empfindungen, welcher von den Schwankungen der Dichtigkeit eines erregenden Stromes in dem Nerven herrührt, entsprechend dem ersten Gliede der rechten Seite der Formel oben Bd. I. S. 288. Dafs dieser Theil der elektrischen Empfindungen, gleich der negativen Schwankung, in dem oben S. 450 erläuterten Sinne mit der Stromdichte wachse, wissen wir erfahrungsmäfsig. Wir dürfen aber auch gewifs mit äufserster Wahrscheinlichkeit behaupten, dafs, gleich der negativen Schwankung, jene Empfindung wachsen werde mit der Länge der erregten Strecke, abnehmen, wenn der Winkel zwischen der Richtung des Stromes und der Nervenaxe sich einem Rechten nähert, u. s. f.

In so fern würde also kein Grund vorliegen, hier eine Scheidung zu treffen zwischen dem Bewegung und Empfindung vermittelnden Vorgange. Der Unterschied aber, der wirklich hier stattfindet, und um deswillen die Beziehung der von uns aufgedeckten Bewegungserscheinungen des Nervenstromes zum Empfindung vermittelnden Vorgange zum Gegenstand einer besonderen Auseinandersetzung gemacht werden mufste, dieser Unterschied besteht darin, dafs, wie schon oben Bd. I. S. 283 dargelegt ist, die Empfindungsnerven auch auf die Dauer des Stromes in beständiger Gröfse Rücksicht nehmen.

Hieraus mufste damals bereits, gemäfs der Theorie der Empfindung überhaupt, geschlossen werden auf eine dauernde Veränderung der Nerven durch den Strom (S. ebend. S. 289). Mittelbar war solche Veränderung aus anderen Erscheinungen auch bei den Bewegungsnerven erschlossen (S. ebend. S. 335. 385. 393. Bd. II. S. 386). Unsere Zusage, dafs es uns glücken werde, diese Veränderung objectiv wahrnehmbar zu machen, hat in der Entdeckung des elektrotonischen Zustandes ihre Erfüllung gefunden. Während wir nun aber diesem Zustande, so lange die Stärke des Stromes und mit ihr die der säulenartigen Polarisation auf gleicher Höhe verweilt, keinen Bezug mehr auf die Zuckung zugestehen können, wird derselbe von den Empfindungsnerven während seiner ganzen Dauer dem Bewufstsein angezeigt.

Als Volta zwei Finger derselben Hand in zwei Gefäfse tauchte, welche die Elektroden einer vielgliederigen Säule enthielten, erfuhr er während der ganzen Zeit der Schliefsung die oben Bd. I. S. 283 beschriebenen Empfindungen. Ich habe diesen Versuch mit gleichem Erfolg wiederholt. Da nun die Meinung unhaltbar scheint, dafs die hier auftretenden Empfindungen von fortwährenden kleinen Schwankungen der Stromdichte herrühren, so ist daraus zu entnehmen, dafs sich die säulenartige Polarisation aus der Hand über die unmittelbar vom Strome betroffene Strecke hinaus bis zu dem Mittelpunkte der empfindenden Thätigkeit fortzupflanzen und hier unmittelbar zum Bewufstsein zu gelangen vermöge. Bei der unbegrenzten Empfindlichkeit, wenn der Ausdruck gestattet ist, die wir diesem Mittelpunkte zuschreiben dürfen, liegt hierin nichts Unglaubliches, und wir können diesen Umstand vielmehr als eine Bestätigung unserer anderweitig begründeten Vermuthung ansehen, die Curve der dipolar elektromotorischen Kräfte schliefse sich der Nervenaxe in der Ferne asymptotisch an (S. oben S. 361. 362).

Aus der Fähigkeit der Empfindungsnerven, nicht blos die augenblickliche, sondern auch die dauernde Veränderung ihrer Zustände zum Bewufstsein zu bringen, ist der nicht unwichtige Schlufs zu ziehen, dafs zwar Zustände der Nerven, welche bei Bewegungsnerven Zuckungen im Gefolge haben, an Empfindungsnerven schmerzhaft sein werden;

dafs aber nicht umgekehrt schmerzhaft empfundene Zustände der Empfindungsnerven an Bewegungsnerven nothwendig Zuckungen nach sich ziehen würden. Wir haben, nächst dem elektrotonischen Zustand, ein zweites Beispiel davon an der merkwürdigen Bewegungserscheinung des Nervenstromes, welche im vorigen Paragraphen beschrieben wurde. Zwar geschieht der Uebergang des Nerven in den negativ peripolaren Zustand unter einer Reihe von Zuckungen der zugehörigen Muskeln (S. oben S. 552). Allein dieser Zustand fährt fort zu bestehen zuletzt bei vollkommener Ruhe der Muskeln, während wohl nicht zu bezweifeln ist, dafs die Ausbreitung des bis zum Mittelpunkte der empfindenden Thätigkeit unversehrt hinführenden Nerven hier fortdauernd als Sitz wüthender Qualen empfunden werden würde.

---

§. X.

Untersuchung der Bewegungserscheinungen des Nervenstromes an verschiedenen Theilen des Nervensystems.

1. Vorbemerkungen.

Auf die Wichtigkeit der Thatsachen, die im Laufe dieses Kapitels von uns aufgedeckt worden sind, brauche ich wohl nicht erst aufmerksam zu machen. Die Frage nach elektrischen Strömen in den Nerven im Augenblick der Innervation, an deren Lösung seit so langer Zeit von so vielen Seiten her so viele Bemühungen verschwendet worden sind, ist durch sie als bejaht zu betrachten, wenn auch nicht genau in dem Sinne, wie sie sonst wohl gestellt worden war. Man erwartete, dafs der ruhende Nerv die Magnetnadel in Ruhe lassen würde, hoffte aber diese abweichen zu sehen, wenn das sogenannte Nervenprincip in Thätigkeit gesetzt würde. Es hat sich gefunden, was im Grunde auf Eins hinausläuft, dafs im Gegentheil schon der ruhende Nerv unablässig elektromotorisch thätig ist, dafs im Augenblick der Innervation diese Thätigkeit eine Veränderung erleidet. Und der Weg, dies zu finden, ist merkwürdigerweise die Aufwärtsverfolgung jenes längst bekannten unscheinbaren Froschstromes gewesen, von dem ein kurzsichtiger Beobachter noch vor wenigen Jahren, als die hier mitgetheilten Beobachtungen im Wesentlichen mir schon längst vorlagen, mit dreister Zuversicht schrieb: »Alle diese Thatsachen haben daher ein »mehr physikalisches Interesse und sind nicht im Stande, Einflufs auf »die Physiologie des Nervensystemes zu gewinnen« (S. oben Bd. I.

S. 149. Anm.). Diese Behauptungen haben sich selbst gerichtet. Auf jene Thatsachen wird nun doch wohl künftig die allgemeine Physik der Nerven zu fufsen haben, wenn sie nach weiteren Fortschritten begehrt; und neben dem Mikroskope dürfte nunmehr in derselben der Multiplicator sein Recht als ebenbürtiges, als gleich unentbehrliches Werkzeug in Anspruch nehmen.

Die folgende Untersuchung ist vielleicht geeignet, diese Vorhersage noch mehr begründet erscheinen zu lassen. Wir wenden uns nunmehr zu der Erforschung, wie sich die Bewegungserscheinungen des Nervenstromes an den verschiedenen, scheinbar mit verschiedenen Kräften begabten Theilen des Nervensystemes und beim Zusammenwirken mehrerer dieser Theile zu einem Ganzen gestalten. Welch eine Menge mehr oder weniger bedeutsamer Fragen dabei auftauchen, leuchtet dem Physiologen wohl von selbst ein; beklagen mufs ich nur, dafs ich bisher erst im Stande gewesen bin, dem kleinsten Theil davon meine Aufmerksamkeit zu widmen.

Wir haben bisher stets an gemischten Nerven unsere Versuche angestellt. Was den ruhenden Strom betrifft, so wissen wir bereits, dafs beide Arten von Fasern, die bewegenden sowohl als die empfindenden, ihn in ganz gleicher Art zeigen (S. oben S. 254. 255). Die Empfindungs- sowohl als die Bewegungswurzeln, der sogenannte Sehnerv, reine Haut- und Muskelnerven liefsen den Strom in allen Stükken dem eines Ischiadicus entsprechend erkennen. Auch entging uns nicht die Bemerkung, dafs dies schon von vorn herein kaum anders sein könne. Das Gesetz des Muskel- und Nervenstromes läfst füglich keine Zerlegung dieser Ströme in zwei Componenten zu, welche in Bezug auf die Längenaxe der thierischen Erreger einen Gegensatz bildeten.

Jetzt gelangen wir, reicher um die Kenntnifs der Bewegungserscheinungen des Nervenstromes, an dieselbe Stelle zurück. Von den gemischten Nerven steigen wir mit unserer Untersuchung aufwärts zu den Wurzeln. Zwar hat uns der Versuch in den Bewegungserscheinungen des Stromes am Hirn- und am Muskelende eines überall gleich dicken Stückes des Ischiadicus keinen Unterschied wahrnehmen lassen.[1] Ein solcher Unterschied hätte betrachtet werden können als hervorgebracht durch das verschiedene Verhalten der bewegenden und empfindenden Fasern im gemischten Nerven. Allein auch so bleibt es noch denkbar, dafs solch ein verschiedenes Verhalten bestehe. Es könnte z. B. sein, dafs die bewegenden Fasern, vom Hirn aus gerechnet, nur

---

[1] Hinsichtlich des Erfolges bei ungleicher Dicke der beiden Nervenenden, der keine hieher gehörende Bedeutung hat, s. oben S. 370. 468. 543.

unterhalb der Elektroden die negative Schwankung beim Tetanisiren erlitten, die empfindenden nur oberhalb. Allerdings ist wohl die Anzahl beider Fasern im Stamme eine verschiedene: dadurch würde an beiden Enden des Nervenstückes eine verschiedene Gröſse der negativen Schwankung bedingt sein. Bei der geringen Genauigkeit indeſs, womit wir vermögen diese Gröſse zu beobachten, hätte ein solcher Unterschied uns sehr leicht entgehen können.

Ehe wir nun an die Untersuchung der Wurzeln auf die Bewegungserscheinungen des Stromes gehen, ist noch folgendes vorauſzuschicken, um den Standpunkt festzustellen, von welchem aus wir unsere etwaigen Ergebnisse zu beurtheilen haben werden.

2. Uebersicht über die früheren Bestrebungen, die Frage zu entscheiden nach der einsinnigen oder doppelsinnigen Leitungsfähigkeit der Nervenfasern für das sogenannte Nervenprincip.

Die Frage, ob die Nervenfasern der einen oder der anderen Gattung nur nach einer, oder ob sie nach beiden Richtungen ihrer Axe zugleich fähig seien, das sogenannte Nervenprincip zu leiten, ist eine der wichtigsten, zugleich aber auch der dunkelsten der neueren Nervenphysik. Bevor Charles Bell gelehrt hatte, daſs die Bewegung und Empfindung in der thierischen Maschine an materiell verschiedene Träger gebunden sind, konnte begreiflich von jener Frage nicht die Rede sein. Die Möglichkeit der nur einseitigen Leitungsfähigkeit der Nervenfasern blieb auſser Betracht, denn sie hatte, bei dem damaligen Stande der Kenntnisse, an und für sich keinen Sinn. Jetzt könnte es zwar auf den ersten Blick scheinen, als sei umgekehrt die einsinnige Leitung der beiden Fasergattungen schon hinreichend dargethan durch die ursprüngliche Wahrnehmung, daſs Reizung einer Bewegungswurzel keinen Schmerz, Reizung einer Empfindungswurzel keine Bewegung hervorbringt. Man sieht indessen bald, daſs diese Thatsache noch einer anderen Deutung fähig ist. Der erste Versuch hat vielleicht deshalb diesen verneinenden Erfolg, weil der Endpunkt der rückläufigen Strömung in der bewegenden Faser, womit ich im Gegensatze zur rechtläufigen, centrifugalen, die möglicherweise in derselben stattfindende centripetale Strömung bezeichnen will, zur Empfindung untauglich ist. Es ist klar, daſs der Endpunkt der rückläufigen Strömung empfindender Nerven vollends nicht den Bau besitzt, um mit Bewegung antworten zu können.[1]

[1] Vergl. Joh. Müller's Handbuch der Physiologie u. s. w. Bd. I. 3. Aufl. Coblenz 1838. S. 731. 732.*

Um zu jenem Schlusse, auf einsinnige Leitung beider Fasergattungen, berechtigt zu sein, mufste man sich also zunächst ein Prüfungsmittel für das Dasein der rückläufigen Strömung in der einen und anderen künstlich verschaffen, und daran den Erfolg der obigen Versuche bestätigt finden. Bei den Bestrebungen, diese Aufgabe zu lösen, sah man sich aber in einen sehr engen Kreis gebannt. Um zu beurtheilen, ob ein Nerv in Thätigkeit oder in Ruhe sei, gab es bisher kein äufserlich sichtbares Merkmal. Die Thätigkeit des Bewegungsnerven erkannte man eben an der Zuckung des Muskels, in den er sich verbreitet, die des Empfindungsnerven an den Schmerzen, deren das Thier sich bei seiner Reizung bewufst wird. Wie aber urtheilen über Thätigkeit und Ruhe des Bewegungsnerven oberhalb der gereizten Stelle, wo es am Muskel gebricht? des Empfindungsnerven unterhalb derselben Stelle, wo keine Sinnsubstanz? Auf zweierlei Weise haben die Physiologen diese Schwierigkeit zu besiegen versucht.

Das eine Verfahren bestand darin, dafs man, nach Durchschneidung der Fasern der einen Gattung, ihre Verwachsung mit Fasern der anderen zu bewerkstelligen suchte. Die rückläufige Strömung einer Bewegungsfaser hätte dann die rechtläufige Strömung einer Empfindungsfaser anregen und Schmerzbezeugungen hervorrufen können; umgekehrt die rückläufige Strömung einer Empfindungsfaser Muskelbewegung durch Anregung der rechtläufigen Strömung einer Bewegungsfaser.

Als Schwann [1] die hinteren Wurzeln eines durchschnittenen und wieder zusammengeheilten Ischiadnerven am Frosche reizte, erfolgte keine Zuckung in den unterhalb der Narbe gelegenen Muskeln. Sie trat ein, als die vorderen Wurzeln gereizt wurden. Steinrück [2] hat diesen Versuch mit dem gleichen Erfolg wiederholt. Es lag nahe, denselben mit Joh. Müller [3] in dem Sinne zu deuten, als finde möglicherweise keine absteigende Leitung in den Empfindungsfasern statt. Bei diesem Versuche an einem einzigen gemischten Nervenstamme, an dem die Fasern der beiden Gattungen nicht zu verschiedenen Bündeln aus einander gehalten sind, konnte jedoch, bei dem Mangel an äufseren Kennzeichen für die physiologische Natur der Fasern, aus der mikroskopischen Untersuchung der Narbe begreiflich keine Sicherheit in Betreff der wirklichen Verschmelzung verschiedenartiger Fasern hervorgehen.

Diesem Umstand zu begegnen, schien der Weg geeignet, welchen

[1] Joh. Müller's Handbuch der Physiologie u. s. w. A. a. O. S. 415.*

[2] De Nervorum Regeneratione. Diss. inaug. etc. Berolini 1838. 4.* p. 59. 66. Exp. 30.*

[3] Handbuch der Physiologie u. s. w. A. a. O.

nunmehr Bidder[1] in einer Versuchsreihe an acht Hunden einschlug. Er bestand darin, zwei benachbarte Zungennerven, den Hypoglossus und Lingualis, von denen der erste als rein bewegend, der andere als rein empfindend angesehen werden darf, zu durchschneiden, das centrale Ende des einen Nerven mit dem peripherischen des anderen zur Heilung vorzurichten, und die beiden anderen Enden in möglichst großer Ausdehnung gänzlich zu entfernen. Auch hier kehrte die Leitung durch die Narbe in beiderlei Richtung wieder. Allein die Untersuchung der Narbe zeigte, daſs, trotz jener Veranstaltung, die Nerven bei der Heilung stets mehr oder weniger ihre alten Verbindungen aufgesucht und wiedergefunden hatten. Es scheint demnach hier die Einrichtung zu bestehen, daſs, trotz allen dargebotenen Hindernissen, empfindende Fasern mit empfindenden, bewegende mit bewegenden zur Verwachsung streben und somit die erwünschte Kreuzung beider Nerven nie zu Stande kommt.[2] Um wie viel mehr durfte dasselbe für die einzelnen empfindenden und bewegenden Fasern des Ischiadnerven in Schwann's Versuche am Frosch der Fall gewesen sein. Daſs dabei auch die ursprünglich einander entsprechenden einzelnen Bewegungs- und Empfindungsfasern wieder aufeinandertreffen, ist, nach Günther und Schön's Bemerkung,[3] welche jenes Ergebniſs bereits vorhergesehen hatten, mit Hinblick auf die Täuschungen des Gefühls in Gruithuisen's bekanntem Falle,[4] wohl sehr unwahrscheinlich. Wie dem auch sei, diese Erfahrungen lehren, daſs auf diese Weise nichts gewonnen werden könne; es sei denn, daſs ein glücklicher Zufall uns dereinst mit einer Ausnahme von der von Bidder hingestellten Regel beschenke.

Sehr sinnreich suchte sich auf einem anderen Wege Joh. Müller[5] das Organ für die rückläufige Wirkung einer bewegenden Faser herzustellen, indem er durch Opiumvergiftung den centralen Endpunkt der-

[1] Müller's Archiv für Anatomie und Physiologie u. s. w. 1842. S. 102.*

[2] Bemerkt zu werden verdient, daſs nach Flourens' an Vögeln angestellten Versuchen die Enden zweier durchschnittenen Nerven aus dem Plexus brachialis, ja sogar diejenigen des Vagus und des fünften Halsnerven sich sehr wohl über's Kreuz verbinden. Annales des Sciences naturelles. Anc. Sér. 1828. t. XIII. p. 118.* — Heusinger's Zeitschrift für organische Physik. 1828. Bd. II. S. 322.* — Recherches expérimentales sur les Propriétés et les Fonctions du Système nerveux dans les Animaux vertébrés. 2me Éd. Paris 1842. p. 272.* Vergl. oben S. 226. Anm. 3. — Steinrück hat dasselbe für Nerven aus dem Plexus ischiadicus des Kaninchens beobachtet. De Nervorum Regeneratione etc. p. 66.*

[3] Müller's Archiv u. s. w. 1840. S. 285.*

[4] Franz von Paula Gruithuisen's Beiträge zur Physiognosie und Eautognosie u. s. w. München 1812. S. 74.*

[5] Handbuch der Physiologie u. s. w. A. a. O. S. 703.*

selben empfänglicher dafür zu machen bemüht war. Als er indefs an einem im Reflexstadium der Narkose befindlichen Frosche die hinteren Wurzeln der einen Seite durchschnitten und den Schenkelnerven blosgelegt hatte, konnte er durch Abschneiden von Stücken des Nerven mit der Scheere keine Reflexbewegung zu Stande bringen. Zuckungen am ganzen Körper erschienen, wenn er den gleichen Reiz auf der anderen Seite anbrachte, wo die hinteren Wurzeln erhalten waren. Denselben Versuch stellte später auch Volkmann mit gleich nichtigem Erfolg an reizbaren Fröschen an, die sich nach der Enthauptung im Reflexstadium befanden und von der Haut aus gereizt wurden,[1] wodurch bekanntlich stärkere Reflexbewegungen erhalten werden, als durch Reizung der Stämme selber.[2] Ich habe den Versuch in beiden Gestalten wiederholt, auch demselben noch eine andere, dem Anschein nach vortheilhaftere Form ertheilt, die wir später kennen lernen werden,[3] dies alles jedoch vergeblich.

Also auch auf diesem Wege gelang es nicht, rückläufige Strömung in den Bewegungsfasern nachzuweisen. Einige andere Thatsachen, welche beim ersten Anblick für eine rückläufige Wirkung in Empfindungsfasern zu sprechen scheinen, zeigen sich bei näherer Betrachtung werthlos. Dahin gehören das bekannte den Rücken in peripherischer Richtung und mit mefsbarer Geschwindigkeit überrieselnde Kältegefühl,[4] die angeblich dem Verlaufe der Nerven nach schiefsenden Schmerzen bei Neuralgieen,[5] die Einwirkung des N. lacrymalis auf die Thränen-, des N. lingualis auf die Speichelabsonderung,[6] der Einflufs des Trigeminus auf die Ernährung des Auges nach Herbert Mayo[7] und Ma-

[1] Müller's Archiv u. s. w. 1838. S. 23. 24.*

[2] S. Volkmann ebendas. S. 25. VII;* — in Rud. Wagner's Handwörterbuch der Physiologie u. s. w. Bd. II. Braunschweig 1844. Artikel »Nervenphysiologie.« S. 528. 543. 544.* — Joh. Müller in seinem Handbuch der Physiologie u. s. w. A. a. O. S. 730.* — Longet, Anatomie et Physiologie du Système nerveux etc. Paris 1842. t. I. p. 318.* — Bischoff in Müller's Archiv u. s. w. 1846. Bericht. S. 77.*

[3] S. unten, No. 5.

[4] Joh. Müller, Handbuch der Physiologie u. s. w. A. a. O. S. 734.*

[5] Magendie, Leçons sur les Fonctions et les Maladies du Système nerveux etc. Paris 1839. t. II. p. 72.* — Henle, Allgemeine Anatomie u. s. w. Leipzig 1841. S. 716. Anm.* — Romberg, Lehrbuch der Nervenkrankheiten des Menschen. 2. Aufl. Berlin 1849. Bd. I. S. 34.*

[6] Joh. Müller, a. a. O. S. 735.* — Volkmann, Artikel »Nervenphysiologie«. A. a. O. S. 527. 562.*

[7] Magendie, Journal de Physiologie expérimentale et pathologique. 1823. t. III. p. 356.*

GENDIE,[1] endlich die Fähigkeit des Vagus, den Sympathicus bei gewissen Thieren zu ersetzen.[2] Die erste Wahrnehmung hat eine ganz andere Bedeutung. Sie beruht vielmehr auf einem seitlichen Fortrücken gewisser Erregungszustände von Faser zu Faser. Die Richtigkeit der zweiten ist sehr zweifelhaft, die Erscheinung, selbst wenn sie begründet wäre, gewiſs ganz anders zu deuten. Die übrigen haben ihren Grund in der Beimischung sympathischer Fäden, wie dies insbesondere für den Einfluſs des Trigeminus auf die Ernährung des Auges aus dem Umstand hervorgeht, daſs die Durchschneidung, je nach der Höhe, in der sie ausgeführt wird, verschieden schwere Folgen nach sich zieht.[3]

Diesem mehr als dürftigen Thatbestande gegenüber, war wohl das gerathenste, wie MÜLLER that, die Frage einstweilen gänzlich offen zu lassen. So wenig als die obigen Erfahrungen etwas für die doppelsinnige Leitung in beiden Fasergattungen aussagen, so wenig lassen sie sich als Beweise für die nur einsinnige Fortpflanzung benutzen. Es scheint aber vielmehr, als sei die Ansicht von der doppelsinnigen Leitung diejenige, von der man, als der natürlichsten, auszugehen habe, bis sie durch bestimmte Thatsachen unmöglich gemacht sei. Die Centralgebilde des Nervensystemes bieten uns des Räthselhaften so viel dar, sind unfehlbar Vorrichtungen so verwickelter Art, daſs man die Schwierigkeit ihrer Erklärung wohl nicht merklich steigert durch Hinzufügung der Annahme, die centralen Endpunkte der Bewegungsnerven seien unempfindlich für die etwaigen rückläufigen Strömungen in den Nerven. Will man sich aber denken, daſs die Nerven nur nach einer Richtung zur Leitung befähigt sind, so bürdet man, dem Gesagten zufolge offenbar ohne Noth, der unserem Verständniſs bei weitem nicht so fern stehenden Physik der Nerven selber ein mechanisches Problem auf, dessen Schwierigkeiten über den Gesichtskreis aller unserer jetzigen Vorstellungen von Verbreitung kleinster Bewegungsvorgänge weit hinausliegen. Wie in aller Welt will man sich, ohne die künstlichsten Voraussetzungen endlos übereinander zu häufen, ein Bild von der Einrichtung machen, vermöge welcher die Innervation, wie der Aal in der Reuse, stets nur nach einer Richtung ihren Weg soll finden können? Will man sich nicht vielleicht die Primitivröhren mit einer dichtgedrängten Reihe von Klappen, gleich

[1] MAGENDIE in seinem Journal de Physiologie expérimentale et pathologique. 1824. t. IV. p. 176.* — SERRES, ibid. 1825. t. V. p. 233.* — LONGET, Anatomie et Physiologie du Système nerveux etc. Paris 1842. t. II. p. 161.*

[2] JOH. MÜLLER, Handbuch der Physiologie u. s. w. A. a. O. S. 735.*

[3] MAGENDIE, Journal de Physiologie expérimentale et pathologique. 1824. t. IV. p. 302.* — LONGET, Anatomie et Physiologie du Système nerveux etc. Ibid. p. 163.*

denen der Venen, angefüllt vorstellen, in denen sich das unwägbare Nervenflüssige, wenn es gegen sie strömt, fängt? oder mit einer Art von Spiegeln, die nach einer Richtung zurückwerfen, nach der anderen hindurchlassen? oder kennt man bereits einen Stoff, der in dem einen Sinne getroffen wie federndes Elfenbein den Stofs fortpflanzt, in dem anderen ihn wie stumpfes Blei lähmt? Diejenigen, die sich, wie Henle, die Fortpflanzung des Nervenagens unter dem Bilde von Schwingungen[1] vorstellen, und doch die einsinnige Leitungsfähigkeit verfechten, diese mögen sich vielleicht denken, dafs in den Bewegungsnerven die Dichtigkeit des schwingenden Mittels nach dem Ursprung, in den Empfindungsnerven nach der Ausbreitung hin mit grofser Geschwindigkeit wachse, so dafs centripetale Schwingungen in den ersteren, centrifugale in den letzteren bald erlöschen müfsten, ähnlich wie der Schall sich in der Atmosphäre leichter von unten nach oben, als von oben nach unten fortpflanzt!

Sollte also hier einmal eine Meinung ausgesprochen werden, so kann ich, obschon sie weit entfernt waren, von diesem Kreis von Betrachtungen auszugehen, doch nicht umhin, die Wahl derjenigen gutzuheifsen, welche, wie der ungenannte Beurtheiler des Bell'schen Gesetzes im *Archiv für physiologische Heilkunde,*[2] wie G. H. Meyer,[3] J. W. Arnold,[4] Widenmann,[5] sich der Ansicht von der doppelsinnigen Leitung in den Nerven anschlossen. Aber um so mehr Berücksichtigung verdient es auch, wenn unter diesen Umständen zwei der ersten Namen in diesem Gebiete, wie Henle's und Volkmann's, in der entgegengesetzten Wagschale gefunden werden. In verdoppeltem Mafse ist dies der Fall, wenn dabei, wie dies für Volkmann eintrifft, die physikalische Unstatthaftigkeit der vorgezogenen Vorstellungsweise wohl empfunden wird, und man sich ihrer auf Grund gewisser Erfahrungen doch nicht zu entschlagen wagt.

Henle bemerkt zu Müller's Versuch, dafs derselbe um so dringender für die einseitige Leitung der bewegenden Fasern zu sprechen scheine, als »nach der Narkotisation die Bewegungsnerven, die durch »den Willen vom centralen Ende aus gereizt werden, die benachbarten

[1] Allgemeine Anatomie u. s. w. Leipzig 1841. S. 716.*

[2] Roser und Wunderlich, Archiv für physiologische Heilkunde. 1842. S. 295.* Versuch einer kritischen Beleuchtung der Lex Belliana u. s. w.

[3] Untersuchungen über die Physiologie der Nervenfaser. Tübingen 1843. S. 47—53. 166. 167.*

[4] Ueber die Verrichtung der Wurzeln der Rückenmarksnerven u. s. w. Heidelberg 1844. S. 115.*

[5] Schmidt's Jahrbücher der in- und ausländischen gesammten Medicin. 1845. Bd. XLVII. S. 16.*

»Fasern allerdings zur Mitwirkung bestimmen, so dafs Mitbewegungen »leichter erfolgen.«[1] Sodann führt Henle Erfahrungen an von J. van Deen und Kürschner, um daraus den Schlufs zu ziehen, dafs auch die Empfindungsfasern nur einsinnig zu leiten vermögen.

Van Deen's Versuche, welche ursprünglich behufs der Prüfung der hinteren Rückenmarksstränge auf die Gegenwart von Bewegungsfasern angestellt wurden, lauten in Stilling's Uebersetzung[2] folgendermafsen: »Durchschneidet man« — am Frosch — »die Wirbelsäule und »das Rückenmark in der Gegend des 2ten oder 3ten Wirbels, und »nimmt einen Wirbel um das Rückenmark herum weg, weil dieses sich »nach dem Durchschnitt immer etwas zurückzieht; bringt alsdann eine »Schweinsborste oder eine feine Nadel vorsichtig in den canalis medullae »spinalis ein, und führt man nun die Spitze derselben zu den hinteren »oder vorderen Strängen« ... (A. a. O. S. 12.* Versuch VI) ... »so bringt »Reizung der Hinterstränge ... nicht die mindeste Bewegung hervor, »Reizung der Vorderstränge ... aber erzeugt starke Bewegungen« ... [3] »Führt man vorsichtig eine Borste oder feine Nadel in den Wirbel»kanal, der, wie im« (vorigen) »Versuch ... durchgeschnitten ist, »zwischen die vordere Rückenmarksfläche und hintere Fläche der Wir»belkörper, und bewegt man die Borste oder Nadel hier sanft hin und »her, so bemerkt man sogleich Vibrationen der Muskeln;' führt man »aber die Nadel zwischen die hintere Fläche des Rückenmarks und »die vordere der Wirbelbogen, so entsteht, wenn man leise Bewe»gungen mit dem Instrumente macht, keine Muskelzuckung.« (A. a. O. »Versuch VII).

Die Versuche von Kürschner, auf die Henle sich ferner bezieht, bezweckten gleichfalls, die rein empfindenden Eigenschaften der hinteren Stränge nachzuweisen. Kürschner ging dabei von der entschiedenen

[1] Allgemeine Anatomie u. s. w. S. 715.*

[2] Van Deen's Versuche stehen: Tijdschrift voor naturlijke Geschiedenis en Physiologie. Uitgegeven door van der Hoeven en de Vriese. Leiden 1838. D. V. St. III. Bl. 151.* — Traités et Découvertes sur la Physiologie de la Moelle épinière etc. Traduits du Hollandais, augmentés de nouvelles Recherches qui n'ont pas été publiées et d'une Planche lithographiée. Leide 1841. — Einen Auszug daraus von Henle s. in Schmidt's Jahrbüchern der in- und ausländischen gesammten Medicin. 1839. Bd. XXIII. 278. 279.* — Stilling hat zu van Deen's Versuchen einen fortlaufenden experimentellen Commentar geliefert in seinen: Untersuchungen über die Functionen des Rückenmarks und der Nerven. Leipzig 1842.* Dabei theilt er meist den vollständigen Text van Deen's nach der Französischen Ausgabe übersetzt mit.

[3] A. a. O. S. 9.* Versuch ii. Ich entnehme hier den Nachsatz der Beschreibung des 2. Versuches, indem das Ergebnifs beim 6. eben nur als übereinstimmend mit dem des 2., 3., 4. und 5. bezeichnet wird.

Voraussetzung aus, daſs Empfindungsfasern keiner centrifugalen Leitung fähig seien, und gründete darauf die Möglichkeit, die hinteren Stränge unter gewissen Umständen zu reizen, ohne Reflexbewegungen zu erzeugen, welche sonst auf Berührung derselben, gleichviel an welcher Stelle, an allen vier Extremitäten erscheinen. Es gelang ihm auch demgemäſs, an einem in der Schultergegend enthaupteten Frosche eine Nadel 1½‴ und mehr in einen Seitenstrang etwas über dem Rückenmarkskanale einzusenken, ohne daſs Bewegung erfolgte, während dieselbe noch von allen Extremitäten aus möglich war. Bei anderen Fröschen führte er mit gleichem Erfolg die Spitze eines sehr scharfen Staarmessers in den Rückenmarkskanal, und machte in der Mittellinie und zur Seite Einschnitte in die hinteren Stränge. Dasselbe glückte an Eidechsen und Kaninchen. Bei jungen Kaninchen konnte er starke Nadeln einen Zoll weit in die hinteren Stränge einsenken, ohne Zuckung zu erhalten. Heiſsgemachte Nadeln, ein fein zugespitztes Stück Höllenstein und der Galvanismus hatten in ihrer Anwendung keinen anderen Erfolg. Es versteht sich dabei von selbst, daſs in allen diesen Versuchen die leiseste Reizung der vorderen Stränge mit Zuckungen beantwortet wurde.[1]

Henle sagt von diesen Versuchen van Deen's und Kürschner's: »Dagegen scheint mir die einseitige centripetale Leitung der Empfindungs»nerven unwiderleglich dadurch bewiesen, daſs bei reizbaren Thieren »nach der Enthauptung keine Reflexbewegungen entstehen, wenn die »hinteren Stränge des Rückenmarkes an der Durchschnittsstelle selbst »gereizt werden.«[2] Hier soll also wieder das Rückenmark im Reflexstadium die Rolle als Prüfungsmittel für die rückläufige Strömung der Empfindungsfasern übernehmen. Der Analogie nach würde natürlich dann auch den Bewegungsfasern doppelsinnige Leitung abgesprochen werden müssen.

Indessen kann ich Henle's Urtheil nicht unbedingt beipflichten. Gerade der Umstand, den Kürschner anführt, daſs er die Nadel anderthalb Linien bis einen Zoll tief einführen konnte, ohne Reflexbewegungen zu erhalten, ist geeignet, Henle's Folgerung daraus schwanken zu machen. Volkmann hat gezeigt, »daſs Längentheilung des Rückenmarkes »die Ausdehnung der Reflexbewegungen über alle Muskeln beider Kör»perhälften nicht hindere, so lange nur irgend ein Theil des eigent-

[1] Müller's Archiv u. s. w. 1841. S. 120 — 122.* — Eine Bestätigung dieser Versuche s. bei Volkmann, Artikel »Nervenphysiologie«. A. a. O. S. 552.*

[2] Allgemeine Anatomie u. s. w. S. 715.*

»lichen Rückenmarkes in der Mittellinie verbunden bleibt.«[1] Es ist nicht denkbar, dafs durch das eine Einsenken der Nadel beide Hinterstränge in ihrer ganzen Dicke, von der Stelle, wo sich gerade die Spitze befand, bis zur Durchschnittsfläche, im Augenblick des Einstiches zur Erzeugung von Reflexbewegungen untauglich geworden sein sollten. Es entsteht also die Frage, warum bewirkte die anderthalb Linien tief eingesenkte Spitze nicht aufwärts Empfindungsströmung in den hinteren Strängen und diese wieder abwärts Reflexbewegung in den vorderen?

Diese Bemerkung allein scheint mir hinreichend, um Kürschner's und Henle's Ansicht zu entkräften. Es läfst sich jedoch noch mehr dagegen anführen. Zuvörderst, dafs Stilling sich gegen die völlige Gleichmäfsigkeit und Zuverlässigkeit des fraglichen Ergebnisses erhebt. Van Deen hat einen Versuch (den fünften, a. a. O. S. 11.*), bei welchem er die Vorderstränge von vorn nach hinten bis zum Rückenmarkskanal ohne Verletzung der Hinterstränge durchschneidet, eine dünne Schweinsborste in die Wunde bringt und sie, nachdem sie in den Kanal oder in die graue Substanz eingeschoben ist, vorsichtig gegen die Hinterstränge und die Vorderstränge bewegt. Nur die letzte Art der Reizung zieht Bewegungen nach sich. Diesen Versuch ändert Stilling folgendermafsen ab: »Man kann sich dieses Experiment erleichtern, indem man einen Frosch zwischen den 1sten und 2ten »Wirbel köpft. Alsdann kann man mit der Spitze einer Schweinsborste Hinter- und Vorderstränge auf der Durchschnittsfläche, und »von dieser aus, isolirt reizen. — Berührt man nun vorsichtig die »Durchschnittsfläche an den verschiedensten Punkten, so entsteht oft »gar keine Bewegung hiernach. — Führt man die Borste nur eine »Linie tief in den canalis medullae spinalis ein, so entstehen fast stets »Bewegungen, auch wenn man die Borstenspitze gänzlich den hinteren »Strängen zuwendet. — Aber wendet man sie den Vordersträngen zu, »so sind die Bewegungen stärker.« (A. a. O.) Zu van Deen's oben S. 576 angeführtem sechsten Versuch sagt Stilling: »Wiederholt ... »müssen wir bemerken, dafs die Resultate nicht so stringent sind, wie »van Deen sie angiebt; namentlich entstehen Bewegungen durch blofse »Einführung des Haares in den canalis medullae spinalis, ohne dafs »man dessen Spitze gegen Hinter- oder Vorderstränge wendet« — und zum Versuch VII: »Bei Wiederholung dieses Experimentes finden wir, »dafs eine Schweinsborste mit Vorsicht zwischen dem Rückenmark

[1] Müller's Archiv u. s. w. 1838. S. 21;* — Artikel »Nervenphysiologie.« A. a. O. S. 554.* — Von dem eigentlichen Rückenmarke ist hier nur die hinter dem Ursprunge der zehn ersten Rückenmarksnerven gelegene »Pars caudalis« ausgeschlossen.

»und den Wirbeln mehr als einen halben Zoll tief über den hinteren, »wie unter den vorderen Strängen eingeführt werden kann, ohne »daſs die mindeste Bewegung dadurch veranlaſst wird. — Reizt man »aber, so entstehen in beiden Fällen Bewegungen; nur stärkere, wenn »man zwischen Vordersträngen und Wirbelkörpern reizt.« (A. a. O. S. 12. 13.*)

Man sieht folglich, wie es mit diesen Erfahrungen steht. Gesetzt aber, und es giebt, wie ich mich selber davon überzeugt habe, Fälle, wo dem wirklich so ist, gesetzt, von der peripherischen Durchschnittsfläche auf die hinteren Stränge ausgeübte Reize blieben ohne darauf folgende Reflexbewegungen, so ist doch klar, daſs der von Henle und Kürschner darauf gegründete Schluſs nur dann Geltung haben kann, wenn bei Reizung der centralen Durchschnittsfläche der hinteren Stränge an dem vorderen Körpertheile eines hinter dem Abgange der Armnerven mitten durchschnittenen Frosches stets und unter allen Umständen Reflexbewegungen entstehen. Denn hier fällt das Hinderniſs der rückläufigen Strömung in den Empfindungsfasern fort; die Reizung verbreitet sich aufwärts, als ob sie an der Peripherie selber stattgefunden hätte.

Man höre indeſs van Deen's achten Versuch: »Köpft man einen »Frosch zwischen dem 2ten oder 3ten Wirbel, nimmt die Eingeweide »fort, präparirt vorsichtig die Wirbelsäule um das Rückenmark herum »am vorderen oder hinteren Körpertheile weg, und reizt sanft »die Hinterstränge, so wird dies keinen Druck auf die Vorderstränge »bewirken, (da sie frei liegen und also ausweichen können) und es »wird keine Muskelbewegung entstehen; diese aber wird eintreten, »wenn man sanft die Vorderstränge reizt.« (A. a. O. 13.*)

Van Deen empfiehlt zwar zugleich, die Reizung sehr sanft vorzunehmen, widrigenfalls Reflexbewegung entstehe, und Stilling bemerkt hiezu: »Auch die Wiederholung dieses Experiments ergab uns keines»wegs stringente Resultate. Es entstanden Bewegungen, die Hinter»stränge oder Vorderstränge mochten gereizt werden; nur waren sie »stärker bei Reizung der letzteren. ... Es ist zu bedenken, daſs eine »Berührung der Hinterstränge stets Reflexbewegungen erregen muſs, »wenn sie nicht zu leise war, sondern wirklich als Reiz bestand; — »war sie das letztere nicht, so ist es eben so gut, als sei gar kein »Versuch gemacht worden.« (A. a. O. S. 13. 14*). Allein ich habe den Versuch häufig in der Weise angestellt, daſs ich einen Frosch köpfte, dann hinter den oberen Extremitäten durchschnitt, und nachdem ich mich durch Reizung der Haut der Arme von der Fähigkeit des noch vorhandenen Stückes Rückenmark, Reflexbewegungen zu vermitteln, überzeugt hatte, die centrale Durchschnittsfläche der hinteren Stränge mittelst einer äufserst fein zugespitzten Staarnadel reizte. Es entstanden durchaus nicht öfter Bewegungen, als bei Reizung der peripherischen Durchschnittsfläche. Nicht selten konnte ich die Nadel mehrere Millimeter tief einsenken, ohne Zuckungen hervorzurufen.

Auf diese Weise büfsen die Versuche van Deen's und Kürschner's ihren Werth für die vorliegende Frage augenscheinlich ein. Von beiden Durchschnittsflächen der hinteren Stränge aus entstehen meistens keine Reflexbewegungen; beim Einsenken der Nadel aber nicht häufiger von der centralen als von der peripherischen aus. Sicherer erfolgt Reflexbewegung vielleicht von der äufseren unverletzten Oberfläche der hinteren Stränge aus. Indessen ist es wieder schwerer, hier Zerrung und Druck der vorderen Wurzeln und Stränge und der hinteren Wurzeln völlig zu vermeiden. Möglicherweise giebt Volkmann's oben S. 573 bereits angeführte Bemerkung, dafs die Empfindungsnerven um so geeigneter zur Erregung von Reflexbewegungen werden, je mehr sie sich peripherisch ausgebreitet haben, einen Fingerzeig in Betreff der Ursache, welche häufig die centralen, denselben entsprechenden Gebilde in Ausübung dieser Thätigkeit so träge erscheinen läfst. Die gröfsere Erregbarkeit von der unverletzten Oberfläche aus würde alsdann vielleicht zu bringen sein auf Rechnung daselbst vorhandener, im Grunde peripherischer Endigungen (Vergl. unten S. 584. 585).

Ich zweifle nicht, dafs Henle selber hienach zugeben wird, dafs sein Schlufs auf einsinnige Leitungsfähigkeit der Empfindungsfasern, aus den dargelegten Erfahrungen van Deen's und Kürschner's, nicht hinlänglich gerechtfertigt erscheint. Nicht bindender däucht mir der Umstand, den Volkmann für die einsinnige Leitung derselben Fasern anführt. Dieser fand sich durch theoretische Betrachtung augenscheinlich zur Lehre von der doppelsinnigen Leitung getrieben. Er sah nämlich, wie bereits oben S. 575 angedeutet wurde, sehr wohl ein, dafs die einsinnige Leitung im Grunde mit der physikalischen Anschauung im Widerspruch stehe.[1] Allein folgende Betrachtung scheint eine noch gröfsere Macht über ihn gehabt zu haben: »Die anatomische Untersuchung lehrt, »dafs Zweige des sensiblen trigeminus bis in die Augenmuskeln ein»dringen, und das physiologische Experiment beweist, dafs » — galvanische — »Reizung dieser Zweige ohne motorischen Effect bleibt. »Diese Erfahrung« — sagt Volkmann — »ist für die vorliegende »Frage nahebei entscheidend ...«[2]

Die Verbreitung des N. lingualis im Zungenfleische giebt ein an-

[1] Artikel »Nervenphysiologie«. A. a. O. S. 527. 564.

[2] A. a. O. S. 562. 563.

deres Beispiel desselben Verhaltens ab, auf welches auch schon Joh. Müller in demselben Sinne aufmerksam gemacht hat.[1] Mir scheint durch diesen Umstand jedoch noch nichts bewiesen zu sein, denn es liegen zwei Deutungen nahe. Erstens kommt es, bei der Erregung der Muskeln, unstreitig auf die letzten Nervenendigungen an. Ein Stück Nerv, welches man auf einen Muskel oder in eine Muskelwunde bettet, bringt, wovon ich mich ausdrücklich und in vielen Versuchen überzeugt habe, auch bei der heftigsten Reizung, niemals Zusammenziehen hervor, gleichviel welche Lage man ihm im Verhältniſs zu den Muskelbündeln anweise. Nun ist es aber unerwiesen sowohl als im höchsten Grade unwahrscheinlich, daſs die Empfindungsfasern, welche sich in Muskeln ausbreiten, daselbst auf dieselbe besondere Art endigen sollten, die man gerade auf Grund der Erfolglosigkeit jener Versuche für die Bewegungsnerven voraussetzen muſs. Der Lingualis hat seine letzte Ausbreitung wahrscheinlich doch gröſstentheils in der Zungenschleimhaut. Von den Zweigen des Trigeminus, die zu den Augenmuskeln gehen, behaupten die beiden Arnold sogar, daſs sie die Muskeln nur durchsetzen.[2] Selbst aber wenn die Verbreitung der Empfindungsfasern in einem Muskel mit der der Bewegungsfasern genau übereinstimmte, bliebe immer noch die Wendung übrig, daſs ja der Empfindung vermittelnde Vorgang, obschon doppelsinniger Leitung fähig, ein anderer sein könne, als der Bewegung vermittelnde und deshalb unvermögend, Zuckung zu bewirken.

Einige andere Erfahrungen und Betrachtungen, welche in der vorliegenden Frage von Belang sind, setzen die schlingenförmige Endigung der Empfindungsfasern an der Peripherie voraus. Hinsichtlich dieses Punktes ist folgendes vorauſzuschicken.

Volkmann hat das Verdienst, zu einer Zeit, wo Physiologen wie Morphologen sich ganz allgemein bei der Lehre von den Endschlingen beruhigt hatten, vom physiologischen Standpunkt aus zuerst kräftige Einsprache dawider erhoben zu haben. »In der Nervenphysik sind die »Schlingen nicht nur etwas Räthselhaftes, sondern etwas Unbrauchbares, »und man möchte sagen Absurdes.«[3] Namentlich gilt dies für die Bewegungsfasern. »Betrachten wir zunächst die motorischen Fasern, so »wird am Ende jeder Schlinge ein Punkt liegen, bis zu welchem die »centrifugale Leitung fortginge. Sollen nun die zu den Muskeln eilen-

[1] Handbuch der Physiologie u. s. w. Bd. I. 3. Aufl. Coblenz 1838. S. 661. 732.*

[2] Fr. Arnold, Lehrbuch der Physiologie des Menschen. Bd. II. Abth. II. Zürich 1841. S. 792. §. 758.* — Vergl. J. W. Arnold, Ueber die Verrichtung der Wurzeln der Rückenmarksnerven. Heidelberg 1844. S. 20.*

[3] Artikel »Nervenphysiologie.« A. a. O. S. 563.*

»den Nervengeister hier mit den Köpfen aneinander rennen?«[1] Unbrauchbar und absurd sind allein für Prévost und Dumas' aus der Luft gegriffene Theorie der Muskelzusammenziehung die Schlingen nicht gewesen (S. oben S. 224). Diese brauchten im Muskel ein System gleichlaufender geschlossener Leiter, geeignet elektrische Ströme zu führen. Sie fanden, bei unvollkommener Untersuchung, etwas dem äufseren Anschein nach ihren Wünschen entsprechendes, und so trat die Lehre von den Endschlingen in's Leben, von der man bei der Zweideutigkeit des anatomischen Thatbestandes, der ihr zu Grunde liegt, und ihrer physiologischen Untauglichkeit, dreist behaupten kann, dafs sie, ohne jenes besondere theoretische Bedürfnifs des berühmten Französischen Forscherpaares, nie auf die Tagesordnung gekommen wäre. So jedoch ward ihr reichliche Unterstützung zu Theil. Längst nachdem wohl kein Mensch mehr in der Prévost und Dumas'schen Theorie etwas anderes sah, als ein zierliches aber völlig nichtiges Gedankenspiel, blieb man gelassen bei den Endschlingen stehen, unbekümmert, ob sie noch einen erdenkbaren Sinn böten oder nicht. Man suchte Schlingen zu sehen, statt ferner nach freien Endigungen zu suchen, und vergafs, dafs der Anschein jener möglicherweise diese nicht ausschlösse. Geeignet, die Lehre von den Endschlingen in den Muskeln vom morphologischen Standpunkt aus zu erschüttern, waren doch schon einige ältere Beobachtungen von Schwann[2] und einige neuere von Joh. Müller und Brücke.[3] Jetzt ist diese Lehre, nach den umgestaltenden Entdeckungen von Rud. Wagner,[4] als entschieden gefallen zu betrach-

[1] Artikel »Nervenphysiologie.« A. a. O. S. 564.*

[2] Joh. Müller's Handbuch der Physiologie u. s. w. Bd. II. Abthl. I. Coblenz 1837. S. 54.*

[3] Ebendas. Bd. I. 4. Auflage. Coblenz 1844. S. 524.*

[4] Nachrichten von der Georg-August's-Universität und der Königl. Gesellschaft der Wissenschaften zu Göttingen. 16. Februar 1847. No. 2. S. 17.* — 26. April. No. 5. S. 81.* — Annales des Sciences naturelles. 3. Série. Mars 1847. t. VII. Zoologie. p. 184;* — Froriep's Notizen u. s. w. 3. Reihe. No. 53. [Bd. III. No. 9]. Juli 1847. S. 169.* — Comptes rendus etc. 5 Mai 1847. t. XXIV. p. 795;* — 10 Mai 1847. p. 856.;* — L'Institut. 1847. t. XV. No. 696 — 697. p. 154;* — No. 698. p. 163;* — No. 702. p. 199;* — No. 706. p. 230;* — Archives des Sciences physiques et naturelles. t. V. p. 193.* — Neue Untersuchungen über den Bau und die Endigung der Nerven und die Structur der Ganglien. Leipzig 1847. 4°.* — Ueber den feineren Bau des elektrischen Organes im Zitterrochen. Aus dem 3. Bde. der Abhandlungen der Königl. Gesellschaft der Wissenschaften zu Göttingen. Göttingen 1847. 4°.* — Artikel: »Sympathischer Nerv, Ganglienstructur und Nervenendigungen« in Rud. Wagner's Handwörterbuch der Physiologie mit Rücksicht auf physiologische Pathologie. Bd. III. Abth. I. Braunschweig 1847. S. 381 ff.*

ten, und es bedarf nicht erst noch der auf dem Boden der physiologischen Betrachtung erwachsenen Gründe, um ihrem unberechtigten Dasein das verdiente Ende zu bereiten.

Was die Empfindungsfasern betrifft, so hat es vor der Hand noch den Anschein, als ob für sie die Endschlingen aus der erneuerten Prüfung, der sie jetzt unterworfen werden, siegreich hervorgehen wollten.[1] Die Vater'schen Körper geben zwar abermals ein Beispiel einer freien Endigung von Primitivröhren in den Geweben ab, jedoch ist nicht glaublich, dafs dies gerade Empfindungsfasern seien. Es scheint vielmehr, dafs dieselben zum sympathischen System gehören.[2] Auf alle Fälle sind die Vater'schen Körper eine Bildung von so wenig ausgedehnter Verbreitung, dafs, auch abgesehen von den Sinnesorganen, die Endigungsweise der ungeheuren Mehrzahl der Empfindungsfasern noch immer im Dunkel bleiben würde. Erinnert man sich aber, mit welcher Bestimmtheit früher die Schlingen in den Muskeln und dem elektromotorischen Organ der Zitterfische aufgestellt wurden, wo es nun am letzten Ende doch mit denselben nichts ist, bedenkt man namentlich, wie schon vorhin erwähnt wurde, dafs eine ganz verschiedene Endigungsweise der Nerven den Anschein der Schlingenbildung nicht ausschliefst, so mufs man gestehen, wie die Möglichkeit noch sehr wohl vorhanden ist, dafs auch die empfindenden Endschlingen, wie bereits die bewegenden, bald nur noch der Geschichte der Wissenschaft angehören. So lange dies jedoch noch nicht vollbrachte Thatsache ist, so lange müssen wir bei allen hier einschlagenden Betrachtungen auch die Möglichkeit berücksichtigen, dafs jene Endigungsweise in der Natur stattfinde, und aus diesem Grunde mufs hier noch der folgenden Punkte Erwähnung geschehen.

Magendie ist, am Schlusse seiner langen Irrfahrten in dem Gebiete der vorderen und hinteren Rückenmarkswurzeln, endlich bei der Behauptung stehen geblieben, dafs die Reizung der vorderen Stränge und Wurzeln schmerzhaft sei, so lange die hinteren Wurzeln nicht durchschnitten wären. Nach Durchschneidung der vorderen Wurzeln erweise der centrale Stumpf sich unempfindlich, der peripherische hin-

[1] Rud. Wagner, Artikel »Sympathische Ganglien des Herzens« im Handwörterbuch der Physiologie u. s. w. Bd. III. Abth. I. Braunschweig 1847. S. 462.* — Hingegen hat A. de Quatrefages freie Endigungen der Hautnerven schon früher bei Amphioxus beobachtet. Annales des Sciences naturelles. 3. Série. Octobre 1845. t. IV. p. 228.*

[2] Henle und Kölliker, Ueber die Pacini'schen Körperchen an den Nerven des Menschen und der Säugethiere. Zürich 1844. 4°. S. 36. 37.* — Strahl in Müller's Archiv u. s. w. 1848. S. 166.* — G. Herbst, Die Pacini'schen Körper und ihre Bedeutung u. s. w. Göttingen 1848. S. 120.*

gegen empfindlich.[1] Kronenberg[2] und, wie es scheint, van Deen,[3] bestätigten diese Angaben. Man kann daraus den Schlufs ziehen auf die Gegenwart empfindender Fasern, welche von den hinteren Strängen durch die hinteren Wurzeln eine gewisse Strecke in den Nervenstamm hinein verlaufen, hier schlingenförmig umbiegen und durch die vorderen Wurzeln nach den vorderen Strängen sich begeben. Die Umbiegungsstelle müfste aber ziemlich tief im Stamme gelegen sein, da Magendie zeigte, dafs die Durchschneidung desselben 6‴ unterhalb des Knotens die vordere Wurzel ihrer Empfindlichkeit beraubte.[4] Alle diese Behauptungen sind wiederum von Longet[5] und Stilling[6] in Abrede gestellt worden. Dafür hat jedoch Volkmann wirklich vier verschiedene Schlingen von ähnlichem Verlaufe zwischen mehreren Hals- und Kopfnerven entdeckt und an einer solchen zwischen dem zweiten und dritten Halsnerven der Katze nach Unterbindung und Durchschneidung der Schlinge die Empfindlichkeit nur desjenigen Endes nachgewiesen, welches noch mit dem dritten Halsnerven in Verbindung stand.[7]

Henle ist nun geneigt, auch von diesen Erfahrungen zu Gunsten der einsinnigen Leitung der Empfindungsfasern Gebrauch zu machen. Indessen sagt er selber: »Eins ist übrigens noch zu bedenken, ob »man nämlich recht thue, die eben erwähnten Nervenbogen den Schen»keln und Schlingen anderer Nerven gleichzusetzen, ob sie nicht eher »den Schenkeln allein entsprechen und ihre Endschlingen in den vor»deren Rückenmarkssträngen liegen, die doch eigentlich den Ort ihrer »peripherischen Verbreitung darstellen.«[8] Einen Anhaltspunkt für diese letztere Ansicht würde man haben an den von Gerber mitten in Nervenstämmen entdeckten, den gewöhnlichen peripherischen Endschlingen

[1] Comptes rendus etc. 20 Mai 1839. t. VIII. p. 787;* — 3 Juin. Ibid. p. 865;* — L'Institut t. VII. 1839. No. 282. p. 171;* — No. 284. p. 185.* — Magendie, Leçons sur les Fonctions et les Maladies du Système nerveux etc. Paris 1839. t. II. p. 62. 77—84. 89—101. 148—156.*

[2] Müller's Archiv u. s. w. 1839. S. 360.*

[3] Stilling, Untersuchungen über die Functionen des Rückenmarks und der Nerven. Leipzig 1842. S. 284.*

[4] Leçons etc. t. II. p. 319—324. 337—349.*

[5] Comptes rendus etc. 9 Novembre 1840. t. XI. p. 766.* — Longet, Recherches expérimentales et pathologiques sur les Fonctions des Faisceaux de la Moelle épinière et des Racines des Nerfs rachidiens etc. Paris 1841. — Anatomie et Physiologie du Système nerveux etc. Paris 1842. t. I. p. 36. 37.*

[6] Untersuchungen u. s. w. S. 284. 286.*

[7] Müller's Archiv u. s. w. 1840. S. 511.*

[8] Allgemeine Anatomie u. s. w. S. 712.*

entsprechenden Umbiegungen von Primitivröhren,[1] wodurch VALENTIN die örtliche Empfindung der Nervenstämme zu erklären gedenkt.[2] In Bezug auf diese Möglichkeit urtheilt schliefslich HENLE: »Aus diesen »Thatsachen folgt ... nicht nothwendig, dafs die genannten Nerven nur »centripetal leiten, denn es kann sein, dafs der eine Theil derselben »nicht bis zum Gehirn, ja nicht einmal ins Innere des Rückenmarkes »sich fortsetzt, sondern nur der Oberfläche des letzteren angehört.«[3]

Allein auch wenn die andere Möglichkeit die richtige wäre, dafs nämlich jene Nervenbogen von den hinteren Wurzeln oder von dem einen Rückenmarksnerven durch die vordere Wurzel oder durch den anderen Nerven sich ins Mark zurückbegeben, so bleibt ja immer dieselbe Ausflucht offen, mit deren Hülfe man sich dem Schlusse auf einsinnige Leitungsfähigkeit der Bewegungsnerven entzieht, dafs nämlich der Endpunkt des in der vorderen Wurzel gelegenen Schenkels der Empfindung unfähig sei. Eine Ausflucht, welche zur vollen Rechtfertigung wird, wenn man betrachtet, dafs sie keine neue Hypothese nothwendig macht, da dieser Schenkel in seinem ferneren centralen Verlaufe doch höchst wahrscheinlich denselben Gang nimmt, als die Primitivröhren der vorderen Wurzel, der er sich angeschlossen hat; zu einem Centralgebilde also, dem wir bereits die Empfindung haben absprechen müssen, um, bei Voraussetzung der doppelsinnigen Leitung, den nichtigen Erfolg der Reizung des centralen Stumpfes des gemischten Nerven bei durchschnittenen hinteren Wurzeln zu erklären.

Weit bedenklicher für die doppelsinnige Leitung der Empfindungsfasern kann dagegen, bei der Annahme von Endschlingen, ein von VOLKMANN angestellter Versuch erscheinen. »Bei einem Hunde wurde »der R. infraorbitalis der Quere nach halb durchgeschnitten. Es »durfte vorausgesetzt werden, dafs wenigstens ein Theil der durch»schnittenen Fasern mit den undurchschnittenen durch Endschlingen »zusammenhänge, dafs also Reizung der peripherischen Schnittfläche »Schmerzen erzeugen werde, wenn überhaupt die Leitung des Reizes »durch die Schlinge hindurch gestattet sei. Das Experiment zeigte »indefs, dafs nur die centrale, nicht die peripherische Schnittfläche »Empfindung vermittelte. Ich wiederholte diesen Versuch im phy»siologischen Institut in Göttingen an einem Pferde, und das Resultat

[1] Handbuch der allgemeinen Anatomie des Menschen und der Haussäugethiere u. s. w. Bern und Chur 1840. S. 157.*

[2] De Functionibus Nervorum cerebralium et Nervi sympathici Libri IV. Bernae et Sangalli. 1839. 4°. p. 84. §. 205.*

[3] A a. O. S. 715.*

»war nach dem Urtheile der assistirenden Sachkenner unzweideutig »dasselbe.«[1]

Dieser Versuch scheint, wie gesagt, der einsinnigen Leitung auf's entschiedenste das Wort zu reden. Bei näherer Betrachtung wird man aber bald gewahr, dafs seine Beweiskraft sehr zweifelhaft ist. In der That dürfte die wesentliche Bedingung derselben, »dafs wenigstens ein »Theil der durchschnittenen Fasern mit den undurchschnittenen durch »Endschlingen zusammenhänge«, in Wirklichkeit nicht erfüllt gewesen sein. Es ist vielmehr sehr wahrscheinlich, dafs der Schnitt überall die beiden zusammengehörigen Schenkel der hypothetischen Endschlingen getrennt habe. Erinnert man sich, wie die gröberen Verzweigungen der Nerven, lange bevor sie den Stamm verlassen, in demselben vorgebildet sind, so sieht man bleibt kein Grund übrig für die Meinung, dafs man je zwei solcher Schenkel auf beliebigen Punkten des Querschnittes eines Nerven zu suchen habe, vielmehr spricht alles dafür, dafs sie im Stamme eben so nahe benachbart sind, als in den letzten Endzweigen, aus denen sie bei der äufsersten Vertheilung in den Geweben hervorzugehen scheinen. Damit fällt aber die Bedeutung des Volkmann'schen Versuches für die vorliegende Frage offenbar zusammen.

Dagegen führt die Annahme der einsinnigen Leitungsfähigkeit in Verbindung mit der der Endschlingen der Empfindungsfasern zu einer höchst abentheuerlichen und widersinnigen Folgerung. Volkmann hat darauf aufmerksam gemacht. »Beide Schenkel der Schlinge sollen cen»tripetal leiten,« — sagt er — »also existirt in der Schlinge ein »Punkt, von welchem aus Leitung nach zwei Seiten hin vor sich geht, »während an allen anderen Punkten der Faser die Leitung nur einseitig »möglich ist! Würde also zufällig dieser Punkt gereizt, so entstünde »ein doppelter Effect, würde irgend ein anderer gereizt, so entstünde »ein einfacher!«[2]

Volkmann benutzt diese Bemerkung, um daraus die Unwahrscheinlichkeit der Endschlingen einleuchten zu machen. Wir können den Schlufs umkehren, und ihn vielmehr auf die Unwahrscheinlichkeit der einsinnigen Leitung bei der Annahme der Endschlingen richten. Es würde, um sich demselben zu entziehen, nichts übrig bleiben, als anzunehmen, dafs bei nur einsinniger Leitung der Vorgang in dem Nerven zugleich der Art wäre, dafs die Strömung überall in der nämlichen Richtung, in dem einen Schenkel centripetal, in dem andern centrifugal geschehe, in der Schlinge selber, einem elektrischen Strome gleich,

[1] Artikel »Nervenphysiologie.« A. a. O. S. 565.

[2] A. a. O. S. 564.

umbiege. Die centrifugale Strömung würde nicht etwa da sein, um Bewegung zu vermitteln, welche Vermuthung sich bekanntlich als unhaltbar erweist,[1] sondern sie würde mit zur Mechanik des Empfindungsvorganges gehören.

Ich glaube nicht, dafs sich irgend jemand finden wird, der geneigt wäre, einer solchen Meinung beizutreten. Man wird lieber zugeben, dafs eine Vorstellungsweise, welche, auf keine einzige Thatsache gegründet, unbegreiflich und unmechanisch in sich selber, nicht das geringste erklärt, wohl aber die Forschung in so aberwitzige Folgesätze verwickelt, wie die eben dargelegten, dafs eine solche Vorstellungsweise wenig für sich hat. Wir verwerfen dieselbe folglich, und es wird uns nicht überraschen, wenn die ganz unmittelbaren Versuche, die wir jetzt hier anzustellen vermögen, zu Gunsten der doppelsinnigen Leitung ausfallen.

3. Thatsächliche Entscheidung der Frage nach der einsinnigen oder doppelsinnigen Leitungsfähigkeit der beiden Faser-Gattungen.

In der That, durch die Entdeckung des Nervenstromes und seiner Bewegungserscheinungen ist der Stand der Dinge an dieser Stelle nun plötzlich sehr verändert. Während erwähntermafsen alle Prüfung der Nerven auf ihre Ruhe und Thätigkeit früher auf den engen Kreis von Zuckung, Empfindung, höchstens Ernährung beschränkt war, wissen wir jetzt, dafs jedesmal, wenn der Bewegung und Empfindung vermittelnde Vorgang Platz greift, zugleich eine negative Schwankung des Nervenstromes stattfindet. Wir besitzen also fortan ein äufserlich sichtbares Merkmal der Thätigkeit des Nerven, welches innerhalb der Grenzen, die durch die mechanischen Schwierigkeiten des Verfahrens gesteckt sind, die allgemeinste Anwendung gestattet, die Gegenwart weder der Muskeln noch der Centralgebilde nöthig macht, da sogar an einzelnen Nervenstücken unsere Forschungen darüber angestellt werden konnten.

Wie demnach die Wechselwirkung des elektrischen Stromes und des Magnetes, als sie endlich an's Licht getreten war, sofort als Prüfungsmittel auf die Gegenwart elektrischer Ströme verwendet wurde; wie die Ströme, welche die ungleiche Temperatur der Löthstellen

[1] Joh. Müller, Handbuch der Physiologie u. s. w. Bd. I. 3. Aufl. S. 736.* — Volkmann in Müller's Archiv u. s. w. 1840. S. 524.* — Henle, Allgemeine Anatomie u. s. w. S. 706.*

eines metallischen Kreises in demselben erregt, durch Nobili und Melloni zum feinsten und schnellsten Erkennungszeichen verschwindender Temperaturunterschiede sich gestalteten; so steht auch hier zu hoffen, dafs die Veränderung der elektrischen Zustände der Nerven während ihrer Thätigkeit, einmal entdeckt, nun auch umgekehrt werde benutzt werden können, um diese Thätigkeit in Fällen zu erkennen, wo es bisher dazu an jedem Anhaltspunkte gebrach. Wo es gelingen wird, den Nervenstrom, sei's durch abwechselnd gerichtete, schnell auf einander folgende Stromstöfse in negative Schwankung zu versetzen, sei's vollends dasselbe mit Hülfe mechanischer oder kaustischer Gewaltthätigkeiten zu bewirken, da wird man berechtigt sein anzunehmen, dafs Innervation stattfinde, wie man berechtigt ist anzunehmen, dafs ein elektrischer Strom in der Nähe vorbeifliefst, wo man die Magnetnadel abgelenkt sieht.

In diesem Sinne unternehmen wir jetzt die Untersuchung der Bewegungserscheinungen des Nervenstromes an den vorderen und hinteren Wurzeln der unteren Extremitäten des Frosches. Diese Untersuchung hat zwar glücklicherweise mit weit geringeren Schwierigkeiten zu kämpfen, als man hätte vermuthen können, gehört indefs, wie man sich denken kann, nicht zu den leichteren.

Die Fig. 21 Taf. II. Bd. I. (S. daselbst S. 451) giebt eine Vorstellung davon, ein wie kurzes Stück eines dünnen Nervenstranges bei den Mafsen meiner Vorrichtungen noch zu gleicher Zeit mit dem einen Ende über die stromzuführenden Bleche, mit dem anderen über die Bäusche gebrückt werden kann. Die Wurzeln eines mittelgrofsen Frosches sind aber 7 — 8^{mm}, also doppelt so lang, als das in der Figur abgebildete Nervenfädchen. Es fällt sonach der Abstand zwischen den Blechen und Bäuschen, den man zu vergröfsern streben mufs, um vor dem Hereinbrechen des erregenden Stromes in den Multiplicatorkreis sicherer zu sein, noch um die ganze Länge des in Fig. 21 abgebildeten Stückes gröfser aus, als er in dieser Figur sich angegeben findet. An ein solches Hereinbrechen ist daher hier um so weniger zu denken, als der Querschnitt der Wurzeln ein sehr kleiner ist, und als man sich bei ihrer hohen Erregbarkeit nur eines sehr schwachen Stromes zur Erregung zu bedienen braucht. Dafs die in Folge des Herstellens, Abbrechens, Umsetzens des erregenden Stromes auftretenden Wirkungen nicht von einem solchen Hereinbrechen herrühren, davon kann man sich noch immer auf mannigfaltige, uns von früherher bekannte Weisen unterrichten.

Erstens sind wir im Stande, hereingebrochene Zweige des erregenden Stromes von den Wirkungen des elektrotonischen Zustandes dadurch zu unterscheiden, dafs jene ihre Richtung beibehalten, wenn der Querschnitt der Wurzel auf den anderen Bausch aufgelegt wird, die letzteren sie unter dieser Bedingung wechseln (S. oben S. 295). Für's zweite braucht man nur eine Wurzel ihre Erregbarkeit einbüfsen zu lassen, was bekanntlich ziemlich bald geschieht, um sich zu überzeugen, dafs sie hier nicht blos als feuchter Leiter, sondern zugleich als thierischer Erreger thätig war. Für's dritte kann man sie zwischen Blechen und Bäuschen zerschneiden und die Stümpfe wieder aneinander haften lassen. Man findet die Wurzeln alsdann unfähig geworden, die Erscheinungen des elektrotonischen Zustandes oder die negative Stromesschwankung beim Tetanisiren noch ferner zu zeigen. Diese Versuchsweise ist jedoch eine ziemlich zarte. Endlich kann man die Wurzel entfernen, ohne sonst etwas an der Anordnung zu verändern, und an ihre Stelle einen mit Eiweifs getränkten Zwirnsfaden von weit gröfserem Querschnitt auflegen. Man wird alsdann keine Spur von den Erscheinungen wahrnehmen, die sich an der Wurzel zeigten.

Man vermag also wirklich völlig sichere Versuche mit elektrischer Erregung an den Wurzeln anzustellen, und die in dieser Beziehung gehegten Befürchtungen erweisen sich grundlos. Die eigentlichen Schwierigkeiten, welche hier übrig bleiben, beruhen auf der schnellen Vergänglichkeit der elektromotorischen Leistungen, welche zum grofsen Theil wohl auf dem kleinen Querschnitt der Wurzeln und ihrer dünneren Scheide beruht, wodurch die Trocknifs begünstigt wird. Man mufs daher für diese Versuche feuchte Witterung wählen, und auch nicht eine einzelne Wurzel auflegen, sondern mehrere Wurzeln mit entsprechenden Enden als Ein Bündel zusammenfassen, wie bereits oben S. 255. 256 bei Gelegenheit des ursprünglichen Stromes geschah.

Das Ergebnifs meiner Versuche war, dafs die beiden Enden sowohl der Empfindungs- als der Bewegungswurzeln sich sowohl hinsichtlich der beiden Phasen des elektrotonischen Zustandes als auch der negativen Stromesschwankung beim Tetanisiren völlig gleich verhielten. Dies kann natürlich nur so viel heifsen, als dafs alle vier Enden sowohl die positive als die negative Phase und die negative Schwankung ohne irgend einen auffallenden und beständigen Gröfsenunterschied zeigten.

Die Wirkungen, namentlich die sich beim Eintritt der Phasen kundgebenden, erreichen übrigens keine unbeträchtliche Stärke. Beim Tetanisiren mit der Kette und dem Inversor tritt, wegen des geringen Abstandes der abgeleiteten von der erregten Strecke, wenn z. B. im Winter die Leistungsfähigkeit des Thieres nur gering ist und der Schliefsungswerth des Inversors (der ächte Bruch n) nahe der Einheit gleich gewählt wird (S. oben S. 392 Anm.), leicht positive Wirkung ein statt der negativen Schwankung, als Ausdruck des Ueberwiegens der positiven Phase (S. oben S. 470). Ein mehreres gestatten hier die bisherigen Vorkehrungen nicht wahrzunehmen. Ich bin daher auch nicht im Stande etwas beizubringen über die oben S. 378 schweben gebliebene Frage, ob die säulenartige Polarisation nach einer bestimmten Richtung hin sich in der einen Fasergattung vielleicht leichter nach der einen als nach der anderen Richtung ausbreite. Es möchte nicht leicht sein, die Schwierigkeiten hinwegzuräumen, die sich hier jedem ferneren Fortschreiten sowohl in dieser als in so manchen anderen Beziehungen entgegenstellen. Denn wenn auch aus der Kleinheit der Wurzeln für jene ersten Wahrnehmungen keine allzugrofsen Hindernisse erwachsen, so hat doch dies sofort ein Ende, wenn es sich um irgend verwickeltere experimentelle Anordnungen handelt. Ich wüfste daher in der That hier keinen Rath, als den, sich mit der Untersuchung an ein anderes Thier zu wenden, wobei man in Ermangelung der grofsen Batrachier der neuen Welt, des Bullfrog's der Nordamerikaner (R. taurina Cuv.), oder des riesenhaften B. agua Id. aus Guyana, sich freilich zunächst an grofse Seeschildkröten halten müfste.

Wie dem auch sei, wir ziehen aus jenen Versuchen den Schlufs, dafs in beiden Fasergattungen die Innervation sich nach beiden Richtungen und zwar, innerhalb der uns gesteckten Grenzen der Genauigkeit, mit gleicher Leichtigkeit fortpflanze.

Da das Erregungsmittel in meinen Versuchen der elektrische Strom war, darf ich freilich nicht hoffen, dafs dieser Schlufs in den Augen aller Leser als ein gleich bündiger erscheinen werde. Um so mehr mufs ich beklagen, noch nicht Zeit gefunden zu haben, denselben Beweis der rückläufigen Leitungsfähigkeit der beiden Fasergattungen auch mit Hülfe anderer Erregungsmittel zu führen. Mit blofsen ausgeschnittenen Wurzeln des Frosches geht dies ihrer geringen Gröfse halber nicht an. Man wird, um jenen Beweis z. B. für die Empfindungsfasern zu liefern, den ableitenden Bogen an Längs- und Querschnitt des Ischiadnerven anlegen, und mit möglichster Schonung der vorderen, die hinteren Wurzeln mechanisch oder kaustisch mifshandeln müssen; oder nach Durchschneidung der vorderen Wurzeln, die Erregung vom Rückenmark aus vornehmen. So würde sich auch ermitteln lassen, was übrigens sehr unwahrscheinlich ist, ob im Strychninkrampf auch die Empfindungsfasern an der negativen Schwankung betheiligt sind, d. h., ob eine rückläufige Nervenströmung im Augenblicke des Tetanus auch ihre Bahn herabkomme. Bei der Untersuchung auf die rückläufige Strömung in den Bewegungsfasern wird man die schwierige experimentelle Aufgabe zu lösen haben, an Längs- und Querschnitt der noch in ihrem Wirbel befestigten vorderen Wurzeln einen ableitenden Bogen anzulegen. Es kann indefs der Längsschnitt füglich durch den Knochen selber ersetzt werden.

4. Vereinbarung der vorigen Ergebnisse mit dem Gesetze der Zuckungen.

Wir haben gefunden, dafs die negative Schwankung des Nervenstromes beim Tetanisiren mit abwechselnden Strömen im Stande sei, sich in den beiden Fasergattungen nach beiden Richtungen fortzupflanzen. Damit ist aber noch nicht gesagt, dafs die negative Schwankung sich auch unter allen Umständen gleichzeitig nach beiden Seiten ausbreite, dafs der Nerv ihr stets in gleichem Mafse auf allen Punkten seiner Länge verfalle. Der Schall vermag sich in der Luft nach allen denkbaren Richtungen auszubreiten: damit ist aber noch nicht gesagt, dafs er dies auch stets in gleichem Mafse thue.

Zwar haben wir die Sache bisher stets in dieser Art vorgestellt; wir haben, als das Gesetz der negativen Schwankung beim Tetanisiren mit abwechselnden Strömen getreu wiedergebend, eine proportionale Erniedrigung sämmtlicher Ordinaten der ursprünglichen Curve der Stromstärken gelten lassen, ganz unabhängig von der Lage der Elektroden am Nerven; und wir haben diese Vorstellungsweise, die wir in Fig. 120 Taf. III. graphisch versinnlichten, später der Erklärung der verwickeltesten Erscheinungen gewachsen gefunden, die aus dem Zusammentreffen des elektrotonischen Zustandes mit der negativen Schwankung hervorgehen (S. oben S. 429. 464. Fig. 124 Taf. IV). Auch war ja diese Ansicht, wie man sich erinnert, der Erfahrung unmittelbar entnommen; nichtsdestoweniger bedarf sie einer Einschränkung, die aber, um Verwirrung zu vermeiden, bis zu dieser Stelle aufgespart worden ist.

Die Meinung, dafs in der negativen Stromesschwankung beim Tetanisiren mit abwechselnden Strömen sämmtliche Ordinaten der Curve der Stromstärken proportional erniedrigt sind, gleichviel, welche die Lage der Elektroden am Nerven sei, ist stets richtig an den gemischten Nerven sowohl als an den Wurzeln, sobald man das Ganze eines Erregungsvorganges im Auge hat, wie er durch rasch aufeinanderfolgendes einmaliges Schliefsen und Wiederumöffnen einer Kette, oder durch einen vereinzelten Inductionsstrom hervorgebracht wird. Die Wissenschaft ist aber bereits seit mehr denn fünf Jahrzehnden im Besitz von Thatsachen, welche lehren, dafs jene Vorstellungsweise an den Wurzeln oder den einfachen Primitivröhren ihre Gültigkeit einbüfst, wenn die Erregung nur der Art ist, wie sie das vereinzelte Schliefsen oder Oeffnen einer Kette oder die Hälfte eines Inductionsstromes hervorbringt, in der seine Stärke von Null bis zum Maximum ansteigt oder vom Maximum bis auf Null zurücksinkt. Diese Thatsachen sind diejenigen, deren Inbegriff wir, im ersten Bande dieses Werkes, mit dem Namen des Gesetzes der Zuckungen belegt haben (S. daselbst S. 304 ff.).

Wenn man einen elektrischen Strom in dem Nerven herstellt und abbricht, sodann seine Richtung umkehrt und ihn abermals herstellt und abbricht, so findet in den vier Augenblicken nicht gleiche Wirkung statt. Es zeigt sich vielmehr, nach Umständen, welche noch in Dunkel gehüllt sind, bald die Schliefsungszuckung des absteigenden und die Oeffnungszuckung des aufsteigenden Stromes bevorzugt, was das gewöhnliche ist auf mittlerer Stufe der Erregbarkeit, bald die Oeffnungszuckung des absteigenden und die Schliefsungszuckung des aufsteigenden Stromes. Diese Doppelsinnigkeit des Gesetzes der Zuckungen geht uns hier nichts an; es kommt hier für uns nur darauf an, dafs überhaupt Schliefsung und Oeffnung der beiden Ströme, des absteigenden und des aufsteigenden, stärker oder schwächer wirken können, als beziehlich Oeffnung und Schliefsung derselben Ströme. Es läfst sich diese Erscheinung zunächst nicht anders auffassen, als indem man sagt, dafs z. B. in dem Falle des gewöhnlichen Gesetzes, wo die Schliefsungszuckung des absteigenden, die Oeffnungszuckung des ansteigenden Stromes die Oberhand haben, der Strom den Bewegung vermittelnden Vorgang anrege bei Schliefsung der Kette stärker in seiner eigenen Richtung und schwächer in der entgegengesetzten, hingegen bei Oeffnung der Kette schwächer in seiner eigenen Richtung und stärker in der entgegengesetzten. Demgemäfs mufs also auch in diesen Fällen die negative Schwankung des Nervenstromes, welche der Ausdruck des Bewegung vermittelnden Vorganges ist, vor und hinter den Elektroden in ungleicher Stärke stattfinden. Es kann, für die Erregung reiner Bewegungsfasern durch eine einzelne Schliefsung oder Oeffnung eines auf- oder absteigenden Stromes, die Ansicht nicht mehr richtig sein, wonach der elektrisch angeregte Bewegung vermittelnde Vorgang auf allen Punkten des Nerven eine proportionale Erniedrigung der Ordinaten der ursprünglichen Curve der Stromstärken mit sich bringen sollte.

Es ist aber zugleich leicht einzusehen, dafs dieser Umstand gänzlich aufserhalb der Reichweite unserer elektromagnetischen Prüfungsmittel fällt, und dafs er deshalb bis zu dieser Stelle, ohne allen

Schaden, von uns hat vernachlässigt werden können. Wir sind aufser Stande, am Multiplicator die Veränderung des Nervenstromes nachzuweisen, welche eine einzelne Zuckung begleitet. Wir müssen, damit die Wirkung auf die Nadel merklich werde, eine grofse Anzahl solcher Veränderungen sich in dichtgedrängter Reihe folgen lassen, bis eine hinlängliche Beschleunigung daraus erwächst. Wir können dies, bei elektrischer Reizung, nicht anders verwirklichen, als indem wir den erregenden Strom fortwährend unterbrechen und wiederherstellen. Dabei kann die Richtung der Ströme entweder stets umgekehrt werden; alsdann haben wir nach je zwei abwechselnden Stromstöfsen an jedem Nervenende vereint die Wirkungen aller vier Erregungs-Augenblicke, auf deren getrennte Beobachtung es ankommen würde. Oder wir bedienen uns gleichgerichteter Ströme; alsdann haben wir nach jedem Schliefsen uud Oeffnen der Kette, oder nach jedem einzelnen Inductionsstofse an jedem Nervenende einen Augenblick der heftigen und einen Augenblick der schwachen Einwirkung, so dafs das Gesammtergebnifs, welches wir allein beobachten können, auch hier bereits an beiden Enden auf eins hinausläuft, und aufserdem mischen sich noch der positive und negative Zuwachs in der oben S. 396 beobachteten Art in die negative Schwankung ein. Mit dem Tetanisiren ist also hier nichts anzufangen, und noch weniger ist begreiflich daran zu denken, den verschiedenen Einflufs zu beobachten, den die Einmischung der negativen Schwankung je nach ihrer verschiedenen Gröfse in die Wirkungen beim Eintritt und beim Aufhören der einen und der anderen Phase des elektrotonischen Zustandes auf die Nadelbewegung ausüben mag.

Zu dem allen kommt aber noch vollends, dafs die hier nöthigen, an sich so gut wie unausführbaren Versuche nicht an gemischten Nerven angestellt werden dürften. Denn Marianini und nach ihm mehrere Forscher[1] wollen beobachtet haben, dafs die elektrischen Empfindungen, welche entstehen beim Anlegen von Elektroden z. B. an den Ischiadnerven des Kaninchens, das entgegengesetzte Gesetz befolgen von dem der Zuckungen auf der mittleren Stufe der Erregbarkeit, die man in solchen Versuchen, wenn sie nicht ursprünglich vorhanden war, durch die heftige Einwirkung auf die Nerven wohl sehr bald hervorruft; d. h. es soll das Abbrechen des absteigenden, das Herstellen des aufsteigenden Stromes die stärkere, das Herstellen des ersteren, das Abbrechen des letzteren Stromes die schwächere Empfindung erzeugen (S. oben Bd. I. S. 361. 363. 392. 393. 406). Es ist bereits nach den subjectiven Erfahrungen an Auge, Zunge u. s. f. unzweifelhaft, dafs etwas der Art in Wirklichkeit stattfinde: alsdann ist aber deutlich, dafs, selbst wenn man im Stande wäre, die Wirkung eines einzelnen Erregungsactes des Nerven an der Nadel wahrzunehmen, doch nur noch auf die verschiedene Anzahl und Stärke der Empfindungs- und Bewegungsfasern in den gemischten Stämmen gebaut werden könnte, um das Gesetz der Zuckungen daran elektromagnetisch nachzuweisen. Es müfste folglich an Wurzeln verfahren werden. Ich brauche aber nicht erst zu sagen, in welchem Mafse dadurch die an sich bereits, wie bemerkt, an's Unüberwindliche gränznenden Schwierigkeiten der Aufgabe noch erhöht werden.

Wie dem auch sei, man sieht unbedingt, dafs wenigstens unter den Verhältnissen, unter welchen wir bisher unsere Versuche anstellten, keine Möglichkeit vorhanden war, etwas dem Gesetze der Zuckungen Aehnliches zu beobachten, gerade so wenig, als dies mit Hülfe des Tetanisirens des stromprüfenden Froschschenkels selber je gelingen könnte, wo im Tetanus, wie am Multiplicator im Rückschwunge der Nadel, gleichfalls die Summe der Wirkungen aller vier Erregungsaugenblicke zu einer untheilbaren Wahrnehmung verschmilzt. Dafs wir die negative Schwankung in den Bewegungs- und in den Empfindungswurzeln in scheinbar gleicher Stärke oberhalb und unterhalb von den Elektroden zu sehen bekommen, schliefst nicht aus, dafs sie, dem Gesetze der Zuckungen gemäfs, in jedem einzelnen elektrischen Erregungsacte unterhalb und oberhalb der Elektroden von verschiedener Gröfse war; es ist dadurch kein Widerspruch bedingt zwischen unserem die mittlere Wirkung vieler einzelnen Erregungen umfassenden Gesammtergebnifs und jenem Gesetze, welches im Gegentheil der Erforschung der einzelnen Erregungsacte auf physiologischem Wege entnommen ist. Die Fig. 120 Taf. III, worin jenes Gesammtergebnifs graphisch niedergelegt ist, bleibt richtig unter dem Vorbehalt, dafs sie nicht angewendet werden dürfe auf einen einzelnen elektrischen Erregungsact. Da aber gar kein Grund vorhanden ist anzunehmen, dafs bei der mechanischen, kaustischen, chemischen Mifshandlung ein Verhältnifs stattfinde gleich dem, welches sich im Gesetze der Zuckungen ausspricht,[1] sich vielmehr aller Wahrscheinlichkeit nach die Erregung von der versehrten Stelle aus nach beiden Richtungen mit gleicher Heftigkeit ausbreitet, so würde, für diese Arten der Erregung, der Vorstellungsweise der Fig. 120 unbedingte Geltung verbleiben.

[1] Vergl. Matteucci, Essai sur les Phénomènes électriques des Animaux. Paris 1840. p. 31. 32.* — Traité des Phénomènes électro-physiologiques des Animaux. Paris 1844. p. 248. 249.*

5. Ausnahmefälle vom Bell'schen Gesetze.

Wir wissen dafs der Eintritt eines Nerven in den elektrotonischen Zustand und sein Austritt aus demselben vermag, in einem benachbarten Bewegungsnerven den Zuckung vermittelnden Vorgang anzuregen. Dies ist die Erscheinung, die wir oben S. 528 ff. als secundäre Zuckung vom Nerven aus angesprochen haben. Wir nannten dieselbe paradoxe Zuckung, wenn der unmittelbar erregte Nerv zum mittelbar erregten Nerven in dem Verhältnifs von Zweig und Stamm sich befand, wenn also die Reizung, im Sinne der gangbaren Nervenphysik, allem bisher Erhörten entgegen, zuerst in dem Zweige den Weg aufwärts, dann in dem Stamme die Bahn nach unten einzuschlagen schien (S. oben S. 545). Abermals sind wir nun an der Schwelle einer solchen Paradoxie angelangt.

Bei der Verhandlung über die secundäre und paradoxe Zuckung haben wir es unterlassen, näher einzugehen auf die Bestimmung der Wege, auf denen sich die Erregung im unmittelbar erregten Nerven fortpflanzt; ob dies in dem Falle der paradoxen Zuckung Fig. 141 Taf. V z. B. allein in den Empfindungsfasern des Peronaeus oder auch in den Bewegungsfasern stattfinde, d. h. ob stets nur die Fasergattung betheiligt sei, deren rechtläufige Strömungsrichtung von der unmittelbar erregten Strecke nach der Berührungsstrecke beider Nerven hinführt, oder auch die andere Art der Fasern. Wir wufsten damals noch nicht, ob sich der elektrotonische Zustand in den Primitivröhren nach beiden Richtungen ausbreiten könne. Hierüber sind wir jetzt in's Klare gesetzt. Die säulenartige Polarisation pflanzt sich in den hinteren Wurzeln in absteigender, in den vorderen Wurzeln in aufsteigender Richtung anscheinend so gut fort als in den ersteren in aufsteigendem, in den letzteren in absteigendem Sinne. Es kann danach nicht zweifelhaft sein, dafs, bei der paradoxen Zuckung, auch die Bewegungsfasern des unmittelbar erregten Zweiges an der Erscheinung Theil hatten; und dafs bei der secundären Zuckung vom Nerven aus überhaupt, von der die paradoxe Zuckung nur einen besonderen Fall darstellt, stets beide Fasergattungen im Spiele sind.

Jetzt fragt es sich, wie es möglich gewesen sei, das Bell'sche Gesetz mit Hülfe des elektrischen Stromes zu bewähren, da es doch scheint, als müsse man, beim Anlegen von Elektroden an den peripherischen Stumpf einer Empfindungswurzel, secundäre Zuckung der Beinmuskeln erhalten in Folge des elektrotonischen Zustandes, der sich in den Primitivröhren dieser Wurzel bis in's Ischiadgeflecht verbreitet, wenn nicht etwa das Ganglion ihm Einhalt thut.

Die Beantwortung dieser Frage ist einfach die, dafs auch in der That das Bell'sche Gesetz bei elektrischer Erregung nicht völlig stichhaltig erfunden wird, dafs aber die secundären Zuckungen von den hinteren Wurzeln aus erst bei Anwendung beträchtlicherer Stromeskräfte auftreten, als man sie bei der gewöhnlichen Form des Versuches aufzubieten pflegt, und auch dann nur unter besonders günstigen Umständen der Erregung.

Die Physiologen bedienen sich, um den Versuch anzustellen, bekanntlich einer Kupfer- und einer Zinkplatte, welche in Spitzen auslaufen und durch einen Draht verknüpft sind. Valentin hat solche Platten abgebildet in seinem *Lehrbuch der Physiologie des Menschen* u. s. w. 2. Aufl. Braunschweig 1847. Bd. II. 1. Abthl. S. 71.* Die Platten werden mit ihren Spitzen den zu prüfenden Wurzeln angelegt. Von einer sicheren dauernden Schliefsung, von einem plötzlichen Umsetzen des Stromes, wodurch das Erscheinen der secundären Zukkung sehr befördert wird, kann unter diesen Umständen keine Rede sein. Auf diese Weise verfahrend ist es mir sogar mit dem oben Bd. I. S. 445 beschriebenen, Fig. 14. Taf. I ebendas. abgebildeten Bogen aus Platin und verquicktem Zink nur in seltenen Fällen begegnet, die paradoxe Zuckung in der Fig. 141. Taf. V sichtbaren Form zu beobachten. Die Erregung der hinteren Wurzeln habe auch ich dergestalt stets völlig unwirksam gefunden.

Um Zuckung von den hinteren Wurzeln zu erhalten, bedarf man einer Säule aus etwa vier Grove'schen Gliedern. Der Frosch wird auf den Rahmen gebunden und auf die gewöhnliche, von Joh. Müller angegebene Art zugerichtet. Man durchschneidet die hinteren Wurzeln für das eine Bein dicht am Rückenmark, fafst sie als Ein Bündel zusammen und legt sie auf die stromzuführenden Platinenden auf. Dabei ist die Vorsicht zu beachten, dafs in der freien Strecke zwischen dem vorderen Platinende und den Durchtrittstellen der Wurzeln durch die Zwischenwirbellöcher die einzelnen Wurzeln dicht an einander liegen, indem sich sonst ein Theil des erregenden Stromes durch die Bewegungswurzeln und das Rückenmark ergiefsen könnte. Dasselbe suchten wir oben S. 78. 319. 445, als wir zwei Ischiadnerven zugleich auf die Platinenden auflegten (Vergl. Fig. 80. Taf. I, Fig. 106. Taf. II, Fig. 122. Taf. IV), durch Zusammenflechten der Nerven zu verhüten. Man kann aus diesem Grunde wegen der geringen Länge der Wurzeln und des Abstandes ihrer Durchtrittstellen von einander nicht gut mehr als zwei hintere Wurzeln auf einmal über die Platinenden breiten.

Schliefst man nun die Kette in Quecksilber mit Hülfe des Stromwenders, öffnet wiederum, setzt den Strom um, so sieht man nicht selten eine schwache Zuckung der Muskeln des entsprechenden Beines erfolgen. In einem und demselben Versuch erscheint die Zuckung stets bei einerlei Art der Erregung, z. B. beim Schliefsen oder Umsetzen zum absteigenden Strom in den hinteren Wurzeln; aber so wenig als das der paradoxen Zuckung und der secundären Zuckung überhaupt ist ihr Erscheinen in dieser Hinsicht an eine bestimmte Regel gebunden (S. oben S. 534). Stets ist dies Erscheinen nur von kurzer Dauer; nach wenigen Zuckungen sind die hinteren Wurzeln völlig unwirksam geworden.

Es versteht sich, dafs der Frosch auf seinem Rahmen bei diesem Versuche sorgfältig isolirt sein mufs, um den Verdacht zu beseitigen auf Nebenschliefsung und, obschon wir uns keiner Inductionsvorrichtung bedienen, immerhin auf unipolare Zuckungen. Es würde der Verdacht auf Stromesschleifen übrig bleiben, und bei der Kürze der Wurzeln und der Stärke des erregenden Stromes könnte dieser Verdacht hier doppelt dringend erscheinen. Nichtsdestoweniger ist er unhaltbar. Zwar kann man hier nicht, wie in ähnlichen Fällen, die Unterbindung und Durchschneidung der unmittelbar erregten Nerven vornehmen; dazu sind die Verhältnisse nachgerade doch zu klein. Allein man kann statt des Bündels hinterer Wurzeln einen mit Eiweifs getränkten Faden, der sie an Dicke übertrifft, noch kürzer auflegen als die Wurzeln selber: nie erfolgt eine Spur von Zuckung, die beim Auflegen der Wurzeln statt des Fadens sich doch in den meisten Fällen sogleich einstellt. Das rasche Unwirksamwerden der hinteren Wurzeln selber liefert bereits einen ähnlichen Beweis. Denn unter dem Einflusse eines so schwachen Stromes, wie er hier, nach den Zuckungen zu urtheilen, das Rückenmark und die vorderen Wurzeln unter der Voraussetzung von Stromesschleifen treffen würde, sinkt die Leistungsfähigkeit dieser Gebilde nicht so schnell; sie hält sich weit stärkeren Strömen gegenüber erfahrungsmäfsig viel länger auf bedeutender Höhe. Das schnelle Versagen der Zuckungen von den hinteren Wurzeln aus mufs folglich seinen Grund haben in einer Veränderung des Zustandes dieser Wurzeln selber. Die Trocknifs an sich kann der Grund nicht sein; sie erfolgt nicht so schnell in der feuchten Umgebung der Wände des erbrochenen Wirbelrohres, und nur selten kehrt die Zuckung wieder, wenn man die Wurzeln einige Minuten lang in der mit dem Hautlappen bedeckten Wunde hat ausruhen lassen. Es mufs also in der Beeinträchtigung der Leistungsfähigkeit der hinteren Wurzeln selber durch den erregenden Strom und die Trocknifs die Ursache der grofsen Vergänglichkeit der Erscheinung gesucht werden, was einen anderen Ursprung der Zuckungen voraussetzt, als den aus hereingebrochenen Theilen des fremden erregenden Stromes.

Ich kann mich aus diesen Gründen nicht überreden, daſs ich hier das Opfer einer Täuschung durch einen solchen Vorgang gewesen sei. Die Muthmaſsung, daſs ich sollte eine vordere Wurzel mit aufgelegt haben, fällt deshalb fort, weil dieser Fehler, der mir leicht zu vermeiden scheint, sich alsbald durch ganz andere Zuckungen verräth, als diejenigen sind, die man von den hinteren Wurzeln aus in den günstigsten Fällen erhält.

Möglicherweise ist es die secundäre Zuckung von den hinteren Wurzeln aus gewesen, welche Seubert gesehen hat, als er Joh. Müller's Versuche mit einer 50gliederigen Zinkkupfersäule zu wiederholen bemüht war.[1] Joh. Müller dagegen berichtet,[2] daſs er, ohne daſs sich auch nur eine Spur einer Zuckung zeigte, das Ende der hinteren Wurzeln mit beiden Polen einer 34gliederigen Säule in Verbindung gebracht habe. Indeſs fügt Müller hinzu: »Ich wiederhole hier »die Vorsichtsmaſsregel, ja keine Fasern der vorderen Wurzeln mit zu »fassen«. Müller hat also wohl dann und wann Zuckungen gesehen, sie aber auf Verabsäumung dieser freilich einleuchtenden Vorschrift geschoben, die er deshalb von Neuem einschärft. Longet, welcher den Versuch an erwachsenen Hunden mit schwachen Säulen anzustellen pflegt, scheint bei gröſseren Stromdichten auch auf Abweichungen gestoſsen zu sein, denn er sagt: »Toutefois, pour qu'une semblable ex»périence réussisse, il faut bien isoler les deux racines, absterger avec »soin le sang qui les humecte, et surtout ne pas faire usage d'une »pile trop forte; sans quoi le galvanisme pourrait se transmettre de »la racine postérieure à l'antérieure, d'où des contractions quand on »agirait sur l'une ou sur l'autre.«[3] Ein sicheres Urtheil läſst sich natürlich hier über fremde Erfahrungen nicht fällen, da man nicht wissen kann, bis zu welchem Grade die Isolationsmaaſsregeln zuverlässig waren.

[1] Seubert, De Functionibus Radicum anteriorum et posteriorum Nervorum spinalium Commentatio. Carlsruhae et Badae 1833. p. 56.* — Müller's Archiv u. s. w. 1834. S. cxxv.* — Handbuch der Physiologie u. s. w. Bd. I. 3. Aufl. Coblenz 1838. S. 656. 657.*

[2] Froriep's Notizen u. s. w. No. 647. (Bd. XXX. No. 9). April 1831. S. 132.* — Annales des Sciences naturelles. 1831. t. XXIII. p. 107.* — Karl Bell's physiologische und pathologische Untersuchungen des Nervensystems. Uebersetzt von Romberg. Berlin 1832. S. 385.* — Handbuch der Physiologie u. s. w. Bd. I. 3. Aufl. Coblenz 1838. S. 655.*

[3] Anatomie et Physiologie du Système nerveux etc. Paris 1842. t. I. p. 36.*

Wie Zuckung von den hinteren Wurzeln aus, so müfste man, nach unseren Vordersätzen, bei unversehrten hinteren Wurzeln auch Schmerz erregen können von den am Rückenmark durchschnittenen vorderen Wurzeln aus. Es ist mir jedoch nicht gelungen, auf diese Weise Schmerzbezeugung erfolgen zu sehen. Doch gilt hier gleichfalls die bereits oben S. 550 gemachte, ohnehin von Vivisectionen her bekannte Bemerkung über die Unzulänglichkeit der Prüfungsmittel auf Schmerz. Auf alle Fälle müfste wohl der Versuch an einem empfindlicheren Thier angestellt werden als dem Frosch. Wie dem auch sei, Magendie's oben S. 583. 584 erwähnte Versuche gehören deshalb nicht ohne Weiteres hieher, selbst wenn nicht Longet ihre Richtigkeit leugnete, weil sie mit dem mechanischen Reiz angestellt sind, mit dem wir wenigstens unter den bisherigen Verhältnissen unserer Versuche keine secundäre Erregung hervorzubringen im Stande waren.

Dagegen gelingt es wiederum, Zuckung zu erhalten, indem man von den vorderen Wurzeln der einen Seite eine an ihrer Vereinigungsstelle mit der entsprechenden hinteren Wurzel durchschneidet, und ihren centralen Stumpf auf die stromzuführenden Platinenden legt. Hier pflanzt sich der elektrotonische Zustand in der Bewegungswurzel aufwärts bis in's Rückenmark fort, und erregt mittelbar die benachbarten Ursprünge der vorderen Wurzeln derselben Seite. Auf diese Weise Zuckungen des unteren Theiles der Bauchwandungen erfolgen zu sehen, wenn ich die sämmtlichen vordren Wurzeln für das eine Bein unmitelbar erregte, hat mir jedoch noch nicht geliugen wollen.

Was nun hier wirklich zu erklären übrig bleiben würde, ist der Umstand, dafs diese paradoxen Zuckungen so beträchtliche Stromeskräfte in Anspruch nehmen um sichtbar zu werden. Der Grund davon ist wohl zu suchen in der Umhüllung der Verbindungsstrecke der unmittelbar und mittelbar erregten Fasern mit beträchtlichen Massen feuchter Leiter, in dem Fall der Zuckung von den hinteren Wurzeln aus mit Knochen, Muskeln und Haut; in dem der Zuckung von dem centralen Stumpf einer vorderen Wurzel aus mit dem Rückenmark selber. Auch fehlt ein gemeinsamer Querschnitt der Verbindungsstrecke, dessen Gegenwart die Zuckungen unterstützt (S. oben S. 536. 549). Doch mufs ich bekennen, dafs diese Gründe mir nicht ganz zureichend erscheinen. Da wir bei der Untersuchung des elektrotonischen Zustandes an den Wurzeln nicht vermochten, einen Unterschied in der Gröfse des Zuwachses aufzufassen, je nachdem die Richtung von den Elektroden nach den Bäuschen der rechtläufigen oder der rückläufigen Bahn der aufliegenden Wurzeln entsprach, so würde es jedenfalls nicht gerecht fertigt sein, wenn wir einen ferneren Grund in dem Umstande suchen wollten, dafs in beiden Fällen der elektrotonische Zustand sich auf rückläufiger Bahn fortpflanzen mufs, um die mittelbare Erregung hervorzubringen.

Es gelingt übrigens, bei Zusammenstellung von Wurzeln in jeder möglichen Weise, den secundären elektrotonischen Zustand wahrzunehmen, in den eine durch einen Strom von mittlerer Gröfse unmittelbar erregte Wurzel eine andere zu versetzen vermag (S. oben S. 299. 541).

Da wir nunmehr wissen, dafs sich der elektrotonische Zustand in den vorderen Wurzeln nach dem Rückenmarke zu mit hinreichender Stärke verbreitet, um die benachbarten Bewegungsfasern gleichfalls in Zuckung zu versetzen, so war es von Wichtigkeit, zu versuchen, ob sich nicht auf diese Art Reflexbewegungen würden erhalten lassen. In der That scheint dies die vortheilhafteste Gestalt zu sein, welche dem Müller'schen Versuch ertheilt werden kann (S. oben S. 573). Denn nicht nur giebt es keine Art, die Nerven heftiger zu erregen, als durch Umsetzen eines erregenden Stromes in denselben, sondern diese Art der Erregung kann auch ausgeführt werden, ohne dem Frosche selber zu nahe zu treten, so dafs man nicht Gefahr läuft, durch Handhabung der Scheere u. d. m. Reflexbewegungen auszulösen. Und da man bei der ursprünglichen Form des Versuches doch auch das Wirbelrohr aufbrechen mufs, um die hinteren Wurzeln zu zerschneiden, so scheint es einfacher, sich sogleich an die vorderen Wurzeln zu wenden, und man hat dabei noch den Vortheil, dafs dem Thiere vor dem Versuch die Mehrausgabe an Leistungsfähigkeit durch die Zuckungen erspart wird, welche das Freilegen des gemischten Stammes unvermeidlich mit sich bringt.

Ich vergiftete also Frösche mit Opium, und wenn sie anfingen bei leiser Berührung zusammenzufahren, öffnete ich das Wirbelrohr und breitete die vorderen Wurzeln für das eine Bein mit ihren centralen Stümpfen über die Platinenden. Ich erwartete beim Herstellen, Abbrechen, Umsetzen des Stromes der sechsgliederigen Grove'schen Säule Reflexbewegungen zu erhalten. Dies traf jedoch nicht ein, obschon in einzelnen Fällen die Empfänglichkeit des Rückenmarkes so grofs war, dafs ich kaum den Schliefsungshaken (S. oben S. 424. 425) und die Wippe des Stromwenders leise genug handhaben konnte um nicht durch die Erschütterung und das Geräusch allein schon Reflexbewegungen zu erregen. Von den hinteren Wurzeln aus erfolgten schon bei Anwendung der einfachen Kette furchtbare Krämpfe.

6. Von dem Verhalten der Ganglienkugeln beim elektrotonischen Zustand und der negativen Stromesschwankung beim Tetanisiren.

Bei der secundären Zuckung von den hinteren Wurzeln aus war die Möglichkeit vorhanden, dafs die mittelbare Erregung der Bewegungsfasern bereits vor dem Ganglion stattfinde; dafs dies letztere dem elektrotonischen Zustande den Durchgang nicht verstatte, und dafs aus diesem Grunde die Zuckung so schwer zu beobachten sei, indem nämlich die gegenseitige Lage der vorderen und hinteren Wurzeln innerhalb des Wirbelrohres nach der Zurichtung und während des Versuches von allerlei Zufälligkeiten abhänge. Ich brauche dem Physiologen wohl nicht erst zu bemerken, in wie mancher Beziehung die thatsächliche Prüfung der Frage von Interesse war, wie sich die Ganglien gegen den elektrotonischen Zustand verhalten; wegen der oben S. 567 gegebenen Theorie des Theiles der elektrischen Empfindungen aber, der von dem Strom in stetiger Gröfse herrührt, mufste mir auch noch besonders daran liegen, mich über den fraglichen Punkt aufgeklärt zu sehen.

Der Versuch bietet keine namhaften Schwierigkeiten dar. Nachdem man das Rückenmark blosgelegt, trennt man auf der einen Seite die hinteren Wurzeln von demselben, und fafst ihre peripherischen Stümpfe mittelst einer Schlinge aus einem zarten Faden roher Seide zusammen. Darauf verfährt man ebenso mit den vorderen Wurzeln. Dies hat, wie man sich leicht denken kann, zum Zweck, die sämmtlichen Wurzeln der einen Art in einem Stück handhaben zu können und zugleich vor der Gefahr einer Verwechselung der Wurzeln der einen und anderen Art untereinander gesichert zu sein, welche nicht immer zu vermeiden ist, wenn sämmtliche Wurzeln einmal vom Rückenmark getrennt und durcheinander geworfen sind. Nachdem die beiden Wurzelbündel zugerichtet sind, benagt man mit der Knochenzange die Wirbel bis dicht an die Ganglien, und schneidet endlich ein möglichst schmales Stück der Seitenwand der Wirbelsäule heraus, von dem an der inneren Seite die beiden Wurzelbündel, an der äufseren und unteren das Ischiadgeflecht herabhängen. Man legt das Ischiadgeflecht auf die Bäusche, das Knochenstück auf die wagerechte Glasplatte des allgemeinen Trägers, und läfst über dem Knochenstück die stromzuführenden Platinenden in der Weise schweben, dafs man nach Belieben eines der beiden Wurzelbündel auflegen kann.

Der Erfolg ist, dafs man von den vorderen sowohl als von den hinteren Wurzeln aus, in dem letzteren Falle also durch die Ganglien hindurch, die beiden Phasen des elektrotonischen Zustandes in richtigem Sinne und auch, innerhalb der möglichen Grenzen der Genauigkeit, in gleicher Stärke wahrnimmt. Die Wirkungen sind, absolut genommen, nur schwach; dies erscheint jedoch gerechtfertigt dadurch, dafs erstlich die Zurichtung, selbst bei nicht geringer Uebung, immer ziemlich lange dauert, dafs zweitens der Abstand zwischen der erregten und der abgeleiteten Strecke namentlich für die höher entspringenden Wurzeln stets ein bedeutender bleibt, und dafs für's dritte hier der oben S. 370. 543 besprochene ungünstige Fall eintritt, wo die abgeleitete Strecke die erregte am Querschnitt übertrifft. Abgesehen von der Nebenschliefsung also, welche die nicht unmittelbar erregten Fasern den dipolar elektromotorischen Wirkungen der unmittelbar erregten darbieten, beobachtet man nur den Unterschied des primären elektrotonischen Zustandes der unmittelbar erregten Fasern und des secundären elektrotonischen Zustandes der durch die ersteren Fasern mittelbar erregten Primitivröhren. Man könnte nun der Meinung sein, der Versuch beweise noch nicht die Durchgängigkeit der Ganglien für den elektrotonischen Zustand, indem vielleicht die Phasen, welche man beim Erregen des hinteren Wurzelbündels erhält, von nichts herrühren, als dem secundären elektrotonischen Zustande der Bewegungsfasern, welche noch vor dem Ganglion durch die Empfindungsfasern mittelbar erregt würden. Der Einwand ist falsch, denn alsdann dürften die beobachteten Phasen nicht die richtige, sondern sie müfsten die umgekehrte Richtung haben, wie in dem Fig. 138 Taf. II abgebildeten Falle.

Die Ganglien sind also für den elektrotonischen Zustand durchgängig. Der Versuch wäre jedoch noch dahin abzuändern, dafs man die Wurzeln auf die Bäusche, das Ischiadgeflecht auf die stromzuführenden Platinenden brächte. Ich habe ihn in dieser Gestalt noch nicht ausgeführt, wie ich denn überhaupt darauf verzichtet habe, schon jetzt die mannigfaltigen Fragen zu beantworten, die sich hier dem Nervenphysiologen darbieten (Vergl. oben Bd. I. Vorrede S. x. Bd. II. S. 569).

Bringt man, bei dem letztbeschriebenen Versuche, den Inversor in den Kreis, und tetanisirt die Wurzeln mit abwechselnden Strömen, so sieht man von beiden Wurzelbündeln aus die negative Stromesschwankung an dem mit Längs- und Querschnitt aufgelegten Ischiadgeflecht erscheinen. Die innere Veränderung der Nerven also, welche den Bewegung vermittelnden Vorgang bei elektrischer und nicht elektrischer Erregung, und den Empfindung vermittelnden Vorgang bei nicht elektrischer Erregung und bei dem Theil der elektrischen Erregung ausmacht, welcher von Schwankungen der Stromdichte herrührt (S. oben S. 566): diese innere Veränderung, auf der die negative Stromesschwankung beim Tetanisiren beruht, pflanzt sich gleichfalls durch die Ganglienkugeln in absteigender Richtung fort.

7. Bewegungserscheinungen des Nervenstromes an den Centralgebilden.

Es fragt sich jetzt, ob es gelinge, die Bewegungserscheinungen des Nervenstromes auch an den Centralgebilden zu beobachten. Ich habe beim Frosch sehr oft den Versuch in der Weise angestellt, dafs ich Hirn und Rückenmark möglichst schnell frei zurichtete (S. oben S. 259), und mit Längs- und Querschnitt über die Bäusche brückte; der Querschnitt war entweder über dem Ursprung der Wurzeln für die unteren Extremitäten oder durch das verlängerte Mark angelegt; auf den stromzuführenden Platinenden lagen beziehlich auf Gehirn und verlängertes Mark oder das Lendenmark. In dem erregenden Kreise befanden sich eine zweigliederige Grove'sche Säule, der Poggendorff-sche Inversor und der Stromwender.

Was zunächst den elektrotonischen Zustand betrifft, so erhält man zwar Wirkungen, welche denen beim Eintritt der Phasen ähnlich sehen. Aber diese Wirkungen haben nicht selten die falsche Richtung; eine Lageveränderung auf den Bäuschen vermag ihre Richtung umzukehren oder wenigstens ihre Gröfse wesentlich zu verändern; beim Umlegen des Rückenmarkes auf den Bäuschen kehren sie sich nicht immer um, wie sie müfsten, wenn sie wirklich auf Phasen beruhten; endlich sie bleiben in gleichem Mafse bestehen, wenn man das Rückenmark zwischen Blechen und Bäuschen durchschneidet und die Stümpfe wieder aneinanderfügt.

Aus alle dem erkennen wir, dafs es sich hier einmal wirklich statt um ächten positiven und negativen Zuwachs, um Schleifen des erregenden Stromes handelt, die in den Multiplicatorkreis einbrechen (Vergl. oben S. 42. 295). Bei der Dicke des Rückenmarkes im Verhältnifs zu seiner Kürze kann uns dies nicht Wunder nehmen. Diesem Uebel ist nicht abzuhelfen; man müfste denn den Frosch verlassen und sich an das Rückenmark des Aales oder einer Schlange wenden, was ich zu thun noch nicht Zeit gefunden habe.

Man kommt also auf diesem Wege nicht in's Klare darüber, ob sich am Rückenmark der elektrotonische Zusand in gesetzmäfsiger Weise wahrnehmen lasse. Für die negative Schwankung fällt diese Schwierigkeit fort; denn wenn auch Stromesschleifen in den Multiplicatorkreis einbrechen, so wechselt doch in jedem Augenblick ihre Richtung, und sie vernichten ihre Wirkung auf die Nadel, so lange sie nicht stark genug sind, durch Veränderung ihres Magnetismus POGGENDORFF's doppelsinnige Ablenkung zu erzeugen, welche aber doch immer keine Verwechselung mit einer negativen Nadelbewegung zulassen könnte (S. oben S. 44. 430). Demgemäfs gelingt es nicht selten, bei der beschriebenen Anordnung, die negative Schwankung wirklich in mäfsiger Gröfse zu beobachten. Von der Aechtheit der Wirkung überzeugt man sich leicht dadurch, dafs sie verschwindet, wenn man das Rückenmark zwischen der erregten und der abgeleiteten Strecke zerschneidet, während alsdann die falschen Phasen zu erscheinen fortfahren (S. oben).

Ich habe diese Versuche auch noch mit dem Sehnerven eines grofsen Hechtes (E. lucius) angestellt (Vergl. oben S. 256), in der Hoffnung, hier vielleicht zur Darstellung ächter Phasen zu gelangen, indefs vergeblich. Auch hier brach noch der erregende Strom in den Multiplicatorkreis ein und verdeckte, was sich vom elektrotonischen Zustande sonst wohl gezeigt haben möchte; die negative Schwankung dagegen wurde auch hier mehrmals beobachtet.

8. Untersuchung der Bewegungserscheinungen des Nervenstromes, wenn erregte und abgeleitete Strecke an verschiedenen Theilen des Nervensystemes gelegen sind.

Um zu prüfen, ob das Rückenmark fähig sei, den elektrotonischen Zustand zu zeigen, ohne Gefahr zu laufen, durch Schleifen des erregenden Stromes getäuscht zu werden, gab es noch einen anderen Weg als den oben angegebenen, sich an's Rückenmark von Aalen und Schlangen zu wenden. Man präparirt die Wirbelsäule des Frosches mit beiden daran hängenden Ischiadgeflechten frei heraus, schneidet sie in der Gegend des verlängerten Markes quer durch, bricht um das Rückenmark bis an den Ursprung der Wurzeln für die hinteren Extremitäten die Wirbel fort, und breitet das dergestalt entblöfste Rückenmark über die Bäusche, über die stromzuführenden Platinenden aber die Ischiadgeflechte, indem man die Lendengegend der Wirbelsäule mit Hülfe der wagerechten Glasplatte des allgemeinen Trägers stützt.

Bei dieser Art zu verfahren nun habe ich ein paarmal die Phasen des elektrotonischen Zustandes am Multiplicator für den Nervenstrom spurweise in der richtigen Richtung wahrgenommen. Man könnte versucht sein, diese Erfahrung zu benutzen, um mit Hülfe derselben die so höchst unvollständigen Ergebnisse der anatomischen Untersuchung des Rückenmarkes zu ergänzen. Man könnte daraus schliefsen wollen, dafs sich die im Ischiadgeflecht unmittelbar erregten Fasern stetig bis durch die ganze abgeleitete Strecke, also bis zum verlängerten Mark, erstrecken. Dieser Schlufs würde indefs voreilig sein. Es genügt, um das Ergebnifs zu erklären, die Annahme, dafs jene Fasern sich bis in die abgeleitete Strecke verbreiten, oder auch nur bis ganz nahe an dieselbe. Hier mögen sie enden und eben nur ihre dipolar elektromotorischen Wirkungen durch den Multiplicatorkreis fühlbar machen: diese Wirkungen müssen aber noch stark genug sein, um diejenigen zu überwiegen, welche in entgegengesetzter Richtung von den eigentlichen Rückenmarksfasern ausgehen, die durch die ersten Fasern in secundären elektrotonischen Zustand versetzt werden. Dies gilt unter der Voraussetzung, dafs die unmittelbar und mittelbar erregten Fasern dabei in der Weise aneinander gelagert sind, wie dies Fig. 135. Taf. V. Fig. 138. Taf. II für zwei Nerven zeigen. In dem Falle Fig. 136. 139 ebendas., den man aber schwerlich wird als in der Wirklichkeit stattfindend voraussetzen, könnten die wahrgenommenen Wirkungen begreiflich auch nur mittelbare gewesen sein.

Auch die negative Schwankung bin ich im Stande gewesen, am Rückenmark von den Ischiadgeflechten aus in äufserst geringem Mafs hervorzubringen.

Zu einer auf den ersten Blick sehr überraschenden Abweichung giebt der nun nahe liegende Versuch Anlafs, den elektrotonischen Zustand an den Ischiadnerven vom Rückenmarke des lebenden Thieres aus sichtbar zu machen. Die Art, dem lebenden Frosche den erregenden Strom zuzuführen, findet sich bereits oben Bd. I. S. 456. Bd. II. S. 56 beschrieben, Bd. I. Taf. III. Fig. 24 abgebildet. Man bedient sich als erregender Kette einer zweigliederigen Grove'schen Säule nebst Poggendorff'schem Inversor und Pohl'schem Stromwender. Dreht man das Rad des Inversors, so sieht man den Frosch in Tetanus gerathen und die Nadel einen lebhaften negativen Ausschlag beschreiben. So weit ist die Sache in der Ordnung.

Versucht man aber nunmehr den positiven und negativen Zuwachs zu beobachten, indem man die Federn des Inversors auf leitende Zähne stellt und der Wippe des Stromwenders die eine oder die andere Lage ertheilt, so zeigt sich, wenn der Strom zwischen den Hautklemmen am Rücken des Thieres z. B. ansteigend ist, und demgemäfs positiver Zuwachs erwartet wird, gerade umgekehrt negativer Zuwachs, und zwar weit schwächer, als vorher die negative Schwankung. Legt man die Wippe um, so dafs bei absteigendem Strome zwischen den Hautklemmen der Zuwachs negativ sein müfste, so erfolgt positive Phase.

Es handelt sich um kein Nebenschliefsungsphänomen, gleich dem oben S. 496 ff. erörterten, um keine Stromesschleifen, die in den Multiplicatorkreis einbrechen u. d. m. Denn wenn man den Nerven zerschneidet zwischen dem Punkte, wo er aus der Wunde des Ileo-Coccygeus Dug. hervortritt, und dem Punkte des Längsschnittes, mit welchem er aufliegt, so hört jede Wirkung auf. Abermals also haben wir vor uns die räthselhafte Erscheinung des verkehrten Zuwachses, die uns schon einmal so viel Verlegenheit bereitete (Vergl. oben S. 403 ff.).

Wie dort indefs, löst sich auch hier dieselbe zuletzt in eine blofse Täuschung auf. Die Fig. 142. Taf. V ist bestimmt, Aufklärung darüber zu geben. Sie zeigt, wie man sich in dem Längendurchschnitt des Froschrumpfes die Vertheilung der Stromescurven zu denken habe. Nunmehr sieht man sofort, dafs, wenn wir wegen der ansteigenden Richtung des Stromes zwischen den Hautklemmen, wie sie in der Figur angenommen ist, den positiven Zuwachs verlangten, wir übersahen, wie der Strom sich von der positiven Klemme aus auch in absteigender Richtung durch den oberen Theil des Ischiadnerven ergiefse; in aufsteigendem Sinne hinwieder, wenn zwischen den Klemmen der Strom absteigend war, und wir demgemäfs negativen Zuwachs erwarteten. Allerdings mufs der Strom auf dem geraden Wege von Klemme zu Klemme durch das Rückenmark bei weitem stärker ausfallen, als auf dem Umwege durch den Bauch. Dafs aber trotzdem die Wirkung der kürzeren Stromescurven durch das Rückenmark die der längeren durch den Ischiadnerven selber nicht zu übertreffen im Stande sei, dies erklärt sich leicht aus der bedeutend geringeren Entfernung von der abgeleiteten Strecke, in der die letzteren thätig sind. Vergl. übrigens oben S. 350 die Untersuchung über den elektrotonischen Zustand bei gleichzeitiger Einwirkung zweier Ströme auf den Nerven.

Es gab einen einfachen Weg, die Richtigkeit dieser Deutung des verkehrten Zuwachses zu prüfen. Er bestand darin, hinter der hinteren Froschhautklemme, der positiven in der Figur, etwa bei α, die Wirbelsäule nebst den etwa schon zu den Ischiadgeflechten abgegebenen Stämmen zu durchschneiden. Ist die obige Vorstellung von der Ursache des verkehrten Zuwachses in der Wirklichkeit begründet, so mufs er nach dieser Vorkehrung fortbestehen; ist sie irrig, so mufs jede Spur eines Zuwachses verschwunden sein. Der Erfolg lehrt, dafs der verkehrte Zuwachs in nahezu gleicher Gröfse zu erscheinen fortfährt. Unsere Erklärung ist dadurch bestätigt. Zugleich sieht man, dafs wohl die Wirkung vom Rückenmark aus, die sich von derjenigen von der oberen Gegend des Ischiadnerven aus abzog, nur eine sehr kleine gewesen sein könne. Denn im entgegengesetzten Falle hätte ihr Aufhören eine Verstärkung des verkehrten Zuwachses herbeiführen und die geringe Schwächung überwiegen müssen, welche wohl daher rührt, dafs nach dem Schnitte die quergetrennten Theile stets nur mehr oder weniger unvollkommen wieder aneinander schliefsen.

Auf diese Weise gelangt man also nicht dazu, zu wissen, ob sich vom Rückenmark aus an den Nerven elektrotonischer Zustand wahrnehmen lasse. Es ist vielmehr folgender Weg einzuschlagen. Man stellt sich, in möglichster Eile, ein Präparat dar, welches nur aus dem Schädel ohne Unterkiefer und der Wirbelsäule mit dem darin befindlichen Gehirn und Rückenmark und den beiden daran hängenden Ischiadgeflechten besteht. Diese werden, als Ein Nerv zusammengefafst, auf die Bäusche gebracht und die Wirbelsäule mittelst Kautschukringen an die Glasplatte der stromzuführenden Vorrichtung dergestalt befestigt, dafs die Platinenden die Bauchfläche des Rückgrathes in der Gegend des verlängerten Markes berühren. Durch ein Stück Wachstaffent oder Guttapercha wird der Gaumen von den Messingdrähten isolirt, welche die Platinenden tragen. Bei dieser Anordnung nun sieht man durch den Strom einer 2—3gliederigen Grove'schen Säule am Multiplicator für den Nervenstrom schwache Phasen im richtigen Sinne entstehen, wie auch, durch Tetanisiren, eine stärkere negative Stromesschwankung. Durchschneidet man mit einem spitzen Scalpell, welches man zwischen zwei Wirbelbogen einführt, das Rückenmark innerhalb des Wirbelrohres dicht unter dem unteren Platinende, so sind die Bewegungserscheinungen des Stromes verschwunden selbst bei Anwendung einer sechsgliederigen Säule und selbst wenn man Sorge trägt, dafs die durch die Zurückziehung der Rückenmarksstümpfe entstandene Lücke in der leitenden Masse durch einen Tropfen Blutwasser u. d. m. wieder ausgefüllt wird. Dies dient zum Beweise, dafs die Erscheinungen nicht etwa herrührten von Stromesschleifen, welche sich bis zu den Wurzeln ergossen.

Es ist mir ferner gelungen, die Bewegungserscheinungen des Stromes sichtbar zu machen an einem Muskelnerven, auf dessen Ausbreitung im Muskel ich den erregenden Strom wirken liefs. Ich wählte dazu den Gastroknemius nebst dem R. tibialis des Ischiadnerven (S. oben S. 445. 546). Der Gastroknemius wurde in der oben S. 67 geschilderten Art zugerichtet und mit den ihm gelassenen Knochenstücken in der Fig. 86. Taf. I sichtbaren Weise mit Hülfe der kleineren Streckvorrichtung (Vergl. oben S. 130) mäfsig angespannt. Der Tibialis lag auf den Bäuschen auf und die Platinenden der stromzuführenden Vorrichtung waren dem Muskel angelegt. Die Befestigung des Muskels war nothwendig, weil, wenn er blos auf die Platinenden aufgelegt worden wäre, er sich leicht auf denselben so verschoben haben würde, dafs der Strom den Tibialis unmittelbar betroffen hätte. Den Zweig des Tibialis, der sich, in die Bindegewebescheide des Gastroknemius eingebettet, längs der inneren Fläche des Muskels zum Fufse begiebt, durchschnitt ich dicht unterhalb der Stelle, wo der für den Gastroknemius bestimmte Zweig sich in diesen einsenkt. Die Stelle ist leicht zu entdecken, indem die pigmentirten Blutgefäfse denselben Verlauf nehmen als die Nerven. Diese Vorkehrung hatte zum Zweck, dafs wirklich nur von den Ausbreitungen des Nerven aus im Inneren des Muskels die Erregung erfolgen sollte. Es erschienen spurweise richtige Phasen und etwas deutlicher negative Stromesschwankung am Multiplicator für den Nervenstrom bei Anwendung von zwei bis drei Gliedern der Grove-schen Säule.

Dies ist, was ich von thatsächlichen Untersuchungen über den Nervenstrom mitzutheilen habe. Wir wenden uns jetzt wieder dem Muskelstrome zu und zwar nunmehr der wichtigen, so lange ganz hintangesetzten Frage nach seinem Verhalten am lebenden unversehrten Körper der Thiere und des Menschen.

Gedruckt bei Gustav Schade in Berlin.

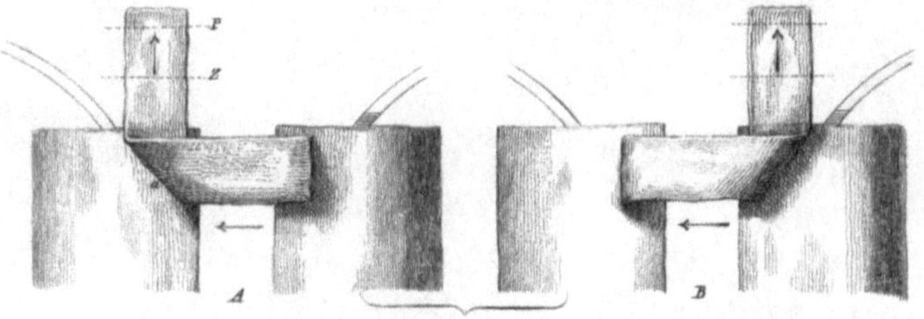

Fig. 81.

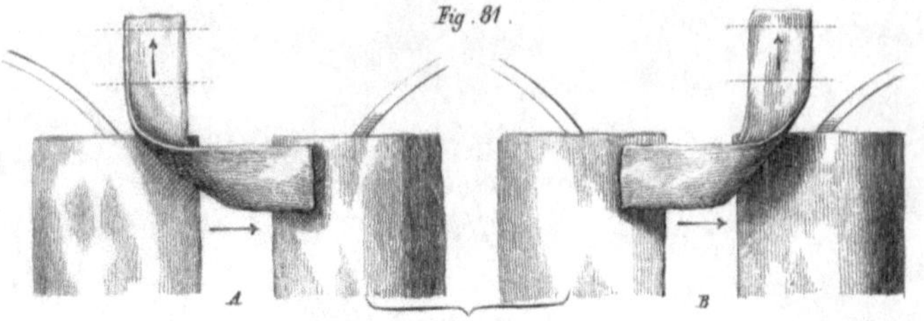

Fig. 82.

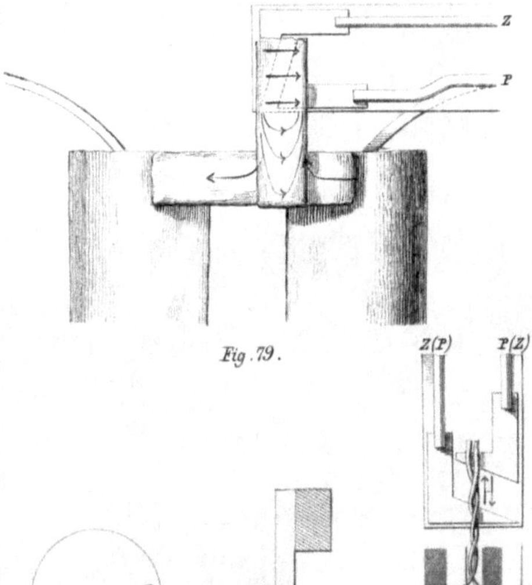

Fig. 79.

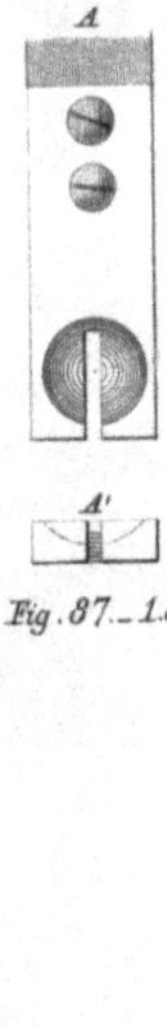

Fig. 87. – 1.0

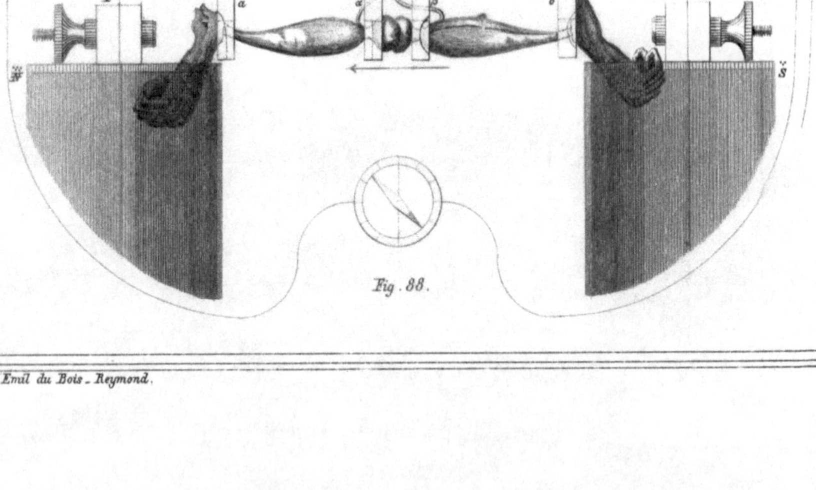

Fig. 88.

gez. v. Emil du Bois-Reymond.

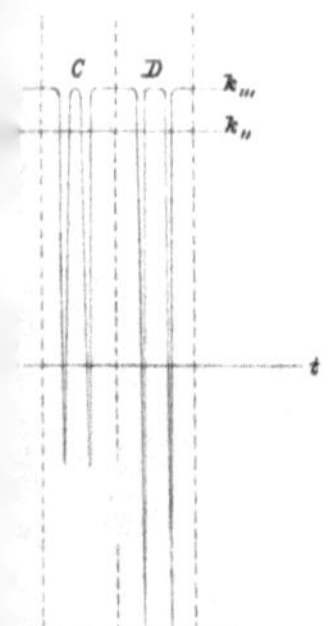

Fig. 83.

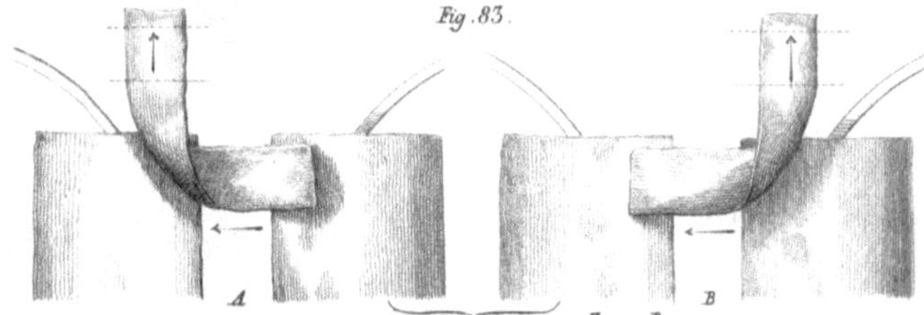

Fig. 84.

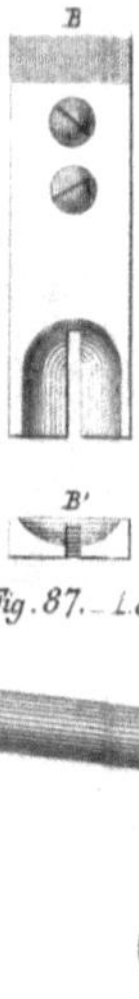

Fig. 87. – L. o

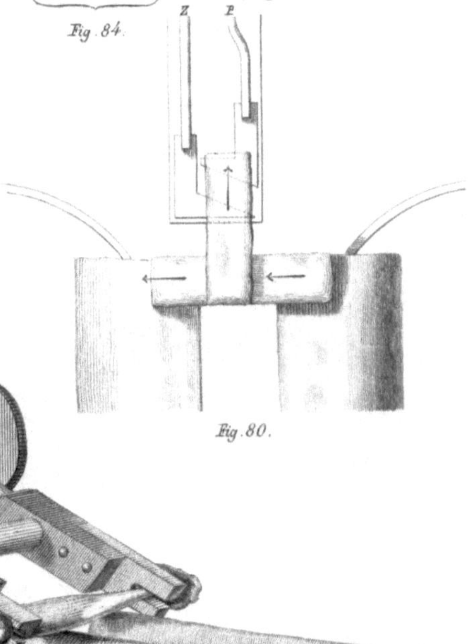

Fig. 80.

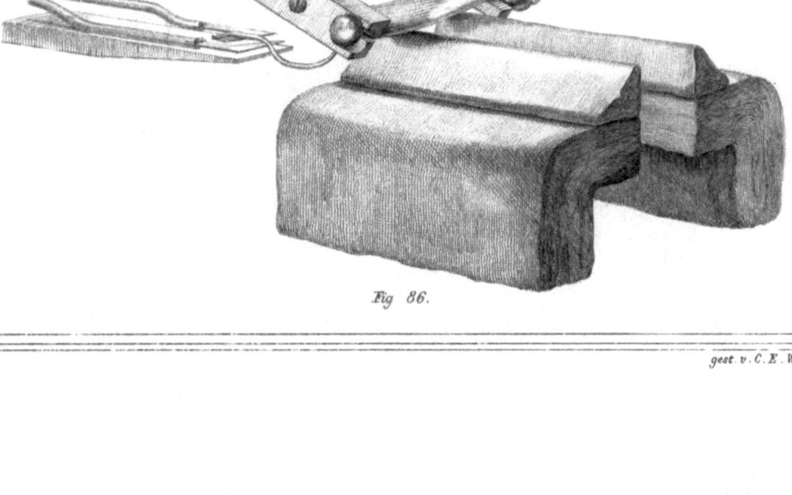
Fig 86.

gest. v. C. E. Weber.

Fig. 92.

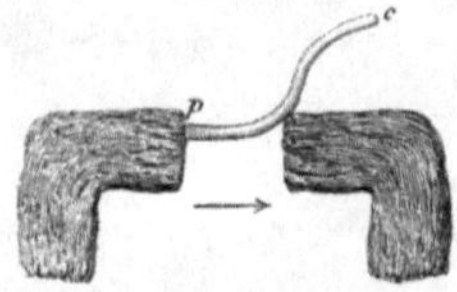

Fig. 93.

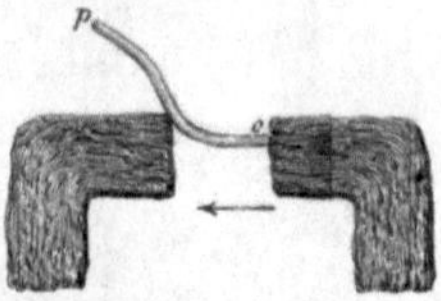

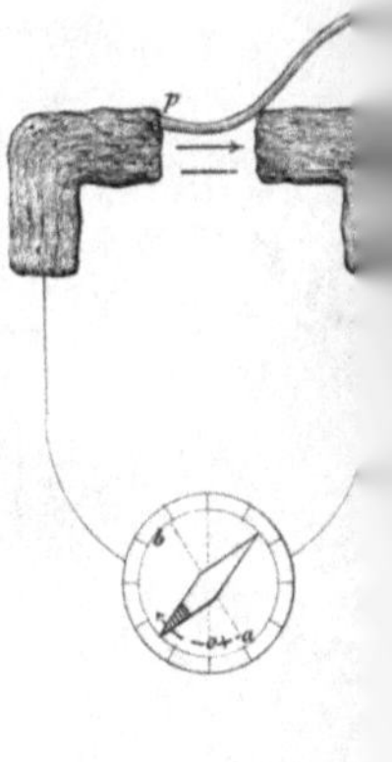

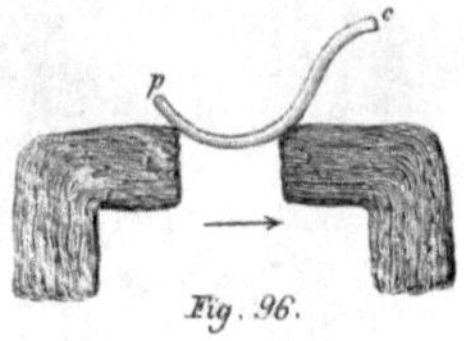

Fig. 96.

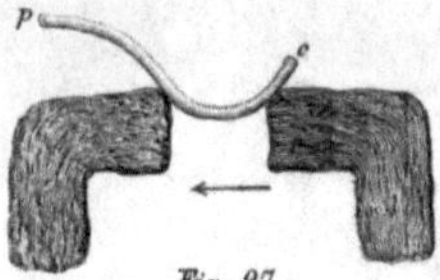

Fig. 97.

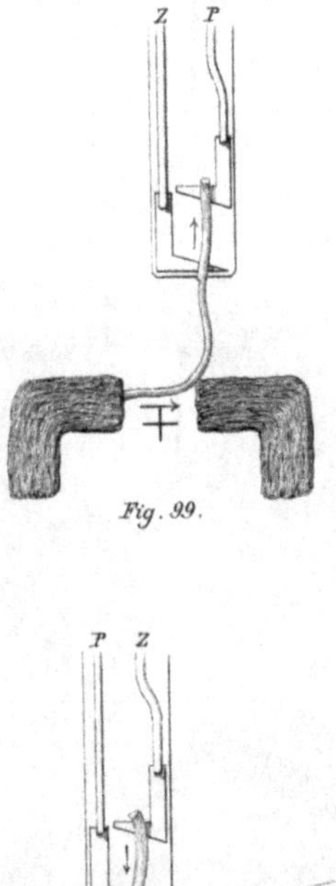

Fig. 99.

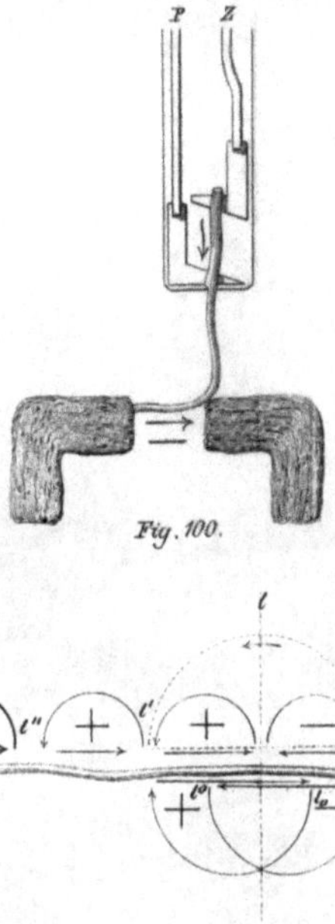

Fig. 100.

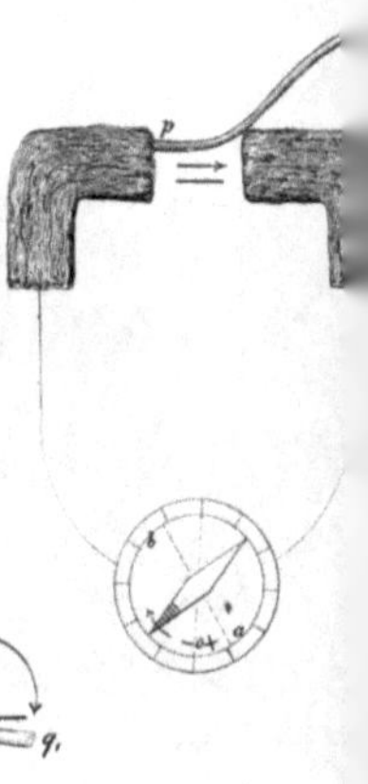

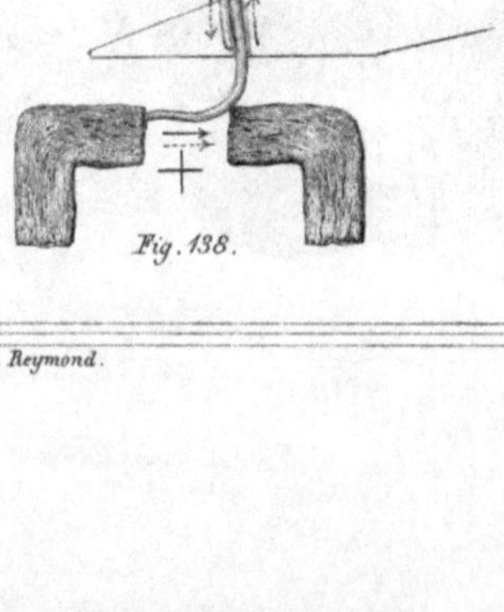

Fig. 138.

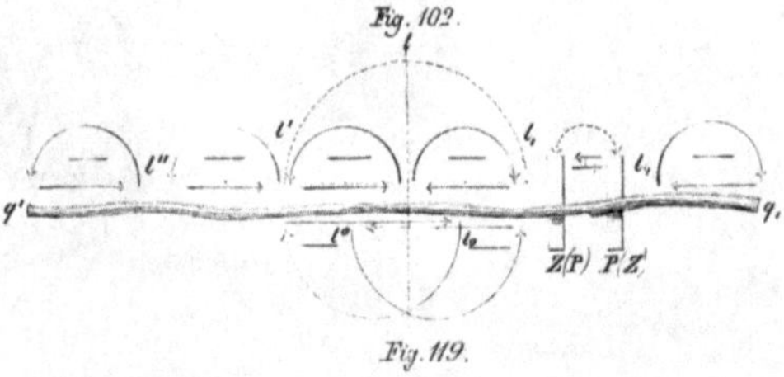

Fig. 102.

Fig. 119.

gez. v. Emil du Bois-Reymond.

Tafel. II.

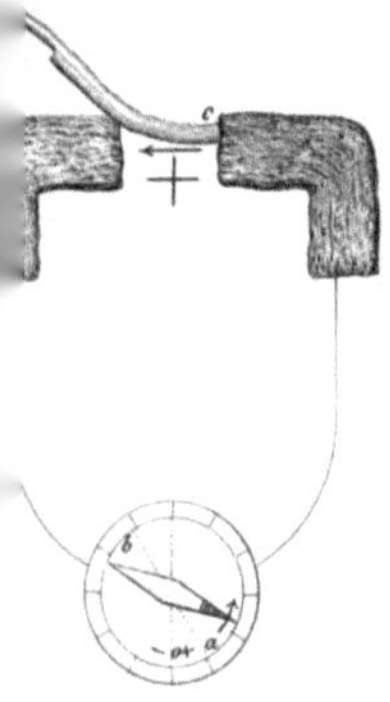

Fig. 94.

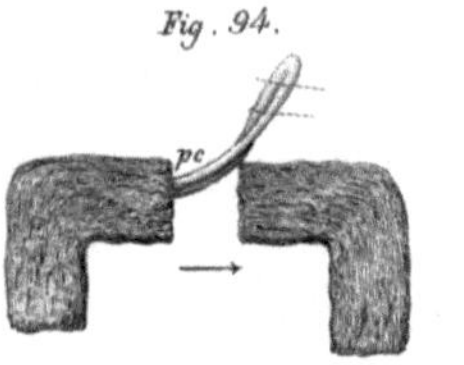

Fig. 95.

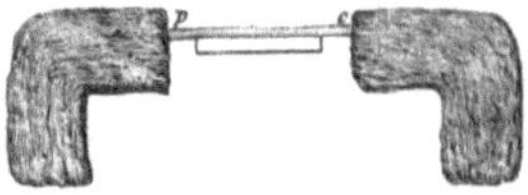

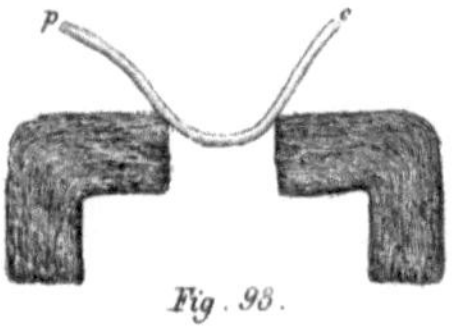

Fig. 98.

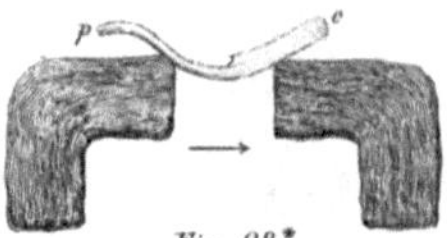

Fig. 98.*

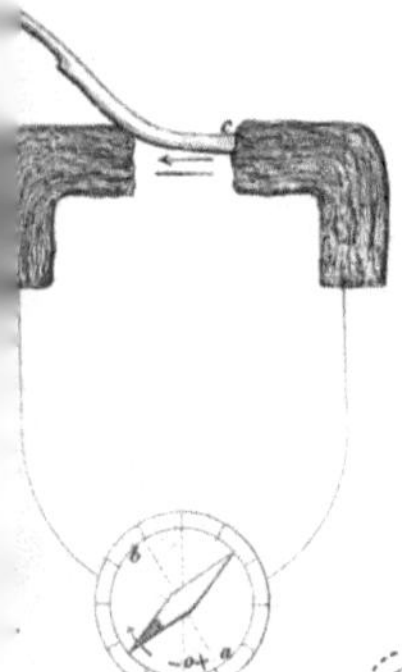

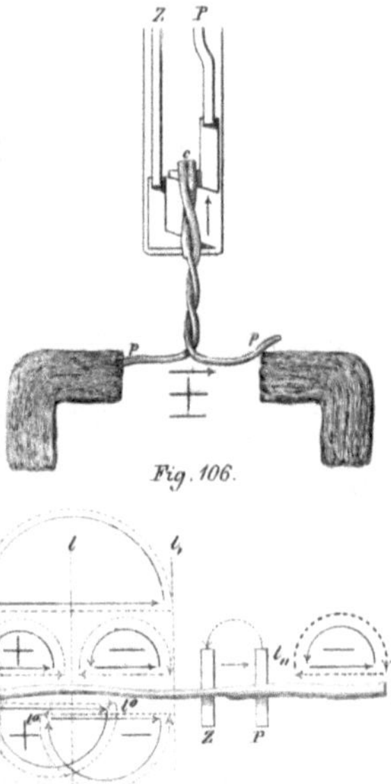

Fig. 106.

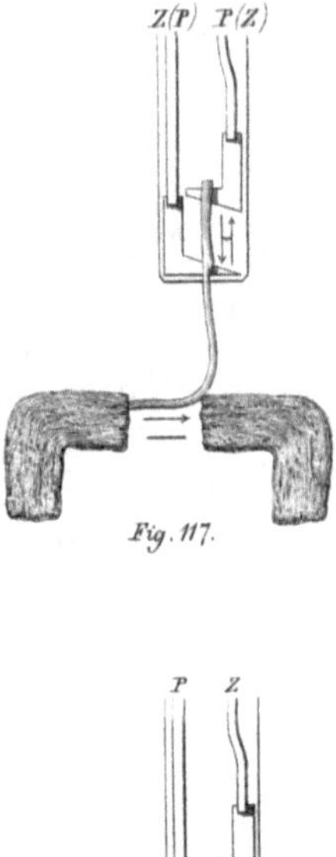

Fig. 117.

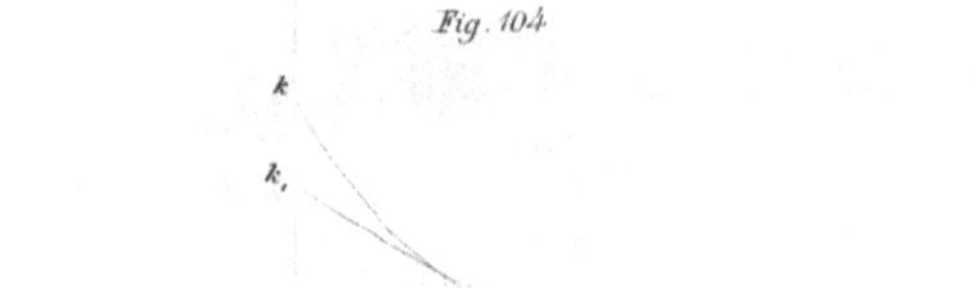

Fig. 104.

Fig. 90.

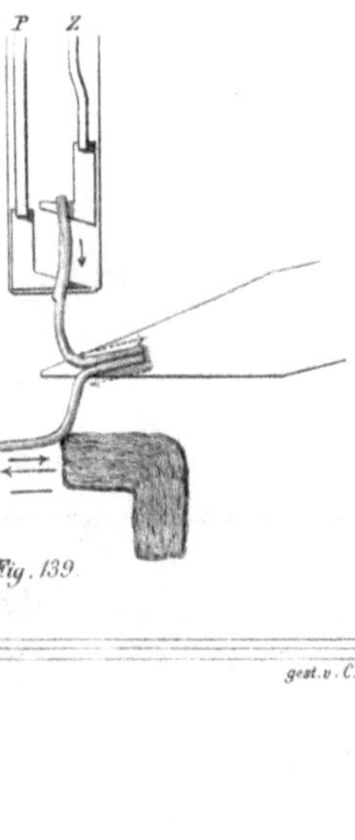

Fig. 139.

gest. v. C. E. Weber.

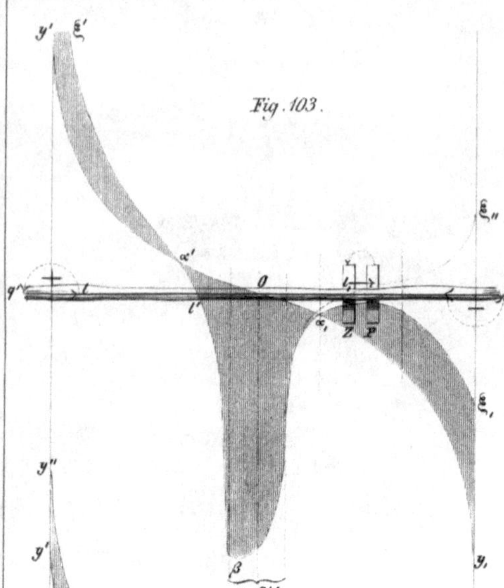

Fig. 103.

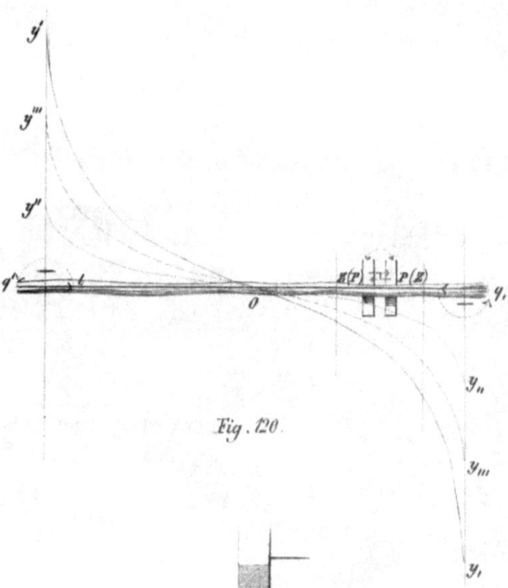

Fig. 120.

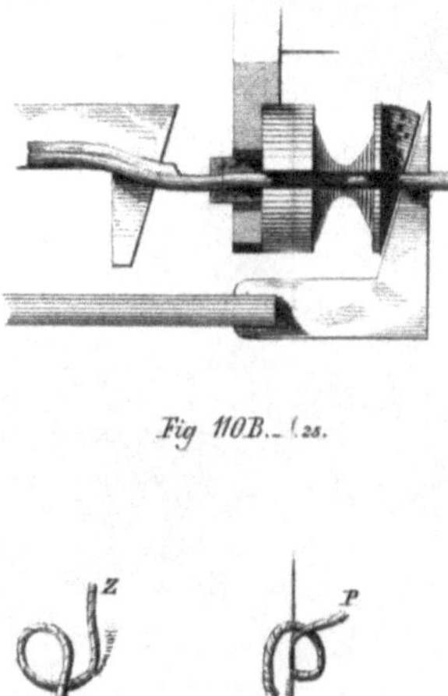
Fig 110B._ (25.

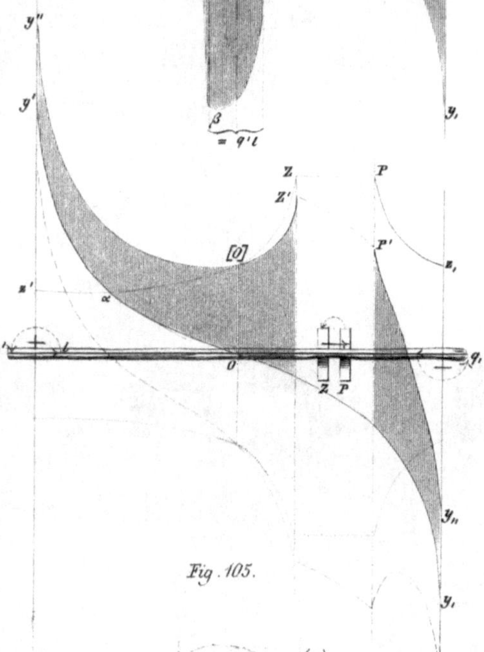

Fig. 105.

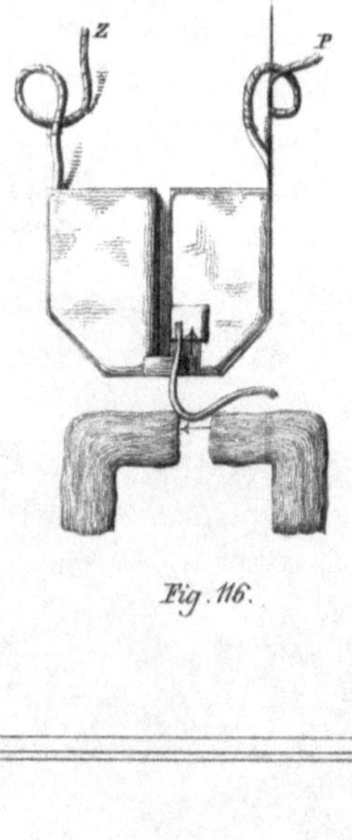

Fig. 116.

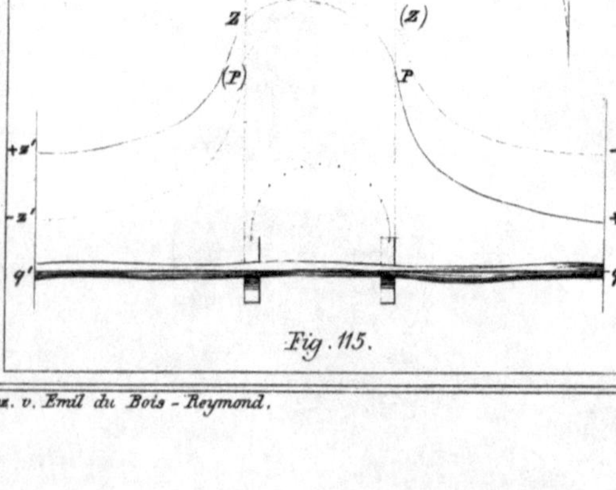

Fig. 115.

gez. v. Emil du Bois-Reymond.

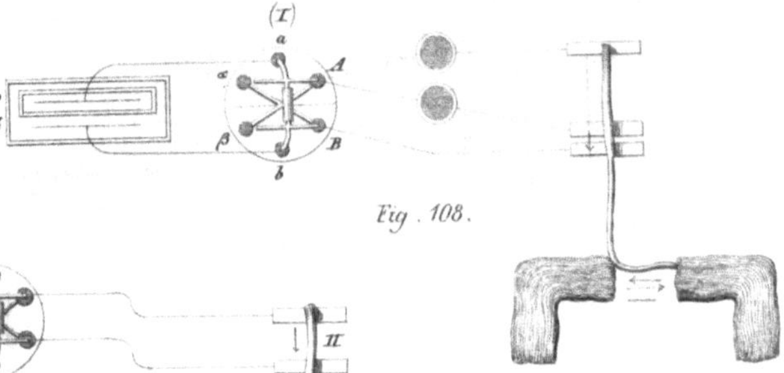

Fig. 108.

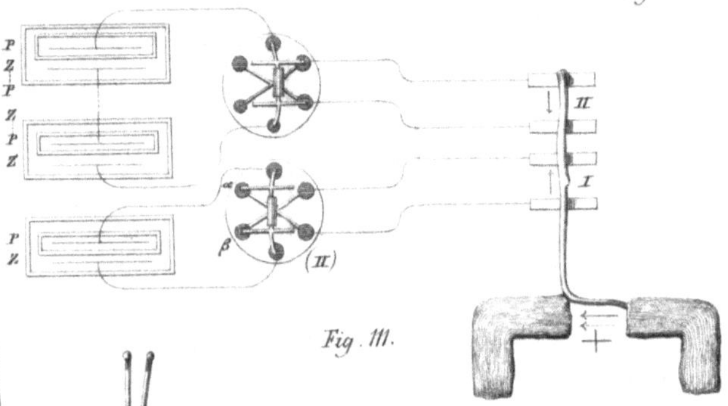

Fig. 111.

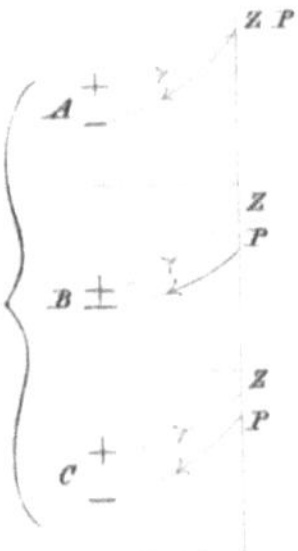

Fig. 114.

Fig. 110. A. – 1.25.

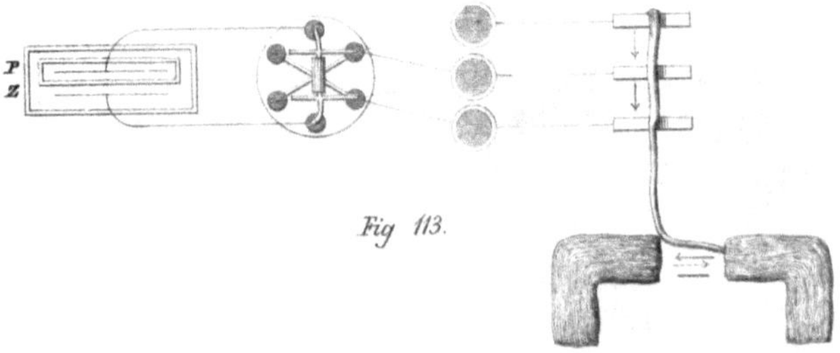

Fig 113.

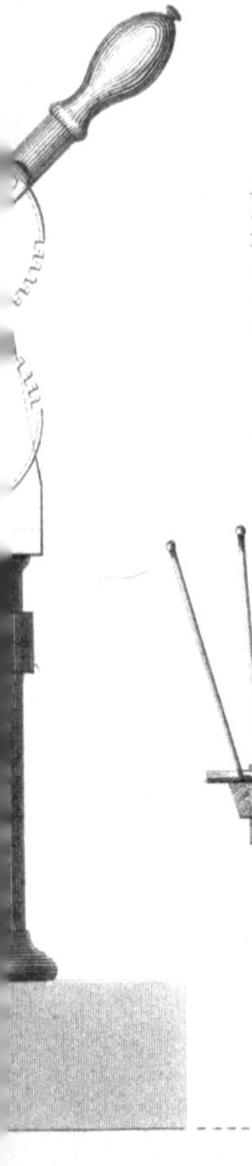

…0. – 0.75.

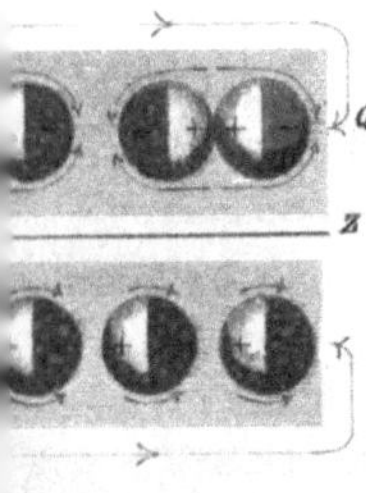

…107.

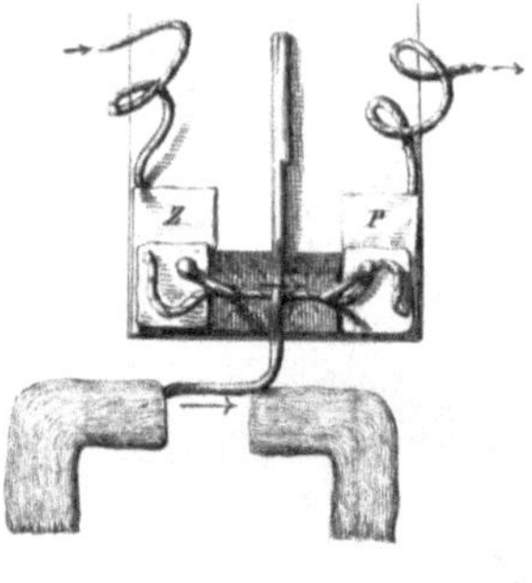

Fig. 112.

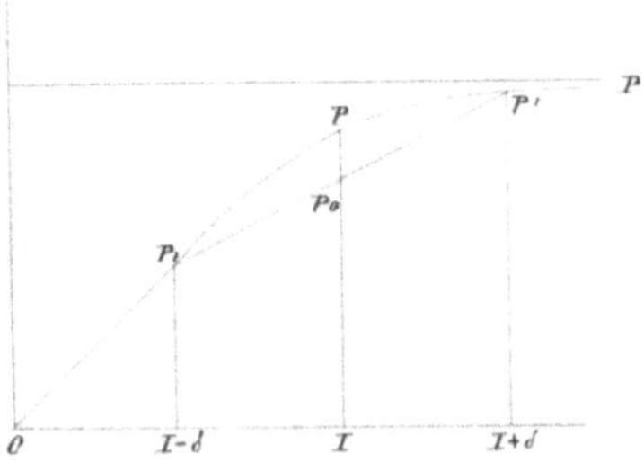

Fig. 121.

gest. v. C. E. Weber.

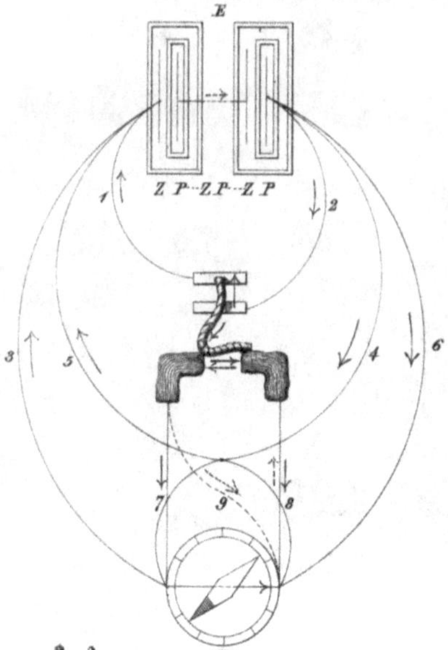

Fig. 127.

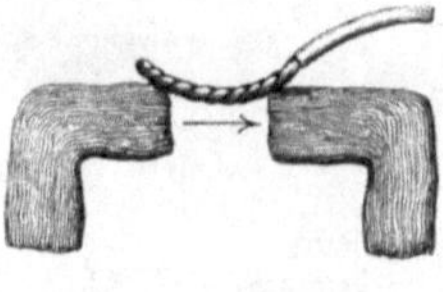

Fig. 133.

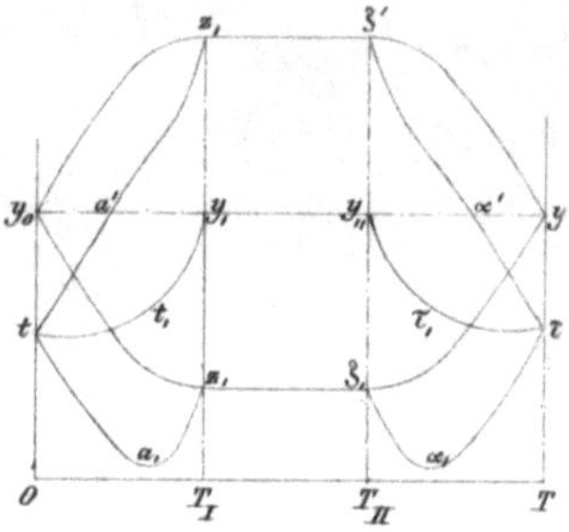

Fig. 137.

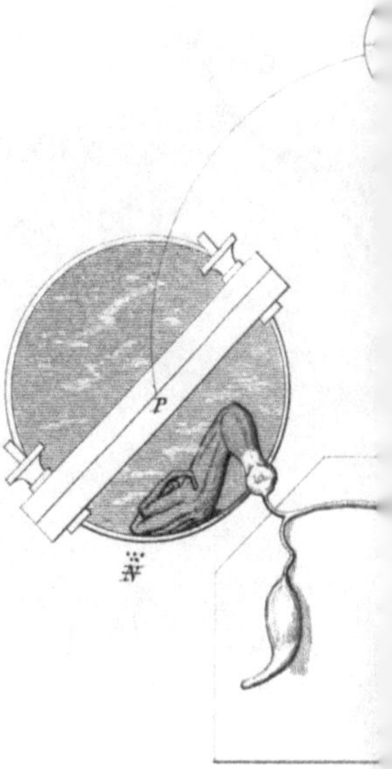

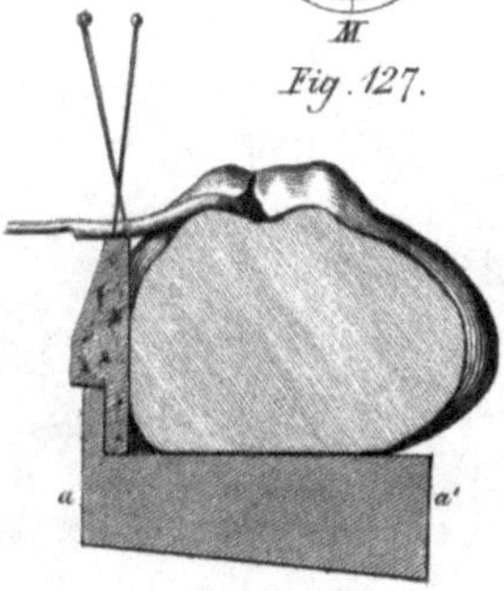

Fig. 130._0.75.

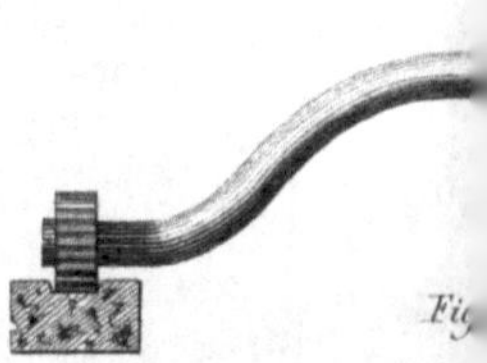

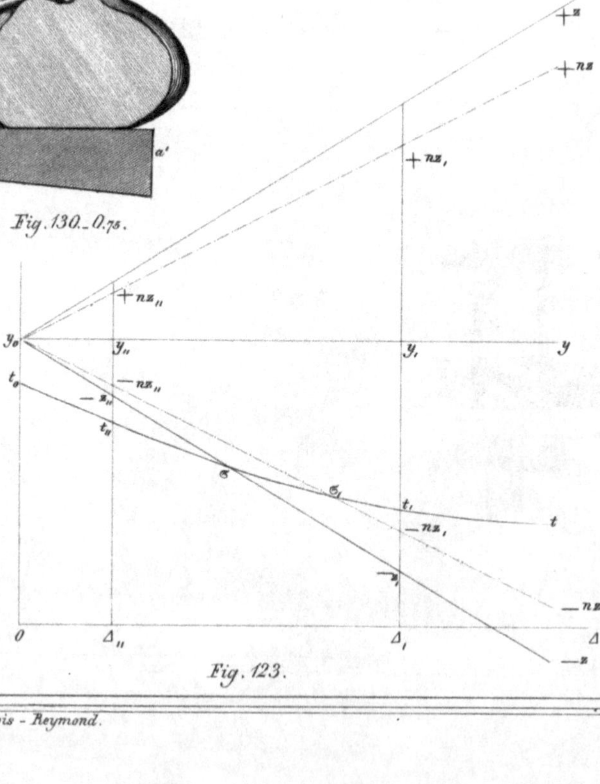

Fig. 123.

gez. v. Emil du Bois - Reymond.

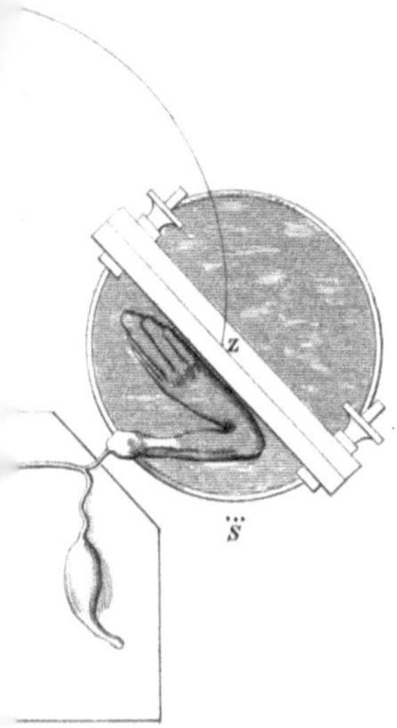

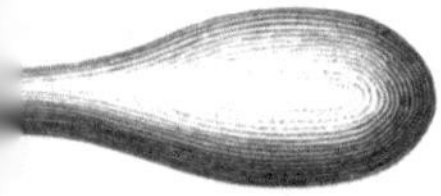

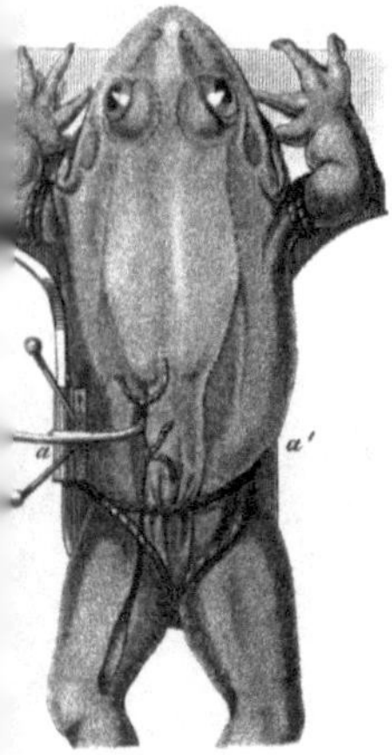

O.s.

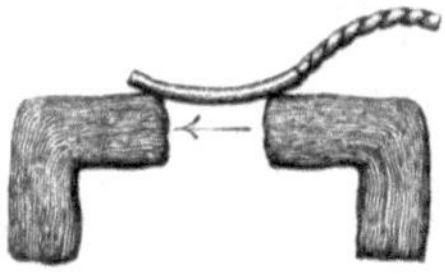

Fig. 134.

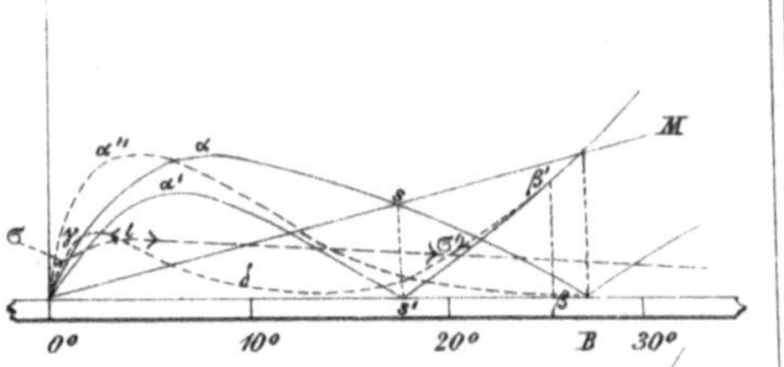

Fig. 126.

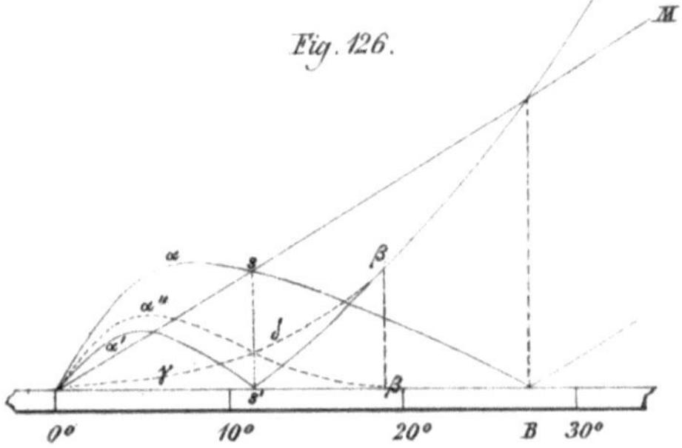

Fig. 125.

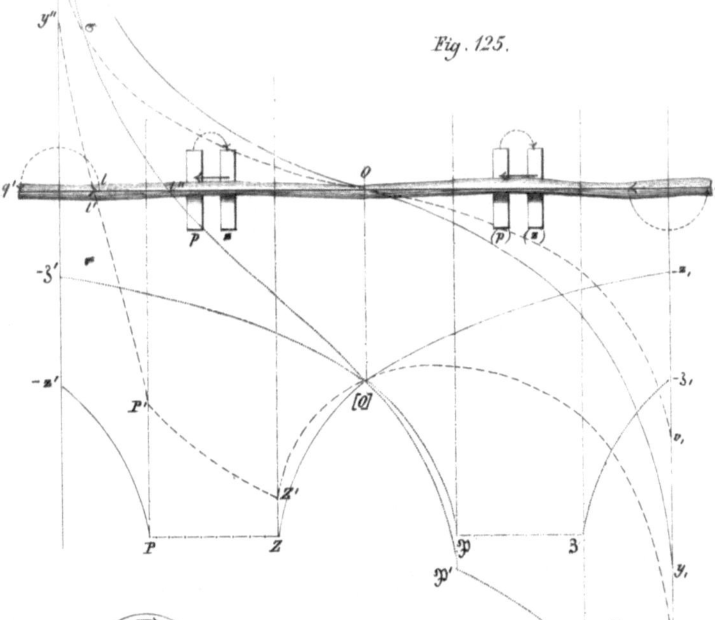

Fig. 124.

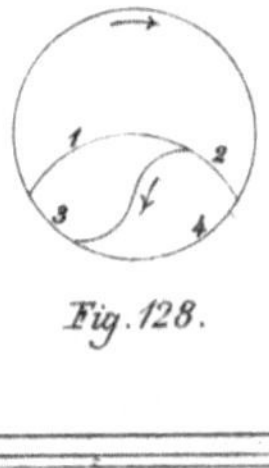

Fig. 128.

gest. v. C. E. Weber.

FSC
www.fsc.org
MIX
Papier | Fördert
gute Waldnutzung
FSC® C083411

Kolibri 360 GmbH
Ferdinand-Jühlke-Straße 7
99095 Erfurt, Deutschland
produktsicherheit@kolibri360.de